imaginist

想象另一种可能

理
想
国
imaginist

Steven Mithen

After the Ice

A Global Human History 20000 – 5000 BC

史前人类简史

从冰河融化到农耕诞生的
一万五千年

[英] 史蒂文·米森 —— 著 ／ 王晨 —— 译

北京日报出版社

AFTER THE ICE: A GLOBAL HUMAN HISTORY, 20,000–5000 BC
by Steven Mithen
Copyright © 2003, Steven Mithen
First published in 2003 by Weidenfeld & Nicolson,
an imprint of The Orion Publishing Group, London
All rights reserved.

北京出版外国图书合同登记号：01-2021-0173

图书在版编目(CIP)数据

史前人类简史：从冰河融化到农耕诞生的一万五千
年 /（英）史蒂文·米森著；王晨译 . -- 北京：北京
日报出版社 , 2021.2

ISBN 978-7-5477-3898-6

Ⅰ.①史… Ⅱ.①史… ②王… Ⅲ.①古人类学
Ⅳ.① Q981

中国版本图书馆 CIP 数据核字 (2020) 第 225357 号

责任编辑：卢丹丹
特约编辑：刘广宇　张璇硕
装帧设计：安克晨
内文制作：李丹华

出版发行：北京日报出版社
地　　址：北京市东城区东单三条 8-16 号东方广场东配楼四层
邮　　编：100005
电　　话：发行部：（010）65255876
　　　　　总编室：（010）65252135
印　　刷：山东临沂新华印刷物流集团有限责任公司
经　　销：各地新华书店
版　　次：2021 年 2 月第 1 版
　　　　　2021 年 2 月第 1 次印刷
开　　本：965 毫米 × 635 毫米　1/16
印　　张：53
字　　数：820 千字
定　　价：158.00 元

献给我的父母

帕特·米森和比尔·米森

目 录

欧洲

美洲

序

　　本书描绘了公元前 20000 年到前 5000 年之间的世界史。它既是为那些思考往昔并希望进一步了解农业、城镇和文明起源的人所写，也是为那些思考未来的人而作。本书所讨论的时代正值全球变暖，其间出现了新被驯化的动植物，为农业革命奠定了基础。这些野生物种的新基因变种与今天制造的转基因生物具有耐人寻味的相似性，而且全球变暖也再次重新开始。那些关心转基因生物和气候变化将如何影响我们世界的人，可能希望了解新型物种和全球变暖曾经如何影响了我们的过去。

　　无论能给今天带来什么，过去本身都值得研究。本书提出了关于人类历史的几个简单问题：发生过什么，在何时、何地、为何发生的？为了回答这些问题，书中将历史叙事与因果论证结合起来。在这样做的同时，本书还考虑到了那些困惑"我们如何知道这些"的读者——当考古学证据显得非常匮乏时，这样的疑问很有道理。《史前人类简史》还提出了关于过去的另一类问题：生活在史前时代是什么样的？经历了全球变暖、农业革命和文明起源之人的日常生活是怎么样的？

ii

　　我试图写一本既让史前证据对广大读者易于理解，又能维持最高学术水准的作品。考古普及的电视节目和许多新书常常对观众和读者采取屈尊俯就的态度，对我们过去的描绘肤浅而不准确。相反，许多最重要的史前事件仍然不为大多数人所知，而是藏在晦涩、充斥着术语的学术作品中，只有少数学者和专业读者才能接触到。我试图让考古学知识更加通俗，同时也考虑到那些希望批判性地评价我的观点并进一步展开自己研究的人。为此，我加入了包罗万象的书目和大量尾注，在其中指明具体的原始材料，讨论技术问题，并给出不同观点。不过，这些只是可选的额外拓展，我的主要目标是提供关于人类历史上那段惊人时期"饶有趣味的阅读"。

　　写作本书并不容易。我从几年前开始写，由于学术和家庭生活的影响，写作一直断断续续。新的主题不断涌现：考古学思想的历史，理解其他文化的可能/不可能性，旅行作为对阅读和发掘工作的比喻。我得以完成《史前人类简史》，这完全要归功于家庭、朋友和同事的大力支持。

　　由于本书用到了过去十年间的研究和教学成果，我必须首先感谢雷丁大学考古学系的同事们，感谢他们在此期间提供的激励和支持性环境。在这些同事中，我要特别感谢 Martin Bell, Richard Bradley, Bob Chapman, Petra Dark, Roberta Gilchrist, Sturt Manning 和 Wendy Matthews，他们回答了具体的问题，或者提供了中肯的建议。我还要感谢 Margaret Matthews 在准备彩色插图过程中的建议和帮助，感谢 Teresa Hocking 一丝不苟地检查我的文稿。大学图书馆的馆际互借部也值得我特别感谢，他们如此高效地满足了我的大量要求。

　　世界各地考古学家们的慷慨相助让我受益良多，他们为我提供了建议和未发表的论文，带我参观自己的发掘工作和考古遗址。除了上面和后文提到的名字，我还要特别感谢 Søren Andersen,

Ofer Bar-Yosef，Bishnupriya Basak，Anna Belfer-Cohen，Peter Rowley-Conwy，Richard Crosgrove，Bill Finlayson，Dorian Fuller，Andy Garrard，Avi Gopher，Nigel Goring-Morris，David Harris，Gordon Hillman，Ian Kuijt，Lars Larsson，Paul Martin，Roger Matthews，Edgar Peltenburg，Peter Rowley-Conwy，Klaus Schmidt，Alan Simmons，C. Vance Haynes 和 Trevor Watkins。

另一些人热情地回答了关于他们所研究遗址的具体问题，并提供了彩图——其中许多我最终没能用上。因此，我还要感谢 Douglas Anderson，Françoise Audouze，Graeme Barker，Gerhard Bosinski，James Brown，加泰土丘计划（Çatalhöyük Project），Jacques Cinq-Mars，Angela Close，克雷斯韦尔崖遗产信托会（Creswell Crags Heritage Trust），John Curtis，Rick Davis，Tom Dillehay，Martin Emele，Phil Geib，Ted Goebel，Jack Golson，Harald Hauptmann，Ian Hodder，Keiji Imamura，Sibel Kusimba，Bradley Lepper，Curtis Marean，Paul Mellars，David Meltzer，Andrew Moore，J. N. Pai，John Parkington，Vladimir Pituf' ko，John Rick，Lawrence Robbins，Gary Rollefson，Michael Rosenberg，Daniel Sandweiss，Mike Smith，Lawrence Straus，Paul Taçon，Kathy Tubb，François Valla，Lyn Wadly 和 João Zilhão。

我要感谢我的兄弟 Richard Mithen，他提供了关于农业习惯、植物基因和作物发展的建议。我非常感谢那些阅读了书中的一个或多个章节，并对其做出评价的人：Angela Close，Sue Colledge，Tom Dillehay，Kent Flannery，Alan James，Joyce Marcus，Naoko Matsumato，David Meltzer，James O'Connell，Anne Pirie 和 Lyn Wadley。特别是 Anne 和 Sue，她们不仅读了自己的部分，还对本书的整体内容和风格提出了建议。我还想感谢 Toby Mundy，她在 Weidenfeld & Nicolson 出版公司任职时委托我写作此书，还有 Tom Wharton，他对整部文稿提供的详细编辑建议令本书受益良多。

另有四位考古学家需要特别提及：Robert Braidwood, Jacques Cauvin, Rhys Jones 和 Richard MacNeish。他们都是出色的考古学家，但在本书写作的后期去世。他们的发掘工作和思想记录在《史前人类简史》中，我想要感谢他们对我们理解历史所做的影响深远的贡献。

我得以在 2002 年底前完成此书，这要归功于英国科学院（British Academy）在 2001 年 10 月提供的研究职位，让我从常规的学术职责中获得必要的解脱。在此之前，绝大部分的写作是在"偷来的时间"里完成的。我从学生那里偷走了本该批改论文和准备讲课的时间，从同事那里偷走了本该更加准时地参加系内会议的时间，从我在费南谷地（Wadi Faynan）的考古队那里偷走了本该用于发掘的时间。但最多的是从我家人那里偷走的时间。

我要向他们致以歉意和最大的感谢。我要特别感谢 Heather（8岁），那天下午她刚上完读写课回家，提醒我在书中"不仅要使用动词和名词，也要使用形容词"。还要感谢 Nicholas（12 岁），他建议给书起名"在泥泞中跋涉"——这一定概括了他不幸的考古体验。还要感谢 Hannah（15 岁），她第一个认识到"爸爸的书是真正的家庭项目"。的确如此，离开了他们的支持，这个项目将不可能实现。我亏欠最多的是我的妻子 Sue，仅仅因为她站在我的世界的中心。我还要怀着巨大的爱和感激把本书献给我的父母，Pat 和 Bill。

开端

第1章

历史的诞生
全球变暖、考古证据与人类历史

人类的历史始于公元前 50000 年左右，也可能是公元前 100000 年，但肯定不会更早。人类进化的历程要长得多——从生命起源开始至少已经过去了 30 亿年，距离我们的谱系与黑猩猩的谱系分开也已经过去了 600 万年。历史，即事件和知识的积累式发展，是晚近才出现且非常短暂的事。直到公元前 20000 年，几乎没有发生过什么重要的事，人们只是继续作为狩猎采集者生活着，就像他们的祖先几百万年来所做的那样。他们生活在小型社群中，从不在某个定居点待很久。几处洞穴岩壁上出现了图画，一些颇为精致的狩猎武器被制造出来，但没有什么事件影响了未来历史的进程，造就了现代世界。

随后的 1.5 万年惊人地见证了农业、城镇和文明的起源。[1] 到了公元前 5000 年，现代世界的基础已经奠定，此后的一切在重要性上都无法与之相比，无论是古典希腊、工业革命、原子时代抑或因特网。如果公元前 50000 年标志着历史的诞生，那么公元前 20000—前 5000 年则是它崭露头角的时期。[2]

历史的开始需要人们具备现代心智，完全不同于任何人类祖先或生活在今天的任何物种的心智。这种心智似乎拥有无限的想象力、好奇心和创造力。在 1996 年出版的《心智的史前史》(*The Prehistory of the Mind*)一书中,我已经讲述了心智的起源,或者说至少试图这样做了。[3] 无论我提出的理论(多种专门化的智慧如何融为一体,形成"认知流动"的心智)完全正确、错误还是介于两者之间,它都无关我现在将要讲述的历史。读者所必须接受的仅仅是,50000 年前进化出了一种特别有创造力的头脑。本书将回答一个简单的问题:随后发生了什么?

上一次冰河期的顶峰发生在公元前 20000 年左右,称为"末次冰盛期"(last glacial maximum,LGM)。[4] 在此之前,大地上人烟稀少,人类与不断恶化的气候进行斗争。地球公转轨道的细微变化导致巨型冰盖扩张到北美、北欧和亚洲的大部分地区。[5] 地球被干旱吞没;海平面下降,露出了大片常为不毛之地的沿海平原。为了在最恶劣的条件下生存,人类社群退至仍能找到柴火和食物的避难所。

公元前 20000 年之后不久,全球变暖再次开始。这个过程最初相当缓慢且不平稳——气温和降水出现了许多小起伏。到了公元前 15000 万年,大冰层开始融化;到了前 12000 年,气候开始波动,气温和降雨大幅上升,然后突然转回寒冷和干旱。公元前 10000 年之后不久,一波惊人的全球变暖为冰河期画上句号,进入了今天我们所处的全新世(Holocene)。正是在这全球变暖的 1 万年和紧随其后的余波中,人类历史的进程发生了改变。

到了公元前 5000 年,世界各地的许多人已经以务农为生。新被驯化的动植物种类开始出现;农民们生活在永久性的乡村与城镇中,养活专职的工匠、祭司和首领。事实上,他们和今天的我们没有多少差异:历史的卢比孔河已经被跨越,生活方式从狩猎和采集转向农业。即使仍然作为狩猎采集者的人们，现在也以完全不同于末次冰盛期祖先的方式生活着。对于这段历史，我们将要探索此类发展是如何以及为何发生的——它们是否催生了农业或新型的狩猎和采集。这是一段全球历史，关于公元前 20000—前 5000 年间生活在地球上的所有人的故事。

这不是地球第一次经历全球变暖。地球每 10 万年都会重复一次冰河期结束再开始的起伏过程，我们的祖先和近亲——人类进化史上的直立人（Homo erectus）、海德堡人（H. heidelbergensis）和尼安德特人（H. neanderthalensis）——度过了相同的气候变化时期。[6] 他们的反应也与一直所做的大致相同：人口经历了增长和下降，以便让自己适应环境的改变，并调整了自己的工具。他们没有创造历史，而仅仅是不断地一遍遍适应和重新适应变化的世界。

这也不是最后一次。20 世纪初，全球变暖再次开始，今天仍在快速发展。新型动植物正再次被创造出来，但这次是有意识地通过基因工程。与这些新的生命体类似，我们今天的全球变暖也完全是人类活动的产物——使用化石燃料和大规模砍伐森林。[7] 上述活动增加了大气中温室气体的含量，对全球气温升高的贡献可能远远超过自然本身的影响。[8] 重新开始的全球变暖和转基因生物对我们的环境与社会的未来造成的影响还很不明朗。终有一天，我们未来的历史将被写下，取代今天我们苦苦做出的大量推测和预言。但在此之前，我们必须首先讲述过去的历史。

生活在公元前 20000 年—前 5000 年间的人们没有留下书信和日记，用以描绘他们的生活，以及他们制造和见证的事件。首先要有城镇、贸易和工匠，然后才可能出现文字。因此，探寻这段历史并不利用书面记录，而是检查人们留下的垃圾——这些人的名字和身份永远无从知晓。这一过程借助他们的石质工具、陶器、火炉、食物残渣、遗弃的定居点和其他许多考古研究对象，比如纪念碑、墓葬和岩画；利用关于过去环境变化的证据，如埋在古代沉积物中的花粉粒和甲虫翼。偶尔也会得到现代世界的一些帮助，因为我们携带的基因和所说的语言能告诉我们往昔的状况。

依赖此类证据的风险在于，由此得到的历史可能几乎完全变成人工制品目录、考古遗址概要或者一系列可疑的"文化"。[9] 更加易懂而吸引人的历史应当提供关于人们生活的叙事，描绘往昔生活的经历，并认可人类活动是社会和经济变化的原因。[10] 为了如此呈现历史，本书把一个现代人送到史前时代：他将目睹石质工具的加工，炉火的燃烧，以及定居点的建立；将领略冰河期的风光，并见证其改变。

我选择了一个名叫约翰·卢伯克（John Lubbock）的年轻人担当这项工作。他将依次造访各大洲，从西亚开始环球之旅：欧洲、南北美洲、大洋洲、东亚、南亚和非洲。他的旅行就像考古学家的发掘工作——目睹人类生活最私密的细节，但无法提出任何问题，自己的存在也完全不为人知。我将通过评论解释考古遗址是如何被发现、发掘和研究的，以及它们如何帮助我们理解农业、城镇和文明的诞生。

谁是约翰·卢伯克？在我的想象中，他是一位对过去感兴趣但对未来心怀恐惧的年轻人——并非恐惧自身的将来，而是担忧地球的未来。他与维多利亚时代的一位博学家同名，后者在 1865 年出版了一本关于往昔的著作，书名是《史前时代》（*Prehistoric Times*）。维多利亚时代的约翰·卢伯克（1834—1913）是查尔斯·达尔文的邻居、朋友和追随者。[11] 作为银行家，他发起了关键的金融改革；作为自由党议员，他起草了关于保护古代纪念碑和设立银行（公共）

埃夫伯里勋爵（Lord Avebury）约翰·卢伯克，乔治·里奇蒙德（George Richmond）绘制，皇家艺术研究院，1867 年。

假日的最早立法；作为植物学家和昆虫学家，他发表了许多科学作品。《史前时代》成了标准教材和畅销书，1913 年刊印了第七版，也是最后一版。这是一部先锋之作，是最早驳斥《圣经》编年的作品之一，后者宣称世界的历史只有 6000 年；该书引入了"旧石器时代"和"新石器时代"等术语，它们在今天被视作史前历史的关键阶段。

　　但除了洞见，这位维多利亚时代卢伯克的无知同样惊人。他对石器时代的年代和长度几乎一无所知，提供的关于古代生活方式和环境的证据寥寥无几，他从未听说过拉斯科（Lascaux）、史前的耶利哥（Jerico）和其他无数今天被视作人类历史里程碑的遗址。在构思本书时，我想过把维多利亚时代的卢伯克送往这些遗址，以感谢他写出了《史前时代》。但他的时代已经过去；即使知道了拉斯科和耶利哥，我觉得他也不会抛弃维多利亚时代的标准态度，即一切狩猎采集者都是头脑幼稚的野蛮人。

　　史前旅行更合适的受益者是一个尚未在世界留下印记的人。因此，我将把现代的约翰·卢伯克送到史前时代，他将携带一本那位同名者的著作。在世界的偏远角落阅读此书时，他既能看到维多利亚时代的卢伯克的成就，也会看到考古学家们在《史前时代》问世不到 150 年后所取得的非凡成果。

通过卢伯克，我确保了这段历史是关于人类生活的，而非仅仅是考古学家找到的物品。我自己的目光无法逃离当下。我看到的仅仅是被抛弃的石质工具和食物残渣，还有空屋的废墟和冰冷的火炉。虽然发掘提供了通往其他文化的大门，但这些门只能被稍稍撞开，永远无法通过。不过，我可以利用自己的想象把卢伯克挤进门缝，让他看见我自己的眼睛无法看到的东西，成为旅行作家保罗·索鲁（Paul Theroux）所描述的 "陌生土地上的陌生人"。

索鲁书写自己 "最大限度地体验相异性（otherness）" 的欲望，描绘了成为陌生人如何让他发现自己是谁、代表着什么。[12] 这是考古学在今天能为我们所有人所做的。随着全球化导致世界各地出现了乏味的文化同质性，富有想象力的史前旅行也许是我们现在最大程度地体验差异性，从而认识自身的唯一方式。这也是我找到的唯一方式，能将我所知道的考古学证据翻译成我希望写就的那种人类历史。

当我凝视着自己亲手发掘的废弃定居点时，常常会产生像另一位伟大旅行作家威尔弗雷德·塞西格（Wilfred Thesiger）那样的想法。1951 年，他曾和伊拉克南部的沼泽阿拉伯人（Marsh Arabs）共同生活。第二年回到那里时正值黎明，塞西格望着旭日映衬下的大片芦苇，想起了自己的首次来访——河道上的独木舟、鹅的鸣叫、建在水上的芦苇屋、湿淋淋的水牛、在黑暗中歌唱的孩子们和蛙鸣。他后来写道："我再次体验到对于分享这种生活，而不仅仅做一名旁观者的渴望。" [13]

　　考古技术让我们所有人都能成为史前生活的旁观者——虽然要通过模糊的透镜。和塞西格一样，我也渴望更进一步，去体验史前生活本身，并用这样的体验来书写人类历史。塞西格可以坐着独木舟出发，而我所拥有的只是有细致和详尽的考古证据支持的想象。因此，在本书中，约翰·卢伯克实现了我不仅仅做一名旁观者的愿望。通过他，我成了在陌生土地上旅行的陌生人，就像索鲁和塞西格那样——只不过我身处的是史前时代。

第2章

公元前20000年的世界
人类进化、气候变化的原因和放射性碳定年

公元前 20000 年的世界不宜居住，地球寒冷、干燥而多风，常常出现风暴，大气中满是尘埃。海平面降低后，一些陆地被连接起来，形成了广阔的沿岸平原。塔斯马尼亚（Tasmania）、澳大利亚和新几内亚连为一体；婆罗洲、爪哇岛和泰国同样如此，在地球上最大的雨林中形成了山链；撒哈拉、戈壁和其他沙漠的面积要比今天大得多；英国不过是欧洲的一个半岛，北部被埋在冰层之下，南部是极地荒漠；北美大部分地区都被巨大的冰层笼罩。

人类社群不得不放弃他们在末次冰盛期之前生活过的许多地区，另一些地区适宜定居但渺无人烟，因为通往那里的所有道路都被无尽的沙漠和冰墙挡住了。人类在任何可能的地方艰难生存，与严寒和持续干旱展开斗争。比方说，想象一群人，他们就生活在位于今天乌克兰的某个地方，考古学家将把那里称作普什卡里（Pushkari）。

在这一时期，苔原上的五间屋子大致围成了一个圈儿。它们面向南方，以避开刺骨的寒风，靠近蜿蜒的半封冻河流。[1]屋子类似因纽特人（Inuit）的拱形圆顶小屋，但是用猛犸的骨和皮，而非用

冰块建造的。每间屋子都有用两根象牙做成的气派入口，象牙尖端朝上，组成一个拱门。墙壁用巨型腿骨作为支柱，颚骨被下巴朝下地堆砌在支柱之间，形成可以阻挡风寒的厚墙。屋顶上用了更多象牙，以便压住兽皮和草皮，它们被固定在用骨头和树枝做成的框架上。一间屋子的屋顶冒出轻烟；透过厚厚的兽皮，从另一间屋子里传来婴儿的啼哭。

村外，一只装满巨大骨头的雪橇正从河里被拖上岸，劳作者的脸被呼出的热气笼罩。在水汽背后，浓须和长发下很少露出肌肤。他们用有毛皮衬里的衣服包裹着自己。这些并非简单披在身上的兽皮，而是缝制精美的衣服。此时正值隆冬，村子距离冰川南沿不超过 250 千米。气温可能降至零下 30℃，这样的生活还要忍受九个月。死在北面的动物们的骨骼被河流冲到下游，为建筑提供了材料。

生活不易：拖拽骨头，建造和维修屋子，将象牙切割成小段，好让村里的工匠制作用具、武器和饰品。日照非常宝贵——每天只有几个小时，然后就是围在火边讲故事的漫漫长夜。屋舍间已经点燃了一小堆火，燃料是一段多节的木头。这堆火成了聚坐在旁边的五六名男女的焦点，他们蜷起膝盖、抱起双臂，好让身体尽可能少地暴露在寒风中，同时缝着新衣服。

火堆边，一只动物正被屠宰，空气中传来血肉的味道。那是一头离群独行的驯鹿，对于到附近突岩搜集石头的一队人来说，这可谓意外之喜。他们杀死了驯鹿，现在不必消耗冷库（一个地洞）里的储备就能吃上肉了。尸体一点也不会浪费。这年冬天生活在普什卡里的 5 个家庭将分享鹿肉。鹿角用来制作刀柄和鱼叉，鹿皮做成衣服和口袋，鹿筋做成线和索，心、肺、肝和其他器官是可以享用的美味，牙齿钻孔后被制成吊坠饰品，骨头留作燃料。

其中一间屋了里点着用动物脂肪做燃料的油灯。屋中温暖、闷热而逼仄。地面上铺着柔软的兽皮和兽毛，围绕着中央满是灰烬的火炉。猛犸的头骨和腿骨被制成家具；各种皮袋、骨碗和木碗、鹿角和石头工具或者散放在墙边，或者挂在房梁上，形成一派石器时代的室内凌乱景象。闪动的灯光映出一个男人的脸。他看上去年纪大了，不过皮肤和骨骼在冰河时代本就衰老得很快。此人的头发编成了辫子，颈部戴着用象牙和钻孔的牙齿制作的吊坠。他的手指飞快地摆弄着针和用兽筋做的线。

屋外，一个男人同几名妇女和儿童坐在一起，敲打着放在膝头的石块。石片散落，最大的被小心地放在一边，其余的留在地上，或者被漫不经心地丢进周围散落的石屑中。他们聊着天，时而发出笑声；有人不小心砸到自己的拇指，不由发出了咒骂。

另一间屋子内部没有任何家庭生活的迹象。地面上覆盖着厚厚的兽毛，屋中最显眼的是一只特别巨大的猛犸头骨，上面画着红色条纹。头骨边是用鸟骨做的鼓槌和笛子。一块石板上放着两尊长不过几厘米的象牙雕像。除此之外，屋内空空如也。这里是举行特别集会的场所；有人来访时，几乎整个村子都会在屋内集合，以便听取消息和交换礼物。屋子会变得非常闷热，气味难闻。当人们开始一起唱歌时，更增添了几分喧闹。

但现在，仅有的声音来自末次冰盛期的日常生活：石头相互敲击，人们轻声交谈，艰苦劳动时的气喘吁吁。持续不断的寒风带着这些声音穿过苔原。随着夜幕降临，狼嚎让风势显得更加猛恶。到了这个时候，普什卡里的人们围坐在火堆旁，分享着烤肉，开始讲起故事。气温进一步下降，到了某个心照不宣的临界点，人们分别回到自己的屋子，寻求皮毛带来的舒适。

生活在普什卡里的是智人（Homo sapiens），即现代人类，在解剖学和智力上与你我别无二致。到了公元前20000年，其他种类的人都已经灭绝，所以他们将是约翰·卢伯克旅途中遇到的唯一一

种人。因此，简要解释这是何时以及为何发生的，对于即将开始的
历史将是一段有用的序曲。[2]

公元 2002 年，在中非北部的乍得（Chad）发现了一份 700 万
年前的化石样本，这是人类进化的最古老化石记录，也是有史以来
最重要的发现之一。这群人被命名为乍得沙赫人（Sahelanthropus
tchadensis）。[3] 非洲的化石记录显示，从 450 万年前开始，出现了
几种双腿走路并使用石质工具的类猿生物。200 万年前，最早的类
人物种诞生，考古学家称之为匠人（Homo ergaster）。这是我们最
早扩展到非洲以外地区的祖先。他们的扩展速度特别快，也许早在
160 万年前就抵达了东南亚。[4]

匠人有至少两种进化上的后裔——东亚的直立人和非洲的海德
堡人。后者扩散到欧洲，在大约 25 万年前演变为尼安德特人。尼
安德特人走入了进化上的死胡同，亚洲的直立人同样如此。不过，
两者都是极其成功的物种，在气候大波动中存活了下来。

在大约 13 万年前那段特别严酷的冰河时期，智人出现在了非
洲——最早的样本来自埃塞俄比亚的奥莫基比什（Omo Kibish）。
这种新人类的行为与前人截然不同：考古学记录开始出现艺术、仪
式和一系列新技术的痕迹，反映了更具创造力的头脑。智人很快取
代了所有现存种类的人，将尼安德特人和直立人推向灭绝。

公元前 30000 年之后不久，智人成为地球上唯一幸存的人类，
他们的足迹遍布非洲、欧洲和亚洲许多地区。对迁徙的异常渴求把
一些成员带到了澳大拉西亚（Australasia）的最南端，那里将成为未
来的塔斯马尼亚岛。不过，当时的气候正在走向上次冰河期的高峰：
气温骤降，连年干旱，冰川、冰盖和沙漠不断扩大，海平面则不断
下降。动植物和人类都不得不调整生活的地点和方式，否则就将
灭绝。

末次冰盛期期间，地球上有多少人活着？考虑到大片区域无法

居住，恶劣的气候条件导致早亡，以及现代基因学显示 13 万年前只有 1 万名现代人的事实，我们可以猜测，数字在 100 万左右。但这完全是猜测，试图估算古代人口规模是考古学家面临的最困难工作之一。

当普什卡里的猎人们建造房屋、敲凿石头时，在世界另一端的北美洲，一群猛犸正在今天南达科他州温泉市（Hot Springs）附近觅食。这是一个冬日的午后，天色正在变暗，这些巨兽有节奏地用象牙扫开积雪，寻找下面的草。它们朝着附近一个热气腾腾的池塘走去，那周围有较高的草和小灌木。[5] 公元前 20000 年，尽管当地猎物丰富，但南北美洲仍然完全没有人类定居，因此这些动物无须害怕人类猎手。

即将到来的全球变暖不仅会影响约翰·卢伯克将要见证的人类历史，也会影响其他所有物种，其中一些在他的旅程走完前就将灭绝，比如猛犸。与我们今天面临的全球变暖不同，公元前 20000 年开始的那次变暖完全是自然原因引起的。它仅仅是地球历史中最近一次从"干冷"到"湿热"的转变，即从"冰河期"进入"间冰期"。这种气候变化的终极原因，是地球公转轨道的规律性改变。[6]

20 世纪 20 年代，塞尔维亚科学家米卢廷·米兰科维奇（Milutin Milankovitch）第一个意识到这种轨道改变的重要性。基于他的理论，科学家们确定，每 9.58 万年，地球轨道会从近似圆形变成椭圆形。发生这种改变时，北半球的季节性会更加明显，南半球的情形则相反。这将引发北半球冰盖的扩大。重新变回圆形轨道后，南北的季节反差将减小，促使全球变暖、冰盖融化。

地球公转时的倾角同样会影响气候。每 4.1 万年，地球的转轴倾角将在 21.39 度和 24.36 度之间来回变动一次。倾角增大时，季节会变得更极端：夏天更热，冬天更冷。地球的自转轴也会规律性地摆动,周期为 2.17 万年。这会影响地球倾斜着（北半球朝向太阳）公转时位于轨道上的点。如果这发生在地球相对靠近太阳时,冬天将变得短暂而温暖；反之,如果地球以这种方式倾斜时相对远离太阳,那么冬天将变得更长和更冷。

虽然上述地球轨道形状、倾角和摆动的变化会改变地球的气候,但科学家认为,它们不足以解释过去气候变化的巨大幅度和速度。而行星上发生的变化过程一定大幅放大了它们引起的微小变化。其中几种过程已经为人所知,如海洋和大气流的变化,温室气体的累积（主要是二氧化碳）,以及冰盖本身的增加（冰盖扩大后会反射更多的太阳辐射）。轨道改变和放大机制的共同作用造成气候每 10 万年在冰河期和间冰期之间来回变动一次,经常以非常快的速度从一种状态转向另一种。[7] 最剧烈的此类转变之一发生在大约公元前 9600 年,延续了自末次冰盛期极端气候以来一万年降雨与温度的起起伏伏。

下图中的锯齿线描绘了从公元前 20000 年到今天的全球气温变化。它是基于采自格陵兰岛的冰芯化学成分的变化绘制的,是对全球气温的"替代",或者说间接测量。[8] 更准确地说,它记录了两种氧同位素（^{16}O 和 ^{18}O）的比例与其实验室标准值的相对偏差

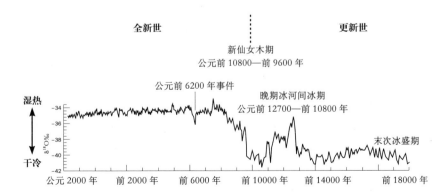

（δ¹⁸O‰）。当这个数值较高时，地球相对湿热；当它较低时，地球变得干冷。就像上图中可以看到的，描绘这个数值的曲线从公元前20000年的低点开始逐渐不规则地上行，直到公元前12700年；随后，它突然升高，标志着被称为冰河晚期间冰期的相对湿热时期的开始。这一时期出现了几个小高峰，首先是波令峰（Bølling），第二个是阿勒罗德期（Allerød），但只有在欧洲才能区分它们。需要注意的关键特征只是公元前12700年到前10800年总体上的温暖期。

随后的大滑坡被称为新仙女木期（Younger Dryas）。这个时期在北半球的人类历史中扮演了重要角色，但可能又一次没有影响到南半球。极为干冷的状况在公元前9600年戛然而止，温度开始了第二波大幅上升，标志着上次冰河期的真正结束。事实上，它标志着地球历史上两大时期的过渡——从更新世（Pleistocene）进入了全新世。经过这次骤升后，曲线继续波动，在公元前7000年攀上顶峰，在公元前6200年出现了明显的下降。除此之外，全新世期间地球的温度非常稳定，尽管这种稳定现在可能已经走到了尽头，因为一个新的人类造成的全球变暖时期刚刚开始。

用猛犸骨骼建造房屋、缝制衣物、加工石质工具和获取食物并非末次冰盛期人类在地球上的全部活动，欧洲西南部的洞穴里还有艺术家在创作。在后来被称为佩什梅尔（Pech Merle）的法国洞穴中，地上放有几只燃烧着动物脂肪的油灯。有个小男孩高高举起另一盏灯，为艺术家手部的迅捷动作提供照明。艺术家年纪虽老却精力充沛，他留着灰色长发，赤身裸体，但身上涂了颜料。他来自法国南部苔原上一个靠狩猎驯鹿为生的社群。油灯之间放着他的颜料：红赭石块碾成粉，然后在木碗中用地上水坑里的水拌匀。另一只碗中装着黑颜料；碗之间散落着碳棒，还有几块毛皮、磨损的棒子和毛刷。药草在火上冒烟，空气中带着甜香。艺术家每过一段时间就会跪倒、深吸几口气，让头脑中的图像重新变得鲜明。[9]

　　岩壁上已经画了两匹马的侧影，它们尾对着尾，后腿和臀部叠在一起。艺术家正在轮廓里添上大大的斑点；他含了一口颜料，通过皮质模具将其喷到岩壁上，形成一个个圆圈。他的呼吸是让马匹栩栩如生的关键。然后他回到草药边，并更换了颜料。现在他把手贴到岩壁上，喷上颜料，留下手的轮廓。

　　艺术家一个小时接一个小时地工作，只在改换颜料或模具、更换笔刷或海绵、添加灯油和麻醉自己的头脑时停下。他对着那些马说话、唱歌，四肢着地，然后像公马那样用下肢站起身。他又添加了更多的斑点和手印。马的头部和颈部被涂成黑色。当艺术家完工时，他已精疲力竭。[10]

　　为了获悉普什卡里的猛犸骨屋和佩什梅尔的岩画的年代，考古学家们不得不使用他们最宝贵的科学工具：放射性碳定年。没有这种技术，撰写史前人类历史将完全不可能，因为考古学家们将无法把他们发掘的遗址，也就是约翰·卢伯克将要造访的生活定居点，按正确的时代顺序进行排列。因此，作为本书所述历史最后的序曲，我们应当简要概述一下考古科学里这种最不寻常的技术。

　　背后的原理非常容易理解。大气中包含了三种碳同位素：^{12}C、^{13}C 和 ^{14}C。这些是拥有不同中子数的碳原子（分别为 6、7 和 8 个）。生物摄入的碳同位素比例与大气中的相同；生物死后，体内的 ^{14}C 开始衰减，而其他碳同位素仍然相当稳定。知道了 ^{14}C 的衰减速度，通过测量 ^{12}C 与 ^{14}C 的比值，我们就可以确定死亡发生的年代。[11]

　　定年的物品必须含有碳，这意味着它必须曾经有生命。史前时代最随处可见的石质工具本身无法定年，石壁或陶罐同样不行；考古学家必须找到与可定年材料（如兽骨或植物残骸，最好是木炭）有密切联系的物品。另外，样本中还必须留存足够的 ^{14}C。不幸的是，早于公元前 40000 年的任何样本都无法做到这一点，导致其成为放射性碳定年的上限。

此外还有两个难点。首先，放射性碳定年的结果永远不是精确值，而仅仅是由平均值和标准差组成的估计值，比如 7500±100BP。考古学家用 BP 表示"距今"（Before Present，"今"曾被约定为公元 1950 年）。在这个例子中，7500 是包含真实年代的数据分布的平均值，100 为标准差。它告诉我们，真实年代有 68% 的可能性（超过三分之二）落在平均值的一个标准差之内，即距今 7400 到 7600 年之间，有 95% 的可能性落在两个标准差之内，即距今 7300 到 7700 年之间。当然，标准差越小越好。但由于偏差不可能小于 50 年，过去事件的年代将总是近似值。

第二个难点是，放射性碳测定的"年"在长度上不同于日历年，而且相互之间也长度不等。放射性碳测定为 7500BP 的手工制品并不意味着比 7400BP 的早 100 个日历年。这是因为大气中的 ^{14}C 浓度会随着时间下降，导致"年"显得更长。幸运的是，可以通过用年轮定年（dendrochronology）"校正"放射性碳定年来解决这个问题。

年轮让我们可以逐一清点过去的日历年。通过把不同时代的木头联系起来，我们为过去的 1.1 万年确立了连续的树木序列。[12] 来自其中任一年轮的木材可以用放射性碳法定年，从而推导出日历年与放射性碳年之间的偏差。因此，在对考古遗址做了放射性碳定年后，我们可以引入上述偏差，以此确定日历年份。当年份确定后，它们还常常被从 BP（距 1950 年）改成 BC（"基督诞生前"，即"0 年前"；有时也写作 BCE，即"公元前"）。于是，经过校正后，放射性碳定年测得的 7500±100BP 表示，真实的年代有 68% 的可能性落在公元前 6434 年和前 6329 年之间。年轮定年不适用于距今 1.1 万年更早的情况，但考古学家找到了别的校正方法。这种方法显示，

"放射性碳年"和"日历年"之间的差距随着时间的倒退逐渐扩大（尽管扩大过程并不规则）。到了 1.3 万年前，放射性碳测定的年代和真实的日历年之间已经相差超过 2000 年。本书后文出现的所有年代都是公元前的日历年；我在注释中提供了放射性碳测定的结果，以及校正后位于一个标准差处的精确数值。[13]

当普什卡里人缝制衣物和艺术家在佩什梅尔作画时，另一些人正在塔斯马尼亚的草原上蹑手蹑脚地捕捉沙袋鼠，在东非草原上伏击羚羊，在地中海和尼罗河捕鱼。本书所描绘的历史将造访他们和其他狩猎采集者，然后分析全球变暖如何改变了他们后人的生活。不过，我们将从新月沃地（Fertile Crescent）出发，这片弧形的延绵丘陵、河谷和湖盆涵盖了今天的约旦、以色列、巴勒斯坦、叙利亚、土耳其东南部和伊拉克。这是最早的农民、城镇和文明将要诞生的地方。

在太巴列湖（Lake Tiberias）——也称为加利利海（Sea of Galilee）——西岸，一处狩猎采集者营地正欣欣向荣。这处营地后来被考古学家发掘，称作奥哈洛（Ohalo），是末次冰盛期保存最好的定居点之一。[14] 它远离冰盖和苔原，不远处是橡树林。那里的房屋用树枝建造，当地人穿着皮革和植物纤维制作的衣服。一座新的茅舍正在建造中：砍下小树苗插进地里，然后编结起来形成圆顶。人们还准备了一堆带叶子的树枝和兽皮，准备用来作为屋顶的材料。建这种房屋花费的力气远远小于在普什卡里建造房屋；事实上，奥哈洛的生活似乎在各个方面都更优越。

湖岸边散落着许多人：有的坐在一起聊天，孩子们在玩游戏，老人们在午后的阳光下睡觉。有个女人提着一篮子刚捕到的鱼从水边走向茅舍，另一些人则把渔网挂在小圆舟上晾干。她招呼自己的孩子们跟她回家，在那里，鱼将被两两串好并挂起晒干。

　　两个女人从树林里走出，身上挂着刚打的狐狸和兔子。她们身后，几个男人用杆子抬着一只捆着的羚羊。更多的女人和孩子出现，用能想到的各种方式拿着袋子和篮子——顶在头上、在地上拖、搭在肩上或挂在腰间。猎物放在火炉边，袋子和篮子里的东西被倒在兽皮上。一堆堆果实、种子、叶片、根、树皮和茎秆倾泻而出。一场宴会将于今夜开场。一个年轻人置身于这片繁忙的村落景象中，完全没有被工作和玩耍的人注意到。他是约翰·卢伯克，公元前20000年的奥哈洛是他穿越人类历史之旅的起点。

西亚

阿西克里霍育克

加泰土丘

托罗斯山脉

地 中 海

希鲁洛坎波斯
米卢特基亚
基罗基蒂亚
腾塔
阿伊托克莱诺斯

艾斯沃德丘阜

哈约尼姆
马拉哈泉村
克法尔哈霍雷什
胡拉盆地
亚特利特雅姆
太巴列湖
1
2
克巴拉
奥哈洛

1 奥伦溪村
2 埃尔瓦德/大卫绿洲

加扎尔泉镇
哈格杜德道
艾兹赖格
耶利哥
吉尔加尔
埃尔乌瓦伊尼德
山谷 14 号遗址

死 海
扎德
德拉

赫玛尔溪镇

罗施金
费南谷地 16 号遗址
古瓦伊尔 1 号遗址

阿布萨勒姆
贝达
罗施霍雷沙
巴斯塔

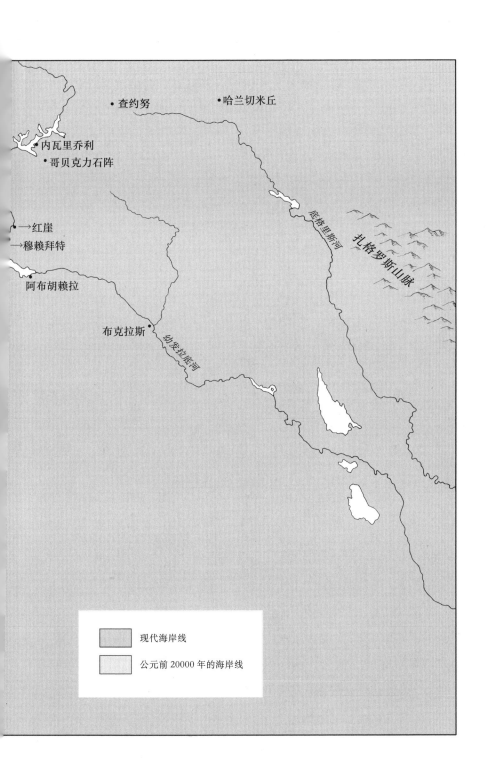

•查约努   •哈兰切米丘

•内瓦里乔利
•哥贝克力石阵

→红崖
→穆赖拜特

•阿布胡赖拉

布克拉斯•

底格里斯河

幼发拉底河

扎格罗斯山脉

| | 现代海岸线 |
| | 公元前 20000 年的海岸线 |

第 3 章

火与花

狩猎采集者和森林草原，公元前 20000—前 12300 年

约翰·卢伯克无法入眠，他坐在湖边，一边看蝙蝠嬉戏，一边享受着夜晚的微风。湖对岸，月光映出了在树林边吃草的鹿。奥哈洛的茅舍位于他身后，距离岸边只有几米。屋中现在空无一人，因为人们都围着缓慢燃烧的火堆睡在星空下。茅舍的地面没有打扫——有的散落着燧石屑，有的留有最近用餐的残渣。屋内房梁上挂着一串串鱼和一把把草药，柳条篮子和木碗堆放在墙边。

有人发出叹息并转了个身，一个哭喊的孩子得到了安抚。一阵疾风从奥哈洛的茅舍间掠过，树木发出沙沙声；火堆噼啪作响，一团余烬被卷至空中。它盘旋上升，然后飘落，但没有落到火堆里，而是掉到了覆盖着茅舍树枝屋顶的干草上。

空气中弥漫着木头燃烧的烟味。卢伯克深吸了一口，以为它来自正在熄灭的火堆。但烟雾挥之不去，而且越来越浓，变成刺鼻而可见的烟云。卢伯克咳嗽起来，他转过身，看见茅舍着了火。人们已经惊醒，他们拆掉茅舍，踏灭火焰，又跑去取水。但微风轻易地打败了这些忙乱的努力——风卷起一堆燃烧的树干、叶子和树枝，把它们吹散到四处。现在，第二座茅舍被点燃，然后是第三座。人

们退却了。他们掩住脸，紧紧拉着自己的孩子们，聚到湖边眼看着
营地燃烧。

　　奥哈洛的大火也许只用了几分钟就把一片茅舍变成了一圈烧焦
的废墟。确切的起火方式无从得知——也可能是人们故意焚烧长了
跳蚤和虱子的茅舍。但奥哈洛人的悲剧成了20世纪考古学家的幸事。
几年后，上升的湖面缓慢淹没了这片营地，使其免于腐烂。奥哈洛
从人们的视线和记忆中消失，直到1989年的旱灾导致水平面下降9
米，露出了曾经是茅舍的焦炭圈。

　　海法大学的达尼·纳德尔（Dani Nadel）开始仔细发掘这片极
不寻常的遗址，他和全世界的考古学家都对奥哈洛人在末次冰盛期
使用的动植物种类之多样感到吃惊。[1] 在第一个发掘季带来的巨大
兴奋感过后，又过了十年，水位才下降到足以让纳德尔继续工作。
非常幸运的是，1999年他开始工作时我也在那里。那是我见过的最
富田园色彩的发掘之一——炽热的太阳、闪光的蓝色湖水、遮阳棚
下的土沟里显示出远古生命的遗迹。

　　早晨，奥哈洛人在热灰和仍然冒烟的定居点废墟中搜寻。他们
拣出了几件宝贵的物品——一把骨柄的燧石小刀，一条在火中幸存
的织毯，一把被烧焦但还能修复的弓。他们带着这些物品离开，向
西进入橡树林，准备寻找另一片营地。

　　如果他们是农民而非狩猎采集者，这场火摧毁的将不仅是树枝
建造的茅屋，而极有可能是木屋、畜圈、围栏和堆放谷物的仓库；
他们的畜群可能逃走，甚至死在火焰中。农民不会抛弃定居点，而
是会留下来重建家园，因为他们在周围的土地上也投入了心血：清
理林地、建造围栏和种植作物。但奥哈洛人可以直接消失在林地中，
向西前往地中海沿岸平原。[2] 卢伯克决定等等再进入林地，他起身

绕过湖泊，走进了草地和东面平缓丘陵上的树木中间。

　　森林草原——草、灌木和花在稀稀落落的树木下蓬勃生长的地貌——对人类的历史进程非常关键。它能向狩猎采集者提供种类繁多的植物性食物，包括小麦、大麦、豌豆、小扁豆和亚麻等最早被驯化的庄稼的野生亲戚。类似的植物群落今天几乎已经不复存在，在戈兰高地（Golan Heights，太巴列湖以东丘陵今天的名字）更是不见踪影。

　　重建史前地貌的植被是理解过去的必要条件。人们通常靠分析花粉粒来做到这点：花粉是种子植物的雄性生殖细胞（或称配子），其作用是抵达花朵的雌性部分并完成受精。幸运的是，许多花粉没能做到这点，而是白白落到地上。一旦被科学家发现（也许此时花朵已经死了几千年），它们就可以扮演另一个角色，告诉我们冰河期世界变化的地貌中曾经有哪些植物欣欣向荣。[3]

　　来自不同种类植物的花粉粒完全不同。它们在肉眼看来只是微粒，但在双筒显微镜下则各具特色。比如，松树的花粉粒有两个翼囊，而橡树的花粉粒看上去是颗粒状的，每条边有三个裂口。用电子显微镜放大时，它们会呈现出一系列奇异的超现实 3D 带刺球体和其他奇妙的形状。

　　花粉粒从草、灌木和乔木的花朵上落下，常常陷入池塘或湖泊的淤泥中。随着更多同样带着花粉的淤泥开始堆积，它们被埋了起来。更多的淤泥，更多的花粉，也许来自开始在附近生长的某些完全不同的植物。这样的过程可能延续几千年，直到湖泊被淤泥完全填满。

　　从这种沉积物中可以提取"芯"，即泥土或泥炭的细圆柱，上面的每一英寸都会把我们带到更久远的过去。孢粉学家（花粉粒的专业研究者）像切萨拉米香肠那样切开这些芯。他们从每个切片中分离出花粉粒，从而找出当某层淤泥位于最上方时，附近生长着什么植物。通过比较来自连续切片中的花粉，他们重构出植被是如何随时间改变的。通过对埋在芯中的茎、叶或种子进行放射性碳定年，他们可以勾画出植被变化的历史。[4]

当卢伯克旅行到欧洲时，将有许多"花粉芯"供我们检验。它们显示了苔原如何变成林地，然后又变了回去。但西亚很少有这种芯，而且几乎没有很深或包含保存良好的花粉的芯。不过，其中一个芯极具价值，它采自加利利海以北20千米处的胡拉（Hula）谷地的沉积物。[5] 这个芯长16.5米，包含了上至末次冰盛期奥拉洛人在湖边定居时的沉积物，它能告诉我们空气中曾经飘浮着何种花粉。

花粉证据显示，当猎人们从地中海沿岸地区向东迁徙时，林地消失了，只留下草和灌木之间的零星树木，即森林草原。一过约旦河谷，树木就变得不那么茂密了，不过在通往高原的斜坡上仍有留存；再往东前行，草和灌木本身也开始减少，直至进入沙漠——就像今天当地的情况。但在沙漠中也有绿洲，特别是在艾兹赖格（Azraq），那里的内陆湖不仅吸引了许多鸟兽，而且引来了猎人和采集者。在草原上一大片生机勃勃的红罂粟中小憩后，卢伯克现在正前往艾兹赖格。[6]

花粉证据本身无法提供关于冰河期草原的准确画面。不同种类的禾本科植物——包括野生谷类——无法通过花粉粒轻易区分，而任何虫媒植物都比例偏低，因为它们产生的花粉数量有限。因此，考古学家考察了西亚现存的少数几处草原，特别是那些没有放牧大量绵羊和山羊的，比如自然保护区和军事训练基地。它们为无法仅凭考古证据复原的古代植物群提供了参考。[7]

来自伦敦大学学院考古系的戈登·希尔曼（Gordon Hillman）是世界上最顶尖的"考古植物学家"之一。他研究现代草原植物群已经超过 30 年，影响了一整代学生从事类似的工作。他展现了史前草原如何由齐膝高的多年生灌木和种类丰富的草组成，前者长着多肉的小叶片，植物学家称之为蒿和藜。有的草会长成硬而粗糙的草丛，而更高的"羽状"草形成了一片随风飘摆的银色羽毛的海洋（希尔曼语）。每到春天，草原将变得花团锦簇，蓟、矢车菊、野茴香和各式各样的其他植物色彩缤纷、香气奔涌。

考古植物学家不仅研究现存的草原植物群，也研究传统社会的人们（比如美洲印第安人和澳大利亚原住民）如何从这些植物获得食物。他们证明，对于懂得植物学知识、知道该吃什么的人而言，草原上到处是主食和美味。老鹳草、天竺葵和野生欧洲防风草等植物能提供粗大的块根，藜能提供大量种子，野生禾本科植物能提供谷物。

理解这些植物的营养价值对重建史前草原生活至关重要。不幸的是，关于采集的具体是哪些植物，证据非常有限。不同于石质手工制品，植物残骸一被丢弃，几乎马上就会腐败，除非极端干燥、水淹或高度碳化阻止了腐败过程——就像在奥哈洛发生的情况。但即使在该遗址被烧焦的残骸中，也找不到多肉的蔬菜和叶片的踪迹，尽管它们很可能就在采集的食物之中。

回顾历史，我们知道野生谷类是森林草原上生长的最重要植物。野生和驯化品种的关键区别在于谷穗。野生谷类的穗十分脆弱，成熟时能自动破裂，将种子撒到地上。驯化品种则不是这样，它们的穗仍然完整，需要通过脱粒分离出种子。所以，驯化品种离开了人的管理就无法生存，因为它们无法靠自身播种。

豌豆、小扁豆、苦野豌豆和鹰嘴豆等其他早期驯化作物同样如此。就像耶路撒冷希伯来大学研究野生和驯化谷类基因的专家丹尼尔·佐哈里（Daniel Zohary）曾经解释的，驯化的谷类和豆类品种"等待着收割者"。[8] 他揭示从野生到驯化的改变取决于某个基因的变异。这种变异的另一个后果是发芽方式的变化：成片的野生植物中，不同个体的发芽和成熟时间会略有不同——这保证了至少它们中的一些能够成熟，在降水无法预测的情况下为下一年提供种子。而驯化品种则都同时发芽和成熟。它们不仅等待收割者，还让他（或她）的生活轻松许多。

农业的起源与上述驯化的谷类和豆类品种，以及被用来生产最早的亚麻布的亚麻植物的出现密切相关。就像我们将要看到的，这只可能发生在人类干预植物生命周期的情况下——人类修改食物基因的历史可谓非常悠久。

但这不包括奥哈洛人和他们的同时代人。为了收获野谷，他们用棒子击打植物，好让谷粒落到下方的篮子里。这也是许多近代民族所用的方法，比如北美印第安人就这样收集野草的种子。为了保证效率，人们必须找准收集的时间——如果谷物没有成熟，只有很少谷粒会落到篮子里；相反，如果谷物熟过了头，许多种子已经掉到了地上。有的掉进缝隙，获得温暖、享受雨水的滋润，将在春天时发出新芽；另一些——可能是绝大多数——则被鸟儿和啮齿动物贪婪地吞噬。

植物对奥哈洛人非常重要，同样重要的还有生活在林地和草原的动物。奥哈洛人在整个地区最喜欢的猎物是瞪羚，后者分成好几种，各自适应了不同的栖息地：山瞪羚生活在地中海地区，小鹿瞪羚生活在崎岖的山地，波斯瞪羚（鹅喉羚）生活在东部草原。黇鹿在黎巴嫩山区觅食，野驴在草原上吃草，而野山羊则在山地的峭壁间穿梭。在林地可能会找到野牛、狷羚和野猪，还有其他许多较小的哺乳动物、鸟类和爬行动物。

从奥哈洛发掘的动物骨骼告诉我们，上述物种中有一部分是狩猎对象。鱼捕自加利利海，也可能来自地中海。海岸线能提供许多种类的鱼,还有蟹、海草和贝类。但这些东西是否也被奥哈洛人采集,我们只能猜测:早在考古学家能够开始工作前很久,这些海岸线就已经被淹没,北方大冰盖的融水导致海平面上升,冲走了所有沿海定居点。

当卢伯克攀上熔岩砾石形成的最后一道山脊时,艾兹赖格映入了他的眼帘,那里曾被劳伦斯(T. E. Lawrence)称为绿洲的女王。[9]从加利利海到这里,他走过了100千米,途中很大一部分是穿越夜晚寒冷刺骨的荒芜沙漠。现在,他把目光投向初升朝阳下波光粼粼的湖水彼岸。羚羊小心翼翼地穿过周围的沼泽;随着树木的形状显露,更远处的一抹紫色正在变成枝叶,呈现出一片鲜艳的绿色、黄色和棕色。鸟儿叫声甜美,湖周围许多营地的火堆冒出轻烟,迎接新一天的到来。

这些是在冬季集中到艾兹赖格的猎人,他们分散在草原和沙漠各地度过了夏天。现在他们再次相聚,以便交换消息、重拾友谊,也许还要庆祝一场婚礼。他们还带来了贸易品:来自红海和地中海岸边的贝壳、雕有纹饰的木碗和毛皮。

卢伯克白天在沼泽探索,观察水鸟,在湖中游泳。休息时,他拿起自己那本已经翻烂了的皮面《史前时代》,被上面描绘手工制品和墓葬的优美插图所打动。完整的书名非常清楚地说明了它的主题:《古代遗物与现代野蛮人的举止和习俗所展现的史前时代》(*Pre-historic Times as Illustrated by Ancient Remains, and the Manners and Customs of Modern Savages*)。书中很多内容是关于野蛮人的,将澳大利亚原住民和爱斯基摩人(因纽特人)等部落民族描绘成石器时代的活化石。卢伯克随机选择一章读了起来,发现虽然那位维多利亚时代的作者认为史前人类头脑幼稚,但还是对他们制造工具的技术表示了钦佩,特别是加工燧石的技术。

　　傍晚，卢伯克来到一处小营地，那里刚好位于一块突出地面的玄武岩下方，旁边是小溪蓄积而成的一池清水。人们搭建了简陋的居所：羚羊皮用兽筋绑在一起，以脊檩和用石头固定在地上的木桩支撑。考古学家将不会找到这处居所的任何痕迹，而一男两女在屋外从事的工作则相反：他们正在制造石质工具，弄出一大堆燧石片。他们盘腿而坐，带着用管状贝壳（我们称之为角贝）做的项链。有个孩子坐在他们附近玩石块，不知不觉地学着制作工具的技艺。一个小得多的孩子睡在居所的阴影里，有个老妇人正在那里慢慢地用玄武岩臼碾磨种子。脊檩上挂着一只兔子。

　　他们中的另一个成员正在从事对整个史前世界人类生存至关重要的工作：生火。一个年轻女人蹲在地上，用脚趾踩着一块软木。她手里拿着一根用较硬木头做成的细棒，在软木的小缺口上飞速转动，并加上几粒沙子增加摩擦力。过了不久就积攒了一小堆木屑，然后冒出了火花。她放上一些干草，很快点燃了旁边的火炉。卢伯克将在世界各地看到这种技术被反复使用，他本人也将用得炉火纯青。他还会看到另一种取火方法：敲击脆弱的燧石制造火花。但现在，他更感兴趣的是观看制造石质工具的过程，看看那位维多利亚时代的同名者对于这其中所需技术水平的观点是否正确。

　　正在被加工的石块（或者石芯）来自艾兹赖格附近的一处石灰石突岩，上面散布着燧石块。人们用玄武岩制作的锤石敲去石灰石的厚壳，露出石芯。做完上述准备后，石芯边缘长而薄的燧石条被小心地剥下来。这些燧石条或者刃片长度为5厘米到10厘米不等，许多和其他废物一起被丢弃，少数被放到一边。

　　加工石头的人一边干活一边聊天，有时会因为纤薄的刃片意外折断而咒骂几句，有时则对石块碎成两半后露出的化石贝壳评头论足。卢伯克捡起一块石头和锤石，试图造出刃片，但结果只搞出些粗大的石屑，一根手指还弄伤流血了。他想起《史前时代》中关于燧石工具的一个段落："尽管制造这些石片看上去很容易，但只要稍加实践，任何试图这样做的人都会相信其中需要某种窍门，挑选燧石时也必须仔细。"[10]

燧石工极富技巧地把他们挑选的刃片加工成型，用尖石凿去微小的石片，把刃片变成各种小工具——有的带尖端，有的背部弯曲或者端部类似凿子。[11] 更准确地说，它们是用来组成工具的零件：这些"细石器"（microliths，考古学家的称呼）将被插进苇秆中制成箭杆，或者插到骨柄上制成小刀。折断的箭尖和用钝的刃片将被拆下扔进垃圾堆。任何不合适的细石器也会被扔掉——工匠们宁愿花点时间另做一个，也不愿冒险损坏贵重得多的柄部。

奥哈洛人也制作类似的细石器。事实上，此类制品的加工从末次冰盛期以来就遍及西亚各地，并将持续几千年。各种不同形状和大小的细石器和制作它们时产生的垃圾是该时期西亚考古记录的主要内容，被用来定义"克巴拉文化"（Kebaran culture）。[12]

卢伯克看到的那堆加工中的细石器和石片最终被伦敦大学的安迪·加勒德（Andy Garrard）发掘。20 世纪 80 年代，作为约旦的英国安曼学院院长，加勒德在艾兹赖格盆地开展了一个重要的发掘项目，旨在记录狩猎采集者和史前农民存在的证明。在距离艾兹赖格湖 10 千米的埃尔乌瓦伊尼德山谷（Wadi el-Uwayndi），他找到了两大堆燧石片和细石器，还有玄武岩磨石，几颗角贝珠，以及瞪羚、乌龟和兔子的骨化石。[13]

加勒德发现了大量此类遗址，其中一些被反复使用了数千年，留下一系列巨大的器物堆。[14] 艾兹赖格的诱人之处可能是来此喝水和采食湖边植物的瞪羚群，它们的数量很可能非常大，而且每年、每天都在可预测的时间到来。狩猎采集者可能知道时间，大批赶来捕捉这种脆弱的猎物，他们可能还会回到前一年用过的营地。磨损的工具和制作新工具产生的废物被丢弃在现有的大堆垃圾之上，最

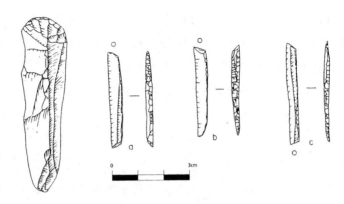

燧石刮削器和细石器，约公元前 20000 年，来自约旦埃尔乌瓦伊尼德山谷 14 号遗址。

终成为安迪·加勒德发掘时面临的艰巨任务。

　　在加勒德的工作开始前 2 万年左右，卢伯克看到两个男子抵达了埃尔乌瓦伊尼德山谷的营地。他们的狩猎收获寥寥。暮色降临，人们烤着穿在木条上的野兔，就着盛在倒置龟壳里的浓粥一起吃。[15] 附近的营地有人来访，需要准备更多食物和柴火。很快就聚集了至少 20 个人，他们的谈话不知不觉间汇成一首轻柔的歌。卢伯克爬上附近的玄武岩山崖，俯视着简陋的居所、火堆和坐着的人群。星星出现，月亮升了起来。这幕景象不仅在艾兹赖格盆地各处，也在整个西亚多地出现——考古学家们只能通过他们留下的石器堆来了解这个狩猎采集者的世界。

　　在随后的 4500 年里，当地的植物和人口密度都将大大增加。到了公元前 14500 年，艾兹赖格以西，曾经的荒漠将被草、灌木和花朵覆盖。树木将在曾经的空旷草原上蔓延开来。

　　随着西亚变得更加湿热，那里的动植物也变得更加丰富。这种环境变化的直接证据来自胡拉湖的泥芯。泥芯上溯到公元前 15000 年左右，显示由橡树、开心果树、杏树和梨树组成的茂密森林显著增加。这个温度和湿度升高的时期在公元前 12500 年达到顶峰，即冰河晚期间冰期。

上述植被变化使草原上可获得的植物性食物大大增多。[16] 根部可食用的植物曾经很少，但现在变得充足，如野萝卜、番红花和麝香兰。野生禾本植物欣欣向荣，不仅享受着更加温和的自然条件，而且四季更加分明——冬天更为湿冷，夏天更为干热。我们必须设想草原各处出现了大量野生小麦、大麦和燕麦，周围是零星的树木。事实上，在整个新月沃地，狩猎采集者所能获得的野生植物性食物大大增加。

在这个更加暖湿的世界里，人类的数量开始增加。营养的改善让妇女可以生育更多孩子，而且他们中有更多的人能活过婴儿期，最终繁衍自己的后代。他们分散到新的林地和草原各处，并开始在此前过于寒冷和干燥的高原地区狩猎。

虽然人口增加了，但人类的生活方式与末次冰盛期在奥哈洛和艾兹赖格驻营的人相比，几乎没有改变。不过，考古学家发现了人类文化中新的一致性。[17] 公元前 14500 年后，从幼发拉底河到西奈（Sinai）沙漠，从地中海到沙特阿拉伯，人们都使用形状类似的细石器和加工方法。随着人数的增加、活动范围的扩大和人们的频繁相聚，各种老式的工具制造传统已经式微。整个地区的人们开始选择使用长方形和梯形的细石器。在随后的 2000 年间，它们变得比其他所有形状都更受欢迎。

最大的遗址依然出现在艾兹赖格盆地和地中海丘陵的林地中。有新的定居点出现，比如坐落在以色列迦密山（Mount Carmel）西麓的大卫绿洲（Neve David）。[18] 来自海法大学（Haifa University）的丹尼尔·考夫曼（Daniel Kaufman）发掘出了一座石头建造的圆形小屋和墙壁的废墟，还有许多石质工具——玄武岩的磨石和臼、石灰石的碗、贝壳珠串和一处人类墓葬。骨架右侧朝下放置，双膝在身下紧紧地蜷起。两腿间放了一块平整的磨石，头骨上方放了一只打破的臼，肩颈后面是一只破碗。在墓中放置碾磨植物的工具暗示了这种活动和食物来源对大卫绿洲居民的重要性。考夫曼认为，臼被打破的事实非常重要：这表明它"死了"，就像墓中之人死了那样。

从埃尔乌瓦伊尼德山谷出发，穿越 150 千米和 6000 多年，卢伯克回到了地中海地区的茂密林地。现在是公元前 12300 年的一个秋日午后，他正站在胡拉湖西岸，向西眺望被橡树、杏树和开心果树覆盖的山丘。在东向的山坡上坐落着一个定居点，分布着由红色、黄褐色和棕色的兽皮和树枝建造的屋子，几乎与周遭的林地融为一体。它比卢伯克见过的其他任何定居点都要大得多，真正称得上是一座村子。

第4章

橡树林地的村落生活
早期的纳图夫狩猎采集者社群，公元前 12300 —前 10800 年

　　透过枝叶茂密的树木缝隙，约翰·卢伯克看见林地山坡上整齐地排列着五六座房屋。它们深入土中，底部位于地下，用低矮的干砌石墙支撑起树枝和兽皮做的顶棚。有了如此建造精良、井然有序的房屋，村子看上去与临时规划和仓促建造的奥哈洛和艾兹赖格定居点截然不同。人们显然计划整年都住在村子里。这是马拉哈泉村（'Ain Mallaha），它采用了诞生于遍布地中海丘陵的橡树林地的生活方式。[1] 那不仅是一种新的生活方式，还是一种全新的文化，考古学家称之为纳图夫文化（Natufian）。[2] 哈佛大学考古学教授，也是西亚考古学前辈欧弗·巴尔–约瑟夫（Ofer Bar-Yosef）相信，这种文化是人们通往农业道路上"不可回头的关键点"。[3]

　　卢伯克站在村子前看着人们工作。他们高大而健康，穿着兽皮制作的利落服装，有的佩戴着贝壳和骨珠做的吊坠。和奥哈洛类似，他们的主要工作是把野生植物变成食物，植物采集自林地和森林草原。但现在，他们的任务大不相同，不仅规模大得多，工作也要艰苦得多。他们使用的石臼变成了圆形巨石。许多人参与工作，包括碾磨、捣碎、去壳和切割。一篮篮的橡子和杏仁等着被砸开，然后

磨成粉和糊。

卢伯克在工人间走来走去，从他们背后观察，还偷尝了一点杏仁糊。被捣碎蔬菜和柴火散发出浓郁气味，混合着石臼有节奏的击捣声、成年人的低声交谈和孩子们的笑声。但并非所有成年人都在工作，有的无所事事地坐在午后的阳光下，至少有两名孕妇的肚子已经很大了。还有一名女子倚靠着屋墙，一只狗在她的膝头睡着了。卢伯克走了过去，从两旁抹了灰泥的土坑（用于存放坚果，供日后使用）间穿过，进入了她的屋子。1954年，法国考古学家让·佩罗（Jean Perrot）最终将发掘出那里的遗物，毫不浪漫地将其称作131号。[4]

131号屋比其他的略大一些，可能宽9米，容许五六个人舒服地坐着或睡觉。屋中有的地方阴暗发霉；在另一些地方，午后的阳光透过枯树枝搭成的屋顶照进来，用石块支起、固定的内柱支撑着屋顶。石墙上盖着兽皮，地上铺着灯芯草的垫子。

入口内侧有一堆灰，昨晚这里生过火，以防咬人的虫子进入。屋子中央燃着另一个火炉，有个男人蹲在旁边，正给一对鹧鸪拔毛。他把鸟切成块，放在滚烫的石板上烹饪。他的身后燃着第三堆火，几个年轻人围坐在火边，正修理着弓箭。刻着平行深槽的平整石头被用来将细树枝压直，以便制成箭杆；剃刀般锋利的燧石片被用树脂粘到箭杆上，成为箭尖和倒钩。

四周的墙边堆放着研杵和石臼、柳条篮子和木碗。房梁上挂着一堆与卢伯克之前看到的都截然不同的工具：镰刀。它们的骨柄有的装饰着几何图案，有的被雕刻成瞪羚的形状。[5]刀刃由5到6片燧石组成，用树脂紧紧地黏在凹槽中。它们摆动、旋转着，切过数以千计植物的刀刃被磨得锃亮，在阳光照射下闪闪放光。

让·佩罗在发掘马拉哈泉村131号屋时发现了上述家庭场景的遗迹——天花板支柱留下的洞和石堆，古老火炉里石板周围散落的鸟骨、燧石芯和石片、带凹槽的石头、玄武岩石臼和燧石刃片。许多刃片带有"镰刀光泽",表明它们曾被用来切割大量植物的茎,最有可能的是野生小麦和大麦。当然,佩罗没有找到灯芯草垫、兽皮、柳条篮子和木碗——我们只能猜测,这些东西的存在能提供某些便利,并充分利用林地中的许多材料。

距离131号屋不远,卢伯克找到了一座废弃的屋子——屋顶和墙壁早就坍塌,石基被撬走用于他处。没有活人居住后,这座废弃破败的屋子成了公墓。墓地没有标志,但尸体上有大量装饰。让·佩罗找到了11具男子、女子和孩子的遗骨,他们都被埋在不同的墓穴中,可能是同一家族的成员。其中4人戴着用羚羊趾骨和海贝制成的项链与手镯,特别是细长而天然中空的角贝,就像我们在艾兹赖格见到的。有一个女人头上戴着的精致帽子,就是用一排排这样的贝壳制成的。[6]

几年后,131号屋也将遭到废弃,成为另一个马拉哈泉村家族的墓地。12名死者将被埋在那里,5人被以类似的方式装饰。其中一位死者是个老妇,她和一条小狗躺在一起,后者蜷曲着,仿佛睡着了。她的手搭在狗小小的身体上,就像她在那条狗短暂的生命中一直做的那样。[7]

村子中心附近有一只在突起的岩床上雕出的大石臼,卢伯克坐在上面欣赏景致。1999年,当我坐在同一块石头上时,马拉哈泉村刚刚经历了另一位法国考古学家弗朗索瓦·瓦拉(François Valla)的新一轮发掘。这里已经废弃,除了林中鸟儿的鸣叫,四下寂静无声。但卢伯克看到大块玄武岩被加工成研杵和石臼,其中一只的表面装饰着精致的几何图案。[8]他听着凿石声、聊天声和狗叫声,看着人们制作珠子——角贝被切成段,然后用线串在一起。装贝壳的木碗里还有一只来自尼罗河水域的双壳贝。那也许是通过从一个人到另一个人、从一个定居点到另一个定居点的交易辗转来到这里的,最终至少向北旅行了500千米;或者也可能是某个马拉哈泉村民长途旅行的纪念。[9]

　　就像在奥哈洛和艾兹赖格，人们敲凿着石头。在马拉哈泉村，人们正在制造一种新型细石器：长方形的燧石刃片被小心地凿成新月形——考古学家称其为"半月形"。有的被用在镰刀上，有的用作箭上的倒钩。我们仍不清楚为何这种特别的细石器变得如此流行，也许原因只是人类会欲罢不能地追随潮流。

　　随着天光开始变暗，卢伯克离开村子前往林地。击捣声慢了下来，失去了节奏，然后停止，凿石声同样如此。马拉哈泉村的居民回到自己的居所，或者聚集在火堆周围。轻声交谈变成了轻柔的歌。老鼠跑来吃掉地上的坚果和种子，狗把它们赶开。

　　趁着最后的亮光，卢伯克又读了些《史前时代》，尽管因没能找到任何关于西亚的内容而感到失望，但两个段落似乎与马拉哈泉村有关。在其中一段，那位维多利亚时代的同名者汇集了零星证据，暗示狗是最早被驯化的物种。[10] 但在另一段中，他似乎完全错了：

> 　　真正的野蛮人既不自由也不高贵，他是自身欲求和激情的奴隶；他无法免受天气之害，晚上受冻，白天遭日晒之苦；他对农业一无所知，靠打猎为生，成功时挥霍无度，饥饿总是近在眼前，常常迫使他在食人或死亡间做出可怕的选择。[11]

　　现代人卢伯克希望自己能让那位同名者看到这些宽敞的房屋、服装和村民正在享用的食物——它们都出自对农业一无所知的人之手，但这些人似乎既高贵又自由。随着纳图夫人的歌声不知不觉地与猫头鹰的叫声和甲虫的抓挠声融为一体，他进入了梦乡。

　　马拉哈泉村只是公元前 12500 年左右在地中海丘陵林地上建立的几个纳图夫村子之一。另一个村子位于西南 20 千米处的哈约尼姆洞（Hayonim Cave）。[12] 欧弗·巴尔–约瑟夫和他的同事们从 1964 年开始发掘这个山洞，现场工作持续了 11 季。洞中发现 6 座环形结构，每座直径约 2 米，有的仍然保存有高达 70 厘米的干砌石墙和铺过的地面。其中一座是作坊而非居所，先后被用作石灰窑和骨头加工场。洞壁附近找到了一堆野牛的肋骨，有的被部分加工成镰刀。那里还发现了用狐狸牙齿和鹧鸪腿骨制成的珠子——马拉哈泉村的村民从未如此使用过这种材料。相反，他们喜欢用在哈约尼姆非常罕见的羚羊趾骨制作首饰。

首饰的差别表明，不同村落的纳图夫人注重维护自己的身份。马拉哈泉村和哈约尼姆洞居民之间似乎很少通婚，因为两群人在生物学上区别明显。[13] 从骨骸可以看出，哈约尼姆人要矮小得多，很大一部分人的第三颗臼齿"发育不全"（即从未长出）这种情况在马拉哈泉村非常罕见。如果频繁通婚，上述遗传状况应该在两个村子均等出现。不过，任何一个村子的居民人数似乎都不足以使之成为可独立繁衍的社群。哈约尼姆人可能与另一个今天被称为克巴拉村（Kebara）的纳图夫村子有联系。这两个村子的带纹饰骨制品拥有几乎完全相同的复杂几何图案。[14]

每座村子都有自己的公墓，常常埋葬着带有大量装饰的尸骨。一些最令人惊叹的墓葬来自以色列迦密山埃尔瓦德（El-Wad）遗址的公墓。那里差不多埋葬着 100 名纳图夫人，主要是独葬，不过也有一些墓中埋着多具尸骨。

埃尔瓦德是至今发现的最早的纳图夫遗址之一，由剑桥大学的多萝西·加罗德（Dorothy Garrod）在 20 世纪 30 年代发掘。加罗德是个了不起的人物——她是剑桥大学第一位女教授，而且领导了在近东的几次重要考察。在犹大山西侧的苏克巴洞（Shukbah Cave）进行发掘时，她发现了纳图夫文化 [15]，并认为纳图夫人是农民——这种观点今天已被证明是错误的。在埃尔瓦德公墓中，加罗德在几具尸骨上找到了一些特别华丽的装饰。仅一名成年男子就佩戴着精美的头饰和项链，一条腿上缠绕着带子或袜带，全都用角贝制成。

我们仍不清楚人们生前是否也会佩戴这类首饰。用来装饰年轻成年男女的首饰最为精美，尽管墓葬中的男性数量要比女性多得多。这也许代表了社会身份，也许表明了财富和权力。许多首饰用角贝制成，可能是纳图夫人自己从地中海沿岸采集的。但来自美国塔尔萨大学（University of Tulsa），对约旦南部进行过广泛研究的考古学家唐纳德·亨利（Donald Henry）暗示了另一种可能。他认为，贝壳可能是从生活在位于今天内盖夫（Negev）沙漠的大草原上的狩猎采集者处获得的，后者以此换回谷物、坚果和肉。

对纳图夫人来说，很可能正是对这种贸易关系的控制为个人带来了财富和权力，而维持它们的关键在于限制村中流通的贝壳数量，其中最有效的做法是定期将大量贝壳陪葬。那些墓葬就像今天装满黄金的银行保险库，旨在确保只有一小部分进入流通（无论是黄金还是贝壳），以便维持价值，从而让少数拥有它们的人获得地位或声望。

第一缕阳光透过繁茂的枝叶在地上投下光斑。卢伯克醒来，听见从树林里传来脚步声和说话声。四个男人和几个男孩结束了黎明的狩猎，正在返回马拉哈泉村。他们扛着三头瞪羚的尸体，已经取出内脏，部分切割，在树林里滴下一路血迹。

回到村子，猎物的尸体被挂在一间屋子里，好避开日照和蚊蝇。肉烤熟后，家人和朋友就忙不迭地分享它们。归来的猎人们受到欢迎，开始讲起杀戮的故事——男人们如何埋伏，男孩们如何把受惊的动物驱赶进箭雨。他们谈起自己看到的各种动物留下的痕迹，女人们则获悉了各种可供采集的植物。两个年轻女人拿起柳条篮子，出发去采猎人们看到的那片蘑菇，希望赶在鹿之前找到它们。卢伯克决定跟上去。

　　所有纳图夫村子都拥有和马拉哈泉村相同的经济基础。事实上，所有村子都坐落在非常相似的环境中——位于茂密林地和森林草原的交界处，这些地方可能有永久性水源，适合狩猎瞪羚，而且提供了来自两种不同环境的可食用植物。在发掘纳图夫遗址的过程中找到了大量瞪羚骨。其他动物也被狩猎，比如鹿和小猎物——狐狸、蜥蜴、鱼和鸟。瞪羚骨所透露的不仅是纳图夫人的食谱，它们还表明，人们可能整年都生活在村子里。

　　我们从瞪羚的牙齿了解到这些。与所有哺乳动物一样，瞪羚的牙齿主要由牙骨质组成，在动物活着时会缓慢地一层层生长。在生长最快的春天和夏天，骨质层是半透明的。在生长受限的冬天，它们是黑色的。因此，通过从牙齿上切片并检验最后一层牙骨质，我们可以确定动物被杀死时是夏天还是冬天。

　　美国新泽西州罗格斯大学（Rutgers University）的动物考古学家丹尼尔·利伯曼（Daniel Lieberman）用这种技术研究了在西亚各地的纳图夫遗址找到的瞪羚牙齿。[16] 在他检验的样本中，有的瞪羚在春天或夏天被杀，有的在秋天或冬天被杀。他认为这意味着永久居住——用考古学家的话来说就是"定居"（sedentism）。他对来自更古老遗址的瞪羚牙齿的研究发现，那些地方只在冬天或夏天有人居住，这反映了狩猎采集者流动的生活方式。

　　尽管某些考古学家坚信早期纳图夫人仍然是流动的狩猎采集者，但有更多证据链支持纳图夫人是定居者的观点。[17] 花费如此之多的气力建造石屋，每年却只住几周或几个月，这似乎不太可能。村中垃圾堆里大量老鼠和麻雀的骨骼同样能说明问题；驯化品种在纳图夫文化中首次出现，可能是为了利用永久人类定居点所创造的新环境而进化出来的。[18]

狗的情况可能正是如此。马拉哈泉村墓葬中的小狗是最有说服力的证据，表明在纳图夫人的时代，野狼已经进化成了家犬。另一个墓葬中出现狗的例子来自哈约尼姆洞，三具人类和两具狗的尸骨被小心地排列在同一墓穴中。[19]这些动物并非被驯服的狼，而是真正被驯化的狗，比它们的狼祖先小得多。所有动物的驯化变种体型都将缩小，我们后面将看到绵羊、山羊和奶牛同样如此。

最早的村子应该对狼颇有吸引力，它们会前来从源源不断的垃圾中取食，或者捕猎丰富的老鼠。这些行为本身应该对纳图夫人有利，能帮助他们控制有害生物的数量。于是，有些动物可能被驯服，用于打猎或者陪伴老人和病人，另一些则被用作警卫犬，在陌生人走近时发出警报。与野生种群分开后，这些被驯服的动物很快在基因上变得不同，因为纳图夫人会控制它们的繁育，以保证某些特征得到扩散，另一些逐渐消失。一类新物种就此问世：家犬。

并非所有纳图夫人都整年生活在村子里——也许没有人这样做。约旦河谷东面的几个定居点似乎只在短期内使用，比如塔布卡（Tabqa）和贝达（Beidha）。那里既无居所也无墓葬，似乎最可能是临时的狩猎营地，也许与卢伯克在艾兹赖格看到的那些没什么区别。生活在贝达的人们狩猎山羊、源羊和瞪羚，还拥有来自红海的角贝。[20]他们每年是会在真正的村子里度过一段时间，还是会像早得多的克巴拉人那样过着完全居无定所的生活，至今还不清楚。

一条狗决定跟着两个年轻女人。它看上去非常像狼，蹦跳着从卢伯克身边经过，迅速消失在灌木丛中。卢伯克很快就放弃了跟随的尝试，因为女人们快步走在迷宫般的小径上。那些路虽狭窄但常有人走，在橡树和杏树间蜿蜒而过，穿过羽扇豆丛和山楂丛。卢伯克跟丢了她们，发现自己来到一片更开阔的林地，附近是胡拉盆地的湖边沼泽。小径继续向前，橡树下有几片人工栽种的植物，包括藤蔓交织的豌豆和耷拉着沉重谷穗的野小麦。卢伯克在一片这样的作物边坐下休息，听见远处传来犬吠。

　　无论被当作宠物还是用于劳动，驯服的狗都很像孩子。它们需要关爱，可以成为建立深厚关系的对象；和今天一样，在纳图夫人的时代，狗也是"人类最好的朋友"。纳图夫人可能把对动物的这种关爱态度延伸到了他们采集的植物身上。我们不应该认为他们采集谷粒、采摘果实和收集坚果完全是出于经济目的，只考虑用最小的努力让眼前的产出最大化。人类学家记录的任何狩猎采集者群体都不是这样，没有理由认为史前人会有所不同。

　　南非的布须曼人（Bushmen）、澳大利亚的土著人和亚马孙雨林的印第安人都展现了对周遭植物丰富而翔实的了解，甚至是对那些没有经济价值的。常有一部分根和穗被留在地下，确保来年在同一地点还能有收获。人们经常放火烧掉老枝干，促进新芽的生长。

　　加州大学伯克利分校的考古学家克里斯蒂娜·哈斯托夫（Christine Hastorf）强调了"植物培育"对理解植物驯化最早阶段的重要性。[21] 她提醒我们，除了很少的例外，采集和种植植物的往往是女性，她们常把在家中对待孩子的态度和关爱用到园中的植物身上。纳图夫女性可能类似哥伦比亚西北部的巴拉萨纳人（Barasana），后者在居所附近开辟了"厨房园圃"。园中的大部分植物都是野生品种，但被种植以作为食物、药物、避孕品和毒品。巴拉萨纳人常与亲朋好友交换插条，于是园中每种新增的植物都伴随着一个维持社会关系的故事。此外，许多植物具有与巴拉萨纳人起源神话相关的象征意义。用哈斯托夫的话来说，"穿行在（巴拉萨纳）女人的园圃中就像是在审视她的日常生活、先人谱系和家族社会关系的历史"。[22]

　　今天的每一位园丁都会理解这点。比如，在我自己的城郊园圃里，我妻子的植物中有的是别人给的礼物，有的标出了我们死去宠物被埋葬的地点，有的是过去 20 年间我们搬家时从一个园圃移植到另一个园圃的。我妻子每年都会精心收集万寿菊的种子，以便来年重新播种。她的祖母生前也每年播种万寿菊；许多年前，她把自己亲手收集的种子交给了孙女。

我们不知道纳图夫人对身边的植物有何看法。但鉴于他们定居点的永久性，需要养活的大量人口，还有数量众多的磨石、研杵和石臼，他们似乎用一种会被我们视为种植的方式打理野生植物。我觉得那几片野谷、坚果树、羽扇豆、野豌豆和小扁豆可能被当成了野生园圃，它们得到控制和管理，在社会关系中发挥作用并被注入了象征意义，就像在巴拉萨纳的厨房园圃那样。多萝西·加罗德把纳图夫人视作农民的观点也许有误，但可以非常肯定地说，他们是相当特别的园丁。

在这点上，一些来自纳图夫遗址的手工制品变得更加重要，因为它们可能如实描绘了园圃本身。在哈约尼姆发现了一块约为 10 厘米×20 厘米的长方形石灰石板，上面刻的线把表面分成不同区域。欧弗·巴尔-约瑟夫和耶路撒冷希伯来大学的纳图夫艺术专家安娜·贝尔菲-科恩（Anna Belfer-Cohen）提出，可以认为这种图案"标明了具体的领地或某种'田地'"[23]，也许是通过小径来分隔的。这块石板并非独一无二，另一些石板上也有类似图案，虽然可能不是对田地或园圃空间的精确描绘，但它们可能呈现了抽象的版本——就像伦敦地铁路线图那样。

早晨，约翰·卢伯克翻读《史前时代》，在胡拉盆地的纳图夫世界中观察鸟类。当高升的太阳烤散了晨间的几缕云彩，一对秃鹫在明澈的蓝天上盘旋，一队大雁飞抵湖上，鸣禽落到野小麦上吃起谷粒。正当卢伯克决定返回马拉哈泉村时，来了一群女人，站在他身边检视小麦。她们发出咒骂，因为小麦比她们预料的成熟更快，她们知道从现在开始会有不少损失。几分钟后，女人们开始干活，用卢伯克看到的挂在 131 号屋中的那种燧石刃镰刀割麦秆。她们从底部切断茎干，以便同时获得麦秆和谷粒；正如她们所担心的，麦穗一碰就破，麦粒连在一起聚成的许多小穗散落到地上。她们干得很快，将麦秆和麦穗堆积起来并绑成捆。

　　回到村子后，麦穗被敲打进木碗里，以便分离出剩余的小穗；人们还加入烧红的石头，并摇晃木碗。卢伯克推测，这会烤干小穗，让它变得很脆。然后，它们被倒进空的木臼中，靠碾压脱出谷粒。木臼里的东西被倒到树皮做的托盘上，通过簸扬分离和去除谷壳。[24]谷粒被倒回木臼中，仔细地磨成面粉。加水混合制成面团后，它们被放在滚烫的石头上做成扁平的面饼。这一切距离谷粒生长在马拉哈泉村的野生园圃中，仅仅过去了几个小时。

　　我们知道纳图夫人用镰刀收割野谷。从它们装饰性的手柄来看，这也许是一种被赋予了象征意义的活动，就像采摘万寿菊之于我的妻子。用镰刀收割比起将谷粒敲进篮子要高效得多，因为这减少了掉到地上未能收集的谷粒数量。[25]纳图夫人尚未意识到这种新式收割法的另一个影响：用镰刀收割为从野生到驯化品种的转变打下了基础。

　　我们还记得，野谷与驯化谷类的主要差别是谷穗的易碎性——野生品种成熟时，谷穗会自然破裂，将种子撒到地上，而驯化品种的谷穗仍然完整，"等待着收割者"。在野生谷类中，总会出现少数谷穗相对不易碎的植株——这种基因变异非常罕见，据戈登·希尔曼估计，每 200 万至 400 万棵易碎植株中，只有 1 到 2 例变异。

　　敲打茎秆并用篮子接住掉落谷粒的人不会采集到基因变异的植株。只有当用镰刀收割时，来自这些植株的谷粒才会与正常易碎植株的谷粒被一起采集。设想一小队纳图夫人开始收割野谷的场景：

如果小麦或大麦已经成熟，来自易碎植株上的许多谷粒已经撒落在地，但罕见的不易碎植株的谷穗仍然完整。因此，当谷物被收割时，收获的谷粒中来自这些植株的种子比例相对要高于它们在林地或草原上的比例。

现在，设想纳图夫人重新播种从前一轮收获中留下的野生谷粒，或者把它们种到用棍子钻出的洞里乃至耕过的地里，这样会发生什么？谷种中来自不易碎变种的比例将相对较高。当人们用镰刀进行新一轮收割时，不易碎的变种将再次被顺利收获，在成果中占据更高的比例。如果这一过程一再重复，不易碎的品种将逐渐占据主导。最终，它们将成为唯一留存的品种——"等待收割者"的驯化变种将就此诞生。但如果遭到遗弃，驯化品种会逐渐消失，因为它们无法自行繁衍，而新的基因变异（谷穗易碎，就像最初的野生品种）将成为唯一能够繁衍的种类，很快再次统治田野。

戈登·希尔曼和威尔士大学的生物学家斯图尔特·戴维斯（Stuart Davies）用他们的植物基因与古代采集技术知识（多数通过实验获得）估算了从野生到驯化品种的变化需要多长时间。[26] 通过计算机模拟，他们证明在理想条件下，最少只需 20 个收割和再播种周期就可以将易碎的野生小麦变成不易碎的驯化变种。在更现实的条件下，200 到 250 年是最可能的转变周期。

考古学证据显示，纳图夫文化时期并没有发生这种转变。在显微镜下可以看到驯化品种和野生品种谷粒的形状差异，虽然纳图夫考古记录中发现的谷粒很少，但已知的显然都是野生品种。我们要再等至少 1000 年才能在叙利亚的阿布胡赖拉（Abu Hureyra）和艾斯沃德丘阜（Tell Aswad），以及巴勒斯坦的耶利哥等定居点看到最早的驯化谷粒。因此，纳图夫人似乎在 3000 多年的时间里一直用他们的镰刀收割野谷，没能完成从易碎到不易碎植株的进化飞跃。

对此似乎有个非常简单的解释，由罗曼娜·翁格尔-汉密尔顿（Romana Unger-Hamilton）在 20 世纪 80 年代通过某项了不起的研究提出，当时她在伦敦大学考古系工作。[27] 在戈登·希尔曼的指导下，她花费了许多个月来再现纳图夫人收割野谷的方法。她在迦密山的山坡上、加利利海周围和土耳其南部进行了一系列控制实验，使用同样是骨质手柄和燧石刀刃的镰刀收割野生小麦和大麦。然后把刀刃放到显微镜下，检验上面的"镰刀光泽"痕迹——不同种类和不同成熟阶段的谷物留下的光泽在质地、位置和亮度上各不相同。

翁格尔-汉密尔顿发现，真正纳图夫刀刃上的光泽与她用来收割尚未成熟的谷物时所用刀刃上的最接近。那种状态下，易碎品种只会掉落一点点谷粒，来自不易碎变种的种子比例几乎与野生状况下一样微不足道。因此，即使纳图夫人通过播种获得新一轮收获，不易碎变种也无法获得统治地位。收割不成熟谷穗是完全有道理的，因为这避免了易碎品种大部分谷粒的损失，否则它们可能已经掉到地上。

另一个阻碍纳图夫文化时期出现驯化谷物的因素可能是他们的定居生活。巴黎亚莱斯研究院（Jàles Research Institute）的帕特里夏·安德森（Patricia Anderson）开展了与罗曼娜·翁格尔-汉密尔顿类似的研究计划，证实了后者的许多结论。[28] 她还发现，当用镰刀收割野谷时，即使它们仍处在"不成熟"阶段，掉到地上的谷粒也完全足够实现来年的收成。因此，纳图夫人只有在开辟一片全新麦田时才需要播种，其他情况下，他们可以依赖现有麦田的"再生"。所以，即使纳图夫人采集的谷粒中不易碎变种的比例较高，除非他们在新的地方开辟新的麦田，否则这些变种将永远没有机会成为主导品种。随着纳图夫人成为定居者，他们不再开辟新地，一直在地中海林地的野生园圃中种植野生谷物。

关于纳图夫人、他们的园圃和植物采集活动的上述观点有一个明显缺陷：从他们的定居点很少发现植物残骸。这既是因为保存条件差，也因为许多发掘活动是在现代复原技术出现前展开的。为了寻找公元前12000年植物采集性质的直接证据，约翰·卢伯克不得不离开地中海林地和纳图夫文化。他必须向东北跋涉500千米，来到位于幼发拉底河洪泛平原的另一个狩猎采集者村子：堪称惊奇的阿布胡赖拉遗址。

第 5 章

幼发拉底河沿岸

阿布胡赖拉与狩猎采集者定居文明的兴起，公元前
12300—前 10800 年

当约翰·卢伯克走近阿布胡赖拉村时，草原上的花草沾着露珠。
这是公元前 11500 年一个仲夏日的黎明。他从马拉哈泉村出发，离
开地中海丘陵的茂密橡树林，穿过开阔的林地，最终进入了无树草
原，即今天的叙利亚东北部。他经过几个河边或湖边的村子，现代
世界对它们一无所知。现在，他停下来欣赏风景——远处是平原；
更远处，一条流淌的大河沿岸长着一排树，那就是幼发拉底河。再
远就只剩下破晓时分模糊晨曦中隐隐约约的地平线。

又走了几分钟，村子映入眼帘，但需要仔细观看才能看清。它
隐没到砂岩台地之中，就像马拉哈泉村融入了周围的树林，仿佛由
风塑造、由太阳催生，而非出自人类之手。每走一步，集聚在洪泛
平原边缘、覆盖着芦苇的低平屋顶就变得更清晰一些。即使这样，
自然和文明的边界仍然非常模糊。[1]

阿布胡赖拉的村民正在睡觉。狗嗅着彼此和地面，有的在挠痒，
有的嚼着骨头。屋顶高度及腰，由嵌入软石中的木质小屋架支撑。[2]
卢伯克向下走入一间屋子，看到了又小又挤、宽几乎不超过 3 米的
圆形房间。一男一女睡在兽皮和干草席上，有个小女孩同样睡在一

捆兽皮上。

地上散落着手工制品和垃圾——并非像马拉哈泉村那样的研杵和石臼，而是平的和凹的磨石。地上到处散放着凿制的石器、柳条篮子和木碗，甚至还有一堆爬满苍蝇的动物骨头。一只小碗里装着燧石制作的新月形细石器，很像马拉哈泉村的。居所的一边有堆尘土——墙壁已经坍塌，外面的土掉了进来。腐烂肉类和污浊空气的味道令人作呕。

村中生活的很大一部分在墙外进行——与我们今天想象的不同，他们不把屋子封闭起来。室外有烹饪场所、成堆的木棒、成捆的芦苇、一片片树皮和一堆堆磨石。显然，许多人会合作打理从草原上的野生园圃与河边的沼泽林地采集的植物。卢伯克弯下腰，让磨石周围各种颜色的果壳、茎秆、枝条和叶片从指间滑过。这些是垃圾，被留在了它们从磨石上掉落或者从成捆的植物和花朵上扯下的地方。不远处的篮子和石碗里装满了形状和颜色各异的坚果与种子。

在村子的另一个地方，卢伯克又看到了一堆磨石；但它们周围是红色石块和粉末，而非种壳和植物茎秆。这些磨石染上了用来装饰人体的红颜料。在一旁，三只瞪羚已经被掏空内脏，但尚未分割，它们的尸体被吊在狗够不到的地方。对于阿布胡赖拉村民来说，捕猎瞪羚和采集植物同样重要。但狩猎主要在每年夏天进行，时间几乎不超过几周；那时，大群瞪羚从村子旁经过。[3]

阿布胡赖拉村民的日常生活开始了。瞪羚没有出现，猎人出发前往河谷寻找野猪和野驴。现在很少有动物生活在村子附近，猎人们将失望而归。女人和孩子们在野生园圃中工作，在太阳下除草、杀虫、采集时鲜的果实。

几天后，瞪羚群到来，一年一度的杀戮拉开帷幕。到访村子的来客受到欢迎。他们从土耳其南部带来闪亮的黑曜石作为礼物，获得角贝作为回礼。这些贝壳采自地中海沿岸，由从前的客人带到阿布胡赖拉。

在随后的 1000 多年里，阿布胡赖拉的狩猎采集者将继续捕猎瞪羚。这种动物的数量如此之多，以至于杀戮影响不到种群的规模。女人和孩子们将继续打理野生园圃并获得丰富的收成。室内积累的土、沙、丢失的器具和其他垃圾让居所变得无法忍受，或者干脆没法进屋。那时，阿布胡赖拉人会建造新的居所，这次将完全位于地面以上。但艰难时期终将到来。新仙女木期的干旱将打乱瞪羚的迁徙，并严重破坏草原的生产能力。村子将被遗弃，人们回归四处迁徙的生活。

他们将在公元前 9000 年返回，但并非作为狩猎采集者，而是作为农民。他们将建造泥砖房屋，在冲积平原上种植小麦和大麦。瞪羚将恢复迁徙，被继续猎取 1000 年，直到阿布胡赖拉人突然转向放牧绵羊和山羊。房屋不断被重建，形成了长 500 米、深 8 米、包含超过 100 万立方米沉积物的丘阜。阿布胡赖拉最早的地下居所的遗存将被深深掩埋，从人类的记忆中消失。

1972 年，考古学家安德鲁·穆尔（Andrew Moore）发掘了部分丘阜。由于是水坝建设前的抢救性行动，他的工作仅限两季。今天，丘阜被淹没在阿萨德湖（Lake Assad）的水下。在他能够发掘的小片区域中，穆尔找到了阿布胡赖拉最早期居民的几处居所和垃圾堆的顶部。没有找到公墓或任何墓葬的痕迹。这让他陷入困惑。他们如何处理死者？是否像马拉哈泉村那样明显存在着贫富差异？

尽管如此，那两季的工作得到了关于这个村子的大量信息。这次发掘采用的方法确保了哪怕最小、最脆弱的植物残骸也得以复原，而这也是最早采用这类方法的发掘之一。其中包括"浮选法"，即让碳化的种子从包裹的沉积物中漂浮起来，然后捞起并准备用于研究。戈登·希尔曼发现，有不少于157种不同植物被带到了村中，并怀疑至少还有100种被采集过但没有留下考古学痕迹。[4]

他能够确定至少两个采集季：一个是从春天到夏初，另一个是秋季。但他认为居民整年都留在村里，不然冬天他们还有什么地方可去呢？天气条件会让草原和周围的山地变得一片荒凉。盛夏时，最关键的资源可能是来自山谷的水。通过留在阿布胡赖拉，他们可以享用在夏天达到最佳品质的植物，比如蔍草和香附子的块茎——尽管在考古残骸中没有找到两者。

英国两位最杰出的动物考古学家，彼得·罗利－康维（Peter Rowley-Conwy）和托尼·莱格（Tony Legge）研究了每年的瞪羚屠戮。[5]通过两吨碎骨，他们证明只有成年、新出生和一到两岁的瞪羚会被捕杀。这表明屠戮发生在初夏，因为只有在此时才会出现这种特定的年龄范围。

穆尔、希尔曼、罗利－康维、莱格和其他许多考古学家了不起的工作显示，阿布胡赖拉的狩猎采集者享受着最诱人的环境条件，这种条件持续了数千年，早在末次冰盛期之前很久就开始了。没有其他哪个时代的动植物如此充足，品种如此丰富，而且获得方式如此可预测——就像地中海林地的纳图夫居民所面临的那样。这让他们有机会抛弃自350万年前人类在非洲草原上出现起就过着的流动生活。但为什么要这样做呢？

当人们在村中有了长期的邻里之后，社会紧张将不可避免地出现，何必造成这种情况？更加安定的生活方式伴随着人类垃圾和健康风险，为什么要让自己面对这些？为什么要冒耗尽自己村子附近的动植物的风险？

我们几乎可以肯定，人们并非因为人口过剩而被迫采取这种生活方式。纳图夫遗址的数量并不比之前时代的遗址更多。如果哪个时代有过人口压力，那就是公元前14500年，当时克巴拉遗址数量

大幅增加，并出现了细石器形状的标准化。当纳图夫村落在 2000
年后出现时，没有证据表明当时有过人口增加。此外，从他们的骨
骼证据来看，纳图夫人相当健康——完全不像因食物短缺而被迫采
取不想要的生活方式。[6]

　　耶路撒冷希伯来大学的安娜·贝尔菲-科恩研究了骨骼证据，
她很少看到创伤痕迹，比如愈合的骨折、营养不良或传染病。生活
条件恶劣的人常会在牙釉质上出现细线，被称为发育不全。这些细
线表明牙齿主人经历过食物短缺时期，且多在刚断奶后。纳图夫人
牙齿上的细线不如务农民族常见。但纳图夫人和早期农民的牙齿都
磨损严重，这证实了植物在他们生活中的重要性：用石磨碾碎种子
和坚果时，沙粒会混入加工好的面粉或果糊。当人们吃这种食物时，
沙粒会磨损牙齿，常常导致牙釉质几乎全被磨掉。

　　纳图夫人似乎既健康又相当和平。不同于卢伯克在欧洲、大洋
洲和非洲旅行时将要看到的情况，这里没有群体间冲突的迹象，比
如嵌在人骨中的箭头。纳图夫狩猎采集者群体是好邻居，所有人都
拥有充足的土地、园圃和猎物。

　　为了享受村落生活的好处，纳图夫人和阿布胡赖拉人可能准备
好了忍受不利方面，例如社会紧张、人类垃圾和资源耗尽。马拉哈
泉村的发掘者弗朗索瓦·瓦拉相信，纳图夫村落的兴起完全来自克
巴拉人的季节性集聚。[7]他回想起社会人类学家马塞尔·莫斯（Marcel
Mauss）的工作，后者曾在 20 世纪初与北极的狩猎采集者共同生活
过。莫斯发现，周期性集聚的特点是热情的社群生活：充满宴会和
宗教仪式、智识讨论和大量性行为。相比之下，在一年中的其他时候，
当人们置身相距遥远的小群体中时，生活相当乏味。

　　瓦拉认为，纳图夫文化之前的流动猎人和采集者的集会情形可
能与之类似，而纳图夫人有机会延长集聚的时段，直到最终持续整
整一年。事实上，在大卫绿洲已经可以看到纳图夫村落的所有关键

元素：石头居所、磨石、角贝珠、人类墓葬和瞪羚骨骼。随着气候变得日益暖湿，动植物也更加多样和丰富，人们停留的时间越来越长，并更早地回到冬季集聚地，直到有些人整年留下来。

事实上，在马拉哈泉村、阿布胡赖拉和公元前 12500 到前 11000 年的整个西亚，定居的狩猎采集者都享受着舒适的生活。丰富的考古学证据和出色的研究工作让我们得以在头脑中重现那种生活的某些鲜活画面。无须费力，我们就可以想象橡子被装在篮子里运往马拉哈泉村，然后被磨成糊；阿布胡赖拉的猎人们终于看到了走近的瞪羚；在埃尔瓦德，人们为即将下葬的死者戴上角贝头饰、项链和脚带。

但最令人难忘的画面是几个家庭享受在森林草原上的一天——远离吠叫的狗、恶臭的垃圾堆和留在村中的坏脾气家伙。他们既不在寻找猎物也没有采集植物。这是个休息日，我看见他们坐在无数夏日鲜花之间。孩子们在制作花环，年轻的恋人则溜进了长草中。有人在交谈，有人在睡觉，所有人都享受着阳光。他们吃饱喝足，没有烦恼。

经过在阿布胡赖拉几天的生活和工作，约翰·卢伯克同他们坐在一起。他读着自己的书，发现那位同名者对气候变化有所了解，但知之甚少。维多利亚时代的约翰·卢伯克认识到天气发生了剧变，因为他在阳光明媚的法国南部造访过堆满了驯鹿骨骼的山洞，在泥炭沼泽中找到过橡树，还看到山谷被古代河流切开。但在 1865 年，人们尚未意识到气候变化的复杂性，多次冰河期的观点直到 20 世纪初才获得青睐，新仙女木等关键事件也直到近代才为人所知。不过，现代人约翰·卢伯克还是对同名者的书印象深刻，特别是当他读到作者暗示气候变化的原因包括太阳辐射的改变、地球自转轴的变动和洋流的变化——这些后来都被证实，而且至今仍是科学研究的前沿。[8]

　　卢伯克一度忘记了自己的历史位置，蝴蝶、花朵、太阳和微风完全是不受时间影响的。但公元前 11000 年和气候剧变即将到来，坐在草原上的那些家庭不知道自己正处在环境灾难的边缘：新仙女木期即将到来。

　　对末次冰盛期以来的许多代人而言，人类在西亚的生活变得越来越好。虽然发生过起伏——有的年份天气相对干冷，更难获得植物性食物和猎物，有的年份则食物更加充足——但趋势是气候更加暖湿，植物品种更加多样，种子、果实、坚果和块茎产量增加，动物群更大且更易预测，文化和智识生活更加丰富。在卢伯克看到的马拉哈泉村和幼发拉底河沿岸的村落生活中，这一过程达到顶峰。在草原上享受夏日阳光的阿布胡赖拉家庭无疑是幸运的，他们可能也明白这点。但他们不可能知道自己有多幸运。因为仅仅几代人之后，天气的势头将会改变，生活再也不会如此舒适。

第6章

千年干旱

新仙女木期的经济与社会，公元前 10800—前 9600 年

　　约翰·卢伯克再次站在胡拉湖西岸，眺望马拉哈泉村。距离他上次看到这座位于橡树、杏树和开心果树中间的村子里生机勃勃的景象，已经过去了50代人、1500年。时过境迁，林地此时已变得稀疏，乔木和灌木不再像从前那样，长满美味多汁的果实，向村民提供充足的食物。村中，屋顶和墙壁已经坍塌，有的屋子只剩下一堆瓦砾。有几座新建的圆屋，但又小又破。

　　西南方向 50 千米外，哈约尼姆村被彻底抛弃。在那里住了 200年后，人们离开洞穴，前往台地生活，用之前的居所埋葬死者。但即使是那些新建的房子如今也已荒芜。荆棘和野草、蛇和蜥蜴、地衣和苔藓成了仅有的居民，自然开始索回它的石头，欢迎石灰石墙、玄武岩臼和燧石刀锋回归地下。阿布胡赖拉同样如此——人们已经离开，任由空屋坍塌，手工制品被抛弃和遗忘。

　　现在是公元前 10800 年。定居村落生活只存在于人们代代相传的故事中，他们此时生活在临时营地中，四散分布在苦苦挣扎的林地和现在变得犹如荒漠的草原上。纳图夫人的文化成就只在这些人的手工制品、服装和社会习俗中留下了微弱的回响——考古学家称

他们为晚期纳图夫人。其中许多人定期在马拉哈泉村、埃尔瓦德和哈约尼姆碰面，带来死者的尸骨，将它们埋在祖先身旁。埋葬之地已经成为圣所，是存在于历史和神话之间的地下世界。

定居村落生活的实验持续了近 2000 年，但最终失败了，迫使人们回到更古老的漂泊生活。在此之前，纳图夫文化的范围已经远远超过了地中海林地（欧弗·巴尔-约瑟夫称那里是它的"故乡"）。这种文化的标志——新月形细石器在西亚各地广泛传播，从阿拉伯半岛南部的沙漠一直到幼发拉底河畔都出现了晚期纳图夫人定居点。

纳图夫文化的传播暗示，定居村落生活在一定程度上是自身成功的受害者。它们的居民人数可能不断上升。流动的狩猎采集者人口存在天然限制，因为他们在营地间迁徙时不仅要带着自己的财产，还要带上最小的成员。生育必须间隔 3 到 4 年，因为一次不可能带超过一个孩子。马拉哈泉村、哈约尼姆和其他村子的纳图夫居民则能够更加自由地生育。

看上去，纳图夫文化的传播可能部分要归功于离开自己的村落去建立新定居点的人群。这可能是雄心勃勃的年轻男女能够为自己赢得权力的唯一途径。但另一个传播原因也不言自明：再也找不到足够的食物维持生计。晚期纳图夫人进入内盖夫沙漠建立了罗施霍雷沙（Rosh Horesha）和罗施金（Rosh Zin）等村子 [1]，或者来到地中海沿岸建立了奥伦溪村（Nahal Oren）[2]，或者在幼发拉底河畔建立穆赖拜特（Mureybet）定居点 [3]，他们可能是最初的一批经济移民。

村民开始过度利用他们依赖的野生动植物。垃圾堆中的瞪羚骨很能说明问题，这些骨头表明了他们如何试图控制动物种群，但最终适得其反，导致了食物短缺。来自耶路撒冷希伯来大学的卡罗尔·科普（Carol Cope）仔细研究了哈约尼姆和马拉哈泉村的瞪羚骨骼。[4] 这些村子狩猎的瞪羚与阿布胡赖拉捕获的习性大不相同。它们常年生活在纳图夫定居点附近，从未形成在幼发拉底河附近被伏击的那种大型瞪羚群。

科普发现，纳图夫人更喜欢捕猎公瞪羚。这显而易见，因为她研究的距骨很容易根据大小分为两类，大骨头的数量是小骨头的 4 倍。大脚意味着大身体，对瞪羚而言，那意味着雄性。

当克巴拉人开始使用哈约尼姆洞时（比纳图夫人过上定居生活早了 5000 年），他们杀死的公瞪羚和母瞪羚比例相当。[5] 纳图夫人也许试图通过优先选择雄性来维持瞪羚数量。虽然雌雄的出生比例相同，但事实上只需几只公羊就能维持瞪羚群。卡罗尔·科普认为，纳图夫人认定公羊是可牺牲的，并认识到需要确保有尽可能多的母羊用于繁衍。

如果这是他们的目标，那么就大错特错了。纳图夫人的错误在于，他们不仅捕猎公羊，而且选择所能找到的最大的。于是，母瞪羚只能和较小的雄性交配——这不可能是它们的自然选择。由于较小公羊的后代也较小，而且纳图夫人会杀死其中最大的，每代瞪羚的体型都变得更小。因此，哈约尼姆洞垃圾堆中的瞪羚骨骼比来自台地的大得多——两者相距 500 年。

较小的瞪羚意味着可供日益增长的人口食用的肉也较少。对"野生园圃"的过度利用让这种短缺雪上加霜：人们收割了太多野谷，采集了太多橡子和杏子，导致无法实现自然补充。

纳图夫人的健康开始受到影响，特别是儿童。这从他们的牙齿可以看出。[6] 埋在哈约尼姆的晚期纳图夫人，其牙釉质发育不全的比例要比早期纳图夫人高得多。他们去世时留有的牙齿数量也更少，而且有龋齿，进一步证明了他们健康不佳。

食物短缺也会导致身体发育不良，就像在今天的饥荒受害者中所看到的。这可能解释了为何许多晚期纳图夫人（比如埋在奥伦溪村的）比最初生活在马拉哈泉村的人矮小。和在现代世界一样，男性比女性受到更大影响，在晚期纳图夫人中，两性的体型也比过去更为接近。[7]

导致纳图夫村落人口流失乃至村子被弃的食物短缺，不能完全归咎于纳图夫人自己，归咎于他们没能控制自己的数量。人口增长带来的问题与某种人们完全无法掌控的因素相比或许不值一提，那就是气候变化。

持续千年的新仙女木期寒冷而干燥，原因是北美冰盖融化后，大量冰川融水注入北大西洋。我们可以从胡拉泥芯的花粉粒中清楚地看到它对西亚地貌的影响。[8] 公元前 10800 年之后产生的沉积物中，树木花粉的数量大幅减少，表明许多林地因为寒冷和缺少降水而消亡。事实上，在 500 年的时间里，气候条件变得几乎与末次冰盛期相同：正当人口达到前所未有的水平时，食物供应出现了灾难性的崩溃。

在人口压力和气候恶化的双重打击下，我们不应对早期纳图夫村落生活的崩溃感到意外。但人们无法轻易回归他们克巴拉祖先的生活方式。不仅因为现在人口数量要多得多，还因为晚期纳图夫人拥有定居生活的遗产：新的技术，新的社会关系，对动植物的新态度，关于土地和居所（甚至所有权和财产）的新观念。

即使人们回归了临时营地的古老生活方式，双脚重新习于跋涉，上述思想也没有回头路可走。

在追踪约旦河谷晚期纳图夫人的故事和回到卢伯克的旅行之前，我们必须首先短暂地造访向东 1000 千米的地方。这将带我们前往比现在废弃的阿布胡赖拉村和幼发拉底河更远的地方，来到托罗斯（Taurus）和扎格罗斯（Zagros）山脉。新仙女木时期，这里的村子没有废弃。相反，它们正第一次被建造起来。

扎格罗斯地区边界模糊，地形多样，包括美索不达米亚平原的较高部分，延绵的丘陵、深谷、峭壁和峰顶。日照和高度的变化导致降雨量和温度的巨大差异，即使整体条件又干又冷，仍然造就了许多生机勃勃的小块植被。

整个地区的温度下降，降水减少，给许多最近才从地中海沿岸传播至此的树木带来灭顶之灾。但未受恶劣气候影响的低地山谷为小片橡树、开心果树和红荆提供了庇护，也容纳了被迫从现在变得寒冷刺骨的高处山坡向下迁徙的猎物。

狩猎采集者不得不追随着动植物在那些山谷定居下来，人口密度变得比他们在山间四处游荡时高得多。他们在山谷中修建了一些有史以来最精美的建筑。建在托罗斯山脚下一条小河边的哈兰切米丘（Hallan Çemi Tepesi）是这些新村落中最迷人的一个。[9] 1991 年，这个考古遗址受到堤坝建设的威胁。美国和土耳其的联合考古队展开发掘，他们找到了带石头地基和抹灰篱笆墙的建筑痕迹。建筑的准确建造年代仍然不明，少数几个放射性碳定年得出的数据跨度超过 2000 年，但主要生活时期似乎在公元前 10000 年左右。哈兰切米丘人采集种类繁多的植物性食物，包括杏子、开心果、李子和豆类。他们还狩猎山羊、鹿和野猪。

一些建筑是家庭居所，内有火炉、磨石和实用器具。但另一些建筑中发现了小雕像、带纹饰的石碗和来自北面 100 千米外的黑曜石。这些建筑不被用于家庭活动，而是被用于社交或仪式活动。

带纹饰的石碗用砂岩制成，有的平底，有的底部为圆形，侧面开孔，以悬在火上。许多碗装饰着刻出来的格子线、折线和曲线。有的带动物图案：一只容器的表面有三条狗在列队行进。一些研杵打磨得非常光滑，其中一根的手柄被雕刻成抽象的羊头。考古学家们还找到了许多形状和大小各异、用彩色石头制成的珠子。所谓的

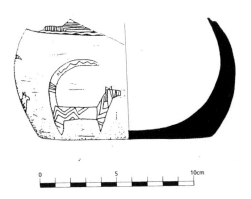

石碗，约公元前 11000 年，来自土耳其的哈兰切米丘

小雕像用与石碗原料相同的白石制成。

　　对季节性的狩猎采集者营地而言，哈兰切米丘显得过于庞大。人们在建筑中投入了可观的劳动，并且显然将较大的石质容器制成了家居配件。高度发达的物质文化和黑曜石贸易暗示，这个社会与曾经繁荣于马拉哈泉村的社会同样复杂——甚至可能更深地沉浸于象征和仪式的世界。直到许久以后的旅行，约翰·卢伯克才会意识到这些发展的影响——他将在公元前 11000 年抵达美索不达米亚，那时他已经走遍了几乎整个世界。

　　考古学家们仍在试图理解约旦和幼发拉底河谷的晚期纳图夫人在新仙女木期采取的新生活方式。一个有力的证据来源是他们的墓葬习惯，以及同他们生活在村子里的祖先相比这些习惯发生了什么变化。[10] 最惊人的发展也许是，死者下葬时不再佩戴用兽骨和海贝制成的精美头饰、项链、手镯和吊坠。早期纳图夫人中有约四分之一以这种方式埋葬，暗示一些人比其他人有钱有势得多。

　　财富和权力显然建立在定居村落生活的基础之上，这让精英阶层有机会控制从其他地方输入海贝和其他物品的贸易。回归流动生活消解了他们的权力基础，让社会重新变得平等，就像在克巴拉时期那样。不用海贝装饰死者并非因为无法再得到这种贝壳——它们在晚期纳图夫人定居点中数量很多。只不过它们没有和死者埋在一起，而是和骨珠与吊坠一起被扔进了家庭垃圾堆。贝壳失去了价值，因为人们再也不能控制它们的分配——流动的狩猎采集者可以自己收集海贝，并随心所欲地进行交易。

回归更平等社会的另一个标志是从以群葬为主（可能是作为同一家庭或宗族的成员）转向独葬。显然，家庭成员的身份不再那么重要，对人的评价建立在他们的成就和个性之上，而非他们的血缘关系。但最能说明纳图夫社会变化的是丧葬习惯中的第三种变化。很大一部分纳图夫墓葬中的尸骨杂乱无章，或者骨架有缺失——通常是头骨。

考古学家称这种现象为二次埋葬。它们表明，葬礼远不是把尸体放进坟墓、留在那里的简单行为，而是至少有两个（甚至多个）阶段——很可能以许多群体集合起来为死者最后送行作为高潮。

现在是公元前10000年胡拉湖的一个秋日，一群大雁似乎宣告着黄昏降临。约翰·卢伯克在自己的小火堆旁躺下，幸福地看着夜晚拉开帷幕，等待睡意到来。但几分钟后，他被人声惊扰，那是一群前往马拉哈泉村的疲惫旅人。老人挂着拐棍，小孩子被父母背着。破败的村子里传来响亮的犬吠，与这些人同行的狗只回以低低的叫声。对狗来说，马拉哈泉村将只是一年中到过的许多落脚点中的又一个。但对人来说，这是个无与伦比的地方——那是他们祖先的家，但这却是他们多年来第一次到访这里。

他们在此行中到过几个临时营地——等到当地猎物和植物消耗到无法维持他们的生计时，就抛弃那里。他们还造访了有人去世和被埋葬的地方。在每处坟墓，骨头被挖出，放进篮子里带到马拉哈泉村。他们从有的墓中取走被干燥的皮和筋连在一起的近乎完整的骨架，但从另一些墓中只拿走头骨。在途中休息时，老人会回忆起父辈和祖辈带着他们死去亲人的尸骨前往马拉哈泉村重新埋葬的旅程。小孩子兴致勃勃地听着，把故事记在心里：他们的祖先如何整年在马拉哈泉村定居，那里的食物曾经多么丰富；他们如何用精美的首饰和服饰装点死者；狼如何变成了狗。

卢伯克加入他们的队伍，一起走进了马拉哈泉村，受到恭敬而程式化的欢迎——村中还有少数人生活，他们住在破败不堪的屋子里，负责守卫这里。旅人放下篮子和几件随身携带的物品。人们生起火，分享了一点食物，然后全都坠入梦乡。

随后的几天里，又有三支队伍抵达马拉哈泉村，各自带着装有他们死者骨殖的篮子。现在已经聚集了差不多100人，准备重温祖先的生活。随后的两天里，人们在树林里为宴会搜寻猎物和植物性食物。故事在人们口中被讲了一遍又一遍。

卢伯克帮忙打扫一座坍塌的屋子，清理掉石块、荆棘、腐木和泥土。马拉哈泉村古老的公墓被重新挖开。在歌声中，新死者的骨殖被从篮子里取出并放到土中。就这样，过去和现在交织在了一起。重葬行动、随后几天的庆祝、社群生活、讲故事和宴会为生者再现了他们祖先的生活。现实的挑战——在新仙女木期恶劣的干旱中艰难求生——被暂时忘却。

只要食物供应允许，人们就会一直留在马拉哈泉村——通常为10天，最多可能到两周。他们不停地谈论自己去过哪里、见过谁，以及未来可能会如何。他们还交换了礼物，包括石头和贝壳，而最吸引人的是装在皮袋里的谷物、豌豆和小扁豆。

最终，人们离开村子各奔东西，每支队伍都有了些新成员，但也失去了些老成员。他们都很高兴能回归在地中海丘陵、约旦河谷和其他干旱地区四处迁徙的生活方式。毕竟那是他们所知道的唯一生活方式，也是他们所喜爱的。卢伯克也爱上了这种生活，特别是与这些人为伴，听他们讲述每座山谷和山丘，每片水塘和树林时。他加入了向东南方前往约旦河谷的一队人。装有种子的口袋挂在他们腰间，像钟摆般荡来荡去，仿佛它们也有时间意识，知道留给靠狩猎和采集获得食物的人们的时间已经不多了。

没有直接的考古学证据表明，晚期纳图夫人是否带着一袋袋谷物、小扁豆和豌豆。但如果他们这样做了，然后将种子播撒在秋天的营地，第二年夏天收获之后再迁往他处，那就能解释驯化的小麦和大麦是如何进化的。

帕特里夏·安德森的实验工作显示，在现有田地上重新播种——就像早期纳图夫人可能做的——对不易碎变种的比例几乎没有影响，因为土壤中已经有了很多谷粒。[11]想要发生驯化，人们必须定期在新的田地上播种和收获谷物、豌豆和小扁豆，这正是许多晚期纳图夫人可能做过的。但是什么原因让他们这样做？

我们知道，在日益干旱的新仙女木期，生活非常艰难，但仍不清楚到底如何艰难。干旱无疑导致许多池塘和河流完全消失，大湖则面积缩小。生活在南方的人所受的影响可能最大，比如在今天的内盖夫和西奈沙漠。他们彻底回归了漂泊的狩猎采集者的生活方式，与克巴拉人的非常相似。生存需要更好的狩猎武器：猎物变得稀少，只要有机会就一定要成功。于是，我们看到了哈里夫（Harif）箭头的发明，这是一种菱形箭头。[12]

在更北面的地区，新仙女木期的影响可能没那么严重。但想要生存下去，人们仍然需要更多的东西，而不仅仅是回归古老的流动狩猎采集者生活方式，尤其因为现在需要食物的人数远远多于早期纳图夫人尝试定居前的克巴拉时期。对此的一种应对是在比过去大得多的范围内狩猎。于是，我们在晚期纳图夫人的定居点不仅能找到一直出现的瞪羚骨，而且还有许多小型猎物的骨骼。[13]

另一种应对是继续（可能还扩大）种植植物。由于大气中二氧化碳浓度降低，野生谷物在新仙女木期受到的打击尤其大。[14]通过对南极冰块中气泡的细致分析证实，这种状况阻碍了光合作用，导致产量显著下降。于是，早期纳图夫人采用的种植方法——除草、移植、浇灌和治虫——现在成了确保充足食物的必要手段。这些方法可能创造了最早的驯化品种。

这似乎发生在阿布胡赖拉即将被抛弃之前。戈登·希尔曼在研究来自该遗址的谷粒时，发现有几粒燕麦种子来自已转变为驯化品种的植株。年代测定显示，它们来自公元前 11000 年到前 10500 年之间——这是世界上最古老的驯化谷粒。除了这些谷粒，希尔曼还找到了通常生长在耕过的土壤中的草籽。因此，随着新仙女木期开始、可获得的野生植物性食物减少，阿布胡赖拉人似乎为照顾野生燕麦投入了越来越多的时间和精力，由此无意中将其变成了驯化作物。[15]但即使这样也无法养活村落：村子被抛弃，人们被迫回归流动生活，也许随身带着谷种袋。阿布胡赖拉的驯化燕麦回到了野生状态。

带着对植物种植的更大兴趣，晚期纳图夫人离开祖先曾兴旺繁衍但现在已资源耗尽的林地。他们被河谷中的冲积土壤吸引，不仅是约旦河谷，也包括美索不达米亚平原上的大河，还有整个近东的湖泊与河流附近。新仙女木时期，河流和湖泊缩水后露出了大片肥沃的土壤。人们种植的野生谷物在这种土壤中生长良好，特别是在干旱条件下幸存的少量泉水、池塘和溪流附近。

来自阿布胡赖拉的那几粒燕麦是唯一存在的证据，证明晚期纳图夫人的种植活动创造了一类驯化谷物（"等待收割者"）。小麦、大麦、豆和亚麻可能因为干旱的新仙女木时期所用的种植和收割技术而经历了类似的转变。显而易见的事实是，今天我们完全无法确知最早的驯化种类出现在何时何地，或者是否每个物种只经历了一次进化，或者它们的进化是独立的还是成批发生的。1997年的一项前沿研究比较了新月沃地现存的野生小麦和现代驯化小麦的基因，宣称土耳其东南部的卡拉贾达山（Karacadağ）——距离阿布胡赖拉以北约200千米[16]——可能是驯化的发生地，尽管这还需要进一步验证。我们很快会看到，那些丘陵附近发现了非常重要的考古遗址。

驯化小麦、大麦和豆类的出现也许还需要1000年甚至更久，也许要等到新的村子甚至城镇建立。但我猜测，新仙女木时期，在新月沃地的某处，一队或多队狩猎采集者—种植者已经开始带着新型种子四处迁徙了。他们也许会注意到自己的收成好了很多，但肯定完全没有意识到，那些种子是文化炸药。当新仙女木期突然结束时，它们短短的引信将被点燃。

公元前9600年，全球气温在不到10年间上升了7℃。这在气候上堪称现象级的骤变。胡拉湖泥芯中的树木花粉数量突然上升，尽管林地再也没能恢复公元前12500年早期纳图夫人所享有的那种茂密和繁盛。

这对晚期纳图夫人的影响在一代之内就能感受到。曾经只能维持季节性营地的地点，现在有了成为永久家园的可能。野生植物性食物再次变得丰富，紧随其后的是动物数量的激增。小溪与河流恢复了生机，湖泊夺回了丢失已久的地盘。大气中增加的二氧化碳让野生谷物受益。

在干旱的新仙女木期，种植技巧只对野生食物提供了小小的补充；现在，它们可以带来大量谷物、豌豆和小扁豆。于是，人们有机会重新开始早期纳图夫人的村落生活实验——通过代代相传的故事，人们也许还记得那次实验，几近神话的生活方式可以再次成为现实。机会被抓住了——而且这次真的没有回头路了。

对早期纳图夫人来说，村落生活的关键是瞪羚，是橡树、杏树和开心果树，是从林地灌木和森林草原采集的大量植物性食物。但当公元前 9600 年人们从新仙女木期解脱出来后，一种截然不同的环境成了关键：人类历史的新阶段将在冲积河谷的土壤上展开。这就是考古学家所称的新石器时代。

第7章

耶利哥的建立
约旦河谷的新石器时代建筑、墓葬和科技，公元前 9600—
前 8500 年

　　约翰·卢伯克站在巴勒斯坦峰峦暮色的阴影中，望着下面山谷的一片圆形小屋。它们有用干草搭建的平顶，中间夹杂着枯枝建造的茅舍。后者与公元前 20000 年在奥哈洛看见的无甚区别，但这些屋子是全新的。柳树、杨树和无花果树围在村子四周，显然得到了泉水的滋润，在全新世的暖湿新世界中茁壮成长。更远处，沼泽一直通到利萨恩湖（Lake Lissan），今天那里被称为死海。

　　许多树被砍倒，以便获得建筑材料和开辟小块大麦和小麦田。这些作物在生物学上是驯化抑或野生的似乎完全不重要，因为农业的新世界无疑已经到来。现在是公元前 9600 年，约翰·卢伯克望着耶利哥，这个村子标志着西亚乃至世界历史的转折点。

　　我第一次看到的苏丹丘（Tell es-Sultan，即古耶利哥）同样令人震惊，但没有那么风景如画。我站在巴勒斯坦山的阴影下，在那个巨大丘阜以西半千米的地方。丘阜由数千年的坍塌建筑和人类垃圾组成，受到太阳和风雨的侵蚀。向东北方向远望，可以看见一条条闪亮的黄色和炫目的白色，那是仍被太阳炙烤着的约旦河谷。我脚下是用煤渣块砌成的乏味灰色建筑，这个巴勒斯坦城镇现在环绕着古老的遗址。不过，我视野的中心是苏丹丘，以"世界上最古老的城镇"闻名。它看上去像是古老的采石场，甚至是弹坑。

当然，那是我的职业病——考古学家从 1867 年就开始发掘这个土丘。几年后，查尔斯·沃伦（Charles Warren）上尉来此寻找被约书亚和以色列人的号角吹塌的城墙，他相信苏丹丘就是《圣经》中的耶利哥城。1908—1911 年，一队德国学者追随了他的脚步；然后是 20 世纪 30 年代，来自利物浦大学的约翰·加斯唐（John Garstang）。但把古耶利哥带到世人面前的是凯瑟琳·凯尼恩（Kathleen Kenyon）在 1952—1958 年间展开的伟大发掘。[1]

凯尼恩写道："耶利哥绿洲犹如人们想象中的伊甸园。"[2] 我看到的耶利哥被绿树和耕地环绕，从凯尼恩看到的齐整绿洲向外蔓延了许多千米。现代灌溉把苏丹泉（'Ain es-Sultan，村子即由此得名）的水输送到谷中偏远的田地。于是，我在想象中砍倒了那些远处的树木，又在土丘周围种植了许多棕榈树。我拆掉水泥和煤渣块的建筑，代之以谷物地。然后，我在土丘脚下支起凯尼恩用过的那种白帐篷。帐篷支好后，我可以看着结束一天工作的工人鱼贯离开土丘，而考古学家和学生们则坐下喝茶，然后开始整理发现。

这天，他们第一次意识到土丘中埋着最古老的建筑。青铜时代的城镇和新石器时代晚期的长方形建筑已经为人所知。但那天（我记得是 1956 年的某个时候），就像凯尼恩后来所写的："我们发现自己正在掘入一个新阶段……地面是泥土而非泥灰……墙是曲面的，房子的设计似乎是圆的。"[3]

我们知道，一些纳图夫人曾在泉边驻营，因为那里发现了散落的新月形工具。他们很可能种植过谷物、豌豆和小扁豆，在获得了可怜的收获后前往山谷或山坡的其他地方生活。

公元前 9600 年左右，夏天的干旱画上句号。重新开始的降雨补给了从巴勒斯坦山间流过的溪流，约旦河开始泛滥。新的一年一度的洪水将厚厚的肥沃土壤带到河谷各地；泉水重获生机，滋润着土地。作物生机勃勃，很可能取代无人照料的野生植物，成为食物的主要来源。晚期纳图夫人延长了停驻的时间，直到历史重演，早期纳图夫人青睐的定居村落生活在远离地中海林地的地方获得重生。耶利哥就这样建立，那里的居民成了农民。

人类在耶利哥的生活延续至今。一代代后人建起房屋、仓库和圣所，将最早的村子埋没；他们使用陶器和青铜，被《旧约》载入史册。就这样，苏丹泉旁出现了一个巨丘，长 250 米，高度超过 10 米。巨丘由倒塌的泥砖墙、层层堆垒的房屋地基和垃圾堆组成；除了人类垃圾，巨丘中还包含着 1 万年人类历史中的失传物品和隐藏墓葬。

凯瑟琳·凯尼恩试图在耶利哥使用对她来说非常现代的发掘技术。与发现了纳图夫文明的多萝西·加罗德一样，凯尼恩是 20 世纪英国最伟大的考古学家之一。这两位女性在基本上仍然是男性世界的领域取得了成功。20 世纪 20 年代，凯尼恩在牛津求学，继而指导了在英格兰和非洲的发掘。战争期间，她担任伦敦大学学院考古系主任，最终成为牛津圣休学院院长。她获得过许多荣誉，最高荣誉是 1973 年获封大英帝国女爵。[4]

1952 年，她的目标是进一步探索古城的最后时期（可能与《圣经》故事有关），以及发现最早的遗存。她认为后者更为重要，值得“彻底探索”。她的想法完全正确。1957 年，她出版了关于自己工作的通俗作品《挖掘耶利哥》(*Digging Up Jericho*)，向世人证明了这点。不过，直到 20 世纪 80 年代初，学者们才等到详尽描绘土丘内部建筑、陶器和一系列关键地层的巨著问世。[5] 不幸的是，凯尼恩在出版前几年就去世了。

　　现在，约翰·卢伯克正在村里帮忙修建一座泥砖结构的屋舍。大量建造工作正在进行，枯树枝窝棚逐渐被更加持久性的建筑取代。有了可靠的冬季降水、丰收和河谷中充足的猎物，耶利哥人再无须离开。当他们选择在外生活几周甚至几个月，走亲访友、四处打猎或者做买卖时，他们知道自己将回到耶利哥。因此，他们非常乐意投入时间和精力建造泥砖房屋、开辟田地。一些新房子建好后，耶利哥吸引了新的居民，后者乐意离开自己的狩猎采集者团体，加入种植庄稼的新生活方式。

　　上午，卢伯克从河谷底部挖掘黏土，把它们装上木质拖车运回村中。在那里，黏土将与麦秆混合，被切成长方形的砖块，留在太阳下晒干。然后，人们用泥灰把它们黏在一起，建成圆形居所的墙壁。每座屋子直径约 5 米，地面略有凹陷。墙的上半部分将用棍子和树枝建造，屋顶则使用抹了黏土的芦苇。

　　晚上，卢伯克在泉水中洗了澡，然后绕着村子步行。他看到了不少于 50 座屋子——有的围绕供大家族使用的院子而建，有的孑然而立，或者在偏僻处凑在一起。屋子内外都有火炉，小路上弥漫着浓烈的柴火烟雾。人们坐在院子里，有的编织着毯子和篮子，有的在交换消息、制定明天的计划。公元前 9600 年，可能有超过 500 人生活在耶利哥——完全自给自足的人群同时生活在同一地点，这可能是人类有史以来的第一次。

　　几百年后，耶利哥已经变得更大，有超过 70 座房屋，人口可能达到 1000。又有大量的周边林地被清理，大片土地成为耕地。许多最初的房屋已经坍塌，或者被故意推倒，以便在废墟上建造新的。但村子的最大变化在于，朝向巴勒斯坦山地的村子西面已经被一堵高大的石墙封闭，墙内还建起了一座巨大的圆塔。

　　凯尼恩在 1956 年的发掘中找到了这些建筑。墙高 3.6 米，底部厚 1.8 米，似乎没有环绕整个定居点，因为东面没有发现墙的痕迹。她在墙的内侧找到了塔的遗迹。塔高 8 米，底部直径 9 米，估计重达 1000 吨。塔内有 22 级石阶通往塔顶。这种建筑在人类历史上完全前所未有，堪称凯尼恩最了不起的发现——建造墙和塔至少需要 100 个人工作 100 天。就像她本人所表示的："这座塔的设计和建造完全不逊色于一座最宏伟的中世纪城堡。"[6] 至今没有发现该时期有其他墙和塔的例子。

凯尼恩认为，它们被用来保护城镇免受攻击。考虑到《圣经》对耶利哥的描绘，这个结论似乎难以反驳。直到 1986 年，欧弗·巴尔－约瑟夫才提出一系列显而易见的问题：谁是耶利哥的敌人？建成后不超过 200 年，墙就被房屋残骸和垃圾掩埋，为何没有重建？为什么同一时期的西亚没有其他设防的遗址？

巴尔－约瑟夫的结论是，墙的确被用于防御，但并非针对入侵的敌人，而是要阻挡洪水和泥石流。[7] 耶利哥始终受到降雨增多的威胁，开荒导致巴勒斯坦山地上的沉积物变得不稳固，可能被附近的季节性河流带到村子周边。等到村中的垃圾掩埋了这堵墙时，人类定居点已经因为倒塌的房屋与人类垃圾的堆积而抬高，洪水和泥石流的威胁不复存在，也就不再需要墙了。

欧弗·巴尔－约瑟夫否定了塔被用于防卫的观点。他对塔的良好保存状况印象深刻，认为这可能得益于石头建筑之上的泥砖平台。凯尼恩本人发现塔的北部有与其他建筑相连的痕迹，她认为后者可能被用于存储谷物。根据这点，巴尔－约瑟夫认为，塔归公众所有，或者为社群服务，也许被用作每年仪式的中心。虽然对塔周边的进一步发掘无疑会有所帮助，但似乎永远不太可能得出定论。显而易见的是，建造墙和塔意味着人们正在全新的规模上展开营建和群体活动。人类历史进入了一个新的阶段。

　　到了 20 世纪 50 年代晚期，欧洲类似的村落定居点已经被描述为新石器时代的，尽管年代要晚近得多。20 世纪 20 年代，战前顶尖的考古学家戈登·柴尔德（Gordon Childe）发明了"新石器革命"一词，用以指称突然出现的定居点。他相信，这反映了生活方式的彻底改变。改变不仅包括农业，也涵盖建筑、陶器和被打磨得很光滑的石斧。柴尔德认为，这些组成了"新石器套装"，总是作为不可分割的单一整体出现。[8]

　　凯尼恩发现他错了。虽然房屋、墓葬和整体生活方式非常契合新石器模式，但耶利哥最早的村民缺少新石器套装的一个关键元素：陶器。留存下来的所有碗、容器、盘子或杯子都用石头制成，还有许多可能用木头或植物纤维制作。于是，凯尼恩为早期耶利哥文化发明了一个新词：前陶新石器时代（PPN）。事实上，她把耶利哥的第一个村子归入"前陶新石器时代 A 时期"（PPNA）。现在我们知道，这个时期在全新世开始后持续了不超过 1000 年。

　　生活在 PPNA 时代的耶利哥村民名副其实地和他们的死者住在一起。尽管凯尼恩只发掘了定居点的十分之一，也发现了不少于 276 处墓葬。这些墓葬都以某种方式同建筑联系在一起，有的位于地板下，有的位于家宅之下，有的位于墙中间，有的位于塔内部。晚期纳图夫人的关键丧葬习俗得到延续：人们倾向于独葬而非群葬，极少用工艺品陪葬。

　　埋葬之后（很可能在肉身都腐烂之后），墓坑常被挖开并取出头骨，许多头骨会重新被埋在村里的其他地方。在凯尼恩认为是祭坛下方的坑里，找到了 5 个婴儿头骨。但大部分儿童和婴儿（占被埋葬者的 40%）未受打扰，被取出来展示、最终重葬的主要是成人头骨。

　　为什么对头骨如此感兴趣？随着耶利哥成为城镇，人们开始给头骨戴上镶嵌了宝贝贝壳眼睛的石膏面具，这种趣味将变得非常复杂。凯尼恩认为存在一种祖先崇拜，并与新几内亚塞皮克河（Sepik River）的居民做了比较，后者直到近代仍会在仪式中使用受到崇敬的祖先的头骨。但我们永远无法确知，为何耶利哥人（乃至整个西亚和其他地方的人）要挖出并重葬人类头骨，也许重葬之前还要进行一段时间的展示。[9]

和他们的丧葬习俗一样，耶利哥村民使用的工具也与晚期纳图夫人的非常相似，尽管也有一些重大的技术创新。最引人瞩目的是用泥砖进行建造——这种劳动密集型工作展现了对村落生活的投入。但许多石制品没有多少改变。人们仍在制造细石器，还有形式多样的刀锋、刮片和镰刀。并不意外的是，石斧和石锛的数量比过去多得多。它们被用来清理植物，以开辟田地。这种清理可能促成了水土流失，增加了对防御墙的需求。不过，有一件器物值得特别注意：一种新型箭头，被考古学家称为"埃尔—希亚姆"（el-Khiam）箭头。这种箭头呈三角形，两侧有槽用于安装箭杆，名字来自它们被首次发现的埃尔—希亚姆遗址。[10]

就像几何形和新月形细石器那样，埃尔—希亚姆箭头也经历了从流行到消失的过程。它们在公元前 9000 年左右达到顶峰，几乎同时出现在新月沃地的整个西部和中部地区。我们不清楚这种设计

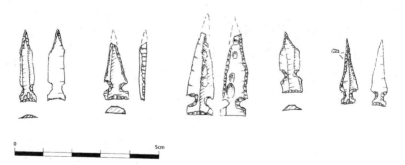

埃尔—希亚姆箭头，约公元前 9300 年，来自以色列哈格杜德道

源于何方，或者为何在这片广大地区被广泛使用。许多箭头的设计符合空气动力学，可能大大提高了狩猎效率。但使用显微技术的新研究表明，很多希亚姆箭头被当作锥子和弓钻头，而非像传统认为的那样被用作投射物的尖头。[11]

瞪羚仍然是猎人的主要目标。但随着林地的扩大，更多种类的动物成了猎物——于是，在耶利哥的垃圾堆里不仅有瞪羚和羱羊，还出现了黇鹿和野猪的骨头。狐狸和鸟类（特别是猛禽）的骨头也明显增多。捕猎它们不太可能是为了食物：狐狸皮毛、鸟爪、优美的翼羽和尾羽都可能是重要的饰品。它们还可能是在约旦河谷内外快速发展起来的贸易网络的一部分，因为耶利哥并不是新石器世界里唯一的聚落。

第8章

象形符号和柱子

新石器时代的理念、象征和贸易，公元前 9600—前 8500 年

耶利哥是人们发现的第一个 PPNA 村落，至今仍是最著名的一个。长期以来，它一直保持着作为新石器时代和农业生活方式源头的显赫地位。但近年来，在约旦河谷和新月沃地北部的新发现对它的地位提出了有力的挑战。它们还提供了关于新石器时代宗教的惊人新信息。

20 世纪 80 年代，人们在约旦河西岸发现并发掘了几个 PPNA 村落，其中最著名的是内蒂夫·哈格杜德道（Netiv HaGdud）和吉尔加尔（Gilgal）。[1] 它们距离耶利哥不到 20 千米，规模上要小得多，很容易被想象成那个繁荣村落周围的小村庄。由于这些定居点没有像诸多更晚近的史前泥砖建筑那样，在层层堆垒继而倒塌后演变为成堆的土丘，发掘者得以清理出比在耶利哥面积更大的最早期新石器时代居所。他们的发掘为凯尼恩发现的那些建筑、墓葬和经济习惯增添了细节，使其更为清晰。于是，约旦河西岸区域，而不是单一的耶利哥本身，成为新石器世界的源头和中心。

20 世纪 90 年代末，在河谷东部、今约旦境内死海以南地区，也开始发现早期新石器时期的 PPNA 遗址。这些遗址表明，早期

新石器文明繁荣的地区比过去人们以为的更大。澳大利亚墨尔本乐卓博大学（La Trobe University）的菲利普·爱德华兹（Phillip Edwards）目前正在扎德（Zad）进行发掘，那里有些格外令人印象深刻的建筑，马蹄形的墙壁是用石头建造而成的。[2] 黎凡特英国研究协会主任比尔·芬利森（Bill Finlayson）和美国印第安纳州圣母大学（Notre-Dame University）的伊恩·库伊特（Ian Kuijt）则在发掘距离扎德不到两千米的德拉（Dhra）遗址。[3] 他们找到了一座非常特别的圆形泥墙建筑，内部的支柱可能是用来支撑木制楼板的。

往南 75 千米是我和比尔·芬利森正在共同发掘的 WF16 号遗址，即在约旦南部费南谷地的考察中找到的第 16 个遗址。[4] 当我们在1996 年发现这处遗址时，一位著名的考古学家暗示我，在 WF16 号不会有什么重要发现，因为那里距离耶利哥太远。但我们的发掘找到了一些 PPNA 保存最完好的地基和垃圾堆，风格各异的建筑和形式多样的墓葬，还有各种手工制品和艺术品。最早的新石器文明显然在约旦河谷的南部和东缘繁荣过。[5]

从哈格杜德道到 WF16 号，所有上述发掘都确证了凯尼恩最早在耶利哥发现的 PPNA 文化的特点：圆形的小居所，死者埋在地基下，与头骨相联系的仪式，依赖野生猎物，以及种植野生或者也可能是驯化了的谷物和其他植物。毫无疑问，耶利哥仍然是已知最大的 PPNA 定居点——其他任何地方的发掘都找不到能与那里的塔和墙相比的东西。但我们显然不能再把这个遗址与新石器时代的起源本身画上等号。新月沃地北部的发掘让这点变得更加明显，其结果意味着在新石器世界出现的社会、经济和思想发展中，整个约旦河谷可能处于非常边缘的位置。[6]

在耶利哥东北方向 500 千米处，是穆赖拜特遗址——或者说曾经是，因为和阿布胡赖拉的命运一样，那里现在已经被塔巴卡大坝

（Tabaka Dam）形成的阿萨德湖所淹没。[7] 这两个遗址位于幼发拉底河两岸，相距不到 50 千米。抛弃阿布胡赖拉的那些人可能直接渡过河流，在穆赖拜特建立了新的村落。重新定居发生在纳图夫文明晚期，新村子后来形成了类似耶利哥的土丘，由几千年来居住者倒塌的房屋和人类垃圾构成。

1971 年，雅克·科万（Jacques Cauvin）领导的发掘队找到了与耶利哥最早村落同时代的早期新石器时代遗址。但穆赖拜特的建筑更加复杂，由多个房间组成的居所相互连接。根据科万的重建，它们是半地下建筑，内部的中央立柱支撑着组成天花板的木板，木板的另一端架在围墙上缘。居所中有的地方比别处高一些，可能是睡觉的地方，地上放着磨石，还有储存谷物的区域。

穆赖拜特的石器类型与约旦河谷遗址的相似，但科万发现，前者对烤过的黏土的使用要比其他地方多得多。其中一些黏土被用来制成了小碗。这些碗在技术上还不能算作陶器，因为它们没有用捣碎的骨头、贝壳或石头等做调和剂，以避免黏土在窑中爆裂。但烧制过的碗变硬了，这可能是西亚朝着陶器制造迈出的第一步。

黏土还被用来制作女性的小塑像，也有些是用石头刻成。尽管形状简化，手臂缩得很小，而且缺乏面部细节，但它们比在哈格杜德道找到的几乎完全抽象的人像更加写实。根据这些小塑像，科万提出"母神崇拜"不仅存在于穆赖拜特，而且存在于整个新石器世界。科万认为，除了这种神祇，人们还崇拜公牛。虽然在穆赖拜特没有发现公牛的雕像或形象，但科万发掘出了埋在地板下和墙内的野牛头骨和角。[8]

由于遗址的所有动植物残骸都来自野生种类，科万宣称，对上述神祇的崇拜先于农业的发展，并通过某种未言明的方式促成了后者。今天，很少有考古学家接受"新石器母神"的观念，但理念变化先于经济变化的看法得到了另外两处新石器遗址的支持：红崖

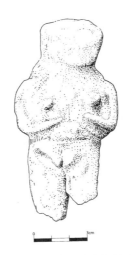

女性小塑像，约公元前 9300 年，来自叙利亚的穆赖拜特

（Jerf el Ahmar）和哥贝克力石阵（Göbekli Tepe）。

　　红崖位于穆赖拜特以北 120 千米，是又一处如今被淹没在人工湖下的遗址。[9] 1995—1999 年间，法国里昂大学（Lyons University）的丹尼尔·斯托德尔（Danielle Stordeur）在遗址即将被淹没前进行了抢救性发掘。遗址年代的上限也与耶利哥最早的村落相同。红崖的建筑与穆赖拜特和约旦河谷的建筑在结构上有明显的相似性，但前者同样非常复杂，其中两座特别惊人。

　　有一座位于村子中央，看上去是用于存储谷物的公共仓库。这些谷物虽尚未驯化，却已是由人工种植而来。建筑的中间区域有两条长凳，周围被分成 6 个小房间，保存得非常完好，墙有 1 米多高。这座建筑可能意味着存在过一个高度合作和分享的社群。或者有人可能会持更为阴暗的观点，怀疑集中化的粮食储存是否会让某个人或家庭通过控制分配而获得权力。这座建筑的最终用途似乎是仪式活动：从坍塌天花板的废墟中找到了一具近乎完整的人类骨架，四肢张开地躺在地上。只有头骨不见踪影——尸体被斩首了。

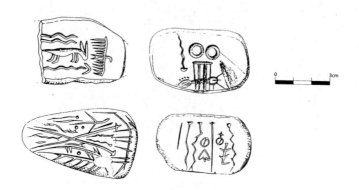

带雕饰和槽线的石头，约公元前 9300 年，来自叙利亚的红崖

从另一座建筑可以看出，仪式和理念在红崖居民的生活中扮演了突出的角色。建筑小而圆，而且曾被故意焚毁过。斯托德尔在地面上发现了四个野牛的头骨，它们曾被挂在墙上，进一步证明了这种动物的宗教意义。红崖的这个房间让人想起新仙女木时期的哈兰切米丘定居点（位于扎格罗斯山西北 300 千米），那里同样有一只野牛的头骨被挂在墙上。[10]

红崖的建筑只是该遗址重要性的一个方面。那里还发现了几件有趣的仪式遗物，比如三颗人的头骨，它们被放在一个火坑里，然后用一层卵石封住。来自红崖的艺术品同样出色，包括刻有几何装饰图案的精美石瓶，以及猛禽的小石像。不过，最重要的发现也许是四块小石板，每块长约 6 厘米，刻着像是象形文字的符号：蛇、猛禽、四足动物、昆虫和抽象符号。

如果发现它们的地方不是比书写发明早了 6000 年的早期新石器时代遗址，我们会毫不犹豫地把这些标记看作象征密码——新石器时代的象形文字。丹尼尔·斯托德尔认为，它们似乎"让人联想到某种记录""携带着某种信息"。[11] 想要知道这个信息是什么，需要等到破解这些新石器时代的密码之后。我们需要更多的象形符号的例子，但由于红崖现在已经沉入湖底，我们不得不去其他地方寻找。

我所见过的最接近红崖象形符号的例子刻在往北 100 多千米一处遗址的石柱上。石柱坐落在土耳其东南部一座石灰岩山的峰顶，因此没有被淹没的危险。今天，那里被称为哥贝克力石阵。从 1994 年开始的发掘震惊了考古界，进一步鼓励了那些希望把耶利哥和约旦河谷变成新石器文明起源外围地带的人。[12]

20 世纪 60 年代，伊斯坦布尔和芝加哥的几所大学在该地区的考察行动发现了哥贝克力石阵，他们记录在光秃秃的石灰岩山顶上有"一片圆顶红土小丘"，那里发掘出了一大堆燧石制品和大量石灰石板。石板被认为来自某个墓地，可能是拜占庭时代的，与考察中找到的一些中世纪陶器碎片相符。但对于非常密集出现的燧石制品则没有更多评论。20 世纪 60 年代，早期新石器时代遗址坐落在山顶上的想法被认为完全是不可思议的。

遗址被忽视、遗忘了 30 年，直到伊斯坦布尔德国考古学会的克劳斯·施密特（Klaus Schmidt）在 1994 年登上此山。他马上认出燧石制品属于新石器时代，并怀疑石灰石板来自同时代的建筑。从此，发掘工作每年都会进行，揭示了一个真正壮观且独一无二的新石器时代遗址。2002 年的发掘季结束后，当克劳斯在一个 10 月的午后带我参观成果时，我完全被他的发现和遗址之壮丽惊呆了。

公元前 9600 年之后不久，就在耶利哥建起最早的环形居所的同时，有人来到哥贝克力，从石灰岩床上凿下了巨大的 T 型石柱。许多石柱高约 2.44 米，重达 7 吨。它们竖立在圆形建筑内，建筑底部深深陷入山丘表面之下，看上去就像土窖。每座建筑中心都置有两根石柱，最多有 8 根石柱被均匀地安放在边缘，石柱间设有长凳。许多石柱的表面刻有野生动物的形象——蛇、狐狸、野猪、野牛、瞪羚和仙鹤——还有类似红崖象形图案的神秘符号。有根柱子的表面刻着一条人类手臂，柱子本身则犹如巨大的人类躯干。[13]

当我造访那里时，4座毗邻的此类建筑已经重见天日，令我惊叹不已。施密特怀疑还有几座被深埋在山体表面之下。当这处地点被废弃时，新石器时代的人们有意用好几吨土掩埋了自己的仪式建筑和柱子。

对于只有燧石工具的人来说，采石、雕刻、运输和架设这些柱子所耗费的时间和工夫令人咋舌。甚至重达 7 吨的柱子也无法完全满足他们的需求。当克劳斯向我展示距离建筑 100 米外的采石场时，他指给我看一块仍然部分与岩床相连的 T 型石柱——如果被凿下，石柱至少有 6 米长、50 吨重。难怪我们脚在厚厚的燧石屑上踩得嘎吱作响，它们来自凿石工具上掉下的碎末。用来制造石器的燧石块是人们从几千米外背上山的。

这一切工作都是由完全以野生猎物和植物为食的人完成的。虽然发掘过程中找到了大量动物骨骼和植物残骸，但其中无一是驯化品种。哥贝克力人捕猎瞪羚、野牛和野猪，我们知道他们也采集杏子、开心果和野谷，我怀疑哥贝克力周围的"野生园圃"提供的植物性食物至少与 200 千米以南的阿布胡赖拉一样多。不过，虽然土丘上遗留着食物的残骸，却找不到任何家庭居所的痕迹——没有房屋、火炉或坑洞。

施密特认为哥贝克力曾是仪式中心，将其描绘成山间的圣所，在所有已知的西亚新石器时代遗址中独一无二。他认为，这里是生活在山丘周围方圆 100 千米内的不同人群的会面地点。出于纯粹宗教性的目的，他们每年在哥贝克力集会一到两次。参加集会的很可能包括红崖的居民。除了在抽象图案的选择和所描绘的动物种类上有相似之处，两个遗址的建筑特征也有共同点，尤其体现在对带长凳圆形建筑的使用上。

我们不太可能知道动物和象征图案真正意味着什么，以及在哥贝克力举行了何种仪式活动。图案可能是氏族图腾，或者描绘了新石器时代的神祇——但在哥贝克力没有"母神"。所有动物都是雄性的，遗址中还发现了一尊阳具勃起的石灰石人像。事实上，红崖和哥贝克力新出现的宗教主题并非关于健康的生殖与繁育，而是关于野地的恐怖和危险。不过，科万的观点得到了进一步支持，即理念变化先于创造了农业社群的经济发展。不幸的是，他在长期患病后于 2001 年去世，未曾看到哥贝克力石阵的柱子。

当克劳斯指向至少 30 千米外的群山（隔着哥贝克力山脚下的平原遥遥相望），图形和柱子背后的理念可能在农业发展中发挥了某种作用的想法再次浮上我的心头。他随口指出，那就是卡拉贾达山。

1997 年的研究认定，生长在卡拉贾达山上的野生小麦与现代驯化小麦在基因上最为接近。[14] 由于需要为在哥贝克力的典礼上工作和集结的人（可能有好几百）提供足够的食物，人们可能大量种植野生谷物，从而创造了最早的驯化品种。这样看来，小麦的驯化可能与人们同新仙女木期的恶劣环境做斗争关系不大，而只是驱使狩猎采集者在土耳其南部开凿和竖立巨型石柱的理念所带来的意外副产品。

公元 2002 年 10 月的一个傍晚，站在山顶上，我真的觉得世界历史的转折点在哥贝克力而非耶利哥。当我看着库尔德工人回到自己的村子，而考古学家回到自己的营地时，我想象着另一些人也在离开——新石器时代的人在典礼结束后离开了哥贝克力。一些人知道哥贝克力石阵的小麦产量高，于是把一袋袋谷粒带回自己的野生园圃播种。他们这样做的时候，不仅传播了新种子，还把新的生活方式带到了红崖、穆赖拜特，乃至耶利哥等狩猎采集者—耕种者的村子。

新石器时代的贸易网络从土耳其延展到约旦河谷南部，谷种贸易很可能是其中的重要组成部分。我们知道发生过此类贸易，因为在所有早期新石器时代遗址中都发现了黑曜石，这是一种非常细腻、乌黑闪亮的火山玻璃，而土耳其南部的丘陵是其唯一的来源地。相对之下，约旦河谷中的燧石则显得黯然无光，对于依赖前者的人来说，黑曜石无疑是一种非常珍贵的材料。许多现代狩猎采集者（比如澳大利亚的土著人）赋予了有光泽的石头以超自然的力量，黑曜石之于新石器时代定然也是如此：薄石片几乎透明，厚石片可以用作镜子；它们的边缘是所有石头中最锋利的，还可以被敲打成复杂的形状，真是种神奇的材料。

黑曜石很可能被从一个定居点转手到另一个定居点，同样被转卖的还有另外一些现已不见的商品：毛皮、羽毛、谷物、肉类和坚果。由于在耶利哥发现的黑曜石数量与这个村子的规模不成比例，那里显然是贸易网络的关键中心。可能也正是经由这一贸易网络，来自"等待收割者"（丹尼尔·佐哈里语）植株的新谷种逐渐传播到西亚各地，并最终将新石器时代的耕作者变成了成熟的农民。这种转变催生了新的定居点，开启了新石器时代的下一个阶段，凯尼恩称之为前陶新石器时代 B 时期（PPNB）。它们和以耶利哥为代表的第一批新石器时代村落之间存在着强烈的反差；为了理解这种差别，我们必须从新月沃地的北端前往南端，造访我在费南谷地的发掘点。

费南谷地是一个干旱但极其壮美的地方。想要找到那里，你需要乘车经过死海南端，沿路向亚喀巴（Aqaba）方向前行，继而向西穿过库拉伊基拉村（Qurayqira）——那是一片杂乱无章的煤渣砌块房子，特为当地的贝都因人建造，但许多人还是更愿意留在自己的帐篷里。从库拉伊基拉开始就没有路了，你需要沿着干旱谷地底部的一条土路（如果你能找得到）前行，来到通往约旦高原的一处陡峭悬崖边缘。最好在晚间抵达，在头灯的光线中可以看到豪猪和跳鼠，人们争论应该走哪条路，在月光下喝冰啤酒庆贺抵达发掘营地。

在费南谷地，我们睡在星空下，将大学和家庭生活的压力抛诸脑后，重新感受考古带来的孩童般的兴奋——亲自动手、挖出古物、揭示过去。通过与比尔·芬利森合作，我试图重建谷地中的史前定居点，从最古老的时代直到最早的农业社区。我们发现了许多遗址，其中一些还发掘出了尼安德特人甚至更早人种的手工制品。但其中最重要的遗址是一处早期新石器时代的 PPNA 村落，我们给它起了一个不浪漫的名字：WF16 号。

我们第一次造访谷地时就发现了这个村子的印迹，当时只有我们两人前去勘探。在持续酷热中的数天步行让人精疲力竭，正当我们因为缺少发现感到心灰意冷时，我决定在这天结束前，将谷底上方的两个小圆丘最后查验一番。看到地上散落着燧石片和磨石等石器，让我大为兴奋。此外还有圆形小建筑的模糊痕迹：从周围山崖上冲刷下来的沉积物下面显露出一圈圈石头，我希望那下面掩埋着一座村子。

几年后，我们知道 WF16 号的确是一处小型的早期新石器时代定居点，与 250 千米以北的耶利哥最早阶段同时代。这里可能曾经有 10 或 12 座圆形居所，每座直径仅为 4 米，彼此相距几米，人可以轻松地从它们之间穿过。WF16 号的居民捕猎野山羊，设陷阱捕捉隼，还掏狐狸窝。他们采集无花果、豆类和野生大麦。一些死者被埋在他们自己的居所里，有的独葬、不受打扰，有的被胡乱抛弃、化为一堆杂乱的骨头。他们从地中海和红海取得贝壳，在骨制品和石器上刻制几何图案，还用周围山崖上的铜矿制成绿色的珠子。他们也获得了来自土耳其的黑曜石——尽管我们在数以千计的燧石片中只找到一片黑曜石。

我们的发掘远未完成。我们尚未确定人们是整年生活在WF16号，还是只把那里作为季节性营地。我们仍不清楚那里有多少居所，以及现存的那些是同时建造的，还是在公元前10000—前8500年之间陆续建造的。它们的居住者是狩猎采集者、野谷种植者，还是种植驯化庄稼的农民？

我本人对遗址的解读因为其他地方的新发现而发生变化。我曾经以为诱捕狐狸只是为了获得皮毛用来保暖；但看到哥贝克力石阵柱子上雕刻的图案后，我怀疑捕猎狐狸的行为背后是理念而非实用性的动机。我对发现的许多猛禽骨骼也有类似怀疑——从红崖的雕刻图案来看，也许捕捉它们不仅是为了获得装饰性的羽毛。就像在哥贝克力，雄性意象似乎很重要。我们找到了刻有纹饰的石质阳具，尽管一些研杵被认为是实用性的，但其外形非常像阳具，或许意味着研磨植物性食物被赋予了某种性象征的意义。

现在是公元前9000年，约翰·卢伯克从耶利哥向南而行，站在后来成为WF16号圆丘的地方。他被壮丽的谷地包围。当时的河谷是生机勃勃的绿色，而非现今焦干的黄色和棕色。在我今天看到的荒漠上，卢伯克可以看到许多橡树和开心果树；河边生长着无花果树、柳树和杨树，河水沿着今天完全干涸、没有树木的山谷流淌。他听着人们的交谈声、石头相互碾磨的声音，还有狗的叫声。空气中弥漫着刚刚砍伐的刺柏的气味。新石器时代的人们坐在居所之外，制造和使用着那些终有一天会被我们发现的器具。他们佩戴着贝壳项链和隼的羽毛，后者的骨骼将会被我们发掘。埃尔-希亚姆的箭头正被安到苇秆和弓钻上，人们使用着研杵和石臼，刺柏桩的墙壁正在建造中。

访客带来了黑曜石，用以交换绿石珠和一包包山羊毛。卢伯克看到，当猎物丰盛时，人们会举行宴会；而当收获不佳时，人们只能研磨小小的干种子。他看到一座居所内正在举行一个老人的葬礼，他的头被放到石枕上。当地面被踏平后，头骨仍然露在外面，这样，当人们在周围工作和睡觉时，他还可以继续存在于这些人的生活中，为他们带来安慰。

公元前 8500 年，WF16 号变得寂静，卢伯克发现只剩下自己孤身一人。新石器时代的村落已经消失，居所任由风雨侵蚀，留给可能找到和发掘遗址的人。卢伯克听见上游传来人声，河谷在那里转弯，山崖变成了峭壁，今天那里被称为古瓦伊尔山谷（Wadi Ghuwayr）。卢伯克沿河岸而行，穿过丰茂的芦苇丛，惊起了大雁和野鸭。他沿着湍急的河流岸边走了不超过 500 米，看到有人在工作。有的来自 WF16 号，其他的则来自远方，可能是约旦河谷某地或者距离远得多的地方。他们一起修建的不仅是一座新的村子，还是一种全新类型的村子。

他们在距离水边 10 到 20 米、位于河岸上方的斜坡上工作。长方形的房子正在建造中，它们拥有坚实的墙壁和抹了石灰的地面。房基已经准备好，地上已经画出墙壁的位置。房子长 10 米，宽 5 米。有些已经完工了一半，齐胸高的墙壁由被水冲蚀过的卵石筑成。平行的卵石堆之间填入小石子和灰泥，形成厚 50 厘米的坚实墙壁——远远超过 WF16 号的干砌石墙。一些屋子里架设了木头柱子，用以支撑房梁的重量。

建筑工地燃着一堆火，用于加工灰泥地面所需的石灰。人们从古瓦伊尔山谷上游采集了数百块石灰岩，正放在坑中加热。当达到足够高的温度后，石头就会分解成粉状的石灰。另一处，一些石灰已经与水拌在一起，厚厚的灰浆被倒在接近完工的房屋地面的石基上。灰浆覆盖了所有角落、缝隙和房屋中央的一个浅坑，后者将成为火炉。变干变硬后，地面将被漆成红色，然后磨光。更多的石灰将被用来粉刷内外墙壁。墙壁将保留闪亮的白色。

　　我熟悉这个新村子，但并非作为工地或生活场所。我所见的是被发掘出来的废墟。约旦文物部的穆罕默德·纳贾尔（Mohammed Najjar）和内华达大学的艾伦·西蒙斯（Alan Simmons）[15] 发现并发掘了这个遗址。他们每年都会来到古瓦伊尔山谷，逐步清理出那里的建筑。建筑与 WF16 号的截然不同，但是在 WF16 号消亡后不到一代人的时间内建造的。

　　公元前 9000 年后，这种有两层楼的长方形房子的村落很快在整个新月沃地出现。它们很可能诞生于红崖和穆赖拜特，因为在那里发现了从圆形向长方形过渡的建筑。新型建筑传播很快，这反映了随着种植驯化庄稼的农业真正开始，以及人口的激增，社会和经济发生了变革。此类新建筑是凯瑟琳·凯尼恩所划定的 PPNB 时代的典型特征。那是约翰·卢伯克现在必须探索的又一个新石器世界。

第9章

在渡鸦谷中

建筑、纺织和动物驯化，公元前 8500—前 7500 年

离开俯瞰古瓦伊尔谷的山崖后，约翰·卢伯克向南而行，直到公元前 8000 年一个春日的暮色降临。他来到位于约旦高原下方的壮观砂岩地带，沿着野山羊走过的小径穿越浓密的林地。在纵横往返了从地中海到幼发拉底河的西亚世界后，他对树木已经相当了解，即使它们的叶子还没长全，他也可以轻松地辨认出橡树、开心果树和山楂树。途中，他不仅看到山崖上的野山羊，还撞见豺狼正要开始晚上的工作，而野兔则结束了白天的奔忙。他辨认出野猪的足迹，以及被豹子猎杀的动物残骸。随着落日从约旦河谷滑过，砂岩峭壁变幻了颜色，由于周围有这些动物，他无法在峭壁下的庇护处安眠。

第二天，卢伯克继续在林间穿行，偶尔站在石崖边缘，目光越过西面一个没有树木的巨大深坑，投向后来成为内盖夫沙漠的地方。离开古瓦伊尔山谷差不多 30 千米后，他来到一个宽阔峡谷的入口，那里树木茂盛，两边耸立着砂岩悬崖。他看到几只聒噪的黑鸟，这里恰如其分地正是加拉布山谷（Wadi Gharab），即渡鸦谷。那里坐落着卢伯克有机会看到的第一个城镇[1]，那也是世界上最早的城镇之一：贝达。[2]

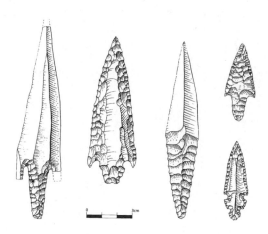

石矛尖，约公元前 8000—前 6500 年，来自约旦贝达和同时代的前陶器新石器时代 B
期遗址

　　山羊小径成了经常有人走的林间小路，许多树木已被砍伐。这
里将很快变成小块田地，萌发出谷物、豌豆和一种陌生作物的绿色
新芽——亚麻。然后，他看到、听到也闻到了那座城镇——一大片
长方形的石头建筑、人的声音、狗的吠叫、山羊的咩咩声和柴烟。
在这里，不同于马拉哈泉村和阿布胡赖拉，自然和人类文化的界线
不再模糊。贝达镇是人类脱离自然世界的重要宣言，体现在棱角分
明且井然有序的建筑、关在畜栏里的山羊和为农业开辟的土地中。
　　造访贝达的机会留给了三位了不起的女考古学家中的最后一
位。我们已经见证了多萝西·加罗德和凯瑟琳·凯尼恩的贡献。现
在，我们必须感谢戴安娜·柯克布赖德（Diana Kirkbride）的工作。
20 世纪 30 年代，柯克布赖德在伦敦大学学院学习埃及古物学，然
后与凯尼恩一起在耶利哥工作。1956 年，她为约旦文物部在佩特拉
（Petra）展开了为期 7 个月的发掘行动，发现了新石器时代的贝达镇。[3]
　　佩特拉壮观的石刻神庙和墓葬拥有 2000 年的历史，但它们无
法留住柯克布赖德的兴趣，她在空闲时会去寻找附近的"燧石遗址"。

在贝都因人向导的帮助下，她找到了几个此类遗址，有的极为古老。她还找到了一座后来成为贝达遗址的小丘，位于佩特拉向北，沿砂岩丘陵步行约一小时的地方。

1958 年，柯克布赖德开始发掘那里。1983 年，她完成了 8 个田野工作季中最后一季的发掘，那时她已经挖出了 65 座建筑。至今这仍是对前陶新石器时代定居点最大规模的发掘，提供了关于早期城镇布局独一无二的信息。她的工作显示了贝达如何从一个由相互连接的圆形居所组成的小村子，发展成卢伯克现在见到的这样由两层楼的长方形建筑组成的城镇。

走进小镇时，他需要跨过围绕建筑的矮墙，那是为了阻挡可能淹没院子的沙土，因为砍伐树木造成了土质疏松。一条小径带着卢伯克从建筑间穿过，走进一个直径约为 8 米的带围墙的院子。这里是小镇的中心。他面前有四间石室，地上散落着谷物，那是收获时留下的。他的左右两侧是两栋特别巨大的建筑的立面。卢伯克走进门，来到一间白得耀眼的房间——地面、墙壁，甚至天花板上都刷了厚厚的石灰。唯一的色彩是沿着墙脚的一圈红色粗条纹。房间中央立着一根 1 米高的未雕凿石柱。石柱背后是通往第二个更大房间的入口。这个房间同样炫目和空荡，同样粉刷了白色石灰，地面中央的火炉和入口附近的石盆四周同样绘有红色条纹。在房间最深处是一个周围铺着石头的坑。这就是全部了。没有家具暗示这里是住宅，没有碎石或骨片暗示这里是作坊，没有雕像暗示这里是仪式或拜神场所——最令人沮丧的是，没看见有人在工作或玩耍。

虽然是由柯克布赖德发掘出来，但关于贝达建筑最主要的解释来自加州大学布赖恩·伯德（Brian Byrd）的尝试。[4] 他对卢伯克进入建筑的规模印象特别深刻，估计仅用到的石灰浆就需要耗费 2000 千克生石灰和 9000 千克木头来烧制。因此，即使有家庭在

镇上为自己建造了房屋，建筑仍然需要集体的协作，而关键问题在
于——不仅是贝达，也包括全部有这种建筑的新城镇——这项工作
是自愿的，还是受到了城镇首领的强迫。很难想象贝达这样规模的
社群（可能有 500 人）会没有首领。[5] 首领也许是受到尊敬的长者，
在做出将影响社群整体的决定时扮演过突出的角色，或者可能是通
过武力行使权力的个体。

布赖恩·伯德认为，这座建筑可能被用来做出此类决定，为各
个家庭前来集会提供了场所。似乎值得注意的是，入口正对面的院
子里有谷仓。周围的墙壁是新近所加——从前人们可以自由地穿过
院子。新的院墙和其他建筑变化显然是为了控制人们在镇上的行动，
并影响他们能看见什么。我们可以假设，这对当权者有利：拥有谷
仓和知道仓中存储了多少粮食是控制粮食分配之人的权力来源。

离开这座巨型建筑后，卢伯克在房子间穿行，最终来到另一个
院子前——它不如上一个大，地面也没有铺过，有通向两座毗邻房
屋的入口。每座房屋都有三到四级台阶通往二楼，通往地下室的台
阶数也差不多。卢伯克选择了一座有人声传出的房屋，他爬上台阶，
走进一个房间：有八九个人坐在灯芯草垫上，围着房间中央的火炉。
他们中有成人有儿童，有男人有女人；有的在分享饼和肉，有的在
吸焚烧叶片发出的烟。整个房间充满烟雾，只能缓缓地通过芦苇编
成的屋顶散去。卢伯克的眼睛被熏得流泪。[6]

人们挤在一起，似乎某个家庭正在款待另一家。他们的服饰令
人吃惊——这是另一场发生在过去千年的小革命的佐证，那场革命
几乎被考古学家所忽视。在之前的历史中，人们只穿用毛皮制作的
衣服，偶尔也使用打结的纤维。但贝达人身着麻线织成的优美服饰：
这是最早形式的亚麻布，被染成绿色，制成上衣和裙子。

这些衣物制作于纺织技艺刚刚诞生之际，甚至用不了几代人

的时间就会腐烂或变得支离破碎，更别说距离那些人坐在贝达吃饭已经过去几千年了。不过，有些的确留存了下来，但并非来自城镇的废墟，而是来自赫玛尔溪镇（Nahal Hemar）的小山洞。赫玛尔溪镇位于贝达和耶利哥之间，坐落在内盖夫沙漠北缘，远离任何已知的人类定居点。20 世纪 60 年代，为了寻找更多的死海古卷，贝都因人曾洗劫过这个山洞。1983 年，以色列考古学家大卫·阿隆（David Alon）重新发现了这里，并和欧弗·巴尔-约瑟夫一起发掘了留存的遗物。[7] 他们找到许多织物、绳索和篮子的碎片，都与西亚最古老的城镇同时代。

织物能够留存是因为沉积物极其干燥——没有了水分，破坏性的细菌就无法完成它们的工作。[8] 织物由芦苇、灯芯草和禾本科植物制成，使用了各种纺制、打结、缝制和手工编织的技术。篮子用植物纤维绞成的绳索制作，盘成容器的形状。为了防水，人们还给它们涂上在死海边找到的天然沥青。洞中找到的骨质刮刀很可能是制作篮子的工具。

一些织物用来自亚麻类植物坚韧茎秆纤维的亚麻线制成。经过纺织后，这些纤维通过打结或手工编织连接起来，编织的方法被称为“纬线编结法”，可能是在木板上完成的。这是最简单的一种编织法，直到近代还被世界各地的部落社会所使用。洞中找到的几个骨梭可能是用来将纬纱（水平纱线）编入经纱（垂直纱线）的。

不幸的是，从赫玛尔溪洞找到的织物残片太小，无法据此重建新石器时代的服饰——唯一的例外是一个锥形头饰。头饰包括一条裹在额头的织带，上面装饰着一块绿石；帽子形成钻石状的锥体，带有尖顶和帽穗。由于只发现了一件，我们无从知道这是新石器时代的人们日常佩戴的，还是一种仪式性服饰，只有特别的人在特别场合才会戴。鉴于洞穴的偏僻位置和洞中的其他物品，后一种情况也许更有可能。

与小麦和大麦类似，亚麻最初是生长在西亚森林草原上的野生植物，后来与谷物和豆类一起被种植。在耶利哥、艾斯沃德丘和阿布胡赖拉都发现过亚麻残片，但无法辨别它们是野生还是驯化品种。我猜测贝达也生长着亚麻，但没有找到，这个遗址的植物保存和复原状况特别糟糕。

尽管留在赫玛尔溪镇的衣物和篮子可能被用于仪式场合，它们仍然向我们透露了新石器时代日常生活中的一个普遍方面。收割芦苇和种植亚麻，纺、编、捻、缝、打结纤维，可能占据了许多人生活的很大一部分。他们可能每天都要看到织物并与其打交道，感受粗糙的织物摩擦自己的皮肉。沥青、柳条制品和亚麻布的气味应该总是伴随着他们。但考古学家对他们衣物的全部了解几乎就只是在赫玛尔溪镇发现的几块残片。[9]

卢伯克仍然待在贝达的那座房子里，审视着地上的防水篮子和一堆编织品。炉子上滚烫的石头不时被扔进篮子，以加热里面的液体——薄荷茶。房间另一头的大堆毛皮和织物暗示那里是睡觉的区域。一个面色苍白、带有病容的孩子躺在上面。就像卢伯克在其他地方经常看到的，贝达的婴儿死亡率也很高——戴安娜·柯克布赖德发现了这点，因为她在地面下挖出了许多小小的骨架。

卢伯克发现，工作主要在地下室进行的。地下室为泥地，墙内分成6个小房间，一条短短走廊的两侧各有3间。[10]地上的石板提供了坚硬的工作台面——有的覆盖着石屑，有的则是丢弃的骨骼和兽角碎片。一些房间被用来把石头打磨成珠子，另一些则用于加工皮革。距离入口最近的两个房间里放着大磨石，用于碾磨小麦和大麦。

这是另一个重大改变，不仅不同于纳图夫定居点，也不同于耶利哥和哈格杜德道最早的农业村落。许多活动被搬到室内，搬进单一建筑中现在各具特定功能的房间：有的用于吃饭、睡觉和娱乐，有的用于制品加工和存储。新秩序似乎不仅表现在建筑和城镇布局上，也包括人们的生活。

从典型 PPNA 定居点（如耶利哥、哈格杜德道和 WF16 号）的圆形居所到 PPNB 定居点（如贝达等地）的长方形建筑（常为两层），这种转变记录了重要的社会变迁。[11] 来自密歇根大学的肯特·弗兰纳里（Kent Flannery）宣称，这反映了从集体导向的社会（任何富余食物都被集中起来供所有人享用）到家庭成为关键社会单元的转变。这些家庭不再分散在若干圆形小屋中，而是通过生活在单一建筑的多个房间内巩固自己的存在。他们拥有并存储自己生产的某些（或者可能是全部）富余食物，常常将房屋的一部分建成特别的仓库。[12]

卢伯克在贝达的小巷和院子间徘徊，这让他获得了另一些新的体验。在他造访过的狩猎采集者定居点中很少有意外——他几乎总是可以从村子一头看到另一头，大多数工作在露天展开，每个人似乎都知道其他任何人的行当。而在这里和其他新石器时代的城镇，几乎每个拐角都会看到意外的东西：意想不到的一群人、户外的火炉、拴着的山羊。人们完全不知道镇上其他地方在发生什么，即使只相隔数米，因为许多事发生在厚厚的墙壁背后。居民数量太多，人们已经无法相互了解对方的行当和社会关系。卢伯克感到一种不信任和焦虑的气氛，来自城镇生活对习惯在较小社群生活的人们造成的心理冲击。[13]

绵羊和山羊是继狗之后最早被驯化的动物，完成了人类从狩猎和采集向农业生活的转变。对于这种驯化是何时、何地以及为何发生的，考古学家仍然分歧很大。[14]

在纳图夫人和早期新石器时代村落的骨堆中很少发现山羊的骨

骼，而是以瞪羚骨为主，那是自末次冰盛期以来最受欢迎的猎物。因此，在贝达找到的大量山羊骨（占所有动物骨骼的 80%）暗示那里的居民是放牧而非狩猎。

贝达的山羊体型比已知的野山羊小。所有动物被驯化后体型都会减小——家猪比野猪小，奶牛比野牛小。造成此类现象的原因很可能是母体的营养不良，以及为获取肉类而选择杀死最大的成年雄性。这种屠宰模式在贝达十分明显，因为大部分骨骼来自约两岁的动物，暗示它们已被养到体格长成，但在消耗太多饲料前被杀死。贝达的骨堆中几乎没有小山羊骨，这无疑表明人们并不是为了羊奶而饲养山羊，因为如果那样的话，新生的小羊将被杀死，好让母羊的奶供人使用。

山羊和绵羊早早被驯化并不让人意外，因为它们的野生习性使其很容易被人类控制。两种动物都有很强的领地感，不愿离开羊群，并且生活在有鲜明等级的群体中。山羊和绵羊乐意追随最大的公羊或母羊，这让它们容易把某个人当成头领。山羊和绵羊天生喜欢把山洞作为庇护所，于是石头居所成了替代品。

放牧具体在何时何地开始，目前还不清楚。就规模和数量而言，绵羊和山羊最早被驯化的地方可能位于新月沃地中部（比如叙利亚和土耳其东南部）或东部（如伊拉克和伊朗），时间是公元前 8000 年，也可能早得多。我们知道，幼发拉底河畔阿布胡赖拉村的居民在公元前 7500 年就在放牧绵羊和山羊了。当时，一批新的泥砖房屋已经建成，掩埋了卢伯克曾经造访的狩猎采集者村落。新镇民最初延续了晚期纳图夫人每年猎杀迁徙中的瞪羚的做法。不过到了公元前 7500 年，他们已经转向屠宰绵羊和山羊，这些动物以有人管理的羊群形式被饲养。[15] 但如果想见到最早驯化山羊的地方，我们必须继续向东，来到位于今天伊朗中部的早期新石器时代村落。

其中，称为甘兹·达列赫（Ganj Dareh）的村子提供了最有力的证据。[16] 这是一个位于克尔曼沙赫（Kermanshah）山谷南端的小土丘，直径约 40 米，高 8 米。土丘大部分由倒塌的泥砖建筑形成，最早建于公元前 10000—前 8000 年间的某个时候。[17]生活在甘兹·达列赫的人们杀死过大量山羊，提供了差不多 5000 具骨架供后人研究。阿拉巴马大学的布赖恩·赫西（Brian Hesse）和史密森尼博物馆的梅琳达·齐德（Melinda Zeder）承担了这项工作，根据有大量小公羊被屠戮的事实发现了驯化的蛛丝马迹。[18]

无论羊群本身还是放牧的想法，都可能向西然后向南扩散，就像耕种是向东传播的。就这样，牧羊在公元前 8000 年左右传到了约旦河谷。但山羊的驯化也可能是在其他地方完全独立完成的，甚至可能在贝达附近。目前考古学家还无法确定。

关于驯化山羊和绵羊的想法如何产生并被付诸实践，仍然存在争议。耶鲁大学的弗兰克·霍尔（Frank Hole）认为，猎人意识到野生动物越来越少，于是有意对它们进行管理。这可能包括在冬季提供草料，建造畜栏控制兽群的活动，以及照顾失去父母的幼兽等。[19]

许多有历史记载的狩猎采集者（比如澳大利亚的土著人）会把驯化的动物当成宠物，我们必须假定纳图夫人和 PPNA 时代的人同样如此。当他们的后代开始在永久定居点生活时，一部分“宠物”可能已经性成熟，并在定居点内繁衍后代。与野外隔绝后，这些动物可能成了家养畜群的基础。有意的选择性培育令动物发展出了某些特征——脾气温顺、成长迅速、产奶量高和羊毛浓密。在狩猎采集者群体中，照顾动物常被认为由妇女和儿童负责。因此，在动物驯化过程中扮演了最关键角色的可能是他们，而非男性猎人。

继绵羊和山羊之后，牛和猪也在几百年的时间内被驯化。但驯化的马和驴直到新石器时代的城镇繁荣了几千年后才出现。随着青铜时代开始出现金属加工，人们需要将矿石和燃料运到冶炼中心，这些动物很可能是作为役畜应运而生。

卢伯克该离开贝达了。虽然新的房屋仍在建造中，但城镇将在一代人的时间内被抛弃。贝达的地理位置并不占优：约旦河谷南缘的降水很难支持农业，而最近的永久泉源在 5 千米外，还需要攀爬400 米。在这种条件下，渡鸦谷的土壤过于贫瘠，无法维持密集和重复的耕种，而且因为没有树木而变得不稳定。每年，人们把山羊群带到距离村子越来越远的地方放牧，庄稼产量也逐年下降，并很快将会崩溃。[20] 随着生活变得过于艰难，人口不断流失，最后的居民将在公元前 7500 年左右离开贝达。

许多人将前往贝达以南仅仅 12 千米处一个繁荣的新镇，今天被称为巴斯塔（Basta）。[21] 直到 1986 年，考古学家才发现该镇。此后，那里发现了一些令人印象极为深刻的新石器时代留存的建筑，石墙高 2 米，窗和门一应俱全。巴斯塔的面积扩大到 12 公顷，是新石器时代最大的城镇之一。它无疑找到了一个特别肥沃的位置，使其在规模上远远超过贝达。但即使这座城镇也无法维持到公元前6000 年之后。

卢伯克的目的地并非巴斯塔，而是向北回到耶利哥，然后前往加扎尔泉镇（'Ain Ghazal）。造访贝达期间，他只看到了新石器时代新的城镇定居者的一个方面——主要是他们的家庭生活——所以他现在必须前往这些定居点，去更多地了解他们的神圣世界。

第10章

鬼镇

仪式、宗教和经济崩溃，公元前 7500—前 6300 年

离开贝达后，卢伯克径直向西，沿着穿过多林山谷的小溪走向低处，最终抵达约旦河边。河两岸都有茂盛的林地、芦苇和莎草，但其他地方干燥而贫瘠。过了约旦河，地势开始上升，很快将形成今天的内盖夫沙漠。现在是日出时分。河对岸，一缕轻烟懒散地从火上升起。

生火者是一队耶利哥人，他们正向南而行，带着一筐筐富余的谷物。十多个人扛着沉重的物品，前去与生活在内盖夫的狩猎采集者碰面。谷物将被用来交换海贝和野兽的肉。[1]

新仙女木期结束后不久，内盖夫和西奈沙漠很快又有人居住。在和晚期纳图夫人同样的地点建起了一些新的沙漠定居点，比如内盖夫中部的阿布萨勒姆（Abu Salem）。[2] 新居民可能常年留在沙漠中，过着狩猎采集者的生活；或者他们可能只是夏天前来，但在贝达等新石器时代的城镇过冬。无论哪种情况，他们都可能曾为镇民提供过肉类。

随着驯化动物成为肉类的主要来源，野兽的肉可能成为镇民

的珍馐。贝达等定居点的居民制作了各种非常精美的箭头和矛头，这意味着捕杀猎物现在已经获得了特殊地位。[3] 在位于今天安曼（Amman）外围的加扎尔泉镇，人们发现了不少于 45 种野生动物的残骸，包括瞪羚、野牛、猪和小型食肉动物。[4] 在城镇附近捕到这么多种类的猎物似乎不太可能，因此其中一部分骨骼无疑来自从生活在沙漠中的狩猎采集者那里得到的肉块。

红海的贝壳也通过某种方式来到城镇。对获取贝壳的兴趣（无论是通过交换还是远赴海边）可以上溯到末次冰盛期，并曾在早期纳图夫时代达到过顶峰。但最受欢迎的类型似乎发生了改变：对管状角贝类贝壳的兴趣似乎被宝贝类贝壳取代。[5]

商人们向南而行，卢伯克则前往北方，第二次造访耶利哥。他沿着死海西岸的犹大（Judaean）山脚而行。山脉被一系列山谷切断，谷中的小溪很快会在烈日下干涸。他遇到了小孩子放牧的绵羊和山羊群，还有采集沥青和食盐的小队。

公元前 7000 年，卢伯克抵达那里。比起他看到最早的小麦播种时，这个定居点已经发生了改变：密集的圆形小屋已经被杂乱蔓延的长方形建筑取代，周围不仅有耕地和山羊群，还有一排排在太阳下晾晒的泥砖。耶利哥从狩猎采集者—种植者的村子变成了农民、工匠和商人的城镇。[6]

卢伯克在院子和房屋间穿行，沉浸于新石器时代生活的喧嚣中。许多工作在户外进行——准备食物，加工石头，制作篮子、织物和皮革。他想起了贝达，那里也有成群的狗在寻找残羹剩饭，在镇上闲逛时，他也会闻到悬挂着的肉发出的臭味、柴火的泥土味和研磨草药的香味。他停下脚步，看着一个女人用手推磨劳作；磨非常大，她坐在一边，不停地弯腰，以便把手中的磨石推到另一边——此后无数代人将重复这种工作。

房屋并非用石头建造，而是用晒干的泥砖。它们都是单层的，设计看上去比贝达的简陋得多，没有走廊建筑的痕迹。[7] 卢伯克随机选择了一座进入。他穿越几扇木门，走过 3 个相连的长方形房间，每间都有涂成红色的石灰地面和灯芯草垫。没人在家，也几乎没什么家具。一堆垫子和兽皮可能是睡觉的地方，篮子和石碗似乎是宝贵的财产。

第三个房间里有 3 尊靠墙站立的黏土小塑像，都是女性形象，高约 5 厘米。其中一尊特别引人瞩目——她似乎穿着飘垂的长袍，被塑造成双臂弯曲的样子，两手分别放每侧的乳房下。它们旁边似乎是个人头。卢伯克轻轻拿起它——这真是个人头，或者至少是个面部被精心涂上石膏的头骨。

在镇上转悠的过程中，卢伯克在其他房子里找到了更多涂有石膏或裸露的头骨，它们被放在房间角落或者壁龛里。经过好一番寻找，他看到有个男人坐在自己的屋中制作面具。面具的模具是他父亲的头骨；父亲是这座房子的建造者，他的骸骨如今就在自己亲手浇筑的石灰地面下安息。在整个尸体埋葬几年后，人们会打开坟墓并取出头骨，然后在地上重新浇上石灰。[8] 现在，儿子正向父亲致敬。

男人蹲在分别装着白石膏、红色颜料和各种贝壳的碗旁。鼻洞和眼窝已经被填满，正在等待晾干；头骨底部被修平，好让它无须扶着就能立起。现在，他正给头骨最后刷上一层细腻的白石膏浆，并将很快把它染红。贝壳将被塞进眼窝，然后头骨会放在房间里展示。当男人制作、修正和打磨石膏面具时，他的妻子正一边在地里采小扁豆，一边吃力地背着襁褓中的儿子。未来的某一天，儿子也将深情地把自己父亲的头颅挖出并为其制作面具，好让他能继续生活在房子里，即便他的骨头已经被埋在了地面之下。

涂石膏的头骨也许是凯瑟琳·凯尼恩最惊人的发现。她在一个坑中找到了 7 个，还在房屋地板下找到过各种单个头骨。大部分样子相当矮胖，因为面具是按照没有下颚的头骨形状制作的。但有一个头骨是完整的，而石膏面具就像是受尊敬祖先的优美肖像。对于头骨是否被展示，是否属于房子的"奠基人"，人们是否曾试图将其当作肖像，我们只能猜测。我们只知道，它们在某个时候会被埋入坑中，这也许是作为最后的缅怀之举，也许是抵达身后世界的最后一步。

从凯尼恩在耶利哥的发掘开始，许多新石器时代的遗址都发现了涂着石膏的头骨，每个定居点的制作方式稍有不同，但基本设计一致。[9]

在赫玛尔溪镇发现了一种不同类型的装饰性头骨——来自发现织物残片的那个山洞。在这里找到了 6 个残存的头骨，颅骨部分都有用沥青绘制的网状图案，也许曾用于粘贴头发，但面骨上没有涂抹石膏。

除了头骨和织物碎片，洞中也发现了其他一系列不寻常的仪式器物。[10] 包括两个石头面具的残片，上面画着红绿相间的条纹，可能还粘上过头发和胡须。那里还找到 4 张人脸雕像，分别刻在一段长骨上，用石膏装饰，并用赭石和沥青画出眼睛、头发和胡须。装饰并非一次完成的，暗示这些小雕像经过了有意的"陈化"。草堆上有石膏碎片，根据我很快将要讲述的发现，它们可能来自按照模型制作的石膏像。洞里还有许多珠子，其中数百颗用地中海和红海的贝壳制成，其他的用石头、石膏和木头制成。

赫玛尔溪镇的发掘者大卫·阿隆和欧弗·巴尔-约瑟夫试图解释，为何这么多珍贵的物品被放在一个与任何已知定居点都相距许多千米的小洞。这个山洞受到尊敬可能是因为它位于两大社会地域，或者说两种不同的地形（内盖夫和犹大沙漠）交界处，于是被用来储存仪式物品。目前几乎说不了更多。我们所能做的只是造访这个山洞，

石膏头骨模型，约公元前 7000 年，来自以色列克法尔哈霍雷什

描绘它的物品，承认自己对新石器时代神圣世界令人悲哀的无知。

　　从耶利哥向西北前行 100 千米，卢伯克将走进拿撒勒（Nazareth）山，来到墓葬中心克法尔哈霍雷什（Kfar Hahoresh）。这里由留守的看护人照管，当地各个小镇和村子都会把死者带到这里安葬——更常见的是将挖出的骨殖重新埋葬。一系列仪式习俗在克法尔哈霍雷什上演：用石膏制作面具，屠宰和埋葬野生动物，在环绕的矮墙中铺设石膏和放入骨殖（有时模仿成刚死的样子），还有集体宴会。事实上，自耶路撒冷希伯来大学的奈杰尔·戈林–莫里斯（Nigel Goring-Morris）在 1991 年开始发掘起，就不断有新的奇异习俗浮现。[11]

　　从克法尔哈霍雷什继续步行 30 千米，卢伯克将来到迦密山下的地中海沿岸。如果此行耗时 500 年，他就可以造访沿海的亚特利特雅姆（Atlit-Yam）社群。虽然居民种植谷物，养殖牛、羊和猪，但那里主要是个渔村。船只每天出海，捕捉生活在多沙和多石海床上的鳞鲀。[12] 不过，大海最终将给小镇带来灭顶之灾，上升的海平面将淹没地中海沿岸，完全吞没亚特利特雅姆。

卢伯克在西亚新石器时代的时间正在快速耗尽。因此，他必须放弃前往克法尔哈霍雷什和亚特利特雅姆，转而跋涉50千米前往约旦河谷东缘，他将在那里找到最大的新石器时代城镇，今天被称为加扎尔泉镇。因此，他用了两天时间穿越约旦河谷的茂密林地，攀上河谷东部的陡峭悬崖，进入点缀着零星树木的草原。[13]

附近有城镇的第一个迹象是他所走的山羊小道拓宽成了常有人走的小径，两侧是小块田地，有的种着小扁豆和豌豆，有的种着小麦或大麦。女人和孩子们在工作，他们采收小扁豆，然后三三两两地带着沉重的收获回村。许多篮子还留在地里，卢伯克把其中一个扛到肩上，跟着一个女人和她两个疲惫的孩子，走进今天被称为扎尔卡山谷（Wadi Zarqa）的地方。河上有踏脚石，河边拴着许多山羊。一条小径带领他们直接来到城镇中心。

途中，卢伯克注意到每块可利用的土地都种上了东西。原因很快就清楚了：这个城镇的规模是耶利哥的3倍，也许是4倍。但扎尔卡山谷附近非常贫瘠——土壤因为反复种植而肥力耗尽，然后被冬天的降水冲走，因为人们为获得木柴而砍伐了剩余植被。有的斜坡被铲平了，用于建造新的房屋，许多家庭住在临时的帐篷和枯树枝搭建的窝棚里。加扎尔泉镇正在"享受"人口爆炸，部分来自本地居民，部分来自涌入的人口，水土流失和肥力耗尽迫使后者放弃了自己的村子。

现在是公元前6500年，镇上的建筑参差不齐——有些是全新的，有些正在修缮，还有的则破败不堪或者已经废弃。建筑材料包括赤裸的石头、木材、芦苇、泥浆和石灰。[14] 黄昏降临，人们正在回家；有的开始吃饭，有的准备睡觉。卢伯克把篮子放在他跟着的那个女人家门口，她感谢孩子们帮忙带回来，这令他们惊了一惊。随后的一小时里，他在村中探索，从窗户中和人们背后观察。这里与贝达和耶利哥很相似，醒目的位置展示着涂有石膏的头骨和黏土小塑像。在某幢房子里，他看到了一个可爱的狐狸模型。事实上，动物模型似乎对这里的居民特别重要，特别是牛，尽管尚不清楚它们是野生还是家养的。[15]

在另一幢房子里，一群人围坐在燃烧的火炉边，传阅着燧石刀、珊瑚块和颜色闪亮的石头。这些东西来自一个衣着和发型独特的男子，他是最近从北方过来的商人。从门边望去，卢伯克看到人们正在清点黏土制作的球状、圆盘状和金字塔状器物，然后把它们装进皮囊。[16]他从未见过这些东西，但疲倦战胜了好奇，他找到一座废弃的房子睡觉。

第二天醒来时，卢伯克发现镇上安静而空空如也：没人在院子里做饭，没有女人前往田间，没有男人在架设木柱和铺设石灰。当卢伯克在小巷中徘徊时，他听见低语变成了小声的絮叨。转过巷角，卢伯克看到几百个人聚集在一起。小孩坐在父母的肩头，大一点的孩子爬上墙壁和窗台。所有人都喧嚷着想看上一眼。正当卢伯克抵达时，一座房子的木门打开了，一些人鱼贯而出。人群变得安静而沉寂。

6个男人走在队伍前面，他们穿的长袍、戴的面具和头饰与在赫玛尔溪镇发现的很像。男人们抬着一块木板，上面放着一组塑像。塑像用芦苇扎成，有躯干和手脚，外面涂着石膏。[17]可能共有12尊塑像，有的高约1米，有的则小得多。它们身体扁平，长着长脖子和大圆脸，眼睛睁得很大，中心处为深黑色。鼻子只是短茬，嘴唇几乎不存在。石膏为纯白色，有的塑像上披着很薄的织物。一尊塑像的双手放在乳房下，把它们托向围观者，并用冷冰冰的目光吸引着他们。

人群喧闹着争睹这些塑像，知道那将是最后的机会，因为它们即将被埋葬。但人们也知道，几年后，一组新的塑像将从那些木门中抬出，并不断延续下去：死亡之后总会有新生命，就像收获之后总会有春天的萌发。

卢伯克跟着队伍来到一座废弃的房屋前，挤进去观看埋葬仪式，听人们祈祷和歌唱。每尊塑像都被高高举起，然后小心地放进地上挖好的坑里。又经过一番祈祷，坑被填满。"祭司们"回到最初的那座房子，砰地关上门。人群散去，有人似乎处于震惊中，有的感到悲伤，还有的不知所措。

加扎尔泉镇在 20 世纪 70 年代末被发现，新道路建设的过程中挖出了墙壁和人骨。1983 年，在当时任教于圣迭戈大学的加里·罗尔夫森（Gary Rollefson）领导的第三个发掘季，人们找到了石膏塑像。他和同事还找到几个涂了石膏的头骨，许多人类墓葬，还有贸易品的证据，比如来自土耳其的黑曜石和来自红海的珊瑚。此外还有许多小型的黏土"标记物"，可能是计数工具，代表了分配给各个家庭的田地。大量动物骨骼也被发掘出来，大部分来自显然被人们大批放牧的山羊。

罗尔夫森记录了这座农业小镇的繁荣与最终没落。因此，即使没有石膏塑像，加扎尔泉镇仍然可以提供关于早期新石器时代农民经济、社会与宗教生活的更多信息。不过，正是这些雕像让加扎尔泉镇不同于其他任何新石器时代城镇。虽然在赫玛尔溪镇和耶利哥也找到过带有芦苇印记的石膏碎片，但只有在加扎尔泉镇才发现了完整的石膏塑像。

考古学家们共发现两处埋藏坑。第一处有 12 尊塑像和 13 尊半身像，它们都放在同一个坑中，较大的那些沿东西轴线排列。两年后，人们又找到了第二处较小的埋藏坑，在加扎尔泉村的历史上比前者晚约 200 年。塑像的设计非常相似，尽管体积稍大而且更加标准化。第二个坑中还找到了 3 尊令人惊叹的双头半身像。

来自得克萨斯大学的丹尼斯·施曼特-贝瑟拉特（Denise Schmandt-Besserat）在晚近得多的巴比伦文明的宗教行为中搜寻线索，试图找到这些塑像的意义。她认为，巴比伦人的信仰源于西亚最早的农业社群。[18] 一种可能是，这些石膏塑像描绘了鬼魂。早期巴比伦文字记载了人们有时如何通过将塑像埋在远离住屋的地方来驱赶鬼魂。施曼特-贝瑟拉特确信，加扎尔泉镇的居民害怕这些塑像，奇特的外表——眼睛瞪得大大的，头部比例失调，还有一尊塑像有六个脚趾——可能暗示它们代表了鬼魂。

因此，加扎尔泉镇可能曾是个充斥着鬼魂的城镇，人们不得不反复从房子和院子中，从羊圈和田地里驱赶它们，方法是把它们埋到地下。但施曼特-贝瑟拉特更倾向于另一种可能，即这些塑像代表了新石器时代的一众神明。

在巴比伦文字作品中，大神马杜克（Marduk）有两个头，很像上面提到的某些石膏塑像，以及西亚较晚近的史前和史上群落艺术中的双头形象。露出双乳的石膏像让人想起一位姿势类似的巴比伦女神。因此，巴比伦宗教可能发源于公元前 6500 年左右约旦河谷的新石器时代文化。

但这些塑像为什么被埋葬了呢？在镇上被发掘的那一小片区域就找到两个埋藏坑，这个事实暗示那里曾经制作过许多塑像。也许原因不过是磨损——石膏制品会很快开裂和破碎，因此埋葬可以让人们有机会制作新的。或者就像在后来的宗教中那样，诸神每年必须"死去"再重生，从而确保春天的丰饶。

石膏塑像表明，比起新石器时代的更早阶段，宗教活动的形式更加公开，也许还更加集中化。很可能被用作"神庙"的建筑的出现也暗示了这一点。此类建筑曾与耶利哥和贝达联系在一起，但最有说服力的例子来自加扎尔泉镇。在这个定居点的最后岁月里出现了 3 种新型建筑，打破了曾经以清一色长方形住宅为特点的建筑格局。

　　加里·罗尔夫森描绘了一种拱顶建筑，它们零星分布在也建有圆形小屋的住宅"社区"内。这些建筑的地面被反复重新铺设，罗尔夫森因此认为它们是与多个家庭或某个家族有关的圣所。加扎尔泉镇晚期还出现了两种"特殊"建筑。最令人印象深刻的建在俯瞰整个定居点的斜坡高处。它的独特之处在于没有石灰地面，以及所留存家具和器物的性质：房间中央设有涂成红色的方形火炉，周围是 7 块平整的石灰石板；房间里还立着几块石灰石，以及一根人形石柱。罗尔夫森暗示，这座建筑可能被用作整个社群的神庙。[19]

　　加扎尔泉镇取得了巨大发展，占地达 30 公顷，超出扎尔卡山谷东缘，居民达 2000 多人。不过，到了公元前 6300 年，那里已经处于衰亡的最后阶段。许多房子都废弃了，它们之间的小巷堆满了新石器时代的垃圾。城镇昔日的繁荣几乎只在少数几座有人居住的房子里和还在院子里工作的男人和女人身上留下了依稀的回响。比起原先镇上的建筑，所有新近建造的房屋都又小又破。[20]

　　扎尔卡山谷中的河流仍在流淌，但山谷两边光秃秃的——不仅是村子周围，也包括我们目力所及的地方。土壤流失和肥力耗尽摧毁了加扎尔泉镇的农业经济。在村子的步行距离之内看不到一棵树。人们每年需要前往越来越远的地方种植庄稼和为羊群寻找草料。收成减少，燃料变得稀缺，河水被人类的垃圾污染。一直很高的婴儿死亡率达到了灾难性的比例，导致人口水平崩溃。雪上加霜的是，不断有人离开，回归在各个小村落中的生活。[21] 这是约旦河谷中所有 PPNB 城镇的命运——彻底的经济崩溃。

　　现在，卢伯克站在扎尔卡山谷之上，望着农耕所造成的环境恶化的惊人景象。[22] 他和现代考古学家都在疑惑，农耕是否是唯一的原因；冰芯证据显示，公元前 6400—前 6000 年出现了一段特别低温且降水不稳定的时期,甚至可能是干旱。不过,一边是人类的农业,一边是气候的变化,想要区分两者对现在加扎尔泉镇周围荒芜地貌的影响,似乎是不可能的。

　　远处,一群山羊正被赶进山中。卢伯克看着它们登上山崖、从视野中消失。羊群将回到加扎尔泉镇,但不会待上许多个月,因为一种新的经济已经出现。城镇生活无法继续在约旦河谷维持下去,游牧生活已经取而代之,并将延续至今。几年后,加扎尔泉镇将只是牧羊人的季节性集中地,它们将在城镇的废墟中搭起简陋的窝棚,而羊群则将取食生长在废弃建筑和神明埋葬所之上的野蓟。[23]

第11章

加泰土丘的天堂和地狱
新石器时代在土耳其的繁荣，公元前 9000—前 7000 年

　　约翰·卢伯克的西亚新石器时代革命之旅正在走向尽头，这场革命把奥哈洛的狩猎采集者变成了加扎尔泉镇的农民、工匠、商人和祭司。在牧人和商人的陪伴下，他离开那个城镇，向西北走了500千米，经由一片片绿洲穿越叙利亚沙漠。现在他来到幼发拉底河畔，在与哈布尔河（River Khabur）的交汇处，找到了建在俯瞰洪泛平原的岬角之上的布克拉斯（Bouqras）镇。[1] 他在那里的建筑中找到了壁画——大型水鸟、鹳或鹤——此后，他将在西亚之旅的最后阶段看到越来越多的艺术品。

　　但不同于加扎尔泉镇，布克拉斯镇已经过了繁荣时期，许多泥砖屋子年久失修。洪泛平原曾经为狩猎、放牧和种植提供了充足的土地。现在，艰难时代已经来临，人口从上千减少到最多不过几百。一些专业匠人仍在工作，用大理石和雪花石膏雕刻精美的石碗。

　　卢伯克离开城镇向东北而行，他沿着幼发拉底河穿过托罗斯山脉东侧，进入安纳托利亚（Anatolian）高原的延绵丘陵。河流开始转向，向西划了个弧线，从分布着零星林地平原的光秃秃石灰石山间流过。在距离幼发拉底河以南不超过3千米的地方，他找到了坐

落在一条小支流两岸的内瓦里乔利（Nevalı Çori）村。[2] 那里有大约 25 座废弃的建筑——均为单层，长方形，用石灰石和泥浆建造——但没有人。除了乱窜的老鼠，村子了无生机。

台地上排列着几座房子，房子之间有狭窄的过道。有几座特别大，长几乎有 20 米，被分割成多个相连的房间。房间大多铺着厚厚的石灰地面；地面朽坏后，石头的下水道和人类墓葬露了出来。

地上散落着垃圾——动物骨头、坏了的手推磨、燧石工具和旧篮子。村子显然是逐步废弃的，卫生和秩序标准逐步下降。卢伯克在垃圾堆中找到了从木架上掉落的黏土和石头小塑像。一张风格化的人脸似曾相识，它似乎让人想起加扎尔泉镇“祭司们”佩戴的面具，而后者又与赫玛尔溪镇的面具相似。

房子外面的区域同样脏乱不堪。几个大型的烧烤坑已经开始被淤泥塞满，另一些仍然露出石头砌成的边缘。畜栏已经倒塌，而一堆磨石仍然放在果壳和谷糠中。生活在内瓦里乔利的人显然是农民，就像贝达、耶利哥和加扎尔泉镇的居民那样，但他们拥有截然不同的宗教信仰。当卢伯克走进将被考古学家称作“崇拜建筑”（cult building）的房子时，他意识到了这点。

建筑位于台地西北端，房子呈方形，后壁与自然的斜坡贴合。芦苇覆盖的屋顶几乎完全坍塌，墙壁也开始碎裂。卢伯克不得不从掉落的木头间挤过，向下走几级台阶进入室内。当他这样做的时候，一群蛇在地上的瓦砾间快速爬过。

四周的墙壁上设有石凳，被 10 根石柱分隔成段。房间中央还有更多的板状石柱，柱头呈 T 字形，犹如人的肩膀。当卢伯克仔细看时，他发现石柱的每面都浅浅地刻有一双人的手臂。他站在台阶上，望着对面墙上的壁龛。壁龛中有个人头，一条蛇正在上面休息——人头和蛇都是用石头刻成的。周围的墙壁曾经涂着厚厚的石灰，覆盖有红黑色的奇异壁画。但大多数石灰已经剥落掉到地上，壁画支离破碎，犹如杂乱的拼图。

卢伯克找到了更多雕塑，有的自成一体，有的连在墙上或柱子上。他看到一只大鸟，可能是鹫或雕；另一只大鸟的爪子里抓着一个女人的头；第三只猛禽站在一根柱子顶端，柱子被刻成两个女人的头。此外还有更多的鸟、看上去半人半兽的脸，以及另一条蛇。

1983—1991 年间，在遗址将被阿塔图尔克大坝（Atatürk Dam）背后的新湖淹没之前，海德堡大学的哈拉尔德·豪普特曼（Harald Hauptmann）率领的考古队对内瓦里乔利进行了发掘。这个定居点的发展与约旦河谷的 PPNB 城镇处于同一时代，即公元前 8500—前 8000 年之间。那里的居民是种植驯化小麦、放牧绵羊和山羊的农民，尽管他们也进行狩猎和采集。刚被发现时，内瓦里乔利的雕塑和雕刻在新石器时代完全史无前例，不过现在我们在哥贝克力石阵——不超过 30 千米远的一个建在山顶的早期新石器时代仪式中心——找到了它们清晰的起源。事实上，正是因为克劳斯·施密特参与过内瓦里乔利的发掘，他才能马上辨认出山顶上的石灰石板来自新石器时代的雕饰柱子。

内瓦里乔利崇拜建筑的设计（包括立柱和石凳）与哥贝克力石阵的 PPNA 建筑惊人相似，唯一的区别在于它们是长方形，而非圆形。不过，在公元前 8500 年，那座石灰石山丘上也只能看见长方形建筑。人们有意用许多吨泥土掩埋了带有巨大雕饰柱子的圆形建筑，并用石墙标出它们曾经所在的区域。墙外建起了新的长方形建筑，留出的空地是曾经矗立而现在被掩埋的建筑所在的位置。这些新建筑中再次树起了刻有野生动物的柱子，形状与埋在地下的那些一致，但没有后者纪念碑式的体积。由于施密特尚未找到与这些新建筑相关的家庭生活痕迹，他怀疑哥贝克力仍被用作崇拜仪式的中心，直到公元前 7500 年左右被废弃。

不过，内瓦里乔利的崇拜建筑曾经是以住宅为主的定居点的一部分。无独有偶，在内瓦里乔利以东 200 千米的哈兰切米丘——公元前 10000 年的狩猎采集者村子——特殊建筑以同样的方式存在。崇拜建筑还在位于两者中间的一个定居点被找到，今天那里被称为查约努（Çayönü）。这进一步证明了新时期时代文化在土耳其东南部的繁荣。[3]

查约努的发掘历史比内瓦里乔利和哈兰切米丘长得多——始于 1962 年，一直持续到 1991 年。[4] 这个遗址处在美索不达米亚低地的最北端，位于幼发拉底河和底格里斯河流过的埃尔加尼平原（Ergani plain）。它坐落在托罗斯山下一片今天非常干燥的区域，尽管遗址旁仍有季节性河流经过。有人居住时，附近曾有过沼泽和湿地，可以设陷阱捕猎河狸与水獭。这个遗址非常有魅力，那里极为静谧，让人强烈地感受到其史前的过去——在经过今天土耳其东部的几个军事路障后，这是巨大的宽慰。

查约努至少从公元前 9500 年开始就有人居住，与耶利哥最早有人居住和哥贝克力石阵仪式中心的建设同时期。那里最早的居民也建造圆形房子、种植小麦并继续依赖野生动物，特别是猪、牛和鹿。不过，到了公元前 8000 年，他们开始采用一种截然不同的建筑形式。人们以"栅栏设计"作为地基，建造了大型长方形石头建筑，即在一系列平行的矮石墙上用木头和石灰铺设地板。这可能是为了免受地面潮湿和周期性洪水的困扰。当地至少有 40 座这种"栅栏设计"的建筑，其中最大的被分成多个房间和作坊。其最新的发掘者、伊斯坦布尔大学的阿斯利 · 厄兹多安（Asli Özdoğan）认为，从那里所采用的较新建筑风格和形式来看，至少经过了 6 个建筑阶段。

村子的大幅扩张反映那里采取了完全的混合农业经济——也许是世界上最早这样做的定居点之一。村中建成了中央"广场"，也许是用于公共集会和典礼，还有多次举行葬礼和埋藏着人类头骨的崇拜建筑——在某个房间里找到了不少于 70 个头骨。虽然人们在查约努没有找到可以与内瓦里乔利和哥贝克力石阵相媲美的纪念碑式艺术品，但从那里的家庭垃圾中发掘出 400 多件黏土小塑像，主要是人和动物形状的。不过，尽管查约努人使用黏土，并开展了包括雕刻石碗在内的大量加工活动，村中却没有找到任何陶器的痕迹。然而，查约努人无疑推进了技术的边界——他们从 20 千米外的矿床开采铜矿，将其敲打成珠子、钩子和铜箔。

卢伯克离开内瓦里乔利，向西踏上了漫漫旅途，他穿越托罗斯山脉，进入中安纳托利亚高原，路上经过了几个小村子和一些较大的城镇。他在旅途中有时与牧人同行，有时与前往遥远村落探亲或前往"闪亮黑山丘"的人同行。

这些山丘由黑曜石组成，位于今天称为卡帕多西亚（Cappadocia）的地区。黑曜石的交易和交换遍及整个西亚，甚至在公元前 7500 年，人们前往那里采集这种火山玻璃的历史也已经长达几千年了。[5] 卢伯克在阿布胡赖拉、耶利哥和加扎尔泉镇看到的黑曜石来自卡帕多西亚——很可能沿途经过了许多人和家庭之手。

因此，黑曜石作坊周围有大堆废弃的石屑和石块并不奇怪，只有最好的矿石才会被取走。作坊非常多，人们可以在那里用贝壳、毛皮和含铜矿物交换大块的黑曜石。但黑曜石产地面积太大，无法完全控制。因此，卢伯克看到许多小队在地上捡拾大块矿石，或者干脆从突岩上凿下大片这种非常宝贵的发亮黑石。

他的旅伴正前往今天的阿西克里霍育克（Aşıklı Höyük），那是一片由泥砖墙屋子组成的杂乱农业定居点，坐落于卡帕多西亚的西缘。[6] 但卢伯克选择了另一条道路，穿越安纳托利亚高原来到其最南端的平原，朝着新石器时代的城镇加泰土丘（Çatalhöyük）进发。

从内瓦里乔利开始，沿途的植被对地貌和水的变化——陡峭的山谷、延绵的丘陵和许多河流分割的平原——很敏感，经历了从草原到林地然后再到草原的连续变化。一些树林现在由高大的橡树组成，卢伯克瞥见林中有鹿和野牛。大型猛禽似乎不停地在空中盘旋。

现在是公元前 7000 年，加泰土丘正值鼎盛。[7] 当卢伯克走近时，他进入了一片被大量开垦的土地。随处可见被砍掉的树——木头显然正变成珍贵资源，因为最新砍的是最小的树。在小片田地上，妇女和孩子快要完成当天的工作，年轻的男孩们赶着绵羊和山羊回到镇上的安全处过夜。现在已经可以看见城镇，在昏暗的暮色下犹如黑压压的一团。

加泰土丘与卢伯克之前见过的任何地方都截然不同。这里似乎有一道连续的围墙，但没有入口，也不愿欢迎不请自来的客人。更仔细地查看时，卢伯克意识到，这根本不是单一的墙，而是由一幢幢紧贴在一起的房子的相邻墙壁组成的，仿佛在害怕墙外的世界。一条漂浮着垃圾的肮脏河流从一旁缓缓流过，注入镇子后面发臭的水沼。另一边是一个泥塘，羊群被安置在周围过夜。

卢伯克看着干农活的人回家，他们通过梯子爬上屋顶，四散消失在屋顶错综复杂的小路、台阶和梯子上，它们连接起不同的层面和房子。小路间是泥土平顶，有的显然被用作加工工具和编织篮子的作坊。有的已经塌陷，留下的洞口露出了下面的房间。有时，道路绕着完全被泥砖墙封闭的院子，从中传出人类垃圾的臭味。

每座房子的南面都有暗门作为入口，在高于相邻屋顶的墙上开有小窗。有的门开着，烟雾和油灯的摇曳亮光扩散到夜晚的寒冷空气中。有时，旺盛的火炉中会传出更加明亮的火光。

卢伯克选择了一扇开着的门，通过梯子下到一个长方形小房间的厨房区域。[8] 他面前是个抬高的火炉——平台带有围栏，以避免炉灰飞溅。火炉中的动物粪便燃料正发出暗色的火光和柔和的热量。

旁边是嵌入墙中的炉灶，露出整齐的泥砖。炉灶边是一只黏土罐子，小扁豆正从底部的洞里漏出。屋里散放着各种用具，一只装有根类蔬菜的篮子，一头小山羊拴在墙边上。这些不过是家常景象，在耶利哥或加扎尔泉镇也能见到。但当卢伯克转过身时，他看到了公牛从墙上冲出的可怕场景。

共有 3 头大约齐腰高的公牛——白色的头部画着黑色和红色的条纹，头上长着两只锋利的巨角，仿佛在向屋中的所有人发出威胁。在卢伯克身边，一男一女坐在公牛旁高起的平台上，他们低着头，默默地吃着面包。在他们中间，一个孩子把她的面包原封不动地留在了木盘上。

公牛周围的墙壁画着突兀的几何图形——醒目而压抑的图形之下是红色和黑色的手印，类似末次冰盛期法国佩什梅尔山洞石壁上的。不过，冰河期狩猎采集者的手向外伸出，欢迎访客来到山洞，而加泰土丘农民的手似乎更多表示警告或求助——它们的主人困在野兽群中无法脱身。

就这样，卢伯克开始夜游加泰土丘，目睹了农业带给这个特定人群的噩梦般的世界景象。首先，卢伯克通过一扇小门爬着逃离了那个房间，却只是来到一个堆着篮子和皮革的仓库。于是，他回到屋顶，尝试进入另一座屋子，再一座屋子。每次他见到的都是同样的东西——火炉、炉灶、谷物罐和平台的位置别无二致，房间的大小和形状也几乎如出一辙。许多房间的壁龛里或地上放着黏土小塑像，有的塑像显然是女性，另一些是男性，但许多似乎完全没有性别特征。最惊人的是一尊女性塑像，她坐在位于谷物罐旁的宝座上，两边各有一只豹子，她的两手分别放在一只豹子头上，它们的尾巴则卷住了她的身体。[9]

每个房间的公牛都有所不同，但总是令人惊骇，特别是被现在从小窗射入的锐利月光照亮，或者在火光中变得宛若活过来时。[10]

壁画，约公元前 7000 年，来自土耳其加泰土丘

有的牛头上长着两只弯曲的长角，有的牛面部画着奇特的图案，牛头一个接一个地从地上堆到天花板。有的房间里有镶着牛角的非支撑石柱，或者嵌着一长溜牛角的长椅，挑战任何胆敢坐在它们中间的人。

除了几何图案，还可以看到巨大的黑鹫凶恶攻击无头人的画面，以及狂热小人包围巨鹿和巨牛的景象。真人睡在平台上。他们以扭曲的姿势躺着，有时突然惊醒，瞪着从身边经过的卢伯克，仿佛可以看到又有人侵入了他们的生活。

卢伯克不断上下梯子，穿梭于不同的房间，目睹了一幕幕恐怖的景象，直到最终精疲力竭，趴倒在另一堵带有雕塑的墙上。他跪着支起身子，正好面对从泥砖墙和石灰中露出的一对女人乳房。两个乳头裂开，里面可以看到秃鹫、狐狸和鼬鼠的头骨：母亲形象本身遭到了严重的玷污。卢伯克再也忍受不了，爬进了漆黑的仓库。他躲在那里，希望日光能把自己救出这个新石器时代的地狱。

1958 年 11 月一个寒冷的日子，安卡拉（Ankara）的英国考古学会学者詹姆斯·梅拉特（James Mellaart）来到加泰土丘。他从1951 年开始就在安纳托利亚高地的科尼亚（Konya）平原上寻找考古遗址。事实上，他在第二年的工作中已经远远望见过这个土丘。当他终于勘察那里时，发现野草覆盖着土丘，西南风侵蚀了表面。确定无疑的泥砖墙痕迹因此显露了出来，还有黑曜石箭头和陶器碎片等手工制品。梅拉特马上明白自己有了重要发现。在他训练有素的眼睛看来，这些器物无疑是新石器时代的，当时该地区还没有发现过这个时期的定居点。土丘很大，长 450 米，占地 32 公顷。但他尚未意识到这里将被证明有多么重要。加泰土丘成了有史以来发现的最重要的新石器时代定居点——尽管现在它必须与哥贝克力石阵分享这个头衔，甚至可能要拱手相让。

梅拉特在 1961—1966 年间发掘了这个定居点，但只挖开了西南角的一小部分。他发现的壁画、牛头、人类墓葬和小塑像很快变得举世闻名。一起发现的还有一系列令人印象深刻的手工制品，包括黑曜石制成的镜子和带有精美雕饰骨柄的匕首。

但他究竟找到了什么？那里有一系列房间：较大和较精美的被认为是圣所，较小的是家庭居所。不过，尽管发现了雕塑和壁画，有专业工匠和复杂建筑的迹象，但没有存在祭司阶层、政治领袖或公共建筑的证据。

梅拉特加入了伦敦大学考古学院，他在 20 世纪 70 年代讲授的关于加泰土丘的课程引人入胜，特别是对一位名叫伊恩·霍德（Ian Hodder）的本科生而言。1993 年，霍德已经成为剑桥大学的考古学教授，许多人认为他是那代人中最有创新精神的考古学家。[11] 作为史前象征主义研究的先驱，他受吸引来到加泰土丘毫不奇怪——这里对想要进入古人象征世界的人来说是终极挑战。

1991 年，霍德已经开始规划自己在加泰土丘的工作，希望不仅展开新的发掘，而且确保遗址作为土耳其遗产的一部分得到适当的保护、恢复和管理。这促成了迄今为止世界上最大的考古项目之一，并应用了最先进的考古科学、方法和理论。一些最重要的发现来自对地面沉积物和墙上石灰的显微镜研究，由我在雷丁大学的同事温迪·马修斯（Wendy Matthews）主持。[12] 研究显示，一些墙壁上有多达 40 层的颜料和石灰，暗示它们可能每年，或者每当在墙下埋葬新的尸骨时都会重新粉刷。

霍德怀疑定居点是否有过公共建筑、祭司或政治领袖。他还质疑了梅拉特对圣所和住宅的区分——对地面沉积物的显微镜研究显示，在被认为是圣所的房间里同样进行过工具制造等日常活动。霍德认为，仪式和家庭活动十分密切地交织在一起，以至于那些人自己也不可能区分两者。[13]

加泰土丘的经济基础同样引发了疑问。梅拉特几乎确信这个定居点必然依靠建立在谷物和牛群之上的高效农耕经济。但他的证据并不充分。人们找到了一些碳化的谷粒，但比起约旦河谷的村子，在房子和院子里很少找到碾磨设备。块根和鹿等野生动植物的作用可能远比梅拉特认为的更重要。对新发掘材料的初步研究暗示，这里的经济与同时代的其他定居点没有区别，同样依靠驯养的绵羊和山羊、谷物和豆类。[14]

不过，霍德的新工作确认了梅拉特原先的许多观点。梅拉特曾强调定居点内的秩序，每个房间遵循相同空间布局的方式，以及定居点整个历史时期内手工制品设计不同寻常的一致性。霍德找到了表明这种秩序的更多证据。当房屋需要重建时，它们会在同一地点按照同一设计建造，并为每种室内活动保留同样的区域。他暗示，不同类型的人——老人和年轻人、男人和女人、专业工匠和无手艺者——在每个房间内的工作位置和座位都受到非常严格的限制。在我看来，他们生活的每个方面似乎都变得仪式化了，任何独立思想和行为都被公牛、乳房、头骨和秃鹫所展现的压迫理念所扼杀。

这听上去犹如生活在新石器时代的地狱中。讽刺的是，当我在2002年一个秋日下午造访土丘时，遗址看上去更像考古学的天堂。那里除了看守者之外渺无人烟，在科尼亚平原中部显得巍峨壮观。霍德新近开挖的壕沟盖着保护罩，我可以看到保存极其完好的墙上石灰层、火炉和一系列建筑特征：墙上的凹槽（曾经放置梯子的地方）、仓库的入口、谷物罐和下面埋葬尸骨的平台。同样令人印象深刻的还有现场实验室、工作室和为考古学家准备的设备，为来访公众准备的展览，以及重建后供他们参观的房屋。我想起自己读过伊恩·霍德的一篇采访，当时他被要求描绘自己梦想中的考古项目。毫不奇怪，他回答说已经找到了这样的项目，他想要在未来的许多年里继续发掘加泰土丘。[15]

现在是公元前7000年，正值加泰土丘的黎明。饱受折磨的一夜让卢伯克疲惫不堪，他再次爬上屋顶，找到可以环顾平原的有利视角。空气清新，太阳尚未升起。一位牧羊女已经离开城镇，为她的羊群寻找放牧地点；另一个女人在城镇周围的田间除草。卢伯克把目光转向东方，望着内瓦里乔利和哥贝克力石阵，那里的艺术品似乎预示着加泰土丘的诞生。他又想到，布克拉斯的鸟类图案、加扎尔泉镇的牛塑像和石膏像同样如此。

他把目光转向东南方，看着今天的以色列和约旦的土地，那里是他旅程的起点。卢伯克想起在耶利哥、哈格杜德道和WF16号等最早的农业村落，猛禽曾受人崇敬，人的头骨被从身体上分开。因此，加泰土丘的壁画和雕塑也许根本不可怕——它们只是西亚在发明和发展农业的过程中，对伴随着小麦田一起出现的神话的表达。

然后，他回想起更加遥远的时代，想到了被烧毁前的奥哈洛，想到了他穿越草原和沙漠的旅行，想到了在马拉哈泉村的野生园圃中收割小麦。那些克巴拉和纳图夫狩猎采集者会如何看待加泰土丘呢？他们很可能会感到困惑和恐惧，因为他们似乎信赖自然世界，事实上他们自己就是那个世界的一部分。与之相反，加泰土丘的居民似乎害怕和鄙视荒野。

卢伯克又向西望去，看向欧洲的方位。穿越那片大洲将是他的全球历史之旅的下一个阶段。他的行程将从冰河盛期的西北偏远角落开始，那里的人们捕猎驯鹿，以皮毛蔽体。但首先，他必须前往至今仍然介于欧洲和西亚文化之间的地方——地中海的塞浦路斯岛（island of Cyprus）。

第12章

在塞浦路斯的三天

灭绝、殖民和文化停滞，公元前 20000—前 6000 年

艾伦·西蒙斯令人担心地站在崖边一块突出的石头上，下面是美丽的蓝色地中海。我专注地听他讲述 1986 年在阿克罗蒂里（Akrotiri）阿伊托克莱诺斯洞（Aetokremnos Cave）[1] 的发掘——那里现在不过是崖壁上的一个平台，洞顶早在几千年前就坍塌了。我蹲在地上，艾伦在几米外的地方面朝着我。他背对大海，浓密的灰白头发在强风中飘摆。在他头顶上方，猛禽在高处的热气流上盘旋——也许它们知道阿伊托克莱诺斯的意思是"鹫崖"。[2]

艾伦描绘了地面上的两层遗物，上层为石质工具、一堆贝壳和鸟骨；下层堆满了河马骨骼，但与今天非洲的品种不同，这些是像猪那么大的倭河马。从小山洞的遗物中发掘出 500 多具骨骼。

艾伦解释说，公元前 10000 年前后，最早来到塞浦路斯定居的人捕猎了这些河马[3]；人们把尸体带到阿伊托克莱诺斯，烤熟后分拆它们的肉、脂肪和骨头。他兴奋地挥动手臂，想象着河马如何被从觅食点赶出，然后被迫跳崖身亡。我觉得，如果再后退一步，他也会加入它们的行列，掉到下面浪花覆盖的岩石上。

公元前 20000—前 10000 年间，塞浦路斯岛上没有人类居民。

那里也没有野山羊、野猪或鹿。几百万年来,和其他地中海岛屿一样,被深海包围的塞浦路斯与其他陆地隔绝,因此几乎没有什么动物。[4]

但岛上饲草茂盛,覆盖着浓密的林地和草原,两者的比例和组成随着全新世之前的气候起伏而变化。到了公元前 10000 年,岛上大片地区被橡树林覆盖,海拔较高的地区生长着松树,包括树冠巨大、香味浓郁的雄伟雪松。

除了老鼠和在夜间捕食它们的毛茸茸的小香猫,唯一在岛上兴盛过的动物就是倭河马和大象。它们正常大小的亲属曾生活在西亚沿海的沼泽中,后来被上升的海平面淹没。在某个非常遥远的时代,正常大小的象和河马游到了塞浦路斯岸边。由于没有捕食者的威胁,进化让它们的后代体型变小——巨大的身体变得不必要,因为唯一需要担心的就是获得足够食物和通过交配确保基因的延续。[5]

大象和河马的体型逐渐变得像大个儿的猪,河马的数量要远远超过大象,而且习性似乎也像猪。它们擅长游泳,但似乎更喜欢在灌木间奔跑,以树叶和嫩芽为食。崖顶的淡水泉是河马的水源。天气寒冷时,它们会躲到沿岸的洞穴中,这些动物善于上下攀爬陡峭的山坡。山洞可能还用于生育和哺育幼崽,以及作为河马生命结束后的安息之地。

公元前 10000 年,卢伯克和其他 5 位旅行者(三男两女)一起坐在一片沙滩上,但他们看不见他。这些人刚把独木舟拖上阿伊托克莱诺斯洞下方的沙滩。他们经过从西亚海岸出发的 60 千米渡海航行,已经精疲力竭,找到陆地让他们如释重负。他们显然饿了,很快开始从礁石和浅水塘中采集贝类,完全清楚在哪里能找到这些。几块投得很准的卵石击中了一对漂浮在水上的鸭子,后者完全没有意识到这些陌生来客造成的威胁。

这些独木舟水手在绕过塞浦路斯南面的海岸时就注意到了山

洞。进入山洞后，他们发现洞顶很低，纷纷低下头避免被刮到。他们用石头当锄头和铲子，开始在沙土地面上挖坑生火。在此过程中，他们挖出了骨头，有的被丢弃，有的则被当成更好的工具。卢伯克蹲在他们身后，双膝紧紧地靠着胸口，头上有一道青紫色的伤痕，是在洞顶上撞的。

在挖出的浅坑中，卢伯克的同伴们用从海边收集的木头和折下的灌木枯枝生起了火。[6] 鸭毛差不多拔完时，他们又看了一遍从洞中挖出的骨头。卢伯克见他们传看着一个头骨，检查它的牙齿，然后耸耸肩，表示不清楚那可能是什么动物。虽然是经验丰富的猎人，但他们从未见过这种骨骼。他们又收集了几个，刷去上面的沙土，将其放到火焰中，希望它们能够燃烧，让柴火支持更长时间。

在艾伦带我前往阿伊托克莱诺斯洞的前一天，我才刚刚抵达塞浦路斯。我最多只能在岛上待 3 天，还要参加一场关于塞浦路斯早期史前史的会议。在艾伦·西蒙斯带我参观遗址的同时，另外 20 名与会代表正蹲在阿伊托克莱诺斯洞曾经所在的崖面上。

在 2001 年 9 月召开的会议上，这个山洞是讨论中最富争议的遗址。自从艾伦开始发掘，以及他提出惊人的观点——洞中大量烧焦的骨头提供了决定性的证据，证明那里的居民捕杀和食用河马——以来，这里就成了几乎连续不断的争论的主题。若非如此，为何会有如此之多的倭河马骨骼出现在一个峭壁半山腰的小山洞中呢？[7]

关于这个遗址有一些毫无争议的事实：公元前 10000 年左右，人类曾在洞中生过火，留下一堆石质工具和用海贝做的珠子。没有人怀疑，数以千计的贝壳以及各种野鸭和鸟类的骨骼也和这些人有关。[8] 一些河马的骨骼无疑被焚烧过，但人们对于它们最初是如何来到洞中的仍然存在严重分歧。

艾伦的批评者们表示，由于河马骨骼堆中找到的石质器物非常少，这些器物可能是通过缝隙掉到下层遗物中，或者由在洞中挖地道的啮齿动物移动到那里的。他们还指出，在发掘出的 218000 块河马骨骼上完全没有石质工具切割的痕迹。只有这种痕迹才能为河马曾被猎杀提供无可辩驳的证据；如果没有，这些骨骼可能只是自然堆积，就像在塞浦路斯沿岸的许多洞穴中发现的那样，在人类到来前积累过程也许已经持续了数万年。

在准备报告时，艾伦邀请了来自美国匹兹堡卡内基自然历史博物馆的桑迪·奥尔森（Sandi Olsen）——鉴定人类屠宰痕迹的专家——检验这些骨骼。不幸的是，她也成了艾伦最严厉的批评者。[9]奥尔森认为，阿伊托克莱诺斯洞的居民开挖遗物只是为了给自己腾出空间。他们挖出了河马骨骼，有的被他们用火烧焦，和他们留下的其他废弃物混在一起。居民们可能还试图把骨头用作燃料。奥尔森认为，河马骨骼可能比人类居住活动早了几千年。但她解释说，对河马骨骼的任何放射性碳测定都不可靠，因为火改变了它们的化学成分。[10]

我权衡比较了双方的观点。艾伦是存在河马猎人说法的雄辩提倡者，但由于没有切痕和可靠的放射性碳定年，我仍然未被说服。从公元前 20000—前 10000 年，气候和生态的不断变化可能扰乱倭河马的生育方式；公元前 12500 年（晚期间冰期），茂密林地的扩展可能产生了毁灭性的影响。所以，我怀疑在公元前 10000 年，当第一条独木舟抵达塞浦路斯海岸时，崖顶的泉源边已经没有倭河马和大象在喝水了——只有猛禽懒洋洋地在热气流上盘旋。那时，河马已经掉落山崖——并非真正的悬崖，而是生存之崖。[11]

无论他们是否是河马猎人，在阿伊托克莱诺斯发现的石质器物和对他们留下的焦炭的放射性定年（约为公元前 10000 年）仍然提供了塞浦路斯出现人类的最早已知证据。他们为何来到这个岛上？他们到来的时间处于西亚生活发生彻底改变的新仙女木期。无论是在以色列的马拉哈泉村或哈约尼姆，还是幼发拉底河畔的阿布胡赖拉，随着野生园圃产量的崩溃，定居者们都回归了昔日的漂泊生活。前往塞浦路斯可能是他们所面临的经济压力所造成的另一个后果。这个岛的存在无疑早就为人所知，因为可以从山顶上看到它，或者通过远处的云层、有迹可循的水流或岸边的漂浮物猜到。

猎人们目睹的景象无疑让他们失望——没有猎物，也很少有可以收获的野生谷物。由于阿伊托克莱诺斯是目前岛上已知的该时代唯一遗址，最早的来访者似乎没有耽搁就离开了。直到差不多2000年后，人们才会回到塞浦路斯；这次，他们做了更好的准备，不仅同船带来了谷种，还有准备在岛上繁殖的野山羊和猪。

此行的第二天，我和保罗·克罗夫特（Paul Croft）一起站在一口新石器时代的井边往里看。克罗夫特毕业于剑桥大学，现在是驻塞浦路斯的考古学家。他正在描绘这口井的发现和发掘。不到100米外，度假者正在避风海湾的沙滩上晒太阳，或者在沙滩酒吧的仿真稻草伞下喝着鸡尾酒。

从1989年起，保罗与爱丁堡大学的一个团队合作，开始对塞浦路斯岛西南部发展迅速的海边度假地米卢特基亚（Mylouthkia）展开"监察"。这是真正的考古监察——他们会查看采石或建筑工程挖出的东西，如果发现有任何潜在的考古价值，就可以要求对方停工。[12]

米卢特基亚早就以丰富的塞浦路斯青铜时代（约公元前2500年开始）遗物闻名，但发现如此古老的井完全出乎意料。塞浦路斯之外仅有的新石器时代遗址位于以色列沿岸，即已经淹没的亚特利特雅姆，但新发现要古老得多。事实上，它们可能是世界上已知最古老的井。

保罗描绘了这些井被发现时的样子（共计 6 口，散落在一片新的酒店区域内外）。去掉周围的石块后，它们就像地上的黑色土圈，或者纵向分割的长土柱。最初，这些井被认为属于青铜时代，不过是些浅坑。但发掘显示，它们至少深入柔软的岩层 10 米。塞满井身的废弃物中包括许多带有明显新石器时代特点的器物，特别值得注意的是里面完全没有陶器。人们还找到了烧焦的驯化小麦和大麦。放射性碳定年确定它们来自新石器时代早期，从而将塞浦路斯农业的历史至少往前推进了 2000 年。

这些井并非因为不再需要或地下水干涸而废弃，而是有意填塞的。一口井中发现了大量石质容器的碎片，还有用于制造它们的锤石和燧石片。这些很可能来自井边的垃圾堆。另一口井中有仪式性的沉积物，包括 23 具完整的山羊遗骸，一个精心放置的人类头骨，以及一件用磨光的粉红色石头制作的优美权杖首。

保罗描绘了如何用鹿角做的锄头挖掘井道，井壁上至今还可以看到人们爬上爬下时手抓脚踩的地方。我产生了这样做的强烈欲望，但还没来得及提出请求，保罗就带着与会者离开了。他想要带我们参观一处酒店公寓后院中新发现且尚未发掘的水井。

现在是公元前 8000 年，卢伯克正望着同一口井的内部。井口边装着栅栏，必须先从上面攀过。一旁，三四名成年人和几个少年正在简陋的棚子下雕刻石质容器。他们用锤石砸碎原料，然后将其雕琢成大致的形状，接着把它们打磨和雕刻成碗和盘子。在此过程中，他们必须不断往石头上浇水。卢伯克猜测，这就是为什么他们要坐到井边。

井的周围没有建筑，在一直延伸到几百米外避风海湾边的茂密林地上，就连一座小屋都没有，更别说新石器时代的村子了。卢伯克在作坊里坐下，注意到有个男子的腰带上别着一把刀刃黑亮光滑的小刀。由于那人正在聚精会神地工作，卢伯克小心地抽出了那把刀。就像他料想的，小刀如剃刀般锋利——这正是他前往加泰土丘途中在卡帕多西亚大量见到的那种石头。因此，这些塞浦路斯工匠可能来自土耳其南部，或者与那个地区有贸易联系。

当一艘小船出现在海湾中时，他们突然停止了工作。[13] 与1500 年前抵达阿伊托克莱诺斯的独木舟截然不同，这艘船用木板建造，并配备了桅杆和帆。[14] 几分钟后，船抛好锚，十多个人跳上岸，工匠们跑上前去欢迎他们。

卢伯克也跑向船边，很快开始帮着卸货——一袋袋小麦和大麦，几头山羊和一只小黇鹿。动物的脚都被紧紧捆起，看上去非常可怜。船上的人（几个家庭）看上去也好不了多少，孩子们尤其显得病恹恹的。

在新来者忙着喝水解渴时，卢伯克算了算日子（现在是公元前8000 年），思考现在应该可以在岛上其他地方找到什么。在同一时代的西亚，他造访过贝达，一个拥有长方形二层建筑、公共议事厅、谷仓和院子的小镇。在整个新月沃地都可以找到那样的村子和小镇。卢伯克想起了在耶利哥给自己父亲的头骨涂上石膏的人，以及在加扎尔泉镇围观埋葬塑像的人。塞浦路斯也有类似的新石器时代村子乃至城镇吗？岛上的农民无疑来自西亚，因此这很有可能。于是，卢伯克离开米卢特基亚的水井、工匠和新来者，前往内陆寻找村落生活。

在塞浦路斯岛上，至少有两个与米卢特基亚的水井同时代的新石器时代定居点。其中之一是同样在近年发现的希鲁洛坎波斯（Shillourokambos）。[15] 遗址坐落在距离岛南岸几千米处一片环境惬意的橄榄树林中，从 1992 年开始，法国考古学家让·吉莱纳（Jean Guilaine）对那里展开了发掘。在看到米卢特基亚的水井前，我们已经造访过这个遗址。

　　吉莱纳的登山帆布鞋、耸肩和魅力都透露出典型的法国人特色，他带我们参观了自己正在进行中的发掘。他也发现了水井，还有一处围栏的遗迹，可能被用于圈养仍具有野生习性和形态的动物。吉莱纳在遗址中找到了牛骨——这是又一种必须用船从西亚带来的动物。

　　希鲁洛坎波斯有漫长的人类生活史，但建筑的保存情况很糟糕。事实上，那里几乎没有留下遗迹，因为任何有用的石头早就被其他地方的建筑挪用。就吉莱纳根据柱洞和土坑所能做出的推测而言，当地建筑呈圆形，与腾塔（Tenta）——差不多同时期的另一处新石器时代遗址——的建筑一致，也与岛上所有晚期新石器时代（公元前 5000 年及以后）定居点的房屋一致。

　　从 20 世纪 30 年代对岛上已知最大的新石器时代遗址基罗基蒂亚（Khirokitia）的发掘开始，人们就认识到圆形建筑在塞浦路斯具有悠久传统。这个定居点占据了距离腾塔几千米处一座小山的整整一侧，与前陶新石器时代 B 时期的西亚小镇一样大——尽管当基罗基蒂亚发展到顶峰时，上述城镇早已被废弃。不过，基罗基蒂亚由单层的圆形小屋组成。与它们最为相似的建筑来自西亚最早的村子，如约旦河谷的哈格杜德道和幼发拉底河谷的红崖，两者的年代均为公元前 9500 年左右。

　　腾塔的情况同样如此，证明一种建筑风格在塞浦路斯显然比在其他地方多延续了几千年。20 世纪 70 年代，为塞浦路斯文物部工作的伊恩·托德（Ian Todd）发掘了这个村子。在一座土丘顶部的周围，他挖出了一些圆形小屋，有的用石头建造，其他的则使用泥砖。土丘顶部有一座大得多的圆形建筑，一系列小房间围着三道同心圆墙。[16]

　　这座建筑的大小、形状和设计与位于其东部 500 多千米处的另一建筑几乎完全一致,但后者可能早了1000年。那座建筑位于红崖定居点,由丹尼尔·斯托德尔在20世纪90年代发掘,现在已淹没在阿萨德湖底。根据同心围墙和辐射状分布的小房间,斯托德尔认为,红崖的这座建筑可能是村子的中央谷仓,由村民共同建造。

率队在塞浦路斯和叙利亚进行发掘的爱丁堡大学考古学家埃迪·佩尔腾堡(Eddie Peltenburg)注意到了腾塔与红崖建筑惊人的相似性。在会议报告中,佩尔腾堡指出了塞浦路斯新石器时代建筑与PPNA时期伊拉克、叙利亚和土耳其最早的新石器时代村庄的另外几点联系。[17]比如,两者都在屋中使用粗大的柱子,这些在伊拉克的克梅兹德雷(Qermez Dere)和内姆里克(Nemrik)——我们将在后文看到——以及土耳其的内瓦里乔利和哥贝克力石阵都有发现。此外,在腾塔发现的柱子中,至少有一根绘有跳舞的人形图案,让人想起后两处遗址的雕刻纹饰。由于塞浦路斯的建筑有厚厚的墙壁,佩尔腾堡认为不需要那些柱子支撑天花板。他觉得它们完全没有实用功能,而是被赋予了象征意义。

基于上述建筑上的相似性,再加上石质工具技术细节的共同点,佩尔腾堡提出塞浦路斯最早的农民来自叙利亚西部:并非来自红崖或内瓦里乔利的定居点本身,因为这些地方深入内陆,而是来自拥有同样建筑和文化传统的同时代沿海定居点。现在我们对此类定居点一无所知。任何可能在海岸线上存在过的定居点都已经沉入大海深处。佩尔腾堡猜测,在今天的叙利亚沿海地带一定还存在此类遗址,只是因为没人愿意花力气去寻找才尚未发现。这正是他现在想要做的。

佩尔腾堡令人信服地提出,塞浦路斯最早的农民是坐船从叙利亚沿岸来的。最早抵达塞浦路斯的人是受新仙女木期的经济压力所迫,而这些新抵达者则是受到农业经济所提供的定居机会的驱使。他们随身带来的不仅有谷种、猪、牛、绵羊和山羊,还有在更东边的红崖和哥贝克力石阵也能找到的建筑和文化传统。

公元前 9000 年后不久，这些殖民者抵达塞浦路斯。虽然西亚各地发展出了新的建筑风格——双层长方形建筑，但他们在整个新石器时代都维持了自己的文化传统。到了公元前 6000 年，当腾塔和基罗基蒂亚仍在建造圆形泥墙小屋时，幼发拉底河谷已经出现了规模可观的城镇，比卢伯克在加扎尔泉镇和布克拉斯看到的更大，里面的建筑更令人难忘。

在塞浦路斯之行的第三天，我造访了腾塔和基罗基蒂亚，感受到同等程度的兴奋和失望。考古工作本身非常出色。腾塔的泥砖建筑还剩下齐腰高的墙壁，紧紧地聚在山顶那座有多道墙壁的圆形石头建筑周围，就像我在红崖看到过的景象。许多房屋留下了粗大的方形柱子，没给居住者剩下多少生活空间。

由于建造了木质走道，我们不得不从上方观察遗址。遗址上方的巨型锥形帐篷挡住了太阳、微风和风景。[18] 这些措施有助于保护腾塔脆弱的泥砖建筑。但无论建筑看上去多么精美，鉴于我无法走进那些屋子间或在它们中间漫步，触碰石头或在墙边蹲下，我觉得自己完全无法想象曾经生活在里面的人。

基罗基蒂亚的考古工作令人更加印象深刻，但甚至更难让人想起新石器时代的历史。[19] 作为"世界遗产"，遗址得到了精心打理，配备有走道、信息板、导览手册和复原建筑。20 世纪 30 年代和 70 年代的发掘挖出了大量石头房屋，它们在山坡上紧紧地挤在一起。从远处望去，遗址更像是碎石坡，而非史前村落的废墟。走近些看，许多圆形屋子遗留下齐膝高的墙壁，有几座的内部有柱子、火炉和磨石。

我没有多作停留，只在附近公路车流的噪声和气味中沿着标出的道路上下走了一遍，然后便前往附近的一家酒吧喝啤酒。酒吧打出了"新石器时代色拉"的广告，但结果和岛上其他任何色拉没有多少区别。塞浦路斯似乎决心把它的史前过去牢牢地留在当下：附近阿克罗蒂里空军基地的军机喧嚣打扰了我的阿伊托克莱诺斯洞之行，而米卢特基亚的新石器时代水井则被旅游开发包围。希鲁洛坎波斯周围的橄榄树林台地非常漂亮，但这种密集种植让史前地貌的风韵荡然无存。腾塔和基罗基蒂亚都得到了出色的保护和展示，但在此过程中却失掉了史前的灵魂。

我本该和卢伯克一起回到公元前 6000 年基罗基蒂亚的山坡。那时的村子人口稠密，结束一整天在田里的工作后，人们不得不挤过一个个人才能回到自己的家或相互走访。一堆堆平顶房屋围绕在小院子周围，院中杂乱地堆放着家庭生活的废弃物：石碗、磨石、燧石刀刃的镰刀。住着大家族的房屋群彼此紧紧地靠在一起，想要从中穿过或者在距离太近的地方丢垃圾都会激怒住户。幸运的是，卢伯克可以和几头放屁的山羊一起坐在角落里，完全不会被人看见。耳边传来杂乱的新石器时代噪音，主要是狗叫声和孩子的哭声。整个村子散发着人畜排泄物的味道。当各个院子生火做饭时，刺鼻的浓烟笼罩了村子。

卢伯克对基罗基蒂亚很不满意——并非像在加泰土丘那样感觉受了威胁，而是感到混乱和压抑。他们居所和院子的类型最初只适用于至多 50 人的社群。卢伯克推测，那座山上蹲坐在火炉周围的人有这个数字的 10 倍。生活在西亚的人因为人口增长而采用了新型建筑，而基罗基蒂亚人只是加建更多同样的房子，结果导致定居点杂乱无序、功能失调。

与西亚新型建筑一同出现的还有新的群体生活规则和规定。有的由祭司强制推行，就像卢伯克在加扎尔泉镇看到的；有的在公共议事厅中达成共识，例如在贝达镇。但基罗基蒂亚没有出现这种关于公共福祉的权威或决议。每个大家庭事实上只关心自己——生产和存储自己的食物，埋葬自己的亡者，甚至拥有自己的宗教信仰。

卢伯克徒劳地寻找可能举行集体规划、拜神或仪式的公共建筑。他也没能找到任何可能提供规则和解决争端的权威形象的迹象。当淡水、土地和柴火供应充足时，上述独立家庭群体可以维持下去。但现在这些资源已经非常匮乏，导致人口过剩的城镇里出现持续的紧张和冲突。

我的飞机将在第二天上午从拉纳卡（Larnaka）机场起飞。我还有最后一次机会体验塞浦路斯的过去。于是我赶忙离开基罗基蒂亚的酒吧，驱车进入特罗多斯山（Troodos），曾经覆盖这个岛的古老松树和橡树林在那里重新生长。

我在黄昏时抵达，目的地是位于森林腹地的雪松谷，那里是曾经繁荣于岛上各处的本地雪松最后的自然生长地。沥青道路早就变成了高低不平的林中小道，反复颠簸着我租来的那辆很不合适的车。天光变暗，太阳落到了长满树木的山坡之下。我转过了无数个急弯，正当想要放弃时，一只摩弗伦羊在我又一次转弯时出现在路面上，然后慢悠悠地走进林间。我停下车，和它对视了片刻；这只羊长着巨大的弯角，健硕的上半身和深棕色的皮肤，与新石器时代的山羊像到极点。突然，它转身跑开，从我的视线中消失，留给我的只有被它踢下岩坡的石头发出的声音。

我感觉受到了鼓励，向一位路过的护林人打听前往雪松谷的路线。他说："还有 20 千米，至少要在越来越糟的道路上驾驶一小时。明天再来吧，你到那里就漆黑一片了。"

我不可能这样选择。但他是对的，因为当我最终走下车并关掉车灯时，几乎什么都看不见。我犹豫地走进树林，当我的眼睛开始适应后，一根根粗大的树干显现了出来。我抬起头，希望看到雪松伞状的平坦树冠，但什么形状都看不清，松树、悬铃木、雪松和橡树枝条的阴影融合成黑色的一团，不规则地被月光穿透。

　　我在树干间穿梭，抚摸着它们的树皮，试图回想起雪松是粗糙的还是光滑的。我的耳朵替代了眼睛：知了在鸣叫，溅落的小水滴发出响亮的声音，灌木丛中的摩擦声——甲虫或老鼠——听上去好像是摩弗伦羊、鹿甚至野猪。我骤然感到自己比在阿伊托克莱诺斯或米卢特基亚，比在腾塔或基罗基蒂亚更接近史前世界。我被惊人的气息完全包围了，其中有雪松和松树、腐烂的树叶和树皮、月光、蜘蛛网和林间的小溪。这也许是我与最早来到这个岛上探索和生活之人共有的感觉。

欧洲

北 海

斯陶斯奈格格湾
奥龙赛贝丘
阿奥拉德
·BRG3
1
2
3
1 库勒勒拉赫
2 格林莫尔
3 波尔赛

因弗内斯城堡街
13-24 号

斯塔卡

克雷斯韦尔崖

大 西 洋

高夫洞

迈恩多夫
埃斯贝克
施特尔

莱特利森林
沙洛
根讷斯多夫

莱茵河

泰维耶克
届里莱绍达德
奥埃迪克

韦尔布里
埃蒂奥勒
潘瑟旺

奥夫内特

卢瓦尔河

塞纳河

多瑙河

佩什梅尔

阿尔塔米拉
拉里埃拉洞

比利牛斯山脉
马基内达洞

加龙河

罗讷河

阿尔卑斯山
蒙德瓦勒德索拉
白沙洞
谢布伦阿布

卡尔德隆洞
塞巴斯蒂
安森林

塔霍河

米格迪亚岩 马斯达济勒

地 中 海

	现代海岸线
	公元前 20000 年的海岸线
⊥⊥⊥⊥⊥	公元前 20000 年的冰盖

鹿岛墓地

埃尔特波尔

林克洛斯特

韦兹拜克

布林湾

斯卡特霍尔姆

德维纳河

维斯图拉河

奥德河

科维切

顿河

德涅斯特河

普拉伯河

普什卡里

德利耶夫卡 I 期

喀尔巴阡山

匈牙利平原

高加索山

莱彭斯基维尔

多瑙河

黑 海

博斯普鲁斯海峡

新尼科美狄亚

托罗斯山脉

弗兰克提洞

第13章

北方土地的先驱
西北欧洲的再殖民，公元前 20000—前 12700 年

宰割人体。燧石刀切过皮肉和筋腱，首先割去年轻人的下颚，然后是舌头。另一个人被剥去了头皮。第三具尸体赤裸地俯卧在一摊鲜血中，后背被石质工具切开和凿破。月光射进山洞，照亮了挥动工具的猎人们，他们披着毛皮，身上沾有血污。约翰·卢伯克蜷缩在黑暗的角落里，既害怕留下，又不敢离开。

这是位于英格兰南部的高夫洞（Gough's Cave），时值公元前12700 年的一个秋夜。洞外是未来切德峡谷（Cheddar Gorge）的石灰岩山崖，更远处是风化地貌，桦树在雾蒙蒙的夜风中闪着光。这些人是冰河时代的采集者——上次冰河期的大封冻结束后，他们成了欧洲北方土地上的先驱。卢伯克悄悄从猎人们身边经过，没有引起他们的注意，后者饱经风霜的脸庞藏在长发和浓须后。

走进峡谷后，他在刺骨的夜风中瑟瑟发抖。草嘎吱作响，呼出的每口气都凝结成白雾。四下非常安静，空气中带有松树的香气。现在他必须继续旅行，另一段历史正等待着他，这是一个发生巨变的时期，欧洲正在成为森林和农民的大洲。

公元 2000 年最近一次造访高夫洞后，我沿着白炽灯下的混凝土小道离开，小道通往一家出售塑料猛犸和恐龙模型的礼品店。洞外，更多的游客正在付钱，然后穿过咣当作响的转栅进入山洞。他们急于看到钟乳石和地下河，有的希望见到洞中栖息的马蹄蝙蝠。很少有人知道洞中曾经上演过人类的杀戮。

对我来说，高夫洞既是历史名胜也是考古胜地——这是 19 世纪的考古学家们最早发现的冰河期遗迹地点之一。按照今天的标准，最早的发掘非常让人惊讶，它们所毁掉的证据也许比找到的还多。这些早期发掘只把一些小块沉积层留给了今天的考古学家，除了锹镐之外，现在人们还拥有一系列科学技术。1986 年，一位研究冰河期英国居住状况的专家罗杰·雅各比（Roger Jacobi）发掘了这样一块沉积层。[1] 在洞口附近的一小堆沉积物中，他找到了被丢弃的工具、被屠宰动物的遗骸和 120 块人骨。

来自大英博物馆的吉尔·库克（Jill Cook）检验了这些骨骼，发现上面有深深的切口。在高倍显微镜下，可以看到上述切口带有的独特平行刮痕——这提供了决定性证据，证明它们是由石质工具造成的。每处切口的位置和方向显示了哪些肌肉被分离，准确反映了四个成人和一个少年的尸体是如何被系统地肢解的。[2]

食人似乎是最可能的解释。一些带切口的骨骼被焚烧过，暗示这里曾经烤制和食用过人肉。他们同兽骨与破损工具一起被扔在居住地的垃圾堆里。至于这些受害者是被有意杀害还是死于自然原因，我们只能揣测。高夫洞的兽骨告诉我们那里还发生过另一种活动：从马骨上取下筋腱，可能是用来做绳索或缝制鞋子和衣物的线。于是，我们看到了平凡的家庭生活与人类屠杀同时共存的图景。[3]

高夫洞只是提供了冰河期将要结束时对北方土地再殖民证据的众多欧洲考古遗址之一。当冰河期在末次冰盛期达到极盛时，这些地区成了极地荒漠并被人类抛弃，只有最顽强的动植物仍生活在那里。这段长达 1.5 万年的欧洲历史无疑始于这些土地的再殖民，一直持续到第二波移民——即最早的农民——到来。但当我们从末次冰盛期开始讲述时，那些农民在时间上仍然相距遥远，农业在当时的整个世界仍然不为人知，欧洲北部属于冰川、极地荒漠和苔原。

关于这一切如何重新回到人类经验领域的故事始于南方，那里的人们从冰河期的极端条件下幸存下来。他们在法国南部和西班牙的山谷中定居，靠狩猎驯鹿、马和野牛为生。冬天天气非常恶劣，气温会降至零下 20℃。虽然有一些了不起的艺术创造（比如佩什梅尔的岩画），但人们常常面临食物短缺，以至于连驯鹿身上最小的骨头都被砸开，以便取出里面的骨髓。[4]

维多利亚时代的约翰·卢伯克造访过法国南部的几处洞穴，并在《史前时代》中描绘了它们。与他同行的是两位朋友和同事，伟大的法国考古学家爱德华·拉尔泰（Edouard Lartet）和资助了拉尔泰工作的英国银行家亨利·克里斯蒂（Henry Christy）。[5] 1865 年，许多人仍然质疑人类拥有久远的历史，拒绝相信欧洲人曾像"野蛮人"那样生活。维多利亚时代的卢伯克意识到，拉尔泰发现的驯鹿骨骼提供了关键证据。它们不仅和石质器物混在一起，而且许多带有燧石刀的切痕。

法国的优美风光让维多利亚时代的卢伯克着迷，特别是发现了几处洞穴的韦泽尔山谷（Vézère Valley）。冰河时代的苔原居民们也一定觉得冬季的艰苦得到了慷慨的补偿，因为在这片美丽的土地上有成群的野牛、马和鹿，有游走的猛犸和披毛犀，有熊和狮子的踪迹，还有成队的大雁和天鹅。弗朗索瓦·博尔德（François Bordes）——另一位法国考古学的先驱人物，在 20 世纪 50 年代和 60 年代发展了拉尔泰的开创性工作——非常正确地将那片苔原描绘成冰河时期的塞伦盖蒂（Serengeti）。冬天的严苛过后，是每年一

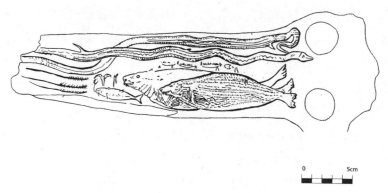

蒙高迪埃骨棒，法国，约公元前 17000 年

度的春日风光。

　　人们会热切地关注每年的冰雪消融，并在他们的艺术中加以赞颂。公元前 15000 年左右的一天，有个无名者在一块骨头的表面刻下了一组图案：一条怀卵的鲑鱼、一对海豹、从冬眠中醒来的鳗鱼和花蕾：这是对春天的祈祷，后来被丢弃或丢失在法国的蒙高迪埃（Montgaudier）遗址。[6]

　　虽然冰河时代的洞穴岩画直到 1865 年才被发现，但维多利亚时代的约翰·卢伯克在《史前时代》中已经可以描绘一些冰河时代的雕刻。冰河时代的艺术挑战了史前人类是头脑幼稚的野蛮人的观点。卢伯克比大多数人更大度，他写道，"找到这些艺术品自然让人有些惊讶"，而且不情愿地表示，"我们必须充分承认他们对艺术的爱，就像事实上那样"。[7] 但他随即又说，穴居人无疑对农业、畜牧和冶金一无所知。野蛮人与精湛艺术技巧的矛盾让他左右为难，这种状况在几年后达到顶点：1879 年，一个小女孩跑着向父亲高呼自己看到了公牛——她发现了阿尔塔米拉洞（Altamira Cave）的岩画。

　　冰河时代艺术家们的世界在公元前 18000 年之后不久开始改变。全球气温开始上升，北方的冰盖开始融化。到了公元前 14000 年，冰川已经从德国北部消失，并沿着斯堪的纳维亚半岛和不列颠消退。南方的艺术家和猎人们亲身感受、目睹了全球变暖的影响，但他们没有意识到自己看到的改变——草儿更加茂盛、鸟儿结巢更早和降雪减少——预示着一个气候乃至人类历史的新纪元。

　　我们在回顾那些冰河时代的人类时，已经知道了他们的未来（1 万年的气候剧变）。虽然趋势是变暖的，但气温表现为过山车般的大幅上升和下降。然而记录在格陵兰岛和南极冰芯中的气温变化波动和峰谷很少告诉我们地貌的变化状况，更别提人类体验的性质了。对于这些，我们需要求诸来自欧洲本土的证据，特别是当地洞穴和古老湖泊中的沉积物。

　　在追溯西亚的地貌变化史时，我们已经看到了花粉粒的价值，就像来自胡拉盆地的泥芯证据所表明的那样。在欧洲，小小的花粉粒记录了植物迁徙的历史，以及林地在曾经靠近冰川的荒芜苔原上的发展。这是一段由植物种子和孢子创造的历史，它们被风和鸟兽的羽毛、毛皮、脚和粪便带往北方。其中一些植物（最适应仍然干冷的条件的）发现自己可以存活下来甚至蓬勃生长，而不久之前它们在那里还只能僵伏于地。

　　随着这些植物先驱站稳脚跟，它们鼓励了更多鸟兽来北方冒险。它们还促进了新土壤的形成，这些土壤马上被新一批植物利用，后者因为温度和降水的增加而大批生长。这些新来者为阳光和养料展开激烈竞争，逐渐驱赶原来的生物继续向北，前往刚刚从冰河期严寒中解放的土地。

　　到了公元前 15000 年，草本和灌木已经占领了中欧的延绵丘陵，特别是蒿属植物（一种带刺的齐膝灌木）、矮柳和艾蒿。它们加速向北扩张，标志着全球变暖历史上第一个重要的温暖期——波令峰的开始。这是冰芯记录中出现在公元前 12500 年的那个显眼高峰，标志着早期纳图夫狩猎采集者在变得更加暖湿的西亚地区开始过定居生活。在欧洲，波令峰让北方苔原上出现了零星的桦树，松树和桦树林在更南的地区和不受严寒影响的山谷中得到发展。

花粉粒显示，林地的扩张在随后出现暂停，有些地方甚至发生倒退。不过，到了公元前 11500 年，成片的桦树、杨树和松树林已经进入了德国北部、不列颠和斯堪的纳维亚南部。在一些地区，这种现象与被称为阿勒罗德期的第二个特别温暖的时期重合，后者是公元前 10800 年新仙女木时期开始前气温变化的最后一个高峰。

花粉粒记录，气候在 1000 年间重回极地状况，草本、灌木和最顽强的树木重新占据统治——北方地区再次变成空旷的苔原，杂生的桦树和松树在艰难求生。草原上可能点缀着仙女木的小白花，植物学家称之为 Dryas octopetala——新仙女木时期即由此得名。树木花粉在公元前 9600 年突然再次出现，并且很快变得丰富，因为随着全球大幅变暖为冰河期画上句号，欧洲北部被覆盖上了茂密的林地。花粉粒证据能告诉我们许多信息：地理风貌如何变化，冒险前往北方的人看到过哪些植物和树木并用它们生火。但想要真正体会到这些冰河时代的猎人和采集者感受到的寒冷，考古学家必须求诸另一类先驱：甲虫。

甲虫基本上在超过 100 万年前就停止了进化。因此我们可以确信，根据腿部、翅膀和触角特点确定的古代沉积物中的品种与生活在今天的完全一致。这点很重要，因为许多品种对气温非常敏感，只生活在非常特殊的气候条件下。以隐翅虫（Boreaphilus henningianus）为例。今天，人们仅能在挪威北部和芬兰找到它们，因为它们只在极端严寒中才能存活。但在整个不列颠的冰河期沉积物中都能找到它们的遗骸，表明当时的气温像今天的极地一样低。

来自不列颠的甲虫遗骸是全世界被研究得最深入的。[8] 已知的品种有 350 多个，据此可以精确估计过去的温度。比如，甲虫告诉我们，末次冰盛期不列颠南部冬天的温度通常可达零下16℃，夏天升至10℃。当公元前12500年温暖的波令峰到来时，不列颠的甲虫与今天的大同小异，表明那时冬天和夏天的气温同现在相似，分别为0℃~1℃和17℃。但随后喜寒品种开始占据突出地位，显示冬天气温从公元前12000年的零下5℃骤降至公元前10500年的零下17℃，后者完全符合南极和格陵兰岛的冰芯对新仙女木时期的记录。

甲虫虽然珍贵，但它们很少能帮助我们想象出冰河时代欧洲的史前风貌。兽骨在这点上有用得多——因为当猛犸、驯鹿和野猪加入后，这片土地顿时有了生气。兽骨主要来自洞穴沉积物，比如塞浦路斯阿伊托克莱诺斯洞的河马骨骼。一些骨骼属于在洞中生活和死亡的动物，比如鬣狗和熊。另一些是肉食动物的猎物（用来哺育幼兽或者为了在安全处进食），而许多小型哺乳动物的骨骼则来自栖息于此的猫头鹰的排泄物。人类到来后把洞穴用作庇护所，把他们杀死的动物或者从冰冻尸体上捡拾来的骨骼丢弃在洞中。

无论来源如何，兽骨告诉了我们很多关于欧洲环境变化的情况。和甲虫一样，我们知道哺乳动物也偏爱不同类型的栖息地——驯鹿喜欢寒冷的苔原，马鹿偏爱更暖和的林地。因此，通过按照时间顺序整理各批骨骼，我们就可以重建动物社群的变化，从而重建欧洲环境的变化。

不过，很少有洞穴具备很长的沉积物序列。因此，如果想要重建几千年来的气候变化，我们必须把来自不同洞穴的骨骼放在一起。列日大学（University of Liège）的让-玛丽·科迪（Jean-Marie Cordy）进行了一次这样的研究。[9] 他检验了100多年前从比利时默兹（Meuse）盆地石灰岩地区的一些山洞中发掘出的兽骨。

科迪将公元前15000—前9000年的沉积物排成序列，发现前14500年之前的沉积物中以驯鹿和麝牛的骨骼为主，两者都是苔原动物。从公元前 14500 年开始，兽骨中增加了草原和林地物种的遗骸，比如马、马鹿和野猪。这些动物在前 12500 年后的兽骨中占据主导，该时期正好与波令峰重合——当时驯鹿被迫向北迁徙，以寻找它们最喜欢的覆盖着地衣和苔藓的苔原。

在来自比利时山洞的下一批骸骨中，驯鹿再次丰富起来，反映了气温下降和苔原重现。随着全球气候经历了阿勒罗德期、新仙女木时期和最终在 9600 年前为冰河期画上句号的全球变暖，偏爱温暖与偏爱寒冷的动物之间的这种交替也在持续。

使用大型哺乳动物的骨骼来描绘欧洲环境的变化有时存在问题。它们的数量常常很小，有的种类（例如马鹿）适应性很强——在空旷草原和茂密林地中都生活无忧。此外，一些此类骨骼在被丢进洞穴前可能经历了长途旅行：食肉动物和人类都可能拥有广大的狩猎领地，会把完全不同于巢穴或营地旁的动物物种带回家。因此，洞穴沉积物中的小型哺乳动物骨骼提供了关于气候变化的更好指征，因为它们的数量通常更多，对环境条件更敏感，很少会在它们短暂的生命中走得很远。

最有用的此类物种之一是北极旅鼠，它们骸骨数量的波谷几乎就像温度计本身一样准确。以比利时默兹谷地的沙洛（Chaleux）洞为例。[10] 公元前 13000 年之前，沉积物中的小型哺乳动物骸骨差不多都属于北极旅鼠，显示那时当地为非常寒冷的苔原地貌。后来，它们被其他种类的啮齿动物取代，例如北方桦鼠、堤岸田鼠乃至普通仓鼠，这些物种需要温暖和潮湿得多的条件，通常栖息在林地。它们在沙洛洞的沉积物中数量丰富，标志着波令峰的开始。在随后的 1000 年里，旅鼠和喜暖啮齿动物不断交替成为最丰富的物种，这直接反映了新仙女木时期环境急转直下前的气候波动，其标志为全部林地啮齿类动物的消失。

　　花粉粒、甲虫腿和兽骨——正是通过对它们的研究，我们才得以重建北方土地的环境。完成这类研究的是在无菌实验室中工作并针对具体方面撰写技术报告的科学家们。不过，我们在写作历史时面临的挑战不仅是将这些证据材料整合起来，以便可以想象出真正的植物、兽类和昆虫群落，还要了解最先进入并成为生态群落一部分的那些物种的经历。动植物的名单无法替代松针的香气和星光下炙烤鹿肉的味道，昆虫遗骸的报告无法唤起对牛虻的嗡嗡声和叮咬的想象，对冬天温度的估算无法让人体会到走过雪地和涉过冰河后包着毛皮的脚被冻僵时的麻木痛楚。幸运的是，我们可以感受到这些：好的史前历史学家不应仅仅阅读来自考古科学的技术报告，而是要亲身踏上和沉浸于自然世界、与狩猎采集者的经历贴得更近一些。

　　这正是约翰·卢伯克在离开高夫洞后所做的。他向北而行，穿过 150 千米的延绵丘陵和平原。随着他走近冰盖，树木变得稀疏，风刮个不停。穿越苔原时，他看到的人寥寥无几——远处一队驯鹿猎人消失在雾气中，几个家庭向南而行，可能前往高夫洞。
　　卢伯克在休息或被迫躲避恶劣天气时，就会读《史前时代》，他发现 1865 年的那位同名者已经知道使用动物骨骼和植物残骸来重建过去的环境。维多利亚时代的卢伯克显然明白，某些动物是过去气候条件的指征，并谈到驯鹿骨骼如何为寒冷气候提供了清晰的标志，甚至指出洞穴或河流沉积物中发现的旅鼠是特别能说明问题的物种。[11] 他没有提到花粉粒 [12]，但描绘了在丹麦的泥炭沼泽中，靠近底部的常常是一层层松木，上面是橡木和桦木，然后是榉木——他认为这些树曾经生长在岸边，后来掉进水里。他写道："某种树取代了另一种，然后又被第三种树取代，这显然需要很长时间，但至今我们尚无法测算。"[13]

在其他地方，维多利亚时代的卢伯克对估算过去的温度同样谨慎。谈及某位普雷斯特维奇先生（Mr. Prestwich）[14] 提出的气温曾比现在低多达 29℃ 的观点时，他写道："我们几乎还没有条件相当有把握地估算真实的变化量。"[15] 和对测定两种植被的相距时间非常有用的放射性碳定年一样，研究古代沉积物中的甲虫和其他昆虫的古昆虫学当时也尚未出现。

除了读书，现代人约翰·卢伯克也在留意人类，反过来也被苔原上的动物所注视。当他嘎吱嘎吱地走过冰冻的地面时，一只雪白的猫头鹰正站在草丛上，转过头盯着他看。与此同时，一只北极兔也起身看他。紧张的气氛不一会儿就消失了——猫头鹰悄无声息地离开草丛，低低地从草地上飞过；兔子重新低下身子，从视线中消失了。卢伯克继续前进。

距离冰川本身走了不到一天时，卢伯克来到了另一处石灰岩峡谷，今天被称为克雷斯韦尔崖。现在是公元前 12700 年一个冬日的拂晓，他站在峡谷的南侧山崖，穿过以山谷为庇护所的松树和桦树往下看。峡谷的两边布满了裂缝和洞穴。林间烟雾缭绕，顺着烟的来向，卢伯克在一个洞口发现了闷烧的火堆。

一声呼喊让他把目光转向正在走进山谷的男子和男孩。两人身着毛皮，每人肩上都搭着一只雪白的野兔；跳跃的步伐显露出他们对收获很满意。卢伯克望着他们攀过碎石坡朝山洞走来，在火边抛下猎物。女人和孩子们兴奋地从洞里走出，他们对野兔大加赞赏，抚摸它们的毛皮，还掐掐它们的大腿感受肉质。

当卢伯克走下低矮的山崖，穿过山谷来到火堆边时，一把石刀已经割下了最大那只野兔的前蹄并开了膛。兔皮被剥下，前腿掰直拉到兔子头部上方。几分钟后，尸体被穿上烤叉放到火上，兔皮和其他兔子一起挂在洞内。

烤熟后，野兔被切成块，准备分给所有在场的人——当然，约翰·卢伯克除外。不过，他还是吃到了几小块，这顿早餐让他很满意。啃得一干二净的骨头被收集起来，埋在洞口内侧的一个浅坑里。如果不埋起来，它们会引来食腐的鬣狗和狐狸。

随后几天里，卢伯克继续和这些人待在一起，希望有机会捕获大猎物，比如他在北行途中遇到的驯鹿和马，甚至是猛犸。但这种狩猎没有上演，因为野兔是他们唯一的猎物。于是，他没有学到如何捕杀巨兽，而是掌握了一些不那么强悍，但有用得多的生存技巧：如何取出兔筋用作缝纫线，如何把兔子的腿骨变成锥子和针，如何用兔皮制作袜子、手套和大衣衬里。

一天晚上，他跟着一名男子和一个年轻人前往一片低矮的柳树林，他们知道野兔在那里觅食。男子检查了哪些叶片被啃过，哪些草茎被休息的野兔压断。他折下一根树枝，剥去外皮插进地里。然后，他在下一波野兔可能会觅食的地方设置了一个用兽筋做的绳圈。[16] 黎明时分，回到那里的猎人们看到一只白闪闪的野兔进了圈套，挣扎让它精疲力竭，但仍然活着。男子轻轻抓起它，抚摸着它的毛皮，在它耳边小声说了些安慰的话，然后拧断了它的脖子。

卢伯克离开后来被称为克雷斯韦尔崖罗宾汉洞（Robin Hood Cave）的地方。他向东而行，踏上了穿越冻土覆盖的低地的旅程。他将穿过一片现已不存的土地上的低矮丘陵和山谷——多格兰（Doggerland）如今已被北海淹没。[17] 然后，他将抵达德国北部，在那里，他想要目睹冰河时代猎人捕杀更大猎物的愿望将会得到满足。

今天，克雷斯韦尔崖坐落在一片衰退的工业城区中，那里的风貌与冰河时代的美丽苔原差得不能更远了。山谷的长和宽分别不超过 100 米和 20 米，各处洞穴有着奇妙的名字：罗宾汉洞、格兰迪妈妈的客厅（Mother Grundy's Parlour）和针孔洞（Pin Hole

Cave）。洞中曾经堆满了沉积物，其中含有在苔原上生活和死亡的动物的遗骸。狼、鬣狗、狐狸和熊把这些洞作为巢穴，将吃剩的猎物拖到那里：驯鹿、马、马鹿、旅鼠和品种繁多的鸟类。较小的哺乳动物、蝙蝠和猫头鹰同样在这些山崖内生活和死去，让这里成为希望重建古代世界动物群落之人的宝库。

和高夫洞一样，对克雷斯韦尔的发掘始于 19 世纪晚期，由梅金斯·梅洛牧师（Rev. J. Magens Mello）主持，随后定期进行并持续至今。1977 年，约翰·坎贝尔（John Campbell）综合了所积累的全部数据，将动物骨骼的存在归因于人类活动，特别是那些在冰河期最后几千年来到这处山崖的人。他认为这些北方的先驱不仅捕猎驯鹿和马，也猎杀猛犸和犀牛。[18] 不过，近年来的细致研究确定了哪些骨骼带有独特的石质工具切痕，哪些带有食肉动物啃噬的痕迹。这项工作将人类活动缩小到设陷阱捕捉北极野兔这种更不起眼的狩猎方式。[19]

所有带切痕的骨骼都来自公元前 12700 年左右的狭窄时间窗口——放射性碳定年结果与高夫洞的遗骸如此接近，以至于我们面对的可能是同一批先驱者。[20]

带切痕的骨头能够告诉我们的远不止人类曾经吃些什么，以及哪些动物生活在冰河时代的欧洲：它们可以准确地告诉我们，人类何时开始从南方的庇护所向北扩张。工具本身没什么帮助，石头材质缺乏可以提供精确定年的关键物质——碳。因此，考古学家们依赖与器物一起发现的兽骨来确定年代，然后假设两者为同时代。不幸的是，情况常常并非如此。

就像在克雷斯韦尔崖发生的那样，兽骨可能从多种来源进入洞穴沉积物，然后进一步被混在一起。石质工具可能与这类骨骼混杂起来。因此，当我们根据在矛尖边找到的驯鹿腿骨获得放射性碳定年数据后，所得到的结果不一定能告诉我们矛尖何时被丢弃或丢失在洞中。这也许只能告诉我们在人类存在之前或之后的几百甚至几千年，一只鬣狗何时把山洞用作了巢穴。[21]

在 19 世纪 60 年代写作时，维多利亚时代的约翰·卢伯克已经非常清楚这个问题。事实上，他在《史前时代》中用切痕来反对某个德努瓦耶先生（Monsieur Desnoyers）的观点，即已经灭绝的动物的骨头在人类出现前已在洞中躺了几千年，它们的遗骸只是混在了一起。对于认为人类历史不止《圣经》所说那几千年的人来说，石质器物与猛犸、穴居熊和披毛犀骨骼之间的联系是关键证据。维多利亚时代的约翰·卢伯克做的正是任何现代考古学家都会做的：他在骨骼上寻找切痕，并提供了穴居狮、披毛犀和驯鹿的例证。[22]事实上，他预见了几乎所有今天的动物考古学家会用的技术。他讨论了狗的啃噬和食腐对考古学家们将要研究的骨头的影响[23]，利用骨架破碎的不同程度评估掩埋的相对年代[24]，并通过基于动物品种和对其现代同类习性的了解来估算狩猎发生的时间。[25]

今天，当人类历史的古老不再受到怀疑时，带切痕的骨头对考古研究依然关键。它们为放射性碳定年提供了理想的样本，因为带切痕的骨头与人类同时存在。对小碎片的测定直到一种新的放射性碳定年技术出现后才成为可能，即加速器质谱仪（AMS）技术。这种技术所需的样本大小不到早前"常规"技术需要的千分之一。[26]

1997 年，鲁珀特·豪斯利（Rupert Housley）和同事们发表了对 45 处遗址测得的 100 多组新 AMS 放射性碳定年结果，涉及从德国东部到英伦诸岛的欧洲北部地区。[27]豪斯利是放射性碳定年的顶尖专家之一，他细心选择的样本为人类的存在提供了确定无疑的证据。[28]考古学家们第一次有机会准确了解人类是何时以及如何从欧洲西南部的冰河期庇护所向北扩张的。

庇护所的北侧边界是卢瓦尔河（Loire）各条支流的河谷。直到公元前 15000 年后，定居点才进一步向北推进，首先进入莱茵河上游，然后于公元前 14500 年进入莱茵河中游、比利时和德国南部。这些迁徙发生在草和灌木向北扩张之后，驯鹿和马群不久也急切地跟着扩大了自己的领地。我们可以知道，冰河时代的先驱者平均每年迁徙 1 千米。在随后的 400 年里，他们在法国北部、德国北部和丹麦建立了定居点。公元前 12700 年左右，在离开差不多 1 万年后，第一批人类重返不列颠。这波最后的北向大迁徙毫不意外地与波令峰的温暖期重合。当时，不列颠是欧洲最西北的角落，直到几千年后才成为岛屿。

对任一特定地区的再殖民过程都包括两个阶段。首先到来的是先驱者。这一阶段的考古遗址很小，通常不过是一堆石质工具。此类遗址很可能是猎人队伍的过夜营地，在探索冰河封冻期间没有人类定居点的土地时搭建。先驱者可能在夏天向北而行，然后回到南方的大本营报告自己所见。先驱者需要逐渐掌握地形学、动植物分布和原材料资源的知识，从而在头脑中建立起新世界的地图。这一定很有挑战性。因为天气和气候仍然非常多变，一代探索者积累的知识对下一代人可能无甚价值。

先驱阶段持续了大约 500 年，或 20 个世代。在此之后，人类定居点才开始迁移，拉开了豪斯利及其同事们所称的定居阶段的序幕。在这一阶段，家族和其他群体把大本营搬到北方，并永久生活在那里，靠已经在苔原上扎稳脚跟的驯鹿和马群生活。

为什么人们要探索北方的土地，然后在那里定居下来？植物的孢子和种子靠风传播，昆虫与兽类无法抵抗繁殖和一有机会就开拓新领地的生态本能，随之而来。冰河时代的猎人就像甲虫、啮齿类和鹿一样不由自主地受到驱使吗？当冰雪消融时，人类的数量会像河水一样暴涨，直至他们被迫寻找新的食物来源吗？

　　人口的增长几乎毫无疑问。冰河时期的精美岩洞壁画掩盖了末次冰盛期生活极端艰难的痛苦事实。冬天对许多婴儿、儿童和孱弱者来说是致命的，因为冰冻的土地和暴风雪摧毁了食物供应和人的健康。我们无法确知尸体被如何处理，因为没有墓地，而个体墓葬既稀少又相距遥远。

　　只要平均气温略有上升，人口就会增长，也许还很快：婴儿能活到幼儿期，而不是在饥寒中死去；妇女可以生第三或第四个孩子；老人能熬过冬天，向年轻一代讲述冰河期猎人的故事。

　　但人口增长之外的因素也可能驱使人类迁往北方。雄心勃勃的年轻男女可能会离家寻找新资源，后者提供的不是饮食，而是荣誉和交换物。于是，当冰盖消退后，富于进取精神的人可能随之跟进，寻找猛犸象牙、珍贵的毛皮、海贝和奇异的石头。社会关系紧张可能是促使另一些人向北而行的动力。随着有新土地可用，年轻男女有机会建立自己的群落，而非留在不再合他们意的长辈和传统的权威之下。

　　我怀疑上述任何或全部理由都不足以解释冰盖消退后的大规模向北跋涉。一定有另一种驱动力，随着卢伯克的足迹走遍美洲、大洋洲、亚洲和非洲，我们将在世界各地的人类扩散背后找到它。那就是人类的好奇心，即为了探索本身而探索新世界的冲动。

第14章

与驯鹿猎人在一起

经济、技术和社会，公元前 12700—前 9600 年

静寂——只有焦急的猎人们有节奏的深呼吸，和他们因肾上腺激素激增而砰砰乱跳的心脏。有的猎人蜷缩在岩石背后，有的躲在草丛中，以免被走近的鹿群发现。约翰·卢伯克平躺在地上，准备好观察石勒苏益格–荷尔斯泰因（Schleswig-Holstein）阿伦斯堡山谷（Ahrensburg Valley）每年一度的驯鹿狩猎。

透过草秆，他看到一条小径从谷底的两个小水池间蜿蜒穿过。每年秋天，前往北方新草场的驯鹿都会走这条路。刺骨的寒风吹走了猎人们的气味，众多蹄子的踏击让地面开始震动。伏击准备就绪。

领头的鹿群从岩石边经过，沿着狭窄的小径而行。一声令下，投矛纷纷掷出，从后面飞向鹿群。更多的矛从山谷对面飞来，鹿群落入了陷阱。受惊的鹿们跳进水中，为逃命而奋力游泳。几分钟内，八九头鹿倒在了地上，有的还在抽搐，直到头部受到最后一击。湖面上飘着几具尸体，人们任由它们沉没，因为地上提供的食物、皮革和鹿角已经绰绰有余。矛被小心地捡回——主要不是为了矛头，而是因为木柄，它们在树木稀少的欧洲北部非常宝贵。

20 世纪 30 年代，阿尔弗雷德·鲁斯特（Alfred Rust）发掘了阿伦斯堡山谷的迈恩多夫（Meiendorf）遗址。[1] 在谷底的泥泞沉积物中，他找到了数以千计的驯鹿骨骼，还有大量曾被装在矛头上的石质枪尖。它们是致命的狩猎武器，很可能辅以投矛器（atlatl）使用。投矛器是一根勾住矛尾的棒子，可以提供额外的力量。

这些物品来自公元前 12600 年，差不多位于爱德华·拉尔泰所称"驯鹿时代"那个时期的末尾。作为深受维多利亚时代的约翰·卢伯克钦佩的法国考古学家，拉尔泰对法国南部洞穴中发现的大量驯鹿骨骼印象深刻。现在我们知道，这些骨骼至少从公元前 30000 年开始就在积累了。[2] 但拉尔泰对它们的年代一无所知，认为"驯鹿时代"紧跟着"大穴居熊时代"以及"大象与犀牛时代"，但位于"野牛时代"之前。

在 1865 年，将维多利亚时代的约翰·卢伯克所称的旧石器时代分成这样 4 个阶段是开创性的想法，但在《史前时代》中还是遭到了一些批评，因为被提到的那些物种在时间上有重叠。[3] "驯鹿时代"存在于考古思想中的时间远远超过其他 3 个阶段，因为许多冰河时代的群落的确以驯鹿为生。

冰盖消退后，驯鹿很快把阿伦斯堡山谷作为每年迁徙的主要路线之一，穿越无树苔原前往瑞典南部的冬季草场。当时的苔原气候比我们今天看到的要温和得多：夏天气温可达 13℃，冬天也仅下降到零下 5℃。当先驱者刚刚来到这一地区时，驯鹿群穿越狭窄山谷的情景一定让他们惊讶——这是无与伦比的狩猎机会。

鲁斯特找到的一些遗址（比如迈恩多夫）属于波令峰时期，另一些则晚近了 2000 年，属于新仙女木时期。那时候，德国北部重回亚极地气温，尽管现在苔原上已经有了零星的松树和桦树林。鲁斯特发现的最著名的新仙女木时期遗址，是位于山谷东缘的施特尔摩尔（Stellmoor）。那里曾发掘出超过 18000 具驯鹿骸骨和鹿角，还有大量燧石工具，以及超过 100 支松木箭杆，保存在被水淹没的沉积物中。

这处遗址显然发生过大规模屠戮，鲜血很可能染红了湖水。通过仔细研究鲁斯特收集的驯鹿骸骨，并集中分析那些仍然钉有燧石的箭头，德国考古学家博迪尔·布拉特伦德（Bodil Bratlund）重建了当时的场景，确定了身体哪些部位中箭以及箭支射来的方向。

猎人们首先水平向鹿射箭，瞄准它们的心脏以一击致命。鹿逃入湖中，惊慌失措地游泳逃命——就像它们的祖先在迈恩多夫被投矛者攻击时所做的。更多的箭支从背后和上方射来——肩胛骨和颈背上发现了嵌入的燧石箭头——但许多箭支显然没有射中目标，而是沉入了淤泥。尸体被拖上岸边宰割后，每年一度聚集在这里狩猎的人群可能举行了宴会。

比起迈恩多夫，被施特尔摩尔的猎人们杀死的鹿数量要大得多。他们的技术更为有效：带有独特三角形尖锐箭头的弓箭取代了投矛。事实上，考古学家现在称之为"阿伦斯堡"箭头，在新仙女木时期的整个欧洲北部都有发现。这很可能是对恶劣环境的创造性回应，代表了技术的巨大飞跃。

至今仍未发现迈恩多夫和施特尔摩尔的猎人们制造投掷器和松木箭，以及制定伏击计划的营地。不过，在西南方向约 1000 千米之外的巴黎盆地——它的东北面是阿登高地（Ardennes），东面是孚日山脉（Vosges），西南面是莫尔旺山脉（Morvan），南面是中央高原（Massif Central）——情况正好相反。

当地已经发现了超过 50 处营地，大多只是一堆燧石制品，兽骨和木箭杆等有机材料都早已腐烂。潘瑟旺（Pincevent）、韦尔布里（Verberie）和埃蒂奥勒（Etiolles）这 3 处遗址的保存状况特别良好，那里在波令峰和紧随其后的时期有人居住。[4] 它们紧邻塞纳河的支流，每当河水泛滥时（可能是每年春天）就会被细沙覆盖。

因此，石质器物，兽骨和火堆被密封起来，保存了它们被抛弃时的样子。它们被小心翼翼地挖出，得到一丝不苟的研究，特别是法国考古学家弗朗索瓦兹·奥杜兹（Françoise Audouze）和尼科尔·皮若（Nicole Pigeot），提供了关于欧洲西北部先驱者和定居者生活的生动快照。

　　在离开迈恩多夫，来到后来成为巴黎盆地瓦兹河谷（Oise Valley）的韦尔布里遗址后，约翰·卢伯克走进了其中一幅快照。今天这处遗址坐落于一片富饶的农业区，但卢伯克的旅行需要走过苔原，从谷底稀疏的松树和桦树间穿过，这些树在刺骨寒风中提供了令人欣喜的庇护所。这是一个秋日的午后，天光已经开始变暗。卢伯克站在营地边缘，看着人们聚集在火边。他们并不生活在韦尔布里，只是每年来此住上两到三天，以便宰割在渡过附近河流时被伏击和杀死的驯鹿。

　　有 3 具尸体已经被带到这里扔在地上，相互间隔几米。猎人和他们的朋友一起围在火边，在开始工作前小憩一会儿。卢伯克也坐下来，找了个能看得清的好位置，以免错过冰河期生活新的关键一课：如何把驯鹿的尸体变成鹿排。

　　其中三四个人（有男有女）开始快速而熟练地用石质工具切割起来，不时停下工作，从一堆在狩猎的同时就已经准备好的燧石片中寻找更好的石刀或新的砍刀。卢伯克盯着最近的一群人，热切地想要学会猎人的技艺。[5] 鹿头首先被割下，然后整个身子被剥皮。四只蹄子周围和每条腿的内侧都被切了口子。随后，鹿皮被名副其实地"脱下"，尽管费了不少劲，还要切断一些筋腱。鹿皮被平摊在地上。鹿的肚子从胸口划开到腹股沟，一堆内脏流到地上，被拨到一边。

　　尸体被肢解：腿、骨盆和肋条与肝肾被割下，堆放在鹿皮上。

心、肺和气管一并割下，然后被分开——心脏放到肉堆上，其他的则和肠子放在一起。在倒数第二道工序，人们切开被割下鹿头的面颊，露出舌根，割断舌头后将其拽下。最后，鹿角被割下，放在那堆肉和器官的顶部。

每个小组都围在尸体边工作，绕着它在皮上切一刀，或者割掉一条腿。一些较大的肉块被交给几米外的一对妇女，让她们削成肉片。工作过程中，宰割者随意地将没什么肉或骨髓的骨头扔到背后，地上散落着小段的脊椎骨、小腿和脚部的骨头，还有肋骨碎块。

工作完成后，人们又休息了一会儿，肉片与肝肾一起被放在火上炙烤并享用。然后，猎人们把驯鹿肉搬上雪橇，踢了几脚土盖住余烬，在暮色降临时拖着鹿皮绞成的绳索离开。卢伯克仍然坐着。几分钟后，狼群前来享用残渣。它们享受了盛宴，嚼着骨头、舔着鲜血并贪婪地吞食内脏。

狼群也离开了，宰割场变得与后来考古学家发现它的时候大同小异。曾经生过火的地方留下一堆灰烬，准备工具的地方留下一堆燧石片和碎石块，还有一小堆嚼过的骨头碎片和丢弃的工具。3片圆形的空白区域是曾经放置尸体的地方，敏捷的屠夫们在这里干活。被丢弃的骨头上剩余的肉块、鹿皮、鹿筋和骨髓很快就不见了，落入鸟、甲虫和蛆虫之口。春天到来时，河水将会泛滥，细沙将覆盖宰割场，除了最小的燧石片和碎骨外，一切都原封不动地被保存了下来。

卢伯克又造访了将成为潘瑟旺遗址的居住点。该遗址的直线距离为向南125千米，但他沿着瓦兹河谷与塞纳河谷蜿蜒而行，直至后者与约讷河（Yonne）的交汇处。来到目的地后，他看到几座用披着驯鹿皮的木架搭成的帐篷，周围有人在生火和清理兽皮。兽皮被绷得紧紧的，然后刮去脂肪和筋腱。他挑起帐帘，向一座帐篷内看去：有个婴儿躺在用兽皮制成的独木舟形状的摇篮里，旁边生着一小堆火。另一个四五岁的男孩在地上玩耍，只穿着底裤。

帐篷外，几个较年长的男女正聚在一起讨论是否应该离开潘瑟旺，回到他们在南方的营地。现在已是深秋，驯鹿几乎都离开了——大部队早就启程北行，只有一些掉队者留了下来。

有 5 个家庭住在潘瑟旺，他们各自拥有在土坑中搭建的炉灶。一些男子拖着装满驯鹿肉块和鹿角的雪橇到来——很像卢伯克看到的离开韦尔布里的那些人。所有人围拢过来，肉块被切开分给众人。人们举行了晚宴——宴会过后，营地又将弃置一年。

20 世纪 60 年代，伟大的法国考古学家安德烈·勒鲁瓦-古朗（André Leroi-Gourhan）发掘潘瑟旺遗址时，他在坑灶边发现了许多驯鹿的碎骨，人们曾在那里炙烤和享用鹿肉。[6] 20 年后，美国考古学家詹姆斯·恩洛（James Enloe）发现来自不同炉灶的碎骨可以拼接起来，显示了一整块肉是如何分享的。[7] 整具尸体被这样分割：一只炉灶边发现了一头鹿的左前腿，同一只鹿的右前腿在另一只炉灶旁。对于在潘瑟旺扎营的人来说，分享食物是社会生活的核心，就像整个人类历史上的所有狩猎采集者那样。

卢伯克沿着塞纳河谷返身向北，走了 40 千米后，来到今天的埃蒂奥勒遗址。[8] 这里正在进行一项全然不同的活动：工具制造。对冰河时代的猎人来说，驯鹿群可预测的迁徙只是法国北部河谷吸引他们的地方之一。另一点是河谷两边的白垩和石灰石突岩中露出的品质上佳的巨大燧石块。燧石是整个石器时代最宝贵的原材料，用锤石敲击碎石块，就能得到石片和像剃刀般锋利的长条刃片。精心雕琢燧石片能够制造出许多工具：矛尖、刮皮革的小刀、雕刻骨头和象牙的凿子（"推刀"）以及给皮革钻孔的凿子。扩散到北方土地的先驱者也许是在寻找燧石资源——那是冰河时代的五金店。在法国北部河谷中找到的，可能是他们遇到过的最好的。

卢伯克看到，从几百米外的白垩沉积物中挖出的大块燧石被装在鹿皮囊中运到居住地。其中一些真的很大，重达 50 千克，长度超过 80 厘米。相比之下，卢伯克在西亚艾兹赖格见到的那些要小得多。很多大块燧石内部也没有裂纹，不含降低石块质量的隐藏化石、水晶或由霜冻造成的内部裂缝。

工作看似随意，穿插着聊天和吃点心，但事实上非常严肃：对石块的每次敲击都经过了仔细计划。如此优质的石块为有经验的工匠提供了展示技艺的机会，而燧石之丰富，让新手也有机会接触新鲜（而非被行家丢弃的）石块。燧石块——考古学家称之为石核——被夹在膝盖间，用石头或鹿角制成的锤子击打。薄薄的石片有序地脱落，大部分留在地上，少数被挑选出来放到一边。石片边缘被细致地凿成特定的形状和角度，制成工具；更多时候是被直接拿来用，没有什么比它们更锋利。卢伯克也拿起石块和锤石，不过他非但没有敲下石片，反而砸伤了拇指，这让他再次对面前看上去毫不费劲的技巧和手艺表示钦佩。至少这次他没有让手指流血，比在艾兹赖格时似乎有所进步。

每块剥落石片的形状和大小完全取决于锤子的形状，燧石块被敲击的部位，还有击打的速度和角度。击打石块前先在边缘凿或碾，让小石片脱落，这样敲击的力道就不会偏转。碎石锤则被用来制造又长又薄的燧石"刃片"。[9]

制造刃片看上去可能是相当乏味和机械的工作——考古学家们的确常常如此描绘它。但通过观察动作本身，卢伯克产生了完全不同的印象。人们用手指抚摸石芯，享受石头的质地；他们专注地聆听每次砸碎石头的声音，以及石片掉到地上石片堆时的清脆响声；石芯被不停地翻转、检验和摸索，仿佛那是一片新的猎场。把这样的工作称为"砸碎燧石"或"制造工具"，有些嘲弄的味道。

当然，砸石并不总是如愿。有些外表看上去完美的石块内藏裂缝，只要轻叩一下就能丢弃——它们会发出沉闷的响声，而非像完美石块那样发出响亮的"砰"声。更大的问题来自误击，以及在将石芯打造成想要的形状时选错了要敲掉的石片。卢伯克看砸石人工作时，偶尔会听到咒骂声，因为有块石芯碎成了两半，或者石片只是被部分砸落，在石块上留下了"台阶"。有时，石芯会被丢弃，直接扔到地上堆积的石片中。

在埃蒂奥勒发掘出了 25 堆这样的废弃物。就像詹姆斯·恩洛重新拼合了潘瑟旺的骸骨那样，法国考古学家尼科尔·皮若拼合了每堆废弃物中的石片和石块。她重建了公元前 12500 年左右冰河期个体砸石人的每一步决定与动作。皮若发现，坐得离火堆最近的那些砸石人技艺最为高超，因为复原后石块上显示的错误最少。离火堆越远，砸石人的技艺也渐次下降，最远处的那些在敲下石片时显得犹豫而笨拙。[10]

在欧洲其他地方——比如比利时南部的默兹和莱斯（Lesse）河谷——燧石是一种珍贵得多的物品，不容许被无经验者浪费。最早造访这些河谷的可能是来自巴黎盆地的猎人，他们在公元前 16000 年左右穿越阿登高地展开探索之旅。[11] 这些人找到了许多山洞并将之用作营地，小片的桤木、榛子树和核桃树为他们提供了柴火。就像在法国和德国那样，人们有时趁动物们渡河或穿越狭窄山谷时，利用天然"陷阱"伏击驯鹿。其他时候，猎人们显得更加机会主义，跟踪和猎杀各种各样的动物，诸如野马、羱羊、岩羚羊和马鹿。

默兹和莱斯河谷一定曾经物产丰富，因为从公元前 13000 年之后不久，狩猎采集者们就整年留在那里。我们在显微镜下观察被他们杀死的动物牙齿上按季节出现的生长纹理时，可以得知这一点。正如利伯曼在研究哈约尼姆洞早期纳图夫人遗址的瞪羚牙齿时所做的那样，考古学家也辨认了冰河时期比利时被宰杀驯鹿最后一次牙齿增长是在冬天还是夏天发生的。

由于这两种情况发现的比例相等，显然比利时南部的猎人们一整年都在捕杀动物。他们在河谷间迁徙，也许还在中间覆盖着冻土的高原上狩猎。但他们附近没有燧石，燧石必须从向北 35 千米或向西 65 千米的产地采集，至少需要步行几天。

那里冰河时代的驻营地之一，今天被称为莱特利森林（Bois Laiterie）。[12] 这个面北的小山洞坐落于陡峭的山谷上，公认的多风、寒冷而黑暗。冰河时代的猎人曾把这里当作夏季营地，可能只是在附近捕猎和捕捞鲑鱼与梭鱼时住上几天。已经部分宰割的尸体被运到那里；人们吹奏一支鸟骨制成的笛子，然后将其丢弃或丢失；骨针的存在暗示人们曾缝制衣物。狐狸在猎人离开后占据了那里，最初也许是被留下的垃圾所吸引。

另一些洞穴遗址（比如靠近默兹与莱斯河交汇处的沙洛）要大得多，它们面向南方，洞中有石板砌成的炉灶。这些似乎是重要基地，小队的人从那里出发执行各种任务——狩猎、采集燧石、捡柴和捕鱼。

虽然没有营地整年有人居住，但默兹和莱斯河谷为一群群不再向南返回祖先家园的狩猎采集者提供了常年的领地。几乎不可能确知究竟有多少人生活在这些河谷中，但通常认为至少需要 500 人才能保证维持人口。这个数字来自对定期见面交换成员的离散狩猎采集者群体建立的数学模型，与北美和加拿大有历史记录的狩猎采集者数据相符合。[13] 此类聚会可能每年仅举行一两次。大多数时间里，默兹和莱斯河谷的狩猎采集者可能以 25 人到 50 人为群体生活，由四五个家庭组成。

虽然除了极北地区，整个欧洲在公元前 12500 年都适宜居住，但许多地方似乎还是渺无人烟。冰河时代的条件仍然限制着人口增

长的速度，并在冬季造成巨大的困难。此外，以驯鹿为食也可能给
人类带来问题，因为就像我们在现代看到的，驯鹿的数量可能经历
周期性的高峰和低谷。[14] 低谷将导致冰河时代的许多猎人陷入食物
短缺，让之前的人口增长都化为乌有。在这种情况下，不同人类群
体之间保持联系至关重要——不仅是来自同一地区的，也包括相距
成百乃至上千千米的——以便交换关于食物供应、环境条件、可能
的婚姻对象和新发明（如施特尔摩尔所用的弓箭）等信息。

　　我们可以想见，人们一定曾前往许多英里外与朋友和亲属见面，
带去消息和八卦，讨论未来的计划，以及他们看到了哪些动植物，
候鸟何时起飞，还有从其他群体那里听来的东西。考古学家通过他
们随身携带和偶然掉在欧洲广大土地上的物品，发现了这些旅行的
路线。其中最重要的例子是他们带到比利时南部洞穴，并在那里被
发现的海贝化石——这些东西没有实用价值，但可以用来装饰衣物
或者作为纽扣。此类贝壳来自两个地质层中，分别位于巴黎附近和
卢瓦尔河谷，距此 150 千米和 350 千米。

　　中欧西部（位于北面的易北河与莱茵河，南面的阿尔卑斯山和
多瑙河之间）的狩猎采集者有过类似的旅行。在距离产地 100 多千
米外的遗址发现过燧石、石英、琥珀、黑玉和贝壳化石。

　　这一属于今天德国的地区为我们提供了一个最好的视角，帮助
我们了解了那片土地上定居社群的状况，那里在冰河极盛期曾是极
地荒漠。[15] 在延绵的丘陵与河谷中发现的大部分冰河时期遗址同样
属于波令期，那时的地貌仍相当空旷，马和驯鹿是常见猎物。在莱
茵河中游地区，几群猎人似乎每年秋冬都会合作狩猎聚集在河谷中
的大批野马；夏天，他们分散开来，在附近的高地上捕猎驯鹿。

　　秋冬季集体狩猎的最明显证据来自莱茵河中游的根讷斯多夫
（Gönnersdorf）和安德纳赫（Andernach）遗址，两者正好隔岸相望，

雕饰石板，约公元前 12500 年，描绘了四名图示化妇女，其中一人背着孩子，德国根讷斯多夫

年代均为公元前 13000—前 11000 年。现在，卢伯克来到了根讷斯多夫——在从埃蒂奥勒出发穿越欧洲的旅行途中，他已经练习了狩猎驯鹿、宰割和凿制燧石器物的技能。[16]

　　他在位于谷底上方的一块台地上找到了那个定居点。冬天已经降临，天色阴沉，地上积着雪。他在这里没有看到像莱特利森林那样潮湿黑暗的洞穴，也没有潘瑟旺那样简陋的庇护所。相反，那里有几座巨大的圆形居所，直径为 6 或 8 米，用坚硬的木桩搭建，上面覆盖着草皮和厚厚的兽皮。寒风从苔原上刮过，每座屋顶上都在冒烟。从远处的一座房屋中传来微弱的歌声，近处的一座则传出人的交谈声。

　　卢伯克弯下腰，撩开遮住入口的兽皮走进屋内。十一二个人坐在厚厚的毛皮上，下面是石板铺成的地面。屋内非常暖和，屋中人无论男女都敞露胸膛；香草在火上冒着烟，满屋子的烟气令人迷醉。

人们围坐在中间的火炉边，猛犸骨做的架子上正烤着一块马肉。

围成一圈的人们传阅着一堆贝壳。贝壳呈乳白色的小管状，只有几厘米长。有的表面光滑，有的则满是棱纹。村民们从未见过这种贝壳。它们是来自地中海沿岸的角贝，由一位冬天来此的访客带来。当然，卢伯克已经在马拉哈泉村人的脖子上看到过这种贝壳——那个村子此刻正在新月沃地的橡树林中欣欣向荣。

夜幕降临，人们吃完肉，点燃了蜡烛。其中一名男子看上去比其他人更年长，脖子上挂着用穿孔的狐狸牙齿做的项链。整个晚上，他都俯下身把脸凑近冒烟的草药，深深地呼吸烟气。现在，他拿了一块平整的石板，用燧石尖头在上面画了起来。与此同时，其他人在低声歌唱。几分钟后，他完成了，刻好的石板被这圈人传阅。他画了一匹马，图案精心描绘，比例完全正确。石板被放到一边。老人（萨满）重新开始：他深深吸了一口让人迷醉的烟雾，在更多的歌声中专注工作几分钟，然后再次传阅石板。石板上同样是马的形象。这一过程持续了好多个小时——直到老人瘫倒在地。[17]

从 1954 年开始，格哈德·博辛斯基（Gerhard Bosinski）在根讷斯多夫发掘出了中欧最大、最精美的一批艺术品，发现了 150 多块刻有动物和女人形象的石板。出现最多的是马，通常采用非常类似多尔多涅（Dordogne）岩洞壁画那样的自然主义风格。对马的兴趣也许并不意外，因为那是居民的关键食物来源；但这种经济理由无法解释为何人们还经常以同等程度的自然主义描绘猛犸。[18] 这些画显示了相当程度的解剖学知识，如对眼睛、躯干和尾部的细节描绘，尽管在当时的莱茵河中游，猛犸可能已经非常稀少甚至完全绝迹了。其他被描绘的动物还有鸟、海豹、披毛犀和狮子。

卢伯克在根讷斯多夫待了几天。每天，男性狩猎队会在河谷中搜寻马匹。与此同时，卢伯克看到了冰河时代社会的另一个重要事实，该事实在 20 世纪一直令人遗憾地为考古学家们所忽视。这就是女性的关键角色。由于过于强调狩猎和宰割——这些工作被认为由男性承担，而且大部分考古遗迹来源于此——女性的关键工作遭到忽视。在根讷斯多夫，卢伯克目睹了女性如何捡柴，建造和维护房屋，打理炉灶，准备衣物，制造石头、木头和鹿角工具，烹饪食物，照顾孩子、老人与病人。晚上，女人们在集体火堆周围载歌载舞。正是她们孕育和哺育了新生儿。而且女性也参加打猎。

一天晚上，卢伯克在《史前时代》中查阅自己的维多利亚时代同名者关于女性在"野蛮社会"中的角色写了些什么。很少，几乎没有提到她们。那位作者在某一页上写道："一般来说，女性的贞洁在野蛮人中不太受重视"，不过他随后表示"我们不能为此苛责他们"[19]；在另一个地方，他不经意地提到食人族如何更喜欢女性的肉 [20]，食物短缺时，女性比狗更受欢迎。[21] 因此，对维多利亚时代的卢伯克来说，女性的唯一角色是满足男性的口腹和其他欲求。

现代人卢伯克觉得这完全不对。她们在冰河时代社会各方面都扮演了关键角色，而这可能正是女性成为根讷斯多夫艺术家们描绘的主要题材的原因。虽然从未采用像动物题材那样的自然主义，但女性画像中既有对头、身、臂和胸的完整描绘，也有以一根线表现背部和臀部的抽象描绘。有时女性以单独形象出现，有时为三四人的小组，有时则是十人或以上排成一列，身体的摆动姿势暗示她们在跳舞。在一幅画中，一排女人似乎并肩而行，其中一人背着婴儿，胸部明显因涨奶而隆起。在中欧西部的遗址中也广泛发现了同样风格化的女性形象，有的刻在石板上，有的用鹿角雕成，但都不如根讷斯多夫丰富。[22]

考古学家——特别是男性考古学家——传统上会把冰河时代的任何女性形象都解读成生殖象征，把许多形象都描绘成"维纳斯"。但根讷斯多夫的画像没有任何明显的性意味，事实上，它们似乎更可能赞美了冰河时代女性作为母亲、看护者、供给者和工作者的角色，而非仅仅是孩子的孕育者，更别提性欲对象了。

整个冬天，人们都留在根讷斯多夫，新加入者让那里的人数超过100。许多时间被用来讲故事和讨论来春的计划——哪队人想去哪里打猎，哪队人（如果有的话）想留在村里。同样的景象也出现在中欧和北欧各地的冬季营地，但这一切不会长久。卢伯克坐在温暖的屋内，就像他曾经在阿布胡赖拉附近的草原上所做的那样。和那次一样，他的同伴们对即将到来的新仙女木时期一无所知。后者将为莱茵河谷中的歌舞拉下帷幕，而且至少持续千年。

公元前10800年，欧洲气候突然回到了冰河时期最严苛的状况。在中欧谷地过冬、养活了大批狩猎采集者的马群大量死亡。人们不再在夏天到来时暂时离开，而是永远抛弃了根讷斯多夫。

整个欧洲的动植物群体发生了巨变：林地变回了贫瘠的苔原。就像在西亚的早期纳图夫人那样，北欧的冰河期猎人不得不适应新的条件，人口也到了灭绝的边缘。他们没有任何谷物可以耕种，只好利用每年重新穿过阿伦斯堡峡谷迁徙的驯鹿——这次依靠的是弓箭。[23]

随着历史的发展，我们知道好时代将再次到来。公元前9600年，大幅全球变暖终结了严冬，并将造就欧洲10万多年来最茂密的林地。现在我们必须走进这些森林，跳过新仙女木时期。我们将离开卢伯克，展开一次南欧之旅，然后回到西北部，即今天的英伦三岛。

第15章

在斯塔卡

适应欧洲北部的早期全新世林地，公元前 9600—前 8500 年

造访约克郡的斯塔卡（Star Carr）意味着造访欧洲最重要的考古遗址之一。它的重要性被正确地与拉斯科的岩洞壁画和图坦卡蒙墓（Tutankhamun）相提并论。但当我们抵达时，那里既没有污染空气的旅游车，也没有急着赚钱的导游。没有遗产中心，没有礼品店；没有路标、纪念碑或牌匾；只有英国乡村近乎完美的一角。

我最后一次造访那里是在 1998 年一个平静的夏日午后。我沿着一条没有标出的乡间小路前行，穿过一处农庄，停车打量雨燕和家燕的特技飞行。一条人行小道带我穿过放牧奶牛的草场，道边是矮树篱，我仅有的同伴是在紫蓟丛中扑腾的蝴蝶和金翅雀。当小道来到赫特福德河（Hertford River）畔时——那是一条水流平缓的小溪，天鹅带着雏鸟悠闲地漂浮在水面上——问过农民，我知道自己到了。

遗址位于我的左手边，但看不到考古遗迹，没有代表过去时代的倒塌墙壁或长草土丘。我面前的草场和别处的别无二致，背后是点缀着花朵的河岸，蜜蜂正在树莓、毛茛和犬蔷薇上劳作。向东西两侧望去，皮克灵山谷（Vale of Pickering）的平缓草场一直延

伸到我目力所及之处，偶尔夹杂着沟壑与小种植园。北面，地势开始朝着约克郡荒野的地方上升，南面是沃尔兹丘陵（Wolds）的延绵小山。空气中散发着草地的芬芳，我产生了先游泳再打个盹的念头。

约克郡这个未被标识的角落怎么能同拉斯科和图坦卡蒙相提并论呢？这显然是个荒诞的比较。但做出这种比较的正是已故的格雷厄姆·克拉克爵士（Sir Grahame Clark），他曾任剑桥大学迪斯尼考古学教授，彼得豪斯学院院长和英国科学院院士。[1]他显然不是个鲁莽之人；但他也不谦虚，斯塔卡就是他最著名的发掘。

同图坦卡蒙墓和拉斯科壁画一样，斯塔卡遗址也象征了已经不复存在的古代世界——生活在考古学家们所称的中石器时代（Mesolithic）森林中的欧洲狩猎采集者的世界。这是欧洲文化的新世界。它是由施特尔摩尔驯鹿猎人和根讷斯多夫舞者的后代在新仙女木时期之后缔造的，该时期的结束和它的开始一样突然——欧洲的冰盖终于融化了。

欧洲有数以百计的中石器时代遗址，甚至可能有几千个——这个考古学记录与之前冰河期人类来此的短暂痕迹完全不同。有的遗址采用奇特的丧葬习俗，有的拥有惊人的艺术，但两者在斯塔卡都不存在。那么这个遗址为何如此特殊呢？

答案很简单。斯塔卡是中石器时代真正开始的地方。那个时代名副其实地从这里开始——这是整个欧洲已知最早的中石器时代定居点之一。对我个人来说，那个时代始于这里——斯塔卡是我听说的第一个中石器时代遗址，对我决定成为考古学家至关重要。在某种历史意义上，它同样始于这里：比起之前的旧石器时代和之后的新石器时代，在格雷厄姆·克拉克于1949—1951年展开发掘之前，中石器时代被完全忽视。[2]这是欧洲所有时代的遗址中，第一个进行放射性碳定年的。

1865 年，维多利亚时代的约翰·卢伯克对欧洲史前历史的这个关键阶段还一无所知。他在《史前时代》中写道："通过对我们所获遗物的仔细检验，史前考古学似乎可以分成四大阶段。"[3] 他随后描绘了旧石器时代——"当时人类与猛犸、穴居熊、披毛犀和其他灭绝的动物共享欧洲"[4]；新石器时代——"该时代的特征是用燧石和其他石头制造的精美武器和工具"[5]；青铜时代和铁器时代。[6]作者没有提到中石器时代，后者在 1865 年并不存在。

在后文中，维多利亚时代的卢伯克描绘了丹麦考古学家沃索（Worsaae）教授如何想要把旧石器时代分成两个阶段。第一阶段包括与灭绝动物有关的石质工具，第二阶段与丹麦海岸的发现有关，特别是包含鱼骨、兽骨和人工器物的科肯莫丁格（Køkkenmøddinger，意为厨余堆）大贝丘。另一位丹麦考古学家斯滕斯特鲁普（Steenstrup）教授则认为，贝丘属于卢伯克所说的新石器时代。在衡量了双方仅有的证据后，维多利亚时代的约翰·卢伯克站在了斯滕斯特鲁普一边：虽然他认为科肯莫丁格代表了丹麦历史上的一个特定阶段，很可能属于新石器时代。[7]

现在我们知道沃索是正确的，斯滕斯特鲁普完全错了，中石器时代全然不同于欧洲史前史上的旧石器和新石器时代。这是欧洲的全新世狩猎采集者时代，在最早的农民到来前，他们就生活在茂密的森林中。20 世纪 30 年代，格雷厄姆·克拉克开创了英国的中石器时代研究，他编撰了一份关于该时期石质工具的目录和分类表。[8]但对斯塔卡的发掘才真正让他把兴趣转向中石器时代的生活方式和环境。这样做不过是追赶丹麦考古学，后者从 19 世纪 50 年代首次发掘科肯莫丁格起就开始研究此类问题——尽管沃索和斯滕斯特鲁普对其年代存在分歧。[9]

在那个平静的夏日午后，我想象这位年轻的剑桥讲师和他的队伍抵达斯塔卡后的活动：他们建立营地，开始发掘工作。克拉克选择斯塔卡，是因为那里的一条排水沟中发现了石质工具。这被证明是个聪明的选择。在约克郡田野浸湿了的泥炭中，他找到了保存完好程度史无前例的狩猎采集者营地遗迹，不仅有兽骨，还有鹿角和木制工具。此前和此后其他英国中石器时代遗址的完好程度，都要远为逊色。

那个愉快的午后我坐的地方，可能正是中石器时代的居民坐过的。但他们所看到的南北两侧的小山上并没有约克郡的田野界墙和石砌的农舍，他们眼中是被桦树林和浓密的蕨类灌木丛覆盖的山坡。他们面前不是牧场，而是一个大湖，我打盹的矮坡就是昔日湖的边缘。

营地是他们在桦树林和湖岸边打猎的基地。马鹿是他们最喜欢的猎物，但他们也捕猎野猪、獐、驼鹿和野牛。他们采集植物，捕捉鸭子、鹧鹕和潜水鸟，还很可能坐着独木舟捕鱼。他们每年夏天来到斯塔卡，关键任务之一是焚烧湖边茂密的芦苇丛。人们在营地制造和修复工具——新的石质箭头和倒钩被装到箭上，清理过的兽皮缝制成衣物，鹿角被加工成鱼叉头。

鹿角在秋天和冬天就已收集好，存放在营地备用。加工鱼叉头是一项既讲技巧又费力气的手艺。加工者使用形似凿子的石质工具。他们沿着鹿角刻出平行的凹槽，然后取下一段平整的角片；角片被切割、塑形和打磨。有人选择制作带许多倒钩的鹿角叉头，有的只是做出几个形状粗糙的倒钩。也许这些是设计来捕捉不同种类猎物的，或者只是试验，因为没人知道哪种设计对捕猎最有效。

就这样，坐在约克郡的田野上时，我不得不想象中石器时代的场景：火焰在干芦苇中噼啪作响，眼睛被烟雾熏得流泪，兴奋的孩子们追逐受惊的水鸟、兔子和田鼠。芦苇丛的火势很大，火焰烧着了上方的树枝，鲜艳的橙色柳絮随风飞舞，在湖面停留片刻后沉入水中。烧芦苇是为了看清湖面的情况，便于走上独木舟。此举还促进了新芽的生长，好让他们下次沿着岸边打猎时，能找到在那里吃草的鹿。在公元前 9000 年史前世界的其他地方，另一些人也在培育新芽——耶利哥田野中的大麦和小麦芽。

那天晚上，人们可能载歌载舞，吃饱了鹿肉，在草药的作用下陷入迷醉。我可以想象一些人穿着皮衣，戴着鹿角面具，在歌声、鼓声和芦笛的音乐中，像鹿一样性感地扭动身体。舞者会突然停下，嗅嗅空气，惊恐地撒腿就跑；然后，他们会死于猎人的箭下，并因为献出自己的生命而受到感谢和赞美。

我想象着在星空下入睡的人们第二天离开——有的朝小山走去，有的坐着独木舟前往东边的湖岸。鹿角面具和切割后的兽骨丢在一起，后者是制作鱼叉头和石质工具时产生的垃圾。这些东西将留在那里，被埋在死去芦苇变成的泥炭下，很快被遗忘，直到对它们的发现改变了我们对欧洲过去的理解。

克拉克的发掘为我的想象提供了许多依据。[10] 他找到了鹿角面具——但这些可能是打猎时的伪装，而非跳舞时的装饰。他还发现了许多不同形状和大小的带倒钩的鹿角叉头和植物食物的残渣，尽管都没有致幻作用。那里还有一把木桨，但没有独木舟。

他的发掘在 1951 年结束，但那只是对斯塔卡的发现进行不断重新分析和重新评估的开始，而这一过程持续至今。[11] 克拉克曾认为该据点是冬季的大本营，因为那里发现了大量鹿角——只有临近年末被狩猎的动物身上才有这些。不过，1985 年，动物考古学家彼得·罗利-康维和托尼·莱格在重新分析兽骨后发现，没有证据暗示冬天有人居住。[12] 相反，很多证据表明居住时间为夏天，特别是鹿的牙齿。通过检查长出了哪些牙齿，并将其与现代鹿的已知牙齿生长模式进行对比，莱格和劳利-康维确信，大多数鹿是在 5 月到

6月间被捕杀的。

焚烧芦苇的行为直到20世纪90年代中期才被发现。发现者是彼得拉·达克(Petra Dark),这是一位专门研究环境重建的考古学家,也是我在雷丁大学的同事。[13] 她从昔日湖泊的边缘和中心采集了新的泥炭样本,对一系列薄如剃刀的切片中的花粉粒、焦炭颗粒和植物碎片做了特别细致的显微镜研究。最早的切片来自人类抵达皮克灵山谷之前,显示了非常符合冰河期地貌的植被:草、禾本科植物、零星的矮柳、松树和桦树。

公元前9600年之后,泥炭切片中的花粉粒增加了杨树和刺柏,随后桦树占据了主导。公元前9000年后不久,泥潭中出现了焦炭颗粒,那是从湖边最早的篝火中吹来的。焦炭颗粒突然增多,再加上烧焦的芦苇和柳絮碎片,这些反映了集中活动的开始。每年用火清理一遍湖边植被的行动持续了80年。随后的一两代时间里,人们遗忘了这个湖,直到公元前8750年左右才回到那里,将上述活动延续了至少一个世纪。当时,柳树和白杨正在侵袭湖泊,把大片湖面变成"卡尔群落"(carr),即水中的茂密树丛。到了公元前8500年,榛树在当地站稳了脚跟,最后一次焚烧过后,人们抛弃了斯塔卡,前往其他地方打猎和采集。湖泊完全消失了。

新仙女木时期结束后不久,榛树、桦树、柳树、松树和白杨等树木从它们在冰河期的藏身处重新现身,很快发展成大片林地,重新开始向北扩张。[14]

自从站稳了脚跟,新的林地就鲜有宁日。因为紧随着这些坚韧的先驱物种,喜欢更加暖湿条件的树木接踵而至,包括在南欧山谷中幸存下来的橡木、榆树、酸橙树和桤木,它们的向北扩张因新仙女木时期而受阻,而发展中的全球变暖满足了它们的要求。

当这些物种从南方的冰河期庇护所向北扩张时,它们在身后留下的花粉粒轨迹成了对其旅行的记录。比如，当新仙女木时期戛然而止时，橡树已经出现在葡萄牙、西班牙、意大利和希腊各地。到公元前 8000 年，它们已经接近了法国西海岸，抵达不列颠的西南角；到公元前 6000 年，它们覆盖了整个欧洲大陆和斯堪的纳维亚半岛的最南端；到公元前 4000 年，它们抵达了苏格兰的北端和挪威的西海岸。不过，为种植谷物而清理土地的农民，那时正在砍伐更南面的橡树。酸橙树的旅程有所不同，这种树从东南部出发，在意大利北部和巴尔干地区躲过了严寒。它们进入东欧和中欧，直到公元前 6000 年左右才抵达英格兰东南。榛树、榆树和桤木也完成了类似的跨越欧洲的跋涉。由此形成的林地是众多物种的大杂烩，不仅有乔木，还有大量底层灌木和植物、菌类、苔藓和地衣。这种森林覆盖了整个欧洲。

为了生存，动物必须适应，或者迁徙。有的没能成功。猛犸、披毛犀和巨鹿灭绝了，也许是被石质枪尖的投矛逼入了深渊。另一些动物通过迁徙到无法形成密林的高山或极北之地活了下来，比如驯鹿和驼鹿。全球变暖的巨大受益者是马鹿、狍子和野猪，但它们很快成为中石器时代猎人最喜欢的猎物。大群马鹿生活在苔原和南欧的开阔草场上，狍子和野猪则躲在能遮蔽风寒的山谷中，在生长不良的橡树和榆树林里逃过了末次冰盛期和新仙女木时期。

随着地貌和动物群体发生改变，人类的生活同样起了变化。对猎人来说，动物行为的改变和物种本身的改变同样重要。在埃蒂奥勒驻营与在迈恩多夫狩猎的人们依赖迁徙的驯鹿群。他们守候、注视着动物们走上熟悉的道路，然后在狭窄的山谷中或渡河处伏击杀死大批猎物。但在新的林地中，鹿分散成小群，以家庭为单位集体生活，有时每群只有一两只。因此，依靠蛮力的血腥屠杀必须被偷偷的行动取代——跟踪落单的动物，在茂密的灌木中射箭，还需要顺着受伤猎物滴下的血迹追踪更远。[15]

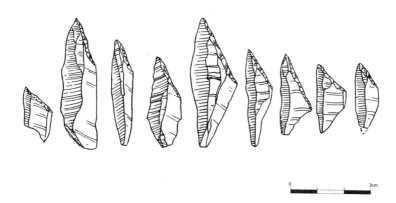

0　　　　　　　　　　3cm

细石器，约公元前 8800 年，来自英格兰的斯塔卡

环境和狩猎习惯的上述改变伴随着新技术的发展，这毫不奇怪。厚重的矛头和箭头被细石器取代：砸碎的小石片（通常是燧石）很快成了全欧洲石质工具技术的最重要元素。

在这点上，欧洲人做出同样的决定的时间比西亚的克巴拉人早了至少 1 万年——加工小石片并将其凿制成一系列独特的形状，是对石头资源最有效的利用方式。这种武器在力度和穿透性上打了折扣，但在多样性和灵活性上得到了充分补偿。

细石器不仅可用于箭头和倒钩，也被用作刺穿皮革、树皮和木头的钻头和锥子。此外，它们还是有用的刀刃，可以被用在鱼叉上，或者嵌入木板成为蔬菜碾磨器。这种石器时代的插拔技术拥有看似无尽的部件和用途，相当于今天最新的 DIY 或食物加工器械。没有什么更能满足中石器时代人们的需要了：在任何一季、任何一天，甚至一次狩猎中，都会产生如此之多用到它们的机会——看到意料之外的猎物，偶然遇到早熟的坚果，准备过夜的营地，捕鱼的机会。[16]

细石器通常被发现散落在定居点的家庭垃圾中，很少有仍然由松脂固定，装在箭杆上的，留在被杀死动物身上的情况同样罕见。

在丹麦的维（Vig）和普莱伊勒鲁普（Prejlerup）遗址中——两者差不多与斯塔卡同时代——发现了几乎完整的野牛骨架。[17] 它们曾遭到攻击，但没有被抓住。维的样本有两只石质箭头扎在野牛肋骨上，骨头上还有另外两处旧伤。其中之一已经愈合——伤口周围的骨头已经开始生长，表明这头公牛不是第一次中箭逃跑。第二处伤口没有愈合，显然是造成它死亡的致命一击。普莱伊勒鲁普的公牛与此类似，尽管只在臀部发现了箭头，但我们必须假设它的软组织也中了箭，且因流血过多而死。上述两处发现为我们营造了这样的画面：猎人们在灌木丛中匍匐前进，向公牛射出了箭，然后跟踪这些受伤的动物——但两次都没能成功。

细石器可能被用于某些令人难忘的行动，但它们本身只是最平常、最简单的史前工具。为了领略中石器时代的前沿科技，我们必须把目光从石质工具转向木头和植物纤维工具。欧洲历史上，它们第一次在考古记录中变得颇为丰富，似乎证明了一场科技革命。

这些新工具的存在，也许仅仅反映了在中石器时代的茂密森林中，工匠和妇女获得了更多的机会，或者甚至只是因为这些人常常在湖边驻营，把垃圾留在了泥泞的浅水中。随着入侵的植物将这些湖泊变成泥炭沼泽，那些垃圾留在了原地，因为完全被淹没而没有腐烂。不过，虽然机会和保存无疑都很重要，但我认为还有另一个关键因素：创作活力被重新导入到切削、捆绑、搓捻、雕凿和编结的艺术中，就像曾经被导入到绘画与雕塑那样。

此类工具带给我们的欣喜在于，它们似乎来自自然本身，诉说了今天已不复存在的同自然世界的亲密关系，是热爱自身技艺之人的作品。比如，考古学家发现了用于捕捉鳗鱼的笼子的残迹。有的用樱桃树和桤木的枝条制作，用松根编起来——这是一件艺术品，自然科学和实践需求交织为一体。[18] 柳树皮被编结成渔网，与松树

皮浮标和石头沉子一起使用。[19] 这种网从掏空酸橙木树干制造的独
木舟上撒下，心形叶片的船桨则从梣木上剜下。[20] 榛木棒被制成将
鱼群赶入陷阱的木栅，而桦树皮则折叠缝制成装燧石刃片的袋子。[21]

　　并非所有工具制造都成功了。整个中石器时代有许多会造弓的
技艺高超工匠，但这种技艺必须通过学习才能获得。在一个案例中，
榆树被砍倒，树干大致做成了弓的形状。木头晾干后，塑形就完成了。
但也许是经验不足，也许是由于木头上的节，弓在使用过程中裂开
折为两半，有可能是弓手沮丧地用膝盖把它撅断了。[22]

　　我担心到目前为止，读者会以为中石器时代的食谱全都是牛排、
鹿肉、鳗鱼和烤鱼。事实并非如此。不要忘了我们讨论的是住在生
机勃勃的林地中的人，周围的树木和植物不仅可以在追踪猎物时提
供遮挡，或是在制造工具时提供切削、雕凿、搓捻和编结的材料，
还提供了任由取用的盛宴：坚果、种子、水果、叶片、块茎和嫩芽。
人们的确取用了，有时还拿了很多 [23]——就像在欧洲距离斯塔卡最
遥远的弗兰克提洞（Franchthi Cave）那样。

　　当欧洲西北角的人们追踪鹿和焚烧芦苇时，在 4000 千米之外
的希腊南部，中石器时代的人们正在收集野豌豆、燕麦和大麦，摘
梨，采集开心果、杏子和核桃。1967—1979 年间，印第安纳大学
的托马斯·雅各布森（Thomas W. Jacobsen）对弗兰克提洞展开发
掘。[24] 洞中找到了大量属于中石器时代人类的种子，特别是生活在
公元前 9500—前 9000 年的。事实上，他找到了来自 27 种不同植物
的 28000 余颗种子。弗兰克提洞的中石器时代人类采集的植物性食
物品种，与几千年前生活在西亚马拉哈泉村和哈约尼姆洞的人们类
似。也许希腊沿海地区同样支持由狩猎采集者培育的野生园圃。

　　回到北欧，那里最主要的植物性食物是榛子和马蹄，经常被大
规模开采。1994 年，我在小小的科伦赛（Colonsay）岛上的斯陶斯

奈格湾（Staosnaig）定居点发现了中石器时代最大的垃圾堆之一，那里距离苏格兰西海岸 40 千米，由岛上 10 万个被采集和烤食的榛子的残渣组成。[25]

离开斯塔卡时，我再次想到格雷厄姆·克拉克开掘的沟壑，彼得·罗利–康维和托尼·莱格在实验室里测量牙齿，以及彼得拉·达克在显微镜观察上花费的无数小时。当我穿过草场时，一只鹬发出了尖叫，就像在中石器时代那样。走近农场时，我注意到潮湿的沟壑中生长着柳树、白杨和桦树，其间夹杂着芦苇。我在它们中间踱了会儿步，低低地俯下身。一股浓烈的泥炭味包围了我，地上渗出水来。我碰了碰芦苇，那些戴着鹿角面具的猎人再次在我的想象中载歌载舞。

第16章

最后的岩洞画家

南欧的经济、社会和文化变革，公元前 9600—前 8500 年

现在是公元前 9500 年。在南欧的某个地方，最后的冰河时代岩洞画家正在工作。他或她调匀颜料，在洞壁上画了一匹马或一头野牛，或许是一条虚线，或许仅仅是修缮很久以前的画。这就是事实：拥有 2 万多年历史的岩洞壁画——也许是人类已知最伟大的艺术传统——将要画上句号。[1]

约翰·卢伯克在公元前 11000 年离开根讷斯多夫，沿着莱茵河南行，然后穿过法国东部的山丘，来到多尔多涅的石灰石山谷。1000 年间，他看着这里在新仙女木时期到来后被冰封——林地消退，驯鹿回到了中欧和南欧的山谷中。但这种情况不会持续：当卢伯克穿过中央高原时，全球变暖气势汹汹地回来了。于是，他没有加入身着皮毛、等待伏击的猎人们，而是安静地与追踪野猪的人们同行，帮助他们采集一篮篮的橡子和浆果，站在岩石上击叉逆流而上产卵的鲑鱼。[2]

佩什梅尔（在末次冰盛期绘有斑点马的山洞）不再被用于艺术，事实上它完全废弃了。当卢伯克坐在洞口时，他看到几个孩子穿过

荆棘丛，从巨石间挤过，用沾了污泥和鲜血的膝盖跪在地上。他们
来时准备了枯树枝做的火把。树枝被燧石打出的火星点燃后，洞壁
上的野牛、马和猛犸一时间仿佛活了起来。孩子们惊恐地逃走，丢
在地上的火把渐渐熄灭——直到1万年后，佩什梅尔的斑点马才会
被再次照亮。[3]

卢伯克继续向南而行，进入了比利牛斯山脚下的丘陵。他将在
这里看到冰河期重要的集会地之一：巨大的隧道穿越了今天被我们
称为马斯达济勒（Mas d'Azil）的石灰岩山崖。[4]一条河流通过隧
道，人们在河的左岸驻营。右岸是装饰有壁画和雕刻的洞穴的入口。
冰河时代盛期，人们大多在右岸驻营，他们把一些冰河期最好的雕
刻抛弃或丢在那里：嘶鸣的马、活泼的羱羊和带着雏鸟的水禽形象。
冬天，人群在马斯达济勒集会，他们通常来自远方，带来海贝、海
鱼和精美的石头作为礼物和交易品。他们用颜料、吊坠和项链装饰
自己的身体，甚至可能有文身。[5]入教典礼、婚礼和各种仪式都在
马斯达济勒举行。考古学家形容其为冰河时代的"超级遗址"。[6]

但当卢伯克在公元前9000年抵达时，马斯达济勒的黄金时代
已经过去。寥寥几个家庭群体坐在河岸边，靠近上游巨大的隧道入
口，对附近的壁画完全不感兴趣。卢伯克从他们背后望去，希望看
到有人在雕刻精美的动物，但他们只是在给鱼开膛破肚，捕鱼工具
是非常朴素的小而平的鹿角鱼叉。[7]只有一个男子的工作与艺术有
点关系，但也不过是涂抹卵石。有的上面用颜料涂了一点，有的涂
了两三点，偶尔还有更多。有的点是红色的，有的是黑色的，有的
是圆的，有的是条状的。

阿里兹河（River Arize）仍然流经马斯达济勒的隧道，如今还
多了从帕米耶（Pamiers）到圣日龙（Saint-Girons）的D119公路，
公路的修建破坏了右岸的一些考古遗迹。和斯塔卡一样，马斯达济

勒是任何想要成为考古学家的人都必须前往朝圣的地方，不仅因为那里非凡的冰河时期艺术作品，也因为它在考古学历史上的关键角色。20多年前，刚刚开始本科学业的我造访了那里，比起洞内的所见，我对自己躺在隧道外的法国灿烂阳光下，带着一瓶葡萄酒和女友在一起的记忆要深刻得多。而且，当时我尚未意识到马斯达济勒的历史意义：1887年，伟大的法国考古学家爱德华·皮耶特（Edouard Piette）在这里发现了将旧石器时代和新石器时代联系起来的材料。

他的工作和后来的发掘找到了数量可观的旧石器时代艺术品和生活遗迹：石质工具，鱼叉，来自驯鹿、马、野牛和马鹿的骨头。这些物品大部分属于冰河时代最后的1000年。但在这些材料上方的土层中发现了涂有颜料的卵石、短而平的鱼叉和被皮耶特称为"阿济勒文化"（Azilian culture）的新型石质器物，在南欧的大部分地方被公认为属于中石器时代。

1887年，涂色卵石的真实性受到学术机构的质疑。当时唯一已知的早期史前艺术是1879年在阿尔塔米拉洞穴发现的岩画。大部分法国考古学家仍然强烈反对这些岩画可能出自冰河时代狩猎采集者，或者说蛮族之手的观点。不过，皮耶特从未怀疑过。到了19世纪末，他被证明是对的：更多的发现让人们不可避免地接受了阿尔塔米拉的岩画和马斯达济勒的卵石。

皮耶特和后续对马斯达济勒的发掘共出土了1500颗涂色卵石，而在法国、西班牙和意大利的其他遗址也发现了至少500颗。虽然可能缺乏冰河期艺术的美，但它们同样神秘，甚至犹有过之。和所有中石器时代的艺术一样，阿济勒的艺术微妙而复杂，严格地保守着秘密。法国考古学家克洛代尔·库罗（Claude Couraud）的研究显示，颜料块并非完全随机地涂抹，而很可能是某种符号密码：特定形状和大小的卵石被选择，不同图案的特定数量与组合受到偏爱。[8] 库罗识别出了16种不同符号，但在256种可能的两两组合中，只

用到了 41 种。有 1~4 个点的卵石占 85%，出现一对点的比例为
44%。在更大的数字中，21 到 29 之间的数字似乎受到偏爱。他认
为这些数字可能代表月相，但库罗和其他任何考古学家都没能解读
出马斯达济勒涂绘卵石上的信息。

卢伯克从马斯达济勒向西而行，穿过比利牛斯山脉旁被森林
覆盖的延绵地势，渡过奔涌着从山顶流下的冰川融水的河流。在西
班牙北部，他造访了住在河口沿岸的人们，宽阔的河口分开了沿海
平原。

与中石器时代欧洲的其他任何地方（甚至全世界）一样，这些
狩猎采集者被丰富多样的野生食物吸引到河口。河口的终极资源是
腐殖质，即来自淡水河流和大海的腐烂有机物。这为虾和蜗牛等大
批小动物提供了食物，而它们又为螃蟹、更大的鱼和鸟，还有水獭
和海豹等哺乳动物带去了美食。候鸟偏爱河口，它们的到来常常正
值繁殖季的盛宴。因此，狩猎采集者被吸引到河口毫不意外，他们
会在那里捕猎和打鱼，采集贝类和螃蟹，捕捉鸟类和捡拾鸟蛋。

尽管物产充盈，但在公元前 9000 年的西班牙北部，人们还是
会定期前往距离岸边 10 千米的山脚丘陵狩猎马鹿和野猪。[9] 有时，
他们继续深入峭壁、悬崖和峰顶寻找山羊。卢伯克也进行了内陆探
险，但不是为了打猎，而是为了造访绘有壁画的阿尔塔米拉大岩洞。

从遮蔽洞口的杂乱枝条间钻过，他撕破巨大的蜘蛛网，进入了
那个公元前 15000 年冰河时代艺术家描绘公牛图像的洞室。虽然洞
内非常暗，但卢伯克现在可以看到公牛的全貌——就像后来被描绘
的那样，这是史前的西斯廷教堂。但它的黄金时代也已经过去，现
在仅有蝙蝠和猫头鹰来来往往，山洞本身不过是蜘蛛、甲虫和老鼠
的家。[10] 卢伯克怀疑住在周围林地的人是否知道这个洞。带着这个
想法，他又继续向西走了 25 千米，来到另一个小得多，但显然仍

在使用的山洞：地上到处是残渣和发臭的贝壳垃圾。他在阴影处坐下，等待居住者归来。

这个洞今天被称为拉里埃拉（La Riera），虽然没有非凡的艺术品，但对它的发掘让我们最深入地了解了冰河期接近尾声时，南欧的人类生活方式如何发生了改变。拉里埃拉或许比其他任何单个遗址都更有助于我们理解岩洞壁画以及用象牙和骨头制作动物雕像的传统为何戛然而止。

1916 年，拉维加德尔赛亚伯爵（Conde de la Vega del Sella）里卡多·杜克·德·埃斯特拉达－马丁内斯·德·莫伦丁（Ricardo Duque de Estrada y Martínez de Morentín）发现了拉里埃拉洞。[11]已经是西班牙考古学先驱的伯爵当时正在研究一座土丘——在桑坦德（Santander）和奥维耶多（Oviedo）之间的一片树林中，他将发现洞穴的入口。

伯爵找到一道已经变成几乎垂直的狭窄通道的裂缝。他从中挤过去，进入一个漆黑狭小洞室的后部，发现自己正处于一大堆帽贝和玉黍螺的后面，那一堆东西堵住了洞的正常入口——一个中石器时代垃圾堆。

发现拉里埃拉之后，伯爵对其展开发掘，他发现贝壳堆的下面是许多层人类生活留下的沉积物，一直上溯到冰河时代和更早。发掘完成后，山洞遭遇了与其他许多考古遗址同样的命运——不仅被寻宝者洗劫，还被需要富含贝壳的沉积物来给田地施肥的农民挖掘。西班牙内战期间，拉里埃拉甚至成为士兵的藏身处。直到 1968 年在一面洞壁上找到一组岩画，以及 1969 年亚利桑那大学的杰弗里·克拉克（Geoffrey Clark）为检查幸存物品而开挖了一条小沟壑后，人们对这里的考古学兴趣才重新燃起。尽管遭到过破坏，克拉克还是在洞中找到了完整的沉积物。

1976—1982 年间，克拉克和新墨西哥州大学的劳伦斯·斯特劳斯（Lawrence Straus）一起展开了非常细致而重要的发掘。[12] 他们找到不下 30 层渐次堆积的人类垃圾，涵盖了超过 2 万年的历史。垃圾层的底部是 3 万年前第一批生活在西班牙的现代人类丢弃的石器与兽骨。在他们的垃圾上方，是末次冰盛期冰河时代猎人的垃圾，后者又被生活在全球变暖过程中的人们的生活残渣覆盖，直到公元前 5500 年洞口被大量人类废弃物彻底堵死。

拉里埃拉只是临时营地，用于短期造访，时间从几天到几周。有些年份它在春天被使用，有些年份则是夏天、秋天或冬天。通过斯特劳斯和克拉克的细致工作，再加上一批专家对他们发现的研究，我们重现了人类生活如何适应环境的巨变，并揭示了新生活方式的另一动力：不断增长的人口。[13]

公元前 20000 年，使用拉里埃拉的人们住在很少有树木的土地上。他们用带石尖的投矛捕猎羱羊和马鹿，在深深的积雪中或封锁狭窄山谷的枯树枝藩篱背后设伏，杀死成群的猎物。[14] 到了公元前 15000 年，拉里埃拉的居民开始前往海边，采集帽贝、玉黍螺和海胆，从岩石海岬上用鱼叉捕捉鲷鱼。回拉里埃拉的途中，他们会穿过松树和桦树林，前往榛树林采集榛子，可能还会看到野猪之类的林地新居民。在随后的 7000 年里，上升的海平面将让海岸线越来越接近拉里埃拉洞——今天那里距海边不超过 2 千米。洞中居民越来越多地利用海产品，洞中开始垒起巨大的帽贝壳堆。随着贝丘升高，帽贝本身的体积开始变小，因为采集的速度超过了它们的生长速度。

使用拉里埃拉的人仍在捕猎马鹿，但现在是跟踪单个猎物，使用装着细石器的箭，而非大个石尖。野猪和獐也是捕猎对象，捕捉野禽和其他鸟类则用陷阱。虽然洞中的植物残渣很少，但大号石镐的存在暗示人们曾挖过根，而坑坑洼洼的石头则表明有许多坚果被砸碎。

　　在最后一堆贝壳、鱼骨和兽骨被丢在洞中后，拉里埃拉被抛弃了。洞口被隐藏在树木和荆棘背后，从人们的记忆中消失了。贝丘下是一层又一层的人类垃圾，等待被发掘。杰弗里·克拉克和劳伦斯·斯特劳斯不认为垃圾所反映的饮食变化可以完全由海平面上升与林地扩张来解释。食物多样性的逐步增加，再加上动物被捕猎以及植物性食物和贝类被采集的频率，这些都暗示需要养活的人口不断上升。

　　从拉里埃拉乃至南欧各地的遗址所发掘出的兽骨显示，南欧居民的生活是逐渐而非突然改变的。马鹿一直是猎人的首选目标，无论它们以大群方式生活在末次冰盛期苔原上，还是散居在全新世的林地中。南欧的苔原从未像北方那样树木绝迹、疾风席卷。当气温上升和降雨增加时，林地只需偷偷走出山谷的庇护所，从中渐渐蔓延出来，树木在那里躲过了冰河时代最恶劣的冬天。野猪和獐与它们一同走出，对马鹿构成了挑战，也给现在生活在林地中的狩猎采集者带来了新的机会。[15]

　　虽然公元前 10000 年之后使用拉里埃拉的人延续了已有数千年之久的猎鹿传统，但他们的社会和宗教生活已经变得面目全非。在末次冰盛期和公元前 15000 年，生活在拉里埃拉的人们也前往绘有岩画的巨型山洞歌唱、跳舞和向冰川时代的神祇祈祷[16]，但那些捕猎野猪和在洞中堆满贝丘的人则不需要履行这种职责。

　　绘制和雕刻动物（特别是马和野牛，还有抽象符号和人像）的传统持续了超过 2 万年，从乌拉尔山脉一直延伸到南欧，创造出大量杰作：阿尔塔米拉的野牛岩画，肖维（Chauvet）的狮子，拉斯科的马和马斯达济勒的羱羊雕像。[17] 在超过 800 代人的时间里，艺术家们继承了同样的追求和技巧。这是至今为止人类已知持续最久的传统，在全球变暖中却几乎在一夜间消失了。

封闭的林地是否也封闭了人们艺术表达的头脑？中石器时代是古代知识被遗忘、石器时代的"黑暗时期"吗？不，完全不是。岩洞艺术传统的终结仅仅因为再也不需要这种艺术了。岩画和雕像从来就不是纯粹的装饰，也不是对人类与生俱来创作欲不可避免的表达。它们远非如此，而是一种生存工具，与石质工具、毛皮衣物和在洞中噼啪作响的火焰同样重要。[18]

冰河时代是信息时代，那些雕像和岩画相当于今天的CD-ROM。[19]伏击和血腥屠杀很容易，只要正确的人在正确的时间出现在正确的地方，就能获得充足的食物。然后，人们需要规则来确保分配食物时不发生冲突。一个地区的食物丰盛意味就着其他地方的食物短缺——不同群体必须愿意联合起来然后再分开。为此，他们需要知道哪个群体在哪里，并拥有在需要时可以仰仗的朋友和亲属。由于许多动物会意想不到地灭绝，猎人们需要备选的狩猎计划，并随时准备将其付诸实施。

为了解决这些问题，信息不可或缺，例如关于动物的位置和行动，谁在哪里生活和狩猎，未来的计划，危机来临时怎么做，等等。艺术、神话和宗教仪式维持了信息的不断获得和传递。

当群体每年一到两次为了典礼、绘画和仪式而集合时（就像在佩什梅尔、马斯达济勒和阿尔塔米拉时），他们还交换关于动物行动的关键信息。这些群体在不同地方度过了上一年，有的在高原，有的在沿海平原，有的长途跋涉前去造访远方的亲属，有的则等待候鸟的到来。人们有许多话要说，还有更多的东西需要发现。狩猎采集者的宗教信仰在必要时提供了分享食物的一系列规则。岩画不仅描绘了动物的足迹，也展现了它们的排泄行为，鹿角和肥硕的部分则被夸大了。[20]这些画是人们描述自己的所见和教育孩子们时的刺激物，它们包含了猎人们在未来几个月里寻找猎物和选择牺牲品时必须注意的标志。神话故事包含了在那些不可避免而又无法预测的艰难岁月中的生存策略。[21]

因此，只要每年举行典礼和仪式，只要人们有机会闲谈、交换想法和观察、讲述打猎收获的故事、重新确立社会联系、了解更多关于身边动物的情况，信息就会流动，社会就会繁荣——至少在冰河期气候限制条件所允许的范围内。

公元前 9600 年之后，茂密林地中的生活不再必须满足同样的要求。现在，动物主要被一只一只地捕猎，没有了大规模杀戮也就无须管理富余食物。狭窄的山谷和渡口不再那么重要，不再需要正确的人在正确的时间恰好出现在正确的地点。也没有必要知道许多千米外的自然世界或社会发生了什么。实际上，狩猎可以在任何地点、任何时间由任何人进行。如果找不到猎物，也有足够的植物性食物和帽贝可供采集。就像马鹿那样，人们开始以更小、更分散的群体生活，变得越来越自给自足。

周期性的集会仍然举行，但只是为了解决维系社会关系的问题，让人们有机会结婚，交换原材料和食物，学习和教授制作篮子与编织的新技术。这些群体活动不再需要在岩画中野兽的注视下举行。

岩洞艺术的终结不应被归咎于文化解体、社会崩溃或者让头脑关上艺术大门的黑暗时期的到来。岩画绘制的中止清楚证明了在出现需求时，人类有能力重写社会规则。在全球变暖威胁地球的今天，我们不能忘记这点。

第17章

沿海的灾难

海平面的变化及其后果，公元前 10500—前 6400 年

40 毫米。也许是 33 毫米，甚至不超过 23 毫米。只有沙滩上一块小卵石的厚度或者岩石间浅浅的潮水潭的深度。如果中石器时代的人们被告知，这些数据是对公元前 7500 年之后海平面平均每年上升幅度的最佳估计，我怀疑他们是否会表示担心。[1] 毕竟，上述数据与我们对接下来几百年海平面上升幅度的估计几乎一致，但似乎没有哪国政府过于担心这件事。

上述数据是过去几年间科学家们所做的估计，他们致力于克服放射性碳定年数据的不精确和北欧海平面变化的极端复杂状况。虽然听上去微不足道，但这些数字对中石器时代的影响是巨大的：沿海的灾难。海平面上升的终极原因是大冰盖的最后融化，特别是北美的冰盖。数以百万加仑计的水流入大洋，触及了成千上万人的生活——有时是名副其实的"触及"。[2]

公元前 7500 年，北欧的海岸线从英格兰东部一直延伸到丹麦。海岸线被河流入海口深深切开，入海口的上游是狭窄的河谷，从低矮的延绵丘陵间蜿蜒而过。多格兰（该地区今天没于北海之下）的海岸线由潟湖、沼泽、泥地和沙滩组成。这里可能是整个欧洲最好的狩猎、猎禽和捕鱼场所。[3] 发掘了斯塔卡的格雷厄姆·克拉克认为，多格兰曾是中石器时代文化的中心地带。[4]

直到 1931 年，人们才第一次意识到这个失落的中石器时代世界。夜间，拖网渔船"科林达号"（*Colinda*）在诺福克（Norfolk）海岸以东 25 千米靠近奥尔堤岸（Ower Bank）的地方捕鱼。船长皮尔格林·洛克伍德（Pilgrim E. Lockwood）拖上来一块泥炭，他用铲子将其击碎时碰到了特别坚硬的东西，那不是生锈的金属，而是带有精美倒钩的鹿角叉头。[5]

同年，克拉克的同事，剑桥大学的植物学家哈里·戈德温博士（Dr. Harry Godwin）准备开始将花粉分析的新技术用于英国的泥炭沉积物。戈德温从"科林达号"撒网地点附近采集了更多北海泥炭的样本。他发现那里曾经长有树林，与冰河期结束后不久东约克郡、丹麦和波罗的海诸国的类型几乎一致。事实上，戈德温认定，它们是连续大陆块的一部分，人们曾经在那里猎鹿，在混杂了其他树木的橡树林里采集植物性食物，带倒钩的鹿角叉头偶尔会被丢在那里。

在将近 60 年里，"科林达号"发现的猎叉成了中石器时代世界被上升的海平面淹没的象征。但在 1989 年，当考古学家们从鹿角上取下一小块样本进行放射性碳测定时，他们大吃一惊。他们发现，这个叉头被证明与斯塔卡几乎同样的鱼叉不是同时代的，而是早了 2000 年。[6] 驯鹿猎人丢失叉头的时候，多格兰还是极地苔原——卢伯克本人在从克雷斯韦尔崖前往阿伦斯堡山谷时曾穿越过这里。

中石器时代多格兰的沿海居民开始看到自己所在世界的地貌发生了改变——有时是在一天之内，有时是在他们的一生之中，有时则只有通过回忆父母或祖父母对现在已经永远被大海淹没的潟湖和沼泽的描绘。变化的早期标志是土地变得松软潮湿，因为地下水位上升，凹陷处出现了水池和湖泊。虽然大海仍然离得很远，但树木已经开始被淹死。橡树和酸橙树是最早消失的，桤木通常最后消亡，直到海水淹到它们的根部、溅上它们的叶子。[7]

大潮越来越高，然后拒绝退去。沙滩被冲走。沿海的草地和林地成了盐沼——土地每天被海水冲刷，土壤中饱含盐分。只有特殊的植物能够存活，比如可食用的海蓬子和灯芯草，它们为各种跳蚤、虫子和蚊蠓提供了栖息地。鹭、反嘴鹬和琵鹭很快来此觅食，而这里不久前还是林地鸟类的乐园。

北海侵入了多格兰。海水进入峡谷，包围了丘陵。新的半岛出现，接着成为离岸岛屿，直至最后永远消失。在地中海，海水同样向弗兰克提洞步步紧逼[8]，希腊的狩猎采集者们曾在那里收集过如此之多的植物性食物。到了公元前 7500 年，海岸线距离弗兰克提洞的居民几乎只剩下午后散步的距离，而他们的祖先需要跋涉一整天才能抵达海边。洞中一层层被埋藏的食物残渣显示了弗兰克提人如何最初采集帽贝和玉黍螺，后来成为出海的渔民。他们开始登上海岛，比如 120 千米外的梅洛斯岛（Melos），将在那里找到的黑曜石带回洞中。这种新型生活方式偏爱探险和殖民：科西嘉岛（Corsica）、撒丁岛（Sardinia）和巴利阿里（Balearic）群岛第一次有人定居。[9]

生活在欧洲沿海的人们的经历因时间和地点不同而存在差异。对某些人来说，环境变化如此缓慢，以至于无法察觉：饮食、技术和知识每年只有微小变化——对生活方式微妙、无意识的改造。另一些人惊讶地看着海水冲破卵石脊和沙丘灌进内陆。还有些人则要面对灾难，比如有朝一日将成为苏格兰东部因弗内斯（Inverness）镇的地方的居民。

20 世纪 80 年代，在城堡街 13~24 号的现代房屋被拆除后，苏格兰考古学家乔纳森·华兹华斯（Jonathan Wordsworth）发掘了这个中世纪城镇的一部分。[10] 地下是曾经俯瞰内斯河（River Ness）入海口的 13 世纪中世纪房屋及其附属建筑的地基。在一层白色多石海沙之下，他在中世纪石匠留下的器物中间找到了差不多 5000 件燧石器物、骨骼碎片和火炉的痕迹——那是中石器时代狩猎的遗迹。

在公元前 7000 年前后的一天，一小群中石器时代的人在俯瞰入海口的沙丘上栖身于一个天然洞穴中（很可能面向大海）。也许他们正等待黄昏的到来，以便出海捕猎海豹；也许他们已经花了一整天采集燕鸥蛋和海蓬子，现在正准备睡觉，只有一两个人在敲凿沙滩上的卵石，补充他们放在水獭皮袋子里随身携带的细石器和刮削器。上述景象在北欧整个沿海地区可能已经重复了成千上万次，这只是普通中石器时代狩猎采集者生活中又一个普通日子。

但这一切不会继续。几小时前，距此以北大约 1000 千米处，北冰洋介于挪威和冰岛海岸中途的位置发生了巨大的海底滑坡。这就是斯托里加（Storrega）滑坡。滑坡引发了海啸，即巨大的潮波。[11] 生活在未来因弗内斯城堡街 13~24 号的人们可能被海鸥的突然尖叫吓到。他们听到远处传来闷响，然后变成咆哮。8 米高的巨浪向河口袭来，可以想象他们看到这幕景象时先是难以置信，然后陷入恐慌。我猜他们开始逃命。

我们无法知道他们是否脱离了险地。如果是的话，那么当他们在海水退去后回来时，将发现一大片白色的多石海沙不仅掩埋了野炊地点，而且吞没了他们目力所及的南面和北面世界。超过 17000 立方千米的沉积物被倾泻到苏格兰东海岸，被埋在农村、沙丘和镇上房屋下的遗物记录了这场中石器时代的灾难。

这次海啸对多格兰低洼沿海地区的影响无疑是毁灭性的。好几千米的海岸线可能在几小时（可能几分钟）内就被摧毁了，许多人失去了生命：在独木舟上拉网的人，采集水草和帽贝的人，在沙滩上玩耍的孩子，以及在树皮和木头制成的摇篮中睡觉的婴儿。成群的蟹、鱼、鸟和哺乳动物被消灭，沿海定居点被抹去——茅舍、独木舟、捕鳗网、一篮篮坚果和一排排鱼干都被击碎冲走。

另一场灾难发生在 3500 千米外的欧洲另一端。受害者生活在后来成为黑海的淡水湖周围的低地上。[12] 那里拥有平整而肥沃的土壤，覆盖着橡树林，几千年来，人们在林中狩猎和采集。不过，在灾难发生时，来了一批新人：新石器时代的农民。他们来自土耳其的社群，在肥沃的冲积土壤上定居下来。为了给小麦和大麦清出土地，也为了给自己的房屋、藩篱和牛羊圈提供木材，他们开始砍伐树木。他们的旅程以及被中石器时代当地人接受的故事将在下一章讲述，我们这里关心的是他们的悲惨结局。

黑海在冰河时代成为淡水湖。地中海的水位降至博斯普鲁斯海峡底部以下，后者曾经是海水流入黑海的通道。这条通道被淤泥堵塞。然后，随着全球变暖开始导致冰雪融化，地中海水位再次上涨。与此同时，黑海的情况正好相反，由于蒸发和河流来水减少，水位不断下降。海平面超过了海峡底部后，塞住的淤泥仍然固守着，固守着。与此同时，它的西侧形成了巨大的海水墙。然后，淤泥开始渗漏，最后崩塌了。

于是，在公元前 6400 年左右一个致命的日子，一股相当于 200 个尼亚加拉瀑布力量的海水灌入了平静的湖水，并持续了好几个月。咆哮声在 100 千米外都能听见，回荡于在土耳其山间打猎和在地中海沿岸捕鱼的人耳中。每天，50 立方千米的水隆隆地灌入湖中，直到黑海和地中海重新连通。几个月时间里，惊人的 10 万平方千米湖畔林地、沼泽和耕地被淹没——面积相当于整个奥地利。

维多利亚时代的约翰·卢伯克对海平面变化的历史所知不多。《史前时代》中只有寥寥数语提到，为何在丹麦沿岸"很有理由认为陆地侵入了海中"，而其他地方没有科肯莫丁格（贝丘）"无疑是因为海浪淹没了一部分海岸"。[13]

维多利亚时代的约翰·卢伯克对海平面变化的整体理解，依据的是地质学家查尔斯·莱尔（Charles Lyell）的观点，后者在1830—1833 年间出版了《地质学原理》（*Principles of Geology*）[14]，在 1863 年出版了《人类古老历史的地质学证据》（*Geological Evidences of the Antiquity of Man*）两部影响深远的作品。卢伯克大段引用了莱尔的后一部作品：首先是陆地至少比现在高出 152.4米的时期，然后大地被淹没，"只有山顶露出水面"，随后大地再次上升，冰河期的海床"变得干涸，上面是海洋贝类和奇异的石块"。莱尔认为，淹没和重现的"大幅震荡"很可能花了 22.4 万年。

维多利亚时代的约翰·卢伯克没有加入太多自己的看法——《史前时代》出版过早，还来不及包含更有见地的观点。如果他在 19世纪末写作此书，则很可能会引用约瑟夫·普雷斯特维奇的观点，卢伯克曾评论过后者对过去温度所做的估计。1893 年，普雷斯特维奇发表了关于冰河末期和新石器时代前夕遍及欧洲的大洪水事件的证据。[15] 也可能引用维也纳大学的地质学教授爱德华·修斯（Eduard Suess），因为他在 1885 年提出了全世界海平面同时、同步上升的观点。

不过，直到 20 世纪 30 年代，冰河末期海平面的变化才开始得到详尽记录。[16] 今天，我们知道海平面的变化在世界某些地方特别复杂，幅度比查尔斯·莱尔考虑的最大值——每世纪 1.8 米——高得多。我觉得，如果维多利亚时代的约翰·卢伯克了解公元前10500—前 8000 年间欧洲极北地区的海平面变化过程，他将大吃一惊。

生活在多格兰北部（今天我们称为苏格兰、挪威和瑞典的地区）的人们也失去了他们的父辈、祖辈和更早的先人们非常喜爱的海岸线。但他们的沿海土地没有成为海床，而是永久干涸了。它们名副其实地在世界上获得了"提升"。[17]

　　冰川对大地造成重压，迫使其下沉——冰川南侧的地面因此隆起，就像没有坐人的那一侧沙发。于是，当冰川融化消失后，地面恢复平坦，隆起的部分下降，凹陷的部分抬起。多格兰的大部分地区位于隆起处，因此海平面上升的影响被加剧：在隆起消失的同时，数百万加仑的融水流进了大洋。

　　在曾经承受冰川重负的更北面，一场竞赛开始了。谁会上升得最快，海面还是陆地？如果是前者，那么人们将看到他们的海岸线被淹没；如果是后者，海滩将抬高——"抬高的海滩"正好被用来解释为何在海平面从未到达的北欧海岸线上可以找到大片沙子和卵石。

　　在极北地区，陆地轻松取胜。作为曾经的冰盖中心，在瑞典东海岸斯德哥尔摩以北的某个地方，陆地从冰河时期开始抬升了超过 800 米，而且尚未结束，每年都会增加几毫米——虽然随着下个世纪重新开始的全球变暖和海平面上升，这一情况可能很快会发生改变。

　　在更南面，沿着瑞典南部、波罗的海诸国、波兰和德国的海岸线，大海和陆地的赛跑势均力敌，周期性地交替领先。这对于在领先地位易主前刚刚站稳脚跟的动植物和人类群体，以及刚刚确立的陆地和大海的位置，带来了反复的浩劫。我们对此的了解部分来自丹麦地质学会的斯万特·比约克（Svante Björck），他研究了被埋在波罗的海海底的贝壳，以及该地区沿岸的沉积物、抬高的海滩和被淹没的森林。它们揭开了一个关于地理巨变的奇异故事，而我们只能重述其中最清晰的高光时刻。

　　在新仙女木时期顶峰的公元前 10500 年，波罗的海并非大海，而是波罗的冰湖。水域的温度接近冰点，湖岸是光秃秃的岩石或极地苔原。如果有人造访那里，他们会找到驯鹿和旅鼠，但不太可能长期停留。北面的冰川和南面的陆地封锁了波罗的水域通往北海的任何出口。冰川形成了横跨今天瑞典中部低地的堤坝，而今天连通北海和波罗的海，位于瑞典和丹麦之间的布满岛屿的大贝尔特海峡（Storebaelt）是一片既高又干的连续陆地。那些国家不过是多格兰的东缘。

到了公元前 9600 年，波罗的冰湖被深达 25 米的冰墙包围。这与 3000 年后发生在黑海的情况正好相反，水不是想要进入，而是试图流出封闭的湖泊。不过和在黑海一样，堤坝崩塌了，这次的原因是全球变暖融化了积冰，削弱了冰墙。波罗的冰湖的水通过瑞典中部注入北海，沿途留下了石块、砾石和泥沙。最多只用了几年（也许不超过几个月），水位下降了 25 米，在今天的德国北部、波兰和波罗的海诸国沿岸附近出现了广袤的新海岸线。这条海岸线由刚在湖底形成的泥泞黏土和泥沙组成。

随着海水开始向东流去，湖泊变成了内陆海。这里被称为刀蚌海，因为在沉积物深处发现了一种海洋软体动物刀蚌（Yoldia）的贝壳，显示海水正拍打着未来波罗的海诸国的海岸。土壤刚被桦树和松树的根系固定，可能就有人来刀蚌海边生活了。新河口的周围形成了肥沃的潟湖和沼泽。中石器时代的人们悄悄来到这里，感觉像回到了家。

不过，他们刚刚建立自己的群落，世界就再次发生了改变。生活在南方岸边的群落被上升的海平面淹没，北方岸边的人们则目睹了陆地抬升和海水退却。海水每个世纪后退约 10 米——这个速度对人的一生而言相当可观。在被淹没的南方和被抬升的北方之间一定存在某个稳定的地区，那就是陆地和海洋跷跷板的支点。

这种现象持续了 25 代人，每一代都对生活方式做出微小改变，以便适应不断变化的世界。然后，在公元前 9300 年左右，南方的水灾变得愈发严重。定居点在人们还来不及搬走时就被淹没，我们必须想象他们涉水拯救宝贵的财产。现在，海水以平均每代人3米的速度侵入内陆——这个速度意味着危及人们生命的灾难周期性地发生。在北方，几十年来人们一直看着海水退却，但现在海水也开始侵入陆地，他们也必须学会如何应付洪涝和泛滥。

新一波海水灌入的原因是陆地的回升，瑞典中部的大幅抬高阻断了刀蚌海和北海的流通。波罗的海再次成为湖泊，湖水无处流出。随着湖的容量因为许多河流的注入而增加，水中的盐分被稀释，重新变成淡水。另一种软体动物盾螺（Ancylus fluviatlis）有幸为这个湖提供了名字——盾螺湖，在刀蚌海层上方的沉积物中找到了它们的贝壳。所有生物不得不再次适应，选择迁徙或者死去——人类群落也不例外，现在他们在芦苇丛中捕捉禽类，而非坐独木舟捕捞鳕鱼。

在环境再次变化前，他们有大约300年的时间（也许是10代人）做出改变。公元前9000年前后，他们看到湿地和潟湖开始干涸，海岸线从湖边的捕鱼平台退却。一片片新的泥沙露了出来，植物和昆虫的先驱有了新的机会。

盾螺湖找到了进入北海的出口。它无疑需要一个出口，因为湖面已经比海平面高出10米了。作为出口的达纳河（River Dana）与其说是被找到的，不如说是被强行开辟的，它穿越大贝尔特海峡的低洼地带，有时在柔软的沉积物中形成深达70米的真正峡谷。河畔的林地、泥炭和人类定居点被冲走，或者被湍流带来的泥沙和砾石掩埋。湖水的迅速外流持续了200年，直到盾螺湖与海平面齐平。随后开始了细水长流，较小的河流和溪流蜿蜒流经树林，绕过大贝尔特海峡的岬角。

这段奇异历史的最后一幕是大贝尔特海峡被淹没。这一过程始于公元前7200年，起因是海平面在上升的最后阶段达到了现有水平，形成了我们熟悉的斯堪的纳维亚半岛和波罗的海。当时形成的内陆海被以软体动物滨螺（Littorina）命名，它们的贝壳不仅出现在盾螺沉积层的上方，而且继续点缀着今天的波罗的海沿岸。随着洪涝和泛滥的回归，另一轮重新适应开始了——但这次的新洪水非常平缓，几乎不被注意。人类的生活方式再次缓慢地向海边生活调整。

第18章

欧洲东南部的两个村落

定居的狩猎采集者和农民移民，公元前 6500—前 6200 年

捕鱼之旅、烧烤和雨后的松树林——挥之不去的柴烟味唤起了杂乱的记忆。约翰·卢伯克从坚硬的石膏地面上醒来，他正置身于一座形如帐篷的房屋的狭窄一端。他坐起身朝外望去，看到一条大河从长满树木的陡峭石灰石山崖下流过。太阳刚刚升起，可以听到脚步声和说话声。

由枯树枝搭成的房屋墙壁伸向长长的脊檩，上面挂着柳条篮子和兽骨鱼叉。地上用石灰石块围起的坑中是尚有余温的松木灰，昨天晚上那里曾烤过一包包鱼。装着水和草药的木碗放在门边地上铺的石板上。卢伯克转过身，正好对上一块来自河中的圆形巨石射来的无声目光，巨石上刻有突出的眼睛、肥厚的嘴唇和带鳞片的身体。这是房屋主人的形象。

卢伯克走出门，发现自己所在的那间屋子只是河流上方台地上20 间此类小屋的其中之一。这是他在欧洲之行中第一次来到狩猎采集者的村落。乍看之下，他想起了公元前 12500 年西亚的马拉哈泉村和阿布胡赖拉。但仔细看时，他发现两者截然不同——这里停泊着独木舟，外面晾晒着渔网。这是个渔村，在它繁荣的同时，西亚

的加扎尔泉镇正遭受着经济崩溃。

一些人正在工作，另一些人无所事事地站着或者三三两两地坐在一起，享受着晨光。他们谈论天气、捕鱼计划和孩子。村子背后，陡峭的小径穿过繁茂的榛树林，进入橡树、榆树和酸橙树林地，一直通往松树林和高耸的悬崖。一只老鹰冲上淡蓝的天空，鸬鹚则低低地飞过水面。这是公元前6400年莱彭斯基维尔（Lepenski Vir）的拂晓。[1]

卢伯克坐在河边，回忆着从西班牙北部拉里埃拉开始的旅程——这是一次跨越南欧的长途跋涉。他与中石器时代居民一起住过的几个营地已经成为考古遗址。其他许多营地将永远无法找到——它们可能被后来的定居点摧毁，或者被埋在罗讷河三角洲（Rhône delta）和波河盆地（Po basin）厚厚的冲积层之下。还有些有待被发现。

卢伯克曾走进比利牛斯山脉，发现长满草的圆形山顶被裂开的石头取代。向东行进的过程中，天际线每天都变得更高、更破碎。在比利牛斯山脉中部，他和源羊猎人们一起宿营在海拔1000米处，今天被称为马基内达洞（Balma Marginada）的天然大盆地上。[2]和男人们一起猎得源羊后，他又和女人们一起捕捉鳟鱼、采集黑莓。又跋涉了200千米后，他来到了米格迪亚岩（Roc del Migdia），这个山洞位于今天加泰罗尼亚一处茂密橡树林的悬崖脚下。[3]帮助那里的居民在篮子里装满橡子、榛子和黑刺李后，卢伯克和他们坐在一起，看着秃鹫在热气流上懒洋洋地盘旋。[4]

卢伯克的法国南部之旅包括在沙滩上长途跋涉，坐独木舟穿越罗讷河三角洲的沼泽，在遇到海水冲刷悬崖底部的乳白色石灰石或火红色斑岩时，他还要绕道内陆而行。这里有种类繁多的树木和植物，但都不是今天的游客会看到的，比如柠檬树和橘树、橄榄树、棕榈树和含羞草。那些植物都是里维埃拉（Riviera）的后来之客。卢伯克很高兴当时没有它们，因为这给生长在石灰石山洞中的大片紫丁香和忍冬提供了空间。他在山洞中听着从地底喷薄而出的湍流和泉水的轰鸣。[5]

经过意大利北部的沼泽低地，以及设置捕鱼陷阱和捕捉水鸟的人的栖息地后，卢伯克再次进入山中，登上被松树覆盖的意大利多洛米蒂山脉（Dolomites）之巅。他一路追随猎人的足迹，后者则跟着马鹿前往它们的夏季草场。在海拔 2000 米处，他和猎人们一起在一块被早已消失的冰川带到那里的巨石下宿营。这个营地今天被称为蒙德瓦勒德索拉（Mondeval de Sora）。在 1986 年的发掘中，人们发现了人类墓葬，一位猎人在那里安息，陪葬品包括各种石质工具以及用野猪和鹿的牙齿雕成的首饰。[6] 离开多洛米蒂山脉后，卢伯克向西南而行，进入了克罗地亚（Croatia）的延绵丘陵和深谷。他在那里和猎人队伍一起住在小山洞里，后者在谷底搜寻猎物，并为他们的狩猎武器打造新的石尖。[7]

离开山峦和丘陵后，卢伯克前往匈牙利平原的南缘，然后换了新的交通工具以解放疲惫的双腿：他造了一只独木舟。卢伯克找到一块浮木，可能是从下游泊船处自己漂出来的。他沿着欧洲东南部的河流行进了 800 千米，有时在周围的林地中短暂停留，和猎人们一起追捕野猪，有时帮助路过的渔民拉网。

在水上之旅的途中，卢伯克的独木舟进入了多瑙河。河水慵懒地在树木覆盖的山丘间蜿蜒而过，有时绕开一两千米，然后穿过柳树和白杨树绕回。最终，河水来到陡峭的悬崖间，卢伯克进入了今天被称为铁门峡谷（Iron Gates）的第一个大峡谷般的谷口。这时，河流上方的台地上出现了一系列分布杂乱的房屋。它们与卢伯克在中石器时代的欧洲其他地方看到的枯树枝茅屋完全不同。于是，他在一天晚上停船上岸。这是一个阴云密布、不见月光的夜晚，那些房屋看上去好像奇异的影子，它们的人造几何形状显得很不自然。卢伯克被灰烬尚有余温的炉灶绊倒，惊动了老鼠，他意识到整个村子都入睡了。

莱彭斯基维尔睡着的居民是"安定下来"的狩猎采集者，他们转向了定居的生活方式。多瑙河谷的林地在整个末次冰盛期得以幸存，主要是刺柏和柳树，但也有小片的橡树、榆树和酸橙树，它们将把自己的种子播撒到欧洲其他地方。冰河时代的猎人定期前往谷中追击羱羊、捕捉鲑鱼，但他们从来不会待上很久。随着气候变暖和降雨变得频繁，阔叶植物开始蓬勃生长。树木攀上山坡，形成了拥有丰富猎物和可吃植物的茂密林地。马鹿和野猪，水獭和河狸，鸭子和大雁成了冰河期食谱上的新品种。于是，人们更频繁地来到铁门峡谷，而且更不愿意离开。每年初秋，他们来到可能作为冬季营地的这里，一直待到春末。这些据点开始和过去的夏季捕鱼短期营地融为一体。到了公元前 6500 年，人们觉得完全没有必要再离开河边了，曾经的临时营地成了多瑙河畔最早的永久村落。

约翰·卢伯克绕着莱彭斯基维尔漫步，从各所房屋走进走出。虽然大小不同，但它们的设计和装饰如出一辙。每座小屋里都有刻着半人半鱼头像的巨石，看上去非常忧郁。它们常常被放在像是祭坛的石头装置旁，后者由卵石支撑，刻有几何图案。在位于村子中心的最大一座茅屋里，石板上放着几块骨头制作的护身符和一根笛子。[8] 茅屋边是一块空地，地面似乎被跳舞者的脚踩得非常平整。虽然仪式、宗教和表演一直是狩猎采集者生活中不可分割的部分，但与卢伯克造访过的其他任何欧洲定居点相比，它们在这里似乎更加普遍。目光所到之处，总有一堆堆石尖箭支、鹿角鱼叉、渔网浮标和坠子、柳条篮子、石杵和石臼。

　　这一系列设备证明莱彭斯基维尔人可以找到丰富而多样的食物——不仅有肉类和鱼类，还有坚果、蘑菇、浆果和种子。不过，尽管食材如此多样，在河中浅滩玩耍的几个孩子还是显得营养不良。佝偻病在村里司空见惯，一些孩子的牙齿上有水平凸起——这些条纹是因为身体欠佳导致牙釉质没能生长而形成的。事实上，在建筑与艺术的创造性之外，莱彭斯基维尔同时遭遇着周期性的食物短缺。[9]

　　3名妇女正在建造房屋。她们用烤过并碾碎的石灰石、沙子和碎石混合物搭起了一个紧实的梯形平台，中间是石块垒成的火炉。在卢伯克的注视下，她们停下工作，打开兽皮卷，露出一个小孩子腐烂的尸体。尸体的骨头四下晃荡，被韧带和干黄的皮肤碎片松散地连在一起。

　　尸体被埋入屋子地下并封好。人们从另一个包裹中取出一块成人的颌骨，把它放在火炉的两块石头之间。[10] 只过了一小会儿，建筑工作就重新开始：她们在洞中插好柱子，用来支撑很快将被抬放到位的脊檩。在卢伯克看来，女人们似乎经历了从世俗转向宗教活动，然后再转回来的过程；但对她们来说，这种区分毫无意义。她们只是在生活，在这种生活中，每个举动、每件器物，以及自然世界的每个方面，都既神圣又世俗。

　　莱彭斯基维尔的生活围绕河流展开。河流提供了食物，它是中石器时代的公路，它的流动象征了从生到死的过程。至少来自贝尔格莱德（Belgrade）的考古学家伊万娜·拉多万诺维奇（Ivana Radovanović）这样认为，她承担了解读莱彭斯基维尔日常生活、仪式葬礼和季节性庆典中的象征符码的任务。[11]

　　拉多万诺维奇是南斯拉夫考古学家德拉戈斯拉夫·斯雷约维奇（Dragoslav Srejović）的学生，后者发现了莱彭斯基维尔，并在1966—1971年间进行了发掘。[12] 在1970年修建水坝前——水坝将淹没河岸和其中埋藏的一切——他在考察多瑙河沿岸时发现了这个遗址。这只是河两岸拥有类似艺术和建筑的几个遗址中的一个，另外还有哈伊杜卡（Hajdučka）、沃德尼卡（Vodenica）、帕迪纳（Padina）和弗拉萨克（Vlasac）。一些是季节性的营地而非永久性的村落，莱彭斯基维尔甚至可能是典礼中心。[13]

斯雷约维奇在莱彭斯基维尔发掘出许多墓葬。儿童的墓葬通常被放在房屋内，或是被埋在地下，或是置于石炉和斯雷约维奇认为是祭坛的装置中。成年人（通常是男性）被埋在房屋之间。有时，野牛、鹿或其他人类的头骨与颌骨被与死者埋在一起，陪葬品有工具和用蜗牛壳做成的项链。

在大部分成人墓葬中，死者的头部都朝向下游，以便河流带走他们的灵魂——或者说拉多万诺维奇相信是这样的。她认为河流还象征了重生，因为每年春天，欧洲鳇都会逆流而上产卵——这种巨型鲟鱼至今仍被认为能产出最好的鱼子酱。它们的到来一定非常引人瞩目，可以长到 9 米长的河怪成群结队：按照拉多万诺维奇的说法，这是死者灵魂的重生，融合了人与鱼的石头雕塑让这一切成真。

在网被从水中拖出，柱子被锤入地下和人们交谈的声音中，卢伯克在一个夏日的午后离开了莱彭斯基维尔。他向南而行，穿越巴尔干丘陵上的茂密林地，踏着树叶、松球、橡子、栎子、山毛榉果和裂开的栗子壳组成的地毯。他遇到了在阳光下的林间草地上吃草的母鹿。闻到他的气息，它们转身露出白花花的屁股，逃进了灌木丛。一头长着烛台般鹿角的公鹿严厉地注视着他，然后用整洁闪光的蹄子踏着威严的步子跟随母鹿们离开。

现在，卢伯克已经能够熟练地解读猎物的迹象，完全不像在欧洲之旅伊始穿越苔原前往克雷斯韦尔崖时那样，一点也看不懂脚印和粪块的语言。他考验自己追踪鹿和计算野猪何时会前来觅食。他知道哪里能找到可以采集鸟蛋的鸟巢，哪些蘑菇可以采，哪些不能。事实上，他很自信能够依靠打猎和采集在这些森林中生活，奇怪为何没有其他人选择这样做：完全没有见到人类或他们存在的迹象。在欧洲之行中，他想不起来还有哪次有这么长时间都没遇到一个营地或有人居住的洞穴。[14]

从多瑙河到地中海，南欧中石器时代遗址的匮乏让考古学家们非常不安。是否真的没有定居点？中石器时代的遗址是被摧毁了，还是尚未发现？比如，在希腊仅仅发现了十几处中石器时代遗址，但发现了几百处新石器时代遗址，来自更晚时期的则有数千处，还有许多属于人类进化中早得多的阶段。早期史前希腊研究的顶尖学者卡特琳·佩莱斯（Catherine Perlès）近来评估了中石器时代遗址稀少的所有可能原因，她的结论是：这一定如实反映了当时人口很少，而且几乎都生活在沿海。[15]

从莱彭斯基维尔开始，经过大约 400 千米跋涉，卢伯克抵达了希腊北部的马其顿平原。他抵达时是公元前 6300 年。卢伯克坐在一株粗壮橡树的枝条上，看着一个完全不同的村子里人来人往。一座小山丘的空地上坐落着一堆房屋，一边是湿地，另一边被纵横交错的小径和藩篱分割成一座座小园圃，里面的植物刚刚开始萌发。房屋呈矩形，一共 10 或 12 座，带有茅草屋顶和突出的屋檐。

有座房屋正在建造中：砍倒的小树做成支柱，中间被绑上一捆捆芦苇。虽然这些房屋远比莱彭斯基维尔的更大、更结实，但引起卢伯克兴趣的却是外墙边简陋的木质畜圈——或者更准确地说，是圈中的东西。他跳下树，沿着一条小径走出树林，小径通往村子周围低矮泥墙上的一个缺口。他俯下身查看园圃中萌发的植物。有的（小麦或大麦）茎秆周围刚长出尖细的叶片，有的（豌豆或小扁豆）长着纤细的茎和浅色的圆形叶子。女人和孩子们也俯身在新芽周围除草。卢伯克拔了几把草——此举并非为了帮忙，而是为了给悠闲地站在木圈中的绵羊喂草（看上去更像山羊）。

　　卢伯克即将走进欧洲最早的农业村落之一，考古学家将称之为新尼科美狄亚（Nea Nikomedeia）。[16] 已经有几代农民在这里生活和死去。它的建立者可能来自希腊其他农业定居点，也可能来自土耳其或塞浦路斯——或许直接来自西亚本土。

　　在小船里装上一篮篮谷种和被捆绑妥当的绵羊与山羊后，最早一批农民坐船离开西亚，前往欧洲。[17] 有的横渡爱琴海，来到希腊东部的低地；还有的前往克里特岛和意大利南部。[18] 他们清理了林地，放牧自己的绵羊和山羊，建起自己的房子，拉开了欧洲史前历史的新篇章。[19]

　　最早的农民于公元前 7500 年左右抵达希腊，在那里发现了大片无人居住的土地。[20] 只有阿尔戈利斯（Argolis）地区南部的弗兰克提洞附近才有可观的中石器时代文明。这就是托马斯·雅各布森找到的富含植物和沿海食物饮食习惯的证据，特别是在海岸线几乎抵达山洞入口后。在与最早的农业定居点同时代的弗兰克提洞上层沉积物中，雅各布森找到了几粒驯化的小麦、大麦和小扁豆种子，但它们的数量远远不及野生植物的残渣。不过，绵羊、山羊和猪的骨骼变得司空见惯，意味着中石器时代的人们开始从农民定居点偷猎，或者迅速建立了自己的牛羊群。但这对他们生活的影响微乎其微：弗兰克提洞的石质工具、丧葬习俗、狩猎和采集活动几乎没有变化。[21]

　　农民和狩猎采集者至少共处了足足 1000 年。他们很少相互接触。狩猎采集者依靠林地和海岸，对于为农民们提供了肥沃土壤的洪泛平原几乎没有兴趣。[22]

　　不过，希腊南部的这种共处关系无法维持。公元前 7000 年左右出现了许多新的农业定居点，其中之一是新尼科美狄亚。我们目前仍不清楚，建立它们的是迅速增长的本地人口，还是新一波移民。也许后者更有可能，因为出现了此前不曾在希腊见过的精美陶器。

弗兰克提洞最上方沉积物中的陶器和石质工具与农业定居点的更相似，而非洞中下层沉积物的。洞口外建造了房屋，田地被划分好，用于种植作物。农业文化最终战胜了弗兰克提洞的中石器时代狩猎采集者。

他们可能把洞让给了新的农民，人数逐渐减少直至灭亡。也许他们自己选择成为农民。或者这两群人可能通过婚姻和生育变得紧密相连，以至于再也无法区分彼此。在对弗兰克提洞的中石器时代人类发生了什么的困惑中，我们看到了欧洲作为整体的未来历史。

卢伯克在新尼科美狄亚走进的房屋内部黑暗而安静，屋内空气混浊，烟雾弥漫——与莱彭斯基维尔明亮而清新的居所完全不同。在村中穿行时，他停下脚步，帮助一家人在构成他们新家墙壁的芦苇堆和小橡树干上涂抹灰泥。现在，他发现这种墙壁非常有效，能够创造出一个与外部世界隔绝的空间。

陶制容器和柳条篮子被摞起来靠墙摆放，地上铺着芦席和兽皮。在高出地面一二十厘米的石膏平台上，一个浅盆中有火在缓慢地燃烧。烟雾飘向茅草屋顶，能够杀死害虫并让芦苇防水。一个女人坐在火边，将两股纤维缠绕成球状。她停下工作，拨了下火，然后开始挠痒。她腰带上的骨质搭扣看上去有点眼熟——卢伯克想起在加泰土丘看到过类似的设计。[23]

发现陶器是卢伯克欧洲之行中的又一个"第一次"——此前的所有容器都由木头或石头制成，或者是柳条编织品。他在新尼科美狄亚见到的罐子形状和大小各不相同，从开口的碗到瓶口狭窄的大储藏罐一应俱全。有的没有上色，有的则涂成白色，并绘有红色的几何图案。有几件带有指纹，甚至是黏土做的人脸：鼻子是捏出来的，

女性小陶俑，约公元前 6500 年，来自希腊新尼科美狄亚

眼睛是小小的椭圆形。许多陶器硕大而精美，卢伯克猜测它们是用来欣赏的。

　　村子中央坐落着一座更大的屋子，面积超过 10 平方米。屋中一片昏暗，不见家庭生活的迹象，而且完全没有人。木头桌子上摆放着黏土小像，大部分为女性，拥有细圆柱体的头部，尖尖的鼻子和缝状的眼睛。她们双臂折起，每只手抓住一只用一小坨黏土做成的乳房。近乎球形的巨大臀部弥补了她们体积的微小。和这些小像放在一起的是几件粗糙的山羊和绵羊模型，还有与之形成鲜明对比的 3 件经过打磨的青蛙雕像，刻有精美的绿色和蓝色的蛇纹岩。

　　卢伯克离开村子，回到他在林中高处的座位，选择从远处观察村中的生活。几天后，他开始理解村子是如何运作的了。每户人家都自给自足，家庭照顾自己的花园，管理自己的牲畜，制造自己的陶器和工具。与此同时，家庭的独立得到了好客文化的平衡，室外的炉灶用于烹饪共享的食物。

时间开始越来越快地流逝：随着庄稼成熟，橡树变得枝繁叶茂；随着收获开始，树叶枯萎落下。冬天，卢伯克坐在雨中，泽地变成湖泊，溢出的湖水淹没了园圃，留下一层细腻的沙土，为来年的庄稼施了肥。当橡树发芽时，新尼科美狄亚人带着锹和锄头回到园圃，在翻松土壤后再次种植。

卢伯克看着来访者带来石头、贝壳和精美的陶器等交易品。他看到村中的死者被埋在没有标记的浅浅坟墓中，或者被埋在弃置房屋的废墟里。这似乎是一件务实的事——用尽可能有限的典礼摆脱尸体，没有在墓边举行的仪式或者陪葬品。但人们会定期走进再离开村子中央那座摆放着黏土小像的房屋，那里似乎是圣所。有时，许多人一起前往，卢伯克听到里面传来含糊的歌声和吟诵。他怀疑有些新雕像被带入，另一些则被取走或砸碎——但他很难从远处看清新尼科美狄亚的宗教生活。[24]

橡子落下，刚刚萌发的小树苗就被鹿的牙齿夺去了生命，任何幸存的树苗很快被砍下带往村中。随着时间的流逝，卢伯克看到园圃因为干燥的冬天霜冻来迟而颗粒无收，人们为了活下去不情愿地宰了自己的绵羊和山羊。一贯好客以维持的家庭间的友谊在困难时期帮上了忙：当某一家人食物短缺时，他们可以从别家分得一杯羹。[25]

卢伯克从林地中观望得到的主要印象是，新尼科美狄亚的生活是艰难的：耕耘土地、除草、浇水、碾磨种子、挖掘黏土、清理林地。劳动力似乎不足，因为甚至小孩子也被迫参与除草和施肥。卢伯克回想起莱彭斯基维尔、拉里埃拉、根讷斯多夫和克雷斯韦尔崖的狩猎采集者们，他们任何一天似乎都不会工作超过几个小时。对他们来说，填饱肚子的关键是知识而非劳动：哪里能找到猎物，果实何时成熟，如何捕猎野猪和抓住鱼群。

年来岁往，卢伯克看着新房屋建起，园圃的数量越来越多，整个马其顿平原上的村子都同样在扩大规模，很快将达到人口限制。

新尼科美狄亚的可用土地无法支持更多的人，于是一些家庭离开寻找新土地。他们带着山羊群和一些小猪崽向北而行，希望在所能找到的第一片合适的洪泛平原上建立新的定居点。

农民们交替前进着从一片肥沃的平原来到下一片，穿越巴尔干半岛，来到匈牙利平原，那里将发展起新的农业文化。[26] 在距离莱彭斯基维尔不超过 50 千米的地方出现了农业定居点，它们的存在导致当地的中石器时代文化经历了起初的繁荣和最终的崩溃。一些莱彭斯基维尔人（特别是老人）深化了他们的艺术传统，作为抵制新农民及其生活方式的手段。人们打造了新的石头雕塑，甚至比卢伯克看到的更大、更惊人。它们被放在房屋的门旁，而非藏在屋内。

但对其他人来说（特别是年轻人），农业定居点提供了新的贸易观念和机会。[27] 莱彭斯基维尔的命运不可避免：捕猎武器和渔网中出现了越来越多的陶器，当地人也被农业生活方式所吸引。这样做有几个很好的理由：羊、牛和小麦可以弥补野生食物周期性短缺导致的食品匮乏，后者导致了儿童营养不良。但很快餐桌就发生了反转——野生食物成了对谷物和豆类食谱的补充。

卢伯克也离开了新尼科美狄亚，前往博斯普鲁斯海峡溃破后刚被淹没的黑海沿岸。那里有许多公顷被淹的森林、大片泥沙、满地的巨石和被连根拔起的树干。[28] 卢伯克继续向北，走进德涅斯特河（Dniester）和第聂伯河（Dnieper）的河谷，那里尚未受到新的农业生活方式的影响。他在那里的茂密林地中找到了狩猎采集者村落，还有他在欧洲之行中第一次看到的墓地，预示着接下来要看到的景象。[29] 这些河谷的河流沉积物下埋着猛犸骨屋的废墟，在当地还是荒凉苔原的末次冰盛期，那里曾有人居住。

随着卢伯克继续向北而行，地貌开始发生变化。下方长着茂密灌木的阔叶林被下方空空如也的针叶林取代。驼鹿取代了马鹿，熊取代了野猪。永久的狩猎采集者村子被当地人更熟悉的临时营地取代，他们眼中的家乡是整片森林、山脉和一串湖泊，甚至是三者的结合，而非任意一片以文化为边界的土地。随着季节的不断更迭，卢伯克继续步行和坐船穿越了数不尽的低洼泽地，直到来到莱彭斯基维尔以北 2000 千米远的一处湖岸旁，那里的一个小岛边停泊着独木舟。他搭了便船。

新尼科美狄亚在公元前 5000 年左右被完全抛弃——也许是因为周边土壤的肥力被耗尽，或者过多的人类垃圾引发了传染病。一旦废弃，最后的房屋也坍塌了，木材腐烂，黏土灰浆被冲走或吹走，或者在地上变得坚硬。土坑被泥沙淹没，吹来的沙土掩埋了炉灶、柱洞和垃圾堆。

在自然夺回自己的东西后，新尼科美狄亚成了一座小土丘。一旦长满灌木，并经过了日晒雨淋和风吹雨打，它看上去就和马其顿平原上许多自然形成的小土丘所差无几了。到了 20 世纪，新尼科美狄亚土丘被果园以及种着棉花和甜菜的田地包围。1953 年，正当推土机开始为道路建设推平土地时，有陶片从土丘的切口中滚落，希腊考古委员会随即下令停工。1961 年，委员会和罗伯特·罗登（Robert Rodden）率领的剑桥大学考古队展开联合发掘。罗登得到了格雷厄姆·克拉克的帮助，但我们怀疑，当后者在地中海的烈日下发掘时，他的心始终与中石器时代的斯塔卡猎人们在一起。

第19章

亡灵岛

中石器时代的北欧墓葬和社会，公元前 6200—前 5000 年

　　独木舟在平静的水面上划过，击碎了云杉、落叶松和铁青色天空的倒影。日照中天，船桨溅起的水冷如寒冰。随着独木舟靠近小岛，林地被留在了身后。独木舟上载着死尸，尸体将被埋在岛上，卢伯克只好挤在船尾。这是一名男性，像生前那样穿着毛皮衣服，带着用驼鹿牙齿制作的项链，野猪獠牙做的吊坠，腰带上系着一把石刀。这是他在北欧水道和林地多次旅行中的最后一次，现在他必须加入他的祖先，居住在这个亡灵岛上。

　　卢伯克正前往鹿岛墓地（Oleneostrovski Mogilnik），位于今天俄罗斯西北的奥涅加湖（Lake Onega）中间。现在是公元前6200年。[1]划动独木舟的是死者的儿子们，这只是众多向岛上驶去的小船之一。人们来自四面八方，葬礼为在北方森林中度过了艰苦冬天的他们提供了聚会的借口。他们忙着聊天、交易燧石和皮毛，交换故事和讨论未来的计划：夏天谁要去哪里，去多久，和谁一起去。他们还必须确保死者安全进入亡灵和祖先的世界。

　　1939 年，斯大林时期的苏联国家历史和物质文化研究所所长

弗拉季斯拉夫·约瑟福维奇·拉夫多尼卡斯（Vladislav Iosifovich Ravdonikas）[2] 收到助手和门生古里纳（I. I. Gurina）对鹿岛墓地的发掘结果。古里纳的工作始于 1936 年 6 月，她找到了一座被云杉和落叶松覆盖的岛屿。林间有当地人近来开挖沙石的大坑，里面曾是北方的巨大冰川。他们称这里为"亡灵岛"，因为采石过程中挖出了人骨。许多坟墓因为人们的好奇和寻宝的意图而被挖开，但找到金银的希望很快落空了。古里纳找到了截然不同的考古学财宝。与人类墓葬联系在一起的是用兽牙和兽骨制作的首饰、驼鹿和蛇的小雕像、石刀、骨制尖头和燧石工具。[3]

在 3 个工作季中，她发掘了 170 处墓葬。有的墓中发现了保存完好的骨架，有的则只是人骨碎片。有的墓中有大量装饰品和工具，有的则很少或没有。岛上埋着男人、女人和孩子。18 处墓中埋着 2 人，有几处埋着 3 人。古里纳估计，墓地共有 500 处墓葬。若非 1938 年苏联批准入侵芬兰的计划让国家安全部门终止了她的工作——奥涅加湖正位于入侵路线上——她可能还会发掘更多。

古里纳的工作让拉夫多尼卡斯左右为难。鹿岛墓地的巨大规模和丰富内容暗示其主人是农民——至少按照马克思主义的社会演化和物质文化理论而言如此。由于他在斯大林时期的苏联工作，考古考察的目的是确证恩格斯提出的社会演化模式，因此拉夫多尼卡斯必须证明这点。原始共产主义被认为经历了两个阶段：完全居无定所的狩猎采集者代表的早期氏族阶段，以及定居农民和牧民代表的晚期氏族阶段——当时人们第一次以大社区的形式生活，并有了物质财产。鹿岛墓地属于哪个阶段呢？社会复杂程度暗示它属于晚期氏族阶段（拉夫多尼卡斯认定时间为公元前 2000 年），但这一阶段必不可少的陶器和家畜在哪里呢？

就像今天许多考古学家遇到无法解释的问题时喜欢做的那样，他的答案是"仪式"。鹿岛墓地的主人一定有不把陶器和家畜骨头放进死者墓穴的仪式禁忌。于是，这个问题得到了解决，恩格斯的历史观仍然成立。

拉夫多尼卡斯完全错了。卢伯克的独木舟上的人们从来没有听说过陶器，也没有家畜的概念。他们比拉夫多尼卡斯认定的时代至少早了 4000 年，在公元前 6700—前 6000 年之间将这个岛用作墓地。

独木舟抵达岛上，被拖上了岸。这个岛很小，长只有 2.5 千米，宽不到 1 千米，岛上长满了云杉和落叶松。尸体被放在担架上，人们一言不发地沿着树木间的小道前行。卢伯克跟着他们来到一片空地，那里已经聚集了大约 50 个人。这里就是墓地。沙土小丘是之前的墓葬所在。有的看上去还很新，有的则已经长满了小草和幼苗。人们挖好了新的坟墓，和其他的一样，墓很浅，呈东西向。葬礼仪式开始，卢伯克站在围观者中间，看着萨满工作。

尸体被安放进墓中，头朝东，死者的财产被放在他的身侧：一把石刀、一些骨制尖头和燧石工具。[4] 现在，人们分散到墓地边缘的火堆旁开始闲谈。卢伯克留在墓边，对死者的生平感到好奇。过了 8000 年多一点的时间，在他的衣物和肉体早已腐烂得无影无踪之后，古里纳发掘出了他的尸骨。她仔细地画下每块骨头和每件器物，同样对那个人的身份感到好奇。

在拉夫多尼卡斯对古里纳的发现做出解释差不多 50 年后，有人做了第二次尝试。这次的解释来自两位完全不受马克思主义正统理论影响的考古学家：密歇根大学的墓地分析专家约翰·奥谢（John O'Shea）和谢菲尔德大学（University of Sheffield）的北欧中石器时代狩猎采集者研究顶尖专家马雷克·兹韦莱比尔（Marek Zvelebil）。[5]

他们以古里纳的信息为基础，使用复杂的统计学方法，将各处坟墓放到一系列相互重叠的群组中。他们认为这些群组反映了鹿岛墓地主人在昔日社会中所处的社会阶层。他们宣称那个社会分为两大宗族，分别以驼鹿雕像和蛇的雕像为标志。[6] 这些雕像只出现在某些墓穴中，墓主人可能属于宗族的世袭首领。

由于某些工具只与男性埋在一起——如骨制箭头、鱼叉、石刀和匕首——奥谢与兹韦莱比尔提出，社会中存在鲜明的劳动性别分工。女性没有特定的工具陪葬，更常见的是和用河狸牙制作的珠子埋在一起。考古学家们认定，用驼鹿、河狸和熊的牙齿制作的吊坠是财富的标志，因为当墓中出现大量此类物品时，刀和箭头的数量也很多。用熊牙陪葬的人最富有，主要是年轻的成年男子。这暗示了财富的取得取决于身体健康程度，特别是狩猎能力的高低——年老体衰意味着失去威望和权力。对女性而言，通往财富的道路似乎是婚姻和与男性的血缘关系。

4 处墓穴与其他的截然不同。墓中放置了许多陪葬品，尸体以几乎垂直的方式落葬，死者看上去就像仍然站在地上。奥谢与兹韦莱比尔认为这些是萨满，就像古里纳本人曾经提出的那样。最后，11 处年长男子的墓穴中只有骨制箭头——他们可能是一群特殊的猎人，被禁止积累自己的财产和财富。

奥谢与兹韦莱比尔得出结论，在鹿岛墓地埋葬死者的那些人的社会生活比过去和当时绝大部分狩猎采集者更复杂。因此，他们很可能整年生活在尚未发现的村落中，远离这个似乎是祖先专属世界的亡灵岛。奥谢与兹韦莱比尔认为，鹿岛墓地的主人通过在覆盖涉及俄国北部和芬兰东部的燧石与板岩贸易网络中扮演"中间人"来获得财富。

拉夫多尼卡斯对鹿岛墓葬的解释直到将近半个世纪后才受到重大挑战，而奥谢与兹韦莱比尔的解释只享受了不到 10 年的荣光。1995 年，他们的结论遭到蒙特利尔大学肯·雅各布斯（Ken

Jacobs）的质疑，鹿岛墓地再次被重新解读。[7]

雅各布斯认为，墓穴间的相似点比不同点更重要。他提出，鹿岛曾是散布在奥涅加湖沿岸和附近林地中的许多狩猎采集者小群体的"仪式中心"。他认为这是一个平等社会，把墓中珠子、吊坠和器物数量的不同归因于保存状况的差异，而非财富与地位的区别。在雅各布斯看来，鹿岛墓地类似于在当地一直生活到 19 世纪的萨米人（Saami）的圣所。萨米人同样把死者埋在湖中的小岛上。这样做是为了防止亡灵回到定居点，因为他们相信亡灵会试图把亲属和财产带到冥界。被限制在岛上后，亡灵就不会打扰他们喜欢的狩猎和捕鱼地点。将死者埋在鹿岛墓地的人们可能有类似想法，也许他们是萨米人的直系祖先。

暮色降临，卢伯克看着月光下舞动的影子，他听着歌唱，但听不懂歌词。此时的他可能对今天的考古学家们心有戚戚，如弗拉季斯拉夫·约瑟福维奇·拉夫多尼卡斯、约翰·奥谢、马雷克·兹韦莱比尔和肯·雅各布斯。他们同样在追逐过去生活的影子，同样缺少人来翻译他们试图解读的语言——熊牙、鹿齿和骨制箭头的语言。当月亮升起、流星到来时，卢伯克借来一条独木舟，驶入了夜色中。

他离开奥涅加湖西缘，向波罗的海沿岸行去。有时，他不得不把独木舟从一条河拖到另一条河，不得不涉过许多林中的积水，都是河狸筑起的堤坝造成的——在北方森林中，这种动物似乎远比任何人都更专注于改造自然。[8] 卢伯克瞥见过驼鹿，他靠鱼和浆果为生，在星空下入睡——当没有被猫头鹰和嗥叫的狼惊醒时。要不是永远湿漉漉的双脚、酸痛的身体和不断的昆虫叮咬，他的游荡生活将如田园诗般愉快恬静。

驶过广袤的拉多加湖（Lake Ladoga）后，他进入了涅瓦河（River Neva）出海口附近的芬兰湾（Gulf of Finland），抵达后来圣彼得堡将繁荣发展起来的地方。随后他开始向南而行 [9]，穿越宽阔的河口，在大量小岛间穿梭，有时朝开阔的水域驶去。海豚经常尾随，偶尔也会带路；海豹总是保持警惕；海鸥则会俯冲到这个来到它们中间的陌生独木舟驾驶者的头顶。卢伯克经过了许多沿岸营地，有的可以看到印第安棚屋似的帐篷，有的则是小木屋。人们坐在自己的独木舟和缓慢燃烧的火堆边。他们在修理渔网和鱼叉，准备食物，相互讲着故事。[10] 卢伯克在波罗的海上向南行进了超过 1500 千米。现在是公元前 5000 年，冬天即将到来。岸边出现了大群椋鸟，树叶已经变黄，夜晚越来越长。因此，瑞典南部一个潟湖口周围的杂乱定居点显得非常吸引人，袅袅的烟雾暗示着温暖的火堆和烤肉。

这个定居点今天被称为斯卡特霍尔姆（Skateholm），是整个北欧最大的中石器时代遗址之一。今天在斯卡特霍尔姆的平静农田上完全看不到其活跃的史前过去。海平面比当时下降了几米，昔日潟湖中的小岛成了平地上的低矮土丘。如果土壤被刮走或吹走，史前海滩上的沙子就会露出。犁让中石器时代生活的废墟重见天日。

20 世纪 70 年代末，人们的确是在犁地过程中发现了石质工具，那是中石器时代的斯卡特霍尔姆的最早痕迹。[11] 隆德大学（Lund University）的考古学教授拉尔斯·拉松（Lars Larsson）对此展开勘察。他在 1980 年试挖掘的壕沟中不仅发现了丰富的器物，还找到了许多动物骨骼，包括小鱼的，表明这里的保存状况非常好。不仅如此。正当这处中石器时代废墟的出土物品变得稀少，暗示已经到达生活区边缘时，一条试挖沟露出了下方海滩干净黄沙中的一片深色沉积物。在表层的几厘米被刮去后，一颗人类头骨露了出来。这是一座墓穴，它是拉尔斯·拉松将在斯卡特霍尔姆发掘的 64 座墓穴中的第一处。

几年后，他挖出了超过 3000 平方米的史前定居点，发现了不是 1 处，而是 3 处墓地，并找到数量可观的工具和兽骨。

公元前 5000 年时，潟湖入口宽 0.5 千米，中间有两座小岛，其中之一只比水面稍高。那里是被淹没前的墓地。现在，人们使用较大的那个岛，它将是被拉松完整发掘的墓地：共 53 座墓穴。潟湖背后，岸边长着粗大的芦苇，因为寒冬而枯蔫，蜿蜒的河水在其间穿流而过。远处是一片密林，但并非北方的松树林，而是落叶林。卢伯克回到了橡树、榆树、酸橙树、桤木和柳树的世界。[12] 他在距离岸边 1 千米的海面上上下起伏，看见人们围坐在火堆边和小毛舍旁。独木舟停泊在芦苇丛中，还晾着渔网。

斯卡特霍尔姆人被潟湖种类极其丰富的动植物所吸引。冬天，他们到附近的林地追踪野猪和鹿，设陷阱捕捉狗鱼和鲈鱼，用网捕捞河中繁盛的大群刺鱼来榨油)。网还被用来沿着岩石岬角捕捉海鸟：海鸥、刀嘴海雀和绒鸭。当海面平静时，他们会出海捕捞鲱鱼，或者用鱼叉捕猎白海豚和鼠海豚，还在一些夜晚追踪聚集在岸边的海豹。

从拉尔斯·拉松发掘出的动物骨骼中可以清楚地想见所有这些活动：共发现了 87 种不同生物。鉴于品种如此丰富，他认为人们整年生活在斯卡特霍尔姆。但彼得·罗利－康维后来得到了这些骨头，并利用自己精通的动物解剖、生殖和行为知识展开分析。[13]

罗利－康维发现，野猪骨骼（更准确地说是它们的幼崽）讲述的斯卡特霍尔姆人生活的故事与拉尔斯·拉松所想象的不同。野猪对动物考古学家来说是理想的动物，因为它们可以很快从新生的小猪崽长成成年大猪。因此，动物的体型成了其年龄的准确指征，并且不是以年，而是以出生后的月数计算的。中石器时代的猪崽很可能在春天出生，就像今天的猪崽那样。通过估算它们被猎杀时的年龄，我们可以确定打猎发生在哪个月。当然，我们无法测量真正的猪崽，因为只有零星的骨骼留存下来，但根据其中的一些（如趾骨和脚骨）可以对整头猪崽做出非常准确的估算。就这样，罗利—康维测量了斯卡特霍尔姆的骸骨，发现所有野猪都是在冬天被猎杀的。

对鹿的颌骨和海豹骨骼的研究表明了同样的季节。几乎所有鸟类都在冬天来访，只有两块骨头属于可能在夏天来到瑞典沿岸的候鸟：达尔马提亚鹈鹕和琵嘴鸭。同样能说明问题的是，骸骨中缺少人们夏天待在斯卡特霍尔姆时可能捕获的品种，比如鳕鱼、鲭鱼和长嘴鱼，当它们在繁殖期游向近海时一定可以大量捕获。但在确认的2425块鱼骨中，属于它们的只有15块。这暗示人们只在冬天捕鱼，那时这些鱼远在波罗的海。

从自己的独木舟上，卢伯克可以看到斯卡特霍尔姆岸边的几座小屋。有的是覆盖着兽皮的印第安棚屋式帐篷，有的是拱形茅屋，或者摇摇欲坠的木架构小屋。靠近些看时，他发现每座小屋中的人衣着也完全不同：有的身着长披肩，有的穿着毛皮衣物。他们有的脸上涂着颜料，有的没涂；有的脖子和腰间挂着珠子，有的则什么都没挂。各群人之间似乎很少接触，只是不情愿地承认他人也有权在潟湖边驻营。[14]

正当卢伯克摇桨驶向岸边时，一只狗叫了起来。然后是第二只，还有潟湖西岬的一群。这些大狗非常凶猛，很像今天的德国牧羊犬。卢伯克决定继续在远处观察。

拉松发掘的斯卡特霍尔姆墓地显示，因为存在种类极多的丧葬习惯，各个家庭只是松散地组成一个社群。这与鹿岛墓地的统一性形成了巨大反差。拉松在完成发掘工作后发现，人类墓穴随意地分布在墓地中，没有一致的模式。[15] 死者有的仰卧，有的站着，有的蹲伏，有的坐着，有的斜倚着，四肢部分弯曲，部分伸直。

尽管也找到了一些多人墓葬，但大多数墓穴是单人的，男女数量大致相当。有的死者被火化,有的墓穴上方的木质结构被焚烧(这是葬礼的一部分)。有的尸骨被重新排列过,或者后来被移走一部分。

这些墓穴中发现的器物和动物骨骼与它们的丧葬习惯一样丰富,包括几乎所有可以想象到的工具、吊坠和鹿角的组合。来自马鹿、獐和野猪等大型陆地猎物的骨头、牙齿、獠牙和鹿角是最受欢迎的陪葬品。但一具女尸的小腿边放着一个装鱼的容器,另一具尸体边是一个水獭的头骨。给人留下的印象是,每个家庭自己选择如何埋葬死者,只稍稍受到社群传统和仪式习惯的约束。

墓葬类型和墓中人的年龄与性别间很少有清晰的联系。[16] 和鹿岛墓地一样,最富有的个体似乎正值壮年。因此,权力和声望同样主要依靠个人成就而非继承。男女间差异有限,前者更多与燧石刀和斧子埋在一起,而驼鹿与野牛牙齿制作的吊坠似乎仅限于女性。没有找到拥有过多财富的个体,或者可能是萨满或酋长的例子。[17]

斯卡特霍尔姆存在家犬是拉尔斯·拉松最重要的发现之一。家庭垃圾堆中散落着一些骨骼,但驯化的真正证据是找到了狗的墓葬。在最早的墓地中,狗在主人死去后会被殉葬,和主人一起进入坟墓和冥界。但在第二处墓地中(卢伯克来访时正被使用),狗拥有自己的墓穴,得到了和人类一样的丧葬待遇。有条狗的背部放着一根鹿角,臀边放着三把燧石刀和一柄洒上赭红颜料的精美鹿角锤。[18]

有人扔出石头,狗叫了几声便从视线中消失了。卢伯克再次划动船桨,离岸边又近了一点。但在更清楚地看到火边坐着和站着的人后,他再次停下了独木舟。有个人挂着拐杖蹒跚而行,另两人脸上满是疤痕,还有个人很可能瞎了。卢伯克决定放弃前往这处定居点,那里显然是个社会关系紧张而充满暴力的地方。他调转船头,向东朝着丹麦海岸驶去。

拉尔斯·拉松发现的令人不安的证据表明,斯卡特霍尔姆人曾在内部或与其他部族展开过激烈争斗。事实上，来自公墓和单独墓葬的大量证据显示，暴力在中石器时代的整个北欧司空见惯。[19]

在斯卡特霍尔姆找到的 4 具尸骨上有压力性颅骨骨折——他们曾被钝器击中头部，留下了永久的凹痕。此类打击也许只是让受害者失去意识，但也很可能是致命的。另两个斯卡特霍尔姆人被燧石箭头射中，在被拉松发掘时，箭头还留在他们的骸骨中：一人被射中腹部，另一人被射中胸部。

这些可能是打猎时的意外——但骨折的头骨很难如此解释。有的暴力可能具有仪式性质。在斯卡特霍尔姆，一名年轻成年女性被击中太阳穴而死，然后和一名更年长的男子一起被埋入墓中——也许是为伴侣殉葬，也许是因某种不为人知的罪行而遭受的极刑。但对暴力最可能的解释是，这些中石器时代的社群为保护自己的领地而交战。

斯卡特霍尔姆一定对狩猎采集者极具吸引力，那里的林地、沼泽、河流、潟湖和大海提供了丰富的食物。当人们在夏天散去时，他们不希望把潟湖拱手让给意想不到的陌生人，或者生活在附近不那么富饶地区的人。

大部分头部的伤痕来自前额或左侧遭到击打——与右利手的对手面对面交战的结果。男性比女性更多参与打斗，前者受到的头部伤害和箭伤分别是后者的 3 倍和 4 倍。我们很容易想象当人群在夏季结束后回到潟湖时，发现了不速之客已经占据那里，于是准备为自己的领地而战。

在试图解释斯卡特霍尔姆和中石器时代欧洲其他地方的暴力时，我们有必要比较一下亚马孙雨林中的亚诺玛米人（Yanomamö）。亚诺玛米人生活在村子中，极度依赖野生食物，人类学家拿破仑·沙尼翁（Napoleon Chagnon）对他们做过详细研究。[20] 和中石器时代一样，暴力在他们的社会中同样司空见惯，无论是在村子内还是村子间。暴力的形式从拍着胸脯的仪式性决斗一直到械斗、村子间的突袭和全面冲突。大部分暴力活动事关男性，而大部分起因则是女人和性。

决斗经常发生在丈夫当场发现妻子与另一名男子通奸时。沙尼翁写道："被激怒的丈夫叫板对手，让其用棒子击打自己的脑袋。他垂直拿着自己的棒子，倚着它，露出脑袋让对手击打。脑袋受了一击后，他可以对奸夫的头颅还击。但只要开始流血，几乎每个人都会从屋架上抽出一根棒子加入战团，选择支持这一方或那一方。"[21] 大部分男性的头顶都有又深又丑陋的疤痕，他们对此非常自豪。事实上，为了展示自己的伤疤，有的人还剃掉头发并涂上红颜料，以便清楚地显示出它们的形状。

村子间的突袭许多是为了劫掠妇女，即使人们宣称自己的目的是制止某个村子的成员对另一个村子施行巫术。沙尼翁描绘了极端暴力的冲突，特别是涉及 nomohori（背信弃义）的——人们找借口前往另一个村子，然后残忍地杀死欢迎他们的村民，并挟着女人逃跑。被抢走的女人通常会被所有突袭者强暴，然后是村里其他任何选择这样做的人。其中一个男人会娶她为妻。

亚诺玛米人的冲突为可能发生在北欧中石器时代的冲突提供了令人感兴趣的类比。不过，对于考古学来说，把对活人的描绘强加在历史身上是危险的，尤其当这两个社会来自如此不同的环境时——几乎没有什么比热带南美和中石器时代斯堪的纳维亚沿海的差别更大了。不过，仪式性的械斗和突袭行动为中石器时代墓地中骨折的头颅和被刺伤的身体提供了诱人的解释。男性为女性而争斗也无疑是人类社会最古老和最普遍的特征之一。

突袭行动也许可以解释中石器时代欧洲最惊人的暴力标志：德国奥夫内特（Ofnet）山洞中的头骨"巢"。[22] 两个浅坑中仔细排列着人的头骨，显然都是在公元前6400年左右从刚刚死去的人身上割下的。一个坑中有27枚，另一个有6枚，绝大多数来自妇女和儿童。一些头骨上有伤痕，特别是男性的，其中一枚上有六七处斧砍的大口子。几乎所有头骨都被精心装饰过，饰物包括贝壳、穿孔的马鹿牙齿和赭石。贝壳非常特殊，其中有些品种来自远方，例如中欧东部、施瓦本阿尔比（Swabian alb），甚至地中海。

这些头骨"巢"暗示了中石器时代某个定居点遭到了像亚诺玛米人那样的突袭。不论这些人头是从死者身上割下来的，还是"俘虏"被斩首处决后留下来的，这些推测都非常骇人，特别是其中还包括许多妇女和儿童的头骨。类似的，我们也可以猜想这些细致的埋葬工作是幸存者为了哀悼和缅怀，或者是由胜利者为了安抚亡灵而施行的。无论如何，中石器时代的欧洲显然经历了野蛮暴力和血腥屠杀的时刻。

对于公元前5500年后北欧中石器时代社会暴力的增长，考古学家们的普遍解释是人口增长对日益减少的资源造成了压力。[23]公元前9600年开始，北欧的林地、潟湖、河流、河口和海岸提供了丰富的野生资源。冰河期后和全新世早期最早定居者的人口可能迅速扩张——他们生活在中石器时代的伊甸园。但到了公元前7000年，生活在今天的瑞典和丹麦的人们因为海平面上升而失去了大片土地。人们越来越多地挤进越来越小的土地上，为占据最好的狩猎、采集和捕鱼（特别是后者）地点展开了激烈竞争。

不过，进入人类生活的一种新力量加剧了环境变化引起的经济和社会问题。这种力量源于遥远的西亚，已经打垮了弗兰克提洞和莱彭斯基维尔的居民。公元前5500年，农民已经来到中欧，亲身或通过贸易与原住民发生了接触。农民追求土地、女人、毛皮和猎物，而出于内部社会竞争的需要，中石器时代的人们正好想要磨光的斧子这类能彰显威望的新器物。[24] 他们开始越过边界交易——农民向南来到今天的波兰和德国，狩猎采集者向北来到丹麦和瑞典。不过，这种接触在让农业定居点变得繁荣的同时，也给中石器时代的人们造成了更大的社会动荡和经济压力，最终导致了文化的彻底崩溃。

第20章

在边界

农业在中欧的扩散及其对中石器时代社会的影响，公元前6000—前4400年

到了公元前6000年，北欧的中石器时代人类开始在篝火边听来访者讲述东方新民族的故事，这些人生活在大木屋中，并掌握着技术。很快，他们会发现自己的中石器时代邻居也在使用磨光的石斧，用黏土制造炊具，为自己豢养牛群。当农业村子来到他们的狩猎领地时，中石器时代的人们怀着复杂的情绪——恐惧、惊愕、沮丧和反感——从树后偷窥木头长屋、拴着的牛群和萌发的庄稼。

老一代人一定很难理解自己看见的东西。虽然他们也砍伐树木为自己建造房屋，但新的农庄超出了他们的理解范围。[1]农民似乎意图控制、主宰和改变自然，而中石器时代文化不过是自然世界的延伸。他们凿制的石斧不过是对自然作品的再加工：自然用河流和霜冻让石块碎裂，造就锋利的边缘。柳条篮子和编织垫子只是手工制作的夸张形式的鸟巢和蛛网。

农民的陶器——混合了黏土和沙子，经过烧制、装饰和绘制等流程的产物——在自然世界中史无前例。当农民们将斧头打磨光滑时，他们似乎意图消灭石头自然的棱角。建造中石器时代的房屋只需利用并将具备弹性的榛木，具备韧性的柳木和天然造就的桦树皮

结合起来；相反，木结构的长屋则需要撕破自然再重建。

老年男女可能已经退出了中欧的森林，他们放弃了自己的猎场，坚持花越来越多的时间赞美自然世界。但他们的歌舞违背了历史潮流：年轻一代的想法截然不同。在许多人出生生下来的世界，农民、陶器、牲畜和小麦变得像野猪、每年收获的坚果和浆果一样自然。于是，他们与新来者展开了接触。他们为农民工作，充当劳力、追踪者和捕猎者。他们参与贸易，学会了制造陶器和耕种土地。他们的女儿同农民结婚，他们的儿子很快也变成了农民。

在北方森林中沿袭中石器时代文化的人们不得不改变自己传统的捕猎—采集模式。为了交易，他们不得不设法获得毛皮、猎物、蜂蜜和其他林产品。人们对野生资源展开争夺，进一步耗尽资源。随着越来越多的女性加入农民行列，将农业视作她们自己和孩子提供更大经济保障的途径，维持中石器时代人口的女性减少了。土地和妇女成了紧张关系的源头，常常升级成暴力，就像中石器时代墓葬中所生动记录的那样。

到了公元前 5500 年，匈牙利平原的边缘出现了一种新型农业文化：线形带状纹饰陶器文化（Linearbandkeramik），考古学家们令人感激地将其简称为 LBK。[2] 这种文化以惊人的速度向东面和西面传播，进入乌克兰和中欧。当卢伯克划着独木舟前往斯卡特霍尔姆时，LBK 农民们正在穿越和清理波兰、德国、低地国家和法国东部的落叶林地。

与诞生于希腊，然后经巴尔干半岛向北传播到匈牙利平原的文化相比，这是一种完全不同的新石器时代文化。就像 LBK 的名字所暗示的，这些农民用窄线条构成的带状纹饰装点陶器。他们建造木头长屋，依赖牛群而非绵羊和山羊。不过，考古学家传统上认为，LBK 农民是西亚原始移民的直系后裔，代表了他们在欧洲迁徙的新阶段。

他们的身份现在受到质疑。马雷克·兹韦莱比尔认为，通过观察和向新移民学习，以及从后者那里交换获得家畜和谷物，生活在匈牙利平原边缘的当地中石器时代人类自己也接受了农耕方式。[3]双方可能出现了一些人口混合，或许是通过婚姻，或许是通过亚诺玛米式的劫掠妇女。但中石器时代的人类所做的远远不只是模仿移民。他们改变了农耕生活方式，使之适应中欧的土壤、气候和林地——他们自己创造了LBK。当他们自己的农业人口扩大后，他们开始向东面和西面迁徙，并很好地与新文化的所有方面保持了一贯性——从房屋建造、村落布局到社会组织和经济。因此，在兹韦莱比尔看来，LBK的欧洲新石器时代农民是中石器时代的本地狩猎采集者的直系后代，而非来自希腊的移民后代。

无论他们的祖先是谁，新农民们以惊人的速度向西而行，每代人前进25千米。和南欧最早的农业移民一样，他们在肥沃新土地的每片区域建满了农庄和村落，然后蛙跳式地在不那么好的土地上建立新的边界，这种速度不仅反映了他们生活方式的成功，而且显示出了某种殖民理念和对"边界生活"的兴趣。就像有些人所说，这类似于南非的游牧布尔人（Trekboers）和美国西部的开拓者。

"边界"意识也许可以解释LBK农民的文化统一性。来自巴黎盆地屈里莱绍达德村（Cuiry-les-Chaudardes）的房屋与捷克共和国米斯科维切（Miskovice）的看上去几乎一样，尽管两者相距差不多1000千米，而且后者早了几百年。秉持定居点"理想"的边界居民没有忘记自己的家乡，即使"家乡"已经开始改变——就像塞浦路斯的农业殖民者保留了自己的圆形居所样式，而西亚已经普遍采用矩形结构。

中欧的新农民清理了小片林地并建起长屋，长屋通常长12米，有时则是这个数字的3到4倍。小块田地里种着小麦和大麦，有时则是豌豆和小扁豆。他们的牛群在茂盛的林地中吃草，而猪则在树下的落叶中挖掘。与新尼科美狄亚一样，家庭是关键的社会单位。家庭自己做出决定，并力图维持独立，但在陷入困境时最终还是会依靠他人。

长屋非常坚固，用 3 排柱子构成的内部木框架建成，两边是一排排支撑着夹条墙的柱子。涂抹的灰泥往往就地从墙外挖取，形成了用来丢弃家庭垃圾的便捷壕沟。长屋内部常常分成 3 部分，可能分别用于储存、烹饪和用餐，以及睡觉。我们只能说"可能"，因为后来所有时代的农民（包括现代的）都被吸引到了 LBK 农民偏爱的同一片肥沃土地。长屋地面被现代人的犁破坏，只留给考古学家一圈圈发黑的土壤，那是木头柱子曾经支撑屋顶和墙壁的地方。

一些长屋孤零零地矗立在林地中，有些地方则是二三十座整齐地排列在一起，每座屋子的门朝向东面。在这些村子中，房屋的维护状况有所不同。当家中最后一个成员死去后，即使结构仍然完好，他们的长屋也将被废弃，任由它在村中坍塌，最终化作低矮的土丘，成为与"死去"家庭匹配的"死屋"。[4]

死者被埋在靠近村子的墓地中。骸骨的保存状况大多很糟，坟墓中往往只留下坚硬牙釉质的模糊痕迹。发现的骨头表明，社群的所有成员被埋在一起，无论男女老少。斧头、锛子、箭头和贝壳饰品常常和男人放在一起，磨石和锥子则和女人放在一起。没有迹象表明存在非常有钱或有权势的个体，也没有宗教信仰和仪式习俗的证据。[5]

在探索慢慢解体的中石器时代丹麦世界的过程中，约翰·卢伯克还没有亲眼见到这些农民中的任何一人，但他的旅程将很快让他直面新来者。

他从斯卡特霍尔姆湾出发，渡海前往丹麦沿岸，然后向北而行。

现在，他来到了一个狭窄的小湾，位于哥本哈根以北约 20 千米处的韦兹拜克镇（Vedbaek）背后，那里最终将变成一片泽地。公元前 4800 年，这个小湾很像斯卡特霍尔姆的潟湖，是宝贵的狩猎、捕鱼和捕鸟场所，人们愿意为之争斗和战死，甚至想要在死后很久仍然留在那里。岸边散布着许多小定居点，卢伯克造访了其中一个，发现人们刚刚离开那里——火炉仍在缓慢燃烧，一条拴住的狗刚被喂过。

那里的人们聚在茅屋群背后一座低矮土丘上的墓地里。卢伯克挤过人群，看见一个小小的婴儿被放进坟墓，摆在他年轻母亲的身边。[6] 母亲看上去不超过 18 岁，那很可能是她怀的第一个也是最后一个孩子。女人仰卧着，看上去衣着华丽——她的衣服上挂着蜗牛壳制成的小珠串和许多漂亮的吊坠。一条带有类似装饰的长袍被折叠起来作为枕头，她的金发披散在上面。她的双颊有点发红，撒了一点赭石粉；她的骨盆也被涂成红色——也许是为了提醒人们那里曾流过血。

发青的小小尸体被摆在她身旁，但并非直接放在地上，而是置于柔软至极的天鹅翅膀中。尸体上放了一把大号的燧石刀，就像那个男婴如果长大成人后再死去那样。卢伯克看着木碗中的红色颜料粉末被吹落到孩子的尸体上。

1975 年被发掘时，这座墓穴只被称为博格巴肯（Bøgebakken）墓地"8 号墓"，人们在修建停车场时发现了它。另外还发掘出了16 座墓，几乎所有尸体都姿势一致——他们仰卧着，双脚并拢，双手放在身体两侧。墓穴整齐地平行排列，完全不像斯卡特霍尔姆那样随意散布，尸体的姿势也五花八门。

8 号墓中的天鹅翅膀可能远不只是为这个还未入世的孩子提供舒适的安息之所。在 19 世纪的北欧萨米人看来，天鹅和野禽是神明的信使。[7] 毕竟，这些鸟可以在陆上行走，在水中游泳和在空中飞翔——能够熟练地在不同世界间穿梭。也许中石器时代的人们对天鹅怀有类似的敬意，让它带着那个可怜的孩子前往冥府，获得在尘世被拒绝的生命。

卢伯克从韦兹拜克出发，紧靠海岸向南而行，沿途穿过了茂密的芦苇丛，上方是位于林地边缘、因正值夏日而枝繁叶茂的桤木。浅水中散发着腐烂残骸的浓烈气味，但周围都是活跃的生命气息——鱼儿在蹦跃，青蛙扑通跳入水中，还有蜻蜓、鸭子，岸边是看似没有尽头的一溜村子和捕鱼营地。

卢伯克遇见的人尊崇林地的马鹿和野猪，这些动物只是偶尔被狩猎，在食谱中的比例微不足道，远比不上源源不断的海洋和淡水食物，如鱼、贝类、鸟、鳗和蟹，偶尔还有海豹或海豚。对考古学家而言，幸运的是，这些中石器时代的食物在人们的骨骼中留下了痕迹。[8]若非如此，或若是没能发展出分析骨骼化学成分的技术，考古学家们很容易认为中石器时代的人更依赖狩猎而非捕鱼，因为那些人偏爱用鹿的牙齿和猪的獠牙制成的装饰品。[9]

大量的海产品食物可能解释了为何卢伯克遇见的人看上去不太好：他们肚子突出，面色苍白，时常腹泻和恶心。大量食用鱼类可能导致感染寄生虫，对肾和肠功能造成损害。只有当这种感染变得严重时才会留下考古学痕迹——颅骨可能变厚，就像从丹麦的某些中石器时代样本中看到的那样。[10]

在西兰岛（Zealand）西岸的曲布林湾（Tybrind Vig），卢伯克挤进一条独木舟的后部，前往一个泥底浅水湾进行夜间捕鱼。[11]夜幕降临后，人们在独木舟里的一堆沙子上点起了火。很快，一群鳗鱼被光线吸引，开始绕着独木舟快速游动。渔民站起身，用三股鱼叉捕捉鳗鱼。卢伯克不动声色，看着火焰周围的蛾子，欣赏着这条用一根酸橙树原木制造的精美独木舟——特别是心形的船桨。[12]每根船桨都是从梣木上凿下的，然后再在表面刻出复杂的几何图案，

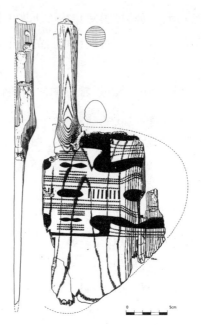

独木舟桨，约公元前 4400 年，来自丹麦曲布林湾

并涂上深棕色的颜料。

　　在岸边行走时，卢伯克曾见过有人使用类似的船桨。根据船桨的图案，他的中石器时代同伴们马上就能知道独木舟来自何方，可能前往何处。卢伯克很快意识到，中石器时代的人们对彼此下落的留意不亚于对鱼群和野兽下落的关心。

　　卢伯克离开小岛，前往日德兰半岛（Jutland）和当地沙质土壤上的大片林地。日德兰北端有很深的峡湾，他看到人们垒起了大堆的贝壳、鱼骨和其他家庭垃圾。他已经在《史前时代》中读到过此类遗址的情况。[13] 19 世纪 60 年代，他在维多利亚时代的同名者曾两次前往这些贝丘（19 世纪的丹麦考古学家称之为科肯莫丁格）。在其中一次到访时，维多利亚时代的约翰·卢伯克自己发掘了一小块贝丘，并收集了燧石工具。

现代人卢伯克来到了今天被我们称作埃尔特波尔（Ertebølle）贝丘的地方：这是一个宽约 20 米，厚达几米，沿岸边延绵超过 100 米的贝壳堆。[14] 贝丘的一端是泽地，靠近最早把人们吸引到这里的一眼泉水。离岸边不远的大堆牡蛎、贻贝、鸟蛤和荔枝螺也很诱人——它们是养料丰富的封闭海域的产物。他坐在一堆被丢弃的贝壳和骨骼上，身边有一群人在工作。垃圾堆的味道几乎让人晕眩，但似乎只有卢伯克注意到这一点。有的人在加工石头，另一些人围在火边或者清理鱼的内脏。不过，卢伯克的注意力被一项活动吸引了，他从未见到狩猎采集者这样做过：有个女人正把一块黏土捏成陶器。

所有公元前 4400 年在贝丘上工作的人都为奥胡斯大学（Aarhus Univeristy）的瑟伦·安诺生（Søren Andersen）留下了痕迹，后者于 1983 年发掘了埃尔特波尔：一堆堆燧石片，被焦炭填满的土坑周围堆放的兽骨，还有大堆鱼骨。安诺生不是第一个发掘该遗址的人。差不多 100 年前，丹麦国家博物馆已经勘察过这个大贝丘，并用其为丹麦最后的中石器时代民族命名：埃尔特波尔文化。现代人约翰·卢伯克在《史前时代》中读到过博物馆的工作。由生物学家斯滕斯特鲁普教授、地质学家福希哈默尔教授（Professor Forchhammer）和考古学家沃索教授组成的委员会勘察了这个科肯莫丁格——人们一直认识到，跨学科研究对于历史调查是必要的。就像维多利亚时代的卢伯克所写的："人们对这样的三巨头自然抱以厚望，而最乐观的希望实现了。"

瑟伦·安诺生和他的跨学科团队一起，在贝丘内部和周围发掘，寻找房屋和墓葬。维多利亚时代的约翰·卢伯克认为，贝壳被堆放在"帐篷和小屋"周围，贝丘是"古代村落的遗址"，但安诺生没有找到这样的房屋。现代人约翰·卢伯克本可以告诉他为什么。贝丘周围只建有简陋的棚屋，而且随着贝丘的扩大，棚屋存在的少量痕迹（支柱留下的洞）被新的贝壳层覆盖。但现代人约翰·卢伯克没有看到墓地的迹象，他和瑟伦·安诺生一样，对死者被如何处置一无所知。

和所有的狩猎采集者一样，埃尔特波尔人知道何地、何时和如何利用不同季节的不同动植物。冬天，他们前往日德兰半岛北端捕猎飞来丹麦沿岸的大天鹅，留下一堆被捕杀天鹅的骸骨和器物，今天那里被称作阿格松（Aggersund）遗址。[15] 有人前往东海岸，来到一个位于浅湾沿岸附近，名叫瓦恩戈索（Vaengo Sø）的小岛。那里是捕获搁浅鲸鱼的完美地点。在秋季，也经常有人造访迪霍尔姆（Dyrholm）小岛。他们在那里捕捉浅水中丰富的鳗鱼，并用骨刀剥皮。[16]

20 世纪 80 年代，彼得·罗利—康维使用"动物考古学"的最新技术，通过详细分析动物骨骼确定了此类沿海岸的季节性迁徙，并指出有些人可能在埃尔特波尔贝丘定居。不过，他只是发展了维多利亚时代约翰·卢伯克的观点，后者已经提出"'贝丘制造者'很可能整年生活在丹麦沿岸"，依据是贝丘中发现了天鹅骸骨、鹿角和哺乳动物幼崽骸骨的痕迹。前者表明冬天有人居住，因为天鹅是冬天来此的候鸟；鹿角暗示秋天，鹿角在那时脱落；幼崽骸骨则代表春天，幼崽在那时出生。维多利亚时代的约翰·卢伯克在"动物考古学家"这个名称出现之前就已经扮演了类似的角色。

他也注意到了植物残骸，指出没有谷物的痕迹意味着"科肯莫丁格人"缺乏农业知识。贝壳也没有逃过他喜欢刨根问底的头脑。维多利亚时代的约翰·卢伯克注意到，贝丘中的贝壳要比在今天丹麦沿岸找到的更大，而牡蛎则完全消失了。他把这归因为海水盐度的变化，比彼得·罗利—康维早一个世纪提出盐度下降导致人们抛弃贝丘，转向农业经济。[17]

埃尔特波尔出产的中石器时代陶器与卢伯克在新尼科美狄亚看
到的截然不同，前者没有上色，器壁既厚又不均匀，出自缺乏经验
的人之手。看到这类陶器并不令人意外，因为在《史前时代》中，
维多利亚时代的约翰·卢伯克描绘自己在 1863 年造访那里时曾找
到过"非常粗糙的陶器小碎片"。现代人约翰·卢伯克看到了完整
的器物：尖底的碗和平底的盘子。它们主要被用于烹饪，比木器和
柳条编织品要好用得多。

卢伯克继续着丹麦的中石器时代之旅，狩猎采集者制造陶器的
景象只是他看到的若干变化标志之一。另一个标志是年轻男子炫耀
式地将磨光的石斧插在腰带上[18]——这些人高大英俊，与维多利亚
时代的约翰·卢伯克想象中的生活在中石器时代丹麦的"矮小、眉
毛下垂的种族"截然不同。

卢伯克在他拜访的最后一个丹麦中石器时代定居点林克洛斯特
（Ringkloster）发现了这些斧子的来源。[19]意外的是，这是一片位
于日德兰半岛东北湖畔的内陆地区——维多利亚时代的约翰·卢伯
克曾认为，"以海洋贝类为主要食物的民族显然永远不会在内陆建
立任何大的定居点"。在这点上他错了。但仅此一例，因为经过 150
年的搜寻，林克洛斯特仍然是目前已知的唯一丹麦中石器时代内陆
定居点。现代人约翰·卢伯克发现这个定居点坐落于一个风景如画
的所在，那里有林木葱郁的陡峭小山、宽阔的峡谷、沼泽和湖泊。
林中的许多树木——橡树、榆树、酸橙树和榛树——被茂密的藤蔓
覆盖，而河边泽地上则是枝繁叶茂的桤木林。

卢伯克在仲冬的一个黄昏来到林克洛斯特，看到一片被雪覆盖
的茅屋。林中有砍倒酸橙树和榆树后留下的空地——它们是制造独
木舟和弓的理想材料。人们在自己的茅屋周围忙碌着，所有人都衣
着光鲜并饰以珠串。男人和女人一律扎着辫子，脸上涂着颜料。屋

内是他现在已经熟悉的中石器时代生活起居：弓箭、石斧和柳条编的篮子。不过，其中一间屋里有些新东西：一捆捆厚厚的毛皮，已经捆扎好准备运走。与此同时，一筐筐垃圾被倒入湖中，狗被拴到柱子上。定居点中心正在烤一头巨大的野猪；周围地面上的积雪已被扫净，并铺上了树皮垫子。显然他们在等待来访者。卢伯克爬上一棵树，远远观望着。

不到一小时后，林克洛斯特化作一片盛宴的景象：访客来自沿海，带来了许多交易品——一筐筐牡蛎、腌海豚肉排、用金色琥珀制作的珠子。这些东西被用来交易林克洛斯特著名的华贵冬季毛皮。在两个月时间里，人们设陷阱捕捉松貂、野猫、獾和水獭。他们积累了一大批毛皮，准备与商人交易，交易从冬天开始一直延续到春天。

烤野猪被分食，饮料被盛在装饰特别精美的陶器中呈上——它们与卢伯克在其他地方见到的朴素而单调的中石器时代陶器形成了反差。有的带有棋盘样的图案，有的则用尖头在湿黏土上刺出了蜿蜒的虚线。有的容器带有平行线条，看上去质量更高——光滑、表面平整、器壁纤薄而且形状优美。

宴会一直延续到深夜，然后是讲故事和歌舞。第二天早上，商人们满载着毛皮离开，卢伯克跟在他们身后。林克洛斯特人继续设陷阱和捕猎，直到丹麦本土出现第一批农民。20 世纪 70 年代，瑟伦·安诺生发掘了这个定居点；经过对动物骨骼的分析，彼得·罗利－康维找到了捕猎野猪和大量设陷阱捕捉毛皮动物的证据。他曾将林克洛斯特描绘成"最好的猎场"。[20]

松貂皮被不断转手——沿着日德兰半岛东岸，穿越西兰岛和艾尔岛（Aerø），最后来到德国北部——卢伯克始终和它们在一起。在南行途中，中石器时代的人们似乎越来越关心身份和领土边界，从独特的服饰和发型，以及制造工具的方式可以分辨出每个群体。

有些人的鱼叉是直的，有些是弯的；有些人的石斧两侧平行，有些则刃口部分加宽。[21] 卢伯克回想起中石器时代开始之时，即斯塔卡的时代——那时整个北欧的人类文化几乎一致。旧的中石器时代秩序被打破，并将很快消失。

毛皮的数量逐渐减少，价值逐渐提高。最后只剩下一小筐松貂皮。公元前 4400 年，卢伯克看着这些毛皮被带到德国北部的一片林中空地。在两个儿子和一个年轻女儿的陪同下，一位猎人把它们铺在地上。有个男子从对面的树丛中走出，将一把磨好的石斧放在毛皮边。由于无法用语言交流，分别来自中石器时代和新石器时代 LBK 文化的两个人靠微微点头、眯眼和扬起眉毛来确保对方明白自己的想法。一旦交易达成，双方将各自后退，然后扬手告别。当狩猎采集者带着儿女们离开时，他听到了农民的呼喊。他转过身，看见农民指着那个女孩。狩猎采集者停了半晌，然后同意了——下次他们见面时，她可以成为农民的妻子。狩猎采集者握住她还小的手踏上回家之旅，想象着联姻将会带来的斧子和谷物。[22]

卢伯克身处边界，一边是 LBK 的农民，一边是森林中剩下的原住民狩猎采集者。这片空地是一处众所周知的会面地点，但还没有出现人类建筑。几代人后，农民们将建起房屋，在周围开挖沟渠。考古学家最终将称他们的定居点为埃斯贝克（Esbeck）。有人认为沟渠是为了防御剩下的狩猎采集者，在中石器时代文化几乎完全消失后，这些人变得充满敌意。[23]

第21章

中石器时代的遗产

南欧的新石器时代，公元前 6000—前 4000 年；历史语言学和基因学争论

约翰·卢伯克欧洲行程中的最后一段独木舟之旅带他经过了坐落于低地国家和英格兰南部之间、形如巨大踏脚石的岛屿。这些小岛和约克郡海岸附近的一个更大的岛屿是多格兰（卢伯克在公元前 12700 年离开克雷斯韦尔崖后走过的低洼地带）仅存的部分。10 万年来，不列颠第一次重新成为岛屿。[1]

卢伯克没时间回到高夫洞，穿越已经变成茂密橡树林的苔原，他曾经在那里设陷阱捕捉极地野兔和观察雪地猫头鹰。他的欧洲之旅即将结束。在公元前 4500 年的一个漆黑夜晚，他走近一个位于法国北部海岸，现在被考古学家们称为泰维耶克(Téviec)的定居点。[2]火光和歌声标志着他的目的地。那里正在举行宴会和葬礼，可能有 100 人正专注地看着火光下摇曳的影子。

歌舞突然停止，自然的声音取而代之：火焰的噼啪声，远处大西洋的波涛声，呼啸的风声。卢伯克看到尸体躺在火边：此人长着络腮胡子和浓密的黑发，穿着衣服，尸体上装饰着珠子，还撒上了赭石粉。

一个半人半鹿打扮的人一边打着鼓，一边跳过火焰。他对死

人说话，要求抬起地上的石板。两个女人走上前抬起石板，露出石头砌成的墓穴里的另一具尸体。卢伯克探出身子，看到骨骼的轮廓在绷紧的黄色皮肤下清晰可见。萨满在墓穴边跪下，将干尸抬到一边——尸体碎开，骨头和墓中更早的尸骨混在一起。[3] 新的尸体被搬进墓穴。死者的物品被一件件地放在他的身侧，几把精美的燧石刀被置于他的胸口。又撒了一些赭石粉后，石板被放回原位。然后，人们在墓穴上点起了一小堆火，并肃穆地将一头鹿和野猪的颌骨放入火中。火焰熄灭后，歌舞和宴会重新开始。[4] 卢伯克加入其中——这是他在欧洲之行中最后一次跳舞。

20 世纪 20 年代和 30 年代，法国考古学家 M. 佩卡尔（M. Péquart）和 S.-J. 佩卡尔（S.-J. Péquart）发现并发掘了泰维耶克的中石器时代定居点和墓地，以及附近一处名为奥埃迪克（Hoëdic）的墓地。这些遗址曾经坐落于延绵海岸的低矮土丘上，但上升的海平面把它们变成了布列塔尼（Brittany）沿岸的小岛。

对墓葬、骸骨和生活垃圾的研究显示，大西洋沿岸的中石器时代居民与生活在斯堪的纳维亚的同时代人有很多共同特征。他们食谱多样（包括大型哺乳动物、水禽、贝类、水果和坚果），并为保护自己的领地和女人而战。他们还用服饰表示自己的身份：泰维耶克墓葬中的斗篷别针用野猪的骨头制作，奥埃迪克人的别针则使用鹿骨。今天很少有人能区分这两种别针，但对中石器时代的人类来说，它们的区别一目了然。

泰维耶克人珍视和放入墓中的物品与卢伯克在其他地方看到的很像：燧石刀、鹿齿、野猪獠牙和骨制匕首。最富有的同样是较年轻的成人，他们依靠自己身体的力量和敏捷的头脑获取财富，后来又因为年老体衰而失去它们。和鹿岛墓地一样，男性的陪葬品比女性的更实用，而且两者拥有各自不同的珠宝：男性是宝贝壳，女性是荔枝螺做的珠子。

多人合葬是泰维耶克和奥埃迪克墓地最显著的特征之一。就像佩卡尔夫妇和后来的考古学家所推测的，我们必须认为每座石头砌成的墓穴中放的是同一家庭的成员，血亲关系对这些人似乎格外重要。但并非所有墓穴都是这种风格。许多墓中只埋着一个人，有的墓上覆盖着用鹿角制作的帐篷般的构造。

我们不应对泰维耶克和奥埃迪克丰富的仪式和宴会证据感到意外：那里的居民一定感到不安，需要能安抚自己的神明。他们不仅要面对生活在东面不超过 50 千米处的 LBK 农民的影响，还要面临来自南方的类似冲击。

当 LBK 在中欧扩张时，新石器时代的遗址也出现在地中海沿岸周围。一些考古学家认为，上述遗址是随移民的到来而出现的，这些人是西亚农民的直系后裔，他们的近祖在希腊和意大利南部建立了定居点，比如新尼科美狄亚。另一些考古学家反对这种看法，他们认为通过接触东方的农民，地中海中部和西部的中石器时代原住民自己接受了新石器时代文化。

但双方都认同，公元前 6000—前 4500 年的地中海新石器时代文化与中欧的看上去截然不同。一边是拥有完整新石器时代"套装"的遗址（LBK 文化具有木结构的房屋、牛群、绵羊、庄稼、陶器和打磨的石斧），一边是中石器时代的遗址（细石器、鹿和野猪的骸骨），在当地可以看到两者的鲜明区别。相反，在地中海的单个遗址中，新石器和中石器时代元素混在一起，似乎被同一群人在同一时间使用。这些遗址绝大部分为岩洞，布拉德福德大学（University of Bradford）的詹姆斯·卢思韦特（James Lewthwaite）和彼得·罗利—康维等考古学家认为，原住的狩猎采集者在新石器时代套装中做了选择，不愿自己成为完全的农民。

　　卢思韦特表示，科西嘉和撒丁岛的中石器时代居民选择豢养绵羊和山羊来弥补猎物的不足——马鹿从未在这些岛上繁衍。与此同时，他们没有接受谷物和木结构房屋，以便继续自己传统的狩猎采集者生活方式，后者现在因为他们豢养了小群家畜而更加安稳。[5]

　　另一些狩猎采集者从新石器时代套装中选择了陶器，因为陶器既能用来烹饪食物，又是社交展示的有用工具。他们用贝壳在柔软的黏土上按压，让陶器具有独特的花纹，与欧洲其他地方的截然不同。[6] 也有人选择了栽种谷物，以便弥补野生食物的季节性不足：播撒种子，随后人们四散打猎或采集，几个月后回来收割小麦或大麦，仿佛那是另一种野生植物。由于对新石器时代套装的这种零星和部分接受，这些占据了地中海的人们既不是严格的中石器时代狩猎采集者，也不是严格的新石器时代农民。

　　意大利西北部陡峭悬崖和狭窄山谷中白沙洞（Arene Candide）的使用者就是这种混合生活方式的代表。在 1946 年之后的 10 年里，对那里的发掘发现了许多层人类生活的遗迹，首先是狩猎采集者的，最后是完全的农民的。介于两者之间的是以中石器时代风格狩猎野猪和以新石器时代风格牧羊的人们留下的残渣。[7]

　　这是彼得·罗利－康维在研究了兽骨之后得出的结论。根据猪骨的巨大体积，他可以得出结论它们是野生被狩猎的。他同样可以得出，人们为了羊奶而豢养绵羊，因为许多小羊羔被杀死，以便让人类利用成年母羊的奶。与科西嘉岛一样，白沙洞的中石器时代人类融合了新石器时代文化和传统中石器时代生活方式的元素。

　　20 世纪 80 年代，人们普遍认为，原住民对新石器时代文化的这种零星接受推动了农业的逐渐传播，首先是沿着地中海中部和西部，然后是葡萄牙和法国的大西洋沿岸，并穿过了罗讷河和加龙河（Garonne）两大河谷。但里斯本大学（Lisbon University）的若昂·齐良（João Zilhão）质疑了这种观点。[8] 他认为我们应该回归戈登·柴尔德在 20 世纪 30 年代提出的观点，即农民移民将完整的新石器时代套装带到了地中海沿岸。

齐良认为，岩洞遗址的证据——陶器和羊与被捕猎的动物和中石器时代工具同时出现——被误读了。他提出，这些联系是打洞的动物造成的，它们把本可能留存的地层结构彻底搞乱。他认为，野源羊的骨骼有时被误认为是家羊的，而放射性碳定年数据要么错了，要么受到污染，或者被误读，而且它们还被用来测定与其没有任何真正关系的陶片的年代。

齐良强调，最后的海平面上升淹没了新石器时代殖民者可能建立的最早农庄所在的海岸。留存下来的岩洞很可能不过是那些农民狩猎或放牧时偶尔使用的营地。

为了支持自己的观点，齐良援引来自卡尔德隆洞（Gruta do Caldeirão）的证据。这个葡萄牙岩洞的发现表明，有一船或更多的新石器时代殖民者在大约公元前 5700 年来到这里并建立了农业定居点，而中石器时代的原住民继续狩猎和采集，完全没受影响。在公元前 6200 年，葡萄牙中部的塔霍河（Tagus）和萨杜河（Sado）河口出现了庞大而繁荣的狩猎采集者社群。他们的贝丘规模堪比丹麦埃尔特波尔的。[9] 在葡萄牙其他地方的勘察都没能找到公元前 6200 年后其他中石器时代遗址的痕迹——似乎全部人口都生活在这些河口。

葡萄牙的贝丘既是垃圾堆也是墓地，这很像布列塔尼的情况。墓穴大多位于一层层贝丘之下，似乎呈离散分布，可能以家族为单位。有的墓穴砌着大石板，让人想起泰维耶克和奥埃迪克的墓葬。这样的相似不应让人意外。虽然我们缺少任何来自大西洋沿岸的直接证据，但那里的中石器时代社群肯定拥有大型独木舟，并利用它们沿着岸边进行长途旅行，在葡萄牙南部和法国北部之间建立联系。

1979—1988 年，齐良发掘了卡尔德隆洞，该遗址坐落于贝丘以北，那里没有已知的中石器时代遗址。[10] 在冰河时代猎人地层的正上方发现了新石器时代的遗物，包括陶器和石质工具，还有许多家畜和野猪的骨头。喜欢偶尔狩猎的牧羊人显然用过这个洞。

卡尔德隆洞还是停尸所。公元前 5200 年左右，3 个男子、1 个女子和 1 个孩子的尸体被放在洞中，头部靠着洞壁，任由食腐动物和自然环境让他们的尸体腐烂、破碎和掩埋。两三百年后，至少又有 14 具尸体被留在洞中。

齐良认为，这些是农民的尸体，他们的祖先坐船来到葡萄牙海岸。他猜测他们的农庄位于河谷中，其考古学痕迹现在被深埋于河流的沉积物下。几百年来，他们一直在务农，而中石器时代的人们则继续在更南面的河口狩猎和采集，就像他们在更北面的西班牙所做的那样。齐良认为，整个南欧沿海地区都分布着类似的农民移民社群，形成了与中石器时代原住民完全分开的飞地。当卡尔德隆洞的使用者欣欣向荣时，萨杜河和塔霍河口的中石器时代贝丘则在公元前 5000 年被抛弃。无从得知昔日那里的居民发生了什么。他们可能灭绝了，或者只是放弃了狩猎和采集的生活方式，自己变成农民。[11]

一边是倾向于农民移民垦殖的齐良等人，一边是相信中石器时代原住民接受了新石器时代文化的鲁特维特和罗利-康维等人，双方的争执或许可以借助历史研究中新近获得的一种全新证据得以解决：现代活人的基因。这个新的研究领域被称为基因历史学，它对我们历史研究的影响注定将变得越来越广泛和深刻。鉴于我们在讨论美洲时也会涉及基因历史学，因此在考虑其对欧洲问题的影响之前，有必要对这个领域进行简单的介绍。

通过人类基因追溯人口历史的可能源于这样的事实：虽然我们都属于智人这同一物种，具有高度的基因相似性，但在具体细节上存在差异。相似性的存在是因为今天世界上的所有人都来自同一群在不早于公元前 130000 年生活在非洲的人类。倒数第二次冰河极盛期的恶劣环境条件让人口减少到不超过 1 万人。这降低了遗传变异的程度，即所谓的人口瓶颈。当公元前 125000 年出现全球变暖时，人口也开始增加。人类从非洲向外扩散，最早的智人进入了欧洲和亚洲，最后抵达美洲。当时存在的其他人种（比如尼安德特人）都被彻底取代，没有对现代基因库做出任何贡献。

由于这段进化历史，今天生活在地球上相距最遥远角落的人类也拥有非常相似的基因组成，但并非完全一致。随机变异一直在发生，大部分对我们的行为和生理没有正面或负面影响。两个人独立发生完全相同变异的可能性极小。因此，如果两个人产生了同样的变异，那么他们可能有一位共同的近祖发生了这种变异。当然，如果这两个人现在生活在世界上的不同地方，基因学家就能由此追溯人类扩散的模式。

不仅如此。基因变异的速率可以被认为是恒定的——虽然是否的确如此仍有待证实。通过测量两群人之间的基因变异程度，并对变异速率做出估计，我们可以计算出这两群人相互分离了多久。

上述有力证据为一种研究人类历史的全新方法提供了基础，它无须历史书籍，甚至不用考古发掘，只需记录和解读世界各地活着的人的基因变化，我们就能确定历史上扩散、迁徙和殖民的模式与年代。至少在去掉各种复杂因素后理论上如此。不过，和所有科学领域一样，将理论付诸实践常常远比预想的困难。[12]

卢卡·卡瓦利-斯福尔扎（Luca Cavalli-Sforza）是基因历史学的倡导者。1994 年，他和两位合作者一起出版了《人类基因的历史与地理》（*The History and Geography of Human Genes*），在我们人类历史研究方法的发展过程中，该书是关键的学术里程碑之一。[13] 卡瓦利-斯福尔扎在书中指出，欧洲的现代基因图谱显示，基因频率从东南部向西北部梯度变化。[14] 他宣称，这只可能是新石器时代移民的遗产，他们从希腊扩散开来，经过东欧、中欧和南欧，直到抵达西北角。这种观点被称为"前进波浪"模型，在欧洲新石器时代的发展中，它没有为中石器时代的原住民安排任何角色。根据这种观点，LBK 人肯定是西亚移民的后裔，而非像兹韦莱比尔后来提出的那样，源自当地的中石器时代人类。比起卢思韦特和罗利–康维，我们更应接受齐良对地中海地区的解释。

1987 年，"前进波浪"模型从另一种非考古学证据那里获得了进一步支持：语言。作为格雷厄姆·克拉克在剑桥大学迪斯尼考古学教席的继承者，科林·伦弗鲁（Colin Renfrew）研究了历史语言学的一个关键问题，即印欧语系的起源。这个语系包括欧洲人今天说的几乎所有语言，语言学家长久以来一直在争论作为它们源头的那种语言在何时和何地被使用。[15]

伦弗鲁提供了令人信服的答案：原始印欧语（那种最初语言的名称）的使用者是公元前 7500 年安纳托利亚（位于今天的土耳其）以及／或者西亚的新石器时代人类。随着新石器时代的农民移居欧洲各地以及中亚和南亚的部分地区，这种语言也传播到了那里。根据伦弗鲁的说法，现代的非印欧语言（例如巴斯克语和芬兰语）反映了那里有中石器时代的人口幸存，对新石器时代乃至今天的文化和语言多样性做出了贡献。但这些地点数量很少，而且相距遥远：伦弗鲁的论述与卡瓦利–斯福尔扎的基因数据完全吻合，即新石器时代农民移民的"前进波浪"席卷了欧洲。[16]

伦弗鲁的观点马上受到语言学家和考古学家的批评[17]——关键问题在于语言可以完全独立于人传播。1996 年，基因证据同样遭到质疑。对卡瓦利–斯福尔扎观点的挑战来自牛津大学的布赖恩·赛克斯（Bryan Sykes）和他的同事。他们没有使用卡瓦利–斯福尔扎依赖的核 DNA，而是选择了线粒体 DNA，并得出了截然不同的结论。[18]

我们的大部分 DNA 位于每个细胞的细胞核中，通过名为"重组"的过程从父母那里各继承一半。这一过程涉及对双亲基因不可预料的混合，经过一代代的重复，追溯进化历史的可能性变得极小。线粒体 DNA 则位于细胞体而非细胞核中，只继承自母亲。我的所有线粒体 DNA 都来自我的母亲，而且完全不会遗传给我的孩子。排除了复杂的重组，确立人与人之间的基因关联性变得容易许多，而且通常被认为更加准确。

线粒体 DNA 的变异率也比核 DNA 高得多，而且发生完全中性变异的频率也要高出许多，对个体健康既无益处也无伤害。这种特点的价值在于，它有可能提供比使用核 DNA 详细得多的人类历史图景，因为随着时间的流逝，随机变异会留下更多证据。通过这种方法可以确定谱系组，即源自同一个女性（实际上是同样的线粒体 DNA 分子）的人群。

当赛克斯和同事对来自欧洲各地的 821 例线粒体 DNA 进行检测时，他们发现存在 6 个明显的谱系组，从中马上可以看到，欧洲人的基因多样化程度要超过"前进波浪"模型所认为的。通过对线粒体 DNA 的变异率进行最佳估算，赛克斯和他的同事计算了每个欧洲人谱系组出现的年代。其中只有一组的年代足够晚近，能够与西亚农民移民联系起来，而且的确存在某些清晰的基因标志指向西亚起源。此外，它在欧洲的地理分布也符合考古学家认可的两条殖民路径：中欧和地中海沿岸。但这个组只占 6 个谱系组总数的 15%，其他所有谱系都来自 2.3 万年到 5 万年前，表明现存线粒体 DNA 的 85% 在中石器时代就已经存在，源于之前的冰河时代。[19]前进波浪不过是一小片涟漪。

这个惊人的结论引发了卡瓦利-斯福尔扎和赛克斯之间热烈的学术争论，两人都质疑对方所用方法的有效性。[20] 线粒体 DNA 证据的关键问题在于，它只记录了母系信息。如果西亚移民选择中石器时代的女性为妻（这很有可能），那么线粒体 DNA 的记录将很快无法显示移民的存在。[21] 不过，赛克斯的结论支持了兹韦莱比尔、罗利-康维和卢思韦特等考古学家。即使齐良真的找到了公元前 5700 年葡萄牙的农民移民飞地，它对新石器时代伊比利亚半岛的整体发展也贡献寥寥。我们必须将发展归功于中石器时代的人类，他们的祖先占据了萨杜河和塔霍河口的贝丘。

赛克斯和卡瓦利-斯福尔扎至今仍在争论，但他们的最新成果开始趋于一致，一些考古学家（例如科林·伦弗鲁）也发现两人的结论完全相容。卡瓦利-斯福尔扎将农民移民对现代欧洲基因库的贡献减少到 28%，而赛克斯也把相关估计提升到 20% 出头。两个数字如此接近，似乎不再存在争议。我们必须得出这样的结论，即在欧洲新石器时代文化的发展中，中石器时代的原住民至少扮演了和农民移民一样重要的角色。[22]

中石器时代狩猎采集者的基因也许在今天的欧洲人身上占据主导地位，但他们的生活方式在公元前 4000 年之后不久便销声匿迹了。只有在欧洲极北地区，狩猎和采集才获得了更长的生命力，一直持续到至少公元前 1000 年才被游牧取代。[23] 对温带地区来说，在泰维耶克和奥埃迪克举行宴会、跳舞和将死者埋进石头砌成的墓穴的人们是欧洲最后的中石器时代人类。

瑞典和丹麦的中石器时代社群——生活在斯卡特霍尔姆、韦兹拜克、曲布林湾和埃尔特波尔遗址的人们——最终因为与 LBK 文化接触引入新伦理而崩溃。作为妻子的年轻妇女和作为劳工的年轻男子缓慢但稳定地流失，导致他们的社群人丁凋零。留下的人不再延续与马鹿和野猪的亲密关系，他们同样向往物质财富、社会权力和对自然世界的控制。他们希望自己成为农民，并在公元前 3900

年左右如愿以偿。

这些农民与 LBK 的截然不同。他们放牧牛群，住在简陋的中石器时代式居所里，生活在中石器时代祖先的贝丘旁。仿佛是为了弥补家庭建筑的缺失，他们建造了被我们称为长坟堡（long barrow）的巨型墓葬纪念碑，选择为死者而非活人建造房屋。他们的灵感来自 LBK 的长屋。长坟堡是新农民向来自东方的农民看齐，并否认自己的中石器时代过去的尝试。[24]

当泰维耶克和奥埃迪克的狩猎采集者被新的农业生活方式包围时，大西洋沿岸的情况也大同小异。[25] 又一种新石器时代文化诞生了，那里的人们用巨石和巨大的石板修建坟墓。这些巨石墓没有指向东方的农民祖先，而是让人想起了中石器时代的过去，即葡萄牙贝丘中用石板砌成的墓穴和泰维耶克的家庭墓葬。[26] 在欧洲的西北角，特别是不列颠，长坟堡和巨石墓都是新的新石器文化的组成部分。到了公元前 4000 年，欧洲的居民几乎都是这样或那样的农民。历史翻开了新的篇章，它将抹去中石器时代世界的任何残留痕迹。至少在从我们的基因中意外发现中石器时代的遗产前，我们是这么认为的。

第22章

苏格兰后记

苏格兰西部的殖民、中石器时代生活方式和转向新石器时代，公元前 20000—前 4300 年

从佩什梅尔到巨石墓的起源，我对欧洲历史的描绘忽略了这片大陆上的许多地区，从意大利南端到挪威北部，从瑞士的阿尔卑斯山到西班牙的梅塞塔高原（Meseta）。虽然这些地区没有其他地方上演的那种文化剧，但它们仍是欧洲故事的一部分，那里的考古发掘能让我们更清楚地看到人们对全球变暖和农业扩张的反应。

不幸的是，在我们行将跨越大西洋讲述美洲历史的开端时，仍不得不先忽略它们，除了一个地方。这个唯一的例外就是苏格兰，我曾在那里花了许多年搜寻中石器时代的历史，不过并非苏格兰全境，而是西海岸附近赫布里底（Hebridean）岛链最南端的两个近海小岛。分别是艾莱岛（Islay）和科伦赛岛，它们和邻近的朱拉岛（Jura）与奥伦赛岛（Oronsay）一起组成了名为南赫布里底的小群岛。虽然位于欧洲的地理边缘，而且缺少像莱彭斯基维尔或斯卡特霍尔姆那样引人瞩目的遗址，但这些小岛拥有自己的历史，并对我们从整体上理解欧洲做出了贡献。因此，在这段欧洲部分的后记中，我将通过我自己在这些岛上的发掘故事简要讲述它们从冰河时代到新石器时代的历史。

　　赫布里底群岛中的 4 个小岛都有许多苏格兰西部的典型特征，但彼此又截然不同。岛上树木稀少，崎岖的海岸线上分布着多沙的海湾。那里的人口在 19 世纪达到顶峰，随后缓慢下降；牧羊是主要产业，但很不经济。面积超过 600 平方千米的艾莱岛是其中最大、地貌最丰富的一个，拥有大片生长着野生帚石楠的荒野和沙丘、规模不小的主城镇、几座村子和苏格兰分布最集中的威士忌加工厂。科伦赛岛要小得多，长宽分别不超过 13 千米和 5 千米。奥龙赛岛只是弹丸之地，在退潮时与科伦赛岛相连，面积不到 5 平方千米。朱拉岛是另一个大岛，比艾莱岛还要崎岖多岩得多，岛上矗立着被称为帕普斯（Paps）的三座圆锥形山峰。

　　公元前 20000 年，这些岛屿几乎完全被向南一直延伸到英国中部的冰层覆盖。只有一座小山没有被覆盖，那就是今天的"干旱山"（Beinn Tart a' Mhill），周围的低地形成了今天的林斯（Rinns），即艾莱岛最西端的半岛。这片地区没有被冰层覆盖的事实对后来的人类居住历史至关重要，它留下了富含燧石的沉积层，最终将为艾莱岛最早的居民提供原材料，影响他们选择到哪里居住。

　　5000 年间，干旱山矗立于周围盖着冰雪的陆地和海洋之上。向东 50 千米处，朱拉岛的帕普斯山刺破冰层，被云雾笼罩时看上去就像是冒烟的火山。有条海峡将林斯与艾莱岛的其他部分隔开，将其变成了一个离岸小岛。

　　到了公元前 15000 年，冰层开始融化，冰川边缘向东消退，直到公元前 12000 年，赫布里底群岛完全从冰层下解脱。现在，林斯的低地被大片沙石覆盖。东面是光秃秃的岩石与沉积物形成的小丘（即冰碛），这些是由冰川带来的，标志着冰川曾经到过的地方。更东面是一系列断断续续的泽地、裸露岩石、沙地、淤泥和砾石，一直延伸到至今仍将艾莱岛和苏格兰本土分开的海边。

　　又过了 1000 年，岛上形成了一层土壤，为各种草本植物和小灌木提供了立足之地，形成类似极地的苔原。从冰层下解脱后，地面开始升高，使海平面下降。曾经穿过林斯和冰川边缘的海峡变浅，在退潮时常常干涸。

　　到了此时（公元前 11000 年），英格兰的许多地区已经重新有人居住，他们追随在高夫洞宰割死者和在克雷斯韦尔岩捕捉野兔的先驱者而来。不过，苏格兰直到公元前 8500 年才开始有定居点。[1]但已经有人从南方来此展开了探索之旅：一队冰河时代的猎人曾来过艾莱岛，并丢失了至少一个阿伦斯堡箭头——燧石箭头的形状与公元前 10800 年在施特尔摩尔捕猎驯鹿用的完全一样。

　　1993 年 8 月的一个午后，当我和学生们在艾莱岛上布里真德村（Bridgend）附近的耕地中收集燧石器物时，一名学生找到了这个箭头。[2]它和几件可能来自新石器时代或青铜时代的不起眼的物品一起放在袋子里。直到几天后将它们清洗并放在田野实验室中晾干时，我才发现了它。我的同事，来自爱丁堡大学的比尔·芬利森和尼伦·芬利（Nyree Finlay）是石质工具的专家，他们都认为这可能是阿伦斯堡箭头，但我们都无法确定。若果真如此，这意味着在任何已知的定居点出现前 2000 年，苏格兰就有过人类的身影。

　　布里真德的箭头并非苏格兰最早发现的疑似阿伦斯堡箭头，此前发现过 5 枚形状类似的箭头——2 枚来自奥克尼群岛（Orkney Islands），2 枚来自朱拉岛，1 枚来自同属赫布里底群岛的泰里岛（Tiree）。[3]但它们或者有破损，或者形状存疑，或者在采用现代记录方法之前很久被找到，无从知晓准确的出土地点。新样本形状完整，看上去和阿伦斯堡箭头别无二致，而且我们知道其准确的出土地点。因此，我们马上回到田野，对那里的燧石器物做了更彻底的采集，希望找到苏格兰的第一个冰河期定居点，但我们找到的器物显然都属于新石器时代或青铜时代。

　　布里真德的田野只是我的勘察队搜寻史前定居点的地方之一，那是 1987—1995 年间我在艾莱岛和科伦赛岛上展开的项目的一部分。[4] 虽然我们记录了新石器时代及以后的遗址，但我感兴趣的是寻找中石器时代遗址，最好是冰河期的。前者相对容易发现。我们找到了超过 20 堆显然属于中石器时代的器物，包括工具和制造它们留下的碎屑。

　　在艾莱岛上，我常常让学生们在田野工作或清洗燧石，而自己则与来自考文垂大学（University of Coventry）的阿利斯泰尔·道森（Alistair Dawson）见面，他是一位重建苏格兰海平面变化历史的专家。他和现在任教于阿伯丁大学（University of Aberdeen）的凯文·爱德华兹（Kevin Edwards，正在研究艾莱岛泥炭中的花粉粒[5]）一起试图重建该岛在昔日中石器时代居民眼中的样子。

　　阿利斯泰尔是苏格兰人，他似乎更习惯待在山间或荒凉的大西洋海滩上，而不是坐在实验室或会议室中。他把自己的队伍带到岛上，在格林亚特（Gruinart）挖掘长条的沉积物柱——那里是岛上最低的部分，曾将林斯分开的海峡流经那里。随着挖得越来越深，他发现沉积物从现代的泥炭变成了海水带来的淤泥和黏土，再下面是更多的泥炭，然后回到旱地，随后再次变成海洋沉积物。在大学的实验室里，阿利斯泰尔从沉积物中提取出浮游生物硅藻的化石，不同品种的序列告诉了他从陆地到半咸水和海水，然后再变回陆地的细微变化，就像花粉粒提供了植被信息那样。阿利斯泰尔还分离出了小树枝和其他植物材料。放射性碳定年显示，它们正好属于淹没事件发生的时代。[6]

　　通过分析沉积物、硅藻和放射性碳定年数据，阿利斯泰尔重建了赫布里底群岛周围的海平面如何在公元前 13000 年左右冰层消失后立即下降，在公元前 8500 年达到类似今天的水平。他发现，两千年后海平面再次上升，淹没了格林亚特海峡，将林斯与艾莱岛其他部分隔开。但摆脱冰层重压的苏格兰西部没有结束反弹，最终战胜了上升的海平面。于是，在大约 2000 年前，海峡再次成为干地，并持续至今。

阿利斯泰尔还可以通过"解读"现代地貌来理解它的冰河期历史。比如，在冰川的最西端有一些长满帚石楠的岩石小山。附近是一座纵向的沙土和砾石堆，被他称为蛇形丘。这里曾经是冰层下方的一条水道，后来被砾石彻底堵死。冰层融化后，曾经的水道反而成了纵向的圆形土丘。我们沿着海滩而行，查看比现在的高潮水位还要再高几米的卵石脊，这显示了当时的海平面比今天的高出多少。

在林斯的高处，阿利斯泰尔指给我看帚石楠下面厚厚的橙色黏土层，如果冰层曾经覆盖整个艾莱岛，黏土将早已被冲走。这种黏土的形成比末次冰盛期早了好几千年，那时整个岛屿都被上一次冰河期的漂浮冰层覆盖。我对这种黏土的兴趣在于，其中包含了由非常古老的冰川从现在位于爱尔兰海之下的白垩层带来的大块燧石。数千年来，这种橙色沉积层一直被海水侵蚀，其中带棱角的燧石回到了海滩上，但已经被磨成滚圆光滑的卵石。[7]

在苏格兰其他任何地方都找不到这么多如此之大、品质如此之好的燧石卵石。由于燧石是史前狩猎采集者的关键原材料，我确信如果冰河时代的先驱来到苏格兰，他们将很快找到林斯，并留在附近打猎。遗憾的是，除了布里真德的那个箭头，在艾莱岛上将近 10 年的勘察和发掘都没能找到更多关于冰河时代猎人的证据。

最早的苏格兰定居者于公元前 8500 年来到这里，他们从英格兰向北而行，在爱丁堡附近的克拉蒙德（Cramond）留下了我们已知的最早遗址。南赫布里底群岛没有找到比公元前 7000 年更早的遗址。当人类最终抵达时，他们被丰富的燧石卵石资源吸引到林斯。他们的一处定居点距离富含燧石的海滩不超过 100 米。这是中石器时代的作坊，卵石首先在那里被砸碎。

这处遗址被称为库勒勒拉赫（Coulererach），由在艾莱岛西岸耕作一个同名小农场的苏·坎贝尔（Sue Campbell）发现。几年间，苏从排水沟中找到了燧石刀刃、石片和砸碎的卵石，她把它们装在一个鞋盒中交给了岛上的博物馆。1993 年看到它们时，我马上意识到她发现了一个中石器时代遗址。为了确定遗址的位置，我们在她的牧场上挖出许多小"试验坑"，然后开挖了一条长沟，掘穿 2 米深的泥炭后才来到中石器时代的地层。那里散落着工具和制造它们留下的碎屑，工具边缘犹如刚被造出时一样新。[8]

现任教于格拉斯哥大学的尼伦·芬利检验了发掘成果，发现有些卵石的加工很有技巧，有些则只是乱砸一气。有的卵石太小，而且内部有太多晶体，任何有经验的碎石工都不会选择它们。尼伦认为，库勒勒拉赫曾是儿童学习制造石质工具的地方，经常使用被专业碎石工弃用的卵石，或者自己在海滩上捡拾。这里相当于法国的埃蒂奥勒。

不过，与埃蒂奥勒的发掘者不同，我们无法在苏·坎贝尔的牧场上挖开大片中石器时代的地层，因为发掘将导致永久性积水。因此，虽然我们找到了焦炭残片，但始终没能发现中石器时代的炉灶，或者知道库勒勒拉赫是否建造过小屋。我们得到的只是一堆石质器物，不得不猜测除了工具加工外是否还有其他活动。我猜想答案是肯定的，因为库勒勒拉赫坐落于绿湖（Loch Gorm）附近，那是艾莱岛上最大的内陆湖。我经常在湖周围看到水獭和鹿，怀疑公元前6500 年在库勒勒拉赫驻营的人们曾捕猎过这些动物。

当时，艾莱岛上的景象与今天被苍凉的帚石楠覆盖的泥炭沼泽截然不同。库勒勒拉赫泥炭层内和下方的花粉粒告诉我们，中石器时代那里曾生长着柳树和桤木，在较高和较干燥的地方还有桦树和橡树。泥炭中还有焦炭颗粒，有的可能是从炉灶中吹来的，但焦炭的数量暗示湖边的树木和芦苇是有意焚烧的——就像公元前 9500 年在斯塔卡发生的那样。[9]

　　库勒勒拉赫只是我们在艾莱岛上勘察的几个中石器时代遗址之一。它们都制造了大批燧石器物，但不幸的是没有找到动物或人类骨骼，因为它们被岛上的酸性土壤毁坏了。动物骨骼本可以帮助我们了解哪些遗址在哪些季节被使用，就像彼得·罗利－康维在斯卡特霍尔姆、林克洛斯特和其他许多的欧洲中石器时代遗址所做的。而石质器具和每处遗址的周边状况则间接表明了那里曾发生的活动。

　　与库勒勒拉赫发现的不同，我们在格林莫尔（Gleann Mor）遗址——位于距离卵石海滩几千米外的高地——发掘出的器物包括许多在寿命结束后被丢弃的小燧石芯。[10] 这里似乎是个狩猎营地，只有当人们在林斯寻找鹿的时候才会使用一两次。有的工具用小石片制成，很可能是岛上人随身携带的最后补给材料。狩猎采集者一定要回到库勒勒拉赫等地补充工具。

　　我们根据附近的一个农场，把在格林亚特河口东缘找到的遗址命名为阿奥拉德（Aoradh）。那里与一个观鸟点毗邻，我们猜测中石器时代的人们可能和现代游客做过同样的事。[11] 今天，格林亚特河口以来此过冬的大雁闻名，它们在北极度过夏天——这种迁徙习惯可能要上溯到全新世之初。与中石器时代的观鸟者一样，格林亚特的现代观鸟者看到的远不止大雁。海豹常常聚集在河口的沙滩上，水獭则在浅水中嬉戏；水鸟在泥中寻食；红隼和猎鹰从天而降，扑向沙丘中的老鼠；马鹿的身影常常出现在稀疏的树木间。由于视线中没有现代世界的标志，我们可以坐在格林亚特，感受接近中石器时代人眼中的世界。

　　阿奥拉德的器物数量表明，这个遗址只被用过寥寥几次，河口沿岸很可能有许多类似的器物堆。但我们发掘的另一处遗址波尔赛（Bolsay）显然是大受欢迎的地点，被反复使用了数千年。今天，该遗址位于一片开阔的牧场之上，靠近名为"大湖"（Loch a' Bhogaidh）的泽地。在中石器时代，那里曾是毗邻泉水的林地，大湖则是一个淡水湖。对波尔赛的发掘是我参与的最大项目，共挖掘出超过 25 万件燧石器物，但这只是埋在地下的一小部分。

我们最初认为波尔赛是中石器时代的大本营，但对工具的分析显示，它们以细石器为主，许多被用作箭头。[12] 很少看到家庭活动的迹象，比如用于清洁皮肤的工具和房屋支柱留下的洞。新石器显然是猎人们大量短期来访时积累的，他们坐在泉边，一边修理狩猎装备，一边享受着岛上最美好的地点之一。[13]

在库勒勒拉赫、格林莫尔、阿奥拉德和波尔赛的发掘显示了在中石器时代，艾莱岛上的不同地点如何被用于不同活动。但人们并不把自己限制在一个岛上。20 世纪六七十年代，专注的业余考古学家约翰·默瑟（John Mercer）在朱拉岛上发现了几堆细石器。[14] 不过，小得多的科伦赛岛却让我们对中石器时代的生活有了意外的了解。

在科伦赛岛的搜寻犹如海底捞针，包括在泥炭沼泽和沙丘中寻找细石器。当我们开始工作时，几乎没有犁过的土地可供勘察，因为几乎整个农业都已经从耕种转向放牧——这种变化从 20 世纪 60 年代开始席卷了整个苏格兰高地和岛屿。在猜测可能找到定居点的地方，我们花了好几周在草皮、泥炭和风积沙中挖出深达中石器时代地层的试验坑。我们找到了几堆零落的燧石器物，但都不包含细石器，而且很可能全是新石器时代或青铜时代的。看上去科伦赛在中石器时代完全被抛弃了。[15] 这并不令人意外。鉴于它与本土的距离，许多哺乳动物从未在岛上繁衍。没有马鹿、獐和狐狸等毛皮兽可供捕猎，中石器时代的人类可没什么兴趣划着独木舟涉水 20 千米，从艾莱岛或朱拉岛前往科伦赛。

不过，我们的第一印象完全错了。人们有一个很好的理由造访该岛，就像我们对科伦赛东岸一个小海湾——斯陶斯奈格湾的发掘将会展现的。

第一次看到这个多沙的狭窄海湾时，我正待在从苏格兰本土前往那里的渡船上，渡海之行历时 3 个小时。渡船在斯陶斯奈格湾以北的斯卡拉塞格湾（Scalasaig）登陆，那是一个在码头周围发展起来的小定居点，只有一间商店和豪华旅馆。几天后，我留下学生们在旅馆花园中挖掘试验坑，自己则前往斯陶斯奈格湾，那里是岛上少数几片耕地之一。说"耕地"也许有点夸张，因为土壤薄而多沙，几乎只够种植草籽。沙子来自中石器时代的沙滩，现在位于土壤的正下方，比今天的沙滩高出几米。从渡船上望去，斯陶斯奈格湾是中石器时代独木舟理想的登陆地点，我想象那里岸边有一个繁荣的营地。于是，我花了几个小时在耕地中搜寻，自信能找到燧石器物。但事与愿违。[16]

当时是 1988 年。我和学生们在岛上待了 3 周，勘察其他寥寥无几的耕地，并在可能的定居地点挖掘试验坑。最后一天，我回到斯陶斯奈格湾，再次搜寻那片土地——这次找到了一块显然被锤石砸过的燧石核。

那个发现让我们在 1989 年、1991 年和 1992 年夏天又 3 次造访斯陶斯奈格湾。我们在地上到处挖试验沟，试图找到我相信必然在那里的定居点。前两次造访只收获了被冲蚀的火炉和薄薄的防风墙的模糊痕迹。但坚持不懈最终获得了回报。

1994 年，我们挖掘的大沟露出了宽 4 米的圆坑，坑中堆满了烧焦的榛子壳和石器。这是个了不起的发现——在苏格兰前所未见。这个堆积坑周围是一系列更小、更深的坑，此前我们挖的所有沟错过了它们中的每一个——运气真是太糟糕了。新的发掘持续了整个夏天，那是一段田园般的时光，因为科伦赛岛遭遇了一波热浪，我们在午休时游泳，在月光下到海滩上烧烤。

分析我们发现的物品又耗费了 5 年时间，需要许多方面的专家来检验沉淀物、植物残骸和石器。大坑中不仅有烧焦的榛子壳残骸，还有苹果核和其他植物的残渣，特别是小白屈菜。许多传统民族食用这种毛茛属植物的根和茎，有的相信它具有药用价值——它的一个别名是"痔疮草"（pilewort）。[17] 大坑本身似乎曾是谷仓的底部，虽然遗憾的是没有柱孔的痕迹。它主要被用作垃圾堆。周围的小坑曾用于烘烤榛子——坚果被埋在土中，上面点着火。果壳和意外烧焦的果仁被扔进垃圾堆，与其他植物残渣和制造工具的废弃物丢在一起。[18]

我们估计有超过 10 万枚果壳被扔进垃圾堆，可能是公元前6700 年左右于一年一度的来访时留下的。虽然发现过烧焦榛子壳的遗址遍布中石器时代欧洲各地，但规模都不及斯陶斯奈格湾。榛子的收获和烘烤几乎达到了工业化的规模 [19]，采摘果实和砍柴让榛树林遭到严重破坏。来自斯陶斯奈格湾附近一个湖泊的花粉证据显示，开始大规模采摘榛子后，林地几乎完全崩溃。[20] 因此，这些狩猎采集者显然没有与自然"保持平衡"。他们肇始的对科伦赛岛上林地的毁灭最终由第一批来此的农民完成。

今天的科伦赛岛没有榛子树，但从名字可以了解它的过去。盖尔语中的 Coll 意为榛子，因此中石器时代的人类一定把科伦赛视作"榛子岛"。

南赫布里底群岛上的中石器时代狩猎采集者过着居无定所的生活，往来于艾莱岛、朱拉岛和科伦赛岛上的营地间，这种生活延续了超过 1000 年。我们对其如何结束的了解与第四个岛——奥龙赛岛上的遗址密切相关。虽然面积很小，但奥龙赛岛上有不下 5 处中石器时代的贝丘。这在其他岛上都不曾见过。尽管 19 世纪末曾有人探索过那里,但剑桥大学的保罗·梅拉斯(Paul Mellars)在 20 世纪 70 年代对那里展开了最为全面的发掘。[21] 他找到了公元前 5300—前 4300 年间堆积起来的贝丘,正值最早的农民抵达之前。

中石器时代的人类来到奥龙赛,采集了一系列贝类作为食物和鱼饵。他们还坐着独木舟捕捞青鳕鱼,并诱捕多种海鸟。海豹也是捕猎对象,如果当时该岛也像今天一样,是它们的繁殖点,那么应该很容易捕到。荔枝螺的壳被加工成项链,从梅拉斯找到的骨锥来看(适合刺穿皮革),人们还缝制衣物。与贝丘中的动物骨骼、贝壳、火炉和破碎器物混在一起的还有人骨碎片,证明有人死在奥龙赛岛上。尚不清楚这些是仪式性埋葬的尸体残骸,抑或仅仅是另一种被丢弃的垃圾。

一些最小的发现却是最重要的,比如青鳕鱼的"耳石"。每块耳石的大小直接反映了鱼的大小,后者又显示了其被捕获的季节。根据这种证据,梅拉斯发现岛上的不同贝丘在不同时间有人居住,并且涵盖了一年的所有季节。他还指出,人类整年生活在岛上,他们是定居的狩猎采集者。[22]

1987 年,梅拉斯发表了他的发掘结果。当时我是剑桥的研究生,对他的观点深表怀疑。我相信比起赫布里底群岛中那些较大岛屿的丰富资源,奥龙赛岛能提供给狩猎采集者的东西少之又少,人们最多只是周期性地短时间造访。那里的贝丘比丹麦的(比如埃尔特波尔)小得多,1000 年间每年一到两次来访就能很容易地形成。因此,当我开始在艾莱岛和科伦赛岛上工作时,我自信能够找到与奥龙赛岛贝丘同时代的定居点,证明梅拉斯错了。

然而,虽然关于我的发掘成果的放射性碳定年数据越来越多,但它们都没有落在奥龙赛贝丘的 1000 年区间内。朱拉岛上的各个中石器时代遗址同样如此。到了 1995 年,我已经掌握了 30 多条数据,其中一半位于公元前 5300 年之前，另一半位于公元前 4300 年之后。两者之间完全空白，而那正是贝丘形成的年代。很快，我不得不承认梅拉斯可能一直是对的。[23] 在艾莱、科伦赛和朱拉岛上生活了将近两千年后，这些物产丰富的岛屿似乎被抛弃了，人们转而选择了贫瘠多风的弹丸之地奥龙赛岛。虽然他们也去过更大的岛屿，但都非常短暂且不重要，没有留下考古学痕迹。1998 年，梅拉斯发表了关于奥龙赛岛上永久居住的更多证据：人骨的化学成分显示其食物完全来自海洋，包括鱼、海豹、蟹、海鸟和贝类。[24]

　　猎人采集者放弃艾莱岛选择奥龙赛岛，这违背了生态理性。他们为什么要这么做？在寻找答案的过程中，我发现自己诉诸了考古学家最后的手段：偏爱奥龙赛岛一定是源于某种尚不为我们所知的观念原因。

　　虽然我们没找到岩画或雕刻，但苏格兰的中石器时代居民可能拥有与其他任何人类社会同样复杂的神话。在攀登朱拉岛的帕普斯山和干旱山时，在造访绿湖和格林亚特河口时，坐在科伦赛岛残余的橡树林中时，在那里的海滩上散步时，我总是觉得那里不仅留下过中石器时代人类的身影，还有当时的精灵、鬼魂和神明出没。我确信这片地貌深刻影响着起源神话和创世故事，它们可能促使人们做出了住在哪里和吃些什么的不合理决定。

　　公元前 4300 年后，人们回到更大的岛上生活。波尔赛的狩猎营地被再次使用，细石器被加工和丢弃。但波尔赛的新居民还丢弃了破碎的陶器和磨光的石斧。仿佛是要取代奥龙赛岛的贝丘，艾莱岛上出现了新的土堆：巨石墓。

　　到了公元前 4500 年，农民移民抵达苏格兰东部。他们建起石屋——后来将发展成奥克尼著名的斯卡拉布雷村（Skara Brae）——在其他地方建起木屋，看上去就像大陆上的 LBK 长屋。[25] 他们放牧牛羊，种植小麦和大麦。中石器时代的狩猎采集者消失得无影无踪。

在苏格兰西部，新的农业和老的狩猎采集者生活方式似乎融为一体，就像在地中海那样。当艾莱岛上出现独特的新石器时代墓葬时，波尔赛等中石器时代遗址仍然以和过去大同小异的方式被使用。[26] 我们只发现很少的作物种植痕迹，表明其规模一定很小；没有找到能与东部相比的新石器时代房屋或村落。新石器时代的凿制石器堆稀稀落落，很少超过几百件——与之形成巨大反差的是，在几乎所有中石器时代遗址都能找到好几千件凿制石器。

南赫布里底群岛和苏格兰西部其他地方的新石器时代人类四处放牧牛羊，也继续狩猎和采集植物。但仿佛要把自己同中石器时代的狩猎采集者区分开一般，他们拒绝吃海产品。至少从墓中发现的少量新石器时代骸骨来看是这样。[27] 曾经维持奥龙赛岛上居民生计的贝类、海洋哺乳动物和鱼类资源完全被无视。就像中石器时代的狩猎采集者选择生活在奥龙赛岛上那样，这似乎有违经济理性。

奥龙赛岛的中石器时代人类发生了什么？他们只是人口消亡了，还是通过交换商品、提供劳力和联姻与赫布里底群岛的新来者融为一体？两者都有可能，但我怀疑还有第三种。我猜测奥龙赛岛上的人自己成了新石器时代的农民，他们从来自东方的人那里获得了新的观念、工具和牲畜，然后返回更大的岛屿。就像他们的祖先所做的，他们坐在波尔赛的泉边，将石头凿成细石器，但这次附近放牧着牛群。

美洲

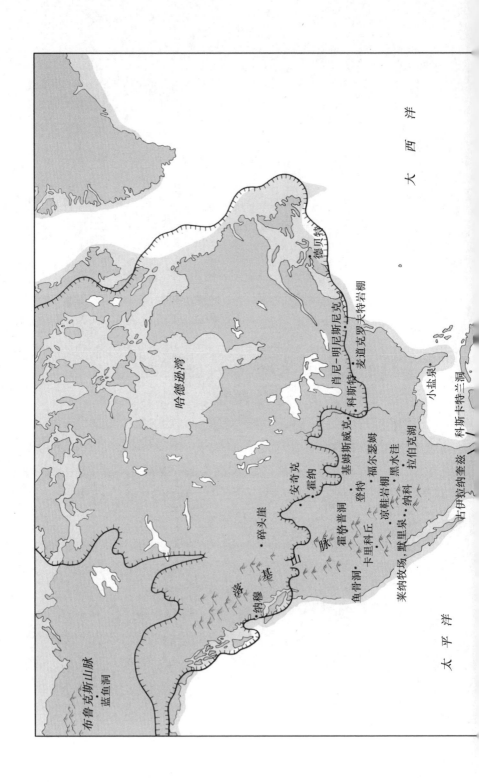

大　西　洋

大　平　洋

布鲁克斯山脉
·蓝鱼洞

哈德逊湾

德贝特

肖尼-明尼斯尼克
科斯特特·麦道克罗夫特岩棚

基姆斯威克
福尔塞姆
凉鞋岩棚·黑水泊
卡里科丘·默里泉·纳科·拉伯克湖
鱼骨洞

安奇克
霍纳
黑··霍格普洞

碎头崖

潜
纳穆
落

莱纳牧场
古伊拉纳奎兹

科斯卡特兰洞

小盐泉

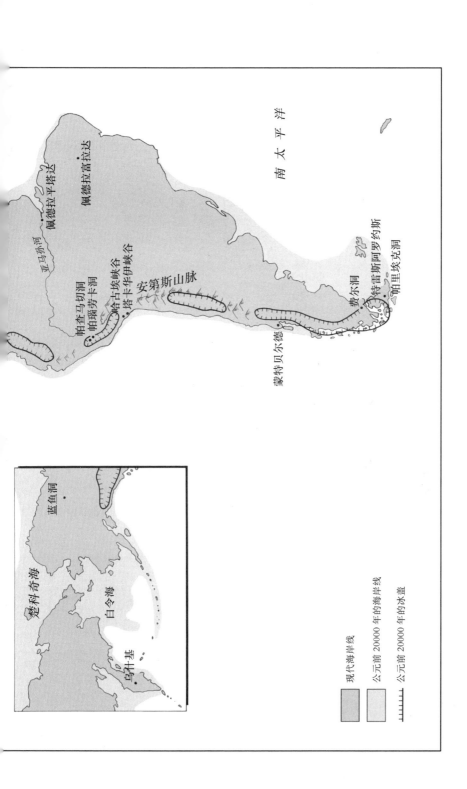

蓝鱼洞

楚科奇海

白令海

乌什基

亚马孙洞

佩德拉平塔达

佩德拉富拉达

帕查马切洞
帕瑚劳卡洞
哈古埃峡谷
塔卡华伊峡谷

安第斯山脉

南 太 平 洋

蒙特贝尔德

费尔洞
特雷斯阿罗约斯
帕里埃克洞

现代海岸线

公元前 20000 年的海岸线

公元前 20000 年的冰盖

第23章

寻找最早的美洲人

发现冰河时代的定居点，公元 1927—1994 年

被约翰·卢伯克观察着的人们若有所思地站在野牛骨上方。他们在土沟周围踱步，弯下腰刮走一点土壤，交谈了几句，点点头，心照不宣地对彼此微笑。有的身着蓝色牛仔外套，有的穿着白衬衫，戴着黑色领结。人们的目光不断落回焦点物品上：一枚石头矛尖牢牢地嵌在两根肋骨间。有人似乎打定了主意，他自信地跨步走向另一个人，握住后者的手摇了起来，并拍了拍对方的后背。第三个人深深吸了口烟，摸了摸自己的下巴。他很快也将被说服，因为此事已经被毫无疑问地证实了。40 年的激烈辩论画上了句号：在冰河时代结束前，美洲就有了人类。

现在是 1927 年 9 月 30 日，约翰·卢伯克身处新墨西哥州的福尔瑟姆（Folsom）。考古学家们的情绪似乎反映了全国的情绪——这个国家正处于经济繁荣之中，正在庆祝查尔斯·林德伯格（Charles Lindbergh）独自飞往巴黎的壮举。不过，同样在土沟周围踱步的卢伯克想的完全不是飞机和汽车。土沟紧挨着一条小溪，上游是约翰逊台地（Johnson Mesa），那是西边 1 千米处俯瞰此地的岩石平顶山。

丹佛博物馆的馆长杰西·菲金斯（Jesse Figgins）[1]是那个获得赞誉的人。他如释重负，对自己命运的剧变仍然没有缓过神来。仅仅1年前，当他开始为新展览收集冰河时代的野牛骨时，想到的不过是自己当地的博物馆。现在，他重写了美洲历史。

1908年，在今天被称为野马谷（Wild Horse Valley）——命名似乎不太恰当——的古老沉积层中，福尔瑟姆野牛骨因为暴雨而重见天日。开始工作后不久，菲金斯找到了两枚矛尖。他马上意识到它们的重要性，于是将其送到了华盛顿史密森尼学会的高级人类学家阿莱士·赫尔德利奇卡（Aleš Hrdlička）那里。赫尔德利奇卡是出生在捷克的移民，外表和名望一样令人生畏，此人梳着大背头，额头布满皱纹，眉毛又浓又黑，白色的衣领笔挺。他向菲金斯提供了关键的建议：如果找到更多矛尖，要把它们留在原地。然后，菲金斯要发电报通知学术机构，以便后者派代表来检验这些发现。

于是，在1927年夏末这一天，一队学者聚集到福尔瑟姆——卢伯克成了荣幸的旁观者。学者中包括抽烟斗的基德尔（A. V. Kidder），那个时代最受尊敬的考古学家之一；未来成就瞩目的研究生弗兰克·罗伯茨（Frank Roberts）；巴纳姆·布朗（Barnum Brown），美国自然历史博物馆的古生物学家。卢伯克看到布朗紧握一枚石头矛尖贴到自己浆洗过的白衬衫上，宣布"新世界人类的古老历史在我手中"。[2]

巴纳姆·布朗错了，但他的草率可以原谅。过去150年间，大批美国考古学家很可能都有过类似的看法，尽管不一定表达出来。虽然福尔瑟姆的发现证明，人类在冰河期结束前就已经出现在美洲，但他们的到达时间仍然不明——公元前12000年，前20000年，前30000年，前50000年还是更早？尚无人能确切描述最早的人类如何以及何时抵达美洲。不过，我几乎毫不怀疑这发生在公元前20000年的大严寒之后，这是全球变暖对人类历史的关键影响之一。

　　约翰·卢伯克也无法给出确切的描述，而是必须拜访从阿拉斯加北部到智利南部一些最吸引人的冰河时代世界的考古遗址。当他在这些遗址间旅行时，我们将讲述一个关于美洲史前史的不寻常故事，关于当最早的石器时代足迹出现在这片最后被殖民的可居住大陆上时，那些试图站稳脚跟之人的激情、才智、艰苦劳作和偶尔纯粹的运气。罗布森·伯尼克森（Robson Bonnichsen）是俄勒冈州美洲人类始祖研究中心（Centre for the Study of the First Americans）的主任，他把这些足迹形容为"终极的先驱事件……美丽新世界的勇敢新人类"。[3] 从荒无人烟的大陆到全球的超级大国，这是终极的美国梦。

　　来自得克萨斯州南卫理公会大学的大卫·梅尔策（David Meltzer）是美洲史前史的顶尖学者之一，也是一位具有考古思维的历史学家。他指出，关于美洲人类始祖的争论可以上溯到近代美洲本身的诞生伊始。欧洲探险者和美洲土著人的最早接触发生在 15 世纪末。新来者理所当然地提出了这样的问题：这些土著人是谁？他们来自何方？

　　在 300 多年的时间里，标准回答是：他们是失踪的以色列十支派之一。1590 年，约瑟夫·德·阿科斯塔神父（Fray Joseph da Acosta）猜测，这个流浪支派从陆上迁徙而来，经由新旧大陆的交汇点抵达这片大陆的北部。梅尔策详细记录了发现福尔瑟姆遗址前此类猜想的发展。[4] 一些 19 世纪的学者——例如来自新泽西州托伦顿（Trenton）的医生兼热情的业余考古学家查尔斯·阿博特（Charles Abbott）——坚称曾有一个使用原始工具的石器时代人类族群生活在美洲。另一些人则强烈反对这种观点，特别是美国民族学局（Bureau of American Ethnology）的威廉·亨利·霍姆斯（William Henry Holmes）。他是考古机构的成员，阿伯特这样的业余人士竟敢大胆地对人类历史下论断，这在一定程度上促使他提出了反对。

这场争论的导火索之一，是人们发现了与已灭绝动物骸骨联系在一起的人类器物，这证明了人类在欧洲的古老历史。《史前时代》解释了此类发现的重要性，确定了冰河时期的欧洲就有人生活，虽然没人知道那是在多久之前。维多利亚时代的约翰·卢伯克用书中的一章讨论了"北美的考古学"，对那里纪念碑、墓葬和器物的年代非常感兴趣。[5] 他对将北美的人类器物同已灭绝动物联系起来的两种论断表示怀疑，认为没必要认为人类已经在那片大陆生活了超过 3000 年。但他谨慎地没有否认存在更古老定居点的可能，只是表示所需要的证据现在还不存在。

《史前时代》的审慎口吻符合一位遥遥观望的英国绅士的典型形象——维多利亚时代的约翰·卢伯克从未跨越大西洋。而处于争论前沿的美国人（比如阿伯特和霍姆斯）则使用了更激烈的语言，秉持武断的观点。为此，大卫·梅尔策将福尔瑟姆遗址发现前的那几十年称为"旧石器时代大战"——几位主角间言辞的刻薄程度，指责对方无能和纯粹的攻击让当下我们关于人类起源的争论显得如此友好。

因此，当这些主角在 1927 年 9 月 30 日齐聚一堂检验杰西·菲金斯的发掘时，难怪他要感到紧张了。他在野牛骨中发现矛尖完全出乎意料，甚至连那些冰河时代美洲人的坚定支持者也未曾想到。他们本指望发现粗糙的砍砸器和类似欧洲尼安德特人所拥有的"原始"特征的人类遗物。但在福尔瑟姆遗址找到的精致石质矛尖是复杂狩猎活动的证据。

矛尖长约 6 厘米，通过双面切削制成 [这种技术名为"双面加工"（bifacial working）]，一条长长的凹槽从底部几乎延伸到尖头。它们后来被称为福尔瑟姆矛尖，并引入了古印第安人（Palaeo-indian）的称呼。今天，我们知道福尔瑟姆矛尖的制造和使用年代为公元前

福尔瑟姆矛尖，约公元前 9000 年，
发现于北美

克洛维斯矛尖，约公元前 10500 年，
来自美国亚利桑那州的莱纳遗址

11000—前 9000 年。[6] 福尔瑟姆被发掘后的 10 年间，又有许多类似遗址被发现。既然人们已经知道要寻找什么，他们只需在古老河道和湖底沉积层中搜寻灭绝动物的骸骨，并在其中寻找人工制品就可以了。

1933 年，科罗拉多的登特（Dent）附近发现了一座遗址。[7]这里的猎物是猛犸而非野牛，矛尖比福尔瑟姆发现的更大。这些矛尖很快被用于界定一种新的文化：克洛维斯文化（Clovis）。它得名于新墨西哥州的一座小镇，20 世纪 30 年代，那里附近的黑水洼（Blackwater Draw）遗址发现了更多矛尖和猛犸骸骨。[8]克洛维斯矛尖更大，凹槽只到达矛尖中部，底部用粗石磨过，以便于安装矛柄。

与猛犸（被认为在福尔瑟姆的野牛出现前就已经灭绝）的联系表明，它们比过去任何发现都更古老。黑水洼的发掘证实了这点，因为在那里的沉积层中，福尔瑟姆矛尖和野牛骨正好位于埋有克洛维斯矛尖和猛犸骨的土层上方。[9]

20 世纪 50 年代，亚利桑那州南部的圣佩德罗（San Pedro）河谷发掘出了几处克洛维斯遗址。1953 年，在纳科（Naco）附近一具几乎完整的猛犸骨架中，人们发现至少有 8 枚克洛维斯矛头混杂其中。[10] 没有找到其他考古遗迹，于是人们很快将其称为“逃走的那头”——一头猛犸遭到攻击，受伤但逃脱了，死后尸体未被找回。两年后，在距离纳科仅几千米远的莱纳牧场（Lehner Ranch），人们在 8 具猛犸骸骨中又找到了 12 枚矛尖。[11]

到 20 世纪 70 年代末，人们已经获得了大量克洛维斯遗址的放射性碳定年数据，显示它们都不早于公元前 11500 年。[12] 由于找不到任何更早定居点的痕迹，克洛维斯文化似乎是最早的美洲人。这些来自东北亚的先驱者完成了约瑟夫·德·阿科斯塔神父最早提出的英勇旅程：他们穿过今天被淹没的白令陆桥（当海平面处于冰河时代的最低点时，陆桥曾经连通西伯利亚和阿拉斯加），在覆盖整个加拿大的冰盖开始融化后马上向南迁徙。冰盖由东部的洛朗蒂德冰盖（Laurentide）和西部的科迪勒拉冰盖（Cordilleran）组成。当它们开始融化时，两者之间形成了一条“无冰走廊”，克洛维斯猎人据信经由那里进入了北美的土地。

纳科和莱纳牧场等遗址的发现很快让克洛维斯人的形象远远超越了纯粹的先驱者。他们显然曾经用区区石尖投矛对付猛犸，许多人相信是他们把那种动物推向灭绝——这种观点被称为“过度杀戮假说”。对“克洛维斯第一”和“过度杀戮”说法最热情的支持者是（至今仍是）亚利桑那州立大学的保罗·马丁（Paul Martin）。他认为克洛维斯猎人们在公元前 11500 年来到无冰走廊的南端。在几百年的时间里，他们从那里向南北美洲的林地、平原和森林扩散开来，将猛犸和其他许多巨兽物种推向灭绝。[13]

我们很容易做出后现代主义的论断，认为保罗·马丁只是将美国英雄的理想写进了克洛维斯人的时代，但这种说法很不公平。20世纪70年代，"克洛维斯第一"的设想是对已有证据最合理的解释。不过，一些宣称在美洲大陆发现了前克洛维斯遗址的考古学家已经对此提出挑战。德高望重的非洲人类起源学者路易斯·利基（Louis Leakey）声称在加利福尼亚莫哈韦沙漠（Mojave Desert）的卡利科丘（Calico Hill）发现了"原始的"人类器物。他错了——那些只是破碎的河中卵石。[14] 不过，到了20世纪70年代后期，出现了关于存在前克洛维斯定居点的更为重要的主张。

现在是公元1978年，卢伯克来到了北极圈往里不远的育空河谷（Yukon Valley）。他的目的地是西北偏远地区，即今天我们称为阿拉斯加的东白令陆桥，那里在整个末次冰盛期都没有被冰层覆盖。如果公元前11500年有人在亚利桑那南部的莱纳牧场捕猎猛犸，那么在这里无疑能找到他们的祖先，即最早从亚洲穿越今天被淹没的陆桥的人。

时值仲夏，整个日间和晚上天都亮着。北面是布鲁克斯山脉，南面是阿拉斯加山脉，东面是麦肯齐山脉，它们的高峰守卫着这片土地，为其提供了少许夏日的暖意。阿拉斯加幅员辽阔，面积几乎是英伦三岛的5倍，但人口还不到伦敦的二十分之一。

卢伯克走过绵延的丘陵和矮山，穿过羊胡子草丛。他看到头顶成群的大雁，还有狼和熊。但唯一萦绕在他心头的生物是可怕的蚊子和牛虻。为了前往育空河谷西北部的蓝鱼洞（Bluefish Caves），他必须忍受这些。1978年，即将有人再次对克洛维斯屏障提出挑战。[15]

卢伯克沿着蓝鱼河（Bluefish River）找到了那些洞，这里位于旧克罗村（Old Crow village）西南大约 50 千米。覆盖着云杉的山谷斜坡向上延伸，顶上是锯齿状的石灰岩山脊。他在树木间攀爬，发现发掘正在进行中。峭壁下方有两个小洞，其中一个洞口周围满是水桶、铁锹和泥铲。

这是雅克·桑-马尔斯（Jacques Cinq-Mars）及其来自加拿大考古调查队的助手们的作品。1975 年，桑-马尔斯在坐直升机勘察蓝鱼河时第一次看到了那些洞。今天，他正在发掘其中的一个。为了抵御寒风和肆虐的蚊子，他穿上了厚厚的衣物。洞外，被挖出的沉积物越堆越高，包括黄土和从小山洞顶部掉落的石块。

林中的棚屋里堆放着桌椅、箱子、筛子、笔记本和其他发掘用品。有个人坐着给挖出的大块骨头写标签，仔细地把编号抄到笔记本上。骨头被安放在木箱中，准备长途跋涉运回实验室。有几个箱子里装着支离破碎的骨头，标签上记录了它们被发现的土层和在洞中位置。骸骨来自种类繁多的动物：猛犸、野牛、马、羊、北美驯鹿、熊和美洲狮，还有许多小型兽类、鸟和鱼。一些样本上布满牙印和咬痕，那是冰河时代将这个山洞用作庇护所的狼和熊留下的残渣。

洞中还发现了石质器物、小石片和剥离石片后的残余石块。阿拉斯加其他地方也发现过类似种类的工具，它们被称为迪纳利文化（Denali culture），时间不早于公元前 11000 年。

第三种类型的发现正在被检查、分类和标记：桑-马尔斯认为，这些动物骨骼被人手刮削过。放射性碳定年后，这些在石质工具边发现的"加工过的骨头"将被测定为早于公元前 20000 年。

卢伯克造访之时，桑-马尔斯还不知道上述数据。但他在工作过程中坚信，自己的发现揭示了一个美洲前克洛维斯文化的定居点。卢伯克挤进洞中，体验了逼仄、黑暗而闷热的工作环境。沉积物层既不水平也不齐整，而是时高时低，以不规则的方式开始和结束，几乎无法辨认。他想到了把山洞作为巢穴并扰乱了土层的狼，以及在松软的沉积物中打洞的啮齿动物。它们可以轻松地翻动小石片，将其同狼带来的骨头（比有人来此凿石早了几千年）混在一起。

发现"被加工过的骨头"后，考古学家讨论了那些光滑的边缘是否真的出自人手。它们可能是濒临饿死的动物不断舔舐造成的，甚至可能是风或水留下的，然后被食腐者从腐烂的尸体上取走，不顾一切地带入洞中。如果是这样，食腐者可能是男人、女人或野兽。发掘结束将近 30 年后，桑-马尔斯仍然相信边缘光滑的骨头是真正的人工制品，证明在末次冰盛期前就有人生活在阿拉斯加。我没有见过那些骨头，但根据对它们的描述，我仍然心存怀疑——最有可能的工匠似乎是大自然。

蓝鱼洞是整个阿拉斯加唯一可以声称早于公元前 11500 年的定居点遗址，然而这个证据足够薄弱，让人们可以充满信心地否定它。如果在阿拉斯加（或者我们应该称之为东白令陆桥）没有此类遗址，它们存在于更南边的可能性似乎也不大。不能用缺少田野工作来解释在阿拉斯加找不到此类遗址，尽管如此有挑战性的地貌可能会让人们有此想法。密集的考古调查已经发现了超过 20 处冰河期遗址，它们是昔日的营地。其中一些深埋于黄土之下，有未被翻动的器物堆、炉灶和屠宰的动物骨骼。但它们的年代都不早于公元前 11500 年。[16]

事实上，前克洛维斯文化主张者的糟糕处境远不只是缺乏来自阿拉斯加的证据，在整个西伯利亚（构成了白令陆桥的西部）都没有找到年代早于公元前 15000 年的遗址。当时的西伯利亚一定建立过狩猎采集者社群，有理由设想他们穿越了对其而言完全看不见且一无所知的洲际屏障，最终扩散到阿拉斯加。不过，由于巨大的冰盖将阿拉斯加与北美肥沃的苔原和茂密的林地隔离开来，他们无法向南行进。在公元前 12700 年之前，人类不太可能穿过无冰走廊；

即便在此之前冰层存在缺口，对旅行而言条件也过于恶劣，缺乏任何柴火和食物资源。[17]

但如果确实如此，为何在宾夕法尼亚的麦道克罗夫特岩棚（Meadowcroft Rockshelter）发现了公元前 16000 年的石器？这是下一处我们必须造访的有争议的遗址，它位于洛朗蒂德冰盖以南。

1973 年，宾夕法尼亚匹兹堡大学的詹姆斯·阿多瓦西奥（James Adovasio）开始发掘十字溪河谷（Cross Creek Valley，俄亥俄河的一条支流）的一处小山洞。[18] 阿多瓦西奥将用随后的 30 年研究和讨论麦道克罗夫特岩棚对人类在美洲繁衍的重要性——他至今仍然态度坚决。他发掘出了厚达 5 米的层次分明的沉积物，从中获得了多组放射性碳定年数据。最底部的各层为公元前 30000 年左右，没有任何人类存在的痕迹。它们上方的一层约为公元前 21000 年，从中找到了一团编结的纤维，可能是篮子的残片。随后各层为公元前 16000 年，包含了确定无疑出自人类之手的石质工具。

洞中找到了许多兽骨和鸟骨，一些可能来自在此筑巢的猫头鹰、做窝的食肉动物和打洞的啮齿类，另一些无疑是人类猎物的残骸。表面上看，麦道克罗夫特似乎证明了公元前 16000 年美洲就有人类居住——至少比最早的克洛维斯矛尖早了 5000 年。但在可以放弃"克洛维斯第一"的理论之前，我们还必须解决几个问题。

麦道克罗夫特周围的地层布满了煤矿。如果煤尘被风吹进洞中或者经由地下水渗入了沉积层，那么用于定年的焦炭样本可能遭到污染，它们的检测结果很可能会比实际年代早了几千年。阿多瓦西奥驳斥了这种观点，认为附近富含碳的沉积层都不是水溶性的，而且改变定年结果（比如从公元前 10000 年变成前 16000 年）需要的污染量非常大，没有任何一个定年实验室可能犯这种错误。

兽骨同样带来了疑问。公元前 16000 年，这个洞穴距离洛朗蒂德冰盖边缘可能不超过 80 千米，因此可以认为它被荒芜的苔原包围。但麦道克罗夫特的兽骨来自鹿、花栗鼠和松鼠，这些是生活在茂密林地的动物。如果放射性碳定年准确的话，难道不应该找到猛犸、北极兔和旅鼠的骸骨吗？

阿多瓦西奥承认这些被认为来自公元前 16000 年的骸骨属于生活在林地的动物，但当洞中最早有人居住时，周围已经生长着橡树、山胡桃和胡桃树。他表示，这得益于那里不受侵袭的独特地理位置——在今天的十字溪河谷，每年的无霜期可以比周围地区多出 50 天。所以，即使在冰河盛期，岩棚附近也可能有树木和林地动物存活，为最早的美洲人提供了狩猎和采集的机会。

到 1993 年，阿多瓦西奥可以宣布麦道克罗夫特已经成为"美洲已知所有推定的前克洛维斯遗址中被研究得最多、相关著述最广泛、定年最彻底的一个"。[19] 无论是对他的焦炭样本的一再检验，还是对沉积物的显微镜研究，都未曾发现最早地层中的焦炭样本有被污染的痕迹。[20]

但一些重大疑点仍未解决。如果公元前 16000 年的麦道克罗夫特有人居住，他们是如何抵达那里的？

事实上，克努特·弗拉德马克（Knut Fladmark）在 20 世纪 70 年代就给出过一个答案：来自西伯利亚的美洲人始祖沿海岸绕过了北美冰盖。[21] 这种观点受到阿尔伯塔大学（University of Alberta）的两位考古学家鲁思·格鲁恩（Ruth Gruhn）和阿兰·布赖恩（Alan Bryan）的欢迎。他们表示，最早的美洲人并非通过无冰走廊抵达，而是靠步行或航行绕过了西海岸，甚至可能坐船穿越白令海峡，从堪察加半岛（Kamchatka）抵达加利福尼亚。[22] 因此，随着冰河期的结束，能表明人类是如何在公元前 16000 年抵达麦道克罗夫特的各处关键遗址已经被上升的海平面淹没。

鉴于冰层的规模可能导致 3 万到 1.6 万年前的任何沿岸或海上路线都无法通行，布赖恩和格鲁恩宣称，殖民很可能发生在大约 5万年前。为了支持自己的主张，他们指出西北海岸土著美洲人的语言多样性要超过其他任何地方，认为这反映了人类在该地区生活时间的久远。在 1891 年对美洲语言所做的最早分类中，认定的 58 个语族里有至少 22 个来自加利福尼亚。[23]

但如果最早的美洲人在 5 万年前经由沿海路线抵达，那么即便早期的沿海定居点已经被上升的海平面淹没，为何他们存在的最早证据只有公元前 16000 年的麦道克罗夫特岩棚呢？最早的美洲人可能过了 3 万多年才从沿海向内陆行进吗？即使在布赖恩和格鲁恩看来，这似乎也不太可能。因此，他们提出了第二种观点来解释前克洛维斯遗址的空白（在麦道克罗夫特的拥趸看来则是极端罕见）：最早的美洲人生活在高度流动的小群体中，以很低的密度散布在这片大陆上。他们留下的考古遗址非常脆弱（布赖恩和格鲁恩如此断言），即使这些遗址经受住了时间的侵蚀，发现它们并准确定年份的概率也很低。布赖恩和格鲁恩认为，公元前 11500 年左右的考古遗址在美洲大陆各地突然出现，反映人口水平突破了临界线，此后有足够多且足够大的定居点被创建，从而留下可辨识的考古记录。[24]

此类观点似乎令人信服。但如果没有更多的早期定居点支持来自麦道克罗夫特的主张，并理想地将最早美洲人的历史前推到公元前 20000 年以前，上述观点也没有什么说服力。不过，正当阿多瓦西奥即将完成在麦道克罗夫特的主要工作时，有人恰好就这点提出了新的主张：一处将最早美洲人的年代认定为至少 4 万年前的遗址。遗址名为佩德拉富拉达（Pedra Furada），距离北方冰盖比麦道克罗夫特和南亚利桑那的克洛维斯遗址都远。

现在是 1984 年，约翰·卢伯克来到巴西东北部的一个偏远地区：拥有独特卡廷加林地（caatinga，干旱而多荆棘）和砂岩山崖的皮奥伊州(Piauí)。山崖上许多小洞穴的墙上绘有当地动物的壁画：鹿、犰狳和水豚。有的壁画是狩猎场景，画着火柴棍小人；有的则描绘了性和暴力。卢伯克觉得这里让人很不舒服——不仅贫困、干旱、炎热，还满是咬人的虫子和悄悄蔓延的危险。

卢伯克将要拜访的考古学家是巴黎社会科学高等研究院的尼埃德·吉东（Nième Guidon）。她在巴西东北部工作了 20 多年，主要勘察岩棚和记录岩画。为了确定岩画绘制于何时，她开始发掘最大、绘制最精美的遗址之一，即佩德拉富拉达。[25] 工作开始于 1978 年，6 年后，她的发掘已经达到了非常可观的规模。当吉东宣称找到了 4 万年前有人在佩德拉富拉达生活的证据时，她的兴趣已经从岩画（约为公元前 10000 年）转向了人类的古老历史。

卢伯克首先从远处看到了遗址，或者说他望见了矗立在荆棘和仙人掌丛之上的砂岩山崖。走近看时，岩棚体积惊人。他后仰身子，在巍峨而倾斜的巨大石壁下感到眩晕。石壁高 100 多米，直达上方的崖顶。岩洞宽约 70 米，深 18 米，考古学家们正在洞中工作。吉东本人（这位坚强的女性曾被以攻击性著称的巴西"杀人蜂"蜇了 200 多下，好在幸免于难）正在检视遗址的一幅岩画。她对发掘的热情和投入仍像第一天抵达这里时一样。[26]

她的工作在规模上显然能与岩棚本身相提并论：深达 5 米的沉积物被从洞底挖出，许多被倾倒在发掘现场外的树林里。一些柱状的洞底沉积物在卵石墙的支持下保留下来，以供考古学家自己和任何想要查看遗址的访客参考。为了准确记录发现器物的地层顺序，人们还对遗址做了素描和拍照。

卢伯克对他们的工作一览无余，他待在位于原先洞底位置的走道上，靠近绘有许多红白岩画的石壁。昔日从崖顶坠落的巨石显示了被遮蔽区域的范围。两边是一堆堆的卵石和小石块，显然来自被侵蚀的崖顶。崖壁上的渍迹表明曾有水从上面流下。水流无疑曾经持续了很久，因为下面的岩床上留有冲击形成的水坑。

虽然 20 世纪 90 年代初就提出了定居点有 4 万年历史的主张，但关于遗址的详细报告尚未问世，包括具体说明发现石器的确切位置，它们与被定年的焦炭块的联系，以及对被认为是炉灶的结构的素描。面对批评者，吉东邀请他们前往遗址亲自检验那些器物。与 1927 年杰出学者们的福尔瑟姆之行不同，当 3 位公认的专家——大卫·梅尔策、詹姆斯·阿多瓦西奥和汤姆·迪拉伊（Tom Dillehay）——于 1993 年 12 月抵达时，佩德拉富拉达的发掘工作已经结束。卢伯克错过了他们的来访——他在 1985 年就离开了佩德拉弗拉达，前往迪拉伊本人提出的前克洛维斯定居点：智利南部的蒙特贝尔德（Monte Verde）。

如果卢伯克留下，他将看到梅尔策、阿多瓦西奥和迪拉伊仔细检验沉积物柱子，查看一层层厚厚的焦炭，在发现柱子中充满了自然破碎的卵石而非真正的人工制品时皱起眉头；他将看到他们从林间的土堆中收集被丢弃的石块，在发现这些石头与吉东声称的石质器物几乎一样时，显得更加忧心忡忡。卢伯克还将看到他们查看洞壁上的水渍，琢磨流水可能会如何影响岩棚中石块的位置和器物的分布。

梅尔策和他的同事们不带成见地来到佩德拉富拉达，离开时也没有信服。他们认为那些石器很可能是因自然原因破碎的石英卵石，而非最早美洲人的锤石。[27] 梅尔策在山洞上方 100 米的崖顶找到了卵石的来源，它们显然是从这里坠落，在下方的地面上摔碎的。

3 位考古学家没能找到焦炭样本被污染的证据，就像在麦道克罗夫特可能出现的那样。他们欣然接受了许多焦炭块的确有 4 万多年历史的看法，但它们与人类活动真有关系吗？干旱的灌木丛林从至少 5 万年前就环绕着佩德拉弗拉德，很可能因雷电引发天然林火。如果着火点靠近山洞，木炭很容易被吹到或冲到沉积物中。事实上，在梅尔策看来，洞中厚而分散的层状焦炭看上去完全不像已证实的炉灶留下的薄而集中的透镜状焦炭，就像在其他遗址，甚至佩德拉富拉达当地 1 万年前的遗址见到的那样。[28]

在 1994 年的报告中，大卫·梅尔策和同事得出结论，他们"对更新世的佩德拉富拉达有人类存在的说法表示怀疑"。[29] 这是一个谨慎而宽厚的结论，并向吉东及其团队提出了许多如何支持她的论断的建设性意见——比如证明如何区分器物和自然破碎的卵石。不幸的是，吉东对报告反应激烈，声称他们的"评价毫无价值"，建立在"偏颇和错误的认知基础上"。[30] 大卫·梅尔策曾写过 19 世纪的"新石器时代大战"，他不情愿地成了那场论战现代翻版的主角。

第24章

美洲的过去在今天

关于人类在美洲繁衍的牙科、语言学、基因和骨骼证据

当卢伯克前往智利南部的蒙特贝尔德时，我们必须把目光投向寻找美洲人始祖过程中的其他进展。20世纪70年代末，美洲历史研究出现了根本性的转向，仅依靠考古学证据变得不再可能。研究活着的土著美洲人的语言学家和基因学家也成了史前史学家，开始探究最早的美洲人何时抵达、来自何方。牙科学家同样如此。

"牙科史前史"的概念可能听上去有些奇怪，但相关研究能提供很多信息。人类牙齿的形状和大小各不相同，门牙上带有一系列独特的棱和槽，每颗臼齿的牙根和突起数量也可能不一样。这些特征主要由我们的基因决定，变化非常缓慢——因此具备相似齿型的人很可能有很近的亲缘关系。

来自亚利桑那州立大学的人类学家克里斯蒂·特纳二世（Christy G. Turner II）在20多年前成了牙科史前史学家，他收集了土著美洲人的牙齿信息，将它们同整个旧世界人类的牙齿进行比较。[1] 到了1994年，他已经测量了超过15000副牙齿。他在每副牙齿上测量29个不同特征，比如牙根长度和牙冠形状。大部分牙齿属于同

欧洲人接触前的土著美洲人，来自史前墓葬。这点非常重要，因为任何进入美洲基因库的新基因——无论是与欧洲人还是后来与非洲人的跨种族繁衍——都可能影响他所研究的齿型。

特纳提出的问题很简单：来自旧世界哪个部分的人类齿型与土著美洲人的最为接近？虽然他依托了复杂的统计方法，但答案本身直截了当：亚洲北部，特别是中国北部、蒙古和东西伯利亚。这些地方的人具有和土著美洲人一样的独特齿型，特纳把他们统称为"中国齿型"（sinodonts），区别于亚洲其他地方、非洲和欧洲的类型，即"巽他齿型"（sundadonts）。鉴于此，他相信亚洲北部是土著美洲人的发源地。

北美中国齿型内部的牙齿形状也存在差异。特纳区分了 3 个明显的类型，认为它们与公元前 12000 年左右开始的 3 次迁徙事件有关——随着来自土著美洲人语言的证据加入，这种观点得以真正生根。

在 200 多年的时间里，语言学家们一直尝试重建人类社群相互接触的历史和他们的迁徙模式。他们把目光投向语言间的相似和不同，试图把它们归类，然后寻找其传承模式——就像生物学家试图将物种分类并寻找其进化关系那样。此类工作最好和考古研究结合起来，就像科林·伦弗鲁把印欧语系的传播同新石器时代农民在欧洲各地的迁徙联系起来那样。

得益于语言种类的繁多，新世界语言史前史的研究潜力可观。自与欧洲人接触以来，已有 1000 多种语言被记录，其中 600 种至今仍在使用。将它们归类并追溯源头的尝试从 300 多年前就开始了。1794 年，托马斯·杰斐逊（Thomas Jefferson）写道："我试图尽我所能地收集美洲印第安人和亚洲人的词汇，我相信如果他们有过共同的祖先，这将体现在他们的语言中。"[2]

20 世纪 60 年代以来，此类尝试围绕斯坦福大学语言学家约瑟夫·格林伯格（Joseph Greenberg）提出的论点展开。50 年代末，格林伯格将注意力从对非洲语言的分类（他以此成名）转向对土著美洲人语言的分类。到了 80 年代中期，他得出结论，这些语言可以被分为三大语系：爱斯基摩－阿留申语系（Eskimo-Aleut），包括 10 种语言，仅限北美极地区域使用；纳－德内语系（Na-Dene），包括 38 种语言，主要位于美洲西北角，包括特林吉特人（Tlingit）和海达人（Haida）等美洲土著民族；北美、中美和南美的所有其他语言则被有争议地统称为美洲印第安语（Amerind）。[3]

格林伯格通过寻找他所研究的每种语言的基本词汇（比如表示身体部位的词汇）在发音和含义上的相似性得出了上述分类。他认为，每一个语系都是伴随着不同民族各自迁徙至美洲而来的。第一批到来的是说"原始美洲印第安语"（proto-Amerind，前缀 proto-习惯上表示不复存在的源语言，从中分化出了现存的语言）的民族。格林伯格宣称，这次最早的移民事件发生在公元前 11500 年左右，以克洛维斯文化为考古学上的代表。这个民族的来源不明。原始美洲印第安语据称与分布在欧亚广大地区的诸多语言 [语言学家称之为"欧亚语群"（Eurasiatic complex）] 存在相似性，因此诞生于现有各语族确立前。

下一批到来的（发生在公元前 10000 年左右）是说原始纳－德内语的民族，考古学上的代表是被称为迪纳利文化的新型石质工具，由桑－马尔斯于 1978 年在蓝鱼洞发现。格林伯格认为他们的起源是印度支那。最后一批移民在大约 500 年后到来。这些人说原始爱斯基摩－阿留申语，被认为来自亚洲北部。

这种三段式殖民的观点在 20 世纪 80 年代末发表。一些学者对此热烈拥护，另一些则不抱希望。最重要的文章由格林伯格与特纳和他的一位同事斯蒂芬·泽古拉（Stephen Zegura）合作发表在 1986 年的《现代人类学》（Current Anthropology）期刊上 [4]，泽古拉当时正在研究土著美洲人特定基因的分布模式。

格林伯格与合作者们提出了有力的论点。他们表示，每个语族中的土著美洲人在基因和牙齿构造上也拥有同样的特定模式。换言之，3 条独立的证据线合力支持发生过 3 次向美洲的迁徙的主张，其中第一次与克洛维斯文化的出现有关。所有希望确定美洲殖民真相的人都期待不同来源的证据能殊途同归。但许多人觉得这过于理想，令人难以置信。

史密森尼学会的艾夫斯·戈达德（Ives Goddard）和路易斯安那大学的莱尔·坎贝尔（Lyle Campbell）是两位强烈的批评者。[5]他们声称所谓的解剖学—基因学—语言学的关联并不存在——对数据的仔细分析显示，它们在分布上不匹配，格林伯格与合作者们实际上也承认了这个事实。[6]

不过，两位批评者主要关心的是一个根本得多的问题：格林伯格对土著美洲人语言的分类完全错了。他所用的方法不过是对类似的单词和语法成分进行肤浅的比较，而没有注意到对语言整体的研究，以及语言如何随时间而改变——这个研究领域被称为历史语言学。语言的传播、改变和死亡完全独立于基因和齿型。土著美洲人历史上已知发生过大量跨族通婚、奴役、内部迁徙和战争（更不用说在与欧洲人接触之前了），不考虑这些就去寻找上述关联是无稽之谈。

1994 年撰写此文时，戈达德和坎贝尔不知道有哪个土著美洲人历史语言学的专家认为美洲印第安语系有任何正当性。当他们证明，按照格林伯格的方法，芬兰语也必须被包括在美洲印第安语中时，这种分类的矛盾之处清楚地显露了出来。在他们看来，格林伯格所做的一切只是整理语言上的巧合，然后将其错误地解读成史前的起源。

上述并非关于土著美洲人起源的语言学研究仅有的争论。1990

年，加州大学伯克利分校的语言学家约翰娜·尼科尔斯（Johanna Nichols）宣称，新世界语言的庞大数量（她称之为"语言学事实"）"确定无疑"地表明，新世界在好几万年前就有人居住，至少是 3.5 万年以前——这个结论会让 1990 年正在佩德拉富拉达发掘的尼埃德·吉东感到高兴。[7]

尼科尔斯认为，任何地区的语言数量都会以相当稳定的速率随时间逐渐增加。她喜欢用"树干"（stock）一词表示作为现存诸语族源头的那种语言。比如，在欧亚大陆，印欧语是日耳曼、凯尔特和波罗的海—斯拉夫等语族的干语言，然后它们又成了新语族的干语言。她表示，每过 5000—8000 年，每门干语言可以发展出 1.6 门子语言（语族）。尼科尔斯指出，她在美洲印第安语系中识别出的 140 种主要语言需要 5 万年时间才能从最早美洲人所用的源语言发展而来。考虑到可能有不止一次殖民事件（因此有多种最早的干语言）的情况，她把数字下调为 3.5 万年。

牛津大学的语言学家丹尼尔·内特尔（Daniel Nettle）分析了与尼科尔斯同样的数据，但得出完全不同的结论。在他看来，土著美洲语言的庞大数量无疑是殖民活动相对晚近发生的标志，不可能早于公元前 11500 年。[8] 内特尔指出，尼科尔斯提出的新语言出现的速率毫无根据，他还质疑了语言以这种方式分化的整个前提假设。他认为，新语言的出现归根到底是由某个特殊事件引起的，经常是一群人迁徙到新的地区，特别是需要他们根据新的资源状况调整自己的生活方式时。

内特尔认为，随着社群四处扩散，分成新的"群区"——即拥有自己特定资源范围的区域——对新大陆的殖民将很快引发语言的分化。在每个"群区"中，定居者将开始作为猎人、渔民、农民或牧民的不同生活方式，发展自己的词汇，最终确立自己的语言。所有可用的群区最后将住满人，于是新语言的出现将会减缓乃至最终停止。内特尔表示，语言的数量随后会开始下降，一些群体将变得强大，并抑制其他群体，而贸易的发展也需要共享词汇和一定程度上的语言相通。

随着人口的进一步扩张，人们的居住环境变得十分拥挤，现有语言的数量将不断减少。这一过程在今天的世界非常明显，作为全球化的结果，现存大约 6500 种语言可能将在未来 100 年间减少一半。因此，内特尔得出结论，新世界语言很高的多样性反映了殖民活动的晚近，这种观点与克洛维斯第一的假设相吻合[9]，与尼科尔斯的结论恰好相反。

约翰娜·尼科尔斯和丹尼尔·内特尔为何会得出如此大相径庭的结论？原因之一在于他们从截然不同的角度看待语言研究。与约翰娜·尼科尔斯不同，丹尼尔·内特尔本职是人类学家，他主要关心人们如何利用语言建立和维持社会关系，以及经济和生态因素如何影响某个大陆上的语言分布与数量。尼克尔斯那样的语言学家则对上述问题兴趣不大，而是将语言看作发展的实体，拥有完全独立于社会、经济和环境背景的机制。

鉴于关于美洲殖民的这些矛盾观点，语言学家似乎和考古学家同病相怜——即使在最基本的事实上也无法彼此达成一致。我们中没有语言学专业知识的人左右为难，不知应该相信谁。我本人倾向于认同内特尔的人类学方法，以及戈达德和坎贝尔相当令人沮丧的结论：关于美洲印第安人语言学史的可靠知识过于不完整，以至于和人类在美洲繁衍的众多假设都不冲突。语言学家就说到这里。基因学家会表现得好些吗？

我们已经看到，考古学家在研究农业在整个欧洲的传播是由祖籍西亚的农民迁徙引起的，还是因为原住民接受了新石器时代文化时，他们使用了活人的基因。同样的技术（寻找基因变化的特定模式，特别是线粒体 DNA 中的基因）也被用来确定人类可能最早于何时来到美洲，以及他们来自何方。

人们研究了 3 种来源的线粒体 DNA：来自活土著美洲人的；来自生活在亚洲北部和东部活人的，以便与美洲人的数据进行比较；以及来自史前土著美洲人骸骨的。[10] 具体采用的分析类型以及得出的结论相差很大。但一项重大发现是，土著美洲人的线粒体 DNA 序列可以分为 4 个大类，被称为 A、B、C 和 D 组。[11]

来自纳-德内语系和爱斯基摩-阿留申语系的土著美洲人的线粒体 DNA 序列主要属于 A 组，而庞大的美洲印第安语系拥有来自所有 4 个组的代表（也许并不令人意外）。这种基因的多样性（意味着有来自多个移民群体的贡献）支持了那些怀疑美洲印第安语系真实性的语言学家。但就像考古学家和语言学家一样，基因学家们无法就殖民何时以及如何发生给出一致的答案。

1993 年，日本国立遗传学研究所（National Institute of Genetics in Japan）宝来聪（Satoshi Horai）带领的基因学家团队指出，每组序列都是 2.1 万—1.4 万年前某次向美洲移民的产物。[12] 一年后，美国亚特兰大埃默里大学（Emory University）的安东尼奥·托罗尼（Antonio Torroni）带领团队以略有不同的方式分析了数据，结论是美洲印第安语系的始祖分两波迁徙到美洲：第一波携带 A、C 和 D 组基因，时间是 2.9 万—2.2 万年前；第二波携带 B 组基因，时间要晚得多。[13] 1997 年，巴西南里奥格兰德联邦大学（Federal University of Rio Grande do Sul）的桑德罗·博纳托（Sandro Bonatto）和弗朗西斯科·萨尔扎诺（Francisco Salzano）提出，所有 4 组基因都源于 2.5 万多年前的一次迁徙。[14]

基因学家为何如此难以达成一致？原因之一在于他们面临着和语言学家同样的问题。[15] 正如人们对语言分化的速率了解有限，对基因变异的速率同样难有共识。基因学家实际上是在尽其所能地猜测变异频率，但这些猜测可能完全错误。此外，不同基因的变异速率也不相同，而有的变异可能会掩盖此前出现过的变异。[16]

另一个原因是，即便我们对美洲历史和史前史所知有限，但显然不同时间分批迁入美洲的人发生过大量基因混合。经过这样的混杂，从现代土著美洲人的基因中确定此类迁徙的数目和时间将变得几乎不可能。

从今天的牙齿、语言和基因重建美洲史前史的尝试也可能尖锐地遇到另一个潜在问题：最早和早期美洲人骸骨的数量过于稀少。截至公元 2000 年，公元前 9000 年以前的所有骸骨收藏来自不超过 37 名个体。其中许多个体只留有几块碎骨。[17]

美国得克萨斯 A&M 大学的人类学家金特里·斯蒂尔（D. Gentry Steele）和约瑟夫·鲍威尔（Joseph Powell）在研究这些藏品后有了一个惊人的发现：最早的土著美洲人看上去与后来史前或历史记录中的土著美洲人截然不同。[18]更晚近的人被描绘成拥有蒙古人种的外貌——相对宽而平的脸庞和高颧骨，清楚表明他们的先人来自亚洲北部。但来自公元前 9000 年之前的骨骼样本显示那些人的脸又短又窄，在齿型上与克里斯蒂·特纳对土著美洲人的描绘也大相径庭。事实上，最早的美洲人与其说看上去像是近代美洲人和亚洲北部人，不如说他们与最早的澳大利亚人（测定为 6 万年前）和现代非洲人要相似得多。

1996 年，华盛顿州哥伦比亚河（Columbia River）流域新发现了一枚珍贵的头骨和部分骨架残骸。[19]经过法医检验，当地考古学家詹姆斯·查特斯（James Chatters）根据其高加索人种的特征（区分来自欧洲、北非和近东人的特征，比如高而窄的鼻梁）认定，骨骼属于一位晚近的欧洲定居者。但年代测定显示，此人死于大约公元前 7400 年，与嵌在他大腿骨上的石矛尖的形制相符。

"肯纳威克人"（Kennewick Man）很快引发轰动。至少有5个土著美国人部落宣称他是自己的直系祖先。尤马蒂拉部落（Umatilla）先发制人，以 1990 年的《原住民墓地保护与文物归还法》（Native American Graves Protection and Repatriation Act，简称 NAGPRA）为依据，要求马上将其重新埋葬到秘密地点。许多科学家对此感到震惊。他们声称那是滥用法律，而且无法证明骸骨与任何部落存在联系：重新埋葬意味着丧失关于美洲殖民历史的无价证据。骸骨被封藏在保险库中，等待旷日持久的法庭程序决定它们的命运，最终法庭许可检验其中的 DNA。这激怒了尤马蒂拉印第安人。

当查特斯获悉公元前 7400 年的测定结果时，他修改了自己的观点，宣称"肯纳威克人"只是类高加索人种。详细的统计学分析显示，头骨的形状与波利尼西亚人（Polynesian）的最为相似，特别是来自太平洋上复活节岛的人和日本的阿伊努人（Ainu）。后者的确看上去像高加索人种，很可能源于最早的智人，在距今 10 万年前之后不久扩散到东亚，其中一些在 6 万年前来到澳大利亚，另一些则很可能是新世界最早的来客。

鉴于体貌上的差异，最早的美洲人（从公元前 9000 年之前的骸骨证据来看）可能与后来史前和历史记录中所知的，当然还有今天活着的土著美洲人完全无关。所有更晚近的土著美洲人显然都源于从亚洲北部迁徙而来的人（也许更应该说是流散），他们当时已经发展出独特的蒙古人种特征。已经在美洲生活的人可能被吸收进了这些新人口，他们自己的牙齿、基因和语言特征被新来者的淹没。最早的美洲人也可能灭绝了，没有对未来的人口做出语言或基因上的贡献。第三种猜想的可能性更小，即最早的美洲人被新移民刻意消灭——我们还记得"肯纳威克人"大腿上的矛尖。无论哪种猜想是正确的，牙科、语言和基因学的史前史可能永远无法回溯到最早

的美洲人。为此，我们将不得不依赖考古学记录。所以，现在让我
们转向美洲最后或许也是最关键的考古遗址：蒙特贝尔德。

第25章

在钦奇胡阿皮溪畔

对蒙特贝尔德的发掘和诠释，公元 1977—1997 年，公元前 12500 年

约翰·卢伯克沿着钦奇胡阿皮溪（Chinchihuapi Creek）满是泥炭的岸边而行，这条蜿蜒的浅溪是智利南部毛林河（Maullín River）的支流。卢伯克在它的引导下穿越了林地、沼泽和牛群吃草的葱郁牧场。东面，白雪皑皑的安第斯山巅高高矗立在树顶上空；西边，较低的太平洋沿岸山坡被林木覆盖。太平洋就在不超过 30 千米外。

卢伯克的目的地是蒙特贝尔德，肯塔基大学的汤姆·迪拉伊在 1985 年考古季完成了他最后的发掘——差不多 8 年前开始工作时，这处遗址让他"激动不已，有点不知所措"。[1] 由紧密的沼泽植物形成的泥炭很快在废弃的茅舍、工作区、烹饪区和垃圾堆上积累起来，这些泥炭抑制了正常的腐烂过程，创造出前所未有的保存条件。于是，迪拉伊不仅可以发掘出石器和动物骨骼，还能找到植物残骸、茅舍的木料、木制品和牛皮，甚至还有动物肉块。

迪拉伊组建了令人印象深刻的合作者团队，包括地质学家、植物学家、昆虫学家和古生物学家，当然还有他的考古学家同事。他们不仅要分析考古发现，还将重建蒙特贝尔德居民的生活环境。他

的团队还有一项重要任务：确定该定居点的年代。

　　随着卢伯克顺流而行，溪水变得越来越深，流淌得也更快了。气温下降，空气湿度增加，他的脚步不再踏在有弹性的泥炭上，而是稍稍陷入松软的沙地中。传来有人说话的声音。当卢伯克转过溪流的一个弯角时，他本指望能够将发掘活动尽收眼底，就像在蓝鱼洞和佩德拉富拉达那样。但卢伯克抵达蒙特贝尔德的时间比计划早了许多——现在是公元前 12500 年，定居点和那里最早的居民仍然欣欣向荣。

　　人们头发乌黑，皮肤呈橄榄色，身形瘦削，披着雨披一样的兽皮披风。[2] 有几个人在长椭圆形帐篷的一头工作。帐篷位于距离河岸几米远的地方，被分成若干个单元，可能是作为家宅。工作者们似乎正在一头加建新的单元，已经用木头打好了墙基和地基。他们快速而高效地劳作着，用石片削尖杆子的一端，将其插进沙质土壤中。附近，一群坐着的妇女用植物纤维搓制麻绳，用来把兽皮固定在帐篷框架上。

　　当男人和女人们工作时，孩子们在溪中戏水，有位老人正在打理另一排居所外的一个大火堆。他翻动正在余烬上加热的卵石，两名较年轻的男子则在准备食物。他们用大片绿叶包裹小块土豆样的食物，将其码在树皮托盘上，准备蒸熟；坚果被放在木臼中碾碎，然后倒进一只藤碗里，碗中盛有散发出甜美气味的叶子。

　　村子背后沼泽外的林地里传来呼叫声。人们停下了工作，从茅屋兽皮帘子的缝隙中望去：一群微笑的人带着沉重的包裹从树林中走出，穿过枯树枝铺成的小径走进村子。他们高声致意，整个村子（至少有 30 名男人、女人和孩子）都跑过来欢迎他们。

　　新来者坐在炉灶旁，准备了一半的食物被推到一边。所有人围拢过来，急于一睹他们从海岸边带来了什么。卢伯克发现自己挤在他们中间，与蒙特贝尔德人摩肩接踵——他们不是第一批，却是已知最早的美洲人。

包裹被打开，里面的东西被一件件取出，每件物品都被高高举起，人们在展示的同时也讲述了自己是如何获得它们的。大家聚精会神，几乎每个故事结束时都会引发哄堂大笑。物品在人群中传阅，然后小心地被放在地上：一袋盐，人们边传递边愉快地品尝；一葫芦乌黑黏稠的沥青，用于将石片粘到木杆上；一堆海滩上的球形卵石，做锤石比溪中找到的有棱角的石块要好得多。

所有物品都被摆好后，旅行者们继续发言，回答了许多关于他们看见什么和遇见什么人的问题。他们离家10天，造访了另一处定居点，回来时经过海岸，以便收集海藻、贝壳、鸟蛤和海胆等珍馐，以及其他任何他们认为有用的东西。

人群渐渐散去，但当暮色降临时，他们再次围坐到火边，在星空下歌唱。他们燃起药草，空气中充满了刺鼻的香气。有个男子带头歌唱，其他人则保持安静；随后歌唱者变成了年轻女人们，接着又变回那名男子，其他人则开始拍手。人们还翩翩起舞，在火堆周围留下了一片足印。食物被放在叶子做成的巨大盘子里供人分享——野土豆，烤肉，用叶、茎、磨碎的根和碾碎的坚果做的色拉。用餐完毕后，歌舞重新开始，一直持续到美洲的深夜。现在是公元前12500年，当卢伯克即将坠入梦乡时，他回忆了自己在人类历史上同一时间到过的其他地方：他在克雷斯韦尔崖设陷阱捕捉北极兔，在阿伦斯堡河谷伏击驯鹿，在马拉哈泉村看人们碾磨榛子和烤制面包。

蜿蜒的河流总是在变道，它们带来的沉积物被留下，形成新的沙土河岸与河道。1976年，钦奇胡阿皮溪就经历了一波这样的活动，穿过了早已被泥炭沼泽淹没的昔日河道。溪流的古老河岸重见天日，而为了给拖运木料的牛车整理出一条小径，当地的伐木工进一步铲去了部分河岸。

当地的杰拉尔多·巴里亚（Gerardo Barria）家族发现了从河岸边突出的骨头，他们将其带给一位学农业的学生，而对方认为那些是牛骨。学生向巴尔迪维亚大学（University of Valdivia）的人类学家卡洛斯·特龙科索（Carlos Troncoso）和他的同事、校博物馆馆长毛里齐奥·范·德·梅勒（Mauricio van de Maele）展示了这些骨头。两人检查了发现地点，找到了更多骨头，并发现了石器。这时，正在该校任教的汤姆·迪拉伊对此产生了兴趣，骨头上可能的切痕和频繁出现的肋骨吸引了他。1976 年，他勘察了这处遗址，并很快开始了发掘。这将把他和整个美洲史前史带到克洛维斯屏障之前。

即使"克洛维斯第一"的假设仍然成立，蒙特贝尔德保存的完好程度也将确保其获得新世界最不寻常的考古遗址之一的盛名。迪拉伊需要煌煌两大卷来发表和阐释发掘出的证据，最后一卷于 1997 年问世，此时距离发掘工作开始已经过去了 20 多年。[3] 凭着这些证据，他可以详细地重建蒙特贝尔德的生活方式，指出人们常年生活在该定居点：他们与沿海定居者展开贸易，或者定期前往河口、岩池和海滩采集食物和原材料。不过，让蒙特贝尔德地位居于其他所有美洲遗址之上的是它的年代。

迪拉伊辨认出了两组不同的器物。最大的一组包括大部分工具、茅屋废墟和大部分食物残渣，被称为 MV-II，放射性碳定年结果为公元前 12500 年左右。[4] 第二组器物（MV-I）则较为含糊，来自古老的河流沉积物。迪拉伊在可能的石器和木器旁找到了疑似炉灶遗迹的焦炭堆，测定为至少公元前 33000 年。[5] 他本人对 MV-I 保持谨慎，承认需要发掘更大区域，然后才有把握得出结论。但到了 1985 年，他毫不怀疑 MV-II 居住地属于公元前 12500 年这一结论的可靠性。坚守了 50 多年的克洛维斯屏障被钦奇胡阿皮溪的水冲垮了。

　　等到卢伯克第二天醒来时，修建新茅舍的工作已经重新展开。人们为木架绑上兽皮，在屋顶上铺设枯树枝。另一些人正在用新获得的沥青制造和修理工具。安到木杆上的石片几乎没有加工过，很容易把它们误认为自然碎裂的石头。事实上，卢伯克看到有人直接使用从溪流河床上找到的锋利石头——这些石头与卡利科丘和佩德拉富拉达的没什么区别。

　　大部分活动在距离茅屋约30米外的地方展开，那里似乎是定居点的作坊。卢伯克从几群男女间走过，每群人都干着不同的工作，许多人一边干活一边咀嚼。3个男人盘腿坐着，正在制作打猎用的投石索。他们用海滩上的坚硬卵石把较软的石头打磨成几乎完美的球形，然后刻出安放绳索的凹槽。另一群人用巨大的石斧劈木头——这种工具通过双面切削石头制成，与制作克洛维斯矛尖的技术大同小异。

　　定居点的这片区域只有一座房屋，与蒙特贝尔德的其他建筑截然不同。房屋用覆盖着兽皮的弯折小树做成拱顶。卢伯克朝里张望。地面上有个用压紧的沙子和砾石堆成的三角形平台，两个弧形的延展部分伸出到入口两侧。屋中没有人，但地上堆放着各式各样的木碗、杵和臼、研磨板和木刮刀。屋顶上挂着一捆捆树叶和花草。

　　附近，人们正在加工兽皮。有的被绷紧并固定在地上，以便刮去上面的脂肪和筋腱；有的被撑开捶打，让皮革变得柔顺，更适合制作衣物。所用的骨制工具几乎没有被加工过，这让卢伯克想起了蓝鱼洞那些所谓的工具。不太细致的考古学家很容易忽略稍稍磨平的端部和侧面的小凹槽。

　　这些工具制造者和兽皮加工者之间散布着一系列旧的炉灶。其中一个重获新生——卵石被放入灰烬中，盖上干木和树叶。点燃炉灶时，出现了突然但短暂的火焰。火势变小后，人们从屋中取出干树叶，将其揉碎后洒进一木碗水中。30分钟后，他们从炽热灰烬中取出滚烫的卵石并放入碗中，茶泡好了。人们停下工作，分享着茶，轮流接过木碗饮用。喝茶前，一团团咀嚼过的植物被吐到地上。

卢伯克自己动手喝起了茶。正当他喝着时，来了一条独木舟，船上的两个年轻人招呼人们帮忙卸货。他们带来了一堆乳齿象的肋骨和一根大腿骨——那是一种类似大象的巨兽，在冰河期结束前生活在美洲各地。几天前，蒙特贝尔德人找到了乳齿象的尸体，这处宝藏已经为他们提供了兽毛、象牙和兽皮。肥厚的脚垫被制成出色的篮子，一些内脏被清空、洗净、缝制成防水的袋子。[6]

卢伯克想起《史前时代》中的一个段落。维多利亚时代的约翰·卢伯克概括了 1857 年发表的一篇关于在密苏里找到的乳齿象骸骨的报告。它显然"是被印第安人用石头砸死的，然后部分被火烧过"。报告的作者科赫博士（Dr Koch）认为，印第安人发现这头巨兽无助地陷在泥潭里，于是用附近河岸上捡来的石头砸向它。他还宣称在灰烬、骨头和石块中找到了几枚箭头、一个石质矛尖和几把石斧。维多利亚时代的约翰·卢伯克大段引用了科赫博士，但似乎心存怀疑，表示上述观察的正确性有待证实。[7]

经过围绕蓝鱼洞、麦道克罗夫特和佩德拉富拉达展开的争议，我们毫不意外地看到，并非所有考古学家都像迪拉伊那样确信他打破了克洛维斯屏障。目前在得克萨斯州布赖恩的布拉佐斯郡博物馆（Brazos County Museum）工作的考古学家托马斯·林奇（Thomas Lynch）认为，这些器物必然是因为侵蚀作用而进入沉积层的，它们来自晚近得多的人类文明——虽然当地并未发现有此类文明。马萨诸塞大学的德娜·丁考兹（Dena Dincauze）则认为迪拉伊错误解读了他的放射性碳定年数据。

1997 年，为了检验迪拉伊的主张，一队受到认可的专家造访了蒙特贝尔德——他们沿袭了 1927 年福尔瑟姆之行和 1993 佩德拉富

拉达之行的传统。蒙特贝尔德团队囊括了此前 30 年参与人类在美
洲繁衍历史之争的几位主角：有熟悉考古研究历史的大卫·梅尔策，
从 20 世纪 60 年代起就支持"克洛维斯第一"假设的万斯·海因斯
（Vance Haynes），为自己在麦道克罗夫特岩棚的发现据理力争的詹
姆斯·阿多瓦西奥，还有曾质疑迪拉伊的解读的德娜·丁考兹。[8]

　　他们此行的准备极其充分。团队首先研究了迪拉伊即将出
版的关于蒙特贝尔德的最后一卷报告，然后检查了存放在肯塔基
（Kentucky）和巴尔迪维亚（Valdivia）几所大学里的蒙特贝尔德器物。
随后，他们收听了关于蒙特贝尔德过去和现在环境的介绍。最后仔
细检查了遗址本身。最终，成员们坐下来讨论自己的发现，判断汤
姆·迪拉伊是否取得了路易斯·利基、雅克·桑－马尔斯、詹姆斯·阿
多瓦西奥和尼埃德·吉东所不曾获得的，即美洲存在前克洛维斯定
居点的明确证据。

　　人们达成一致，没有成员对迪拉伊打破了克洛维斯壁垒留有任
何怀疑。毫无疑问，许多器物出自人类之手，特别是削制的石头工具、
"投石"和编结的纤维。同样，这些器物的发现地无疑正是它们被
丢弃的地方，被覆盖了整个遗址的泥炭严密地埋藏。定年结果被认
定未受污染——明确证实了公元前 12500 年左右曾有人生活在那里。
它的年代甚至可能还早得多，因为虽然 MV-I 的遗物稀少，而且比
较不受重视，但至少有部分团队成员对蒙特贝尔德存在公元前 3.3
万年前人类文明的证据印象深刻。

　　但想要证实那个特别早阶段存在人类文明，必须等到迪拉伊对
更大的区域展开发掘。不过，对这段历史（以及未来 10 年的美洲
考古学）的需要而言，接受公元前 12500 年的文明已经足够重要。
克洛维斯第一的假设已经成了过去时。

　　直到 1927 年，还没有人梦想可以在美洲最古老的遗址找到矛

尖和野牛骨。福尔瑟姆提供了关于最早美洲人的全新画面：在平原上捕猎大型猎物的游牧猎人。蒙特贝尔德同样出人意料，并代之以另一幅画面：生活在森林里，以采集植物为生的定居社群。

这些遗址间还有另一个巨大的差异：福尔瑟姆位于新墨西哥，似乎有理由将其视作最早抵达北美的人类的标志，而蒙特贝尔德距离无冰通道的南端不少于 1.2 万千米。如果蒙特贝尔德位于阿拉斯加（或者甚至是北美），揭开美洲史前史故事都将变得容易许多。不然人们从北向南行进路线上的其他定居点都在哪里呢？也许在蓝鱼洞，也许在麦道克罗夫特岩棚，也许在佩德拉富拉达。应该有多少定居点呢？这取决于人类到达蒙特贝尔德用了多久，以及他们选择的是陆路还是海路。

大卫·梅尔策认为，无论他们选择哪条道路，都至少需要几千年。虽然在有史可据的时代，捕捉毛皮兽的陷阱在几个世纪内传遍整个大陆，但他表示这对"小型的殖民队伍（当然还带着孩子）"来说几乎是不可能的，"他们要跨越不同生态区域，穿过多变、多样和陌生的环境，有时会遇到可怕的自然、生态和地形障碍，比如冰盖以及因为冰层融水而泛滥的湖泊与河流，同时还要保持至关重要的亲属联系和人口规模"。[9]

最早的美洲人是勇敢的探险家，在不到 2000 年的时间里，他们跋涉了 1.5 万千米，从白令陆桥来到蒙特贝尔德——对于这种观点，梅尔策认为很不现实。如果他所言无误，那么人类必然在公元前 20000 年的末次冰盛期大严寒前就进入了美洲。但如果那样的话，在美洲完全没有找到比蒙特贝尔德更早的已证实定居点就显得更不寻常了——这对我来说太难以置信。

我认为，最早的美洲人是这个星球上生活过的最不寻常的一群探险者，他们在不到 100 代人的时间里从阿拉斯加来到智利南部。我觉得，解开人类在美洲繁衍之谜的唯一办法是诉诸好奇心和探险欲等人类的独特品质，正是它们在近代把人类带到了南北极、大洋深处和月球。是不是同样的想法让一代代的始祖美洲人从最初的家园不断向南而行呢（也许在他们坐船离开那片土地，来到美洲西北的沿海平原之后）？然后，他们是不是向内陆而行，跨越融水形成的湖泊、山脉和泛滥的河流，学会了如何在林地、草原和雨林中生活，最终准时抵达蒙特贝尔德呢？如果是这样，那么罗布森·伯尼克森无疑是对的，他在1994年将最早的美洲人描绘成"美丽新世界的勇敢新人类"。

他们穿越了在全球变暖下陷入混乱的北美各种地形——如果这场旅行的确发生过，那将是人类历史上最重大的事件之一。为了重建冰河时代之后美洲历史的下一篇章——巨型动物的灭绝——我们现在必须重温这场旅行。

第26章

不安地貌中的探险者

北美的动物、地貌变化和人类殖民，公元前 20000—前 11500 年

想象在公元前 12000 年一个夏日的傍晚，当天光开始变暗时，你正站在一片陌生的林地中。你置身空地，周围环绕着刺柏、梣木、鹅耳枥和桃花心木。一条湍急的河流涌过，为昆虫的嗡嗡声和不见踪影的鸟儿偶尔的尖鸣提供了背景声。树林之外，巨大的悬崖矗立在河流和林地之上，投下长长的呵护的阴影。

现在想象一种新的声音，或者一种新的气味。有只动物快速接近，像猪一样哼哼着穿过灌木丛，一边躲避仙人掌，一边寻找可吃的根茎。它在 1 米外停下，用后腿站立起来，搜索空气中陌生的味道。它和你的眼睛处于同一高度，从距离地面将近 2 米的地方盯着你。这只动物长着棕色的茂密毛发，身体粗壮，小小的脑袋上有一对珠子般的眼睛和翕动的鼻子。它的前肢一动不动地垂下，每只铲形的脚掌上长着三根钩子般的爪子。它咕哝了一声，重新四足着地并转身离开，朝着悬崖上的洞穴走去。它将在那里排泄和睡觉。

现在让你自己置身一座柏树林中的小圆丘上。空气中弥漫着浓烈的焦油味。你的身后是池塘，但没有泛着光的湛蓝池水，而是涌动着黑色油状物，恶臭的气泡不断冒出又破裂。一头骆驼侧卧在沥

青沼泽中。它被陷住了。名副其实地被粘在地上。它抬起头，在放弃前发出最后一声嘶鸣，挣扎让它精疲力竭。但夺走它生命的不是焦油。一只长着 20 厘米锯齿状犬牙，体型像狮子般大小的野猫冲了过来。它打了个大哈欠，然后袭向骆驼，撕开了它的肉。

不远处，一对翅膀在拼命地扑腾，有只秃鹫也挣扎着想脱离焦油。拍打过程中，翅膀本身也变得又黑又沉。获得自由的努力完全是徒劳。

当然，今天在洛杉矶市区的拉布雷阿牧场（Rancho La Brea）焦油坑看到剑齿虎杀死骆驼（被科学家们恰如其分地称为"昨日骆驼"），或者在大峡谷看到沙斯塔地懒前往兰帕特洞（Rampart Cave），都将是咄咄怪事。想要看见此类景象，你必须是最早美洲人的一员。[1]

与最早的美洲居民所见到的相比，今天美洲动物的种类大大减少了。不仅没有了沙斯塔地懒和剑齿虎，也看不到雕齿兽（一种巨型犰狳）和旱地地懒（一种巨型地懒，体长 6 米，重达 3 吨）。大小堪比黑熊的大河狸和体型让秃鹫都相形见绌的食肉畸鸟已经不见踪影。猛犸和它的远亲乳齿象（一种类似大象的动物，长着笔直的象牙和平坦的头骨）也不复存在。

并非所有现已灭绝的动物都会让现代人觉得奇怪。美洲恐狼和猎豹就和它们的现代亲戚长得差不多。已经灭绝的 5 种马同样如此——这类动物不得不由欧洲定居者重新引入它们的祖居之地。

最早的美洲人在北美遇到了种类惊人的动物，这是末次冰盛期到来之前很久几百万年生物和地理进化的结果。直到 5000 万年前，北美仍然通过经由格陵兰的陆桥同欧洲相连。两大洲有许多相同的动物，比如始祖马：一种生活在森林中，身高约 30 厘米的动物，它们将在北美进化成马。但随着两块大陆开始漂离，陆桥不复存在，欧洲和北美的动物开始沿着完全不同的方向进化。到了 4000 万年前，新的陆桥出现，为许多亚洲物种提供了前往美洲的途径。其中最引人瞩目的是乳齿象，最早的美洲人和克洛维斯人都将遇到它们，无论是在蒙特贝尔德周围的泽地中还是在北美的云杉林地中。

公元前 6000 万至前 200 万年间，南北美洲完全分离。南美大陆上进化出了种类特别丰富的动物，包括大地懒、雕齿兽和其他品种的巨型犰狳。当巴拿马陆桥在 200 万年前形成后，这些动物中的一部分扩散到北美，而马、鹿、剑齿虎和熊等动物则从北美来到南美。难怪古生物学家将其描绘成"大交换"。大约距今 150 万年前，两种猛犸中的第一种通过亚美陆桥抵达，即哥伦比亚猛犸（Mammuthus columbi）。它的近亲真猛犸象（M. primigenius）在大约距今 10 万年前来到北美并留在了北方地区。两种猛犸实际上分享了这片大洲。

上述独立进化和物种交换时期的结果是，当最早的美洲人抵达时（公元前 12500 年之前的某个时间），他们遇到了一些熟悉的野兽，以及另一些他们和他们祖先都未曾见过的动物。他们的亚洲故乡没有像大地懒和巨型犰狳之类的动物，尽管他们之前许多代先人应该知道，也许还捕猎过猛犸。

我们对灭绝动物的了解来自拉布雷阿牧场焦油坑发掘出的超过 100 万块骨头。[2] 至少从 3.3 万年前起，今天洛杉矶市区的所在地就开始有石油渗出地面。与空气发生反应后，石油变得黏稠，最终形成沥青并硬化。动物陷入这些焦油坑，为今天的地质学家提供了冰河期动物的独特记录——大卫·梅尔策形容其为"巨大的化石时间胶囊"。发掘延续了整个 20 世纪，人们找到数量惊人的骸骨，许多的保存状况几近完美。科学家们在想出如何去除骨头上的石油后，就对它们进行了放射性碳定年，结果显示这些骸骨是在公元前 33000—前 10000 年间逐渐积累起来的。

灭绝动物的另一种证据来源是它们在亚利桑那的兰帕特等山洞

留下的粪便。[3] 洞内自冰河期结束后一直保持得十分干燥，细菌无法展开破坏。于是，直径达 10 厘米，仍然包含着地懒吃下的嫩树枝的粪球得以留存——有时摸上去和闻上去就像被排泄当天那么新鲜。在华盛顿著名的史密森尼学院，大卫·梅尔策曾打开一只装有地懒粪的抽屉，闻着犹如谷仓。粪球中偶尔还能找到几缕毛发，甚至是小片兽皮。

大峡谷的兰帕特洞是此类遗存的宝库——直到一场从 1976 年 7 月持续到 1977 年 3 月的大火摧毁了那里。[4] 在此之前，保罗·马丁不得不挖穿一层层老鼠和蝙蝠的粪便才能找到地懒粪球。这个山洞位于高达 8 米的垂直崖面顶部，并不容易进入：地懒们一定找到了可以攀缘的裂缝，进入洞中后，它们可以安全地躲过搜寻猎物的狼和剑齿虎。

古老河流的河岸上也会找到受到侵蚀的灭绝动物的骸骨，非常偶然的情况下，它们也出现在克洛维斯时代的考古遗址中。当各种来源的证据被放到一起时，我们可以看到：美洲数量众多的神奇动物经过好几百万年的进化才形成，但作为美洲更新世悲剧性的尾声，它们几乎一夜间就成了历史。[5]

有不少于 70% 的北美大型哺乳动物——36 种——灭绝了：这些动物被描绘成"巨兽"（mega-fauna）。[6] 北美不是唯一遭受如此灾难的大洲。在同一时期，南美有 46 种大型动物也灭绝了（当地巨兽的 80%）。6 万年前生活在澳大利亚的 16 种巨兽中——包括巨袋熊、巨袋鼠和一种袋狮——只有身长 1 米多的的红袋鼠存活至今。灭绝也发生在欧洲，那里失去了包括披毛犀和巨驼鹿在内的 7 种巨兽。只有非洲幸免于难，只失去了 44 种巨兽中的 2 种。[7] 得益于此，我们在地球上还有个地方可以观赏不寻常的兽类，我们称之为河马、犀牛和长颈鹿。

冰河时代的其他所有巨兽遭遇了什么？它们灭绝的故事是我们

历史的关键部分，而发生在美洲的灭绝与另一个故事联系密切，即克洛维斯人的故事。他们曾被荣称为最早的美洲人，长久以来人们一直认为是他们的巨大石尖投矛将这些野兽推向了灭绝——人类殖民和巨兽灭绝的故事的确可能如此紧密交织，以至于不可分割。但我们有必要讲述与它们交织在一起的第三个故事，即末次冰盛期严寒结束后北美地貌的演变。[8]

当人类刚刚涉足美洲时，这片大陆与世界大部分地区一样，正处于改变的阵痛中。

在冰盖本身缩小的推动下，大消融在公元前 14500 年加快了步伐。最初，冰盖只是变薄——大严寒盛期，冰盖可能厚达 3 千米。它们开始移动，以完全不规则的方式改变体积和形状，在某些地区收缩，在另一些地区扩张。可以把它们的边缘想象成活跃的阿米巴变形虫，不稳定地抽动、波动和颤动。[9] 公元前 14000—前 10000 年间至少出现过 4 次扩张，最远向南到达艾奥瓦和南达科他州，冰层有时缓慢穿过封冻的土地，有时则从已经消融的地面上划过。

当冰盖失去与海洋的接触后，冰山不再滑入水中让海水降温，导致较温暖的气流向内陆吹来，这进一步加速了冰盖的消亡。随后，公元前 11000 年后不久开始的新仙女木时期打断了全球变暖。虽然远不如欧洲和西亚那么严重，但在此前 7000 年里正在适应更温暖世界的动植物种群还是受到了影响。[10] 公元前 9600 年突然回归的快速全球变暖进一步加剧了生态混乱。随着全新世的开始，美洲和世界其他地区一起安定下来：这是一个气候相对稳定的时期，不过现在受到刚刚开始的新一波人为全球变暖的威胁。

当冰盖最终在与全球变暖的较量中败下阵来后，北美大地上留下了一笔巨大的遗产。事实上，全世界的海岸线和沿岸群落都陷入了浩劫，因为数十亿加仑的融水融入了海洋。生活在美洲极北地区的人们可能目睹了自己位于白令陆桥的家园面积日益缩小，海岸被淹没，盐水渗入了草原各地。我想象着人们站在小山顶上，老人告诉小孩子们，现在他们面前的桦树林在这片土地上刚刚出现不久。他们解释在自己童年时期，成群的猛犸和麝牛如何在驯鹿现在吃草的草原上进食。随着群落前往岸边捕猎新近变得繁盛的海豹和海象，定居点被抛弃。在他们这样做的时候，雾气和小雨盖住了冰蓝色的晴朗天空。

从白令陆桥南下的最早美洲人——很可能坐船或顺着沿海平原步行——探索了刚刚摆脱科迪勒拉冰盖的落基山脉。[11] 我可以想见他们攀上山顶，望着西面的平原以及东面的群峦和迷宫般的深谷。他们渡过峡谷中的河流，造访了深谷中残留的冰川。他们并不孤独：高山植物和树木也爬上了落基山脉，随后是山羊和各种小型哺乳动物。在山的那边,最早的美洲人发现了哥伦比亚河与弗雷泽(Fraser)河的巨大河谷。从冰层下解放后，这些河谷很快被针叶林覆盖，河中重新有了游鱼。于是，我们可以想象最早的美洲人站在齐膝深的冰冷河水中，用鱼叉捕捉前来产卵的鲑鱼，认定这里是定居的好地方。当他们继续向南而行，进入今天的加利福尼亚时，发现那里水源短缺，树木变得稀少且生长不良，并出现了仙人掌和丝兰等新植物。也许他们在这里第一次遇到了巨大的沙斯塔地懒，后者正在寻找可吃的根和块茎。

人们或许在有最丰富植物和动物可供采集和捕猎的地方建立定居点，每个定居点又可能被用作进一步探险之旅的基地。没有发现任何此类定居点，这暗示它们分布稀疏，而且居住人数相对较少，可能每处不超过100人。为了确保这样的人口数量在生物学上可行，此类社群一定相互有接触：为了避免近亲繁殖以及应对猎人无法归来或严冬造成的伤亡，广泛的社会关系必不可少。[12] 当食物、水和柴火充足时，人口的增长率可能较高，容易促使大量男女在新近探索的土地上建立新的定居点。新的土地可能不与旧的接壤。就像欧洲最早的农民，最早的美洲人也可能跳跃式地越过贫瘠地区，找到食物充沛、生活便利的河谷、草原、河口与林地——至少对于陌生世界中的人而言尽可能便利。[13]

让我们想象人群离开现有定居点向南而行，义无反顾地探索一个变得越来越陌生的世界。在旅途中的某个时候，他们将遇到拉布雷阿牧场的焦油坑，很可能驻足观看徒劳的求生挣扎和血腥的死亡场景。一些勇士很可能从落基山脉向东进发，他们沿着洛朗蒂德冰盖的边缘跋涉，穿越一个风和水主宰的世界。让我们想象一群人紧紧地依偎在一起，他们身着毛皮衣服，背对着突然到来的沙尘暴（也将同样突然地停止）。有时，这些探险者将面临时速高达 150 千米的大风，类似今天从北极冰川吹来的风。

随着风势减小，尘土落地，为北上的顽强灌木和树木创造出肥沃的种床，接下来几代的人们度过了一段轻松的时光。我们可以想象被风暴困住的先驱者的孙辈和重孙辈在白杨、柳树和刺柏间驻营。其他的新来者还包括昆虫，它们总是对天气变暖反应迅速，鸟类也很快追随而来。当我们想象中的旅行者拔营继续行程时，这些人将为改变中的世界做出自己的贡献：他们用皮革包裹的脚上携带了更多的种子和昆虫，将其带到新的土壤中繁衍生息。

最早的美洲人在通过白令陆桥，穿越落基山脉，沿着冰盖边缘，然后继续南下时，他们必须绘制新世界的地图——那是包含在故事和歌曲中的思想地图。落基山脉、内华达山脉和阿巴拉契亚山脉（Appalachian Mountains）将第一次获得名字，而且很可能是一整套名字——每座山峰、山谷和山洞都将被命名。湖泊、河流、瀑布与河口、森林、林地和平原同样如此。

然而，全球变暖带来的环境动荡如此严重，以至于每一代新的旅行者都将遇到与他们在篝火边的故事中所听说的完全不同的地貌。在本该遇到冰层的地方，新的旅行者可能看到了苔原；相反，曾经的苔原也可能被扩张的冰川淹没。在本该看到白杨和柳树林的地方，人们可能发现云杉和松树的林地，它们取代了那些拓荒的树种。他们可能看到意料之外的昆虫和鸟类品种，并开始遇见新的兽类，比如来新的云杉林中觅食的乳齿象。有时，他们将目睹毁灭性的场景：我可以想象一队人惊骇地望着树林被新近向南扩张的冰层压坏、折断和掩埋——这些树林是他们的父母曾经猎鹿和采集植物性食物的林地。

但最让他们惊讶的景象无疑是沿着冰盖边缘形成的巨大湖泊。[14]这些庞大水域与今天北美乃至全世界所见的全然不同。它们由融水形成，北部湖岸为冰崖，南部为稍稍高起的地面。第一个这样的湖出现在公元前 15000 年，即科迪勒拉冰盖南缘的米苏拉湖（Lake Missoula），大小与今天的安大略湖相仿。但此类湖泊的顶峰要数西面的阿加西湖（Lake Agassiz），它出现于公元前 12000 年，存在了4000 年。该湖面积最大时达到 35 万平方千米，相当于今天苏必利尔湖（Lake Superior）的 4 倍，后者本身就相当于一个中等大小的欧洲国家，比如爱尔兰或匈牙利，是目前世界上最大的淡水湖。

这些湖泊的出水道会发生变动——最不寻常的例子是阿加西湖，公元前11000 年以前，湖水向南排入墨西哥湾。此后不久，湖东岸的冰坝被冲破，数十亿升的水不再沿着向南的水道，而是开始向东流入圣劳伦斯河（St Lawrence River）和北大西洋。这对海洋水循环产生了灾难性的影响，可能影响了气候，或许还引发了新仙女木时期。[15]

一些北美湖泊完全消失，像它们出现时那样几乎立即引发了毁灭性的洪水；与此同时，另一些湖泊却无法决定何去何从，比如米苏拉湖。该湖西部的部分湖岸由冰坝形成，随着湖盆充满融水，它变得日益岌岌可危。冰坝被冲垮后，湖水突然一泄如注，数百万升水经过邻近湖泊灌入哥伦比亚河谷，骤然淹没了沿途的所有林地。仅仅两周时间里，湖床干涸，周围的土地不仅没有了树木和植物，还失去了大量土壤，露出岩床。新的冰层扩张重新形成了冰坝，米苏拉湖又开始蓄水，最终再次决堤。在该湖 1500 年的历史中，这一幕发生了不下 40 次，每次都会摧毁刚刚从上一次毁灭性的湖水排空中恢复过来的脆弱的水域生态系统。

上述毁灭性的洪水并非米苏拉湖所特有的——这是在消退的冰川附近生活永恒的特征。因此，我们可以想象最早的美洲人找到了新近排空的湖水留下的大片泥土，蒿属植物和豚草等植物先锋已经在那里安了家。在继续探索和了解自己的世界时，他们将找到没有湖水的湖岸和没有河水的河口三角洲。更引人注目的是，一路冒险来到北美东部海滨的人们将目睹大西洋的迅速扩张。随着融水注入海中，海岸线将迅速向内陆收缩，有时每年前进 300 米。在科德角（Cape Cod）以北，近岸岛屿被淹没；在更南面，混合了苔原和云杉林地的大片沿岸平原将遭遇水灾，然后被淹没。今天，拖网渔船捞上来的猛犸象牙和乳齿象骨让人们短暂地回忆起失落的冰河时代世界。

当封锁圣劳伦斯河谷的冰层在公元前 12000 年左右消失时，海水涌入了大陆内部。在 2000 年的时间里，渥太华、蒙特利尔和魁北克都被淹没在尚普兰海（Champlain Sea）之下。我可以想见最早的美洲人在寻找鲸鱼、海豚和海豹，也许盘算着从独木舟上捕猎它们。这片海水动荡不安，有时因淡水湖排出的水而变暖、变稀，有时因冰层融水而变冷，有时因大西洋新注入的水而盐度升高。今天，这个湖的痕迹几乎荡然无存了——除非你目光足够犀利，能够在今天位于高处且干燥的渥太华河谷找到埋藏在沉积物中的海洋贝类和海草化石。这片海消失的原因仅仅是陆地在摆脱了冰层重压之后反弹上升。

　　人们在冰盖边缘无法长久地享受生活，南面的林地和平原才是宜居之地，但那里同样在不断变化。让我们想象一队最早的美洲人，不知所措地站在一片新型林地中——那里的树木东倒西歪或者倒在坑中，也许漂浮在池塘上。今天的生态学家恰如其分地把这些最早的美洲人所在的地方称为"醉林"，那片森林的地面正在融化成水。

　　这种林地所在的土壤位于静止的冰层之上。在萨斯喀彻温省（Saskatchewan）、北达科他州和明尼苏达州的大片地区，风吹来的尘土、水冲来的泥石，以及重新扩张的冰盖带来的土壤和岩石淹没并隔绝了冰层。土壤形成后，昆虫和种子的先锋来此安家，在不到一代人的时间里出现了林地。但随着温度不断上升，被掩埋的冰层开始融化，土层较薄的地方最早出现池塘。这些池塘中的融水因为雨水的加入而变暖，足以让生命在那里扎根。

　　最早的美洲人不是这些池塘的唯一发现者：他们可能看到鸭子和大雁到来，这些鸟类沾满泥巴的蹼带来了植物种子和蜗牛卵。池水开始流入河道，后者又最终汇入密苏里河的支流。棘鱼、鲦鱼和其他鱼类随后也进入了新的林地湖泊，鱼类带来了一批寄生虫作为的自己旅伴。生态开始欣欣向荣，最早的美洲人就置身其中。

　　当这些人继续南下时，他们将离开针叶林，进入由各式今天罕见的树木和植物组成的开阔丛林。这种地貌为许多大型食草哺乳动物提供了理想的觅食场所，比如乳齿象和哥伦比亚猛犸。哥伦比亚猛犸的毛发不如北方的真猛犸象浓密，但体型更大，肩高常常达到4米，每天需要225千克食物。最早的美洲人也许看到过一小群哥伦比亚猛犸躲在犹他州南部科罗拉多高原的山洞中。它们在那里留下了一层层厚厚的粪便，这些粪球直径达20厘米，显示它们以草、莎草、桦树和云杉为食。粪便的数量并不惊人——我们知道一头现代象每天要产生90~125千克排泄物。今天，我们称那里为贝辰洞（Bechan Cave），这是它的纳瓦霍语（Navajo）名字，意为"大粪球之洞"。[16]

公元前 13000 年，北美中西部是一片潮湿的世界，散布着池塘、沼泽和零星的云杉林地。但随着全球变暖的加剧，新的排水形式出现了，中西部开始变干。周期性的干旱于公元前 11500 年降临，几百年后开始的新仙女木时期使其雪上加霜。树木无法继续在干旱环境下生存，被一系列草本植物取代，例如鼠尾草、豚草和许多开花植物。猛犸、骆驼、马、野牛和其他很多食草动物享用着新的草原，迫不及待地将其变成北美的塞伦盖蒂。当最早的美洲人看着这些兽群时，他们的惊叹可能就像我们看着非洲平原上的角马、羚羊和斑马时那样。

在他们继续义无反顾的南下旅途中，一些最早的美洲人进入了中美洲甚至更远的地方，进入正在迅速变成热带的环境。这是一个陌生的新世界，一定对他们了解新地貌和新资源的能力构成了极端考验。公元前 20000 年的整个大严寒期间，雨林大体未受影响；进入雨林后，最早的美洲人一定观察了鹿和猴子的觅食习惯，以便确定哪些叶子和浆果可以食用，哪些应该避开。他们在这里可能遇到过更加奇异的野兽，包括大雕齿兽——一种沿河岸觅食的巨型犰狳状动物。

在从白令陆桥到南美的旅途中，最早的美洲人一定罹受了许多损失：探险者被突如其来的洪水和泥石流淹没，被肉食动物杀死，或者成为新疾病的牺牲品。[17]一些社群可能变得与世隔绝。如果在生物学上能够维持，他们可能发展出自己独特的语言、文化，甚至遗传标志。也许新一代早期美洲探险者或许会意外遭遇这些"失落"的人群，前者来自从亚洲北部出发的新一波流散。一些孤立社群可能因太小而无法维持，等待它们的是人口下降和最终灭绝的黯淡前景。

到了公元前 11500 年，最早的美洲人已经扩散到整个美洲，从南面的火地岛（Tierra del Fuego）到北面的白令陆桥。这样的种群很可能是多次迁徙的结果，已经获得了大量不同的语言、基因变异和文化传统。人口开始增长，并可能受到了新移民潮的推动——或者至少得到了大卫·梅尔策所形容的"移民涓流"支持。[18]

不知道在什么地方，也不知道出于何种原因，人们发明了克洛维斯矛尖。这很可能发生在北美东部的森林中，那里找到过数量繁多的矛尖。随着大批新的克洛维斯工具被发现，人类突然出现在考古学家眼前。

我们尚不清楚人们为何要用自己所能找到的最好的石头制作硕大的矛尖。[19] 很容易认为它们被用于打猎，有些的确如此，但克洛维斯矛尖同样可能被用作切割植物的刀具，或者主要用于社会展示。它们在整个美洲的迅速传播（可能更多作为观念而非物品）证明了社群间的密切联系。在冰河期行将结束时，这种联系对生存至关重要。事实上，此类矛尖的数量、设计和分布告诉我，它们的作用不仅是从周围环境中获得食物，同样重要的还有在群体间建立社会纽带。

每个群体似乎都把观念融入了自己独特的设计中，由此造成矛尖在形状、大小和风格上有许多微妙的变化。考古学家给每种类型起了不同的名字：安大略省的盖尼（Gainey）矛尖[20]，佛罗里达州的苏万尼（Suwanee）矛尖[21]，蒙大拿州的戈申（Goshen）[22]矛尖等等不一而足。[23] 无论这项技术传播的原因是什么，但只要它出现，我们就不必再谈论模糊的最早美洲人，而是可以称之为克洛维斯人。

现在，北美奇异的动物们要面临一类新型的潜在掠食者，他们携带石质尖头的投矛，成群结队地共同捕猎，懂得伏击和设置陷阱。猛犸、乳齿象和其他巨型食草动物无疑习惯了觊觎它们幼崽的掠食者：狼、狮子和剑齿虎。它们与这些食肉动物共同生活和进化了几百万年，拥有自己的防御手段：庞大的兽群、巨大的体型、致命的獠牙、保护弱小者的队列、让它们可以避开食肉动物的行进方式。当新型掠食者到来时，这些还有用吗？他们的投矛甚至比剑齿虎的牙齿更致命，他们的群体捕猎策略比狼群更复杂，他们还拥有一种地懒、乳齿象乃至剑齿虎都从未见过的"武器"：能在智力上胜过猎物的发达大脑。

第27章

克洛维斯猎人受审

巨兽的灭绝和克洛维斯人的生活方式，公元前 11500—
前 10000 年

当保罗·马丁在 20 世纪 60 年代率先提出是克洛维斯猎人的捕
猎将北美巨兽推向灭亡的观点时，我们对灭绝发生之确切年代的了
解还相当有限。不过，随着证据的增加，克洛维斯文化与某些巨兽
的灭绝似乎的确在时间上相合。

1985 年，大卫·梅尔策和来自北亚利桑那大学的地质学家吉
姆·米德（Jim Mead）收集了关于灭绝动物的至少 363 组放射性碳
定年数据，样本来自 163 处化石发现地，特别是拉布雷阿牧场焦油
坑和西南部极其干燥的山洞。[1] 获得放射性碳定年数据后，梅尔策
和米德剔除了他们认为可疑的（比如可能受到地下古老碳元素污染
的），留下 307 组数据。几年后，另一位放射性碳定年专家，来自
华盛顿大学的唐纳德·格雷森（Donald Grayson）认为必须剔除更
多不可靠的数据，将最终样本削减为仅仅 125 组放射性碳定年结果。[2]

如此严格的做法意味着对于 36 种灭绝巨兽中的 29 种而言，灭
绝年代最多只能被精确到过去 5 万年间的某个时候。格雷森提醒人
们不要把它们的灭绝时间认定为冰河期的最后 1500 年，即与最早
的美洲人和克洛维斯猎人共享北美土地的时期。不过，剩下的 7 种

属于冰河时代巨兽，即猛犸、乳齿象、骆驼、马、貘、沙斯塔地懒和剑齿虎。这些北美物种最后的活代表被可靠地测定为生活在公元前 11000—前 10000 年间 [3]——那正是克洛维斯人活跃的时代。

保罗·马丁声称克洛维斯对它们的灭绝负有责任，来自圣佩德罗河谷遗址的证据让这种主张变得令人信服。[4] 面对莱纳牧场的13 具猛犸骨骸、矛尖、屠宰工具和火堆，我们很容易想象当时的景象：克洛维斯猎人们伏击了一小群前来饮水的猛犸，它们的鲜血染红了溪流；宰割开始，人们点燃火堆，传来烤肉的香味；秃鹫在上空盘旋，巨大的畸鸟停在附近的岩石上，等待享用被丢弃的肉和内脏。这正是伊利诺伊大学的杰弗里·桑德斯（Jeffrey Saunders）基于对猛犸骨骸的研究所重建的场景。[5]

也许此类场景在美洲各地都在上演，不仅是猛犸，还有地懒、骆驼、雕齿兽和大河狸。只是克洛维斯的猎人们对猎物而言过于强大和狡猾了，他们有过度杀戮之嫌，将 7 种冰河期巨兽推向灭绝。

这是非常合理的场景，但是否正确呢？我们应该对克洛维斯猎人进行恰当的审判。保罗·马丁本人也意识到了控方的严重弱点。虽然我们找到了一些杀戮猛犸的（可能）遗址，但其他 30 种左右的灭绝动物没有发现类似遗址——只有很少或非常模糊的特例。马丁做了一个巧妙的解释：毁灭性的屠杀发生得如此突然，而且针对的是那些非常易受掠食活动伤害的动物，因此只留下了很少的杀戮遗址。借用军事术语，他形容其为"闪电战"。

马丁还表示，考古学家找到任何上次冰河期遗址的概率都非常渺茫，我们应该对已经发现的克洛维斯／猛犸遗址数量感到惊讶，而非哀叹没能发现地懒、骆驼和雕齿兽被宰杀的遗址。这些动物可能在草地或山丘上被杀，那里发生的是自然侵蚀而非沉积。任何带切痕的骨头与炉灶可能早就破碎，散落得不见踪影，成为被吹到和冲到今天大陆各处的尘土的一部分。

克洛维斯猎人进入处女地后向南扫荡，对天真的动物发动了闪电战——20世纪70年代时，这种观点无法被证实或反驳，但的确符合考古学证据。今天的情况已经不同，很大程度上是因为蒙特贝尔德——这个定居点告诉我们，人类来到美洲的时间可能比克洛维斯技术发明——更重要的是，比大规模灭绝——早了几千年。如果最早的美洲人没有捕猎巨兽，那么这些动物可能不像保罗·马丁所认为的那样容易捕猎。相反，如果他们捕猎巨兽，那么上演的就不可能是闪电战，我们应该发现杀戮地懒、骆驼和雕齿兽的遗址。马丁的观点在两方面都站不住脚。

为克洛维斯人辩护的不仅有蒙特贝尔德的间接证据。事实上，他们在整个美洲拥有大量不在场证明——克洛维斯考古遗址本身。虽然西南部的遗址发现了大批猛犸骸骨，但其他地方的遗址暗示他们的生活方式专注于狩猎小型动物、捕捉海龟和采集植物性食物。[6]在宾夕法尼亚的肖尼-明尼斯尼克（Shawnee-Minisnik），克洛维斯人采集山楂和黑莓；在新斯科舍（Nova Scotia）的德贝特（Debert）遗址，他们捕猎驯鹿；在得克萨斯的拉伯克湖（Lubbock Lake），猎物是兔子、大雁和火鸡；在其他地方，比如内华达的老洪堡（Old Humboldt）遗址，克洛维斯人以鳟鱼、鸟蛋和蛤蜊为食。[7]他们有时也捕杀大型猎物。无论圣佩德罗河谷默里泉（Murray Springs）的猛犸是不是被猎杀的，一群野牛无疑是在沼泽中被伏击然后屠杀的。但即使在找到大量猛犸骨的遗址（比如莱纳牧场），同时发现的小型猎物也许更能代表克洛维斯人的正常食谱。

克洛维斯人似乎是机会主义者，采集各种能找到的植物，捕杀任何能找到的动物，而非专门捕猎巨兽。因此，可能只是一个十分独特的机会让他们在佛罗里达的小盐泉（Little Salt Spring）用投矛击杀了一只陆龟，或者在密苏里的基姆斯威克（Kimmswick）猎杀了一头乳齿象。[8] 如果他们专门寻找大猎物，那么我们本该在肯塔基的大骨溪（Big Bone Lick）和弗吉尼亚的索尔特维尔（Saltville）找到克洛维斯矛尖——在整个冰河时代，这些天然的露天盐矿吸引了众多大型哺乳动物，便于捕猎巨兽。虽然人们已经在这两个遗址搜寻了 200 年，并找到了大量兽骨，但从未发现一枚克洛维斯矛尖。[9]

因此，可能的猛犸杀戮遗址似乎只是特例，而非克洛维斯定居点的常态——它们甚至可能不像乍看之下那样反映了猎杀。关键问题在于，北美发现过几处"自然"形成的猛犸骸骨堆，看上去很像克洛维斯遗址的骨堆，只不过没有人类遗物。骨堆由天灾造成，比如象群在穿越冰冻的湖泊时冰层破裂，或者陷入意外的泥沼。这些动物可能一起死去，完全没有任何人类插手。

这种解释得到了内华达大学人类学家加里·海恩斯（Gary Haynes）的支持，他研究了非洲象在 20 世纪 80 年代的干旱中自然死亡的场所。在查看了干涸水坑周围堆积和腐烂的尸体后，他发现它们与默里泉和莱纳牧场等遗址的猛犸骸骨惊人地相似。[10]

海恩斯指出，克洛维斯人旁观了因干旱导致的猛犸自然死亡，有时为使其免受痛苦而杀死它们。尸体基本没被动过，因为已经剩不下多少肉：这些动物是饿死的，甚至不值得敲开骨头取食骨髓。在新仙女木时期或此前不久，猛犸可能经历了这样的干旱时期——但这点同样缺乏决定性证据，干旱的严重程度甚至当时是否出现过干旱都大有争议。[11]

出于怜悯而杀戮，或者只是无动于衷地看着快要饿死的猛犸，这与保罗·马丁和杰弗里·桑德斯对那段历史的看法截然不同。事实上，克洛维斯矛尖本身可能也扮演了与最初所认为的完全不同的角色：这些珍贵的石制矛尖被放在死去动物的身边甚至身上，作为向它们致敬的标志或者宗教仪式的一部分。

上述猜测提醒我们，克洛维斯人的生活方式一定远不只是为下一餐奔忙。不幸的是，关于他们的宗教信仰和社会组织的证据非常有限。我们无法确定他们如何处理死者，但显然不是定期埋葬，至少不是埋在他们的生活地点或考古学家已经发现的地方。[12] 只有两处例外：内华达的鱼骨洞（Fishbone Cave）发现了被雪松树皮做的裹尸布包着的骸骨[13]，而在蒙大拿的安奇克（Anzick）遗址则找到了两名青年支离破碎的尸骨。[14]

安奇克遗址于 1968 年发现，位于一处坍塌的小岩棚之下。在干燥的泥土中发现了 100 多件石头工具，包括许多精美的矛尖。它们并非随意丢弃，而是有意被放在一个撒有赭石粉的工具坑中。[15] 类似的石器坑在美洲其他地方也有发现。[16] 就算这些只是供回到某地的猎人队伍补给取用的器具仓库，也仍然无法解释赭石粉、石质矛尖上极其精美的做工，以及它们与安奇克人墓葬的联系。

许多克洛维斯矛尖的醒目色彩同样暗示，它们可能不仅是实用物品。矛尖用红色和褐色条纹相间的黑硅石、多彩的玉髓、红色的碧玉、火山玻璃和木化石制成。为什么要选择这些奇异的彩色原材料呢？澳洲土著人出于宗教信仰也这样做。他们经常使用深红色的黑硅石，因为那是由祖先的鲜血形成的；石英因其闪耀出"彩虹般"的光辉而受到珍视，土著人相信这种光辉是生命的精华。[17]

克洛维斯人也许出于类似的理由而选择了彩色石头。但如果的确如此，他们却没能留下任何岩画作为宗教信仰的证据。我们能做的只是揣测他们生活在一个社会和象征的世界中，石头矛尖的意义也许就像小雕像之于冰河时代欧洲的狩猎采集者，或者石英矛尖之于近代的澳洲土著人。

虽然他们的投矛上无疑沾染了血迹，但考古学证据还是让我们对克洛维斯人是否是大灭绝的唯一凶手（甚至是否起过任何作用）深表怀疑。但如果他们是无辜的，或者至少暂时得到保释，那么还有谁或者什么应该接受质询呢？

我们有另外两名"嫌疑人"，作为一个有趣但纯属假设的看法，我们可以快速质问一下第一位"嫌疑人"：致命的瘟疫。

美国自然历史博物馆的古生物学家罗斯·麦克菲（Ross MacPhee）和杜兰大学（Tulane University）的热带医学教授普雷斯顿·马克斯（Preston Marx）指出，在公元前 11000 年的北美，一种病毒从新的人类殖民者传播到了大型猎物身上。[18] 这种假想的"超级疾病"可能比任何有历史记载的疾病更加致命。虽然至今尚无丝毫证据，但他们认为瘟疫可以解释关于大规模灭绝的几个费解的事实，特别是它的速度和专门针对大型动物（他们称大型动物因繁殖速度慢而更受影响）。理论上是可能找到证据的：也许有被病毒感染的 DNA 碎片留存，可以从灭绝动物的骨头中提取出来。也许吧。这似乎只是个大胆的想法，从古代骸骨中恢复 DNA 被证明比科学家们几年前所认为的困难得多。[19]

区别于过度杀戮说的第二名"嫌疑人"是气候变化，对其的主要指控者有 3 位：丹佛博物馆的古生物学家拉塞尔·格雷厄姆（Russell Graham），得克萨斯大学的地质科学教授欧内斯特·伦德里乌斯（Ernest Lundelius）和阿拉斯加大学的古生物学教授戴尔·格思里（Dale Guthrie）。他们认为，气候变化及其对动物栖息地的影响是大规模灭绝的罪魁祸首。在这个令人敬畏的三人组看来，气候并不直接通过让受害者经受过热、过冷、过湿或过干而杀死它们，而是通过摧毁其栖息地。[20] 我们知道这是现代世界动物灭绝的主要原因，应该会马上认同他们的主张。格雷厄姆和伦德里乌斯宣称，冰河末期栖息地的严重减少是气候模式变化的结果——夏天变得相对更暖，冬天则更冷。随着一些成员无法忍受冬天或夏天，在季节差异有限的环境下进化了好几千年的动植物种群崩溃了。

冰河时代动物种群最惊人的特征之一，就是现在相距数千甚至上万公里、生活在全然不同环境中的物种在当时常常彼此擦肩而过。

最早的美洲人在游历新世界时，他们可能看到今天北方苔原的物种（例如北美驯鹿、麝牛和旅鼠）同我们时代典型的南方物种（生活在林地或草原上，例如驼鹿和野牛）比邻而居。这种不同动物的组合能够在冰河期存在，是因为季节差异不像现在那么显著分明。

当冬天变得更冷时，一些动物被赶到南方；相反，更暖的夏天迫使另一些前往北方。两者无法继续在中间的土地上相遇，因为那样的地方不复存在。找到新家园的动物是幸运的，许多没能适应的动物灭绝了。

为了解释为何有的动物幸存下来而有的没有，戴尔·格思里重建了气候变化对植物种群分布的影响。在今天的世界中，我们看到的植物种群呈带状分布：最北端是苔原带，往南是针叶林，再往南是落叶林，然后是草原。最早美洲人所处的冰河世界完全不是这样：植物种群并非沿纬度呈带状分布，而是如同"格子布"或马赛克——小块的苔原、针叶林、落叶林和草原混杂在一起。是更暖的夏天和更冷的冬天把它们拉开的。

在此过程中，依赖这种植物混合分布的动物受到影响——主要是那些体型特别巨大的：猛犸、乳齿象和大地懒。这些动物生活艰难，因为植物生长季缩短，限制了能够为其庞大身体提供食物的时间。它们还要面对植物多样性的显著减少——为了获得足够的能量和营养，这些动物需要进食种类繁多的食物。随着季节变得分明以及植物多样性的减少，食谱专一的动物开始占据优势。在极北地区是只吃地衣的北美驯鹿；在林地中是特别擅长吃嫩树枝的鹿；在南方是以少数几种短茎牧草为食的野牛，这些草取代了杂食者偏爱的多种杂生长茎牧草。这些新植物还拥有化学防御手段，对其他许多动物来说是有毒的，而野牛可以承受。事实上，一切都对猛犸、乳齿象和大地懒不利。格思里的观点是，灭绝不可避免。

物种间的竞争提醒我们，所有动物都是生态群落的一部分，一且某种元素受到干扰，整个食物链都可能产生连锁影响。因此，美洲狮子、猎豹和剑齿虎的消失可能只是因为它们最喜欢的猎物消失了。也许这还能解释巨鸟的灭绝，其中大多为雕、鹫和秃鹰。它们多是食肉鸟类，畸鸟也是。这些鸟可能以弱小的骆驼、马，甚至猛犸的幼崽为食，无论是掠食抑或食腐。[21]

生态学家皮卢（E. C. Pielou）表示，要谨慎地接受上述对大规模灭绝的环境和生态解释。[22] 她问道，为何现代的小型河狸在与大河狸的竞争中成为胜利者？为何美洲狮子和剑齿虎不以众多食草动物为食，比如野牛、麋鹿和鹿（它们不仅幸存下来，而且数量繁多）？为何畸鸟和秃鹫不以这些食草动物的腐尸为食？我们通常不认为这些鸟类挑食。[23]

上述质疑非常有力，并带来了一种甚至更加有力的质疑：显而易见，这个全球变暖时期完全不是独一无二的，而是我们的星球在至少过去 100 万年间经历的过山车般气候变化中最近的一次。剧烈的全球变暖差不多每 10 万年发生一次，然后回归冰河期的状况。每次变暖期间，季节和植物分布的变化都不太可能显著区别于我们所关注的那段时期，即公元前 20000 年最近一次冰河极盛期后的几千年间。

然而，巨兽在此前所有的气候转变、丧失栖息地和生态浩劫中存活下来。它们的数量无疑受到影响，但还能应付，可能是因为在极北地区找到了环境仍然与之前的冰河时代足够接近的庇护所。一旦气候回归原样，它们就会从那些庇护所向四处扩散，再次成为全球动物种群的重要成员。那么在上次冰河期末，乳齿象为何没有向北迁徙到有云杉和松树林留存的地方，在那里熬过后冰河期极其暖湿的日子呢？难道昨日的骆驼、大地懒、大河狸，乃至马都在广袤且极端多样化的北美大陆找不到生存之所吗？即使找不到或去不了理想的所在，难道这些动物不能学会适应新的栖息地，难道自然选择不会伸出援手，对它们的生理和行为做出微妙改变吗？这正是那些物种在此前几百万年间肯定做过许多次的。所以，为何同样的策略在最近一次冰河期末失效了呢？

我们关于一次求生尝试有了惊人发现——当证据在 1993 年出现时，科学家们震惊了。直到当年 3 月，人们还认为世界上的所有猛犸都在公元前 10000 年前死去了——或者至少在那之后不久。但随后，俄国科学家宣布他们在弗兰格尔岛（Wrangel Island）——北冰洋中一座偏远荒凉的弹丸小岛，位于西伯利亚以北 200 千米——一些生存到比上述年代晚近许多的动物的遗骸中找到了猛犸的骨头。[24] 那些猛犸并非仅仅多活了几百年，而是惊人地又生存了 6000 年，一直活到埃及金字塔的时代。

1.2 万年前，弗兰格尔岛是白令陆桥的一部分，在那里的丘陵间漫步的猛犸就像其他任何地方的一样，肩高可达 3 到 3.7 米。当海平面上升时，这些猛犸变得与世隔绝——但它们为自己的幸存付出了代价，因为在差不多 500 代的过程中，它们体型缩小，成为倭猛犸，最后的幸存者肩高不超过 1.8 米。这并非独有的事件——在人类历史的更早时期曾发现过其他迷你猛犸和迷你象的例子，比如在塞浦路斯、马耳他和加利福尼亚沿岸的岛屿上。其中一些猛犸变得不比山羊大。

生活在与世隔绝的小岛上，小型化是很好的生存策略。当食物数量受限时，减小体型能带来生殖优势——可以更快地成年和性成熟，从而更快地将自己的基因传给下一代。如果巨大体型的初衷是吓退掠食者，那么在没有狼、狮子或剑齿虎的岛上这就变得没有必要了。因此，我们并不奇怪，比起被克洛维斯人在莱纳牧场杀死的那些，弗兰格尔岛上的猛犸就像是侏儒。

虽然上述发现引起了轰动，但对解开公元前 10000 年之前它们在世界其他地方的大规模灭绝之谜无甚帮助。弗兰格尔岛的猛犸能够幸存，很可能得益于那里保留了品种丰富的草和灌木，这要归功于岛上独特的气候和地质条件。因此，当松软潮湿的苔原和林地在其他地方扩张时，这里的确成了猛犸的庇护所。猛犸可能从这里出发，扩大种群数量，恢复原来的体型——但条件是下次冰河期、海平面下降和大片猛犸草原的回归发生在弗兰格尔岛的迷你猛犸也掉入灭绝的深坑之前。

它们是掉下去还是被推下去的呢？很可能是后者，因为弗兰格尔岛上有人类生活的最早年代与猛犸存在的最后年代重合。我们对那些人的生活所知寥寥，只找到少量石器的痕迹，它们无疑来自那些在环境如此恶劣的土地上被推向生死边缘的人。但还有什么比迷你猛犸更易捕捉的猎物呢？这些动物对掠食者一无所知，而且无处可逃。

弗兰格尔岛的发现似乎将克洛维斯猎人又放回了审判席。这些发现表明，猛犸本可以在上次冰河期末找到庇护所，但在人类介入后，灭绝可能很快随之而来。因此，可能正是克洛维斯人每年杀死的那几头动物（以纳科、默里泉和莱纳牧场遗址为代表）将猛犸推下了灭绝的深渊——这些动物的种群已经变得支离破碎，数量大大减少，在生态混乱的状况下寻找庇护所时，它们已是身体虚弱，健康状况糟糕。

现在，我们必须最后一次回到北美大陆，以便调查如今看来是灭绝唯一可能的解释。虽然克洛维斯猎人或气候变化似乎都无法单独产生足够的影响，但它们的联手则意味着对猛犸、地懒、乳齿象和其他受害者判了死刑。

在对作为同谋的克洛维斯猎人和气候变化展开最终审判时，我将援引自己在 20 世纪 90 年代初的研究。虽然我很想亲手发掘克洛维斯的杀戮遗址，但还是由计算机完成了这项工作，完全避免了田野工作的艰辛。正如经济学家用计算机预测未来，比如利率提高对通胀水平的影响，考古学家也可以建立模型来"预测"过去。一边是捕食率的少量提高，一边是干旱频率的类似上升，我的研究目标是探索两者的共同作用对北美猛犸数量水平的影响。[25]

我在学生时代掌握的技能之一是建立关于动物数量的数学模型，然后用计算机模拟史前的狩猎方法。[26] 我和一位生态学家合作，编写了一个计算机程序来模拟非洲大象数量的变化。然后我们在电脑上对模拟种群展开实验，用干旱和偷猎者"袭击"它们，以便分析大象这个物种存活到下一世纪的可能性。

猛犸和克洛维斯问题一直萦绕在我的心底。由于体型类似，今天的非洲象与更新世的北美猛犸在数量变化上可能也颇为相似。于是，我根据克洛维斯人狩猎猛犸的情况开发了另一个版本的模拟程序。与大象模型一样，我随后用这些模拟程序展开实验：不同的猛犸狩猎水平，不同的策略（比如杀死整群动物，或者只杀死特定年龄或性别的），不同的环境压力程度。[27]

我的发现非常惊人。当然，环境变化本身就可能把猛犸推向灭绝。让干旱变得日益严重、出现得更加频繁，最终将消灭任何猛犸种群。幼崽的死亡率将变得过高，而性成熟的到来则变得晚，导致种群将会衰亡而非增长。同样，即使没有任何气候变化，猛犸种群也很容易受到人类捕食的影响。即使猎人们每年只随机杀死种群中4%~5% 的动物，它们的数量也会严重下滑并最终灭绝。

原因仅仅是它们缓慢的繁殖率。从种群中去掉几头处于生殖活跃期的母猛犸就可能产生巨大影响。然后，我把少量狩猎与不太严重的干旱结合起来，两者本身都不足以消灭种群。不过，它们结合后的影响是强大的。在计算机上，我可以看到数以千计的猛犸在仅仅几十年间走向灭绝。我的研究生梅利莎·里德（Melissa Reed）

建立了更加复杂的模型，得出相同的结论。

产生上述结果无须闪电战，符合考古学记录的低程度机会主义的狩猎似乎就足够了。还是用军事比喻，游击战也能造成毁灭性的结果。此外，环境压力和狩猎不必同时发生。杀死几头猛犸（特别是年轻雌性）对种群数量的影响可能要到 10 年后才会显现。如果那时恰好遭遇环境压力，对种群的影响可能是毁灭性的。

同样的解释可能也足以说明地懒、乳齿象、美洲马、骆驼和貘的灭绝。但不应忘记的是，我们完全没有关于这些动物的考古学证据，而新仙女木时期干旱的证据也仍然存在争议。此外，我们还必须试着解释为何有些大型哺乳动物逃过了灭绝，特别是野牛，它们需要饮用大量的水才能存活。[28]

1997 年春天，梅利莎和我一起前往莱纳牧场、默里泉和纳科。与我们同行的是在 20 世纪 60 年代末发掘过该遗址的地质考古学家保罗·马丁和万斯·海恩斯。

我们曾就自己的研究在亚利桑那大学举办了研讨会，描述了我的工作成果和梅利莎的新模型。会上，我们一边发言，一边在显示屏上进行展示，好让万斯、保罗和其他人看到我们重演的史前史：人类殖民阿拉斯加，冰层消退，人类通过无冰走廊扩散到北美各地，克洛维斯文化的出现，南方干旱的开始，猛犸种群的崩溃和灭绝。

我们带着些许不安来到会场。万斯和保罗涉足猛犸灭绝问题已经 30 多年，他们开始研究时，梅利莎尚未出生；当我还是学生时，他们就已经挖掘和造访遗址，出版书籍和论文，参加重要的会议，在会上对支持或反对过度杀戮的理由展开争辩。因此，在演示过程中，我一直关注他们，在他们相互私语时感到担忧，好奇他们在想些什么，害怕我们可能犯了一些仅靠他们就能发现的根本性错误。

没有理由感到焦虑，因为万斯和保罗对我们不吝赞美，而且他们的批评被证明是建设性的。他们还提出带我们前往那些经典遗址——默里泉、莱纳牧场和纳科，后者是发现"逃走的那头猛犸"的地点。在此之前，保罗还提供了另一项福利——参观他位于山顶，能够俯瞰图森（Tucson）和亚利桑那沙漠的实验室。在一个漂亮的玻璃顶柜子里——常人可能会存放硬币、奖牌或用大头针固定的蝴蝶——他放置了自己珍爱的史前粪球。

万斯似乎想要重温在默里泉的发掘。要到达那里，我们必须下车，在灌木丛生的荒漠中步行一小段路。在遗址上，他解释了地层结构，指出裸露部分中可能显示了冰河期末长期干旱的地层，然后是进入全新世的地层。他向我们指明发现埃露易丝（Elouise）的确切地点——这是他给自己发现的那头完整母猛犸起的名字。猛犸身上没有被杀戮的痕迹，据信死于自然原因。他认为克洛维斯人曾取食尸体上的肉。我们找到了猛犸留下的脚印，那可能是它最后的几步，也可能来自对垂死的它表示好奇或关心的同类。保罗从夹克中掏出一件在该遗址找到的神秘器物的复制品：一块长 25.4 厘米，被雕刻过并钻了一个孔的猛犸骨，他认为这被用来矫正矛杆。他让万斯将其放在当年被找到的位置，仿佛这是某种仪式动作。我们还得知，在距离埃露易丝被发现处几米的地方曾有野牛被杀，那里发现过一群野牛的骸骨，它们似乎在被赶进沼泽后遭到屠戮。

最后的北美猛犸在公元前 10000 年左右死去。尚不清楚它们是死于克洛维斯猎人造成的暴力和血腥，还是在除了盘旋的秃鹫之外无人看见的地方悄然逝去。差不多同时，生命也离开了最后的地懒和乳齿象，离开了最后的雕齿兽，离开了昨日骆驼和美洲马。失去它们的世界变得贫乏和无趣得多。野牛统治着草原，北美驯鹿主宰着湿软的苔原，那里取代了曾经是一系列神奇的冰河时代哺乳动物家园的猛犸草原。

　　北美开始呈现出今天的面貌。西南部成为沙漠，大平原占据了整片大陆中部。落叶林和针叶林分别在东部和北部落脚。冰盖几乎消失，大湖迅速排干，只剩下今天我们所知的那些。气候趋于稳定，不再像过去几千年那样剧烈波动。

　　另一些事也在发生：最后的克洛维斯矛尖被制造、使用和丢弃。随着冰河时代动物的灭绝和更稳定环境的出现，克洛维斯人的生活方式也消失了。与此同时，人类文化经历了与自然完全相反的过程，它变得多样化，把北美大陆变成一个更加丰富和有趣的地方。那里的所有居民继续作为狩猎采集者生活，但北美人类再也没有表现出像克洛维斯时代那样的统一性。

第28章

重新审视原始性

火地岛和亚马孙的狩猎采集者，公元前 11500—前 6000 年

　　现在是公元前 11000 年。钦奇胡阿皮溪的清凉溪水拍打着约翰·卢伯克的脚趾，他正安静地坐在岸边，思考着前方的旅途。此行将带他穿越美洲历史，一直来到公元前 5000 年。初升太阳的光芒刺破云层，在水面上闪烁着。卢伯克独自坐着，只有栖在高处树枝上的一只翠鸟为伴。蒙特贝尔德已被抛弃，但在南美其他地方，几乎各种生态角落都有人生活，使用几乎各种能想象得到的狩猎和采集方式：有的靠捕猎大型猎物为生，有的靠捕鱼，还有的靠采集植物。他们的文化同样形形色色：有的继续使用最粗糙的石质工具，有的则使用凿成多种形状的精美石头矛尖。事实上，当时的南美在文化多样性上远远超过北方的邻居，后者到处都是克洛维斯矛尖和与其大同小异的器物。

　　卢伯克从蒙特贝尔德出发，沿着钦奇胡阿皮溪进入毛林河谷，然后翻越了安第斯山脉。在此过程中，温带森林让位于山毛榉林地，然后又变成了稀疏而发育不良的松林。最后，他踏过鲜花绿草铺就的地毯，经过位于冰川之间的山口，沿着水晶蓝色的湖泊行进。上

方是白雪皑皑的巍峨花岗岩山巅，在绚烂的阳光下从灰色变成粉红色。冰川顺着西面山坡远远地延伸下去，长长的冰舌一直伸到峡谷中乃至更远。

卢伯克向南而行，开始看到被废弃的营地和一堆堆烧焦的兽骨。它们所在的草地覆盖了一大片分布着深洞的高原。高原稍稍向大西洋倾斜，海岸比今天往东得多，因为海平面正处在冰河期的低谷。在随后的 1 万年里，这些草地将变得非常干燥，荒芜的样子让 19 世纪初同样经过巴塔哥尼亚（Patagonia）的查尔斯·达尔文以为它们失去了繁殖能力。

卢伯克来到大西洋沿岸一片由平底浅谷、峡谷和矮丘组成的地区。他走进的山洞可以抵挡令人精疲力竭的风，自从离开安第斯山后，这种风就一直伴随他左右。另一些人也在寻找庇护所——一群猎人正在返回他们位于悬崖般谷壁上的山洞。4 名猎人身着毛皮，带着几块马肉。卢伯克跟着他们进了洞。

燃烧粪便的火堆让空气变得呛人而浓重。当卢伯克的眼睛适应后，他看到了另外 6 个人——有女人、孩子和一个老人——坐在洞中。洞的后部还有更多身影在黑暗中穿梭。人们往火中添加了几块珍贵的木柴，放上马肉排烤起来。卢伯克坐在火边，和猎人们一样对火的温暖感激涕零，听他们讲述打猎的经历。他获悉他们在山涧设陷阱困住了这匹马，然后从上方用石尖投矛击杀了它。马被宰割，最好的部分被带回家。归途中，人们遇到一头刚死不久的大地懒。要不是已经猎杀了马，他们可能会取食那具尸体。这些人知道秃鹫很快就会到来，将尸体留给了它们。

随后的几天里，卢伯克获悉这个狩猎采集者群体使用好几处山洞，常常将他们寥寥无几的财产和家眷从一处庇护所转移到另一处。他们特别中意的庇护所位于此地以西大约 30 千米，坐落在古老的火山口内。除了马和地懒，他们还狩猎原驼——一种以小群的形式生活在草地上、类似大羊驼的动物。他们是高效的猎人，使用的矛尖与遥远北方的克洛维斯人使用的一样致命，但形制完全不同。他们的矛尖没有克洛维斯式的中央浅槽，但带有精美的长柄。

卢伯克曾和一队猎人前往遥远的南方，来到今天的火地岛。当卢伯克坐在一处名为特雷斯阿罗约斯（Tres Arroyos）的窄小岩棚中时[1]，他被最黑暗的夜色包围，呼啸的风震耳欲聋，他知道自己来到了大地的尽头。在燃烧的余烬的另一边，他的旅伴们正低声交谈，商讨第二天应该搜寻马还是设陷阱捕捉狐狸。卢伯克翻开《史前时代》，在足够明亮的火光下读起那位同名者对这片荒芜土地上19世纪居民的看法。

维多利亚时代的约翰·卢伯克没有亲身接触过火地岛人，因此借鉴了他伟大的朋友和导师查尔斯·达尔文的描述，后者1834年在坐"小猎犬号"旅行途中到过火地岛。[2]达尔文遇见的人完全依靠狩猎和采集生活，对于试图解读特雷斯阿罗约斯等山洞中的史前遗迹的现代考古学家而言，这让他和其他维多利亚时代旅行者的记录变得极有价值。事实上，19世纪的火地岛人很可能是火地岛最早的居民——那些在公元前11000年使用特雷斯阿罗约斯等山洞之人的直系后代。但为了将有用观察和种族偏见区分开，在阅读维多利亚时代人的记录时要非常小心。

达尔文解释说："上岸时，我们和6个火地岛人一起拖着一条独木舟。他们是我见过的最凄凉、最悲惨的人……这些可怜的家伙发育不良，可怕的脸上涂着白色颜料，皮肤肮脏油腻，头发打结，声音繁杂而细碎，举止粗暴不雅。看着这些人时，我们很难相信他们是同类，是和我们生活在同一个世界的居民。"达尔文继续描绘了他们如何"像野兽一样蜷身睡在潮湿的地上"，靠吃人和谋杀近亲来躲避饥荒。"小猎犬号"的船长罗伯特·菲茨罗伊（Robert Fitzroy）认为那些女人应该被称作"母火地岛人"，因为"她们也许适合……粗野的男人,但对文明人来说,她们的外貌令人作呕"。[3]

维多利亚时代的约翰·卢伯克还从达尔文的记录中摘取了关于专业技术和复杂狩猎采集方法的描述——与人们对这些可怜的家伙和粗野之人的预期完全相反。火地岛人建有印第安式的棚屋,在他们各式各样的石尖投矛、钓具和弓箭中可以看到"精心打磨过的笔直箭支"和"形状几乎与我们相同的钩子"。他们拥有训练有素的猎狗, 是出色的游泳者, 显然还善于伏击原驼。维多利亚时代的卢伯克总结说:"在阅读几乎所有关于野蛮人的记录时,不可能不赞美他们使用粗糙武器和工具的技巧。"[4] 一边是维多利亚时代人对野蛮人的流行态度(甚至达尔文本人也不能免俗),一边是自己对制作和使用狩猎采集者工具所需技巧的赞美,他显然在苦苦尝试调和两者。

现代人约翰·卢伯克从蒙特贝尔德到巴塔哥尼亚南部山洞的旅行把他从南美最晚近发掘的遗址之一带到了最早发现的两处遗址。他走进的第一个山洞是费尔洞(Fell's Cave),而火山口中的那个是帕里埃克洞(Palli Aike)。1934 年,在美国自然历史博物馆朱尼厄斯·伯德(Junius Bird)的率领下,对南巴塔哥尼亚的一次开拓性考古调查发掘了这两个山洞。[5] 他发掘出了炉灶遗迹,发现了很快将被称为"鱼尾"矛尖的独特石器[6],以及马、地懒和原驼的骸骨。[7]

伯德知道,这些沉积物的年代非常久远。他辨认出了已灭绝动物的骨骼,并发现费尔洞的遗迹被坍塌的洞顶掩埋,后来又有人在上面驻营。伯德对鱼尾矛尖的年代几乎一无所知,也不知如何测定,因为放射性碳定年技术当时尚未发明。直到 1969 年,这项技术才显示费尔洞早在公元前 11000 年就有人居住。[8] 当然,这比发现蒙特贝尔德要早得多,但它至今仍是整个美洲年代最早的人类生活遗址之一。[9]

　　现在是公元前10800年。卢伯克从火地岛向北行进5000多千米，来到了亚马孙。[10]他在后来的塔帕若斯河（Tapajós）上划着独木舟，在获得今天的名字之前，这条河还将多次改道。新仙女木时期刚刚降临欧洲和西亚。在阿伦斯堡山谷的施特尔摩尔，猎人们正在检查自己的弓，而马拉哈泉村的居所已被抛弃。但在亚马孙，新仙女木时期将在不知不觉中过去。卢伯克看到凯门鳄在河边沙滩上晒太阳，一条江豚跟着他的独木舟。

　　今天的亚马孙是地球上最大的博物馆，藏品价值远远超过大英博物馆、卢浮宫和纽约大都会博物馆珍宝的总和。那里的植物种群几乎没有改变地穿越了整个冰河时代。虽然今天我们正不顾一切地破坏它，但这座博物馆中的许多地区仍然是21世纪的史前世界。

　　人们曾认为亚马孙在冰河期遭到重创，干旱将连续的森林分割为林地、稀树草原和草地的拼盘。但从冰河期沉淀物中采集的花粉样本显示，森林几乎未受影响。[11]无论是在末次冰盛期达到顶峰的全球气温崩溃中，还是随后延续至今的升温中，同品种的植物以大致不变的比例继续生长在这片盆地上。的确有过一些发展，比如公元前20000年的亚马孙低地曾是几种需要寒冷天气的树木的家园，而今天它们只生长在安第斯山的东坡上。但因气温上升而出局只是细节问题——雨林几乎没有改变。

　　卢伯克穿越南美东部的草地和多荆棘的林地，从尼埃德·吉东有朝一日将会发掘的佩德拉富拉达边经过，进入了亚马孙盆地。他遇到许多狩猎采集者社群，但毫不停留，急于抵达雨林。林地渐渐变得茂密，气温上升，很快他将从陆路进入水路。热带动植物开始出现，一条小支流注入另一条小支流，将卢伯克带到雨林腹地。

　　卢伯克所在的河流汇入了另一条大得多、流速也快得多的河，河水并非清澈透明，而是呈深棕色，那就是亚马孙河。树冠上的一群猴子感到警觉，开始嚎叫，鹭受惊起飞。进入新的河道后不久，卢伯克看到远处岸边泊着一条独木舟，接着有两个人站在浅水边听动静。他们转身消失在树林中。卢伯克划到对岸，把自己的船系到他们的船上，顺着他们的足迹而行。足迹穿过一片湿软的林地，然后进入密林，很快成为一条常有人走的小径。

树下较为凉快但很昏暗，因为阳光很少能透进浓密的树冠。厚厚的一层层落叶让脚下的地面变得非常松软，空气中弥漫着有机物腐烂的刺鼻气味。卢伯克看到形形色色的林木，许多树巨大垂直的树干上布满了巨蛇般的攀缘植物。有的树木拥有如此巨大的板根，仿佛树林中的木墙。

他偶尔能瞥见那两个人，注意到其中一人背着一条大鱼，鱼尾有时拖在地上。他们快步而行，从不停下休息。走了将近 10 千米后，一块闪亮红色巨石的顶部得意扬扬地出现在树林上方。很快，卢伯克看到了砂岩圆丘上的一排山洞。拿着鱼的那两个人消失在洞中，高呼自己回来了。卢伯克听到欢迎声。显然有人开了个玩笑，因为随即传来开怀大笑的声音。

随着他走进洞口，卢伯克看到了砂岩洞壁上的岩画：红色和黄色的同心圆、手印和颠倒的抽象小人，小人头部像太阳般射出光线。它们让他想起了佩德拉富拉达的那些画。

卢伯克来到了蒙特阿莱格雷（Monte Alegre）——在葡萄牙语中意为"快乐山"——即将走进佩德拉平塔达洞（Pedra Pintada cave）的居民中间。这是亚马孙盆地乃至整个南美最重要的考古遗址之一。1991 年，来自芝加哥田野博物馆的安娜·罗斯福（Anna Roosevelt）在率领团队考察亚马孙盆地时发现了它。发掘该遗址时，她的团队找到了公元前 10800 年人类居住的证据[12]，证明人类可以作为狩猎采集者在亚马孙雨林生活——这让许多人类学家感到吃惊。人类学家此前认为，在没有烧荒农业的情况下，人类无法从森林中获得足够食物，因此亚马孙至少直到公元前 5000 年都无人居住。

但就像卢伯克即将发现的，佩德拉平塔达的居民仅靠狩猎和采集为
生。

在通风的山洞内部，至少 10 个人站成一圈，对捕到的鱼啧啧
称赞。他们衣不蔽体，让人想起今天的亚马孙印第安人——粗壮、
古铜色皮肤、黑色直发和绘有优美图案的脸庞。地上铺着用巨大树
叶制成的毯子，洞壁边堆着篮子和袋子，投矛、鱼竿和鱼叉靠在角
落里。洞后部的木碗中盛着一块块碾碎后与水混合的红颜料。另一
面洞壁边放着一捆捆柔软的草，用植物纤维扎成垫子。洞中央是闷
烧着的炉灶，那条鱼引人瞩目地躺在旁边的地上。

有个女人蹲在地上，用石刀砍下鱼头。鱼头被交给把鱼背来的
那个年轻人，后者微笑着接了过来。他依次吸吮两只鱼眼眶，血和
汁水流到他的胸口。准备工作就绪后，鱼被带到洞外开膛。[13]

随后几天，卢伯克和佩德拉平塔达的居民待在一起，帮助他们
收集淡水贻贝和采集令他目眩的各种水果、坚果、根和叶。有的他
很熟悉，比如巴西坚果和腰果，有的则从未见过。他目睹了一种新
的工具制作技术：人们不是用锤石把石片砸成矛尖，而是用力将尖
锐的骨头压在石头上，从而分离出小石片。这被考古学家称为"压
力碎石法"，在整个史前世界被用于制造特别精致的器物，比如在
这里和北美的克洛维斯遗址找到的三角形矛尖。

由于卢伯克在南美之行中已经目睹了大量狩猎和植物采集活
动，这些对他来访浑然不知的主人采集食物的老练并不让他吃惊，
他们用形形色色的植物材料制作衣物和工具的技巧也不令他惊讶。
但他们捕捉淡水鱼的规模是卢伯克前所未见的，而这正是那些人的
擅长。他们从小船上用鱼叉捕捉大鱼，小鱼则用渔网。近代亚马孙
人用毒药捕鱼，很容易让人相信公元前 10800 年生活在佩德拉平塔
达的人也这样做。

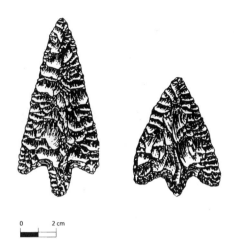

三角形矛尖，可能制作于公元前 10000 年，来自亚马孙塔帕若斯河

卢伯克在跟着一群男人、女人和小孩（一共大约 10 人）进入森林时了解到这点。他们来到一株距离山洞约 1 千米的树旁。这棵树体型巨大，树围远远超过卢伯克此前见过的任何一棵。在距离树基几米远的地方，森林的地面显然被多次翻动过。他看着那些人分散开，开始挖掘小坑，露出纵横交错的树根。随后，他们用石锯和石刀切下一段段像卢伯克小臂那么长的树根，堆在篮子里。篮子装满后，人们离开那里，年轻女人们把篮子顶在头上。

他们沿着小路来到一条浅溪边的小空地，将篮子里的东西倒在地上。男人和女人们暂时消失在树林里；卢伯克和孩子们待在一起，往混浊的浅水中投掷树枝。男人们回来时带着粗大的木棍，开始捣烂那些树根。当有小段纤维和白色汁液飘到空气中时，他们紧紧地闭上嘴。

与此同时，女人们带着又大又平、质地光滑的叶子归来。几分钟后，叶子被编成松散的篮子。根浆被舀进这些篮子里，男人们将它们提走，小心地避免接触黏稠而多纤维的浆液。卢伯克与女人和孩子们一起留下，把树枝和叶子递给他们，在溪上搭建起一座水堤。男人们来到上游约 500 米处，他们踏入齐膝深的水中，在水中搅动那些篮子，形成一片片乳白色的云。

堤坝边，女人们正在休息，一边吃着浆果。男人们很快加入进来，但他们更喜欢咀嚼一团团树叶。孩子们兴奋地朝水中望去，看到第一批鱼到来时，他们发出尖叫。鱼群是在名副其实地逃生，试图躲避向下游漂来的毒素。但堤坝让它们无路可逃。有的转身向回游去，马上就死了；有的则在枝叶间挣扎，最终窒息而亡。几分钟后，水面上开始出现泛着光的死鱼。女人们捞起死鱼，用骨针刺入它们的鳃部，两两串在一起。很快，一行人带着银闪闪的战利品返回佩德拉平塔达。去肠、清洗和烤制能去除毒素。但卢伯克已经离开了他们：他起身向西，前往遥远的安第斯山脉。

罗斯福发掘出了许多今天的亚马孙人仍在利用的动植物的残骸，包括被用作鱼饵的乌拉圭牡荆木果实。动物骨骼的保存状况很糟糕，但仍可以辨认出许多种类，包括蛇、两栖类、鸟类和龟，此外还有大量的鱼，体型从几厘米到 1.5 米以上。

在植物残骸、兽骨和火炉中，罗斯福找到了制作工具时留下的3 万多枚石片——但只有 24 件完成的工具——以及数百块红颜料。她非常仔细地确认这些颜料是否与洞壁岩画所用的一致，对其做了显微镜检验和化学分析。结果证明的确与许多岩画所用的一致，这为美洲更新世的岩画提供了记录最为详细的案例之一。

佩德拉平塔达在公元前 10000 年之后不久被抛弃。与蒙特贝尔德一样，我们不知道那里的人究竟去了何方。这个洞在 2000 多年里无人居住，地上盖满了吹来的沙土。随后新的居住者来了，但他们对山洞的使用要随意得多，对岩画也不感兴趣。他们留下了类似品种的植物、兽类和鱼类残骸，以及某种在整个南美都前所未有的东西——陶器。到了公元前 6000 年，生活在亚马孙的人类已经发明了瓷碗的制作方法，有时还用简单的几何图形装饰它们。[14] 随着这种新技术的出现，一种旧技术成了历史：精美的三角形石质矛尖被抛弃，石器变成了简单的石片和没有加工过的磨石。直到 1500 年后，陶器才流传到中美洲北部；又过了 4000 年，它才出现在安第斯山中部，尽管那里的居民早就驯化了多种动植物。

在公元前 6000 年后出现在河岸边的贝丘中也发现了类似的陶器碎片，显示某些亚马孙居民已经开始专门靠河中的动物为生，包括贝类和多种鱼类。随着时间的流逝，沿岸村子发展起来，并最终开始耕种木薯和玉米。[15] 他们是维多利亚时代的旅行者——比如达尔文的学术伴侣阿尔弗雷德·拉塞尔·华莱士（Alfred Russel Wallace）——最早遇到的那些人。此时，佩德拉平塔达洞（可能还有亚马孙盆地其他地方）的狩猎采集者早已从人类记忆中消失。

我们发现的三角形石质矛尖被认为来自史前的园艺家，其生活方式与近代亚马孙印第安人大同小异。但它们的形状和制作技术与南美其他地方发现的已知为冰河期末的矛尖非常相似。[16] 因此，罗斯福在佩德拉平塔达的发现非常特别，不仅扩展了亚马孙雨林已知有人类生活的时间，还展现了冰河期行将结束时人类的又一种生活方式。

不过，她的工作最有意思的影响也许是质疑了雨林的"原始性"。这个词是阿尔弗雷德·拉塞尔·华莱士 1889 年在描述其亚马孙之行时所用的。和其他所有 19 世纪的旅行者一样，华莱士认为整个雨林都完全未遭人类染指。但由于罗斯福发现了额外 5000 年人类生活的历史，上述观点必将受到质疑。大批能产生食物的植物（比如巴西坚果和腰果树）明显集聚与此，可能不仅是自然，也是人类活动的结果。[17] 一代代史前觅食者可能缓慢而巧妙地重新排列了亚马孙大博物馆的展品。

第29章

牧人和"基督之子"

安第斯山的动植物驯化和沿海的采集者，公元前10500 —前5000年

四肢酸痛的约翰·卢伯克正在躲避寒风，他又感到一阵眩晕。[1] 岩石那边是一片草原，更远处的湖泊与遥远的天空融为一体。卢伯克正置身秘鲁安第斯山脉的高山草原，早已离开热带。随着他攀上陡峭的山谷，森林变成了林地，然后又变成稀疏而低矮的树木。空气变得稀薄，他身心俱疲，感到恶心。

高山草原由4000米高的延绵山丘和多石峭壁组成，其间分布着小溪，点缀着湖泊。[2] 卢伯克面前的那个湖是他见过最大的，后来将被称为胡宁湖（Lake Junin），位于比它大得多且更为著名的邻居的的喀喀湖（Lake Titicaca）东北800千米处。

卢伯克需要造访高山草原，因为那里最终将成为印加人的家园。他们巨大的城市、道路和庙宇将会在他此行结束几千年后出现，但他们文明的基础现在正在他面前的平地上吃草。并非一只，而是一整群像鹿那么大、生有长脖子和尖耳朵的动物，它们是将成为重要肉类和毛料来源的小羊驼的祖先。

在高山草原乃至整个热带以外的南美之行中，卢伯克都遇到过一种外形相似但体格更大的骆驼科动物，它们被称为原驼。原驼同

样成群生活，但喜欢更低的海拔，而且不那么依恋溪流和湖泊。原驼是另一种关键家畜的祖先，即大羊驼，后者具有宽大的脊背，将成为安第斯峻岭间的主要运输工具。

卢伯克见到的所有动物都是野生的，这种状况还将持续几千年。现在是公元前 10500 年，已经在高山草原生活了许多代的人们把它们当作猎物。一群猎人来到卢伯克身边，风声掩盖了他们的脚步和说话声。来者共有 8 人，穿着厚厚的兽皮，手执石尖投矛。几分钟后，4 人向远离湖泊的方向走去，其他人坐下检查自己的武器，他们需要确保矛尖牢固而锋利。有人从包中取出一把骨锥，狠狠地朝矛尖上砸去，在接近尖头的地方凿下一小块石片。这让矛尖变得对称，增强了它的穿透力。

休息 1 小时后，人们开始向羊驼群进发。卢伯克不再感到眩晕，于是跟着他们攀上山崖，朝湖边走去。他们缓慢而安静地走着，很快开始蹲伏在齐膝高的草丛中。不久，他们腹部着地，在湿草间朝一头正在吃草的羊驼一寸寸地匍匐前进。他们的目标是驼群的首领，这头雄驼很少离开自己的妻妾，并确保它们待在领地范围内。

羊驼一度感到不安，它抬起头，嗅嗅空气，疑惑地四下张望。没有看到或听到任何东西后，它又低头吃草。卢伯克再次和猎人们一起移动，他如此接近羊驼，以至于可以听到它牙齿扯断和碾磨坚硬草茎的声音。

有人微微点了下头，猎人们站起身，一起掷出投矛。武器没有击中目标，但希望并未完全破灭。卢伯克看到猎人们开始追击，他们驱散母兽，将雄驼径直赶入另一片投矛中。掷出投矛的是潜伏在驼群另一侧河边芦苇丛中的其他猎人。

当天晚上，卢伯克与猎人和他们的家人们一起坐在湖泊南边石灰岩山崖间一个大山洞的洞口。人们在洞口砌了矮墙，以阻挡夏天居住期间刮个不停的风。向北望去，可以看到湖水彼岸遥远山巅的壮观景象。随着暮色降临，白雪皑皑的山顶只剩下模糊的影子。

当斯坦福大学的约翰·里克（John Rick）在 1974—1975 年发掘帕查马切洞（Pachamachay Cave）时，他发现了许多野生小羊驼的骸骨，以及用来捕猎它们的投矛。[3] 来自公元前 10500 年的遗存被深埋于后来许多代居住者留下的废弃物下，因为那个山洞被继续使用了 9000 年。尽管那里最早的居民以狩猎野生小羊驼和原驼为生，最后的居民却成了驯化的小羊驼和大羊驼的牧人——这种经济转型很可能是随着从狩猎到放牧的逐步变迁发生的，而非生活方式的突然改变。虽然无从得知上述转型具体发生在何时，因为这 4 种动物的骨骼几乎一样[4]，但最合理的猜测是在公元前 5000 年左右。当时，骆驼科在被杀死的动物中开始占据绝大多数，不仅是帕查马切洞，秘鲁高山草原所有被发掘的山洞都同样如此。而在此之前，猎人们捕杀的猎物品种更加丰富，包括鹿类和鸟类。

也许更能说明问题的是，公元前 5000 年左右，新生和幼年动物的骸骨比例从约四分之一增长到二分之一。[5] 研究美洲食物生产起源的顶尖专家，史密森尼学会的布鲁斯·史密斯（Bruce Smith）认为，这反映了当动物被关在拥挤的畜栏里而传染病肆虐时幼崽死亡率的上升。幼畜中如此之高的疾病致死率也是今天大羊驼群的普遍特征。[6]

约翰·里克的研究结论是，公元前 10500 年之后不久，高山草原的猎人们在最大的山洞中永久定居下来。可能存在过多个群落，以湖泊盆地为中心，各自使用一块领地，其中包含一个作为主要居所的山洞。帕查马切洞中的器物密度和类型，以及墙壁和不断清理的证据暗示，这个山洞绝非居无定所的狩猎采集者的临时和短期的居住地。因此，与西亚的纳图夫人一样，定居生活可能是通向农业的关键一步。但在这个案例中，定居是畜牧而非种植的序曲。

　　我们很容易想象定居猎人们对被抓到洞中的成群猎物有了深入了解，很可能认出其中的许多个体，特别是控制妻妾的雄性。其他雄性成群生活，可能很快成为主要猎物，因为它们是可以牺牲的——失去它们不会威胁整个种群的生存和繁衍。除了有选择地捕猎，人们可能还在恶劣的冬天为畜群提供草料，从而控制它们的迁徙。受伤或成为孤儿的动物可能得到照料，最终成为驯化畜群的基础。驯化畜群的出现可能在从野外引入另一个物种的过程中发挥了重要作用，但那并非动物而是植物：藜麦。

　　在安第斯山脉高海拔盆地和峡谷中，藜麦是主宰早期史前食物生产经济的两种植物之一，另一种是土豆。[7] 作为藜科植物的一员，藜麦成了印加人的关键作物，至今仍被珍视其高蛋白含量的穷苦农民所种植。成熟后的藜麦会长出齐腰高的彩色种穗，收割后被用来制作饼干、面包和粥。野生和驯化藜科植物的两个关键区别与西亚的野生和驯化小麦一样：驯化品种会"等待收割者"，而且不会延迟发芽，使同一批作物同时成熟。

　　最早的藜麦来自胡宁湖盆的另一个山洞，距离帕查马切洞不超过 30 千米，发掘者同样是约翰·里克。帕瑙劳卡洞（Panaulauca Cave）中发现了相似种类的器物和动物骨骼，很可能是另一群在高山草原定居的狩猎采集者的大本营。来自公元前 5000 年的帕瑙劳卡洞的藜麦种子具有堪比驯化品种的纤薄"种皮"，表明它们延迟发芽的能力被削弱了。因此，当时的山洞周围或许已经生长着成片的藜麦，可能位于大羊驼或小羊驼的畜栏附近，甚至是昔日的畜栏之内。

　　骆驼科动物喜欢吃野生藜麦，但无法消化种子。这些种子完好无损地通过它们的肠道，常常被带到远离原先植株生长的地方，埋入一堆堆天然肥料中。布鲁斯·史密斯认为，如果早期牧人开始在夜间将畜群赶入围栏，那么成片的藜麦可能已经在有机土壤中苗壮成长。仅仅通过搬迁畜栏和用篱笆保护这些新生的植物，定居点附近很容易就会出现丰富的食物来源。然后，只需要除草、浇水和运输等简单的种植步骤，就能让这些植物开始微妙和无意识的基因改变，使得野生藜麦成为驯化品种。

另一种植物也在安第斯山被驯化，地点可能是的的喀喀湖盆地。但与藜麦不同，自打 16 世纪时被从南美带到欧洲后，这种植物就在全球历史中扮演了重要角色，那就是土豆。今天的南美有多种野生和种植的土豆，的的喀喀湖是其基因多样性的中心，这表明那里是驯化品种最早出现的地方。

在湖盆和周围的河谷中都未发现早期种植的考古痕迹，但这很可能反映了对露天定居点的搜寻还不够。几乎所有发掘都位于高地洞穴中，那里不可能提供关于秘鲁中部史前生活的完整画面。布鲁斯·史密斯相信，一旦此类露天定居点被发现，将能证明土豆的驯化是与大羊驼、小羊驼和藜麦的驯化同时发生的。

另一个物种可能也涉及其中：豚鼠。约翰·里克在帕查马切洞发现过这种动物的骸骨，我们知道它们在成为驯化的肉食来源前，曾在安第斯山各地被大量捕猎，但尚不清楚驯化发生的确切时间。与西亚的老鼠一样，野生豚鼠可能被人类垃圾或庄稼这样可靠的食物来源吸引到最早的永久定居点。高繁殖率和便于在狭小区域内饲养让豚鼠很容易被驯化——这些特点也让它们成为今天孩子们的理想宠物。

帕查马切洞的一天慢慢开始了。约翰·卢伯克在黎明时醒来，发现其他人大多仍在梦乡。他们睡在山洞的后部，柔软的草垫和兽皮让那里舒适而温暖。一个年轻女人坐在洞口给孩子喂奶，旁边有几个孩子在摆弄着木棍。一名男子醒来，拨旺了闷烧整晚的火堆。随着其他人开始起身，人们从柳条篮子里取出一些刺球投入灰烬中。

这些是呈圆丘状的梨果仙人掌的果实，在整个高地草原地区都能看到。几分钟后，它们被从灰堆中拨出或扒出。现在，这些没了刺的多汁果实被分发给大家，擦干净后整个啃食。

帕查马切洞居民所吃的所有植物性食物都来自野生品种。密苏里大学的德博拉·皮尔索尔（Deborah Pearsall）分析了发掘出的残骸，从中发现了大量品种，虽然只有那些偶然在火中被烧焦的才有机会保存下来。[8] 一些残骸很可能来自采集作为食物的果实和种子，例如梨果仙人掌和藜麦，另一些则扮演了药用角色。比如有 90 种大戟属植物的种子，这些植物被广泛用于今天安第斯山人的土药方中：其中一些的白色浆液被用作泻药，另一些的块茎碾碎后能帮助缓解胃痛，还能制成皮炎药膏。

卢伯克吃了一小块干羊驼肉和几个梨果仙人掌，然后离开胡宁盆地，踏上了翻山越岭前往的的喀喀湖的充满挑战的旅程。他从那里穿过一系列迷宫般的峡谷，下到今天秘鲁的沿海地区。公元前10000 年，他抵达了贫瘠多尘的山麓地带，绿树成荫的狭窄山谷从中间穿过，形成一条条带状的绿洲。这里比山上温暖，但对热带来说还是凉爽得异乎寻常，尤其是当沿海丘陵常常被浓重的灰色雾气笼罩时。

当卢伯克来到哈古埃峡谷（Quebrada Jaguay）北岸的一小堆圆形房屋旁时，一股鱼腥味扑面而来。前往 8 千米外的河口捕鱼的独木舟也回来了。在昏暗的暮色中，沉重的渔网正被拖上岸。卢伯克加入其中，将鱼倒进筐里，并解下那些被植物纤维的绳索缠住的鱼。

这些半地下的茅舍用枯树枝、黏土浆和粗木桩建成。烟雾穿过屋顶飘出，很快诱使卢伯克坐到屋内的火堆旁。茅舍之间是狩猎采集者生活会留下的典型废弃物：一堆堆制作工具留下的废料，准备制成纤维的根，用于制作篮子的灯芯草。岸边是火堆和烧烤坑的余烬。

卢伯克发现这些沿海居民正处于变化中。人们已经在同一区域生活了将近 1000 年，期间一直靠捕鱼和捡拾蛤蜊为生。这个定居点曾是每年从沿海前往山里的旅行者们的营地。在高原之行中，他们狩猎原驼并采集黑曜石——这种火山玻璃在石器时代的整个世界都受到珍视——返回时带着尽可能多的收获。

但人们已不再进行这种山间之旅，因此卢伯克没有看到黑曜石。现在，人们虽然每年会前往三四个定居点，但一整年都待在沿海地区。他们前来哈古埃峡谷是为了一个特别的目的：捕捉大量出现在河口的石首鱼和采集丰富的蛤蜊。与此同时，他们还会修整茅舍、从谷底采摘瓜类。鱼群离开后，人们将起身前往一年中的下一个定居点，可能开始诱捕鸬鹚或捕捞鳀鱼。[9]

哈古埃峡谷发现于 1970 年，但直到 1996 年，才由缅因大学的丹尼尔·桑德怀斯（Daniel Sandweiss）开始对其展开发掘。[10] 由于缺乏任何具有独特形状的石器——比如卢伯克在火地岛看到的鱼尾形矛尖或是亚马孙的三角形矛尖——在放射性碳测定之前，桑德怀斯不清楚那些鱼骨、蛤壳、烧焦的石头和柱孔有多么古老。当测定结果显示从公元前 11000 年开始就有人生活在哈古埃峡谷边缘时，该遗址马上被誉为重大发现。它证明了秘鲁最早的人类如何善于利用海洋资源，暗示他们拥有船只且掌握了捕鱼技术。它还提供了早期美洲人生活方式多样性的又一证据。

随后的几周里，卢伯克与这些沿海居民待在一起，帮助他们编结纤维，和他们一起外出捕鱼，陪他们造访邻居，并关注着不断变化的大海和天空。旅行期间，他注意到许多地方覆盖着一层厚厚的沉积物——有时是细沙，有时是粗石。在一处谷口，树干周围的沉积物达到了齐腰深；在另一些地方，树木显然被推倒和压断了。有一次，他看到一片像是特别深的考古发掘留下的垂直切面。河水切削了陡峭的谷壁，一大块沉积物掉入河中，留下垂直的切面。他在切面中看到一座茅舍被压垮的墙壁、木头和火炉。

1 万多年后，美国地质调查局的大卫·基弗（David Keefer）有了类似发现，当时他正在勘察塔卡华伊峡谷（Quebrada Tacahuay）——位于卢伯克前往的渔村以南约 50 千米的山谷——建造新公路时挖出的沉积物切面。[11] 在厚厚的两层粗石间，他发现了公元前 10800 年的火炉和垃圾堆的痕迹[12]，这是一个被暴雨导致的泥石流突然淹没的定居点的遗迹。

当获得更多定年数据后，基弗和他的同事们意识到秘鲁南部的海岸线在公元前 10800—前 8000 年间曾遭受过 4 次大规模泥石流。这种对地貌的反复破坏只有一个原因。基弗发现了"基督之子"——更为人所知的是其西班牙语名字"厄尔尼诺"——已知最早的手笔，它还将继续给现代世界带来灾难。[13]

厄尔尼诺是由热带太平洋上海面温度和气压模式的改变引起的。每 2 到 10 年，中美和南美沿岸就会出现大量温暖的海水，扰乱洋流并阻碍下层较冷海水中的营养物质抵达海面，此时就会发生厄尔尼诺现象。鱼群因此抛弃那些地区，寻找较冷且富含养分的海域。这会对渔业产生灾难性的影响——渔业在公元前 10000 年只支持着不过几百人的生计，现在却维系着数以百万计的生命。

影响更大的是气压变化对世界各地的局部气候模式造成的破坏。暴雨肆虐美洲太平洋沿岸，造成大面积的洪灾，而东南亚则遭受旱灾。计算机模型预测，厄尔尼诺现象的频率和强度可能随着全球变暖而加剧。大卫·基弗的发现似乎印证了这点，因为此类现象在冰河期末每 700 到 800 年才会出现一次，但在过去 150 年时间里加剧到以区区 10 年为周期。这种变化很可能只是自然的全球变暖造成的，该过程在公元前 7000 年达到顶峰。因此，我们不知道在接下去的 100 年间，人为全球变暖引发的厄尔尼诺现象将造成什么样的环境和经济影响。

虽然我们只能猜测公元前 10800 年塔卡华伊峡谷的事件和损失，但 1997—1998 年秘鲁沿岸遭遇的灾难提供了关于厄尔尼诺力量的生动写照。[14]太平洋中形成了一片深 400 米，面积相当于加拿大大小的温暖海水。随之而来的暴雨从 1997 年 12 月开始侵袭太平洋沿岸，影响很快达到灾难程度。6 个月时间里，因雨水而泛滥的河流和泥石流摧毁了 300 座桥，冲毁了整片村庄，让 50 万人无家可归。渔业被彻底破坏，港口被摧毁，为疾病传播创造了理想条件。海水深入内陆 15 千米。袭击沙漠城市特鲁希略（Trujillo）的洪水冲垮了该城最古老的公墓，古代的棺椁和尸体漂浮在街道上。面对如此可怕的景象，城市的领导人让被围困的市民在 1998 年 3 月一个暴雨如注的星期天向上帝请求宽恕。也许公元前 10800 年当定居点被摧毁时，人们也是那样做的。面对厄尔尼诺（耶稣之子）的力量，人们还能做什么呢？

一对鸬鹚短暂地出现在月光中，它们低低地从水上飞过，翅尾几乎触及海面。随着云朵遮住月亮，它们消失在黑暗中，从海滩上退去的波浪吮吸着沙子。深夜坐在一处岬角上的卢伯克瑟瑟发抖，被太平洋惊得目瞪口呆。

是时候离开南美了。当卢伯克步入黑暗中时，他的思绪回到了在蒙特贝尔德喝热茶的场景。然后是火地岛的马肉，亚马孙的鱼，在安第斯山伏击羊驼，在哈古埃峡谷采集蛤蜊。他疑惑蒙特贝尔德人是否真是最早的美洲人，疑惑岩画的意义，疑惑人们为何成为牧人而非猎人。冰河时代后的南美是一片拥有不寻常人类和未解疑问的大洲。但现在他必须前往墨西哥和北美，找出猛犸和克洛维斯时代之后发生了什么。

第30章

瓦哈卡河谷中的两种生活

玉米、南瓜和菜豆在墨西哥的驯化，公元前 10500—前 5000 年

公元 2000 年 9 月的一个午后，当我靠着一面洞壁盘腿坐着，然后跳起来到另一面洞壁前蹲下时，我必须承认自己感受到孩子般的兴奋。当我穿过最后一片荆棘，绕过最后的梨果仙人掌，终于来到墨西哥中部一个名为古伊拉纳奎兹（Guilá Naquitz）的小山洞时，完全无法抵挡做出这些滑稽动作的欲望。

这里很难称得上是一个山洞，几乎只是一个小岩脊，位于瓦哈卡（Oaxaca）河谷崖壁上一小块突出的岩石下。附近有名副其实的山洞，具备张开的洞口和深入岩石的通道。更远处的山谷中发现了壮观的考古遗址，最著名的是阿尔班山（Monte Alban）的古城，那是萨波特克（Zapotec）文明在 2500 年前建立的都城。

虽然阿尔班山的建筑令人难忘，但登上那里的山顶并非我此行的主要目标。我来瓦哈卡是为了造访古伊拉纳奎兹——这处遗址发现了新世界最早的驯化植物。[1] 虽然它可称作洞穴的特质有限，但当我蹲到头顶的巨岩下时，在中午艳阳下长途跋涉中所付出的汗水，被仙人掌刺扎伤和被荆棘刮伤的代价都是值得的。

我时而把自己想象成公元前 8000 年在古伊拉纳奎兹宿营的一

名狩猎采集者，时而又成了 1966 年 1 月 26 日（重新）发现这个山洞时的密歇根大学考古学家肯特·弗兰纳里——比我此行早了 34年又 243 天。他后来会描绘自己如何发现石器及其表面的植物残骸，后者的留存得益于土壤的极度干燥。我眼中的山洞空空如也，只有几堆山羊的粪便，那是最近的居住者留下的。1966 年春天，弗兰纳里仅用 6 周就完成了发掘。然后他又花了 15 年时间分析自己的发现和发表成果。

古伊拉纳奎兹令我着迷的地方在于，它呈现了平常生活和世界历史上的非常事件之间的反差。公元前 8500—前 6000 年间，这个山洞曾数次被不过四五个人居住，很可能是同一家庭的成员。他们利用这处岩棚来制作和修理石质工具，烹煮兔子和小乌龟，将山洞附近采集的形形色色的植物性食物去壳、碾磨、去皮和烘烤。他们睡在古伊拉纳奎兹，用橡树叶和草做成床垫。我可以想象他们花了很多时间聊天、取乐，甚至还可能唱歌和跳舞。他们每年秋天来到这里，可能住上几天到几个月。对他们来说，古伊拉纳奎兹只是瓦哈卡河谷中的众多宿营地之一，没有特别的意义，前往那里的人只是继续过着中美洲全新世早期的日常生活。

弗兰纳里发现，他们这样做的同时也在创造历史。刚来到这个山洞时，他们所有的植物性食物都来自野生品种。但当他们最后一次造访这里时，有些已经来自驯化品种，即依靠人类存活的植物了。古伊拉纳奎兹人不知道，他们创造的新植物最终将养活奥尔梅克（Olmec）、萨波特克和阿兹特克（Aztec）等伟大的中美洲文明。

前往古伊拉纳奎兹途中，我坐着租来的四驱车，冒险沿格奥阿拉河（Gheo-ala）——瓦哈卡河的一条小支流——干涸的河床尽可能地向上游驶去。下车时，上述想法出现在我的脑海中。然后，我沿着一条杂草丛生的小道前行，穿过低矮的林地，并不完全确定该怎么走，只是寻找着弗兰纳里书中插图所描绘的那处独特崖面。许

多乔木和灌木对我而言完全是陌生的，更别提仙人掌了。有的上面
长有奇特的附生植物——后者攀附在其他植物上作为支撑，向空中
四处探出触须。随处可见蝴蝶和蜜蜂。

无力辨识植物让我相当沮丧。我喜欢黄色和白色的奇异花朵，
喜欢偶尔传来的刺鼻香味，喜欢开始成形的小浆果和开始变得饱满
的种荚。但我几乎不知道自己看着的是什么。我为没有做功课而烦
恼，因为瓦哈卡河谷中这个区域的植物被认为与公元前 8000 年时
古伊拉纳奎兹周围的类似。因此那些古代觅食者可能看见过同样的
花朵和种荚，闻到过同样的香味，还被同样的荆棘刺伤过。当然，
他们清楚知道那些是什么植物——哪些能提供最好的食物，哪些能
带来最好的纤维，哪些具有药用价值，哪些是兴奋剂。

当我抵达山洞时，洞顶挂着一个钟形的黄蜂窝。周围是此前的
蜂窝留下的痕迹，它们相互重叠，彼此遮盖，就像一代代人类居住
者在地面上留下的一层层废弃物。做完那些滑稽的动作，我回身穿
过荆棘，顺着布满巨石的山坡走下山崖，寻找那条杂草丛生的小路。
直到那时，我才意识到这条路正是肯特·弗兰纳里和他的团队留下
的，他们反复驾车来到非常接近古伊拉纳奎兹的地点，比我敢开的
距离要近得多。

我停下脚步，看着一队蚂蚁爬过，觉得自己听到了车辆从路面
的车辙和坑洞上驶过时引擎发出的嘶鸣。然后，我想象着 30 多年前，
当弗兰纳里和他的团队结束一天的工作后，坐着福特皮卡颠簸着从
我身边驶过。我继续往前走，想象着第二辆车，它与环境不那么协调：
那是一辆奔驰，正沿着现在从我面前延伸开去的干涸河床艰难前行。
这是肯特·弗兰纳里第一次前往瓦哈卡，一位企业经理人亲戚把这
辆车借给了他——那人应该对考古学家的工作一无所知。显然，奔
驰比许多四驱车更有助于弗兰纳里在山谷间穿梭，带着他沿狭窄小
径和险峻峡谷而行。我步行穿过仙人掌和荆棘丛，找到了自己的车。

虽然很疲惫，但能够坐在古伊拉纳奎兹洞中让我兴奋不已。

现在是公元前 8000 年，约翰·卢伯克坐在那个山洞里读着《史前时代》。他的周围是狩猎采集者营地的杂物和垃圾，营地居民们正外出采集植物。地上铺着织垫，一堆堆铺床的草已经准备就绪，炉灶中的灰烬尚有余温。垫子上与嵌入洞壁的楔子上放着或挂着碗、篮子和袋子。卢伯克翻回关于北美考古的那一章，准备看看自己的同名者对美洲农业有何了解，以及他对农业如何开始是否发表过看法。维多利亚时代的约翰·卢伯克知道美洲农业以玉米为基础，并评论道："那是美洲半文明逐步发展的结果，反过来又使后者成为可能。"[2] 现代人约翰·卢伯克揣摩着这番话，它暗示驯化作物出现在一个比他在古伊拉纳奎兹所看到的复杂得多的社会中。

今天，我们知道最早的农作物驯化发生在墨西哥中部，因为那里发现了 3 种关键的驯化植物——玉米、菜豆和南瓜——的野生祖先。[3] 通过找出哪些可能的野生品种具有驯化品种特有的基因标记，研究人员已经相当精确地锁定了玉米和菜豆的祖先。

玉米从一种名为玉蜀黍的野草演化而来，后者仍然生长在今天墨西哥的偏远地区。玉蜀黍并非只有单一的茎秆，谷粒集中在若干容易收获的棒穗上，而是具有多条分叉的茎秆，每条茎秆上长有几个小谷穗。在生物化学上，生长于墨西哥中部巴尔萨斯河（Balsas River）河谷山坡上的玉蜀黍特别类似于今天的玉米。因此，史前植物采集者对玉蜀黍的集中栽培可能就始于那个河谷，他们不断选出谷粒最大的植株，用其种子作为食物并播种。

另一方面，野生菜豆遍布整个中美洲。今天的瓜达拉哈拉（Guadalajara）城周围的一片植株被认定为普通驯化菜豆（phaseolus vugaris）的祖先，后者包括红色、斑点和肾形等多种不同品种。所有品种与它们的野生祖先都有一个关键差异：与我们在西亚看到的大麦、小麦和扁豆一样，驯化菜豆也"等待收割者"。如果收割者没有到来，菜豆将无法播撒自己的种子。和那些西亚植物一样，向驯化菜豆的转变是人们不断选择较不容易破裂的豆荚的结果，无论是出于有意还是偶然。

第三种关键驯化作物南瓜的野生祖先尚未找到。墨西哥各地无疑仍然生长着多种野生南瓜，它们都结绿色的小果实。其中一种似乎很快将被认定为驯化品种的特定祖先，这一品种结更大的橙色果实，由古伊拉纳奎兹岩棚的使用者栽培。

关于上述驯化作物何时以及为如出现的研究始于 20 世纪 40 年代后期，当时还是芝加哥大学研究生的理查德·麦克尼什（Richard MacNeish）受这一地区原生植物的吸引而来到墨西哥工作。这是他漫长而杰出的职业生涯的起点，直到 2001 年 1 月的交通事故为其画上句号——当时已经 82 岁的他还在进行田野工作。[4]

麦克尼什从东北部开始工作，发掘了塔毛利帕斯州（Tamaulipas）山间极其干燥的沉积层。20 世纪 60 年代初，他的工作转向更南面，来到墨西哥中部的特瓦坎（Tehuacán）河谷。他在这里发掘了科斯卡特兰洞（Coxcatlán Cave），找到大量玉米、菜豆、南瓜和多种野生植物的遗迹。

玉米棒的长度不超过 2 厘米，但无疑来自驯化植物。根据对附近找到的焦炭块的放射性碳定年，它们最初被认为来自公元前6000—前 4500 年。但对玉米棒本身的直接测定显示，它们的年代要晚近得多，不超过公元前 3500 年。麦克尼什发掘出的驯化菜豆遗迹同样如此：最初的估计比最终测得的数据早了 4000 年。

于是，古伊拉纳奎兹发现的公元前 4200 年的玉米棒[5] 成了目前已知最古老的。如果这是驯化发生的年代，那么从冰河期结束到墨西哥出现驯化玉米之间存在很长的延迟——这与西亚驯化谷物的情况完全不同。不过，关于最早的驯化品种何时出现，上述放射性碳定年数据可能提供了一幅完全错误的图景。最近一项对现代玉米基因的研究表明，驯化发生在公元前7000年。[6]

　　弗兰纳里还在古伊拉纳奎兹找到了已知最早的驯化南瓜样本。虽然这些样本不过是些瓜皮、瓜茎和瓜子的碎片，但完全足以区分野生和驯化品种。关键的区别仅仅是大小：驯化南瓜要大得多。不过，当古伊拉纳奎兹的样本首次被研究时，只有一枚瓜子被认为来自大到足够被标为驯化种的果实。那颗种子的定年结果为公元前8000年。

　　1995年，当史密森尼学院的布鲁斯·史密斯重新研究这些样本时，他发现了更多证据，支持古伊拉纳奎兹人在此之前已经开始栽培南瓜这一想法。[7]虽然来自最早地层的南瓜碎片无疑属于野生品种（除了那一粒瓜子），但来自公元前7500—前6000年地层的样本显然属于驯化品种。瓜子和瓜茎碎片要比野生品种的大得多；瓜皮很厚，呈明亮的橙色，而非像野生果实那样较薄且呈绿色。

　　史密斯认为，古伊拉纳奎兹人在公元前8000年就开始栽培南瓜了——他们除去野生植株周围的杂草，从最大的南瓜果实中选择瓜子，用其作为来年的种子。如果是这样，那么古伊拉纳奎兹人、特瓦坎和巴尔萨斯河谷的居民、聚居在瓜达拉哈拉周围山脚下的人也可能在栽培菜豆和玉蜀黍／玉米。随之而来的问题是，人们为什么开始这样做？为什么他们无意中为未来的中美洲文明奠定了基础？

　　关于墨西哥中部驯化作物的起源，目前有两种截然不同的主要理论。一种是弗兰纳里本人根据他在古伊拉纳奎兹的发掘提出的，另一种来自西蒙弗雷泽大学（Simon Fraser University）的布赖恩·海登（Brian Hayden），在参考了大量关于有历史记录的狩猎采集者的知识后提出的。评判上述理论的关键并非山洞中的内容，而在于瓦哈卡河谷和其他河谷中是否有过永久性的狩猎采集者村落。[8]

　　虽然弗兰纳里拥有瓦哈卡河谷第一手田野经验的优势，但在选择哪种理论可能更正确之前，我们需要同时考虑两者。为了能这样做，约翰·卢伯克需要在公元前 8000 年的瓦哈卡河谷中经历两种生活：他首先要在肯特·弗兰纳里想象的古伊拉纳奎兹人世界里度过 10 年，然后在布赖恩·海登想象的世界里再经历一遍那 10 年。

　　在瓦哈卡河谷的第一个 10 年里，卢伯克参与了古伊拉纳奎兹人所有的植物采集、狩猎、歌唱和讲故事活动。在此过程中，他目睹了孩子们长大，学会狩猎与采集的生存技能。这些技能包括制作狩猎用的武器、采集植物用的篮子和装水的容器。鞋子和衣物是用植物纤维、树皮、兽皮和羽毛制作的。他们还要了解药用植物，学会如何照顾幼儿、病人和老人。这些技能几乎都不是靠教授获得的。孩子们只是和成年人一起参加活动，他们看、听、做出尝试、犯下错误，然后逐渐变得像父辈和祖辈那样技艺出色、知识丰富。

　　那个 10 年行将结束时，有个女孩离开社群，加入生活在特瓦坎河谷的家庭。此后不久，其他成员达成共识，让一个男孩成为社群默认的领袖。现在，在讨论将影响全社群的决议——比如何时搬迁营地以及搬到哪里——时，他被允许第一个发言和总结。每个人都认真听取他的意见，但也会表达自己的观点。年长者和女人的意见受到特别重视。社群的讨论逐步形成决议——领袖的角色主要是主持人，负责汇总选择并表达新兴的看法。[9]

　　他在河谷底部的一处营地度过了夏天，今天考古学家们称那里为格奥希（Gheo-Shih）。冲积土壤上种着南瓜，人们还收获了朴树果实和牧豆。他们捕猎大个的黑鬣蜥，然后放在烧热的煤炭上烘烤。在有些年份，特别是食物充足时，另一个社群会加入格奥希的社群。访客常常来此待上几天，同时交换消息和八卦；当有婚礼举行时，会有相应安排来集体庆祝。然后，新人会作为新社群的成员离开，很快生儿育女。

人们每年秋天都在古伊拉纳奎兹度过。卢伯克很快就明白了那里的吸引力。附近有丰富的植物性食物——至少对于那些知道如何根据一缕小草分辨出地下块茎，懂得哪些浆果可以食用或应该避开，明白哪里可以找到野生甜瓜、红花菜豆和洋葱，清楚某些植物只有在土灶中烘烤几个小时后才能食用的人来说是这样的。那里有各种兽类可供捕猎，特别是白尾鹿、领西猯和兔子，还有鸟类可供射杀，例如鹌鹑和鸽子。

稳定的饮用水是关键的资源，水来自从悬崖壁下经过的河流和各处泉水。这些通常不过是小水塘，但它们让山洞及其周围远比其他地方更有吸引力。在池塘中或泥泞的河岸边常能找到乌龟，它们被带壳整个烤制。卢伯克很快发现，这个地区覆盖着通往各处泉水、坚果树林、仙人掌丛和南瓜地的小径网络。事实上，这里是另一种野生园圃，与马拉哈泉村周围的非常相似，但生长着品种全然不同的植物。

随着秋天的结束，旱季到来了。到了年末，河水只剩下涓涓细流，而一片片潮湿的地面则是夏日泉水留下的仅有痕迹。于是，卢伯克和古伊拉纳奎兹人一起来到更潮湿的高原过冬。许多物品被留在洞中——那里非常干燥，不必担心它们受潮腐烂。事实上，如果秋天的收获特别丰盛，种子、橡子、块茎和南瓜（尤其是后者，它们以特别耐存储闻名）会被留在那里，供人群返回时享用。

每年秋天，人们会返回古伊拉纳奎兹，回到自己世界的中心让他们如释重负。他们过着流动生活，分享、合作和共识是至关重要的价值。虽然狩猎很少成功，块茎有时很小，种荚有时几乎空空如也，但人们鲜会挨饿。

卢伯克与古伊拉纳奎兹人共处得越久，就越能体会到某些年份相对湿润而食物充足，有些则非常干燥。湿润或干旱年份的时间完全无法预计，但古伊拉纳奎兹人已经习惯应对任何状况。

当春夏降雨充沛时，卢伯克发现他们会做好准备前往离山洞较远的地方，尝试更多种类的植物性食物，并试图捕猎更多陌生动物。他们能够这样做是因为即使此类冒险失败了，传统食物的供应也能得到保证。即便他们空手而归，此类觅食活动对他们保持对周边地形的了解也非常重要。在这一点上，古伊拉纳奎兹人很像蒙特贝尔德人——事实上与卢伯克旅途中遇到的所有其他狩猎采集者都很像——他们对自然历史的渴求永无止境，不放过任何一次满足愿望的机会。

在一个特别潮湿的年份，卢伯克首次见证了另一种活动。人们熟悉古伊拉纳奎兹附近的几片南瓜地，知道当年收获的果实将又大又多。他们早早前去检查南瓜花和生长中的果实。在此过程中，他们会拔掉南瓜旁边的任何其他植物，并修剪南瓜的花果，只留下那些最好的。他们可以承受这些浪费，因为即使每株南瓜上只结一两个果实，那年秋天也会有丰富的其他植物性食物。任何叶子枯萎的植株都被刨出扔掉。

有一次，卢伯克来到一片特别繁茂且杂乱的南瓜地。领他前来的女人们用挖掘棒刨出两三棵看上去最茁壮的植株放进篮子。然后，她们给其他植株疏花疏果，并帮助剩下的花朵授粉。回古伊拉纳奎兹的途中，她们停下脚步，重新栽种了那几棵南瓜，并用随身携带的葫芦给它们浇水。这发生在一片卢伯克看来毫无特征的土地上，他觉得自己很难再找到那里。任何见到这些新种植南瓜的人都没有理由认为它们完全是野生的。

古伊拉纳奎兹人从不谈论自己的种植活动。他们只是将其作为狩猎、采集和旅行中的一个例行部分。直到特别干旱的年份到来，卢伯克才意识到此举带来的回报。

那年的土地缺乏卢伯克期待的活力。黄色和白色的花朵寥寥无几，仙人掌的绿意黯淡无光，结出的红色果实也又瘪又小。猎物特别稀少。但在干裂的土地上，人们可以依靠南瓜。由于这些植物没有生病，所有虚弱的植株都已被拔除，总是有充满大量种子的果实可供采摘。虽然它们所提供的食物有限，但足以维持短期的山洞之行。

在卢伯克与古伊拉纳奎兹人共处的 10 年里，他没注意到果实本身有任何改变。但如果他不是待 10 年，而是等待 100 年乃至 1000 年，他将看到果实体积增大，颜色从绿色变成橙色。曾经附着种子的薄薄一层将变成可食用的果肉。这些植物将依赖古伊拉纳奎兹人的悉心照顾。狩猎采集者为避免在降雨稀少时遭遇食物短缺而做的尝试催生了驯化品种。

约翰·卢伯克按照肯特·弗兰纳里重建的古伊拉纳奎兹人生活方式度过了 10 年，目睹他们按照弗兰纳里的解释驯化南瓜——这种解释也可以扩展到玉米和菜豆。这是一个流动、平等的植物采集者世界，人们栽培南瓜以避免在雨水有限的年份遭遇可能的食物短缺。在那个世界，古伊拉纳奎兹是他们的关键地点之一，每年秋天都会回到那里，将山洞作为狩猎和采集的基地。在肯特·弗兰纳里看来，驯化植物源自狩猎采集者对抗不规律降雨和野生食物供应的尝试。但肯特·弗兰纳里可能错了。因此，卢伯克必须在一个大相径庭的世界里重新经历那 10 年——它基于对驯化植物起源持截然不同观点的布赖恩·海登的想象。

在公元前 8000 年的瓦哈卡河谷开始第二种生活时，卢伯克和 3 名妇女一起坐在古伊拉纳奎兹的地上，其中一人背上缚着个婴儿。现在是傍晚，这队植物采集者正在休息，接下来将返回他们位于瓦哈卡河谷底部的定居点。她们采集了各式种子、坚果和树叶，每人带着一个鼓鼓囊囊的袋子，其中一个装了许多绿色的球形小果——

野生南瓜。人们在渐渐变暗的光线下起身，沿着陡峭的斜坡走到山洞下方的河边，然后穿过低矮的林地进入河谷。女人们找起路来毫不费力，虽然她们没有野生园圃要穿越，也没有小径可循——人们很少来这个山洞，因此不会有这些。

3 小时后，卢伯克和她们走出黑暗，进入一个亮着火光的村子。10 到 12 座茅屋大致围成半圆，中央的火堆里飘出闪亮的余烬。茅屋呈圆形，枯树枝的屋顶架在用木框搭成的夹条墙上。许多人坐在火堆周围。有几个人起身迎接女人们，帮她们卸下袋子并递上水。

卢伯克将自己的袋子放到地上，看着人们将其拿去储存，此时他可能比那些女人更加如释重负。他坐在女人们身边，后者正向其他村民描述她们看到和带回来的东西，回答关于山洞、泉水的状况以及动物踪迹的问题。卢伯克环视着木屋和院子。在肯特·弗兰纳里根据大量田野工作所重建的世界里，古伊拉纳奎兹没有此类村子——只有像格奥希那样的小营地，与洞中的大同小异。但卢伯克正生活在海登的想象中，他怀疑这个村子是否便是自己维多利亚时代的同名者眼中的半文明，后者认为农业就起源于那里。卢伯克伸开四肢，躺在地上睡着了。

等他醒来时，宴会的准备工作早就开始了。他帮助运回的种子和坚果已经去了壳，现在正放在木臼中被碾成糊。几个小土灶正在烘烤块茎，烤野猪的坑也已准备就绪。卢伯克可以看到其他许多装有食物的篮子，其中一个堆满了橙色的大个南瓜，与在古伊拉纳奎兹附近采集的大不相同。火堆周围放着木头、芦席和用一捆捆草扎成的垫子。

卢伯克绕着村子转悠，看到最大的茅舍里正在准备一件精美的袍子。用植物纤维编织成的一件普通衣服被从树皮箱子里取出，人们正给它装饰上各种颜色鲜艳的羽毛、花朵和贝壳。这间茅舍的后面是一个打理得井井有条的南瓜园。最大的果实已被摘走，但还有许多刚开始成熟。瓜园周围筑起了枯树枝藩篱，表明这是私有财产。

宴会在傍晚开始。这是为从特瓦坎河谷来访的一群人举办的，后者正坐在火堆的另一边。他们的首领同样穿着一件鲜艳的袍子，坐在木椅上的他比族人高出一头。瓦哈卡人坐在身着袍子的首领对面，按照各人的地位排列座次。卢伯克同样坐在火边，那是观看即将开始的言语、歌曲和食物较量的最佳位置。

这正是随后5个小时里所发生的：一方讲述一个故事，然后另一方做出回应。开始时故事很短，人们的讲述也相当平淡；但随着夜色的加深，故事变得更长，大家讲述时也更具激情，突然用歌声、舞蹈和扣人心弦的表演来表现所描绘的祖先事迹。瓦哈卡妇女们间或从土灶和烧烤坑中取出食物，分给客人。有些故事涉及一方首领给另一方呈上礼物，例如宝石、贝壳和奇异的羽毛。

当瓦哈卡人首领的故事达到高潮时，一大盘橙色的南瓜被捧到火边，放进灰中烘烤起来。卢伯克看到，这种果实的数量、大小和颜色让客人目瞪口呆。[10]烤熟后，南瓜被切开，瓜子在整个人群中分发，特瓦坎人首领得到了一整碗。他从未见过如此令人印象深刻的果实和如此之多的瓜子。他吃了瓜子，为了表示认输，他最后讲了一个称赞瓦哈卡河谷及其居民的故事。

宴会一直持续到月亮升起。特瓦坎人起身前往自己的临时营地，瓦哈卡人则返回自己的茅舍，有的带着一名或多名客人，也许准备像刚享用过的食物一样，享受放纵的鱼水之欢。第二天，特瓦坎人将离开返回自己的河谷，他们已经完成了使命，首领的地位得到了维持。首领在回到自己的村子后，他将展示收到的礼物，那些他自己的河谷中没有的东西。然后，他会让族人们更加小心地栽培周围山丘里的玉米地，确保来年宴请瓦哈卡人时，他能奉上一堆前所未见的大玉米棒——也许像他伸出的大拇指那么长。种植此类植物是件重要的事——并非因为它们提供的卡路里，而是为了它们带来的地位。

这种竞争性宴会年复一年地延续着，有时只有两群人，有时则有三五群人。卢伯克看到一些奇异的食物出现在此类场合。除了南瓜和玉米棒，还有辣椒、鳄梨和菜豆——它们都比他在现代世界看到的小得多，但正在变成完全驯化的品种。这些被作为珍馐享用，首领用它们来打动客人和自己的族人。如果做不到这点，他们将被取而代之——所有年轻人都在自己的茅舍背后建有园圃，在那里栽培植物。他们无意中为萨波特克文明奠定了基础，这个文明有朝一日将削平一座山头，在阿尔班山建立自己的城市，从那里望去，瓦哈卡河谷一览无余。

海登想象的古伊拉纳奎兹人的世界和他提出的植物驯化理由与弗兰纳里的截然不同。现在，古伊拉纳奎兹完全处于瓦哈卡人生活的边缘，只是在人们离开永久性村子前往谷底狩猎和采集植物时偶尔被用作庇护所。在海登想象的世界里，"大人物"（享有权威和权力的个体）有权挑选女性作为妻子，并通过集体宴会以及获得奇异的贝壳、羽毛和石头来展示自己的权力。在这个世界中，驯化植物源自狩猎采集者们用越来越奇异的食物打动邻居的尝试。

为了判定关于南瓜和玉米驯化的两种理论中哪个更可能是正确的，我们必须评估海登提出的河谷底部存在永久性狩猎采集者村落的观点，他认为那里举行过竞争性宴会。虽然没有找到任何此类遗址的痕迹，但海登认为那是因为考古学遗物被几千年来的河流沉积物所掩埋。

肯特·弗兰纳里是海登观点的激烈批评者。他表示虽然有些地方可能存在冲积土，但那远远早于公元前 8000 年。因此，如果此类村子存在，它们的考古学遗迹将留在今天的地表上。人们已经对河谷底部进行了全面而详细的考察，并发现了许多考古遗址，但都与海登设想的那种在公元前 8000 年举行竞争性宴会的村子截然不同。距离古伊拉纳奎兹仅几千米的格奥希很可能是一处小型夏日营地，在 1967 年的发掘中找到了大量器物，但没有任何建筑的痕迹。那里发生的活动似乎与山洞中没什么区别。[11] 塌陷到排水沟中的大根茅舍木料最早为公元前 1500 年，这似乎是谷中最早村落诞生的时间。

当我结束古伊拉纳奎兹之行，驾车返回瓦哈卡镇时，我留意着道路两边的田野，比较海登和弗兰纳里各自的观点。虽然暮色已经降临，我还是可以看出那里曾被密集耕种，生长着一系列对我而言陌生的作物，例如辣椒、鳄梨、菜豆和玉米，还有较为熟悉的胡萝卜和莴苣。我猜想那里也种过南瓜。公元前 8000 年存在村子的可能性似乎不大，我觉得自己完全被弗兰纳里的驯化植物起源模式说服了。

竞争性宴会无疑在许多历史上已知的土著美洲人社群中非常重要——但这只发生在具备大量富余食物之后。西北沿岸的印第安人从太平洋捕捞了数量惊人的鲑鱼，用筵席或夸富宴（potlatch）来打动竞争的酋长们，使其臣服。把这种生活方式强加给公元前 8000 年生活在瓦哈卡河谷的人似乎相当不合适。不仅他们的社会生活似乎更多基于分享而非竞争，而且对手也不太可能仅仅因为一把南瓜子就被打动甚至臣服，无论瓜子有多大。[12]

回到瓦哈卡镇前，我在路边的一家酒吧停下，想要品尝些梅斯卡尔酒（mezcal）——当地的一种龙舌兰酒。它的味道并不好，但在装有草药和水果的瓶中看上去很漂亮。我买了一瓶回家——当我们下次举办晚宴时，如此具有异国风情的饮料一定会让人印象深刻。

第31章

前往科斯特

北美的狩猎采集者生活方式，公元前 7000—前 5000 年

离开墨西哥后，约翰·卢伯克穿越了亚利桑那的圣佩德罗河谷，经过埋藏着猛犸骸骨和克洛维斯矛尖的莱纳牧场和默里泉。他遇到使用福尔瑟姆矛尖狩猎野牛和鹿的人，这些矛尖形似杰西·菲金斯后来在福尔瑟姆发掘出的。另一些人使用各种新型矛尖，上面都没有过去的标志性凹槽。所有人都远比在克洛维斯时代更依赖植物性食物，有朝一日考古学家们在全新世早期营地遗址中发现的碾磨器数量将证明这点。[1]

食谱的变化反映了气温上升和降雨增加导致的林地扩大。沿着河谷的柳树、三角叶杨和桦木林已经变得非常茂密，卢伯克穿过的橡树和刺柏林地曾是克洛维斯人狩猎的开阔平原。树下生长着大量灌木和草本植物，对于具备充分知识的人来说，食物、药物和材料唾手可得。

考古学家称全新世早期的美洲人为古风时期的狩猎采集者（Archaic hunter-gatherers）。这个术语将它们与更新世末的古印第安人（Palaeo-Indians）区别开来，比如克洛维斯人。古狩猎采集者的时代大致与欧洲的中石器时代相当。与中石器时代的人类一样，

古狩猎采集者的生活方式也多种多样。有的很快接受了定居生活，最终成为农民，发展出包括酋长、祭司和奴隶的社会。有的在整个全新世延续了狩猎采集者身份——直到公元1492年那个决定性的年份，最早的欧洲人到达，对土著美洲人社会的毁灭开始了。

公元前7500年，卢伯克已经穿越亚利桑那，进入了科罗拉多高原南缘的崎岖峡谷。他在今天切弗隆峡谷（Chevelon Canyon）的一个山洞里休息，考古学家现在称其为凉鞋岩棚（Sandal Shelter）。[2] 这里曾是下方砂岩与上方石灰岩连接部分的一条裂缝，在河水位置比现在高出几米的年代，因为受到侵蚀而扩大成山洞。他身后的地面上是火堆的遗迹、一堆烧焦的骨头、石片和木头做的挖掘棍。洞壁边还有一双凉鞋。凉鞋用丝兰叶子紧紧地编织而成，脚趾露出，鞋襻固定在脚踝上。卢伯克穿上一双，发现非常合脚。但他拒绝了新鞋的诱惑，因为鞋的主人应该会归来。

考古学家在科罗拉多高原的洞穴中发现了数量多得惊人的完好的古风时期凉鞋，极端干燥的环境和材料的坚韧让它们得以保存。其他有机物遗存包括衣物、袋子和篮子碎片。我们还要感谢今天在这些山洞中仍然在兴旺繁衍的驼鼠。这些毛茸茸的啮齿动物用枝叶筑成的大窝对考古学做出了无法估量的贡献。它们筑窝时使用了本该腐烂的人类垃圾。在凉鞋岩棚，它们把至少19双被丢弃、遗忘或只是神秘失踪的凉鞋拖进了自己的鼠窝。

1997年，北亚利桑那大学的菲利普·盖布（Philip Geib）在当地博物馆一个被遗忘的架子上找到了许多从驼鼠留在洞中的垃圾堆里发现的凉鞋，于是对它们展开研究。他获得的放射性碳定年数据显示，这些凉鞋跨越了将近1500年的时间，其中最早的来自公元前7500年。凉鞋的保存状况非常好，盖布可以准确重建它们的制作方式，并将其与更北面洞穴中的凉鞋进行比较。他记录了古风时期鞋子的式样如何随着地区和时间而变化——这为在考古研究中占据主导地位的石质工具研究提供了非常有益的补充。因此，我们对古风时期科罗拉多高原人类鞋子的了解很可能要超过他们生活的其他任何方面。

破晓时分还没有人回来取凉鞋，于是卢伯克离开山洞，沿着切弗隆峡谷向其与里特尔峡谷（Little Canyon）的交汇处走去。然后，他沿着后者向西北又走了 200 千米，进入大峡谷本身。在这里，他发现狩猎采集者们就像今天的游客一样，对巍峨的山崖、色彩、移动的影子和湍流惊叹不已。卢伯克继续前行，开始穿越大盆地（Great Basin）——这个名字并不准确，因为它实际上由东部的落基山脉和西部的内华达山脉之间的许多小盆地组成。今天，那里包括内华达州的大部分地区，气候极度干旱。

在末次冰盛期，这里有过许多清澈的蓝色湖泊，特别是浩瀚的邦纳维尔湖（Lake Bonneville）。这些湖泊是完全不同的降雨模式的产物，源于北美冰盖对大气循环的影响。[3]但到了公元前 7500 年时，这些湖泊已经几乎消失，卢伯克穿过了一片遍布小池塘、浅湖、沼泽、溪流和泉水的土地。[4]有的盆地与山谷完全干涸，土壤慢慢被耐盐植物征服。在其他地方，以蒿属植物为主的灌木丛已经开始呈现出荒漠般的面貌。矮松和刺柏生长在山坡的较低处，而松树和云杉林地则在较高的海拔生机勃勃。

大盆地的狩猎采集者生活在分散的小群体中。他们捕猎多种动物：鹿、羚羊、兔子、松鼠和金花鼠，偶尔也狩猎野牛。他们也捕鱼，并采集种类丰富的植物性食物。由于从不在某个地方停留超过几周（常常只有几天），他们的庇护所非常简陋，所有被丢弃的动物骨骼或植物材料很快将在酸性土壤中分解。[5]因此，留给未来考古学家的遗迹少之又少，只有小堆的破碎矛尖和被丢弃的磨石。

不过，来自更干燥洞穴的发现对这些可怜的考古学证据做了补充。它们生动的名字几乎同样令人难忘：最后的晚餐洞（Last Supper Cave）和脏耻岩棚（Dirty Shame Shelter）中发现了60段绳索，鱼骨洞和危险洞（Danger Cave）提供了雪松皮垫子和柳条篮子，精灵洞（Spirit Cave）是该地区唯一的古风时期墓葬出土地——死者身着兔皮袍子，裹着植物纤维制成的小毯子。

考古发现最丰富的山洞之一是霍格普洞（Hogup），位于犹他州大盐湖的西北边缘。[6] 在这里发掘出的材料包括磨石以及各种篮子、袋子和柳皮托盘的残骸。但最重要的发现或许是粪化石，即留在洞中的人类粪便。

共发掘出 11 块粪化石，附近的危险洞也发现了 6 块。把它们弄碎后，从中发现了各种植物残骸，特别是梨果仙人掌、芦苇和藜。其中还有碎骨、昆虫和兽毛，后者可能是因为清理兽皮时要用牙齿咬住，而微小的碳粒和石屑则很可能与用石子帮助碾碎植物的食物加工方法有关。

卢伯克经由落基山脉的东部山麓下到高地平原（High Plains）——从加拿大到墨西哥的一大片纵贯全美洲的延绵丘陵和草原。现在是公元前 7000 年，他来到了怀俄明州北部的比格霍恩盆地（Bighorn basin），那里将成为霍纳遗址（Horner site）。[7] 一团尘埃刚刚落定，现出十几个男人和女人，他们跪伏在狭窄山谷的地面上，围着 4 头刚刚被杀死的野牛。就在刚才，他们从残暴的杀戮者变成了自然的热爱者，郑重地向这些为平原上的人类献出生命的动物致敬。

最勇敢的猎人躲在山谷尽头的巨石后，其他人则留在俯瞰谷底的斜坡上，所有人都血脉偾张，紧紧地抓着投矛。他们首先听到一阵隆隆声，然后闻到尘土的气息，传来轰鸣的飞驰蹄声和巨大肺部

来自霍纳遗址的矛尖，用于捕猎野牛，约公元前 7000 年

的喘息声。一群男女高声喊着，挥舞棒子驱赶 4 头野牛，野牛发狂
地朝这里冲来。猎人们等到完美的时机才掷出投矛——他们自己的
生死此时只在毫厘之间。一头，两头，三头野牛被击中倒地。另一
头受了伤，它痛苦地抽搐着，发出愤怒的咆哮，挥动着致命的蹄子。
然后，第四头野牛在发出一声惊天动地的嚎叫后死了，它的心肺被
最后掷出的投矛穿透。

　　宰割开始了。当石头小刀和砍刀被从皮袋中取出时，卢伯克想
起在 5500 年前的另一片大洲，自己曾在巴黎盆地的韦尔布里观看
人们宰割驯鹿。野牛猎人面对的工作更加紧迫，因为他们没有寒冷
的环境，而苍蝇已经聚集到伤口上。这些动物比旅行开始前卢伯克
在野生动物园和西部电影里看到的大得多，它们属于即将灭绝的古
野牛（Bison antiquus）的最后成员。它们灭绝后，在平原上吃草的
将是体型较小，名字也缺乏想象力的北美野牛（Bison bison）。

工作进行得很快。所有人都急于在苍蝇飞来产卵、肉开始变质前完成工作。大块石片将每头牛腹部的皮肤从喉部到尾部切开。内脏被取出——大量肠子丢得地上到处都是——留给了必将到来的食腐者，而喜欢的器官则被放到一边。屠夫们不停地在厚厚的牛皮上擦去石质工具边缘的油脂和鲜血。有人直接利用牛骨：小腿骨被剥皮砸断，成为像任何石质工具一样有效的剥皮和剔肉刀。

又细又长的肉被一条条切下，马上挂到山谷尽头的树上。几分钟后，肉的表面会形成一层硬膜，即便苍蝇成群飞来，它们也无法穿破硬膜产卵。树木很快不堪重负，于是人们用树枝和石头支起架子。宰割继续进行了好几个小时，牛舌和气管被割下，骨盆被砸开，牛皮被初步清理和卷起。卢伯克力所能及地施以援手，帮助将一面已经处理完的牛翻身，把肉放到晾架上，朝来偷吃的喜鹊和乌鸦投石块。

随着暮色降临，人们点燃火堆，以便吓退食腐者并烤些肉吃。他们将在山谷中过夜，然后在拂晓时满载着收获回到自己的定居点。夜色越来越深，工作已经完成，人们围坐在火堆旁，回味打猎的经历。牛肝被生吃，这是一种大受欢迎的美味，被平均分给所有在场的人，卢伯克也偷偷拿了一小块。有个男人离开火边，在一堆内脏间翻找，回来时带着一枚牛胆。他把胆汁挤到自己的那片牛肝上，然后津津有味地咀嚼起来。

清晨，猎人们向北而行，返回自己的夏日定居点，那里的老人和孩子们正热切盼望着野牛肉排。卢伯克则向南而行，沿着平原进入科罗拉多。在这里，他将加入另一群猎人，和他们一起在山间捕猎山羊，在林地的树丛间猎鹿。他们有时会设陷阱或掏地洞捕捉草原田鼠和囊地鼠。卢伯克也会采集植物性食物，但与他在阿布胡赖拉、蒙特贝尔德的亚马孙帮助采集的相比，这里的品种少得可怜。不过，无论是追踪鹿还是碾磨种子时，对他的存在浑然不觉的主人们都从未忘记野牛，并计划着一场狩猎。

投矛是他们的宝贵财产。矛尖是卢伯克见过最精致的，有的长达 15 厘米，被精巧地加工成完全对称的形状，带有致命的锋利边缘。矛杆非常珍贵，因为合适的木头并不丰富，而成功的狩猎不仅取决于矛尖本身，投矛能否准确飞行同样重要。用来固定矛尖的兽筋和树脂也很关键。固定物必须让矛尖足够牢固，但又不能太厚，以免影响投矛的穿透力。诀窍是要击中动物的肋骨之间，让矛尖穿透兽皮，矛杆要深入到能让矛尖刺破心肺。在不到一秒的时间里，猎人们必须瞄准并准确而有力地投射。

卢伯克在平原上一直待到公元前 6500 年那个秋天结束。在那些年里，野牛猎人的生活变得更加艰难，这种情况还将持续 2000年。每年的降雨越来越少，周期性的干旱开始出现，随后变得经常而持久。

美洲这个气象时期被称为全新世中期高温期（altithermal）[8]，严重的干旱侵袭了整个西南部。地下水位大幅下降，沙尘暴变得频繁，引起水土流失并形成沙丘。大盆地的沼泽最终干涸，逐步沙漠化的过程开始加速并完成。虽然草原在高山平原上的许多地方留存下来，但植物多样性崩溃，只剩下最顽强的种类。牧草质量下降后，野牛所生的幼崽变得更小、更虚弱，能活到成年的也更少。

公元前 6500 年的野牛猎人不得不靠挖井才能抵达大幅下降的地下水位。帮忙挖井后，卢伯克又来到磨石边，因为植物性食物已经变得对生存至关重要。男人们谈论搜寻野牛，但不再清楚哪里能找到，而且常常认为不值得费这力气。随着河流与泉水干涸，定居点剩余的少量水源变得密不可分。由于人们被迫依赖劣质的当地石头，石质矛尖的质量也下降了。

干旱终将结束，狩猎野牛也将再次开始。事实上，狩猎将一直延续到有历史记载的时代。但平原上的土壤一直过于干旱，霜冻也过于频繁，因此当公元前 2000 年玉米、南瓜和菜豆在美洲各地传播时，土著美洲人无法定居下来种植它们。[9] 不过，他们会发展出新的狩猎方法：成群的野牛被赶下悬崖；在没有天然悬崖时，人们会筑起藩篱和围栏作为陷阱；弓箭将代替投矛。他们会焚烧大片草地来刺激新芽的萌发，从而吸引野牛。这些都不会威胁牛群的生存，直到马随着欧洲人回到美洲后，灭顶之灾才会降临。那时，土著美洲人和白人骑着马向野牛群射出成排子弹，成千上万地屠戮它们。

太阳升起，公元前 6000 年一个温暖的秋日拉开了帷幕，干燥多尘的平原恍若隔世。卢伯克坐在石灰岩山崖上，向西望着一条宽阔而湍急的银白色河流从沼泽和草地边淌过。更远处是茂密的落叶林，呈现出柔和的金黄色，降雨的回归让它重获生机。山崖下方，陡峭的山坡通向被草覆盖并分布着零星树木的山谷。谷底有一座村子，5 间长方形茅舍用干草铺成屋顶，红色和黄褐色与这个秋日早晨的树叶和草地相得益彰。炊烟从一天的第一缕炉火中缓缓升起，狗在叫，孩子在哭。

这条河是伊利诺伊河，村子叫科斯特（Koster），得名于 1968 年在自己的土地上发现村子遗迹的农民西奥多·科斯特（Theodore Koster）。[10] 如果卢伯克那年来访，他将身处圣路易斯东南 80 千米、芝加哥西南 400 千米的地方，俯视着一片与平原上数以千计的其他田地没有分别的玉米地。

1969 年，美洲土地上最大规模的发掘之一开始了。发掘显示，人类在公元前 8000 年便开始在谷中驻营。[11] 一层层的土壤和人类垃圾记录了人类如何在谷中继续生活了好几千年。靠着从谷壁冲刷下来的土壤，他们留下了 10 米深的沉积物*，建立过 13 个相互重叠的定居点。到了公元前 5000 年，人们已经建立了永久性村落，可以在那里狩猎、采集植物和捕鱼，不必担心挨饿——这是北美中西部的伊甸园。

公元前 6000 年，那座村子的前身开始了新的一天，人们拉起牛皮帘子，走出自己的屋子。他们坐下交谈，泡了茶，喝着用碾碎的种子熬的粥，是用在火中烤热的石头烹制的。有人身着齐整的无袖上衣和裙子，有的不愿穿衣服，在晨光下露出柔美的身体。一个患有关节炎的老人和妻子一起坐在门口，他将在那里度过大半天，做些别人交给他的零活，给孩子们讲故事，丢出棍子逗狗。

人们逐渐散开去做自己的日常工作。一队女人和孩子前往坚果林，他们知道自己将满载而归，山核桃是他们秋天最充足的食物。年轻男子带着投矛前去猎鹿，另一些人则走向河边。村中的工作也开始了，例如修理柳条篮子和给生病的孩子备药。

卢伯克看着这一切，他现在坐在火边，很高兴在最近的旅行后能有机会休息。一个女人来到他身边坐下。她拿了一块石头，将其放到滚烫的灰烬中。在加热石头时，她搅拌着一小罐树脂，并在木柄上刻出凹槽。石头被取出。她趁热用皮革裹住它，从变脆的石头上敲下五六个薄片。石片被安到凹槽中，用树脂牢牢固定。她带着完工的刀离开了。火边留下若干被丢弃的石片，几千年后，它们将被小心地挖掘、清洗和编号。

太阳开始落到西面的山后。采坚果的人带着沉重的篮子返回，猎人们空手而归，去河边的人带回了成捆的芦苇。火堆周围铺好了

---

* 原文作 10 平方米，参考 http://archaeology.about.com/cs/bookreviews/fr/koster.htm 后酌改。——译注

芦席和柔软的兽皮，人们一起吃过晚饭后又讲起了故事。当月亮升起、夜晚降临时，卢伯克继续坐着，其他人则回到自己的屋中睡觉。

夜晚将蛾子带到灼热的余烬边，还引来了蝙蝠在头顶盘旋。它还带来了星星和寒意。卢伯克听见老鼠在草丛中窜过。

随着早起者点燃火堆，又一天开始了，卢伯克再次目睹科斯特的日常生活拉开帷幕——这是散布在中西部峡谷中的许多小村子之一。[12] 人们大多留在家中，今天要给坚果去壳并碾碎它们，还要编织芦席和修葺屋顶。随后的一天一夜暴雨如注。卢伯克在火边经历了一连串日出和日落，看着火花噼啪作响地变成火焰，既享受着熊熊火光的温暖，也在卷起冰冷灰烬的夜风中瑟瑟发抖。他日复一日地注视着村中的生活和人们留给考古学家的礼物：遗失在草丛中的工具，倒在贝丘上的垃圾，为疏导雨水而挖的坑。然后霜冻开始了。夜间，他蜷缩在火边留下的兽皮和织毯下。

一个刺骨的夜晚过后，卢伯克看到那个老人被从床上抬下，放到淡蓝色天空下覆盖着霜花的草地上。整天都有人来到他的尸体边致敬，回忆他如何教会他们打猎和捕鱼，想起他讲述的人们居无定所的"往昔岁月"。那天晚上，他被埋在茅屋后面。人们举办了宴会，萨满歌唱、跳舞并做了祈祷。一个老妇人在阴影中抽泣。

冬天来临，卢伯克仍坐在火边。现在，他看到各个家庭收拾了自己的财物离开村子。有些人一同离开，有些则独自而行——他和未来的考古学家都不知道他们去往何方。但在公元前 6000 年，除了等待人们归来的卢伯克，没人在科斯特过冬。

春天时他们回来了，人们修葺清理了茅屋，开始新的一年。有些人坐在卢伯克身边，花了好多个小时将纤维编织成新的渔网。有时，他看到那些人从河边归来，网中装满了鱼。夏天，卢伯克听到他们计划捕猎白尾鹿。整个秋天，村子里都回荡着将坚果磨成粉的声音，不仅有山核桃，还有核桃、橡子、榛子和美洲山核桃。然后，人们再次离开，留下卢伯克面对又一个霜雪交加的冬天。生活就这样年复一年地延续着，直到有一年春天，人们没有回来，村子回到了自然的怀抱。后来考古学家所谓的科斯特第 8 阶段就此结束。[13]

随着岁月的流逝，卢伯克看到房屋倒塌，木料腐朽。贝丘中萌发出新芽，逐渐长成向日葵和接骨木，还有橡树和山核桃的树苗。草丛早已掩盖了丢失的工具、排水坑和墓地上的低矮土丘，而随着雨水从谷壁上倾泻而下，带来的泥沙又淹没了草丛。卢伯克目睹自然夺回曾属于自己的东西：被加工成刀和矛尖的石头，被用来建造房屋的木头、芦苇和树皮，被人类加以利用、而非留在土中腐烂的动物骨头、兽皮和内脏。

雨水一年年增加，河水漫出了先前的河岸，水势日益浩大。每年的洪水不再排干，昔日的沼泽和草地上形成了湖泊。现在，卢伯克看到一群群大雁、鸭子和天鹅发现了这些新的湖泊，把它们变成夏日的家园。湖水中很快鲜鱼成群，蚬贝成堆。

然后，在一个春日的早晨，某种奇特的声响把他惊醒。1000 年后，人类回到了科斯特。卢伯克决定站起身，看着他们到来。他从齐膝深的泥土中抽出脚，那是在他耐心等待这一刻的过程中在他身边积累起来的。但他看到的只是有几个人从河边走来。他们径直穿过这里，非常疑惑这片林地、河流和湖泊一应俱全的隐蔽山谷是否曾有人居住。

随后的一周有几个家庭到来。有的支起帐篷，用枯树枝搭起窝棚，有的则开始砍树、清理灌木丛，并建造自己的房屋。几天后，新村子初现雏形，20 世纪 70 年代的考古学家将称其为科斯特第 6 和第 7 阶段。[14]

虽然属于不同阶段，但本质上大同小异，因为人们还是靠打猎和采集为生。随后的那个夏天，为了建造更多房屋，人们在山坡上筑起平台，并挖出壕沟安放柱子。卢伯克帮助他们扶住木头，然后用石头固定，还帮着把小树苗编成树墙。他和女人们在河边度过了几天，将篮子提到沼泽接骨木和向日葵干燥的头部下方，接住摇下的种子。有时，他在黎明时分站在新形成的齐膝深的死水潭边，准备帮人们将沉重的网抛向绿头鸭和赤颈凫。他有时去林中追踪鹿，有时留在村里打扫房屋。晚上，卢伯克在脸上涂了颜料，和科斯特人一起绕着茅舍间新点燃的火堆载歌载舞。

现在的定居点比之前更大，至少有十几间茅舍和将近 100 人。食物的品种也丰富得多，除了鹿，浣熊和火鸡也被加入了食谱，黏土围边的坑里正文火蒸着许多种鱼和贻贝。每年坐独木舟前来的大量访客让村子变得繁忙许多——河流不仅是捕鱼场所，现在也成了通路。他们带来了交易品：五大湖的铜、墨西哥湾的海贝、未来俄亥俄州的优质燧石。这些材料大多会被制成手镯和吊坠，但佩戴者似乎只是少数人而非多数人。

因此，改变正在发生，旧有的平等主义开始出现裂痕。卢伯克想起了差不多的年代自己在中石器时代丹麦的旅行，回忆起农民的斧子和谷物如何帮助摧毁了古老的狩猎采集者生活方式。他还在科斯特注意到另一种社会变革的标志：死者不再全部被埋在一起。有任何身体疾病的人被埋在茅舍背后靠近垃圾堆的一块肮脏区域的浅坟里，而去世时身体健康的人则被安放在俯瞰河流和湖泊的崖头墓地中，那里是阳光最早照到的地方。[15]

村子欣欣向荣，这种状况将持续到它最终在公元前 1000 年左右被废弃。在此之前，村里的农民们将利用一系列全新的驯化植物，它们是卢伯克帮助采集的沼泽接骨木、向日葵和藜的后代。再后来，伊利诺伊峡谷中的居民将最终接受很久很久以前诞生于墨西哥中部的作物，即南瓜、玉米和菜豆——虽然南瓜可能已经在北美东部被单独驯化。紧密编织的篮子将被黏土容器取代，矛尖将被箭头代替，人们将为享有世袭权力的酋长建造大坟丘。但直到欧洲人来到这片大陆之后，森林才会被清除，中西部才开始变成今天美国的大玉米带。[16]

　　上述发展远远超出了本书的范畴。公元前 5000 年，卢伯克度过了在科斯特的最后一天。他在那天上午猎鹿和采集蘑菇；中午，卢伯克爬上自己刚到科斯特时曾坐过的石灰岩山崖，最后看了一眼村子。当天晚些时候，他跟着几个商人向独木舟走去。他们把新换来的毛皮放上船，出发向北驶去，他们的家在后来的密歇根湖畔。

第32章

捕捞鲑鱼和历史的礼物

西北沿岸的复杂狩猎采集者，公元前 6000—前 5000 年

　　约翰·卢伯克偷偷搭乘独木舟沿伊利诺伊河而行，开始了他美洲历史之旅的尾声。几天后，他来到商人们位于今天密歇根湖最南端的一处定居点。这里似乎是物品加工和四方来客进行交易的地点，人口的过快增长将很快让狩猎采集者所奉行的平等和分享无以为继。

　　夏日的午后，卢伯克坐在湖边，面对着一派安宁的景象：天空无云，水面平静，孩子们在戏水，茅舍中散发的柴烟沿着岸边飘散。情况并不总是如此，以后也不会持续。

　　在末次冰盛期时期，这里被洛朗蒂德冰盖南缘的厚厚冰层覆盖。随后的几千年里，它先后被融水形成的大湖淹没，臣服于湍急的河流，成为苔原，被暴风侵袭，被松树和云杉占领，直到最终被最早的美洲人发现。但比起这里的未来，上面的一切也许都算不了什么。这里将成为芝加哥，独木舟和茅草屋是蒸汽火车和摩天大楼的先驱。[1]

　　不过，卢伯克必须回归西海岸，回到太平洋——在秘鲁时，他曾坐在这片大洋最南端的水域边。于是，他开始了又一次长途跋涉。他首先步行来到密西西比河，然后坐独木舟继续向北，从许多河畔

村落间穿过，朝着与今天大同小异的广袤加拿大荒野前进。在这片遍布湖泊、河流和茂密森林的土地上，卢伯克找到了以流动小群体形式生活的人们，很像早已消失的克洛维斯人。他们狩猎北美驯鹿和驼鹿，设陷阱捕捉河狸和麝香鼠，但很少留下考古学家能找到的痕迹。

卢伯克径直向西而行，最终离开林地，穿过大平原的最北端。那里仍在捕猎野牛，他从后来一处著名的跳崖遗址旁经过，大量野牛在此被屠戮，人们恰如其分地称其为"碎头崖"（Head-Smashed-In）。离开这些平原后，卢伯克先后穿越了落基山脉和哥伦比亚山脉，渡过弗雷泽河，经过一片有高耸山脊和草地的高原，看到那里的人捕猎山羊和绵羊。随后，卢伯克沿着一条险峻的峡谷向下而行，两侧的平坦峰顶被松林覆盖。河流时而缓慢蜿蜒，时而汹涌湍急。在多雨的冬日里，他沿着浓密蕨丛中常有人走的小道前往河流入海口，头顶是高大的常绿树。水不深，被一串小岛护卫着。这里是太平洋。卢伯克精疲力竭地坐下，他离开科斯特后已经走了 3500 千米。

弗雷泽河彼岸的土地被考古学家们称为卡斯凯迪亚（Cascadia），包括今天的华盛顿州和不列颠哥伦比亚省，从阿拉斯加南部延伸到加利福尼亚北部。它的太平洋沿岸崎岖不平，分布着深深的峡湾、错综复杂的水道和许多近岸岛屿。海岸线被一系列大河割裂，包括哥伦比亚河、克拉马斯河（Klamath）、斯基纳河（Skeena）、斯蒂金河（Stikine）和弗雷泽河本身，还有许多较小的溪流。卡斯凯迪亚是卢伯克美洲之行合适的终点，因为那里将发展出美洲甚至很可能是整个世界史上最复杂的狩猎采集者社会。[2]

当欧洲人在 18 世纪末首次遇到西北沿岸的土著美洲人时，他们觉得后者与自己此前见过的任何人都截然不同。这并非因为他们的木结构房屋和有上千居民的定居点；不是因为他们中出现了贵族、自由人和奴隶，以及委托艺术家在自己房屋的正面和图腾柱上雕刻和绘画的大酋长们，就像文艺复兴时期的赞助人那样；也不是因为这些人具备了土地所有权的观念，或者沉湎于夸张的宴会，在宴会上分发大量食物和物品来显示自己的财富与地位。

如果这些人种植谷物并放牧牛群，那么上述房屋、城镇、艺术品和习俗将不会让人意外，但西北沿岸的居民是狩猎采集者。更准确地说，他们是渔民：他们的复杂文化基于捕捞鲑鱼。一边是冰川融水的影响，一边是摆脱冰层重负后陆地抬升的反作用，经过数千年的起起伏伏，太平洋北部的海平面在大约 6000 年前稳定下来。[3]大群鲑鱼开始分毫不误地在西北沿岸的河流中逆流而上，并在繁殖后死去。渔民们每年都做好准备，凭着鱼钩和钓线、耙子、网、拦河堰、鱼叉和陷阱，他们就像农民收获谷物那样收获鱼。

只有当产品能被储存时，此类收获才有价值。去骨切片后的鱼肉被放在架子上，靠日晒和风吹变干；另一些被挂在天花板上，靠屋中炉火的烟熏保存。卡斯凯迪亚有丰富的资源，因此鲑鱼并非唯一的食物，其他多种鱼类也被捕捞。人们还捕猎海豹、水獭、鹿和熊，也采集浆果、橡子和榛子。事实上，他们成功的关键也许不是特别丰富的鲑鱼，而是所享有的巨大的食物多样性。

凭借如此取之不尽的食物，卡斯凯迪亚的土著美洲人生活在永久性村落中，在一年中食物较少的时候依靠自己的储备。他们有能力养活专业工匠，并展开贸易。他们的人口日益增长，不像通常的狩猎采集者那样受到人数的限制，因为他们无须不断迁徙，也不会遭遇周期性的食物短缺。在如此富足的条件下，出现领袖和向邻近部族开战也就不足为奇了。

考古学家把这些人称为"复杂猎人"（complex hunters），他们最早出现在公元前 500 年左右。但当卢伯克在公元前 5000 年来到西北沿岸时，他们诞生的基础已经奠定。休息过后，卢伯克开始探索那条引领自己穿过峡谷和森林的河流在入海口处的岬角。他注意到一堆牡蛎壳和一些动物骨骼，半掩在沙子和草丛下。其中有若干破碎的卵石和石片，他发现一些被凿成了小小的矛尖。附近有昔日茅屋的遗迹：地上的几根柱子，一些编结起来的树枝，几块牛皮仍然连在屋架上，但已经残破地垂下。卢伯克挑了几根较粗的柱子和一些编结的树枝，又取了些新的枯树枝，为自己搭了个窝棚。

人声打断了他的工作。他转过身，发现来自几个家庭的十几个人正在查看坍塌的茅舍，就像他几小时前所做的。他们扯掉支离破碎的牛皮和墙面，用石块固定好摇摇欲坠的柱子，开始重建。有几个人前往岸边，不到一小时就带回了贝类。吃完后，壳被扔在部分被草丛掩埋的贝壳堆里，旁边就是卢伯克匆匆搭好的小窝棚——因为夜空中已经开始出现了风暴云。

第二天一整天，有更多家庭到来，在海岸边和树林里分散度过夏天后，所有人相互致意。很快出现了一座由枯树枝茅屋组成，至少住着 100 人的村子。垃圾堆越来越大，卢伯克发现自己周围不仅有牡蛎和贻贝壳，还有宰割后的鹿和海豚的剩肉。丢弃的炖鱼被倒在垃圾堆上，人们还把这里当作厕所。垃圾堆有时会被点燃，以便杀死蛆虫并吓退食腐者。卢伯克的茅舍被烟雾以及腐败食物和人类垃圾的臭味笼罩。

人们正忙着为鲑鱼潮做准备。有时，卢伯克会离开他们去探索林地，在松树、铁杉和云杉间寻找鹿和麝香鼠。他发现了小型红雪松，这种树正在占领林地。等到人们开始建造房屋、独木舟和图腾柱时，它们的巨型后代将因为能够提供木材而受到珍视。另一些时候，卢伯克坐在渔民中间，看着他们制作鱼叉和投矛，准备板岩刀和用树枝搭建晾架。人们每晚都会讲故事，许多是关于林地和海中精灵的。

鲑鱼来了，起初是一两条，然后成群的鱼被驱使着逆流而上。

渔民准备就绪——无论男女老幼，人人手执投矛和鱼叉站在齐踝或齐膝深的水中。几天后，鲑鱼潮结束了，数以百计的鲑鱼被杀死，但数以千计的安然通过。架子上挂着沉甸甸的鱼肉，在秋日的阳光下被晒干。

有的家庭取了自己的份额离开，但大多数留了下来。河口将很快出现丰富的鲱鱼，而等待过程中有足够的鲑鱼可吃。大部分日子有雨，永远湿漉漉的衣物和寝具折磨着老人和孩子。一名老年男子将会死去，被埋在垃圾堆后的浅坟里。访客将前来用黑曜石交换鱼干。春天，各个家庭四散离去，计划来年秋天鲑鱼回来时再回到这里。在此期间，他们的茅舍会倒塌，垃圾将被风沙轻轻掩埋。

当雨势变大，卢伯克躲在自己摇摇欲坠的窝棚里读起了《史前时代》。在行将结束时，他的同名者将北美印第安人描绘成现代野蛮人的又一例子。[4] 维多利亚时代卢伯克的信息主要来自一位斯库克拉夫特先生（Mr. Schoolcraft）于1853年出版的《印第安部落的历史、状况与前景》（*History, Condition and Prospects of the Indian Tribes*）。概述的口吻完全不同于对火地岛人不断诋毁的段落，大部分内容相对冷静地描绘了美洲各地不同部落的服饰、装备、狩猎、捕鱼和农业习惯。

卢伯克窝棚周围的垃圾堆成了纳穆（Namu）考古遗址，因为它位于纳穆河在不列颠哥伦比亚省沿岸的出海口。1977—1978年，西蒙弗雷泽大学的罗伊·卡尔森（Roy Carlson）在发掘这里时发现，垃圾堆的历史从公元前9500年就开始了[5]，并如此延续了8000年。最初，垃圾是在短期造访河口时被丢弃的，包括形形色色的鱼类、鸟类、贝壳和兽类残骸。贝丘中也留下了损坏的工具和制作工具时的废弃物，包括细石器。

公元前6000年后不久，贝丘的成分发生改变，鲑鱼骨突然远远多于其他一切。这标志着鲑鱼潮的开始。被丢弃的工具也有了变化：细石器不见踪影，板岩矛尖的数量则越来越多。黑曜石碎片的出现表明了贸易和交换的开始，但除了几个柱孔，并未发现房屋的迹象。房屋可能过于简陋，无法留下太多痕迹，表明虽然纳穆的捕鲑鱼活动收获丰富，但不足以支持整年的生活。

纳穆遗址只是全新世早期在西北沿岸堆积起来的几个贝丘之一。它显示了人们如何开始专捕鲑鱼，但也继续利用其他多种资源。在随后的几千年里，鲑鱼潮将变得更大，而新技术的发明也让收获更为丰富。有人抓住机会宣称最好的捕鱼地点归自己所有，其他人不同意，于是双方开始争斗。

卢伯克坐在岬角上，他的目光越过未来的菲茨休峡湾（Fitzhugh Sound），落到一连串近岸海岛上。它们的白色沙滩在夕阳下闪着光，一条孤零零的独木舟从大陆划向其中一个岛，打破了水面的平静。几千年前根本用不着独木舟，人们可以步行抵达那些岛屿，因为它们还是广阔沿海平原上的山丘。人类在美洲土地上的第一步可能就落在那片平原上，也许某条从亚洲沿岸出发，穿越了北太平洋冰冷水域的小船上下来的人跨出了那一步。

这是美洲历史的开端。那时，还没有人类爬上过落基山脉，坐独木舟行驶在亚马孙河上或者冒险前往火地岛。但现在是公元前5000年，从大陆的最北端到最南端都有人类生活，他们大多以打猎和采集为生，也有的从事农业。他们给美洲带来了历史，但占有了这里的自然作为回报。他们的克洛维斯祖先可能参与了将猛犸和地懒推向灭绝，他们的古风时期祖先则创造了新的南瓜和玉米品种。但纳穆人——既不是巨兽猎人也不是农民——所做的要多得多，他们将整个自然据为己有。对他们来说，熊和渡鸦不再仅仅是动物；山巅与河流远不只是地质和降雨的产物；季节更迭不再是因为地球绕着太阳公转，日夜交替不再是因为行星自转。

　　几米外的火堆旁传来歌声。纳穆人正在感谢创造了群山与河流的精灵，这些精灵会变成熊的样子造访他们的世界。他们回想起渡鸦如何最早来到这片土地，发现这里寒冷而杳无人烟，但有着丰富的猎物。[6]他们歌唱着，好让太阳升起，春天来临。[7]卢伯克站了起来，转身向火堆走去。他坐到火边，帮他们一起用歌声召唤新的黎明。

大澳洲和东亚

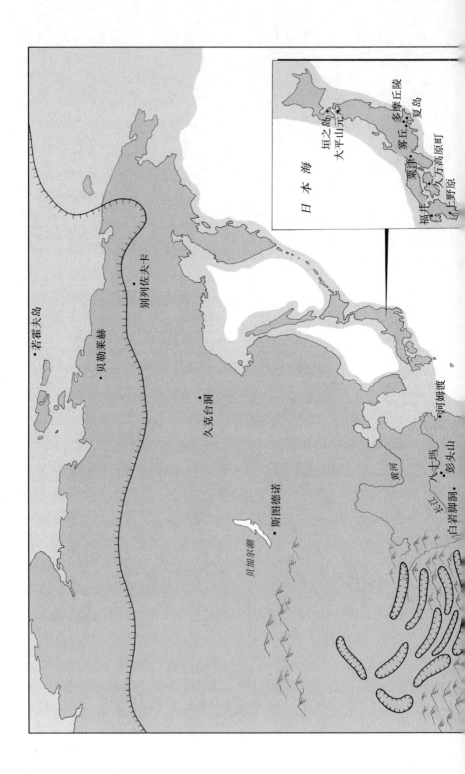

日 本 海

垣之岛
大平山元
雾丘・多摩丘陵
栗津・夏岛
天万高原町
福井・上野原

黄河
长江・八十垱
彭头山
白岩脚洞

河姆渡

斯图德诺

久克合洞

贝加尔湖

别列佐夫卡

贝勒莱赫

若霍夫岛

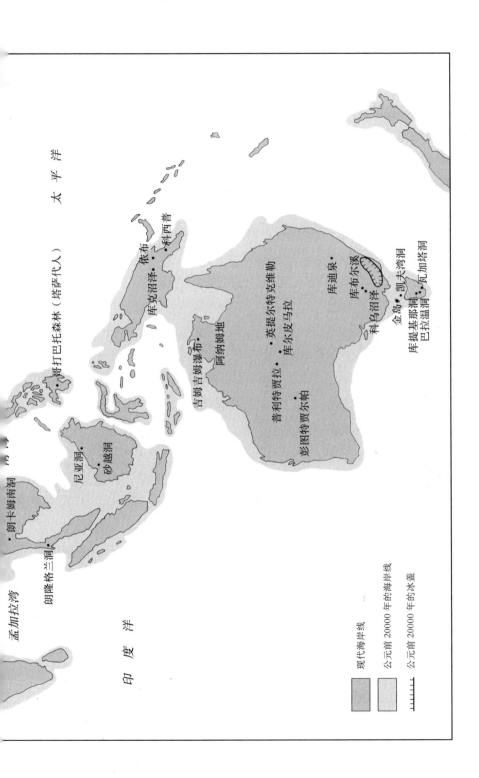

孟加拉湾

朗隆格兰洞

太　平　洋

哥打巴托森林（塔萨代人）

依布

科西普

库克沼泽

朗卡姆南洞

尼亚洞

砂越洞

吉姆吉姆瀑布

阿纳姆地

英提尔特克维勒

库尔皮马拉

库迪泉

库布尔溪

科乌沼泽

金岛

凯夫湾洞

普利特贾拉

库提基那洞

巴拉温洞

瓦加塔洞

彭图特贾尔帕

印　度　洋

现代海岸线

公元前 20000 年的海岸线

公元前 20000 年的冰盖

第33章

发现失落的世界

塔斯马尼亚的狩猎采集者，约公元前 20000—前 6000 年

日光从孔道射入，照亮了闪光的棕色脸庞，让被砸碎的卵石中的石英晶体熠熠生辉。肌肉发达的双手加工着石头，围在人身上的沙袋鼠皮焕发着光泽。远处更亮的地方是洞口。洞外吹来刺骨的寒风，人们坐在避风但昏暗的角落里工作。约翰·卢伯克从黑暗潮湿的山洞深处走出。他冷得发抖，但准备好开始在澳洲的史前之旅。[1]

在末次冰盛期，澳洲是一片狩猎采集者的大陆，这种状况一直持续到 1788 年，即欧洲人最早定居的那年。至少有 25 万名土著人生活在这片南半球的大陆上，分布于北部的热带森林和南部的南极水域边缘之间。那里的生活方式多种多样。在干旱的内陆，土著人口密度很低，财产寥寥，觅食活动需要长途跋涉；而在肥沃南方的河谷中，则有近乎永久性的村落，小木屋建在石头地基之上，墙壁抹了黏土。

可以想见，对澳洲土著人的最早描绘常常不过是些轻蔑的种族主义小册子。不过，人类学家很快开始认识到土著人社会的复杂性。至少有 200 种不同的语言被记录下来；食物、斧子、磨石板和赭石沿着有记录的庞大贸易网络传播；梦创时代（Dreamtime）的神话

世界部分揭开了面纱，始祖生物（Ancestral Beings）在那个时代创造了世界，并继续介入人类事务。曾经似乎只是动物、人类和符号的简单图形被发现具有复杂的意义，常常与始祖生物的活动有关。

随着人们意识到土著人狩猎和采集活动的复杂性，最初关于他们只能勉强糊口、得过且过的假设得到了修正。土著人被发现非常熟悉植物的分布和动物的行为，他们能适应不断变化的条件，常常根据可获得的资源在雨季和旱季采取截然不同的生活方式。虽然他们都是狩猎采集者，但许多人通过可控地焚烧植被来管理自己的土地和食物供应。

认识到土著人社会的复杂性，是欧洲人两次改变对土著澳洲人看法中的第一次。第二次是意识到这些人并非某个最初人类社会的永恒孑遗，是没有历史的人。和欧洲殖民者一样，他们的社会同样是历史的产物。他们历史的起点——澳洲最早有人类生活的年代——不断向前推移，从最初猜测的公元前 10000 年变成 20 世纪80 年代的公元前 35000 年，再到今天的大约公元前 60000 年。[2]

约翰·卢伯克为了探索那段历史的一部分而前往澳洲：公元前20000—前 5000 年间土著人社会的发展，即从末次冰盛期到伴随全新世到来的暖湿顶峰之间。公元前 9600 年的全球剧烈变暖对欧洲和西亚的人类产生了最大的影响，但直到该时期的最后，澳洲土著人社会才出现了最根本的变化。此外，当公元前 5000 年其他大洲的人类都已经接受了农业时（无论是本土发明还是通过理念和人口的传播），澳洲土著人仍然全部是狩猎采集者——尽管生活方式与更新世的祖先们截然不同。

卢伯克抵达时是公元前 18000 年；这片大陆当时还是“大澳洲”（Greater Australia），从南面的塔斯马尼亚到北面的新几内亚连成一片。当他在大陆上旅行和在时间中穿梭时，比今天低 100 多米的海平面将会上升，气温升高，降雨增加，天气的季节差异将变得显著。

　　卢伯克与史前土著人的接触将基于对寥寥无几的考古记录的解读。比起其他大洲，这里的更新世考古遗址相对稀少，许多只有若干石片。因此，在试图把这些沉默的器物转化成人类生命时，很难忍住不去借鉴土著人的历史记录。这样做有把土著人的现在带入他们遥远过去的危险，无法认识到土著人社会如何随时间而改变。当卢伯克坐在洞中，回头注视工作中的冰河时代人类时，这种风险无法完全避免。

　　他走进今天的库提基那洞（Kutikina Cave）。得益于其大小和位置，这里受到公元前 18000 年塔斯马尼亚土著人的青睐。但即使如此，他们也只会在那里停留几周，更情愿在耗尽每处临时营地周围的动植物后搬家。

　　库提基那洞中的人正在等待猎人们的归来。卢伯克看到洞中另一个避风的角落里也生起了火，烟雾会通过第二个小得多的入口飘散。完成新一批石刀和石斧后，人们围坐在火堆边。卢伯克加入他们，望着远处开阔山谷的风景。

　　两项了不起的成就让他可以和这些冰河期猎人一起，坐在距离南大洋的海冰不超过 1000 千米的地方。首先是冰河时代的澳洲人本身。经过从东南亚出发的跳岛之旅（包括至少 100 千米的渡海行程），他们于大约 6 万年前抵达澳洲的最北部。然后，他们一代代地向南迁徙，最终在塔斯马尼亚形成了以捕猎沙袋鼠为中心的新的生活方式，成为冰河时代世界最南端的居民。第二项成就属于澳洲考古学家，他们在不超过 20 年前发现并开始重建那个塔斯马尼亚人的冰河期世界。

　　今天，塔斯马尼亚西南部的山谷无人居住。那里被浓密和几乎无法进入的温带雨林覆盖，危险湍急的河流穿流其间，是地球上最后的大片荒野之一。因此，当澳大利亚国立大学的里斯·琼斯（Rhys

Jones）在 1981 年 1 月 11 日看到丹尼森河（Denison River）岸边埋藏的石器，并将它们描绘成"非常有趣的发现"时，我们有理由指责他太保守了。[3] 那些器物被证明只有几百年的历史，但它们的发现非常重要。

几周后，莱斯·琼斯和他的同事唐·兰森（Don Ranson）与来自塔斯马尼亚大学的凯文·基尔南（Kevin Kiernan）一起造访了库提基那。[4] 他们沿河行进了 10 个小时，有时还需要把小船拖过湍流，在齐腰深的冰冷河水中跋涉。随后，他们奋力穿越茂密的植被，挤过现在将洞口遮蔽的树木。

点燃煤气灯后，莱斯·琼斯发现自己置身于一个巨大的洞窟中，闪亮的白色洞壁反射着嘶嘶作响的灯发出的光：

> 三面的地上是易碎的橙色黏土，形成 70 厘米高的土台……数以百计的石质工具和烧焦的兽骨碎片从轻微侵蚀的表面露出，散落在土台底部。一层层密实的焦炭夹杂着烧焦的红色黏土，标出了一系列古代火炉的位置。一侧土台外有一条被水冲出的沟，从高达 2 米的切面上可以清楚地看到沙袋鼠的头骨、颌骨和肢骨一层层堆在一起……那天晚上，我们在洞中避风处做饭，把睡袋放在主洞穴后侧干燥凹洞里的坚硬石灰岩上。后来我们得知，我们是 13000 多年来第一批睡在那里的人。[5]

琼斯和他的同事们发掘了不到 1 立方米的沉积物，找到惊人的 25 万块动物骨骼和大约 4 万件石器。它们后来被测定为属于公元前 15500 年左右，而砾石层下方的焦炭为公元前 20000 年。就这样，今天无人居住的南塔斯马尼亚森林被发现曾是冰河期人类的家园。[6]

库提基那洞的发现拉开了对塔斯马尼亚雨林 20 年研究的帷幕。在乐卓博大学吉姆·艾伦(Jim Allen)和理查德·科斯格罗夫(Richard

Cosgrove）的主持下，人们在艰苦的田野条件下度过了多个挖掘季，在考古遗址中发现了冰河期生活的惊人纪录。[7] 最早的塔斯马尼亚人生活的年代被上推到 3.5 万年前，他们的工具从石器扩展到用沙袋鼠骨制作的精美矛尖和用天然玻璃制成的小刀。库提基那洞中的赭石块暗示存在艺术：1986 年 1 月，在火炬的照射下，人们在马克斯韦尔河（Maxwell River）河谷的巴拉温洞（Ballawinne Cave）深处看到了一排 16 个手印，至少来自 5 个人。被磨碎的铁氧化物与水拌在一起，被人涂在手上后平贴到洞壁上。

　　第二年，在东南方 85 千米处的瓦加塔洞（Wargata Cave）发现了更多手印，既有成人也有孩子的，人血被用作颜料之一。[8] 到了 20 世纪 90 年代初，莱斯·琼斯觉得可以将塔斯马尼亚西南部的冰河时代考古与法国西南部的相提并论——巴拉温和瓦加塔是南半球的拉斯科和阿尔塔米拉。[9]

　　这种比较可以说是宽泛的。虽然塔斯马尼亚发现了有石器、兽骨和岩画的冰河时代考古遗址，但与北纬驯鹿猎人的相似点仍然十分有限。[10] 不管怎样，每个地区的考古都应该有自己的研究方式——冰河期欧洲为其他地区的考古提供"黄金准则"的时代早就该结束了。

　　更让人感兴趣的是艾伦、科斯格罗夫及其同事们对塔斯马尼亚洞穴出土的器物和骨骼的详细研究。他们对捕猎沙袋鼠的研究特别有趣。[11] 这需要通过花粉证据重建冰河时代的地貌，研究现代沙袋鼠的生态，以及分析发掘出的数以千计的骸骨。冰河时代的猎人们似乎在冬天、春天和初夏时生活于山谷中。他们使用一块选定的草地，直到那里的沙袋鼠减少到无法继续捕猎；然后，他们会搬到另一区域，也许会选择新的山洞作为基地。虽然有时也狩猎其他动物，但沙袋鼠特别被当作目标，它们可能被驱赶到手持长矛等待伏击的猎人那里。

由于洞中很少发现来自脚和爪子的骨头，科斯格罗夫和艾伦认识到沙袋鼠在杀戮现场会被部分宰割——只有尸体上肉最多的部分才会被带回。通过检验肢骨被砸碎的方式，他们了解到除了肉，沙袋鼠的骨髓也会被取食。有时，食谱中还会包括沙袋鼠的脑子。夏末，猎人们离开山谷前往高原，植物性食物在他们的食谱中将变得更加重要。

回到公元前 18000 年，约翰·卢伯克看到猎人们带着沙袋鼠肉块返回库提基那洞。现在，人群由大约 30 名男女老幼组成。这些人是生活在塔斯马尼亚南部山谷中的几个群体之一，他们穿着沙袋鼠皮的斗篷，一年中很多时间都待在一起。

去皮切片后，烤好的肉和剁碎的球茎被一起呈上，分发给所有在场的人。较大沙袋鼠的胫骨被放到一边，准备制成矛尖；大部分其他骨头被砸开取食骨髓。为了里面的小块骨髓，甚至连趾骨也被敲开。垃圾被堆在洞的一角，与用钝和沾满油污的工具放在一起。人们分散到洞中不同位置——有的去睡觉，从火堆里取出灰烬铺在地上来为孩子保暖，有的则把骨头加工成精美的矛尖。

卢伯克坐在洞口边的火堆旁。在足够阅读的光亮下，他翻开《史前时代》，试图找出自己维多利亚时代的同名者在 1865 年对塔斯马尼亚土著人有何了解和想法。书中有一小段话引用了两位"权威"。在 1776—1779 年间的第三次航程中，库克船长造访了"范·迪门之地"（Van Dieman's Land）——塔斯马尼亚最初的名称——他表示土著人"没有房屋、没有衣服、没有独木舟、没有捕捉大鱼的工具，也没有渔网和鱼钩；他们靠贻贝、鸟蛤和滨螺为生，唯一的武器是一头削尖的直棒"。[12] 这还不是最糟糕的，维多利亚时代的约翰·卢伯克还引用了多弗牧师（Reverend T. Dove），后者在《塔斯马尼亚自然科学期刊》（Tasmanian Journal of Natural Science）上写道，塔斯马尼亚人"凭借没有任何道德观念和道德印象独树一帜。一切涉及我们作为理性生物起源和归宿的想法似乎都从他们心中被抹去了"。[13]

卢伯克望着库提基那洞中的塔斯马尼亚人在厚厚的毛皮斗篷下安眠，他们分享了沙袋鼠肉，为孩子提供呵护，完成了新工具的制作。这里有充足的道德，但完全看不到鸟蛤和滨螺。

这群人计划在库提基那洞再停留几天，他们看到谷底的草地上和谷间山脊的灌木丛中有几群沙袋鼠在进食。第二天，卢伯克陪同3 名男子沿着富兰克林河（Franklin River）河谷和它的一条支流跋涉 25 千米，前往今天的达尔文坑（Darwin Crater）。

他们沿着经常有人走过的小径而行，穿过谷中偏僻角落里齐膝高的草丛和低矮的树丛。高处的山坡被灌木覆盖，高原上可以看到小冰川。虽然卢伯克的同伴们不打猎，但他们还是查验了所有动物足迹和许多叶子，以便找出沙袋鼠在哪里觅食。他们还能够猜出动物在哪里睡觉和种群的规模。

达尔文坑是个陨石坑——这个大坑宽 1000 米，深 200 米，形成于 70 万年前的一次陨石撞击。卢伯克的同伴们爬上陨石坑的边缘，花了一个小时收集玻璃块，那是在撞击中被融化的含硅基岩。这种玻璃非常珍贵，将被用于制作剃刀般锋利的矛尖和小刀。[14] 玻璃将被交易给生活在更南面的人，考古学家有朝一日将在距离产地 100多千米外的地方找到玻璃矛尖。

卢伯克离开同伴，向塔斯马尼亚北部疾风劲吹的低地走去，那里也零星分布着山丘和山脊。公元前 15000 年，他在一块突岩上的山洞里避风，抵达时惊动了一对在那里筑巢的猫头鹰。一堆被嚼过的骨头显示最近有食肉动物用过这个洞，可能是袋獾。它可能是前来享用人类居住者留下的废弃物的，因为地上还散落着灰烬和烧焦的石头。

卢伯克从洞口望向广阔的草原。在北面、东面和西面，海水已经开始侵入草原，并将最终包围这块突岩，将其变成今天的亨特岛（Hunter Island）。卢伯克所在的陆上避风所将成为海蚀洞，受到巴斯海峡（Bass Strait）疾风劲浪的冲击，那条海峡将把塔斯马尼亚与澳洲大陆——将一种土著文化同另一种分开。

那里今天被称为凯夫湾洞（Cave Bay Cave），距离现在的塔斯马尼亚北岸6千米。人类在那里生活的黄金时代是末次冰盛期之前的2000年间，来访的猎人曾点燃火堆并留下垃圾。[15]他们在周围的草地上捕猎沙袋鼠、毛鼻袋熊和袋狸。当末次冰盛期到来时，洞周围的土地变得贫瘠，无法提供足够的动物和植物性食物来维持人类居住者的生活。山洞缝隙里的水不断结冰再融化，导致洞顶松塌，掉下的岩石掩埋了所有前末次冰盛期人类的废弃物。

极端的冰河期情况开始缓解后，这个洞只被用过一次，然后就被海水包围了。那是在公元前15000年，在这片已经变得陌生的土地上探索的猎人们在洞中点燃了一堆火。这些猎人继续向北，在最终将成为金岛（King Island）的山丘（现在距离澳大利亚南岸100千米）中埋葬了队伍中的一名死者。

考古学家发现了墓葬，并在获得塔斯马尼亚土著人中心许可后检验了骸骨。死者是一名25到35岁的男子，他的遗骨被捆在一起，用带尖角的石头在洞中筑起一座小坟包。骨头中发现了小块赭石，可能曾是身上的装饰品，就像欧洲人最早见到的塔斯马尼亚人所佩戴的那样。[16]

此人的身体特征提供了很多信息：短而粗壮的骨头让他体态敦实，就像生活在寒冷土地上的现代人，比如极北地区的因纽特人。这种体型让表面积最小化，有助于保留热量。3.5万年前最早抵达塔斯马尼亚的人看上去一定截然不同，他们又高又瘦，适合生活在热带环境中。体态的变化无疑是生活在南方冰河环境下的结果。

卢伯克从凯夫湾洞向西北而行，穿越塔斯马尼亚北部的平原，来到岛另一头的海边。平原的很大一部分已被淹没，但至少还要等上3000年，塔斯马尼亚才会与澳洲本土分离。卢伯克沿着海岸线先后向东和向北而行，经过100千米宽的地峡，前往很快将成为澳洲南部海岸的群山。

海平面的上升改变了许多冰河时代澳洲沿海居民的生活。但对生活在塔斯马尼亚西南部山谷中的人来说，威胁到他们的生活方式并最终导致他们消亡的是降雨的增加和温度的上升。坐在库提基那洞中的每一代猎人都发现山谷不如父辈时有吸引力。树木的入侵和河水的上涨让巡视和搜寻猎物变得更加困难。新的榉树和松树年复一年地出现，现有的树苗则飞速生长。浓密的蕨丛在树木之间扎根。沙袋鼠分成零星的小群，依附着剩下的小块草地。随着雨林的形成，它们的数量大大下降。新的树栖动物开始欣欣向荣：有些耳熟能详，比如长尾鼠和环尾负鼠；有些更加陌生，比如丛林袋鼠和斑尾袋鼬。[17]

公元前15500年后不久，库提基那洞被彻底抛弃。这是所有山洞中海拔最低的一个，也是第一个从沙袋鼠猎人季节性的活动中退出的。[18]在随后的几代人里，雨林扩大到了更高的地区，西南部所有的洞穴都被抛弃，并很快被遗忘。塔斯马尼亚东南部的少数几个洞穴躲过了雨林的绞杀，被继续使用了几千年。[19]

人们几乎没有发现公元前10000—前6000年间的塔斯马尼亚考古遗址。那些人类去了哪里？也许是出生率下降或者经由剩余地峡向北迁往澳洲导致人口减少。也可能人口并未减少，只是还有更多遗址在等待着考古学家去发现。公元前6000年后的考古遗址相对丰富，向我们展现了塔斯马尼亚全新的生活方式：森林居民和沙袋鼠猎人的后代成了沿海居民和贝类采集者。

　　当欧洲定居者到来，人类学家和考古学家开始工作时，这种沿海生活将被认为是岛上所发生过的全部。那正是库克船长所认为的，《史前时代》如此忠实地陈述了他对塔斯马尼亚人的看法。直到莱斯·琼斯和同事进入雨林，在库提基那洞的地上找到了沙袋鼠骨头、石质工具和火堆之后，一个冰河时代的失落世界才开始揭开面纱。直到那时，我们才开始了解这个世界南部角落里的悠久人类历史。

第34章

科乌沼泽的身体塑造

澳洲东南部的墓葬和社会，公元前 14000—前 6000 年，
巨兽的灭绝

当尸体被放入沙土墓穴中时，缠在死者头上的那条袋鼠牙做的
带子反射着月光。他向左侧卧着，膝盖蜷到颏下。歌声在他摆脱人
类烦恼的时刻暂停，他现在加入了先人的行列，后者的骸骨同样被
埋在沙丘里，但他们的灵魂居住在夜色中。沉寂。随后，一声尖叫
让音乐重新响起，随着月亮高高升入夜空，涂有颜料的身体从黑暗
跃进火光中，疯狂舞动。沙土被撒到尸体上，死者永远走了。

现在是公元前 14000 年，约翰·卢伯克离开塔斯马尼亚，他穿
过草地，来到了澳洲东南部的墨累河（Murray River）。树木和鸟兽
变得更加丰富，旅行也更加愉快。他来到今天被称为科乌沼泽（Kow
Swamp）的地方，那里有一片木头框架的茅舍，屋顶用芦苇和兽皮
做成。葬礼正在准备中。

卢伯克花了几个小时在房屋内外闲逛。他看到调好的颜料被涂
到身体上，人们正给死尸做下葬前的准备。一群群老人坐着小声交
谈，女人正在准备食物，不让孩子出门。在已经挖好的墓穴附近，
沙脊上支起了火堆。随着暮色降临和最早的星星出现，人们聚集到

沙丘边。卢伯克坐在他们中间，很快发现了他们低声歌唱的节奏。随着月亮升上夜空，歌声似乎也更加响亮。火被点燃，尸体被埋葬，舞蹈开始。

距离他不远处的一名妇女用大拇指抵住臂弯中怀抱的婴儿的前额，从靠近眉毛上方的位置开始，将拇指划过头顶，然后放开。她一遍遍地重复着，陷入与舞蹈同样的节奏。第二天早上，她会应和着鼓捣块茎的步调做同样的事。总是有某种节奏可循。如果四下寂静无声，她会用歌声来自己创造节奏，一边用拇指哀怜地划过婴儿娇嫩的皮肤和骨头。

至少有 50 人围坐在火边，他们的思绪沉浸在火焰和庆祝死者离世的歌舞中。卢伯克站起身，跟着从一张张脸上闪过的火光望着他们。有人像死者那样围着头带，有人涂有颜料。男女老少的脸庞都可以看到，有人面露惊恐，另一些显得恐惧；有人唱歌拍手，另一些则静静地站着，被眼前的景象迷住了。

对于曾在世界其他地方的史前时代旅行过的卢伯克来说，这个场景似曾相识。歌舞总是有所不同，葬礼和服饰也有区别，但强烈的情感、归属感、过去和现在融为一体的观念总是相同的。不过，澳洲夜晚的月亮和星光下的这群人具有某种新的、截然不同的东西。

火光投射到一位老人的脸上，他的皮肤又干又紧。他长着巨大的下巴，与干瘪的身体完全不成比例。他的脸很大，宽而前突；眼窝很明显，底部棱角分明，骨头突兀地向后弯曲；眉骨突出。除此之外，他的前额长得异乎寻常，并从眉毛处开始倾斜。

火焰摇曳，老人回到黑暗中，一个小男孩被照亮。他同样长着高低不平的大脸，前额倾斜，下巴似乎很厚。他大声歌唱，嘴唇弯起，露出大小与下巴相配的牙齿。就这样，卢伯克望着一张张脸，找到了所有人的共同特征。这些特征在女人和孩子身上不那么明显，但还是非常明确地存在着。他下意识地用手指划过自己薄薄的下巴，用舌头舔舔牙齿。然后，他摸了摸自己很平的眉骨和很直的前额，两者都与公元前 14000 年在澳洲东南部科乌沼泽载歌载舞的那些人完全不同。

　　1967 年 8 月，现在已从澳大利亚国立大学退休的阿兰·索恩（Alan Thorne）在维多利亚博物馆一只橱柜的深处发现了一个被遗忘的没有记录的盒子，盒子里躺着骨头碎片和一个头骨。[1] 未经训练的眼睛可能完全不会注意到这些骨头，但索恩被它们吸引了：它们让他想起 1925 年在科胡纳（Cohuna）镇附近发现的一个头骨，它对土著澳洲人来说显得异常地大。唯一的标签上提到了当地警察局，根据这条线索，索恩最终找到了距离科胡纳不少于 10 千米的发现地点。

　　到 1972 年时，索恩已经从科乌沼泽的半月形沙丘中发掘出超过 40 具骸骨。它们大多于公元前 9500—前 8000 年间被埋在浅浅的墓穴中，那里是世界上最大的狩猎采集者墓地之一。[2] 有的死者有陪葬品——赭石块、贝壳、石器和动物牙齿。一名死者的头部缠着袋鼠牙做的带子。有的墓葬时间更为久远，很可能要上溯到公元前 14000 年。

　　与这些骸骨一同被研究的还有 1950 年从名为库布尔溪（Coobool Creek）的另一块墓地挖出的 126 具骸骨。业余考古学家穆里·布莱克（Murray Black）从河对岸挖出了它们，但没能保留任何记录。[3] 甚至墓地的具体位置都仍然不明；但库布尔溪的墓葬被认为与科乌沼泽的属于同一时期，有理由将两者放在一起。当最古老的头骨被重建后，索恩发现它们拥有高低不平的硕大面部骨骼、厚厚的颅骨、矩形的深眼窝和大幅倾斜的前额。身体的大小与头部相配。他形容它们是"厚实的"。[4]

　　面对这些头骨，索恩提出了一种激进的主张：虽然他并不质疑墨累河的人类为智人，但认为他们是 100 多万年前生活在南亚的直立人的后代。那些前现代人类的化石头骨同样"厚实"，比如来自爪哇的所谓"三吉岭 17 号"（Sangiran 17）。索恩还归纳了一长列共同特征。事实上，他正在挑战被广泛接受的观点，即所有智人都起源于大约 13 万年前的非洲。直立人被认为完全灭绝，没有对现代人的基因库做出贡献；但索恩宣称他们是澳洲土著人的远祖。[5]

索恩的观点很难成立。他所宣称的爪哇直立人和科乌沼泽人之间的相似点值得怀疑——或者至少说，它们并不比其他任何智人与直立人样本间的相似点更加重要。[6] 因此，澳洲人来自一群或多群智人殖民者是唯一可行的假设，他们最早在大约 6 万年前抵达。

那么，为何墨累河的头骨如此厚实，完全不同于来自该洲其他地方的那些呢？答案似乎藏在更新世末的环境和（卢伯克刚刚加入其中的）墨累河地区社群的独特性质里。

当顶级科学期刊《自然》（Nature）发表了科乌沼泽头骨的发现后，马上有人提出人为造成颅骨畸形的问题：头骨的特别形状有没有可能是文化而非生物学的产物呢？来自澳大利亚国立大学的彼得·布朗（Peter Brown）将科乌沼泽和库布尔溪的头骨同美拉尼西亚（Melanesia）新不列颠岛（New Britain）南部阿拉维人（Arawe）的头骨做了比较，而后者的居民有让头骨变形的习俗。[7]

刚一出生，阿拉维人就会用一块树皮布紧紧地绑住婴儿头部 3 周。这样做的效果立竿见影——即使只过了一天，头骨就已经开始变长。随着婴儿的头部长大，人们会更换绷带，直到母亲觉得对头部的塑形已经足够。布朗发现，阿拉维人和墨累河的头骨存在强烈的相似，足以证明科乌沼泽和墨累河人同样让婴儿的头骨变形。但他们的变形程度不如阿拉维人那么大，没有缩小宽度和拉伸长度。生活在墨累河的人并不靠紧缚，而是似乎仅仅用拇指和掌心不断在新生儿的额头施加压力。

　　这种身体塑造解释了额头的倾斜，但无法解释科乌沼泽人头骨的厚实，特别是硕大的下巴和牙齿。这些只能被归因于基因遗传。由于澳洲其他地方的同时代人类都没有上述特征，科乌沼泽似乎在基因上隔绝了，存在大量近亲繁殖。为什么会这样？

　　南澳大利亚博物馆的科林·帕多（Colin Pardoe）用严格领地行为的发展来解释这个问题：墨累河地区远比其他地区富饶，人们试图保护那里的丰富资源不被外人获取。[8] 到了公元前 14000 年，墨累河开始接近其现代的样子，帕多形容那里"鱼类、禽类和无脊椎动物丰富得无法想象"。树木开始占领紧邻河道的湿润土地，成为负鼠和蜥蜴等小动物的家。大量植物性食物可供取用，比如草籽和块茎。在离河较远的地方，周围的灌木丛中生活着形形色色的哺乳动物：袋鼠、沙袋鼠和袋狸。

　　20 世纪初，英国社会人类学家艾尔弗雷德·拉德克里夫-布朗（Alfred Radcliffe-Brown）将墨累河描述为"白人定居以前澳洲人口最稠密的地区"。[9] 他遇到了宣称独家拥有某段河流和周围土地的土著人部落，这些人做好了用武力保卫自己边界的准备。在这点上，他们很像公元前 5000 年的欧洲之旅中卢伯克在斯卡特霍尔姆看到的人。

　　此外，拉德克利夫-布朗遇到的墨累河部落，比如亚拉尔德人（Yaralde），与澳洲干旱沙漠中的人类在社会生活的组织上截然不同。墨累河地区缺少体系，通过复杂的社会关系系统将每个人同相邻和相当遥远的群体联系起来，那里居民的外部联系要少得多。他们更关心将他人排除出自己社会群体的规则和习俗，而非把尽可能多的人容纳进来，就像生活在沙漠中的土著人那样。

　　科林·帕多认为，拉德克利夫-布朗描绘的墨累河社会是全新世开始前几千年时由科乌沼泽和库布尔溪的居民建立起来的。他认为，这些是最早在资源丰富的环境中以高密度生活的人，最早确立边界并发展出以排他而非容纳原则为基础的社会制度。他暗示，这解释了那些"厚实的"骨骼和头骨：因为更高程度的近亲繁殖，基因流动受到限制，于是体貌上出现了地区差异。这还解释了为何人们要建造墓地：在土地上埋入自己先人的骸骨和灵魂，从而主张所有权。身体塑造也得到了解释：这样做能强化与其他群体已有的体貌差异。拉长的头骨标志着属于科乌沼泽和库布尔溪，与这种归属相伴的是狩猎和捕鱼的权利。

公元前 14000 年，科乌沼泽和库布尔溪的居民似乎是最早以这种方式生活的澳洲人。在随后的几千年里，他们的生活方式扩展到整个墨累河谷。他们用新方法来展示群体成员的身份——凿牙，即在青年的成人仪式上凿去特定的牙齿。男女都会为保卫领土而受伤。到了公元前 6000 年，河道沿岸已经建成了许多墓地。猜测墓中埋葬着拉德克利夫–布朗等早期人类学家遇到的那些土著人的直系祖先并非没有理由。事实上，他们是今天澳洲土著人的祖先。因此，西方科学家的博物馆和实验室将科乌沼泽和库布尔溪的骸骨还给现在的土著人社群是恰当的。[10]

回到公元前 14000 年，苍蝇在卢伯克脸上爬过，不断的瘙痒迫使他醒来。他从沙丘上睡觉的地方挣扎着站起，发现太阳已经升起。科乌沼泽的妇女和孩子们已经离开前去采集植物和贝壳了，男人们则外出打猎。河上的一条独木舟即将出发前往潟湖，船上的两人计划去那里捕鱼。于是，卢伯克坐到他们身后，小船荡开桨向下游驶去。

独木舟行驶得很快，有时经过旷野，有时则在绿树成荫的河岸间和芦苇走廊中穿过。那两个划船的人长着大幅倾斜的长长额头，就像卢伯克前一晚看到的。他想起了《史前时代》中关于北美印第安部落颅骨变形的段落。书中描绘了各种方法：将婴儿绑在摇篮的板上，把沙袋放在前额上，或者用绷带紧紧地缚住。现代人约翰·卢伯克想起自己的同名者在这一话题上的结语，对其表示认同："这种有违自然的过程似乎没有对承受者的头脑造成任何不利影响，这很值得注意。"[11]

突然，卢伯克的注意力被河边的林地吸引了，他瞥见林中好像有大型动物在晃动——非常大的动物。他看到了肩部的曲线，然后是臀部，但大部分身体隐藏在树后。独木舟继续向前，他转过头，扭着脖子又看了一眼，但为时已晚。也许那是只袋鼠，或者根本没有什么动物。

和美洲一样，更新世的大洋洲也拥有丰富的大型动物，或者说巨兽。但除了一种之外，它们在全新世开始前都灭绝了。[12] 在差不多 50 种巨兽中，只有红袋鼠存活下来，它们体重可达 90 千克，站起时足有 2 米高。[13] 曾经有过是其 2 倍、3 倍甚至 4 倍的袋鼠，还有巨型毛鼻袋熊和一系列其他异兽。古巨蜥（Megalania）曾是这片大陆上最大的食肉动物，这种蜥蜴体长 7 米，长着锋利的牙齿和爪子；不会飞的牛顿巨鸟（Genyornis）类似鸸鹋，体重 100 千克，喙长 30 厘米；巨袋鼠（Diprotodon）是一种形似毛鼻袋熊的哺乳动物，体型堪比犀牛；袋狮（Thylacoleo）是有袋类的狮子。

和美洲巨兽一样，这些动物的灭绝原因也存在争议，即到底是因为与冰河期相关的气候变化，还是现代人类来到澳洲后造成的捕猎压力。[14] 与美洲的争议类似，双方都缺乏有利的证据。只在一处遗址同时找到过人类器物和灭绝动物的骨头：新南威尔士的库迪泉（Cuddie Springs）。对这处水坑的发掘找到了一些石器，以及和它们联系在一起的巨袋鼠和牛顿巨鸟的骨头，检测结果为距今约 3 万年前。用显微镜进行检验时，在器物上发现了这些动物的血迹和毛发残留。但由于未发现狩猎用具，发掘者认为土著人只是食用了那些动物的尸体，它们刚刚渴死或者陷身水坑的淤泥中。[15]

　　澳洲和美洲动物灭绝的关键区别在于时间。猛犸一直存活到更新世最后，而除了红袋鼠，澳洲巨兽似乎在公元前 20000 年（甚至早得多）时就已全部灭绝。这让气候解释说更具说服力：公元前 20000 年时，人类已经在澳洲生活了超过 3 万年，灭绝时间可能与末次冰盛期极端干旱条件的出现重合。

　　灭绝的巨兽或许特别容易受到水坑消失的影响，很可能死于饥渴。但许多品种灭绝的具体时间仍然不明。来自塔斯马尼亚的新证据表明，该地区的巨兽在公元前 35000 年时已经灭绝。这发生在人类抵达之前，让气候变化成了唯一的解释。

　　许多澳大利亚考古学家相信，澳洲各地巨兽的灭绝时间甚至更早，为公元前 50000—前 40000 年间。他们据此指出，这与人类到达澳洲的时间重合。[16] 与之相反，科林·帕多相信，墨累河附近的某些巨兽在公元前 20000 年之后仍然存活了很久。[17] 因此，卢伯克很可能瞥见了巨袋鼠或其他野兽，也可能没有——独木舟划得太快，看不真切。

　　到了潟湖，划船男子开始解开一张用植物纤维编成的网。但卢伯克没时间打鱼，他还要跋涉 5000 千米，在澳洲史前史中穿梭 9000 年。他步行穿过潟湖周围的树丛来到开阔平原，朝着西北而行，走向澳洲的干旱腹地。

第35章

穿越干旱区
狩猎采集者对澳大利亚中部沙漠的适应，公元前 3000年—公元 1966 年

澳洲中部沙漠的黄昏：

西面的天空映满了余晖，金合欢的枝条在其映衬下显得醒目而纤细。金色的光辉下，所有灌木和草丛呈现出深紫色。东面的景象完全变了。浅蓝的滨藜丛、一片片淡灰的低矮草本和颜色更浅的禾本植物同温暖深棕色的吉伯（gibber）[1] 地面形成了鲜明反差，后者一直延伸到地平线，那里的天空呈钢青色，上部逐渐变成橙红色，后来又变成点缀着明亮星星的深青色。天光逐渐变暗，地平线的轮廓变得模糊。除了一只过路杓鹬的诡异哀鸣，万籁无声。星星一颗接一颗从东面升起，在天空中越爬越高。然后，伴随着完全自由的心情和绝对新鲜的空气带来的微妙感受——晚风从你头顶吹过，轻轻地拂响了某株疙疙瘩瘩的桉树的叶子——你睡着了。[2]

上面是鲍德温·斯宾塞（Baldwin Spencer）和弗兰克·吉伦（Frank Gillen）在 1912 年的《穿越澳洲》（*Across Australia*）一

书中所写的。斯潘塞是墨尔本大学的生物学教授，而吉伦则拥有"南澳土著人特别法官和保护次官"（Special Magistrate and Sub-Protector of Aborigines for South Australia）这个冠冕堂皇的头衔。除了描绘沙漠，他们还写下了对澳洲中部阿兰特（Arrente）土著人的最早记录——他们称其为阿伦塔（Arunta）部落——着重于那些人的宗教习俗和信仰。[3]

　　无论是在今天、在公元1912年或在公元前14000年旅行，澳洲中部的一切都规模巨大——被灌木覆盖的无垠平原、长四五百千米的山谷、令人难忘的峡谷和宽阔的河道（有的完全干涸，有的水量充盈）。对于像我这样的城里人，斯潘塞和吉伦的描绘让沙漠听上去犹如天堂，直到我们读到那里蚊蝇成灾。他们吃任何食物时都会顺带吞入满口的这些虫子；有时，他们早上醒来会变成"糊眼"（bung eye），因为雌蝇试图在柔软的眼睑黏膜上产卵。他们回忆说，太阳升起后，蚊子开始发出低沉的嗡嗡声。音量逐渐升高，变得越来越刺耳，直至达到顶峰，然后一直持续到黄昏。

　　在忍受了这样的条件后，斯潘塞和吉伦提供了对中部沙漠土著人一些最早的记录，他们陆续出版了一系列经典之作，包括1899年的《澳洲中部的土著部落》（The Native Tribes of Central Australia），1904年的《澳洲中部的北方部落》（The Northern Tribes of Central Australia）和1927年的《阿伦塔》（The Arunta）。斯潘塞负责文字部分，吉伦则承担了大部分田野工作，将大量书信和笔记寄给搭档，然后前者会要求提供更多信息和解释。他们的著作大量使用黑白照片，并对人类学思想的发展做出了贡献，影响了涂尔干、弗洛伊德和列维-斯特劳斯。

　　《穿越澳洲》将多次考察的记录汇编成"对我们见过的某些最有趣东西的简要叙述"。这些东西内容非常丰富，不仅有关于澳洲地理风貌的，也有关于土著居民的。斯潘塞和吉伦都成了阿伦塔部落的正式成员，被允许参加许多此前西方人从未目睹过的典礼。

　　不过，毕生研究土著人仍未能让他们摆脱关于部落民众的维多利亚时代观念。《穿越澳洲》的引言对粗心大意的读者提出警告，以防他们被书中描绘的复杂典礼和仪式所蒙蔽：

> [作者们写道] 必须记住，虽然土著人的典礼在某种程度上显示出所谓"复杂仪式"的特点，但仍然非常粗鄙和野蛮。举行典礼的是嗷嗷叫的裸体野蛮人，他们没有永久的屋舍，没有衣物，除了那些用木头、骨头或石头所制成的东西，他们对任何工具都一无所知，他们全无任何栽培作物的概念，不知道储存食物以备不时之需，也没有词汇来表达任何大于 3 或 4 的数字。[4]

　　讽刺的是，让今天的人类学家印象极为深刻的，正是高度流动性、有限财产和热烈典礼等特点。就在澳洲中部的沙漠里生存而言，斯潘塞和吉伦所记录的土著人已经取得了人类最伟大的成就之一。而且比起在末次冰盛期或此后不久生活在沙漠中的祖先，19 世纪末和 20 世纪初的那些人生活相对容易。

　　澳洲中部从 100 多万年前就开始变得炎热干燥。今天，澳大利亚的干旱区达到 500 万平方千米，占整片大陆面积的 70%。[5] 干旱区的定义是当地蒸发量等于或大于降水量，夏季气温超过 35℃，年平均降水少于 500 毫米，最干旱地区少于 125 毫米。当地 80% 的面积为"开阔沙漠"——多石或多沙的表面，没有明确排水模式的裸岩和黏土洼地；地表水可能在降雨后变得丰富，但很快会消失。大片开阔沙漠之间零星分布着高原：中部的马斯格雷夫（Musgrave）、詹姆斯（James）和麦克唐纳（MacDonnell）山脉，西面的皮尔巴拉（Pilbara）地区和西北面的金伯利（Kimberley）山脉。在这些高原上，雨水汇聚成溪流，为干旱区提供了最可靠的水源，并维持了相对丰富的动植物生存。大部分高原的边缘是河流洪泛平原。在这些地方，一年中大部分时候都能找到地表水，为如此干旱的土地提供了鱼类、贝类、水禽和水生植物等惊人的食物来源。

当人类在公元前30000年第一次进入干旱区时，那里的气温与今天所差无几，但要湿润得多，形成了大量湖泊和永久河道。随着全球气温在末次冰盛期下降，本已不多的降水减少了一半，风速增加，湖泊干涸，形成大片沙丘。干旱区扩大到全洲面积的80%，只有北部角落和东部边缘还处于温和气候。

当气候在公元前20000年后发生改变后，状况开始改善：降雨增加，再次形成了可靠的水源；植被面积也开始扩大，同时风势减小，使沙丘变得稳定。一直到公元前7000年，人类定居的条件不断好转。此后，气候变得寒冷和干燥得多，形成了今天的沙漠，就像鲍德温·斯潘塞和弗兰克·吉伦生动描绘的那样。

为了考察当地的人类生活历史，约翰·卢伯克在公元前13500年来到中部沙漠。离开科乌沼泽后，他穿越了大片死于干旱的灌木丛林，遇到过脱水的尸体，经过了许多干涸的湖泊。这些湖泊成了刺眼的白色盐碱地，完全没有生命的踪迹，但诉说着自己的过去：它们曾是林地环绕的大片淡水，林中生活着大量兽类和鸟类。卢伯克还穿越了黏土洼地，有的表面脆弱，裂成卷曲的小碎片，在太阳下闪闪放光；有的表面厚厚的黏土干裂成六角形图案，上面有鹈鹕和袋鼠的足迹，周围是枯萎的灌木以及死去的螺类与河蚌的壳。

降雨来临时，平时干涸的小河很快变成湍流，黏土洼地成为水塘，水中满是螺、蟹、蚌和鳌虾。数以千计的蛙从地下钻出，那里的沙土因为稍含水分而较为凉爽。蛙开始繁殖，卵被孵化，蝌蚪及时长成翠绿色和橙色的蛙，在干旱回归前钻入地下。它们的食物是恢复生机的植物上和从地底钻出的大片树苗上仿佛从天而降的毛虫。野禽也赶来了——黑鸭、琵鹭和鹈鹕——还有雕和鹰，它们都急不可耐地填着肚子。

现在，卢伯克坐在几乎处于这片大陆中心的巨大砂岩石窟中。石窟位于詹姆斯山脉南坡的朝南峭壁上。卢伯克望着看上去无边无际的干旱灌木林地，他既喜爱这里的黄昏，也不堪苍蝇的骚扰，现在这里正被正午的太阳炙烤着。登山前往峭壁的途中，他向北望去，看到一排排被阳光染色的山峰在炎热的雾气中闪着光，向旅行者发出邀请，无论他们来自史前时代抑或现代。他身边的石窟地面上是最近在洞里住过的其他人留下的垃圾：一堆灰烬、烧焦的动物碎骨和几片石英。

卢伯克来访时，洞壁还空空如也。但未来它们会被手印覆盖，这个石窟将被称作库尔皮马拉（Kulpi Mara），意为"手之洞"。当北方领地大学（Northern Territory University）的彼得·索利（Peter Thorley）在 1995—1996 年发掘该山洞时，这正是他看到的样子。他发现了一层层炉灶的遗迹，被夹在风化的洞顶和洞壁以及少量风刮来的沙土形成的沉积层中。放射性碳定年显示，人类在库尔皮马拉生火的时间为公元前 30000 年之前的某个时候、公元前 27000 年，以及公元前 13700—前 11500 年之间。[6]

库尔皮马拉西北约 200 千米是名为普利特贾拉（Puritjarra）的另一处更大的砂岩石窟，人类在那里生活的年代与前者相仿。石窟位于克莱兰山（Cleland Hills），名字意为"庇阴区域"——在那里可以躲避中午的太阳和盛行的大风，可谓名副其实。巨大的洞口长 45 米，高 20 米，洞壁上布满岩画和手印。对于一直在普利特贾拉生活到 20 世纪 30 年代的土著人来说，没有风是件好事。但对于来自新英格兰大学（University of New England）的麦克·史密斯（Mike Smith）——1986—1988 年间在那里发掘的考古学家——而言，这绝非幸事。没了风刮来的尘土，沉积速度将非常缓慢，以至于相距数千年的器物仅被几毫米的沉积物隔开。[7]

史密斯认为，石窟最早在大约 3 万年前有人居住，虽然最早的放射性碳定年数据为公元前 25000 年左右——这一数据来自埋藏了焦炭和赭石碎片，以及石质工具和废弃石片的土层。该土层上方的洞穴沉积物中器物寥寥无几，直到公元前 15000 年。最上面的几层涵盖了最近的 7000 年，埋藏有炉灶、凿制过石片的石头和碾磨工具。[8]

在公元前 25000—前 15000 年，即气候条件最为恶劣的整个末次冰盛期，普利特贾拉和库尔皮马拉是否一直被使用呢？[9] 麦克·史密斯认为是的，他指出克莱兰山有永久性水坑，为被干旱从周边沙漠中赶走的人们提供了庇护所。不过，普利特贾拉和库尔皮马拉的定年数据是来自偶尔的探险之旅，还是记录了人类在澳洲干旱腹地的持续存在，目前尚不清楚。无论答案是什么，土著人使用石窟时的干旱情况远比斯潘塞和吉伦在一个世纪前见到的乃至今天的更严重。他们是如何生存下来的呢？

我们之所以能知道近代土著人如何在澳洲沙漠中生存，都要归功于对他们的适应性做了细致研究的人类学家们，后者所用的研究方法与斯潘塞和吉伦的完全不同。20 世纪 60 年代末，后来成为夏威夷大学人类学教授的理查德·古尔德（Richard Gould）与普利特贾拉洞以西一个地区的土著人共同生活——那里可谓世界上水供应最不稳定且动植物种群最匮乏的地区之一。[10]

土著人通常以 20 个人左右的群体生活。男人每天花几个小时打猎，但很少能杀死比蜥蜴和老鼠更大的动物。女人们则从 30 多种植物上采集种子和块茎，食物主要来自其中的 7 种。他们还捕捉小猎物，以及昆虫和幼虫——事实上，有差不多 50 种肉类和动物性食物被取食。[11]

生存的关键是机会主义——准备好前往任何有降雨和积水的地方。为此，他们只需要很少的财产，"永久居所"全无用处。人们可以看到 80 千米外的降雨，并常常需要长途跋涉，仅在 1966 年的 3 个月里，古尔德的群体就去过分布在 2600 平方千米上的 9 个不同营地。这种生活需要埋嵌在梦创时代故事中的大量详细的地理知识。群体中的年轻成员在学习神话和被传授神圣知识时，必须记住许多地标的名字和位置，特别是水坑。这类启蒙仪式在罕有的出现丰富猎物的时机举行，会有多达 150 人聚集起来，一直待到当地的猎物被捕捉殆尽为止。因此，讲故事、典礼和舞蹈——斯潘塞和吉伦所描绘的"嗷嗷叫的裸体野蛮人"所表演的——对人们的生存绝对至关重要。

适应沙漠的另一个重要元素是分享准则。所有带到营地的食物将被仔细地分给每位群体成员，即使那不过是一只小蜥蜴。除此之外，群体间的亲缘关系有助于确保一个群体欢迎另一个受到干旱和食物短缺影响的群体进入自己的领地。此类联系通过"交叉表亲"的婚姻制度建立，即希望男性娶他母亲的母亲的兄弟的女儿的女儿为妻。由于这种关系显然不太好找，男性常常在数百千米外的群体中寻找配偶。又由于男性可以娶多个妻子，他常常与生活在数千平方千米内的不同家庭结为亲戚。于是，他总是有可能在有难之时找到亲戚，从而获得水源和觅食机会。

古尔德把火描绘成沙漠土著人最有用的工具。他们的很大一部分土地上覆盖着滨刺草，这种带刺灌木无法提供任何食材。烧掉滨刺草后，几种能产生食物的植物陆续开始生长，直到滨刺草卷土重来。古尔德看到土著人焚烧大片土地，但他们从未表达过任何刺激新植物生长的意图。火也被用来驱出小猎物，有时还用于把蜥蜴和哺乳动物从地洞中熏出。

磨石同样重要，如果没有它们，采集来的许多种子将无法食用。

这些石头取自采石场或由交易得来，它们被留在营地，等待下一次归来。除了一个例外，所有其他工具都非常简单：如常常从地上捡起就用，用完便扔掉的石片，还有挖掘植物的棒子和木制投矛。那个例外是投矛器，即一根可长达 1 米的木棒，除了发射投矛之外还有多种用途。它们常被制成扁平形状，用作混合颜料和烟草的托盘；还被用来生火；还常常在一头装上石片，用于雕凿木头。投矛器的表面经常刻有几何图案，作为前往神圣地标的地图。

凭着上述工具、规则和深入的地理知识的结合，20 世纪的土著人得以在难以置信的艰难环境下存活。但在库尔皮马拉和普利特贾拉留下石片和火堆的土著人也是这样生活的吗？在将现代的行为习惯投射到过去时，我们必须极为小心——特别是在涉及交叉表亲婚姻这样在考古学上无迹可寻的事情时。[12]

理查德·古尔德发掘了沙漠中的两处洞窟：彭图特贾尔帕（Puntutjarpa）和英提尔特克维勒（Intirtekwerle）。两者都拥有上溯到公元前 10000 年的长长的沉积层序列，还发现了石器——与20 世纪 60 年代和古尔德共同生活过的那些土著人所用的大同小异。在 1980 年出版的描绘了他的经历和发掘的《活着的考古学》（*Living Archaeology*）一书中，古尔德提出，碾磨种子、婚姻网络和梦创神话的文化不仅可以上溯到这个年代，更能追溯到公元前 30000 年人类在干旱区生活的伊始。这是个大胆的主张,因为在20世纪60年代,已知最古老的磨石仅为公元前 3500 年。[13] 直到 1997 年库迪泉发现的磨石碎片才证实了古尔德的说法——在这处位于新南威尔士的遗址，人类曾经靠捕猎现已灭绝的动物或食用它们的尸体为生。来自悉尼大学的理查德·富拉格（Richard Fullagar）和朱迪思·菲尔德（Judith Field）从深 150 厘米的壕沟中——包括从公元前 30000 年之前直到今天的土层——挖出了 33 块磨石碎片。许多碎片与被宰杀的巨兽骨骼埋在同一层中。磨石上用显微镜才能看到的植物组织残骸和独特的摩擦光泽证实，它们被用于加工种子。[14]

　　库迪泉的证据表明，末次冰盛期和之后不久生活在澳洲沙漠中的土著人拥有种子碾磨经济，类似理查德·古尔德在 20 世纪 60 年代观察到的。但从库尔皮马拉和普利特贾拉洞发现的赭石碎块不足以让考古学家认定沙漠土著人是否也拥有类似的梦创时代神话和婚姻规则——对近代土著人的生存而言，这些东西和碾磨种子一样重要。

　　约翰·卢伯克在库尔皮马拉洞待了 3 天，希望最近才生过火的人能归来。他希望见到他们，和他们一起旅行，发现他们是如何生活的。但没有人来。卢伯克收集了自己的食物：野生无花果和根，还有一只从洞穴里挖出的蜥蜴。等待期间，他翻开《史前时代》，读起自己的同名者对土著人的了解和看法。在关于澳洲人的那几页里，作者参考了多位 19 世纪旅行者的描述 [15]——但没有斯潘塞和吉伦的，他们最早的作品直到《史前时代》（1865 年）首版问世 30 年后才发表。

　　对维多利亚时代的约翰·卢伯克来说，土著人是"可悲的野蛮人"，这毫不奇怪。但就像现代人约翰·卢伯克在读到火地岛人和北美印第安人的章节时所发现的，与上述评价相矛盾，维多利亚时代的卢伯克对土著人巧妙制造和使用的许多工具表现出明显的欣赏。《史前时代》解释了他们如何"训练有素地"使用投矛器、回旋镖和带可移动尖钩的捕龟矛，并颇为详细地描绘了这类工具。同样显得难以理解的还有，为何塔斯马尼亚人被描绘成完全没有道德观念（引用多弗牧师之语），而澳洲人却被描绘成能够认识到自私和非理性的行为。一边是他所依赖的日志中赤裸裸的种族主义观点，一边是他对自己所称"现代野蛮人"的科技和生活方式的明显赞许，维多利亚时代的卢伯克似乎再一次为如何调和两者而苦苦思索。

卢伯克一大早就起身，寻找人类生活的关键信号——袅袅的烟雾，然后攀下山崖，离开了库尔皮马拉洞。他径直向北，穿过后来的麦克唐奈山脉和艾丽斯斯普林斯（Alice Springs）。卢伯克还要穿越 1200 千米的沙漠才能来到阿纳姆地（Arnhem Land），一块将被全球变暖改变的土地。

第36章

决斗者与蛇的诞生

澳洲北部的艺术、社会和观念，公元前13000—前6000年

两个人面对面准备战斗。他们穿着华丽的衣服，带着精美的头饰，手中抓着回旋镖，这是致命的武器。双方都会毫不犹豫地杀死对手。

在过去几天的旅行中，约翰·卢伯克已经看到过多次类似的景象，大部分是发生在水坑边的一对一回旋镖和投矛对决。决斗者都是男子，身着饰有羽毛与贝壳的皮制短上衣和裤子。他们的脸被涂成红色，威吓性的羽毛、毛皮、骨头和树皮装饰让他们的体型显得更大。有人戴着动物面具，把自己变成野兽，不过在向胆敢挡道的人发起进攻时仍然两脚着地。

在聋蝰蛇谷（Deaf Adder Gorge），卢伯克看到一名男子朝另一人冲去，准备投出回旋镖。他的对手穿戴成野兽的样子，坚守阵地，准备好了一把投矛。在双子瀑布（Twin Falls）上方的石崖间，两名男子面对面站着，每人都专注于给对方带去血腥的死亡。一人高举投矛，作势欲击，另一人则手持回旋镖，准备好发起攻击和打断对方的手臂。卢伯克在其他地方看到过这类战斗的结局：有人坠落于地，有人被投矛刺穿后倒地身亡。

　　不过，现在卢伯克来到了吉姆吉姆瀑布（Jim Jim Falls）上方的山崖和桉树林。时值中午，阳光炙人，空气极其干燥。一对鸟（可能是秃鹫）在无云的蓝天上盘旋。虽然天气炎热，又一场战斗还是即将爆发——两名男子披挂齐整，拿好武器，首先进行了心理战，然后投出第一只回旋镖。卢伯克看到回旋镖飞在空中，打掉了一名艺术家的笔刷，后者正在熟练地用红颜料给岩画添上最后一笔。回旋镖将留在那里，在随后的几千年钉在墙上。卢伯克转向艺术家，那是一个老年土著男子，脸上疙疙瘩瘩，留着灰色胡茬。他是个爱好和平的人，在漫长的一生中从未愤怒地拿起过投矛或回旋镖，但却一直生活在暴力和死亡的场景中。[1]

　　卢伯克身处今天的阿纳姆地，即澳大利亚北方领地的"最上端"。这是一片由砂岩悬崖、热带稀疏林地和深谷组成的土地。那里气候干旱，河流苦苦维持，周期性断流。具体年代不明——很难确切说出他在何时造访了这些关于打斗者的岩画，并与默默地调和赭石颜料的艺术家坐在一起。

　　今天的阿纳姆地土著人将这些岩画——考古学家称之为"动态人像"（Dynamic Figures）——归于米米人（Mimi）的手笔。[2] 土著人认为，这些人是他们在阿纳姆地的祖先，教会了自己如何画画。米米人飞在空中装饰高高的洞顶，今天他们成了精灵，有时住在崖壁的缝隙中。

　　"动态"是恰如其分的描述。每个人像都不过几厘米高，许多双腿伸开，仿佛在全速奔跑，脚边暗示运动的短线条强调了这点。类似的线条似乎也从他们嘴里发出，可能表示粗重的呼吸或战斗的呐喊。但并非所有"动态人像"都涉及战斗，有的反映了捕猎鸸鹋，有的只是描绘站立、坐着或在空中翻滚，有的手持带叶子的枝条，还有的正在交媾。[3] 此类岩画的创作早于土著人口述历史的时代，

"动态"风格的男子形象，可能绘制于公元前 10000 年之前，画在澳大利亚阿纳姆地的一处岩面上。猎人戴着有吊穗的长长仪式性头饰，手执带倒钩的投矛、回旋镖和带柄的石斧

因此被置于米米人的神话世界中，这个事实暗示它们非常古老。剑桥大学的克里斯托弗·奇彭代尔（Christopher Chippindale）和悉尼澳大利亚博物馆的保罗·塔松（Paul Taçon）试图确定它们究竟有多古老。

　　首先，"动态人像"并非阿纳姆地最早的艺术风格，在绘制的人像下方可以找到更早的艺术刻下的淡淡线条，描绘了巨袋鼠、沙袋鼠、蛇、鳄鱼和鱼。我们知道这些石刻的历史不可能超过 6 万年，因为那是人类来到澳洲的时间。但除此之外，事情变得困难起来。

　　将回旋镖用作武器相当重要，因为全部有历史记载的阿纳姆地土著人都只把它们当作乐器，即拍手板。所描绘的动物也暗示了时间，因为有些现在已经灭绝，比如袋狼（亦称塔斯马尼亚虎），在几幅画中可以看到它们带条纹的侧腹部。这种动物在公元前 5000年时就已经从阿纳姆地消失了。有几幅画似乎描绘了灭绝时间更早得多的动物，比如被称为袋貘（Palorchestes）的巨毛鼻袋熊，它们在更新世结束前就已灭绝。此外，某些动物的缺失也能提供帮助：

画中很少出现鱼，即使出现也是相对较小的淡水品种。而在后来的阿纳姆地艺术风格中，鱼变得非常重要，这被认为反映了冰河期结束后海平面的上升、沼泽的出现和土著人食谱的改变。

奇彭代尔和塔松找到这几条证据并把它们组织起来，得出结论："动态人像"描绘了公元前 9600 年最后一波全球变暖之前生活在阿纳姆地干旱土地上的人类。

对岩画年代的另一暗示来自洞窟沉积物（其中还埋藏了更新世澳洲人留下的石器）里的赭石。[4] "动态人像"使用了同样的颜料，虽然后来变成深紫色并似乎渗入了岩石中。公元前 12000 年左右，洞窟沉积物中的赭石数量明显增加，暗示大量艺术活动的开始。保罗·塔松认为，这是开始创作"动态人像"的时间。[5]

因此，卢伯克似乎很可能是在公元前 20000—前 9600 年间的某个时候来到了阿纳姆地——我将遵循塔松的观点，将卢伯克放到该区间的最后，比如公元前 10000 年。但如果我们知道他造访过岩画，观察过工作中的艺术家，那他是否也目睹了真实的打斗呢？岩画描绘的是冰河期最后阶段阿纳姆地的生活现实吗？它们可能是真实历史的记录，描绘了为争夺宝贵资源的使用权而展开的公开决斗，目标也许是干旱土地上被贪婪地占有和守护的几个水坑。战斗可能是血腥和致命的，也可能以仪式性为主。不过，这些也可能只是幻想：描绘了神话人物穿着完全不同于任何现实世界的服饰，进行着想象中的战斗。事实上，阿纳姆地的土著人艺术家可能是爱好和平的人，他们衣着朴素，确保一切食物和水被平均分配。

奇彭代尔和塔松倾向于"艺术作为历史记录"的解释。[6] 因此，在游历阿纳姆地的途中，卢伯克不仅看到了用红颜料画的决斗者，还看到了他们本人。

现在，卢伯克坐在一条浅溪岸边的桉树树荫下。溪流带着他离开山崖间的深谷，经过有人正在削凿石英的洞窟，来到一片树木稀疏的平原。溪流继续向前，一眼望不到头，又流淌了至少 500 千米才汇入大洋。卢伯克有意沿着它前往河口和海岸，直到抵达位于今天巴布亚新几内亚（Papua New Guinea）以北 1000 千米处的白雪皑皑的高山。

但现在太热，而且卢伯克累了。于是他来到一棵树边休息，开始查阅《史前时代》中的一个段落，他记得那里提到过土著人的艺术。他的同名者在公元 1865 年写道："在东北沿岸的一个山洞里，坎宁安（Mr Cunningham）先生看到一些'还凑合的鲨鱼、海豚、海龟、蜥蜴、海参、海星、棍棒、独木舟和水葫芦，还有一些可能想要表现袋鼠和狗的四足动物形象'。不过，这些是否为当代土著人的作品令人怀疑。"[7] 现代人约翰·卢伯克想起他在山崖上看到的岩画中没有任何此类形象。

他合上书，开始在浅溪边打盹，那里有朝一日将成为阿纳姆地的东鳄鱼河（East Alligator River）。梦中，他回忆起自己在人类历史上同一时间在其他地方的旅行：在马拉哈泉村，他目睹了因新仙女木时期的干旱而被迫不断迁徙的晚期纳图夫人重新埋葬死去已久的亲人；在法国东南部，他看到绘有岩画的山洞被抛弃和遗忘；在秘鲁的哈古埃山谷，他和当地人一起捕鱼。

他睡得很沉，不仅睡到这天结束，更睡到了冰河期结束乃至更久。他做了新的梦：冰锥上淌下的水滴突然膨胀，融水漫出了湖岸，泛滥的河水卷挟着巨石和树木，冰崖塌入海中。最后一幕发出的巨响把他惊醒。

当卢伯克醒来时，他看到的不再是催他入眠的晴朗蓝天和桉树树荫，而是一个洞穴般的阴暗世界，坐落于一座被沼泽环绕的泥

泞小岛上。[8] 距离他开始打盹已经过去了 4000 年，现在是公元前
6000 年。两边，弯曲多结的树干伸出染有泥污的扭曲而骇人的枝条，
上方是厚厚的树冠。空气让人窒息，弥漫着炽热的瘴气。万籁俱寂，
只有躺在淤泥中或者附在红树根茎上的贝类在低声呼吸。

在卢伯克睡着的时候，潮水已经融入。这并非每天拍打着更新
世大澳洲海岸的潮汐，而是冰河期后海平面上升带来的海潮。[9] 随
着冰川崩塌、冰盖融化、湖泊排干，南部的海洋开始扩大。海平面
不断上升，有时每年会推进 45 米，淹没卢伯克计划穿越的平原。
到了公元前 6500 年，澳洲北部和新几内亚之间的低地已经完全被
浸没在阿拉弗拉海（Arafura Sea）之下。随着潮水淹没了阿纳姆地，
内陆小溪变成宽阔的河口，淤泥堆成的河岸导致了淡水沼泽的出现，
红树林接管了那里。

卢伯克穿过沼泽的边缘，爬过巨大的树根，惊动了在沙洲上休
息的海龟。沼泽一度看起来无边无际，危机四伏，特别是潜伏在浅
水中的鳄鱼。当树冠被小片的蓝斑穿透时，他如释重负。蓝斑的数
量和大小不断增加，空气变得清新起来，黑暗逐渐消退。红树林戛
然而止，他步入了日光下，然后踏上了干燥而坚实的地面。

另一些人也刚刚现身。几米外，一群土著人坐在地上并点燃了
火堆。卢伯克加入他们，发现这些人刚从红树林中捡拾了贝类。他
们一边休息一边吃了几个，准备回到位于红树林边缘和山崖之间的
狭长林地，那里有他们的营地。当他们起身离开时，卢伯克跟了上去。

他和这些人一起度过了随后的几周——打鱼、捕猎海龟、采集
山药和捡拾更多的贝类。他们有种类丰富的食物可供选择。河边堆
起了贝丘，但随着沼泽的扩大，红树林的淤泥将掩埋它们。[10] 卢伯
克和他们一起踏上了前往海边的两天旅程，在那里采集贝类和食盐。
途中，它们遭遇了暴风雨，呼啸的风雨迫使人们躲进洞中，也让他
们在海滩上有了意外的新奇发现。那里出现了大片海藻，里面隐藏

着水母和海胆，沙滩上则散落着海马和海龙的小小身体。

虽然在红树沼泽和海滩上的这种觅食活动是土著人新的生活方式，但他们的石质工具仍然与冰河时代祖先的大同小异，主要为简单的石英碎片。也有一些新类型出现，比如骨质矛尖；他们还用有机材料制作了一系列器物，比如编织篮子和木头投矛。但在留待考古学家发现的废弃物中，只有石片能留存下来。[11]

卢伯克回到了自己曾经遇见"动态"决斗者的峭壁、高原和山崖。暴力在继续，但现在已经变成群殴，而非单人对决。在一场此类战斗中，两群人面对面（可能共有五六十人），手执带尖钩的投矛和带把的斧子。除了戴着头饰的双方领头者，人们穿得很少，甚至衣不蔽体。投矛被如雨般掷出，一方领头者的肚子上受到致命一击。[12]

他继续坠落，但注定永远不会掉到地上，就像那些投矛将一直飞在空中。这场战斗只是阿纳姆地岩壁上的另一幅画。奇彭代尔和塔松认为，这幅画和另一些战斗场景绘于公元前 6000 年左右。新岩画比单人对决的"动态人像"简单得多，许多只不过是火柴棍小人，用圆圈表示头部。

新的艺术家们不仅把整群人引入了战斗，而且改变了动物种类，并采用了新的艺术风格。现在，鱼、蛇和海龟这些湿地动物在画中变得司空见惯；有的采用 X 光透视的方式绘制，显示出体内的器官。另一个新特征是"山药形象"，即身体呈块茎状的人和动物。

上述形象代替了"动态人像"，反映了在更加暖湿的全新世环境中所采集的动植物食物。从个人冲突到群殴场景的转变表明社会也发生了变化。当考古学家看到这些公元前 6000 年的武士、投矛和死亡画面时，他们发现这与 20 世纪土著人群体战斗习惯明显相似。

劳埃德·沃纳（Lloyd Warner）记录了此类战斗，这位人类学家于 20 世纪 20 年代在阿纳姆地东北的穆恩金（Murngin）土著人中间生活过。[13] 穆恩金人以打猎和采集为生，他们生活的环境与重建的公元前 6000 年的世界不无相似之处。暴力和战斗在他们的社会盛行。劳埃德·沃纳估计，每年有大约 200 名年轻男子因此丧生。他描绘了几种类型的冲突，从很少造成任何伤亡的单打独斗（nirimaoi yolno）到几大氏族间的群殴（milwerangel），后者在特定的时间和地点进行，常常以造成多人死亡的暴力斗殴结束。

大量此类打斗源于争夺女人。nirimaoi yolno 的起因常常是一方的某个男子指责另一方的某人是他妻子的情人（或者至少试图成为）。双方很少有比相互辱骂更进一步的行动，他们很高兴被朋友"劝阻"，从而既能虚张声势，又不必冒受伤之险。[14] 在名为 narrup 的另一种冲突形式中，一名男子会在睡梦中遭受身体攻击。攻击者的整个氏族将对此负责，而且事件很容易升级为 maringo（为被杀害的亲属复仇而展开的远征）甚至 milwerangel。

劳埃德·沃纳认为，穆恩金人中的战斗和杀戮是其婚姻制度的结果。这些人采用一夫多妻制，大部分中年男性至少拥有 3 个妻子。由于穆恩金人的男女比例大致相当，而且女性在青春期之前不久就结婚，年轻男性可娶的女性少之又少。用劳埃德·沃纳的话来说，存在对进入青春期并准备好寻找第一位妻子的年轻男性的"季节性杀戮"。[15] 对适龄青年的这种淘汰被认为符合社会中较年长成员的利益，他们乐于鼓励后辈男性参与打斗。

没有直接证据表明，公元前 6000 年阿纳姆地的战争场景岩画描绘的是真实生活；即便答案是肯定的，也无法证明这些战斗符合对穆恩金人的描绘，或者出于同样的理由。不过，奇彭代尔和塔松相信，岩画主题从决斗者到群殴场景的转变确实是一种历史记录，其终极原因为全球变暖造成了阿纳姆地的环境变化。

我们仍不清楚环境、社会和艺术的变化究竟如何相互联系。一种假设是，湿地的出现带来了丰富多样的动植物食物。更好的营养促进了人口增长。但食物来源在该地区的分布并不均衡,而是特别富饶的河段、丛林、水坑和动物出没地点范围很小。于是,各群体开始关心建立和保护包含上述区域的领地。为此,他们有时通过仪式,有时诉诸战争。可能正是在那个时候,阿纳姆地土著人群体有史可据的领地模式和语言差异开始出现,包括所谓的贾沃因人(Jawoyn)、贡杰伊布米人(Gundjeibmi)、昆温吉库人(Kunwinjku)和穆恩金人。[16] 此外,今天梦创时代的观念可能同样源于这个调整适应全新世世界的时代,就像卢伯克在阿纳姆地高原上的下一次遭遇中将会发现的那样。

除了战斗场景,卢伯克在崖壁上还见过大量新岩画,其中包括蜥蜴、海龟和葫芦的形象,让人想起《史前时代》中的描绘。但现在,他正面对着全新的东西:一种身体细长的奇特生物,头部像袋鼠或鳄鱼,尖尖的尾部像蛇。它的身体上还垂下奇怪的附件,可能是其他动物,或者动物、山药和睡莲的结合体。这种生物在岩石表面蜿蜒前行,以鲜艳的红颜料绘成,注定将留存好几千年。最终,它将被考古学家描述,并被认定为对土著人梦创时代的神话生物"彩虹蛇"(Rainbow Serpent)已知最早的描绘。

彩虹蛇是关键的始祖生物之一,澳洲各地的土著人都知道它。它被认为在创造澳洲大地时扮演了至关重要的角色,保罗·塔松形容其为世界上最强大的神话生物之一。和其他始祖生物一样,它的外形并不固定,可能在蛇、袋鼠和鳄鱼之间变化,常常被描绘成三者的结合体。在创世时代,这条蛇蜿蜒穿过这片土地,创造了所有的水坑和溪流,并在其中安排了水族生物;它还把人类带到这里,为每个氏族安排了领地。天空中的彩虹被认为是这条蛇的灵魂;当彩虹消失时,这种生物就回到它喜欢居住的永久性水坑中。[17]

塔松和同事们认为,彩虹蛇的灵感来自海龙,它们被全新世早期的汹涌海浪冲上了新形成的海岸。在发现海龙的同时，土著人还看到蛇蜿蜒着爬离被淹没的土地，以及雷电过后头顶的彩虹。水坑现在永远积满，昔日干涸的河床成了奔涌的河流。于是，彩虹蛇和它的故事被用来解释这个变化的世界，解释新的地貌，解释全新世最初的几千年里人类经历难以置信的性质。

杰出的澳洲考古学家约瑟芬·弗勒德（Josephine Flood）认为，其他许多土著人的神话同样与冰河期末的环境事件有关。对大洪水的神话叙述常常如此详细而具体，她不得不怀疑那是在回忆发生在几千年前的真实事件。许多神话讲述了山峰如何被与大陆分开成为岛屿："海鸥女"佳恩古尔（Garnguur）创造了位于今天卡奔塔利亚湾（Gulf of Carpentaria）的莫宁顿岛（Mornington Island），她来来回回地拖动自己的木筏，在曾经的半岛上形成了海峡。某个始祖生物被绊倒，不小心将自己的棍子插入沙土中并导致海水涌入，从而形成了现在位于阿纳姆地北部沿岸的埃尔科岛（Elcho Island）。[18]

在澳州南部广泛流传着关于创造袋鼠岛（Kangaroo Island，土著人称其为 Nar-oong-owie）的神话。神话讲述了伟大的始祖人物恩古伦德利（Ngurunderi）的故事，他因妻子们逃走而发怒。当他看到妻子们涉水穿越将 Nar-oong-owie 同大陆分开的浅浅海峡时，恩古伦德利决定惩罚她们。他愤怒地命令海水上涨，淹死她们。声势浩大的海水呼啸着涌来，将女人们卷回大陆。虽然她们拼命逆潮而上，但还是无能为力地溺亡。她们的尸体化作石头，成了今天杰维斯角（Cape Jervis）沿岸的礁石，被称为"仆从"（The Pages）或"两姐妹"（Two Sisters）。[19]

对冰河期末另一些事件的记忆可能也保存在梦创时代的神话中。其中一个故事这样开头：

很久以前，许多人在拉克伦河（Lachlan）和马兰比吉河（Murrumbidgee）的交汇处驻营。天气很热，无风平原上升腾起的薄雾让地平线跳动起来，蜃景扭曲了风景。所有人都一动不动地躺着，在热浪中休息。突然，远处出现了一群巨袋鼠。领头人跳了起来，发出激动的呼喊。营地沉浸在疯狂的兴奋和恐惧中。孩子们很快被抱起，所有人散入了树丛中。然而在那个时候，人类没有武器，面对敌人无法自卫。袋鼠毫不迟疑地穿过树丛冲向他们，用强壮的上肢无情地击溃受害者。当袋鼠结束攻击后，部落中的幸存者寥寥无几。[20]

故事随后讲述了领头人如何设计武器和伪装，用火赶走了袋鼠。约瑟芬·弗勒德怀疑这些关于巨袋鼠的故事保存了对曾经可能令人恐惧并被人捕猎的已灭绝动物的记忆。另一个故事讲述了富饶的内陆湖泊如何干涸成为贫瘠的盐碱地——同样是冰河期末广泛发生的事件。[21]

如果约瑟芬·弗勒德是对的，那么土著人关于海平面变化、巨兽和内陆湖泊干涸的故事已经代代相传了 1 万甚至 2 万年。这些故事最初可能是讲述事实，后来逐渐被纳入了梦创时代的神话。另一种可能是（就像海龙所暗示的），冰河期行将结束时发生的环境变化不仅催生了彩虹蛇，也创造了梦创时代本身。

到了公元前 6000 年，大澳洲已经不同往日：七分之一的土地被大海淹没，约为 250 万平方千米。塔斯马尼亚曾是南方的半岛，现在成了岛屿，那里的土著人失去了与大陆土著人的全部联系，巴斯海峡的汹涌海水将他们隔开。不过，通过更加平缓且分布着小岛的托雷斯海峡（Torres Strait），新几内亚人将继续与澳洲人保持联系。

为了前往新几内亚，约翰·卢伯克向东而行，然后沿着卡奔塔

利亚湾的边缘向北，来到约克角（Cape York）半岛。他行经的海
岸线由红树沼泽、淡水潟湖、河口和浅海组成。[22]他离开时正值5
月旱季开始，河流和潟湖逐渐干涸，他遇到的人生活在流动的小群
体中。旱季到来后，他们聚居在寥寥无几的永久性水源周围。卢伯
克看到他们采集多种植物性食物，特别是睡莲的种子和鳞茎，还把
沙袋鼠从深入内陆的林地边缘赶出以便捕猎它们。随着时间的流逝，
气候变得日益闷热。树木掉光了叶子，灌木丛被土著人焚烧。最终，
闪电和暴雨打破了沉闷的天气，这种情况每天发生并将持续数周。

现在已经是10月。大地和枯枝萌发出新芽，干涸的河床充满
了水。水很快漫出河岸，淹没了许多低洼的土地。卢伯克遇见的土
著人已经在高原上建立了很大片的营地。他们等待着第一场雨，然
后从桉树上采集大片树皮——树汁开始流动后，树皮将脱落。人们
将这种树皮披挂在树枝上，建成锥形小屋。他们还用树皮建造独木
舟，由于大片土地被淹没，这对出行变得非常重要。和土著人一样，
随着蟹、贝类和鸟蛋的出现，卢伯克的食谱也发生了变化。狩猎还
在继续，但驱赶沙袋鼠的小团队被试图跟踪和猎杀袋鼠的个人取代。
他们知道如果自己失败了（这常常发生），营地仍然会有充足的植
物性食物和小猎物，而成功将带来丰厚的回报和地位。

到了第二年3月，植物性食物已经变得丰富。途中，卢伯克帮
着将山药、块茎和大量种子收集到树皮托盘里，然后在潮水开始退
去时布置围堰和陷阱。随着雨季行将结束，营地分崩离析，人们坐
上独木船，沿着河道四散离去。他们知道，几周后降雨就会再次停
止一年。那时，卢伯克已经抵达约克角的最前端，准备横渡托雷斯
海峡。

第37章

高原上的猪和园圃

新几内亚高原上热带园艺的发展，公元前 20000—前 5000 年

3 名土著人坐在卢伯克身前，熟练地将独木舟划入水流并避开礁石。他后仰着，身体放松，手在水中划过，头顶明亮的蓝天上有海鸟掠过。

卢伯克正在横渡新形成的海峡，后者将澳洲的最北角与巴布亚新几内亚的南海岸分开。在末次冰盛期，这片 300 千米宽的水域曾是草地，为冰河时代的土著人提供了猎场。到了公元前 6000 年，即卢伯克搭便船的时候，上升的海平面已经淹没阿拉弗拉平原，切断了最后仅剩的地峡。只有山峰逃过一劫，成为托雷斯海峡上散布的 100 多个小岛。有的岛上也有山峰，有的拥有环绕着红树沼泽的岩石海岸线，有的则只是小沙洲。[1]

卢伯克抵达的第一批小岛在今天被称为穆拉鲁格岛（Muralug）、莫阿岛（Moa）和巴度岛（Badu）。他发现岛上居民的生活方式与在约克角看到的类似。但随着卢伯克继续向北而行，岛变得越来越小，没有任何人类生活的迹象。有的岛上至今无人居住，另一些则被来自新几内亚的人殖民，尽管很难确定发生的时间，因为考古研究非常有限。[2] 在公元 1898 年时，岛上显然有人居住，因为剑桥

大学的人类学家哈登（A. C. Haddon）于那年抵达托雷斯海峡调查当地的人类。他里程碑式的六卷本著作成了对传统土著人生活方式的无价记录。

1770 年，博物学家约瑟夫·班克斯（Joseph Banks）搭乘库克船长的"奋进号"（*Endeavour*）对托雷斯海峡进行了第一次科学考察，哈登的研究即以此为基础。[3] 除了人类学家和地理学家，伦敦大学学院的考古学家大卫·哈里斯（David Harris）近年来也开始发展哈登的工作。从 1974 年起，哈里斯一直致力于重建托雷斯海峡岛民的生活方式，不仅是库克船长时代的，也包括公元前 6000 年卢伯克造访之时——当时这些岛刚刚形成不久。[4]

哈里斯发现，班克斯和哈登在较大的南面海岛上遇到的人类主要是狩猎采集者，更北面海岛上的则是农民，或者更准确地说是烧垦田地上的园艺家。他们每年焚烧林地，种植山药、甘薯和芋头（一种热带的根用作物，至今仍是东南亚许多地方的主食）。他们的园圃中也栽培着香蕉、芒果和椰树。人们还采集野生食物，特别是来自海岛边缘红树沼泽的，并猎杀儒艮取食肉和脂肪。[5]

与造访新几内亚的第一批欧洲人所目睹的相比，哈里斯见到的园艺规模微不足道。低地和高原的大片森林被清理，改成根用作物的园圃。完全不同于澳洲北部临时性的狩猎采集者营地，最早的欧洲探险者看到了强大酋长统治下的人口密集的村落。酋长的财富由他们拥有的猪的数量来衡量，他们还常常相互开战。因此，狭窄的托雷斯海峡分开了两个截然不同的世界：南面的澳洲狩猎采集者和北面的新几内亚农民。

为何澳洲土著人没有接受农业？1770 年，在约克角近海的波塞申岛（Possession Island）登陆的詹姆斯·库克船长提出了这个问题，他发现"澳洲土著人对耕种一无所知"，"令人奇怪的是，考虑到这个地方与新几内亚近在咫尺，后者出产的椰子和其他许多适合养活人类的水果本该很久以前就被移植到这里"。[6] 在库克和后来的许多人类学家看来，澳洲土著人本可以接受"适合养活人类"的生活方式，却依然继续做狩猎采集者，似乎非常落后。

根据对澳洲土著人的研究，他们专注于狩猎和采集显然不能用缺乏农业知识来解释，因为他们完全清楚如何栽培植物。比如，当约克角的居民采集野生山药时，他们常会留下一部分块根，甚至重新埋入一些，以确保来年还能有收获。[7] 此外，澳洲土著人与托雷斯海峡岛民的大量贸易往来让狩猎采集者可以直接接触到农民。那么，农业为何没有像从亚洲传播到欧洲那样，从新几内亚传播到澳洲呢？

1971 年，来自悉尼大学的彼得·怀特（Peter White）给出了一种答案：澳洲狩猎采集者"只是过得太好了，无须考虑农业"。[8] 当时，人们对农业的看法已经与詹姆斯·库克的观点，甚至与 20 世纪 60 年代末之前的学界观点截然不同。人们不再认为农业是通往文明道路上的必经步骤，一有机会就会被抓住。与澳洲和非洲的狩猎采集者共同生活过的西方学者认定，他们身处人类学家马歇尔·萨林斯（Marshall Sahlins）所说的"原始富裕社会"。[9]

这些狩猎采集者每天工作不超过几个小时，不会因为让人累断腰的耕种和收获而罹患身体病痛，也不像人口密集的农业社群那样面对社会紧张和暴力。因此，彼得·怀特和同事们在 1970 年提出的问题并非狩猎采集者为何"没能"接受农业，而是什么迫使其他人接受了这种对其生活质量造成如此破坏性后果的东西。

卢伯克从远处第一次望见了新几内亚——葱郁的低地上方，白云扩散成幽灵般的云山。对卢伯克毫无觉察的旅伴留在其中一座岛上，他则独自划着独木舟前往红树林环绕的海岸。一个宽阔的河口将卢伯克引入新几内亚本岛。最初的一段河道仍然相当宽阔，缓缓地从红树林覆盖的河岸下蜿蜒淌过。划了一个小时后，河道一分为二。一条支流的水呈巧克力般的棕色，表明它发源于低地森林；另一条呈乳白色，表明河水曾流经石灰岩，因此发源于山间。为了找到人类定居点，卢伯克必须沿着后一条前进。虽然公元前 6000 年新几内亚低地上很可能存在大量定居点，但考古学家至今尚未找到。[10] 于是，卢伯克开始了高原探险。

事实上，最早的欧洲人探险直到 20 世纪 30 年代才出现。更早的新几内亚考察者 [比如 1910 年沃拉斯顿（A. F. R. Wollaston）率领的英国鸟类学联盟（British Ornithologists' Union）] 曾认为在海拔 1000 米以上的地区可能找到除奇异鸟类之外的其他"新奇之物"。但他们不清楚那些新奇之物可能是什么，也不知道存在肥沃的山间峡地，而是认为唯一的山链贯穿岛的中部。[11]

欧洲人与生活在那些山谷中的新几内亚高原居民的最早接触来自 1919 年德国路德宗传教团。他们保守着自己发现的保密，以防引来同样致力于争取人类灵魂的对手，如浸信会、圣公会、卫斯理派，还有他们最恐惧的对手——法国罗马天主教会。直到 20 世纪 30 年代，澳大利亚淘金者才让新几内亚的高原居民为世人所知。1935 年，杰克·海兹（Jack Hides）和另一位淘金者吉姆·奥马利（Jim O'Malley）进入其中的一个山间峡谷。海兹后来写道："每处山坡上都有耕地，平静空气中升起的细小烟柱为我们指明了当地居民的家。我从未见过更美的东西。巨大的山链高耸于一切之上，有的地方闪耀着夕阳的色彩。"[12]

卢伯克同样来到了高原，但如此规模的耕种尚未开始。随着他逆流而上，红树林被小树取代，他从树上采了些新鲜果实。当河道变直时，他瞥见了远处的群山。但这种不常见的景象很快消失，因为河道进一步变窄，并开始在巨树间蜿蜒行进，天空被遮挡得只剩下狭窄的一条。

旅行变得单调，河畔的植被变成了疯长的灌木，陡峭泥泞的河岸上探出腐烂的树干。[13] 即使晴天，空气也带着霉味；而在大多数日子里，空气中充满了有机物腐烂的味道。这里时常下雨，水蛭无情地吸着卢伯克的血。作为对这些考验的补偿，偶尔可以看到奇异的鸟类，特别是一种天堂鸟有华丽羽毛。随着地势拔高，还出现了与奇鸟斗艳的其他自然奇迹：在木头上晒太阳的鬣蜥，俯冲入一群亮黄色苍蝇中间的蜂虎和燕子，还有树蕨和开花的攀缘植物。

不过，卢伯克更感兴趣的是首次有迹象表明，附近存在另一种森林居民。一些倒下的树木显然是被石斧砍断的，另一些被焚烧过。他从一条陷入河中淤泥的废弃独木舟旁经过。还有一些灌木丛被清理或干脆被压倒后形成的小径，有的与河流垂直，有的沿河岸延伸一小段后转入树林。其中一些无疑由动物造就，但其他许多是人类的脚留下的。[14]

卢伯克泊好独木船，他离开河流，开始沿着一条这样的道路前往今天的瓦吉河谷（Wahgi valley）。空气仍然炎热潮湿，并带有霉味。天光昏暗，被蒙上了一层绿色。树冠只是偶尔露出缝隙，让阳光直射到森林的地面上。有新的气味飘来——有的像忍冬，有的像腐烂的水果。还有新的声音传来，可能是他之前听到过的鸟兽叫声，但现在被困在错综复杂的森林中而变得模糊。也可能是人声。小径继续穿越树林，沿着河岸朝山脊前进，卢伯克可以看到大片森林爬上山峰，消失在浓密的云层下。

云层下的森林位于海拔 4000 米处。公元前 6000 年，森林刚刚达到这样的高度。在末次冰盛期，气温降低和降雨减少将森林限制在海拔 2500 米以下。那时没有高原森林，而是代以点缀着稀疏灌木和树蕨的开阔草地。山顶上形成了冰川，并向较高的山间峡谷延伸。[15]

草地可能曾是很好的猎场。在树林边界线附近发现过两处遗址，但都无法提供多少关于人类在高原做过什么的信息。科西普（Kosipe）遗址发掘出一堆器物，包括在海拔 2000 米以上找到的斧头，有的在公元前 27000 年就被留在那里。附近仍然生长着茂密的果树和坚果树林，暗示可能曾有季节性出发采集食物的人类生活在科西普。[16] 侬布（Nombe）石窟的海拔较低，位于 1720 米处，在公元前 27000—前 12500 年间偶尔有人居住。除了石器，洞中还发现了一些地栖和树栖动物的骨头。侬布的人类居民似乎与当地的野生犬科动物——被称为"塔斯马尼亚虎"的袋狼做了分时使用的安排。那里还找到了各种林中食草动物的骨头，但仍不清楚它们和其他动物是人类还是袋狼的猎物。[17]

随着公元前 9600 年开始的全球大幅升温，森林开始扩展到 3000 米以上，追随已经登上更高海拔的灌木。与全球趋势不同，气候的季节性似乎变弱而非加强了。[18] 又过了两千年，那里的森林变得很像卢伯克在前往瓦吉河谷途中或者我们今天所看到的。

河谷上游位于巴布亚新几内亚中部哈根山（Mount Hagen）以西大约 20 千米。传教士们在 1933 年第一次来到那里，发现了一系列由独裁头领统治的小帝国。他们的财富和权力靠拥有的猪、女人和珍贵贝壳的数量来衡量，这些都通过部落间的复杂贸易体系获得，人类学家称之为莫卡（Moka）交换。女人和下层男性在园圃中工作，耕种山药、甘薯和芋头。村落间冲突频繁，这是头领们扩大和巩固自身权力的手段。

传教士与紧随其后到来的淘金者和政府官员被视作精灵世界的来客。他们能提供看似无穷无尽的令人垂涎的钢斧和海贝。此举破坏了传统的仪式性交换体系，而那是头领们确保自己财富的基础。冲突同样被禁止，欧洲管理者开始取代传统首领的权威。因此，20 世纪 60 年代初，当人类学家安德鲁·斯特拉森（Andrew

Strathern）为了展开一项对头人社会的经典研究而与瓦吉河谷的卡维尔卡（Kawelka）部落共同生活时，传统生活方式已经因为同西方人接触而发生了巨变。[19]

差不多在那个时候，卡维尔卡部落的成员回到了瓦吉河谷中被称为库克沼泽（Kuk Swamp）的部分。1900 年，在部落冲突中败北后，他们曾放弃那片土地，所有此前的耕作痕迹早已被一层厚厚的草所覆盖。[20]

库克沼泽位于海拔 1500 米处，今天看来，那里是一片广袤的草原，几乎完全没有树林。沼泽的北面和东面是高耸狭窄的艾普（Ep）山脊，那里的草要短得多，还生长着该地区仅有的树林。不过，这些并非瓦吉河谷最早森林的一部分，而是为种植农业而将该地区完全清理后长出来的。南面是泽地，西面的丘陵被排干水的土地分开。

回归库克沼泽后，卡维尔卡部落开始在周围的干地上建立园圃。3 年后，由于领土权获得邻近部落的认可，加之人口增长，他们开挖了大量排水沟，试图开垦沼泽本身。但在 1969 年，政府决定亲自开发库克沼泽的大片区域，包括建立一个农业研究站，并限制了卡维尔卡部落的扩张。20 世纪 70 年代，在对该研究站的发掘中，澳大利亚国立大学的杰克·戈尔森（Jack Golson）发现新几内亚高原拥有古老得多的农业历史。

公元前 5500 年，约翰·卢伯克来到库克沼泽上方的一片空地，小径把他带到湿地西面的山丘上。这片土地与 20 世纪的传教士和考古学家们发现的开阔草原完全不同。整个末次冰盛期，已经在这个海拔生长、演化了好几千年甚至数百万年的森林大致未受破坏。但沼泽周围的干地上出现了森林消失后留下的空地，灌木和草占据了其中一些空地，形成杂乱的矮树丛。卢伯克所在的空地上，树林不久前刚被清理——烧焦的树桩暗示人们曾在此使用了斧子和火。于是，阳光得以倾洒到仅存的少数树木和植物上。

正当卢伯克蹲下身查看这样的一株植物时，他的注意力被绝对更令人惊讶的东西所吸引——那是一头多毛的棕色肥猪，长着白色的獠牙，正睡在自己挖出的坑里。卢伯克小心地接近它。猪动了起来，卢伯克停下脚步。猪咕哝着站起身，它的体型让卢伯克先是大吃一惊，然后感到恐惧。猪向前走来，抽了抽鼻子，又发出咕哝声。它试图再前进一步，但被拴绳阻止——用树皮纤维编成的绳子把它拴在一根木桩上。猪不太用力地挣扎了一下，然后满不在乎地回到泥坑中打滚。

从空地的边缘可以一览无余地看到人们工作的湿地，他们是卢伯克坐着独木舟穿过托雷斯海峡后看到的第一批人。

在大约 0.5 平方千米的土地上，森林已被清理，现在覆盖着形形色色的植物。10 到 12 名男女正用木锹挖掘，他们皮肤黝黑，只穿着用树叶和草制成的短裙。灰色黏土堆成的长长矮丘是他们劳作留下的痕迹，一条直沟穿过湿地，连通最南端的泽地和北面边缘流淌的河。

卢伯克走下山坡，来到那些植物中间，发现许多生长在水沟网络间的圆形小岛上，水沟本身也长满了叶子茂密的植物。小岛上种的是香蕉树，还有另外几种卢伯克在穿越森林途中经常看到的绿叶植物。他在森林里见过其中一种树状植物，但从未像这里那般高大茁壮。这些植物的茎秆很粗（较大植株的可以称得上树干），上面生长着叶子，叶子螺旋式脱落，留下开瓶器样的痕迹。茎秆本身长出了根，似乎支撑起了植株。事实上，某些较大植株的茎秆底部已经完全腐烂。

沟中植物的生长环境要潮湿得多，主要是一种具有巨大心形叶片、呈浅绿色的植物。长长的茎秆顶端，许多叶片尚未张开。卢伯克采下一个新芽，在指间碾压，挤出里面的汁液。汁液味道刺鼻，他的鼻孔和皮肤开始刺痛。

人们正在挖一条灌溉渠，比被抬高田地边界的水沟要大得多。这条沟笔直地延伸了几百米，显然是为了带来源源不断的水流。挖掘工作非常艰难，因为沟已经有齐腰深了，黏土搬起来很沉，潮气让人透不过气。"锹"只是对他们所用工具的一种形容，其实不过是些扁平的木棒。很快，卢伯克也拿了一支"锹"挖起黏土，然后徒手搬开。[21]

当大多数人在挖掘时，另一些人将部分黏土搬到小岛上，使其进一步高于周围的水沟。还有人在植物周围除草，去掉生病的叶子，杀死一些虫子并留下另一些。一个女人在水沟里的茂密植物间穿梭，摘下一些新鲜的嫩叶。她非常小心地避免伤害到这些植物，似乎完全没有像卢伯克接触类似的叶子时那样感到刺痛。

几小时后，人们决定结束当天的工作。卢伯克跟随其他工人前往小溪，洗去身上的泥土并喝了个饱。然后，他们一起沿着小径走进森林，来到另一片空地。这里至少有20座小屋，每间小屋用弯折的树枝做成拱顶，再盖上香蕉叶。篱笆建在一片种植作物和一个猪圈周围。村中点燃了几个火堆，其中一个在缓慢燃烧，孩子们跑过来欢迎归来者。从库克沼泽采来的一筐筐叶子被交给坐在火边的一名老妇人，人群四散休息。

那天晚上，火堆被再次点起，至少有30个人聚集起来享用从地里采来、由老妇人准备好的叶子。叶子被捣碎并浇上果汁，然后用香蕉叶包好，放在滚烫的石头上烹饪。

戈尔森对库克沼泽的发掘找到了古代排水沟的痕迹，在库克农业研究站的现代排水沟底部和侧面发现了木桩留下的坑洞。后续工作找到了更多的此类水沟，最早的建于公元前8200年左右，另一组晚了大约 3000 年。[22] 卢伯克参与挖掘的第二组沟渠包括深达 2 米的长灌溉渠，以及一个由浅得多的水沟形成的网络，创造出了星罗棋布的小岛。后来，在公元前 2000 年左右，沟渠的数量变得更多，排布更加有序，而且覆盖了更大的面积。[23]

戈尔森认为，这些沟渠提供了高原上最早的农业活动的证据——这是人们将在 20 世纪看到的头领社会发展的最初阶段。不过，由于缺少植物残骸、器物和定居点痕迹，尚不清楚公元前 5500 年所尝试的究竟为何种农业。但土壤能告诉我们很多信息。

在最深的现代沟渠底部有一层厚厚的泥炭，那是由谷地好几千年来的腐烂植物形成的。泥炭层中留下了一些凹坑和桩孔，然后填满了覆盖整个地区的灰色黏土。黏土的形成似乎很快，在公元前 8200—前 5500 年间沉积了 10 厘米。戈尔森认为，这种黏土是沼泽周围的干地土壤的残余，最早的开荒导致水土流失，这些土壤被冲进了谷底。[24] 他表示，黏土下方和上方的凹坑可能是猪打滚的泥坑，因为它们看起来就像是被拴住的动物留下的。

除了在土壤中留下显微证据的本地香蕉树，我们对生长在库克沼泽的植物只能猜测。[25] 现在新几内亚最重要的作物甘薯无疑不在此列，因为它直到 3 个世纪前才传到岛上。[26] 芋头是最可能的候选者，也就是生长在排水渠中并刺痛卢伯克手的那种植物。戈尔森没有发掘出芋头的残骸，但这可以用保存条件差来解释。[27] 芋头曾被认为是外来植物，最初在印尼种植。不过现在看来，它很可能出自新几内亚本土，在岛上被独立驯化。[28] 芋头是今天传播最广的热带作物之一。20 世纪 30 年代，当新几内亚高原居民第一次与外界接触时，这也是当地的一种关键作物。它的叶子和地下球茎都能作为蔬菜。虽然可以忍受高海拔，但芋头需要充足的水才能苗壮成长，因此它也许是库克沼泽种植作物的最佳候选。

另外 3 个可能的候选是山药、西米树和露兜树（这种树形植物拥有开瓶器般的茎秆）。[29] 澳洲北部的狩猎采集者利用三者的野生品种，新几内亚高原居民则把它们变成了种植作物。露兜树别名螺丝松，因为能提供大量果实，它们的树林在近代被贪婪地守护和打理着。其他许多绿叶植物（包括甘蔗）可能也很容易在库克沼泽种植——人们曾经从森林和沼泽采集这些植物，现在则为它们灌溉除草，也许还从其他地方移植它们。[30]

正如公元前 12500 年马拉哈泉村周围的林地，或者公元前 8000 年古伊拉纳奎兹周边的灌木林地，"野生园圃"一词是对公元前 5500 年库克沼泽最合适的描绘。用"农业"来称呼戈尔森的发现很可能名不副实。库克沼泽的野生园圃代表了某种形式的集中植物采集，与过去的狩猎和采集没有根本性区别。事实上，对森林的干预可能要上溯到人类抵达新几内亚伊始。[31]

然而，是什么促使人类选择湿地种植而非简单采集，这个问题仍未解决。可能是因为迅速增长的人口无法仅从干地森林中获得足够的食物。[32] 湿地可能提供高得多的产出——但必须首先投入大量劳动来排干积水。不过，就像我们在考虑墨西哥瓦哈卡河谷南瓜种植的起源时那样，没有证据表明存在人口压力。事实上，我们对 20 世纪 30 年代以前的新几内亚人口水平一无所知。

当肯特·弗兰纳里面对这种困境时，他认为来自瓦哈卡河谷的古伊拉纳奎兹人可能试图让植物性食物的获取变得更加稳定。对于在库克沼泽——可能还有当时新几内亚高原和低地上其他地方——清理树林与开挖沟渠所投入的劳动来说，这是最有力的解释。[33] 结果可能是，全岛出现了一些零星分布的地点，那里的植物性食物在每年的特定时间可以确保收获。这些地点能让通常分散的各群体集中起来并共同生活一段时间。因此，排干沼泽可能不仅是为了食物，也存在社会动机——类似公元前 9500 年西亚哥贝克力石阵附近种植野生小麦的可能动机。

从也种植植物的新几内亚狩猎采集者到也采集野生食物的园艺家，这种转变可能与卢伯克看到的在库克沼泽的泥坑中打滚的猪有关。猪显然是从印尼被引入新几内亚的，它们在前者那里被驯化，也可能源于中国，在传入印尼时已经驯化。[34] 虽然猪擅长游泳，但即使在海平面最低时，前往新几内亚的最近距离也有将近 100 千米，因此它们应该是被船运来的。

一些考古学家确信，猪在公元前 6000 年就来到了新几内亚，依据是洞窟沉积层中的猪骨，后者被认为至少有这么古老。事实上，有个样本被认为有 1 万年的历史。但从寥寥无几的放射性碳定年数据来看，猪的存在不超过区区 500 年。[35]

无论是公元前 6000 年还是晚近得多，一旦来到岛上后，猪将成为种植植物的麻烦，甚至可能对其造成严重危害。无论野生还是家养，它们一样可能喜欢森林和野生园圃中的许多本土可食用植物。有毒的芋头除外，但当猪在沟渠中掘食根茎时，甚至这些植物也会被刨起。[36] 因此，种植者需要在园圃中搭建篱笆，将自然和人类文化的世界隔开。这种实体障碍可能还在狩猎采集者和园艺家之间形成思想上的障碍，导致人们将自己局限于这个或那个世界。

随后几天里，卢伯克留在库克沼泽，帮着修完排水渠，并在芋头、香蕉和露兜树周围除草。之后，他决定是时候离开了：随着公元前 5500 年的过去，他的澳洲史前之旅也走到了尽头。不久，村民们将散入山间，继续狩猎和采集野生食物。等到香蕉成熟而芋头可以挖掘时，他们将回到库克沼泽。现在，他们很高兴能离开——他们生来不喜欢定居在一个地方，这种状况将持续几千年。

在一个晴朗的日子里，卢伯克爬上哈根山的山坡，穿越林木线进入高山草地。他从一处岩壁向东望去，看到了太平洋。附近有一些大岛，后来将被称为俾斯麦群岛（Bismarck Archipelago），地平线上还散落着未来的所罗门群岛（Solomon Islands）。

那些岛上有人生活，很可能靠船只在岛间往来。最早前往所罗门群岛的跨海之旅发生在公元前 30000 年，虽然深入太平洋的更长航行还要再等上几千年才会有人尝试。当海平面在末次冰盛期下降时，岛间的往来一定更加方便。当时，一种名为袋貂的树栖有袋类动物成了岛上的新的居民。尚不清楚袋貂是被有意带到岛上以充实野生猎物，还是"搭了便船"。但考古学家在新爱尔兰的石窟中发现，它们的骨头和热带冰河期猎人的石器埋在一起。[37]

卢伯克继续攀登，直到他可以从另一处岩壁上向南眺望：他看见了更多小岛和托雷斯海峡，然后是澳洲北部。他用 1.2 年的时间行进了 6000 千米，从塔斯马尼亚的库提基那洞来到现在的位置。捕猎沙袋鼠和月光下的葬礼、沙漠和红树沼泽、决斗者、彩虹蛇、在遍布水蛭的溪流中划独木舟——这些记忆在他的脑海中就像蔚蓝的天空那么清晰。他遗憾没有时间攀登澳洲东部的山峰，穿越西部沙漠，和阿纳姆地的艺术家们共处更长时间，看看巨袋鼠是否真在墨累河的林地中觅食。又走了一个小时，卢伯克接近了峰顶，可以眺望北方和东方。在那些方向不仅有印尼、中国和日本，还有另一段穿越人类历史之旅的起点。

第38章

在巽他古陆的孤独生活

东南亚热带雨林中的狩猎采集者，公元前 20000—前 5000 年

1971 年 7 月，费迪南德·马科斯（Ferdinand Marcos）政府一名负责少数民族事务的官员曼努埃尔·埃利萨尔德（Manuel Elizalde）宣布了一条令人难以置信的消息。一群穴居、使用石质工具的狩猎采集者——"塔萨代人"（Tassday）——被发现完全与现代世界隔绝地生活在菲律宾南部的哥打巴托（Cotabato）森林中。很快，《国家地理》杂志刊登了一篇题为《石器时代部落初探》（'First Glimpse of a Stone Age Tribe'）的文章，在描绘他们生活的亮纸印刷照片上，妇女裸露胸部，穿着用兰花叶子编织的裙子。[1]

在 18 个月里，塔萨代人成了媒体的宠儿。在埃利萨尔德的严格监督下，成群的记者、摄影师、政客和科学家大张旗鼓地造访他们的山洞。报纸刊载了他们的故事，关于他们的书籍和电影纷纷出炉。由于塔萨代人生性温和、热爱和平，与自然和谐相处，人与人之间相安无事，与东南亚其他地方的生活正好相反，因此这种热捧并不意外。就在一箭之遥的南海对岸，美国正在轰炸越南。[2]

菲律宾人类学家泽乌斯·萨拉萨尔（Zeus Salazar）质疑了塔萨代人的真实性。他的挑战立即遭到打压，并被禁止造访塔萨代人。

1972 年，马科斯总统为保护他们而设立了特别森林保护区，完全禁止与他们接触，胆敢进入者将被处以长期监禁。

许多考古学家和记者一样，对在东南亚森林中发现活着的石器时代人类着迷，这或许可以谅解。在该地区（马来半岛和印尼诸岛），公元前 20000—前 5000 年的考古发现几乎仅限于破碎的石器。由于这些是现代人类制造的最不起眼的工具，考古学家礼貌地称其为"标准以下的类型"。鉴于此类工具缺乏信息量，塔萨代人似乎提供了不容错失的机会，不仅可以看到这些工具被如何使用，还能领略石器时代生活的全景。[3]

考古学家在洞中找到了石质工具，常常被深埋在多层蝙蝠粪便、坍塌的洞顶石块和古老的土壤之下。大部分不过是被凿下若干石片的卵石，几乎没有明显的塑造形状的意图。有的将一条或多条边磨光，有的则凿出"腰部"，在上面缠绕纤维并绑到木柄上。在马来半岛上，大部分工具用完整的卵石制成，而在印尼诸岛上，石片的使用比例更高。全部此类工具常常被归成一类，称为和平（Hoabinhian）文化。[4]

最大的一批发现来自现在位于沙拉越（Sarawak）的尼亚洞（Niah Cave）。约翰·卢伯克在东亚的史前之旅正是从这个洞里开始的，他将从赤道热带地区一直走到北极圈深处。

卢伯克在一个犹如大教堂的山洞中醒来后坐在洞口看着雨林的黎明。[5] 下方的峡谷和远处的树林在浓密的晨雾中若隐若现。燕子迅捷地飞进飞出，洞顶布满了它们的窝。蝙蝠消失在倾斜后洞的通道里。昨晚让人不得安宁，除了不断蠕动的烦人昆虫，还有地上鸟粪的臭味。但在黎明的凉爽中，在骇人的酷热和潮湿尚未开始时，林间升腾起的氤氲为约翰·卢伯克注入了新一天的能量。一只母长臂猿的呼号啼叫暗示她有同样的感受。

现在是公元前 18000 年，洞口明亮、凉爽而且完全干燥。卢伯克觉得这里能为狩猎采集者提供有吸引力的庇护所——显然比他在全球旅行中栖身过的许多更好。

当太阳极其迅速地上升之后，卢伯克正在洞内寻找人类活动的痕迹。只有洞口区域的地面露了出来，因为昆虫和微风清理了鸟粪。他找到的骨头都来自曾在洞中筑巢的鸟类。许多碎石块掉在鸟粪层上，或者部分埋在其中，但卢伯克无法确定它们是人类凿下的还是自然碎裂的。同样也不清楚它们是在几天、几年、几个世纪还是几千年前被"制造的"。

沙拉越博物馆馆长汤姆·哈里森（Tom Harrison）展开了对尼亚洞的首次发掘，于 1954—1967 年间在西侧洞口工作。[6] 他为自己的壕沟起的名字最好地描绘了他的经历——"地狱"。

令人窒息的酷热、几乎达到百分之百的湿度和午后直射的阳光——这是"地狱"壕沟中的工作条件，那里发现了一枚可能为 4 万年前的人类头骨，属于在东南亚生活的最早现代人之一。在洞中的上层沉积物中，哈里森还发现了大批石器和几处人类墓葬。尼亚洞中的物品可能涵盖了人类在东南亚生活的整个历史，包括本书感兴趣的 1.5 万年。[7]

但我们无法确定。汤姆·哈里森拥有许多了不起的品质（据说包括"蒟椰"[8]）——但其中不包括发掘洞穴沉积物所需的技巧。虽然洞中地面高低起伏，他还是将沉积物分割成水平层面，很可能将完全不同时代的器物混在了一起。他进行放射性碳定年的骨头很可能来自在洞中生活和死去的动物，而非被人类宰杀的。情有可原的是，在哈里森工作的时候，考古学家还远未开始理解洞中沉积物和骸骨堆形成过程的真正复杂性。幸运的是，一队新的考古学家近来开始在洞中展开工作，他们使用了最新的发掘技术。在莱斯特大学（Leicester University）格雷姆·巴克（Graeme Barker）的率领下，从公元 2000 年开始了一项为期 4 年的发掘计划，旨在揭开尼亚洞的沉积物和人类活动记录的复杂历史。

4 年的田野工作将需要至少同样时间的实验室研究来分析发现的物品。因此，我们还需要几年才能知道尼亚洞将告诉我们哪些关于更新世末人类历史的情况。虽然曾在利比亚和约旦沙漠的挑战性环境下工作过，但巴克将尼亚洞的条件形容为他所遇到过的最艰难的。幸运的是，沙拉越为他的辛劳提供了丰厚的回报：

> 在雨林中穿行和攀爬一个小时才能到达山洞……每天必须将专业器具从我们在河边的营地带到洞中，然后再背回成袋的沉积物。加上洞中的眼镜蛇、河里的鳄鱼、有毒的蕨类和其中的千足虫，还有令人陶醉的雨林之美和当地人的热情，你将拥有无法忘怀且兴奋不已的体验。[9]

和平文化的器物有两个显著特征，首先是简单。这可能反映了它们在冰河期末东南亚狩猎采集者日常生活中扮演的角色微不足道。由于有大量坚实的植物材料，特别是竹子，几乎不需要石头。[10]

第二个特征是它们没有随时间而改变，与其他地方的后末次冰盛期的技术形成了鲜明反差。其原因在于当世界其他地方经历过山车般的全球变暖时，当地森林大体保持不变——生活在其中的人类想必同样如此。[11] 更准确地说，当上升的海平面淹没了覆盖着森林的广阔低地平原时，幸存陆地上的森林发生的改变很小。

在卢伯克造访之时，婆罗洲、沙拉越、爪哇、苏门答腊和马来半岛形成了一大片连续的雨林和红树沼泽，其中大部分现在被南海淹没。考古学家称之为巽他古陆（Sundaland），这片古陆还延伸到今天马来半岛位于安达曼海（Andaman Sea）一侧的海岸线以西 30千米处。由此形成了 200 多万平方千米的森林——相当于现存面积的两倍，是冰河时代世界上最大的森林。

反过来，这片古陆的海岸线长度不超过今天的一半。就像本书中所提到的，狩猎采集者常常被吸引到沿海栖息地，因为那里能提供丰富多样的资源。东南亚考古记录的匮乏很大程度上可以用下面的简单事实来解释：山洞中找到的石器可能来自生活在沿海定居点的人类为数不多的内陆探险。如果这些定居点留存下来，考古学家可能还会发掘出房屋、贝丘和墓葬。在相对较近的过去，即公元前6000 年左右海平面高度与现代基本持平之后，这类贝丘遗址毫无疑问都存在着。或者说，它们至少一直存在到其中的贝壳被挖出来制造水泥之前，这之后地面上只留下了几个大水坑。[12]

尼亚洞周围的森林与卢伯克在新几内亚看到的存在细微差别：现在他正处于"华莱士线"（Wallace's Line）的西侧——这条分界线以东是源于澳洲的动植物，以西则是源于亚洲的。虽然卢伯克越过了分界线，但他在森林中的许多体验仍然完全类似。湿度同样极高，水蛭同样渴望吸他的血。林中遍布板根或有凹槽的树干。有的树似乎生在半空中，拥有一片伞状的气生根，有的则独木成林。棕榈、攀缘植物、蕨类和附生植物填满了树间的空隙。花很少。许多兰花不起眼的花朵令人失望，但会让偶尔的华丽展示更加惊人。

森林非常拥挤：每当卢伯克停下脚步，蝴蝶就会飞来吸食他的汗液；犀鸟时而扑打翅膀，时而拖着长长的羽毛掠过河面；红毛猩猩从树顶上窥伺着他；到处劫掠的蚂蚁从地面上向他发起攻击。但卢伯克在如此丰富的动物生命中间却感到孤独，因为林间没有人类，也没有任何表明他们存在的迹象。

卢伯克从尼亚洞出发后向西南而行，现在他坐在另一个洞中，考古学家称之为砂越洞（Gua Sireh）。这里比尼亚洞小得多，离海边也更远——现在有 500 千米。天光变暗，周遭安静下来。大滴的雨珠开始坠下，在洞口溅开。同时，林间雷声隆隆，一道闪电短暂照亮了方圆几公里森林内的每片树叶、每条触须和每朵花。黑暗重新降临，雨势惊人。卢伯克退回洞中，再次搜寻人类生活的遗物。但他既没有找到器物或炉灶，也没有找到宰割留下的骨头或丢弃的植物残渣。近来有人类存在的唯一可能迹象是一小堆破碎的贝壳，就像他在林间小溪中看到的。这些有可能是完全出于自然原因，比如被鸟或大洪水带进洞中的吗？卢伯克不这样认为。但就像在尼亚洞中被削凿过的石头，很少有证据表明这些贝壳在洞底已经躺了多久。

卢伯克继续旅程，现在他向西北而行，穿过覆盖着森林的低洼泽地，上面有几座零星的小山。离开砂越洞 200 千米后，他来到了后来的马来半岛。这是一片多山的土地，他沿着花岗岩山崖进入了内陆山谷，西面出现了陡峭的石灰岩山脊。裸露的白色崖面在太阳下闪着光，与周遭的绿色植被形成了强烈反差。从头顶的蕨叶下方和翻滚着白色泡沫的山涧上方爬过后，卢伯克走出凉爽而阴暗的森林，眼前出现了杜鹃花和壮丽的景色。每个方向的山峰和峡谷都被望不到头的森林覆盖，闪亮蜿蜒的河道将其分开。

公元前 17000 年，卢伯克来到了又一处可能的人类栖息地遗址：位于一块巨大石灰岩下方的平台，今天被称为郎隆格兰洞（Lang Rongrien）。为了到达那里，他需要爬上陡峭的碎石山坡，然后沿着狭窄的岩脊而行。他本来希望看到平整的泥土地面，上面有围坐于火边的人和日常的杂物，却发现那里空空如也，只是一片由带棱角的巨石和松散的砾石组成的粗糙地面。

他抬起头，看到头顶的巨岩非常光滑、干净，没有因为许多个世纪来的风雨、地衣以及栖息筑巢的蝙蝠与鸟类而褪色。巨岩不久前似乎坍塌过，掩埋了泥土地面上任何可能的人类居住痕迹。碎石中只有一处此类痕迹：一小块焦炭和可能被人类削凿过的 5 块石头。卢伯克猜测最近的来访者点过火，可能是为了做饭或吸烟，或者只是在火边安静地坐着。然后，他们一定离开去寻找更舒服的庇护所过夜了。卢伯克做了同样的事，他沿着悬崖边缘返回，再次消失在阴暗潮湿的森林中。

砂越洞和郎隆格兰洞都在 20 世纪 80 年代被发掘。前者坐落于沙拉越西南部，20 世纪 50 年代时已经被汤姆·哈里森部分发掘过，但对它的了解很少。1988 年，现任沙拉越博物馆副馆长的伊波伊·达坦（Ipoi Datan）重新发掘了主洞室，在连续的灰烬和土壤层中找到了石器、陶片、贝壳和若干保存状况很差的动物骨骼。[13] 这些遗物大多是在公元前 4000 年后积累起来的，来自从北方扩散到东南亚的水稻农民。但其中一枚贝壳被测定为公元前 20000 年左右，属于至今仍生活在山洞附近湍急清澈溪流中的淡水贝类。伊波伊·达坦认为，它只可能由人力带进洞中。即使这枚贝壳的确经由人手来到洞里，并且定年结果准确，它也只是反映了对该洞最短暂的造访——最多只是过个夜。

1987 年，美国罗得岛州布朗大学的道格拉斯·安德森（Douglas Anderson）发掘了郎隆格兰洞，找到了可以上溯到公元前 40000 年的人类居住痕迹。[14] 大规模洞顶坍塌发生在公元前 25000—前 7500 年之间——这是碎石上方和下方相邻层面的年代。碎石中的焦炭被测定为公元前 42000 年左右，安德森据此认为，焦炭来自石灰岩裂缝中的沉积物，这块岩石在洞顶坍塌时完全灰飞烟灭了。[15] 卢伯克看到的正是这块焦炭，因此他完全错了——公元前 17000 年的郎隆格兰洞并无访客。

郎隆格兰洞在末次冰盛期，甚至在此前和此后的几千年里无人居住，这种现象同样出现在整个该地区。只有砂越洞找到了那段时间有人类存在的痕迹：那枚被测定为公元前 20000 年左右的淡水贝壳。因此，难怪卢伯克离开尼亚洞时会在森林中感到孤独了——也许周围真的没有其他人。我们只能猜测东南亚的人类都住在沿海。

许多山洞里都找到了公元前 17000 年后的石器，表明此时人们经常前往内陆，即使他们仍然更喜欢海边。从郎隆格兰洞中连续的土层可以清楚地看出，沿海和内陆间的往来变得日益容易和频繁。公元前 30000—前 25000 年间，当山洞距离海边大约 100 千米时，洞底的石器中没有海贝。直到公元前 10000 年后，海贝才开始出现在连续的洞底土层中。随着海平面大幅上升和海岸线逼近山洞，最终距离不超过 18 千米，海贝越来越多。

郎隆格兰洞的任何来访者都不太可能在那里停留超过几天。但植物残骸和动物骨骼的缺乏让我们不可能确定此类来访的季节和持续时间。在郎隆格兰洞以北 75 千米处，朗卡姆南洞（Lang Kamnan）提供了一些更好的证据。这个山洞在公元前 30000—前 5000 年间被周期性地使用——虽然和其他地方一样，末次冰盛期的人类存在似乎带有疑问。[16] 曼谷艺术大学（Silpakorn University）的拉斯美·舒康得伊（Rasmi Shoocongdej）发掘了这个山洞，并对那里找到的动植物残骸、石器和海贝做了解读。动物骨骼来自包括松鼠、豪猪、海龟和鹿在内的许多物种；蜗牛和植物残骸暗示，居住期正值雨季。这正是今天东南亚森林中的狩猎采集者或园艺家采集多种植物性食物的时间，特别是根类蔬菜和竹笋；他们捕猎的动物品种也和舒康得伊在朗卡姆南洞中发现的一致。

朗卡姆南洞中的残骸暗示，人类可能从公元前 17000 年就开始在东南亚的雨林中生活了，虽然没有种植水稻和其他驯化的动植物，但方式与近代居民相似。不过，一些人类学家质疑了人类仅凭狩猎和采集生存的能力——正如在佩德拉平塔达被发现前，亚马孙的狩猎采集者生活也曾遭到怀疑。[17]

来自加州大学的人类学家罗伯特·贝利（Robert Bailey）表示，雨林中可食用的资源非常稀少、多变且分散，无法维系自给自足的狩猎采集者人口。虽然雨林是地球上最多产的生态系统，但它们的大量能量被储存在不能食用的木头组织中——巨大的树干和树枝在获取充足阳光的竞争中不可或缺。只有很少一部分能量被用于可食用的花、果和种子，但即便存在，它们也常常因长在树冠上而无法取得。贝利认为，对饮食的关键制约是碳水化合物。为了获取足够的碳水化合物，"狩猎采集者"必须亲自从事园艺，或者和农业社群交易。

和平文化表明上述观点完全错误。稻米种植形式的农业直到公元前 2500 年才传入东南亚——卢伯克将在下一阶段的旅行中发现，这种农业发源于中国。[18] 此外，现存社群清楚证明了在雨林中狩猎和采集的可行性——其中许多被认为是和平文化工具制造者的直系后裔。

马来半岛上的巴特克人（Batek）就是这样的一个社群。1975—1976 年，来自美国新罕布什尔州达特茅斯学院的人类学家柯克·恩迪科特（Kirk Endicott）和卡伦·恩迪科特（Karen Endicott）与他们共同生活了 9 个月。[19] 他们用吹管狩猎猴子和鸟类，还捕捉海龟、陆龟、蛙、鱼、虾和蟹，从森林的地上挖掘野生块茎，采集种类繁多的蕨类、嫩芽、浆果、果实和种子。虽然巴特克人有时会为了种植水稻、玉米和木薯而清理森林，并经常与农民交易面粉、糖和盐，恩迪科特夫妇还是毫不怀疑他们能仅凭野生食物存活，野生块茎将提供碳水化合物的来源。

婆罗洲的本南人（Penan）同样是能有效自给自足的雨林狩猎采集者。1984—1987 年间，佐治亚大学的彼得·布罗修斯（Peter

Brosius）曾与阿保高原（Apau plateau）上的本南人共同生活。[20]
这是一片多山和被森林覆盖的土地，从那里前往山谷中种植稻米的
农民的长屋要走上好几天。虽然本南人会参与交易，但他们并不依
赖农民获取食物。类似巴特克人，他们采集多种植物，狩猎许多动物，
特别喜欢须猪。他们主要的碳水化合物来源是西谷棕榈，后者的树
干里储存着淀粉。这种棕榈树为丛生，许多可能归个人所有，人们
在收获时非常小心，以免竭泽而渔。和在本书中遇到的其他许多狩
猎采集者一样，本南人管理着周围的植物。

　　布罗修斯将本南人描绘成森林的"管家"。他解释了森林中的
水道网络如何为他们提供了生态知识和记忆的储备。许多河流用生
长在河口附近或沿河道大量生长的某种树木或果实来命名。另一些
则用自然特征命名，如石头的类型，或者用某个事件：如杀死一头
犀牛，失去心爱的狗，或者果实特别丰富的收获季节。大批河流用
人名命名，可能标志着某人的出生和死亡，或者他们对在河边打猎
的喜爱。由于本南人不会提及死者的名字，他们常常用河流的名字
代替。

　　巴特克人和本南人让我们看到了公元前 17000—前 5000 年间
和平人可能的生活方式。但这让我们陷入了甚至更大的难题，因为
在末次冰盛期，森林中实际上没有人类存在。虽然罗伯特·贝利和
与他想法相仿的人类学家错误地宣称狩猎采集者在没有农产品的情
况下无法在雨林中生存，但他们完全正确地强调了这样做的相对难
度。在末次冰盛期，开阔的落叶林更为普遍，可能向狩猎采集者提
供了远比今天的森林更多产的环境。那时的哺乳动物成群生活在地
上，而非单个分散在树上[21]，可能比今天更丰富也更易捕猎。那么，
为什么直到雨林的分布、密度和湿度都达到顶峰后，才有考古学证
据出现呢？

　　澳大利亚国立大学的彼得·贝尔伍德（Peter Bellwood）撰写

过关于史前东南亚的百科全书式作品，他认为这可能只是双重压力共同造成的结果：一边是人口的增长，一边是海平面的上升，迫使对沿海生活非常满意的人类进入森林。[22] 但由于找不到古代的海岸线，我们似乎永远无从知晓真相。

现在是公元前 16000 年，穿越森林的道路变得更好走了。卢伯克起初以为自己只是沿着另一条猪在林间开辟的小径而行。但他发现不必再猫腰从树枝下钻过，或者扭着身子穿过攀缘植物和树苗——这些潜在障碍的顶部被整齐地削去，终于有了人类存在的证据。

又经过了几天在暴雨中的穿行和沿着将两个河谷连接起来的林间小径网络的步行，他才真正找到了人类。他们身处林中的营地，那里有 3 间棕榈叶搭的窝棚，靠打进地里的木桩支撑着。建造营地时清理了几棵小树，营地中央是一个缓慢燃烧的火堆，火中只有一捆树枝和一把干树叶。卢伯克站在营地边缘，数了下有十多个人——有几个蹲坐在火堆周围，其他的坐在窝棚边。他们身材矮小，长着卷曲的黑发和深褐色的皮肤。孩子们赤身裸体，成年人也只穿着树叶做的小围裙。有人把脸涂成红色，鼻子上穿了豪猪刺。

探索整个营地只用了不到 5 分钟——几乎没有别的什么可看。火堆边的几块木头显然被用作砧板。窝棚上挂着袋子，地上散落着几块被削凿过的石头。若干打磨光滑的木棍和安装着石刃的斧头靠在一棵树上。再加上插在腰带上的竹刀，这些就是那个家族群体的全部装备。

在他们的营地过夜后，卢伯克早早起身，看到对他毫无察觉的主人们整理好自己的物品。这群人排成一列，沿着另一条小径出发，卢伯克跟在后面。卢伯克回头看了一眼简陋的棕榈叶窝棚和地上将很快消失的垃圾堆，觉得考古学家不太可能发现这处遗址。

这天被用来在林中打猎和采集。差不多一个小时后，女人和孩子们沿着一个方向，男人们沿着另一个方向离开。卢伯克举棋不定，他首先跟着男人们，然后折回身追赶女人们。她们在一片看似十分平常的树林前停下，开始挖掘块根。木棍很容易插进松软且没有石块的地里，一名妇女从每个洞中搜出分节的肥大块根，将其塞进袋子里，然后又去寻找下一个。细看之下，卢伯克发现它们在地上的部分不过是细长的茎秆，看上去就像树林地面上生长的其他任何茎秆。

这天剩下的时间里，人群从挖块根的地方来到浆果丛和竹林。女人和孩子边吃边干活，他们特别喜欢新鲜的嫩竹笋，塞满了自己的袋子。虽然走的似乎是一条非常熟悉的路线，女人们还是一直在寻找新东西：蘑菇、蕨类、蛙和蜥蜴。人们在河畔扎下营地。棕榈叶窝棚很快搭好，男人们带着关于一只逃走猴子的夸张故事到来。

第二天，卢伯克和男人们一起打鱼，或者更准确地说，他们在打鱼，而卢伯克坐在浅水的岩石中间，让水流冲走一些他身上的酷热。营地再次在黎明时被抛弃，男人和女人朝着不同的方向离开。他们先用石片砍下一些树苗，制成带倒钩的鱼叉。然后，他们前往一个深潭，跳入水中叉鱼。抓鱼很容易，那天的很多时间被用来悠闲地坐在水潭边吸烟，品尝味淡而多刺的鱼。

经过几天的打猎和采集，卢伯克开始认识到这群人生活的世界与他自己的完全不同。卢伯克的世界只是潮湿阴暗的森林，让他时而喜欢，时而憎恶——特别是当水蛭、蜱虫和咬人的蚂蚁发起攻击时。他的同伴们也生活在这片森林中，但对他们来说，那是一个充满了精灵、鬼魂和神明的世界。

从最初完全不起眼的细微行动中可以看出这点。[23] 比如，有些食物从不放在同一堆火上烤制；对鹿和貘的足迹视而不见，另一些在卢伯克看来非常容易的杀戮机会也被放弃。他猜测存在不允许杀戮这些动物或同时享用某些食物的宗教禁忌。有一次，他看到有个年轻人因为烹制了某些食物而遭到年长者的申斥；晚上，犯错者在自己身上割了条口子，将鲜血混入水中，然后把混合物洒向天空——显然是为了让愤怒的神明息怒。卢伯克还注意到，群体成员在歌唱和讲话时经常朝向森林而非面对彼此。有时，人们在果树旁特地用木头和树皮搭起的平台上歌唱，希望来年还能有收获。

随着时间走向公元前 15000 年，卢伯克必须离开了。每天例行的林中打猎和采集还将不受干扰地延续好几千年，但现在卢伯克要前往温带，来到已经开始被全球变暖改变的地区。因此，在一个小径岔口，他与和平人觅食者分道扬镳。

本章开头提到的塔萨代人是个骗局。[24] 当马科斯政府在 1986 年被推翻后，他们的山洞吸引了新一批观察者，这次不再受到曼努埃尔·埃利萨尔德的严格监督。任何关于其真实性——一个采用石器时代技术、长期与世隔绝群体——的主张都很快土崩瓦解。泽乌斯·萨拉萨尔最初的怀疑是正确的。塔萨代语被发现只不过是菲律宾南部广泛使用的一种方言。他们的洞穴中没有世代居住留下的废弃物；他们对野生食物的了解似乎完全配不上真正的狩猎采集者；从未有人看见他们使用石质工具，当被要求制作一些时，他们技艺平平，而且使用了完全不合适的材料。兰花叶的裙子只是为了镜头而穿。一名塔萨代人承认："每当埃利萨尔德一行人要来时，他会捎信要求我们脱光衣服钻进洞里。我们必须在那里等到拍完照片。埃利萨尔德离开后，我们穿上衣服，回到自己的屋里里。"[25]

塔萨代人本身是淳朴的当地园艺家，在埃利萨尔德的诱惑和贿赂下演绎了他的石器时代幻想。该事件是菲律宾少数民族如何受马科斯政府迫害的又一例子。它为本书提供了另一个关于石器时代历史在政治上如何重要的证明，政客们会为了自己的目的而利用这段历史。还记得弗拉季斯拉夫·约瑟福维奇·拉夫多尼卡斯为了将鹿岛墓地纳入自己的马克思主义人类史观而对其加以曲解，或者土著美洲人声称肯纳威克人的骸骨属于他们吗？当然，还有维多利亚时代的约翰·卢伯克的言论，他支持欧洲人具有头脑优越性的看法，为那个时代的帝国主义找到了方便的理由。

今日世界没有与世隔绝的石器时代部落。本南人和巴特克人可能是和平人的直系后代，我们也许可以根据对他们生活方式的观察来设想石器时代的采集、捕鱼和宗教——就像我在前文所做的。[26]但我们必须一如既往地对此类描述保持谨慎。考古学家一定不能被当下所诱惑，他们必须不断回归分析器物和继续发掘。没有通往史前过去的捷径。

第39章

沿长江而下

水稻种植的起源，公元前 11500—前 6500 年

卢伯克开始了另一段独木舟之旅，这次他沿着长江而下。在从东南亚雨林出发的长途跋涉中，他穿过了高原、广阔的盆地和中国南部武陵山脉的深谷，沿着后者进入云贵高原上的山谷。这段旅行的很大一部分是在穿越茂密的落叶林地，经过鹿、猪、貘和熊猫出没的地方。当树林变成草地时，他看到了更大的动物：犀牛。有一次还见到了剑齿象——这种象科动物长着挺直的象牙，外形类似北美的乳齿象。[1]

他遇到了许多狩猎采集者群体。他们在林地追踪动物，采集各种坚果、浆果和块根，从河流和湖泊中捡拾贝类。公元前14000年，卢伯克和位于今天中国南部贵州省白岩脚洞的几个家庭共处了一段时间。他坐在他们的火堆边，看着人们从石头上凿下石片，石片的形状和大小几乎无人关心。

白岩脚只是那些狩猎采集者使用的几个据点之一，他们季节性地在山间、峡谷、林地和平原上来回迁徙。至少我们必须这样认为。更新世末的考古遗址在华南极其罕见，我们对冰河期世界该地区人类的生活方式几乎一无所知。白岩脚于1979年被发掘，提供了一

批用石灰石、黑硅石、砂岩和石英制作的宝贵器物。[2] 发掘出的骨骼同样珍贵，它们来自多种动物，包括剑齿象、貘、鹿和猪，也有的来自熊、虎和鬣狗。因此，在对切痕和咬痕进行研究前，我们无法确定其中有多少来自人类活动，有多少是食肉动物巢穴中的残骸。

当卢伯克从白岩脚向北而行时，林地逐渐变得开阔，树木从阔叶品种变成了冷杉和云杉。气温下降，寒风开始席卷光秃秃的山峰。狩猎采集者也发生了改变，他们的食物选择减少，许多人现在依靠每年猎杀迁徙的马和鹿为生，就像卢伯克在冰河时代的欧洲所看到的。用野兽毛皮缝制衣物变得必不可少，同样不可或缺的还有在寒冷的冬月里找到山洞躲避。

当卢伯克来到四川盆地时，他看到了宽阔的长江。江岸上有一队猎人，他们把自己的东西塞进独木舟，然后向东进发，在秋天捕猎完山羊后返回低地。卢伯克爬上船，坐在一捆捆羊皮间，找到一把多余的桨划了起来。

今天，四川盆地标志着船只在长江上航行的极限。长江发源于西藏高原上 5000 米高处的积雪和冰川，经过 6300 千米后注入东海。沿江边很少发现公元前 20000—前 5000 年间的考古遗址，尽管我们必须假设这条河对史前的狩猎采集者非常重要，就像对今天的中国人那样。不幸的是，我们永远不可能确切知道了，因为三峡大坝正在建设。* 到 2009 年，大坝将装备世界上最大的水力发电机，需要在坝的背面形成长达 600 千米的水库。大量已知的考古遗址将被淹没，新发现的可能性将完全破灭。不过，失去可能堪比阿布胡赖拉、红崖和内瓦里乔利（同样因幼发拉底河上的水坝而被淹没）的遗址对中国来说是比较次要的问题。水库将淹没 150 座村镇，让多达 200 万人背井离乡。[3]

---

* 本书英文版出版于 2003 年。

现在是公元前 13000 年。卢伯克的手指和脚趾被冻僵了，当独木舟逆着寒风在长江上蜿蜒而行时，他僵硬的关节和疲劳的肌肉几乎无法划动船桨。幸运的是，他的同伴们生性顽强，而且熟悉冬天到来时的这条路线。独木舟绕过一处岩石岬角，进入垂直的石灰石山崖之间黑暗而狭窄的水道。断裂成奇异形状的饱经风雨的高耸石崖将好几千米宽的河面压缩到不超过 50 米。

这里是宜昌峡口，长江上最壮观的风景之一：江水在这里离开了武陵山脉 * 的崎岖土地，流向两湖盆地的平坦湿地。[4] 时间在这条隧道般的通道中快速流逝。每划一次桨，卢伯克就看到 10 年过去，然后是一个世纪。几分钟后，他来到了公元前 12000 年，裸露崖壁外的世界发生了变化。气温上升，降雨增加，茂密的林地在峡口外曾经荒芜的丘陵和山坡上扩散开来。[5]

冰河晚期的间冰期到来了。在西亚，纳图夫文化正欣欣向荣，而在智利南部的蒙特贝尔德，人们正在建造房屋和喝茶。在中国，橡树、榆树和柳树正在取代零星的松树和云杉，树木之间则长出了茂密的蕨丛。河流因山顶冰川的融水而上涨，溪流开始从崖顶倾泻而下，岩缝中突然长满了铁线蕨，狭窄的悬崖边缘盛开着野花。卢伯克的同伴也变了，他们用轻便的短皮袍取代了厚厚的毛皮。他们的脸曾经隐藏在覆盖着冰霜的风帽和胡须背后，现在则在日光下熠熠生辉。一包包羊脂被装着橡子和浆果的竹篮取代。

时间来到了公元前 10500 年。随着寒冷时期来临，太阳躲到云后，峡谷间再次刮起了刺骨的风。[6] 又划了几下船，水位开始下降，河岸高高地突起在河道上方。一团团白雪在山顶周围飞舞，瀑布结冰，花朵在卢伯克眼前凋零。悬崖那边，冷杉和云杉卷土重来，橡树和蕨类在干旱和寒冷面前枯萎。毛皮衣物和羊脂回到了独木舟上。

---

* 原文作 Wushu mountains，疑有误。——译注

公元前 10000 年后不久，一波剧烈的全球变暖拉开了全新世的帷幕。长江河谷沿岸的冷杉和云杉再次被阔叶和常绿林取代，小草被蕨类征服。卢伯克在公元前 9500 年离开峡口，他的同伴们再次换上了适合更温暖世界的衣物。篮子重新出现，还多了前所未有的东西：陶器。长江把卢伯克带到一片有着茂密森林、延绵丘陵和繁茂的河畔芦苇丛的世界。河流开始在两湖盆地的平原上蜿蜒、分叉和泛滥。他看到远处一片被树木覆盖的平地上升起了一缕炊烟。这是彭头山村，那里的居民种植并收获一种野草——今天被称为普通野生稻（Oryza rufipogon）。[7]

遇见这些人对卢伯克很重要：通过他们和长江河谷中其他史前居民的努力，这种草将被改造。它曾经只是分散生活在河边和湖畔小村子里的几千个人的食粮，现在却养活着世界各地的至少 20 亿人，是地球上最重要的食物之一。普通野生稻成了栽培稻（Oryza sativa），野生的变成了驯化的。[8] 约翰·卢伯克即将见到最早的水稻种植，那是世界历史的一个转折点。

水稻是今天世界上最重要的谷类植物，中国是水稻最大的生产者和消费者。1949 年中华人民共和国成立时，每年收获 1.7 亿吨稻米。在随后的半个世纪里，产量至少增加到原来的 4 倍，这部分得益于集体所有制，部分得益于新品种的选育和复种，以及机械、化肥和农药的使用。中国因为水稻而成为世界大国，而水稻的驯化历史始于最早种植这种生长在长江河谷沼泽中的野生植物的人。[9]

野生水稻至少有 20 个品种，方便起见都被称为普通野生稻。[10] 有的作为多年生植物在永久沼泽中蓬勃生长，有的则是一年生，它们所在的沼泽或沟渠通常在一年中的某些时候会干涸。就像野生小麦和藜麦不同于其野生祖先，驯化水稻也与野生品种不同。不仅谷穗会"等待收获者"而非自行破裂，而且种子会在前后几天内发芽，从而使整片作物一起成熟。和野生小麦一样，野生水稻会陆续发芽，常常持续好几周或好几个月。这保证了至少一些幼苗能找到有利的生长条件——得益于农民的工作，驯化品种可以确保这点。另一个差异是大小——驯化品种的稻米要比野生品种的大得多。[11]

1988年，当湖南省文物考古研究所的中国考古学家裴安平对彭头山进行发掘时，他找到了当时已知最早的驯化水稻痕迹，测定为至少公元前7500年。在他的发现之前，大部分考古学家认为水稻种植始于印度，或者更可能始于东南亚大陆，今天在那里可以找到大片野生水稻。于是，出于与在新月沃地寻找现代小麦和大麦起源相同的逻辑，考古学家们在长江以南很远的遗址寻找水稻种植的起源。

他们最初看似取得了成功。在泰国高原的榕树谷洞（Banyan Valley Cave）和暹罗湾沿岸的科帕农第（Khok Phanom Di）定居点找到了据信至少为公元前6000年的稻粒。但放射性碳定年显示，这些样本要晚近得多——科帕农第的不超过公元前1000年，榕树谷洞的只有几百年。[12]

1984年，长江河谷中发现了小片野生水稻。[13]人们很快意识到，野生稻在该地区的稀少可以用密集农业习惯摧毁了它们的自然栖息地来解释。彭头山的发掘让长江中游被确认为栽培水稻的可能发源地。于是，人们开始寻找比彭头山更早的遗址，希望找到从野生到驯化水稻的过渡本身，即中国版的哈格杜德道或古伊拉纳奎兹。

理查德·麦克尼什（我们已经提到他在墨西哥中部的工作）和北京大学的严文明一起探索了位于今天江西省长江南岸石灰岩山丘上的洞穴。[14]与麦克尼什在墨西哥中部干旱山洞中的经历不同，他们发现中国遗址上的植物已经几乎完全腐烂。幸运的是，洞中沉积物里留存了一些关键的显微证据：植硅石。

植硅石是植物细胞中形成的微小硅粒。来自地下水的硅有时会填满细胞，并在植物本身腐烂后仍然保持形状。由于是无机物，植硅石常常在植物的其他所有痕迹都消失后仍留存在土壤中。此外，不同植物（或者说同一植物的不同部位）会产生不同形状的植硅石。因此，它们能被用来确定曾在土壤中生长，或者作为食物或垃圾被留在那里的植物。

正如有些植物产生的花粉粒比其他的更多，有些则能产生更多的植硅石。禾本科是制造植硅石的大户，而且虽然不同品种的花粉粒几乎相同，它们的植硅石却截然不同。密苏里大学的德博拉·皮尔索尔是水稻植硅石研究的领军者，她发现最与众不同的植硅石来自"颖片"细胞，即稻谷的苞片，因为上面有较长的锥形纤毛或突起。[15] 在除此之外一无所有的土壤中找到这些植硅石明确表明那里曾生长过水稻。

不过，皮尔索尔工作的关键在于，颖片植硅石能被用来确定早已消失的水稻是野生还是驯化的——即它们是生长在沼泽中，还是被种植在稻田里。与稻米体积的增大相对应，驯化品种的植硅石也比野生品种更大。[16] 凭着这种发现，理查德·麦克尼什和严文明发掘的山洞沉积物可能成为确定水稻种植何时何地开始的关键。

吊桶环洞位于一座石灰岩小山的侧面，坐落在长江南岸一片被称为大源盆地的沼泽中 [17]——与不久前发现的那片野生水稻相距不超过 50 千米。麦克尼什和严文明在山洞中央开挖了一条 5 米深的壕沟，露出至少 16 个整齐叠在一起的居住层。最上面的 8 层涵盖了公元前 12000—前 2000 年，下面几层的年代尚未确定。每一层中都发掘出动物骨头和石质工具，公元前 10000 年的那些土层中还有陶片。

虽然完全没有植物残骸，但来自每一居住层面的植硅石还是显示有数种水稻曾被采集。水稻植硅石在洞中下方土层里非常少见，少量样本可能来自被风吹来的干叶，或者来自将山洞用作庇护所的动物的蹄子或粪便。但在公元前 12000 年左右，水稻植硅石的数量大大增加，无疑反映了山洞的人类居住者正在采集和食用稻米。这些植硅石很小，显示它们来自野生品种，很可能采集自附近沼泽的边缘。时值冰河晚期间冰期特别暖湿的气候，一片片野生水稻可能开始在长江河盆蓬勃生长。公元前 12000 年后，除了公元前 10800—前 9600 年的土层——对应新仙女木时期——洞中的水稻植硅石仍然丰富。在那个寒冷干旱的时期，作为依赖水的亚热带植物，野生水稻显然不出意外地变得非常罕见。

在暖湿气候回归后，水稻再次成为主要的食物来源。在吊桶环洞的连续沉积层中，大粒植硅石的比例不断增加，反映了最早驯化品种的出现。到了公元前 7500 年，野生和驯化水稻的使用已经平分秋色；1000 年后，野生水稻的所有痕迹完全消失了。

公元前 6800 年，卢伯克来到彭头山，他用了 3000 年走完从宜昌峡口到这里的 250 千米路程。这段时间他都在长江上缓慢地划动船桨，从两湖盆地的平原上蜿蜒而过。他的同伴留在了公元前 9600 年——他们前往一片树林中采集核桃，忘记拴住独木舟，卢伯克被留在船上，小船顺流而下，进一步深入了全新世世界。

随着雨季和旱季变得更加明显，河水每年会上升一点，然后再下降一点。雨季从 3 月末开始，在 8 月达到顶峰。水位将上升 10 米或更多，将大片平原变成看似无边无际的泥泞泽国，昔日的小山成了零星的小岛。[18] 当水位下降时，地上会留下一层潮湿的淤泥，为今天养活成百上千万人的肥沃农耕土壤奠定基础。

公元前 6800 年，这片泽国充满了生命：既有成片的鱼，又有成群的水鸟、翠鸟和白鹭；水边的丛林中生活着鹿和貘，较干燥的土地上有马和犀牛。还有人类。他们在船上和陆地上生活的时间几乎一样多，被无穷无尽的打鱼、捕鸟、狩猎和采集的机会惯坏了。

为了找到前往彭头山的道路，卢伯克跟着另一只独木舟沿长江的一条支流而行，然后穿过一片小溪组成的网络。此时正值东亚季风来临，溪流网络变成了一整片混浊的水泊。

当卢伯克在 6000 多年里第一次踏上陆地时，他还要走上一小段路才能抵达村子。他沿着一条常有人走的小径穿过茂密的蕨丛，在一座圆丘的侧面找到了被冷杉和松树环绕的彭头山。当他走近时，在蕨丛上方只能看到两间房屋：那是两间相当大的长方形房屋，用木头柱子、夹皮墙和干草屋顶建成。他又走了几步，看到五六座较小房屋的屋顶，上面铺着芦苇，房屋的底部一定位于地面以下。[19]

当太阳沉到树下，一只鹭飞回鸟巢时，卢伯克走进了村子。村里看不到多少人：有个老妇人在门口睡着了，她本该在照看孩子们；两名男子在用石刀削树枝；一个年轻女人在揉捏黏土。茅屋间有一堆火在缓慢地燃烧，让空气中弥漫着松木烟的气味。

制陶人盘腿坐在竹垫上。她仅在纤细的腰部围着一条小皮裙，头颈上绕着一串贝壳，双乳间挂着一枚骨尖。她留着乌黑的短发，拥有高颧骨、扁鼻子和细眼睛，皮肤在夕阳下闪着光。她在一块木板上挤、搓、揉捏黏土，一边轻声歌唱，偶尔还发出粗重的喘息声，因为需要把自己的那一点点体重都压到黏土上。[20]

卢伯克坐在她身边，小心翼翼地不去遮挡她明显非常享受的最后一缕阳光。她身边是一堆干裂的黏土，显然是早些时候从河岸上挖来的。她逐步从那堆黏土中取一些加入正在揉捏的湿土块，并用木碗往上浇水。每过一会儿，她就会探出身子，从一个篮子里抓上一把东西混入黏土中。卢伯克歪过篮子朝里面看，瞧见了切碎的水稻秸秆、谷壳和谷粒。

在她揉捏黏土的时候，结束了林间和水上一天工作的人们回到村里。一位将捕到的鱼串起挂在脖子上的母亲看到她年幼的孩子们在蕨丛中玩耍。猎人们带来了一串鸭子，但没有本想猎杀的鹿。闷烧的火堆被重新烧旺，雕木人结束工作，和其他人一起坐在火边。

　　现在，制陶人准备好了一些黏土卷，开始盘起捏制它们，然后将连接部分修整平滑。黏土变成了大约20厘米高的厚壁碗，口大底小。她用骨尖在柔软的黏土上刻出波浪图案，然后站起身，背着手欣赏自己的作品。她把新碗带回自己的茅屋，和其他几件准备第二天烧制的放在一起，包括长颈罐、浅盘、碟子和碗，都刻上了同样的波浪线条。

　　卢伯克来到附近的一个火堆旁，在跳动着噼啪作响的火焰边坐下；另一些人也被火堆的光和热吸引，因为现在已经是黄昏。彭头山的许多东西令他感到似曾相识——这里的声音和气味，茅屋和公共火堆的布局，还有当夜晚寒意降临时，人们肩披毛皮的方式。当他环顾四周时，半地下的房屋让他想起了另一座人们同样生活在农业边缘的村子：公元前11500年幼发拉底河畔的阿布胡赖拉。但这里少了些东西。卢伯克一度陷入困惑，但随后恍然大悟：这里没有磨石、手推磨、石杵和石臼。在小麦种植开始之前和之后，新月沃地的村子里有许多此类物品，但在彭头山都不见踪影。

　　制陶人洗完澡，回来时穿了件披肩。她在聚集起来准备吃饭的家人中间坐下，无意中坐在卢伯克身旁。当火焰开始变小时，串好的鸭子被放在上面烤制；火焰完全熄灭后，用树叶包裹并加了香草调味的鱼被放进灰烬里。最后，一只陶碗被放到滚烫的石头和炽热的木桩上。在分发鸭肉和鱼肉并讲故事的时候，水开始冒泡。很快，卢伯克、制陶人和她的家人将会在彭头山享用煮米饭，就像以后生活在长江河谷的每一代人那样。

　　裴安平能够发现彭头山的水稻种植完全要归功于他在遗址的许多陶片中找到了烧焦的水稻谷壳、秸秆和谷粒。[21]烧制黏土中的植物残骸数量表明它们不是被意外混入的。它们被用作抗裂剂，防止陶器在烧制时破裂。传统陶匠常在黏土中加入沙子或贝壳碎片，但使用植物材料非常罕见，而且可能完全无效——长江河谷中的陶匠很快改用了沙子。因此在彭头山，卢伯克可能见证了人类当初学习制陶技艺时经历的某些试错过程。在吊桶环洞可以看到另一场尝试，那里在最早的陶片中加入了粗粒的碎石。

　　人们在彭头山制作了多种形状的陶器。大部分外侧呈黑色，因为水稻抗裂剂在火中被烧焦。许多陶器带有纹饰，有的用尖锐物品刺出或刻出，有的用拧起的绳索压印。盘起黏土并非唯一采用的制作方法，有的陶罐完全是捏制而成，或将一片片泥板粘起来。这种泥板技术最早于公元前 10000 年左右在吊桶环洞被使用，制造出中国已知最早的陶器。[22]

　　陶器的发明与最早的水稻种植几乎同时，这不太可能是巧合——此类器具很可能被用于蒸煮稻米。[23] 直接证据来自一座稍晚些的村子，即位于长江三角洲的河姆渡遗址，那里发现了一个装有煮熟稻米的罐子。因此，采集和种植稻米的欲望似乎与制陶联系在一起，而由此制造出的陶器又为存储和烹饪稻米提供了新的机会，从而鼓励了更多种植。陶器对水稻农业发展的重要性可能就像新月沃地的磨石之于小麦和大麦。没有什么比裴安平在彭头山发现的混入了水稻的陶片更能象征这种亲密关系了。

　　现在是公元前 6800 年 9 月，洪水开始退去。卢伯克在彭头山度过了夏天，学习如何制作陶器，以及如何在明火中或地上挖的坑里烧制它们。现在，一项新工作即将开始，人们每天都在翘首以盼，看着河边的淤泥面积随水位的下降而扩大。全体村民都参与了此事：播种。他们取出收藏的稻米，将其播撒在刚刚露出的淤泥中，既没有耕地，也没有开挖灌溉渠，或者建起土堤留住退去的水。卢伯克也加入进来——他站在深达脚踝的淤泥中，大幅挥动手臂撒出种子，帮助拉开了一场中国农业革命的序幕。[24]

几周后，泥泞的土地上长出了郁郁葱葱的幼苗——因为有的种子比其他的发芽晚，或者没能发芽，一片片绿色与棕色混杂着。稻苗在冬天生长缓慢，地势最高处（那里最早变干）的许多植株将枯萎死去。但在较低处和常年被水浸没的土壤中，它们将在春天降雨重新开始时变得生机勃勃。

5月，庄稼间的长草被除去；6月，水稻开了花；到了8月初，当洪水向村子袭来时，卢伯克站在齐膝深的水里收割它们。每棵水稻被连根拔起，一些谷粒掉进了泥里。没有人在意，因为剩下的足够打谷。这是一项累人的工作——除了弯腰和拔稻，还要将沉重的篮子带上山，倒在村中越来越大的水稻堆上。

水稻变干后，人们通过击打谷穗让谷粒脱落；秸秆被留下制作屋顶和垫子，或者在制作陶器时与黏土混在一起。帮助打完谷后，卢伯克又参与了脱粒，即将谷粒在木板上摩擦来除去谷壳，再经过扬谷获得稻米。有的稻米被立即食用，有的则被储存起来作为冬天的食物，还有的被留作种子，等待洪水再次退去。

彭头山人用这种方式播种和收获他们的稻米只是我的猜想。在由每年的洪水自然而温和地浇灌的土地上播种是种植水稻最方便的方法，我们已经知道东南亚的许多传统民族都采用了这种方法。[25]裴安平的发掘没有找到暗示使用了灌溉渠或土堤的证据：他既没有找到挖土的锹和整理土地的锄，也没有找到切割谷穗用的小刀。但彭头山人可能曾用过所有这些工具——它们可能被水冲走了，或者朽烂得荡然无存，或者被埋得太深，导致裴安平没能发现。[26]

上面描绘的洪水"农业"法可以很容易地为驯化水稻的演化提供所需条件。正如野生小麦在西亚的演化那样，必须由人类选出谷穗不破裂的罕见变种水稻，即那些"等待收获者"的。由于无法自行播种，这种变异在野生环境下无法长期延续。但这对早期农民而言是理想作物，因为他们不希望看到自己刚开始收割，成熟的谷粒就陷入泥里。

许多稻穗易碎的谷粒就这样丢失，这个简单的事实意味着在收获到篮子里的植株中，罕见的不破裂变种的比例将相对较高。确保其数量进一步增加的关键不仅是将一部分谷粒用作种子，而且要将它们种在没有野生水稻生长的地方。

只有被种在没有野生水稻的地方，新作物才能反映出被播撒的种子中有相对较高的比例来自稻穗不破裂的变种。这个比例在收获时将进一步提高。最终，经过许多个周期的种植和收获——戈登·希尔曼估计，小麦驯化需要多达 200 次收获[27]——不破裂、同时成熟和大粒的稻米将在作物中占据优势，即栽培稻。如果无人管理，它们将很快消失，因为它们无法自行播种和生存。不过当时它们显然正被人类种植。

公元前 6800 年的彭头山人可能已经成了这样的农民。保存在他们的陶器中的一些稻粒无疑足够大，可能来自完全驯化的品种。不幸的是，已不可能对稻粒进行详细研究，因为在从保护着它们的陶器中取出时，稻粒遭到了严重破坏。不过，当 1997 年裴安平发掘了彭头山以北不超过 20 千米处的另一个定居点时，对于驯化稻在公元前 6800 年已经出现的任何怀疑都被消除了。

那是繁荣于公元前 7000—前 5000 年间的八十垱遗址。裴安平在当地找到了许多房屋的遗迹，包括一些建造在木桩上的。他发掘了大约 100 座墓葬，从被水淹没的土壤中找到了大批器物，包括一架木犁的残骸、木锹、芦苇垫、竹篮和藤绳。[28] 在附近的河床上，他发现了大量植物残骸，包括 1.5 万粒稻米。对它们的研究确证，八十垱人是种植完全驯化的水稻的农民。[29]

回到长江上后，时间又开始缓慢前行。卢伯克仅用 100 年就走完了前往长江三角洲的 1000 千米路程，于公元前 6700 年来到沿海平原。他看到了大片沼泽和湖泊，还有零星的林地和盐泽，河流和小溪穿行其间。海平面还会再上升几米，然后稳定在今天的水平。最后的洪水将让入海口变得更大，形成新的海湾和更多沿岸岛屿。

公元前 6700 年的泽国是狩猎采集者的天堂，有人在追踪鹿，有人在捕鱼或捡拾贝类。但卢伯克能找到的最大定居点不过是四面环水的干地上一堆用芦苇建造的茅屋，在规模上都无法与彭头山和八十垱相提并论。那里的居民只是在收获非种植的野生水稻。在被淹没的平原上播种并照顾幼苗的想法尚未从上游传来。一旦传来后，结果将是翻天覆地的，因为沿海湿地为水稻农业的扎根和繁荣提供了完美环境。

如果卢伯克直到公元前 5000 年才来到三角洲，即在农业到来之后而非之前抵达，他将看到一种完全不同的村落。那时，他可以造访杭州湾南岸的河姆渡，这处遗址于 20 世纪 70 年代被发掘。[30]在那里，他可以坐在长 20 米的房子里，这些房子建在比下方浅水至少高出 1 米的木桩上，用榫卯技术连接木板。他可以帮着挥锹（用水牛肩胛骨绑在木柄上制成）整理将要播种的稻田，甚至照管驯化的水牛。[31]也许还能用残羹剩饭喂猪。河姆渡发掘出的稻米数量暗示，卢伯克本可能在夏初将育秧床里的幼苗移植到主稻田——这是20 世纪中国农民最辛苦的工作之一。[32]他也可能和其他人一起前往长江三角洲的沼泽和林地打鱼、捕鸟、狩猎和采集，或者学习制陶技艺，帮助制作从河姆渡发掘出的那些带纹饰的容器。

但在公元前 6700 年一个普通的黎明，当卢伯克坐在长江口看着白鹭时，河姆渡还只不过是个简陋的狩猎采集者营地。时值落潮，东面是大片闪光的滩涂，银色缎带般的蜿蜒水道从上面淌过。他把自己从四川盆地带到这里的那条独木舟推进其中一条水道。现在，小船将载着他穿越 2000 千米的黄海，在今天被我们称为日本的那片土地上继续旅行。[33]

第40章

和绳纹人在一起

复杂的日本狩猎采集者和最早的陶器，公元前 14500—前 6000 年

所有人都停了下来，他们抬起头，安静地注视着。有短暂的一瞬，约翰·卢伯克对他不知情的新主人们的"他者"感消失了。发出隆隆声、冒着烟的火山起到了这个效果——巨大的情绪反应战胜了文化差异。但这一切稍纵即逝。上野原（Uenohara）的居民再次透过自己的文化滤镜望着、听着远处的火山——卢伯克对他们的神话和观念信仰一无所知。随着人声和工作声重新响起，他恢复了观察者身份，而非公元前 9200 年日本九州岛上生活的参与者。公元前 6700 年离开长江后，卢伯克退回到了 2500 年前的上野原。[1]

上野原是九州南岸的一个村子，位于今天鹿儿岛湾的最深处。[2] 当地居民为狩猎采集者——种植水稻的理念和稻种最早要到公元前 5000 年才会从彭头山沿着长江河谷向东传到日本。[3] 为了前往这个村子，卢伯克在抵达岛的西岸后穿越了岛上覆盖着茂密森林的丘陵。他沿着迷宫般的小径穿过橡树和栗树林，空气中弥漫着秋天的味道，枝头挂满了当季的累累硕果。[4] 很快，卢伯克在林中发现了没有谋面的同伴：他认出了泥土中鹿的足迹，灌木上的猪毛，还有树桩上的斧子痕迹。小径将他带到一片空地，那里散布着 13 间锥形小屋。

时值下午 3 点左右，成年人正在忙着生火和制造工具，村里的孩子们则在屋子间相互追逐。

一些上野原人刚刚从林中走出，拿着一捆捆芦苇和装满林产品的袋子。卢伯克猜测芦苇将被用来修建一间新茅屋：一个圆坑的周围已经用木桩搭好了棚屋的框架。[5] 几个男人正用石斧伐树，清理出更大的空地。他们的工作让海对面的景象出现在眼前，露出远处一座顶部被云雾环绕的山——或者说卢伯克是这样认为的，直到那山隆隆作响，喷出又一股烟尘。

上野原人看上去结实、健康又幸福。他们穿得很少。孩子和一些成人赤身裸体。许多人只在腰上围了条皮裙，有几个人穿着短袍。除了年纪很大的老人，他们的皮肤呈明亮的黄褐色，乌黑的头发被扎成辫子，或者用发带固定在脑后。有的戴着用鹿齿和野猪牙做的项链，几名男子的胸口用红颜料画了螺旋形图案。

就像在彭头山那样，卢伯克被吸引到一名陶匠身边坐下——这次是个满脸皱纹、牙齿掉光的老妇人。她正在完成的陶器远比卢伯克在世界各地旅行时所见的精美——陶器近乎球形，带有长颈和弯曲的吻部，大小类似足球。然后，她用瘦骨嶙峋的手指推着一根缠有绳索的细棍在罐子表面滚动，印下精致的几何图案。然后，她把滚筒移到另一个位置再次滚动，逐渐在整个表面印满自己的图案。

正当她即将完成最后的压印时，火山爆发让她失去了节奏。她一度僵住，缠绕着绳索的滚筒停留在黏土上方几毫米处。但犹豫只持续了片刻，因为她曾多次看到和听到火山爆发。她在其阴影下度过的漫长一生中，火山从未有过宁静的时刻。

上野原是日本各地被纳入绳纹文化（Jomon culture）的众多考古遗址之一，其中许多似乎被常年居住。"绳纹"之名来自他们装饰陶器的技术，意思是"绳子的纹饰"。[6]

1877 年，美国生物学家和古文物学家爱德华·莫尔斯（Edward S. Morse）第一个发现了这种文化的痕迹——差了 12 年没能赶上维多利亚时代人约翰·卢伯克的《史前时代》。他在今天东京附近的大森（Omori）发掘了一个贝丘，并在考古技术方面培训日本学生。[7]他们很快发掘了更多遗址，并开始发现将被认定为绳纹文化的陶器、房屋和器物。陶器形制的繁多使其被分成许多文化子类，在上个世纪，新发现和放射性碳定年数据不断修正着分类。今天，它被公认划分为 6 个文化时期，从出现最早陶器的绳纹文化草创期到截至公元前 500 年的绳纹文化晚期。*此后，水稻农业开始在日本大规模出现，这可能由中国和朝鲜移民带来的。[8]

上野原属于绳纹文化早期，最早的定居村落就在这一时期出现。从传统的流动狩猎采集者生活方式向定居的转向发生在公元前 9500 年左右，似乎是对全新世气温升高和降水增加的反应，就像耶利哥的奠基那样。但不同于约旦河谷的居民，绳纹人仍然完全依赖野生食物，有丰富的林地和沿海资源可供利用。[9]他们还广泛使用陶器。

事实上，绳纹陶是世界上最早的陶器。它是上次冰河期行将结束时日本狩猎采集者文化早熟的一个例证。在 1960—1962 年的发掘中，九州西部的福井岩窟（Fukui Rockshelter）找到了已知最早的陶片。[10]这个小山洞位于一块凸起砂岩的底部，洞中光线充足，可以清楚地看到附近的河流。冰河期的狩猎采集者很喜欢这个洞，在那里留下了从末次冰盛期之前开始积累的深达 5 米、埋藏了丰富器物的沉积物。最早的陶片出现在公元前 13000 年的土层中。

陶片的发现招致了广泛的怀疑。1962 年，两位杰出的教授——山内清男（Suago Yamanouchi）和佐藤宏之（Hiroyuki Sato）发表

* 绳纹时代通常被分为草创期（Incipient，约距今 15000—12000 年前）、早期（Initial，约 12000—7000 年前）、前期（Early，约 7000—5500 年前）、中期（Middle，约 5500—4500 年前）、后期（Late，约 4500—3300 年前）和晚期（Final，约 3300—2800 年前）。——译注

了著名的《绳纹时代的陶器》一文 *，认为定年结果或在福井洞使用的发掘方法一定有误，那里的陶器不可能早于公元前 3000 年。[11]陶器在日本的出现比在西亚和欧洲早了至少 6000 年，这让他们觉得不可思议。他们的态度在今天看来令人吃惊，因为现在的考古学家常常过于仓促地宣称自己所在的地区为某种文化创新的源头。随着更多放射性碳定年数据和陶器发现的积累，以及对新的定年方法信心的增加，山内和佐藤不得不承认错误：日本的确拥有世界上最早的陶器。[12]

　　文化早熟不仅体现在陶器上。日本的冰河时代狩猎采集者还打磨石斧，使其成为更好的工具，比西方人采用这项技术早了好几千年。[13]绳纹人还发明了用漆树汁液制作的漆器。这需要采集、加热和过滤，然后小心翼翼地涂到器物表面。近年从北海道的垣之岛（Kakinoshima）发掘出了世界上已知最古老的漆器：放在公元前 7000 年的墓葬中的一把红漆梳子。[14]

　　为何绳纹人如此有创造力？为何他们比世界上其他任何地区都早那么多年开始制造陶器？只有中国陶器的出现与其相差不算太远，前者可以用种植水稻的需要来解释。绳纹时代的权威，来自俄勒冈大学的梅尔文·艾特金斯（Melvin Aitkins）认为，日本人发明陶器是为了烹饪和储存来自茂密阔叶林地的产品，九州在公元前 13000 年时便已经被其覆盖。他表示，从阔叶林和陶器同时进入日本北方诸岛可以看出这种关系，两者都在公元前 7000 年左右出现在最北面的北海道岛。[15]

　　不过，上述观点有两个问题。首先，陶器对生活在林地环境中的狩猎采集者并非必需——公元前 12500 年西亚的马拉哈泉村人和

---

* 原文疑有误，《日本先史土器の绳纹》一文的作者仅为山内清男（1902—1970）。东京大学的佐藤宏之教授生于 1956 年，不可能为合著者（http://iss.ndl.go.jp/books/R100000002-I000007813461-00?ar=4e1f）。——译注

公元前 9500 年北欧的斯塔卡人完全依赖用柳条、树皮、皮革、木头和石头制成的容器也能生活得很好。陶器无疑会让九州林地中的烹饪者生活更加便利，而且从食物残渣来看，陶器的确被用来炖煮蔬菜、肉类和鱼，但人类没有这些器皿也很容易生存。

1999 年，本州岛北部大平山元（Odaiyamamoto）遗址发现的新陶器样本让艾特金斯的理论遇到了第二个问题。粘在陶器内壁的残留物的放射性碳定年结果为公元前 14500 年，将陶器的起源至少又向前推进了 1000 年。[16] 当时，本州可能只生长着稀疏的松树和桦树。因此，日本陶器的发明是为了存储和烹饪橡子以及其他阔叶林产品的理论不可能正确。

西蒙弗雷泽大学的布赖恩·海登提出了另一种解释。这为他信奉的社会竞争是文化变革驱动力的说法提供了又一例证，我们在分析他关于墨西哥南瓜种植起源的理论时已经对此有所了解。

海登暗示，陶器拥有一系列重要特性，使其成为彰显所有者声望的物品和为客人上菜的理想容器。最初，制陶手艺很难掌握，需要仔细挑选黏土，准备防裂剂，以及探索、试验和优化塑形和烧制技术。邻居和来自更远地方的访客会被制造陶器所需的劳动量和技巧所折服。展示带有奇异装饰的新颖造型能给他们留下更深的印象。最让人惊讶的可能是通过在宴会上夸张地砸碎陶器来炫富。[17]

绳纹时代后期可能出现过表演性的摔碎陶罐的行为，因为曾发现过巨大的"陶片丘"。[18] 随着造型变得更加精致，许多绳纹时代后期的陶器无疑主要用于展示。在基本的花盆形制的基础上，边缘被塑造成壮观的火焰形状，或者塑造出缠着陶器的蛇，并雕有伸出的舌头。有时，装饰导致陶罐过于头重脚轻，几乎无法立住。[19] 漆器一定也非常惊人，就像今天这样。不过，我们不能轻易将这种解释套用到福井洞等地的最古老陶器上，坦率说，它们非常平淡乏味。我们目前对最早的日本制陶者了解太少，无法确定他们究竟更关心打动来访者还是发明一种炖蔬菜的方法。不过，我们知道到了公元前 9500 年，许多人已经在上野原这样的永久据点过着定居生活。虽然陶器已经发明，但定居生活方式对于陶瓷技术的发扬光大至关重要。

　　当卢伯克在小屋间漫步，时而停下来从人们背后窥伺，品尝小块食物时，安定感很快让他想起了之前去过的其他狩猎采集者定居点，特别是西亚的马拉哈泉村和北美的科斯特。许多树被清理，房屋似乎是永久性的。磨石和陶器显然不是为了从一处营地带到另一处而设计。陶制炊具内的东西和垃圾堆显示，上野原人拥有丰富的食物来源，他们显然从林地、淡水溪流、海边和海中取食。就像马拉哈泉村和科斯特人那样，他们靠着丰富的自然收获放弃了传统狩猎采集者的流动生活方式，享受定居的村落生活。

　　但正如其他任何村落，上野原拥有独特的环境和一系列文化特点。卢伯克看到更多的陶匠在工作，有的用海贝代替绳结给陶器印上花纹。猪肉被挂在设计巧妙的灶坑上方熏制，这种灶坑有两个通过短通道相连的开口。其中一个开口上方用树枝挂着肉块，另一个开口处点火。烟从通道飘过，笼罩在肉周围。正在制造的石质箭头两边有明显的锯齿，完全不同于卢伯克在其他地方看到的。身体装饰也不相同：绘制的图案很夸张，许多人佩戴用黏土烧制的粗大耳环，上面刻着漩涡和螺旋图案。[20]

　　虽然精致，但这些身体装饰似乎不代表地位。上野原好像没有指定的首领，也没有财富差异。所有房屋在大小和结构上都很相似，每堆火上都烹煮着同样类型的食物，对谁能坐在哪里同谁说话似乎也没有限制。

　　当上野原的一天行将结束时，卢伯克查看了自己抵达时从林中归来的那些人所带的包裹。包裹被扔在一排挖好的黏土坑边，里面的东西撒了一地：橡子。两个女人正在工作，将一层层碎石和切碎的芦苇铺到每个坑底。橡子被倒进坑里并压实，然后再铺上芦苇和碎石，直到几乎与地面齐平。最后，女人们用黏土盖住坑，形成防水层。就这样，坚果可以不受啮齿动物和潮气的侵害，安全地储存到每年冬天食物短缺的时候，而且等到吃的时候，它们的苦味也会消失。[21]

随着工作结束，太阳落下，卢伯克被吸引到火边。那座半完工小屋旁聚集了一群人，卢伯克坐在他们中间。一堆芦苇尚未被绑到木桩上——人们似乎不着急完工。滚烫的石头上，包在叶子里的鱼滋滋冒着油。一些成人和孩子已经铺好植物纤维做的垫子睡了；另一些人低声交谈，或轻轻地给孩子唱歌。当卢伯克加入他们时，夜空中出现了奇观：红色和橙色不断变幻，然后加深为紫色和紫红色。空气中有淡淡的硫黄味，火山灰飘落，在拉开的夜幕中发出荧光，犹如一场小小的烟花表演。

1986—1997年，当鹿儿岛考古中心的新东晃一（Koichi Shinto）发掘上野原时，他在两层火山灰之间找到了考古遗存。卢伯克到来时正在咆哮的是樱岛（Sakura-jima）火山，它于公元前9100年喷发，将定居点埋在浮石和火山灰之下。[22] 尚不清楚上野原人是惊恐地逃离还是被活埋了，因为酸性的火山灰摧毁了遗址的一切有机物质，包括人类和动物的骨头。不过，那里挖出了大量古代小屋的地基、灶坑和火堆。除了这些，新东晃一还找到一批器物，包括陶瓷耳环、罐子、黏土小像和带锯齿的箭头。许多是在离公元前9100年的那次喷发之后几十年乃至几个世纪才被埋的。由于没有与之相伴的房屋，上野原似乎成了一个仪式性的埋藏地点。

不过，樱岛火山并非掩埋了上野原最后的物质遗迹并决定了当地人最终命运的火山。完成这一切的是公元前5000年左右某一天喷发的鬼界（Kikai）火山，距离九州岛南岸 100 千米。[23] 这是全新世世界最大的喷发之一。火山碎屑从海上漂到九州岛，破坏了南部和中部的森林以及其中的一切，鬼界火山的火山灰甚至一路向北落到了北海道。上野原（可能已废弃）被埋在 1 米深的火山灰下。九州岛南部的许多地区在几个世纪里无人居住，人们再也没有回来重建村子。[24]

今天，上野原向公众开放展示，每年有数以千计的人前来参观绳纹狩猎采集者曾经建造房屋和熏制猪肉的地方。在其生命的这个最新阶段，上野原变得与其他经常被放在一起比较的史前狩猎采集者定居点截然不同。斯塔卡、马拉哈泉村和其他许多地方发掘出来的遗迹鲜为人知，公众也无法进入，无缘了解自己的狩猎采集者历史。

现在是公元前 9100 年。卢伯克一直睡到天亮，然后离开上野原，开始在日本诸岛间向北而行。首先，他沿着鹿踩出的小径和植物采集者经常走的路线步行前往九州的北海岸。他来到了高耸于丰后水道之上的山崖，这条宽 50 千米的海峡上点缀着众多小岛，对岸就是四国岛。远处的海岸消失在下方波涛激起的咸味雾气中。

他别无选择，只能沿着崖顶而行，时而下到海湾，时而又攀上岬角，直到抵达九州的最北端。这里的绳纹人营地位于被遮蔽的小海湾中，有的岸上停着独木舟。卢伯克借了一条，穿过狭窄的海峡前往本州岛的西南角。然后，他沿着南侧弯曲的海岸线而行，始终处于石灰色和紫色山顶的内陆高山的阴影下。冬天来时，山顶和森林覆盖的山坡上积满了雪；太平洋吹来的狂风暴雨宣告着炎热潮湿夏天的到来。很快，公元前 9100 年变成了 8000 年，然后是 7000 年。

当南边的海岸线摇摆不定时，卢伯克向内陆走去，沿着森林覆盖的深谷，他来到了山巅之间的隘口，朝东望向翡翠色太平洋对岸的北美。公元前 6500 年来临时，卢伯克知道大平原上的狩猎采集者正同干旱的影响做着斗争，搜寻日益减少的野牛群。

在另一次离开海岸的内陆之行中，卢伯克来到一个巨大内陆湖边缘的泽地，那里今天被称为琵琶湖（Lake Biwa）。林地特别茂密，湖中出产贝类和许多可食用的水生植物，难怪那里有好几处绳纹人营地。居民将采来植物上的废弃物扔到泥泞的地上，包括果壳、难吃的外皮、种子和茎秆。这些东西将保存在被水淹没的沉积物中，直到粟津（Awazu）遗址被发掘，那是少数几处发现植物遗存的绳纹遗址。[25]

与乌鸦一起从本州岛西南角跋涉了大约 850 千米，并在崎岖的海岸和山谷间绕行了至少四五倍这个距离后，卢伯克来到今天东京湾上方平缓的多摩丘陵（Tama Hills）。他刚刚从富士山边经过，那座完全对称且白雪皑皑的山顶俯瞰着周围的湖泊和瀑布，还有盛开的樱花和野杜鹃。但现在他面前的景象更加平淡：浅谷的另一边，一群野猪穿过灌木丛，边哼哼边抽动鼻子。

一头大公猪是它们的首领，长着看上去致命的弯牙，和它在一起的还有三头母猪和一群斑纹小猪。一头母猪突然在刺耳的尖叫中消失了，剩下的逃走，小猪不顾一切地试图跟上冲入林中的大猪，留下折断的树枝和踏倒的灌木。猪群刚刚待过的地方继续传来尖叫，充满惊恐和痛苦的叫声中夹杂着绝望的咕哝，在整个山谷中回荡。但看不到猪的踪影。

叫声持续了几分钟才停歇，被粗重的呼吸和挣扎声取代。卢伯克小心地慢慢走近，发现那头母猪上了坚果诱饵的当，掉进盖着枯树枝的陷坑中。猪被困住了，它的后腿无助地悬在沟中，身体两边被卡住，并且因为无助的挣扎而越来越紧。

随后的几小时里，卢伯克等在陷坑边，母猪不时发出尖叫，疯狂地晃着脑袋。等到一群绳纹猎人从林中赶来检查陷阱时，它已经精疲力竭地安静下来。当他们用一把燧石刀割开鼓胀的动脉时，它只能呜咽着接受死亡。

猎人喝了一点装在小陶碗里的猪血，等待剩下的流干。然后，人们开始搬动尸体。他们爬到猪背上，用石斧和石刀着手宰割，用木棍撑开切好的尸体。随后，他们肩上扛着猪的腰腿部返回树林，猪头被挑在一根木棍上。留下的只有一堆用钝的油腻石头工具，以及一个带血的陶罐。

1970 年，在横滨市雾丘（Kirigaoka）地区一次房地产开发前进行的发掘中，目前在东京大学任教的今村启尔（Keiji Imamura）在 7 个勘察点都没能发现绳纹人的坑屋。但他找到了许多椭圆形的坑，大多 1.5 米长，1 米多深。它们作为房子太小，而且周围的器物寥寥无几，今村认为他可能找到了捕捉野猪的陷坑。[26]

遵循这种想法，今村弃用了小铲子和刮匙等常用考古工具，而是改用了挖土机。他挖掉了雾丘地区的大片表层土壤，包括山坡、山脊、台地和小山谷的底部。整个地区被证明遍布椭圆形坑，许多位于今村认为的动物足迹旁。坑有一系列不同构造。有的曾在底部竖着桩子，这可能是为了刺死猎物，或者让猪蹄无法踩到地面。另一种就像卢伯克看见的——坑呈长椭圆形，坑壁逐渐收窄，猪掉入后会被紧紧卡住。

在雾丘的几个坑中发现了陶片，它们可能来自留在陷阱周围的破碎陶器，连同土壤和其他废弃物一起被雨水冲入坑中。陶器的风格和纹饰显示，一些坑属于绳纹时代早期，与上野原的定居点同时代，另一些则属于绳纹时代前期。还有的坑非常晚近，在有史可据的年代被用来捕捉野猪，就像日本民间故事中所记录的。

20 世纪 70 和 80 年代的经济繁荣期间，日本每年都会在建筑工程开始前展开数以千计的发掘，全国各地发现了许多类似的遗址。

大部分陷坑属于绳纹时代前期，有时一次发现的数量很多。其中最引人瞩目的发现之一来自东京南郊的多摩丘陵地区，在房地产开发前对这片 30 平方千米的土地做了勘察，发现了惊人的 1 万个坑。绳纹时代后期的坑呈线形排列，暗示猪或鹿被驱赶着跑向那里，也许使用了藩篱将动物引向死亡。但较早的绳纹人对打猎似乎更加随意——他们只是留下些诱饵，然后听天由命，等待野猪和鹿在看似无害的林地里刨食和啃食。

卢伯克从多摩丘陵出发，走向东京湾沿岸，现在他一直留意着可疑的坚果堆。来到目的地后，他看到海岸线似乎荒废了，虽然海湾周围有许多人类存在的痕迹：昔日的火堆、倒塌的茅屋和被拖到沙滩上的独木舟。当卢伯克坐着犹豫该去哪里时，湾中一个小岛上的树林里升起了炊烟。水看上去不深而且温暖，于是他开始涉水走向那里。但事实上水又深又冷，卢伯克只得游了一场不适而疲惫的泳。

他发现岛上住着几家人，他们简陋的茅屋建在一大堆贝壳附近，其中包括牡蛎、蛤蜊和鸟蛤。动物骨头（有的还连着小块的皮和筋）以及破碎的工具和陶罐也被扔进发臭的垃圾堆。贝丘边缘点着一堆火，女人们正在把坚果磨成糊，孩子们则在垃圾堆上玩耍。他们乱扔很久以前的骨头，把废弃的陶罐砸成小碎片。狗趴在女人身旁嚼着骨头，男人们坐着望向大海，不知道来袭的潮水是否会涨到像昨夜那么高，甚至犹有过之。[27]

卢伯克来到了未来的夏岛（Natsushima）考古遗址。游完泳后，他需要一点温暖，于是在火边坐下，贝丘的臭味让他想起了在埃尔特波尔和纳穆的日子。虽然对贝丘遗址并不陌生，但他此前很少有时间学习沿海采集的技巧。因此，卢伯克决心至少在夏岛待上几周，观察和实践绳纹人生活的又一个方面。

第二天清晨退潮时，学习开始了，他跟随女人们前去捡拾贝类。

许多小孩子也来了，被女人背在肩上，或者跑到附近的水中嬉戏。岩石上的贝类很容易找到，但很难取下。卢伯克不得不学习如何用尖石猛砸它们，但常常在石头上磕破指关节。

女人们还在沙下搜寻蛤蜊，寻找这种贝类挖出的小坑，然后将手指或掘棍插入沙中查探数量。如果触到足够多的贝类，一些女人会坐下并开始往篮子里装；如果没有，就继续搜寻——为了更好地看清地面，她们弯下了头和肩。当一片特别密集的贝类被发现时，所有女人围成一圈，从沙中挖出大批蛤蜊。

回到营地后是烹饪课。人们在炉灶边找了一片干净的沙地，贝类被小心地相互堆放在一起，吻部埋在沙中。小木棍和干草被放在贝壳上。点燃后，微风很快让火焰在贝壳堆上扩散开来。几分钟后，滋滋声和噼啪声响了起来，贝壳开始张开，并流出汁水。烤熟后，火被清理走，张开的贝壳被放在新鲜的绿叶上冷却。[28]

虽然夏岛人的食谱以海鱼和海边食物为主，卢伯克还是和猎人们一起定期前往内陆的山丘和森林。他们检视陷坑，并设陷阱捕捉野兔——卢伯克很久以前在克雷斯韦尔崖已经学会了这种技巧。他们跟随新鲜的鹿脚印，但很少成功；狗将禽类猎物赶出；网被罩在毫无警觉的鸭子身上。

几周后，卢伯克已经了解了很多对他毫无觉察的主人们获取食物的方法，但对他们的社会生活和宗教信仰所知寥寥。只有一条狗死去，尸体被随意埋在贝丘里。因此，尚不清楚他们如何处理人类死者。这里有夜晚围着火堆讲故事和唱歌的熟悉场景，但没有令人难忘的仪式、服饰或舞蹈。

1955 年，杉原庄介（Sosuka Sugihara）和同事们发掘了夏岛贝丘。[29] 该处遗址提供了关于日本史前史最早的放射性碳定年数据，在确定绳纹文化的古老年代和特征中扮演了关键角色。最下层埋藏的小陶片和焦炭来自公元前 9000 年。和几年前发掘的福井洞一样，这种陶器和被放射性碳定年的焦炭的组合最初引起了一些怀疑。

发掘过程中找到了许多沿海活动的痕迹：鱼钩、针、网坠、斧头和磨石，还有来自种类繁多的贝类、兽类、鸟类和鱼类的骨骼。和丹麦的埃尔特波尔贝丘一样，这里也没能找到房屋的痕迹，可能是因为它们建在了发掘区域之外，或者过于脆弱而没能留下痕迹。我们只能从贝丘中发现的金枪鱼、海鲈和海豚骨骼猜想存在出海捕鱼的独木舟。但在别的地方找到过绳纹人的独木舟，尤其是在太平洋沿岸的另一处贝丘——加茂（Kamo）。[30]

卢伯克没能收集到公元前 6500 年夏岛居民丧葬习惯和仪式活动的信息，这是因为他停留的时间太短了——仅仅持续了一个夏天。他没能了解到那些家庭是常年留在贝丘旁，还是会搬到另一个定居点，比如和其他家庭一起前往林地中的村子过冬。那时他们可能会举行典礼和仪式，会穿戴整齐地跳舞，会举办婚礼和成人仪式。但卢伯克不得不带着这些未回答的问题离开夏岛——今天的考古学家也仍然没有答案。[31]

绳纹文化在卢伯克的旅行结束后继续繁荣了很久。它在公元前 3000 年后不久达到顶峰，当时绳纹陶器实际上变成了华丽的雕塑，还出现了刻有精致花纹的石棒和女性小雕像。从考古遗址数量的急剧增加来看，人口显然有了大幅上升。林地被密集收获，绳纹人成了自己的野生森林的园丁、栽培者和管理者。[32] 贝丘从夏岛上那样的小堆垃圾变成了马蹄形的大山包，包含数以百万计的贝壳和骨头。洄游的鲑鱼提供了可预见的食物来源，对文化多样性做出的贡献可能与它们对太平洋彼岸的美洲西北海岸一样多。[33]

随着大规模的水稻农业在公元前 500 年左右传到日本，狩猎—采集—种植的绳纹人生活方式被使用铁制工具的乡村农业经济取代，后者一直延续到近代。来自中国和朝鲜的移民将这种新经济带到日本。[34] 几乎所有现代日本人都是这些人的后裔。由于水稻无法在本州北部和北海道的较寒冷环境中生长，绳纹文化在日本北部持续的时间要稍长一些。今天，保持狩猎采集生活方式的阿伊努人就生活在这些地区。[35] 许多人认为，阿伊努人不仅是绳纹生活方式的继承者，还是绳纹人在生物学上的后裔。

第41章

北极之夏

猛犸草原和高纬北极的殖民，公元前 19000—前 6500 年

卢伯克曾与生活在冰河时期世界最南端的人类分享过塔斯马尼亚的一个山洞，现在他正前往地球的另一极。他的目的地是若霍夫（Zhokhov），这个位于北冰洋的半岛将标志着他在东亚的北上之旅的终点——再也没有其他地方可去。

今天，若霍夫是一个小岛，南北不超过 11 千米，东西不超过 9 千米，上升的海平面将其与西伯利亚本土分开。岛中心的低矮丘陵边是完全平坦的低地，上面点缀着一系列水坑。这是一片贫瘠的沼泽苔原，除了被北极风暴刮得光秃秃的玄武岩，苔藓、地衣和草覆盖着岩床。在猛烈北风的不断侵袭下，那里遭受着北极漫长冬天的严寒与黑暗。很少有人会否认若霍夫岛是地球上最不宜居的地方之一，公元前 6400 年时也几乎没有区别。不过，那里是一个石器时代社群的家园，他们是已知最早生活在高纬北极的人类。

想要从夏岛到达若霍夫，卢伯克必须完成一段约 3500 千米的旅程。他首先坐独木舟离开日本的最北角，抵达俄罗斯远东地区后，他又从茂密的橡树、榆树和桦树林中穿过，那里为熊、狐狸和野猪

提供了完美的栖息地。随着他向北而行，阔野林地变成了云杉、落叶松和冷杉组成的阴暗针叶林。卢伯克在林中感到孤身一人，尽管有迹象暗示并非这样。[1] 他经过最近生过火堆的河岸，有人在那里制作过石器，清理过鸟的羽毛，还剥过鲑鱼的皮。远处的树林上方飘起烟雾，奇特的非自然声响似乎宣告着人类的存在。但这些回响只是西伯利亚森林中罕见的额外声，那里最常见的是树木在风中的噼啪声和机警动物弄出的沙沙声，可能来自驼鹿或猞猁。上方传来大雁的尖叫、嘶鸣和拍打翅膀的声音，它们同样向北而行，将在北极度过夏天。

在北上之旅的中途，一个山洞为他提供了庇护所和等待其他人到来的场所。山洞位于一座石灰石小山崖上，靠近两条河流的交汇处，其中较大的那条将成为阿尔丹河（Aldan），流经今天俄罗斯联邦的萨哈共和国（Sakha Republic）。卢伯克爬过陡峭河岸上的一片灌木丛来到洞口，洞中很小，深度不超过 12 米，高度刚够站直。风景令人生畏：覆盖着森林的山丘有节奏地起伏，然后缓缓消失在天际。

洞中温暖而干燥，如果附近有人，他们肯定会来这里使用它。于是卢伯克开始等待，就像他在世界上其他地方做过的，比如在公元前 13000 年澳洲中部沙漠的库尔皮马拉，或是公元前 7500 年亚利桑那州的凉鞋岩棚。但他的等待再次只是徒劳。

卢伯克孤独等待的地方是久克台洞（Dyuktai Cave），但他到来的时机不好，没能遇见任何居住者。[2] 那里曾在公元前 17000 年和公元前 12000 年被使用，然后长期荒废，直到有历史记载的时代才重新有了居民。因此，在卢伯克到来的公元前 6400 年，冰河时代久克台洞居住者的石质工具和食物残骸已经被埋在了地面沉积物中，包括风吹来的尘土、塌落的石灰石和河水泛滥时留下的泥沙。

这些工具一直埋在沉积物中，直到 20 世纪 60 年代被苏联考古学家尤里·莫汉诺夫（Yuri Mochanov）发掘。

莫汉诺夫的发掘是 1964 年苏联科学院发起的普利棱斯克（Prilensk）考古行动之一。[3] 人们选定阿尔丹河谷，希望找到迁往西伯利亚东北部的人类的定居点，他们的后裔殖民了美洲。当然，那时蒙特贝尔德还远未发现，克洛维斯人仍然被奉为最早的美洲人。

洞内地面上有几米厚的沉积物，从中发现了大批石器和动物骨骼。骨骼来自许多不同的物种，既有包括驯鹿、马和野牛在内的大型动物，也有旅鼠、野兔和狐狸等较小动物。这些暗示了存在与卢伯克经过的被森林覆盖的山丘完全不同的环境。莫汉诺夫认为，那里曾是苔原和草原，人们不仅捕猎野牛和驯鹿，还把真猛犸象作为猎物——洞中也发现了后者的骨头。[4]

那里的石质工具与此前在东北亚发现的截然不同。有的是石刀和投矛尖，通过从大石片的两个表面不断凿去小碎片制成。这正是北美克洛维斯人在制作投矛尖时所用的"双面加工"方法，但久克台洞最后的史前居住者至少比克洛维斯人早了 1000 年。[5] 另一些工具由从"楔形"石核上取下的燧石小薄片制成，鹿角和兽骨则被加工成其他各种工具，包括锥子和锤子。

随着普利棱斯克考古行动发现了更多遗址，又有多批类似的工具出土，经常与同类型的哺乳动物联系在一起。于是，一种新文化得到界定，根据最早发现此类工具的山洞被命名为"久克台文化"。这种文化很快被发现存在于更新世最后 1000 年里的整个西伯利亚，或者我们应该称之为西白令陆桥。

现在我们知道，久克台文化的起源可以上溯到末次冰盛期最艰难的时期结束仅仅 1000 年后。1986—1990 年，来自苏联赤塔教育学院（Russian Chita Pedagogical Institute）的米哈伊尔·康斯坦丁诺夫（Mikhail Konstantinov）发掘了奇科伊河（Chikoi River）

古河岸上一个引人瞩目的露天遗址，遗址靠近俄国东部的贝加尔湖，位于久克台洞西南大约 2000 千米处。这个被称为斯图德诺（Studenoe）的遗址显示，狩猎采集者经常在河畔的洪泛平原上驻营。每次居住结束后，他们丢弃的垃圾马上会被细沙淹没和掩埋。[6] 由此形成了大量的沉积层，一座座炉灶和小屋被细沙层分开。70 块石头组成的圈子标出了其中一座房屋的轮廓，5 座炉灶的遗迹排成一列。用石头砌边的炉灶呈椭圆形，其中留有焦炭，小屋的地面上找到了数以千计的石器，具有典型的久克台文化特征。

1996 年，一支美国队伍与俄国人合作，从炉灶中取得焦炭样本用于放射性碳定年。结果显示，最早的河畔营地建于公元前 19000 年，当时已经开始使用久克台式的工具。显然，斯图德诺和久克台的技术提供了在东北边远地区殖民的基础。虽然斯图德诺人和他们的后裔一定忍受了严寒和暴风的考验，需要不断寻找柴火和庇护所，但他们似乎被驱使着在冰天雪地的北方殖民。到了公元前 15000 年，他们已经生活在贝勒莱赫（Berelekh），该据点位于久克台洞以北 1000 千米，北极圈以内 500 千米。阿拉斯加的蓝鱼洞等遗址告诉我们，使用久克台技术的人类在公元前 11000 年已经穿过白令陆桥，成为最早的美洲人之一。到了公元前 6400 年，他们殖民了高纬北极，在若霍夫建立定居点。

离开久克台重新开始北上之旅前，卢伯克读了《史前时代》中关于"爱斯基摩人"的段落。[7] 在 1865 年写下这段话时，他的维多利亚时代同名者已经知道有人生活在从西伯利亚到格陵兰的北冰洋沿岸。维多利亚时代的约翰·卢伯克参考了许多北极探险队的日志，特别是来自帕里船长（Captain Parry）1821—1823 年之行的。比起其他现代野蛮人，他对爱斯基摩人更为赞赏。在描绘其房屋、工具、衣物、船只、狩猎、捕鱼和丧葬习俗时，他不时评价他们心灵手巧、技艺高超。

当维多利亚时代的约翰·卢伯克发现材料中有对爱斯基摩人的批评和不屑时，他会很快为他们辩护。于是，在引述各种对食物"令人作呕的描绘"，以及谈到爱斯基摩人吃生肉的习惯时，维多利亚时代的卢伯克表示，一些欧洲的北极探险队也吃了生肉，这有助于在高纬度地区保持健康。与之类似，在描绘爱斯基摩人如何"极其肮脏"时，他强调了他们如何缺少淡水，以及极度的严寒如何"防止腐败，从而免去了我们保持清洁的一个主要动机"。同样，在引述了爱斯基摩人是"出色小偷"的证据后，维多利亚时代的卢伯克又强调说，对常年极度短缺食物的人来说，一定要原谅船上储备带给他们的诱惑。然后，他又将爱斯基摩人描绘成"内部极其诚实，和善、慷慨而可信"。一些女人甚至"既美丽又聪明"。

卢伯克在公元前 6400 年离开久克台洞，继续跋山涉水地向北而行。树下常常光线昏暗，地面上铺着一层厚厚的松针，踩上去很有弹性。每前进一步，动物的稀少就变得更明显。偶尔可以看到驼鹿站在树木间的小草坪上，或者在柳林中进食。一头熊在贪婪地吞食浆果。但除此之外，云杉林地似乎非常空寂，只有树上的几只小鸟和沼泽周围的野禽。不过昆虫似乎很多，一有机会就在卢伯克的皮肤上叮咬蜇刺。

沿着山谷行进时，卢伯克注意到一条沟里探出某种光滑而弯曲的白色物体。拂去一些尘土后，他发现那是猛犸的象牙，因为沉积物塌落到谷底而露了出来。卢伯克以一根结实的树枝为镐，一块扁平的卵石为锹，开始挖了起来。更多的象牙和头骨的一部分露了出来。很快，一大块真猛犸象皮重见天日。经过几个小时的挖掘，卢伯克放弃了自己的工作——只靠这点树枝和石头远远无法挖出那头巨兽。

西伯利亚的冰冻动物能激发对北方冰河期世界最生动的回忆。最早被记录下的发现是西伯利亚东北偏远地区别列佐夫卡（Berezovka）的一头猛犸。1900 年，一位象牙商人从生活在科雷马河（Kolyma River）的部落成员手中购买了象牙，并获悉它们是从一头毛皮完整的动物身上割下的。经过几个月的报告和电报交流，来自圣彼得堡帝国科学院的考察队开始调查上述发现。在奥托·赫兹（Otto F. Herz）的带领下，考察队于 1901 年 5 月出发，用了整个夏天才找到那头猛犸。等他们到达时，秋天的霜雪已经将猛犸封藏在重新封冻的土地中。于是，人们不得不用木头和帆布在尸体上方搭了个棚子，点起炉子将封冻融化，然后再开始挖掘。[8]

虽然头部大部分遗失，其他部位也已腐烂，但别列佐夫卡猛犸的保存状况仍然好极了。大片皮肤被保存下来，还有一些内脏、舌头、尾巴和睾丸。留在猛犸齿间的毛茛和其他花朵是他的最后一餐。许多骨头折断，还有大团血块。它几乎是立刻死去的，可能是因为掉进了沟中。

随后的 50 年里又有了其他一些惊人的发现，不仅是冰冻的猛犸，还有马、野牛和披毛犀，都来自冰河时代结束之前。有的动物胃里还有未消化的草、芦苇和花——对于寻求重建森林到来前古代地貌的科学家来说，这些是关键证据。

来自阿拉斯加大学的动物学家戴尔·格思里是这些科学家中的佼佼者之一，他将冰河时代的亚洲北部地貌命名为"猛犸草原"。[9]这片覆盖着禾本、草本和灌木的土地养活了成群的大型动物，完全没有树木。就像伦敦大学学院的植物考古学家戈登·希尔曼试图重建的西亚草原那样，北方草原今天几乎不复存在，却是冰河期世界的关键组成部分。

从贝勒莱赫发掘出的大型天然骸骨堆（那里被称为"猛犸墓地"）让我们得以了解猛犸草原上的动物居民。[10]在 1957 年一篇科学论文中首次被报告后，苏联科学院于 1970 年派出了科考队。韦列夏金（N. K. Vereshchagin）用水枪冲走包裹的沉积物，露出大约 200 头猛犸的遗骸，还有野牛、马和驯鹿的尸骨。在此过程中，他在距离主骸骨堆不远处的一些骨头中找到了 4 件燧石制品。尤里·莫汉诺夫判定它们属于久克台文化。于是，普利棱斯克考古行动在 1971—1973 年间和 1981 年两次发掘了贝勒莱赫的人类定居点。

他们在工作中发现了许多公元前 15000 年左右被丢弃的石头、骨头和象牙工具，与其相联系的是猛犸、野牛和驯鹿的骸骨，但北极兔和山鹑骨头的数量要多得多。因此，就像卢伯克在克雷斯韦尔崖看到的，冰河时代的贝勒莱赫猎人们似乎更喜欢设陷阱捕捉小猎物，而不是与巨兽搏斗。用于制作小刀和矛尖的猛犸象牙很可能是从"墓地"捡来的——就像末次冰盛期的普什卡里人从类似的骸骨堆中收集建筑材料。莫汉诺夫认为，贝勒莱赫可能有过用猛犸骨头建造的房屋，但经过数千年的风霜侵扰，更别提韦列夏金水泵的影响，已经无法从骨堆中辨认出任何结构。

公元前 13000 年之后不久，树木开始在猛犸草原上扩散。格思里认为，促成这种结果的不是升高的温度，而是降水的增加——猛犸草原的关键是干旱。大部分新的降水以持续的细雨和雾气形式到来，就像今天那样。降水从来都不多：现在阿拉斯加的年降水量与卡拉哈里沙漠（Kalahari Desert）相当，但由于蒸发量如此之低（至今仍是），猛犸草原的土壤很快变得非常湿润，形成了沼泽、河流和湖泊的水体网络。

组成新森林的针叶树拥有充足的水分，但需要挣扎着从封冻的土地中获得养分。同样的情况也适用于今天，生长可能极其缓慢：格思里表示，100 岁的云杉可能直径只有 15 厘米。这样的树木不能冒险让任何新生枝叶落入食草动物口中，于是在叶片和针叶中携带了有毒的化合物，使其变得非常难吃。它们的落叶腐烂得极其缓慢，在森林地面上留下厚厚的腐殖层。腐殖层隔绝了土壤，造成永冻层变厚，进一步减少了树木所能获得的养分。因此，生长进一步受限，树木更迫切地需要让自己变得难吃。

这些树还需要庞大的根系才能生存，这让它们的几乎整个植株位于地下，不受食草动物的侵害。猛犸草原上的禾本、草本和灌木则截然不同——它们生长迅速，适应季节性的短期降水，然后再次枯萎。于是，它们可以承受被吞噬，有时甚至得益于枯萎组织被吃掉，好让阳光照到并温暖土壤本身。

森林、沼泽和湖泊的扩散把兽群赶向北方剩余的猛犸草原。但即使在那里，它们也面临压力：更厚的积雪掩埋了草地和灌木，上升的海平面淹没了沿海土地。这些因素的组合足以将西伯利亚猛犸推向灭亡——不能将此归咎于久克台人，因为没有发现堪比北美克洛维斯遗址的杀戮现场。已知只有一群猛犸在公元前 9600 年爆发的全球变暖中存活下来——海水侵入西伯利亚平原后，它们被困在弗兰格尔岛上。它们是在地球上行走的最后的真猛犸象。[11]

公元前 6400 年，当卢伯克继续北上之旅时，树木变得稀疏，曾发生过全球变暖的想法似乎成了神话。当空气静止时，成群的蚊子会停在他的眼睛、嘴唇和鼻子上，让他渴望刮起刺骨的风。仲夏来临，天空变成淡彩色，常常就像珠母贝的内壁。太阳和月亮周围频频出现光晕和光环。北极光在遥远的天上形成了波动着的红色和绿色垂幕。

最后，卢伯克来到一片广阔的沿海平原。寥寥无几的树木生长在由苔藓、帚石楠、地衣和菌类组成的斑驳地面上，它们发育不良，饱受风的折磨。卢伯克在坚硬的草丘上绊了一跤，滑入沼泽，但看上去潮湿的苔藓在他脚下显得意外地脆。[12] 天空灰蒙蒙的，时常刮起一阵夹杂着雨雪的风，从苔原上呼啸而过。极远之处是被雪覆盖的小山的模糊轮廓，若霍夫村就坐落其间。

一种异样的声音让卢伯克停下脚步，这让他想起了到过的其他地方——马拉哈泉村、斯卡特霍尔姆和科斯特。一声犬吠。他转过身，看到4条狗拉着雪橇而来，驱赶它们的是个身穿厚厚毛皮的男子。雪橇嘎吱作响地慢慢穿过苔原，后面放着一篮越橘、一捆木棍和一根猛犸象牙。卢伯克瞅准机会跳上了一只路过的雪橇，搭便车走完了前往若霍夫的最后几千米。

1989年，列宁格勒考古所（Leningrad Institute of Archaeology）和南北极研究所（Arctic and Antarctic Research Institute）的一次联合行动在小小的若霍夫岛上发现了人类定居点。乍看之下，那里不过是该岛西南部一处小山谷中的一系列圆形浅坑、几堆兽骨和断裂的浮木，靠近一座孤零零的小山脚下。发掘工作由弗拉基米尔·皮图尔科（Vladimir Pitul'ko）主持，他发现那些坑曾是房屋，而且得益于永冻层，木头和骨头的保存状况非常好。该定居点被证明是人类出现在高纬北极的最早证据。[13]

在发掘过程中，皮图尔科找到了雪橇和狗的证据，猜测两者可能一起出现过[14]，将狗拉雪橇在北极的历史向前推进了数千年。雪橇的证据是一块可能来自落叶松的木头，被制成并用作滑板。滑板长1米出头，底部有摩擦痕迹。它在使用过程中被磨出斜棱，显示曾安装在雪橇左侧。滑板上挖出的一个插口曾连着框架的一部分——这个雪橇显然相当大。

虽然又有更多的雪橇残片被发现，但都无法提供曾被狗拉的直接证据。但发掘出了狗的骸骨，比北极狐的大，比狼的要小。更多犬类驯化的证据来自从永冻层中挖出的大量"小堆圆形沉积物"——狗粪。狗粪被掰开后，从中发现了驯鹿的毛，还有骨头和蹄的碎片。

狗粪堆呈离散分布，显示狗曾被拴在不同的柱子上。

狗可能还被用来打猎。皮图尔科发现的动物骨骼显示，若霍夫人狩猎驯鹿、大雁和天鹅，偶尔也捕捉海豹，而他们主要的食物来源是北极熊。这个发现独一无二——在考古学家发现或人类学家造访过的其他任何定居点，北极熊都只是次要的食物补充。由于北极熊是特别强壮且危险的动物，这并不奇怪。来自若霍夫的动物骨骼还与考古学家中间的流行观点相矛盾，即对高纬北极的殖民是由擅长捕猎海洋哺乳动物的社群完成的。

所有历史上已知的北极文化都对北极熊尊崇备至，经常在自己的神话世界中赋予它们关键角色。在加拿大北极地区的因纽特人的普遍信仰里，北极熊和人类曾经可以轻松地变成对方。[15] 这可能源于北极熊与人类的相似点：两者都能直立，都能在陆上行走和在海中游泳，都擅长打猎和建造冰屋，不过北极熊是用冰屋来分娩。但尊敬从未避免杀戮，毕竟，北极熊能提供很多：优质的肉、温暖的毛皮、点灯用的脂肪，用于制作工具的骨头、爪子和牙齿。

当因纽特人杀死一头公熊后，它的膀胱、阴茎、脾脏和舌头都会与狩猎中使用的猎叉和其他武器一起被挂在冰屋里。如果是母熊，膀胱和脾脏会与女人们的工具（针和小刀）挂在一起，好让熊的灵魂感到自在。通过听人讲述饥饿的熊在男人们外出打猎时突然现身营地发起攻击的故事，女人们从小就被教导要对熊感到畏惧。因纽特男孩通过第一次猎熊获得成人身份，随后他会得到一根把手是由熊的阴茎骨制成的打狗鞭。

来自列宁格勒考古所的阿列克谢·卡斯帕罗夫（Aleksey Kasparov）对弗拉基米尔·皮图尔科在若霍夫发掘出的北极熊骨做了仔细研究。他确定了如何在杀戮现场进行最初的宰割，小腿和脚掌部分被丢弃在那里。卡斯帕罗夫重建了尸体被分割成肉块的过程，以及头部如何被切开，以便取出犬齿和脑子。骨头的大小暗示，若霍夫人主要捕猎母熊，很可能是趁熊寻找冬窝地点时下手。

遗址中找到了各种狩猎装备，虽然尚不清楚具体哪些被用于捕猎北极熊，哪些被用于捕猎驯鹿和大雁。其中包括针形的骨制投矛尖，有的可能被安在木头箭杆上，箭杆残片也被发现。较大的骨制矛尖两边有槽口，可能嵌入过燧石刀片。还有些骨头被削刻成带钩的尖头，很可能用于捕鱼。象牙和鹿角被用来制作锄头，还有多种类型的石头被加工过，如燧石、砂岩、玉髓和黑曜石。有的采集自当地沙滩，有的则来自远方并很少被使用，比如黑曜石。

若霍夫人不再使用斯图德诺、久克台洞和贝勒莱赫人喜欢的双面加工技术来制作自己的石质工具，他们也不再制作独特的"楔形"石核，而是更喜欢将石块加工成锥形或棱镜形，然后再从上面剥离石片和刃片。被剥离的大量石片被用作刀刃、锥子和雕刻工具，较大的石片则被磨成斧头。

到了若霍夫有人居住的时代，西伯利亚各地的人们使用这种新技术已经长达几千年，久克台文化的技术随着大地被森林覆盖而遭到抛弃。虽然卢伯克在北上之旅中没能遇见任何人，但公元前6400年的西伯利亚森林中肯定生活着狩猎采集者，因为发现了大量遗址。[16] 我们对他们的生活方式所知寥寥，因为在大多数遗址只发现了一小堆石器。这就是为什么皮图尔科在若霍夫的发现和发掘如此不同寻常——房屋、狗和雪橇的遗迹属于一个狩猎北极熊的石器时代社群，他们生活在北极圈以内至少1000千米处。

当卢伯克剔着牙缝中的越橘籽时，雪橇抵达了村子。他很享受这段行程，虽然让他感到失望的是，雪橇滑板为木质的，而非像《史前时代》中所描绘的那样采用鲸鱼骨，或者将冰冻的鱼包裹在皮革中制成。

黄昏也已降临若霍夫，暮光将持续很长时间，慢慢变淡但不会变暗，将大地重新染成浅蓝色和朦胧的紫色。小山的避风处和柳林中的一条小溪附近至少隐藏着十几间圆形房屋。每间房屋都用劈开的木头筑成墙壁，锥形的屋顶上铺着草皮和苔藓。几个孩子在等待雪橇，他们帮驱赶者拴好狗，用木碗给它们端来水，还拿来骨头给它们啃。雪橇上装的木头被堆到一间房屋旁，象牙竖起靠在墙边。男子喝了水，然后将被偷吃过的越橘分给一些家人和朋友（均为男性），大家围坐在缓慢燃烧的火堆旁。

卢伯克走进一间屋子，他推开沉重的帘子，向下步入一个锥形的房间。[17] 屋内昏暗而温暖，空气中弥漫着混合了鱼、皮革和鲸脂的刺鼻气味。和墙壁一样，地面也用劈开的浮木铺成，盖着用帚石楠根编成的垫子。屋子中央是石块砌成的火炉，里面有一堆灰。他蹲下身，开始查看一堆器物：一块装着动物脂肪的空心石头、一把骨锥和若干燧石刀刃。它们周围有切碎的小块皮革、几根线、毛皮和羽毛。架子上放着木碗，各种工具被挂起——燧石刀、木勺、猎叉、几件衣物和篮子。一堆皮革和毛皮暗示了睡觉的位置。

在第二间屋子里，卢伯克看到了一些若霍夫妇女和孩子——十多个人挤在狭小的空间里。她们坐下时脱掉了室外穿的沉重衣服。两人在喂奶，其他人抱着睡着的婴儿。空气甚至比之前更加混浊，还加上了半裸躯体和大多未洗过的肉体的味道。[18] 她们安静地坐着，满足地听一位母亲为她的孩子哼唱。卢伯克坐在她们身后的一堆毛皮上，在轻柔的歌声之外，他还能听到风声和男人的聊天声，以及那种到处跟着他的史前世界之旅的声音：石头相互敲击的碎裂声。伴着这种北极村落生活的旋律，他进入了梦乡。

卢伯克知道自己最后的旅程将前往低纬度地区——南亚和非洲，因此他意识到若霍夫之行将是他了解寒冷地带生活的最后机会。他已经在克雷斯韦尔崖学会了如何设陷阱捕捉野兔，在阿伦斯堡河谷学会了伏击驯鹿，在韦尔布里学会了宰割猎物，但他知道自己的教育中仍有一处明显的缺陷：如何制作适合在冰河期世界生存的衣物。他从《史前时代》关于爱斯基摩人的段落中有了些许了解，但还需要通过亲自实践来掌握。

若霍夫人穿驯鹿皮做的衣服，花了很多时间来制作和保养它们。于是，在村中停留的随后的几天里，卢伯克不放过任何旁观衣服制作的机会，并尽可能伸出看不见的手助上一臂之力。[19] 这种既需要技巧又很费力的工作大部分由妇女完成，卢伯克想起了根讷斯多夫的冰河时代狩猎采集者如何通过在石头上描绘女性来表达对她们恰如其分的赞美。

第一项工作是清理驯鹿皮，除去宰割后残留的全部脂肪和筋腱。为此，她们用装在骨柄上的石片刮皮。这是一项艰难的工作，需要灵巧的手来保证皮张本身不被割破。

鹿皮被放在水中清洗，然后浸入尿中以去除任何残留的脂肪。在浸泡皮张的同时，妇女们把鹿筋做成线。鹿筋同样经过清洗，并刮去残留的血和脂肪；它们被浸在海水中，然后挂起晾干，再分割成结实的细线。妇女们不断在牙齿上摩擦这些线，直到它们变得光滑而柔软。卢伯克试着效仿，但少了北极童年的艰辛，他过于锋利的牙齿派不上用场。几天后，皮张被从尿中取出洗净。随后，它们被固定和拉伸，然后叠起、揉搓、继续拉伸，直到变得完全柔软。

锐如刀锋的燧石刃片被用来将皮革切块。长及大腿的外套需要8片皮：前片、后片、风帽两片、肩部两片、每条手臂各一片。切割皮革时采用斜角，好让驯鹿毛最终能盖住接缝。每块皮的形状都经过精心设计，既保暖又便于穿上成衣后的活动。皮的边缘被骨锥刺出一排小孔，用骨针和鹿筋线将两块皮紧紧缝在一起，几块厚皮被当作顶针。就像维多利亚时代的卢伯克在谈到19世纪的爱斯基摩人时所说的，凭着这些简单的工具，"她们缝得又好又结实"。衣服还会加上狼皮飞边，既保暖又时尚。狼皮还特别不容易沾上在冰冷的空气中呼吸时形成的冰晶。长及腿肚子的裤子也用类似方法制作，驯鹿毛向外；相反，裹腿的驯鹿毛则向内。

还有两种衣物也不可或缺：内衬和靴子。卢伯克对前者最感兴趣，因为在整个旅行中，他从来不知道冰河时代猎人的外衣下穿着什么。在若霍夫，人们穿的是鸟皮缝制的衣服——就像维多利亚时代的卢伯克对较晚近的北极居民的描绘。这种内衬的结构和外套一样，并显示出对不同类型羽毛特有的隔温效果的了解。他发现人们在某些部位使用天鹅下腹部的皮，在另一些部位使用整块绒鸭皮。

翻转后的缝制鸟皮也被用作穿在靴子里的鞋垫。靴子本身用驯鹿或北极熊皮制成。鞋底裹住脚的两侧，与脚踝部分的皮块缝在一起，后者连着带子，并只有中间的一条接缝。卢伯克发现，用北极熊皮做鞋底的靴子主要在追踪猎物时穿着，因为在雪地上尽可能不发出声音至关重要。

卢伯克幸运地看到了这些衣物的制作。我们没有任何若霍夫人如何穿着的直接证据，但由于对若霍夫生活足够了解，因此确信这种类型的衣物不可或缺。在北极狩猎北极熊和驯鹿时，尤其是站着或坐着不动等待猎物时，人们需要隔绝寒冷。当猎物进入捕猎范围时，衣物还要允许人做出突然、有力和精确的动作。

卢伯克的时间并非完全在村中度过。他经常加入每天穿过苔原从事不同工作的群体。淡水需要用膀胱皮制成的袋子从大约两千米外的一眼泉中取来。人们还从岸边捡拾浮木，用于房屋修理、制作工具和燃料。外出途中，若霍夫人总是在寻找兽骨、象牙、脱落的鹿角和其他任何可能有用的东西。一切都被收集起来，常常没考虑过具体用途。村中满是一堆堆此类材料，屋中凌乱地堆放着大自然提供的杂物。

　　除了参与此类出行，卢伯克还与男人和男孩们一起去打猎。夏天行将结束，在若霍夫的季节性居住也快结束了。[20] 春天，村民们跟随驯鹿群和来北极海岸筑巢的庞大鸟群抵达这里。如果说北极的突然迸发生机拉开了夏天的帷幕，那么缓慢而无声的凋零则标志着冬天的临近。夜晚越来越长，人们知道持久的黑暗将很快到来。雁群已经飞走，剩下的少数驯鹿也会很快撤回南方，以避开北极的冬天。若霍夫人也将追随，他们和动物一样与自然的节奏紧密相连。但现在还没到时候。伴随新的降雪出现了更多浮冰，母熊正在寻找冬天筑窝的地点。现在是捕猎北极熊的时候。

　　若霍夫人很熟悉这些熊，他们似乎能认出每一头，知道它们的年龄，曾在哪里筑窝，生育过多少后代，甚至是它们的性格。经过几天的食物短缺，他们决定捕猎最近回归的一头母熊。所有人都熟悉这头熊，狩猎从对它一生的回顾开始，它曾被看到在浮冰上追踪海豹，用爪子采集浆果。猎人们回想起去年春天看到它时的场景：在冬天的巢穴里度过几个月后，它当时正和幼崽坐在一起享受阳光。猎人们步行离开村子，穿过山丘，来到北面岸边的破碎冰盖旁。那头母熊正在水里，象牙白的脑袋在光滑的黑色海水上划过。卢伯克和猎人们一动不动地俯卧着，看着熊的巨大身躯毫不费力地爬上冰面。它走了几步，甩动起身体，成片的海水像喷泉般地飞散。熊抬起头，用疑惑的黑色小眼睛直视着猎人们。但它感觉到的任何气味或动静一定都被吹散了。大白熊开始无忧无虑地在冰上徜徉。

　　卢伯克从未见过比这更美的野兽。他沉浸在赞美中时，猎人们已经开始跟踪，悄悄地带着弓箭出发了。卢伯克没有加入，很高兴自己错过了冰河时代生活中的特别一课。

　　部分宰割好的尸体被带回村子，卢伯克看着它遭到肢解，直到熊头被扔给了狗。至此，他再也不关心若霍夫人的任何工作和随后的宴会。他们很快将离开村子，直到来年春天才返回，就像他们记忆中的祖祖辈辈所做的。此类来访将持续到半岛被大海隔断，若霍夫的山丘成为北冰洋中的许多小岛。村子将被遗忘，直到 1989 年弗拉基米尔·皮图尔科来到这处最不可能的人类栖息地展开挖掘。

南亚

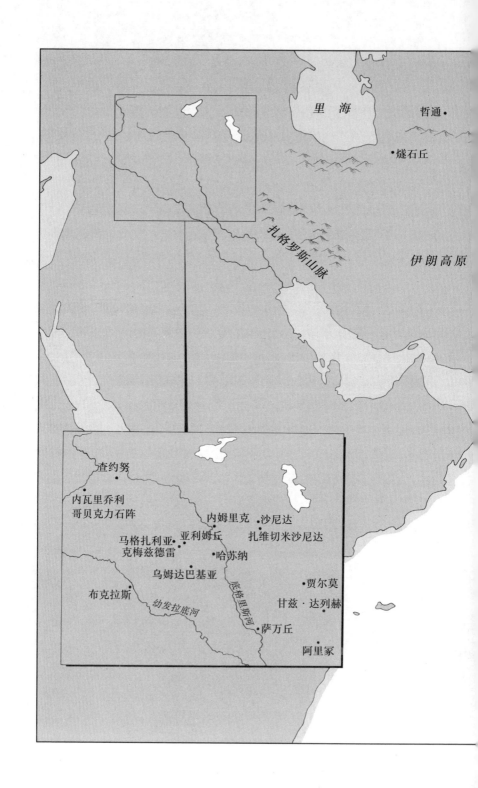

里 海

哲通 •

• 燧石丘

扎格罗斯山脉

伊朗高原

查约努
•

内瓦里乔利
哥贝克力石阵

内姆里克 沙尼达
•

马格扎利亚 亚利姆丘   扎维切米沙尼达
克梅兹德雷   •哈苏纳

乌姆达巴基亚

布克拉斯   • 贾尔莫

幼发拉底河   底格里斯河   甘兹 • 达列赫

• 萨万丘

阿里冢
•

白桥

兴都库什山

青藏高原

喜马拉雅山脉

梅赫尔格尔

印度河

巴格尔

达姆达纳

马哈达哈

萨赖纳哈尔拉伊

恒河

乔帕尼曼多

比姆贝特卡山

西高止山

穆奇查特拉钦塔马努洞

乌特努尔

阿拉伯海

孟加拉湾

现代海岸线

公元前 20000 年的海岸线

公元前 20000 年的冰盖

第42章

穿越印度

恒河平原上的岩画和村落，公元前 20000—前 8500 年

约翰·卢伯克站在穆奇查特拉钦塔马努洞（Muchchatla Chintamanu Gavi）的深处开始了在南亚的史前之旅，这是印度中部的卡努尔洞穴（Kurnool Caves）之一。洞口那片明亮的日光让他眩目。现在是公元前 17000 年。

走近亮光时，他听见了人声，然后有一些摇摆的影子从他眼前一掠而过。还没等他靠近他们，猎人们就整理好自己寥寥无几的物品离开了，消失在山洞周围的林地中。卢伯克望着他们留下的东西：仍有热度的灰堆周围的几块石头，一堆油腻的燧石片，一头被宰割的小鹿的头和蹄，那是他们不要的部分。洞口外，被血染过的地面旁有一堆肠子。

正当卢伯克为猎人们可能走了哪条路而举棋不定时，浓雾降临了。他放弃了尾随的愿望，独自坐在穆奇查特拉钦塔马努洞中。他从包里取出《史前时代》，但没能找到关于印度考古的段落，只看到一段对锡兰（斯里兰卡）的"现代野蛮人"——维达人（Veddhas）的描写。书中简单描绘了他们用树皮制成的小屋，以及追踪猎物的技巧，还引用了一位贝利先生（Mr Bailey），他"认为无法想象更

野蛮的种族"。仿佛要与这种观点撇清关系，维多利亚时代的卢伯克在下一句话中将维达人描绘成善良而有爱的人。[1] 现代人卢伯克抬起头，看到雾更浓了，他决定留在洞中，直到雾气散去。

对被雾气笼罩之人的匆匆一瞥，这是对我们关于印度次大陆冰河期定居点之有限了解的写照，特别是公元前 20000 年的末次冰盛期之后的情况。被认为属于从末次冰盛期到公元前 9600 年那波迅速全球变暖之间的石器堆分布广泛，让我们可以从考古学上一窥人们的生活。但很少有放射性碳定年数据，也没有发现房屋痕迹或墓葬。整个次大陆只发现了一处更新世晚期的炉灶，以及寥寥几堆被宰割动物的骸骨。

除了西部的广阔沿海平原，公元前 20000 年的印度地形与今天大同小异。最北方矗立着被厚厚冰川覆盖的喜马拉雅山脉，后者的庞大水系汇入印度河和恒河，流过广阔的冲积平原。这些平原在西北部连成一片，形成了塔尔沙漠（Thar desert），强风和极度干旱让那里形成了庞大的沙层和沙丘。鸵鸟在这种环境下生存无忧，但随着冰河期状况的恶化，其他许多动物被迫离开。干旱区域远远超出沙漠地区本身。湖泊水位下降，河道变得很深；由于能固定水土的树木和植物寥寥无几，侵蚀非常严重。

呈巨大弧线横跨印度中部的山岭被草地覆盖，夹杂着山谷中的小块沼泽和森林。丘陵的南坡通向德干高原（Deccan plateau），印度南部两侧的山岭 —— 东西高止山脉（Eastern and Western Ghats）——被林地覆盖，可能与今天差别不大。我们知道一些动物生活在上述多样化栖息地中，因为在河流沉积物中发现了它们的化石：野牛和鹿，犀牛和野猪，还有各种猴子、蛇和小型哺乳动物。最南边的山岭覆盖着茂密的森林，在末次冰盛期时期可能与大陆相连的斯里兰卡岛上同样如此。

遗址的分布显示,在为冰河期画上句号的那 1 万年气候剧烈波动的时期里,次大陆各地的人类生活在许多不同环境中。他们在西北部的沙丘上驻营,有时将鸵鸟蛋壳做成精美的珠子[2];任何继续流淌和河流和还有水的湖泊都会把他们吸引到岸边。印度中部和南部的洞穴提供了庇护所,人们还在草地、林地和森林里驻营。他们留下的工具有典型的冰河期猎人的特点:由黑硅石、碧玉和石英石块制成的石片、刃片、刮削器和箭头。[3] 不过在斯里兰卡,甚至在末次冰盛期之前,冰河期猎人已经把细石器作为对石头的最有效利用方式。[4]

他们的生活方式大部分不为我们所知,在缺乏证据的情况下,我们必须假设南亚的冰河期猎人同样拥有用木头、骨头、树皮、纤维、兽皮、羽毛和其他没有留下痕迹的材料制作的工具、衣物和房屋。和世界上其他考古证据稀少的地方一样,我们忍不住想利用更晚近的狩猎采集者来补充史前生活的模糊画面——就像维多利亚时代的约翰·卢伯克在写作《史前时代》时所做的。对于直到近代仍有如此之多的人以狩猎和采集为生的印度来说,这种诱惑特别强烈。因此,为了揭开冰河时代的迷雾,浦那(Poona)德干学院(Deccan College)的米斯拉(V. N. Misra)等印度考古学家试图通过关于北方邦(Uttar Pradesh)恒河河谷的狩猎采集者——坎贾尔人(Kanjars)的记录来解读考古遗物。[5] 米斯拉不仅描绘了石头刃片的大小和形状,而且猜测人们使用了藤制的捕猎网和篮子,并将兽皮做成鼓,将巨蜥皮做成鞋子。当然,这样做的风险是,揭开迷雾后显示的并非过去,而仅仅是将现在强加在一个本不属于它的时代。

对卡努尔洞穴——位于安得拉邦(Andhra Pradesh)东高止山脉的石灰岩山崖上——的考古研究始于 1884 年,罗伯特·布鲁斯·富特（Robert Bruce Foote）发掘了所谓的查内尔屋（Charnel-house）。受雇于印度地质勘探所的福特进行了开拓性的考古工作，特别是在印度南方，他在那里发现了第一批更新世的石质工具。他将"旧石器时代"和"新石器时代"等术语引入印度考古界[6]，所以，我们不得不猜想他已经读过了约翰·卢伯克的《史前时代》，因为该书首创了这两个术语。福特的儿子继承了他的工作，又发掘了2个名字有趣的山洞——"炼狱"和"大教堂"。3个洞中的沉积物都超过10米深，虽然只找到1件石器，但到处都有丰富的动物骸骨。[7]

福特认为，其中的大批骨头被人类加工过。他表示，自己找到了带钩的猎叉、箭头、锥子和小刀，其优美形制与拉尔泰和克里斯蒂在冰河时代的法国山洞中所发现的器物相类似。福特对这些工具的可能年代所知寥寥，暗示卡努尔洞穴的居民处于"低级文明"。

20世纪70年代初，德干学院的克里希纳·穆尔蒂（M. L. Krishna Murty）对这些山洞展开了新的发掘。[8]他发掘了穆奇查特拉钦塔马努洞，同样找到了富含骸骨的沉积物，另外还有大批石器。比起福特的时代，当时对动物种群有了更多了解，可以看出许多骨头来自冰河期结束前只存在于安得拉邦的动物。

穆尔蒂认为，这些来自各种食肉、食草和小型动物的骨头是被人类带进洞里的，当时可能还包裹着肉和脂肪。和福特一样，他也认为其中许多被加工成工具。两人的结论都值得怀疑。穆尔蒂报告中描绘的骨头"制品"都没有明显的外部施加的形状——完全无法与冰河时代法国的精美猎叉和雕凿相比。而由于福特的标本已经遗失，我们无法评价他的主张。食肉动物啃噬、踩踏和纯粹的腐烂所造成的破裂都很容易让骨头看上去像被人类加工过。于是，石刀、一处用石灰石砌成的火炉（测得为公元前17000—前14000年间）和几块烧焦的石头成了末次冰盛期末人类活动仅有的明确证据。因此，即使在穆奇查特拉钦塔马努洞，我们对印度冰河期生活的样子也只能有个模糊的印象。[9]

直到公元前 9600 年，大雾才消散到让卢伯克认为值得离开山洞。与此同时，迅速的全球变暖为冰河时代画上了句号，并加快了在末次冰盛期之后立即开始的环境变化。不幸的是，对于在印度所发生变化的准确模式，考古学家尚未获得具体细节，只知道降水量总体上升以及形成了与今天（或者在印度森林大面积被毁之前）大同小异的植被等一般情况。[10]

卢伯克沿着动物留下的小径和河岸向北而行。他经过多种自己前所未见的树木——有的挂满了累累的猩红果实，有的从树枝上垂下巨大的气生根和气生茎，形成回廊般的柱子和拱门。含羞草和合欢树长着羽毛状的叶子。他在林中见到了许多鹿，有的披着斑点毛皮，有的长着又尖又长的角，还有野猪、猴子和犀牛。在温暖潮湿的全新世世界中，它们都显得生机勃勃。蟋蟀和知了同样如此，闷热的空气中不断回响着它们的鸣叫——随着从春天进入夏天，空气将变得更热。[11]

全新世开始后，印度季风确立了今天的节奏模式：年初相对干冷，从 3 月开始温度不断上升，在 6 月达到顶峰，然后是夏末到来的降水。穿越德干高原的过程中，卢伯克第一次体验了印度季风。天空连续多日阴沉，布满了沉重的积雨云。当暴雨开始从云端倾泻而下时，卢伯克躲进了一个山洞，望着下方干涸的河床成为混浊汹涌的汪洋。树木被拔起，成吨的泥土和岩石被卷走，不幸的动物被冲跑。雷声在被闪电撕裂的天空中隆隆作响。

考古学家必须假定，其他许多人也在全新世早期的季风中寻找庇护所，因为比起冰河时代，公元前 9600 年之后的考古遗址相对丰富。虽然这在一定程度上反映了更好的保存状况和发现的容易程度，但当冰河期的干旱结束后，人口也可能有了大幅上升。人们继续生活在与冰河时代祖先相同的多样化环境中，但也可以在新出现的河岸和湖岸上，或者此前是沙漠的灌木地上落脚。[12] 不过，他们存在的证据仍然不过是一堆堆加工过的石头。和世界上的其他许多地区一样，细石器变得流行，很可能反映了更加多样化的饮食和对本地石头的依赖。[13] 只在很少的情况下，石器堆旁还能找到兽骨堆、房屋痕迹或人类墓葬。[14] 就像在欧洲那样，考古学家把这些遗址的创造者称为中石器时代的狩猎采集者。[15]

在公元前 9000 年一个炎热多尘的夏日，卢伯克爬上了今天被称作西温迪亚山脉（Western Vindhya）的丘陵。他站在一座小山头上，望着另一处山顶上一排矗立于树木上方的塔楼状巨石。这座小山就是比姆贝特卡山（Bhimbetka）。卢伯克看到山坡被茂密的多刺林地覆盖，林间有许多小径，有的是野猪和鹿留下的，只能在上面匍匐前进，有的则被清理到头部的高度，树枝被石刀整齐地砍断。[16]

有的小径穿行在山坡上的小岩窟间，那是数千年来风雨侵蚀软砂岩造成的。另一些位于掉落到岩台上的摇摇欲坠的巨石下方。还有的通向果林和泥潭，周围是动物的脚印和人类的足迹。

卢伯克沿着一条小径来到一个洞窟，有位画家正在工作——自从他离开澳洲北部，这还是第一次看到画家。洞壁提供了几米宽的粗糙表面，完全暴露在日光下，与末次冰盛期在法国幽深的地下洞穴岩壁上所作的画截然不同。一幕狩猎场景正在展开，但完全不清楚那是神话、记忆还是愿望。8 个看上去赤身裸体的棍状小人已经完成，两人戴着有流苏的臂带，还有个人戴着头饰或梳着飘垂的辫子。大部分看上去是男性，有几个显然如此，另一些人的腰部和臀部更宽。

岩画场景，约公元前 8000 年，来自印度比姆贝特卡山

　　所有的小人都在忙着。其中 3 人站成一列，第一个人手持弓箭在追踪猎物，第二个人肩头扛着棍子，上面穿着一只小猎物，第三个是拿着篮子的女人。附近还有一群弯腰、蹲伏和扭动着的人，也许正围成一圈在跳舞。周围散布着更多小人，他们手持棍棒和袋子，有一个躺在地上。

　　画家拿起笔，开始紧贴着持弓猎人画起一头鹿。仅用了娴熟的几笔，一头大腹便便的鹿就从岩面上跑过，然后又画了它腹中尚未出生的小鹿。卢伯克走近打量颜料罐：那是些中空的干葫芦，一只装着深红色颜料，另两只分别装着黑色和白色颜料。附近是一块块彩色的岩石，从上面刮下的彩粉被放进葫芦中，混合上油状的树汁，制成有黏性的颜料。地上散落着一些树枝和石片，还有几支笔刷。在卢伯克的注视下，画家取过一支笔，将纤细的笔毛浸到红颜料罐中，然后开始在洞壁上画出一条新线。但他觉得线太细、太淡，而且笔也太软了。于是画家又拿了根树枝，将一头在石锤上敲击并磨去髓心，只留下一簇坚硬的纤维。他用这根树枝和更浓的颜料画完了线条——一头轮廓鲜明、体型是怀孕母鹿两倍的水牛形象就此出现。

　　比姆贝特卡山拥有全印度最集中的岩画，那里发现了不少于

133 处有岩画的洞窟，还有其他至少 100 个洞窟里的岩画可能遭到了侵蚀。这座具有独特石柱的小山是西温迪亚山脉的 7 座山峰之一，在那里找到了 400 多块绘有图案的岩面。岩画的绘制年代仍然存在争议，这是全世界的岩画艺术时常遇到的情况。当地人把它们归于恶灵——就像阿纳姆地的土著人相信他们的"动态人像"出自神话中的米米人之手——因此比姆贝特卡山的岩画无疑绘制于比现有记忆更古老的时代。不幸的是，还没有人尝试像对冰河时代的欧洲所成功做到的那样，从颜料中提取碳来确定比姆贝特卡山岩画的年代。不过环境证据暗示，许多岩画来自全新世早期，至少为公元前8000 年。

最有说服力的证据来自发掘。20 世纪 70 年代，对几处岩窟的发掘找到了以中石器时代为主的遗物，包括石器、日常废弃物和几具被掩埋的尸体。德干学院的米斯拉对 IIIF-23 岩窟的发掘显示，那里最早在更新世晚期有人居住，居民留下了一堆石英石工具。中石器时代的居民所用的工具品种更加丰富，包括细石器和手推石磨，后者反映了植物性食物在全新世林地中新获得的重要性。人们铺平了地面，在洞中筑起墙，很可能还在洞壁上作画，因为在垃圾堆中找到了红色和黄色的赭石块。[17] 在比姆贝特卡山的几处中石器时代沉积物中都找到了此类颜料，因此几乎无疑是中石器时代的人类创造了洞中的许多岩画。新石器时代和以后的人类似乎很少使用该山洞。

第二条证据线来自岩画本身。德干学院的亚硕达尔·马特帕尔（Yashodhar Mathpal）对它们做了极为详细的描绘，并识别出两大主题。[18] 首先也是最重要的，是关于狩猎与采集的画：捕猎鹿和野猪，人们采蜜、跳舞和打鼓，还有形形色色的蹦跳、奔跑和蹿跃的动物。动物的品种与周围的森林环境相符——包括野猪、鹿、水牛、猴子和各种较小的猎物，有的还画出了腹中的胎儿。第二类主题在对象和风格上都与前者不同：骑着马或指挥着大象的男人，常常装备有金属的剑和盾。有的在作战，有的则组成皇家队列。这些画缺乏狩猎采集者和野生动物主题的活泼。没有哪幅画与农业或畜牧有关，例如在印度其他地方经常可以看到的独特瘤牛形象。

马特帕尔合理地认为，前一类主题出自全新世早期的狩猎采集者，他们整年或部分时间生活在山里。第二类主题可能同样属于狩猎采集者，但他们生活在相对晚近的时代，见过平原上城镇里的士兵和皇室。

马特帕尔试图找出画家工作背后的动机。与冰河时代的欧洲不同，比姆贝特卡山的岩画所在地很容易被所有人看见——这是一种公共而非私人的艺术。画中的动物和人似乎属于凡间而非超自然世界。马特帕尔认为，这些岩画"记录了与史前人类分享森林环境的各种动物的生活，以及经济和社会等人类生活的各个方面"。他暗示，我们没有理由为比姆贝特卡山的艺术寻找神秘主义解释。[19]

破晓时分，卢伯克站在比姆贝特卡山顶上。他爬上鬼斧神工的岩柱林，视线越过宽阔平坦的山谷向北眺望。山谷被茂密而生机勃勃的林地覆盖，开花树木上的一片片红色和橙色仿佛是被昨夜的夕阳所染。他下到谷中，再次在陌生的森林里穿行，在看上去和听上去都像大型鸟舍的巨大无花果树下乘凉。黄鹂短促而尖锐的叫声和同样活跃的棕胸佛法僧的嘶鸣穿透了昆虫与鸟儿的合唱。

卢伯克继续向北而行，现在他来到了恒河的平坦冲积平原上。有的树木非常高大，既有像乌木和柚木这样的阔叶硬木，也有硕果累累的果树。他还穿过了大片竹林，越过突然从平原上拔地而起的岩脊。人类活动的痕迹非常丰富：火堆的残余暗示有猎人扎营过夜，沿河岸的石头堆看上去过于整齐，不可能完全是自然造就的。卢伯克找到一具尚有体温的鹿的尸体，它的腿落入陷阱，死亡似乎结束了让其精疲力竭的长时间挣扎。还有另一些痕迹：新鲜的老虎脚印，以及大象和犀牛的粪便。

人们开始现身——成群的女人在挖掘块根，男人们在查看鹿的脚印和检查陷阱。卢伯克与他们同行，搭乘他们的独木舟渡过恒河和其他河流，最终来到他的下一个目的地附近。然后，一条常有人走的小径把他引向了公元前 8500 年的一个狩猎采集者村落。

在两条小河的交汇处，他看到隆起的地面上坐落着十几间帐篷形状的茅屋。倾斜的屋顶用坚韧的枝条和枯枝搭成，每间屋子都有一个用黏土围边的圆坑，坑中是灰烬或烧焦的骨头。卢伯克坐在最近的那间茅屋旁打量着村子，发现它与自己在环球旅行中看到的其他许多村子不无相似。屋中的地面被打扫得很干净，但其他地方散落着狩猎采集者生活的材料：一堆堆木柴、磨石和铺开的皮张。不过，有种东西不见踪影，那就是在其他地方的狩猎采集者营地经常可见的大堆废弃石片。定居点似乎被废弃了，只有一条瘦骨嶙峋的狗在用鼻子到处搜寻，还有一群乌鸦在骨头堆上啄食。不过，卢伯克在某间屋子里找到了一个年轻人，他可能有 18 或 20 岁，似乎非常痛苦地躺在地上。他的一只胳膊畸形，尽管午后凉爽干燥，他还是汗流浃背。他只围着缠腰布，脖子上挂着吊坠。

跑进村里的孩子们赶走乌鸦，宣告着人们从森林里回来了。随后到来的成年人体格魁梧，看上去强壮而健康。有的背着成捆木柴，有的带着一篮篮从森林地面上挖来的蔬菜。有个男人肩上扛着一条鹿，另一人背着一块经过风吹雨打的发白巨骨。回到自己的茅屋后，一名妇女开始照顾地上的男子（可能是他的母亲），用软树叶拭去他的汗水，扶着他来到火边。一个年轻女孩（他的妹妹）正在向火堆中添加干木柴。

看到母亲的悲痛，卢伯克觉得自己是个闯入者，于是重新回到屋外。他看见其他女人正在碾磨种子，那头鹿已经被扒了皮。一袋箭靠在茅屋的墙边，箭头为细石器，与他在艾兹赖格、斯塔卡、若霍夫和史前世界的其他许多地方所看到的几乎完全一致。但这些箭头特别小，当卢伯克看到它们是用小卵石制成时，他明白了原因。石块在这座村子里显然非常珍贵，这解释了为何没有碎石废物堆。较大的矛尖必须用兽骨制作，就像卢伯克看见人们带进村的那块从大象尸体上取来的骨头。

他跟着一些年纪较长的孩子们前往河边。他们检查了钓线和渔网，需要卢伯克帮着把一只被网住的乌龟拽上河岸。他们一起把还活着的龟拖回营地，目睹了它如何被割开喉咙。当暮色降临时，卢伯克回到生病的那家人身边，他们正在分享食物。食物被分给在场的所有人，每个人只得到一小片烤鹿肉，卢伯克只能从一块碎骨中偷尝了些骨髓。他等待着龟肉到来，但没能如愿。他们主要吃粗粝的植物——磨碎、烤制再混合成稀粥装在木碗里。加入蜂蜜让食物变得可以下咽，但咀嚼仍然是件费力的事。吃完后，每个人都用骨片剔着牙齿。

恒河平原上的这个中石器时代遗址今天被称作达姆达玛（Damdama）。该遗址于 1978 年在瓦里卡兰村（Warikalan）旁被发现，但直到 1982 年才由阿拉哈巴德大学（Allahabad University）的帕尔（J. N. Pal）及其同事展开发掘。[20] 它与 20 世纪 70 年代初被发掘的马哈达哈（Mahadaha）和萨赖纳哈尔拉伊（Sarai-Nahar Rai）一起成为平原上（那里的古代森林现在已几乎荡然无存）保存相对完好的 3 处中石器时代定居点。由于被侵蚀的土壤中露出了人类和动物的骸骨，这些遗址成了当地神话的一部分——达姆达玛和马哈达哈被认为是古代武士的埋骨所。不过，"达姆达玛"一词还有个更加平凡的起源，表示敲击地面时发出的声响。

这可能是地表下丰富的考古遗存造成的。达姆达玛的人类生活区有 1.5 米深的沉积层，其中包含了大量细石器和其他石质工具、磨石和锤石，还有烧焦的植物残骸和动物骨骼。小坑洞是曾经支撑墙壁和屋顶的柱子留下的，紧实的地面上有炉灶和许多黏土围边的坑。房屋可能为帐篷形状，用茅草铺成屋顶——就像恒河河谷的近代坎贾尔人所使用的——或者可能只是用树叶和草搭成的简陋建筑，就像印度南部潘达兰人（Pandaram）的小屋。

都坐落于马蹄形湖泊岸边的马哈达哈和萨赖纳哈尔拉伊与之相距不远，那里的沉积物遗存几乎同样丰富，与其他地方的全新世早期遗址形成了鲜明反差。那里的森林中遍布猎物和可食用植物，湖中满是鱼和龟，显然是受人青睐的所在。虽然全新世的狩猎采集者原先被认为在多石的温迪亚山脉度过一年中的大部分时间，只在夏天偶尔来到恒河平原寻找食物和水，但现在看来，他们选择了定居的生活方式。

对发掘出的动物骨骼的研究显示，其中包含了大量品种，而野猪和鹿（可能还有其他猎物）则全年都被捕猎。[21]此外，在马哈达哈和达姆达玛还发现了袋狸的骨头。这是一种共栖动物——以吃人类不断产生的垃圾为生——因此它们的存在被用来证明人类过着定居生活，就像西亚纳图夫遗址发现的老鼠和麻雀骨头那样。[22]

在 3 处遗址发现的 80 座墓葬为定居生活提供了更多证据——还有许多尚待发掘。大部分墓中只埋着一个人，几乎都全身舒展地仰卧着，头部歪向一侧。已发掘的墓葬主要位于茅屋边的坑灶附近，暗示家人把死者埋在自己家中。

这些骸骨提供了一些关于社会生活、健康和食谱的有用信息。被埋葬者中男女比例大致相当，男性可能稍多。大部分死者很年轻，间接表明很少有人活过 35 岁。儿童很少见。达姆达玛的发掘者帕尔认为，年幼者被埋在村外。传染性疾病的成年死者可能同样如此，因为埋在火堆和炉灶间的死者身上很少看到此类疾病的痕迹。他们的牙齿磨损严重，表明食物以粗粝的植物材料为主，经常出现的小槽反映了他们习惯剔牙。许多牙齿发育不全，即牙釉质上有水平条纹，显示幼年时经历过营养不良。但鉴于几乎所有的被埋葬者都身材魁梧，上述现象似乎并未影响生长。[23]

殉葬品寥寥无几。虽然有几座墓中发现了箭头、吊坠和珠子，但在达姆达玛、萨赖纳哈尔拉伊或马哈达哈，似乎没有人特别富有，或者葬礼比其他人的更加瞩目。他们给人的总体印象是一个几乎没有社会差异的健康人群。但就像卢伯克在其他地方所看到的，定居的狩猎采集者中容易产生社会紧张。这可能解释了在萨赖纳哈尔拉伊发现的 3 具骸骨，它们的肋骨、髋骨和臂骨上扎着箭头。[24]

卢伯克在达姆达玛度过了秋天和冬天。当季风到来时，河水开始泛滥，达姆达玛成了一片广阔浅湖中的孤岛。水势消退后，卢伯克和一群人向南跋涉了 100 千米，来到温迪亚山中寻找石块。回到村中后，那个手臂畸形的年轻人死了，他的尸体停放在洞中，血已经放干。人们在他慢慢死去的火堆边挖好了墓穴。卢伯克一头雾水地看着葬礼进行：墓穴中点燃了一堆火，等火烧尽后，干尸被放到炽热的灰烬上，一起放上的还有两枚箭头和他的象牙吊坠。他被掩埋并留在那里，直到被帕尔发掘。1974 年，帕尔将其称为 8 号墓，在记录中写下"左肱骨显示出某种病理性畸形"。[25]

卢伯克在春天离开，开始向西朝印度河谷进发。自欧洲之行以来，他将第一次进入农业世界。

公元前 8500 年，达姆达玛人对驯化动植物仍然一无所知。他们拥有丰富的野生食物来源，在进入全新世之后的很长时间里仍然过着狩猎采集者的生活。卢伯克觉得他们很像他在旅行中见过的其他几个群体——日本的上野原人，北美的科斯特人和瑞典的斯卡特霍尔姆人。在被丰富而多样的资源包围时，他们每年都至少在一段时间里过定居生活，都用死者来标明对土地的所有权。但卢伯克没能想到，当日本和北美早已接受了农业生活方式时，恒河平原上的居民仍然过着狩猎采集者的生活。[26]

第43章

跨越兴都库什山的长途跋涉

南亚和中亚的早期农业，棉花的驯化，公元前 7500—前 5000 年

5 个成人、4 个孩子、3 条狗和一群山羊从被森林覆盖的山岭上现身，那里是今天巴基斯坦西部博兰山口（Bolan Pass）的尽头。现在是公元前 7500 年，在河边休息的卢伯克看到那群旅行者正在寻找一块平地，以便放下随身携带的许多包袱和铺盖卷。有个女人轻轻放下自己的婴儿，后者在旅行途中被紧紧地绑在母亲身上。暮色降临，从西边走来的这家人看上去累了。卢伯克始终没弄清楚他们来自哪里；但山羊和从裂缝中漏出大麦的包袱显示，他们是印度河平原上最早的农民。[1] 当这些人和动物一起喝水解渴时，该地区踏上了新的历史道路。5000 年后，哈拉帕（Harapp）和摩亨佐达罗（Mohenjo-Daro）等城市将成为印度河文明繁荣的中心。

卢伯克仍然坐着，看着他们的驻营地慢慢变成农业村庄。第二个经济移民家庭来到博兰山口，然后是第三个。林地被清理，大麦被播撒到肥沃的土壤中，博兰河每年冬天泛滥时所带来的泥沙会为土地补充肥料。河岸上的黏土为建造长方形房屋和仓库的砖块提供了材料。婴儿出生，老人去世。收成很好，更多的土地被耕作。

卢伯克在公元前 7000 年时站起身，冲破将他困在地上的厚厚

一层草和灌木。他蹚过冰冷而湍急的流水，更仔细地查看那片建筑，它们的所在正是 20 代人之前最早一批来客丢下自己包袱的地方。这里是梅赫尔格尔（Mehrgarh），一座拥有 200 多位居民的农业村庄，是南亚此类定居点中已知最早的一个。[2]

今天，梅赫尔格尔的考古遗迹分布在俾路支斯坦（Baluchistan）卡奇（Kachi）平原博兰河附近的几个遗址——巴基斯坦最西边省份的这片干旱土地有整个南亚最高的夏季温度。遗址经历了 4000 年的累积，完全或部分被抛弃的旧址上又建起新的定居点。在此期间，博兰河不断改变河道，遭到抛弃的房屋被埋在沉积物下，直到因为新的变道从沉积的泥沙中穿过而再次露出。

正是这样的一次变道让梅赫尔格尔最早的定居点重见天日：高达 10 米、层层堆垒的泥砖墙。考古学家在 20 世纪 70 年代初发现了这处遗址，随后法国驻巴基斯坦考古队和巴基斯坦考古所共同展开了发掘。让-弗朗索瓦·雅里热（Jean-François Jarrige）是领军人物，至今已在梅赫尔格尔及其附近遗址发掘了将近 30 年。[3] 最早定居点的年代仍然不明，但到了公元前 7000 年，河岸边已经坐落着几幢拥有多个房间的长方形泥砖房屋，并带有方形仓库。它们之间被院子分开，大部分家务劳动在院子里完成，死者也被埋在院子下面。最初找到的磨石和燧石刀带有长期切割谷物留下的特别光泽，暗示那里是农业定居点。这点很快得到证实，证据来源与长江河谷最早的种植证据类似。

制作泥砖时，梅赫尔格尔的最早居民在黏土中混入了本该丢弃的脱粒废弃物——谷壳。虽然他们建造的墙后来坍塌了，先后被埋在新墙和河流泥沙之下，后来又遭到河水的侵蚀，最终被考古学家发掘出来，但砖中留下了植物的印记——谷壳本身几乎已经完全腐烂。与雅里热合作的早期植物残骸专家，罗马国立东方艺术博物馆的洛伦佐·康斯坦丁尼（Lorenzo Constantini）对它们做了检查，辨认出几类驯化小麦和大麦，后者的数量要多得多。梅赫尔格尔人还采集野生的植物性食物，康斯坦丁尼辨认出形似李子的枣子的种子和椰枣核。这些果实暗示，卡奇平原曾比今天湿润得多。

在梅赫尔格尔之前，该地区唯一已知的考古遗迹是一些细石器堆。留下它们的狩猎采集者似乎既不种植野生植物，也不生活在永久定居点。[4]因此，俾路支斯坦的考古历史与西亚的截然不同。在西亚，最早的农民出现前就已经有了以村子为基地的狩猎采集者，他们生活在村子里并种植野生谷物。我们必须得出这样的结论，即农业是作为现成的整体打包来到印度河平原的，包括小麦、大麦、山羊和泥砖建筑，由西边的经济移民带来。博兰山口似乎是最可能的到达地点，因为在整个历史时期，那里都是商人和旅行者的通道。[5]

比起朝西进入欧洲，从西亚朝东迁徙到印度河平原更加难以解释，因为需要翻越广阔的伊朗高原才能找到肥沃的土地。但人类愿意如此长途跋涉并不意外——本书已经讲述了冰河时代的猎人穿越美洲、澳洲和北极，前往地球偏远角落的了不起旅行。新石器时代的农民移民只是遵循了智人的悠久传统，他们对新土地有着无可救药的好奇心，在经济上非常大胆。

当卢伯克走近公元前7000年梅赫尔格尔的建筑时，他注意到除山羊之外还有别的圈养动物——主要是瘤牛的牛犊。与西亚的品种不同，这种当地野牛的背上有驼峰。

村中正在举行葬礼，某个院子里挤满了人，围在地上挖的一个坑周围。卢伯克挤到前排，看见一具年轻男性的尸体被放在浅浅的墓穴中，弯曲的膝盖抵在胸前。死者披着红色的裹尸布，脖子上挂着一串海贝壳。卢伯克在整个史前世界已经见过如此之多的葬礼，他对观察身边的人更感兴趣。他们中的许多人也戴着海贝壳，他认出有些是角贝——西亚的纳图夫人非常珍视这种管状贝壳，他在欧洲冰河时代的根讷斯多夫也见过。他们的牙齿同样相当显眼，因为上面沾染了难看的棕黄色。

一个祭司模样的人朝助手点点头，后者牵着 5 头小山羊的缰绳走上前。它们被一只只高高举起，然后切开喉咙，把血放到涂有沥青的篮子里。羊的尸体被放在死者脚边，又把一只盛满血的篮子放进墓穴。然后，男子和羊被掩埋，地面用黏土填平。

对卢伯克来说，在屋中和院子里埋葬死者已不新鲜，梅赫尔格尔的其他许多特征也似曾相识。在探索村子的过程中，他发现了与同样依靠谷物和山羊为生的西亚村子相同类型的活动和日常节奏，以及相同的声音和气味。就像在耶利哥和加扎尔泉镇一样，各种木碗、石头容器和篮子取代了陶器。但石器（箭头、刀刃和刮皮工具）更接近公元前 7000 年时仍然生活在印度河平原上的狩猎采集者所使用的。由于这两个群体都以河床上的石英石块为原材料，而且都狩猎当地的猎物，这并不意外。不过，狩猎采集者群体已经感受到来自迁入农民的压力，因为他们的许多年轻女性成了农民的妻子。这些女性很乐意抛弃自己的狩猎采集者生活，投奔被认为能带来经济上的安稳的农业生活。

卢伯克的注意力突然被附近一座屋子里传出的热烈说话声吸引。走进屋中，两个男子盘腿坐在屋中唯一房间的地上，卢伯克蹲在他们身后。其中一人穿着黑色的羊毛披风，戴着围巾，与梅赫尔格尔人穿的白色和棕色衣物截然不同。他有一堆宝蓝色的珠子，显然是个来访的商人。另一个人的手指在他藏于皮口袋里的海贝壳之间摸索。屋中光线昏暗，空气混浊。角落里，一只冒着烟的黏土炉子正在燃烧，上面挂着一大块鹿肉。墙边堆放着篮子和石碗，还有各种锄头、挖掘棍和其他杂物。有个女人坐在一堆皮革和芦席上，一边给孩子喂奶，一边看着交易进行。

交易用了几个小时才完成，期间频频被上茶打断，这种草药茶用从炉中取出的滚烫石头丢进装着水和干燥绿叶的碗里泡成。最终达成协议时，夜幕早已降临。人们分享了面包和鹿肉，然后从大木杯中喝牛奶。男人和他的妻儿、商人以及卢伯克都睡在那个房间里，地上完全挤满。拂晓时分，当商人起身前往博兰山口时，卢伯克觉得必须要跟上，他很高兴能摆脱那个整晚哭个不停的孩子。

卢伯克的梅赫尔格尔之行过于匆忙，没能欣赏到那里的艺术和技艺，也没能见证那里的经济增长。比如，他错过了在一些屋子里发现的风格化的陶俑，表现了坐着的人和动物。虽然他看到了圈养的瘤牛犊，但没能意识到它们对村镇未来经济的重要性。

当让-弗朗索瓦·雅里热和同事们检查埋藏在连续考古沉积层中的动物骨骼时，他们发现牛和绵羊的骨头变得越来越小，而山羊和羚羊的则大体不变。[6] 这表明当地的野生绵羊和瘤牛已经慢慢被驯化，而羚羊在村镇的整个历史上一直保持野生——虽然数量显著下降，因为它们的骸骨变得日益稀少。在村镇后期的沉积物中，细石器（也意味着狩猎武器）的数量大大减少，这同样反映了人们从依赖野生猎物逐渐转向依赖驯化动物，特别是牛。

在梅赫尔格尔发现了许多墓葬，大部分位于院子下方，墓中有各种陪葬品，完全不同于达姆达玛的狩猎采集者墓地。磨光的石斧、精美的燧石刀、石质容器、赭石块和打磨过的石珠都和死者放在一起。一些珠子是绿松石的，还有几枚用青金石制成，它们的产地很可能位于遥远的北方，来自今天的阿富汗。相反，梅赫尔格尔的海贝壳来自南面 500 千米处的阿拉伯沿岸。发掘出的一些骨头被染成红色，暗示尸体曾被包在染过色的裹尸布里。

随着村镇的扩张，人们建立了至少有 150 处墓葬的正式墓地。现在，许多墓被建成地下墓穴，尸体停放在用低矮的泥砖墙分隔的地下墓室中。这些墙会定期拆除，以便将新的尸体放进墓室，原先的骸骨将移到一边。然后，墙被重新筑起，墓穴再次封闭。此类墓穴的出现无疑反映了家庭关系变得日益重要，但很难知道这对日常生活的影响。

时至今日，从骸骨上获得的健康和饮食相关信息仍然寥寥无几。[7]对梅赫尔格尔人牙齿的研究发现它们特别大，类似中石器时代南亚的土著居民。这似乎挑战了一种观点，即它们的祖先是从西边来的农业移民，而非仅仅接受了农业理念和方法的当地人。大部分新石器时代农民的牙齿状况都很糟糕，部分原因是粗粝的植物性食物在碾磨过程中不可避免地混入了沙粒，部分原因是他们摄入的大量碳水化合物造成了腐蚀。但梅赫尔格尔人几乎没有龋齿，他们的牙齿和狩猎采集者的一样健康。这似乎得益于河水中存在的天然氟化物，后者减少了腐蚀，但在他们的牙齿上留下了黄色和棕色的斑痕。

其中一个公元前 5500 年左右的墓室里埋着一名成年男性，尸骨侧卧着，小腿向后弯曲，脚边有个大约一两岁的孩子。成人的左手腕边有 8 颗铜珠，曾经是一串手链。由于此类金属珠子只在梅赫尔格尔另一处新石器时代的墓葬中发现过，他无疑是个特别富有且重要的人物。显微镜分析显示，制作珠子时，铜矿石被捶打和加热成薄片，然后裹在一根细棒上。严重的腐蚀阻碍了对珠子进行详细的技术研究，但因祸得福的是，腐蚀让珠子内部某样极为不同寻常的东西得以保存——一团棉线。[8]

克里斯托夫·穆雷拉（Christophe Moulherat）和他在法国博物馆研究与修复中心（Centre de recherche et de restauration des musées de France）的同事们做出了这个惊人的发现。当一颗珠子被切成两半时，在里面发现了植物纤维——曾经串起珠子的那根线的残余。它们能够留存是因为在铜的腐蚀过程中，有机化合物变成了金属盐。5 平方毫米的一段纤维被分离出来，人们为其盖上金箔，以便通过电子显微镜的扫描来显示它的结构。为了进行更多显微镜观察，纤维必须被包在树脂中，并用金刚石研磨膏打磨。

经过进一步的显微镜研究，纤维被确定无疑地认定为棉花。事实上，那是将一团未成熟和成熟纤维缠绕在一起而形成的棉线，两者的区别在于细胞壁的厚度。就这样，这颗铜珠将世界上已知最早使用棉花的时间往前推了至少 1000 年。第二古老的例子同样来自梅赫尔格尔：在一间泥砖房外烧焦的小麦和大麦粒中发现了棉花的种子。

穆雷拉无法确定梅赫尔格尔的棉花纤维来自野生植物还是驯化品种，但他强烈怀疑是后者。康斯坦丁尼持同样观点，因为棉花种子和驯化谷物被一起发现的地方可能是仓库。梅赫尔格尔的农民种植棉花似乎不仅是为了纤维，也为了其富含油脂的种子。

今天，棉花是世界上最重要的纤维作物，在 40 多个国家种植。已知的棉花品种超过 50 个，都归入棉属。其中只有 4 种被种植，每种似乎都在世界不同地区独立演化。陆地棉（Gossypium hirsutum）是种植最广泛的品种，被认为源于中美洲的野生祖先；第二种新世界的驯化棉花——海岛棉（Gossypium barbadense）诞生于南美。种植最广的非洲棉花是草棉（Gossypium herbaceum），很可能源于南非，因为在当地开阔草原和森林中找到的一个土生品种可能是它的祖先。第四个品种——树棉（Gossypium arboreum）被认为源自印度和东非之间的某地。

在梅赫尔格尔的发现之前，人们认为树棉的驯化发生在印度河文明时期，不早于公元前 2500 年。但如果该地区的农民在公元前 5500 年时已经在种植棉花，我们也不应感到意外；我们知道，约旦河谷的农民（他们的经济与技术和梅赫尔格尔的相似）至少在公元前 8000 年时就在加工纤维了。相关证据来自看似不可能的地点——远离任何已知定居点的赫玛尔溪镇。但同用金箔和金刚石研磨膏来显示被腐蚀铜珠内的棉花痕迹相比，即使那样的发现也显得平常。

　　到了公元前5500年，梅赫尔格尔人居住的房屋位于原址的200米开外。牛成了最主要的家畜，可能被用于耕地、拉车和提供牛奶，还是肉类的来源。其他发展包括陶器制作。最早出现的陶器是相当精美的容器——涂成红色的梨形陶罐，边缘向外弯曲。石头容器和涂有沥青的篮子显然仍能满足日常需要，新的陶器似乎最适合展示和打动来访者，也许还被用来喝牛奶。

　　梅赫尔格尔继续扩张了几千年，在卡奇平原上多次改变位置，并为印度河文明奠定了基础。雅里热的发掘显示了不同寻常的发展过程。到了公元前4000年时，粗陶已经被用于日常需要，轮拉胚法使其可以大规模生产；弓形钻现在安上了碧玉钻头，可以将各种奇异的石头加工成珠子。到了公元前3500年，风格化的陶俑被外形更加写实的陶俑替代，很快将和陶器一样被大规模生产。黏土和骨头被用来制作印章。它们不仅证明贸易变得日益重要，还显示出现了私有权、秘密和财富的新文化。贸易可能推动了冶铜业的发展，从发现的炼铜坩埚中可以看到这点。当时，整个伊朗东部和巴基斯坦西部都出现了类似的农业村镇。哈拉帕和摩亨佐达罗等城市最终将从它们中诞生，这是该过程的顶峰——它始于农业在西亚的起源，然后由经济移民在公元前7500年的印度河平原找到了沃土。[9]

　　随着这些农业村落的繁荣，农业向东传入了印度。但大麦、小麦和山羊的西亚"组合"遭遇了环境的限制。越过印度河平原东缘后，由于印度季风，以干燥的夏天和湿润的冬天为特点的气候发生了反转。于是，新石器时代的组合不再继续传播，但其中的一些元素被零星接受——就像在南欧所发生的。南亚的土著狩猎采集者也很快开始种植绿豆、黑吉豆和小米等本土作物。

拉贾斯坦邦（Rajasthan）的伯戈尔（Bagor）遗址展现了这种混合经济。[10] 该遗址位于稀树草原般的环境中，从沙丘上俯瞰戈德里河（Kothari River），今天河中只在季风期间有水。此地似乎是短期营地，在公元前 6000 年左右很可能每年被使用。地上铺着片岩板，大体排列成圆形的石头可能是防风墙或简陋小屋。那里发现了一处墓葬——一位 18 岁的女性仰卧着，左臂搁在身上。器物均符合中石器时代特征：大批用当地的石英和黑硅石制成的细石器，还有磨石和捣具的碎片。发掘出的动物骨骼主要来自野牛、鹿、蜥蜴、龟和鱼，但也包括驯化绵羊和山羊的。后者可能是从更西边地区的家畜群中逃脱的，也可能来自狩猎采集者对农业定居点的劫掠。不过，狩猎采集者本身也可能开始管理自己的小型畜群。

印度中部成了农业的大熔炉，特别是在公元前 5000 年驯化水稻从华南传入之后。至少对于在乔帕尼曼多（Chopani Mando）为何会发现稻米这个问题而言，这是最可能的情况。该遗址位于博兰河的洪泛平原，处在温迪亚山脉的北缘之下。[11] 野生水稻在当地被驯化是另一种可能。

农业直到公元前 3000 年才传到印度南部，形式主要是牧牛。在德干高原各地的花岗石突岩顶部发现过许多新石器时代的定居点，但酸性土壤摧毁了植物残骸，让动物骨骼也变得极其罕见。众多"灰堆"对这些遗址做了补充，它们有时位于定居点附近，但常常孤立存在于昔日的茂密森林中。"灰堆"是定期焚烧棕榈树干畜栏内的牛粪形成的，这种畜栏曾被用于保护牛群免受野生动物和袭击者的侵扰。

圈养牛群的直接证据来自保存在乌特努尔（Utnur）遗址被焚烧过的粪便层中的蹄印。这种畜栏曾被烧毁过，然后多次重建。在近代印度，焚烧类似的畜栏与庆典相联系，标志着将牛群赶到森林中觅食的季节性活动的开始和结束。这种火还有实际作用：让牛群穿过热气和烟雾可以杀死寄生虫，阻止疾病的传播。[12]

回到公元前 6500 年，卢伯克跟随商人从梅赫尔格尔开始夏日旅行，穿越了阿富汗的群山。他不得不翻越滚落的岩石，穿过狭窄的山口，轰鸣的河流在那里吮吸和冲击着巨石，响声回荡在峡谷的崖壁间，犹如身处墓室之中。[13] 这些山口通往被森林覆盖的峡谷，两边是布满碎石的河岸，偶尔可以看到白雪皑皑的嶙峋山顶。高耸的峡谷边缘是巨石，标志着全球变暖让这里变得适宜人类居住前冰川所达到的位置。商人造访了几个定居点，每处都有一片翠绿的麦苗和在附近山坡上吃草的山羊。有的定居点位于大型山洞周围，内部经常建有枯树枝茅舍；有的建有椭圆形的泥砖小屋，屋顶用树叶和在谷底大量生长的野生大黄的巨大叶片铺成。他们在每处定居点停留几天，商人用几个海贝壳换得彩色的石头，并重温了旧情。他们用来自梅赫尔格尔和其他途经村子的新闻与传言来交换食物和水。

进入阿富汗中部后，卢伯克与商人分道扬镳，前往北部的一个定居点。在那里，高山和隘口被较为平缓，但仍然崎岖嶙峋的石灰岩丘陵和山崖取代。他来到一个大山洞的入口。两个家庭住在洞内，还有他们的山羊和狗。洞中昏暗发霉，地面上散落着准备食物、加工工具和制作衣物所留下的垃圾。现在是公元前 6250 年，但没有陶器的踪迹，人们用的还是木碗和柳条篮子。附近的小块土地上种着谷物。

洞内居民悠闲地坐在阳光下，他们喝着草药茶，想着自己世界的美。卢伯克和他们坐在一起，对洞周围的报春花毯啧啧称赞，享受着野玫瑰的芬芳，以及在附近的桑树和核桃树间淌过的河水的淙淙声。在中亚腹地——有人可能会说是世界的腹地 [14]——只有甲虫在工作，将山羊排泄物带到自己的私家仓库。

　　这个山洞被当地人称为马洞（Ghar-i-Asp），位于巴尔赫河（Balkh River）台地上的白桥（Aq Kupruk），是阿富汗少数被考古勘察过的山洞之一。[15] 1962 年和 1965 年，为美国自然历史博物馆和阿富汗国家博物馆工作的路易斯·杜普雷（Louis Dupree）发掘了马洞和附近的蛇洞（Ghar-i-Mar）。两个山洞都有厚厚的沉积物，显示从末次冰盛期结束后不久的公元前 20000 年直到有历史记载的时代几乎一直有人居住，最上方的地层中埋藏着 13 世纪的伊斯兰玻璃。冰河时代的居住者用这个山洞捕猎源羊、野山羊和鹿；他们的后继者拥有驯化山羊和绵羊，后来还有了陶器。上方地层中先后出现了铜器和铁制品：许多形形色色的器物，还有刀刃、矛尖、青铜手镯和一枚中国钱币的残片。

　　杜普雷将白桥猎人开始成为牧民的时间认定为早得惊人的公元前 10000 年左右。不过，他依据的是对山羊骨头一些非常可疑的判定（认为它们是家养而非野生品种）和同样可疑的放射性碳定年数据。[16] 如果正确的话，这将是目前已知最早的山羊驯化，但我们必须保持谨慎。在得出任何结论前，我们必须对白桥洞展开新的研究。不过，已经清楚的是，到公元前 6250 年时，阿富汗中部的深谷里已经到处散布着人类社群，他们放牧山羊，并打理着小片的小麦和大麦田。

　　造访了白桥之后，卢伯克继续向西北而行，最终来到位于伊朗境内，今天被我们称为科比特山（Kopet Dag，意为"干燥之山"）的多山高原边缘。海拔的突然下降形成了大片沉积层，最初很陡，然后减缓成被开心果树覆盖的林地。卢伯克站在林地的陡峭边缘向东北方望去，在刺骨的寒风中眯起了眼睛。林地那边是灰蒙蒙的稀树草原，上面点缀着小山丘，红色、银色和绿色的斑点一直延伸到远处，与看似无尽的黄色沙漠融为一体。

卢伯克沿着陡坡边缘又走了 200 千米，最后不得不下山前往旅途中的下一个定居点：农业村庄哲通（Jeitun）。[17] 他选择了一处陡峭的山谷，朝下方的林地爬去，林中的果树上挂满了成熟可食的石榴、苹果和梨。

一条河流从被罂粟覆盖的山坡和沙漠边缘的沙丘间蜿蜒而过，将卢伯克带到哲通。一座小山上聚集着大约 20 座泥砖房屋，笼罩在作为燃料的粪便发出的刺鼻浓烟中。这里的很多地方让他想起了梅赫尔格尔和西亚的农业村镇，虽然哲通的规模要小得多。每座房子只有一个方形房间，围绕院子分布，此外还有附属建筑和装谷物的存储架。卢伯克在村中到处闲逛，看到有个院子里正在宰杀一对山羊，另一个院子里在编篮子。磨石没有在使用，但周围有厚厚的一层彩色谷壳和谷皮。

卢伯克推开兽皮帘子走进一座房屋，发现屋内闷热、刺鼻，而且烟雾缭绕。墙壁被涂成红色，地面只是夯实的泥土和踏平的灰烬。角落里的一个长方形大炉灶中焚烧着粪便，周围滚烫的黏土上放着还没烤熟的面包。在对面的角落里，平台上累着一堆皮张、毛皮和垫子，可能是睡觉的地方。第三个角落里，用黏土围边的坑里存放着谷物。墙上挂着骨柄的镰刀，刀刃闪闪放光；篮子里放着其他各种石刃工具。地上叠着几个碗，卢伯克拾起一个——这是个绘有红色波浪线的陶碗。

一个女人走了进来，她身着一层层厚厚的皮革和羊毛，用头巾包着脑袋，带着海贝壳项链，很像卢伯克在梅赫尔格尔看到的。当她翻动面包时，卢伯克注意到火边有两尊黏土小像，一尊是山羊，另一尊是人。他还没来得及细看，3 个咯咯笑着的孩子跌跌撞撞地从挂着帘子的门口闯入。他们耐心地站着，直到一块烤得半熟的面包被放到他们的脏手上。然后他们又跑开了。

卢伯克又造访了几座屋子，发现它们的设计几乎完全一样，但大部分用石膏筑成地面。由于哲通人在院子和周围的地里工作，屋中的人大多年纪很大或很小。卢伯克看到一群男女聚集在注入村边沼泽的河流旁，于是上前查看。他们正在制作泥砖，孩子们踊跃相助，毫不意外地把自己弄得满身是泥。有人在河岸上挖掘，有人把秸秆拌入黏土中，然后将其捏成砖，每块砖的大小和卢伯克的小臂差不多，但要稍厚一些。秸秆是从附近的地里割来的，小麦穗已经在几周前被收割。

那天晚上，卢伯克坐在一个院子里，哲通的泥砖墙房屋上方升起了一轮满月。现在是公元前 6000 年，他想象着人类历史上的这个时刻世界其他地方正在发生什么。他回想起生活在达姆达玛和在北极的若霍夫捕猎北极熊的人，思量着独木舟可以如何穿越托雷斯海峡，抵达瑞典南部的斯卡特霍尔姆，鸭子如何落入科斯特的陷阱，最后想到了与公牛面对面生活的加泰土丘人。美洲、欧洲、澳洲、北亚、南亚、东亚和西亚——这些地方卢伯克都已经造访过。只剩下一个空白有待填补，世界上还有一片可居住的大陆是他尚未造访过的：非洲。

哲通是位于今天土库曼斯坦科比特山麓的几处考古遗址之一，见证了公元前 6000 年的谷物种植和山羊放牧。卢伯克感受到的哲通、梅赫尔格尔和西亚农业村镇间的相似性是真实存在且不意外的——它们都在伊朗高原周边的类似环境中实行同样的经济。和梅赫尔格尔的定居点一样，哲通也提出了类似的问题：土库曼斯坦最早的农民是来自西边的移民，还是通过贸易获得了种子和牲畜的本地狩猎采集者，或者他们来自科比特山下方的丘陵，那里早在公元前 6000年之前就已经开始种植小麦和大麦。[18]

哲通和附近遗址所在的土丘被当地人称为库尔干（Kurgans）。最早的发掘始于 19 世纪末、20 世纪初，发现这些土丘是坍塌和风化的泥砖房屋残骸堆垒而成的。20 世纪 50 年代初，人们对哲通展开了首次系统发掘，特别是在苏联考古学家马松（V. M. Masson）的带领下。这座小土丘坐落于山麓之外，位于辽阔的卡拉库姆沙漠（Karakum desert）的沙丘之间。马松从土丘的上部挖出了至少有 30 座小屋的定居点，每座小屋里只有一个房间，还有炉灶、存储区和院子。虽然没能找到植物残骸，但发现了与梅赫尔格尔相同的农业痕迹：带有收割留下的独特光泽的燧石镰刀，还有大麦和小麦在泥砖内部留下的印记。

1987 年，土库曼斯坦考古学家卡卡穆拉德·库尔班萨哈托夫（Kakamurad Kurbansakhatov）重新开始对哲通展开发掘。1989 年，马松邀请来自伦敦大学考古学院的大卫·哈里斯使用最新技术从考古遗物中提取植物残骸，并重建哲通人所在世界的面貌。哈里斯与同事戈登·希尔曼一起找到了小麦和大麦粒，还有许多野生植物的种子，证明哲通在公元前 6000 年已被确立为农业村落。[19] 英国人在 1990—1994 年间继续介入，组队加入了俄罗斯和土库曼斯坦的发掘队伍。

重新开始的挖掘工作，重心从描绘建筑和石器转向了描述哲通的史前经济和当地生态。但哈里斯和同事们面临的是一项艰巨的任务。关于史前植被的信息寥寥无几，很少发掘出植物残骸，花粉不见踪影，而几千年来的山羊放牧几乎将当地植被摧毁殆尽了。此外，近代灌溉体系已经大大改变了卡拉苏河（Karasu）的河道（卢伯克沿着它而行），因此哲通人发掘水源的时间、水量与位置仍不清楚，但还是取得了一点进展。

仍然生长在科比特山潮湿山谷中的乔木和灌木，比如卢伯克享用的苹果和李子，被认为曾经占据更广的面积。而以开心果树为主的林地曾经覆盖着较低的山丘，因为那里留存下来的攀缘植物通常只和这种树联系在一起。由于公元前 6000 年的降水模式可能与今天类似，夏天会出现干旱，所以小麦只能在保有足够地表水的土壤中种植，以便熬过夏天。过量降水和科比特山融水引发的破坏性春季洪水是哲通农民要面对的另一个问题。大卫·哈里斯认定，唯一可耕种的土地一定是位于沙丘之间相对高而平坦的含盐土壤，靠近当时卡拉苏河的泄洪道，但不受其影响。戈登·希尔曼证实了这点，他在谷物残骸中发现了灯芯草的种子——在此类土壤中时，这种野草会成群危害小麦生长，但它们无法忍受河岸边的环境。

托尼·莱格——我们已经提到过他对阿布胡赖拉和斯塔卡兽骨的工作——对发掘出的山羊下颌骨的研究显示，其中包含了牙齿生长和磨损的所有阶段。这表明整年都有山羊被杀，暗示至少有一部分人在哲通定居。除了照顾畜群，哲通人还在科比特山麓捕猎野山羊、野猪、野兔和狐狸。但他们最喜欢的猎物是羚羊。在今天穿越土库曼斯坦的铁路建成前，大批羚羊季节性地从山上和高处的山麓迁往卡拉库姆沙漠过冬，来年春天再返回。如果它们在公元前6000年也这样做，那么哲通将是拦截迁徙羚羊群近乎完美的地点。

近年来对哲通的发掘没能找到任何前农业定居点的痕迹，即狩猎采集者可能开始亲自种植野生谷物的地方。事实上，哲通所种植小麦的野生祖先都不太可能存在于中亚的这个地区。因此，和俾路支斯坦一样，似乎有经验丰富的农民来到卡拉库姆沙漠边的山麓和草原。为此，他们必须从科比特山爬下来——就是他们自己或祖先从西亚登上的那座山。

卢伯克再次站在科比特山的边缘，向东望着草原和沙漠。遥遥望去，下方山麓与沙丘间的哲通和邻近定居点升起了袅袅的烟雾。现在，他知道那些小块的绿色是小麦田，它们闪光的边缘是在太阳下熠熠生辉的盐碱沼泽。在哲通度过的那年里，卢伯克帮着用泥砖新建了一座房屋，参加了收割小麦和打谷，和人们一起伏击羚羊和采集榛子、核桃与开心果。夏天的大部分时间在山间的营地度过，山羊被带到那里觅食，村中只留下很少的人。但现在，卢伯克必须与哲通和东方道别：他急于赶到非洲，完成自己的环球旅行。

但他首先必须回到西亚，不过并非旅行开始时的约旦河谷，而是扎格罗斯山脚下和美索不达米亚平原。现在是公元前 6000 年，昔日在底格里斯河和幼发拉底河河边的农业村子早已被规模可观的镇子取代——它们是地球上迄今存在过的最大人类聚居地。

第44章

扎格罗斯山的秃鹫

美索不达米亚平原文明之根，公元前 11000—前 9000 年

人类历史上最早的文明出现在美索不达米亚。这是位于幼发拉底河和底格里斯河之间的罗马行省的名字，今天被称为伊拉克。当我提到"文明"时，我指的是规模上前所未有的人类社会：纪念碑式的建筑、城市中心、广泛的贸易、工业生产、中央权威和扩张倾向。美索不达米亚的城市出现在公元前 3500 年左右，并伴随着书写的发明。这些发展虽然不属于本书范围，但它们的根源要早得多。从公元前 11000 年开始，美索不达米亚出现了一系列引人注目的狩猎采集者定居点和农业村镇，与之相联系的还有贸易网络的扩张、创新技术和新的宗教观念。到了公元前 6000 年，美索不达米亚已经成为许多繁荣农业社群的所在地，它们将创造出一种新型的人类体验：城市生活。

虽然最早的城市出现在美索不达米亚的南部平原，位于今天的巴格达附近，但文化的奠基完成于北部——那里是平原、石灰岩山脊、深谷和峻岭（特别是今天的辛贾尔山 [Jebel Sinjar]）组成的多样地貌。[1] 辛贾尔山的南麓是大片肥沃的土壤，最早的美索不达米亚村镇就诞生在这片所谓的辛贾尔平原上。这些村镇的前身是公元

前 11000 年的狩猎采集者定居点，位于东面 300 千米外的扎格罗斯山脚下。

这是约翰·卢伯克必须开始美索不达米亚之行的时间。于是，当他在公元前 6000 年离开哲通，向西穿越伊朗高原时，时间开始倒流。公元前 7500 年，他来到今天被称为燧石丘（Sang-i-Chakmak）的一小片冲积平原上新建立的村子。[2] 当他向下来到扎格罗斯山的西侧，走近今天被称为扎维切米沙尼达（Zawi Chemi Shanidar）的狩猎采集者定居点时——位于大扎卜河（Greater Zab River）河谷中——时间来到了公元前 11000 年。

向西 500 千米处，阿布胡赖拉的狩猎采集者村子正在幼发拉底河畔欣欣向荣；再往西 400 千米，马拉哈泉村的居民正在收割野生小麦，在地中海林地中狩猎羚羊。无论梅赫尔格尔和哲通，还是耶利哥和哥贝克力石阵都尚不存在：全亚洲乃至整个世界再次成了狩猎采集者的专属领地。

扎维切米沙尼达包括一系列枯树枝茅屋，一堆生活垃圾，还有供人坐着、吃饭和交谈的地方，以及一座圆形的石头建筑。营地建在河岸边，靠近一眼泉水。它被夹在陡峭的谷壁间，背后是一座座高耸的山峰。即便卢伯克现在已经去过了世界上那么多地方，他还是觉得这里风景壮丽。他和毫无觉察的新主人一起惊愕地望着雕和秃鹫在头顶盘旋。

虽然环境带有特别的美，但卢伯克觉得扎维切米沙尼达的生活与史前时代的其他许多狩猎采集者定居点没多少区别。山谷周围的风光很像他在更西面的地区所看到的——被橡树和开心果树林覆盖的草原。卢伯克花了几天时间采集种子和挖掘块根，然后用类似马拉哈泉村的石臼把它们碾磨鼓捣成面粉和糊浆。他帮着伏击野山羊和用陷阱捕捉野猪，还陪同一些扎维切米沙尼达人远行。其中一次向南跋涉了 150 千米，人们离开扎格罗斯山脚并穿越沙漠，发现一眼从地下冒出的沥青泉。他的同伴们将一袋袋沉重的沥青带回营地，用于涂在篮子内侧和把刀刃粘在槽口上。另一次向北同样距离的远行，是前往山中与一群准备交换黑曜石的西边来客会面。[3]

回到扎维切米沙尼达后，卢伯克发现人们正在准备舞蹈表演。黄昏来临时，他看到男人和女人们穿好了戏服；有的在手臂上绑上巨大的翅膀，显然来自刚刚被杀死的秃鹫和雕；有的披上山羊皮。火堆被点燃，当夜色降临时，整个社区聚集起来观看他们表演。

一开始只有火焰、缓慢的鼓声和草地上的一头山羊。一只雕伸出爪子，从黑暗中俯冲过来；随着雕盘旋而下，山羊跑进了夜色中，雕紧紧追逐。这时，一群山羊来到，安静地在火光中吃草。吃完草后，他们开始在火边玩闹——撞头、交媾、母子嬉戏。鼓声重新响起，这次变得更快更响。雕飞了回来，身后跟着一大群秃鹫，包围住羊群。鼓点加快，鸟的飞舞也开始加速，羊群变得焦躁。它们试图越过在周围盘旋的羽毛墙，墙上的利爪和钩喙准备好将它们撕碎。鼓声现在变得疯狂，随着最后嘈杂的敲击声响起，雕开始攻击。在刺耳的尖叫声中，它杀死了一头羊，秃鹫则扑到其他羊身上。一切随即归于沉寂，除了火焰的噼啪作响和演员的喘息声，身着戏服的他们筋疲力尽地躺在地上。

扎维切米沙尼达意为"沙尼达附近的田野"——沙尼达是附近一座库尔德人的小村子和 4 千米外一个大山洞的名字。[4]当地居民曾身着戏服模仿秃鹫、雕和山羊的想法源于在该遗址的一个有趣发现。20 世纪 50 年代，当纽约哥伦比亚大学的拉尔夫·索莱茨基（Ralph Solecki）对这里进行发掘时，他在石头建筑旁被染成红色的土壤沉积物中找到了一堆紧实的动物骨头。骨堆最初被认为是生活垃圾堆，但后来发现其中只有山羊的头骨和鸟骨。鸟骨来自大鸨以及多种雕和秃鹫，几乎全是翼骨。细微的切痕显示，这些翅膀是被小心地从鸟身上割下的，有的在最终被丢弃时仍然完整。[5]

一些骨头来自巨禽，比如翼展可达 3 米的胡兀鹫，还有白尾海雕。对拉尔夫·索莱茨基和他的同事兼妻子罗斯（Rose）来说，这些鸟是如何被捉住的以及它们的翼骨为何与至少 15 个山羊头骨埋在一起，这些问题并不容易回答。虽然定居点周围的秃鹫偶尔会变得温驯，可以用诱饵捕捉，但雕则更有挑战性，可能需要从巢中盗取雏鸟再人工养育。

对骸骨堆的仪式性解释似乎是说得通的，不仅因为沉积物的奇特内容，还考虑到其他地方的发现。1977 年，罗斯·索莱茨基在著述中可以援引詹姆斯·梅拉特在土耳其南部加泰土丘发现的壁画和雕塑，它们将动物头骨与猛禽联系起来。在此后发现的内瓦里乔利和哥贝克力石阵遗址，人们找到了更多雕和秃鹫的形象。而西亚的前陶新石器时代 A 时期遗址普遍发现了鸟爪。比如，我在费南谷地发掘出的鸟骨就以鸢、兀鹫和雕为主。因此，猛禽几乎无疑在整个新月沃地都很受尊重，它们很可能具有深刻的象征和宗教意义。罗斯·索莱茨基在 1977 年就这样认为，暗示它们的翅膀在扎维切米沙尼达的仪式性舞蹈中被用作戏服。

卢伯克在缓慢燃烧的灰堆边醒来。戏服被留在附近的一个浅坑里，包括羊皮和头骨、鸟翼和用木头雕成的鸟爪。它们被汗流浃背的人身上剥落的赭石染红，现在又染红了骨头周围的土壤。周围看不到人。附近茅屋中传出的鼓捣声表明舞者和观众已经重新开始工作——捣碎橡子和在山中打猎。但他们不会忘记自己的神圣世界：通过史前旅行，卢伯克知道在神圣和世俗间并无分界——那完全是近代世界的发明。

在村子周围的狩猎和植物采集之行中，卢伯克注意到东北 4 千

米外的山崖上有个山洞。他知道扎维切米沙尼达人仍然将那里用作
庇护所，但他本人从未去过。

　　卢伯克在崎岖的山崖上攀爬了几个小时才来到洞口。在此期间，
史前时代的两个世纪过去了，而秃鹫继续在陡峭的山峰间滑翔。今
天那里被称为沙尼达洞，洞中有个巨大的洞室，地上堆着磨石、篮
子、兽皮和各种工具。有的地方被铺过，还有几堆卵石，仿佛标出
了特别区域或者表明下方埋着某些东西。洞内空气难闻，混合着蝙
蝠、潮湿的兽皮和污浊柴烟残留的气味。

　　当卢伯克站在洞口赞美风景并享受清新的空气时，他看到一队
人向山洞爬来，猜测他们来自扎维切米沙尼达。这些人慢慢走近，
领头的是个怀抱幼儿的男子。他们戴着用骨头、牙齿和石头制成的
特别精美的珠串，身体被涂成红色。[6] 一对男女脚步蹒跚，其中一
人拄着拐杖。卢伯克坐在洞中的一块大石头上，看着他们到来。男
子把幼儿的尸体放到地上，尸体被骨珠索包住，几乎完全遮住了发
紫肿胀的身体。卢伯克一一打量他们的脸，发现了病痛的迹象。有
人把一团在某种黏性材料中浸过的叶子贴在耳朵上，另一个人下巴
肿胀，看上去正在忍受严重的牙痛。

　　洞中地面上生起了火。卢伯克听着这些人的祈祷，看着他们在
尸体周围做出富有诗意的奇特动作，可能是在模仿野生动物和降雪。
抱着孩子的那名男子可能是父亲，他挖了一个坑，露出洞中先前的
火堆留下的烧焦的木头。仍然包裹在珠索中的尸体被放在一堆灰烬
上掩埋了。人们沉默了一会儿，然后离开，孩子的父亲最后一个才走。

　　20 世纪 50 年代发掘沙尼达洞时，拉尔夫·索莱茨基发现了一
座现代人类的墓地，还找到了公元前 50000 年尼安德特人的骸骨，
人们对该洞的了解更多来自后者。[7] 尼安德特人的骸骨深埋在被风
吹来的沉积物和塌落的洞顶之下，而现代人类的墓地就在地表下面，

共找到26座墓葬，以及与扎维切米沙尼达相似的日常器物和废弃物。这些相似性和公元前10800年的时间暗示，山洞中埋葬的和使用河畔营地的是同一批人。[8]许多墓中埋着相对年轻的成人和孩子。有几具尸骨和珠子埋在一起——某个孩子的墓中发现了1500颗珠子，暗示他所属的家族地位很高。此外，在远离其他墓穴的一个箱形墓坑中发现了一具女性尸骨，旁边放着红赭石和磨石。

作为在哥伦比亚大学的博士研究的一部分，安娜格诺斯提斯·阿格拉拉吉斯（Anagnostis Agelarakis）分析了这些人骨。[9]她发现许多成年人的牙齿发育不全，表明他们年轻时营养不良。耳朵感染和牙齿发炎的痕迹很普遍，肢骨碎裂和关节炎等退行性疾病的迹象同样常见。总体上说，这些骸骨来自非常不健康的人群——即使没有夭折，人们显然也很难活到我们所说的中年。

这与约旦河谷的早期纳图夫人截然不同，后者似乎健康状况良好。另一个区别是他们定居点的性质。虽然墓地的存在暗示定期有人造访沙尼达和大扎卜河谷，但山洞附近或河边定居点中都没有大量石头建造的房屋，暗示那里只是暂时有人生活，很可能是季节性的。[10]在这点上，无论是扎维切米沙尼达人，还是的附近的卡里姆沙赫尔（Karim Shahir）和穆勒法特（M'lefaat）等同时代遗址的居民，他们都与生活在永久村落中的纳图夫人完全不同。[11]为了在美索不达米亚找到类似的情况，卢伯克必须离开沙尼达洞，向东行进200千米，来到辛贾尔山脚下神秘的克梅兹德雷村。

这段旅程需要卢伯克渡过底格里斯河并徒步前往辛贾尔山。他穿越了一片覆盖着瘦弱灌木、草丛和零星树木的干燥荒野，那里隐藏着各种猎物：羚羊群从低矮的植被中蹿出，蹦跳着穿过原野，它们的身后跟着野兔，长着醒目斑点羽毛和长长颈羽的大鸨嘎嘎叫着从草丛中站起。远处经常有野驴群在吃草。卢伯克此行花费了将近

1000 年，在此期间，随着新仙女木时期的到来，气温开始下降，降水频率也减少了。但比起约旦河谷和地中海沿岸，这里所受的影响要小得多，不像晚期纳图夫人那样，被迫因为反复的干旱而放弃村子，回归居无定所的生活。

当卢伯克登顶一座小山，可以俯瞰广阔的原野时，克梅兹德雷村映入了他的眼帘。在村子的边缘，他看到紧邻浅谷入口处有一些茅屋。远远望去，茅草屋顶显得很低。走近后，他发现屋顶下是 4 座半地下的房屋，需要从上方通过梯子进入。时值傍晚，当天的工作显然已经完成，人们悠闲地分成小群坐着，有的在用木杯喝茶，有的似乎睡着了。他们周围是狩猎采集者生活的常见杂物：磨石、一堆堆打碎的废弃物，宰割留下的碎骨，还有放血处被染红的土壤。[12]

人们显然很享受这里的风景，卢伯克坐在他们中间，对此感同身受——向南可以将平原尽收眼底，向西可以看到延绵的辛贾尔丘陵的侧面。仅有的声响来自低声聊天和附近小溪的流水。现在是公元前 10000 年，虽然时值新仙女木时期在西亚和欧洲的高峰，但克梅兹德雷村人健康而衣食无忧。他们在丘陵和平原间找到了理想的居所，两种地形分别能提供一系列可捕猎的动物和可采集的植物。从堆在磨石周围的果壳、茎秆和叶片数量来看，卢伯克怀疑附近有"野生园圃"：人们为成片的野生谷物和小扁豆浇水、除草和除虫。

卢伯克知道天光很快就要开始变暗，地下房屋的内部将变得漆黑。他站起身，顺着梯子下到一个墙壁和地面上刷过石灰的房间。房间形状奇特，既非圆形也非方形，中央是排成一列的 4 根醒目的柱子。卢伯克立即想起了前往加泰土丘时在内瓦里乔利看到的柱子——那座村子和新月沃地的其他许多村子一样，此时尚未建立。

克梅兹德雷的柱子高可及胸，仔细查看之下，卢伯克发现它们是用黏土制成的，上面刷了石灰。每根柱子流畅地从地面升起，看上去犹如被突兀地砍去双臂的人类肩膀。它们的表面没有装饰，但似乎在越来越昏暗的房间里发出荧光。卢伯克绕着它们踱步，摩挲着光滑的石灰，思量这种手感相当好的形状有何目的。

地上铺着纤维织成的垫子和华丽的动物毛皮。一边有个炉灶——几块石板围着一个在石灰地面上挖出的坑，坑中堆着灰烬。墙壁光秃秃的，但显然经过打理，因为上面涂着厚厚的石灰，并被打磨和修补过。卢伯克好奇在这里和克梅兹德雷的其他地下房间里发生过什么。比起他在世界各地的狩猎采集者和早期农业定居点经常看到的杂乱、肮脏又难闻的房间，这里的差别几乎不能再大了。卢伯克决定等等看。于是，他取过几张毛皮，舒服地靠着墙坐下，正对面就是通往地面的梯子。

随后的几天里——也许是几个月、几年甚至几个世纪——许多人走进这个房间，有时独自一人，有时结成小队：来访者中有孩子、成人和老人。卢伯克很快开始注意到有人反复来访以及访客外貌上的相似点。他发现，这些人站立、接触和交谈的姿势与方式暗示了他们的关系——父母与孩子、丈夫和妻子、兄弟、恋人。他猜想来此的人都是一个大家庭的成员，他们共同拥有这座房屋。天冷时，有几个来访者睡在地上，常常会在炉灶中生火；天热时，他们在茅草屋顶下乘凉。人们单独或结伴来这里安静地坐着、歌唱，或许还会祈祷。有时，他们在这里求欢，婴儿被从梯子上带下来哺乳，病人也会来这里休息。房间偶尔会挤满人，比如举行家族宴会，或者招待客人时。[13]

这些不同的用途一直持续到某个春天的早晨：两个女人顺着梯子下来，开始卷起垫子和毛皮。把它们交给等在外面的人后，女人开始扫地，并用刷子和碎皮擦抹墙壁和柱子。仔细打扫房间后，人们开始了下一项工作：故意破坏。[14]

首先是屋顶，随着木头和茅草轰然落地，升起了一股巨大的尘云。随后，这家人开始用木锹和篮子往房间里填土——为了避免混入日常垃圾，土是从远处挖来的。大约 10 分钟后，当坍塌屋顶上的木头和茅草已经被掩埋时，其中一个老年男子（卢伯克猜测他是一家之长）停止了工作。他打开一个包裹，依次举起里面的每件东西给众人过目，然后把它们丢进被部分掩埋的房子里。首先是一大块肉——很可能来自母野牛，这种动物在克梅兹德雷附近很少见。接着是一把野生小麦，然后是一件精美的皮袍。接下去是一串石头珠子，最后是一些骨针。

重新开工后，孩子们也帮着将石头和一把把土投入洞中。工作持续了一整天，直到房间被完全掩埋，填充物比周围的地面稍高。最后，所有人上蹿下跳地将泥土踩实——最初还满是欢声笑语，但后来变得气力衰竭，越来越疲惫。

随后的几天里，卢伯克看到其他地下房屋也被以类似的方式摧毁，直到克梅兹德雷只剩下一堆堆手磨、篮子和工具、日常垃圾堆、炉灶，以及一些毯子和垫子。有几片地面上的石块被清理干净，也不堆放垃圾和工具，供人们安静地坐着。为了免受大风和寒冷之苦，人们还仓促建起了几间简陋的枯树枝窝棚和挡风墙。[15] 然后，克梅兹德雷的生活差不多像过去一样延续，只是现在没有了任何私密的机会。就这样，卢伯克加入了植物采集和狩猎之旅，帮着清理皮张和碾磨种子，一起唱歌跳舞，还和其他人一起睡在星空下。

随着时间一周周地过去，他注意到木柴逐渐在一堆越来越大的石块旁积累起来。这些石块是生石膏，它们最终将被碾碎，与水混合后做成石灰。秋天到来时，人们砍下小树，除去树枝，然后作为木料储存起来。他们还割了草，但为的不是种子而是茎秆。草茎被扎成捆，与木料和石头堆放在一起。几周后，木柴、生石膏和新的屋顶铺设材料被认为足够了，建造新房屋的工作随即开始。

让卢伯克意外的是，每座屋子都建在与之前几乎相同的位置，尽管附近有足够的未被使用的土地。人们在地上标出大致的圆圈，然后开始挖掘，移走许多仅仅几个月前他们才如此费力填埋的泥土。他们非常仔细地遵循标出的线，遇到先前的石灰墙时就直接穿墙而过。任何先前的木头和干草都被丢弃，对于曾经显得非常珍贵的物品同样如此。

在挖掘新坑的同时，积存的木柴也迅速把石灰窑烧旺，将生石膏块变成粉末。人们用黏土塑成柱子，竖在新的地下房间里。地面和墙壁已经抹上了一层红棕色的黏土，和柱子一起被刷上石灰。屋顶用新的木料和干草搭成。几天后，房屋完工了——看上去与之前的几乎完全一样。家人聚集在屋内，对自己的工作感到高兴。卢伯克无法理解他们为什么要这样麻烦。他再次意识到文化的障碍，它经常出现在自己和旅行途中遇到过的那些人之间，这阻碍了他理解过去。

为什么克梅兹德雷人要反复填埋旧房屋，然后再在完全相同的地点按照相同的设计重新建造呢？爱丁堡大学的特雷弗·沃特金斯（Trevor Watkins）提出了这个问题，他发掘过卢伯克曾坐在其中并试图弄明白功能的那个房间。他发现房间至少被重建过两次。最后一次被填埋时（可能就发生在村子被废弃前），地上放了6颗人类头骨。

1986—1987年，沃特金斯赶在修路和采石彻底摧毁遗址前进行了发掘。克梅兹德雷最初以深谷旁的矮丘形象出现在他面前。磨制设备、石质工具和宰割留下的骨头堆并不令人意外，但仔细粉刷的石灰、精美的柱子和被故意掩埋的地下房屋是前所未见的。[16]

沃特金斯的工作完成20多年后，克劳斯·施密特发掘了哥贝克力石阵，该遗址位于克梅兹德雷西北300千米处，年代要晚了几个世纪。它与克梅兹德雷的相似性是惊人的：两座遗址都有包含柱子的地下建筑，但缺少日常活动的痕迹；两地的这些建筑都曾被有意填埋。虽然哥贝克力石阵的建筑规模远超克梅兹德雷，拥有与巨柱和壮观环境相称的宏伟，但两者存在毋庸置疑的文化联系，这种联系还催生了内瓦里乔利。这些遗址和缔造它们的社会背后隐藏着某种非常神秘的东西，是理解新石器时代世界起源的关键。

卢伯克在美索不达米亚造访的第三个也是最后一个狩猎采集者定居点同样位于扎格罗斯山脚下，今天被称为内姆里克。在"萨达姆大坝"修建前，华沙大学的斯特凡·科兹洛夫斯基（Stefan Kozlowski）与伊拉克国家古物和遗产组织（Irai State Organisation of Antiquities and Heritage）共同对其进行了拯救性发掘。[17] 发掘工作与特雷沃·沃特金斯对克梅兹德雷的发掘同年进行，地点在相距仅 60 千米的底格里斯河另一边。史前人类在内姆里克和克梅兹德雷的生活存在时间上的重叠，虽然内姆里克最早有人居住的时间为公元前 9600 年之后不久。那里在几乎 2000 年后仍然有人生活，但已经抛弃了狩猎采集者的过去而成为农民。

公元前 9400 年，当全新世的降雨和温暖到来后，卢伯克离开了克梅兹德雷。随后的 1000 年里，该遗址将继续有人居住，直到那里的居民加入或创造了公元前 8000 年在辛贾尔平原上发展起来的某个新的农业定居点。但当卢伯克向东北而行时，这些发展尚未出现。他穿越了一片现在点缀着桴树、核桃、柽柳和开心果树的草原，远处扎格罗斯山的山坡被橡树林染成绿色，成为鹿、野猪和野牛的家园。

内姆里克横跨伸入平原的山脊末端两侧，两边的山谷中都有河流，一路流向底格里斯河。卢伯克在黎明时分到达。有几个人已经离开村子，前往山中打猎，其他人还在自己的圆形房子里睡觉——并非像克梅兹德雷那样的地下建筑，而是拥有直立的墙壁。8 座小屋分成两片，周围是铺着石板的院子。院子显然是工作场所，因为卢伯克看到石板上散布着磨石、石臼和废弃燧石等熟悉的物品。炉灶和发黑的石碗表明，院子还被用来做饭。院子似乎是各家公用的，一个发臭的巨大垃圾坑也是。

　　卢伯克仔细查看被太阳晒干的泥砖，每座房子都用这种砖建造，它们与他在耶利哥和哲通看到的没多少区别。门口挂着厚厚的兽皮，他推开兽皮，走进昏暗的屋内。房间被 4 根柱子隔开，柱子排列成正方形，支撑着木梁——泥砖墙无法支撑如此重量。[18] 屋顶本身用网格状的枝条搭成，还编入了稻草并抹上黏土。靠墙边有木头和黏土搭起的平台。这些是床，每张床上躺了一个睡着的人，身上盖着兽皮。对面，一堆生活用品和垃圾围在一个嵌入地下的磨石边。在屋中睡觉和工作的区域之间，有一些更高、更窄的平台，看上去像是长凳。大部分地面盖着垫子和兽皮，其余部分是踩实的泥土，特别是在一块半盖着土坑的石板周围。卢伯克朝坑中窥视，看到一枚头骨也注视着他。

　　关于这座房屋的结构与设计的详细信息得益于出色的保存状况和发掘的质量。科兹洛夫斯基称其为"房屋 1A"，他从坍塌的屋顶中找到了烧焦的黏土块，上面带有网格和稻草的痕迹。残存的墙壁内有柱子留下的坑。他还找到了集中埋葬器物的坑，以及他认为是床和长凳的平台。

　　内姆里克的这种类型的房屋建于公元前 9000 年左右，当时那里的居民以打猎和采集为生。科兹洛夫斯基在发掘中找到了野生兽类和鸟类的骨骼，还有从附近河里捕捞的小龙虾的钳子。虽然植物残骸很少见，但找到了谷物、豌豆、小扁豆和野豌豆的痕迹，它们应该都来自野生植物。直到在内姆里克漫长生活的最后（约公元前 8000 年），村子周围才有驯化品种种植。当时，房屋变得更接近长方形，但生活的其他所有方面几乎都保持不变。

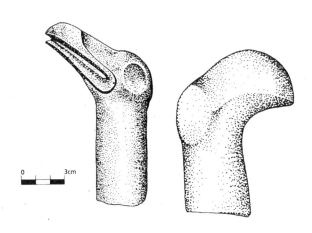

猛禽头像石雕，约公元前 9000 年，来自伊拉克内姆里克

　　科兹洛夫斯基还发现了一些更精美的东西，其中之一让卢伯克回想起自己在美索不达米亚之行的开始。他仍然身处那座房子内部，被周围壁龛内的一系列小陶俑和卵石雕像所吸引。其中一些很难辨认——有的看上去像是野猪头，另一个可能是山羊，还有一个是人像。卢伯克没有太多留意它们，而是对一件奇特得多的石雕更感兴趣。他把雕塑托在掌心，享受着它的重量和质感，用手指沿着光滑的颈部，绕着眼眶和代表鸟喙的尖端摩挲。这是一个秃鹫头——内姆里克醒目地展示着几个此类雕塑。2000 年前，人们曾披挂着雕和秃鹫的翅膀盘旋而下，在大扎卜河谷的扎维切米沙尼达杀死山羊。[19]

第45章

走近美索不达米亚文明

城镇和贸易的发展，公元前 8500—前 6000 年

离开内姆里克后，卢伯克花了 1000 年时间在美索不达米亚北部旅行，观察农业村落的发展。公元前 8000 年后不久，他还看到一组组家庭登上扎格罗斯山麓，在伊朗高原上寻找新的牧场和耕地。这是农业在南亚和中亚传播的第一步，并将催生出梅赫尔格尔和哲通。但大部分人留在了辛贾尔平原，他们耕作土地、修建更多房屋，并在无意中为新型城市世界奠定了基础。

卢伯克开始往回走，他渡过底格里斯河，然后沿着一条小支流而行，后者蜿蜒穿过辛贾尔山侧面被橡树林覆盖的矮丘。河谷风景如画，间或出现峡谷般的陡峭崖壁。经过一个这样的山谷，卢伯克找到了今天被称为马格扎利亚（Maghzaliyah）的村子 [1]——那里坐落着 10 座有多个房间的长方形屋子，周围似乎是护墙，但没有将其完全遮蔽。他距离现在被抛弃的克梅兹德雷不超过 12 千米，那里的废墟早已被雨水冲走，被尘土掩埋。

公元前 8000 年的春天，卢伯克来到马格扎利亚。人们正从村子周围适宜耕作的小块土地上收获小麦，每块土地都夹在突岩之间。麦穗被黑曜石镰刀割下，谷粒存储在桶状的黏土罐中。他发现黑曜

石是人们主要使用的石材，但不再像在扎维切米沙尼达那样通过长途跋涉获得，而是来自从北方来到马格扎利亚的商人。黏土被广泛用于建造房屋、制作小塑像和搭建炉灶。人们虽然捏出了罐子，但没有将其烧制成易碎的陶器。卢伯克怀疑这是因为没能掌握技术，但似乎更可能是因为石头、木头与藤制的盘子、碗和罐子已经满足人们的需求。

　　1977 年春天，苏联考古学家尼古拉·奥托维奇·巴德尔（Nikolai Ottovich Bader）发现了马格扎利亚：这是一座陡峭的锥形圆丘，北面边缘的一部分被公路穿过，东边被阿布拉河（Abra River）侵蚀。除此之外，遗址未受破坏。巴德尔的发掘显示，建在石头地基上的房屋拥有黏土墙壁，干草屋顶和铺过的地面都刷了石灰——一些石灰碎块上留有芦席的印痕。在这个村子的 500 年历史上，任一时间都同时存在 8 到 10 座房屋，表明人口在 100 人左右。但每座房屋的寿命不超过 50 年，而且在同一地点重建，遗址上紧密堆积着建筑遗迹。巴德尔发掘出的动物骸骨和植物残骸显示，马格扎利亚人对野生和驯化食物同等依赖，他们一边捕猎草原上的野驴，一边打理羊群并耕作麦田。

　　马格扎利亚大部分时间被巨型石板墙环绕，可能是为了防御野生动物、劫掠者或其他村子的有组织袭击——虽然从死者的骸骨上没有发现暴力的痕迹。成人和婴儿被一起埋在石头砌成的墓中，坟墓集中在定居点的一块独立区域。由此可见，它们是家族而非武士的墓。[2] 也许那堵墙根本不是用于防御，而是为了隔开人类文化和自然的世界，甚至是为了区分作为农民的居住者和生活在墙外的狩猎采集者。

　　马格扎利亚的起源大体与约旦河谷和幼发拉底河畔的早期农业村镇与小镇同期，比如贝达、加扎尔泉镇和布克拉斯。获得谷种后，生活在扎维切米沙尼达、克梅兹德雷和内姆里克的狩猎采集者—种植者后代似乎立刻接受了谷物农业。尚不清楚驯化谷物究竟源于北部（可能在查约努或附近），还是来自西部（可能在耶利哥），但这并不重要。一旦出现，驯化谷种在美索不达米亚北部的传播就像在约旦河谷那么迅速，然后分别向西传入欧洲，向东传入中亚和南亚。

马格扎利亚只是获得谷种后在底格里斯河周围和扎格罗斯山脚下发展起来的若干农业村庄之一。其中最早被发现的是贾尔莫（Jarmo），美国考古学家罗伯特·布雷德伍德（Robert Braidwood）于 20 世纪 50 年代对其进行了发掘。[3] 贾尔莫位于马格扎利亚东南300 千米处，鼎盛时期拥有大约 30 座房屋，大多建在石头地基上，拥有厚厚的黏土墙。它们中的一些与同时代在查约努（位于西北600 千米外）建造的房屋有着惊人的相似性。整个扎格罗斯山脚下都出现了更多农业村庄。已知有两个位于贾尔莫以南：位于今天伊朗克尔曼沙赫（Kermanshah）山谷的甘兹·达列赫，以及代赫洛兰（Deh Luran）平原上的阿里冢（Ali Kosh）。两者都被认为很早就有了驯化山羊。[4]

直到公元前 6500 年左右，美索不达米亚北部农业定居点的增加和快速成长都与约旦河谷齐头并进。但在此之后，两个地区的历史变得完全不同。就像卢伯克在加扎尔泉镇所发现的，农业导致的环境恶化和重新开始的干旱迫使一些居民回归居无定所的生活方式，其他人则回到散布在草原各地的小村子。镇子被抛弃，任其荒朽。同样的文化崩溃的故事也发生在整个约旦河谷，但幼发拉底河与底格里斯河之间的情况恰好相反。美索不达米亚的土壤、地形和气候对于密集种植要有利得多。那里的农业定居点没有经历约旦河谷式的兴衰，而是在规模和数量上都有了增加。持续的经济增长将人类社会推向了被我们称为"文明"的新尺度。

乌姆达巴基亚（Umm Dabaghiyah）位于辛贾尔平原，是上述经济增长的成果之一。[5]卢伯克在公元前 7500 年抵达这里。为此他穿越了肥沃的平原，看到乌姆达巴基亚的泥砖房屋被干旱的草原包围，草原上没有种植作物的痕迹。这里看上去与史前世界的其他任何地方截然不同。如果说其他所有新石器时代定居点杂乱无章，而且随意建造新的房屋和房间，那么整个乌姆达巴基亚似乎经过了规划，而且一次性建成。比起卢伯克造访过的其他定居点，这里的气味同样难闻，甚至犹有过之——居民周围弥漫着动物油脂、肉和内脏的恶臭，而且渗入了黏土墙和石灰地面中。

探索该定居点的过程中，卢伯克发现生活、工作和存储区域泾渭分明。进入任何一个长方形屋子时先要从室外的梯子爬上屋顶，然后再沿着室内的梯子下去，类似他在加泰土丘所看到的。墙上有壁画——但好在画的不是公牛或斩首，也没有乳房裂开的女性塑像。相反，壁画描绘了把野驴驱赶进罗网的场景。

虽然仅仅几座房子里有壁画，但它们的布局如出一辙：屋内只有一个小房间，地面和墙壁刷了石灰。虽然遵循严格规划，但许多房子似乎还是由新手仓促建造的，因为对剥落的黏土墙和塌落屋顶的大修正在进行中。每个房间都有一个靠墙的火炉，周围砌着条石，火炉与外墙边的大型黏土炉灶共用一个烟囱。地上覆盖着芦席，火炉周围杂乱地堆放着石碗、柳条篮子和粗糙的陶器。房子总体上缺乏"居家"感，它们是基本的和功能性的，看上去更像工匠宿舍，而非家庭居所。

定居点的中心是两排仓库。它们被分成许多小房间，使用的建造材料和技术要比其他房屋好得多，厚厚的黏土墙壁内侧有扶垛和石灰踢脚线。大部分完全封闭，没有门，屋顶用皮革和枯树枝搭成。在屋顶间行走时——厚墙提供了通道——卢伯克将屋顶上的小缝隙扒大，向仓库内部窥视，那里不受鼠害和天气影响。他看到其中一

壁画残片，约公元前 7500 年，来自伊拉克的乌姆达巴基亚

个房间里堆着折叠好的兽皮，另一个里面是成堆的腌肉，第三个放着一捆捆野驴尾毛，第四个角落里堆着蹄子和羚羊角。还有一个房间里是一筐筐谷物、根和块茎。存储动物制品的房间显然会在狩猎季被堆满，而存放蔬菜的房间则会慢慢清空。

院子里，一群猎人带着几具野驴的尸体到来。捕捉它们的方法就像墙上所描绘的——把小群野驴赶进突然从地面上张起的罗网，让它们无路可逃。卢伯克看着野驴被剥皮，皮上的脂肪和筋腱被刮干净，然后放在黏土砌成的盐水池中。上次猎得的皮张已经泡好，被挂在一系列充当晾架的黏土矮墙上晒干。刚刚剥了皮的尸体用燧石刀和玄武岩斧子分割。大部分肉块将被抹上盐晾干，然后再次抹盐并放入仓库。剩余部分将在当晚烤制，和日益减少的蔬菜储备一起食用。

20 世纪 70 年代初，戴安娜·柯克布赖德发现并发掘了乌姆达巴基亚，她时任驻伊拉克的英国考古学校主管。当时，她已经发掘了约旦南部的贝达，这让她认为乌姆达巴基亚可能是类似的农业村庄。由于遗址是一个小圆丘，柯克布赖德决定尝试"全面发掘"。

虽然没能成功，还是发现了许多建筑，其中一些在人类居住的 500年里先后 4 次被重建。

经过 3 个发掘季的工作，柯克布赖德开始怀疑农业村庄的想法。她的怀疑既来自找到的东西（仓库、石灰围边的水池和没有建筑价值的矮墙），也来自她没能找到的：农业活动的大规模痕迹。

乌姆达巴基亚所在的环境靠近沙漠，这同样让她觉得"从石器时代定居点的角度来看非常没有吸引力"。[6] 该地区几乎找不到水，由于地下的石膏矿，附近沼泽中的水饱含盐分。石膏矿抑制了树木的生长，使得用作燃料和工具的木头即便并非完全找不到，也是相当短缺。当地的燧石颗粒粗糙，有很多瑕疵。乌姆达巴基亚的居民似乎被剥夺了石器时代生活的几乎所有关键资源。唯一的例外是可供捕猎的动物。

当柯克布赖德发掘该遗址时，美索不达米亚北部的动物资源已经相对匮乏，只有狐狸、野兔、沙漠鼠和跳鼠。但在公元前 7500年时，平原上有野驴和羚羊在吃草，野猪和山羊在远处的辛贾尔山中觅食。野驴骨在乌姆达巴基亚发掘出的兽骨中占据主导，壁画的残片上描绘了狩猎场景——柯克布赖德认为动物周围是用来挂住罗网的钩子。

面对考古学证据和遗址现在的荒凉环境，柯克布赖德改变了她对乌姆达巴基亚的看法。那里并非一个农业小村子，而是成了"贸易前哨"，专营野驴和羚羊——她认为这是附近一个尚未发现的、类似加泰土丘那样的"宏大"镇子的卫星村。[7] 柯克布赖德暗示，乌姆达巴基亚是"中间人"的据点。她想象生活在沙漠中的狩猎采集者将动物尸体带到该据点，换取黑曜石、谷物和其他商品。柯克布赖德猜测，上述物品也是乌姆达巴基亚的中间人早前用肉、兽皮、兽毛和羊角从那个尚未发现的镇子换得的。

柯克布赖德的解释并未得到更多田野工作的支持。考古学调查——特别是 1969—1980 年苏联考古考察队所主持的——没能发现那个镇子，而是只发现了一系列小型农业定居点，其中之一是马格扎利亚。这些村子中的一部分的确发展成了柯克布赖德设想的可观镇子，但那时乌姆达巴基亚已经衰败。

因此，我为卢伯克设想的场景与柯克布赖德的略有不同：乌姆达巴基亚是专业猎人的季节性据点，他们来自一个或多个农业定居点，随身带着石头、蔬菜和谷物补给，猎杀动物并亲自加工。我想象他们在狩猎季结束后带着收获回家，一部分可能被驯服的野驴驮着。[8] 兽毛、兽皮、蹄子、肉和脂肪将被用来同当地居民或来访的商人交换谷物和石头。

无论哪种场景是正确的，乌姆达巴基亚的专业化特点都反映出比此前任何新石器社会更大的组织规模。从中可以看到公元前 7500 年时，贸易和交换在从农业村庄向城镇的逐渐过渡中扮演的关键角色，该过程将迅速促成最早文明的城市中心的出现。

苏联考古考察队被邀请参与由伊拉克政府开展的调查和发掘计划，对我们理解美索不达米亚的史前历史做出了非凡的贡献。[9] 在 1969 年该计划开始前，我们对这段历史的了解仅限于扎格罗斯山脚下的贾尔莫定居点（公元前 8000 年）以及辛贾尔平原上的哈苏纳镇（Hassuna，公元前 6000 年）。1945 年，英国考古学家西顿·劳埃德（Seton Lloyd）从哈苏纳发掘出了有多个房间的复杂建筑，绘有繁复图案的陶器，还有在规模上与贾尔莫完全不同的农业、制造活动和贸易。

这两个定居点在文化和经济上似乎有天壤之别。许多考古学家怀疑两者完全无关，哈苏纳人是从外部迁入该地区的，已经形成了自己的文化。1970—1973 年间，柯克布赖德在乌姆达巴基亚发现并发掘了一个时间处于贾尔莫和哈苏纳之间的定居点，但从仓库建筑和捕猎野驴的壁画上看，它与这两者格格不入。[10] 苏联考察队对辛贾尔平原的大规模勘察和发掘计划找到了更多定居点，其中一些和乌姆达巴基亚同时代，也有的更早或更晚。当把他们的发现与 20 世纪 80 年代末特雷沃·沃特金斯对克梅兹德雷和斯特凡·科兹洛夫斯基对内姆里克的发掘结合起来看时，经济发展的完整序列得以确立。哈苏纳的各个镇子出现在平原上时并不成熟，但也不是完全脱胎于像扎格罗斯山脚下的贾尔莫那样的村子。它们是从辛贾尔平原本地的狩猎采集者和农业小村落发展而来的。[11]

苏联考察队毫不费力地找到了要发掘的遗址——美索不达米亚北部有着丰富的土丘。它们从奥斯丁·亨利·莱亚德（Austen Henry Layard）的时代开始就为人所知，这位英国外交官和考古学家在 19 世纪 40 年代穿越了美索不达米亚，他的《尼尼微及其遗迹》（Nineveh and its Remains）一书让公众注意到那里的考古——奇怪的是，维多利亚时代的约翰·卢伯克在《史前时代》中并未提及该书。莱亚德描绘了他如何于 1843 年的一个夜晚在辛贾尔平原的边缘看着暮色降临，数着"超过 100 座土丘，它们在平原上投下长长的黑色影子"。[12] 3 年后，他将自己的估计修改为原先的两倍。差不多一个世纪后，当利物浦大学的西顿·劳埃德对辛贾尔平原展开第一次系统性的考古勘察时，那 200 座土丘被发现只是"分布在这片曾经肥沃的平原上的大量土丘中的一小部分"。[13]

苏联考察队发掘的土丘之一位于乌姆达巴基亚以北 50 千米，比周围平原高出不超过 2.5 米。这里被命名为索托丘（Tell Sotto），由尼古拉·巴德尔在 1971—1974 年间发掘。他找到了一系列有单个或多个房间的屋子，显示了一个农业村子的发展和后来的废弃，任一时间都只有不超过三四座房子同时存在。[14] 由于在后期建筑的地基下找到了一系列大小足以认为是地下房屋遗迹的坑，索托丘最初的定居点可能是一个很像克梅兹德雷的村子。

　　最早的索托农民的房屋呈长方形，大多只有一个房间，但至少有一座房屋中包含了多个通过走廊可以进入的房间。马格扎利亚的墙壁用形状不规则的黏土块砌成，而索托的则使用晒干的泥砖。一些房间显然被用于家务，因为里面有磨石、火炉、兽骨、陶器、炉灶和晾晒谷物的架子。巴德尔在另一些房间里找到了大个陶罐，它们常常嵌入地下，用于储存谷物。类似的容器也被用来装另一种东西——死去的孩子。他们小小的身体被塞进罐中，巴德尔找到了他们的骨头。

　　虽然规模很小，但从当地居民制作或通过交易获得的器物来看，索托似乎曾是个繁荣的定居点，发现的器物包括石手镯、珠子、磨光的斧子和黏土小像。许多死者被埋在屋中地面之下，墓中通常没有任何陪葬品。不过，有座墓葬显然属于一个非常富有的人：墓中有一个装着食物残渣的黏土小盆，一条用奇异石珠做成的项链（包括大理石和青金石），还有一枚被卷成管状的小铜片。这个小管是世界上最早的铜制品之一，只有马格扎利亚的一把小锥子与其年代相当——两者都比梅赫尔格尔的铜珠早了 1000 年。

　　虽然索托的人口从未超过三四十人，但这个定居点可能经历过快速发展，并催生了公元前 8000 年后开始散布在美索不达米亚平原上的几个新村子。[15] 一些居民可能在乌姆达巴基亚过冬，靠大火炉和炉灶取暖。另一些人可能离开索托，加入在仅仅 2 千米外发展起来的一个村子，今天那里被称为亚利姆丘（Yarim Tepe）。[16] 直到索托被抛弃后很久，这里仍然繁荣，在 12 个建筑层中埋藏了大量精巧的房屋和陶器，考古沉积物形成了高达 6 米的土丘。西顿·劳埃德在 20 世纪 30 年代首次对其做了描绘，巴德尔在苏联考察队中的两位同事——尼古拉·雅科夫列维奇·梅尔佩特（Nikolai Yakovlevich Merpert）和拉乌夫·马格梅多维奇·门查伊夫（Rauf Magomedovich Munchaev）后来对其进行了发掘。

卢伯克从乌姆达巴基亚向北走了不超过 40 千米，但耗时将近 1000 年——在此期间，马格扎利亚被完全抛弃，索托的人口也减少了。在这段短短的旅程中，卢伯克可以看到远处的辛贾尔山，山上分布着无数深谷，每条深谷所在的深紫色阴影与暮霭融为一体。[17] 在他向北跋涉的过程中，干旱的草原被散布着猩红色郁金香的嫩草地取代——这是许多春季花朵中最早开放的，它们很快将装点这片平原。草丛中时常有鸟掠起，卢伯克找到几堆带斑点的蛋，它们就待在地上，周围没有任何鸟巢。卢伯克捡了一些蛋吃，然后坐在郁金香丛中，回忆起昔日坐在草原花丛间的时光。在西亚旅行期间，他曾一次坐在奥哈洛附近，一次坐在阿布胡赖拉外面。

卢伯克现在所坐的地方与之前完全不同，而且让他感到孤独沮丧。他身处一个小院子中，周围是组成亚利姆丘迷宫般的泥砖墙和小巷。现在是公元前 6400 年，差不多处于该镇历史的中途。虽然卢伯克几天前才赶到，但他已经急着想离开了。镇子里一片繁忙，成年人正在从事家务琐事，成群的孩子们跑来跑去，狗在垃圾堆中寻找食物，游荡的山羊漫无目的的在房屋内外穿行。陶匠、石匠和编织工正在工作，在卢伯克身旁，一名亚利姆丘的居民正与流动商人争论羊毛和黑曜石刃片的相对价值。

噪声、烟气和无孔不入的人类屎尿的臭味让卢伯克希望自己在人类历史上的这个时间能身处他方。他想起了西伯利亚极地的若霍夫，他在那里可以被广阔的自然包围，而非像在亚利姆丘这样忍受文化的幽闭恐惧。他想，谁愿做一个住在镇里的农民而非狩猎采集者呢？游历了除非洲外的各大洲后，他知道了答案：史前世界的几乎每个人。此外，他感到镇子弥漫着某种"兴奋"。某些考古学家将其描绘成缔造中的美索不达米亚文明。

在亚利姆丘转悠时，陶器的制作和使用让卢伯克印象深刻。陶器的形状和大小五花八门，包括大型存储容器、罐子、碗、盘子、

大口杯和托盘。有的上面加塑了人像或造型作为装饰，很像在索托
丘所发现的；另一些绘有简单的几何图形，与他在乌姆达巴基亚和
索托丘看到的复杂弯曲花纹截然不同。不过，虽然陶器引人瞩目，
最让他难忘的还是铜制品。卢伯克只看到某人手指上戴的指环和脖
子上挂的吊坠，不知道镇上是真的冶炼矿石，还是仅仅把它们敲打
成型。

　　亚利姆丘轻易达到了索托丘规模的两倍，而且还在继续扩大。
小麦和大麦田围在镇上的建筑周围，大群绵羊和山羊每天被带到附
近的山上吃草。此类农业活动提供了剩余产品可供贸易，并养活了
镇上的许多工匠。途中，卢伯克看到为新房屋奠基而挖的窄沟，沟
里填上了芦苇垫子，然后是砌了一部分的泥砖墙。他帮助从镇子周
围收集碎陶器，将碎片铺在新建的墙壁之间，为石膏地面打底。

　　亚利姆丘的大部分建筑为拥有多个房间的长方形结构，有时聚
在一起，在镇中形成独立的建筑群。但有的截然不同，这些建筑呈
圆形，直径几米，拥有黏土墙壁以及用树枝网格和干草铺成的圆形
屋顶。几座此类建筑分散于镇中各处，位于其他建筑内或院子角落
里。卢伯克知道至少一座此类建筑的功能：他看到人们围在圆屋四
周，兴致勃勃地看着一个年轻女人被部分肢解的尸体通过屋顶上的
一个开口被安放到地上。[18] 然后是各种可能属于那个女人的物品：
一个柳条篮子、几串珠子、精美的石头和陶制容器、几束花和一头
羊羔的尸体。看着这些，卢伯克想起了克梅兹德雷的那个男子，他
在拆毁房屋的过程中曾把一系列类似物品扔进被部分填埋的屋中，
以及梅赫尔格尔那个与山羊埋在一起的男子。当她的尸块和物品被
放进墓中后，屋顶封闭起来，她被独自留在父母与祖辈身边，也许
还在等待着她的孩子们。但想要和母亲在一起，他们必须活到成年，
因为只有那样他们才有资格被肢解。

　　梅尔佩特和门查伊夫发现幼儿的骸骨被塞进各种地方——地面

下、墙壁间、角落里，乃至屋中的犄角旮旯。有几具骸骨与陶罐和
兽角埋在一起，但大部分似乎被草草掩埋。发掘出的成人骸骨很少，
找到的绝大多数均被肢解，位于被发掘者称为圆顶墓（tholoi）的
圆形结构中。它们的数量太少，无法代表整个成年人口，因此镇外
似乎可能存在一个墓地。夭折者没有资格埋到（假设中的）墓地或
圆顶墓中，而是永远被留在家里——直到考古学家前来将它们放进
箱子和博物馆。

亚利姆丘的建筑、经济、器物和社会类型（即它的文化）与 20
世纪 40 年代西顿·劳埃德在发掘哈苏纳丘时所发现的一致。[19] 哈
苏纳时期（约公元前 6800—前 5600 年）标志着美索不达米亚史前
历史的转折点。它告别了狩猎采集者和农业小村子的过去，把目光
投向城镇和贸易的扩张。

从公元前 6000 年开始，美索不达米亚中部和南部出现了一系
列定居点，创建者很可能从过于拥挤的北方城镇迁徙到人口稀疏的
狩猎采集者世界。[20] 虽然与哈苏纳的相似，但南方各镇也发展出了
自己的陶器和建筑风格，被称为萨迈拉（Samarra）社群。有的非
常可观，比如萨万丘（Tell es-Sawwan）——这个位于悬崖顶部的
定居点俯瞰底格里斯河，位于今天巴格达以北 110 千米处。[21]

到了公元前 5000 年时，整个新月沃地出现了大量城镇，只除
了西南角，约旦河谷中的村镇早就被废弃了。在底格里斯河与幼发
拉底河周围的土地上诞生了新的文化统一体，融合了哈苏纳与萨迈
拉文化。这个所谓的哈拉夫（Halaf）时期延续了整整 1000 年 [22]，
与从耶利哥和马格扎利亚时代开始的史前农民一样，赖以为生的作
物同样是小麦、大麦、豌豆和小扁豆。但一个关键发展是人工灌溉
的使用，它使人们可以充分利用美索不达米亚南部肥沃的冲积平原。

虽然萨万丘以绵羊和山羊为主，但牛也非常重要，母牛小塑像

和绘有公牛头图案的陶器反映了它们的重要性。鉴于在人类食谱中加入丰富的牛奶脂肪可以提高出生率[23]，养牛可能是人口爆炸现象背后的一个原因。哈拉夫时期出现了许多新的定居点，原有的城镇也得以扩大，许多超过了巅峰时期亚利姆丘规模的 5 倍。

哈拉夫各镇拥有独特的建筑和彩绘陶器风格，有的定居点还向周边地区提供自己制造的陶器。彩绘女性陶俑、石头吊坠和封印也是它们的共同点。封印经常钻有小孔并绘制线形图案，用于封闭篮子和罐子，暗示搬运和储存的是珍贵物品。上述物品和更多日常材料（如食物、陶器和石头）在各镇间被广泛交易——贸易是繁荣、技术创新和文化统一的根源。

哈拉夫文化标志着美索不达米亚史前历史的结束。在随后的乌鲁克（Uruk）时期出现了书写的最早痕迹。又过了不到 1000 年，美索不达米亚文明开始诞生。但卢伯克看不到这些和哈拉夫各镇了——他在美索不达米亚的时间终止于公元前 6400 年的亚利姆丘。[24]

卢伯克坐在镇子的喧嚣声中，回想着自己在人类历史上的这个时间还去过哪些地方：除了若霍夫，还有夏岛的贝丘、鹿岛墓地、科斯特村和阿纳姆地的红树林。现在他想起了穿越南亚的惊人旅行——从末次冰盛期的穆奇查特拉钦塔马努洞到公元前 6000 年的哲通，然后又游历了史前时代的美索不达米亚。这是一段不断下降的旅程。公元前 11000 年，高原上的扎维切米沙尼达狩猎采集者是旅程的起点，然后又造访了位于延绵丘陵上的克梅兹德雷和内姆里克等永久村落；随后，他继续向下，造访了平原上马格扎利亚的小型农业定居点，以及专事打猎和向新城镇提供肉类的乌姆达巴基亚。最后，他来到拥有专业工匠和不断有商人来访的亚利姆丘。一边是在扎格罗斯山脚下狩猎羚羊并采集橡子的人，一边是现在他周围拥那些有多个房间的屋子、圆顶墓、陶器、金属器物、小麦田和羊群的人，两者间相距不超过 5000 年。

卢伯克困惑为何如此迅速的经济增长和文化变革发生在美索不达米亚。气候和环境显然是关键因素，包括存在野生谷物、山羊和绵羊，相对温和的新仙女木时期（如果真有的话），公元前 9600 年的全球变暖，幼发拉底河和底格里斯河周围肥沃的冲积土壤。不过，这些因素在"文明兴起"中的重要性完全取决于人们在日常生活中的具体行动和选择。扎维切米沙尼达、克梅兹德雷、内姆里克、马格扎利亚、索托丘和亚利姆丘的居民同样为它奠定了基础。这些人都完全没有预见到将会发生什么。

卢伯克觉得，历史是原因和结果、人类才智和纯粹意外、环境变化和人类反应不同寻常的纠缠。[25] 理解历史需要掌握当地事件和这些事件发生时所处的更大世界。公元前 9600 年，当最新一波全球变暖到来、新石器时代世界开始时，没人知道历史将走向何方。

非洲

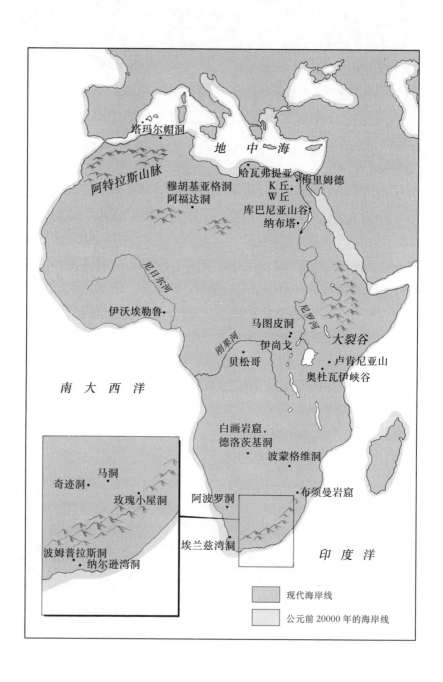

地　中　海

塔玛尔帽洞

阿特拉斯山脉

哈瓦弗提亚
穆胡基亚格洞　　　K丘　梅里姆德
阿福达洞　　　　W丘
　　　　　　　库巴尼亚山谷
　　　　　　　纳布塔

尼日尔河

伊沃埃勒鲁

尼罗河

马图皮洞
伊尚戈
贝松哥　　　大裂谷
　　　卢肯尼亚山
奥杜瓦伊峡谷

南　大　西　洋

刚果河

白画岩窟，
德洛茨基洞
　　　　波蒙格维洞

奇迹洞　马洞
　　玫瑰小屋洞
阿波罗洞
布须曼岩窟

波姆普拉斯洞
纳尔逊湾洞
埃兰兹湾洞

印　度　洋

现代海岸线

公元前 20000 年的海岸线

第46章

尼罗河畔的烤鱼

北非和尼罗河谷的狩猎采集者，公元前 20000—前 11000 年

一个赤身裸体的小女孩在沙地上蹒跚而行。她摔倒，爬行，然后在周围坐着的成年人的掌声中重新摇摇晃晃地站起。约翰·卢伯克坐在他们中间，同样被她的傻笑和踉跄的脚步逗乐。现在是末次冰盛期末某一年的 11 月，他正造访在库巴尼亚山谷（Wadi Kubbaniya，尼罗河一条支流的河谷）驻营的几个家庭。他们的枯树枝茅屋、磨石、芦席和火堆位于砂岩悬崖下的一个沙丘上。西面是撒哈拉沙漠，远比今天的辽阔和干燥。营地下方是零星的树木，分布在灌木、芦苇丛、池塘以及尼罗河纵横交错的河道间。空气中弥漫着柴烟、洋甘菊和烤鱼的气味。

女孩站到卢伯克面前，仿佛直视着他的眼睛。她头发漆黑，皮肤呈浅巧克力色，嘴唇和鼻子上覆盖着一些沙子，那是她摔倒时粘上的。卢伯克露出微笑，女孩的脸上也出现了带酒窝的笑容——这很奇怪，因为她当然看不见卢伯克。当小女孩转身向母亲跑去时，从她屁股上掉下了一块硬果大小的浅棕色粪便，正好落在卢伯克的双脚之间。一个男人俯身用手指弹开粪块，使其旋转着飞落在火中。粪块发出嘶嘶声，很快变黑——一件关键的考古证据正在形成。[1]

几百年前，卢伯克最后一个大洲的旅行始于北非海岸上的一个山洞。公元前 20000 年，他醒来时发现自己面前是广阔的沿海平原，上面覆盖着茂密的林地，然后变成草地和沼泽，直到与地中海相接。他周围的地面上有一堆狩猎武器、一些兽皮和仍有余温的火炉余烬，这些都位于一座石墙背后，那是必不可少的防风墙。卢伯克爬上山洞上方的山崖。他向南边的撒哈拉沙漠望去，看见一片嶙峋的矮山；北面，一群猎人刚刚走出山洞下方的树林。他们带着一头野羊的尸体，弯曲的羊角大得出奇，毛茸茸的羊皮呈深棕色。

卢伯克与 3 个在山洞中过冬的家庭一起度过了随后的几个月。他和男人们一起捕猎今天被称为蛮羊（Mouflon à manchettes）的野羊。他们有时也在草地上捕猎羚羊，或者在发现树林间野牛留下的脚印时展开追踪。不打猎时，卢伯克和女人们一起前往附近的河流，偶尔也去远处的海边采集贝类和海藻。

洞中留下了所有上述活动的废弃物，还有被丢弃的工具，以及制造和修理产生的垃圾。骨头、篮子、贝壳、垫子、灰烬和石片都被后来人类居住者的垃圾、风吹来的沙子，以及同样在洞中生活的鸟兽的腐烂尸体、筑巢材料和食物残渣所覆盖。坍塌的洞顶也成了沉积层的一部分。被掩埋后，对卢伯克没有觉察的主人们在公元前 20000 年留下的材料腐烂朽坏，并因动物打洞而与之前和之后的废弃物混在一起。公元 1973 年，在对今天阿尔及利亚塔玛尔帽洞（Tamar Hat Cave）进行的发掘中，留存部分最终重见天日。[2]

20 年前，剑桥大学考古学家查尔斯·麦克伯尼（Charles McBurney）发掘了一个大得多的北非山洞。[3] 这个洞被称为哈瓦弗提亚（Haua Fteah），距离塔玛尔帽洞以东 2000 千米，位于利比亚东北部的"绿山"（Gebel el-Akhdar）山坡上。1948 年第一次造访那里时，麦克伯尼形容其巨大的入口"显然令人生畏"，巨大的拱形洞顶让洞内的牧羊人营地显得渺小。公元前 20000 年，当卢伯克从塔玛尔帽洞向东来到这里时，也有类似的反应。他从沿海平原上望着绿山的山坡，看见了岩壁上醒目的椭圆形漆黑洞口。山坡上的绿色灌木不像麦克伯尼看到的那样有生气，南边的沙漠甚至比今天利比亚的更加条件恶劣。但洞穴本身一样大，而且由于海平面正值末次冰盛期的低点，可以俯瞰广阔的沿海平原。难怪对史前时代北非狩猎采集者来说，哈瓦弗提亚洞是如此具有诱惑力，就像它作为考古遗址，是如此地吸引麦克伯尼。

和在塔玛尔帽洞一样，卢伯克和哈瓦弗提亚居民相处的时间足以让他发现他们如何生活。这并不需要很久，因为他们的生活方式同整个北非沿海的情况大同小异，同样靠蛮羊提供肉、脂肪和皮革。离开哈瓦弗提亚后，卢伯克继续向东而行，直到抵达尼罗河三角洲——这片由潟湖、沼泽和低矮树林组成的广阔区域被密如蛛网的小溪所分割。在夜晚空气中盘旋的烟柱告诉他，狩猎采集者散居在三角洲的许多小岛上。他借用了一条在浅水中漂浮的独木舟，开始向上游划去。

公元前 20000 年，尼罗河与今天所看到的截然不同。卢伯克眼前的尼罗河不是宽阔曲折的单一河道，而是由几条小河交织而成，缓缓地在洪泛平原上蜿蜒而过。[4] 河水常常看上去几乎断流。穿过峡谷的陡峭岩壁或巨大的沙丘时，各条小河道会聚在一起，然后重新分开。有的完全消失，另一些汇入被淤泥和沙丘包围的池塘。

野牛和麋羚在河边生长的芦苇、灌木和荆棘丛中吃草。卢伯克曾经从在沙滩上休息的鳄鱼群旁边经过；鸻和鹬在浅水中搜寻，成群的鹌鹑和孤独的鹭从头顶飞过。但总的来说，比起卢伯克在史前世界其他地方进行河上之旅时所看到的，这里的自然相当萧索。此外，随着洪泛平原的狭窄走廊两侧开始出现荒芜的沙漠，生机戛然而止。

卢伯克经过了许多狩猎采集者的小营地，停下身看人们在独木舟上捕鱼和在河边的芦苇丛中捉鸟。从三角洲出发行进 500 千米后，他才长时间造访了某个营地，后者位于尼罗河与其西面支流库巴尼亚河的交汇处。但时值 7 月，河水已经开始了每年一度的泛滥，遥远南方高原的降水让河水上涨。几个家庭正在河谷砂岩崖壁下的一个沙丘上重建他们的季节性营地。[5] 一些人忙着为建在沙丘顶部的一座枯树枝小屋完成最后的工序，另一些人则在清扫前一年留在营地中的垃圾。去年留下的椭圆形磨石几乎完全被吹来的沙子掩埋。卢伯克帮一个年轻人将其挖出。

建立营地的人都皮肤黝黑且体格健壮，身着用皮革制作的整洁衣物。两名男子身体有残疾，其中一人断过腿，走路一瘸一拐；另一个人手臂僵硬，上面有大块疤痕。[6] 似乎无人扮演首领的角色，也没有哪个家庭拥有更大的茅屋或更多的财产。有几个人戴着用鸵鸟蛋壳雕成的珠子项链，另一些人在眉毛和脸颊上抹了红颜料。[7] 但这些装饰品是出于虚荣，而非为了彰显地位。

卢伯克很快发现了要把营地建在沙丘上的原因。他到达几天后，每年一度的尼罗河泛滥接近了高潮，充盈的河水冲破河岸，在沙丘间形成相互连通的池塘网络。这是营地中许多活动的信号：必须在沼泽中的植物完全被淹没前采集它们，还要储存好木柴，用结实的芦苇搭成木架，用灯芯草编成篮子。与此同时，孩子们不断在营地和池塘间来回奔跑，显然在留意某个非常期待的事件。卢伯克坐在一株柽柳下，看着兴奋的儿童和成人工作。

细石器再次在史前世界里被制造。石片被单侧或双侧削凿，然后安到骨柄上做成小刀；也有的被用作芦苇箭杆的箭头，以及木质投矛上的尖钩 [8]——这是插拔技术的又一例证，尽管是卢伯克所见过的最早的之一。燧石也被使用，但显然非常珍贵，因为在河谷的附近并未发现矿藏。仅有的燧石块被装在皮袋中带到沙丘上，加工时极其小心，以免浪费任何石片。[9]

　　当卢伯克厌倦了看风沙穿过山谷和制作石器时，他读起了自己那本《史前时代》。虽然库巴尼亚山谷直到 1865 年才被发现，但他的维多利亚时代同名者曾描绘过尼罗河每年的泛滥，以及每年沉积的淤泥对考古学家的意义。在放射性碳定年远未被发明的时候，沉积速度似乎是估算地下埋藏的器物年代的理想方法。作者引述了某位霍纳先生（Mr. Horner）*的研究，后者根据古代埃及纪念碑周围的沉积物深度 [比如赫利奥波利斯（Heliopolis）的方尖碑，当时被认为建于公元前 2300 年] 估算出其积累速度为每世纪 9 厘米左右。然后，霍纳先生在挖出的距离地表深近 12 米的坑中找到了陶片，由此计算它们来自公元前 13000 年。当维多利亚时代的卢伯克指出"有多个理由让上述计算非常可疑"时，现代人约翰·卢伯克并不意外。[10] 就陶器而言，计算结果的确完全错误，因为现在已知陶器直到公元前 5000 年后才在尼罗河谷出现。[11]

　　一天下午，飞溅的水声把在岸边打盹的卢伯克惊醒。他向下望去，看见浅水中有一群鲇鱼在扑腾。它们把身体拧成结，用尾巴相互拍打脸部——这是鲇鱼让自己显得性感并吸引配偶的方式。[12] 它们是每年来库巴尼亚山谷的池塘中繁殖的大量鲇鱼中最早的一批。在成人和孩子们的注视下，交配继续进行，直到浅水中几乎每根水草和大片沙地上都覆盖了亮闪闪的鱼卵。这时，鱼群已经筋疲力尽，无力地漂浮在水中。现在可以开始捕鱼了。

　　卢伯克在旅行途中已经多次捕过鱼——公元前 10500 年在亚马孙用毒液，公元前 6500 年在纳穆用鱼叉捕捉鲑鱼，还有公元前 4000 年在曲布林湾附近的月光下。这种新的捕鱼技术和上面的一样

---

*　莱昂纳德·霍纳（Leonard Horner，1785—1864），苏格兰地质学家和教育改革家。——译注

高效，但所需的努力和技巧要少得多。库巴尼亚山谷的居民只是踏入齐脚踝深的水中，用篮子捞起鱼，把它们扔到岸上——篮子能保护他们的手不被鱼的刺扎伤。孩子们迫不及待地等着鱼，它们的长度常常超过1米：在欢笑声中，每条鱼都被棒子打死。

黄昏时分，当所有没被抓住的鱼都回到了更安全的深水区时，卢伯克坐在岸边，帮着给捕到的鱼开膛破肚。木架上很快挂满了鱼，然后放到火堆上方，以便让大部分鱼被烟熏后保存起来。那天晚上，卢伯克参加了当季第一场"鱼宴"，和鱼一起吃的是类似面包的烙饼，在营地火堆周围的滚烫石头上烹制而成。随着月亮升起和歌舞开始，他躺下睡觉，回味着末次冰盛期尼罗河谷生活的欢乐。

接下来的两天，卢伯克又和对他毫无觉察的主人们一起回到池塘边，因为第二波和第三波鱼也已来此繁殖。但这时，捕捉、棒击和清理内脏已经不再让孩子们感到新奇，他们去到别的地方玩耍。人们并没有想念他们的帮助，随着短暂的繁殖潮行将结束，鱼的数量已经大幅下降。几周后，鲶鱼被鳗鱼取代，后者前来享用鱼卵和刚刚孵出的鱼苗。库巴尼亚山谷的居民试图捕捉它们，也许是急于保护今后的鲶鱼资源。当鳗鱼从卢伯克的指间滑过时，营地中的男人和女人们正在用灯芯草将烟熏并晒干的鱼肉包裹起来，然后装进篮子，准备留在食物匮乏的日子里吃。

虽然即使最高的水位也无法影响到营地，但它暴露在从西面沙漠几乎不间断吹来的风中，所有东西和人常常被裹上薄薄的一层沙子。风势强劲时，卢伯克坐到沙丘上一个简陋的窝棚后，看着沿山谷边生长的柽柳和金合欢周围堆起沙子。其他人也坐在那里，一边敲凿着小块黑卵石。

到了夏末，强风已经减弱，洪水开始退去。卢伯克决定进一步探索库班尼亚山谷的烹饪技术，他和女人们一起工作，试图找出哪些植物被采集以及它们如何被加工成食物。[13] 作为准备，他捡了几块被丢在营地地面上的石片，将一根浮木枝条削成挖掘棍，与女人们随身携带的那些有几分相似。

　　大部分日子里，女人们带着空篮子，背着婴儿，前往芦苇丛和剩余池塘边新露出的泽地。卢伯克学到了很多采集植物和准备食物的知识：有时他踏入池塘采摘百合的花蕾，有时帮着挖掘灯芯草和纸莎草的根，然后采集洋甘菊的种子。几种齐膝高的灌木能提供可食用的叶子、种子或根。

　　不过，有一种植物占去了绝大部分的采集时间。它们只有几厘米高，密集的紫色花朵在大地上织成了花毯。今天它们被称为野生香附子，由于其入侵灌溉田地和在那里繁衍的能力，它们被形容为"世界上最可怕的杂草"。但对末次冰盛期的库巴尼亚山谷居民来说，这是最宝贵的可食用植物。[14]

　　第一次见到这种植物时，卢伯克和女人们一起跪在地上，学着她们将挖掘棍插入土中，掘起潮湿松软的泥土。地表之下就是一片密密麻麻、彼此相连的粗大块茎，每根块茎不超过几厘米长。一些又黑又硬，因此被挖出扔掉；剩下的呈浅褐色，被从土中刨出并装进篮子里。女人们不断挖掘了几个小时，逐步从一片香附子转移到另一片。块茎十分密集，许多被留在土中，除去堵塞土壤的老块茎能促进它们未来的生长。

　　篮子装满后，女人们坐在池塘边，洗去自己身上和块茎上的泥土，然后返回营地。随后，卢伯克见证了将疙疙瘩瘩的香附子块茎加工成烙饼的费力过程——他尝试了每个步骤。首先，块茎被一一放在余烬中的滚烫石头上。经过几分钟的烘烤，表皮开始脱落，可以用手搓去。然后，已经变脆的块茎被磨成粉，尽管其中留下了许多表皮碎块和硬纤维。杂质经由芦苇编成的细密筛子去除，干净的面粉被装进下方的皮口袋。

但这些面粉还不能用来烹饪。库巴尼亚山谷的居民知道它们味道发苦，会引起反胃。于是，卢伯克不得不跟着女人们来到一小段湍急的流水旁，看她们反复清洗面粉：口袋被灌满水，淘洗袋中的面粉并等待沉淀，然后小心地倒掉水。这样做能去除面粉中的毒素。最后，女人们回到营地，将剩下的一把把湿软面团捏成小圆饼，放在滚烫的石头上烹制。并非所有面团都这样烹制，有的被装在小木碗中留给幼儿，特别是留给一个刚刚断奶的小女孩。

现在，磨石几乎不停地被用来加工种子。一台磨裂了。为了寻找替代品，几名男子来到沙丘背后的砂岩山崖。在卢伯克的密切注视下，他们用了一天时间将大石板削凿成椭圆形。他们还收集了一些卵石，用作磨石和捣石。每块石板都被钻孔和打磨，使其更容易搬运，虽然大部分的形状仍然很不规则。只有一块磨石粗坯被带回营地，其他的则留在崖壁上等待以后使用。带回的那块被进一步削凿成需要它的女人们指定的形状。[15]

卢伯克还和男人们一起去打猎。[16] 他们的主要猎物是冬天到来的大雁和野鸭。猎人从芦苇丛中悄悄接近，用弓箭将其射杀。有时，猎人们在黄昏时分离开营地，在远处的一个池塘边伏击野牛和狷羚，用石尖投矛击杀它们。羚羊无法用这种方式捕获：它们可以从植物中获得所需的全部水分，因此必须在洪泛平原上的灌木林地里跟踪它们，一直追到沙漠边缘。不过，杀戮很少出现，这种两三天的狩猎之旅似乎更多是为了暂时摆脱营地中的女人和孩子们，获得些许自由，而非为了寻求食物。

现在是 11 月，尼罗河几乎回到了最低水位。池塘不再相连，仅剩下浅浅的水洼。这提供了又一次轻松捕鱼的机会，因为许多鱼被困在水中，绝望地绕着圈子，再次可以用手捕捉。有几条鱼成功地逃回了尼罗河。有些晚上，卢伯克会离开营地，看鲶鱼挣扎着在地上爬行，从一个池塘进入另一个池塘，最终回到河里——这是少数几种能从空气中摄入氧气的鱼之一。

几天后，水洼完全消失了。沙丘之间的洼地随后也将干涸并被吹来的风沙覆盖，直到尼罗河再次泛滥。卢伯克坐在库巴尼亚山谷的营地里，看着塞了洋甘菊的鱼被放在火中滚烫的石头上烤制，而那个小女孩在人群中蹒跚而行，身后不时留下的粪块被弹进炽热的余烬中，他知道是时候继续自己的史前之旅了。

作为植物考古学的元老，伦敦大学考古学院的戈登·希尔曼在研究库巴尼亚山谷发掘出的植物残骸时发现了那些婴儿的粪便。他面前的粪便是小碎块，外表发黑，里面呈棕咖色。有的含有非常细腻的黏土样物质，以希尔曼的专业眼光看来，这显然曾是磨得很细的植物"糊"。他需要确定这些焦块是准备过程中意外溅落火中的食物、呕吐物，还是家犬或人类的粪便。他认为是后一种，因为一枚焦块上留有结肠内表面的印痕。这些昔日食物的细腻质地同样暗示，焦块并非来自犬类。希尔曼知道，许多关于近代狩猎采集者的记录描绘了孩子们如何随地排便，他们的粪便常常被抛入营地的火堆里。他还在粪块中发现了沙子，符合常在地上爬行的婴儿的特点。[17]

那一小块棕色粪便从公元前 20000 年库巴尼亚山谷的火堆来到希尔曼显微镜的玻璃片下，这场旅行得益于联合史前考察队（Combined Prehistoric Expedition）在尼罗河谷的出色工作。在得克萨斯州南卫理公会大学（Southern Methodist University）的弗雷德·温多夫（Fred Wendorf）和安杰拉·克洛斯（Angela Close）以及波兰科学院（Polish Academy of Sciences）的罗穆亚尔德·希尔德（Romuald Schild）的率领下，考察队展开了一场了不起的调查与发掘行动，改变了我们对北非史前史的认识。

考察始于 1960 年，当时埃及政府决定在阿斯旺（Aswan）建造新的水坝，将淹没南边的大片土地。与埃及地质调查局合作的联合史前考察队是对受威胁地区展开考古探索的若干国际行动之一。1967 年，考察队将注意力转向阿斯旺以北的尼罗河谷，并几乎马上在库巴尼亚山谷与尼罗河交汇处的古老沙丘上发现了密集的凿制石器堆和磨石板。但由于阿以战争的爆发和持续的政治动荡，温多夫和同事们直到 1978 年才有机会发掘这些遗址。[18] 他们最终在 1984 年展开发掘，发现一些可能有超过 50 万年的历史，而另一些则属于末次冰盛期。[19]

末次冰盛期的遗址数量最多，目前也是保存最好的。它们主要位于沙丘本身，有几座位于洪泛平原的淤泥上。大部分遗址发现了数以万计的凿制石器，显然是在估计长达 2000 年的时间里多次造访重要营地时留下的。通过细致的发掘和对大量沙子的过滤，大批植物残骸、鱼骨、兽骨、鸵鸟蛋壳制作的珠子和磨石板被发现。经过众多专家的多年研究，我们确定了特定的植物和鱼类品种，并重建了卢伯克所欣赏的具体狩猎、捕鱼和采集行动。考古学家们不仅对遗物本身做了细致分析，而且参考了现代研究，比如鲶鱼的繁殖行为，现代狩猎采集者对块茎的使用，以及尼罗河泛滥的特点。由于工作量如此之大，研究结果直到 1989 年才发表——距离最初发现这些为末次冰盛期的生活提供详细画面的遗址已经过去了 20 多年。

虽然库巴尼亚山谷的沙丘在公元前 19000 年之后不再作为每年的驻营地（很可能是因为风吹来的沙子堵住了山谷入口），但类似的生活方式在整个尼罗河谷一直延续到更新世末。联合史前考察队在沙丘和尼罗河的洪泛平原上发现了其他许多石质工具堆。和库巴尼亚山谷类似，几乎所有工具都用小石片制作，但具体的加工技术和细石器形状因地点和年代而有所不同。这暗示河谷中存在若干区域性文化传统——家族或家族群体发展出了自己特有的工具制作方式并代代相传。[20] 许多遗址发现了磨石，有一些找到了动物骨骼和植物残骸，还有少数几处发现了墓葬。在可以确认饮食模式的地方，情况看上去与库巴尼亚山谷的相似，人们以在洪水中捕鱼、狩猎狷羚和采集种类繁多的植物为主。因此，这种十分适合尼罗河特点的经济似乎在末次冰盛期之后的很长时间里保持不变——事实上，它最晚持续到了公元前 12500 年，直到末次冰河间冰期的巨大影响开始显现。

从公元前 20000 年以来，尼罗河保持着由众多细流交织而成的样子，因为它的水量远比今天小——可能不超过当前流量的 10%~20%。现在的尼罗河水来自白尼罗河和青尼罗河两大支流。前者发源于今天的布隆迪，进入维多利亚湖，那里是尼罗河本身的主要蓄水库。公元前 20000—前 12500 年间，维多利亚湖被苏丹南部的沙丘堵塞，无法向主河道供水。[21] 青尼罗河水来自东非高原，但在公元前 20000—前 12500 年间，雨季远比今天要短，因此向尼罗河的供水也少得多。一边是更低的气温，一边是高原被草地而非森林和灌木覆盖，两者导致当时的水土流失程度要远高于今天。因此，注入尼罗河的水中携带着比今天多得多的泥沙。泥沙在整个河道沉积，导致尼罗河的洪泛平原逐渐升高，最多比今天高出 30 米。由于没有白尼罗河注入，每年河水的升降程度可能比今天还大，因为水位完全取决于东非高原季节差异明显的降水。

不过，在公元前 12700—前 10800 年间，随着末次冰河间冰期导致气温和降水突然增加，一切都改变了。东非高原被林地覆盖，水土流失程度与河水带来的泥沙数量因此显著下降。与此同时，尼罗河的水量也大幅增长，既因为新的降水，也因为白尼罗河冲破了沙坝。尼罗河的洪泛平原不再继续升高，相反，它开始切割自己从末次冰盛期开始堆垒的沉积物。这给河谷居民带来了灾难性的后果。

公元前 12500 年的大规模泛滥将泥沙堆积到远超过去的高度，

在由此开始的混乱时期中，河流被形容为"狂野的尼罗河"。大片沼泽和其中的可食用植物，还有狷羚和野牛觅食的洪泛平原林地都完全消失。它们至今也没有恢复，因为尼罗河成了水流湍急的单一河道，洪泛平原远比过去的缩小。

即使不是全部，显然也有一部分河谷居民选择为剩余的营地以及残存的捕鱼、采集和狩猎场所而战。20世纪60年代初，温多夫和同事们发掘了库巴尼亚山谷以南300千米处一座名为塞哈拜山（Jebel Sahaba）的墓地。墓地属于"狂野的尼罗河"时期，即公元前13000—前11000年。在墓地埋葬的59人中，24人显然死于暴力，因为他们的骨头和头颅上有箭头和严重的砍痕。男人、女人和小孩都有被杀。由于暴力行动常常导致尸骨无存，横死者可能还要多得多。[22]

尚不清楚这处墓地是来自一群人对另一群人的灾难性屠杀，还是在暴力流行时期逐渐形成的尸体堆积，但尼罗河谷的居民似乎从未完全享受过和平。在发掘库巴尼亚山谷时，温多夫发现了一处约为公元前21000年的墓葬——这是一名20到25岁的年轻男子，体格瘦弱。他显然死于腹部中箭，因为在他的骨盆里找到了两枚尖锐的石片。他的右臂在大约15岁时骨折过，很可能是因为在受到攻击时自卫；左臂上有一处部分愈合的伤口。[23] 因此，库巴尼亚山谷的生活也许并不像卢伯克曾认为的那样富有诗情画意：那里的人们可能要诉诸暴力才能享有沙丘和满是繁殖鱼群的池塘。

公元前12000—前7000年，整个尼罗河谷的考古遗址变得极其稀少。人类几乎完全绝迹——很可能是因为西部和东部的沙漠仍然极度干燥，不适宜居住，导致死亡率超过了出生率。已知的少数遗址显示，残存的人群仅仅依靠狩猎狷羚和野牛为生，因为没有找到磨石的遗迹，冬季鸟类或鱼群的痕迹也寥寥无几。安杰拉·克洛斯研究了数百个尼罗河谷的遗址和数以千计的石质工具，她只用3

个词概括了全球变暖对尼罗河谷居民的影响："一场彻底的灾难（an unmitigated disaster）。"[24]

　　卢伯克在末次冰盛期结束后不久离开了库巴尼亚山谷。他继续划着独木舟向上游进发，完全不知道后来的灾难。等到公元前12500 年的洪水和塞哈拜山的屠杀发生时，他已经远在大陆的南端。当卢伯克在公元前5000 年返回尼罗河谷时，他会发现那里人烟稠密，人类再次依靠洪泛平原上生长的植物为生。他们将成为奠定埃及文明基础的农民。

第47章

在卢肯尼亚山
公元前 20000 年后东非地貌和动物群的发展

　　当冰雪出现在热带地区，违背自然法则地浮现于稀树草原上空时，它们呈现出绝对的美。末次冰盛期和今天的乞力马扎罗山就是如此。当卢伯克向位于今天肯尼亚南部的卢肯尼亚山（Lukenya Hill）顶峰爬去时，他没有料想会受到如此震撼。但清晨的天空具有罕见的纯净，随着山峰周围的云雾散去，远处依稀出现了一座白皑皑的峰顶，完全无视自己的纬度。[1]

　　乞力马扎罗山有两座主峰，被称为基博（Kibo）和马文济（Mawenzi）。公元前 20000 年时，两者都被冰雪覆盖，冰层边缘比今天低了 1000 米——冰川缩减至今天规模时留下的石头和沉积物堆标出了它昔日的边界。[2] 现在只有基博峰被冰雪覆盖。如果我们今天的全球变暖继续，这些冰也将在今后的 20 年间完全消失。

　　由于这一即将到来的损失，所谓的"乞力马扎罗的秘密"被及时从它的冰雪中取出，即从公元前 10000 年至今的热带气候变化记录。所用的方法与科学家们用来分析格陵兰岛和南极冰芯的完全一样：计算作为温度变化和降雨"指标"的氧同位素变化率。2000 年 2 月，俄亥俄州立大学的朗尼·汤普森（Lonnie Thompson）率领团队从乞力马扎罗山顶钻取了 6 枚冰芯，于同年 10 月发表了研究成果。[3]

与本书相关的关键发现是，公元前 10000—前 5000 年间，非洲气候要比今天湿润且温暖得多。这证实了来自其他渠道的证据，而且可以用非洲季风强度的减弱来解释，后者的原因则是地球公转轨道的轻微变化。汤普森和同事们还证实，公元前 6300 年的确发生过持续了几十年的干旱，并且后来又出现过两次（但仍属于史前时代）。其中一次发生在公元前 2000 年左右，被与美索不达米亚和印度河谷文明遭遇的重大波折联系起来。虽然人们早就怀疑有过这样的干旱，但乞力马扎罗的冰芯对热带气候变化做了前所未有的详细描绘——这是来自非洲的第一份冰芯气候记录，很可能也是最后一份。不幸的是，没有早于公元前 20000 年的记录，也就是本章开头卢伯克站在卢肯尼亚山上的时间。

卢肯尼亚山位于乞力马扎罗山西北 200 千米。两个年轻男子站在卢伯克身边，他们同样一度被悬浮冰雪的景象惊呆，忘记了寻找猎物的工作。两人身材高瘦，围着颜色与黄褐色草丛近似的缠腰布。一人手持黑曜石尖的投矛。他转向周围的平原，捅了捅同伴，指向一群正在走近的小羚羊。两人转过身，开始爬过石堆，穿过荆棘丛，向自己的营地走去——那是山脚下的一处岩窟，位于两块叠在一起的巨岩之下。卢伯克一路跟随。

岩窟中央的地面上，一根折断的树枝正在燃烧，周围的 10 名狩猎采集者或蹲或坐或躺，有的还使用小草垫。孩子们赤身裸体，只在脖子上和腰间围着珠串；成人的衣物也多不到哪去。虽然强壮而健康，但中年人已经显得苍老，他们的身体因为末次冰盛期东非的严苛生活而受损。洞壁的缝隙里嵌入了木橛子，上面挂着葫芦和箭袋。卢伯克已经造访过许多狩猎采集者的山洞，本以为洞中会烟雾缭绕、空气混浊，没想到传来了茉莉的芳香——几片叶子刚在一只小木碗里被捣碎。

瞭望员的消息让众人兴奋起来。人们检查了投矛，有人从石头矛尖上凿去一些小石片，另一人削去木质矛杆上一处想象中的隆起，以免影响飞行轨迹。他们把木柄和细石器做的小刀插到腰带上，并用手指蘸了石头调色盘里的赭石颜料，在脸颊画上红线。准备就绪后，猎人沿着卢肯尼亚山的边缘和西面紧邻的山坡分散开来。羚羊群一定会穿过这个天然陷阱，猎人们确信能有所收获。卢伯克和躲在树丛中的一位瞭望员待在一起。周围的地上散落着石片和几块经过日晒雨淋的骨头——这处山坡显然曾多次被用来伏击和宰割。

不知情的羚羊走进山谷。它们闻到人类的气味，停下脚步，然后惊恐地四散逃开，因为有人掷出了投矛。三头羚羊径直跑向猎人们守候的小路，两头倒地身亡，另一头带伤逃走。尸体被拖到卢伯克旁观他们行动的地方。羚羊小到可以整只携带，它们被开膛破肚，横担在猎人的肩上。卢伯克仔细地打量它们，但说不清是什么品种。事实上，即使他能分辨牛羚和狷羚，或者汤氏瞪羚、犬羚、侏羚、岩羚和麂羚，他也认不出人们扛着的这些动物，因为它们根本没有现代名字。

卢肯尼亚山是一座长宽分别约为 8 千米和 2 千米的石丘，巨岩上覆盖着泥土和灌木，比肯尼亚的阿提卡皮蒂（Athi-Kapiti）平原高出 200 米。零星的发掘工作从 20 世纪 70 年代初开始展开。那里的岩窟中、突出的山崖下和山脚下的开阔地带发现了许多考古遗址，为我们提供了末次冰盛期和随后不久的东非生活的最佳画面。

最近的工作由来自美国威斯康星州劳伦斯大学（Lawrence University）人类学系的西贝尔·巴鲁特·库辛巴（Sibel Barut Kusimba）完成。[4] 她发掘了被称为 GvJm62 的岩窟——前 4 个字母是该遗址在肯尼亚国家网格体系中的编码。对这里和其他 4 处遗址（GvJm46，16，19 和 22）的放射性碳定年显示，它们属于末次冰盛期结束后不久——但库辛巴本人暗示，事实上其中一些可能要古老得多。[5]

纽约州立大学石溪分校（Stony Brook University）的柯蒂斯·马里安（Curtis Marean）研究了从卢肯尼亚山挖出的大批支离破碎的骨头。来自 GvJm46 的数量最多，但长度很少超过 2 厘米，因此对物种辨认来说没什么价值。作为替代，马里安几乎完全依靠牙齿的大小和形状进行判别。他据此辨认出许多今天仍然在非洲平原上食草的物种，还有狮子、土豚、狒狒和野兔等动物。不过，大部分牙齿来自一种现代世界不存在的动物，它们属于某种小型羚羊，通过进化适应了取食短而坚硬的草茎。留存牙齿上的严重磨损暗示，它们吃草时也从布满沙尘的地上吞入了大量沙粒。

该物种没有出现在全新世的遗骨堆中，可能是因全球变暖而灭绝。全球变暖改变了地貌，提供了更适合大角斑羚、黑斑羚和瞪羚的湿润草甸。在《自然》杂志上宣布发现新物种 6 年后，马里安于 1997 年撰文表示，他觉得给这种灭绝的小羚羊命名仍然"为时尚早"。也许是这样，但 2 万年的等待看上去的确太久了。[6]

它们只存在于卢肯尼亚山较早的遗骨堆中，这再次表明公元前 20000—前 12500 年间的东非土地远比今天干燥。卢肯尼亚山遗骨堆中的其他 3 种动物同样很能说明问题。长角羚和细纹斑马今天仍然存在，但它们只生活在远比现在的卢肯尼亚山周围干燥的地区——事实上，长角羚是一种适应了沙漠生活的羚羊。此外，巨水牛也曾以末次冰盛期卢肯尼亚山附近的干燥长草为食，就像它们在非洲许多地区所做的。与那种无名羚羊一样，巨水牛也没能从气候变化中存活下来。到了公元前 12500 年，它们已经在南部和东部灭绝，尽管在北部又生存了几千年。随着卢肯尼亚山附近变成更潮湿的草地，上述动物——无名羚羊、细纹斑马、长角羚和巨水牛——
都被迫离开。[7]

在到达卢肯尼亚山之前很久，卢伯克就发现末次冰盛期的东非
气候更加寒冷和干燥。完成溯尼罗河而上的独木舟之旅后，他穿越
了多尘的埃塞俄比亚高原，后者较低的山坡不像我们今天看到的那
样被森林覆盖。然后，他沿着图尔卡纳湖（Lake Turkana）西岸而行，
湖面因缺乏降雨而大幅下降。不过，海蓝色的湖水和周围的草地是
火烈鸟、鹈鹕和其他许多涉水鸟的乐园。晚上，一群狷羚、斑马和
瞪羚会来这里喝水，其他动物则来此捕猎。卢伯克离开该湖，径直
向西走了800千米，进入非洲的中心。干燥的草原变成灌木丛生的
稀树草原，后来将成为刚果盆地的雨林。

中非之旅让他走进了霍约山（Mount Hoyo）的石灰岩山峦间，
在40座山洞的其中一个里，他和一群狩猎采集者一起过冬。他选
择的那个山洞今天被称为马图皮洞（Matupi Cave）。[8]洞中非常宽
敞，一堵矮石墙将作为烹饪区域的前洞与通往阴暗后洞的走廊分
开。洞内杂乱地堆放着火炉、磨石、挖掘棍、投矛和弓，垃圾直接
被扔到地上，偶尔被扫到一边。人们戴着鸵鸟蛋壳做成的珠子，用
赭石颜料装点自己。停留期间，卢伯克和猎人们一起在稀树草原上
追踪羚羊，还和一队人进入西面20千米处的森林。队伍带着一只
豪猪和一头大林猪凯旋，让留守的孩子们极度兴奋。有时，他和女
人们一起挖掘块茎，她们的挖掘棍上套着钻孔的带纹饰石头来增加
重量。

当马图皮洞的居民前往附近湖边一处今天被称为伊尚戈
（Ishango）的地方建立捕鱼营地时[9]，卢伯克完成了卢肯尼亚山之旅。
此行把他带回东非更干旱的土地上，来到另一个水位大幅下降的湖
泊岸边，即今天的维多利亚湖。他看到白鹭在土中搜寻，这些土壤

有朝一日将被科学家用来研究该湖的历史。

马图皮洞的狩猎采集者们最终在洞中弄丢了挖掘棍，或者把它们留在那里，这些工具和石片、细石器、磨石板和食物残骸混在一起。公元前 3000 年，它们被完全掩埋在使用铁制工具的新居民的垃圾之下。

莱顿大学（Leiden University）的弗朗西斯·范诺腾（Francis van Noten）在 1974 年进行了发掘。下方土层中埋藏了羚羊、疣猪和鸵鸟等草原动物的骨头，还有一些来自豪猪和大林猪。在这些骨头和众多凿制石器中，范诺腾找到了带纹饰的石头，他认为它们被用来给挖掘棍增重。上铁器时代地层中的骨头来自截然不同的品种，比如豪猪、獴和巨蝙蝠等生活在茂密森林中的动物。

马图皮洞的骨堆是几个直接证据之一，表明了中非热带森林的规模在末次冰盛期和随后不久如何变化。虽然南美和东南亚的热带雨林在末次冰盛期大体未受破坏，但非洲的森林规模显著减小，大片区域被稀树草原和半沙漠取代。这种植被的变化还体现在山洞和湖底沉积物埋藏的花粉粒中，它们显示一些现代的森林地区曾经只覆盖着草。如果挖掘到森林土壤层之下，常常可以找到昔日稀树草原的沙土，甚至是沙漠本身。

不过，刚果盆地中部的森林在整个干旱最严重的时期都未受破坏。这片坚韧的森林为林栖物种提供了庇护所，今天那里非常丰富的动植物品种仍然反映了这一点。当降水随着全新世开始而回归时，林中的一些动植物向东部和西部扩散，夺回在末次冰盛期时成为稀树草原和半沙漠的土地。马图皮洞等地被森林包围，导致洞内沉积物中的动物品种发生变化。这片全新世早期的森林最初的面积比今天大得多，随着公元前 5000 年后降水的减少和人类开始影响非洲世界，它的面积再次缩小。[10]

距离卢伯克在卢肯尼亚山观看人们伏击那种无名羚羊已经过去了几周，非洲之旅迎来了新的一天。在日出前不到一小时，他和3名猎人一起离开山洞搜寻猎物。他们缓慢而安静地穿过稀树草原上的林地[11]，总是对动物的踪迹保持警觉——被啃噬过的茎叶，足迹和粪便，睡过的地方和树丛中的声响。不过，人们还是常常开小差，忘了自己的狩猎工作。一棵猴面包树的树洞周围飞舞着蜜蜂，这让他们久久驻足。人们寻找大块的石英卵石，将其砸碎后获得锋利的石片，他们一边用砸出的火星点起烟火驱赶蜜蜂，一边掘开树洞。蜂蜜、蜂巢和幼虫被迫不及待地挖出，卢伯克也吃了很多，因为猎人们根本吃不完自己收集的那些。饱餐蜂蜜后，猎人们打起了盹，而卢伯克则望着平原上迁徙的鸽，这些鸟将很快回到他造访过的北方苔原。

当天晚些时候，他们又在一个浅水坑边停下喝水和洗澡。队伍又走了1个小时，然后坐下吃起他们偶然找到的浆果。这次，卢伯克跑去观察白蚁，想起有人说非洲的过去在它们的肚子里。[12]下午3点左右，他跟着猎人们慢慢地信步返回营地。

现代东非的哈扎人（Hadza）喜欢这样的日子，他们是今天世界上仅存的几个狩猎采集者群体之一。我怀疑公元前20000年时卢肯尼亚山洞居民的生活与此大同小异。对哈扎人的研究始于20世纪60年代，虽然将现代生活方式强加给过去显然存在问题，但他们还是提供了关于末次冰盛期生活可能样貌的生动画面。[13]

卢肯尼亚山周围的史前地貌可能与哈扎人现在生活的世界类似：那是一片采采蝇肆虐的干燥稀树草原，以荆棘和金合欢树为主——不过，就像北方的猛犸草原那样，今天不存在与末次冰盛期的非洲地貌完全相似的地方。这是因为今天非洲的大片短草草原既是气候变化的结果，也是人类活动的产物。人类定期故意焚烧草原，这种方法可能已经被牧人沿用了几千年。

定期焚烧能清理牛羊不喜欢吃的多纤维老草，提供可以养活更多动物的较短草种。大量放牧进一步限制了长草、乔木和灌木的生长。焚烧还有助于减少采采蝇，后者会向人畜传播昏睡病。每当焚烧和放牧停止时，灌木和乔木就会卷土重来，树荫下还将重新生出坚硬的长草。末次冰盛期前后无疑发生过自然火灾，但频率过低，无法对植被产生同样的影响。因此，直到公元前 2000 年牧民出现在东非，卢肯尼亚山周围可能是成片的坚硬长草和多得多的灌木，乔木或许也比今天更多。[14]

在整个这片存在细微差异的世界里，全年能够获得的动植物食物的种类和分布可能与今天类似。这并不意味着卢肯尼亚山的居民必然采取类似今天哈扎人的生活方式，但在捕猎哪些动物和采集哪些植物上，公元前 20000 年的人类可能会做出类似的选择。马里安想象中的伏击羚羊群可能局限于特定季节，或许仅当降水特别稀少而哺乳动物为找水迁徙时。其他时候，捕猎可能主要靠搜寻脚印和踪迹，然后跟踪单个猎物，或者可能在夜色的掩护下盗取食肉动物的杀戮成果——就像今天的哈扎人那样。

卢伯克尝试了这两种做法，他更喜欢花时间打猎，而非和女人们一起采集根、块茎、球茎、浆果和叶子。虽然卢肯尼亚山居民的食谱中绝大部分为此类植物性食物，所有人还是向往吃肉。[15] 在树丛和草地上时，卢伯克注意到同伴们总是对盘旋的秃鹫和狂暴鬣狗的叫声保持警觉，两者都会促使他们开始寻找新鲜可利用的尸体。有一次，卢伯克和同伴们看到狮群正在享用一头刚刚被杀死的斑马。呼喝和投掷石头没有吓退狮子，但面对射出的箭，它们还是丢下猎物逃走了。

卢伯克还和一群猎人在傍晚时分离开卢肯尼亚山的洞穴，进行夜间狩猎。途中，夕阳落到云朵和远方群山之间的狭窄缝隙，照亮了草丛中的蜘蛛网。2 小时后，他们来到一圈巨石边，巨石围起一片 3 米见方的区域，形成了狩猎掩体：猎物会从旁边的一条小径前往附近的水坑。从沙土上的大量脚印来看，小径显然经常有动物经过。

人们点燃了一堆火，任其在掩体内燃烧。在晚风的吹拂下，余烬不时重新冒出火焰。猎人们吃了些沿途采集的浆果，然后躺下休息，弓箭靠在石壁上。月亮升起后，卢伯克趴在掩体外守候猎物，但没能听见蹄子踏在石头地面上的轻微响声，而尽管知了叫个不停，掩体内的猎人们却被惊醒。几分钟后，人们向 3 头黑斑羚开弓放箭，一头侧身中箭，另两头毫发无损地逃走了。猎人们继续打盹，一直等到黎明才开始追踪受伤的猎物。他们找了几个小时，循着血迹、压倒的茎秆和蹄印搜寻，最终来到一处被压平的带血草丛。奄奄一息的黑斑羚被花豹叼走，已经无影无踪。回卢肯尼亚山的路上，猎人们捡了几块石英石，不想再次空手而归。

在狩猎或采集植物的途中很容易找到石英，这是在卢肯尼亚山最常使用的石头。[16] 黑硅石和黑曜石也被使用，但在研究发掘出的石器时，库辛巴发现它们数量很少。尽管比起石英，黑硅石和黑曜石更容易被加工成薄片，但它们也更难获得。距离卢肯尼亚山最近的黑硅石矿位于 5 千米外的河床上；那里还出产小块的黑曜石，但稍大些的矿石需要从西北 150 千米处的中央裂谷（Central Rift Valley），或者西面 65 千米处的一处悬崖取得。因为每块石头都带有所在岩层的独特化学记号，库辛巴得以确定大部分黑曜石片来自上述遥远地点，而非当地的河床。[17]

石英、黑硅石和黑曜石块被用来制造多种工具，最常见的类型依然是细石器。大石片的一边常被削凿，制成考古学家所谓的"刮削器"，很可能曾安上短把，用作清理兽皮的工具。人们还制作錾刀，这是一种边缘像凿子的工具。因此，卢肯尼亚人制作的工具品种与公元前 20000—前 10000 年间世界上其他许多地方的相同，尽管它们拥有自己的独特形状，比如"扇形"刮削器。

现在，卢伯克已经从卢肯尼亚山向西南走了 250 千米，坐在一条季节性小河的干涸河道旁。时间前进到了公元前 19000 年，但非洲的地貌仍然非常干燥。每当夏天的雨水来临时，小河会恢复流淌；事实上，它经常泛滥，在河谷底部留下一层淤泥，被风吹来的沙尘和灰末夹在中间。上次下雨是一个月前的事，小河只剩下一长串不规则的死水坑，里面的犀牛尿比淡水还要多。很快，它们将变成一块块湿土，然后完全消失。

卢伯克正身处奥杜瓦伊峡谷（Olduvai Gorge），为了寻找人类的起源，利基一家对这里进行了勘察，使其闻名于世。河水留下的泥沙将与被风吹来的细小火山灰混在一起，形成利基一家勘察的最新地质层面，即奈休休地层（Naisiusiu Beds）。整个峡谷和附近的塞伦盖蒂平原上都形成了这一地层，下方是拥有 200 万年历史的各个地质层。[18]

卢伯克坐在一块巨石上，看着两名男子宰割一头羚羊。黎明时分，他们在羚羊前来喝水时展开伏击，用细石器箭射中了它。其他几个人坐在一旁，有的在清晨的阳光下悠闲地休息，还有人在凿制石英石，将其加工成新的刃片和宰割工具。一名男子发出咒骂，因为他手中的油腻石片打滑，扎到了自己的大腿。血喷了出来，他试图用手堵住，但血继续往外流。人们扶他躺下，一名小女孩飞快跑开，前去寻找当地的一种疗伤植物。几分钟后，她带回一把有粗脊的多汁叶片，在伤口上方拧搅它们。一种清澈的液体流入伤口，马上止住了血。那名男子被抬到树荫下休息，并用水坑里取来的水清洗了染血的腿和手。

宰割完成后，这群人起身离开，一些人扶着伤者，另一些人扛着肉块。卢伯克注视着面前的地面——一堆石片、丢弃的细石器、掏出的肠子、羚羊的蹄子和头，还有人和动物的血迹。

1931 年，路易斯·利基发现了这堆细石器、石片和碎骨，并对其做了部分发掘。1969 年，他的妻子玛丽（Mary）进行了更全面的发掘。那里的器物远不止这些，因为这个庇荫地点常被用来进行宰割。利基夫妇找到了数以百计的工具和许多不同动物的骨头，与卢肯尼亚山的一样，它们都碎成了小片。有人猜想，每次杀戮后，鬣狗会前来嚼碎被丢弃的骨头。洪水将冲走一些器物，将另一些埋在泥沙沉积物下。任何留下或遗忘的木器、篮子和皮口袋都腐烂消失了。利基夫妇找到的少量残留物只能告诉我们，公元前 19000 年左右，有人坐在奥杜瓦伊河畔宰割他们的猎物。我们还可以猜测，这些人不太可能在那里停留很久，因为所用的黑曜石来自 200 千米外，因此他们的活动范围一定很大。

不过，我们不知道他们是否使用过药用植物。我猜答案是肯定的，特别是虎尾兰，这种多汁植物今天生长在大裂谷的许多地方。峡谷本身就得名于它在当地的名字：奥杜瓦伊。理查德·利基（Richard Leakey）对这种植物的疗效津津乐道，表示每当在田野工作中发生意外时，大裂谷的游牧部落和他自己的家人就会用它来治伤。[19] 它的汁液既能杀菌，也能充当让伤口闭合的天然绷带。理查德·利基认为虎尾兰远远胜过现代医学所能提供的一切，并怀疑200 万年前生活在奥杜瓦伊峡谷的最早猿人可能已经知道了它的疗效。对此我们永远无从知晓，但我们不应怀疑，末次冰盛期结束后不久在奥杜瓦伊峡谷打猎的现代人会清楚这一点。

第48章

青蛙腿和鸵鸟蛋

卡拉哈里沙漠中的狩猎采集者，公元前 12500 年

一张蜘蛛网。它并非张悬于草茎或芦苇间，而是密密麻麻地织在尘土飞扬的地道里。两个女人在她们的发现旁蹲下，约翰·卢伯克和她们在一起，不明白两人为何看上去如此高兴。他本以为她们在寻找地下块茎的纤细茎秆，或者更粗的中空茎秆，里面有可食用的蛴螬。但两者都被无视了，女人们扒开树丛，在树根边寻找开裂的地面。一根挖掘棍被探进洞中，搅动着把蛛网绕在棍头。擦干净棍子后，女人们开始挖掘，一只蜘蛛飞快逃走。当沙土有点变湿时，女人立刻把手伸进洞中，抓着腿把自己的下一餐拽了出来，还没等它有机会咬人，女人就飞快地用挖掘棍给了它一下。那是一只牛蛙。

现在是公元前12500年，卢伯克正身处博茨瓦纳（Botswana）西卡拉哈里沙漠（Western Kalahari Desert）的格克维哈巴山谷（Gcwihaba Valley）。[1]那天上午他刚刚抵达，跟着两个女人沿一条常有人走的小径离开营地。女人们循着干涸的河岸来到一片树丛中开始搜寻，她们知道每个被蜘蛛网覆盖的洞都可能通向一只在地下冬眠的牛蛙。卡拉哈里的蜘蛛喜欢利用牛蛙的工作，把网织在现成的洞口上。

卢伯克看着女人们在附近的树丛周围搜索，开始寻找新的蛛网。她们颧骨高耸，黑色短发打着小卷，脸部和大腿的可可色皮肤上被故意弄出伤疤，留下鲜红色的平行线条。除了脖子和手腕上的白色珠串，她们只穿着皮制短斗篷和带穗小围裙。[2]

到了中午，篮子里已经装了 8 只牛蛙，女人们回到今天被称为德洛茨基洞外（Drotsky's Cave）的营地。群体的其他成员在洞外坐着工作，两名男子正用装在骨柄上的石英片清理皮张，老年妇女一边聊天一边将植物纤维拧成绳子，孩子们在用木棍玩耍。洞中，一个老年男子在拨弄火堆。女人们到达时，所有人都停下工作，聚过来看她们找到了什么。几分钟后，牛蛙被摆在火中滚烫的石头上烹饪。小只的被烤脆，然后用木研杵捣成肉泥食用[3]；大些的被直接扯碎，分给所有在场的人。大部分成年人得到了一条蛙腿，软骨和蛙肉一同被嚼碎，只有头部被丢弃——啃掉皮和眼睛后扔进灰烬中。

卢伯克偷了一条蛙腿，发现它既美味又能填饱肚子。他一边嚼着骨头，一边回想着自己公元前 12500 年时在世界其他地方吃过和喝过的东西：马拉哈泉村用野生小麦做的面包，克雷斯韦尔崖的北极野兔，蒙特贝尔德用波尔多叶泡的茶，库尔皮马拉洞的蜥蜴和无花果。他还想起了自己在公元前 19000 年离开奥杜瓦伊峡谷后的旅程。不过，那段旅程中没有什么人类历史可供回忆，因为在穿越今天的坦桑尼亚、赞比亚和津巴布韦时，这些地区仍然非常干旱，人迹罕至。卢伯克觉得，如果人类的确在这些地区存在过，他们很可能生活在岸边或是剩余湖泊周围的多产草地上。即便卢伯克经过在他看来很诱人的生活环境时，他遇到的人类大多也只是在那里临时扎营，准备前往更好的猎场。

比如，在今天津巴布韦西部的马塔贝莱兰（Matabeleland），一片引人瞩目的丘陵上分布着大量岩窟和洞穴。[4]卢伯克探索了许多山洞，发现有些地上散落着石器。但它们被部分掩埋，而且似乎与他在库巴尼亚山谷和卢肯尼亚山看到的截然不同。不过，这些丘陵并未完全荒废：卢伯克看到最令人印象深刻的那个洞中有两名猎人在驻营过夜。洞顶呈拱形，俯瞰一道河床干涸的小河谷。卢伯克坐在他们的火边，和猎人们一样饥肠辘辘，因为后者没能找到猎物。第二天早上卢伯克醒来时，猎人们已经离开，只留下一堆灰烬和几块石片。

　　早在末次冰盛期之前很久，这片丘陵和山洞就是许多狩猎采集者营地的所在。随着全新世开始，它将重现昔日的面貌。今天那里被称为马托博山（Matopos），多年的发掘找到了可以上溯到 10 万年前的生活痕迹，当时的石质工具用大石片制作，而非卢伯克非常熟悉的小刃片。对马托博山的最新研究由瑞典乌普萨拉大学（Uppsala University）的尼古拉斯·沃克（Nicholas Walker）主持，专注于末次冰盛期至今人类对这片地区的使用。他发现虽然某几个山洞中有丰富的全新世狩猎采集者遗存，但只有一个洞中存在公元前 20000—前 10000 年间的居住痕迹，那就是呈拱形、令人印象深刻的波蒙格维洞（Pomongwe Cave）。沃克找到的几块石片只能不太肯定地被测定为早于公元前 13000 年。[5]

　　马托博山的生活历史可能反映了整个撒哈拉以南非洲的情况。从考古遗址数量的稀少来看，我们无疑会觉得大片地区在末次冰盛期和随后不久完全没有人烟。如果附近有人，他们肯定以高度流动性的小群体生活，很像近代适应沙漠生活的卡拉哈里布须曼人。由于总是在流动，他们很少能留下足以抵御时间侵蚀的废弃物。我的猜测是，非洲大陆的许多地方的确人迹罕至——寒冷干燥的环境一定影响了人口数量，导致夭折概率上升，而女性生殖能力减弱。

　　当卢伯克来到德洛茨基洞时，没有人类同伴的日子结束了。事实上，该洞所在的地区似乎打破了非洲的定律，即湿润的全新世跟随相对干燥的更新世——格克维哈巴山谷的情况似乎正好相反。

　　一个浅沙坑里堆着 10 个乳白色的圆球。对于在格克维哈巴山谷周围的突岩矮丘上打猎的 3 位卢伯克的同伴来说，这是神奇而意外的发现。直到那时，他们都无甚斩获。野兔的脚印把猎人们带到一个地洞，他们猜测这种夜行动物可能在洞中睡觉。猎人们在灌木林地里寻找至少几米长的直树枝，将其插入洞中，直到感觉碰到野兔。然后，一名猎人竭尽全力顶住野兔，让它动不了，他的同伴们则开始挖掘。粗糙的棕色毛皮渐渐显露出来，被顶住的野兔动弹不得。但当他们搬开一块石头，准备给其致命一击时，树枝折断，野兔逃走了。人们既沮丧又兴奋地看着它逃脱——虽然失去了一顿饭，但野兔跑过沙地的样子让他们啧啧称赞。

　　当天稍晚些时候偶然发现的鸵鸟窝提供了足够的补偿。每个蛋都被轻轻地紧贴地面敲打。这会震动蛋的内部，杀死蛋里的胚胎。[6]猎人们每人可以携带 3 个蛋，并约定派某人回来取最后那个。

　　蛋很重。回德洛茨基洞的途中，人们停下休息了几次，并收集了沿途的新鲜粪便。抵达营地后，所有人都迫不及待地前来看和摸那些蛋，没耽搁多久便开始烹制。两个蛋被小心地对半敲开，成为四个炊具，蛋里的东西被装在木碗里。这些新制成的碗底部被涂上厚厚的粪便，然后放到滚烫的石头上。剩余鸵鸟蛋的一头被小心地钻孔，将里面的东西倒出烹饪。大家分享了煎鸵鸟蛋卷——尽管卢伯克只能从碗里捞些碎屑——它比鸡蛋卷更硬，膻味更重。

　　随后的几天里，他观察了人们如何利用鸵鸟蛋壳。用作炊具的蛋壳已经烧焦，被留在火中任其破碎。这是德洛茨基洞对待丢弃的食物和其他废弃物的通常做法。每过几天，炉灶都会被清理，里面的灰烬、烧焦的骨头、贝壳和焦炭块会被倾倒在山洞深处。在仍然完整的鸵鸟蛋壳中取出 3 枚，剩下的用水冲洗干净，并用香草掩盖臭蛋的气味。草塞子把鸵鸟蛋壳变成了水壶。取出的 3 枚蛋壳则被加工成珠子。一位老妇人——首先发现那窝蛋的男子的母亲——把蛋壳砸成凹凸不平的碎片，然后在手掌间搓动一根安了细石器尖的棍子，在每块碎片上钻孔。[7] 钻完孔后，珠子被用绳索紧紧地串起，在石头上磨得光滑平整。老妇人自己佩戴了许多珠子，把其他的给了营地里的女儿们和外孙女们。

音乐、歌唱和舞蹈对德洛茨基洞的居民不可或缺，就像卢伯克在整个史前世界中如此频繁地见到的。游戏同样如此，这里的参与者通常是女人以及 8 到 12 岁的孩子。卢伯克喜欢旁观这些游戏，但他常常完全无法理解游戏的内容，因此克制了参与其中的诱惑。

当然，我们不知道公元前 12500 年卡拉哈里沙漠中的德洛茨基洞外是否真有人玩过游戏，但在几千米外的尼亚埃尼亚埃（Nyae Nyae），昆族布须曼人（!Kung bushmen）[*] 的确玩过，就像人类学家洛娜·马歇尔（Lorna Marshall）在 1952 年所观察到的。虽然并非科班出身的人类学家，但马歇尔在 20 世纪 50 年代初对尼亚埃尼亚埃的昆族人做了影响深远的研究。[8] 在其中一个游戏的全过程中，昆族孩子们惟妙惟肖地模仿了牛蛙的叫声，它们在降雨来临时会集中到山谷中繁殖后代。

在马歇尔 1952 年看到的游戏中，参与者首先围成一圈面朝里坐着。一名女孩被选出扮演母亲，开始用棍子拍打其他每个人的脚踝。被拍到后，他们呱呱地叫，然后直挺挺地仰面躺下，仿佛睡着了。当所有人都躺下后，女孩从自己头上拔下几根头发，把它们放在圈子中心想象中的火焰上——头发代表她在烹制的牛蛙。烹制了足够

---

[*]　昆族人的语言中大量使用搭嘴音，!Kung 前的 ! 即为搭嘴音的一种，类似拔瓶塞的声音。——
　　译注

长时间后，她再次拍打孩子们，让他们围着自己的母亲站成一圈。
她轮流命令每个人去取杵和臼，以便让她将烤脆的牛蛙捣碎，但他
们都拒绝了。于是，她理所应当地显得恼怒，只得亲自去取。母亲
刚离开圈子，孩子们就偷走头发（牛蛙）并跑开躲了起来。母亲回
来后满脸怒容，一边发出威胁的声音，一边寻找孩子们。找到后，
孩子们发出呱呱声，尖叫并挣扎着。然后，母亲用食指敲打他们的
脑袋，他们假装哭了起来。这时，秩序荡然无存，所有孩子都开始
乱跑，极度兴奋地尖叫和大笑。

　　鉴于德洛茨基洞居民和马歇尔所观察到的昆族人在生活方式上
具有明显相似性，我们倾向于认为这种游戏在公元前 12500 年也玩
过。山洞得名于马蒂纳斯·德洛茨基（Martinus Drotsky），他是最
早广泛游历卡拉哈里沙漠的欧洲人之一。[9] 1969 年，美国人类学家
约翰·耶伦（John Yellen）进行了最早的发掘，在德洛茨基涂上自
己名字的洞壁旁挖了一条沟。耶伦从山洞的沙土沉积物中找到了石
器、鸵鸟蛋壳碎片和被测定为公元前 12500 年的兽骨——这是在卡
拉哈里沙漠中最早发现的前全新世定居点痕迹。[10]

　　1991 年，密歇根州立大学（Michigan State University）的劳伦
斯·罗宾斯（Lawrence Robbins）和同事进行了新的发掘。他们比
耶伦挖得更深，从地面下 50 厘米处开始，发现了厚达 30 厘米的焦
炭和灰烬层，其中的器物和骨头比上方和下方的沙土沉积物中多得
多，被测定为形成于公元前 12800—前 11200 年之间。[11]

　　这层焦炭和灰烬是由洞中的众多篝火形成的，暗示那里频繁有
人居住。其中发现了一批烧焦的牛蛙骨，主要为头骨，上面有隆起
而且结实，因此没有腐烂。腿骨要少得多，罗宾斯据此猜测它们和
肉一起被吃掉了。20 世纪 50 年代，当马歇尔与昆族人共同生活时，
她听说有人吃牛蛙，尽管从未亲眼看见。但在 1859 年，传教士大
卫·利文斯通（David Livingstone）描绘了布须曼人如何通过搜寻

蜘蛛网而找到牛蛙，就像卢伯克看到他们所做的那样。[12]

尼亚埃尼亚埃的昆族人珍视鸵鸟蛋，因为它们可以用作盛水容器，或者做成年轻女孩特别喜欢佩戴的珠子。由于罗宾斯从德洛茨基洞的焦炭层中发掘出许多鸵鸟蛋壳碎片，这两种用途可能在公元前12500年就已经存在了。有的被钻孔做成珠子，虽然焦炭层中没有任何来自加工过程本身的废弃物。另一些碎片被严重烧焦。尼亚埃尼亚埃的昆族人在金属锅中烹制鸵鸟蛋，但公元前12500年的狩猎采集者没有任何可以放到火上的容器。因此，蛋可能被直接放到灰烬里，也许首先裹上粪便。罗宾斯本人看到过措迪洛山（Tsodilo）——位于德洛茨基洞以北50千米——的现代昆族人用这种方法烹制鸡蛋。

从焦炭和灰烬层中还发现了卡拉哈里跳兔和几种小型羚羊的骨头。近代昆族人常常捕猎这些动物。在20世纪60年代初研究了另一群昆族人的人类学家理查德·李（Richard Lee）见证了他们用长钩子将跳兔堵在它们白天待的洞里，与卢伯克看到的对树枝的利用异曲同工。[13]

马歇尔和李的记录可以帮助我们更好地想象那些将牛蛙骨和蛋壳丢进德洛茨基洞中之人的日常生活。[14]但对于卡拉哈里的环境历史，以及气候条件的变化如何影响了该地区的人类，我们必须完全依靠考古证据提供的信息。一些最有价值的证据比石器和动物骨头，甚至比牛蛙的头骨和蛋壳碎片更小。那就是沙粒本身，更具体地说是洞中积累的沙粒。它们可以用来衡量卡拉哈里沙漠降雨量的变化。

当罗宾斯和同事在德洛茨基洞中发掘时，他们在130厘米深的沟中（很可能属于公元前30000年）从地表到底部每隔一定距离取样。大部分沙土是被吹进洞中的，平均每1000年积累4.45厘米。一些样本主要由非常细的颗粒组成，小于0.08毫米，很容易被风携带；另一些样本的组成较为粗糙，有许多大于 0.2 毫米的颗粒——这种类型的沙粒是流水留下的。罗宾斯和同事推断，当洞外条件非常干燥时，所有沙子可能都是从附近沙丘被吹进洞里的，因此组成非常细腻。而在更湿润的时期，沙丘上可能生长了植被并稳固了表面水土，导致很少有沙粒被风吹走。但在这样的条件下，大雨后的径流会把较粗糙的沙粒冲进洞里。

上述证据非常清楚地显示，公元前 20000—前 11500 年是过去3 万年间最湿润的时期，因为相关的沙粒样本更加粗糙。因此，与撒哈拉以南非洲的大片地区完全相反，卡拉哈里沙漠在末次冰盛期及其后不久比在全新世更加湿润。来自洞外的证据证实了这个结论。在格克维哈巴山谷现在的干涸河床上，公元前 12000 年之前的沙子和砾石被发现含有需要大量的水才能生存的硅藻——这是一类只在显微镜下才能看到，细胞壁富含硅的藻类，每个品种都有独特的形状，对栖息地有特定的要求。因此，在公元前 12000 年之前，山谷中至少有过季节性甚至可能是永久性的小河。一只乌龟和那许多牛蛙的残骸进一步证明，当洞内有火堆点起时，山谷中流淌着小河。

由于附近有充足的水源，罗宾斯和同事得出结论，公元前20000—前 12500 年间，这个山洞比起该地区的其他许多地点没有特别的优势。因此，它仅被猎人队伍用作过夜场所，也可能只在白天作为庇护所。当气候开始变化而降雨减少时，德洛茨基洞成了居住地的中心——格克维哈巴山谷现在可能是硕果仅存的几处可靠水源所在地之一。在差不多 1000 年的时间里，人们经常在洞中生火和驻营，同时捕猎羚羊和野兔，并从坑洞和雨季的池塘里捕捉牛蛙。但随着干旱站稳脚跟，山谷变得非常干燥，德洛茨基洞也失去了吸引力，它再次仅仅成为在卡拉哈里沙漠中为寻找水源而不断流动的人们众多落脚点中的一个。灰烬、骨头和焦炭层被风吹来的沙子掩埋。1969 年，当约翰·耶伦向现代昆族人打听这个山洞时，他们认为那里只被用来采集蜂蜜，他们自己从未在洞中驻营。

　　离开德洛茨基洞后，卢伯克跋涉了将近 2000 千米，前往南非的西开普省（Western Cape），在他的旅行中第三次也是最后一次抵达有人居住世界的南缘——他已经造访过塔斯马尼亚和火地岛。他面前是一条浅浅的河流，今天被称为费尔洛伦弗莱河（Verlorenvlei）*向西流不到 20 千米后注入大西洋。有个男子一动不动地站在齐膝深的水中，将鱼叉举过头顶。在卢伯克的注视下，他向水中击去，咒骂一声，然后再次尝试，但最终放弃，沿着被踩出的小径回到位于河流下游不远处悬崖边的山洞。今天我们称那里为埃兰兹湾洞（Elands Bay Cave）†——卢伯克想要探索当全球变暖改变世界时南非发生了什么，因此这是他必须造访的 4 个山洞中的头一个。

---

* 在南非荷兰语中表示"孤独的沼泽"。——译注

† 意为"大角斑羚湾洞"。——译注

第49章

南非之旅

变化的环境、食谱和社会生活，公元前 12500—前 7000 年

现在，这位渔民和两个同伴一起坐在火堆滚烫的余烬边，卢伯克站在山洞入口，朝里注视着他们。每名男子都拥有靠在洞壁上的几支投矛，装着石英块的皮口袋、一块锤石、小刀和几根兽筋。[1]地上放着几团草，但根本无法盖住这次和此前多次在洞中驻营留下的垃圾。[2]卢伯克几乎走遍了地球并造访过许多类似遗址，他的嗅觉变得非常敏锐，洞中的气味和那名渔夫的失败显示，捕鱼是洞中居民的新活动。[3]

埃兰兹湾洞是南半球的弗兰克提洞。那里的考古遗存显示了随着全球变暖改变世界，把大海和海产品带到曾经处于内陆的山洞口，人们的生活发生了什么变化。20 世纪 70 年代，开普敦大学（Cape Town University）的约翰·帕金顿（John Parkington）和同事对那里进行了发掘，找到大量兽、鱼和鸟类的骨头，贝壳、鸵鸟蛋壳和乌龟壳，还有用各种材料制作的工具，以及焦炭和灰烬遗存。它们的年代被测定为从约公元前 30000 年到有历史记载的时期，经过 30 年的研究，它们为了解南非西开普省的人类历史提供了大量信息。

卢伯克于公元前 12500 年走进那里。[4]

　　早在末次冰盛期，埃兰兹湾洞就被用作狩猎营地。当时大海距离该洞约 35 千米，比卢伯克造访时远了 15 千米。沿海平原也相应更大，但动物可能非常稀少，因为气候条件更加寒冷干燥。不过，在洞内从末次冰盛期到公元前 9000 年的遗存物中发现了现已灭绝的布尔马和巨水牛，还有大角斑羚、小岩羚和灰羚。在此之后，平原完全被上升的海平面淹没，这些动物不再被捕猎。

　　使用埃兰兹湾洞的人们捕捉乌龟作为食物和现成的碗。在公元前 12500 年左右的一个地层中，人们发掘出了如此之多的龟甲，以至于帕金顿称其为"龟丘"。这暗示人们每年夏天造访该洞，因为那时容易找到乌龟和其他爬行动物。除了火堆中的焦炭，没有发现其他植物残骸。尚不清楚这反映了他们的食谱完全基于猎物，还是因为植物性食物完全腐烂了。

　　在末次冰盛期及其结束后不久，专注于在开阔草原上捕捉大型猎物的生活方式似乎普遍流行于南非各地。来自洞中沉积物的花粉粒暗示了一个荒野和草原组成的世界。火堆中的焦炭证实了这点：南开普省（Southern Cape）波姆普拉斯洞（Boomplaas Cave）的焦炭显示，末次冰盛期的居民不得不在完全没有树的环境中寻找燃料。[5] 使用今天奥兰治自由邦（Orange Free State）玫瑰小屋洞（Rose Cottage Cave）——位于更深的内陆地区且海拔更高——的人们处境较好，因为他们可以从沿着附近山谷边缘生长的灌木丛中收集木柴。[6]

　　高原和低地上都有可供狩猎的成群瞪羚、大角斑羚、水牛和马在吃草。不过，埃兰兹湾洞里的大型哺乳动物骸骨主要为颌骨和下肢骨——尸体的这些部分暗示，它们是被食肉动物杀死的。动物尸体可能已经提供了足够的肉类，因为该地区人烟稀少，人口数量由于末次冰盛期的干旱而遭到重创。该时期的考古遗址寥寥无几，均

为小型流动群体的营地，每次停留不超过几周。不过，人们可能在
开阔草原上用投矛展开集体狩猎，也许会安排驱赶手将动物赶入伏
击圈，就像卢伯克在其他地方经常看到的。

　　当卢伯克在公元前 12500 年抵达埃兰兹湾洞时，地貌和生活方
式已经开始改变。从公元前 16000 年开始，每年的气温和降水逐步
增加，部分原因是除了夏季，冬季也开始降雨。波姆普拉斯洞的新
居民从灌木和树丛中采集木柴。在此过程中，他们可能目睹了食草
动物群逐渐被在灌木丛中以树叶为食、体型更小、更喜欢独处的动
物取代，比如小岩羚和山羚。[7] 新的动物可能需要新的捕猎方法，
从而对社会生活产生影响。

　　人们必须偷偷跟踪这些动物，弓箭很可能取代了在草原集体狩
猎中使用的投矛。这种狩猎是公共事务，很可能有妇女和孩子的参
与，经常带来让所有人都吃不完的肉。相反，弓箭让狩猎"私人化"，
因此人们对自己获得的肉都有了所有权。分配肉的社会规则变得至
关重要，尤其因为现在被跟踪的较小独居动物所能提供的肉也相对
较少。金山大学（Witwatersrand University）的林恩·瓦德利（Lyn
Wadley）暗示，近代非洲狩猎采集者中（比如昆族人）的典型特征——
作为植物采集者的妇女被排除在狩猎之外——可以上溯到弓箭开始
被用于狩猎的时代，在该地区可能为公元前 16000 年左右。[8]

　　波姆普拉斯和其他山洞中大型哺乳动物骸骨的变化非常形象地
反映了人类生活方式的改变，而啮齿动物同样提供了许多关于环境
变化的信息。在末次冰盛期和随后不久，栖息在波姆普拉斯洞中的
猫头鹰以鼩鼱为食，后者生活在开阔草原上；公元前 12500 年后，
它们的食谱变成了生活在林地中的老鼠和田鼠。[9] 沙丘地鼠是一种
特别有用的啮齿动物，因为可以依靠它们衡量降水量，很像德洛茨
基洞中的沙粒。它们的体型会随着降水量而变化：气候湿润时，它
们会长得更大，可能是因为它们赖以为生的草根更加充足且营养丰

富；气候干燥时，它们相对较小；当情况变得极度干旱时，它们就彻底从洞内遗存物中消失了。通过测量它们遗存的骸骨，我们发现公元前 12500—前 7000 年间被埃兰兹湾洞的猎人们设陷阱捕捉的沙丘地鼠要比洞中之前或之后时期的大得多。[10]

当卢伯克坐在埃兰兹湾洞中读《史前时代》时——他知道留给自己读完这本书的时间已经不多了——每年春天都有猎人队伍来来去去。每当新的队伍到来时，他会抬头看看。有时他们两手空空，有时则在腰上挂着地鼠，手里拿着部分宰割好的尸体。大多数年份里，来的只有男人，但女人和孩子偶尔也会陪着猎人们一起，他们的停留时间会从几天延长到几周。卢伯克不知道他们在何处度过一年中的其他时间，但他注意到，他们常常带来的石片是用一种在山洞附近找不到的粗糙黑色材料制成的。这是黑色角页岩，最近的来源位于埃兰兹湾洞以东 200 千米。[11]

看到新来者安顿下来，清理火炉，赶走生活在洞中的讨厌昆虫和爬行动物后，卢伯克又读起了书。狩猎、捕鱼、讲故事、唱歌、吸烟、开玩笑和制作工具，年复一年的例行过程重新开始了。

直到公元前 12000 年有人到来时，卢伯克才意识到他疏忽了洞外世界的变化。[12] 洞里出现了一对企鹅——并非自己进入，而是挂在一名猎人的脖子上。这名猎人是几位新来客之一，女人和孩子们不久后也将来到，他们带来的篮子里装着帽贝和海藻，而非像往年那样装着块根和乌龟。在大西洋岸边捡拾后，他们的头发被风吹乱，身上散发着海水的咸味。在卢伯克坐着读书的过程中，潮水正在入侵——并非每日的潮汐，而是随着气候变化而涨落的潮水。全球变暖正导致北方的冰川融化，数十亿加仑水注入了大洋，海平面的上升让大西洋海岸距离山洞只剩下每天散步的距离。到了公元前 12000 年，这段距离不超过 5 千米，一种新型垃圾将很快被丢弃在洞中地面上。[13]

第二天，卢伯克陪同女人和孩子们前往海边，目睹了一幕熟悉的场景。随着全新世的开始，他知道这一幕正在世界各地重复。人们正在捡拾贝类（这里主要是帽贝）。为了寻找螃蟹，他们检查了礁石上的水潭并翻动石块。女人们在工作，孩子们在玩耍，警觉的海豹在海面上一起一伏。黄昏时分，当海豹上岸时，猎人们将偷偷向它们爬去，准备展开猎杀。

当卢伯克再次被独自留在洞中时，地面上散落着沿海捡拾留下的垃圾：贝壳、丢弃的海鸥羽毛，还有海豹、企鹅和鱼的骨头。同样的事在第二年和第三年还会重演。由于归来的总是同一批人，卢伯克看着他们变化和长大。小男孩不再和女人们一起去海边，而是同男人们去打猎；少女到来时刚刚怀孕，或者带着她们的第一个孩子；有人没有回来——不仅是死在其他地方的老人，还有结婚后加入其他群体的人。[14]

山洞的性质也开始改变。卢伯克刚来时，这里是没有任何家庭迹象的狩猎营地，但现在地面上有了磨石，皮张在洞中清理，衣物和鸵鸟蛋壳珠子在洞中加工。卢伯克看到一个婴儿被埋到洞中的地面下，当帕金顿发掘这处遗址时，他将发现另外 5 个婴儿的骸骨。

造访变得时间更长、更频繁，每年 2 到 3 次，显然是为了获取最佳时节的资源：春末的贻贝，夏天的帽贝，冬初的海豹。狩猎采集者们总是在观察云和海潮，不断增进对海洋面貌的了解——鸟在哪里筑巢，鱼在哪里产卵。他们采集的食物数量和种类也有所调整。当岸边的贻贝变得更加丰富时（近岸水流和海水温度变化的结果[15]），时间会花在采集它们上，而非坚硬且滋味不佳的帽贝。后来，随着海岸离洞口越来越近，从埃兰兹湾洞旁流过的费尔洛伦弗莱河的河口成了他们最喜欢的觅食地点：人们用弓箭捕猎鹈鹕和火烈鸟，用渔网捕捞各种鱼，捕捉岩龙虾，诱捕鸬鹚、鲣鸟和海鸥。

　　随着上述新品种进入食谱，另一些品种被遗忘或再不见踪影。卢伯克刚来时，女人和孩子们会花上好几个小时在山洞周围的草地上寻找乌龟，现在他们把时间都用在岸边。现在，随着土壤和植被被海水淹没，乌龟变得稀少。偶尔能捕到几头瞪羚，但开普马已经完全从剩下的平原上消失。平原变得甚至更加干燥，寥寥无几的淡水源泉不复存在，昔日的草地上现在生长着齐膝高的多肉植物。

　　到了公元前10000年，洞中的地面变成了散发恶臭的贝丘。在史前世界的其他地方，卢伯克曾在这种贝丘上坐过、睡过，但他不想再这样做。事实上，现在是时候继续旅行了，他将造访内陆深处的其他洞穴，然后在公元前7000年回到西开普，看看埃兰兹湾洞的生活在1000年间发生了多大改变。

　　卢伯克爬上山崖，来到今天的大卡鲁（Great Karoo）高原，然后向东北而行，穿过散布着低矮树丛的干燥草原。这里的景物大多灰暗而乏味，混合了焦干的黄色和干渴的棕色。天气晴朗，每个方向都被丘陵或山顶包围。当夏天降水来临时，雨势如此之大，雨水会从被烤硬的地面上流入每条缝隙和沟壑，然后汇入河流，奔向大海。雨水看上去几乎没有浸润土壤，但留下了一笔短暂的遗产：突然出现的鲜艳花朵——紫色、白色、绯红色和浅黄色——在绿色织毯上熠熠闪光。

　　从埃兰兹湾洞出发后，卢伯克行进将近800千米，穿越了高原、丘陵、干涸的盆地和湖泊，来到库鲁曼（Kuruman）丘陵东麓的奇迹洞（Wonderwerk Cave）。夜幕降临。星空下，他顺着洞内传出的歌声和拍手声走向山洞。进入洞中，他看到二三十名女人围坐在火堆旁，随着音乐的节奏摇摆；数量相仿的男人在圈子外跳舞。另一些巨大的形象在洞壁上杂乱无章地舞动，那是飘曳的火苗投射的人影。音乐在山洞幽暗的洞室内回荡。

卢伯克看了一会儿，然后和女人们坐在一起。他挤进圈子，双手按照节奏拍了起来。火堆周围摆放着几块石板，每块上面都刻有一种动物的形象。跳舞的男人经常突然冲进圈子，甚至从女人中间跳过。他们俯身查看石板，紧紧地抓住它们，对着上面描绘的大角斑羚、马和水牛念起咒语。现在，卢伯克同样大汗淋漓地摇摆着，他按照节奏拍手、歌唱，完全被音乐、舞蹈和火焰，以及炎热、刺鼻和缺氧的空气所包围。舞蹈变得疯狂；几名男子开始颤抖，他们战栗、摇晃，然后在神志恍惚般的状态中离开了洞中的凡间世界。两人绕着圈子蹒跚而行，将颤抖的手轮流放在每个坐着的人身上，手指掐着头皮，号叫着让疾病离开。另一些人瘫倒在地，不受控制地颤抖起来，有个人鼻血长流。

一切就此结束。拍手、歌唱和舞蹈戛然而止。萨满在地上扭动，然后不动弹了；另一些人平躺着，喘着粗气，很高兴自己的病被治好了。

对奇迹洞的研究很早就开始了。最早的发掘在 20 世纪 40 年代进行，70 年代末，耶鲁大学的安妮·撒克里（Anne Thackeray）和弗朗西斯·撒克里（J. Francis Thackeray）等人展开了新的工作。[16]洞中有的石器远比末次冰盛期早得多，公元前 10000 年和之后的地层中埋着斑马、狷羚和牛羚等食草动物的骨头。在全新世层面的最底部发现了现已灭绝的开普马。除了石器和兽骨，撒克里夫妇还找到了几块有雕饰的石板，除了一块外，其他都刻有几何图形，来自相对晚近的全新世时期。不过，有一块石板来自公元前 10000 年，构成了我对萨满驱病舞蹈复杂描绘的基础。它不过 8 厘米见方，有未刻完的某种无法辨识的哺乳动物的形象，看上去好像是没有头的马或羚羊。[17]

公元前 10000 年的奇迹洞中可能还有其他许多艺术作品，因为

近代森族的驱病舞蹈岩画。萨满在画面中间跪着，双手置于躺着的病人身上

洞壁上画满了年代不明的画。我们知道，公元前 20000 年时南非已
经有画家在工作：在纳米比亚的阿波罗洞（Apollo Cave）发现了一
批绘有图案的石板，描绘了一只类似长颈鹿的生物、一头犀牛和一
只野猫（有人认为它长着人腿）。考古学家尚无法确定它们更接近
公元前 20000 年还是前 30000 年，但无论事实为何，它们都证实人
类在公元前 10000 年之前就已经开始在岩面上绘制动物。[18]

　　我们还知道一些鸵鸟蛋壳碎片在公元前 12000 年（也可能早得
多）被雕刻，而在整个全新世都有岩面雕饰被创作。[19] 整个历史时期，
绘画在土著南非民族——桑族布须曼人（San Bushmen）中司空见惯。

　　考古学家们广泛研究了最晚近的绘画，发现它们描绘了萨满习
俗，即少数有能力者能与精灵世界沟通并前往那里。鉴于它们的图
像与公元前 20000 年乃至更早的艺术具有相似性（比如存在半人半
兽的形象），萨满习俗完全可能也催生了史前时代的南非岩画艺术。
我对公元前 10000 年奇迹洞中驱病舞蹈的描绘即以此为基础。[20]

　　金山大学的认知考古学教授大卫·刘易斯－威廉斯（David
Lewis-Williams）第一个认识到，神志恍惚下的舞蹈、梦境、幻觉

和萨满是理解 19 和 20 世纪南非岩画艺术的关键。通过对桑族布须
曼人历史记录的详细研究和与仍然活着的人的谈话，他看到桑族人
的萨满习俗与他们的艺术形象间存在惊人的相似。[21] 他发现许多岩
画通过描绘一群摇曳的人体来表现神志恍惚下的舞蹈，另一些则记
录了出神体验本身。可以从画面中辨认出萨满本人，他们喷着鼻血，
或者以半人半兽的形象出现——变成其他物种是出神体验的关键部
分。大角斑羚的画特别重要，因为要想进入恍惚状态，萨满必须驾
驭这种动物所蕴含的潜在力量。当萨满跳舞时，他们常常面向岩窟
洞壁上的大角斑羚形象——就像我想象奇迹洞中的萨满对地上雕有
图案的石板所做的。根据书面记录，恍惚状态结束后，萨满会向人
群讲述他们的精灵世界之旅。岩画艺术显示，他们用洞壁上的画达
到同样的目的。

　　舞蹈过后的卢伯克觉得精神特别好，他离开奇迹洞，继续自己
的南非之旅。他必须造访的下一个地点是东南方 450 千米处的玫瑰
小屋洞，将于公元前 8500 年抵达那里。现在这片土地的草木相对
繁茂，草原和灌木丛供养的动物要比卢伯克此前在该地区看到的更
多。这部分反映了降雨和气温的进一步提升，部分反映了卢伯克向
东而行的事实，他来到了一片一直都比大卡鲁高原更加多产的土地。[22]
现在，卢伯克经过的营地比以往更多；他看着猎人追踪猎物，女人
们从地里挖掘块茎。[23]

　　公元前 12000 年后，南非已知的考古遗址数量的确大大增加，
这无疑反映了人口的大幅上升。[24] 到了公元前 10000 年，人类显然
已经开始占领该地区所有类型的栖息地。不过，上述遗址大多不过
是丢弃在地表的小堆石质工具和制造它们时留下的垃圾。

　　从末次冰盛期开始，南非的狩猎采集者将石块加工成多为锥
形的石核，可以从上面分离出又小又薄的刃片。考古学家用"罗贝

格"（Robberg）遗址一词来表示此类工具堆。很少一部分刃片被进一步削凿成特定形状。有的可能被安装到投矛上，但并不比用硬化木头做的矛尖有效多少。不过，这不是南非使用的唯一一种石质工具。人们也制作较大的石片，其中许多被进一步加工成刮削器、锛子和辐刨。南非内陆的开阔地带发现了许多包含此类石片和工具的遗址——考古学家称之为"奥克赫斯特"（Oakhurst）遗址。它们很少可以被确定年代，但大部分被认为属于公元前 12000—前 7000 年间[25]，与骨头矛尖的增加时间重合，后者暗示用弓箭狩猎的次数显著上升。

约翰·帕金顿暗示，罗贝格和奥克赫斯特型工具出自同一批人之手——两者事实上是互补的。小刃片似乎适用于狩猎和捕鱼，而大石片和刮削器似乎更适合清理植物性食物、制备皮革和加工木头。因此，根据所进行的活动，人们可能会制造和丢弃不同的工具。[26]还可能仅仅基于地理原因，所能获得的原材料的不同决定了工具的类型。在内陆地区可以找到大块颗粒粗糙的岩石，比如黑色角页岩，很容易从上面剥离较大的石片，而西开普低地上的石英石则更容易制成小而薄的刃片。

不过，拥有大量连续沉积物层的洞穴遗址（比如卢伯克即将造访的玫瑰小屋洞）暗示，帕金顿对这两种技术的解释不太可能完全正确。它们一致表明，大石片和刮削器被制造的年代要晚于锥形石核和小刃片。看上去好像在整个地区，一种传统完全被另一种传统取代——而工具制造的显著变化与人类生活区域向南非内陆的扩张是同时发生的。又过了 5000 年，工具制造风格将再次回归到生产刃片，考古学家称之为威尔顿（Wilton）传统。[27]

沿着灌木丛中踏出的小道，卢伯克来到一个不寻常的山洞：一块巨石从崖面上坠落，在背后围成了一个洞穴。谈话声和笑声从洞中传出，在宽敞温暖的洞室内，至少有 20 人围坐在火炉边，巨石为他们挡住了外面的寒风。洞顶的自然天窗提供了额外光照，这让卢伯克可以看到洞壁边堆着一捆捆用作寝具的草和树叶，一个凹洞里塞满了木柴。洞壁缝隙里插着棍子，用来悬挂袋子、衣物、盛水容器、弓和一头宰割好的动物。除了非常年幼的，所有人似乎都在工作。

洞口边，一些男子正在削凿石头。他们采用颗粒粗糙的黑色石头，任由新凿下的石片一一掉到地上，仿佛要弃之不顾，但偶尔会从垃圾堆中捡起一片放到旁边，留待进一步加工。另一群人坐在靠近洞后面的位置，正在清理和制备皮革——刮去脂肪、拉伸、拧搅和捶打皮张，使其变得柔软。离开埃兰兹湾洞后，卢伯克在沿途发现，这种制皮工作总是由男性承担——他们捕猎动物并加工兽皮，用其制作衣物、皮带和袋子。[28] 另外三处火炉边围坐着妇女、女孩和婴儿。在其中两处，块根正在被捣成泥；在第三处，两名妇女坐在一起，正将鸵鸟蛋壳碎片做成珠子。

每处火炉周围都不断传来嘈杂的说话声，不时有人成为主角，向所有人讲述故事。

金山大学的林恩·瓦德利发掘了上述场景的遗迹，还看到在另一些遗址中，废弃物完全混在一起。[29] 她发现了集中的焦炭和烧焦的骨头，标明了火炉曾经的位置。洞口附近有大堆削凿过的石头，一堆鸵鸟蛋壳碎片标明了珠子的加工地点。另一处火炉周围的工具暗示有过木头加工，磨石被用来制备颜料，而洞中沉积物的化学成分表明，曾有大量植物材料被带进洞中，最终在地面上腐烂。[30]

瓦德利的工作基于对一个特别引人瞩目的山洞的长期发掘——它不断吸引着考古学家，就像它曾经吸引着史前时代的狩猎采集者。[31] 公元前 10000 年左右的层面下方是比公元前 50000 年更早的层面，上方则是结束于仅仅几百年前的一系列层面。在最晚近的层面中，瓦德利发现这个山洞是历史上所谓桑族布须曼人直系祖先的集会地点和仪式中心。他们的众多壁画中一幅描绘了驱病舞蹈，另一幅描绘了一头母狮走在一群大角斑羚中间。瓦德利将后者解读为描绘了邪恶对善良永恒的威胁——温驯、群居的大角斑羚代表着桑族人眼中人类行为的理想样态。[32]

回到公元前 8500 年。卢伯克走进洞中，蹑手蹑脚地穿过火炉走向后壁，找到一些可以当坐垫的草。他刚刚坐下，新的来访者就赶到了。他们在洞外高声呼叫，让洞中突然安静下来，然后所有人起身迎接他们。来访者看上去是一家人——几个小孩子，3 个大人，其中一人背着婴儿，还有个老妇人。经过许多正式和非正式的欢迎，所有人再次坐下，新来者在火炉间分散落坐，每人都和自己的朋友或亲戚坐在一起。

来访的那家人只在玫瑰小屋洞待了几天。当他们离开时，卢伯克注意到年轻女人们戴上了新的珠串，而男人们则带着骨制箭头，这些是对他们带来的皮衣的回礼。[33] 卢伯克本人又多待了几天，其中一天外出打猎，另一天用来寻找可吃的食物，然后在一天清晨离开，当时这群人还在洞中睡觉。

在现代布须曼人的生活方式中，群体、家族和个人间每年的聚会和定期拜访对于一年中大部分时间散居各处的他们非常重要。人们借此机会重温友谊，分享信息，举行婚礼和其他重要仪式，并交换礼物。后者至关重要，能够创造和巩固友谊纽带，在困难时提供帮助。几乎所有东西都能作为礼物，但最受珍视的是石质箭头和鸵鸟蛋壳珠子。

从非常幼小到非常年老的，每个人都在自己的或其他群体中拥有一批送礼伙伴。有的伙伴可能每年只见面一次，甚至一年都见不上。没有两个人的伙伴完全相同，形成了跨越成百上千千米的"送礼网络"。[34]

20世纪70年代初，当人类学家波莉·维斯纳（Polly Wiessner）研究卡拉哈里布须曼人的送礼习惯时，她发现每人财产的三分之二以上是从他们的送礼伙伴那里获得的礼物，剩余部分是自制或购买的，用于赠送他人。[35]

这种送礼网络对于在卡拉哈里沙漠中生存至关重要。由于降水无法预测，每个群体总是面临缺少食物和水的危险。如果这种情况发生，群体成员可以向生活在其他地方的送礼伙伴求助，因为后者有义务分享食物。维斯纳根据自己在1974年的经历描绘了这种网络如何工作。一群昆族人面临严重的食物短缺：刮了一整个春天的大风摧毁了他们指望收获的坚果，而特别多的降水又导致草长得异常高，让设陷阱变得困难，并驱散了较大的猎物。到了8月，昆族人花时间制作准备作为礼物的手工艺品，并从路过的访客那里打听其他地方的状况。到了9月，这群人开始散开，人们报告说他们想要拜访亲戚，"因为他们想念对方，并想要送礼"。两周后，一半人口离开，零星分散到其他群体，缓解了留守者的压力。

瓦德利相信，生活在公元前10000年的玫瑰小屋洞中的人们同样重视送礼。从公元前12000年起，玫瑰小屋洞和其他考古遗址开始出现可能是理想礼物的物品，特别是骨制箭头和鸵鸟蛋壳珠子。瓦德利认为，此类物品的更多出现正值人类开始殖民南非内陆之时（许多"奥克赫斯特"工具堆的出现反映了这点），这绝非巧合。有了送礼伙伴的保障，人们可以冒险探索新的土地并在可能突然发生食物短缺的地方定居下来。[36]

现在卢伯克已经跋涉了大约400千米，来到他在南非之旅中的第四个洞穴，那是他在回到西开普省之前的最后一个。这就是波姆普拉斯洞，位于今天坎格山谷（Cango Valley）中一处 60 米高的石灰石山崖上。卢伯克蹲在洞外的一块岩石上，赞美着谷中的风景，然后再次翻开《史前时代》。

20 世纪 70 年代初，现任教于南非斯泰伦博斯大学（University of Stellenbosch）的希拉里·迪肯（Hilary Deacon）在寻找像波姆普拉斯这样的山洞。他希望发掘一个沉积层从至少距今 10 万年前直至晚近年代的山洞，还希望洞中埋藏有保存完好的火炉、动物骨头和其他有机物遗存。波姆普拉斯几乎符合他的要求，但最早的沉积层"只有" 8 万年历史，因此迪肯不得不到年代更古老的其他地方展开挖掘。[37]

波姆普拉斯提供了关于更新世末和全新世初的环境与人类生活方式变化的宝贵信息。但与本书有关的是迪肯发掘的最晚近层面。迪肯发现，最上方的地层由被焚烧过的羊粪形成，因为过去几百年间的牧人将这个山洞用作羊圈。他们被称为"霍屯督人"（Hottentots），卢伯克现在正读着《史前时代》中关于他们的段落。[38]

在对霍屯督人的描述中，维多利亚时代的约翰·卢伯克参考了一个叫科尔本（Kolben）的人写的书，此人希望该书能成为开普地区的一部历史。现在看来，书中对《史前时代》所描绘的许多"现代野蛮人"的攻击显得老生常谈。霍屯督人"在许多方面是世界上最肮脏的人"；他们的习俗之一是把老人关在孤零零的小屋里，"没有人安慰或帮助他们"，老人将"死于衰老或饥饿，或者被野兽吃掉"；科尔本表示，不想要的孩子"会被活埋"。另一些习俗被形容为完全不适合公之于众。

维多利亚时代的约翰·卢伯克显然关心上述指控的准确性，指出它们与早前对霍屯督人的描绘不符，"他们是地球上曾出现过的对彼此最友好、最开明和最仁慈的人"。现代人约翰·卢伯克已经造访了史前世界如此之多的"野蛮人"，明白自己的同名者对维多

利亚时代这番最新的种族主义攻击的质疑完全正确。他更感兴趣的
是作者详细描绘的霍屯督人的衣物和铁器，以及他们用来储存羊奶
的动物膀胱和用灯芯草紧紧编织而成的篮子。

虽然现在是公元前 8000 年，但类似的容器已经在波姆普拉斯
洞中使用，不过并非用来盛放羊奶，而是装水和采集的植物。驯化
动物和牧人至少还要再等 7000 年才会出现。开始下雨了，卢伯克
合上书躲进洞中。地上有一堆用灯芯草紧紧编织而成的垫子，其间
散落着狩猎采集者营地的常见杂物——几个火炉、部分加工好的皮
革、石片、篮子、碗和木柴。[39] 地面之下是许多层紧实的泥土，由
被冲进洞中的泥沙，因风雨侵蚀而坠落的洞顶岩石，以及垫子、篮
子和袋子腐烂后的残余物组成。这些土层下方是在全新世开始前使
用该洞的人留下的垃圾，当草地覆盖坎格山谷时，他们在这里狩猎
大角斑羚、开普马和巨水牛。

这些发生在公元前 12000 年之前，当时多刺的灌木和树木尚未
取代草地。因此，当一群猎人在公元前 8000 年抵达波姆普拉斯洞时，
他们背着一头部分宰割好的小羚羊，后者靠在树丛中啃食嫩叶，而
非在草地上吃草为生。这是一头小岩羚，在今天的坎格山谷中仍能
找到。新的灌木林地让它们和其他以树叶为食的物种得以扩张，而
食草动物则不得不前往其他地方觅食。[40]

一些物种成功找到食物并繁衍至今，比如白犀牛和黑牛羚。但
有 6 种动物灭绝了：开普马、巨水牛、巨狷羚、邦氏跳羚、南方
跳羚和类似疣猪的巨猪。芝加哥大学的理查德·克莱因（Richard
Klein）研究了 30 多年南非山洞中的兽骨，他质疑了将这些物种的
灭绝完全归咎于气候变化及其对植被的影响的说法。[41]

克莱因的一个主要疑虑是，这些不幸的物种在此前几次同样的
气候变化中存活了下来。此外，其中一些活到了公元前 10000 年，
林地的扩张和它们的灭绝间似乎存在至少 2000 年的时间差。邦氏

跳羚存活得甚至更长，从另一个洞中找到的骨头来看，它们直到公元前 6500 年仍被捕猎。因此克莱因认为，波姆普拉斯洞和其他地方的狩猎采集者对这些动物的最终灭绝难辞其咎。

他们不需要做很多——每年每种动物仅仅杀死几头也许就会对已经岌岌可危的种群产生毁灭性的影响。从用投矛猎杀转向使用弓箭可能是一个重要因素。人口通过送礼网络向内陆扩张可能同样影响巨大。在此前的气候变化期间，当树林的扩张减少了草原面积时，开普马和巨水牛等物种还有可能在不受人类掠食威胁的内陆地区存活下来。但到了公元前 12000 年，这些避难所因为人类定居点的扩张而不复存在。现在不再有安全地点让它们等待更适宜的条件回归。

因此，南非的情况似乎与灭绝规模大得多的北美类似。在这两个地区，环境变化或人类狩猎本身似乎都不足以导致灭绝，但两者的共同影响对南非的开普马和巨水牛可能是致命的，就像北美的猛犸和沙斯塔地懒的遭遇那样。

离开波姆普拉斯洞后，卢伯克向西而行，回到他南非之旅的起点埃兰兹湾洞。在此过程中，气候再次开始改变。经过至少 8000 年的降水增加，趋势发生了反转，可能重新回到了仅夏天降雨的状况——这限制了植被的生长，导致一些以树叶为食的动物从它们栖息地的边缘撤退。

公元前 7000 年，当卢伯克来到埃兰兹湾洞时，不仅沿海平原完全消失了，他曾看到人们采集贝类、海藻和螃蟹的大片岩石海岸也不复存在，几乎只剩下窄窄的一条不毛沙滩。在他内陆旅行期间，海平面继续上升，比今天还要高出 3 米。现在，山洞孤零零地坐落在岬角上，暴露在大西洋的海风之下并常常被雾气笼罩，最近的淡水水源有 20 千米之遥。

　　埃兰兹湾洞内部被废弃。[42] 风吹来的沙土掩埋了昔日地面上堆积的贝壳、兽骨和其他垃圾。一堆粪便告诉卢伯克，现在这个洞正被动物使用，后洞的沉积物被筑窝的豺狼翻动过。卢伯克坐在阴冷潮湿的地面上，对人类前往其他地方生活并不意外。约翰·帕金顿在发现埃兰兹湾洞本来被连续使用的历史出现断层时，同样不感到吃惊。他认为，人类迁往了容易找到淡水的内陆生活区。

　　由于既看不到人也没有足够的光线读书，卢伯克开始回忆在人类历史上差不多的时间，世界上还发生着什么。在耶利哥，一名年轻男子正给自己父亲的头骨涂上石膏；在希腊的新尼科美狄亚，最早的农民正在清理田地；在欧洲的另一头，狩猎采集者正在一个苏格兰小岛上烤着榛子；在北美大平原的霍纳，野牛群正在惊慌逃窜；在瓦哈卡河谷，有人正在采摘南瓜；在安第斯山脉，人们正放牧羊驼；在世界的另一头，澳洲阿纳姆地的岩面正被画上彩虹蛇和山药；在东亚，彭头山人正在播种水稻，日本多摩丘陵的居民正在挖掘野猪陷阱；在恒河平原上的达姆达玛，人们正从附近的河里捞起一只乌龟。

　　卢伯克还想起了刚刚在梅赫尔格尔和哲通安顿下来的农民，他们正在建造泥砖房屋；在亚利姆丘，已经定居了更长时间的人们正在制造陶罐，并与来访的商人讨价还价。但随着开始下起暴雨，随着大西洋的波涛拍打在岸上，将咸咸的水花溅入洞中，他的思绪被打乱了。[43] 现在变得一团漆黑。由于在这个暴风雨之夜不可能出现月光，卢伯克在洞中冰冷的地面上缩成一团睡着了。

　　在随后的 4000 年里，埃兰兹湾洞注定也将无人使用——整个西开普地区在此期间都将几乎完全荒废。直到公元前 2500 年后，当海平面下降时，这个山洞才重新成为受到在海边捡拾贝类的人们青睐的避风港。

第50章

热带的霹雳

中非和西非的狩猎采集者；东非的环境变化，公元前
7000—前 5000 年

　　约翰·卢伯克在一块巨大的花岗岩下躲避下个不停的雨。巨石
位于一堆乱石之上，遮住了一个小山洞的入口。洞中还坐着 3 名男
子，依偎在一小堆火周围。现在是公元前 7000 年，卢伯克正身处
尼日利亚西部。这个山洞将被称为伊沃埃勒鲁（Iwo Eleru），在当
地的约鲁巴语中表示"灰烬之岩"。卢伯克靠在洞壁上，看人们吃
着从周围森林里采来的嫩芽。嫩芽从他们的牙齿间穿过，肉质部分
被撕下，剩下的一团纤维被丢到地上。人们留在洞中吃叶子、聊天，
直到雨停。然后，他们简单地交谈了几句，随即消失在外面的树林中。

　　和南亚之旅开始时一样，该地区的石器时代居民在卢伯克眼前
停留的时间短得令人沮丧，因为公元前 20000—前 5000 年间的考古
遗迹寥寥无几。任何类型的遗址都很难找到，通常由狩猎采集者留
下的简陋火堆和石质工具堆几乎不见踪影。空中勘察无法透过雨林
的树冠发现纪念碑或遗址，而地面上的任何物品又都被隐藏在厚厚
的植被之下。大部分曾经建在河岸边的营地会被洪水冲走或被泥沙
掩埋。因此，考古学家主要依靠农民以及修路或挖井人的偶然发现。

　　森林中岩石较多地带的山洞最有希望发现史前生活的痕迹。但

由于空气中尘埃稀少，而且这些山洞由坚硬的花岗岩构成，洞中缺少掩埋和保存遗留废弃物所需的地面沉积层。伊沃埃勒鲁是一个例外。

20 世纪 60 年代末，伊巴丹大学（Ibadan University）的考古学教授瑟斯坦·肖（Thurstan Shaw）希望考察尼日利亚石器时代晚期的考古遗址，即公元前 15000 年之后的。他对在西非森林各处偶然发现的大量磨光石斧的年代特别感兴趣。这些石斧在当地被称为"霹雳"，常被当地祭司摆放在尊贵的地方，比如雷神桑戈（Sango）的祭坛上。[1] 肖怀疑它们事实上是石器时代的产物，于是开始寻找合适的洞穴展开发掘。最终，他找到了位于南部沿海和热带雨林北缘中间的伊沃埃勒鲁洞。[2]

这里仅仅曾被用作临时的庇护所。每次居住可能只持续不超过几天，其间有着漫长的间隔，可能长达一个世纪或者更久。最近住在那里的是来自 10 千米外当地村子的农民——该洞的名字正来自他们火堆里的灰烬。现代人的废弃物下面是陶片和石斧碎片——前者制造于公元前 3000 年左右，后者早了差不多 1000 年。两者都来自埋藏有细石器和刮削器的地层，那里还发现了大量石核与废弃石片。这种情况一直延续到洞内沉积物的底部，即公元前 10000 年左右。因此，削凿石头的技术在整个全新世保持不变。

除了石斧和陶器，肖发现的生活方式改变的唯一证据是人们越来越多地使用黑硅石来制造工具。比起当地出产的石英，用这种石头来获取石片要方便得多，但最近的来源至少距离该洞 50 千米。在最下方的层面中，只有很少一部分工具用黑硅石制造，而在上方层面中，它被用来制造超过 30% 的工具。这有多种可能：人们在狩猎和采集植物的过程中走了更长距离，贸易网络的建立，为采集黑硅石块而展开的特别旅行。在没有更多证据的情况下，很难知道上述解释中的哪个是正确的（如果真有的话）。

伊沃埃勒鲁洞中唯一的其他发现是下方地层中保存欠佳的一处男性墓葬，比卢伯克到来时早了几个世纪。[3] 肖无法找到墓葬坑或者有意被放在墓中的物品；他认为尸体被埋葬时紧紧缩成一团，只是盖上了薄薄的一层土。男子的牙齿被形容为"磨损成弯曲的斜角和扇贝形，直到牙龈位置，只在边缘留下新月形的小块牙釉质"。[4] 事实上，这是赤道地区狩猎采集者遗存牙齿的典型特征，因为他们会食用多纤维且覆盖着沙粒的植物，用牙齿刮去可食的肉质部分。

在末次冰盛期，伊沃埃勒鲁洞曾被稀树草原环绕，而西非的雨林仅限于沿海和大河边的小块庇护所。从公元前 12000 年开始，降水和气温的提升让雨林扩张到远远超出其现在的边界。今天，原本东西连续的西非森林出现了缺口，被称为达荷美缺口（Dahomey Gap），位于多哥共和国和贝宁共和国。缺口两侧森林的动植物品种完全一致，表明它们曾连为一体。在其他地方，位于今天森林边界之外的稀树草原表层土壤之下埋藏着雨林品种的树桩，从中可以看到全新世早期的森林范围。[5]

由于伊沃埃勒鲁洞的沉积层中没有发现兽骨或花粉，几乎不可能确定该洞究竟从什么时候开始像今天一样被森林包围。洞中的细石器和刮削器与东非和南非遗址——比如卢肯尼亚山和玫瑰小屋洞——中发现的基本相同，那些遗址都位于开阔林地或稀树草原上。肖暗示，公元前 4000 年后不久出现的磨光石斧可能表明伊沃埃勒鲁洞在那时开始被雨林包围，因为这需要洞中居民制造出新的工具。尽管如此，在此之前，这个庇护所似乎不太可能一直位于开阔的稀树草原上。来自加纳博苏姆推湖（Lake Bosumtwi）的花粉图表显示，森林的大规模卷土重来在公元前 10000 年就开始了。[6]

在从埃兰兹湾洞前往伊沃埃勒鲁洞的途中，卢伯克首先重访了自己在南下之行中曾经经过的一些地点。他回到了位于今天津巴布韦马托博山上的波蒙格维洞，公元前 15000 年时，他曾在那里遇到两名过夜的猎人。第二次造访该洞时，一群女人和孩子分散在附近的灌木丛中，似乎在采集浆果。卢伯克停下脚步，准备助一臂之力，结果发现他们采集的是营养丰富得多的毛虫。灌木丛中毛虫很多，女人和孩子们可以边干活边吃，最后还能装满篮子。然后，篮子被带回洞中，倒进后洞的储存坑，盖上树叶并压上石头。

比起卢伯克 8000 年前来访时所看到的，这个山洞已经大不相同，成了许多家庭的关键据点，他们现在经常来到变得水源充沛的马托博山打猎和采集。洞壁边放着木柴和用作寝具的大堆草，楔子上挂着一捆捆干花和草药。洞口边，一大片未烧完的炽热木头正在变成灰烬，灌木丛形成的屏障为其挡住了外面吹来的风。这似乎是公用火堆；洞壁旁是一些较小的火堆，看上去属于私人。地面上铺着垫子，上面显然进行过多种加工活动，因为周围散落着皮革碎片、鸵鸟蛋壳、骨针和磨石。现在，女人和孩子们坐在垫子上等待猎人们归来。卢伯克朝后洞的存储坑中张望。其中一个的四周铺着根，并储存有浆果；另一个是空的，但垫着乌龟壳，可能是为了让坑中物品保持干燥。

离开波蒙格维洞后，卢伯克又循着昔日的脚步回到了卡拉哈里西部。德洛茨基洞空空如也，虽然地上有不久前留下的垃圾。不过，此地以北 50 千米处，他在措迪洛山 3 座引人瞩目的主峰——今天被称为"男人"、"女人"和"孩子"——遇到了聚在一起的几个家庭。这些人生活在一座洞顶高悬的壮观山洞中，洞内的几排架子上晾着鲶鱼，让卢伯克想起了公元前 20000 年的库巴尼亚山谷。他很快发现，每年洪水到来后不久，这些卡拉哈里人同样在附近的湖泊中捕捞前来产卵的鱼。卢伯克花了几天时间捕鱼，仍然用手从浅水中捧起温顺的鱼，尽管他的新同伴更喜欢使用带骨制倒钩的鱼叉。

卢伯克熟悉这个洞中正在进行的其他几乎所有活动。女人们三三两两地坐在洞外，用鸵鸟蛋壳制作珠子，并捣烂各种根。人们制造细石器和刮削器，用于修复狩猎武器和清理皮张，还把羚羊的腿骨凿制成新的骨尖。唯一让卢伯克感到新鲜的——至少在非洲如此——是看人们制备颜料。一块块白色的钙结砾岩和红赭石被磨成细末，然后在乌龟壳做的碗中加水调和。洞壁被画上了人的形象和神秘图案，这个山洞后来被恰如其分地称为白画岩窟（White Paintings Rockshelter）。

离开措迪洛山后，卢伯克在前往伊沃埃勒鲁的最后一段旅程中来到了刚果盆地新近扩张的雨林。他在这样或那样的河上度过了很多时光，有时"搭便船"，有时"借用"一条独木舟。他很高兴回到热带，就像在东南亚和亚马孙旅行时那样沉浸在自然的奢华中。浩浩荡荡的急流在高山下翻起白色的泡沫，与这幅美景相称的首先是生机勃勃的犀鸟和翠鸟，然后是森林地面上橙色、绯红色和纯白色的花朵。

从河马和大猩猩到红树蝇和蚊子，大量野生动物包围着卢伯克。他只在河岸边看到小群的人，但还没等卢伯克走近，他们就消失在树林中，或者坐着独木舟迅速地顺流而下。在布西拉河（Busira River）岸边一个今天我们称为贝松哥（Besongo）的地方，曾发现过他们丢失或丢弃的石刀，以及一堆石英石片。但除此之外，他们没有留下其他痕迹。

和西非的其他地方一样，刚果盆地让考古学家感到沮丧——特别是当需要确定人类在热带雨林腹地可能已经生活了多久时。虽然1945年曾发现过两枚石片，但关于刚果盆地石质工具的第一份正式报告直到40年后才问世。[7] 1982—1983年，荷兰考古学家约翰内斯·普罗伊斯（Johannes Preuss）与扎伊尔（该地区当时的名字）

国家博物馆合作，对那里进行了系统的勘察。他首先在紧邻刚果河的通巴湖（Lake Tumba）周围工作，然后沿着几条支流的河岸寻找考古遗迹。这些河岸给勘察带来了特别大的挑战，因为它们不是平整但完全被植被覆盖，就是裸露但非常陡峭。不过，经过对1000多千米河岸的勘探，人们找到了19个器物堆，在湖岸边也发现了一些。布西拉河边的贝松哥是成果最为丰硕的遗址之一，那里找到了94枚石片。其他许多遗址只找到不过两三枚。

关于石英片和少数被凿制成刮削工具的石片的年代，唯一线索是它们肯定比所出土的沉积物要晚近。普罗伊斯将沉积物的年代认定为公元前25000年[8]，但这些石英片表明刚果盆地在公元前20000年，前15000年，前10000年，前5000年还是仅仅几个世纪前有人类生活，目前还不清楚。根据年代的不同，我们会把它们与截然不同的生活方式联系起来。比如，如果它们来自公元前15000年或更早，那么人类可能生活在稀树草原上，而非发现石片的雨林中。无论年代为何，丢弃它们的人显然经历过长途跋涉，因为他们所用石材的最近来源至少在200千米之外。

在分析对博茨瓦纳措迪洛山白画岩窟的发掘结果时，密歇根州立大学的劳伦斯·罗宾斯和同事遇到了另一组问题。[9]他们发掘出了非常深的沉积物，显示人类使用这个山洞至少有10万年的历史。山洞因为洞壁上的大量白色岩画而得名，包括大象、蛇和马背上的人。最后一种的年代不可能早于一个世纪前太多，因为马直到19世纪中叶才出现在卡拉哈里。当地传统认为近代的布须曼人绘制了这些画——这与澳洲阿纳姆地和印度比姆贝特卡的情况截然不同，那些地方的画的创作早于现在活着的人的记忆，被归于超自然生物的作品。不过，白画岩窟中的一些画可能要古老得多；接近地面的那些已经褪色，很可能创作于洞中地面比今天低得多的时候。

在最晚近的洞内沉积物下方，罗宾斯和同事发现了一层埋藏着鲶鱼骨、细石器、鸵鸟蛋壳、磨石和骨钩的沙土。不幸的是，罗宾斯最多只能将该层面认定为公元前 21000—前 3000 年之间。问题在于，大量鱼骨暗示附近存在过湖泊和池塘，而最后的记录为公元前 19000—前 14000 年之间。全新世期间的措迪洛山被认为非常干燥，就像今天那样，最近的可能捕鱼地点为 45 千米外的奥卡万戈河（Okavango River）。但放射性碳定年显示，捕鱼发生在公元前 9000—前 3000 年，这与石器和骨器的风格相符。[10]

器物很可能在洞底松软的沙层内发生移动，这让罗宾斯的困境雪上加霜：打洞的啮齿动物可能将鱼骨和焦炭块拖上拽下。事实上这已经被证实了：一块骨鱼叉碎片被发现与下方 20 厘米出土的另一块相匹配。沙层可能用了 4500 年积累而成，也许很容易有其他许多骨头和焦炭块混入。[11]

马托博山波蒙格维洞后部一系列存储坑的年代同样非常模糊。20 世纪 60 年代，克兰·库克（Cran Cooke）在当时的罗得西亚（Rhodesia）进行开拓性考古工作时发掘出了这些存储坑。他在洞口区域发现了厚厚的灰烬层，以及暗示存在过防风墙的石基。[12] 坑中包含了一系列有趣的发现：其中一个有烧焦的毛虫；有几个铺着草，还有一个铺着乌龟壳；另一个坑中埋着有毒植物刺眼花（Boophone disticha）的根，可能被用来防止昆虫侵扰坑中原来储存的东西。还有一个坑曾被用作火炉，里面发现了一段严重烧焦的树皮纤维绳索，因为上方石板的保护而留存下来。

20 世纪 80 年代初，当乌普萨拉大学的尼古拉斯·沃克对波蒙格维洞进行新的发掘时，他看到了库克未发表的笔记本。测得的几组放射性碳定年数据从公元前 13000 年到公元前 2000 年，但顺序并不总是正确：某层面的定年比上方紧邻的更晚，或者同一层面获得不同的定年结果，或者年代似乎与需要定年的工具类型不符。沃克认为，这些存储坑很可能来自公元前 4000 年左右，不过证据仍

然存在争议。[13] 但即便他是对的，也不能排除人们在距此 3000 年
前就开始采集毛虫的可能性，即卢伯克第二次造访波蒙格维洞时。

　　卢伯克先后在中非和西非的雨林中旅行，无法感受到东非湖泊
经历的巨变。当他经过末次冰盛期的图尔卡纳湖和维多利亚湖边时，
水位远比今天看到的要低。许多较小的湖泊完全消失了。到了公元
前 7000 年，情况变得完全相反：在几千年的时间里，这些湖泊的
水位远远超过今天。就像公元前 12000 年之后的降水增加让雨林扩
张到比今天更大的范围，东非湖盆同样达到了前所未有的水位。[14]
　　新的湖岸仍然清晰可见，因为在比当前水位高出好多米的地方
有干涸的贝壳和湖底沉积物带。图尔卡纳湖比今天高出 85 米，面
积是现在的两倍，致使其漫出自己的湖盆并向尼罗河流域供水。无
数小盆地被完全淹没；位于今天埃塞俄比亚南部大裂谷的许多小湖
泊汇聚成一个大湖，注入阿瓦什河（Awash River）。
　　湖岸显然是诱人的捕鱼场所，因为在图尔卡纳湖裸露湖岸的周
围发现了几处埋藏有细石器和骨钩的遗址。其中一处是肯尼亚的洛
瓦塞拉（Lowasera），骨钩底部周围有细细的凹槽，表明上面曾系
过线。除了鱼骨，那里还发现了鳄鱼和河马的骨头。[15]
　　公元前 12000 年后，热带非洲愉快度过了它在较晚近历史中最
湿润的时期，降水量可能比今天的多 50%。[16] 根本原因是季风系
统的北移，在热带获得降水的同时，卡拉哈里等更南面的地区却失
去了降水。[17] 不过，这种情况不会一直持续下去。公元前 3000 年
之后不久，降水再次减少，湖泊水位下降，森林缩小到今天的范
围。北非经历了类似的降水变化过程，暂时让撒哈拉沙漠的面貌变
得与今天截然不同。这正是卢伯克在他环球之旅的倒数第二站将要
发现的。

第51章

撒哈拉沙漠的牛羊

北 非 放 牧 生 活 的 发 展 ，公 元 前 9600—前 5000 年

现在是公元前 6800 年——自从卢伯克离开伊沃埃勒鲁洞，向北进入今天的撒哈拉沙漠，时间过去了不超过 200 年。途中，雨林变得稀疏，他看到许多狩猎采集者队伍在自己的营地和山洞里休息。但卢伯克几乎没有耽搁，而是径直来到了撒哈拉沙漠中央高原的东侧，即今天的阿卡库斯山（Tadrart Acacus）。巨大的砂岩和片岩山体从东面和西面的沙海中拔地而起。

卢伯克抵达时，阿卡库斯山谷非常干燥，但夏天的降雨显然好好地滋润了这一地区。峭壁和山崖周围并非只有沙子，而是被生长着灌木的稀树草原包围，浅浅的湖泊和池塘边丛生着柽柳和金合欢。悬崖般的谷壁上分布着大量洞穴和岩窟，人们正在洞外建造营地。和卢伯克在世界各地看到的许多营地类似，这里也有防风墙、枯树枝小茅屋、火炉、磨石和石片堆，以及制作篮子和清理皮革留下的垃圾。卢伯克看着猎人们两手空空地从附近的山崖归来；女人们则更有收获，她们的篮子里装着从野生禾本科植物的谷穗上敲落的种子。乍看之下，这里的生活似乎与卢伯克在环球之旅的起点——奥哈洛看到的没什么变化。但在造访了两个山洞后，他很快改变了看

法，因为两者都呈现出某种截然不同的东西。[1]

第一个洞似乎只是崖壁上一块巨大突岩下方的凹坑。洞外完全没有人类垃圾，卢伯克注意到，人们经过山谷时似乎会对洞口敬而远之。洞中的地面空空如也，只有坚硬的石头和几片被风吹来的沙土。西侧的洞壁上绘有岩画——沿波浪线排列着一列抽象人形。人像只画了轮廓，他们模样夸张，头部滚圆，戴着装饰有平行带子和羽毛的头饰。所有人面朝东方，有的似乎在祈祷——弯着腰或高举张开的双手。有两个人像与众不同，其中一个用红色填满，另一个倒立着，双腿分得很开。[2]

离开这个后来被称为穆胡基亚格洞（Uan Muhuggiag）的山洞后，卢伯克只走了不到几千米就见到另一个让他觉得必须一观的山洞。拱形的洞口又高又宽，周围是狩猎采集者营地。洞中住着几个人，他们坐在一起，热烈地讨论者某个卢伯克不理解的问题。经过他们身边时，卢伯克看到地上有个装满水的容器，这是他离开美索不达米亚的亚利姆丘后第一次看到陶器。卢伯克捡起陶罐，用手指摩挲表面上刻的波浪线。

进入第二个洞时，粪尿的味道表明有羊存在。后洞圈着5头羊，这些毛茸茸的白绵羊是野生的——事实上与卢伯克在非洲之行开始时在塔玛尔帽洞和哈瓦弗提亚洞看到人们捕猎的是同一种动物。它们站在一层层被踩实变硬的粪便上，啃食着从困住它们的坚固枝条间塞入的牧草。这些动物强壮而出色，但腿上有试图逃出兽圈时留下的瘀斑和血迹。在非洲之旅中，卢伯克还是头一回看到人类控制下的动物。

转身离开这个臭烘烘的山洞时，卢伯克注意到一些与他在前一个洞中看到的圆头人类似的画像。它们已经褪色，部分被尘土掩盖。这个山洞今天被称为阿福达洞（Uan Afuda），显然已经失去了任何曾经可能有过的宗教意义。羊取代了鬼神——虽然不是后者那样的灵性存在，但在有需要时能带来更多实际的好处。[3]

　　1993—1994 年，分别来自米兰大学和罗马大学的毛罗·克雷马斯基（Mauro Cremaschi）和萨维诺·迪·莱尼亚（Savino di Lenia）发掘了穆胡基亚格洞。他们发现，山洞本身和周围区域从公元前 9500 年开始就被用作营地。该地区已经发现了其他几处遗址，阿福达洞最初似乎符合狩猎采集者在阿卡库斯山的大本营和周围平原上的过夜营地的现有特征，但它有一个非常让人困惑的发现：后洞有 40 厘米厚的硬化粪便，测定为公元前 7000 年。[4]

　　最初，这被认为是那里无人居住时，把山洞当作庇护所的野羊留下的。但当迪·莱尼亚研究了今天被野生动物当作庇护所的阿卡库斯山洞地面后，他意识到这些动物只会留下松散、零星的排泄物。与之相比，阿福达洞中又厚又紧的粪便层显得不自然。经过发掘，从中找到了人类垃圾：削凿过的石头、焦炭块和分割过的骨头。粪便层中的花粉和碎片来自少数几种植物，包括野生谷物、无花果和蓝蓟（Echium）——后者是有毒植物。这些植物不可能自行累积，也没有动物会选择以此为食。

　　在洞中留下粪便的动物被确定为大角野绵羊，一方面是根据粪球的大小和形状，一方面是因为找不到其他的候选可能。人们还发掘出几块其他物种的骨头，比如豺、狷羚和豪猪，但大角野绵羊的骨头是最多的。于是，迪·莱尼亚得出结论，公元前 7000 年左右曾有动物被圈养在洞中，并被喂以草料。蓝蓟等有毒植物可能被用作催眠剂，以控制这些容易兴奋的动物——很像现代土耳其农民在想要让羊平静下来时就会喂它们吃柳叶。

　　阿福达洞对野生绵羊的管理是撒哈拉沙漠中部相对干湿状况波动的结果。到了公元前 12000 年，夏天的大量降水在阿卡库斯山和周围形成了淡水湖以及大量的池塘和沼泽。经过末次冰盛期的极度干旱，它们将动物和人重新吸引回撒哈拉沙漠中部。一种围绕狩猎大角野绵羊的生活方式就此出现，并以采集植物和块茎作为补充。阿福达洞、穆胡基亚格洞和其他山洞中最早的岩画都绘制于这一相对丰饶的时期——对野生动物的描绘要早于卢伯克在洞壁上看到的圆头人像。

迪·莱尼亚认为，从狩猎到圈养大角野绵羊的变化，是因为它们在野外的数量显著减少。从公元前 8000 年起（也许还要稍早些），降水再次开始减少，池塘干涸，植被数量下降。[5] 几千年来的狩猎很可能已经让阿卡库斯山和周围的野生动物数量大大减少，即便不是这样，干旱的回归也会要求人们大幅改变自己的生活方式。他们没有抛弃整个地区（就像早前的居住者所做的），而是开始利用更大范围的资源，并以新的方式利用现有的手段。出现最早的磨石表明，人们开始更多地采集和加工起来很费力的野生禾本植物。那里还出现了最早的陶器，表面装饰有折线和波浪线，它们的主要目的可能是更有效地利用日益稀缺的水源。

不过，最重要的创新是捕捉和圈养大角野绵羊。屠宰很可能只发生在有需要的时候，为应对旱季和潜在的资源短缺提供了保障。迪·莱尼亚认为这些动物属于集体所有，因此圈养将不会违背狩猎采集者分享的习惯。不过，现在至少出现了私人拥有宝贵资源的可能性。

类似的过程可能曾经促成了山羊和绵羊在西亚的驯化。不过，就像基因研究所证实的，从未出现过大角野绵羊的驯化近亲品种。这可能是由于从野生到驯化的缓慢转变被打断了，因为阿福达洞的居民在公元前 7000 年之后不久再次改变了生活方式。这个时间标志着一批东方的新来客出现在他们的土地上，这些人带来了一种完全驯化的家畜——不是羊，而是牛。

　　牧牛人到来之前，阿卡库斯山的狩猎采集者已经发展出了一种独特的艺术，包括卢伯克在他们的洞壁上看到的圆头人像。罗马大学的法布里齐奥·莫里（Fabrizio Mori）从 20 世纪 50 年代就开始研究这种艺术，1998 年出版的宏大汇编集成为他工作的高峰。[6] 通过煞费苦心地记录各种风格的绘画和雕刻，莫里将公元前 5000 年之前的艺术分为 3 个连续阶段：大型野兽阶段，"圆头人"阶段，以牛为主的"放牧"阶段。磨石上的颜料痕迹，大角野绵羊的形象，以及"圆头人"岩画中牛的缺席——这些让莫里相信，它们绘制于公元前 9500—前 7000 年。[7]

　　莫里认为，穆胡基亚格洞中的圆头人像表示日出时的崇拜，下方的波浪线描绘了山谷中的流水。洞中还有其他"圆头人"岩画，其中一幅包括两个细长的形象，似乎是被包裹好准备埋葬的尸体。洞口附近真的发现了一处墓葬——一名男子仰卧着，双手举到脸旁，仿佛在自卫。[8] 莫里认为，对于先后在阿卡库斯山狩猎和圈养大角野绵羊的人来说，完全没有人类垃圾的穆胡基亚格洞可能具有深刻的宗教意义。

　　现在是公元前 6700 年，卢伯克正站在阿福达洞附近迅速集合起来的一群人中间。他们注视着附近沙丘顶上出现的一个男孩。不过，更让人感兴趣的是他身边的牛群。这些动物看上去就像卢伯克在美索不达米亚的亚利姆丘所见到的，它们背部平坦，而非像梅赫尔格尔驯化的南亚瘤牛那样有明显的隆起。[9] 虽然阿福达洞和其他洞穴的居民几年前就听说了牧牛人向西扩散，但这是在阿卡库斯山当地第一次看到这种新的放牧生活方式。

　　那个男孩大约 10 岁，他身边又出现了几个年长些的少年。狩猎采集者和牧牛人相互对视了几分钟，然后男孩们转过身，消失在沙丘背后。人群分散到营火边和各个山洞中，他们无疑会讨论要如何应对出现在自己中间的这些新来客。卢伯克已经知道他必须怎么做：现在他必须造访非洲牧民的新世界，这个世界在他的环球之旅结束后还将在非洲大陆长久延续下去。

他径直向东而行，穿过一片灌木林地和半荒漠地区，其间偶尔点缀着季节性的浅湖。[10] 他很快遇到一座被废弃的营地——石头垒成的小圈曾被用作火炉[11]，还有各种日常垃圾，包括被宰杀的羚羊和野兔的骨头。这堆杂物中立着几块还连着绳子的石头，上面曾拴过牛，很可能还会再次使用。[12]

他的下一站是撒哈拉东部的纳布塔（Nabta），这座牧牛人的营地距离阿福达洞约 2000 千米，离他在末次冰盛期曾经采集块茎的尼罗河谷中的库巴尼亚山谷不超过 100 千米。

卢伯克于公元前 6700 年一个夏日的黄昏到达。他穿过齐膝高的灌木，在一个浅湖边发现了大约十几座圆形和长方形的茅屋。一小群牛被圈在荆棘条搭成的围栏里。一些男人和少年坐在小屋外享受夕阳，女人们三三两两地在屋外交谈，孩子们则在附近玩耍。卢伯克走近时，火堆被点燃，黄昏突然变成黑夜。他精疲力竭，走进最近的一座小屋，倒在地上的芦席上睡着了。[13]

黎明前，牛群被带离村子去吃草时发出的叫声将卢伯克惊醒。[14]他休息的那座屋子原来是厨房，旁边有个女人正在准备食物。她长得高挑匀称，身上披着一块剪裁精细的兽皮，黑色的头发用头巾束住。女人正在料理半埋在沙土地上炽热余烬中的一个陶罐，罐中加热着粥样的混合物。除了这个火炉和几张芦席，屋里仅有的就是一堆柴火，以及屋顶上挂着的一捆草药。小屋本身简陋但坚固——一圈桎柳枝被插进地里，顶端绑在一起并盖上兽皮，从而形成拱顶。卢伯克看着那个女人将粥舀进几个干葫芦碗中，然后把它们拿到屋外，她的丈夫、母亲和孩子们正等着吃饭。

这天，卢伯克观察了这个牧人营地的生活。在附近的长方形小屋中，他再次遇到那位优雅的女人。屋子的墙边有睡觉的铺位，以及用细树枝和兽皮搭成的床。她蹲在火旁，一边独自哼着歌，一边等待火炉中的几块焦炭开始冒烟。当焦炭发出强烈的香味时，她把它们扔进几个用兽皮蒙在木框架上制成的桶里。在桶里晃荡几下后，焦炭被倒回炉中。这样，用来装当天早上牛奶的桶准备好了。

日出后不久，牛群在几个年轻人和少年的带领下回来了。一共有 20 头牛，但分成了 4 小群，每群归营地中的一个家庭所有。小女孩们负责从一个小兽圈中牵出牛犊，让它们喝一小会儿奶。然后，女人们过来将牛奶挤到烟熏过的桶里。

做完这些，一家人在长方形房屋边围成一圈，每人手持用半个葫芦做成的杯子。卢伯克和他们坐在一起。他注意到人们都没有喝，直到那个女人的丈夫说完话（可能是祈祷或祝福）。然后，每人舀了一点牛奶喝起来。

当所有人喝完并休息完后，男孩们再次带着牛群去吃草，因为时值雨季，附近有充足的草和营养丰富的金合欢豆荚。牛犊被喂了草料，由女孩们带往水边喝水，但其他时候留在营地里。卢伯克同样如此，跟着那个女人到处转悠，看着她将多余的牛奶带到用作厨房的小屋里并完成各种日常家务，包括在小屋的沙土地面上洒水以防扬尘，储存水和木柴，收集用来清洁奶桶的香味树枝，以及用来修理垫子的树皮纤维和根。女人的老母亲帮着干活，并盯着她那两个年幼的孩子，他们总是险些爬进露天的火炉里。

过了一会儿，卢伯克来到湖边，看着孩子们玩耍：抓蜥蜴，丢石头，扮演牛群主人夫妇。他们看上去都不到 10 岁，这似乎是成年角色开始的时间。

不需要牧牛的大男孩和男人们出发去打猎瞪羚并检查陷阱，正午热浪中的营地变得非常安静。孩子们在休息，成年人在树荫下干自己的活。老人在制作绳索和皮具，女人在把树根编成垫子。傍晚，卢伯克帮着清洗和烟熏牛奶桶，为牛群的归来做准备。

这天行将结束时，所有脱得开身的年轻人都离开村子，前去欢迎牧牛人，并帮着把牛群赶回家。在天光还没有暗到无法工作前，人们又挤了一次奶。然后，男人们和来自附近营地的来访者一起咀嚼后者带来的叶子。女人和孩子们先是在周围闲荡，听男人们的谈话，随后自己聚在一起聊天讲故事。人们陆续离开，寻找自己的床。卢伯克回到了厨房所在的小屋，再次在地上睡着了。

卢伯克在纳布塔能否真的看到驯化的牛群并度过这样的一天——类似近代东非的牧牛人——存在一些争议。由弗雷德·温多夫、安杰拉·克洛斯和罗穆亚尔德·希尔德带领的联合史前考察队发掘了该遗址，这个团队也曾在库巴尼亚山谷工作。1974—1977年间，他们在纳布塔的古代湖泊沉积层周围发现了几处遗址。在其中一处被命名为E-75-6的遗址中找到了特别丰富的植物残骸和动物骸骨堆。1990—1992年间，考察队进一步勘察了那里，发现了作为卢伯克此行依据的小屋和火炉。同时还找到了井，暗示人们最终选择在纳布塔度过整个冬天，那时湖泊将完全干涸。

最重要的发现是牛骨，其中一些被测定为公元前9000年，当时只有在雨季时湖边才会出现短期营地。[15]温多夫和他的同事们还在其他沙漠遗址中发现了年代类似的牛骨，特别是纳布塔东北50千米处的比尔基塞巴（Bir Kiseiba）。[16]这些骨头的形状和大小都不能排除它们来自野牛的可能性，但温多夫和同事们认为，这些遗址周围的环境可能过于干燥，野牛无法生存。骨堆中的其他动物——瞪羚、野兔、乌龟和豺狗——都体型较小，而且适应了沙漠条件。与上述物种不同，牛需要每天饮水，因此必须有人类的帮助才能在东撒哈拉生存。

这种主张的重要性在于，它使牛在北非的驯化时间早于在西亚

长角牛岩刻，早于公元前 3000 年，来自利比亚的撒哈拉沙漠

的，后者通常被认为是公元前 7500 年左右。[17] 在纳布塔和比尔基塞巴被发掘前，人们的共识是牧牛活动在公元前 7000 年左右从西亚传入北非（与传入欧洲的时间类似），驯化绵羊和山羊的传入则要晚了 1000 年。这种共识并不容易推翻，温多夫的主张很快引发了多位批评者的反驳，他们都是牛驯化历史方面公认的专家。[18] 他们对温多夫找到的少量"牛"骨碎片的年代和认定提出疑问，质疑如果条件如此严苛，为何骨堆中没有发现沙漠羚羊；他们还暗示那些水井是近代开挖的，只是意外挖到了考古遗址中。

温多夫和同事们对这些批评发起反击，于是争论陷入了僵局。直到 1996 年，强烈支持温多夫观点的新证据才突然出现——证据来自现代家牛。在丹尼尔·布拉德利（Daniel Bradley）和罗南·洛夫特斯（Ronan Loftus）的带领下，来自都柏林三一学院（Trinity College Dublin）的遗传学家队伍比较了非洲和欧洲牛的 DNA，试图确定它们拥有的最后共同祖先是什么时候。[19] 他们需要衡量两组 DNA 样本的差异程度，为此测量了两者谱系分离后产生的变异数量。通过对新的基因产生变异的速度的估算，可以得出分离的真正年代。

布拉德利和洛夫特斯得出结论，欧洲和非洲牛已经完全独立地演化了至少 2 万年。因此，非洲家牛的祖先必然完全不同于欧洲家牛的祖先，后者已知源于西亚。所以，牛在非洲的驯化的确可能发生在公元前 9000 年。换句话说，现代牛的基因证据完全肯定了温多夫对纳布塔和比尔基塞巴牛骨的解读。

不过，最早被驯化的非洲牛具体出现在何时何地就不那么容易回答了。一种可能是，这发生在公元前 9000 年之前某个时候的尼罗河谷。[20] 也许只有在家牛的支持下，人类才能扩散到更危险的东撒哈拉地区。虽然那里远比今天湿润，但湖泊在整个冬天会干涸，而且干旱司空见惯。不幸的是，我们缺少公元前 12000——前 9000 年间的尼罗河谷考古遗址。但由于任何早于公元前 6000 年的遗址中都没有发现家养动物的骨头，驯化似乎诞生于其他地点。

地点可能就在东撒哈拉本身。按照这种假设，公元前 10000 年时，人类已经从尼罗河谷分散开，在沙漠湖泊边过着彻底的狩猎—采集生活。[21] 在降水相对较多的时期，也许有野牛可供捕猎——虽然尚未发现此类动物。人们可能抓来牛犊，将其拴住并为其提供庇护，以作为应对日后干旱年份食物短缺时的保障——与阿卡库斯人在洞中圈养几头野绵羊如出一辙。[22]

随着气候变得更加干燥，冬天的干旱变得更加频繁，湖水变得不那么可靠，人类可能变得非常依赖自己的牛群，就像牛群依赖人类获得水草。人们可以利用牛奶和牛血，只在条件变得恶劣时才杀死它们吃肉。在极度糟糕的时候，东撒哈拉将被完全抛弃。就这样，公元前 9000 年的东撒哈拉很可能已经出现了家畜和新的放牧生活方式，并于公元前 5000 年左右传入尼罗河谷（而非相反）。这里，牛的奶、肉和牵引力将最终成为奠定埃及文明的要素之一。

无论家牛诞生在尼罗河谷还是东撒哈拉，公元前 6500 年时已经有牧牛人占据了阿卡库斯的山洞[23]——比卢伯克的来访晚了大约 200 年。原先的狩猎采集者可能迁去了其他地方生活，或者与东来的移民融为一体。无论哪种情况，穆胡基亚格洞等遗址都被用作牛棚，它们的地面被牛粪覆盖，洞壁上繁荣的新艺术取代了圆头人像。牛的形象提醒我们，牧民的这些动物远不只是提供奶、血、肉和皮革的经济财产：他们的社会生活与仪式——甚至有人会说他们的思维方式本身[24]——都与他们的动物密切交织在一起。

　　公元前 6700 年，卢伯克在纳布塔度过了整个夏天，并一直待到更难熬的冬月，那时湖泊干涸，人们挖了一口井。他对这些最早的非洲牧牛人的生活有了更多了解——他们如何种植小米和高粱[25]，以及如何用石刀割开牛的静脉来获得营养丰富的牛血。那一年，随着孩子成年、新人结婚和老人过世，卢伯克参加了一系列仪式。[26]

　　当连年干旱发生时，人们将离开纳布塔营地，前往尼罗河谷或其他地方的幸存湖泊。访客络绎不绝，而纳布塔人自己也会造访他们在其他地方的亲朋好友。随着纳布塔人口的上升，一些家庭离开前去建立新营地，逐渐向东朝着阿卡库斯山扩张。公元前 5800 年左右，北方访客带来了小群的绵羊和山羊，有的很快被和他们的牛一起放牧。[27]公元前 4000 年左右，经历了漫长的干旱后，纳布塔盆地被彻底抛弃。[28]不过，卢伯克在 1000 多年前就离开了——他向北朝着尼罗河三角洲走去，那里不仅是他非洲之旅的结束，也是他整个环球旅行的终点。

第52章

尼罗河谷等地的农民

谷物农业来到北非，公元前 5500—前 4000 年

云层被吹散成断线残絮，一只孤零零的鹭懒洋洋地飞过天空。天空变成了朱红色、橙色、蓝紫色、淡紫色和最浅的绿色。在公元前 4500 年的一个夏日，当太阳落到尼罗河三角洲的芦苇丛背后时，约翰·卢伯克正站在俯瞰平原的岬角边缘。除了远处沼泽里传来的轻微蛙鸣，四下寂静无声。大自然为卢伯克在史前世界的最后时光做了神奇的表演。他转过身，望着身后的一堆房屋，不知道文化是否也会这样做。

一缕烟雾从村中袅袅升起，那里被今天的考古学家称为梅里姆德（Merimde）。卢伯克走向村子，陷入了一片烹饪的气味：烤肉、薄荷和在滚烫的石头上烤着的面包。他沿着一条在泥墙房屋间蜿蜒而过的小巷前行，屋中地面很低，以至于他的肩膀都扫到了芦苇铺成的屋顶。他听到低语声和火焰的噼啪声。转过拐角，他来到一个村民集聚的院子里，至少有 100 人。人们穿戴着精美的长袍、头巾、珠子和手镯，在火炉周围成群或坐或站，火中烹饪着食物。

卢伯克站在这群人中间，他们正充满期待地四处张望。然后，又一位旅行者走进院子，所有人都看得见他。和他一起来的还有一

位当地老者，可能是他的父亲。他们刚一出现，就有人高喊了一声。所有人转过身并举起双手，向他致以程式化的问候，然后用更加非正式的话欢迎这位他们等待已久的客人。孩子们冲向他，把他拽到火边一块铺着垫子的空地上，火中的烤肉扦上串着一整头山羊。等他落座后，其他人也纷纷坐下，薄荷茶呈了上来。这位旅行者到来后，宴会和庆祝可以开始了。卢伯克始终没搞清楚他是谁，来自何方，为何如此受尊敬。他偷偷拿了一点面包，不为人知地坐到角落里。

离开纳布塔的牧牛人后，卢伯克沿着尼罗河谷向北进发。公元前 20000 年时他曾坐着独木舟南下，现在则步行向回走去。在此期间，许多人的生活几乎没有改变：他们仍然捕猎野牛和狷羚，大量捕捞繁殖季的鲶鱼，并采集野生植物。有几个家庭也开始种植作物，还管理着小群的绵羊和山羊。但卢伯克始终与任何营地或村子保持距离，直到他抵达尼罗河水注入的一个大湖，距离三角洲的边界不到 50 千米。这个湖位于今天的法尤姆洼地（Fayum Depression），那里发现了尼罗河谷中已知最早的农业定居点。它们与卢伯克在欧洲和亚洲看到的农业村庄完全不同，因为种植作物和驯化动物仍然只是狩猎采集者食谱的补充。

公元前 5000 年抵达法尤姆洼地后，卢伯克用了两个世纪探索这些坐落于湖泊周围的定居点。[1] 那里的房屋都不过是些枯树枝小屋，每次使用的时间不超过几个月。居民拥有小群的绵羊和山羊，有时也有牛，并常常将它们带到周围的高原上吃草。人们在湖泊的洪泛平原上种植小片的大麦和小麦，然后任其自行生长，自己则去法尤姆洼地和周边的其他地方捕猎和打鱼。夏天的降雨过后，湖泊周围出现的沼泽和池塘里马上能捕到大量鲶鱼。当冬天到来时，人们将注意力转向野禽，在沼泽里狩猎和诱捕它们。

人们种植谷物，并采集许多野生的植物性食物[2]——采集的数量常常有富余，可以储存起来以供当年的不时之需。有一次，卢伯克帮着在大约 20 个周围放着篮子的坑中装满了谷物和其他种子。这些坑位于一座醒目的小山上，与湖畔定居点（人们生活在那里的一片简陋小屋里）有一定距离。卢伯克仍不清楚人们究竟是用这道山脊来避免存储物受潮和被泛滥的湖水淹没，还是为了不让从尼罗河上下游来到法尤姆的众多访客发现它们。

公元前 4800 年时，卢伯克坐在湖边，回想着自己的环球之旅。他从奥哈洛出发，在 1.5 万年的人类历史中造访了各大洲的无数营地、洞穴和村镇。现在只剩尼罗河三角洲的梅里姆德定居点尚未去过。那里距此地以北不超过 100 千米，将是他旅行的终点。

对法尤姆洼地的探索比对北非地区其他任何新石器时代定居点都更加彻底。今天，那里有一个占地约 200 平方千米的咸水湖。当古希腊史学家希罗多德在公元前 450 年造访此地时，令他惊叹的那个湖的面积肯定是现在的 10 倍还多；公元前 5000 年时，它占地超过 2 万平方千米。19 世纪时，它的古代湖岸第一次被绘制成地图。20 世纪 20 年代，剑桥大学的考古学家格特鲁德·卡顿–汤普森（Gertrude Caton-Thompson）和伊丽莎白·加德纳（Elizabeth Gardner）在那里搜寻了考古遗址。[3] 两人最早发现的遗址之一是一座细长的低矮土丘，被她们称为 W 丘（Kom W）。这里被证明是由狩猎采集和农业生活方式的垃圾混合堆积而成的，包括焦炭、兽骨、鱼骨、陶片和石器等。土丘周围的基岩上被挖出孔洞作为炉灶，有的里面还发现了装着鱼类和其他动物骨头的锅子。没能找到建筑的痕迹令人意外——人们无疑只使用简陋的窝棚，他们对湖边的多次短暂来访堆积起了这个垃圾土丘。

不远处发现的 K 丘是一处稍小些的遗址。在据此不到 1 千米的地方，卡顿–汤普森和加德纳获得了她们最了不起的发现：她们在一道小山脊上挖出了 56 个谷窖，其中 9 个里面还留有谷物和其他种子。附近的一道山脊上也发现了 109 个谷窖，来自其中一个窖中的碳化谷粒被测定为稍早于公元前 5000 年。[4]

这些谷窖让人想起了近代东非牧人储存野生禾本科植物种子的做法，比如马里（Mali）的塔玛谢克人（Kel Tamasheq）。[5] 他们用这种方法应对不时之需。谷粒被晒干后装进皮口袋或沙坑中。如果下一次能收获足够的谷粒，窖藏将被更新或补充。否则将一直保留，据说至少在 2 到 3 年里都完全可以食用。

追随卡顿-汤普森和加德纳的工作，来自英国、美国和埃及的队伍又在法尤姆洼地展开了一系列考古行动，包括联合史前考察队的一次勘察。[6] 许多新的遗址就此被发现，包括湖边的密集火炉群，它们曾被用来烘干鱼。但再也没有发现谷窖，而且建筑痕迹只不过是些枯树枝小屋。农业显然仍是边缘活动——法尤姆的野生资源似乎非常丰富多样，基本上可以不必考虑栽培作物和驯化动物的辛劳工作。

我们已知最早的西亚类型的农业村落（拥有泥砖墙建筑和院子）来自梅里姆德。这处遗址位于开罗西北 45 千米处，坐落在尼罗河三角洲西侧，是伸入洪泛平原的狭长沙漠上的一座小圆丘。梅里姆德于 20 世纪 30 年代被发现和发掘，在 1978—1988 年间得到了进一步研究 [7]，显示那里在公元前 5000—前 4100 年的将近 1000 年里有人生活。那里最初是个狩猎采集者营地，早期阶段的生活方式可能与法尤姆湖周围的非常相似，包括大量的捕鱼、狩猎和采集野生植物。谷物种植和家畜只作为对食谱的补充。但随着那里演变成农业村子，皮革覆盖的简陋小屋最终被用泥和秸秆混合制成的砖块所建造的拱形房屋取代。谷仓被修建起来，种植谷物和管理畜群开始主导梅里姆德的生活。

与牛的情况不同，梅里姆德、法尤姆和纳布塔的绵羊、山羊、小麦和大麦的最早来源是西亚。没有迹象表明这些物种在尼罗河谷中被独立驯化。当它们最早出现在那里时，农业早已在约旦河谷等地站稳了脚跟。但仍不清楚绵羊、山羊和谷物是如何向西传入非洲的。持续的干旱可能迫使内盖夫和西奈沙漠的牧人迁往尼罗河谷。在梅里姆德和法尤姆发掘出的多种类型的工具也在西亚发现过，比如带有独特槽口的箭头和梨形的狼牙棒头。[8] 纺线和编织技术似乎也是从东方传来的。

在尼罗河谷出现亚洲风格的新石器时代村子背后，移民和贸易可能都扮演了一定角色，就像它们在农业传入欧洲过程中所做的那样。但仍不清楚为何山羊、绵羊和谷物用了如此之长的时间才来到这里。到公元前5000年，欧洲和南亚已经有了大量欣欣向荣的农业村镇，西亚的山羊、绵羊和谷物在至少2000年前就已传播到那里。比起从约旦河谷到尼罗河三角洲，这需要移民或商人跋涉长得多的路程。西奈沙漠可能构成了障碍，但不可能比伊朗高原更困难，后者是农业传入南亚的必经之路。

梅里姆德出现在北非后，类似的农业定居点很快沿着尼罗河谷传播开来。它们形成了拥有茅屋、储存坑和畜栏的分散小社群。又过了1000年，拥有泥砖墙房屋的更大定居点才开始出现。公元前3500年之后不久出现了最早的灌溉渠痕迹，这是对作物种植至关重要的灌溉体系的发端，在随后的2000年里，以此为基础的埃及文明将开始兴起。[9]

谷物农业和畜牧业对非洲历史的影响不属于本书的年代范围。[10] 需要指出的只是，从公元前3500年开始，北非变得非常干旱，至今仍然如此。牧人被迫离开撒哈拉沙漠。随着人们迁徙到西非、东非和南非的稀树草原，他们的生活方式逐渐向南传播。[11] 狩猎采集者原住民很可能也扮演了一定的角色，他们自己获得了牛、绵羊和山羊——可能通过偷窃、贸易或是作为嫁妆。

到公元前 3000 年，牧牛活动已经出现在西非的河盆和卢肯尼亚山周围的稀树草原上；又过了至少 3000 年，它才传到开普地区。比起几千年前农业经济在欧洲的向西传播，这种向南扩散面临的挑战要大得多。非洲牧民不得不与炎热干旱的环境、大量掠食者、各种寄生虫和传染病展开斗争——最后两种是最糟糕的。

非洲农业最后一个值得略加评点的方面是对本土植物的栽培，其中一些演变成了驯化品种。它们中的许多在有历史记载的时代为人所知，包括来自稀树草原地区的西瓜、小米和高粱，还有来自森林边缘的可乐果、油棕榈和豇豆。就像非洲本土作物的公认权威杰克·哈兰（Jack Harlan）所解释的：“非洲农业可能像任何农业一样古老，也可能比大多数农业年轻。”[12]

宴会结束时，一片香甜的烟气悬浮在那个梅里姆德的院子上方。有几个人已经在火堆边睡着了，另一些人还在喝着茶，一边低声交谈。卢伯克坐在角落里，看着另一位来到梅里姆德的访客起身告辞。他知道正确的步骤：他鞠了一躬，拥抱并亲吻了主人，说了合宜的话。然后在那位和他一起到来的老人的陪伴下离开了院子。

约翰·卢伯克也到了要离开的时候。没人能看见他，但他还是鞠躬致谢，不仅向梅里姆德人，还包括他在史前世界见到的所有人。然后，他也离开院子，独自走进了黑暗之中。

"文明之福"

全球变暖对人类历史的过去、现在和未来的影响

在他造访的各个大洲,卢伯克从公元前20000年踏入历史,在1.5万年后离开。他的旅行让我可以叙述人类的生活,而非罗列考古发现。旅行开始于一个全球经济平等的时代,所有人都在一个拥有大面积冰盖、苔原和沙漠的世界里过着狩猎采集者的生活。当旅行结束时,许多人成了农民。有的种植小麦和大麦,有的栽培大米、芋头或南瓜。也有人靠放牧、贸易或手艺为生。临时营地的世界被村镇的世界取代,猛犸的世界变成了家羊和家牛的世界。通往我们今天看到的全球巨大财富差异的道路已经铺就。

许多狩猎采集者存活下来,但他们的命运自农业开始后就被注定了。对土地和贸易如饥似渴的新农民不断侵扰狩猎采集者的生活。随之而来的是军阀和在世界各个角落建立帝国的民族国家。一些狩猎采集者因为生活在农民无法到达的地方而幸存到近代,比如因纽特人、卡拉哈里布须曼人和澳洲的沙漠土著人。但即使这些社群今天也已不复存在,在20世纪时消失殆尽。

人类历史在全球变暖中迎来转折点,这绝非巧合。所有社群都面临着环境变化的影响——突如其来的灾难性洪水,逐渐失去沿海

土地，迁徙兽群的失约，茂密且经常无用的森林的扩散。但除了上述问题，所有社群也都获得了发展、发现、探索和殖民的新机会。

各大洲出现的结果不尽相同。比如，西亚恰好拥有一系列适合种植的野生植物。北美的野生动物在人类狩猎和气候变化的合力作用下很容易灭绝。非洲拥有大量可食用的野生植物，因此种植业甚至直到公元前5000年还未展开。澳洲的情况与此类似。欧洲缺乏本土潜在的栽培品种，但那里的土壤和气候适宜在其他地方被驯化的谷物与动物。南美和北非分别拥有原驼和野牛，墨西哥有南瓜和玉蜀黍，长江河谷有野生水稻。

根据大小、形状和在世界中位置的不同，各大洲及其内部各个地区还拥有自己独特的环境历史。生活在欧洲和西亚的人经历了最具挑战性的环境变化过山车。那些生活在澳洲中部沙漠和亚马孙雨林的人则过得最为平稳。在北美扩散开来的那种林地有利于人类定居，而塔斯马尼亚的则导致山谷被抛弃。北半球冰盖的融化导致世界各地大片沿海平原被淹没，只有极北地区例外，那里的情况正好相反：摆脱冰层重负的陆地上升得比海水更快。

虽然任何地区的历史都受到其拥有的野生资源类型和环境变化具体特征的制约，但这些都无法决定历史事件的发生。人类总是拥有选择并每天都在做出决定，尽管他们很少想到或知道可能会产生什么后果。无论是在耶利哥或彭头山附近种植野草种子的人，还是在古伊拉纳奎兹周边栽培南瓜的人，或者是在库克沼泽开挖沟渠的人，他们都不曾预想过农业将会创造出什么样的世界。

人类历史的产生不仅是有意为之，也是意外的结果，历史变革的路径复杂多变。在西亚，狩猎采集者在开始务农前就在永久村落中定居下来，在日本与恒河平原同样如此。相反，在墨西哥和新几内亚，早在永久性定居点还远未出现前，植物栽培就催生了驯化作物和农业。在北非，驯化牛群要早于种植庄稼，就像在安第斯山脉，驯化原驼要早于种植藜麦。在日本和撒哈拉沙漠，陶器的发明要早于农业的开始；而在中国，陶器的出现与水稻种植的起源同时发生；在西亚，直到农业村镇开始繁荣后很久，陶器才被发明。

谁能预料历史的进程？公元前 20000 年，欧洲西南部用自己的冰河期艺术树立了文化榜样，但到了公元前 8000 年，那里变得完全默默无闻。公元前 7500 年，西亚拥有居民过千的镇子，但不到 1000 年后，游牧者就在它们的废墟中驻营。谁能想到，作为最后被殖民、最后开始自己历史的大陆，美洲将诞生今天地球上最强大的国家，其文化渗透到世界的每个角落？谁又能想到，最早的文明出现在美索不达米亚？或者当农业在新几内亚欣欣向荣时，澳洲仍然是狩猎采集者的天下？

虽然各大洲的历史都独一无二，需要通过各自特有的叙事和因果论证来加以解释，但一些历史变革的力量是共同的。全球变暖便是其中之一，人口增长是另一个。随着人类摆脱了冰河期干旱寒冷造成的高死亡率，世界各地都出现了人口增长，不论环境如何变化，这都需要新的社会和经济形式。

第三个共同因素是物种身份。公元前 20000 年，各大洲的所有人类都属于智人，一个新近演化出的单一人种。他们拥有相同的生物需求和满足需求的手段——兼具合作与竞争，分享与自私，美德与暴力。他们都拥有一种独特的头脑，具备无法满足的好奇心和新获得的创造力。这种头脑与任何人类祖先的截然不同，它让人类可以殖民、发明和解决问题，并创造出新的宗教信仰和艺术风格。如果少了它就不会有人类历史，而只有适应和重新适应环境变化的不断循环，就像几百万年前我们人类这一物种刚出现时那样。相反，在各大洲的独特条件以及一系列历史意外和事件的协助下，上述因素共同创造了一个包括农民、村镇、工匠和商人的世界。事实上，到了公元前 5000 年，后来的历史已经没剩多少工作需要做了，现代世界的一切奠基工作已经完成，历史只需径直发展到今天就可以了。

约翰·卢伯克坐在英格兰南部的一座山丘之巅，距离我本人生活和工作的地方不远。[1] 现在是 2003 年的一个夏日。他正在读《史前时代》的最后一章，发现自己维多利亚时代的同名者称颂"文明之福"要优于野蛮人的生活，表示后者是"自身欲望和激情的奴隶……"，他们"无法依赖别人，别人也无法依赖他们"。[2] 但就像本书所显示的，现代考古学的发展已经证明这些观点完全错误。史前的狩猎采集者既不是《史前时代》中描绘的忍饥挨饿且道德沦丧的野蛮人，也不是让一雅克·卢梭在之前那个世纪提出的高贵野蛮人。

考古学成功地揭示了上述观点的错误并显示了史前时代的真实本质，这主要归功于两个原因。[3] 首先是从业者的敬业，无论是我在书中提到的杰出学者，还是自从考古学科诞生以来参与挖洞和清洗发现物品的数以千计的志愿者们。其次是对科学的使用，这让我们能辨识锈蚀铜珠中的棉花，根据今天活人的基因重建史前移民的模式，根据甲虫翅膀确定冰河时代的气温。尤为值得一提的是，放射性碳定年的使用帮助我们确立了事件的顺序。

维多利亚时代的约翰·卢伯克也重视科学，不仅因为后者在他本人帮助创建的考古学这一新兴学科中的角色，他还视其为农业和工业带给人类的伟大"文明之福"的一部分。他对望远镜和显微镜不吝溢美之词，因为它们让眼睛如虎添翼，为探索的头脑提供了"新的兴趣来源"。他赞美了印刷机，因为它"让所有选择这样做的人……与莎士比亚或丁尼生的思想，与牛顿或达尔文的发现……与人类的共同财富展开交流"。他还以氯仿*为例，说明科学的进步如何减轻

---

* 即三氯甲烷（Chloroform），曾作为麻醉剂被广泛使用。——编注

了人类的痛苦程度。[4]

我们没有理由质疑上述断言——永远生活在没有书籍和药品的狩猎采集者世界的想法非常可怕。但当我们坐在英格兰南部的小山顶上，俯瞰现代农业带来的满目疮痍时，我们肯对不会像维多利亚时代的约翰·卢伯克那么乐观。公元前 12500 年时，英格兰南部曾是一片冰河时代的苔原，常有驯鹿、雪鸮和北极兔光顾；到了公元前 8000 年，这里被茂密的林地覆盖，马鹿在林中啃食树叶，野猪在地面上刨食。即使到了 1950 年，这里仍然是一个由错落有致的森林、田地、池塘、小径和牧场组成的世界。但到了 2003 年，英格兰南部的大片土地上几乎看不到乔木或灌木，野生鸟兽几乎完全被现代农业生产赶走。很少有哪座山上听不到下方的车流声和上方的飞机声。

空气污染让人想起历史的循环性。农业和工业是全球变暖引发的历史造成的结果，现在它们成了新一波全球变暖的原因，已经对世界产生了很大冲击，并将影响人类未来的历史。大规模砍伐森林和焚烧化石燃料提高了温室气体浓度，地球正在变得比自然状况下更热。过去几十年间，各大洲的冰川都在消退，北半球的积雪大幅减少，南极冰架处于崩溃的边缘。[5]

和史前时代一样，自然世界正在发生变化。许多植物的花期已经提前，鸟类的繁殖也变得更早，并改变了自己的栖息地。昆虫再次成为最早做出反应的物种之一：蚜虫群飞到英国的时间提前了，而北美和英国的蝴蝶出现在更高海拔和纬度。

人们预测下一个人为全球变暖的世纪将远不如公元前 9600 年那样极端。在新仙女木时期末，全球平均气温在 50 年间上升了 7℃，而今后 100 年的预计升温将不到 3℃；上次冰河期末的海平面上升了 120 米，而今后的 50 年间预计最多上升区区 32 厘米，到 2100 年达到 88 厘米。[6] 不过，虽然未来的全球变暖可能不会像公元前

9600 年那样极端，但由于环境污染和 60 亿人对资源的要求，现代世界的状况要脆弱得多。因此，人类社群和自然生态系统面临的威胁要远比史前时代严重。当冰河时代世界的大片低海拔地区被淹没时，其中许多地区无人居住。当时存在的定居点最多也只生活着几百人，比如公元前 7000 年时位于以色列沿海的亚特利特雅姆。今天有 1.2 亿人生活在孟加拉国的三角洲地区，600 万人生活在比现今海平面高出不到 1 米的地区，3000 万人生活在不到 3 米的地区。伴随海平面上升的还有毁灭性的暴风雨和渗透进盐分的淡水水源。[7]

当全球变暖让公元前 14000 年后的塔斯马尼亚山谷和公元前 5000 年后的撒哈拉沙漠变得无法居住时，那里的居民迁往其他地方生活——当时的世界上仍然很少有人类定居点。但未来失去家园的人口能去哪里？比如那些来自被淹没的三角洲地区的；来自太平洋和印度洋上被吞没的低海拔岛屿的；[8] 还有来自撒哈拉以南非洲的人们，那里干旱的频率和强度将让任何国际援助都无济于事。

为冰河时代画上句号的全球变暖创造了拥有丰富资源的地区，比如公元前 14000 年的尼罗河谷，公元前 6000 年的澳洲北部，公元前 5000 年的斯堪的纳维亚南部，人们将其据为己有，准备好为其而战。比起我们今天所知道的，这些冲突只能算小打小闹；但随着新一波全球变暖的影响开始显现，我们的现代世界似乎注定将变得更加暴力。

淡水短缺将成为重要的冲突原因。由于现代农业和人类日常活动的需求，淡水供应已经处于压力之下。随着预计中的降水减少和世界关键储水区的蒸发量增加，上述压力将变得严峻。水将超过土地、政治乃至宗教，成为中东各国间冲突的导火索，这种趋势已经开始显露。[9] 此外，全球变暖还可能加剧当前世界中贫富两极的分化：预计发达国家的农业生产力将会提高，而发展中世界的情况正好相反。全球恐怖主义将注定肆虐。

讽刺的是，由于末次冰盛期之后的自然全球变暖而变得宜居的那片大陆现在却对新一波全球变暖做出了特别大的贡献，成了让世界上其他大片地区变得无法居住的罪魁祸首：美国是我们天空的主要污染者。

约翰·卢伯克的目光越过车水马龙，落在英格兰南部的乡间。那里一片凄凉。全新世早期的许多橡树林地早在史前时代就已经被清除。但该地区直到过去的 50 年里才变成现在的惨淡模样：池塘被淤积填塞并很快消失，灌木林被清除，树篱被铲除，小农场被专业种植小麦并擅长获得补贴的工厂式企业取代。[10] 今天的草原式地貌遭受着水土流失，并被过度使用的化肥和杀虫剂污染。[11] 和西方世界的许多农田一样，这里生产的食物远远超过我们所需。[12] 但我们还是生活在一个被饥饿困扰的世界里。8 亿人生活在挨饿边缘——因为新的全球变暖，这个数字预计还会增加。在接下来的 100 年里，又有 8000 万人可能因为环境变化而挨饿或营养不良。[13] 有人相信，终结世界饥荒的唯一方法是对现有作物进行基因改造，从而提高它们的产量，增加它们抵抗病虫害的能力，并让它们可以忍耐盐碱化的土壤。[14]

西亚的狩猎采集者最早尝试了对植物的人为基因改造，以便应对新仙女木时期的干旱以及为哥贝克力石阵等地的集会提供食物。他们对野生谷物的栽培无意中实现了基因变异，创造了我们今天种植的驯化小麦和大麦。人类活动还改变了另一些物种的基因，创造出驯化的南瓜、玉米、大豆、大米、藜麦、芋头和马铃薯。这些植物支持了全新世早期的人口增长，而现在通过植物培育和作物管理，它们又支持了我们庞大的全球人口。但在今后的四分之一个世纪里，还有额外 2 亿人需要养活。[15]

一些科学家相信，分子水平的植物基因工程——有意将某个物种的 DNA 插入另一物种——将是为人类需求而操纵植物的历史中的下一步。[16]他们表示，新的基因变种解决了过去的气候变化造成的食物危机，所以更多基因变种可能对今天的我们产生同样的效果。

情况可能的确如此，但考古学基于历史给我们上了另外一课，而且可能重要得多。农业刚刚兴起时，新的高产基因变种带来的盈余便受到集中化控制，就像公元前 9300 年的红崖，公元前 8200 年的贝达和公元前 5000 年的 K 丘的建筑所表明的。食物从农业诞生伊始便成为一种商品，成为控制其分配之人的财富和权力来源。为这些植物注册专利并分配其种子的生物科技公司就是史前时代掌管谷窖之人的翻版。[17]

英格兰南部和现代世界其他许多地区遭到破坏的地貌也对生物科技提出了质疑。就像在本书中所看到的，当考古学家们研究过去的环境时，他们总是会发现远超今天同一地点的动植物多样性。公元前 20000 年奥哈洛附近森林草原中的植物和公元前 15000 年北美的动物只是两个最明显的例子，表明史前时代的自然世界远比现在丰富而多样。气候变化会减少生物多样性——北半球植物类型的日益分区化更有利于少数食谱单一的动物，而非众多杂食者。但农业对生物多样性的影响要大得多，只需想象一下公元前 6500 年时加扎尔泉镇周围被破坏的土地，或者看一下今天世界上任何一个被密集耕作的地区就可以了。

种植新的基因变种——对病虫害具有非自然抵抗力的植物——是否会把生物多样性的丧失推向新的极端呢？这些植物是否会入侵并吞没仍然存在的野生物种群呢？自然世界中仅存的庇护所（特别是昔日的湿地和盐碱沼泽）是否也会被改成农田呢，就像人们开始在英格兰南部的林地播种最早的转基因种子时那样？[18]

我们没有答案。生物科技可能是我们最大的福音，能够为世界饥荒画上句号。抗病的转基因作物减少了对喷洒化学药品的需求，也许从而能保护生物多样性。对水的共同需求可能会让中东的冲突各方团结起来。对全球变暖的程度和影响的预计可能完全错误。我们的政治家也许能有足够的意愿和手段来遏制污染，在全世界公平地分配资源，为流离失所的人口提供新的家园，并保护自然世界。他们可能会做这一切，但他们也很可能不会。

那么"文明之福"又如何呢？显微镜、达尔文的思想、莎士比亚的诗歌和医学的进步带来的欢乐是否足以补偿环境恶化、社会冲突和人类的痛苦这些最终可以追溯到公元前 10000 年时农业起源的问题呢？如果我们放弃文学和科学的发展，仍然像石器时代的狩猎采集者那样，情况会更好吗？答案就在我们手中，取决于我们在今后 100 年的全球变暖中选择做些什么——人类和地球的未来仍然在我们的掌控之中。我们所能确定的只是，到了 21 世纪末，世界将变得与今天完全不同——也许就像公元前 5000 年的世界之于末次冰盛期的世界。

约翰·卢伯克翻过书页，读起《史前时代》的最后一段。他发现这番话也完全适用于今天：

> 我们可能希望在自己的时代看到某种进步，但让无私的头脑最为满足的是相信无论我们自己如何，我们的子孙将会理解许多我们现在无法看到的东西，更好地欣赏我们所生活的美好世界，避免我们遭受的许多痛苦，享受我们还配不上的许多福祉，逃脱受我们谴责但无法完全抵御的许多诱惑。

> 约翰·卢伯克，《史前时代》，1865 年，492 页

注释

第1章 历史的诞生

1. 遗憾的是，本书没有篇幅给"农业"（farming），"城镇"（towns），"文明"（civilisation）和其他许多我所使用的术语下定义，例如"村子"（village）或"狩猎采集者"。我只是遵循通常用法。"文明"可能是最有争议的，我用它表示具有国家组织、纪念碑式建筑、社会和劳动分工的社会。我并未暗示此类社会拥有"文明的"价值，或者它们是社会进步演化的结果，就像20世纪初的史前史学家和社会理论家所暗示的那样（见Trigger, 1989）。我对"城镇"一词的使用也需要简单说明。我仅仅用它表示比最早的定居社群大得多的定居点，无论是狩猎采集者、种植者还是农民的——我称那些定居点为村子。比起晚近历史上的定居点，这些"城镇"可能非常小，后来的史前或历史考古学家可能会称它们为"村子"。我没有暗示它们拥有不同于"村子"的特别的社会或经济组织形式。

2. 我决定在书中使用BC（公元前），而非更加科学的BP（距今）——我觉得两者同样随意。事实上，BP中的"今"表示1950年。因此，只要把公元前年份加上1950就能得到BP年份。在正文中，我使用近似的公元前年份，日历年而非"放射性"年，并在第2章中解释了两者的区别。在注释中，我提供了具体日期未经修正的放射性碳年。在可能的情况下，我还将提供一个标准差的修正后的放射性碳公元前年份（用OxCal 3.5计算）。除了很少的例外，我提到的所有年份均依据放射性碳定年，许多使用了加速质谱仪（AMS）技术。第2章中将解释放射性碳定年技术。

3. Mithen（1998）。

4. 由于第2章中讲述的修正后的放射性碳定年和下文提到的确定冰芯准确细节的问题，我无法给出冰河条件达到顶峰的确切时间。它很可能发生在公元前22000或前21000年，而非我为方便起见而使用的整数。

5. 冰盖扩大和气候整体上呈周期性变化的原因将在第2章分析。

6. 关于地球气候每10万年的波动，见Petit等人（1999）的描述，他们依据的是来自南极洲沃斯托克（Vostok）冰芯的证据。

7. 我承认这种观点存在争议。我们不能排除别的可能性，即现在的全球变暖（以及相关的气候变化）是由自然而非人为原因引起的——过去的130年间，太阳的辐射输出增大（Parker，1999），不过，我们可以确信，人类活动对现阶段全球变暖产生了重大影响。对该议题的详尽分析，见剑桥大学出版社的 *Climate Change 2001, The Report of the Intergovernmental Panel on Climate Change*（三卷本）。

8. 温室气体指大气中能够吸收地面热辐射，从而产生覆盖效应的成分。这些气体中最重要的是水蒸气，但它在大气中的含量不直接因人类活动而改变。不过，水蒸气可以影响二氧化碳、一氧化氮、含氯氟烃和臭氧的含量。一旦这些气体的含量增加，就会产生温室效应，造成内部变暖。关于温室气体的角色和全球变暖的一般性问题，见 Houghton（1997）的描述。

9. 在20世纪的很多时间里，考古学家们关心的一个关键问题是对考古文化的认定，许多人默认文化与被定义为民族的人类群体间存在直接联系。Childe（如1929，1958）支持这种观点，用手工制品类型（如特定的陶器、刀剑、墓葬习惯和建筑风格）中不断出现的联系来定义史前文化。在已知的此类文化中，最知名的是"凯尔特人"。于是，人类历史完全成了一种文化取代另一种文化和各种新文化诞生的历程（常被认为来源于某个偏远地区，通过某种尚不明确的机制产生）。许多考古学家相信，此类考古文化与人类群体间并不必然存在直接联系——考古文化被认为具有自己的演化机理，这种观点是由 David Clarke 发展出来的。20世纪60年代，随着"过程"（processual）考古学的兴起，关于过去的这种"文化史"观点遭到了强烈质疑，比如 Binford 和 Renfrew 的作品（他们又受到 Ian Hodder 等"后过程派"的批判）。Trigger（1989）回顾了考古思想的上述发展。我认为，对于重构过去人类行为、社会和历史的尝试，通过具体类型的物质文化来认定往昔"文化"的做法没什么价值。但也有一些例外，比如有非常强有力的器物加工传统，暗示人们把自己视作某种形式的文化实体。因此，我既用"纳图夫"（Natufian）和"克洛维斯"（Clovis）表示 Childe 所理解的"考古文化"，又用其指代具有一定程度文化自我认同的人群。但在大多数情况下，我特意避免提及往昔的文化，因为我不相信它们存在过。

10. 在人文学科中，长久以来，关于在多大程度上可以通过具体个人的行为来解释文化和历史变革一直是争议话题。我的观点是，考古学解释需要涉及具体的个人活动（Mithen，1990，1993b），并在叙事中结合长期全球发展和日常人类经验。在写作本书时，我特别受到 Hobsbawm（1997）的论文《论自下而上的历史》（*On History from Below*）和 Evans（1997）的《为历史辩护》（*In Defence of History*）一书的影响，后者讨论了对后现代主义要求做出回应时，历史解释所具备的性质。

11. 在参与了考古学科的建立和19世纪关于进化论争论（特别是有关人和文化的）的维多利亚时代人物中，约翰·卢伯克是最有影响力的人物之一。Hutchinson（1914）创作过两卷本的传记，但有必要对卢伯克做出新的评判，扩展 Trigger（1989）对他的简单介绍，以衡量他对考古学和进化思想发展的贡献。来自达勒姆大学的 Janet Owen 正在研究他收集的考古学和民族志材料，后文的简短书目中有许多来自她最近出版的作品（Owen，1999）。

约翰·卢伯克生于1834年，父亲是伦敦城的银行家，母亲思想开明。他们住在肯特郡唐恩镇的高榆庄园，是查尔斯·达尔文的邻居。两家的关系似乎非常密切且有激励作用，培养了卢伯克对科学和进化论的热情。他子承父业，成了家族公司的银行家，并于1870年当选议员。作为维多利亚时代的博学者，卢伯克的研究领域包括昆虫学、植物学、地质学、考古学和民族志学。1865年，他出版了《史前时代》，成为畅销书和标准教材，最后一版（第七版）于1913年问世。他的第二部作品《论文明的起源》（*On the Origin of Civilization*）首版于 1870 年，同样再版多次。

1860 年，英国科学协会在牛津大学举办的那场著名会议上，卢伯克发言支持赫胥黎。他试图用考古学证据支持达尔文的理论，在 19 世纪 60 年代发表了许多文章，尤其是那两部著作。他是 1864 年成立的 X 精英俱乐部（为进化论辩护）的创始成员之一；其他成员包括托马斯·赫胥黎（Thomas Huxley）、约瑟夫·胡克（Joseph Hooker）、约翰·丁达尔（John Tyndall）和赫伯特·斯宾塞（Herbert Spencer）。卢伯克担任过许多有影响的职务：民族志协会会长，1864 年—1865 年；国际史前考古协会会长，1868 年；皇家人类学协会首任会长，1871 年—1873 年；林奈协会副会长，1865 年；1871 年—1894 年间数次出任皇家学会副会长；文物学会会长，1904 年。在此期间，他与约翰·埃文斯（John Evans）密切合作，后者是建立考古学科的另一个关键人物。他还结识了亨利·雷恩·福克斯·皮特-里弗斯准将（Lieut.-Gen. Henry Lane Fox Pitt-Rivers），后者从世界各地搜集了大量考古学和民族志器物，并对文化变革的机制做了研究。约翰·卢伯克本人也建立了重要的收藏。

从 1870 年开始，卢伯克将时间和精力投入政治和自然科学，而非考古学和民族志学。他发表了大量关于植物学、动物学和地质学的文章，并于 1882 年出版了《蚂蚁、蜜蜂和黄蜂》（*Ants, Bees and Wasps*）一书。

作为肯特郡梅德斯通市的自由党议员，卢伯克的政治生涯成就斐然。他最感兴趣的有四个问题：推动中小学的科学教育，国家债务、自由贸易和相关的经济问题，保护古代纪念碑，确保更多的假日、减少劳动阶层的工作时间。1871 年，他买下了埃夫伯里庄园的一部分，以避免那里的石阵遭到破坏。1882 年，他促成议会通过了《古代纪念碑法案》。1890 年，获封贵族的他选择了埃夫伯里勋爵的头衔。他还促成了 1871 年的《银行假日法案》，以及其他 28 项议会法案。他是成立于 1888 年的伦敦郡议会的创始成员之一，并于 1890 年到 1892 年之间担任主席。1879 年，他的第一任妻子爱伦·弗朗西斯·霍德恩（Ellen Frances Hordern）去世。五年后，他迎娶了皮特-里弗斯（Pitt-Rivers）的女儿爱丽丝·雷恩·福克斯（Alice Lane Fox）。1913 年，约翰·卢伯克去世。

12. 引文来自索鲁的 "Being a Stranger" 一文，那是作者为他 1985 年—2000 年的游记 *Fresh-Air Fiend*（London, Penguin Books, 2001）所做的序言。

13. W. Thesiger, The Marsh Arabs (London, Penguin Books,1976, p.23).

第2章　公元前20000年的世界

1. 普什卡里的放射性碳定年结果为 19010 ± 300 BP，相关描述见 Soffer（1990）。遗址的保存并不好，我重建的许多场景基于保存更好和年代更近的 Mezin 和 Mezerich 遗址，见 Soffer（1985）。

2. 想要了解更多人类进化的信息，见 Johanson 和 Edgar（1996）关于化石证据（有精美插图），Stringer 和 McKie（1996）关于现代人类起源，Mithen（1998）关于头脑进化的著作。

3. 关于 2002 年发现的 1700 万年前的化石样本，见《自然》（第 404 期，145—149 页，2002 年 7 月 11 日，Bernard Wood 的评论见 133—134 页）。

4. 对于类人猿离开非洲以及抵达亚洲和欧洲不同地点的确切时间，古人类学家存在很大分歧。关于新近的评论和部分论点，见 Straus 和 Bar-Yosef（2001）编辑的文集。我用计算机模拟技术尝试确定类人猿从非洲向外扩散的时间和性质（Mithen 和 Reed，2002）。

5. 美国南达科他州的温泉市是世界上最重要的猛犸埋骨所之一。至少有100头猛犸丧命于一个天然地洞中，并在沉积物中保存得极其完好。对猛犸遗骨未经修正的放射性碳定年结果包括26075±975 BP和21000+700, -640 BP（数字的准确性存疑，见Haynes, 1991, 225页），大部分猛犸被认为死于约2.6万年前。它们显然是前来觅食池塘边的植物或者喝水，但滑落或陷入了淤泥中，最终饿死或淹死。Lister和Bahn（1995）描绘了遗址，并提供了精彩的插图。

6. 下文关于地球轨道变动导致长期气候变化的观点来自Dawson（1992）以及Lowe和Walker（1997）。米兰科维奇的理论得到证实，因为洋芯和冰芯记录的几个温暖高峰（下文做了描述）对应了他的全球变暖理论所预计的时期，比如12.5万年前的OIS5e，以及距今2万年到1万年之间的时期（见注释8）。与之类似，导致2万年前出现冰层的全球变冷同样对应了米兰科维奇周期中春天缩短和冬天加长（就所受太阳辐射而言）的时期——正是这些条件导致北半球冰层扩大。1999年，来自沃斯托克冰芯的新数据显示了10万年和4.1万年周期的重要性，而2.1万年周期也对较长气候周期中的短期波动有重要影响。

米兰科维奇周期并非对全球气候变化的唯一影响。另一个周期性现象是太阳的输出——太阳似乎变得较热，然后变得较冷，随后再次变热。这可能解释了过去1.5万年间，全球气候每1500年出现周期性的变化（Campbell等人，1998）。在过去的130年间，太阳的输出无疑增强了，对全球气温产生了重要影响，尽管在过去的20年间，人类活动才是变暖的决定性原因（Parker, 1999）。

并非所有的全球气候影响都源于周期性现象，经典的非周期性影响是流星的撞击，最著名的是大约6500万年前的那次，它把大量尘土送进大气层，造成了漫长的冬天。火山喷发也会产生影响。大约7.5万年前，苏门答腊岛的托巴火山喷发很可能是过去100万年间地球上最大的一次，可能对短暂但猛烈的OIS4时期造成了重要影响。

7. 将地球轨道特征的变化作为气候变化的原因时，我们会遇到两个关键问题。首先，根据我们关于其对季节性之影响的了解，10万年周期对地球气候的影响应该比较短周期小得多。然而，最重要的却恰恰是这个较长的周期。其次，轨道特征的变化是逐步的，而地球气候的变化却是突然发生的——迅速从一种状态转入另一种。

鉴于这两个问题，学者们做了大量努力，试图理解季节温度和南北半球季节间差异的微小变化如何被放大，从而对气候产生如此剧烈的影响。最重要的放大机制也许是洋流的改变（Ruddiman和McIntyre，1981）。在冰河期，洋流的模式似乎与间冰期有所不同，北大西洋无法形成深海水流，导致西欧失去了温暖的冬季。这种现象的原因可能是，米兰科维奇周期对季节规律产生的相对较小影响改变了盛行的风向，足以将水汽蒸发从海洋的某个部分转移到另一个部分。发生水汽蒸发区域的海水变得相对较咸，因此更容易下沉，而以降水形式获得水汽补充的区域则变得较淡，因此更不容易下沉。不同海域的相对含盐量可能存在阈值，导致洋流突然从某种状态切换到另一种状态。事实上，从地球大气层中二氧化碳的含量来看（依据冰层中包含的气泡），此类现象在过去显然发生过，这也许就是为什么轨道模式的渐变导致了地球气候的骤变。

洋流可能只是多种放大机制之一。不同于北大西洋地区（深海水流的突然消失就能产生影响），仅仅从某些机制本身来看，它们似乎无法解释全球气候变化。额外的放大机制似乎非常重要。其中之一是温室气体的累积（主要是二氧化碳），这本身很可能也是洋流变化造成的。就像今天的情况，温室气体将造成地球变暖，可能导致从冰河期到间冰期的转换。冰层的增长本身可能也构成了放大机制。冰层面积的扩大增加了反射率，即白色冰面所反射的辐射量。因此，当冰层在米兰科维奇周期的影响下开始增长时，它们的存在本身会进一步放大温度的变化，让相对温和的气候影响变得非常剧烈。相反，一旦全球开始变暖和冰层开始融化，反射率的降低将放大全球变暖。

8. 为了解释格陵兰岛和南极的冰芯如何提供关于昔日气候的信息，我将首先描绘一下如何从海洋沉淀物中获得这些信息。沉积物主要由富含钙的海洋生物骨骼残骸组成，特别是有孔虫类。沉积物的化学成分反映了有孔虫生活的水体的成分。海洋中的氧主要为 ^{16}O 和 ^{18}O 这两种同位素（中子数不同的原子）。随着水温的下降，^{18}O 的含量会相对升高，因为较轻的同位素更容易被蒸发掉。相反，当水温上升时，^{18}O 会相对减少。就这样，随着生物残骸在海床上逐渐累积，它们提供了 ^{16}O 和 ^{18}O 的相对含量如何变化的线索，从而记录了温度变化。通过钻取沉积物芯——来自海床最少受到干扰的区域——并对芯的一系列连续切片中 ^{16}O 和 ^{18}O 的相对密集度进行测量，我们可以了解全球气候是如何变化的。许多此类沉积物采自世界各地的海洋中，提供了相似的同位素含量变化曲线。

V28-238 也许是其中最重要的，这个沉积物芯来自太平洋赤道海域的所罗门高原（Soloman Plateau）（Shackleton 和 Opdyke，1973）。长 15 米的芯记录了差不多 100 万年的历史，凹凸不平的 ^{16}O 和 ^{18}O 密集度波动曲线告诉我们，我们的气候历史有四大特征。首先，过去的 100 万年间至少经历了 10 个冰河—间冰周期，每个周期历约 10 万年。第二，这些周期中还有许多气温在相对温暖和相对寒冷间发生较小波动的时期——科学家称之为亚冰期（stadial，间冰期中相对较冷的阶段）和间亚冰期（interstadial，相反的情形）。第三，从冰河期到间冰期状态的转变常常很快——全球气候的突然变化发生在几十年间，而非几个世纪或几千年。第四，目前的间冰期特别温暖，就像 12.5 万年前的那次。在这两个时期，冰的体积要小于地球历史上其他任何时候。

人们用数字来表示根据氧同位素所确定的全球气候冷暖交替的各个时期，较暖时期采用奇数，越久远的数字越大。因此，我们目前的间冰期被称为氧同位素第 1 期（OIS1），而在 2 万年前达到顶峰的上一个冰河期则称为 OIS2。5.9 万年到 2.4 万年之前的上一个温暖时期被称为 OIS3，而在 12.5 万年达到顶峰的再上一个完整的间冰期是 OIS5。此外，这个间冰期本身被分成相对温暖和相对寒冷的 5 个亚期，用字母表示，即 OIS5a-OIS5e，后者标志着海平面最高的时期。氧同位素曲线还表明，在某些冰河期，冰层面积可能与 LGM 时期一样大，海平面一样低。比如，在 47.8 万年到 42.3 万年前之间的 OIS12，北美和欧亚大陆的冰层都大大扩张。

对于过去 50 万年间全球气候的变化状况，冰芯能够提供比海洋沉积物更详细的画面，因为可以对前者对应每个年份的层面进行检验。从海洋中蒸发的水汽最终将变成降雪，并被保存在冰川中。因此，随着冰层逐渐累积（就像洋底的沉积物层），它们同样包含了对 ^{16}O 和 ^{18}O 密集度波动的记录。但在冰层中，两者与全球气温的关系同在海洋沉积物中相反：^{18}O 相对较低表示这一时期相对温暖。Petit 等人（1999）发表了关于迄今采集到的最长冰芯的检验结果，对从冰河期到间冰期状况的有规律波动做了戏剧性描绘。冰芯还含有大量其他信息。比如，被封闭在其中的气泡可以告诉我们大气的状况，冰的导电性则告诉我们它的灰尘含量，从而可以推测过去大气中的含尘量，后者反映了风暴的状况。

9. 按照 J. Lewis-Williams（2002）的解释，上旧石器时代艺术品源于可能由毒品引起的萨满式幻觉。

10. 在这个事例中，我可能对时间做了些许艺术加工。佩什梅尔的马被测定绘于 LGM 之前，时间为 24840 ± 340 BP（Bahn 和 Vertut，1997）——尽管较大的标准差让 LGM 处于 95% 的置信区间。Lorblanchet（1984）描绘了那些画，他曾用冰河时代的技术复制了壁画。

11. 二战后不久，放射性碳定年法的发明改变了考古学，最早的测定结果由 Willard Libby 于

1949 年发表。Bowman（1990）描绘了所涉及的技术，而 Renfrew（1973）对放射性碳定年法在考古学中的意义做了最全面的解释。今天的考古学家更喜欢使用 Hedges(1981) 描述过的加速器质谱技术（AMS），因为后者的精确度最高。AMS 的关键特征是直接清点 ^{14}C 原子数，无视它们的放射性。它可以对微小的样本进行检测，适用于珍贵文物，比如都灵裹尸布和旧石器时代的岩洞壁画。该技术还大大提高了精确度。放射性碳定年技术的任何新发展都不可能将标准差范围减少到 50 年以下，因此总是存在一定程度的不准确。

12. 关于以年轮为基础的修正曲线，见 Kromer 和 Becker（1993），Kromer 和 Spurk（1998）。没有早于 1.1 万年之前的树年轮，这意味着无法用年轮定年修正放射性碳定年的结果。不幸的是，恰恰在这个时间之前的几千年间发生了一些最重要的文化和环境事件，没有准确的时间就无法确定它们之间的联系。幸运的是，我们找到了别的修正方法——尽管通常用"改正"一词来区分这些方法与年轮定年。

 改正方法之一是利用对珊瑚使用放射性铀钍定年法测得的一对年份（Bard 等人，1990）。铀钍定年法的原理与放射性碳定年相同——计算的是从铀到钍的衰变——但结果是日历年。就此而言，它相当于清点年轮。和年轮定年一样，我们可以检验铀钍定年的结果（日历年）和放射性碳定年结果之间的偏差，从而改正来自考古遗址的日期。这种方法显示，在日历年 2 万年前，放射性碳定年的结果少了 3000 年——所以，如果一块骨头被测为 17000 BP，那么动物死于约 20000 年前。当我们来到 12500 年前时，放射性碳定年的结果少了 2000 年。

13. 本书中所有修正过的放射碳定年结果都使用 OxCal 3.0 版得出。

14. 下文对奥哈洛活动的描绘参照 Nadel 和 Herzshkovitz（1991）以及 Nadel 和 Werker（1999）的材料。关于奥哈洛的更多信息和放射性碳定年数据，见第 3 章。

第3章　火与花

1. 事实上，我提及的奥哈洛应该被称为奥哈洛 II。Nadel 和他的同事们发表了一系列关于该遗址具体方面的作品。Nadel 和 Hershkovitz（1991）提供了关于生存数据的最早报告。Nadel 等人（1994）描绘了纤维拧成的绳索；Nadel（1996）描绘了定居点内的空间组织；Nadel（1994）描绘了奥哈洛的墓葬；Nadel 和 Werker（1999）描绘了枯树枝小屋。Nadel 等人（1995）提供了 26 个 AMS 放射性碳定年数据，位于 21050 ± 330 和 17500 ± 200（有一个异常数据位于 15500 ± 130），暗示居住时间很可能发生在 19400 BP。Belitzky 和 Nadel（2002）考虑了遗址被很快淹没的环境原因和可能的地壳变动原因。

2. Moore 等人（2000）的报告称，黎凡特（Levant）地区的沿海原来可能从拉塔基亚（Latakia）向南延伸 5 千米至迦密山，涵盖了 15 千米的巴勒斯坦海岸线。

3. 关于对利用花粉分析技术重建过去的环境状况（本章中做了简要概括），见 Lowe 和 Walker（1997）。

4. 至少在理论上如此。在实践中有许多因素让情况变得复杂。不同物种产生的花粉数量也不同：柳树是著名的"产量过剩者"，而作为气候变暖后苔原最早的主人，艾蒿则是有名的"产量不足者"。因此，大量柳树花粉粒并不必然意味着存在大量柳树，而即使在泥芯中找不到艾蒿的花粉，这种植物的数量也可能很多。有些物种（如榿木）的花粉掉在植株周围，而有些的（如松树）可以被风带到好几英里外。鉴于树种间的上述差异，我们需要大量植物学知识并了解当地的许多环境因素，只有这样才能准确地把花粉粒证据转化成植物群信息。幸运的是，对花粉粒的研究始于 100 多年前，现在是重建史前环境的最成熟方法。

5. Baruch 和 Bottema（1991）描绘了胡拉芯中的孢粉序列，以及在该地区找到的其他花粉芯。其中，来自叙利亚东北部的加布（Ghab）芯非常重要，但所暗示的发展状况不同于胡拉芯所记录的——林地在晚期冰河极盛期和新仙女木期发生扩张。Hillman（1996）暗示，这可能反映了部分地区的发展，但为加布芯提供时序的有限几个放射性碳定年数据很可能是错的。Hillman 还总结了来自北扎格罗斯山脉（Zagros Mountains）的泽利巴（Zeribar）芯的证据。

6. 在一张 Hillman（2000，图 12.2）摄于 1983 年 4 月的照片上，叙利亚中部的草原繁花盛开，让我们依稀领略了晚期冰河期草原色彩缤纷的样子。

7. Hillman（2000）详细描绘了他对草原面貌和可获得的植物性食物的重建，并评估了传统上如何利用这些植物；节选了其中某些方面的较短版本见 Hillman（1996）以及 Hillman 等人（1989）。他在这方面的工作与考古发掘本身同样重要，能够帮助我们理解史前的狩猎采集活动和农业的起源。

8. Zohary 和 Hopf（2000）讨论了各种新石器时代作物的野生祖先，以及后者与驯化品种的关键差异。

9. 在《智慧七柱》（*The Seven Pillars of Wisdom*）中，劳伦斯（1935，591—592 页）写道："艾兹赖格也是个有名的地方，是这些绿洲的女王，那里郁郁葱葱的草木和淙淙的泉水比阿姆鲁赫（Amruh）更美……第二天我们缓步前往艾兹赖格。翻过最后一道熔岩砾石的山脊后，我们看到了一圈梅贾巴尔（Mejabar）人的坟墓，是墓地中布局最美的……艾兹赖格没有阿拉伯人，一如既往地美丽，当稍后我们的人在池塘中游泳，雪白的身体与闪光的池水交相辉映时，当他们的欢呼声和回荡的戏水声让穿过芦苇的微风变得尖锐时，艾兹赖格甚至显得更美了。"

10. Lubbock（1865，67 页）。

11. 当然，考古学家给所有此类器物起了类型名。我在文中场景所想象的细石器来自埃尔乌瓦伊尼德山谷（Garrard 等人，1987），被描绘成"背部两侧截平的""背部拱起、带弯曲尖头的""拉穆伊拉（La Mouillah）尖头"和"錾刀（类似凿子）"等形制。

12. 在这些器物中发现了各种不同的加工技术和细石器形状。它们似乎不可能与专业化的狩猎或植物采集工具有关；它们很可能属于当地传统，在家族内部代代相传，就像我们不假思索地把习惯传给我们的孩子。这类传统也会在经常有相互联系的家族和群体间传播，因此为我们记录了他们的社会生活。发现了多种不同传统的事实暗示，当地的人口可能相当稀疏，人们生活在分散的小群体中——考虑到 LGM 和随后几千年间寒冷而干燥的状况，这并不奇怪。一些考古学家相信（特别是 Nigel Goring-Morris [1995]），从石质器物上看到的加工技术和细石器形状差异反映了不同的文化（族群），他们拥有内贝基阿人（Nebekian）、喀尔卡人（Qalkan）和尼扎纳人（Nizzanan）等奇特的名字。最广为人知的是克巴拉人，经常被用来指代所有晚期冰河期的狩猎采集者。Goring-Morris（1995）描绘了如何按照细石器类型将这个时期分成 4 个阶段。但我觉得古人不太可能把自己分成不同的文化，即使他们这样做了，小小的细石器也很难作为身份的有效表达。

13. 这些遗址被称为乌瓦伊尼德 14 号和 18 号，两者似乎曾经是位于淡水泉源边并连成一片的定居点的两个不相连部分。乌瓦伊尼德 14 号的年代为 18400 ± 250 BP 和 18900 ± 250 BP，而乌瓦伊尼德 18 号的年代为 19800 ± 350 BP 和 19800 ± 250BP（Garrard 等人，1988）。

14. 加勒德研究的遗址在年代上从上旧石器时代到新石器时代晚期；有的在 Waechter 于 20世纪 30 年代的考察中就已经被找到。加勒德在位于艾兹赖格盆地西南 55 千米的埃尔吉拉特山谷（Wadi el-Jilat）发掘的几处遗址特别令人印象深刻，特别是巨大的吉拉特 6 号遗址，后者占地 18200 平方米，包括 3 个不同阶段，其中最古老的可能与埃尔乌瓦伊尼德山谷的遗址同时代（Garrard 等人，1986，1987，1988）。

15. Garrard 等人（1986）的报告称，他在自己发掘的几个遗址找到了龟壳，暗示它们被用作碗。

16. 下文参考了 Hillman（1996）。

17. 我在这里指的是"克巴拉几何形状"，晚期冰河期的凿制石器因此具有了一定程度的一致性。Goring-Morris（1995）还区分了另外两种存在于内盖夫沙漠中的文化：穆沙比亚人（Mushabian）和拉蒙尼亚人（Ramonian），界定标准都是独特的加工技术和细石器形状。

18. 对大卫绿洲描绘，见 Kaufman（1986）。

第4章 橡树林地的村落生活

1. 马拉哈泉村发现于 1954 年。1955 年和 1956 年，让·佩罗对其进行了试发掘，然后在 1959 年到 1961 年展开全面发掘。后来，莫尼克·勒舍瓦利埃（Monique Lechevallier，1971 年—1972 年期间）和弗朗索瓦·瓦拉（François Valla，1973 年—1976 年期间，1996年—1997 年期间）也在这里进行了发掘。关于瓦拉的早期工作，见 Valla（1996），关于他最后的发掘，见 Valla 等人（1999）。

2. Bar-Yosef（1998a）和 Valla（1995）对纳图夫文化做了评点。Bar-Yosef 和 Valla（1991）编辑的文集收录了一系列出色的论文，本章的很多内容引自该书。

3. 根据某些早期纳图夫村落的定居性质，Bar-Yosef 和 Belfer-Cohen（1989）将纳图夫文化描绘成通往农业道路上不可回头的时点。我不可避免地认同这种观点。

4. 我对 131 号遗址结构的描绘参考了 Boyd（1995）的研究。

5. 纳图夫文化（特别是早期）制造了丰富的工艺品，其中既有带雕饰的实用工具，也有不具备明显功能性的器物。Bar-Yosef 和 Belfer-Cohen（1998）对纳图夫艺术做了评点，Belfer-Cohen（1991）则描绘了来自哈约尼姆洞的工艺品，Noy（1991）描绘了奥伦溪（Nahal Oren），Weinstein-Evron 和 Belfer-Cohen（1993）描绘了近来在埃尔瓦德（El-Wad）的发掘成果。在克巴拉洞和埃尔瓦德都找到过柄部被雕刻成有蹄类动物的镰刀（见 Bar-Yosef 和 Belfer-Cohen，1998，图 5），但（据我所知）在马拉哈泉村没有发现——因此我在这里做了艺术加工。

6. 围绕着马拉哈泉村和一般性纳图夫村落的具体丧葬习惯，人们展开了大量争论，并做出不同的解释。Wright（1978）认为这些习惯反映了纳图夫人社会内部的层级化，但这种立场遭到 Belfer-Cohen（1995）以及 Byrd 和 Monahan（1995）的质疑，他们对数据做了更仔细的分析，特别关注了被 Wright 所忽视的早期和晚期纳图夫文化在丧葬习俗上的变化。

7. 早期纳图夫文化向我们提供了世界上最早的犬类驯化的证据。我所想象的马拉哈泉村老妇与幼犬的画面基于该遗址的一处墓葬：幼犬蜷缩在老者骨骸的头旁，后者的手搭在狗身上（Davis 和 Valla，1978）。Clutton-Brock（1995）评点了关于家犬起源的现有知识。

8. 插图见 Bar-Yosef 和 Belfer-Cohen（1998，图 4）。

9. D. E. Bar-Yosef（1989）描绘在黎凡特南部的旧石器和新石器时代遗址找到的贝壳，并对其做了解释。

10. Lubbock（1865，183 页）。这个章节提到了来自欧洲的证据，特别是丹麦的贝丘。

11. Lubbock（1864，484 页）。

12. Bar-Yosef（1991）描绘了对哈约尼姆洞纳图夫遗址的考古发掘，而 Belfer-Cohen（1988）则具体研究了那里的墓葬。考古学家们得到了 2 个放射性碳定年结果：12360 ± 160 BP（修正后为公元前 13123—前 12155 年）和 12010 ± 180 BP（修正后为公元前 12974—前 11615 年），这意味着遗址属于早期纳图夫文化，但并非处于该时期之初。Henry 等人（1981）和 Valla（1991）描绘了哈约尼姆台地的晚期纳图夫文化。

13. 关于黎凡特地区的纳图夫人口的生物学数据，见 Belfer-Cohen（1991）。

14. Bar-Yosef 和 Belfer-Cohen（1999）描绘了哈约尼姆洞发现的石灰石和骨制纳图夫器物，上面雕刻的图案与在克巴拉洞发现的一件骨制器物上的有惊人的相似。

15. Garrod（1932）"宣布"了发现了纳图夫文化。Garrod 和 Bate（1937）描绘了她在迦密山埃尔瓦德的发掘工作，而 Belfer-Cohen（1995）则对埃尔瓦德使用饰品的墓葬做了批判性的讨论。关于对埃尔瓦德的新发现，见 Valla 等人（1986）。

16. 下面的话参考了 Lieberman（1993）。Campana 和 Crabtree（1990）讨论了纳图夫人集体狩猎羚羊的证据，以及此举的社会和经济影响。

17. 关于对纳图夫人过着定居生活的观点的批评，见 Edwards（1989）。

18. 流动的狩猎采集者也可能投入时间、劳动和资源建造一年中只居住部分时间的居所，Tchernov（1991）提供的"共生者"（依赖人类的"野生"动物）证据被视作定居生活的关键证据。不过，Tangri 和 Wyncoll（1989）强烈质疑把这类残骸作为定居生活的标志。

19. Tchernov 和 Vall（1997）描绘了哈约尼姆台地晚期纳图夫沉积层中所埋葬的狗，并讨论了纳图夫人对狗的驯化。

20. 关于贝达的纳图夫人定居点，见 Byrd（1989）；关于塔布卡的定居点，见 Byrd 和 Colledge（1991）。

21. 下文参考了 Hastorf（1998）。

22. Hastorf（1998，779 页）

23. Bar-Yosef 和 Belfer-Cohen（1999，409 页）。

24. Hillman（2000）指出，他的实验显示，用研杵和石臼给野小麦脱粒几乎不可能，因为谷皮又硬又厚，除非通过烘烤让谷皮变得更脆。不同于野生燕麦（可以让谷皮被风吹走），野生小麦的谷皮很重，只能用筛子过滤，或者放在木质托盘或盘子上簸扬去除。

25. Unger-Hamilton（1991）对纳图夫人的植物种植做了大量研究，包括器物研究和实验工作。

26. Hillman 和 Davies（1990）对野生谷物的驯化速度做了重要而详细的研究。

27. 下文参考了 Unger-Hamilton（1991）。

28. 下文参考了 Anderson（1991）。

第5章　幼发拉底河沿岸

1. 在遗址被建造水库形成的阿萨德湖淹没前，安德鲁·穆尔对阿布胡赖拉做了抢救性发掘。

656

下文描绘的是晚旧石器时代的阿布胡赖拉1号定居点，位于更加庞大的新石器时代村落之下，后者倒塌的泥砖墙形成了土丘。我参考了 Moore 的总结（1991）和最终发掘报告（2000），以及他对村子和发掘工作的描绘（1979）。人们测定了26个关于阿布胡赖拉1号遗址时序的 AMS 放射性碳年代，在11500—10000 BP 之间形成紧密的序列。

2. Moore（2000）提供了另外两种对阿布胡赖拉房屋样式的重建：一种是拥有独立屋顶的拱形屋子，另一种是一系列由连续屋顶覆盖的土坑，很像贝都因人的帐篷。鉴于柱孔的布局，穆尔认为后者更有可能。

3. 这种羚羊不同于纳图夫人狩猎的品种，它们会组成更大的群体，并且每年迁徙。羊群从今天约旦东部和沙特阿拉伯的沙漠向北而行，每年初夏抵达幼发拉底河。它们中的许多随后转而向西，在叙利亚北部寻找夏天的草场。但并非所有的羚羊都能抵达目的地，因为猎人们每年都会等着它们。下文关于阿布胡赖拉狩猎羚羊的描写参考了 Legge 和 Rowley-Conway（1987）。波斯羚羊即鹅喉羚（*Gazella subgutturosa*）。

4. 希尔曼的重要研究和成果见 Hillman（1996）和 Hillman（2000）。考虑到有的植物可能没有留下考古学痕迹，他暗示阿布胡赖拉人利用的植物达到250多种。

5. Legge 和 Rowley-Conway（1987）总结了他们的成果和解释，对阿布胡赖拉狩猎习惯的详细讨论见 Moore 等人（2000）。

6. 不幸的是，在阿布胡赖拉1号遗址没能找到人类骨骸。关于对早期纳图夫人的古病理学研究，见 Belfer-Cohen 等人（1991），关于根据牙齿证据对纳图夫人的营养状况所做的分析，见 Smith（1991）。

7. 关于瓦拉对纳图夫人定居生活的看法，见 Valla（1998），他在书中提到了莫斯。

8. 相关段落见 Lubbock（1865, 296—299 页）。关于气候变化的流行理论，见 Dawson（1992）和第1章的尾注。

第6章　千年干旱

1. 关于内盖夫的晚期纳图夫人定居点，见 Goring-Morris（1989, 1999）。Henry（1976）描绘了在罗施金的发掘。

2. 关于奥伦溪村，见 Noy 等人（1973）。

3. 关于穆赖拜特，见 Cauvin（1977, 2000）。

4. Cope（1991）描绘了她对纳图夫人狩猎羚羊的研究。

5. Bar-Yosef（1991）描绘了哈约尼姆洞位于纳图夫文明层面之下的居住状况（可以追溯到上旧石器时代）。与克巴拉人的生活时期相关的年代为 16240±640 BP 和 15700±230 BP。这些层面之下是中旧石器时代生活的厚厚沉积层。

6. 关于纳图夫人健康状况的牙齿证据，见 Smith（1919）。

7. 关于纳图夫人口的这种体质差异的证据，见 Belfer-Cohen 等人（1991）。

8. 关于胡拉芯和对其的解读，见 Baruch 和 Bottema（1991）以及 Hillman（1996）。

9. Rosenberg 和 Davis（1992）以及 Rosenberg 和 Redding（2000）描绘了哈兰切米丘。所引用的5个放射性碳定年数据位于 11700±460 BP（修正后为公元前 12344—前 11184 年）和 9700±300 BP（修正后为公元前 9490—前 8625 年）。大部分建筑被认为处于该时期的中段，即大约 10400 BP。

10. 下文关于纳图夫时期丧葬习俗变化的描绘参考了 Byrd 和 Monahan（1995）。

11. Anderson（1911）。

12. Goring-Morris（1991）对内盖夫的考古学遗址做了全面的描绘和解读，他称其为哈里夫文化。

13. 比如（Ronen 和 Lechevallier，1991）犹大山的哈图拉（Hatula），尽管无法确定年代，但似乎属于晚期纳图夫文化，因为在遗址上找到了类似晚期纳图夫人文化和 PPNA 的动物残骸种类，而且缺乏定居生活方式痕迹。除了羚羊、绵羊、野牛、野猪和马科动物，那里还发现了野兔、臭鼬、獾、野猫和狐狸的残骸。小型猎物的重要性在早期纳图夫文化时期显著提高。约旦河谷的萨利比亚 1 号遗址（Salibiya I）同样发现了种类丰富的小型猎物，还有大量未成熟的羚羊，暗示对羊群的压力导致过度利用（Crabtree 等人，1991）。萨利比亚 1 号相联系的放射性碳定年数据为 11530±1550 BP（在附近的一处埋藏坑测得），而新月形细石器的独特形制也确认了它属于晚期纳图夫文化。

14. 关于更新世二氧化碳浓度低对谷物产量和农业起源影响的一般性讨论，见 Sage（1995）。

15. Hillman（2000，Hillman 等人，2001）对来自阿布胡赖拉的燕麦粒状况做了极其详细和细致的分析。他暗示，某些豆类和燕麦同时变成驯化种。燕麦粒的具体年代为 11140±100 BP（修正后的公元前 11372—前 11323 年），10930±120 BP（修正后的公元前 11183—前 10928 年）和 10610±100 BP（修正后为公元前 10925—前 10417 年）。

16. Heun 等人（1997）对野生和驯化的单粒小麦做了系统演化分析，认定土耳其南部的卡拉贾达山是驯化的发生地。不过，他们的报告开头就研究的必要假设做了一系列说明，因此在考虑他们的结论时需要非常注意这点。

第7章　耶利哥的建立

1. 作为 Kenyon（1957）对其工作的通俗描绘，《挖掘耶利哥》至今仍是一部经典之作，书中还总结了前人在土丘的工作。Bar-Yosef 和 Gopher（1997）总结了对耶利哥 PPNA 定居点的放射性碳定年（1997）。他们罗列了来自西侧壕沟的 15 个数据，从 10300±500（修正后的公元前 10856—前 9351 年）到 9230±220（修正后的公元前 8796—前 8205 年），以及来自遗址北部的 3 个数据，从 9582±89 BP（修正后的公元前 9160—前 8800 年）到 9200±70 BP（修正后的公元前 8521—前 8292 年）。

2. Kenyon（1957，25 页）。

3. Kenyon（1957，70 页）。

4. 凯尼恩的简传见 Champion（1998）。

5. 关于耶利哥的建筑和地层状况，见 Kenyon 和 Holland（1981）；关于陶器和其他发现，见 Kenyon 和 Holland（1982，1983）。

6. Kenyon（1957，68 页）。

7. Bar-Yosef（1996）提出，耶利哥的城墙是为了阻挡洪水和泥石流。

8. 关于柴尔德对新石器时代的观点，见 Childe（1925，1928）等。

9. 虽然凯尼恩提到了塞皮克河谷的头骨崇拜，但她并不认为前者可能成为对 PPNA 类似崇拜的有用类比。在塞皮克河地区，部族的祖先通常用面具代表，常常是被认为在部族的形成和历史中扮演了关键角色的人物。就像凯尼恩所暗示的，PPNA 时期覆盖了石膏的头骨可能来自在村子建立时扮演过关键角色的人。而在塞皮克河谷，装饰过的头骨和干瘪的人头常常也用敌人的首级制作；Baxter Riley（1923）对如何准备人头和头骨做了特别令人动容的描绘。大洋洲的猎头习俗和把人头作为战利品的做法同样可能成为对 PPNA 类似习俗的有用类比，见 Hutton（1922，1928）和 Von Furer-Haimendorf（1938）。

10. 埃尔—希亚姆箭头呈对称状，用底部带有两个槽口的小刃片制成。最早根据 Echegaray（1963）在埃尔—希亚姆台地发掘的器物定名。在 20 年的时间里，这是唯一被确定的 PPNA 形制。随着发现的器物愈加丰富，更多的类型被定名，特别是约旦河谷箭头和萨利比亚箭头（Nadel 等人，1991）。这三类箭头都呈三角形，底部狭窄。人们还发现了另一些 PPNA 特有的燧石制品，特别是 Bar-Yosef 等人（1987）描绘的哈格杜德切割法。对于对新月沃地的新石器时代复杂凿制石器形制感兴趣的读者，Gebel and Kozlowski（1994）是必读的。埃尔—希亚姆箭头、哈格杜德切割法、细石器和双面器物的相对出现频率被用来定义 PPNA 的两个阶段，即希亚姆文化和苏丹文化，后者中细石器的出现频率较低，但可以找到哈格杜德切割法和双面镐。学界仍在争论希亚姆文化和苏丹文化是否仅仅代表了同一文化中功能不同的工具，有的发现于不同遗址（Nadel，1990），有的发现于同一遗址内（Mithen 等人，2000），有的来自 PPNA 的连续阶段（Bar-Yosef，1998b）。有人认为，希亚姆文化不过是沉积物中混合的苏丹文化及其下层的纳图夫文化（Garfinkel，1996）。

11. 从箭头上的细微磨损痕迹可以看出这点，许多痕迹显示了钻或凿特有的圆周运动，而非投射物尖头因为冲击造成的裂痕。雷丁大学的 Sam Smith 把研究这种磨损痕迹作为博士课题。关于对来自德拉的箭头的初步报告，见 Goodale 和 Smith（2001）。

第8章　象形符号和柱子

1. 对哈格杜德道的全面描绘，见 Bar-Yosef 和 Gopher 编辑的著作（1997）。书中提供了 10 个放射性碳定年数据，从 9400 ± 180 BP（修正后的公元前 9115—前 8340 年）到 9970 ± 150 BP（修正后的公元前 9746—前 8922 年），大部分集中在 9700 BP 周围。在哈格杜德道发掘出的植物残骸样本要比耶利哥的大得多。其中包括大量大麦粒，根据 Kislev 的研究（1989，Kislev 等人，1986），它们在生物学上属于野生而非驯化品种。不过，收获的数量和植物加工设备暗示当地已经存在大规模和高产量的种植。对吉尔加尔的描绘见 Noy 等人（1980）和 Noy（1989），该遗址拥有至少 5 个放射性碳定年结果，从 9950 ± 150 BP（修正后为公元前 9743—前 9246 年）到 9710 ± 70 BP（修正后为公元前 9250—前 8922 年）。该地区的其他 PPNA 遗址包括 Enoch-Shiloh 和 Bar-Yosef（1997）所描绘的萨利比亚 9 号。该定居点的两个放射性碳年份为 18500 ± 140BP 和 12300 ± 47 BP（修正后为公元前 13072—前 12159 年），但相比文化遗存显得太过古老，显示样本受到了污染。关于盖舍尔（Gesher）PPNA 定居点的信息较为有限，Garfinkel 和 Nadel（1989）描绘了那里的凿制石器。测得的 4 个放射性碳年份从 9790 ± 140 BP（修正后为公元前 9597—前 8839 年）到 10020 ± 100 BP（修正后为公元前 9741—前 9309 年）。

2. Edwards（2000）提供了对扎德遗址（更准确地说是扎德遗址 2 号，以便和附近的青铜时代遗址相区别）的报告。他给出的唯一放射性碳定年结果是 9500 BP（修正后为公元前

9100—前 8550 年）。

3. Kuijt 和 Mahasnehe（1998）对德拉做了描绘，并给出了 3 个放射性碳定年数据，从 9960±110 BP（修正后为公元前 9684—前 9276 年）到 9610±170 BP（修正后为公元前 9220—前 8750 年）。报告中没有包括 2000 年考古季发现的带柱子的泥砖墙建筑（Finlayson，个人通信）。

4. 关于 WF16 号的初步报告，见 Mithen 等人（2000）。目前，根据该遗址的木炭测了 7 个放射性碳年份，从 10220±60 BP（修正后为公元前 10326—前 9748 年）到 9180±60 BP（修正后为公元前 8451—前 8290 年）。

5. 关于约旦河谷的 PPNA 概况，见 Kuijt（1995），作者暗示定居点存在等级结构。对该遗址情况的总结另见 Bar-Yosef 和 Gopher（1997）。另一个重要遗址是伊拉克埃德杜布（Iraq Ed-Dubb），相关描述见 Kuijt 等人（1991）。当地的晚期纳图夫文化从 11415±120（修正后为公元前 11528—前 11222 年）持续到 10785±285 BP（修正后为公元前 11197—前 10393 年），PPNA 沉积层的年代为 9950±100 BF（修正后为 9678—前 9255 年），见 Bar-Yosef 和 Gopher（1997）。

6. 由于篇幅所限，我无法在下文中介绍该时期的另一个关键遗址：艾斯沃德丘阜。Bar-Yosef 和 Gopher（1997）总结了对该遗址的 PPNA 考古，而 van Zeist 和 Bakker-Heeres（1985）描绘了重要的植物残骸。遗址底层的年代被测定为 9730±120 BP（修正后为公元前 9283—前 8835 年）和 9340±120 BP（修正后为公元前 8776—前 8338 年）。遗址位于大马士革盆地，最初是一个由圆形房屋组成的小村子，位于今天的阿泰贝湖（Lake Ateibe）边。人们在这里生活了数千年，最终形成了一个土丘，今天被称为艾斯沃德丘阜。我们对早期的村落所知相对寥寥，但里昂大学的丹尼尔·斯托德尔正对遗址展开新的发掘。最初的发掘只找到了很少的植物残骸，但来自最古老地层（公元前 9000—8500 年）的分析样本包括驯化小麦——这是最早发现该品种的场合之一。人们种植的还有小扁豆和豌豆，可能是最古老的驯化品种。

7. Cauvin（1977）描绘了对穆赖拜特的发掘工作。最早的新石器时代遗址是穆赖拜特三期，放射性碳年份为 10000 和 9600 BP。van Zeist 和 Bakker-Heeres（1986）描绘了遗址中的植物残骸。

8. Cauvin（2000）提出了他对新石器时代宗教和神明性质的观点，并宣称理念的改变先于经济的改变。

9. 关于对红崖的描绘，见 Stordeur 等人（1996，1997）。该遗址的两个放射性碳定年数据为 9690±90BP（修正后为公元前 9249—前 8840 年）和 9790±80 BP（修正后为公元前 9345—前 9167 年）。

10. 对哈兰切米丘这座建筑的描绘，见 Rosenberg（1999）。

11. Stodeur 等人（1996，第 2 页）。

12. Hauptmann（1999）描绘了哥贝克力石阵，而 Schmidt（2001）则提供了他在 1995 年到 1999 年间的发掘报告。鉴于这些纪念碑式的建筑，确定遗址的准确年代变得极为重要，但遗址本身的性质让定年工作变得困难。没有火炉或火坑等家用设施意味着缺乏与外界隔绝的可供检测的焦炭。根据遗址填埋物中找到的焦炭测得的放射性碳年份显示，建筑属于 PPNA 时代。但由于填埋物是后来加入的，焦炭的来源以及与墙壁和柱子的关系并不清楚。不过，施密特根据地层形态证据认定建筑和巨柱属于 PPNA 时代。在圆形建筑被填埋后，人们又在留下的填坑周围建造了许多 PPNB 时代的长方形建筑。填坑周围是一道与 PPNB 建筑同时代的平台墙，直接建在填埋物之上（Schmidt，私人通信）。

13. 关于对施密特在 20 世纪 90 年代的发掘中所找到艺术品和其他器物的描绘和一些解读，见 Schmidt（1994，1996，1998，1999）。

14. Heun 等人（1997）对野生和驯化的单粒小麦做了系统演化分析，认定土耳其南部的卡拉贾达山是驯化的发生地。不过，他们的报告开头就研究的必要假设做了一系列说明，在考虑他们的结论时需要非常注意这点。

15. 对古瓦伊尔山谷的描绘见 Simmons 和 Najjar（1996，1998）。

第9章　在渡鸦谷中

1. 在本章和后文中，我只是用"城镇"一词来区分 PPNB 定居点与 PPNA 定居点，这并不表示两者有任何特别的社会和经济差异。

2. 下文关于贝达的内容参考了三部重要出版物：Kirkbride（1966，1968）关于遗址发掘的两份报告，以及 Byrd（1994）对建筑和布局的分析。截止 2001 年，Kirkbride 关于贝达 PPNB 定居点发掘的最终报告尚未发表。Weinstein（1984）列举了来自贝达的 17 个放射性碳定年数据，从 9128±103 BP（修正后为公元前 8521—前 8242 年）到 8546±100BP（修正后为公元前 7729—前 7428 年）。

3. Kirkbride（1968）简要描绘了她在贝达的工作背景，传记细节见 Champion（1998）。

4. 关于对贝达的具体研究，见 Byrd（1994）；关于对新石器时代建筑和城镇布局的相关重要研究，见 Byrd（2000），Banning 和 Byrd（1987），Byrd 和 Banning（1988）。

5. Kuijt（2000）盘点了关于 PPNB 期间社会分化的有限证据，证据实际上来自墓葬。他总结说，"某些个人和团体被从社群中选出，在生前和死后都得到不同待遇：生前头颅被整成畸形，死后头骨被储存起来并涂上石膏"（157 页）。对于 PPNB 建筑在大小和外观上的相似性，以及丧葬习俗总体上的一致性，Byrd（2000）暗示这些可能有助于在整个社群中营造平等精神，尽管家庭之间已经出现了不平等。他暗示长者可能控制了威望商品、婚后居所的选择和其他活动，包括婚姻花费。

6. Wright（2000）对西亚早期城镇的烹饪和餐饮状况做了出色的研究，讨论了准备和享用食物的地点，以及这些行为的社会起源和影响。她表示，在像贝达这样的 PPNB 城镇，准备食物可能是在院子里进行的公开可见活动，而有的食物则在屋内享用。

7. Bar-Yosef 和 Alon（1988）描绘了在赫玛尔溪洞的发掘。由于沉积物受到严重干扰，准确定年变得不可能。来自火炉的交谈提供了 3 个日期，从 8100±100 BP（修正后为公元前 7309—前 6830 年）到 8270±80 BP（修正后为公元前 7472—前 7143 年）。从有机物制品测得的 3 个日期普遍更加古老：结网为 8600±120 BP（修正后为公元前 7797—前 7523 年），捻线织物为 8500±220 BP（修正后为公元前 7913—前 7185 年），绳索为 8690±70 BP（修正后为公元前 7794—前 7599 年）。

8. 关于赫玛尔溪洞的有机物遗存，见 Bar-Yosef 和 Schick（1989）。

9. 我们对此类材料的其他了解来自垫子在石膏地面上留下的印迹，比如在耶利哥（Kenyon，1957）和马拉哈泉村（Rollefson 和 Simmons，1987）所发现的。

10. Kirkbride 用"走廊建筑"一词表示贝达的这种建筑。其他 PPNB 定居点没有发现（据我所知）类似建筑。

11. 虽然贝达的长方形建筑之下埋着圆形建筑，但在该遗址和约旦河谷的其他 PPNB 定居点找不到任何两种建筑之间逐渐过渡的痕迹。不过，在穆赖拜特（Cauvin, 1977, 2000）和红崖（Stordeur 等人，1996, 1997）可以看到建筑的这种发展，一些人因此认为那里是 PPNB 的发源地。

12. PPNA 和 PPNB 住宅建筑性质的变化是全新世早期考古记录中最突出的特点之一。关键的变化是从相对较小的独立居所变成两层楼的长方形建筑，在世界其他地方的复杂社会的发展中也能看到这点。Flannery（1972）解释了这种变化，根据人种学上的相似性，他认为前者的居民可能是父系和一夫多妻制的大家族，而长方形房屋的居民则是个体家庭。上述研究遭到了 Saidel（1993）的批评，Flannery（1993）进行了反驳，Byrd（2000）对其做了进一步的讨论。Byrd 认为，与其说重要变化发生在社会组织上，不如说体现在各种活动被转移到室内——尽管这可能对社会知识和互动造成许多影响。Flannery（2002）重新分析了建筑变化的问题，他着重强调了从以群体为基础转向以家庭为基础的过程中风险管理模式的变化。

13. Byrd（2000）和 Goring-Morris（2000）强调了 PPNB 村落中可能存在的压力，暗示社会等级和仪式理念的出现对于管理日益复杂的社会关系必不可少。

14. Legge（1996）和 Uerpmann（1996）讨论了关于亚洲西南部的山羊驯化问题。确定山羊和其他动物从野生到驯化品种的过渡遇到了很多问题。其中之一是，用于区分两者的形态标准仍然相当主观，需要考虑到生态条件不同造成的动物体型和外形差异，并做出相应调整。从 Kahila Bar-Gal 等人（2002a, 2002b）近期的研究来看，使用基因证据可能会带来巨大进展。这些研究确认，仅仅使用形态标准可能在品种鉴定时造成错误，无法正确认定动物残骸所代表的驯化动物状态。

15. 关于阿布胡赖拉开始放牧绵羊和山羊的日期存在一定分歧。Legge 和 Rowley-Conway（1987）将阿布胡赖拉 2 期的开始时间定位在公元前 7500 年，转向饲养山羊和绵羊发生在大约公元前 6500 年。不过，Hedges 等人（1991）将壕沟 E（与转向饲养山羊和绵羊有关）的年代定位 8330±100BP（修正后为公元前 7522—前 7189 年）。Legge（1996）让情况变得更加复杂，他表示在 2A 期也找到了山羊骨，年代为 9400—8300 BP。

16. 下文关于山羊驯化的内容主要参考了 Hole（1996）和 Legge（1996）。

17. 对甘兹·达列赫的定年存在一定争议。Hole（1996）的报告称，底层的日历年被认定为 12200 BP，但他相信日历年 10000 到 9400 BP 更加合适。Legge（1996）似乎倾向于把年代集中在 9000 和 8500 BP（放射性碳年）。他似乎否定了 Hole 提出的更早年份，但没有提供理由。Hedges 等人（1991）提供了 4 个放射性碳定年数据，从 9010±110 BP（修正后为公元前 8292—前 7967 年）到 8690±110 BP（修正后为公元前 7940—前 7593 年），但同样提到对它们进行解读时遇到的问题。

18. Hesse（1984）描绘了他对甘兹·达列赫山羊骨的研究。他认为这些山羊的体型比起野生种群有了明显减小，但经过更加细致的研究，齐德（Zeder 和 Hesse, 2000）否定了这种观点，并肯定了死亡情形的重要性。Zeder 和 Hesse（2000）还提供了放射性碳定年数据，确认山羊的驯化发生在公元前 8000 年。

19. Hole（1996）。关于近年来对山羊驯化研究的盘点，见 Zeder（1999）。

20. 贝达乃至所有 PPNB 城镇被抛弃的原因引发了大量争论。整体环境的恶化似乎是关键，但不清楚起因是气候变化还是砍伐森林（开辟耕地或为获得燃料，特别是用于加工石灰）。对关键问题和可能性的讨论见 Rollefson 和 Köhler-Rollefson（1989）以及 Simmons（2000）。

21. 关于 1986—1989 年间在巴斯塔的发掘，见 Nissen（1990）。

第10章　鬼镇

1. Bar-Yosef 和 Meadow（1995）提到了 PPNB 农业社群和沙漠地区的狩猎采集者成员间进行交易的可能性。

2. 阿布萨勒姆坐落于内盖夫中部高地，Gopher 和 Goring-Morris（1998）对其做了描绘。另一个重要的 PPNB 定居点是西奈山东部的圣泉镇（Ein Qadis）1 号遗址（Gopher 等人，1995）。

3. 新式箭头和标枪在 PPNB 时期迅速发展，其中许多制作精美。经典类型包括"比布鲁斯"（Byblos）、"耶利哥"和"阿姆克"（Amuq）箭头，它们均由长刃片加工而成，形制上略有区别。Gebel 和 Kozlowski（1994）是关于此类器物的关键著作。野生动物重要性的变化也体现在克法尔哈霍雷什的墓葬仪式中对它们的使用（Goring-Morris，2000），以及来自加扎尔泉镇等地的动物小塑像（Schmandt-Besserat，1997）。

4. Rollefson 和 Simmons（1987）提到了在加扎尔泉村找到的 45 种野生动物残骸，估计它们提供了 50% 的食用肉类。作家还认为这些野生动物都是在加扎尔泉村本地捕获的。

5. Reese（1991）和 D. E. Bar-Yosef（1991）描绘了从后旧石器时代到新石器时代在黎凡特地区发现的贝壳的变化。D. E. Bar-Yosef 认为角贝的失宠始于 PPNA 时期，但不清楚原因是文化偏好的改变，还是这种贝壳在东地中海和红海沿岸数量的减少。

6. 下文关于 PPNB 时期耶利哥的景象参考了 Kenyon（1957）。Weinstein（1984）提供了 21 个 PPNB 时期耶利哥镇的放射性碳定年数据，从遗址 E 的 9140 ± 200 BP（修正后为公元前 8687—前 7972 年）到遗址 F 的 7800 ± 160 BP（修正后由公元前 6981—前 6461 年），大部分集中在 8500 BP 左右。Waterbolk（1987）讨论了来自亚洲西南部的放射性碳定年数据，并评价了不同实验室的数据质量以及如何让数据的价值最大化。

7. PPNB 时期不同遗址间的建筑样式有很大差别。贝达独一无二的走廊建筑只是这种现象的一个方面。Byrd 和 Banning（1988）讨论了其他特征，着重分了耶利哥和加扎尔泉镇的所谓"柱子"房屋以及布克拉斯和阿布胡赖拉的多房间居所。

8. 尽管头骨可能是在被埋葬很长时间后才取下（肉和其他部分已经自然腐烂），但也存在埋葬前斩首的可能性。对于耶利哥、克法尔哈霍雷什和贝萨蒙（Beisamoun）给头骨涂抹石膏的已知技术的详细描绘，见 Goren 等人（2001）；关于马拉哈泉村的情况，见 Griffin 等人（1998）。

9. Goren 等人（2001）对来自耶利哥、克法尔哈霍雷什和贝萨蒙的涂有石膏的头颅做了比较研究，认为不同遗址在制作方式和图案细节上存在显著差异，尽管采用了相同的基本技术。他们暗示，必要技术的传播并非是通过工匠在不同遗址间的迁移达成的，而是通过基本知识的交流。

10. 关于对赫玛尔溪洞所发现器物的描绘，见 Bar-Yosef 和 Schick（1989）。

11. Goring-Morris 等人（1994，1995）描绘了在克法尔哈霍雷什的发掘，遗址的日期被测定为 9200—8500 BP 之间。Goring-Morris（2000）在更大的社会背景下解读了克法尔哈霍雷什的仪式习惯。他指出，至少 2 处墓葬（可能是 4 处）中有几乎完整的野生动物尸体殉葬。

12. Galili 等人（1999）描绘了在亚特利特雅姆的发掘。这是一处晚期 PPNB/PPNC 遗址，5 个放射性碳定年数据从 8140 ± 120 BP（修正后为公元前 7448—前 6862 年）到 7550 ± 80 BP（修正后为公元前 6461—前 6260 年）。

13. 下面的段落参考了 Rollefson 和 Simmons（1987）关于加扎尔泉镇的一般性综述，以及后文提到的各种专业报告。城镇被分成 3 个时间阶段：中期 PPNB，公元前 7250—前 6500 年，大部分发现来自该时期；晚期 PPNB，公元前 6500—前 6000 年；PPNC，公元前 6000—前 5500 年（Rollefson，1989）。

14. Banning 和 Byrd（1987）详细研究了加扎尔泉镇的房屋建筑技术，推测人们频繁变更房屋形制，而且居住单元有变小的趋势。

15. Schmandt-Bessart（1997）描绘了加扎尔泉镇的动物模型，并在 PPNB 动物形象的一般性背景下对其做了解读。在发现的 126 件动物小塑像中，最有意思的是两座牛形塑像，它们的喉咙、腹部、胸部或眼睛被扎上了细石器。

16. Schmandt-Bessart（1992）相信，这些黏土象征物可能在文字发展的最早阶段扮演了重要角色。不过，它们的功能仍然很不清楚，而且许多人认为她缺乏论据。

17. 这幅场景描绘了在加扎尔泉镇发现的两处埋藏坑中的第一个出土的巨大塑像，参考了 Rollefson（1983）。考古学家们在进行保护处理的过程中确认了它们的制作方法（Tubb 和 Grissom，1995）。Rollefson（2000）盘点了从 PPNB 中期到雅莫科文化（Yarmukian）时期加扎尔泉镇的仪式性质和社会结构。我要特别感谢伦敦大学学院的 Kathryn Tubb 关于这些塑像的讨论。

18. 以在近东其他地方找到的类似塑像碎片和涂了石膏的头骨为背景，Schmandt-Bessart（1998）讨论了加扎尔泉镇的塑像，并通过与巴比伦文本和塑像的比较对它们做了解读。Schuster（1995）暗示，加扎尔泉镇的塑像代表鬼魂。

19. Rollefson（1998）描绘和解读了加扎尔泉镇的这种新建筑。

20. Rollefson（1989，1993）描绘了加扎尔泉镇最后阶段的居住状况。他根据独特的建筑特征确定了 PPNC 阶段，并认为使用陶器的新石器时代民族（被称为雅莫科文化）继承了这些特征。

21. Banning 等人（1994）认为，考古学家们低估了紧随 PPNB 的新石器时代人口规模。他们认为，定居点模式的改变导致许多较晚的新石器时代遗址被埋在坡脚下的沉积物中，在勘探中没有被发现。

22. 就像在上一章中提到的，总体环境的恶化似乎是 PPNB 城镇被放弃的主因，但不清楚起因是气候变化还是砍伐森林（开辟耕地或为获得燃料，特别是用于加工石灰）。对关键问题和可能性的讨论见 Rollefson 和 Köhler-Rollefson（1989，1993）以及 Simmons（2000）。

23. Rollefson 和 Köhler-Rollefson（1993）认为，由于农业和畜牧体系共同造成的环境恶化，人们重构了生计基础，将农业和畜牧部门分开，后者包括游牧活动。Goring-Morris（1993）讨论了畜牧经济在内盖夫和西奈的出现。

第11章　加泰土丘的天堂和地狱

1. 我对布克拉斯的描绘参考了 Matthews（2000）所做的总结和解读。他给出的该定居点放射性碳年份位于公元前 6400—前 5900 年之间。

2. 关于内瓦里乔利的描绘参考了 Hauptmann（1999）所做的总结。他给出了遗址 I 和 II 层的三个放射性碳年份，分别为 9212±76 BP（修正后为公元前 8526—前 8294 年），9243±55 BP（修正后为公元前 8548—前 8324 年）和 9261±181 BP（修正后为公元前 8738—前 8272 年），来自 277 号坑的数据为 9882±224 BP（修正后为公元前 9956—前

8919 年）。Hauptmann 的报告被收录于 Özdoğan 和 Başelen（1999）编辑的涵盖土耳其新石器时代的出色文集中。

3. 关于对查约努、哈兰切米丘和内瓦里乔利拜建筑的比较研究，以及有关建筑崇拜的有趣想法，见 Özdoğan 和 Özdoğan（1998）。

4. 对这座低矮土丘的发掘始于 1962 年，由芝加哥大学的罗伯特·布雷德伍德（Robert Braidwood）等人主持。截止 1991 年共完成 16 个发掘季，除了芝加哥大学，参与的考古学家还来自伊斯坦布尔、卡尔斯鲁厄（Karlsruhe）和罗马的大学。1985 年，伊斯坦布尔大学的 Özdoğan 成为查约努发掘工作的总负责人，承担着整合各种发现从而揭示定居点历史的艰巨任务。关于定居点的发掘历史和发展，见 Özdoğan（1999）。作为史前考古学的先驱，布雷德伍德是最早让考古学家、植物学家、动物学家和地质学家队伍走到一起的人之一。除了查约努，他还发掘了贾尔莫（见本书第 45 章）等许多遗址。2003 年 1 月 15 日，95 岁的布雷德伍德去世。18 个小时后，他的妻子——相伴了 66 年的忠贞伴侣琳达也走完了人生旅程。

5. Balkan-Atli 等人（1999）描绘了安纳托利亚中部的大量黑曜石作坊。

6. 对阿西克里霍育克的描绘见 Esin 和 Harmankaya（1999）。这个巨大土丘的最上几层已经过广泛发掘，发现了布局很有秩序的长方形泥砖墙建筑，建筑之间有小巷分隔。

7. 20 世纪 60 年代，詹姆斯·梅拉特对加泰土丘进行了发掘，本章后文的许多内容参考了他对该遗址的一般性介绍（Mellaart, 1967）。由霍德发起的新发掘工作应用了大量现代科技和他所谓的"反思性"方法（Hodder, 1997）。新的发掘工作催生了一个信息非常丰富的网站（catal.archaeology.cam.ac.uk/catal）和两卷文集，分别关于表层考古（Hodder, 1996）和方法问题（Hodder, 2000）。Hodder（1999a）对用新方法解读遗址的象征意义做了有用的总结。我描绘的加泰土丘之行受到 2000 年 8 月霍德在东英吉利大学讲座的影响。Cessford（2001）提供了一系列关于加泰土丘最古老层面的新的 AMS 放射性碳定年数据，并评估了 20 世纪 60 年代获得的关于定居点较晚阶段的数据。在已知建筑下方存在着一系列贝丘，还找到了一些山羊、绵羊畜栏，测定的 14 个 AMS 年代从 8155 ± 50 BP（修正后为公元前 7300—前 7070 年）到 7935 ± 50 BP（修正后为公元前 7030—前 6960 年）。塞斯福德对现存关于较晚居住时期的年代（梅拉特将其分为数个建筑阶段）做了评估，暗示其处于 8092 ± 98 BP（修正后为公元前 7310—前 6820 年）到 7521 ± 77 BP（修正后为公元前 6440—前 6250 年）。

8. 我关于这个房间的描述以 Hodder（1999b）对一座加泰土丘建筑的重建为基础。

9. Mellaart（1967, 184 页）把这尊小塑像描绘成女神。塑像发现于梅拉特所称的一处圣所的谷物罐中，这只是在该遗址发现的大量小塑像之一。他相信母神是加泰土丘人神话世界的中心，她是"唯一的生命来源……与农业过程，与驯化和饲养家畜，与增长、富足和丰饶等思想联系在一起"。（Mellaart, 1967, 202 页）后来，他又形容这位神明为"一切生命的来源和主人，创造者，伟大母亲，生命本身的象征"。（Mellaart 等人, 1989, 23 页）Voigt（2002）也引用了上面的话，作者描绘了 Hodder（1990）和她本人对象征意义的诠释，两人都没有使用母神观念。

10. 就像 Mellaart（1967）描绘的那样，加泰土丘发现的壁画和雕塑数量特别大，下文只提到了一小部分。

11. 霍德是 20 世纪 70 年代末和 80 年代出现的所谓后过程考古学的主要支持者，这种思想对考古理论的整体发展和我们对新石器时代的理解产生了重要影响。他的重要著作包括 Hodder（1985, 1990, 1991, 1999c）。2000 年起，霍德开始在斯坦福大学任职。

12. Matthews 等人（1996，1997）讨论了显微地层研究工作的某些方面。

13. 一边是土耳其东部的查约努、哈兰切米丘和内瓦里乔利等新石器时代定居点，那里的崇拜建筑与居所性质的建筑泾渭分明；另一边是土耳其中部的加泰土丘等定居点，那里的仪式和家庭活动完全在同一空间内进行。Özdoğan 和 Özdoğan（1998）发现了两者间这种有趣区别。

14. Asouti 和 Fairbairn（2001）对来自加泰土丘和其他安纳托利亚中部遗址的植物残骸做了总结和解读，而 Martin 等人（2001）则对动物骨骼做了类似工作。

15. 来自 1999 年他接受加利福尼亚考古学会的采访，见 www.scanet.org/hodder.html。霍德表示，他希望自己在加泰土丘的项目能持续 25 年。

第12章　在塞浦路斯的三天

1. 塞浦路斯岛上考古遗址的正式命名以它们的发现地作为前缀，因此阿伊托克莱诺斯洞被称为阿克罗蒂里-阿伊托克莱诺斯。由于某些遗址的名字已经很长，我在本章中不再使用正式命名。对于想知道全称的读者，文中提到的其他遗址是：基索内尔加-米卢特基亚（Kissonerga-Mylouthkia）、帕雷克里希亚-希鲁洛坎波斯（Parekklisha-Shillourokambos）和卡尔瓦索斯-腾塔（Kalvasos-Tenta）。据我所知，基罗基蒂亚没有正式的地点前缀。

2. 关于对阿克罗蒂里-阿伊托克莱诺斯洞和西蒙斯发掘工作的全面描绘，见 Simmons（1999）。我非常感谢艾伦·西蒙斯和我讨论了他的工作和解释，并以如此有建设性的方式回复了我的批判性评论。我还要感谢苏·科列奇（Sue Colledge），与她的讨论也令本章的写作受益。

3. 根据洞中的各种材料测得了 31 个放射性碳定年数据，从 3700 ± 60 BP（修正后为公元前 2196—前 1980 年）到 12150 ± 500 BP（修正后为公元前 13256—前 11579 年）。根据骨骼测得的 3 个数据被认为不可靠，剩余 28 个数据的加权平均值经过修正后为公元前 9703 年（Simmons，1999）。公元前 10500 年这个中位数也常常被使用，我推测其中包括骨骼的数据。Manning（1991）对上述放射性碳定年数据做了批判性评估。

4. 不幸的是，对塞浦路斯的古生态学研究非常有限。我参考了 Simmons（1999）的材料。我们对公元前 10000 年时的本地植物状况很不清楚。塞浦路斯的早期植物记录中没有野生小麦，尽管同样在早期新石器时代的环境中找到了野生大麦（Colledge，私人通信）。

5. 很少有证据可以表明河马与大象何时初到塞浦路斯，或者小型化品种出现的年代。关于这些问题的更多讨论，见 Sondaar（1977，1986）。

6. 我们没有关于被用作燃料的木头（如果确有其事的话）品种的证据。浮木给确定遗址的年代带来了困难，因为在被焚烧前，它们可能已经有了相当长的历史。这也许可以帮助解释为何阿伊托克莱诺斯的年代存在 300 年的浮动。

7. 想要大致了解这场争论和关于存疑问题的详细讨论，见 Bunimovitz 和 Barkai（1996），Strasser（1996），Simmons（1996），Reese（1996）的交流论文，刊于《地中海考古学期刊》（*Journal of Mediterranean Archaeology*）第 9 期。Vigne（1996）做出有价值的贡献，考虑了来自科西嘉岛的证据。

8. 遗址的动物残骸中发现了多种鸟类，有的很可能完全是通过自然过程来到那里的。作为其中数量最多的一种，大鸨似乎是人类的重要猎物。由于过着群居生活，而且不熟悉人类掠食者，它们很容易被捕获（Simmons，1999）。

9. 西蒙斯大度地把奥尔森的报告（1999）收入自己的书中（1999），用编者脚注的形式回应了她的每一条批评。

10. 这些河马骨骼完全不含作为放射性碳定年关键成分的胶原，因此只能根据骨中的磷灰石来测定，而这一方法被普遍认为不可靠。骨骼可能很容易受到年代晚近得多的焦炭污染。

11. 不幸的是，我们对塞浦路斯岛上的倭象和倭河马的灭绝年代几乎一无所知——我在书中的描绘完全是猜测。岛上许多洞穴里埋着大量河马和大象的骨骼，可以通过用定年程序对它们加以测定来解决上述问题。关于更新世期间人类对岛上动物灭绝产生的可能影响，见 Sondaar（1987）的讨论。

12. 关于对米卢特基亚水井的描绘，见 Peltenburg 等人（2000）。更详细的描绘见 Peltenburg 等人（2001），本章其余部分参考了书中信息。米卢特基亚的前陶器新石器时代定年结果包括 9315±60 BP，9235±70 BP（修正后为公元前 8545—前 8298 年）和 9110±70 BP（修正后为公元前 8446—前 8242 年）。我非常感谢保罗·克罗夫特和埃迪·佩尔腾堡，2001 年 9 月在塞浦路斯期间，两人与我讨论了这些水井和对它们的解读。

13. 保罗·克罗夫特（个人通信）暗示，人们开挖这些水井是为了能靠近有天然港口的海湾。岛上有充足的淡水溪流，开挖水井并非完全有必要。

14. 这完全是推测。我们没有关于地中海史前这个时期船只形制的证据。

15. Guilaine 等人（1998）描绘了在希鲁洛坎波斯的发掘，Peltenburg 等人（2001）对其做了总结。关键的放射性碳定年数据是 9310±80 BP（修正后为公元前 8717—前 8340 年），9205±75 BP（修正后为公元前 8524—前 8293 年）和 9110±90 BP（修正后为公元前 8451—前 8239 年）。

16. Todd（1987）描绘了在腾塔的发掘，Todd（1988）是有学术价值的遗址导游手册。托德从土丘顶部建筑中获得的放射性碳定年数据表明，房屋建造于公元前 8300 年左右（9240±130 BP，修正后为公元前 8605—前 8292 年）。这比他测得的其他所有数据至少早了 1000 年，因此被他认定为不可靠。但随着米卢特基亚和希鲁洛坎波斯的发现，那个较早的年代现在被重新认定为非常可靠。

17. Peltenburg 等人（2001）详细描绘了这些相似点，还提供了红崖建筑的图片。

18. 帐篷的设计考虑到了遗址的名字“腾塔”（帐篷）。根据当地传说，那是因为公元前 327 年，当君士坦丁大帝的母后圣海伦娜带着耶稣受难的十字架从耶路撒冷回到塞浦路斯时，她在遗址所在地搭建了帐篷，后来又在腾塔东北约 20 千米的地方修建了斯塔夫罗乌尼修道院（Stavrovouni Monastery）（Todd，1998）。

19. 关于在基罗基蒂亚的发掘，见 Le Brun（1994），以及有学术价值的该遗址导游手册（Le Brun，1997）。

第13章　北方土地的先驱

1. 高夫洞是被切德峡谷切断的地下体系的一部分，该峡谷所属的干谷系统深深切入了萨默塞特郡蒙迪普山（Mendip Hills）西缘的石灰石中。对雅various发掘工作的描绘，见 Currant 等人（1989）。人骨和器物的放射性碳定年结果为 12300±160BP（修正后为公元前 13178—前 12132 年）和 12800±170BP（修正后为公元前 13797—前 12444 年）。高夫洞和切德峡谷中的其他岩洞（再加上德比郡的克雷斯韦尔崖）是英国晚期冰河时代定居点最重要的遗址，一些独特的器物以它们命名，如切德和克雷斯韦尔箭头。Jacobi（1991）对英国的晚期冰河时代做了综述。

2. Cook（1991）。这些不是洞中最早被发现的人骨。早前的发掘中也找到过样本，但它们的表面被挖掘者的工具破坏，然后涂上了防腐剂。这种处理令任何详细研究都变得不可能，在今天无法想象。库克同样发现，宰割发生在死后不久。

3. Parkin 等人（1986）分析了高夫洞的兽骨，其中以马和马鹿为主。除了取下筋腱，切痕显示它们还被剥皮、肢解和剔骨。食肉动物生活在后洞，那里有被重重嚼过的骨头，也许是从人类生活的入口区域拖来的。马鹿的颌骨暗示山洞在冬天被使用。

4. Delpech（1983）和 Bahn（1984）描绘了来自上次冰河极盛期的法国西南部，以马鹿为主的遗骨堆。其中许多支离破碎，比如在比利牛斯山古尔东（Gourdon）所发现的。

5. 关于他是否真的在 1863 年陪同拉尔泰和克里斯蒂探索了那些山洞，卢伯克的文字（1865，243—246 页）有些含糊。卢伯克在介绍他们发现的上下文中描绘了自己的多尔多涅之行，并在描绘地名时使用了"我们"。

6. Marshack（1972）描绘了蒙高迪埃骨棒。鱼被认定为繁殖季的雄性鲑鱼，因为它的下颌有个犀斗勾。海豹可能跟着鲑鱼逆流而上，或者聚集在河口或沿岸，就像它们在春天做的那样；其中一条鳗鱼显然是雄性，春天时它们刚从冬眠中醒来。就像 Marshack 所描绘的，其他几件艺术品也带有特定的季节图像；Mithen（1990）描绘了这些图像如何可能被用于帮助人们在上旧石器时代做出决定。

7. 这两句话都引自 Lubbock（1865，255 页）。

8. Atkinson 等人（1987）描绘了利用甲虫残骸重建过去 22000 年间英国季节温度的变化状况。

9. Cordy（1991）。

10. 沙洛洞位于比利时的那慕尔地区，爱德华·杜邦（Edouard Dupont）在 19 世纪 60 年代对其进行了挖掘。Charles（1993）重新评估了他发现的动物遗骸，而 Cordy（1991）则描绘了小型哺乳动物。

11. Lubbock（1865，295 页）。

12. 通过分析花粉粒来重建植被历史的方法直到 20 世纪初才发展起来，特别是通过 30 年代 Von Post 和 Godwin 的工作。我确信，1865 年时卢伯克已经清楚地意识到不同种类的植物会产生自己特别的花粉。

13. Lubbock（1865，316 页）。

14. 此人后来成为约瑟夫·普雷斯特维奇爵士，任牛津大学地质学教授。

15. Lubbock（1865，295 页）。

16. 虽然带切痕的兔骨来自英格兰的克雷斯韦尔，但我们不知道那些野兔是如何被捕获的。我描绘的小场景借鉴了爱斯基摩人的诱捕方法，就像 Birket-Smith（1959）和 Graburn（1969）所描绘的。

17. 关于对多格兰地貌的重建，它的发展历史和被北海淹没，见 Coles（1998）。

18. Campbell（1997）。

19. Charles 和 Jacobi（1994）。

20. 对罗宾汉洞的放射性碳定年结果为从 42900 ± 2400BP 到 2020 ± 80BP，而对兔骨测定的 5 组数据位于 12290 ± 120BP（修正后为公元前 13138—前 12139 年）和 12600 ± 170BP（修正为公元前 13546—12360 年）之间，很可能无法区分（Charles 和 Jacobi，1994）。

21. 人们曾尝试确定位于比利时那慕尔附近的一个名为"獾洞"（Trou de Blaireaux）的洞穴何时开始有人居住（Housley 等人，1997），为这种困境提供了一个很好的例子。来自洞中下层的石器寥寥无几，但根据同一地层兽骨的放射性碳定年数据，它们曾被认为有大约 1.6 万年的历史。但用来测定的兽骨位于一堆母驯鹿和幼驯鹿的鹿角中，狼会把这些东西叼回来让幼崽磨牙。看上去那个洞穴很可能曾是狼窝，后来才有人居住，人和狼的垃圾混在了一起，原因很可能是后来有獾打洞钻了进来——毕竟那里叫"獾洞"。

22. Lubbock（1865，244—247 页）。不清楚他是否真的见到了切痕；今天我们知道，骨头上可能自然形成许多细槽，看上去和燧石刀留下的痕迹几乎一致，只有在电子显微镜下才能分辨。

23. Lubbock（1865，183 页）。

24. Lubbock（1865，260 页）。

25. Lubbock（1865，184—185 页）。

26. 就像在放射性碳定年中那样，AMS 实际上选择和计算了样本中 ^{14}C 与 ^{13}C 以及 ^{12}C 的相对值。这种方法只需要 1 毫克碳，可以从 0.5 克骨头中获得。这种技术不仅能够个别测量小片带切痕的骨头，还能测量来自雕塑甚至岩洞壁画上的样本。Grove（1992）解释了 AMS 相比传统方法的优势。

27. Housley 等人（1997）。通过对带切痕的骨头进行 AMS 测定，Charles（1996）同样对再殖民研究做出了重要贡献。

28. 在一些案例中，雕刻成工具的骨头或鹿角等理想样本实际上无法被定年（Housley 等人，1997 年）。在 AMS 定年技术出现前很久涂上的防腐层改变了骨头的化学成分，导致任何放射性碳定年结果都存在疑问。但还存在其他许多人类加工过的样本。

第14章　与驯鹿猎人在一起

1. 下文对阿伦斯堡山谷的描绘和我对狩猎场景的重建参考了 Bokelmann（1991）和 Bratlund（1991）。关于冰河时代晚期北欧狩猎策略的更多信息，见 Bratlund（1996）。

2. 早在公元前 25 万年，驯鹿就是欧洲尼安德特人的关键猎物。但随着公元前 30000 年之前不久解剖学意义上的现代人到来，狩猎驯鹿的强度大大增加，出现了最早的大规模屠戮。中旧石器时代和上旧石器时代的驯鹿捕猎的反差，以及驯鹿在上旧石器时代经济中扮演的角色仍然是争论的主题，比如见（Chase，1989；Mellars，1989；Mithen，1990，第 7 章）。

3. Lubbock（1865，243—245 页）概述了拉特尔根据主要动物种类所做的分期，认为这些物种在时间上有重叠。

4. Audouze（1987）对冰河时代晚期巴黎盆地的定居点做了综述。韦尔布里的年代为 10640 ± 180BP（修正后为公元前 10974—前 10390 年），但技术和动物残骸暗示该据点的许多遗物可能属于大约 12000BP。

5. 我所描绘的宰割驯鹿的独特场景借鉴了 Binford（1978）对努马缪特人（Numamiut）所用方法的研究。Audouze 和 Enloe（1991）认为，这似乎是描绘韦尔布里活动的上佳模型。

6. 对潘瑟旺的详细描绘见 Leroi-Gourhan 和 Brézillon（1972）。Enloe 等人（1994）解读了潘瑟旺残骨的空间分布形式。Housley 等人（1997）提供了 6 组 AMS 放射性碳定年数据，从 11870 ± 130BP（修正后为公元前 12141—前 11582 年）到 12600 ± 200BP（修正后为公元前 13556—前 12354 年）。

7. Enloe 等人（1994）；Audouze 和 Enloe（1991）。

8. 下文以埃蒂奥勒的石质工具加工技术为基础，详细描绘见 Pigeot（1987）。Housley 等人（1997）
提供了 5 组 AMS 放射性碳定年数据，其中 4 组位于 12800±220BP（修正后为公元前
13811—前 12435 年）和 13000±300BP 之间；另一组位于该区间外，为 11900±250BP（修
正后为公元前 12318—前 11524 年）。

9. 这种特别的碎石技术首先将石块敲打成对称形状，厚度小于宽度，具有平坦的上表面作
为敲击面。准备好的石块必须有一条与长度相当的纵向凸起，以便第一次敲凿时能沿着
它裂开。又长又薄的石片被取下时连着凸起部分的整个顶部，形成可以长达 60 厘米的刃片。
这会在石块上留下带有两条平行凸起的"疤痕"，这些凸起将作为第二和第三次锤击时的
准线。利用这种方法，一块燧石变成了 20 或 30 个体积渐次减小的刃片。大块高品质的
石芯惯坏了埃蒂奥勒的碎石工，就连还能取下 15 厘米长刃片的石块也被抛弃，而后者在
几乎其他所有的冰河时代定居点都备受珍惜（Pigeot，1987）。

10. Pigeot（1990）简要概括了她的拼合和空间研究。Fischer（1990）对丹麦特罗勒斯加维
（Trollesgave）的冰河时代晚期石块做了类似研究。

11. 下文大量参考了 Strauss 和 Otte（1998）的材料。

12. 对莱特利森林的详细研究见 Otte 和 Strauss（1997）。

13. 指求偶网络。Birdsell（1958）写了一篇关于狩猎采集者人口结构的研讨会论文，而
Wobst（1974，1976）则建立了有影响的数学模型。500 这个数字实际上意味着有足够的
妇女生育足够的孩子来保证社群人口稳定，而且没有近亲繁衍的危险。

14. Mithen（1990）讨论了驯鹿数量的波动对上旧石器时代狩猎采集者的重要性。他暗示人
类的狩猎可能增大了波动幅度。

15. 关于对冰河时代晚期德国西部定居点的盘点，见 Weniger（1989）。

16. Bosinski 和 Fischer（1974）描绘了在根讷斯多夫的发掘。Housley 等人（1997）提供了
9 组 AMS 放射性碳定年数据，从 12790±120BP（修正后为公元前 13760—前 12458 年）
到 10540±210BP（修正后为公元前 10927—前 10342 年）。

17. 没有证据表明，这些刻有图案的石板是在药物作用下完成的。但 Lewis-Williams 和
Dowson（1988）提出，萨满教、艺术和更迭的意识状态在史前欧洲相互关联。在其他
一些艺术传统中也有人提出存在类似的关系，特别是北美岩画（如 Whitley，1992）。

18. 关于对根讷斯多夫猛犸骨骼上图画的描绘，见 Bosinski（1984）。

19. Lubbock（1865，460 页）。

20. Lubbock（1865，363 页）。

21. Lubbock（1865，437 页）。这段话指火地岛人。

22. Bosinski（1991）描绘了根讷斯多夫的女性图像。

23. 一边是阿伦斯堡矛尖的创新，旨在提高欧洲新仙女木时期驯鹿狩猎的效率，一边是差不
多时代的哈拉夫（Haraf）箭头的创新，用于在内盖夫沙漠中捕猎羚羊，我们也许可以对
两者进行比较。

670

第15章 在斯塔卡

1. 关于对斯塔卡发掘的报告，见 Clarke（1954）的前言。

2. 这可能夸大其词；克拉克在斯塔卡的发掘对于推动从经济而非类型学方法来研究中石器时代（乃至整个史前时代）非常重要，他在自己较早的中石器时代研究（Clark, 1932）中是后一种方法的先驱。

3. Lubbock（1865, 2 页）。

4. Lubbock（1865, 2 页）。

5. Lubbock（1865, 2 页）。

6. Lubbock 援引了石器—青铜—铁器三大时代的体系，就像丹麦学者克里斯蒂安·汤姆森（Christian Thomsen）已经提出的。关于该体系如何产生和对考古思想的深刻影响，见 Trigger（1989）。

7. 这段话的关键段落是 Lubbock（1865, 191—197 页）。

8. Clark（1932）。

9. 关于汤姆森、沃索和斯滕斯特鲁普，以及 19 世纪在科肯莫丁格工作的重要性，见 Klindt-Jensen（1975）。

10. 克拉克在 1949—1951 年的 3 个田野季发掘了斯塔卡，并在一篇会议专题论文中（Clark, 1954）发表了结果。20 年后，他又对该遗址进行了解读（Clark, 1972）。Mellars 和 Dark（1998）提供了关于克拉克所发掘器物的 6 组 AMS 放射性碳定年数据，从 9060±220BP（修正后为公元前 8552—前 7599 年）到 9670±100BP（修正后为公元前 9243—前 8836 年）。他们自己的发掘找到了一个更早的居住阶段，AMS 放射性碳定年结果为 9700±160BP（修正后为公元前 9280—前 8802 年）和 9500±120BP（修正后为公元前 9136—前 8631 年）。Dark（2000）对斯塔卡的绝对年代做了些微调，暗示上述数据可能晚了两个世纪。

11. 对斯塔卡源不断的新解释和对其材料的新型研究反映了考古学理论态度的改变以及新技术的出现（特别是考古科学技术），而非表示英国缺少保存良好的中石器时代遗址，以至于相当偏执地迷恋斯塔卡遗址，并限制了中石器时代考古学的发展。在 Clark 本人的工作（1972）之后，关键的贡献包括：Jacobi（1978）暗示遗址在初夏时可能有人居住；Pitts（1979）提出那里曾是加工鹿角和皮革的专门产业化场所；Andersen 等人（1981）分析了斯塔卡遗址的形成，并提出在不同季节多次有人居住；Dumont（1988）对凿过的石头进行了微磨损研究。近来最重要的研究是 Legge 和 Rowley-Conwy（1988）的动物残骸研究，以及 Dark（Mellars 和 Dark, 1998）的古环境研究。

12. Legge 和 Rowley-Conwy（1988）。

13. 关于达克和洛（Law）的贡献，见 Mellars 和 Dark（1998）。彼得拉·达克的工作至关重要，因为它不仅告诉了我们过去的环境以及人类与植被互动的情况，而且描绘了遗址形成的活动，通过湖泊沉积物中只有在显微镜下才能看见的焦炭颗粒的密度变化展现了对该地区的几次占领。

14. 关于对更新世晚期和全新世欧洲植被的更详细描绘，见 Huntley 和 Webb（1988）。

15. 关于对中石器时代欧洲所使用的狩猎方法的盘点，以及中石器时代的其他方面，见 Mithen（1994）。Bonsall（1989）以及 Vermeersch 和 Van Peer（1990）提供了一系列重要的论文。Zvelebil（1986a）研究了中石器时代晚期和向农业的转换。

16. 细石器的功能在中石器时代研究中引起过许多争论。传统上它们被认为是箭的尖头和倒钩，但 Clarke（1976）对此提出质疑，认为它们被用于植物加工技术，可能用作碾磨板。在桑德尔山（Mount Sandel，Woodman，1985）和斯陶斯奈格湾（Staosnaig，Mithen 等人，2000）发现了细石器与植物残骸的密切联系，磨痕暗示它们有多种用途（比如 Finlayson，1990；Finlayson 和 Mithen，1997）。不过，大部分细石器可能被用于狩猎武器，特别是以 Zvelebil（1986b）和 Mithen（1990）所暗示的方式。

17. 关于带柄的细石器，见 Clark（1975）。Noe-Nygaard（1973）和 Aaris-Søren（1984）分别描绘了维和普莱伊勒鲁普的样本，Noe-Nygaard（1974）根据骨骼上的狩猎伤痕分析了中石器时代的狩猎。

18. 编结品的最佳例子之一来自斯卡尼亚（Skania）阿格洛德五号遗址（Ageröd V），有 48 根枝条仍用松根编织在一起（Larsson，1983）。不过，很难确定编结品用于捕鱼陷阱、篮子本身还是其他用途。

19. 在丹麦的曲布林湾也找到了渔网残片、浮标和沉子。Andersen（1995）盘点了在中石器时代晚期的丹麦发现的大量不同的捕鱼装备，而 Fischer（1995）中的论文则涉及许多海洋和淡水捕鱼的特点。Burov（1998）盘点了中石器时代欧洲东北部使用植物材料制造物品的情况。

20. 在丹麦曲布林湾发现了一条用酸橙木挖成，并配备桦木桨的独木舟（Andersen，1985）。

21. 捕鱼时所用的木质设备的好例子来自丹麦的哈尔斯科夫（Halsskov）。关于中石器时代捕鱼时所有的这些和其他木质设备，见 Pedersen（1995）。Burov（1998）描绘了桦树皮做的袋子。

22. 通过在斯卡尼亚的阿格洛德找到的残骸，Larsson（1983）复原和描绘了这把折断的弓。

23. Clarke（1976）推测了植物性食物在中石器时代欧洲的重要性，Zvelebil（1994）对现存证据做了全面总结。

24. Hansen 和 Renfew（1978）对来自弗兰克提洞的植物残骸做了归纳。

25. Mithen 等人（2000）描绘了在斯陶斯奈格湾的发掘，Mithen 等人（2001）则对植物残骸做了归纳。对富含榛子壳的沉积层所做的 AMS 放射性碳年得到了 7 组结果，从 7935 ± 55BP（修正后为公元前 7029—前 6697 年）到 7040 ± 55BP（修正后为公元前 5985—前 5842 年）。

第16章 最后的岩洞画家

1. 在 Bahn 和 Vertut（1997）引用的岩洞壁画的 AMS 放射性碳定年数据中，最晚近的为西班牙桑坦德的拉斯莫内达斯（Las Monedas）的一匹黑马画像，时间为 11950 ± 120BP（修正后为公元前 12317—前 11671 年），以及法国阿列日的勒波特尔（Le Portel）的一匹马的画像，时间为 11600 ± 150BP（修正后为公元前 11861—前 11491 年）。

2. 更新世晚期法国西南部的捕鱼规模存在争议。在发掘许多驯鹿骸骨的山洞中很少找到鱼骨，但这可以用 20 世纪初缺乏发掘手段来解释。Jochim（1983）猜测，创造了岩洞壁画的社会事实上非常依赖鱼类，他用美洲东北沿岸复杂的狩猎采集者群体作为类比。不过，对人骨化学成分的检验表明，食谱中大量出现海洋资源的情况直到更新世最后才出现，

672

即 12000BP 之后（Hayden 等人，1987）。

3. 虽然对佩什梅尔斑点马图形的直接检测得出的放射性碳定年数据为 24840±340BP（Bahn 和 Vertut，1997），但图像画面前地上的焦炭测得的结果为 11380±390BP（修正后为公元前 11873—前 11024 年），而另一幅画面前地上的焦炭则测得 11200±800BP（修正后为公元前 12185—前 9820 年）。对这种差异有各种可能的解释，其中之一是来访者在岩画完成很久以后才进入洞中。

4. Bahn（1984，250—260 页）简要总结了马斯达济勒的发掘和复杂地层，Bahn 和 Vertut（1997）有该遗址许多艺术品的插图。

5. Bahn 和 Vertut（1997）描绘了洞中找到的一块扎了小孔的扁平赭石饼如何与一枚锋利的骨针联系在一起，发掘将其解读为文身的证据。

6. 鉴于比利牛斯山马斯达济勒和伊斯图里兹（Isturitz）遗址的艺术品与器物的数量和质量，Bahn（1984）称其为"超级遗址"。

7. 在更新世的最后出现了小而平，而且常常带孔的鱼叉，取代了马格德林时期长长的圆柱体形鱼叉。Thompson（1954）描绘了这类新的"阿济勒鱼叉"，他提供了它们的类型特征，并猜测了其使用方法（不过在年表和手头样本上已经相当过时）。

8. Couraud（1985）详细研究了阿济勒卵石，对其关键成功的总结见 Bahn 和 Couraud（1984）。

9. Strauss（1986）描绘了更新世晚期西班牙坎特布里卡山（Cantabrian）的定居点系统，暗示海边和高地上有一系列供人居住的大本营以及从事特定工作的专业化营地。

10. 我认为阿尔塔米拉洞中没有阿济勒文化的地层，但我无法根据最初的发掘报告确定这点。Beltrán（1999）在其近来对这个山洞的研究中（拍摄了大量令人惊叹的岩画照片）没有提到阿济勒文化的遗存，Strauss（1992）也没有在他关于阿济勒文化的文章和放射性碳定年列表中提到阿尔塔米拉洞。

11. Strauss 和 Clark（1986）详细描绘了对拉里埃拉的发掘，全面盘点了 19 世纪时在西班牙坎特布里卡山的研究。拉维加德尔赛亚伯爵于 1914 年发掘了拉耶拉（La Llera）悬岩，于 1915 年发掘了克维托德拉米娜洞（Cueto de la Mina），在后者发现了一长列人类生活过的地层，从更新世晚期到全新世早期。

12. 拉里埃拉洞共有 29 层，许多还被分成若干层面，放射性的定年结果在 20860±410BP（第 1 层）到 6500±200BP（修正后为公元前 5638—前 5260 年）（第 29 层，即顶层）（Strauss 和 Clark，1986）。

13. 在试图估算史前各个时期的绝对或相对人口水平，以及区分食谱变化是源于环境压力抑或人口增长时，考古学家面临着严峻的问题。Strauss 和 Clark（1986，351—366 页）解读了冰河期期间生计状况的变化，并得出结论说，在他们看到的狩猎活动的加强和资源的多样化过程中，人口水平的增长扮演了关键角色。Strauss 等人（1980）提供了简要描绘。

14. Strauss（1992）暗示，以矩形为主，被称为"盖形"的岩洞壁画也许描绘了这种枯枝藩篱。

15. 关于从更新世过渡到全新世期间西班牙北部环境与社会的概况，见 Strauss（1992）。

16. 近来对阿尔塔米拉岩画所做的 AMS 放射性碳定年结果显示，岩画是在很长的时期内逐渐完成的。Bahn 和 Vertut（1997）援引了 7 组数据，从 16480±210BP 到 13570±190BP。

17. 对上旧石器时代艺术的盘点，见 Bahn 和 Vertut（1997）。

18. 这种观点延续了对旧石器时代艺术的"适应性"解读，Pfeiffer（1982），Jochim（1983），Rice 与 Patterson（1985）和 Mithen（1988，1989，1991）以多种不同形式做过这种解读。

19. Gamble（1991）关于艺术之社会背景的作品，以及那些持明确"适应性"看法的作品都以新石器时代艺术是信息的观点为基础（例如：Jochim[1983], Mithen[1991]）。

20. Mithen（1988）提出了这种观点，认为这种艺术中有很多地方明确指涉了狩猎采集者获得关于猎物和整体环境之信息的手段。

21. 当然，我们不知道旧石器时代狩猎采集者讲述的故事；其中包含了生存信息的观点建立在与因纽特人故事的类比上，就像 Minc（1986）所解读的。

第17章　沿海的灾难

1. Christensen 等人（1997）引述了对北欧海平面上升的各种估计，从西波罗的海的每百年 4 米到德国北海沿岸的每百年 2.3 米。

2. Dawson（1992）总结了全新世早期海平面变化的复杂模式。他解释说，最大的灾难性洪水发生在 8000BP 左右，原因是劳伦太德冰盖的解体，导致全球海平面几乎瞬间上升了 0.2~0.4 米。

3. Coles（1998）试图重建冰河时代晚期和全新世早期的多格兰地貌。

4. Coles（1998，47 页）描绘了 Clark（1936）对中石器时代欧洲的综述如何传递出"被淹没的土地曾是早期中石器时代文化的腹地"的思想。

5. 克拉克在关于斯塔卡的专著（Clark,1954）的导言中描绘了这个带倒钩的鹿角叉头的发现，而在 Clark（1972）中，他强调了其对中石器时代研究发展的重要性。关于早期发现的中石器时代叉头，包括来自奥尔（Ower）海岸的，见 Godwin 和 Godwin（1933）。

6. 这个叉头的年代为 11740±150BP（修正后为公元前 12077—前 11527 年）（Housley, 1991）。Coles（1998）暗示，叉头可能来自大本营在南方的狩猎采集者，他们偶尔北上，捕捉猎物、获取毛皮和季节性的丰富野禽。

7. 以丹麦大贝尔特海峡地区的水下树桩为证据，Fischer（1997）详细描绘了森林被淹没的场景。

8. 通过计算海床的深度，并将其与已知的海平面波动联系起来，Van Andel 和 Lionos（1984）重建了弗兰克提洞与海岸相对位置的变化。

9. Jacobsen 和 Farrand（1987）描绘了对弗兰克提洞的发掘。

10. Wordsworth（1985）。

11. Dawson 等人（1990）。

12. 下文以 Ryan 等人（1997）中的材料为基础。海洋地质学家比尔·莱恩（Bill Ryan）和沃尔特·皮特曼（Walt Pitman）记录了那次灾难性的洪水，他们试图将其与《旧约》中描绘的诺亚时代的洪水联系起来（Mestel, 1997）。

13. Lubbock（1865，177 页）。

14. 查尔斯·莱尔爵士（1797—1875）在 1830—1833 年间出版了三卷本的《地质学原理》。书中提出了均变说，即过去发生的地质变化与现在可观察到的属于统一过程，处于同一速率。这部作品主张缓慢和连续变化的观点，对查尔斯·达尔文和他物竞天择观点的提出产生了深刻的影响。由于暗示包含人类器物和已解决动物骨骼的沉积物经历了漫长的时代，该书还提出了人类古老性的问题。

15. Prestwich（1893）。

674

16. Pirazzoli（1991）简述了对海平面变化理解的历史。

17. 下文关于波罗的海地区海平面的复杂变化的描述参考了 Björk（1995）。

第18章　欧洲东南部的两个村落

1. 下文以对莱彭斯基维尔 I 期的描绘为基础，参考了 Srejović（1972）的基础性作品和 Radovanović（1996）对铁门峡谷的区域研究。莱彭斯基维尔 I 期本身被分成 5 个阶段（a-e）。Radovanović（1996，附录 3）提供了莱彭斯基维尔的 11 组放射性碳定年数据，从 7360±100BP（修正后为公元前 6376—前 6083 年）到 6900±100BP（修正后为公元前 5885—前 5666 年），两个异常值为 6620±100BP（修正后为公元前 5625—前 5478 年）和 6200±210BP（修正后为公元前 5362—前 4854 年）。

2. 马基内达洞有长长的一系列沉积层，从更新世最后的 11000BP 开始（Geddes 等人，1989）。我提到的是 8530±420BP（修正后为公元前 8200—前 7081 年）和 8390±150BP（修正后为公元前 7582—前 7186 年）的中石器时代晚期层面。

3. Holden 等人（1995）描绘了米格迪亚岩的植物残骸。虽然没有找到橡子这种可能的关键食物来源的痕迹，但他们将此归咎于糟糕的保存条件。对中石器时代底层的 4 组放射性碳定年数据从 7280±370BP（修正后为公元前 6463—前 5744 年）到 8800±240BP（修正后为公元前 8202—前 7609 年）。

4. 这次穿越南欧的想象之旅受到 Nicholas Crane（1996）穿越欧洲的山地之行启发。类似的灵感还来自 Patrick Leigh Fermor（1986）从荷兰的胡克步行到君士坦丁堡的记录，特别是对穿越特兰西瓦尼亚森林的描绘。

5. 我在这里受到 Baring-Gould（1905）在 20 世纪初对里埃埃拉描绘的影响。

6. Alciati 等人（1993）描绘了对蒙德瓦勒德索拉的发掘。意大利北部的中石器时代文化被称为卡斯特尔诺维亚文化（Castlenovian），蒙德瓦勒德索拉的两组放射性碳定年数据为 8380±70BP（修正后为公元前 7539—前 7349 年）和 7330±59BP（修正后为公元前 6229—前 6087 年）。

7. Miracle 等人（2000）描绘了对其中一个山洞——谢布伦阿布里（Šebrn Abri）的发掘。3 组放射性碳定年数据从 9280±40BP（修正后为公元前 8604—前 8342 年）到 8810±80BP（修正后为公元前 8198—前 7984 年），对我的叙事而言太早了。但附近可能有过居住时间稍晚些的岩洞庇护所。

8. 这里指的是第 54 号屋，位于莱彭斯基维尔 I 期第 2 阶段层面的中心（Radovanović，1996，109 页）。一边是铁门峡谷的中石器时代人类，一边是巴尔干的早期新石器时代群体，Garašanin 和 Radovanović（2001）近来讨论了屋中一个陶罐对于两者接触之性质和时间的意义。

9. 事实上，关于莱彭斯基维尔儿童健康的这番话以同时代的弗拉萨克（Vlasac）定居点的报告为基础（那里有数据可用）。Meiklejohn 和 Zvelebil（1991）引述的研究显示，44% 的儿童骸骨有佝偻病，25% 的男性和 15% 的女性有软骨病。这两种疾病都是缺乏维生素 D 和 / 或钙的表现。对一个非常依赖鱼类的人群而言，这似乎出人意料。他们引述的另一项研究显示，70% 的牙齿存在牙釉质发育不全。我认为莱彭斯基维尔儿童的健康状况与之类似。

10. 这段话依据了莱彭斯基维尔 I 期第 40 号房屋中的墓葬与颌骨位置（Srejović，1972，

119 页）。通过对考古遗存的再评估，Radovanović（2000）重新分析了莱彭斯基维尔丧葬习俗的范围和时间顺序。

11. 见 Radovanović（1997）对莱彭斯基维尔象征符码的解读，她把河水的流动、人类生活周期和鱼类（特别是欧洲鳇）每年的洄游联系起来。

12. 下文参考了 Srejović（1972）和 Radovanović（1996）对铁门峡谷的区域研究。

13. Radovanović（1996）描绘了铁门峡谷的所有关键遗址。Whittle（1996）暗示，莱彭斯基维尔可能是神圣中心，并怀疑早在与最早的农民接触前，铁门峡谷中就出现了定居的狩猎采集者的据点。他猜测莱彭斯基维尔和其他遗址在新石器时代之前就有过漫长的发展历史。

14. Srejović（1989）没有提到任何保加利亚和南斯拉夫南部的中石器时代遗址，而 Chapman（1989）强调在几乎整个欧洲东南部都没有中石器时代人类。

15. Perlès（2001）全面研究了新石器时代的希腊及其中石器时代背景。除了得出中石器时代当地人口稀少的结论外，她还认为这些人被排除在中石器时代欧洲的广泛趋势之外，因为他们的技术传统非常特别。

16. 上文和后文对新尼科美狄亚定居点和生活方式的重建参考了 Rodden（1962，1965）。他给出了唯一一组放射性碳定年结果是 6220±150BC（修正后为公元前 5319—前 4959 年）。

17. Perlès（2001）检验了可能表明希腊的农业殖民者源于何方的证据。她的结论是，无法与土耳其或西亚的任何特定地区建立令人满意的联系。其中一个关键问题是殖民者在多大程度上维持或失去了他们原来的文化特征。抵达希腊的人似乎很快失去了与他们"故乡"的任何强烈文化联系，这与迁徙到中欧各地的 LBK 农民截然不同。

18. 关于新石器时代克里特岛的殖民，见 Broodbank 和 Strasser（1991）。Whittle（1996）讨论了南意大利的复杂情况。具备家畜和谷物等整个"新石器时代套装"的早期新石器时代遗址似乎让人倾向于接受殖民的观点。塔沃里埃尔（Tavoliere）平原上的封闭遗址对这种观点的影响特别大。不过，Whittle 强调我们缺乏对中石器时代定居点的了解，他一般对来自希腊或西亚的殖民者农民的观点保持谨慎。

19. 我的这段话否定了 Dennell（1983）偏爱的立场，即欧洲东南部的新石器时代文化可能源于当地的中石器时代文化，没有新民族加入。Halstead（1996）和 Perlès（2001）先后评价了从中石器时代延续到新石器时代的观点，Perlès 的总结说："农业是由移民群体引入的现在似乎已经是不容质疑的结论。"（2000，45 页）

20. 希腊新石器时代最初的年代界定很不准确。Van Andel 和 Runnels（1995）归纳了现有的放射性碳定年数据，认为希腊的早期新石器时代处于 9000 和 6000BP 之间，符合 Halstead（1996）对无陶器新石器时代的界定。Perlès（2001）提供了对现有放射性碳定年数据的最详细研究，特别是关于那些据称属于前陶器新石器时代的遗址。这些遗址共有 14 组数据，众数值从 8130 到 7250BP（公元前 7500—前 6500 年）。

21. Perlès（1990）描绘和分析了弗兰克提洞的凿制石器，指出石器系列的重大变化只发生在陶器新石器时代出现时。Shackleton（1988）则指出，洞中居民所采集的海贝种类在家畜刚出现时没有改变，暗示沿海采集模式得到了延续。

22. Van Andel 和 Runnels（1995）详细讨论了早期新石器时代农民对洪泛平原的依赖。在讨论中，他们否定了流行的观点，即早期新石器时代农业与历史上的地中海传统农业方式存在相似点，就像 Barker（1985）所认为的。

23. Rodden（1965）描绘了新尼科美狄亚和同时代欧洲东南部定居点的不同个人装饰品，发现它们与加泰土丘的存在相似之处。他表示这些饰品同时具备欧洲和亚洲的特征。

24. 考古学家也做不到，有时他们会杜撰出新石器时代复杂的宗教意识形态场景，依据主要是黏土小像（比如 Gimbutas，1974）。

25. Halstead（1996）描绘了早期新石器时代村落中可能如何组织生产，以及家庭可能如何防备生计无着。

26. Ammerman 和 Cavalli-Sforza（1979，1984）为农民（或农业）在欧洲各地的传播提出了一种很有影响的"前进波浪"模型。最初的模型暗示了被边界后方的人口持续增加推动的连续迁徙。在对欧洲东南部的早期新石器时代文化进行了详细的评估和解读后，Van Andel 和 Runnels（1995）更倾向于波状前进模型经过修正后的版本，包括时间和空间上的不连续。他们认为，最早的农民实际上高效地从一块肥沃的洪泛平原跃迁至另一块，在快速扩散的时期之间夹杂着相对静止的阶段，即当下的洪泛平原逐渐被定居点充满的过程。不过，就像他们承认的那样，现有各种模型的弊端在于放射性碳定年数据不足。

27. Whittle（1996）认为，多瑙河谷的重要文化发展是对农业社群扩散的反应，他形容其为"原住民的抵抗"。

28. 见本书第 17 章，"沿海的灾难"。Ryan 等人（1997）描绘了黑海陆架的突然被淹。

29. Lillie（1998）描绘了来自乌克兰第聂伯河湍流地区中石器时代和新石器时代墓地的大量 AMS 放射性碳定年数据，其中一些拥有超过 100 座墓穴。目前已知的此类墓地有 20 处，其中一些完全属于中石器时代，另一些跨越了两个文化时期。比如，玛丽耶夫卡（Marievka）的墓地有 3 组 AMS 数据，从 7955±55BP（修正后为公元前 7033—前 6708 年）到 7630±110BP（修正后为公元前 6636—前 6384 年）；而德利耶夫卡 I 期（Derievka I）的 5 组数据从 7270±110BP（修正后为公元前 6226—前 6018 年）到 6110±120BP（修正后为公元前 5209—前 4853 年）。另一些墓地的时间跨度更长，最晚为 2500BP 左右。不幸的是，很少有能与这些墓地联系起来的定居点遗迹。

第19章　亡灵岛

1. 鹿岛墓地位于卡列利亚（Karelia）的奥涅加湖。Price 和 Jacobs（1990）提供了关于人骨的 11 组 AMS 放射性碳定年数据。其中 8 组集中在 7280±80BP（修正后为公元前 6218—前 6032 年）到 7750±110BP（修正后为公元前 6689—前 6444 年）之间。3 组异常值（2 组更晚，1 组更早）被解释为受污染的结果。Jacobs（1995）引用了一长串传统的放射性碳定年数据，平均值为 7050BP。

2. 下文参考了 Jacobs（1995）对鹿岛墓地发掘工作历史的叙述。关于斯大林时期苏联的考古学发展，见 Trigger（1989）。

3. Gurina（1956）。

4. 对这处墓葬的描绘参考了 Jacobs 的插图（1995，图 6），后者基于 Gurina（1956）的原画。

5. 下文参考了 O'Shea 和 Zvelebil（1984）。

6. 今天，也许可以通过研究从人类骨骸中提取的 DNA 来验证对这种假设。这需要在类似实验室的条件下发掘样本，与 1936 年乃至今天任何发掘过程中所用的方法截然不同。虽然从人骨中提取 DNA 的技术已经问世超过 10 年，但成功应用的次数仍然有限，主要是因为涉及大量方法问题（对相关研究的评论见 Renfrew，1998）。在该技术刚问世，并在人类历史和生物关系研究中表现出惊人潜力时，这些问题被低估了。古代 DNA 研究被归入生物分子考古学（Hedges 和 Sykes，1992）和考古基因学，后者包括利用活人的 DNA 来推断过去人口的历史（Renfrew 和 Boyle，2000）。

7. Jacobs（1995）。

8. Coles 和 Orme（1983）注意到河狸造成了地貌的重要改变，以及在中石器时代和新时期时代可能如何利用这些改变。

9. 在构思和写作这段旅途时，我受到 Ransome（1927）对"拉孔德拉号"（*Racundra*）的波罗的海首航描绘的启发。

10. Zvelebil（1981）和 Zvelebil 等人（1998）中的文章描绘了在向新石器时代过渡背景下的波罗的海地区中石器时代定居点。Matiskainen（1990）总结了中石器时代芬兰的生计状况。

11. 下文对斯卡特霍尔姆的描绘参考了 Larsson（1984）。来自定居点和墓地的放射性碳定年数据从 6240±95BP（修正后为公元前 5304—前 5060 年）到 5930±125BP（修正后为公元前 4959—前 4618 年）。

12. 关于对斯卡特霍尔姆当地环境和可能的生计特征的详细重建，见 Larsson（1988）。

13. Rowley-Conwy（1998）。

14. 我们没有关于斯卡特霍尔姆房屋的任何直接证据，也没有衣物痕迹。我对这种多样性的暗示是基于丧葬习俗的多样性。

15. 不过，狗的墓葬集中在墓地中的另一块区域（Larsson，1984）。

16. 对斯卡特霍尔姆墓地还没有可以与 O'Shea 和 Zvelebil（1984）对鹿岛墓地那样详细的研究。Clark 和 Neeley（1987）在对欧洲中石器时代社会分化的总体研究中分析了斯卡特霍尔姆的数据。

17. 斯卡特霍尔姆的墓地可能使用了一种我们无法解读的复杂象征密码来表示萨满和其他高贵人物。也许死者应该被直立还是躺着埋葬，陪葬品是水獭头骨还是木器都受到严格规则的约束，并反映了死者的类型、他们扮演的社会角色和在冥间的角色。只是我们无从得知。

18. Larsson（1989，1990）具体分析了斯卡特霍尔姆的狗墓。

19. Newell 等人（1979）编制的欧洲中石器时代骸骨目录中包括那些带有伤痕的样本。Bennike（1985）评估了丹麦中石器时代样本上的创伤证据，发现 44% 的样本头骨上有伤痕，而新石器时代的数字仅仅是 10%。这暗示了存在对小规模社会而言非常高的暴力水平。Schulting（1998）重新评估了她的数据，并将其与瑞典和法国的数据结合起来，发现 20% 的样本上有伤痕证据——这个数字仍然非常之高。

20. 关于对亚诺玛米人中的暴力和战争的描绘，见 Chagnon（1988，1997）。

21. Chagnon（1997，187 页）。

22. 奥夫内特头骨"巢"的年代为 7500BP 左右，Frayer（1997）将其解读为中石器时代大屠杀的证据。

23. 关于这种人口—资源失衡的论点，见 Price（1985）。

24. Zvelebil（2000）表示，在同新石器时代的农民接触后，中石器时代的人类可能遭受了 6 种破坏性的影响：(1) 因为声望物品和加剧的社会竞争导致的社会内部动荡；(2) 农民对狩猎采集者领地的投机性使用破坏了中石器时代的觅食策略；(3) 猎场直接落入农民之手；(4) 为农民提供森林产品导致的生态变化和对野生资源的过度利用；(5) 向上婚配，即女性嫁入农业社群；(6) 新疾病的传播。

第20章　在边界

1. Bradely（1997）提出，中石器时代和新石器时代的人类之间存在意识形态差异，可能导致前者拒绝接受农业。他表示，驯化是"一种思想状态"。

2. 下文关于线形带状纹饰陶器文化的介绍参考了 Whittle（1996），Price 等人（1995）和 Coudart（1991）的材料。最后一部作品对 LBK 内部的社会结构和文化一致性提供了特别有趣的讨论。Price 等人（2001）近来研究了 LBK 的迁徙，他们创造性地利用人骨的化学成分来探究个体在一生中改变居住地点的频率。

3. 关于欧洲转入农业—新石器时代文化在多大程度上源于人的扩散（以及这些人是移民还是被改造的狩猎采集者），或者在多大程度上源于思想的传播，学者们有过长时间的争论。Zvelebil（2000）对目前关于欧洲进入农业社会的各种观点做了出色的盘点，特别强调了中石器时代社群的内部动力及其同"边界"区域的新石器时代人类的社会关系。在该文中，他提出 LBK 是由中石器时代社群在匈牙利平原边缘建立的。

4. 我要感谢理查德·布拉德利（Richard Bradley）提供了关于这些遗址和"死屋"问题的信息。他在 Bradley（1998）中讨论了这些问题和证据。

5. Van de Velde（1997）讨论了关于 LBK 丧葬习俗的问题，并试图从 LBK 墓地推导出其社会组织形式。

6. 下面对韦兹拜克镇博格巴肯"8 号墓"的描绘参考了 Albrethsen 和 Brinch Petersen（1976）的描述。墓地的 3 组放射性碳定年数据为 6290±75BP（修正后为公元前 5360—前 5081 年），6050±75BP（修正后为公元前 5042—前 4809 年）和 5810±105BP（修正后为公元前 4779—前 4540 年）。

7. 关于萨米人的意识形态，见 Albäck（1987）。一边是中石器时代考古记录中的某些方面，一边是西伯利亚西部民族志中记录的萨满习俗，Zvelebil（1997）对两者做了若干直接类比。

8. 因为陆生和海洋植物的光合作用途径不同，它们的 ^{12}C 和 ^{13}C 比率也不相同，海洋植物的比率要低得多。上述比率在整个食物链中保持不变。由于人类骨骼以 10 年为周期重塑，其化学成分提供了死者生命最后 10 年间食谱性质的某些信息。具体来说，^{12}C 和 ^{13}C 的比率可以告诉我们食谱中海洋和陆生食物的比例。Price（1989）对上述方法和从人类骨骼的化学成分中获取食谱信息的其他技术做了盘点。Tauber（1981）提供了中石器时代丹麦的首批结果，揭示了中石器时代和新石器时代食谱的巨大差异。Schulting（1998）进一步探索了该主题，他收集了欧洲西北部的各种证据，描绘了中石器时代的食谱如何以海产品为主，但似乎被新石器时代的食谱完全抛弃。

9. 在对骨骼的化学分析被用于中石器时代的样本之前，大多数考古学家正是这样想的。

10. Meiklejohn 和 Zvelebil（1991）描绘了晚期中石器时代人口的健康状况。

11. 下文对曲布林湾的描绘参考了 Andersen（1985）的报告。1978 年，该遗址作为被淹没的定居点而被发掘，发现了大批器物，包括渔具。遗址中至少有一处墓葬，还包括活动区和垃圾处置区。放射性碳定年结果从 6740±80BP（修正后为公元前 5717—前 5562 年）到 5260±95BP（修正后为公元前 4222—前 3977 年）。

12. 根据 Andersen（1987）的描绘，曲布林湾发现了两条独木舟或船桨。

13. 下面的《史前时代》引文见 Lubbock（1865，171—97 页）。

14. 下文对埃尔特波尔的描绘参考了 Andersen 和 Johansen（1986）的报告。该遗址的大批数据位于 6010 ± 95BP（修正后为公元前 5025—前 4741 年）和 5070 ± 90BP（修正后为公元前 3963—前 3774 年）之间。Enghoff（1986）非常详细地研究了埃尔特波尔的捕鱼活动，并惊人地发现这个沿海定居点的鱼类大多来自淡水。她把这解释为人们偏爱鳗鱼。她对日德兰半岛东安的诺斯明德（Norsminde）贝丘的鱼骨做了类似分析，但没有找到一条淡水鱼。来自那个贝丘的人们专门捕捉比目鱼，很可能反映了贝丘当地的生态情况（Enghoff，1989）。

15. Andersen（1978）描绘了阿格松遗址。那里测得的 3 组放射性碳定年数据在 5460 ± 95BP（修正后为公元前 4448—前 4113 年）到 5410 ± 100BP（修正后为公元前 4244—前 4050 年）之间。

16. 关于对埃尔特波尔附近所谓永久定居点的觅食活动的重建，包括对迪霍尔姆和瓦恩戈索具体活动的猜测，见 Rowley-Conwy（1983）。

17. Rowley-Conwy（1984a）。

18. 文中提到的磨光石斧指多瑙河遗址的带轴孔的斧子和带孔的斧锤，就像 Fischer（1982）在中石器时代丹麦的背景下所报告的。丹麦的中石器时代居民还模仿新石器时代的器物，制作 T 型的鹿角斧、骨梳和骨环（Zvelebil，1998）。

19. 下文参考了 Andersen（1994）对林克洛斯特的发掘报告。Rasmussen（1994）提供了 13 组放射性碳定年数据，从 5820 ± 95BP（修正后为公元前 4776—前 4549 年）到 4800 ± 65BP（修正后为公元前 3652—前 3519 年）。Rowley-Conwy（1994）和 Enghoff（1994）分别分析和解读了遗址的兽骨和鱼骨。

20. Rowley-Conwy（私人通信）。

21. Vang Petersen（1984）描绘了器物的各种空间分布形式，后者很可能和地域与社会边界有关。在菲英岛（Fyn）以东没有发现骨梳和用马鹿角制成的特殊的 T 型斧子，而在日德兰半岛没有发现某种独特的石斧和弯曲的鱼叉，那里只找到直型。在西兰岛上找到了 3 种不同类型的燧石斧，分别来自岛上的 3 个不同地区；东南部的刃口部分加宽，东北部的则两边几乎平行。Verhart（1990）试图通过整个北欧地区的骨制和鹿角尖头的分布来确定各片社会领地。

22. Fischer（1982）最早提供了新石器时代农民和旧石器时代狩猎采集者交易的证据。Zvelebil（1998）对这些证据做了出色的评价，并讨论了觅食者和农民的互动。在以民族志形式记录的觅食者—农民接触的案例中，他强调女性常常嫁人农业社会，这种现象被称为向上婚配（hypergyny）。通过类比新几内亚的民族志例子，Verhart 和 Wansleeben（1997）讨论了荷兰中石器时代—新石器时代的互动和转换，并强调了威望物品的交换。

23. 对埃斯贝克的简要描绘见 Whittle（1996）。那里有一片挖了两条沟渠的方形封闭区域，与内圈沟渠里被侵蚀的房屋遗迹联系在一起。维特尔认为这条沟太浅，不可能是防御性质的，并且它属于 LBK 时代的末期，而冲突被认为发生在 LBK 定居点的初期。

第21章 中石器时代的遗产

1. 关于对多格兰最后被淹没的描绘，包括最后留存岛屿的地图，见 Coles（1998）。

2. Péquart 等人（1937）报告了在泰维耶克的发掘，Péquart 和 Péquart（1954）报告了在奥埃迪克的发掘。我的描绘还参考了 Schulting（1996），他对两个遗址做了总结，并分析了殉葬品的分布。他提供的 8 组放射性碳定年数据位于 6740 ± 60BP（修正后为公元前

5712—前 5564 年）到 5680 ± 50BP（修正后为公元前 4582—前 4408 年）。

3. 在泰维耶克的 H 和 K 号墓中，为了给新落葬者腾出空间，之前埋葬的骨骸显然被推到一边。K 号墓中共有 6 人，最早的那个留在原位，没有被移动到一边（Péquart 等人，1937）。

4. Péquart 等人（1937）将泰维耶克用石头砌成的炉灶分为三类：家用的、宴会的和仪式的。宴会和仪式用的炉灶似乎直接与丧葬活动联系在一起；宴会炉灶靠近较大的坟墓，而仪式性炉灶常常位于墓穴石板之上（Schulting, 1996）。Thomas 和 Tilley（1993）强调了宴会的重要性，他们相信这是新石器时代同类习俗的前身。不过，Schulting（1996）认为宴会并不像他们所宣称的那么重要，贝丘里的物品首先只是日常的家庭垃圾，而非反映了大型社交集会。

5. Lewthwaite（1986）否认公元前 10000 年之前科西嘉岛已经有人居住，并且他们对当地鹿群的灭绝负责。最早的人类殖民发生在公元前 7000 年之后。阿拉基那—赛诺拉（Araguina-Sennola）等遗址的居住状况显示，人们捕猎多种小型猎物和在沿海寻找食物，但完全没有任何本地的中型猎物。

6. 这种陶器被称为鸟蛤器（cardial ware），做工通常相当粗糙，只有小碎片留存。Whittle（1996）描绘了它们的例子，并附有插图。

7. Maggi（1997）报告了白沙洞的发掘。书中包括 Rowley-Conwy 关于兽骨的最终报告，他还总结了在 Rowley-Conwy（2000）中对猪骨和羊骨的解读。

8. 下文参考了 Zilhão（1993），概述对来自南欧的现存数据做出出色总结，并批判性地评价了同化解读。

9. 关于葡萄牙萨杜河谷的中石器时代社群，见 Morais Arnaud（1989）；关于对葡萄牙中石器时代考古更总结性的评点，见 Gonzales Morales 和 Arnaud（1990）。

10. Zilhão（1992）描绘了在卡尔德隆洞的发掘。

11. Lubell 等人（1989）检验了来自葡萄牙贝丘的晚期中石器时代人口和该地区最早的新石器时代人类的骸骨，发现他们似乎都非常健康，因此驳斥了中石器时代人类因为营养和健康原因而被农业吸引的理由。

12. 关于利用人类基因学来研究人口历史问题的潜力、技术和困难，欧洲的情况见 Renfrew 和 Boyle 编（2000），美洲的情况见 Renfrew 编（2000）。

13. Cavalli-Sforza 等人（1994）。该书之于历史基因学发展的关系很可能相当于 19 世纪中期伟大的德国历史学家利奥波德·冯·兰克（Leopold von Ranke）的作品之于传统历史学术发展的关系。兰克撰写了超过 60 本著作，包括教皇史和宗教改革时期的德国，他 83 岁那年开始创作世界史，在 8 年后去世前完成了 17 卷。他的《拉丁与条顿民族史：1494—1535 年》（History of the Latin and Teutonic Nations 1494—1535）（1824）被公认为第一部批判性史学作品。Evans（1997）描绘了兰克如何将史学确立为不同于文学和哲学的学科，不仅致力于收集史诗，也试图理解过去的内在机理。

14. 卡瓦利-斯福尔扎从 20 世纪 70 年代开始研究欧洲人的基因。他最初将血蛋白作为基因的替代品，后来则直接根据其给予核 DNA39 组基因的经典研究将目光直接放到基因序列上。他的研究关键是对数据主要成分的分析。文中提到的基因变化率从东南部向西北部的倾斜来自分析中的第一组主要成分，决定了全部变化的 26%—28%。

15. 伦弗鲁在他 1987 年的《考古和语言》（Archaeology and Language）一书中提出了自己的观点。印欧语的起源也是 19 世纪末和 20 世纪初许多考古学家非常感兴趣的问题，特别是戈登·柴尔德 [比如他 1926 年出版的《雅利安人：印欧语起源研究》（The Aryans: A

Study of Indo-European Origins）一书]。在伦弗鲁重新开启这场争论前，人们的共识是，印欧语在公元前 3000 年诞生在俄国草原上，由入侵的部族带到欧洲。伦弗鲁指出，这种观点与考古学记录大相径庭。

16. Lewin（1997）对伦弗鲁和卡瓦利-斯福尔扎的观点如何完全契合做了通俗的描述。

17. 在伦弗鲁的《考古和语言》出版后的那一年，《古代文明》（*Antiquity*）期刊做了该话题的专题，包括 Zvelebil 与 Zvelebil（1988）、Sherratt 与 Sherratt（1988）和 Ehret（1988）三篇论文，它们都对伦弗鲁试图将考古和语言联系起来表示肯定，但对他关于印欧语的结论提出了大量批评。兹韦莱比尔父子强调，直到相当晚近的时代，非印欧语的分布仍然要广泛得多；而舍拉特夫妇认为，欧洲语言的演化无疑是远比伦弗鲁所暗示的更加缓慢的过程。埃雷特则专注于语言、民族性和物质文化之间的复杂关系。

18. 赛克斯工作的关键论文是 Richard 等人（1996）。赛克斯还在 Sykes（1999，2000）中总结了这项工作，而 Lewin（1997）提供的通俗描绘显示了这项工作对欧洲考古学的重要性。Sykes（2001）本人也对自己的工作做了通俗描绘。

19. Sykes（1999）暗示，上溯到上旧石器时代早期（公元前 50000—前 20000 年）的谱系贡献了现代基因库的 10%，而来自上旧石器时代后期（公元前 20000—前 10000 年）的贡献了 70%。最有趣的进展之一来自 Torroni 等人（1998），他们通过线粒体 DNA 表明，公元前 15000 年左右有从欧洲西南部向东北部的大规模人口迁徙。这完全契合了冰河时代后期人们从 LGM 的庇护所开始扩张的考古学证据。

20. 这场争论中的关键论文是 Cavalli-Sforza 和 Minch（1997）和 Richards 等人（1997）。

21. 有新的研究以男性的 Y 染色体为对象，试图确定男性人口的历史（Sykes，2000）。Sykes（1999）援引波利尼西亚的例子，承认线粒体 DNA 证据可能令结果产生偏差。在这个例子中，99% 的线粒体 DNA 早于欧洲人到来前，但至少有三分之一的 Y 染色体来自欧洲人。他还指出了线粒体 DNA 研究中的其他几个潜在问题，特别是估算变异率。Zvelebil（2000）对基因研究整体做了全面批判。

22. Sykes（1999）强调他和卡瓦利-斯福尔扎的结论变得日益吻合，Renfrew（2000）也认为两组结果是相容的。

23. 关于对波罗的海北部地区的中石器时代到新石器时代过渡的研究，见 Zvelebil 等人编（1998）。

24. 斯堪的纳维亚最早的新石器时代文明被称为漏斗烧杯文化（Funnel Beaker Culture），亦作 TRB。柴尔德最早提出长坟堡是墓葬版的 LBK 长屋，这种观点先后得到了 Hodder（1984）和 Bradley（1998）的发展。不过，第一个建造长坟堡的可能是 LBK 农民自己（Scarre，1992），当时家庭建筑逐渐从北欧消失。

25. Zvelebil 和 Rowley-Conwy（1986）盘点了中石器时代末期和新石器时代之初欧洲大西洋沿岸的证据。

26. 关于对欧洲西北部和大西洋沿岸的新石器时代文明和巨石墓起源的研究，见 Sherratt（1995）和 Scarre（1992）。就像 Thomas 和 Tilley（1993）所指出的，新石器时代初期所显示的宴会和葬礼的联系可能同样源于在泰维耶克看到的中石器时代传统。

第22章　苏格兰后记

1. 直到 1992 年，放射性碳定年测得最早的苏格兰定居点是鲁姆岛（Isle of Rum）上的金洛赫（Kinloch），年代为 8590±95BP（修正后为公元前 7742—前 7540 年）和 8515±190BP（修正后为公元前 7810—前 7207 年）（Wickham-Jones，1990），以及法夫岛（Fife）上的法夫岬（Fife Ness），年代为 8545±65BP（修正后为公元前 7603—前 7524 年）和 8510±65BP（修正后为公元前 7592—前 7523 年）。1992 年后又发现了两处稍早些的遗址：克莱兹代尔（Clydesdale）洛特丘陵（Lowther Hills）的戴尔（Daer）遗址，年代为 9075±80BP（修正后为公元前 8446—前 8206 年）（Ward，私人通信），以及爱丁堡的克拉蒙（Cramond）遗址，年代为 9250±60BP（Saville，私人通信）。

2. 关于对从这片田野（称为 BRG3）挖出的全部器物的描绘，这枚石质箭头的插图，以及对整个艾莱岛的调查，见 Mithen，Finlayson，Mathews 和 Woodman（2000）。

3. Morrison 和 Bonsall（1989）讨论了这些箭头，将其描绘成阿伦斯堡式的；Mithen（2000b）以及 Edwards 和 Mithen（1995）也对它们做了讨论。

4. 即"南赫布里底群岛中石器时代项目"（*The Southern Hebrides Mesolithic Project*），Mithen 编（2000）全文发表了项目报告。

5. Edwards（2000）盘点了艾莱岛和附近岛屿上的植被历史。

6. 这项工作与苏·道森共同完成，S. Dawson 和 A. G. Dawson（2000b）对其做了描绘，并重建了艾莱岛海平面变化的历史。

7. A. G. Dawson 和 S. Dawson（2000a）描绘了林斯的冰河期海洋沉淀物形成和燧石卵石的来源。Marshall（2000a，2000b）指出他们的研究局限于艾莱岛和科伦赛岛西岸，并对赫布里底群岛海岸做了完整的勘察。

8. Mithen 和 Finlay（2000b）描绘了对来自库勒勒拉赫的器物的发掘和分析。这个遗址的工作特别困难，因为所有的沟渠都会很快被淹。由于是在小农场上的有限牧场上进行发掘的，我们的工作在面积上受到局限。只获得 1 组放射性碳定年数据：7530±80BP（修正后为公元前 6530—前 6210 年），我怀疑泥炭层下留有保存完好的中石器时代遗址。

9. Bunting 等人（2000）描绘了对绿湖附近的泥炭层的孢粉学研究。库勒勒拉赫本地的泥炭层对中石器时代价值有限，因为在器物的出土地点和泥炭底部（年代为 4700—100BP）存在间断。

10. 关于对格林莫尔器物的发掘和研究，见 Mithen 和 Finlayson（2000）。其中所获得的一组放射性碳定年数据为 7100±125BP（修正后为公元前 6154—前 5810 年）。

11. 关于对阿奥拉德的器物的发掘和研究，见 Mithen，Woodman，Finlay 和 Finlayson（2000）。这个遗址的年代仍然不明。

12. 细石器传统上被认为是用做箭头或箭上的倒钩。但当 Clarke（1976）暗示，许多细石器可能被用在植物加工设备上时，上述观点受到了质疑。将微磨痕分析用于来自波尔赛的细石器后发现，虽然有许多被用作箭头，但另一些上的切割和钻凿痕迹暗示它们被用于其他工作（Finlayson 和 Mithen，2000）。波尔赛器物的独特性质不仅在于细石器的高频率，还在于以不等边三角形为主。

13. 关于对波尔赛岛的器物的发掘和研究，见 Mithen，Lake 和 Finlay（2000a，b）。该遗址的中石器时代年代为 7250±145BP（修正后为公元前 6242—前 5923 年）和 7400±55BP（修正后为公元前 6379—前 6118 年）。

14. 20 世纪 60 年代和 70 年代，约翰·默瑟和苏珊·希莱特（Susan Searight）对朱拉岛上的中石器时代遗址做了大量发掘。其中最重要的遗址是格伦巴特里克（Glenbatrick）（Mercer，1974），那里可能有早期新石器时代的细石器，形状上与斯塔卡的类似；还有卢萨森林 I 期（Lussa Wood I）（Mercer，1980），那里的一部分可能属于冰河时代晚期，放射性碳定年数据为 8195±350BP（修正后为公元前 7573—前 6699 年）。朱拉岛上的所有遗址都有大堆的凿制石器，Mithen（2000b）对其做了盘点，并附有完整的参考书目。

15. Mithen（2000c）描绘了在科伦赛岛上的考古调查，包括实地走访和挖试验坑。

16. Mithen 和 Finlay（2000a）描绘了对斯陶斯奈格湾的最初勘察和后来在 1989 年到 1994 年间的发掘。

17. 莎拉·梅森（Sarah Mason）和琼·海瑟（Jon Hather）对小白屈菜的使用做了广泛的民族历史学研究，见 Mithen 和 Finlay（2000a）。

18. 多名专家参与了对来自斯陶斯奈格湾物品的研究：尼伦·芬利（凿制石器）、克莱尔·怀特黑德（Clare Whitehead，粗糙石块）、温迪·卡鲁瑟斯（Wendy Carruthers，榛子壳）、莎拉·梅森（其他植物材料）和斯蒂芬·卡特（Stephen Carter，沉积物）。对该遗址的中石器时代特征物的放射性碳定年数据从 8110±60BP（修正后为公元前 7294—前 7050 年）到 7040±55BP（修正后为公元前 5985—前 5842 年）。填充物的快速积累可能发生在大约 7700BP。Mithen，Finlay，Carruthers，Carter 和 Ashmore（2001）对植物残骸做了总结。

19. 烘烤榛子是整个中石器时代的常见活动。这可能是为了将坚果变成糊状，以便于存储和运输；烘烤可能还会让大批的坚果更加美味。Mithen 和 Finlay（2000a）讨论了烘烤榛子的更多理由。关于实验性的烘烤榛子，见 Score 和 Mithen（2000）。

20. 这项花粉证据来自科伦赛岛上的乔拉湖（Loch Cholla），Edwards（2000）对此做了总结。尚不清楚树木花粉减少究竟是人类活动的结果，还是仅仅反映了气候状况的变化。

21. 对奥龙赛岛贝丘的主要发掘由 Mellars（1987）完成，虽然就像梅拉斯在该书中所描绘的，世纪之交时也进行过几次重要的发掘。

22. Mellars 和 Wilkinson（1980）发表了对"耳石"的最初研究。Mellars（1987）提供了几种可能的定居点模式的场景，但明显倾向于定居模型。非常不幸的是，来自鸟骨的季节性证据并未被发表，因为这可能证实（也可能否定）来自耳石的证据。

23. Mithen（2000e）总结了来自我的发掘的放射性碳定年数据，以及它们对解释奥龙赛贝丘的影响。从古环境学证据中也能看到艾莱岛居住记录中的"空白"。

24. Richards 和 Mellars（1998）报告了对贝丘中人类碎骨的碳同位素研究。就像我在 Mithen（2000e）中所描绘的，除了奥龙赛岛的这处永久居所，仍然存在其他可能；如果是这样的话，我们不能排除对艾莱岛、科伦赛岛和朱拉岛，甚至可能是更遥远地点的造访。这些地点对于确保人口活力，避免群体内近亲繁殖而言是必要的。

25. Richards（1990）描绘了奥克尼岛上的新石器时代石头房屋传统。斯通霍尔（Stonehall）遗址暗示，这种传统可能追溯到 5000BP。在巴尔布里迪（Balbridie）发现的一座木厅建于 5200 到 4700BP（Fairweather 和 Ralston，1993），其中发现了一大堆谷粒。Mithen（2000b）盘点了苏格兰从中石器时代向新石器时代的转换。

26. 在波尔赛测得的数据中，中石器时代的要超过新石器时代的，从 4740±50BP（修正后为公元前 3633—前 3383 年）到 3535±80BP（修正后为公元前 1952—前 1744 年）。那里还发现了数目可观的新石器时代陶器和一柄磨光的石斧；相反，器物堆中具有独特形制的新石器时代凿制石器寥寥无几。鉴于此，该遗址的新石器时代居民似乎沿用了中石

684

器时代的技术（Mithen，Lake 和 Finlay，2000b）。艾莱岛上的夏洛特港（Port Charlotte）墓葬的放射性碳定年数据为 5020±90BP（修正后为公元前 3940—前 3709 年），在建筑之下有一堆可能是羊的骸骨——有人声称那些是鹿骨；不幸的是，原先的出土物品已经无法再供研究。

27. Schulting（1999）比较了苏格兰西部的中石器时代和新石器时代人骨中的放射性同位素频谱，发现两者的食谱存在巨大差异，这种现象也出现在整个欧洲西北部。

第23章　寻找最早的美洲人

1. Figgins（1927）描绘了他在福尔瑟姆的工作。下文关于福尔瑟姆的内容也参考了 Meltzer（1993a），对主要人物外貌所做的评论依据书中的照片。Meltzer（2000）描绘了对福尔瑟姆遗址的新调查。

2. 引自 Adovasio（1993，200 页）。

3. 引自 Bonnichsen 和 Gentry Steele（1994）。

4. Meltzer（1993a）用优美的文笔描绘了寻找最早美洲人的历史，并附有插图。

5. 《史前时代》的第 5 章"北美考古"（下面的引述来自 198—236 页）。维多利亚时代的约翰·卢伯克本人没有去过美洲，而是依据不久前史密森尼学会出版的"四部出色的回忆录"。这一章主要描绘了要塞、围场、庙宇和土丘。作者还描绘了各种石头和金属"工具"，并评价了它们与欧洲所找到那些的相似性。

整个这一章中，维多利亚时代的约翰·卢伯克不断试图寻找关于纪念碑和器物年代的线索；他提到，废弃铜矿留下的垃圾堆上生长着至少 300 年的老树，而活着的印第安野人对这些考古学遗物一无所知。他认为，林中大坟丘被形形色色的树木覆盖暗示其历史悠久。对于根据留存下来的骸骨数量来评判墓葬的古老与否，卢伯克非常谨慎——他知道在英国，撒克逊人墓葬常常完全朽坏，而许多史前坟墓则完整留存。

在这章的最后，作者对最早美洲人的古老性做了评价。维多利亚时代的约翰·卢伯克明白，史前印第安人独立发明了农业，使他们走出了"原始野蛮状态"；他相信，后来筑起大坟丘的行为让他们重新"退回了部分野蛮状态"。他写道，此类发展不"需要超过 3000 年的历史。当然，我不否认这个阶段可能会长得多，但至少我觉得它不必更长。同时我还观察到另一些东西，如果证实的话，它们将表明存在过悠久得多的历史"。

"另一些东西"指在已灭绝动物尸骨旁找到的人类器物，他描绘的两个例子都涉及乳齿象——大象的史前亲戚。维多利亚时代的卢伯克表示怀疑，他总结说，"至今还没有出现任何令人满意的证据，证明人类与猛犸和乳齿象共存过"。

6. 关于用新的放射性碳定年修正方法对福尔瑟姆文化所做的最新测定，见 Fiedel（1999）。

7. 对登特的描绘见 Cassells（1983）。Haynes（1991）评价说，登特的猛犸骸骨与克洛维斯矛尖的联系可能是沉积物的后沉积期运动造成的。

8. Warnica（1966）描绘了在黑水洼的发掘，而 Saunders（1992）则对遗址中关于狩猎猛犸的证据做了解释。

9. 关于根据地层学关系和放射性碳结果对福尔瑟姆与克洛维斯文明时序关系的讨论，见 Taylor 等人（1996）。

10. Haury 等人（1953）描绘了纳科猛犸和克洛维斯矛尖。

11. Haury 等人（1959）描绘了对莱纳牧场的最初发掘。1952 年，爱德华·莱纳在查看这片他意图购买的土地时发现了该遗址的猛犸骸骨踪迹。他小心地挖出了一些碎骨，被亚利桑那州博物馆鉴定为来自猛犸。当 1955 年夏天的暴雨让更多骸骨露出来后，博物馆的埃米尔·豪里（Emil W. Haury）开始了发掘，他曾发掘过纳科遗址。在 8 具猛犸骨骸中找到了 13 枚矛尖，还有各种其他石质工具。1956 年的继续发掘找到了第 9 头猛犸的颌骨，以及来自其他动物的骨骸，包括 1 匹马和 1 头貘。来自伊利诺伊州博物馆的杰弗里·桑德斯（Jeffrey Saunders, 1977）对猛犸做了详细研究，认定一整个猛犸家族被大规模屠戮，当时它们依偎在一起保护幼崽和受伤者——这种解释遭到了其他许多人的质疑（Haynes, 1991）。显然，莱纳牧场不仅是杀戮遗址。1974—1975 年，豪里和来自亚利桑那大学的万斯·海恩斯发掘出了更多动物的骸骨，包括鸟类、兔子、熊和骆驼。莱纳牧场开始显得更像一个狩猎采集者的大本营，猎人群体会年复一年地回到那里。

12. 公元前 11500 年并不一定是 20 世纪 70 年代所接受的结果。关于对克洛维斯文化年代的最新思考，见 Fiedel（1999）。

13. 本书第 27 章将详细分析马丁的观点。我们在这里只是指出，他用克洛维斯遗址（特别是杀戮遗址）的相对稀少作为这些猎人在美洲各地扩散特别迅速的证据。Martin（1984, 1999）清楚地陈述了他的观点，Mosimann and Martin（1975）为其建立了模拟模型。

14. 莫哈韦沙漠位于加利福尼亚东南部的科罗拉多河以北。1948 年，卡利科丘的碎石中发现了石器。它们吸引了路易斯·利基，后者是东非人类祖先的著名发现者，觉得自己可能会在这里再铸辉煌。关于他在卡利科的工作，见 Leakey 等人（1968, 1970）。1963 年 5 月，利基和来自洛杉矶的考古学家迪·辛普森（Dee Simpson）一起造访了该地区。古代湖泊和河流的遗迹让他印象深刻，他觉得那里是最早美洲人的合适居住地。利基大胆地提出"迪，挖这里"（引自 Leakey 等人，1970 年，72 页），他迅速抓起大卵石堆成 4 个石堆，用来标记那个地点。

    发掘开始了，更多的石器被挖出，风格上比在地表发现的粗糙得多。利基宣称，这些石器外形"原始"，一定出自数万年，甚至可能是数十万年前的人类之手。另一些人马上对这些"人工制品"提出质疑，特别是 Vance Haynes（1973）。海恩斯数次前往遗址，但仍不相信新发现的是真正的人工制品。有几块石头无疑是因为与其他石头碰撞，或是砸到坚硬的表面而破碎的，但可能只是自然原因造成的。海恩斯查看了发掘出所谓人工制品的碎石堆。湍急的古代河流曾经过那里，河中的石头可能会被冲得猛烈地四下碰撞。有的撞击产物可能形似人工制品；经过足够的搜寻，此类石头最终将被找到。海恩斯宣称，这正是发生在卡利科丘的情况。

    在她的自传中，Mary Leakey（1984, 142—144 页）提供了她对卡利科发掘的看法，以及此事如何造成她和丈夫的疏远。她解释了丈夫对卡利科遗址的热情如何导致她失去了对丈夫的学术尊敬，因为后者对显然是自然破碎的卵石采取完全不加批判的态度。她解释说，路易斯在南加利福尼亚可以确保受到吹捧，他在那里是"来访的超级明星""永不犯错的人"。玛丽·利基认为，卡利科的发掘"对他的职业生涯是灾难性的，并在很大程度上对他们的分道扬镳负责"。（142 页）

15. 下文中关于蓝鱼洞的内容参考了 Cinq-Mars（1979），Adovasio（1993）和 Ackerman（1996）。后者提供了一根裂开的北美驯鹿胫骨（可能是损坏了的切肉工具）和猛犸骨髓的年代，分别为 24000BP 和 23500BP。

16. 在内纳纳（Nenana）和塔纳纳（Tanana）峡谷中发现了一批特别重要的遗址，它们的名字让人想起狩猎采集者与自然世界的亲密：干溪（Dry Creek，11120 ± 85BP，修正后为公元前 11238—前 11020 年），碎猛犸（Broken Mammoth，11700±210BP，修正后为公元前 12112—前 11524 年），天鹅尖（Swan Point，11660±60BP，修正后为公元前 11868—前 11521 年），猫头鹰脊（Owl Ridge，11340±150BP，修正后为公元前 11521—前 11191 年），行者道（Walker Road，11120±180BP，修正后为公元前 11389—前 10968 年）。虽然这些遗址年代很早，但常常难以确认检测用的材料与人类活动有明确联系，或者是其产物。但它们的证据暗示，到了公元前 11500 年，人类已经在桦木、松树和云杉林地捕猎野牛和驼鹿，捕鱼和抓鸟，并为了毛皮而设陷阱捕捉水獭和狐狸。这些阿拉斯加最早的觅食者使用被称为内纳纳文化的石质工具，有的方面与克洛维斯文化非常相似，虽然没有带槽的矛尖。此后出现了一种依赖制造很小的石刃的新技术，即在蓝鱼洞发现的迪纳利文化。这种文化从未传入北美。West（1996）归纳了东西白令陆桥的遗址情况。

17. Fiedel（1999）倾向于无冰走廊出现在公元前 12700 年，他借鉴了 Jackson 和 Duk-Rodkin（1996）和 Mandryk（1996）的观点。最新讨论见 Mandryk 等人（2001）。

18. 下文关于麦道克罗夫特岩棚的内容参考了 Adovasio 等人（1978，1990）的发掘报告，Adovasio 等人（1985）对古环境的重建，以及 Adovasio（1993）的综述。Adovasio 等人（1978）提供了将近 50 组放射性碳定年数据。我们关心的是来自下方地层的那些，即从 19600±2400BP 到 13240±1010BP 的 7 组。它们的偏差度并不都这么大，其中也包括 15120±165BP 和 13270±340BP。这些数据中最早的一组与树皮样的材料有联系，可能是篮子。随后的两组数据没有明确的文化联系，分别为 21380±800BP 和 21070±475BP。

19. Adovasio（1993，205 页）。

20. 对沉积物的微形态分析（发表于 1999 年）确认了 20 世纪 70 年代发掘出的证据，没有找到地下水可能污染焦炭样本的证据（Goldberg 和 Arpin，1999）。

21. 沿岸路线的观点由查德（Chard）在 20 世纪 60 年代最先提出，但弗拉德马克（Fladmark）第一个将其发展成可行的假设，见 Fladmark（1979）。

22. 对沿岸路线假设的综述见 Gruhn（1994）。越来越多的古气候学证据对沿岸路线的可行性提供了更多支持，并进一步质疑了陆上“无冰走廊”的可能——该路线直到 11500BP 才可通行，对最早的美洲人而言太晚了。

23. 我将在下一章讨论土著美洲人中语言多样性的意义。我在这里只是表示，布赖恩和格鲁恩的观点可能是完全错误的（Meltzer，1993b；关于对语言多样性的其他解释，见 Nettele，1999）。

24. 从海岸进入假说的问题之一在于包含了技术矛盾：如果最早的美洲人足够聪明到能建造沿岸迁徙的船只，为何他们真正存在的唯一可能证据只是粗糙的石器（比如来自佩德拉富拉达的）？它们更堪比我们的猿类祖先所使用的，而非拥有复杂技术的现代人。Ruth Gruhn（1994）用某些土著美洲人部落本身为自己做了辩护。她反问说，看看火地岛的亚甘人（Yahgan），他们生活在寒冷、崎岖和多风暴的环境中，几乎没有物质文化——乘坐“小猎犬号”旅行途中遇到他们时，达尔文同样对此印象深刻。他们留下的任何考古学记录都将与所谓的前克洛维斯美洲人不无相似之处。

25. 下文关于佩德拉富拉达的内容参考了 Guidon 与 Delibrias（1986），Guidon（1989），Bahn（1991），Meltzer 等人（1994）和 Guidon 等人（1996）。

26. 见 Bahn（1991）。

27. Meltzer 等人（1994）认为，这些看上去与被锤石凿下的几乎一致的石片和破碎的卵石本身一起被埋入洞中的沉积物，并被错误地当成真正的石质器物。吉东本人承认被侵蚀的卵石的确是石器的原料，但否认破碎完全是自然形成的。不过，梅尔策的观点很能让人信服。如果破碎的卵石的确是人造器物，那么一定会有人疑惑为何佩德拉富拉达人制造的工具并不比 200 多万年前我们在非洲草原上所使用的更复杂呢？没有人质疑最早的美洲人不是智人，从 100 多万年前就开始在非洲、亚洲和欧洲制作复杂的石质工具。来到美洲后，他们为何要退回最原始的技术，并使用这类工具长达 3 万多年呢？在佩德拉富拉达没有看到技术发展的证据，而在世界其他所有地区，不断改变是现代人类文化的特征。为什么在该地区的其他山洞里都找不到此类石器？很可能是因为那里没有自然侵蚀的石英卵石沉积物。

28. 该遗址的其他几个方面也遭到 Meltzer 等人（1994）的质疑，比如旋转的水流很容易在石头上留下那些圆形图案。

29. 见 Meltzer 等人（1994）。

30. 见 Guidon 等人（1996）。

第24章　美洲的过去在今天

1. Turner（1994）。Meltzer（1993a）对特纳的工作做了出色总结。

2. 引自 Ruhlen（1994）。

3. Greenberg（1987）。

4. Greenberg 等人（1986）。

5. 下文参考了 Goddard 和 Campbell（1994）。

6. 比如，克里斯蒂·特纳（Christy Turner）发现西北沿岸的一些土著美洲人部落共有某些特别的牙齿特征，但并不很好地匹配格林伯格描绘的纳－德内语族。

7. Nichols（1990）。

8. Nettle（1999）。

9. 内特尔认为，与欧洲人的接触发生在预期中的语言减少发生前。接触本身造成土著美洲人语言大大减少，特别是东海岸。西海岸相对较高的语言数量被阿兰·布赖恩用作早期美洲殖民的证据，但事实上，在大卫·梅尔策看来，"仅仅因为那里是美洲土著人口经受住了与欧洲人接触和疾病的致命影响的地区之一……一直存活到 19 世纪末大规模语言学田野工作开始"（引自 Meltzer，1993b）。

10. 关于对线粒体 DNA 性质的讨论，特别是关系到最早美洲人的研究，见 Wallace（1995）。

11. Torroni（2000）。技术术语为单倍群（haplogroup），即一组明确的单倍型，而单倍型本身是在限制性片段多态性（restriction fragment polymorphism）分析下具有一系列共同基因标记的群组。更多详情见 Torroni（2000，78—80 页）。

12. Horai 等人（1993）。

13. Torroni 等人（1994）。

14. Bonatto 和 Salzano（1997）。根据来自史前土著美洲人墓地的古老 DNA 样本，Stone 和 Stoneking（1998）得出了类似的结论，并认定那次迁徙发生在 23000—37000 年前。Torroni（2000）盘点了所有的线粒体 DNA 研究，试图找到共识之处。

15. 历史基因学和语言学也面临类似问题，需要将各自的研究整合起来，以便相互支持，就像 Renfrew（2000）的例子所表明的。

16. 在涉及迁徙等人类历史上的晚近事件，而非发生人类演化的漫长时期时，这些问题变得更加严重。对变异速率估计的稍稍不同将导致对殖民年代的估算出现数千年的差异，可能从 1.2 万年前变成 1.5 万年前，或者 2 万年前变成 3 万年前。如果试图确定数十万年前的事件的年代，几千年的差异也许影响不大，比如现代人的起源（约 13 万年前），或者现代人类和猿最后的共同祖先（约5—6百万年前）。但如果试图理解人类在美洲的繁衍，那么几千年的差异会让结果完全不同。对精确程度的要求可能远远超出了我们目前关于变异速度及其在不同基因间差异的了解。

17. 数据来自 Chatters（2000）。

18. Steel 和 Powell（1994）。

19. Chatters（2000）。对取自"肯纳威克人"左手第五掌骨一块碎片的检测显示，他生活在 8410±60BP（修正后为公元前 7574—前 7377 年）。

第25章　在钦奇胡阿皮溪畔

1. 本章参考了 Dillehay（1989，1997）关于他在蒙特贝尔德发掘的最终报告和两篇总结性文章（Dillehay 1984,1987）。若非另外指明，我的场景重建都基于他的证据。Dillehay（1987，12）称遗址工作开始时他本人感到疑惑和不知所措。

2. 由于在蒙特贝尔德没有发现人类遗骸，关于遗址居民外貌的任何描绘都纯属猜测，参考了来自 10000BP 前的骸骨证据（Steele 和 Powell，1994；Chatters，2000）。

3. 凭着对美洲考古历史的深入了解，Meltzer（1997）形容 Dillehay 关于蒙特贝尔德的两卷作品（1989，1997）标志着美洲考古学上的里程碑。

4. MV-II 共测得 11 组放射性碳定年数据，从 12780±240BP（修正后为公元前 13802—前 13188 年）到 11900±200BP（修正后为公元前 12365—前 11578 年）。迪拉伊倾向于 12570BP（修正后约为公元前 12500 年）。

5. MV-I 的年代为 33370±530BP 和＞33020BP。目前无法修正这些数据，但我们必须假定它们指向至少公元前 36000 年。

6. 尚不清楚蒙特贝尔德的乳齿象骸骨来自狩猎还是食腐。利用脚垫和内脏的暗示完全是我根据类似的民族志记录所做的猜测。Dillehay（1992）讨论了蒙特贝尔德的人类与乳齿象的关系。

7. Lubbock（1865，234—235 页）。原描述由 A.C. Koch 博士发表于《圣路易斯科学院学报》（*The Transactions of the Academy of Science of St. Louis*），1857 年，61 页。

8. Adovasio 和 Pedler（1997）。

9. 来自 Meltzer（1993b，159—160 页）。

第26章　不安地貌中的探险者

1. 我关于北美动物特性的进化的描绘参考了 Sutcliffe（1986）中的材料。

2. 位于今天加利福尼亚洛杉矶的拉布雷阿牧场埋藏了丰富的化石，发现了 36000BP 到 10000BP 间的更新世动物。在此期间，不断有动物被自然渗出的焦油困住，形成了天然沥青中种类惊人的化石。自从 1875 年首次发现后，从那里找到了 100 多吨化石，包括猛犸、鸟类和无脊椎动物。详细研究见 Stock（1992），总结见 Sutcliffe（1986）。

3. 在湿度低和温度平稳的状况下，比如在北美西南部的洞穴中，粪便会逃过被真菌分解、被细菌和昆虫攻击的下场。大峡谷中的兰帕特洞发现了保存最完好的粪球，相关描绘见 Martin 等人（1961）和 Hansen（1978）。

4. Martin 等人（1985）。

5. Martin 和 Klein（1984）描绘了北美和世界其他地方的灭绝巨兽。

6. "巨兽"一词被用于表示体重超过 40 千克的动物（Martin，1984）。对北美灭绝状况的盘点见 Stuart（1991），Mead 与 Meltzer 编（1985）和 Grayson（1989）。

7. Martin 与 Klein（1984）提供了全球巨兽灭绝的情况。仍不清楚非洲的损失究竟为什么如此之小。一种可能是，因为人类发源于非洲，当地巨兽发展出了能尽量减少被人类掠食风险的社会和迁徙行为。最严重的灭绝发生在最新被殖民的大陆上，那里的动物从不需要发展出针对人类掠食者的逃避或防御机制。澳洲的巨兽灭绝见本书第 34 章，非洲的见第 49 章。

8. 下文关于北美环境变化的内容大量借鉴了 Pielou（1991）的精彩论述。

9. 这是 Pielou（1991）对冰盖的看法。

10. 新仙女木时期对北美的影响仍不清楚。根据我对相关论著的研究，影响似乎很大。但凭着对考古学和古环境学数据更加全面与深入的了解，大卫·梅尔策（私人通信）告诫不要夸大新仙女木时期对北美自然种群和人类文化的影响。

11. Anderson 和 Gillam（2000）提出了美洲殖民者可能选择的具体道路，他使用了成本最小的假设，即通过无冰走廊和西北沿岸进入。

12. 看上去发展迅速的北美殖民进程暗示，最早的美洲人具备高流动性和高繁殖力。Surovell（2000）解释了高度流动的狩猎采集者如何通常被认为生育率较低，部分原因在于如何携带幼儿迁徙的问题。但他暗示，最早的美洲人完全可能同时具备高繁殖力和高流动性。Meltzer（n.d.a）还讨论了围绕着美洲最初殖民活动的人口地理问题。

13. Meltzer（n.d.b）以人类在北美的繁衍为背景讨论了"认识地貌"，在关于新世界殖民的其他大量论著中，该问题不幸地遭到忽视。

14. 下文关于融水湖泊的内容参考了 Dawson（1992）。

15. Broecker 等人（1989）认为，洛朗蒂德冰盖形成的融水湖的排水路线改变诱发了新仙女木时期。直到距今 1.3 万年前，从南大西洋向北流动的温水（约 10℃）在抵达北纬 60 度左右时（相当于拉布拉多半岛或苏格兰北部）会开始下沉。然后，温度约为 2℃的水将在较深层面向南回流。水下沉后，它的热量被释放到大气中。由此产生的影响是，温暖的风将吹过整个欧洲，使得 1.4 万年前的欧洲人不必穿得像北美同纬度的人类那么厚。今天的情况同样如此，从英格兰径直向西前往纽芬兰度假的人最好多带衣物。公元前 1.3 万年，从阿加西湖注入的大量湖水可能破坏了这种所谓的"传送带"系统。由于注入的是淡水，从南大西洋流来的咸水被稀释，这降低了后者的密度，使之无法下沉，从而无

690

法将热量释放到大气中。这诱发了新仙女木时期（至少某些科学家如此认为），当时的纳图夫狩猎采集者不得不开始种植，而非仅仅采集野生植物。新仙女木时期一直持续到阿加西湖不再注入北大西洋。

16. 关于对贝辰洞，以及对哥伦比亚猛犸的食谱和生活方式的简要概述，见 Lister 和 Bahn（1995）。

17. Dillehay（1991）分析了疾病生态学和人类向美洲的迁徙。

18. Meltzer（1993a）。

19. 对克洛维斯传统的起源的争论持续多年（Stanford，1991）。当克洛维斯人被认为是最早的美洲人时，这成了一个特别的问题：白令陆桥上没有发现双面加工的带槽矛尖，除了极少数可能与克洛维斯矛尖完全无关的样本。Goebel 等人（1991）认为，阿拉斯加的内纳纳遗址群是克洛维斯文化的前身；虽然没有带槽矛尖，但那里发现了一系列与克洛维斯遗址类似的碎石技术和工具类型。在他们的假说中，克洛维斯技术通过第二波向南的移民抵达北美。这似乎与缺乏由北向南的年代趋势相矛盾，而克洛维斯矛尖最密集的发现地点是在东部林地。1997 年后，丹尼斯·斯坦福德（Dennis Stanford）和布鲁斯·布拉德利（Bruce Bradley）提出克洛维斯人来自欧洲的观点，相信克洛维斯矛尖脱胎于欧洲西南部的索吕特雷矛尖（Solutrean points），后者同样是双面凿制而成，但缺少凹槽。因此，他们认为索吕特雷人后裔历时 5000 年，沿着冰盖边缘穿过大西洋，可能靠海洋资源为生。Strauss（2000）不仅指出了这种观点的根本性缺陷，最后还表示："在缺乏任何关于史前欧洲人在新世界定居的可靠科学证据的情况下，一些专业考古学家暗示土著美洲人不是那片土地上最早殖民者的后代，我认为这特别不负责任。"我认同上述情感。

20. Storck（1991）。

21. Dunbar（1991）。

22. Frisno（1991）。

23. Bryan（1991）描绘了整个带槽矛尖传统，着重于其多样性。

第27章　克洛维斯猎人受审

1. Meltzer 和 Mead（1985）。

2. Grayson（1989）。

3. 误差无法避免，既因为所有的放射性碳定年本身都有至少 100 年的偏差，也因为修正时的不确定性。

4. 事实上，马丁的主张更加庞大——人类要为世界各地的巨兽灭绝负责（Martin，1984）。关于他对北美猛犸看法的新近总结，见 Martin（1999）。

5. Saunders（1977）依据的是猛犸的年龄分布，这一信息表明在莱纳牧场被杀死的是一整群。但他缺乏任何切痕证据，也没有足够有力的理由相信猛犸是同时被杀的。他的解释遭到了其他人的质疑，如 Meltzer（个人通信）和 Haynes（1991）。

6. 克洛维斯遗址很少保存有动物骨骼和植物残骸。狩猎大型（巨型）猎物的传统焦点地位很可能反映了猛犸骨骼在最初发现的几处克洛维斯遗址的偶然留存。当大陆上的其他地方也发现了克洛维斯矛尖后，它们也被认为用于狩猎大型猎物。克洛维斯遗址的分布同样很可能偏向狩猎大型猎物。许多遗址可能被深埋在河谷冲积土下，那里的活动焦点可能是采集植物。比如，在位于得克萨斯州东北部特里尼提河（Trinity River）畔的奥布里（Aubrey）遗址发现过植物残骸，但那里从全新世开始就被埋在深达 8 米的河流沉积物下。Meltzer（1993c）盘点了克洛维斯人的适应性，并讨论了考古记录的偏颇。Dincauze（1993）盘点了美洲东部林地中的克洛维斯经济，Tankersley（1998）对东北部做了类似盘点。

7. 宾夕法尼亚的肖尼-明尼斯尼克是另一处深埋于冲积土下的遗址。那里找到了无法确定种类的鱼骨和多种植物，反映了人类在温暖森林中的觅食活动（Dincauze，1993）。来自德贝特遗址的器物上的血迹被证实属于北美驯鹿（Tankersley，1998）。在拉伯克湖，除了较小的猎物，还找到了狩猎大型猎物的证据，如猛犸、马和骆驼（Johnson，1991）。关于老洪堡遗址，见 Willig（1991），书中还描绘了同在内华达州的鱼骨洞（名副其实）中发现的鱼骨。

8. 佛罗里达州西南部的夏洛特港（Charlotte harbour）附近的小盐泉曾是淡水泉，现在成了落水洞。1959 年的发掘中找到了一只巨大陆龟的壳，一根尖木桩插在上下两半龟壳之间，显示陆龟曾如何被刺中右前腿的后部。几块烧焦的骨头暗示，陆龟被翻转和当场烤制（Dunbar，1991）。基姆斯威克位于密西西比河、密苏里河和伊利诺伊河的交汇地区。那里找到了与一头母乳齿象及其幼崽、矛牙野猪、白尾鹿、地懒和各种小型哺乳动物的骸骨联系在一起的石器（Tankersley，1998）。

9. Meltzer（1993c）。

10. 一些最有价值的考古研究着眼于现代而非过去，Haynes（1987，1991）的工作就是一个经典例子。海恩斯据此提出，西南部的克洛维斯猎人所做的差不多只是杀光已经因干旱而受弱不堪的动物。他用数年时间在非洲查验了大象自然死亡的场所。20 世纪 80 年代是此项研究的好时光，因为那是大象的坏时光——多年旱灾导致了大规模的饥荒。海恩斯注意到，常常没有任何食腐动物光顾集中在干涸水坑周围死去的大象。因此，当被掩埋后，许多大象的骨架仍然连成一体。与来自已知被传统部落狩猎和宰割的少数记录中的情况相比，这些骸骨完全不同。在前者中，尸体完全四分五裂，骨头被砸碎以取出骨髓，残骸被四散丢弃。这些遗骸边很少有丢失或丢弃的工具，主要因为宝贵的钢刀是宰割的首要工具。除了骨头上明白无误的切痕和宰割痕迹，火堆可能是人类存在的唯一痕迹。

　　带着上述认知，海恩斯检验了克洛维斯的猛犸遗址，发现了一个意外和非常矛盾的特点。一方面，猛犸骸骨看上去与大象自然死亡场所的骸骨非常相似：它们出现在水坑边，许多骨架仍然连成一体，几乎不存在切痕和砸碎骨头的痕迹。此外，有几处遗址的猛犸骸骨主要来自幼年和雌性个体，在非洲水坑边的大象中，它们属于最脆弱的年龄段。在这点上，克洛维斯遗址完全不同于任何已知的杀戮和宰割大象的遗址。但器物的存在（特别是大个的克洛维斯矛尖）清楚地表明存在人类活动。

11. 克洛维斯考古遗址分布于北美南部和西部各地，这暗示了对于克洛维斯人来说，寻找可靠的淡水和猎物一样是首要条件。Dunbar（1991）描绘了佛罗里达的克洛维斯遗址如何主要位于低洼地区和落水洞（因石灰岩被侵蚀或岩石崩塌而在地面上自然形成的凹洞）周围。对于在新仙女木时期变得日益干燥的地区而言，这些地方可能扮演了绿洲的角色。南部平原上（Johnson，1991）和遥远的西部（Willig，1991）也能看到类似的集中分布。不过，比起作为他们后裔的福尔瑟姆人，克洛维斯人可能生活在一个地表水要充足得多的环境中。Meltzer（私人通信）对克洛维斯干旱的存在表示怀疑，Holliday（2000）曾对干旱证据做了批判性评价。作为极锋急流变化的结果（Mock 和 Bartlein，1995），北美西南部的 LGM 是一个湿润和凉爽的时期，现在变得干旱的环境中有过大量湖泊（Li 等人，1996），新仙女木时期可能同样如此：当旧世界其他地区重新遭受旱灾时，北美西南部却获得了更多的降水。对克洛维斯干旱观点的最有力支持来自 Vance

Haynes（1991），关键证据是穆雷西的"黑毯"——一层泉水留下的紧实沉积物，反映了地下水的快速上升，在其上方没有发现猛犸骨。海恩斯曾认为这标志着新仙女木时期的结束，但他后来修正了自己的看法，表示那标志着该时期的开始，这更符合克洛维斯文化终结于公元前10900年的结论，即就在公元前10800年新仙女木时期开始前（Fiedel，1999）。

12. 一些最明显的墓葬地点似乎完全没有被克洛维斯人用过，比如阿巴拉契亚山脉中的洞穴。Walthall（1998）讨论了克洛维斯文化和全新世早期没有任何使用洞穴迹象的问题。

13. 鱼类、土拨鼠、马、骆驼和鸟类的骨头被发现与内华达州鱼骨洞的墓葬联系在一起，后者的年代被测定为10900±300BP和11250±260BP（Willig，1991）。

14. Lahren 和 Bonnichsen（1974）。

15. 安奇克工具坑中发现了几根用骨头做的矛尖托，即矛尖与投矛连接的部位，当动物被击中时，矛头会断开，让猎人能够保留主矛杆（Lahren 和 Bonnichsen，1974）。

16. 北美各地也发现了大量别的工具坑（Stanford，1991）。蒙大拿州的另一处工具坑被称为西蒙遗址（Simon site），其中有一些特别大的投矛尖，同样撒了赭石——这里可能是另一墓葬。最引人瞩目的是华盛顿州中部的里奇-罗伯茨（Ritchie-Roberts）工具坑，那里发现了14枚精致的带槽矛尖，长度从10厘米到惊人的23厘米。如此大小的矛尖能否被有效使用似乎令人怀疑，也许它们主要是为了展示工具制作技术。科罗拉多的德雷克（Drake）工具坑发现了12枚刚刚完成或重新打磨过的矛尖，另一块象牙碎片可能是矛尖托的残骸。

17. Taçon（1991）描绘了澳大利亚阿纳姆地西部使用石头和发展工具的象征方面。作为梦创时代神话中最重要的形象之一，彩虹蛇（见本书第36章）吞噬了其他始祖生命，然后被迫吐出它们的骨头。这些骨头形成了澳大利亚土地上嶙峋的砂岩山脊和石英峭壁，土著人从那里获得制作石质矛尖的材料。因此，石头矛尖象征了始祖生命的精华，成为被赋予了神秘属性的威望物品。石器还被同性别关系联系起来。在土著人社会，石斧和矛尖属于男性，被赋予了阳刚属性（Taçon，1991）。在昆士兰北部的约兰特（Yorant）部落，女性和年轻男子必须从更年长男性那里借取石斧，此举会强那些男性在社会中的势力。石头矛尖在许多土著人群体中被视作对阳具的比喻，不仅因为其形状和硬度，还因为两者都被用来刺入肉体。

18. MacPhee 和 Marx（1999）。

19. 关键问题在于污染，污染来自埋藏骨头的地下的微生物，或者来自发掘者，或者来自发掘后的研究阶段。

20. Lundelius 和 Graham（1999）以及 Guthrie（1984）提供了对更新世晚期灭绝的环境学解释，以季节性和植被变化为焦点。

21. 一些物种可能有效地维系了生态群落，一旦去掉它们，群落将崩溃。生态学家 Norman Owen-Smith（1987）暗示猛犸扮演了这个角色。由于对维持其他许多物种的生存条件至关重要，它们被他称作"基石"物种。我们无疑可以如此看待今天的大象。这些动物靠肢解树木和拔起树苗维护自己的栖息地。通过这样做，它们确保了多种类型的植物能茁壮成长，使得各种食草动物得以生存。当大象消失后，土地将成为单一的灌木地或林地，所能支持的物种将少得多。因此，理查德·利基写道，如果大象灭绝了，许多物种将不可避免地跟着消失。也许这就是冰河期结束时在北美所发生的。季节性的加强导致猛犸灭绝，这可能引发了一系列后果，导致生物多样性大大受损。

22. Pielou（1991）。

23. 也许我们还可以参考自己时代的经验来质疑丧失栖息地在冰河时代灭绝中扮演的角色。过去的 500 年间，世界上大约有 90 种哺乳动物灭绝，大部分要归咎于其栖息地的毁灭，而非因为狩猎或疾病。不过，这些动物与冰河期灭绝的种类恰好相反，主要是啮齿类、鼩鼱和蝙蝠，其中超过 75% 生活在小岛上。没有什么比大陆陆块上损失的大型动物差别更大了。

24. S.L.Vartanyan 等人（1993）。Lister（1993）提供了关于该发现意义的有用评论。

25. 自从 20 世纪 90 年代这项工作展开后，干旱的证据变得更受争议（Meltzer，个人通信；Holliday，2000）。

26. 这些技能对研究今天动物数量增减的生态学家同样有用。20 世纪 80 年代初，我花了一些时间为剑桥大学的生态学家斯蒂夫·阿尔本（Steve Albon）和蒂姆·克拉顿-布洛克（Tim Clutton-Brock）编写了关于苏格兰鲁姆岛（Rum）马鹿群的程序。在剑桥期间，大象生态学家凯斯·林赛（Keith Lindsey）找到我，希望知道可能的气候变化和偷猎对他正在研究的博茨瓦纳非洲象群的可能影响。他和其他大象生态学家能够向我提供大象的繁殖率及其如何受到干旱影响的信息。一些数字非常惊人，比如怀孕期长度（24 个月）和性成熟的姗姗来迟（9—13 岁）。在缺水时期，幼象可能只有五成机会活到一岁。如果干旱持续两年或更久，这些环境压力的影响将被放大。凭着上述数据，我完成了数学建模，对象群数量的变化做了计算机模拟。

27. Mithen（1993，1996）。

28. 对倾向于人类在巨兽灭绝中扮演了因果角色的人来说，这些事实令人不舒服，感谢大卫·梅尔策再次向我提起它们。

第28章　重新审视原始性

1. 该遗址的定年结果为 10420±100BP（修正后为公元前 10828—前 10162 年）和 10280±110BP（修正后为公元前 10620—9751 年）。那里发现了原驼、狐狸、马、骆驼类、鸟类和啮齿类的骨骼，还有一堆边缘打磨过的石片（Dillehay 等人，1992）。

2. Lubbock（1865，189—191 页）。下面的引述都来自这几页。

3. 下文引自 Lubbock（1865，432—439 页）。

4. Lubbock（1865，440 页）。

5. Bird（1938）。

6. 对南美南部鱼尾形矛尖的评述，见 Politis（1991）。

7. 地懒别名磨齿兽（*Mylodon darwinii*）。尚不清楚这种动物在巴塔哥尼亚存活了多久。Bruce Chatwin（1977）描绘的智利南部的磨齿兽洞（Mylodon Cave）之行让这种动物有了些名气，此行的目标是找到更多磨齿兽皮（据说那个山洞中曾发现过）。他表示自己在洞里找到了更多毛发，但他的叙述可靠性存在疑问——比如，他对山洞的基本描绘很不准确。Borrero（1996）认为，更新世晚期，磨齿兽是食腐而非狩猎对象。

8. 对费尔洞的放射性碳定年结果从 11000±170BP（修正后为公元前 11222—前 10914 年）到 10080±160BP（修正后为公元前 9987—前 9310 年）（Politis，1919）。

9. 他从帕里埃克洞测得的年代晚了大约 1000 年。伯德还从洞中发掘出几具人骨，可能属于鱼尾矛尖的制作者（Dillehay 等人，1992）。

10. 可惜我没去过亚马孙。下文对亚马孙环境和近代亚马孙人习俗的任何描绘都来自两位旅行者的记录：Alfred Russel Wallace（1889），他和达尔文共同发现了天择原理，于 1889 年出版了《亚马孙和里奥内格罗之行》（*Travels on the Amazon and Rio Negro*）；另一位是 Nick Gordon（1997），这位野生动物摄影师在前者之后 100 年出版了自己的亚马孙日记。

11. 至少从该地区仅有的三组花粉序列来看是这样，其中两组来自位于亚马孙洼地的卡拉贾斯（Carajas）和帕塔湖（Lake Pata），另一组来自亚马孙河入海口外的海洋沉积物（Colinvaux 等人，2000）。

12. 从该遗址的木头和炭化植物测得 56 组放射性碳定年数据，涵盖了从 10000 ± 60BP（修正后为公元前 9677—前 9310 年）到 11145 ± 135BP（修正后为公元前 11394—前 11022 年）的 1200 个放射性碳年（Roosevelt 等人，1996）。万斯·海恩斯和德娜·丁考兹对其中最早的结果提出质疑，考虑到最早结果的大标准差，他们认为 10500BP 而非 11200BP 才是首次有人生活的最可靠时间。罗斯福对此提出挑战，理由是地层所代表的年代顺序，最早的位于最底层（Gibbons，1996）。

13. 鱼一直是亚马孙的美味，吃果实的大盖巨脂鲤的眼球被认为是珍馐（Gordon，1997）。

14. 关于对南美早期陶器的述评，见 Roosevelt（1995）。

15. Roosevelt（1999）简要概括了亚马孙史前时代中全新世的发展；关于对史前时代和近代亚马孙印第安人的更全面述评，见 Roosevelt（1994）。

16. Roosevelt 等人（1996）。

17. 这种可能性由德娜·丁考兹提出，见 Gibbons（1996）。

第29章　牧人和"基督之子"

1. 来到海拔 2500 米以上时，人们会遭受缺氧，因为气压下降导致氧气含量减少。缺氧症状可能包括恶心、疲劳、换气过度、精神无法集中和眩晕，通常持续 24 到 48 小时。高原地区居民在生理上适应了缺氧（Aldenderfer，1998）。

2. 我对高山草原及其资源的描绘参考了 Rick（1980，1988）。

3. 另一些考古学家已经在 1969，1970 和 1973 年发掘了帕查马切洞。Rick（1980）发掘了相对较小的区域，1974 年在洞内挖了 1×1 米的沟，1975 年在洞口挖了 3×3 米的沟。他表示 33 层沉积物中倒数第二层的定年结果为 11800 ± 930BP（Rick，1988），因为偏差巨大而价值有限。

4. 大羊驼和小羊驼，原驼和野生小羊驼的体型存在差别。犬齿的形状也能被用作判别标准：野生小羊驼的犬齿两边与裸露的牙根平行，原驼 / 大羊驼牙根封闭，犬齿呈铲状；小羊驼的犬齿位于两者之间（Browman，1989）。

5. Smith（1995）总结了胡宁盆地洞穴中的动物骸骨的变化。

6. Browman（1989）。

7. 对安第斯山脉中部植物驯化的讨论，见 Smith（1995）。

8. Pearsall（1980）详细描绘了来自帕查马切洞的植物残骸，并盘点了近代和现代人对植物的使用。

9. 在 12500 年前的秘鲁沿岸的塔卡华伊峡谷遗址，鸬鹚和其他海鸟，鳀鱼和其他鱼类已经被利用（Keefer 等人，1998）。没有理由怀疑这些资源在全新世早期也被利用。

10. Sandseiss 等人（1998）描绘了哈古埃峡谷。遗址包括更新世晚期部分和全新世早期部分，前者最早的放射性碳定年结果为 11105±260BP（修正后为公元前 11459—前 10944 年），后者可以上溯到 7500±130BP（修正后为公元前 6458—前 6226 年）。更新世晚期地层中发现了黑曜石，根据其痕量元素发现，它们来自 130 千米外的一个高原地点。

11. Keefer 等人（1998）。

12. Keefer 等人（1998）。发布的 9 组放射性碳定年数据从 7990±80BP（修正后为公元前 7057—前 6771 年）到 10700±150BP（修正后为公元前 11051—前 10487 年），1 组例外为 4550±60BP（修正后为公元前 3367—前 3101 年）。该报告提供的信息不足以让人相信全部或部分样本能直接确定考古学材料的年代。比如，测得 10530±140BP（修正后为公元前 10891—前 10228 年）这组数据的焦炭碎片来自一堆散装样本，其中恰好夹杂着破碎石器。此外，考古学材料非常分散，无法提供关于独立居住地或加工场所的决定性证据（Meltzer，私人通信）。

13. 下文对厄尔尼诺现象的描绘来自 Houghton（1997）。

14. 1999 年的世界灾难报告详细描绘了 1997—1998 年厄尔尼诺现象的影响。

第30章　瓦哈卡河谷中的两种生活

1. Flannery（1986）收录了对古伊拉纳奎兹周围现代和过去环境的详细研究，还有他的发掘及其对农业起源的影响。本书中所有提到弗兰纳里发掘的内容和他的解释都参考了该书。Marcus 和 Flannery（1996）对瓦哈卡河谷的地形以及农业和城市社会的发展做了出色的描述。

2. Lubbock（1865，233 页）。

3. 下文参考了 Smith（1995），书中简要概括了中美洲农业的起源。

4. 理查德·"斯科蒂"·麦克尼什在田野挖掘上共花了 5683 天，主要在中美和南美。他职业生涯的最后担任马萨诸塞州安多佛的罗伯特·皮波迪考古基金会（Robert S. Peabody Foundation for Archaeology）会长。他是一位典型的田野考古学家：工作刻苦、爱喝酒和开快车，正是后者在他 82 岁那年要了他的命：2001 年 1 月 16 日，他死于在伯里兹的一场交通事故。麦克尼什对考古学充满热情——他在被送往医院的路上显然一直在谈自己的本行，因为司机恰好是个业余考古爱好者。

5. 来自古伊拉纳奎兹的玉米棒表明对玉蜀黍的驯化正在进行，被测定为 5410±40BP（修正后为公元前 4340—前 4220 年）到 5420±60BP（修正后为公元前 4355—前 4065 年）（Piperno 和 Flannery，2001）。Benze（2001）讨论了这些玉米棒如何支持玉米源于玉蜀黍的观点，而 Smith（2001）则讨论了上述数据对农业在新世纪起源的更普通意义，并强调了来自考古学和生物学的数据相契合的价值。

6. Matsuoka 等人（2002）对现代玉米品种做了种系发生研究，以便确认单一驯化事件的可能时间，该品种随后分化为若干变种。

7. Smith（1997）。他提供了来自古伊拉纳奎兹的南瓜种子和总花梗样本的 9 组放射性碳定年数据，它们所展现的形态特征表明，驯化发生在 6980±50BP（修正后为公元前 5970—前

5790 年）到 8990±60BP（修正后为公元前 8207—前 7970 年）。

8. 关于对我将要概述和探索的理论的全面描述，见 Flannery（1986；Marcus 和 Flannery，1996）和 Hayden（1990）。

9. 关于狩猎采集者的决策制定，见 Mithen（1990）。

10. Flannery（私人通信）强调，据我们所知，那个时代（公元前 8000 年）只吃南瓜子。他让我们试着想象在竞争宴会上，人们吃着从橘子那么大的果实中取出的南瓜子。

11. Frank Hole 于 1967 年对格奥希做了研究，Flannery 和 Marcus（1983）对其做了描绘。那里缺少用于放射性碳定年的焦炭，根据类型依据判断为公元前 5000 到 4000 年间。最普遍的投矛尖类型被称为佩德纳莱斯（Pedernales）型，也出现在古伊拉纳奎兹的最上方地层中。动植物残骸的保存状况糟糕。有一块区域全无器物和石块，似乎被用作集会或跳舞。弗兰纳里（私人通信）解释说，他和其他考古学家在谷底找到了超过 2000 处遗址，对于可能仍有大批定居点未被发现的观点表示不屑。他觉得海登观点的问题在于缺乏从一手田野工作获得的该地区地形学和考古学知识。

12. 感谢肯特·弗兰纳里（私人通信）解释了我文中所反映的他的观点，即西北沿岸印第安人中所记录的竞争性宴会不适合作为公元前 8000 年的瓦哈卡河谷的模型。他暗示，从食物资源和已知生活方式来看，西部沙漠和大盆地中有历史记载的印第安人要相似得多。直到公元前 1150 年之前，瓦哈卡河谷没有等级或竞争的证据，比农业开始晚了 6000 多年。最古老的宴会证据来自公元前 850—前 700 年，并涉及到狗。上述发现见 Marcus 和 Flannery（1996）对瓦哈卡河谷中农业与城市社会发展的出色描绘。

第31章　前往科斯特

1. 对全新世早期西南部的环境和考古的概述见 Cordell（1985）。

2. 下面关于凉鞋和凉鞋棚的材料来自 Geib（2000）。他的 AMS 定年结果从 8300±60BP（修正后为公元前 7514—前 7196 年）到 5575±50BP（修正后为公元前 4454—前 4417 年），大部分在 7500BP 附近。

3. Mock 和 Bartlein（1995）。

4. 对更新世末期和全新世早期大盆地的环境与考古的详细评估，见 Beck 和 Jones（1997）。

5. 唯一已知的建筑来自保林湖（Pauline Lake），那里有一块石块被清理、直径为 4 米的椭圆形区域，中心处为一片荒地，被认为是房屋的遗迹（Beck 和 Jones，1997）。

6. 霍格普似乎在很长一段时间内被偶尔使用。放射性碳定年数据从 8350±160BP（修正后为公元前 7576—前 7181 年）到约 3700BP（Beck 和 Jones，1997）。

7. Frison（1978）描绘了大号角盆地，对霍纳遗址的创立做了假设。他提供了 3 组放射性碳定年数据：7880±1300BP，8750±120BP（修正后为公元前 8156—前 7605 年）和 8840±120BP（修正后为公元前 8201—前 7798 年）。巨大的偏差值让这些数据的价值打了折扣，弗里森认为较早的数据应该比较晚的更加可靠（但没有说明理由）。不过，我文中的叙述依赖较晚的数据。下文关于在高山平原上狩猎野牛的内容参考了 Frison（1978）和 Bamforth（1988）。

8. "高温期"一词由安特夫（Antev）于 1948 年提出，很不符合我们现在对全新世期间气候剧变的新了解。尚不清楚那是单一的地区性事件，还只是无法根据地理证据区分的许多小波动的总和。Meltzer（1999）评估了人类对平原上的高温期的反应。

9. 在公元 1250—1450 年左右的南方平原，以及北方平原和密苏里河谷中有过短暂的农业（Meltzer, 私人通信）。

10. 科斯特项目由斯图尔特·斯特鲁维（Stuart Struever）和詹姆斯·布朗（James Brown）主持，发掘一直持续到 1979 年。虽然有过一些小结报告，但项目的最终报告尚未发表。Struever 和 Holton（1979）对发掘做了很好的通俗叙述和解释，下文大部分以此为基础。Brown 和 Vierra（1983）在生态框架内对该遗址的基本地层和文化发展做了学术叙述。

11. 科斯特最早有人居住的时期被称为第 11 阶段，放射性碳定年数据为 8730±90BP（修正后为公元前 7940—前 7605 年）。

12. 虽然科斯特是中西部最著名的古风时期定居点，但所发现的多种其他类型的定居点反映了开发各种特定生态环境的人们的多样性生活方式，开发特定生态环境的人类生活方式。比如山洞居所和贝丘。对一系列遗址的描绘和该时期的概览，见 Phillips 和 Brown（1983）。

13. 科斯特第 8 阶段被测定为 7670±110BP（修正后为公元前 6639—前 6421 年）到 6860±80BP（修正后为公元前 5836—前 5664 年）（Brown 和 Vierra，1983）。该时期也被称为中古风时期第 2 阶段（Middle Archaic 2）。

14. 科斯特第 7a 阶段被测定为 5825±80BP（修正后为公元前 4775—前 5552 年），而第 6 阶段结束于 4880±250BP（修正后为公元前 3960—前 3485 年）。与科斯特的其他定年结果一样，较大的标准差削弱了它们的价值。该阶段也被称为中古风时期第 3 阶段（Helton）。

15. Buikstra（1981）研究了来自科斯特的人类骸骨。只有 25 具遗骸来自第 6 和第 7 阶段，大多是支离破碎、被重新埋藏和散碎的骨头。她在该样本中发现了频率高得不正常的创伤和退行性疾病的证据，与来自科斯特地区的中古风时期家庭遗址——默多克岩棚（Modoc Rockshelter）的另一样本相符。相反，来自中古风时期的墓地——崖顶的吉布森（Gibson）遗址（位于霍普威尔 [Hopewell] 阶段后期墓地下方）的样本中很少看到创伤或疾病的证据。因此，布伊斯特拉得出结论说，任何因为疾病或受伤而无法履行正常活动的个体都被埋在与健康个体完全不同的地点。两份样本中都没有婴儿和儿童，他们被认为埋在第三个地点。由于相关样本很小，我们必须对布伊科斯特拉的解释保持谨慎；我无法找到狩猎采集者或园艺者民族有类似习惯，将生理上有缺陷的个体与社群中的其他成员分开埋葬。

16. Smith（1995）描绘了农业在美洲东部的发展，包括本土品种的驯化。该地区的复杂社会被认为属于霍普威尔文化。

第32章　捕捞鲑鱼和历史的礼物

1. 不幸的是，我在这里提到的"商人定居点"纯属猜测。芝加哥于 1803 年在迪尔伯恩堡（Fort Dearborn）附近奠基，在 1837 年成为城市，并随着铁路建设而扩张。我找不到该地点存在古风时期定居点的证据，但那里的环境状况对冰河时代后的狩猎采集者似乎是理想的。

2. 下文关于西北沿岸狩猎采集者的描绘参考了 Ames 和 Maschner（1999）。

3. Cannon（2000）研究了不列颠哥伦比亚省中部沿海的海平面变化及其与人类定居点的关系。他发现，贝丘的年代与它们超出目前海平面的高度间存在强烈的线性关系。这表明海平面在 10000BP 和 8000BP 间逐渐下降。

4. Lubbock（1865，412—425 页）。

5. Carlson（1996）描绘了这些发掘和来自纳穆最早人类生活的发现。最早的发掘于 1969—1970 年展开，1994 年进行了新的发掘。1977—1978 年的发掘获得了贝拉贝拉部落会议（Bella Bella Band Council）的认可，1994 年的发掘由西蒙·弗雷泽大学和黑尔苏克部落会议（Heilsuk Tribal Council）联合主持。Cannon（1996）描绘了遗址的兽骨和鱼骨，对经济做了推测。他提供的纳穆基础层面的年代为 9720±140BP（修正后为公元前 9282—前 8811 年）（Cannon, 2000）。

6. 这是布隆丹（Blondin）讲述的现代甸尼人（Dene）的故事（引自 Driver 等人，1996），我将其移植到纳穆人身上纯属猜测。

7. 当然，6000 年前的纳穆居民与有历史记载的西北沿岸印第安人存在相似理念的观点不过是猜测。不过，渡鸦早在 1.2 万年前就被赋予了象征意义的证据来自不列颠哥伦比亚省的查理湖洞（Charlie Lake Cave）（Driver 等人，1996）。那里发现的两具渡鸦骸骨暗示举行过仪式（分别为约 10500BP 和约 9500BP）。两具骸骨都相对完整，没有切痕或食腐动物啃噬的痕迹。较晚近的样本似乎和一块凿制细刃片的石核共同被埋在一个坑中。Driver 等人怀疑这些鸟类为自然死亡，并援引了渡鸦在后世传统中的神话意义。

第33章 发现失落的世界

1. 后文关于澳洲的各章大量借鉴了新近关于澳洲史前史的两部出色综述，Flood（1995）以及 Mulvaney 和 Kamminga（1999）。

2. 目前关于澳洲有人类居住的最早年代的证据来自卡卡杜（Kakadu）的两处岩窟：瑙瓦拉比拉（Nauwalabila）和马拉库南贾（Malakunanja），热释光定年法（TL）测得那里的居住痕迹属于公元前 50000—前 60000 年，而蒙哥湖（Lake Mungo）的一处墓葬被认为属于 60000BP（Thorne 等人，1999）。上述三处遗址的年代的可靠性和它们是否真与人类有关都受到了严重质疑。O'Connell 和 Allen（1998）对该问题做了出色的讨论，而 Mulvaney 和 Kamminga（1999）的第 9 章对澳洲的殖民做了更加一般性但不失有用的述评。

3. 引自 Flood（1995，121 页）。莱斯·琼斯于 2001 年 10 月 12 日去世。他曾在剑桥就读，对澳洲史前史乃至全球狩猎采集者研究做了大量贡献。

4. 田野考古工作的起因之一是塔斯马尼亚水电委员会计划在戈登河（Gordon River）水系下游建设一系列水坝，尽管那里在 1972 年就被宣布为世界遗产区域。水坝将导致峡谷和谷中的许多石灰石山洞被淹没。1982 年夏天爆发了大规模抗议，有超过 1400 名示威者被捕。考古遗址的发现为文化数据库做出了重要贡献，该数据库对新当选的联邦工党政府产生了很大影响，促使其代表环保人士进行干预和阻止修建水坝。更多的田野考古工作是为了将世遗区域向东扩展（Jones, 1990）。

5. Jones（1987，第 30 页）。

6. Kiernan 等人（1983）描绘了在库提基那洞的发掘，而 Jones（1981, 1987）则对发现冰河时代的塔斯马尼亚猎人做了更通俗的描绘。居住者留下的最表层废弃物被测定为 14840±930BP。

7. 该研究由南方森林考古计划（Southern Forests Archaeological Project）负责，相关介绍见 Allen(1996)。Cosgrove(1999)做了简要综述，强调没有证据表明存在传统上所认为的从"简单的"更新世狩猎采集者向"复杂的"全新世狩猎采集者的发展。

8. Jones 等人（1988）描绘了瓦加塔洞的岩画。血蛋白和血细胞的存在证实了用血做颜料。它们的 AMS 定年结果为 10730 ± 810BP 和 9240 ± 820BP。

9. Flood（1995，第 125 页）提到了琼斯的比较。这似乎是关于艺术的非常宽泛的比较，但事实上琼斯的确提到了依赖狩猎哺乳动物群、使用山洞和创造艺术等总体生活方式。就像他强调的，有趣的反差是这两个地区在 18000BP 如此相似，今天却如此不同。

10. 感谢吉姆·奥康内尔（Jim O'Connell）指出琼斯的比较价值有限。法国西南部的岩画远比塔斯马尼亚的丰富，而且人口密度也可能高得多。两者的关键资源（法国的驯鹿和塔斯马尼亚的沙袋鼠）具有截然不同的行为特征，可能导致不同类型的狩猎行为。

11. 下文参考了 Cosgrove 和 Allen（2001）对狩猎沙袋鼠的详细研究。关于生活季节的证据有限；对人们在冬季、春季和初夏生活在那里的假设主要基于没有发现非常年幼的沙袋鼠，它们通常生于夏末和秋天。没有关于狩猎技术的直接证据。科斯格罗夫和艾伦参考了狩猎沙袋鼠和袋鼠的民族志记录，后者提到使用驱赶手段。

12. Lubbock（1865，第 354 页），引述了《库克的第三次航程》（Cook's Third Voyage），卷一，第 100 页。

13. Lubbock（1865，第 465 页），引述了多弗，《塔斯马尼亚自然历史期刊》，卷一，第 249 页。

14. 达尔文玻璃也被称为"冲击玻璃"（impactite）。托马斯·罗伊（Thomas Loy）在一件玻璃制品上找到了残留的红颈沙袋鼠的血（Flood，1995）。

15. 1973 年造访了凯夫湾洞后，Bowdler（1984）对其进行了发掘。Flood（1995）提供的放射性碳定年数据为 22750 ± 420BP，一枚骨矛尖为 18550BP，炉灶为距今 1.5 万年前。

16. 关于金岛上的考古工作，见 Sim 和 Thorne（1990），Sim（1990）。

17. 沼林袋鼠是一种小型沙袋鼠，在其他地方都已灭绝。袋鼬是有袋类食肉动物，有时被称为"土猫"。现存的袋鼬有若干种，包括褐色或浅黄褐色毛皮上长有白斑的东部袋鼬，以及体型更大的同类——斑尾袋鼬或虎袋鼬，体长可达 78 厘米。两者都是凶猛的小兽，以幼虫、昆虫、鸟类和小型哺乳动物为食。对塔斯马尼亚野生动物的描绘和图片，见 http://www.talune.com.au。

18. Porch 和 Allen（1995）讨论了塔斯马尼亚西南部的环境改变与定居点变化之间的联系。

19. Cosgrove（1995）认为，塔斯马尼亚的东南部和西南部是截然不同的文化区域，他的部分依据来自达尔文玻璃的分布。西南部的两处关键遗址显示了直到全新世的连续生活，分别是香农河（Shannon River）河谷的 ORS7 和弗斯河（Forth River）河谷的帕梅帕米塔那（Parmerpar Meethaner）。

第34章　科乌沼泽的身体塑造

1. 关于索恩的"发现"，见 Mulvaney 和 Kamminga（1999）。

2. 对科乌沼泽墓地的年代仍然知之甚少。Pardoe（1995）只有信心接受 3 组放射性碳定年数据：科乌沼泽的样本 1 号为 10070 ± 250BP（修正后为公元前 10910—前 8720 年），样本 9 号为 9300 ± 220BP（修正后为公元前 9092—前 8268 年），样本 14 号为 8700 ± 220BP（修正后为公元前 8199—前 7550 年）。他质疑了样本 5 号（13000 ± 280BP）和 17 号（11350 ± 160BP）的可靠性。但大部分作者（例如 Flood，1995；Kamminga，1999）愿意接受墓地始建于 13000BP。Pardoe（1995）接受来自附近墓地的稍早些的数据，即库布尔溪的 14300±1000BP 和纳库里（Nacurrie）的 11440±160BP。

3. 1929 年到 1950 年间，乔治·穆里·布莱克"发掘了"澳洲东南部的几处墓葬集中地（Sunderland 和 Ray，1959）。这些遗址的具体位置仍然不明；Pardoe（1995）认为，鉴于其在短时间内发现了大量墓葬，布莱克发掘的一定是墓地。

4. 关于索恩对更新世骸骨的描绘和诠释，见 Thorne 和 Macumber（1972），Thorne（1971，1977）。Flood（1995）以及 Mulvaney 和 Kamminga（1999）做了概括。索恩还把来自澳洲其他地方的样本加入了自己的"厚实"类型，比如巴斯海峡金岛的墓葬。

5. "现代人类起源"的争论主导了 20 世纪 80 和 90 年代的古人类学。事实上，索恩的主张只是多地区演化假说的当代版本，该假说最早由魏登赖希（Weidenreich）在 20 世纪 40 年代提出，近来得到弗雷尔（Frayer）和沃尔波夫（Wolpoff）等人的支持——见 Frayer 等人（1993）。关于对整场争论和支持单一非洲起源之观点的评述，见 Stringer 和 McKie（1996）。

6. Lahr（1994）很有说服力地证明，索恩关于直立人是澳洲之人祖先的主张没有依据。

7. 在刊发了发现科乌沼泽头骨的那期《自然》上（1972 年，238 期），布洛斯维尔的社评第一个提出头骨改造的可能性，后来将其扩写成一篇短论文（Brothwell,1975）。Brown（1981）利用比较材料做了更详细的研究。

8. 下文参考了 Pardoe（1988，1995）。

9. Radcliffe-Brown（1918，231 页）。

10. Mulvaney 和 Kamminga（1999，158 和 162 页）描绘了科乌沼泽的全部材料如何在 1990 年被返还给埃楚卡（Echuca）土著人社群，表示"它们的命运仍然不明"。

11. Lubbock（1865，414—416 页）。

12. Flood（1995，第 12 章）盘点了澳洲巨兽的灭绝。不应把袋狼和其他灭绝混为一谈，因为前者的灭绝要晚近得多（约 3000BP），很可能是野狗来到后的直接结果。塔斯马尼亚可能仍有袋狼留存。袋獾的灭绝只是几百年前的事。

13. 90 千克这个数字来自 Flood（1995）。O'Connell（私人通信）指出，如此体型的个体可能只是特例。20 世纪 70 年代，他研究了阿利亚瓦拉（Alyawarra）土著人社群的狩猎，看到有 100 多只红袋鼠（"boomers"）被射杀，最大的为 60 千克。

14. 最具争议的著作是 T. Flannery（1990，1994），他将保罗·马丁的闪电战理论用于澳洲巨兽的灭绝。相反，Horton（1984，1986）强烈主张气候变化的解释。Webb（1995）和弗兰纳里一样认为人类和灭绝具有因果关系，但暗示那是间接的——当人类的到来时，澳洲的生态系统已经非常脆弱。新来的掠食者让生态失衡，导致已经处于巨大环境压力下的巨兽灭绝。

15. 对库迪泉发掘的描绘，见 Dodson 等人（1993），Field 和 Dodson（1999）。后者还盘点了关于巨兽灭绝的各种理论，倾向于将气候变化作为重要原因。该遗址分为 3 个主要阶段：巨兽骸骨的积累先于有任何人类存在的漫长时期，开始时间可能远远早于距今 3.5 万年前；3.5 万年到 2.8 万年前，巨兽骸骨被发现与文化遗存联系在一起；后巨兽时期，继续有文化遗存被发现。Flood（1995）引述了对石器上的毛发和血迹残留的研究。库迪泉的重要性还在于，这是一个土著人社群介入重要考古研究项目的案例（Field 等人，2000）。

16. Cosgrove 和 Allen（2001）评价了塔斯尼亚巨兽的灭绝，而 Miller 等人（1999）和 Roberts 等人（2001）则提供了对该问题的最新评述。

17. Pardoe（1995）。Mulvaney 和 Kamminga（1999）引述了霍顿（Horton）和赖特（Wright）的观点，即某些巨兽（如巨袋鼠）可能在新南威尔士中部的利物浦平原（Liverpool Plains）等避难所幸存下来，最晚存活到 6000BP。

第35章　穿越干旱区

1. Gibber 一词在土著人的语言中表示石块（g 发硬音），吉伯地面表示覆盖着小石块的平原（Spencer 和 Gillen，1912，第 40 页）。

2. Spencer 和 Gillen（1992，第 45 页）。

3. 关于对阿伦塔人（现在被称为阿兰特人）的新近描绘，见 Morton（1999）。

4. Spencer 和 Gillen（1912，6—7 页）。

5. 下文对干旱区的概述参考了 Edwards 和 O'Connell（1995）。

6. 对库尔皮马拉的描绘见 Thorley（1998）。有 3 个土层埋藏了器物和碎骨（他的报告中并未确认）。3 号层底部为 29510±230BP，上部测得 24250±620BP；2 号层测得 3 组数据：底部为 12060±240BP（修正后为公元前 13075—前 11621 年），下部为 12790±150BP（修正后为公元前 13774—前 12446 年），中部为 12800±260BP；1 号层测得 2500±60BP（修正后为公元前 785—前 521 年）。

7. 对普利特贾拉石窟及其发掘的描绘见 Smith（1987，1989）。Flood（1995，第 102—103 页）做了简要总结。

8. 史密斯用焦炭测得 12 组放射性碳定年数据，还获得了 6 组热释光定年数据。沉积物底部的热释光定年结果为距今 3 万年前，上方的一组放射性碳定年数据为 21950±270BP（Smith，1987）。

9. 普利特贾拉和库尔皮马拉是澳洲中部仅有的测得在更新世有人生活的遗址。澳洲西北部（完全位于干旱区内）要多得多，在 58 处遗址测得了 197 组放射性碳定年数据，可以提供一段不同的人类生活史（Veth，1995）。那些数据中没有一组落在公元前 19000 年（17900BP）到公元前 9800 年（9870BP）之间，当时的环境状况可能非常恶劣。维斯相信，这表明干旱区在 LGM 期间完全被抛弃了；可能是干旱状况对人类繁殖和死亡的冲击导致人口数量崩溃，也可能是人们将定居点转移到仍然可以忍受的沙漠边缘，很可能是现在被上升的海平面淹没的沿海平原。他建立了在干旱区殖民和生活的模型，将那里分为 3 种类型的栖息地：庇护所、走廊和障碍（Veth，1989，1995）。他相信前两者从 3 万年前就间歇性地有人生活，但降雨和食物资源有限的障碍沙漠带来了严重问题，主要是大沙（Great Sandy）、吉布森（Gibson）和辛普森（Simpson）沙漠。维斯认为，这些地方直到距今 5000 年后才开始有人生活，因为当时人们发明或接受了碾磨种子和加工硬木的技术，并发展出广泛的社会网络和长距离贸易。Edwards 和 O'Connell（1995）对他的观点做了批判性总结。

10. Gould（1980）提供了对干旱区适应性的广泛研究，谈到考古学家如何最有效地利用对活人的民族志研究的问题。

11. 这种包含如此广泛食材的食谱（许多需要经过大量加工）被人类学家称为广谱食谱（broad spectrum diet）。Edwards 和 O'Connell（1995）认为，各大洲狩猎采集者的广谱食谱出现在上次冰河期结束后不久。在一些地区，这可能是农业诞生的先决条件。由于目前的证据暗示，广谱食谱可能直到距今 5000—6000 年前才被接受，比世界上其他地区要晚

702

得多，他们将澳洲描绘成例外案例。他们的论文对相关问题做了出色的讨论，盘点了近来关于干旱区殖民和生活的工作。O'Connell 和 Hawkes（1981）对中部沙漠的另一个土著人群体——阿利亚瓦拉人使用的植物做了量化研究。

12. 近代土著人的亲缘体系可能是很晚近才在他们社会中发展起来的，也许不超过几个世纪（O'Connell，私人通信）。Lourandas（1997）暗示，全新世中期是整个大洲的土著人生活发生根本变化的时期。

13. 见 Edwards 和 O'Connell（1995），他们没能举出任何早于 5000 年的磨石的例子。

14. FulLagar 和 Field（1997）。

15. Lubbock（1865，346—54 页）。

第36章　决斗者与蛇的诞生

1. 我对上述岩画的描绘参考了 Taçon 和 Chippindale（1994）；关于对澳洲土著人艺术的一般性盘点和解读，见 Layton（1992）。画中人穿戴着精致的衣服和头饰，但我描绘的兽皮短袍和裤子以及羽毛、毛皮、骨头和树皮头饰纯属想象。Chippindale 等人（2000）对"动态人像"做了进一步的重要研究，认为这种艺术含有重要的幻觉元素，是在艺术家处于异样的意识状态下创作的，或者记录了他们之前处于那种状态时的幻觉。

2. 这点和下文关于岩画定年的内容参考了 Chippindale 和 Taçon（1998）。

3. Chippindale 等人（2000）对"动态人像"的活动做了盘点。无法认定一些画中的具体活动是什么。

4. 虽然这些沉积物有了准确的定年，但很少提供关于过去生活方式的信息；石器只是些凿下的石英碎片，用火山石制作的斧头，偶尔还有石杵和石臼。没有发现能告诉我们那些人吃什么的动物骨骼或植物残骸，也没有人类骸骨告诉我们这些人长什么样。此外，沉积速度常常很慢，在一些岩窟中，每 1000 年才能形成 1 厘米的沉积物。更多详情，见 Taçon 和 Brockwell（1995）。

5. Taçon 和 Brockwell（1995）对岩窟的考古学证据和阿纳姆地的岩画做了综述。沉积物中的赭石含量在 2000BP，3000—4000BP，6000BP 以及 6000—12000BP（3 次）达到峰值。Chippindale 等人（2000）将"动态人像"认定为距今约 1 万年前。

6. 关于其他观点，见对 Taçon 和 Chippindale（1994）的评论，特别是 Davidson 的。

7. Lubbock（1867，347—348 页）。

8. 很遗憾我没法享受到坐在阿纳姆地的红树沼泽中的乐趣。但 Searcy（1909，30—31 页）对此做了大量描绘。

9. Taçon 和 Brockwell（1995）描绘了海平面上升对阿纳姆地的影响，包括阿拉弗拉平原被淹没。关于新几内亚与澳洲分离的具体日期仍然很不明确。

10. 阿纳姆地最古老贝丘的年代为 6240±100BP（修正后为公元前 5315—前 5058 年），被埋在 3 米深的红树林淤泥下（Allen，1989）。这暗示开阔平原下埋藏着许多贝丘，岩窟生活继续在考古学记录中占据主导让人对陆地的使用产生了错误印象。关于对近代土著人如何采集贝类，以及贝丘累积方式的出色研究，见 Meehan（1982）。

11. 从更新世过渡到全新世后，澳洲石器技术的缺乏变化令人吃惊。到了公元前 6500 年，的确出现了一种新技术，并在全澳洲广泛使用。该技术被称为小工具传统，被认为与对资源利用的加强有关。

12. 关于对这幅画和下文中对阿纳姆地艺术发展的描绘，见 Taçon 和 Chippindale（1994）以及 Taçon 和 Brockwell（1995）。

13. Warner（1937）。

14. Lloyd Warner（1937，157 页）提到有一次，双方的朋友们没有阻止他们。两人一边向对方冲去，一边发出死亡威胁和口出不逊，但随后胸贴着胸站在一起，显然觉得相当可笑。

15. Warner（1937，147 页）。

16. 参照 Taçon 和 Chippindale（1994）。

17. Taçon 等人（1996）盘点了对彩虹蛇的信仰，解释说它其实是两种神话生物 Yingarna 和 Ngalyod。他们描绘了彩虹蛇画像的各种例子，并对 100 多种不同形象做了统计比较，发现它们在整个阿纳姆地的变化不大，但随着时间的发展，多样性和复杂性有了增加的趋势。他们认为，比起海马，带状多环海龙更可能是彩虹蛇的原型，尽管两种动物非常相似。

18. Flood（1995，215 页）。

19. Flood（1995，140—141 页）。

20. Flood（1995，174 页）。

21. Flood（1995，213 页）。故事是这样的：古姆杜克（Gumuduk）是个来自山区国度的瘦高医者。他拥有一块魔力强大的骨头，可以让风调雨顺，让树木结出累累果实，让野兽和鱼类滋生繁衍。如此的好运使得山区居民总能丰衣足食。但生活在基蒂（Kiti）山脉脚下肥沃平原上的部落抓住了这位医者并偷走了他的骨头，以为他们今后也能获得更多的食物。但偷窃行为没能带来繁荣，而是给他们的国家带来了灭顶之灾。因为医者成功逃脱，他对自己遭受的侮辱非常愤怒，于是将魔法骨头丢入地下。古姆杜克下令，无论他在敌人的国家里走到哪里，咸水都会随着他的脚步出现。这种水不仅污染河流和潟湖，而且完全淹没了那个部落的土地。当水干涸后，整个地区成了无法居住的盐湖荒漠，动物和土著人都无法在此居住。

22. 下文所描绘的约克角土著人生活方式的季节性改变参考了 Thomson（1939）对西约克角的维克蒙肯人（Wik Monkan）的描述，Lourandas（1997，44—45 页）对其做了简要总结。

第37章 高原上的猪和园圃

1. 关于对海岛类型、海峡地形和史前时代可用资源的描绘，见 Harris（1977）以及 Barham 和 Harris（1983，1985）。

2. Barham 和 Harris（1985）描绘了在距离巴布亚新几内亚南岸 4 千米的塞拜岛（Saibai）上对遗留的田地系统展开的田野工作，遗址被证明有约 700 年的历史。

3. Barham 和 Harris（1987）总结了对托雷斯海峡的研究历史。与班克斯同行的是另一位自然学家索兰德（Solander），后来的探险之旅（在最早的基督教传教团到来前）补充了他们的观察。等到哈登展开研究时，那里已经断断续续地和欧洲人接触了 3 个世纪。

4. Harris（1977，1979）详细描绘了与欧洲人接触前，托雷斯海峡从南向北的生存策略可能如何改变。

5. 海龟是另一种关键猎物。与儒艮、鱼类和贝类一样，比起巴布亚新几内亚沿岸的混浊海水，它们在南侧岛屿周围的清澈海水中更加丰富。Haddon（1901—1935）描绘了用鱼叉捕猎儒艮的技巧。

6. 引自 Harris（1995，848 页）。

7. 见 Harris（1977）的描绘，他还暗示，苏铁在约克角也曾是被管理的资源。

8. White（1971，182—184 页）。虽然 Harris（1995）总体上支持这种观点，但他也暗示，比起东南亚以谷物为基础的农业，新几内亚的根类和树木类作物因其特性而不太容易扩散。特别是考虑到猪直到过去的 500 年间才成为农业的一部分（见下文的讨论）。

9. 我相信马歇尔·萨林斯在 1968 年的《原始富足社会》（La première société d'abondance）一文中最早使用了这个表述（刊于《摩登时代》[Les Temps Modernes]，268 期，1968 年 10 月，641—680 页），然后才因其影响深远的《石器时代经济学》（Stone Age Economics）一书而变得流行（Sahlins，1974）。

10. Barham 和 Harris（1985）描绘了今天瓦伊多罗村（Waidoro）遗留的土丘和田地系统，位于距离巴布亚新几内亚海岸 6 千米处。但该定居点的年代仍然不明。Gorecki（1989）描绘了在海拔 500 米的鲁蒂（Ruti）的工作。那里为 5000BP 开始的森林清理和沼泽管理提供了证据。

11. 作为 1910 年英国鸟类学联盟这次考察的领队者，沃拉斯顿将相关记录以《俾格米人和巴布亚人，新几内亚的今日石器时代》（Pygmies and Papuans, the Stone Age Today in New Guinea）为题出版，Wollaston，1912。

12. 引自 Tree（1996，116 页），他还描绘了新几内亚高原居民的存在被澳大利亚报纸曝光。

13. 下文对河上旅行和新几内亚野生动物的许多描绘基于 Wollaston（1912）。

14. 下文对森林和小径的描绘借鉴了 Lewis（1975，46—62 页）。

15. Hope 等人（1983）概括了高原环境变化的历史。

16. White 等人（1970）描绘了在科西普的发掘，而 Golson（1982）暗示，今天遗址附近的露兜树林可能反映了昔日的情形，它们是吸引人类来到科西普的关键资源。

17. Mountain（1993）描绘了侬布岩窟，那里发现了大量地栖和树栖动物，包括新几内亚唯一与已灭绝动物的联系——1 头巨袋鼠科和 3 头大袋鼠科动物，还有人类废弃物。但鉴于袋狼的存在，狩猎者—猎物的关系仍然不明。Hope 和 Golson（1995）总结了与更新世晚期新几内亚高原上人类生活方式相关的其他考古证据。

18. Bellwood（1996）。

19. 关于对第一次与欧洲人接触时的新几内亚高原的描绘，以及传教士对土著人社会的影响，我参考了 Golson（1982）。关于斯特拉森的工作，见 Strathern（1971），而 Rappaport（1967）也对高原社会做了经典研究。

20. Gorecki（1985）描绘了库克沼泽的近代历史，以及卡维尔卡部落对它的开垦。

21. Golson 和 Steensberg（1985）描绘了过去 500 年间在新几内亚高原农业中使用的传统工具。在坦布尔（Tambul）发现了一把 4000BP 的木锹（Bayliss-Smith，1996）。

22. 大批出版物中描绘了 Golson 的发掘，特别是 Golson（1977, 1982, 1989；Golson 和 Hughes，1976）。但它们都缺乏对特征、地层划分和放射性碳定年结果相关背景信息的详细考古学描绘。戈尔森将库克沼泽的初期工程认定为 9000BP（我认为是未经修正的放射性碳定年），将他所称的第 2 期认定为 6000—5000BP。但由于没有发表细节和独立评估, 戈尔森的主张存在严重局限。

23. Golson (1982) 暗示沼泽环境在恶化, 可能是人类活动的结果。不过, 随着转向单一品种的专项种植 (首先是 2000BP 后的芋头, 然后是过去 300 年里的甘薯), 库克沼泽工程早期阶段中的湿地管理已经成了沼泽排水时面临的严重问题。

24. 来自高原各地大量遗址的划分证据都支持 9000BP 前发生过清理, 反映为沉积物中花粉粒的减少和焦炭的存在 (Haberle, 1994)。不过, 森林覆盖率直到 5000BP 才显著减少。尚不清楚早期的清理是为了种植作物, 还是仅仅作为让野生植物重生和用新芽吸引猎物的手段, 就像澳洲土著所做的 (Bayliss-Smith, 1996)。

25. 在库克沼泽 9000 到 6000BP 之间的沉积层中发现了澳洲香蕉 (Australimusa banana) 的植硅石 (Wilson, 1985)。

26. Golson (1977, 1982) 形容甘薯对新几内亚社会产生了 "革命性" 影响。相比芋头, 甘薯的重要性在于能在更高海拔生长 (最高达 2700 米), 即常年被云雾笼罩的高度。甘薯常常被单独种植在地里, 而非像芋头、甘蔗、香蕉和山药等作物那样被混合种植。它们还能提供更好的猪饲料。

27. Golson (1977) 暗示, 库克沼泽在 9000BP 就已经种植芋头。就像 Yen (1995) 所指出的, 大部分后来的评论者认同该观点。不过, Bayliss-Smith (1996) 表示, 直到 4500BP 后, 芋头的种植才变得 "类似今天的形式"。

28. Jones 和 Meehan (1989) 描绘了阿纳姆地的土著人采集野生芋头, 他们似乎将其视作本土植物之一; Matthews (1991) 描绘了新几内亚本地的野生芋头, 而在所罗门群岛的布卡岛 (Buka Island) 的吉鲁洞 (Kilu Cave) 里, 人们在 28000BP 的石器上找到了芋头的组织和淀粉粒 (Loy 等人, 1992); Bayliss-Smith (1996) 描绘了新几内亚土生芋头的一般情况。

29. Yen (1995) 盘点了新几内亚所有主要的农作物和树木。

30. 人们对 6000BP 的库克沼泽乃至整个高原地区的植物栽培类型提出了大量截然不同的解读。Bayliss-Smith (1996) 对它们做了盘点和批判性评价。

31. Les Groube (1989; Groube 等人, 1986) 在该岛东北面的休恩 (Huon) 半岛上的河岸上发现了大批斧头。他能够确定它们至少有 4 万年历史, 因为它们来自一层属于该年代的火山灰下: 地壳上升让一小段更新世的海岸线得以留存。许多斧头有破损或伤疤, 显示它们被用于繁重工作。格鲁伯暗示它们被用于多种工作: 环状剥皮、修剪枝条、清理根部和砍伐小树。火也得到了使用, 在被测定为 3 万年前的沉积物中发现了烧焦的谷粒 (Hope 等人, 1983)。不幸的是, 没能在沼泽沉积物中提取出可用于检验植被历史的花粉芯。因此, 从在新几内亚的生活伊始, 人类就可能对森林做出微妙改造, 以便鼓励某些植物的生长, 并去除或限制另一些。这正是今天继续在新几内亚许多地区所发生的, 比如露兜树, 它们仍然处于野生和种植之间的模糊区域。Groube (1989) 解释了栽培西米如何只需要对森林进行最低限度的管理。因此, 库克沼泽从公元前 8200 年开始的发展似乎只是上述活动的自然延伸, 而非与过去的突然决裂——没有新石器时代革命, 只是从采集植物到管理植物再到栽培植物的演化。不过, Bellwood (1996, 486 页) 声称, 这种 "渐进式立场" 只是 "观念的副产物, 而非硬数据的产物"。他强调说, 所有包含了为栽培而清理林地的令人信服之证据的花粉图都来自全新世。

32. Bellwood (1996) 暗示, 全新世的环境压力 (比如长期干旱或霜冻) 可能促使人们为栽培植物而开发沼泽。

706

33. Golson（1982）总结了高原其他地方关于 6000 年前沼泽排水的有限证据。大多数考古学家认为，种植始于低地，然后扩展到更高的海拔；Golson 和 Hughes（1976，301 页）表示，"可以确定的一点是，我们在库克看到的农业并非起源于新几内亚高原……这种活动在较低的海拔显然有更悠久的历史"。Hope 和 Golson（1995）概括了这方面有限而模糊的证据，但 Bellwood（1996）和 Haberle（1994）觉得这些证据无法令人信服，怀疑新几内亚农业是否开始于低地。

34. Jing 和 Flad（2002）提供了关于公元前 6000 年猪在中国被驯化的证据。

35. 10000BP 存在猪的主张由 Golson 和 Hughes（1976）提出，Golson（1982）则表示 6000BP 时一定有猪。而根据 Hedges 等人（1995）给出的放射性碳定年数据，Bayliss-Smith（1996）和 Harris（1995）倾向于猪的存在要晚近得多。Sue Bulmer（私人通信）认为，上述定年可能有误，因为在至少 4 处遗址，猪骨在地层中的位置都明确属于更新世末或全新世初。她还表示，猪来到新几内亚和其他印尼东南部岛屿并不必然暗示驯化，猪可能在没有人类帮助的情况下抵达新几内亚。

36. 野化的家猪仍是新几内亚低地的一种主要猎物，但在海拔 1525 米以上未曾发现（Golson，1982），那里的猪均为家养。Groube（1989）强调，对于许多森林和栽培植物而言，猪可能是人类的第一个强劲竞争者。

37. Gosden（1995）盘点了对俾斯麦群岛和所罗门群岛的殖民以及更新世晚期的发展。新爱尔兰岛的马腾贝克岩窟（Matenbek Rockshelter）是一处关键遗址，那里发现了 2 万年前的袋貂骸骨，以及从 350 千米外的新不列颠岛上运来的黑曜石。新爱尔兰岛上的巴洛夫 2 期（Balof 2）和帕纳吉乌克（Panakiwuk）也是更新世晚期的重要遗址，两者均偶尔被使用，但发现了捕猎鲨鱼和采集贝类的证据，并显示了老鼠等新动物的到来。曼胡斯岛（Manhus Island）上的帕姆瓦克（Pamwak）遗址暗示，袋狸和太平洋榛子也可能被有意从大陆带到岛上。那里还发现了贝壳做的斧子。

第38章　在巽他古陆的孤独生活

1. 《国家地理》（1971）。该杂志后来又刊发了 MacLeish（1972）的一篇有影响的文章，作者表示塔萨代人"可能是活着的人类中最淳朴的，最接近自然……温和而有爱……我们的朋友们给了我人类的新标准。如果我们的古老祖先像塔萨代人，那么我们的出身要比我曾以为的好得多"（1972，248 页）。

2. Berreman（1999）简要盘点了塔萨代争议。塔萨代人的角色提供了一种人性的形象，挑战了越战中出现的形象，Dumont（1988）对此做了分析。Sponsel（1990）进一步探索了塔萨代人如何作为和平的象征以及卢梭"高贵野蛮人"活的化身。

3. 3 种其他类型的材料对石器记录做了补充——焦炭、植物残骸和海贝壳，但它们被发现的次数太少，无法帮助重建行为和长期变化。朗卡姆南岩窟提供了贝壳和焦炭样本，Shoocongdej（2000）对其做了有趣的解读。在公元前 5000 年之前的地层中，泰国的班考洞（Ban Kao Caves）提供了 28 件可能的食用或药用植物样本（Pyramarn，1989）。

4. 我在这里对和平文化持"汇总"而非"拆分"观点，该文化的经典器物是单面或双面被凿制过的卵石工具。在东南亚，随着时间和地点的不同，凿制石器组合有所变化。不过，这很大程度上可以解释为所获得原材料的差异。Anderson（1990）是最好的综述之一，他描绘了和平文化的四个地理集群：它们来自不同地区，在器物类型和组合内容上存在细微变化。在发掘郎隆格兰岩窟时，他从较表面的地层中（公元前 7000 年后）发现了经典的和平文化卵石工具，但在下方公元前 20000 年的底层中发现了用石片制作的工具。他认为后者并非和平文化的前身。

5. 让我深感遗憾的是，我没有目睹雨林黎明的亲身经历，并以此为基础写下这段话。退而求其次，我参考了 Alfred Russel Wallace（1869）对穿越马来列岛之行的记录。我还参考了 O'Hanlon（1985）对雨林和事件的描绘，他的《走进婆罗洲腹地》（*Into the Heart of Borneo*）一书记录了自己的旅行。

6. 哈里森提供了关于自己工作的大量短篇报告（特别是 Harrison, 1957, 1959a 和 b, 1965），但没能完成总体报告。他的工作全无计划和地层划分图。Bellwood（1997）总结了他所有可以被理解的发现。

7. Harrison(1959c)提供了从 39600±1000BP 到 2025±60BP（修正后为公元前 108—前 54 年）的放射性碳定年数据，其中一组为 19570±190BP。对于测试材料及其发现的环境，这条短短的记录只提供了有限的信息；我没能将测试样本同他报告中描绘的被发掘材料联系起来（Harrison, 1957, 1959a 和 b）。

8. "葩榔"（Palang）是刺入龟头的竹子、骨头和木头小棒，印尼的某些部落拥有这种习俗。O'Hanlon（1985）引述了哈里森对"葩榔"的描绘，指出小棒端部可能加上合适材料制成的小球、尖头甚至刃片，有的男子将两枚"葩榔"相互垂直地穿透龟头。然后，哈里森表示："表面上看，这种装备的功能是加强女性的性快感，因为它能刺激和扩张阴道壁。我在这点上的体验完全成功。"在提到婆罗洲犀牛角制成的天然"葩榔"时，O'Hanlon 更加详细地引用了这段话。原文来自 1957 年的一期《沙拉越博物馆期刊》（*Sarawak Museum Journal*），但我无法证验其权威性。

9. 巴克在 www.le.ac.uk/archaeology/niah.htm. 对他的尼亚洞计划做了综述，引文就来自那里。

10. Pope（1989）称赞了将竹子用作原材料，并用其解释东南亚石器技术的匮乏。在没有金属工具的情况下，我对竹子对于史前狩猎采集者的价值仍表示怀疑。

11. 下文对东南亚环境变化的描绘参考了 Anderson（1990）和 Bellwood（1997）。

12. Bellwood（1997，168—169 页）描绘了此类贝丘，其中一些厚达 5 米，埋藏了炉灶、沾有赭石粉的二次墓葬、猪和河口鱼类的骨骼。

13. Datan（1993）描绘了对砂越洞的发掘。他的工作分为两个田野季，第一季与彼得·贝尔伍德共同主持，当时达坦还是澳大利亚国立大学的研究生。

14. Anderson（1990）描绘了对郎隆格兰洞的发掘。

15. 事实上，对来自郎隆格兰洞 7 号地层的焦炭的测定结果为早于 43000BP，实际上意味着"无限"久远，因为真正的年代超出了放射性碳定年的范围（Anderson, 1990）。郎隆格兰洞的其他关键数据包括紧邻碎石上方层面的 8300±85BP（修正后为公元前 7517—前 7184 年）和下方层面的 27350±570BP。底层为 37000±1780BP，最上层为 7580±70BP（修正后为公元前 6497—前 6370 年）。安德森挖掘了洞底的多层沉积物才来到碎石层，每层中都埋藏着和平文化的卵石工具。公元前 20000 年之前的器物主要用石片制成，这让他怀疑它们是否是和平文化卵石工具的直接前身（Anderson, 1990）。

16. Shoocongdej（2000）描绘了对朗卡姆南洞的发掘，并提供了 6 组放射性碳定年数据，从 27100±500BP 到 7990±100BP（修正后为公元前 7058—前 6708 年）。这些数据来自对蜗牛的测定，故而准确性存在疑问，因为蜗牛可以通过摄入石灰石而沾染"古老的碳"。另见 Pyramarn（1989）对班考洞中用以维持生活的物资信息的报告。

17. 关于人类无法仅凭打猎和采集在雨林中生存的主张，见 Bailey 等人（1989）和 Headland（1987）。

18. 最早的稻米种植的痕迹来自沙拉越西部的砂越洞中发现的稻壳（Bellwood，1997）。

19. Endicott 和 Bellwood（1991）描绘的巴特克人的维生习惯，以反驳 Bailey 等人（1989）。Endicott（1999）还对巴特克人做了简要描述。

20. Brosius（1991，1999）描绘了本南人的觅食习惯，并对 Headland（1987）做了全方位批判。他在 1986 年的记录特别有趣，描绘了本南人如何将文化意义赋予自己周围的世界（Brosius，1986）。

21. Bellwood（1997）描绘了开阔的热带季风气候森林中的野牛数量如何比赤道雨林中的至少丰富 10 倍。

22. Bellwood（1997，158 页）。

23. 下文关于宗教习惯的猜测参照了 Brosius（1999）和 Endicott（1999）对本南人和巴特克人的描绘。

24. 下文参考了 Berreman（1999）。就像他所描述的，人们不愿"承认这是个骗局"。贝勒曼批评了声称"骗局"一词含义模糊的美国人类学会，认为这是在帮助埃利萨尔德和马科斯开脱。

25. 一位名叫巴兰甘（Balangan）的塔萨代人在 1988 年电视台的纪录片里说了这些，被 Berreman（1999）所引用。

26. Bellwood（1997）暗示，巴特克人可能真是和平人的直系后裔。本南人则和可能是公元前 4000 年之后进入婆罗洲的农民的后代。贝尔伍德表示，上述群体的某些成员在高原地区转向靠觅食为生。他认为，如果本南人在婆罗洲的时间更长，我们应该可以在内陆找到人类群体，但那里仍然无人居住。

第39章　沿长江而下

1. 剑齿象分布于从非洲到南亚的各地。中新世晚期的类型被认为是现代象的祖先。一些种类存活到更新世，在印尼诸岛上成为倭种（Lister 和 Bahn，1995）。我对中国冰河期环境的描述借鉴了 Chen 和 Olsen（1990）。

2. 白岩脚洞于 1979 和 1982 年被发掘，发现了 1576 件石器，两件骨制工具和 22 种动物骸骨。石器用石灰岩、黑硅石、砂岩和石英制成，很大一部分被制成刮削器。骨制工具经过打磨。动物群包括该地区和时代的典型组合，被称为大熊猫—剑齿象（Ailuropoda-Stegodon）动物群，包括熊、貘、鹿、犀牛、猪、剑齿象、虎和鬣狗。关于人类生活的放射性碳定年数据为 11740±200BP（修正后为公元前 12103—前 11510 年）到 14220±200BP（Chen 和 Olsen，1990）。

3. 关于三峡大坝的更多信息，见国际河流网络的网站，www.irn.org。

4. 我对穿越宜昌峡口之旅的描绘参考了 J. F. Bishop 夫人（1899），她在 19 世纪 90 年代曾沿长江而下旅行，详细描绘了沿岸的风貌和居民，特别关注了上游地区。

5. 关于中国环境变化的证据来自湖泊沉淀物中提取的花粉芯，山洞沉积物中的动物骨头，以及与海洋、湖泊和河流平面升降相关的地形学证据。Lu（1999）对这些证据做了全面总结，但只有一小部分被译成英语。

6. 我对将其表述为新仙女木时期保持谨慎，因为该事件可能仅限于西亚、欧洲和大西洋地区。更新世末显然出现了多次气候波动，可能完全独立于新仙女木事件。Lu（1999）提供了关于中国从公元前 10800 年左右开始的这个寒冷时期的证据，愿意使用新仙女木时期的表述。尚不清楚更新世晚期的这些环境变化对人类定居点有何影响。虽然很多堆被削凿的石头可能与更新世晚期有关，但它们很少能确定绝对的年代，或者与动物残骸、特征或其他可能帮助解读的材料联系在一起。该时期凿石技术的发展包括源于中国北部的细刃片和细石器技术的传播。Wu 和 Olsen（1985）对整个旧石器时代做了综述，Chen 和 Olsen（1990）专注于上次冰河极盛期，Lu（1999）对更新世晚期和全新世早期的定居点进行了盘点。

7. Pei（1990）描绘了 1988 年他在彭头山的发掘，遗址位于澧阳平原中部的澧水支流之间。Lu（1999）提供了该遗址的 24 组放射性碳定年数据，主要来自陶片中的烧焦谷粒。数据从 9875±180BP（修正后为公元前 9746—前 8958 年）到 6252±100BP（修正后为公元前 5318—前 5061 年），大部分位于 8000 到 7500BP 之间。

8. 栽培稻分为两个品种：长粒的籼稻（*O. sativa indica*）和短粒的粳稻（*O. sativa japonica*）。籼稻在中国南方的温带和亚热带地区占据主导，而粳稻能忍受北方地区更冷的冬天和较不可靠的夏季降水。Smith（1995）讨论了它们的演化过程，而 Ahn（1992）对水稻的种系发生史做了详细讨论。

9. Gordon（1999）对以水稻种植为基础的中华文明的兴起做了简要概括。

10. Ahn（1992）详细盘点了水稻的许多品种，以及试图做出明确分类的复杂性。问题之一是野生和驯化品种的杂交程度，导致基因区别变得模糊（Smith, 1995）。

11. Ahn（1992）对野生和驯化水稻品种的形态和生理学差异做了详细描绘。

12. 关于南亚、东南亚和东亚的水稻种植证据的盘点，包括对科帕农第和榕树谷洞的最初解读，见 Glover 和 Higham（1996）以及 Higham 和 Lu（1998）。目前被接受的有关东南亚水稻种植的最早年代为约 5000BP。Smith（1995）对水稻种植的考古历史做了简要总结。

13. Smith（1995）。

14. 麦克尼什和严文明是中美江西水稻起源项目的联合负责人，见 Zhijun（1998）的总结。2001 年 1 月，麦克尼什在伯利兹的一场车祸中遇难。

15. Pearsall 等人（1995）。

16. 不过，我们还是需要对大量样本进行多重变量统计测试来区分野生和栽培水稻，因为单一测量还不够，而且无法确信地将个别谷粒归于野生或栽培品种。一旦完成了对颖片细胞植硅石的测量，Pearsall 等人（1995, 95 页）描绘了随后必须要做的："一旦获得这些数据，对从多重线性判别函数分类获得的联合概率所做的贝叶斯计算将让我们对样本中是否存在栽培稻做出相对明确的判断。"我们必须假定，Zhijun（1998）在对来自吊桶环洞中的植硅石进行分类时使用了上述方法。

17. 我对吊桶环洞的描绘参考了 Zhijun（1998）。

18. Bishop（1899）对长江河盆每年的洪水做了生动描绘。

19. Pei（1990）解释说，彭头山的房屋保存状况不好。但他描绘了带大量柱孔的大型地表结构和两种较小的半地下结构。

20. 在彭头山找到的来自超过 100 件陶器的碎片（Pei, 1990）反映出多种形制和装饰。盘绕技术是最主要的制作方法。Pei（1990）还描绘了凿制和磨制石器。

21. 这似乎是一座占地1万平方米的壮观土丘，比周围的平原高出3~4米（Smith，1995）。

22. 在中国其他地方发现过类似年代的陶器，特别是湖南省南缘的玉蟾洞（Lu，1999）。

23. Higham 和 Lu（1998）以及 Lu（1999）思考了陶器起源与水稻种植发展的联系。

24. 上述场景基于 Van Liere（1980）对"河滩农业"的描绘，就像历史上的东南亚所采用的。

25. Van Liere（1980）描绘了东南亚湄公河三角洲采用的洪泛农业，以及一系列治水方法。

26. 裴安平（日期不明）似乎从附近同时代的八十垱遗址找到了木锹和犁的残骸，因此它们在彭头山也可能存在过。

27. Gordon（1999）暗示，Hillman 和 Davies（1990）对小麦所做的实验可能也适用于水稻在中国的演化。

28. 裴安平（日期不明）简要描绘了对八十垱的发掘。那里的房屋包括半地下结构，墓葬有多种形式。整个定居点似乎被保护性沟渠环绕，可能是用于防御洪水。裴安平还宣称发现了用于占卜的木牌和竹牌。他提出的时间范围为 7000—8000 年前，但没有提供任何具体的放射性碳定年数据。他还描绘了八十垱早期的人类生活（15000BP）。

29. 裴安平（1998）描绘了八十垱的水稻种植。

30. 河姆渡只是 7000BP 后在长江三角洲和杭州湾的众多定居点之一。杭州湾北侧的陶器和制品类型不同于南侧的，虽然生活方式非常相似，都混合了植物栽培和狩猎—采集（Smith，1995）。除了水稻，还种植了菱角和芡实这两种水生植物。河姆渡于 20 世纪 70 年代被发掘，深达 4 米的沉积物代表了至少 1000 年的居住历史（Smith,1995）。Lu（1999）对该遗址做了描绘，并给出关于第一期遗址的 13 组数据，从 5975±100BP（修正后为公元前 4990—前 4720 年）到 6310±170BP（修正后为公元前 5470—前 5062 年），有一组异常值为 5320±100BP（修正后为公元前 4311—前 4002 年）。

31. 对水牛的驯化知之甚少，但对河姆渡有水牛这一点似乎没什么疑问（Smith，1995）。裴安平（日期不明）描绘了在彭头山发现的一枚完整的水牛头骨，他宣称头骨属于驯化品种。一篇刊登在报纸上的关于裴安平对八十垱发掘的报告称，他在该定居点找到了驯化水牛和猪的证据（裴安平，1998）。

32. 费孝通（1939）对 20 世纪初太湖南岸开弦弓村的中国农民生活做了详细描绘，那里可能有许多新石器时代的特征。

33. 目前尚没有日本沿岸海平面上升的详细纪年以及它与大陆联系被切断的确切年代，Aikens 和 Higuchi（1982），Imamura（1996）总结了现有的信息。该问题因为日本沿岸的地壳活动而变得更加复杂，这些活动同样对海平面变化和沉积物证据的解读产生了重要影响。

第40章　和绳纹人在一起

1. 我要感谢冈山大学的松本直子（Naoko Matsumoto）为本章提供的信息、书目、翻译和讨论。2001—2002 年间，她是雷丁大学的访问学者。

2. Minaminihon（1997）对上野原做了描绘，包括日文文本和一系列出色的照片。我的描绘基于 Izumi 和 Nishida（1999）的上野原复原图。

3. 虽然稻粒的最早年代与公元前 1000—前 800 年间本州北部的绳纹文化晚期遗址联系在一起，但在日本西南部的绳纹文化前期和中期环境中发现过水稻植硅石（Crawford 和 Chen，

1998），比如 6000BP 的冈山（Matsumoto，私人通信）。

4. Tsukada（1986）对过去 2 万年间日本的植被变化做了详细综述，主要基于花粉证据。今天，日本面积的 70% 仍然被森林覆盖，森林的组成在很大程度上与全新世早期类似。

5. 这种建筑结构不同于大部分绳纹遗址，后者的坑屋只有中央的一根支柱（Matsumoto，私人通信；Imamura，1996）。

6. 绳纹人使用了各种类型的结、扭和压印方法，他们处理和装饰陶罐表面的技术创造出大量不同的图案。其中之一是在滚筒周围绕上绳子，然后在器物表面滚动，形成日本考古学家所谓的撚丝纹（Yoriitomon）陶器。对陶器的设计和装饰风格的描绘，见 Imamura（1996）。

7. 与 Imamura（1996）不同，Trigger（1989）认为莫尔斯的学生中无人成为职业考古学家。他对日本考古学做了简单而有趣的回顾。

8. Imamura（1996）总结了日本考古的历史，并描绘了对绳纹陶器风格和阶段的相对与绝对划分之变迁。

9. 关于对绳纹人生存方式的综述，见 Imamura（1996）、Watanabe（1986）和 Rowley-Conwy（1984b）。发现有机物遗存的遗址大多都集中在绳纹文化中期。

10. Aikens 和 Higuchi（1982）描绘了福井洞。最上方的地层中发现的陶片的放射性碳年数据为 12400 ± 350BP 和 12700 ± 500BP。最古老的地层中埋藏了大块石片、燧石刃片和石斧，而后来的地层中也发现了细刃片和最早的陶片。

11. 关于绳纹陶器的历史和关于其年代仍在继续的争论，见 Imamura（1996）。

12. 九州港口佐世保市西北的泉福寺（Senpukuji）洞同样发现了特别古老的陶器。这些陶器可能比福井洞的更早，因为在与来自福井洞最早地层的陶器纹饰相同的陶片层下方还有一种带线形浮雕装饰的陶片。不幸的是，无法获得可靠的放射性碳年数据。在四国西部的久万高原町（Kamikuroiwa）岩窟中也发现了特别古老的陶器，测定为 12165BP。Aikens 和 Higuchi（1982）对上述遗址做了简要总结。

13. 在早至 30000BP 的日本旧石器时代遗址就发现过边缘被有意磨过的石质工具。关于对旧石器时代遗址的盘点，见 Aikens 和 Higuchi（1982），Barnes 和 Reynolds（1984）。对日本最古老遗址的年代仍存在大量争议。

14. Matsumoto（私人通信）。

15. Aikens（1995）主张陶器和林地在日本的扩张存在直接联系，认为制陶起源为效用主义的。

16. Matsumoto（私人通信）。

17. Hayden（1995）暗示，陶器和其他许多技术诞生于声望需求。

18. Matsumoto（私人通信）。

19. Aikens（1995）和 Imamura（1996）描绘了绳纹陶器的发展，后者提供了绳纹时代中期一些不寻常起名的图片。

20. 我在这里对考古结果做了些艺术加工。粗大黏土耳环只在 7500BP 的上野原遗物中发现过。它们与陶罐和黏土小俑埋在一起，但完全没有生活废弃物。这暗示该遗址可能只具有仪式而非日常生活功能。

21. 就我所知，没有直接证据表明上野原的土坑被用于储存橡子。但从鹿儿岛地区的东黑土田（Higashi-Kurotsuchida）发现的含有日本橡子的存储坑来看（11300 ± 130BP，修正后为公元前 11492—前 11192 年），这种类型的存储在上野原有人居住时无疑正被使用（Miyaji，1999）。5000BP 后的绳纹时代中期遗址发现了更多存储坑。我对用一层层碎石和芦苇进行存储的具体描绘基于 Miyaji（1999）中的插图。正如他所描绘的，某些种类的橡子含有大量单宁或皂甙，会产生苦味和对口腔产生收敛作用。北美印第安人通过在草木灰水中浸泡橡子或者把它们在地下埋几个月来消除苦味。

22. 樱岛至今仍在喷出烟雾和粉尘，山顶比鹿儿岛湾的水面高出 1000 多米。2000 年发生了不少于 132 次喷发，最后一次是 10 月 7 日，升起的尘柱高达 5000 米，伴随着火山闪电。较大颗粒的火山灰落到鹿儿岛城，砸坏了 35 辆车的挡风玻璃。关于樱岛火山的近期活动，见 https://volcano.si.edu/volcano.cfm?vn=282080.

23. 这次喷发的年代被认定为 6300BP（Matsumoto，私人通信）。

24. 鬼界火山在海面下留下了宽 19 千米的破火山口，一部分作为岛屿露出水面。1934 和 1935 年的喷发形成了更多小岛。它的活动延续至今，相关记录见 https://volcano.si.edu/volcano.cfm?vn=282060.

25. 在盘点日本各处被淹没的关键遗址时，Matsui（1999）简单描绘了粟津。他没有给出放射性碳定年数据。

26. Imamura（1996）描绘了他在雾丘和多摩丘陵的工作，以及猪陷阱在绳纹经济中的角色。

27. 我没有研究过海平面上升的问题及其如何影响了日本的沿岸考古。最详细的研究在濑户内海进行，显示了一系列复杂的波动，以及沿岸环境和觅食机会的变化，相关描绘见 Imamura（1996）。

28. 我对捡拾和烹饪贝类的描述借鉴了 Meehan（1982）对澳洲安巴拉人（Anbarra）和采集裂纹锦蛤（*Tapes hiantina*）的描绘。

29. Aitkins 和 Higuchi（1982）以及 Imamura（1996）描绘了夏岛贝丘。贝丘下方与陶片联系在一起的焦炭被测定为 9450±400BP（修正后为公元前 9310—前 8227 年）和 9240±500BP（修正后为公元前 9217—前 7827 年）。

30. Aitkins 和 Higuchi（1982）描绘了多摩丘陵。独木舟用劈开的糙叶树的树干挖制而成，船身很浅，两头为方形。两把桨的头部较宽，另外四把则较窄。来自独木舟上的一块木头被测定为 5100BP（Aitkins 和 Higuchi 没有提供标准差）。

31. 我无意否定对许多绳纹遗址所做的非常出色的研究，特别是关于比夏岛更晚近的。比如，Koike（1986）描绘了对村田川（Murata River）流域的贝丘遗址的详细研究，包括对一系列动物的季节性和成长研究。Watanabe（1986）出色地运用民族志数据来解读绳纹遗迹。虽然在夏岛没有墓葬，但在一些绳纹时代早期和前期的遗址发现了大量墓葬，比如九州的二日市（Futsukaichi）、本州的栃原（Tochihara）和大谷寺（Oyaji）等岩窟，以及本州的石山（Ishiyama）贝冢遗址。墓葬形式多样：有的是二次埋葬的身体部位，特别是头骨，另一些为初次埋葬，死者戴着贝壳珠子做的项链，或者手中或头上放着石头（Matsumoto，私人通信）。

32. 对于绳纹人的栽培活动（如果有的话）的性质和范围，日本考古界一直存在争议（Imamura，1996）。葫芦、亚洲豆、紫苏和构树是可能的栽培对象（Akazawa，1986）。

33. 和栽培一样，鲑鱼在绳纹人经济中的角色也充满争议——关键问题在于，鱼骨的缺失究竟反映的是发掘不利还是保存不善，抑或仅仅是因为没人捕捞鲑鱼（Akazawa，1986；Imamura，1996）。

34. 大规模水稻种植的开始被称为弥生时代的开端。Imamura（1996）总结了关于这是由移民发起还是因为本土绳纹人接受了农业方法的漫长讨论。我倾向前一种可能，但实际情况可能涉及移民与本土发展的复杂混合，就像从欧洲农业的发展中所看到的。

35. 关于对阿伊努人的介绍性描绘，见 Svensson（1999）。Watanabe（1973）对他们的环境和经济做了经典研究，对于考古解读很有价值。

第41章　北极之夏

1. 关于对俄国远东地区植被历史的重建，见 Kuzmin（1996）；对西伯利亚的重建，见 Ukraintseva 等人（1996）和 Guthrie（1990）。

2. Mochanov 和 Fedoseeva（1996a）描绘了在久克台洞的发掘，他们确定了 3 个不同的更新世层面，分别埋藏着石器和动物残骸，年代为 16000BP 到 12000BP。最上层的放射性碳定年数据为 740±40BP，而更新世层面测得的 6 组数据为 14000±100BP 到 12100±120BP。

3. Mochanov 和 Fedoseeva（1996a 和 b）对西伯利亚的考古史做了简要回顾，包括普利棱斯克考古行动的制定和目标。

4. 我还没见过对久克台洞动物所做的合适的埋葬学研究。因此，尚无法断定哪些动物是被人类猎杀的，哪些是被以山洞为巢的肉食动物带到那里的，哪些是本身在洞中生活和死去的。就像本书其他地方所提到的（比如克雷斯韦尔崖），完成此类埋葬学研究后，人类活动常常被从狩猎大猎物"下调到"设陷阱捕捉小猎物。

5. 久克台人使用的双面工具不太可能是克洛维斯人使用的致命投矛尖的前身。它们的相似性很可能源于完全独立的发现——两者只是在如何用燧石制作锋利有力的工具上达成了一致的方法。就像本书第 26 章所解释的，克洛维斯矛尖很可能源于北美东部。LGM 时期在法国的佩什梅尔洞绘制了岩画马的索吕特雷人也采用了同样的方法。

6. Goebel 等人（2000）在一片总结其他细刃片技术的文章中描绘了斯图德诺 2 期。斯图德诺 2 期获得了大量放射性碳定年数据，包括 4 组早于 17000BP 的，最早的为 18830±300BP 和 17885±120BP。

7. Lubbock（1865，392—412 页）。

8. Guthrie（1990）对西伯利亚和阿拉斯加发现的冰冻动物及其研究历史做了盘点，包括别列佐夫卡的猛犸。关于古生态学和灭绝的重要研究，见 Vereshchagin 和 Baryshnikov（1982，1984）以及 Ukraintseva 等人（1996）。格思里对"蓝色婴儿"（Blue Babe）做了特别重要的研究，那是一头 3.6 万年前在阿拉斯加北部死去的小野牛的冰冻尸体，尸体包裹在蓝铁矿结晶中，于是被以神话中那头和巨人保罗·班扬（Paul Bunyan）共同在北方森林中漫游的蓝色巨牛命名。

9. 在下文中，我将遵照 Guthrie（1990）对猛犸草原的重建，20 世纪 60 年代末，他最早提出那是一片植物和食草动物丰富的土地。不过，孢粉学家对这种重建很有异议，比如 Ritchie 和 Cwynar（1982）以及 Colinvaux（1986）。他们认为那里的环境远比格思里所提出的恶劣，只有在间冰期才能支持大型哺乳动物。Guthrie（1990）讨论并富有说服力地反驳了他们对自己重建的批评。

10. 贝勒莱赫主要作为大型的天然猛犸骸骨堆为人所知，但附近的一个旧石器时代遗址同样得了 12930±80BP，13420±200BP 和 12240±160BP（修正后为公元前 13150—前 11907 年）等放射性碳定年数据。1971—1973 年和 1981 年，莫汉诺夫对那里做了发掘，Mochanov 和 Fedoseeva（1996c）对此做了总结。

11. 我在本书第 27 章"克洛维斯猎人受审"中对发现弗兰格尔岛的猛犸做了简要总结。

Vartanyan 等人（1993）对此进行了描绘。尚不清楚弗兰格尔和若霍夫成为岛屿的年代，皮图尔科暗示是 4500BP。

12. 对于这段在苔原上行走的描写，我参考了 Thubron（2000）的描述。

13. 下文关于若霍夫岛定居点的描写参考了 Pitul'ko（1993，2001）的包括，以及 Pitul'ko 和 Kasparov（1996）。后者提供了定居点的 22 组放射性碳定年数据，大部分来自发掘出的浮木样本，位于 8930±180BP（修正后为公元前 8286—前 7802 年）和 7450±170BP（修正后为公元前 6476—前 6030 年）之间，两组异常值为 12600±250BP 和 10810±390BP（修正后为公元前 11348—前 10150 年）。皮图尔科暗示，8000BP 是对该遗址年代的最佳估计。本章中对北极熊的描绘参考了 Lopez（1986）中的材料。

14. Pitul'ko 和 Kasparov（1996）对关于狗拉雪橇出现的现有证据做了简要总结。他们指出，比起在欧洲北部和俄国泥炭沼泽找到的 8000 到 6000BP 的简单得多的雪橇，若霍夫的狗拉雪橇在设计上似乎完全不同。

15. 下文关于人类与北极熊关系的描述参考了 D'Anglure（1990）。他解释说，因纽特人用他们关于北极熊的神话作为控制女性行为的意识形态手段。

16. Pitul'ko（2001）对更新世末期和全新世初期东北亚已知遗址的文化发展做了简要总结，它们都被归为巽他文化，若霍夫的材料也属于此列。

17. 在若霍夫的报告中没有关于房屋内部可能形制的信息。我的描述受到 Weyer（1932）和 Birket-Smith（1959）对爱斯基摩人房屋的描绘的启发。

18. 在描绘爱斯基摩人的雪屋时，Birket-Smith（1936，127 页）表示："显而易见，这些小屋中的味道对性性敏感的人来说不太有吸引力，那里的空气被鲸脂灯加热，并弥漫着大量多少赤身裸体和不太干净的人发出的体味。"

19. 下文对衣物及其加工技术的描绘基于 Hansen 等人（1991）对 1475 年在基拉克提左克（Qilakitsoq）发现的一具因纽特人木乃伊的描述，以及 Lopez（1986）对爱斯基摩人衣物的一般性描述。基拉克提左克的衣物主要用海豹皮制成；鉴于若霍夫人似乎只捕猎北极熊和驯鹿，我代之以驯鹿皮，后者在整个北极都被广泛使用。在若霍夫发现了燧石刀刃、骨锥和骨针，以及天鹅和鸭子的骨头。

20. 关于若霍夫人季节性特点的证据来自对驯鹿下颚骨上牙齿生长情况的检验（Pitul'ko 和 Kasparov，1996）。多部分样本显示猎杀发生在初夏，少数显示居住遗址持续到 10 月。皮图尔科和卡斯帕罗夫的结论是，上述证据暗示了历史时代的迁徙模式，即在春天跟随驯鹿迁往北方。

第42章　穿越印度

1. Lubbock（1865，343—345 页）。卢伯克引用的贝利的表述来自《民族志学会学报》（*Transactions of the Ethnological Society*），卷二，278 页。

2. Sahni 等人（1990）盘点了更新世晚期印度鸵鸟的证据，而 Kumar 等人（1990）则盘点了更新世晚期用鸵鸟蛋壳制作的珠子和其他装饰品。

3. 关于对印度上旧石器时代考古的盘点，见 Kennedy（2000），Chakrabarti（1999），Misra（1989a）和 Datta（2000）。Datta（2000）提供了印度次大陆的 20 组上旧石器时代的定年，只有 5 组晚于公元前 20000 年。

4. 斯里兰卡的细石器技术似乎可以上溯到公元前 34000 年，并延续至历史时代。Kennedy（2000）对斯里兰卡的古代环境和考古证据做了简要总结。

5. Nagar 和 Misra（1990）描绘了坎贾尔以及民族志类比在印度考古中的角色。

6. Fuller（私人通信）。关于福特对印度新石器时代研究的贡献，见 Korisettar 等人（2000）。

7. Foote（1884）描绘了他在卡努尔洞穴的工作。Murty（1974）提供了简要总结。

8. Murty（1974）对他在穆奇查特拉钦塔马努洞的发掘做了详细描绘。炉灶的一组热释光定年数据为 17390 ± 10%BP。

9. 从罗伯特·福特主持到克里希纳·穆尔蒂主持发掘的变化反映了 20 世纪 40 年代发生的一种普遍转变，即印度考古学由英国人主导转向由印度人自己主导。哈斯穆赫·迪拉吉拉尔·桑卡利亚（Hasmukh Dhirajlal Sankalia）是最伟大的印度考古学家之一，Misra（1989b）写了关于他生平的详细文章。他带领德干学院成为南亚首屈一指的考古研究中心，并指引两代印度考古学家取得突出成就。1963 年，桑卡利亚出版了他的里程碑之作《印度和巴基斯坦的史前史和原始史》（*Prehistory and Protohistory of India and Pakistan*）。该书是第一部物堆汇编，但在书中（甚至在今天的考古学中），殖民主义的遗产仍然存在。无论是福特，还是与他同时代和 20 世纪初的考古学家 [比如剑桥大学的史前史学家迈尔斯·布吉特（Miles Burkitt）]，他们都喜欢将印度和欧洲遗址进行比较，从而留下了上旧石器时代、中石器时代和新石器时代等现在看来完全不适合印度史前史的术语。许多年代不明的石器堆被如此命名，只是因为如果它们是在欧洲环境下被发现就会被这样处理。由于印度的原材料及其开裂特点和制得的工具不同于在欧洲大部分地区到处可见的质地细腻的燧石，这种假设可能导致对印度史前史的性质的理解产生严重错误。比如，作为欧洲中石器时代的标志性元素，细石器技术在南亚显然始于公元前 20000 年之前。除了斯里兰卡的遗址，在马哈拉施特拉邦（Maharashtra）的帕特内（Patne）遗址，被测得为 23050 ± 200BC（Chakrabarti, 1999）的地层内发现了细石器。比起欧洲，这与非洲和西亚的情况更为相似，并在近代狩猎采集者中持续到了历史时代。我要感谢毗什奴普利亚·巴萨克（Bishnupriya Basak）对更新世晚期和全新世石器类型划分，以及殖民遗产的延续所做的讨论。Kennedy（2000）和 Morrison（1999）也讨论了上旧石器时代和中石器时代等术语的使用，前者似乎对此持肯定态度。

10. 关于对全新世开始和早期的气候变化综述，见 Allchin（1982），Misra（1989a）和 Kennedy（2000）。Chakrabarti（1999, 98 页）总结了当前的了解状况，表示"除了一些零星的科学研究，对印度次大陆在全新世早期和整个全新世的气候变化状况的了解并不是特别多"。公认的观点是，全新世前期要比后期湿润得多——但冰芯证据暗示，除了目前陆上证据所能证明的，气候还出现过其他许多次波动。

11. Webber（1902）生动地描绘了印度森林在近代被毁灭前的样子。

12. 关于对印度中石器时代记录的盘点，见 Misra（1989a），Chakrabarti（1999）和 Kennedy（2000）。关于典型的中石器时代洞穴的生活状况，见 Prakash（1998）对东高止山的万迦萨利洞（Vangasari Cave）的描绘——洞中发现了密集的凿制石器堆，包括许多细石器和磨石，但没有能提供关于经济状况的信息或用于定年的有机材料。普拉卡什评价了沿海平原上的大量中石器时代遗址，并谈此山区缺少新石器时代和更晚的生活痕迹。

13. 一些关于更新世末和全新世初的石器技术的出色研究中常常会分析原材料变化的意义。比如，Datta（1991）比较了西孟加拉的上旧石器时代和中石器时代的技术，显示与技术变化相伴的是更多使用黑硅石和石英石。Khanna（1993）对拉贾斯坦邦的伯戈尔（Bagor）使用玉髓做了有趣的研究，比较了当能获得这种非本地产的材料时，人们如何更偏爱使用它们。Basak（1997）同样做出了重要贡献，根据原材料和技术的不同，他比较了从西孟加拉的塔拉芬尼山谷（Tarafeni Valley）中发现的大批器物。不幸的是，其中许多研究缺乏基于绝对日期的详细年表。

14. Kennedy（2000）盘点了中石器时代的墓葬记录和骸骨证据。除了下文讨论的恒河平原，北方邦的莱哈希亚基帕哈里（Lekhahia Ki Pahari）是一个关键遗址，被测定为8370±75BP（修正后为公元前7538—前7334年）。这是一座地面被铺过，洞壁上绘有岩画的石窟。20世纪60年代中期，那里发掘出21具骸骨。最早的遗迹是基岩上挖的一个坑，里面放着两枚人类头骨和一块动物的下颌骨。

15. 关于对将这个欧洲术语用于印度考古学的评价，见注释9。

16. 我对比姆贝特卡以及对其考古学和岩画的描绘参考了Mathpal（1984）。

17. 关于米斯拉对IIIF-23的发掘，见Mathpal（1984）和Kennedy（2000）的描述。Wakanker（1973）也记录了对那里的重要发掘。

18. Mathpal（1984）。

19. Mathpal（1984，202页）。

20. Varma等人（1985）描绘了对达姆达玛的发掘，Sharma（1973）和Pal（1994）对恒河平原上的中石器时代定居点做了总体盘点。Kennedy（2000）引述了根据达姆达玛的骸骨测得的放射性碳定年数据，位于8640±65BP（修正后为公元前7733—前7585年）到8865±65BP（修正后为公元前8202—前7850年）。

21. 托马斯等人（1995）和Chattopadhyaya（1999）归纳了来自达姆达玛的动物残骸。托马斯等人表示，对资源的管理存在周期性趋势，哺乳动物的数量会增加或减少，而禽类和水生动物的反向变化则弥补了这一趋势。我怀疑这更可能反映了环境变化，而非资源耗尽/恢复或管理。

22. Chattopadhyaya（1999）盘点了对平原定居点性质的看法如何变化，并提供了支持定居据点的证据。

23. Kennedy（2000）归纳了来自达姆达纳、马哈达哈和萨赖纳哈尔拉伊的骸骨证据。Lukacs和Pal（1992）提供了关于后两处遗址的牙齿报告。

24. Sharma（1973）描绘了这些墓葬。其他几处墓葬中也埋藏着细石器，可能是箭头。但尚不清楚它们是作为陪葬品被有意放入的，还是偶然混入填埋墓坑的泥土中，或者曾被钉在尸体上。

25. Varma等人（1985，这句话引自第56页）和Pal（1992）描绘了这处墓葬。

26. 恒河平原上的定居点的年代顺序仍然很不清楚；Kennedy（2000）总结了现有的全部证据。我们知道人类在冰河期结束前就在使用恒河平原了，因为找到了他们的器物堆。到了公元前9000年时，达姆达玛已经出现了定居社群，最初很可能是季节性营地，后来逐渐成为永久性村落。从技术、食谱和经济上的相似性来看，马哈达哈和萨赖纳哈尔拉伊的村子很可能诞生于随后不久。直到至少6000乃至7000年后，他们仍以大体相同的方式欣欣向荣，那时农业经济早已在整个次大陆兴起，恒河平原上最早的城市中心也即将出现。马哈达哈的年代为公元前2676—前2515年和公元前2250—前2125年，而对萨赖纳哈尔拉伊一块烧焦骨头的热释光定年结果为公元前995年（Kennedy引述），放射性碳定年结果为8400±115BP（未修正，Chakrabarti 1999引述）。两个遗址拥有几乎一致的遗存，与达姆达玛同样极其相似。因此，恒河平原上似乎有过长期稳定的文化和经济。

第 43 章　跨越兴都库什山的长途跋涉

1. 博兰山口以南的俾路支斯坦被包括在印度河平原内,尽管那里的河流并不直接注入印度河。

2. 下文对梅赫尔格尔的描述主要参考了 Jarrige 和 Meadow（1980）,Chakrabarti（1999）,Possehl（1999）和 Kennedy（2000）。我要感谢格雷格·波塞尔（Greg Possehl）和多里安·弗勒（Dorian Fuller）回答我关于该遗址的问题。

3. 关于雅里热和同事们的发掘报告,见 Jarrige 等人（1995）。

4. Possehl（1999）描绘了俾路支斯坦南部发现大量细石器的各处遗址。不幸的是,对这些遗址的勘察非常有限,发掘就更少了。

5. 博兰山口是进入南亚的要道之一,整个古代和中世纪都有商人与其他旅行者从那里经过。虽然亚历山大从另一处要道基博尔山口（Kyber Pass）进入印度,但回程时走了博兰山口。

6. Meadow 研究了来自梅赫尔格尔的兽骨,相关描述见 Jarrige 和 Meadow（1980）以及 Meadow（1996）。最早层面中的山羊骨被认定为来自驯化动物,随着该镇历史的发展,它们的体型同样有所减小。

7. Kennedy（2000）总结了梅赫尔格尔现有的全部古人类学信息。

8. 感谢巴黎的玛格丽塔·滕贝里（Margaritta Tengberg）提供了关于梅赫尔格尔铜珠中的棉线的信息,她于 2001 年 11 月在伦敦大学考古学院的一次研讨会上最早对此做了描绘。后来的出版物包含了有用的技术细节,并对棉花的驯化做了讨论（Moulherat 等人,2002）。

9. 在梅赫尔格尔被发现前,我们对印度河文明的起源知之甚少。莫蒂默·惠勒（Mortimer Wheeler）暗示,该文明源于某种在西亚村镇开始繁荣后变得"广泛流行"的"理念"传入落后地区（Jarrige 和 Meadow,1980）。

10. Misra（1973）描绘了伯戈尔 1 期遗址。

11. Sharma 等人（1980）描绘了在乔帕尼曼多的发掘,Chakrabarti（1999）对其做了简要总结。我要感谢多里安·弗勒提供了该遗址的更多信息。

12. Korisettar 等人（2000）对印度南部的新石器时代做了最新描绘,而 Allchin（1963）则研究了乌特努尔的灰烬堆并对该遗址做了描绘,Allchin 和 Allchin（1982）也对此有简要提及。

13. 这幕特别的景象参考了 Newby（1954）对在兴都库什山中跋涉的描绘。我对卢伯克穿越阿富汗中部之旅的想象借鉴了 Thesiger（2000）。

14. Colin Thubron（1994）将中亚描绘成"世界的腹地"——鉴于阿富汗各民族在整个 20 世纪末和 21 世纪初的苦难,这种描绘恰如其分。

15. Dupree（1972）描绘了在白桥的发掘。

16. Dupree（1972）提供了下面的定年结果,但没有提及用于测定的材料或背景——马洞：16615±215BP 为上旧石器时代燧石加工遗址,发现了野山羊和鹿的骸骨；10210±235BP（修正后为公元前 10385—前 9394 年）为无陶器新石器时代遗址,发现了驯化绵羊／山羊骸骨；4500±60BP（修正后为公元前 3342—前 3099 年）为有陶器的新石器时代遗址。蛇洞：8650±100BP（修正后为公元前 7909—前 7586 年）为无陶器新石器时代遗址,发现了驯化绵羊和山羊的骸骨。Dupree（1972）提到,珀金斯（Perkins）确定了绵羊／山羊骸骨究竟属于驯化还是野生品种,但似乎很少有人对他的结论有信心（比如见 Harris 和 Gosden,1996）。

718

17. 下文对哲通的描绘参考了 Masson 和 Sarianidi（1972），Harris 等人（1993），Harris 等人（1996）。

18. Harris 和 Gosden（1996）提供了对西亚和中亚农业起源的有用综述，并列出了解读现有寥寥无几的信息时会遇到的问题。Masson 和 Sarianidi（1972）描绘了土库曼斯坦的前农业定居点，其中最著名的是里海附近的中石器时代定居点。

19. Harris 等人（1996）提供了 11 组 AMS 放射性碳定年数据，位于 7000±70BP（修正后为公元前 5980—前 5801 年）到 7270±90BP（修正后为公元前 6218—前 6028 年）。虽然梅森相信这个村子至少包括 3 个有明显区别的阶段，但放射性碳定年无法做出这样的区分。

第44章　扎格罗斯山的秃鹫

1. Postgate（1992）对美索不达米亚的地貌做了简短但生动的描绘。

2. Harris 和 Gosden（1996）简要谈到了燧石丘。他们评价了该遗址与哲通的相似性，后者被认为更加古老。但是没有放射性碳定年数据。

3. 虽然在扎维切米沙尼达和同时代的沙尼达洞的遗存物中都发现了燧石和沥青，但没有证据显示它们是直接获得，还是通过贸易与交换得来的。

4. Solecki（1981）对扎维切米沙尼达做了全面描绘。Solecki 和 Rubin（1958）给出的定年结果为 10870±300BP（修正后为公元前 11236—前 10399 年）。事实上，它的全名是扎维切米达列乌沙尼达（Zawi Chemi Daraw Shanidar），意为"沙尼达河谷旁的土地"。关于对该遗址和本章中提到的其他所有遗址的出色总结，见 Matthews（2000）对美索不达米亚早期史前历史的综述。

5. R. L. Solecki（1977）详细描绘了这一独特发现。17 只被认定的鸟为 4 只胡兀鹫，1 只高山兀鹫，7 只白尾海雕，4 只雕和 1 只大鸨。在被认定的 107 块鸟骨中，96 块来自翅膀，2 块来自腿，9 块来自颈椎。遗存物中带关节的骨头表明有完整的翅膀被丢弃。在 R. L. Solecki（1977），R. S. Solecki（1963）和 Matthews（2000）的报告中，对于兽骨来自山羊还是绵羊存在一定分歧。马修斯总结了近年来关于这些骨头是否来自驯化动物的争论，答案很可能是否定的。

6. R. L. Solecki（1981）强调，在扎维切米沙尼达发现的珠子和磨光石头的品种特别丰富。沙尼达洞中发掘出了更多样本。

7. R. S. Solecki（1963）盘点了他在沙尼达的工作，为下文提供了参考；发掘结果从未被完全发表。关于对沙尼达尼安德特人的描绘和解读，见 Trinkaus（1983）。

8. Solecki 和 Rubin（1958）根据与墓葬相联系的焦炭测得的定年结果为 10600±300BP（修正后为公元前 11011—前 10026 年）。

9. Anagnostis（1989）。与该研究一起进行的是对来自甘兹·达列赫新石器时代遗址的骸骨的研究。两者显示出一系列类似的病理特征，大多符合早期农业人口，而非狩猎采集者的典型特点。

10. 我们在这里必须保持谨慎，因为扎维切米沙尼达只有很小一部分被发掘，遗址中可能存在大量建筑。有人也许会认为这不无可能，因为当地人口的不健康状况暗示，定居生活造成的资源耗尽可能对他们产生了压力。

11. Matthews（2000）对卡里姆沙赫尔和穆勒法特做了总结。前者是一处露天定居点，位于贾尔莫所在的切姆切玛尔山谷（Chemchemal Valley）的一座平顶山的山头旁。遗址中的两处平坦凹坑可能是房屋的遗迹；那里还发掘出几个烹饪坑（里面有被火烧裂的石头），以及一个 3 米深的坑，坑壁涂抹了鲜艳的红赭石。这个坑可能有仪式功能。遗址中还找到了磨石，以及大量凿制石器、珠子和吊坠。兽骨显示人们捕猎绵羊／山羊、野猪、野牛、鹿和羚羊。Howe（1983）完整发表了发掘结果。穆勒法特是一处矮丘，拥有 10 座圆形或椭圆形房屋，其中一些用来自美索不达米亚的最古老泥砖建造。有的房屋位于地下，它们围绕着一块用卵石铺成的中央空地，那里还有磨石和火炉。和同时期的其他遗址一样，兽骨显示猎物品种丰富，包括绵羊／山羊、牛、猪、狐狸和狼。更多细节见 Dittemore（1983）。Watkins（1998）提供了 4 组放射性碳定年数据，集中在 9890±140BP（修正后为公元前 9686—前 9215 年）和 9660±250BP（修正后为公元前 9348—前 8628 年）之间。

12. 下文对克梅兹德雷的描绘参考了 Watkins（1990；Watkins 等人，1989）。Watkins（1998）提供了放射性碳定年数据；5 组集中在 10145±90BP（修正后为公元前 10115—前 9411 年）和 9580±95BP（修正后为公元前 9160—前 8799 年）之间，一组异常值为 11990±100BP（修正后为公元前 12335—前 11714 年）。不幸的是，作者没有提供这些数据的背景信息，因此不清楚它们同该遗址的一系列建造和摧毁行为的关联。

13. 就像 Watkins（1990，Watkins 等人，1989）所描绘的，除了没有家用设施和垃圾这一负面证据，没有清楚的证据显示这些房屋有何用途。用这些房间举办宴会、照顾婴儿、休息和求欢纯粹是臆想。

14. 前文关于房间的描述和下文的内容对 Watkins（1990，Watkins 等人，1989）所描绘房屋 RAB 的性质及其一系列摧毁和重建行为做了富有想象力的延伸。

15. 没有关于这些建筑的考古学证据，也没有证据表明房屋的破坏和重建发生在我所暗示的季节。

16. Watkins（1990）强调，缺少家庭垃圾表明克梅兹德雷的房屋中没有日常活动。约旦河谷中的纳图夫人和新石器时代房屋地面上有家庭垃圾，而克梅兹德雷房屋的地面空空如也。这些活动似乎被排除在房屋之外，可能在露天或在没有留下痕迹的简陋棚屋中举行。沃特金斯相信，"房屋"变成了"家"：昔日保障日常活动展开的地方现在成了家庭生活中社交与私人方面的场所。他将其解读为"家庭的中心，表现合适象征价值的焦点"（1990，337 页）。

17. 下文关于内姆里克的内容参考了 Kozlowski（1989）以及 Kozlowski 和 Kempisty（1990）。Kozlowski（1994）提供的放射性碳定年数据显示，该遗址在 10150 到 8500BP 有人生活。Kozlowski（1989）将该遗址划分成 3 个主要阶段，它们之间可能有被抛弃的时期。

18. Kozlowski（1989）暗示屋内的这些柱子上可能曾挂着帘子，形成私密空间的区域。这种观点与沃特金斯对克梅兹德雷的房屋角色的看法类似。

19. 内姆里克各个有人生活的阶段都发现了艺术品。石雕中包括了女性、阳具和蛇的形象，还有 17 尊雕刻精美的鸟头，其中显然有一只秃鹫和一只鹰（Kozlowski，1989；Matthews，2000）。

第45章　走近美索不达米亚文明

1. 我对马格扎利亚的描绘参考了 Bader（1993a）的发掘报告（1979 年俄文出版物的英语版本），

以及他在 1984 年的《苏美尔》(*Sumer*) 期刊上发表的一篇英语文章。我还参考了 Bader（1993b）对美索不达米亚北部的早期农业遗址的概述，以及 Matthews（2000）的总结与综述。

2. 上面所引的出版物中没有古病理学报告；因此，骸骨上可能会发现箭伤和斧子砍伤的痕迹，从而推翻他们是家族群体而非暴力牺牲品的观点。

3. Matthews（2000）对贾尔莫做了简要总结，对发掘的全面报告、分析研究和解读见 Braidwood 等人（1983）。

4. 阿里矣和甘兹·达列赫都似乎在公元前 8500 到前 8000 年间有人生活，但定年结果都很不理想，使得它们的证据难以被解读。关于阿里矣，见 Hole 等人（1969）；关于甘兹·达列赫驯化山羊的证据，见 Hesse（1984），更多讨论见 Legge（1996），Hole（1996）和 Smith（1995）。

5. 下文关于乌姆达巴基亚的描绘参考了 Kirkbride（1974，1982）。

6. Kirkbride（1982，13 页）。

7. Kirkbride（1974）描绘了对乌姆达巴基亚的"贸易前哨"解读。

8. Matthews（2000）提出了驯服动物被用于运输的可能性。

9. 对苏联人全部工作的综述，见 Yoffe 和 Clark（1993）编的书。其中包括此前 20 年间发表在各种俄语和英语期刊上的发掘报告，以及新的总结和评论文章。从该书和 Oates（1994）对其的评论中可以清楚地看到苏联人工作的重要性，奥茨形容其让我们对美索不达米亚北部的认识有了指数式的增长。

10. 在这里需要指出的是，20 世纪 60 年代末和 70 年代初，一个日本考古队发掘了名为特鲁尔埃特塔拉塔特（Telul eth-Thalathat）的早期哈苏纳时期土丘，提供了关于史前定居点的新证据。据我所知，这个土丘提供了该时期唯一的放射性碳定年数据：5850±80BP（未修正）。Fukai 和 Matsutani（1981）描绘了最后的发掘，Matthews（2000）总结了关键成果。

11. Oates（1973）预想到了这一发展过程。

12. Layard（1854，卷 1，315 页）。

13. Lloyd（1938，123 页）。

14. 我对索托丘的描绘参考了 Bader（1993c，原文于 1975 年以俄文发表）和 Bader（1993b）。

15. 其中的另一处为库尔特丘（Kültepe），见 Bader（1993d）。

16. 事实上，亚利姆丘由 6 座不同的土丘组成，涵盖了整个哈苏纳、哈拉夫和乌巴尔德（Ubald）时期。我提到的是亚利姆丘 1 号，即哈苏纳时期的土丘，参考了 Merpert 和 Munchaev（1993）——最初分两部分发表于 1973 和 1987 年的《伊拉克》(*Iraq*) 期刊。Matthews（2000）对该土丘和其他哈苏纳遗址做了有用的总结。

17. 这是 Layard（1853，246 页）的描绘。

18. 这个小场景基于在亚利姆丘 319 号圆顶墓的发现（Merpert 和 Munchaev，1993）。

19. Lloyd 和 Safar（1945）描绘了劳埃德在哈苏纳的发掘。他还是最早勘察辛贾尔平原的人之一（Lloyd，1938），并注意到亚利姆丘的土丘有发掘的潜力。

20. Matthews（2000）没有列出公元前 6000 年之前美索不达米亚南部的任何已知遗址。可以想见，史前早期的定居点可能还埋在冲积层下。

21. 关于萨万丘，见 Matthews（2000）。

22. Matthews（2000）对哈拉夫时期的遗址做了出色总结，并对其经济与社会做了一般性盘点。

23. Matthews（2000）暗示了这点，他指出牛奶可以加速哺乳期结束后月经和排卵的恢复。

24. 对于希望了解美索不达米亚史前和原始历史后续发展的读者，见 Postgate（1992）。

25. 在其对美索不达米亚史前历史的出色盘点和综述的最后，Matthews（2000）做了类似的
反思，强调虽然这看起来可能像是预先注定的"文明兴起"，但并没有确定的计划或目标。
他表示："史前世界发生的一切都是独特的短期行动与反应的复杂而奇异的综合体，每
一件事都要放到其历史背景下去理解，只要背景是可知的"（Matthews，2000，113 页）。

第46章　尼罗河畔的烤鱼

1. 本章关注了温多夫等人在库巴尼亚山谷中的工作，见 Wendorf 等人（1980，1989a，
1989b）的描述。

2. Saxon 等人（1974）描绘了在塔玛尔帽洞的发掘。书中提供了 5 组放射性碳定年数据，从
20600 ± 500BP 到 16100 ± 360BP。萨克森等人暗示，从性别和被杀时的年龄来看，山洞中
羊骨来自被管理的羊群，但这种结论后来遭到质疑（Close 和 Wendorf，1990）。对沉积物
中的海贝的氧同位素分析显示，居住时间为冬天。在这个山洞和其他 LGM 时期北非沿海
地区遗址发现的凿制石器被称为伊比利亚莫鲁斯文化（Iberomaurusian culture）。

3. McBurney（1967）描绘了在哈瓦弗提亚的发掘。他感兴趣的主要是石器，对其进行了细
致的描绘，并将其归入从旧石器时代中期到新石器时代的一系列前后相继的文化中。山
洞沉积物的年代仍然很不清楚，但 Close 和 Wendorf（1990）相信那里在 LGM 时期就有
人生活。Higgs（见 McBurney，1967）描绘了洞中的动物骸骨，后者在整个人类生活期间
表现得极其一致，以大角野绵羊为主，还有不少马、牛科动物和羚羊。但这些动物的数
量会随着时间而改变，很可能反映了山洞周围的气候和地貌的变化。

4. 温多夫和同事们对更新世末上埃及和努比亚地区的尼罗河提出了这种看法，Close（1996）
以及 Wendorf 和 Schild（1989）对此做了简要总结。下埃及的尼罗河的状况完全不明，可
能截然不同（Close，私人通信）。

5. 下文以对库巴尼亚山谷的 E-78-3 遗址的发掘为基础（Wendorf 等人，1980）。放射性碳
年数据位于 17930 ± 380BP 和 16960 ± 210BP 之间。这是库巴尼亚山谷中发掘出的许多被
测定为属于这段时间的遗址之一。总共获得 54 组放射性碳定年数据，显示在超过 2000 年
的时期内有人生活，即 19500—19000BP 到 17000BP 前后。

6. 不幸的是，在库巴尼亚山谷中的该时期遗址中没有发现人类骸骨。但发现过一处时间稍
早些的墓葬，墓中男子受伤致死（Wendorf 等人，1996）；努比亚塞哈拜山的墓地也显示，
公元前 13000—11000BP 左右的尼罗河谷中存在大量暴力事件（Wendorf，1968）。因此，
由于库巴尼亚山谷位于上述两处发现之间，当地人很可能生活在社会紧张乃至人际暴力
的状态中。

7. Wendorf 等人（1980）描绘了沾有红赭石粉末的鸵鸟蛋壳珠子和磨光的石头。

8. Close（私人通信）指出，没有证据表明该时期的北非（或此后的好几千年里）有过骨柄
或其他任何种类的柄。

9. Wendorf 和 Schild（1989a）暗示，燧石来自库巴尼亚山谷以北 150 千米处。它们主要采
用勒瓦卢瓦（levallois）技术加工，很少找到废片。燧石还更多被用来制造各种经过修磨
的工具，特别是錾刀和有鳞片状缺损的工具。

10. 见 Lubbock（1865，320—323 页）的相关段落。

11. 不过，陶器在 9000BP 时就已经出现在撒哈拉沙漠中。

12. 下文对在库巴尼亚山谷捕鱼的描绘基于 Gautier 和 Van Neer（1989）对鱼骨的研究，Wendorf 和 Schild（1989）以及 Close 和 Wendorf（1990）对他们的工作做了总结。

13. 下文基于 Hillman（1989；Hillman 等人，1989），作者对库巴尼亚山谷中的植物残骸做了广泛而详细的描绘，并对它们作了分析和解读。

14. Hillman 等人（1989）援引了"世界上最可怕的杂草"的说法，并描绘了在他们的试验种植中，仅仅 1 平米上的野生香附子就能收获 21200 个块茎，重达 3.3 千克。

15. Wendorf 等人（1989b）描绘了库巴尼亚山谷砂岩山崖边的几处采石场或作坊，磨石就在那里被加工。

16. Gautier 和 Van Neer（1989）描绘了库巴尼亚山谷的兽骨和对狩猎行为的重建。在 21000—19500BP 的尼罗河谷（属于法胡利亚文化 [Fakhurian culture]），埋藏着兽骨的遗址中保存最好的是 E71K12，那里在 1962 年就被发现，但直到 1995 年才进行了全面发掘。那里提供了一幅类似的画面，即在沙丘背后的池塘边捕猎狷羚和野牛（Wendorf 等人，1997）。

17. Hillman（1989；Hillman 等人，1989）描绘了用于鉴定粪便的方法，并对狩猎采集者营地中的排泄做了若干描述。另一些粪便样本包含了更粗糙的材料，可能来自稍大些的孩子。

18. 阿以战争只是影响联合史前考察队研究的政治事件之一。Wendorf 等人（1997）描述了埃及政府 1991 年通过的法律（所有开垦和耕种沙漠土地的人将获得所有权）如何在某些地区引发了大规模的土地热潮，人们纷纷铲平沙丘，还挖掘和铺洒淤泥。这毁坏了许多已知但尚未发掘的遗址，并让继续发掘 E71R12 等遗址变得必要，因为那里有大量动物骸骨。

19. Wendorf 和 Schild（1989）对库巴尼亚山谷的考古做了总结，Wendorf 等人（1989b）对其做了详细描绘。最古老的材料来自阿舍利时代晚期（Late Acheulean），然后是 3 处旧石器时代中期的遗址群，更新世晚期的法胡里亚文化材料，以及被称为库巴尼亚文化的 LGM 时期遗址。

20. 与西亚的类似时期一样，根据凿制石器技术的区别可以清楚地区分出几个"文化"，比如格麦亚文化（Gemaian）、法胡里亚文化、哈尔法文化（Halfan）、伊德弗瓦文化（Idfuan）、卡达文化（Qadan）和阿菲亚文化（Afian），Wendorf 和 Schild（1989）以及 Close（1996）对此做了总结。上述文化都建立在小刃片的生产之上。由于它们似乎拥有同样的经济基础，石质工具制造技术的变化似乎不太可能与功能性活动相关，而是工具制造者对风格的选择。库巴尼亚山谷中的情况就是这样，一边是洪泛平原上与狩猎相关的遗址，一边是沙丘上那些与加工鱼类和准备植物性食物相关的遗址，两者拥有相同的器物类型。只有一种更新世晚期的技术明显不同，即塞比利亚文化（Sebilian）。该文化将大块的砂岩和石英石制成大石片，常常使用盘式或勒瓦卢瓦式技术加工石核。在这点上，它与其他所有建立在小刃片生产之上的文化截然不同。两组定年数据将其确定为 11000BP 左右，但 Close（1996）似乎对此没什么信心。它被暗示来自迁徙到尼罗河谷的外来群体，甚至属于旧石器时代中期。

21. 下文对尼罗河的描绘参考了 Wendorf 和 Schild（1989）以及 Close（1996）。

22. Wendorf（1968）描绘了塞哈拜山的墓地，这里是与卡达文化相联系的 3 处墓地之一

（Wendorf 和 Schild，1989）。

23. Wendorf 等人（1986）描绘了这处墓葬。

24. Close（1996，54 页）。

第47章　在卢肯尼亚山

1. 关于乞力马扎罗山的这幅景象，以及下一章中几处对东非野生动物和风光的想象，我参考了彼得·马蒂亚森的震撼之作《非洲三部曲》（*African Trilogy*，Matthiessen，2000）中收录的文章。

2. Hamilton（1982）描绘了以花粉、湖泊沉淀物和冰碛为基础对东非环境所做的重建，Brooks 和 Robertshaw（1990）。

3. Thompson 等人（2002）描述了对乞力马扎罗山冰芯研究的结果，Gasse（2002）的《乞力马扎罗的秘密揭开》（Kilimanjaro's secrets revealed）一文评价了其重要性。

4. 据我所知，不存在关于卢肯尼亚山发掘历史的单一资料来源。我在下文中引用的一系列文章提供了关于地层学、遗址形成和发掘方法的详细信息，它们是 Gramly 和 Rightmire（1973），Gramly（1976），Miller（1979）和 Kusimba（2001）。关于卢肯尼亚山石器（Kusimba，1999；Barut，1994）和动物（Marean，1992，1997）的论文中还包括对遗址位置和发掘的简要总结。

5. Kusimba（1999；Barut，1994）罗列了来自卢肯尼亚山各处遗址的放射性碳定年数据，测试样本均为骨头。在具备晚期石器时代技术的遗址中，GvJm46 为 20780±1500BP，GvJm19 为 13705±430BP；所有数据的标准差均大于 400 年，因此都有很大的疑问。库辛巴最担心的是，GvJm46 和 GvJm19 的数据均从骨磷灰石而非骨胶原测得，前者常常会不准确。她以奥杜瓦伊峡谷中的奈休休地层为例，根据骨磷灰石测得的结果为 17550±1000BP，而后来用其他方法测得该地层的年代至少为 42000BP。因此，她认为自己根据骨磷灰石测得的结果可能晚了 2 万年。Marean（1997）没有提到这个问题，而是根据细石器的类型指出，若干处遗址（或者说遗址中的层面）属于 LGM 时期。从遗址报告和石器可以看出，大部分遗址有过多个生活时期，在没有背景信息的情况下，用于测试的材料与特定的石器和骸骨堆之间的关系仍然不明。因此，我在书中只是假设公元前 20000 年时卢肯尼亚山有人生活，同时承认需要进行新的定年。公元前 40000 年至前 13000 年的生活方式可能与 LGM 时期的非常相似。

6. Marean（1992，1997）描述了马里安对卢肯尼亚山兽骨的研究。Marean 和 Gifford-Gonzalez（1991）在《自然》杂志上宣布辨认出了现已灭绝的物种，并提供了牙齿解剖学细节。

7. 就像 Marean（1992）所描述的，与卢肯尼亚山的动物群中存在适应干旱草原的品种同样重要的是，偏爱更湿润和较短的草的物种在那里非常罕见，比如黑斑羚、汤氏瞪羚和大角斑羚。他还正确地评价了依赖考古发现来确定栖息地的动物品种时产生的问题，因为遗址上发现的动物是被人类猎人所选择的。意外的是，遗存的骸骨上没有任何被动物啃噬的痕迹。

8. 我对马图皮洞的描绘参考了 Van Noten（1997，1982）的发掘报告。

9. 伊尚戈露天遗址位于今天的塞姆利基河（Semliki River）从卢坦齐格湖（Lake Rutanzige）流出的地方。Heinzelin de Braucourt（1961）对该遗址做了发掘，那里拥有从铁器时代到 LGM 前夕的多个地层。最早的地层中埋藏了丰富的哺乳动物和鱼类残骸，还有用两排倒钩制成的骨鱼叉。Peters（1989）在新的发掘后重新研究了动物残骸。对伊尚戈的简要总结见 Brooks 和 Robertshaw（1990）。

10. 关于总结了反映非洲森林变化程度的花粉和沉积物证据的有用论文，见 Maley（1993），Grove（1993）以及 Moeyersons 和 Roche（1982）。Brooks 和 Robertshaw（1990）同样提供了有用的总结。

11. 下文关于一天打猎生活的场景基于 Bunn 等人（1988）对哈扎人的描绘。

12. "非洲的过去在白蚁的肚子里，它们吞噬了昔日热带文明的一切痕迹，也将对现存的大部分东西做同样的事"（Matthiessen，2000，90 页）。

13. Woodburn（1968）对哈扎人做了简要总结，而 Bunn 等人（1988）和 O'Connell 等人（1988）则详细描绘了他们的狩猎和宰割习惯。近年来的这些研究旨在发现特定的狩猎、食腐和宰割习惯如何反映在动物骨骼上，特别是为了解读来自上新世和更新世东非的骸骨。人们还对植物采集和育儿做了更详细的研究（比如 Hawkes 等人，1997），旨在揭示人类生活史和社会组织的演化。

14. Marean（1992，1997）描绘了焚烧东非草原的影响，并对公元前 20000 年时卢肯尼亚山周围草原的可能样子做了猜测。

15. 这是现代哈扎人中的情况，就像 Woodburn（1968）所描绘的。

16. 下文参考了 Kusimba（1999，2001）中描绘的研究。

17. Merrick 和 Brown（1984）描绘了如何通过对 12 种元素进行 X 射线荧光分析来确定肯尼亚和坦桑尼亚的燧石来源，共确定了 35 个岩石学上的不同来源。卢肯尼亚山的燧石并不都来自很远的地方，有一些产自当地。Kusimba（1999）简单描绘了又一项研究，后者确定了卢肯尼亚山本地燧石中的另一个化学变量。

18. Leakey 等人（1972）描绘了奈休休地层的形成和考古。根据在标准剖面中埋藏着大量骨骼的地层里找到的鸵鸟蛋壳，他们测得了 17000±1000BP 的定年结果。不过，Kusimba（1999）将奈休休地层重新定年为 42000±1000BP，依据是对石器时代晚期材料上的火山凝灰岩所做的单晶体 40 氩 /39 氩定年。

19. 关于理查德·利基对虎尾兰的描绘，见 Leakey 和 Lewin（1979，48 页）。

第48章 青蛙腿和鸵鸟蛋

1. 本章参考了 Robbins 等人（1996）对德洛茨基洞所做的古环境和考古学研究。

2. 这段描述基于 20 世纪 50 年代初的尼亚埃尼亚埃昆族妇女，见 Marshall（1976）。我认为这两个女人和 20 世纪 50 年代的昆族妇女具有类似的体貌特征，并同样故意制造疤痕，但没有直接证据支持。在近代的昆族人中，制造疤痕的方法是由某个妇女捏住一块皮肤，用小刀沿着它切开一排垂直的伤口。焦炭和脂肪的混合物被揉进流血的伤口中。皮肤会在焦炭块周围愈合，但将终生留下黑线（Marshall，1976，34—35 页）。

3. Marshall（1976，358 页）暗示牛蛙可能被这样食用，虽然她本人没有直接证据。

4. 津巴布韦的马托博山位于布拉瓦约（Bulawayo）以南大约 25 千米处，对它的描绘见 Walker（1995）关于他对更新世晚期和全新世考古的详细研究。

5. Walker（1985）描绘了在波蒙格维洞的发掘。洞的名字源于当地语言中的甜瓜一词，指山洞所在的穹顶状山丘。

6. Marshall（1976）描绘了杀死鸵鸟蛋中胚胎的这种方法。我参考了她的文章和 Lee（1979）中关于昆族人如何利用鸵鸟蛋的更多信息，对德洛茨基洞可能发生过的情况做了推测。

7. 虽然德洛茨基洞中没有发现细石器，但 Robbins 等人（1996）描绘了几处小刀片留下的疤痕，显示有复杂的细石器技术被使用。这与 Yellen 等人（1987）出现矛盾，后者根据最初的试验性发掘暗示德洛茨基洞属于无细石器的传统。

8. Marshall（1976）用非常迷人的两章（313—381 页）描绘了尼亚埃尼亚埃昆族人的玩耍、游戏和音乐。她解释说，孩子们只要醒着就在玩耍，而成人的大量闲暇时间被用于演奏音乐。

9. 马蒂纳斯·德洛茨基是来自博茨瓦纳杭济（Ghanzi）地区的一个农场主，1934 年在昆族布须曼人的引导下来到该洞（Robbins，私人通信）。

10. 根据耶伦发掘出的焦炭测得的放射性碳定年结果为 12200±150BP（修正后为公元前13111—前 11896 年），见 Robbins 等人（1996）。

11. Robbins 等人（1996）的定年结果为：地表下 20~30 厘米处的焦炭测得 5470±90BP（修正后为公元前 4448—前 4169 年）；焦炭层顶部为 11240±60BP（修正后为公元前11439—前 11096 年）；焦炭层底部为 12450±80BP（修正后为公元前 13294—前 12210 年）。

12. Robbins 等人（1996，15—16 页）引用了利文斯通的描述。

13. Lee（1979，139—141 页）。他指出，昆族人用来探寻跳兔的工具很不寻常，因为它完全被用于捕捉跳兔这一特定任务。凭着这种工具，他们在狩猎期间找到和杀死跳兔的成功率达到约 50%。与之相比，捕猎其他动物的成功率只有 20~25%。

14. 因此，在直接用昆族人来类比公元前 12500 年的卡拉哈里狩猎采集者时，我们必须极端谨慎。据我所知，两者间没有直接的历史联系。人类学家为近代非洲狩猎采集者的祖先问题进行过大量争论，并做过很多研究。一些狩猎采集者群体可能直到近代才重新适应了狩猎和采集，因为社会经济压力和环境变化迫使他们放弃农牧生活方式。Clark 和Brandt（1984）以及 Schrire（1984）讨论了这些问题。

第49章　南非之旅

1. 这些是典型的昆族布须曼猎人包裹中东西（Lee，1979）。

2. 埃兰兹湾洞中的全新世后期的地层埋藏有或多或少支离破碎的鳗草（Zostera）团——一种生长在入海口的野草——但晚期更新世晚期的地层中没有此类残骸（Parkington，1980）。

3. Poggenpoel（1987）描绘了在埃兰兹湾洞的捕鱼历史。他对来自埃兰兹湾洞和附近的乌龟洞（Tortoise Cave）的鱼骨的研究显示了洞中出现的品种如何随着时间而改变，逐渐开始包括大批长头石颌鲷和白海鳊。他讨论了海平面上升和捕鱼技术的可能变化如何改变了捕鱼的难易程度，依据是鱼的体型分布和遗留的器物，比如骨制吞饵，一种打磨光滑的双头骨器。公元前 12500 年时，只有鲻鱼（Mugil cephalus）被捕获。这是一种海鱼，但会在河中逆流而上游很长距离。公元前 12500 年时，埃兰兹湾洞距离海岸大约 20 千米。

4. 帕金顿发表了大量关于 1980 年以来对埃兰兹湾洞所做发掘的文章，反映了对材料的不断研究和他本人的解读如何变化。我参考了其中几篇，希望能够与他现在的观点保持一致。Parkington（1980）对该洞的地层状况和维生物品残骸做了简要描述；Parkington（1984）

以 20 世纪 20 年代末开始严肃研究以来关于南非石器时代后期的不同观点为背景，描绘了自己在埃兰兹湾洞的工作；Parkington（1986，1988）将该洞置于其在西开普省的环境背景中，Parkington（1987）则反思了他本人之前对该洞的各种解读；Parkington 等人（1988）关注了西开普省的全新世居点，对在其中最新的一个发现的人骨所做的食谱研究引发了不同的解读，见 Sealy 和 Van der Merwe（1988，1992）和 Parkington（1991）。可以找到关于洞中特定有机物遗存的报告，特别是鱼骨（Poggenpoel，1987），木炭（Cartwright 和 Parkington，1997），贝类（Buchanan，1988）和小型哺乳动物（Matthews，1999）。

5. 关于对南非气候与植被变化的总体概述，见 J. Deacon（1987，1990），Mitchell（1990）和 Mitchell 等人（1996）。关于对波姆普拉斯洞周围焦炭和植被的研究，见 H. J. Deacon 等人（1984）。

6. 关于对玫瑰小屋洞中的焦炭的研究，见 Wadley 等人（1992）。

7. Klein（1978）描绘了来自波姆普拉斯洞的动物品种的变化，并将其与环境变化联系起来。Plug 和 Engela（1992）描绘了来自玫瑰小屋洞的动物品种变化。

8. Wadley（1987，1989，1993）解释了弓箭狩猎在新的性别关系方面产生的社会影响。她暗示，妻子和肉可能同时被私有化。

9. H. J. Deacon（1995）提供了一些关于波姆普拉斯洞中啮齿动物骸骨的信息。

10. Klein（1991）对南非的现代和史前环境中沙丘地鼠的体型与降雨量的关系做了详细研究。我在文中提到的大型哺乳动物能提供关于更新世晚期环境的更多古环境学信息。尤为有价值的是那些骸骨完全由非人为过程积累起来的遗址，特别是马洞（Equus Cave）。

11. Parkington（1984）描绘了如何通过岩石类型来重建更新世末和全新世初的定居点样式。

12. 我们对埃兰兹湾洞出现的经济变化的具体年代顺序的了解并不像自己希望的那么多。更新世末和全新世初的地层提供了大量放射性碳定年数据；Mitchell 等人（1996）引述了21 组，从 12450±280BP（修正后为公元前 13356—前 12167 年）到 8000±95BP（修正后为公元前 7060—前 6710 年）。但根据现有的书面资料，把它们同特定的层面联系起来并不容易。Parkington（1980）表示，距今 1.3 万年前时，大型哺乳动物品种开始改变，反映了沿海平原的缩小。距今 1.1 万到 1.2 万年前之间的某个时候，海洋哺乳动物首次出现。距今 1 万年前之后不久，海洋元素开始主导动物品种。帕金顿还表示，在距今8000 到 9000 年前间，居住者更改了日程，造访时间从初春改为冬末。

13. Van Andel（1989）对全新世末的海平面高度和人类对沿海平原的利用做了具体研究，而Poggenpoel（1987）则提供了一组特别有用的图表，显示了埃兰兹湾洞与海岸间距离的变化。

14. 更新世和全新世早期的南非墓葬相对少见，因此我们对其位置和特点所知有限。Wadley（1997）对现有证据做了有用的总结。

15. Parkington（1986）解释了水流变化对贻贝数量的影响。他表示在 10000BP 前，沿岸的贻贝陆续死亡，原因是失去了海中的"上涌"条件，这是风向在 LGM 期间和随后不久发生变化所造成的。10000BP 后风向恢复，贻贝重新占据了岩石海岸，成为最受欢迎的贝类。对于从帽贝转向贻贝的另一种解释是，人们每年造访埃兰兹湾洞的时间发生了变化。

16. Thackeray 等人（1981）和 Wadley（1993）对在奇迹洞的发掘做了简要总结。

17. Thackeray 等人（1981）描绘了带雕饰的石板，书中将其放在 10200±90BP（修正后为公元前 10333—前 9650 年）的背景下。

18. Wendt（1976）描绘了阿波罗洞的石板,并将其年代认定为27000BP。不过,Wadley（1993）解释说,19000BP同样有可能。Lewis-Williams（1984）指出,长着人腿的野猫与非常晚近的人兽合体形象存在传承关系,他相信后者与萨满习俗直接相关。

19. Mitchell（1997）总结了关于南非岩画和岩刻的现有定年证据。除了我在文中提到的那些,小岩羚泉（Steenbokfontein）发现的绘有图案的石板被测定为3600BP。米切尔解释说,一系列研究显示,整个全新世都有雕饰品生产,但琢制和刮制的雕饰仅限于最后2700年。Wadley（1993）描绘和展示了来自南非更新世晚期遗址的几件鸵鸟蛋壳雕饰品,特别是波姆普拉斯洞。波姆普拉斯洞中最早的为14200BP,而梅尔胡特波姆（Melkhoutboom）遗址的要稍早些,为15400BP。南非内陆各地都发现了线条精细的雕饰品,在分布上常与12000BP和更晚的石器堆相匹配,暗示这些雕饰品的年代与之类似。

20. 我描绘的场景参考了Lewis-Williams（1987）和Wadley（1987）对出神舞蹈的描述。

21. Lewis-Williams（1981,1982,1987）展现了他对南非岩画艺术的萨满解读是如何发展和改进的,而Lewis-Williams和Dowson（1988）则试图将这种解读扩展到上旧石器时代的岩画。20世纪80年代中期后,类似的解释被应用于世界各地的史前岩画,就像Chippindale和Taçon编（1998）中所展现的。不幸的是,它们经常缺少刘易斯-威廉斯可以利用的直接历史类比。

22. Klein（1980）描绘了南非的现代生态区。他和其他考古学家（比如Wadley 1993）据此对史前的丰富动植物做了推断。

23. 在更新世末和全新世初的经济中,关于植物性食物的证据非常少。H. J. Deacon（1976,1993）认为,标志着全新世开始的环境变化可能导致了从狩猎大型猎物到用陷阱捕捉较小猎物和利用植物性食物的重大转变,但并无证据。Parkington（1984）暗示,密集使用地下的植物性食物直到全新世晚期才出现。如果是这样的话,有历史记载的桑族布须曼人的经济体系可能没有多少时间深度,对许多类提出了质疑。

24. Wadley（1993）统计了更新世晚期连续地层中的已知遗址数量,证明13000BP后出现过人口的大幅上升;Mitchell等人（1996）做了类似工作,表示10000到9000BP之间出现过另一波人口上升。试图通过统计遗址数量来估算人口非常困难。比如,定居点模式的变化会导致同样数量的人创造出更多的遗址,而且南非各地的大量石器堆尚未确定年代。

25. 我大大简化了关于南非文化序列的复杂问题。我像Wadley（2000）那样使用"奥克赫斯特"一词,用于表示被称为奥克赫斯特、奥尔巴尼（Albany）和库鲁曼（Kuruman）等一系列地区性传统。这些传统中的小刃片都相对较少。从罗贝格型转向奥克赫斯特型工具的年代在不同地区有所不同,在玫瑰小屋洞发生得特别晚（Wadley和Vogel,1991）。Parkington（1984）对更新世末和全新世南非石器传统的术语框架如何出现做了全面盘点;Wadley（1993）也做了很好的总结。

26. Parkington（1984）暗示露天的无细石器遗址和洞穴细石器遗址可能是同时的,Wadley（1993）挑战了这种观点。Parkington（1984）还指出,罗贝格和奥克赫斯特传统中都有一种类似的工具,即刀背未打磨过的小刀,部分奥克赫斯特传统中还包括了小刃片。这两种传统的区别似乎比常常描绘的更加细微。

27. 威尔顿传统中的许多小刃片被削凿成特定形状的细石器,暗示存在一系列更加正式的工具;这种传统还用骨头替代石头制作箭头（Wadley,1993）。

28. 基于近代昆族人的情况（Lee,1979;Wadley,1987）。

29. Wadley（2000）对玫瑰小屋洞全新世早期地层中的器物内容和空间分布做了详细描绘。

其中包括奥克赫斯特型器物，测定为 9250±70BP（修正后为公元前 8595—前 8320 年）到 8160±70BP（修正后为公元前 7303—前 7064 年）。

30. 碳同位素研究显示，洞中使用了 C3 光合作用途径，而洞外以 C4 为主，反映了山坡上的草地环境。C3 值被解读为反映了叶片、木柴和可食用植物被带进洞中（Wadley, 2000）。

31. Wadley（1991）对在玫瑰小屋洞的工作历史做了简要回顾。

32. Ouzman 和 Wadley（1997）描绘和解读了对玫瑰小屋洞最新的全新世考古和洞壁上的岩画。空间组织似乎与奥克赫斯特和罗贝格层面的有惊人的相似，与中石器时代的有明显不同。Wadley（2001）以此为基础讨论了现代认知的产生。

33. Wadley（1987）指出，男人们的礼物大部分用有机材料制成，不太可能留存在考古记录中。

34. Lee（1979）和 Marshall（1976）描绘了名为 hxaro 的昆族人送礼制度的意义，以及他们的聚会和频繁造访。Wadley（1987）对此做了简要总结，并讨论了其与南非史前研究的关联。

35. 下文参考了 Wiessner（1982）。

36. 关于对更新世末和全新世初南非生活方式中可能的送礼网络和其他社交方面的讨论，见 Wadley（1987, 1993）。

37. H. J. Deacon（1995）简要总结了他在波姆普拉斯和克拉西斯河口（Klasies River Mouth）的工作——后者包含了可以上溯到 1.25 万年之前的沉积物——还有这两处遗址的地层序列，以及环境、经济和器物的变化。H. J. Deacon（1979）同样是一篇关于在波姆普拉斯工作背景信息的有用文章。Wadley（1993）引述了波姆普拉斯更新世晚期生活的 6 组放射性碳定年数据，从 21220±195BP 到 12060±105BP（修正后为公元前 12982—前 11871 年）。Mitchell（1997）提供了 2 组全新世的定年数据，分别为 9100±135BP（修正后为公元前 8545—前 8023 年）和 6400±75BP（修正后为公元前 5470—前 5317 年）。前者来自奥尔巴尼层面，也就是我为卢伯克安排的时代。

38. 相关段落见 Lubbock（1865, 338—343 页）。科尔本的书是《好望角史》（History of the Cape of Good Hope）。

39. H. J. Deacon（1995）暗示，从刮削器技术的变化也许可以推断出南非史前时代衣物风格的变化。威尔顿传统包括凸面的小刮削器，似乎适合加工小型羚羊薄而柔软的皮革和修复用这种材料制作的衣服。在波姆普拉斯洞全新世早期的奥尔巴尼层面中发现的刮削器则暗示了皮革加工的侧重点有所不同，表明人们可能并不穿着皮制内衣。

40. Klein（1978）总结了在波姆普拉斯洞发现的大型哺乳动物骸骨。

41. 下文参考了 Klein（1984a, 1984b）。Mitchell 等人（1996）质疑了他的结论，认为我们没有可靠证据表明，全新世开始时的气候变化并不比早前间冰期的更剧烈。他们进一步表示，灭绝的物种是最为专一以树叶为食的动物，暗示这支持纯粹的环境解释。他们还指出，有观点认为开普马演化成了细纹斑马，巨水牛演化成了开普水牛。较少存在争议的是，几乎没有证据表明存在对灭绝物种进行过选择性捕猎，也没有发现大规模屠戮的遗址。

42. Parkington 等人（1988）认定废弃时间为 7800 到 3500BP，将其同等程度地归结于全新世中期的干旱和海平面升高的联合影响。Mitchell（1997）后来给出了该时期西开普地区一系列遗址的年代——比如，来自埃兰兹湾洞以北的门泉（Doorspring）贝丘的一枚贝壳被测定为 5130±50BP（修正后为公元前 3980—前 3804 年）——并暗示西开普省可能不像帕金顿认为的那样干旱。

43. Parkinton（1984）认为，洞中的石膏沉积物是含盐雾气和海水溅入的结果。水渗入更新世底层后，石膏被析出。

第50章 热带的霹雳

1. Shaw（1969）关于"霹雳"的轶闻值得一提："在尼日利亚西部，它们 [石斧 / 霹雳] 被和雷神（桑戈）联系在一起。当有房子被闪电击中时，人们会请来桑戈的祭司，后者四处查看，试图找到引发霹雳的原因。祭司的袍子里藏着这件东西 [斧子]，他最后指向某个位置，吩咐助手挖出霹雳。他们不出意料地找到了；霹雳很可能会被带回桑戈的祭坛。"（Shaw，1969，365 页）。

2. Shaw（1969）描绘了他在伊沃埃勒鲁的发掘。

3. Brothwell 和 Shaw（1971）描绘了这具遗骸。他们表示，根据尸体旁的焦炭测得的年份为 9250±200BP（可能未经修正）；来自发掘过程中"另一个较深层面"的又一块焦炭被测定为 7200±150BC（修正后为公元前 6224—前 5895 年），见 Shaw（1969）。Brothwell 和 Shaw（1971）给出的来自发掘过程中接近顶部的 1 组定年结果为 1515±65BP（修正后为公元 438—前 618 年），他们表示还测得了其他 3 组数据，但我都没有找到。

4. Shaw（1969，371 页）。

5. Maley（1993）盘点了关于更新世末和全新世初非洲赤道地区植被历史的证据。他以加蓬沿海地区的黑角（Pointe-Noire）为例，那里今天被稀树草原植被所覆盖，但在当地的古代土层中可以找到雨林树木的树桩，被测定为 6500—3000BP。

6. Maley（1993）对来自博苏姆推湖的花粉芯做了简要盘点，显示森林的恢复始于 13000 到 12000BP。

7. 下文对来自刚果盆地的器物的描绘参考了 Fiedler 和 Preuss（1985）。

8. 普罗伊斯的依据是沉积物中所包含的有机残骸的放射性碳定年数据；一组关键结果是根据布西拉河中泥沙测得的 24860±290BP（Fiedler 和 Preuss，1985）。

9. Robbins 等人（2000）对白画岩窟的发掘做了详细描绘。除了我所描绘的全新世早期层面，该遗址特别有趣的地方还在于口头传统中仍然保留着关于它被使用过的记忆，而保存完好的下方层面显示那里在 40000BP 之前就有过大量捕鱼和加工鸵鸟蛋壳珠子的活动。

10. 这些层面的定年证据特别复杂（Robbins 等人，2000）。放射性碳定年的结果为 5.7/5.8—4.1 千年 BP，但光旋释光（optical spin luminesence）测定暗示了 20.6±1.9 千年 BP，后者与已知的古环境状况历史要吻合得多。罗宾斯等人描述说，骨钩和细石器都更符合全新世中期的特点。

11. 沙土在白画洞中累积所需的时间以 Robbins 等人（1996）对德洛茨基洞中沙土累积速度的估算为基础，但可能无法应用于其他遗址。埋藏鱼骨的层面中有两个证据表示当时人们可能制备过颜料。首先是两块沾有红色痕迹的磨石碎片，暗示它们被用来加工赭石；第二是一块刻有尖细图案的骨头，这种图案也出现在附近山洞的洞壁上。

12. Walker（1985）在谈到自己新的发掘和解读时描绘了库克在波蒙格维洞的发掘。

13. 我无法解读 Walker（1985，136 页和表 30）提供的放射性碳定年数据，部分原因是库克和沃克使用了不同的地层术语。

14. Grove（1993）和 Hamilton（1982）描绘了东非湖泊水位的历史。

15. Phillipson（1977）描绘了洛瓦塞拉，Phillipson（1985）进一步品论了坐落于古代湖岸边的其他遗址。

16. Grove（1993）基于两种不同方法对过去的降雨量做了各种估算。第一种方法计算了古代湖泊的水平衡，对蒸发和流出系数做了假设；第二种方法试图通过重建古代湖泊及其湖盆中的能量循环来推导出蒸发损失的水量。书中给出了不同作者用略微不同的方法得出的几个结论，降水量增加幅度从 15% 到 54% 不等。2002 年 10 月，采自乞力马扎罗山冰芯的新证据提供了关于气温／降水量变化的详细记录，但据我所知，它尚未被与其他来源的证据整合起来。

17. 见 Hamilton（1982）。就像他指出的，对第四纪期间非洲上空大气循环的了解还不完全。

第51章　撒哈拉沙漠的牛羊

1. Barich（1987,1992）对阿卡库斯山的全新世考古做了研究，下文中的很多内容以此为依据。

2. 这段描写基于 Mori（1998，152—153 页）的图文。

3. Mori（1998）和 di Lernia（2001）描绘了在阿福达洞中和周边的发掘。

4. 下文对阿福达洞中材料的解读基于 di Lernia（2001）。

5. 全新世的撒哈拉沙漠环境经历过在相对湿润和相对干旱时期之间的大量波动。很难确定这些时期的年代；不同作者给出了不同的干旱期年代（如比较 Hassan，1997 以及 Wendorf 和 Schild，1994）。这可能部分反映了与修正全新世早期放射性碳定年结果相关的问题，部分反映了如何确定冰芯记录所显示的当地气候波动剧烈程度的问题。

6. Mori（1998），《古代撒哈拉的伟大文明》（*The Great Civilisations of the Ancient Sahara*）。

7. Mori（1998，171—189 页）对现有的全部定年证据做了详细讨论，包括对颜料中所用有机材料和岩画表面形成的氧化层所做了放射性碳测定。

8. "自卫"解读来自 Mori（1998，64 页），他解释说，墓葬位于一具"儿童木乃伊"旁。这处墓葬所在层面的年代为 7550±120BP（修正后为公元前 6470—前 6241 年）和 7823±95BP（修正后为公元前 6891—前 6502 年）。莫里暗示，阿卡库斯山中有大量土葬。

9. 今天的非洲牛大部分是背部隆起的瘤牛，在全新世中期和晚期被引入。Blench 和 MacDonald（2000）提供了一组涉及非洲牲畜起源和发展的文章，特别关注了牛。

10. 关于全新世早期撒哈拉沙漠的植被历史，见 Ritchie 和 Haynes（1987）。

11. 撒哈拉各地都发现了被认为是新石器时代世界火炉的石圈，可以提供宝贵的古生态学信息（Gabriel，1987）。

12. Pachur（1991）对撒哈拉的拴牛石做了研究，并讨论了它们的古环境影响。

13. Wendorf 和 Schild（1980）中的详细学术研究描绘了对古代纳布塔湖周围考古遗址的发现与发掘，更通俗的描绘见 Wendort 等人（1985）。下文的依据是 E-75-6 遗址，那里测得了 22 组放射性碳定年数据，中间值为 8000BP（Wendorf 和 Schild，1980）。

14. 下面的纳布塔一日生活的场景主要以 Dahl（1979）描绘的肯尼亚博兰（Boran）牧民为基础。地面上用于烹饪的土坑和房屋建筑的细节基于 Wendorf 和 Schild（1980）以及 Schild 等人（1996）中的描绘。

15. 与声称来自家牛的牛骨联系在一起的最古老放射性碳定年结果是 8840±90BP（修正后为

公元前 8201—前 7816 年），见 Wendorf 和 Schild（1980）。Gautier（1984）暗示，来自比尔基塞巴的牛骨的年代很可能是 9500BP。Gautier（1987）对截止 20 世纪 80 年代中期的关于北非各地最古老家牛的全部数据做了总结。

16. Wendorf 等人（1984）描绘了在比尔基塞巴的发掘和那里的牛骨。

17. 这种说法是否正确取决于家牛何时最早出现在南亚，但被证明很难确定。MacDonald（2000）总结了现有的数据。

18. 与温多夫等人关于牛在非洲被驯化时间展开的这场争论中，Clutton-Brock（1989），Smith（1986, 1992）和 Muzzollini（1989）是关键论文。MacDonald（2000）对这场争论做了总结。

19. Bradley 等人（1996）描述了对牛 DNA 的研究。

20. Wendorf 和 Schild（1994）以及 Close 和 Wendorf（1992）提出了这种假设，他们暗示，驯化的最初阶段可能发生在更新世晚期。他们指出，牛的头骨在 14500BP 左右的卡达人墓地中被用作墓标；在更新世晚期的牛骨中，曾被认为与性别有关的大小差异事实上反映的是野牛（较大）和处于驯化最初阶段的牛（较小）。

21. Hassan（2000）提出了驯化源于撒哈拉东部的观点。

22. 近来，在盘点非洲食物生产的起源时，Marshall 和 Hildeband（2002）对撒哈拉地区牛羊驯化的这种假设表示支持。他们强调说，相对湿润和相对干旱时期之间的波动对牛的驯化至关重要，倾向于"蹄子上的仓库"这种观点。他们的文章发表于 2002 年，我没能来得及将他们的观点完全纳入本书。

23. Gautier（1987）提供了的关于阿卡库斯山牧牛人的定年数据为 7440±220BP，来自丁托拉北洞（Ti-n-Torha North）。这个山洞的沉积物序列与穆胡基亚格洞的相匹配，埋藏有有家牛的最下方层面被测定为 7438±1200BP（Wendorf 和 Schild, 1994）。

24. 比如，见 Galaty（1989）对马萨伊人的实践理性思维的研究。

25. Wasylikowa 等人（1993）和 Wendorf 等人（1992）描绘了来自 E-75-6 的植物残骸。他们表示，虽然高粱在形态上是野生的，但其中的脂类成分（从种子中提取的脂肪酸）与驯化品种的非常相似。他们暗示，高粱可能很早就在非洲当地被驯化了。但从近来对古代 DNA 的研究来看，这似乎不太可能（Rowley-Conwy 等人, 1997）。

26. 没有直接证据表明纳布塔人从牛身上抽血（同样也没有挤奶的直接证据）。但抽血是近代和现代牧人中的常见做法，就像 Cagnolo（1933）所描述的。类似的，也没有直接证据表明存在任何与生命阶段相关的仪式，就像在牧人中常见的那样。仪式活动的唯一痕迹是 6000BP 左右在纳布塔建造的巨石阵，由 9 块埋入古代湖泊沉积物中的巨石板组成，似乎曾经围成一圈。石阵似乎"显示了宗教现象已能够组织起建造小规模公共建筑的首领这两者的新组合"（Wendorf 等人, 1996, 132 页）。

27. Wendorf 和 Schild（1994, 121 页）将绵羊和山羊出现在纳布塔的时间认定为"7000BP 左右"。

28. 这被认为发生在 5500BP 左右，纳布塔在之前已经被多次短期抛弃过。Wendorf 和 Schild（1994）描绘了该定居点在新石器时代早期、中期和后期的物质文化的显著差异。

第52章 尼罗河谷等地的农民

1. 下文参考了 Hassan（1986, 1988），Wenke 等人（1988）和 Wetterstrom（1993）对法尤

姆新石器时代文化的研究。它被分成公元前 5200—前 4500 年的早期，以及公元前 4000 年开始的晚期。两者被并称为法尤姆 A。法尤姆 B 指公元前 8000—前 7000 年间有人生活的遗址，也被称为卡鲁尼亚文化（Qarunian）。

2. Harlan（1989）对撒哈拉和撒哈拉以南地区将野草种子作为食物做了出色的概述。

3. 作为对湖水水位变化的详细研究的序幕，Hassan（1986）简要总结了法尤姆洼地的研究历史。希罗多德第一个记录了该湖后，斯特拉博、狄奥多罗斯和老普林尼也评点过它。Caton-Thompson 和 Gardner（1934）详细描绘了她们的研究和谷窖的发现。

4. Hassan（1985）给出的定年结果为修正后的 5145±155BC。

5. Wetterstrom（1993）做了这样的比较。

6. Wendorf 和 Schild（1976）以及 Hassan（1986）描绘了与湖水水位波动相关的地质学研究；Wendorf 和 Schild（1976）还描绘了他们在考古勘察中发现的大量遗址；Ginter 和 Kozlowski（1983）对几处遗址做了勘察，而 Wenke 等人（1988）总结了在该湖西南岸边进行的大量田野工作。Brewer（1989）对法尤姆的动物品种做了重要的考古动物学研究，得出人类可能常年留在湖盆中的结论。

7. Wetterstom（1993）对在梅里姆德的工作做了简要总结。

8. Hassan（1988）强调了法尤姆／梅里姆德和东南亚在器物类型上的相似性。相反，Wenke 等人（1988）则强调，这些尼罗河谷遗址的技术特点基本为粗石器，与西奈和内盖夫沙漠的细石器性质的遗址截然不同。

9. 关于尼罗河谷中前王朝时期的农业发展，见 Hassan（1988）。Haaland（1995）对尼罗河中游地区的定居和农业生活的发展做了盘点。

10. 关于对非洲食物生产起源和传播的出色盘点，见 Marshall 和 Hildebrand（2002）。

11. Clutton-Brock（2000）研究了非洲畜牧业的向南传播，强调了传播过程中面临的许多困难。

12. Harlan（1992，69 页）对非洲本土农业做了盘点。

后记 "文明之福"

1. 具体是哪座山无关紧要，但我想到的是位于我在英格兰伯克夏郡附近的一座。

2. Lubbock（1865，484 页）。

3. 我明白这句话中的"真实"一词存在争议。幸运的是，本书已经没有时间讨论历史真实的本质或其他东西。对于希望探究该话题的读者，见 Evans（1997）对后现代主义历史的批判。

4. Lubbock（1865，487—488 页）。

5. McCarthy 等人（2001）记录了过去 50 年间可以被直接归因于全球变暖的大量环境和生态变化，从冰川融化到蝴蝶和鸟类分布的变化。比如，白颊黑雁来到挪威更北面的地区，侵入了农田，而在南极，企鹅的数量减少，并因为气候变暖而改变了生活地点。

6. 这些预测数字来自 McCarthy 等人（2001，27 页，表 TS-1）——2001 年的政府间气候变化委员会报告中关于影响、适应和脆弱性的部分。更具体地说，预计今后 100 年间的气温升幅将在 0.8 到 2.6℃之间，海平面上升幅度在 5 到 32 厘米之间，到 2100 年预计最高可达 88 厘米。

7. 关于三角洲地区人口和农田的这些数据来自 Houghton（1997）。由于它们至少是 5 年前的，可能低估了实际情况。

8. McCarthy 等人（2001）衡量了海平面上升对小岛国的影响。比如，海平面上升 80 厘米将导致太平洋上的马绍尔群岛和基里巴斯 66% 的面积被淹没，而上升 90 厘米将淹没马尔代夫首都马累 85% 的面积。

9. Houghton（1997）特别简要地总结了全球变暖对淡水供应的可能影响，详细调查见 McCarthy 等人（2001）。土耳其东南部的阿塔图尔克大坝对叙利亚的淡水供应产生了巨大影响。

10. 当然，这种现象在英格兰南部和周边的许多地方司空见惯。Bowers 和 Cheshire（1983，第 2 章）以伯克夏郡西部一个 20 平方千米的典型地区为例，研究了乡村是如何改变的。

11. 这并非我的主观看法，而是来自政府支持的环境机构，它们的报告中详细描绘了英格兰和威尔士的环境状况（Environment Agency，2000）。

12. 大量资料详细描绘了食品生产和供应的危机。我觉得信息量最大的是名为《充沛的悖论：丰饶世界中的饥荒》（*The Paradox of Plenty, Hunger in a Bountiful World*）的文集，见 Boucher（1999）。

13. 这个数字引自 McCarthy 等人（2001，938 页）。

14. 见 Borlaug（2000）。诺曼·博洛格（Norman Borlaug）是一位美国植物育种专家，为欠发达国家培育出了新的水稻和小麦品种。博洛格因为在"绿色革命"中扮演的角色而获得了 1970 年的诺贝尔和平奖，他似乎乐于对生物科技这一新科学大加赞美，就像维多利亚时代的约翰·卢伯克对自己时代的新科学不吝溢美。

15. Borlaug（2000）认为 25 年后的人口预计将达 85 亿。McCarthy 等人（2001）的数字是 2050 年达到 84~113 亿，2100 年达到 71~151 亿。

16. 见 Borlaug（2000，489 页）。有人可能对此表达强烈反对，相信新的转基因有机体在性质上不同于此前的一切。据我所知，最早的栽培者 / 农民并未参与任何植物育种；他们只是（无意识地）选择了一些现存的基因变种，而没有选择另一些。此外，生物技术常常在差异很大的有机体之间移植基因，这是传统的植物育种或无意选种不可能做到的。生物技术还常常在有机体间移植单个或少量基因；这在植物育种中（有意或无意的）是不可能的——包含成千上万未知基因的染色体被整个移植。

17. 我无意暗示 Borlaug（2000）没有意识到这个问题的严重性。事实上，他本人曾写道，鉴于很大一部分生物技术研究在私人机构进行，国家政府必须解决知识产权问题并提供足够保障："公民社会关心的更重要方面应该是与基因所有权以及控制和获得转基因农产品相关的平等问题"（489 页）。

18. 关于转基因有机体的生态影响，见 www.nature.com/nature/debates/gmfoods。

参考文献

Aaris-Sørensen, K. 1984. *Uroksen fra Prejlerup. Etarkœozoologisk fund.* Copenhagen: Zoological Museum (guidebook).

Ackerman, R.E. 1996. Bluefish Caves. In *American Beginnings* (ed. F. West), pp. 511–13. Chicago: University of Chicago Press.

Adhikary, A.K. The Birhor. In *The Cambridge Encyclopedia of Hunters and Gatherers* (eds. R.B. Lee & R. Daly), pp. 248–51. Cambridge: Cambridge University Press.

Adovasio, J.M. 1993. The ones that will not go away, a biased view of pre-Clovis populations in the New World. In *From Kostenki to Clovis* (eds. O. Softer & N.D. Praslov), pp. 199–218. New York: Plenum Press.

Adovasio, J.M. & Pedler, D.R. 1997. Monte Verdeand the antiquity of humankind in the Americas. *Antiquity 71,*573–80.

Adovasio, J.M., Carlisle, R.C., Cushman, K.A., Donahue, J., Guilday, J.E., Johnson, W.C., Lord, K., Parmalee, P.W., Stuckenrath, R. & Wiegman, P.W. 1985. Palaeo environmental reconstruction at Meadowcroft Rockshelter, Washington County, Pennsylvania. In *Environments and Extinctions: Man in Late Glacial North America* (eds. J.I. Mead & D.J.Meltzer), pp. 73–110. Orono, ME: Centre for the Study of Early Man.

Adovasio, J.M., Donahue, J. & Stuckenrath, R.1990. The Meadowcroft Rockshelter radiocarbon chronology 1975-1990. *American Antiquity* 55, 348–54.

Adovasio, J.M., Gunn, J.D., Donahue, J. & Stuckenrath, R. 1978. Meadowcroft Rockshelter, 1977: An overview. *American Antiquity* 43, 632–51.

Ahlbäck, T. (ed.) 1987. *Saami Religion*. Uppsala.

Ahn, S.M. 1992. *Origin and differentiation of domesticated rice in Asia— a review of archaeological and botanical evidence*. Unpublished Ph.D. dissertation, Institute of Archaeology, University College London.

Aikens, C.M. 1995. First in the world: The Jomon pottery of early Japan. In *The Emergence of Pottery: Technology and Innovation in Ancient Societies* (eds. W.K. Barnett & J.W. Hoopes), pp.11–21. Washington: Smithsonian Institution Press.

Aikens, C.M. & Higuchi, T. 1982. *Prehistory of Japan*. New York: Academic Press.

Akazawa, T. 1986. Regional variation in procurement systems of Jomon hunter-gatherers. In *Prehistoric Hunter-Gatherers in Japan: New Research Methods* (eds. T. Akazawa & C.M. Aikens), pp. 73–89. Tokyo: University of Tokyo Press.

Albrethsen, S.E. & Brinch Petersen, E. 1976. Excavation of a Mesolithic cemetery at Vedbæk, Denmark. *Acta Archaeologica* 47, 1–28.

Alciati, G., Cattani, L., Fontana, F., Gerhardinger, E., Guerreschi, A., Milliken, S., Mozzi, P. &Rowley-Conwy, P. 1993. Mondeval de Sora: A high altitude Mesolithic campsite in the Italian Dolomites. *Prehistoria Alpina* 28, 351–66.

Aldenderfer, M. 1998. *Montane Foragers. Asana and the South-Central Andean Archaic* Iowa City: University of Iowa Press.

Allchin, B. & Allchin, F.R. 1982. *The Rise of Civilization in India and Pakistan*. Cambridge: Cambridge University Press.

Allchin, F.R. 1963. *Neolithic Cattle Keepers of South India*. Cambridge: Cambridge University Press.

Allen, H. 1989. Late Pleistocene and Holocene settlement patterns and environment, Kakadu, Northern Territory, Australia. *Indo-Pacific Prehistory Association Bulletin* 9, 92–117.

Allen, J. (ed.) 1996. *Report of the Southern Forests Archaeological Project*, Vol. 1. Bundoora: School of Archaeology, La Trobe University.

Alley, R.B., Mayewski, P.A., Sowers, T., Stuiver, M., Taylor, K.C. & Clark, P.U. 1997. Holocene climatic instability: A prominent wide spread event at 8,200 years ago. *Geology* 25,483–6.

Ames, K.M. & Maschner, H.D.G. 1999. *Peoples of the Northwest Coast: Their Archaeology and Prehistory*. London: Thames & Hudson.

Ammerman, A.J. & Cavalli-Sforza, L.L. 1979. The wave of advance model for the spread of agriculture in Europe. In *Transformations: Mathematical Approaches to Culture Change* (eds. C. Renfrew & K.L. Cooke), pp. 275–94. New York: Academic Press.

Ammerman, A.J. & Cavalli-Sforza, L.L. 1984. *The Neolithic Transition and the Genetics of Population in Europe*. Princeton NJ: Princeton University Press.

Anagnostis, A. 1989. *The Palaeopathological Evidence, Indicators of Stress of the Shanidar Proto-Neolithic and the Ganj Dareh Early Neolithic Human Skeletal Collections*. Unpublished Ph.D. thesis, Columbia University, NY.

Andersen, S.H. 1978. Aggersund. En Ertebølleboplads ved Limjorden. *Kuml* 1978, 7–56.

Andersen, S.H. 1985. Tybrind Vig. A preliminary report on a submerged Ertebølle settlement on the west coast of Fyn. *Journal of Danish Archaeology* 4, 52–69.

Andersen, S.H. 1987. Mesolithic dug-outs and paddles from Tybrind Vig, Denmark. *Acta Archaeologica* 57, 87–106.

Andersen, S.H. 1994. Ringkloster: Ertebølle trappers and wild boar hunters in eastern Jutland. *Journal of Danish Archaeology 12,* 13–59.

Andersen, S.H. 1995. Coastal adaptation and marine exploitation in Late Mesolithic Denmark — with special emphasis on the Limfjord region.

In *Man & Sea in the Mesolithic*(ed. A. Fischer), pp. 41–66. Oxford: Oxbow Monograph, No. 53.

Andersen, S.H. & Johansen, E. 1986. Ertebølle revisited. *Journal of Danish Archaeology* 5, 31–61.

Anderson, D.D. 1990. *Lang Rongrien Rockshelter: A Pleistocene-Early Holocene Archaeological Site from Krabi, Southwestern Thailand.* Philadelphia: The University Museum, University of Pennsylvania.

Anderson, D.G. & Gillam, J.C. 2000. Paleoindian colonization of the Americas: Implications from an examination of physiography, demography and artifact distribution. *American Antiquity 65,* 43–66.

Anderson, P. 1991. Harvesting of wild cereals during the Natufian as seen from the experimental cultivation and harvest of wild einkorn wheat and microwear analysis of stone tools. In *The Natufian Culture in the Levant* (eds. O. Bar-Yosef & F.R. Valla), pp. 521–6. Ann Arbor, MI: International Monographs in Prehistory.

Andresen, J.M., Byrd, B.F., Elson, M.D., McGuire, R.H., Mendoza, R.G., Staski, E. & White, J.P.1981. The deer hunters: Star Carr reconsidered. *World Archaeology* 13, 31–46.

Andrews, M.V., Beck, R.B., Birks, Gilbertson, D.D. & Switsur, V.R. 1987. The past and present vegetation of Oronsay and Colonsay. In *Excavations on Oronsay* (ed. P. Mellars), pp. 52–77. Edinburgh: Edinburgh University Press.

Asouti, E. & Fairbairn, A. 2001. Subsistence economy in Central Anatolia during the Neolithic: The archaeobotanical evidence. In *The Neolithic of Central Anatolia* (eds. F. Gerard& L. Thissen), pp. 181–92. Istanbul: Yayinlari.

Atkinson, T.C., Briffa, K.R., & Coope, G.R. 1987. Seasonal temperatures in Britain during the past 22,000 years, reconstructed using beetle remains. *Nature* 325, 587–92.

Audouze, F. 1987. The Paris Basin in Magdalenian times. In *The Pleistocene Old World* (ed. O. Soffer), pp. 183–200. New York: Plenum Press.

Audouze, F. & Enloe, J. 1991. Subsistence strategies and economy in the

Magdalenian of the Paris Basin, France. In *The Late Glacial in North-West Europe: Human Adaptation and Environmental Change at the End of the Pleistocene* (eds, N. Barton, A J. Roberts & D.A. Roe), pp. 63–71.London: Council for British Archaeology, Research Report No. 77.

Bader, N.O. 1993a. Tell Maghzaliyah: An early Neolithic site in northern Iraq. In *Early Stages in the Evolution of Mesopotamian Civilization. Soviet Excavations in Northern Iraq* (eds. N. Yoffee & J.J. Clarke), pp. 7–40. Tucson: University of Arizona Press.

Bader, N.O. 1993b. Summary of the Earliest Agriculturalists of Northern Mesopotamia (1989). In *Early Stages in the Evolution of Mesopotamian Civilization. Soviet Excavations in Northern Iraq* (eds. N. Yoffee & J.J. Clarke), pp.63–71. Tucson: University of Arizona Press.

Bader, N.O. 1993c. The early agricultural settlement of Tell Sotto. In *Early Stages in the Evolution of Mesopotamian Civilization. Soviet Excavations in Northern Iraq* (eds. N. Yoffee & J.J. Clarke), pp. 41–54. Tucson: University of Arizona Press.

Bader, N.O. 1993d. Results of the excavations at the early agricultural site of Kültepe in northern Iraq. In *Early Stages in the Evolution of Mesopotamian Civilization. Soviet Excavations in Northern Iraq* (eds. N. Yoffee & J.J. Clarke), pp.55–61. Tucson: University of Arizona Press.

Bahn, P. 1984. *Pyrenean Prehistory.* Warminster: Aris & Phillips.

Bahn, P. 1991. Dating the first Americans. *New Scientistic* 26–8.

Bahn, P. & Couraud, C. 1984. Azilian pebbles: An unsolved mystery. *Endeavour* 8, 156–8.

Bahn, P. & Vertut, J. 1997. *Journey through the Ice Age.* London: Weidenfeld & Nicolson.

Bailey, R., Head, G., Jerike, M., Owen, B., Rechtman, R. & Zechenter, E. 1989. Hunting and gathering in the tropical rainforest: Is it possible? *American Anthropologist* 91, 59–82.

Baird, D., Garrard, A., Martin, L. & Wright, K.1992. Prehistoric environment and settlement in the Azraq basin: An interim report on the 1989 excavation season. *Levant* XXIV, 1–31.

Balkan-Atli, Binder, D., Cauvin, M.C. 1999. Obsidian: Sources, workshops and trade in Central Anatolia. In *Neolithic in Turkey. The Cradle of Civilization, New Discoveries* (eds. M. Özdoğan & N. Başgelen), pp. 133–46. Istanbul: Arkeoloji ve Sanat Yayinlari.

Bamforth, D.R. 1988. *Ecology and Human Organization on the Great Plains.* New York: Plenum Press.

Banning, E.B. & Byrd, B.F. 1987. Houses and changing residential unit: Domestic architecture at PPNB 4Ain Ghazal. *Proceedings of the Prehistoric Society* 309–25.

Banning, E.B., Rahimi, D., & Siggers, J. 1994 The late Neolithic of the southern Levant: Hiatus, settlement shift or observer bias? The perspective from Wadi Ziqlab. *Paléorient* 20,151–64

Bard, E., Hamelin, B., & Fairbanks, R.G. 1990.U-Th ages obtained by mass spectrometry in corals from Barbados: Sea level during the past 130,000 years. *Nature 346,* 456–8.

Barham, A.J. & Harris, D.R. 1983. Prehistory and palaeoecology of Torres Strait. In *Quaternary Coastlines and Marine Archaeology: Towards a Prehistory of Land Bridges and Continental Shelves* (eds. P.M. Masters & N.C. Fleming), pp.529–57. London: Academic Press.

Barham, A.J. & Harris, D.R. 1985. Relict field systems in the Torres Strait region. In *Prehistoric Agriculture in the Tropics* (ed. I.S. Farrington), pp. 247–83. Oxford: British Archaeological Reports, International Series, 232.

Barich, B.E. 1987. *Archaeology and Environment in the Libyan Sahara. The Excavations in the Tadrat Acacus,* 1978-83. Oxford: British Archaeological Reports, International Series 368.

Barich, B.E. 1992. Holocene communities of western and central Sahara: A reappraisal. In *New Lights on the Northeast African Past* (eds. F. Klees & R. Kuper), pp. 185–204. Africa Praehistorica 5. Köln: Hein rich-Barth Institut.

Baring-Gould, S. 1905. *A Book of the Riviera.* London: Methuen.

Barker, G. 1985. *Prehistoric Farming in Europe.* Cambridge: Cambridge University Press.

Barnes, G. & Reynolds, T. 1984. The Palaeolithic of Japan: A Review. *Proceedings of the Prehistoric Society* 50, 49–62.

Baruch, U. & Bottema, S. 1991. Palynological evidence for climatic changes in the Levant ca.17,000–9,000 BP. In *The Natufian Culture in the Levant* (eds. O. Bar-Yosef & F. Valla), pp. 11–20. Ann Arbor, MI: International Monographs in Prehistory.

Barut, S. 1994. Middle and Later Stone Age lithic technology and land use in East African savannas. *African Archaeological Review* 12, 43–70.

Bar-Yosef, D.E. 1989. Late Palaeolithic and Neolithic marine shells in the southern Levant as cultural markers. In *Shell Bead Conference* (ed. C.F. Hayes), pp. 167–74. Rochester, NY: Rochester Museum and Science Centre.

Bar-Yosef, D.E. 1991. Changes in the selection of marine shells from the Natufian to the Neolithic. In *The Natufian Culture in the Levant* (eds. O. Bar-Yosef & F. Valla), pp. 629–36. Ann Arbor, MI: International Monographs inPrehistory.

Bar-Yosef, O. 1991. The archaeology of theNatufian layer at Hayonim Cave. In *TheNatufian Culture in the Levant* (eds. O.Bar-Yosef & F. Valla), pp. 81–93. Ann Arbor, MI: International Monographs in Prehistory.

Bar-Yosef, O.1996. The walls of Jericho: An alternative explanation. *Current Anihropology* 27,157–62.

Bar-Yosef, O. 1998a. The Natufian culture in the Levant, threshold to the origins of agriculture. *Evolutionary Anthropology* 6,159–77.

Bar-Yosef, O. 1998b. Jordan prehistory: A view from the west. In *The Prehistoric Archaeology of Jordan* (ed. D.O. Henry), pp. 162–74. Oxford: British Archaeological Reports, International Series, 705.

Bar-Yosef, O. & Alon, D. 1988. Excavations in Nahal Hemar cave. '*Atiqot* 18, 1–30.

Bar-Yosef, O. & Belfer-Cohen, A. 1989. The origins of sedentism and farming communities in the Levant. *Journal of World Prehistory* 3, 477–98.

Bar-Yosef, O. & Belfer-Cohen, A. 1998. Natufianimagery in perspective. *Rivista di Scienze Preistoriche* XLIL, 247–63.

Bar-Yosef, O. & Belfer-Cohen, A. 1999. Encoding information: Unique Natufian objects from Hayonim Cave, western Galilee, Israel. *Antiquity* 73, 402–10.

Bar-Yosef, O. & Gopher, A. 1997. Discussion. In *An Early Neolithic Village in the Jordan Valley. Part I: The Archaeology of Netiv Hagdud* (eds.O. Bar-Yosef & A. Gopher), pp. 247–66. Cambridge, MA: Peabody Museum of Archaeology and Ethnology, Harvard University.

Bar-Yosef, O. & Gopher, A. (eds.) 1997. *An Early Neolithic Village in the Jordan Valley. Part I. The Archaeology of Netiv Hagdud.* Cambridge, MA: Peabody Museum of Archaeology and Ethnology, Harvard University.

Bar-Yosef, O., Gopher, A. & Nadel, D. 1987. The 'Hagdud Truncation' —a new tool type from the Sultanian industry at Netiv Hagdud, Jordan Valley. *Mitekufat Haeven* 20, 151–7.

Bar-Yosef, O. & Meadow, R.H. 1995. The origins of agriculture in the Near East. In *Last Hunters-First Farmers: New Perspectives on the Transition to Agriculture* (eds. T.D. Price & A.B. Gebauer), pp. 39–94. Santa Fe, NM: School of American Research Press.

Bar-Yosef, O. & Schick, T. 1989. Early Neolithic organic remains from Nahal Hemar Cave. *National Geographic Research* 5,176–90.

Bar-Yosef, O. & Valla, F.R. (eds.) 1991. *The Natufian Culture in the Levant.* Ann Arbor, MI: International Monographs in Prehistory.

Basak, B. 1997. Microlithic sites in the Tarafeni Valley, Midnapur District, West Bengal: A dis-cussion. *Man and Environmentl* XXII, 12–28.

Baxter Riley, E. 1923. Dorro head hunters. *Man* 23, 33–5.

Bayliss-Smith, T. 1996. People-plant interactionsin the New Guinea highlands: Agricultural heartland or horticultural backwater? In *The*

Origin and Spread of Agriculture and Pastoralismin Eurasia (ed. D.R. Harris), pp. 499–523. London: University College London Press.

Beck, C. & Jones, G.T. 1997. The terminal Pleistocene/Early Holocene archaeology of the Great Basin. *Journal of World Prehistory* 11,161–236.

Belfer-Cohen A. 1988. The Natufian graveyard in Hayonim Cave. *Paléorient* 14,297–308.

Belfer-Cohen, A. 1991. Art items from layer B, Hayonim Cave: A case study of art in a Natufiancontext. In *The Natufian Culture in the Levant* (eds. O. Bar-Yosef & F.R. Valla), pp. 569–88. Ann Arbor, MI: International Monographs in Prehistory.

Belfer-Cohen, A. 1995. Rethinking social stratification in the Natufian culture: The evidence from burials. In *The Archaeology of Death in the Ancient Near East* (eds. S. Campbell & A.Green), pp. 9–16. Oxford: Oxbow Books, Monograph No. 51.

Belfer-Cohen, A., Schepartz, A. & Arensburg, B.1991. New biological data for the Natufian populations in Israel. In *The Natufian Culture in the Levant* (eds. O. Bar-Yosef & F. Valla), pp. 411–24. Ann Arbor, MI: International Monographs in Prehistory.

Belitzky, S. & Nadel, D. 2002. The Ohalo II Prehistoric camp (19.5 Ky): New evidence for environmental and tectonic changes at the Sea of Galilee. *Geoarchaeology* 17,453–64.

Bellwood, P. 1996. The origin and spread of agriculture in the Indo-Pacific region: gradualism and diffusion or revolution and colonisation. In *The Origin and Spread of Agriculture and Pastoralismin Eurasia* (ed. D.R. Harris), pp. 465–98. London: University College London Press.

Bellwood, P. 1997. *Prehistory of the Indo-Malaysian Archipelago.* Rev. ed. Honolulu: University of Hawaii Press.

Beltran, A. 1999. *The Cave of Altamira.* New York: Harry N. Abrams Inc.

Bender, B. 1978. Gatherer-hunter to farmer: Asocial perspective. *World Archaeology* 10, 204–22.

Bennike, P. 1995. *Palaeopathology of Danish Skeletons.* Copenhagen:

Akademisk Forlag.

Benze, B.F. 2001. Archaeological evidence of teosinte domestication from Guilá Naquitz, Oaxaca. *Proceedings of the National Academy of Sciences* 98, 2104-6.

Berreman, G. 1999. The Tasaday controversy. In *The Cambridge Encyclopedia of Hunters and Gatherers* (eds. R.B. Lee & R. Daly), pp. 457–64. Cambridge: Cambridge University Press.

Betts, A. 1989. The Pre-Pottery Neolithic B in eastern Jordan. *Paléorient* 15, 147–53.

Betts, A. 1998. The Black Desert survey. Prehistoric sites and subsistence strategies in eastern Jordan. In *Prehistory of Jordan. The State of Research in 1986* (eds. A. Garrard & H. Gebel), pp. 369–91. Oxford: British Archaeological Reports, International Series 396.

Binford, L. 1968. Post-Pleistocene adaptations. In *New Perspectives in Archaeology* (eds. S. Binford & L. Binford), pp. 313–42. Chicago: Aldine.

Binford, L. 1978. *Nunamiut Ethnoarchaeology.* New York: Academic Press.

Bird, J.B. 1938. Antiquity and migrations of the early inhabitants of Patagonia. *Geographical Review* 28, 250–75.

Bird-David, N. 1999. The Nayaka of the Wynaad, South India. In *The Cambridge Encyclopedia of Hunters and Gatherers* (eds. R.B. Lee & R. Daly), pp. 257–60. Cambridge: Cambridge University Press.

Birdsell, J.B. 1958. On population structure in generalized hunting and collecting populations. *Evolution* 12, 189–205.

Birket-Smith, K. 1959. *The Eskimos.* 2nd edn. London: Methuen & Co. Ltd.

Bishop, J.F. 1899. *The Yangtze River and Beyond.* London: John Murray.

Bjorck, S. 1995. Late Weichselian to Early Holocene development of the Baltic sea—with implications for coastal settlement in the southern Baltic region. In *Man & Sea in the Mesolithic* (ed. A. Fischer), pp. 23–34. Oxford: Oxbow Monograph 53.

Blench, R.M. & K.C. MacDonald, (eds) 2000. *The Origins and*

Development of African Livestock. Archaeology, Genetics, Linguistics and Ethnography. London: University College London Press.

Bokelmann, K. 1991. Some new thoughts on old data on humans and reindeer in the Ahrensburgian Tunnel Valley in Schleswig-Holstein, Germany. In *The Late Glacial in North-West Europe: Human Adaptation and Environmental Change, at the End of the Pleistocene* (eds. N. Barton, A.J. Roberts & D.A. Roe), pp. 72–81 London: Council for British Archaeology, Research Report No. 77.

Bonatto, S.L. & Salzano, F.M. 1997. Diversity and age of the four major haplogroups, and their implications for the peopling of the New World. *American Journal of Human Genetics* 61, 1413–23.

Bonnichsen, R. & Gentry Steele, D. 1984.Introducing First American Research. In *Method and Theory for Investigating the Peopling of the Americas* (eds. R. Bonnichsen and D. Gentry Steele), pp. 1–6. Corvallis, OR: Centre for the Study of the First Americans.

Bonsall, C. (ed.) 1989. *The Mesolithic in Europe.* Edinburgh: Edinburgh University Press.

Borlaug, N. 2000. Ending world hunger. The promise of biotechnology and the threat of anti-science zealotry. *Plant Physiology* 124, 487–90.

Borrero, L.A. 1996. The Pleistocene-Holocene transition in southern South America. In *Humans at the End of the Ice Age* (eds. L.G. Straus, B.V. Eriksen, J.M. Erlandson & D.R.Yesner), pp. 339–54. New York: Plenum Press.

Bosinski, G. 1984. The mammoth engravings of the Magdalenian site of Gönnersdorf (Rhineland, Germany). In *La Contribution de la Zoologie et de l'Ethologie a l'Interpretation de l'Art des Peuples Chasseurs Préhistorique* (eds.H.-G. Bandi et al.), pp. 295–322. Fribourg: Editions Universitaires.

Bosinski, G. 1991. The representation of female figures in the Rhineland Magdalenian. *Proceedings of the Prehistoric Society* 57, 51–64.

Bosinski, G. & Fischer, G. 1974. *Die Menschendarstellungen von Gönnersdorf der Ausgrabung von 1968.* Steiner: Wiesbaden.

Boucher, D.H. 1999. *The Paradox of Plenty: Hunger in a Bountiful World.* Oakland, CA: Food First Books.

Bowdler, S. 1984. Hunter Hill, Hunter Island. *Terra Australis* 8, Canberra: Prehistory Department, Australian National University.

Bowers, J.K. & Chesire, P. 1983. *Agriculture, The Countryside and Land Use.* London: Methuen.

Bowman, S. 1990. *Radiocarbon Dating.* London: British Museum Publications.

Boyd, B. 1995. Houses and hearths, pits and burials: Natufian mortuary practices at Mallaha (Eyan), Upper Jordan Valley. In *The Archaeology of Death in the Ancient Near East* (eds. S. Campbell & A. Green), pp. 17–23. Oxford: Oxbow Books, Monograph No. 51.

Bradley, D.G., MacHugh, D.E., Cunningham, P., Loftus, R.T. 1996. Mitochrondial diversity and the origins of African and European cattle. *Proceedings of the National Academy of Sciences USA* 93, 5131–5.

Bradley, R. 1997. Domestication as state of mind. *Analecta Praehistorica Leidensa* 29, 13–17.

Bradley, R. 1998. *The Significance of Monuments.* London: Routledge.

Braidwood, L., Braidwood, R., Howe, B., Reed, C. & Watson, P.J. (eds.) 1983. *Prehistoric Archaeology along the Zagros Flanks.* Chicago: The University of Chicago Oriental Institute Publication, Vol. 105.

Brantingham, P.J., Olsen, J.W. & Schaller, G.B. 2001. Lithic assemblages from the Chang Tang region, Northern Tibet. *Antiquity* 75, 319–27.

Bratlund, B. 1991. A study of hunting lesions containing flint fragments on reindeer bones at Stellmoor, Schleswig-Holstein, Germany. In *The Late Glacial in North-West Europe: Human Adaptation and Environmental Change at the End of the Pleistocene* (eds. N. Barton, A.J. Roberts & D.A. Roe), pp. 193–207. London: Council for British Archaeology, Research Report No. 77.

Bratlund, B. 1996. Hunting strategies in the late glacial of northern Europe: A survey of the faunal evidence. *Journal of World Prehistory* 10, 1–48.

Breuil, H. 1952. *Four Hundred Centuries of Cave Art.* Centre d'Etudes et de Documentation Prehistoriques: Montignac.

Brewer, D.J. 1989. *Fishermen, Hunters and Herders. Zooarchaeology in the Fayum, Egypt (ca.8200-5000 bp)*. Oxford: British Archaeological Reports, International Series 478.

Brey, H. & Muller, C. 1992. *Cyprus, Insight Guide*. London: APA Publications (HK) Ltd.

Brinch Petersen. E. 1990. Nye grave fra jægerste-naldren, Strøby Egede og Vedbæk. *National museets Arbefdsmark* 1990, 19–33.

Broecker, W.S. & Denton, G.H. 1990. What drives glacial cycles? *Scientific American*, Jan. 1990, 43–50.

Broecker, W.S., Kennett, J.P., Flower, B.P., Teller, J.T., Trumboe, S., Bonani, G. & Wolfli, W. 1989. Routing of meltwater from the Laurentide icesheet during the Younger Dryas cold episode. *Nature* 341, 318–21.

Broodbank, C. & Strasser, T.F. 1991. Migrant farmers and the Neolithic colonization of Crete. *Antiquity* 65, 233–45.

Brooks, A.S. & Robertshaw, P. 1990. The glacial maximum in tropical Africa: 22,000-12,000 BP. In *The World at 18,000 BP, Vol. Two, Low Latitudes* (eds. C. Gamble & O. Soffer), pp.121–69. London: Unwin Hyman.

Brosius, J.P. 1986. River, forest and mountain: The Penan Gang landscape. *Sarawak Museum Journal* 36, 173–84

Brosius, J.P. 1991. Foraging in tropical rainforests: The case of the Penan of Sarawak, east Malaysia (Borneo). *Human Ecology* 19,123–50.

Brosius, J.P. 1999. The Western Penan of Borneo. In *The Cambridge Encyclopedia of Hunters and Gatherers* (ed. R.B. Lee & R. Daly), pp. 312–16. Cambridge: Cambridge University Press.

Brothwell, D. 1975. Possible evidence of a cultural practice affecting head growth in some Late Pleistocene East Asian and Australasian populations. *Journal of Archaeological Science* 2, 75–77.

Brothwell, D. & Shaw, T. 1971. A late Upper Pleistocene proto-West African Negro from Nigeria. *Man* (N.S.) 6, 221–7.

748

Browman, D.L. 1989. Origins and development of Andean pastoralism: an overview of the past 6000 years. In *The Walking Larder* (ed. J. Clutton-Brock), pp. 256–68. London: Unwin Hyman.

Brown, J.A. & Vierra, R.K. 1983. What happened in the Middle Archaic? Introduction to an ecological approach to Koster Site archaeology. In *Archaic Hunters and Gatherers in the American Midwest* (eds. J.L. Phillips & J.A. Brown), pp.165–96. New York: Academic Press.

Brown. M.D., Hosseini, S.H., Torroni, A., Bandelt, H.-S., Allen, J.C., Schurr, T.G., Scozzari, R., Cruciani, F. & Wallace, D.C. 1998. MtDNA hap-logroup X: an ancient link between Europe/West Asia and North America? *American Journal of Human Genetics* 63, 1852–61.

Brown, P. 1981. Artificial cranial deformation: acomponent in the variation in Pleistocene Australian Aboriginal crania. *Archaeology in Oceania* 16,156–67.

Bryan, A.L. 1991. The fluted-point tradition in the Americas—one of several adaptations to Late Pleistocene American environments. In *Clovis: Origins and Adaptations* (eds. R. Bonnichsen &K.L. Turnmire), pp. 15–34. Corvallis, OR: Centre for the Study of the First Americans.

Buchanan, W.F. 1988. *Shellfish in Prehistoric Diet, Elands Bay, S.W. Cape Coast, South Africa.* Oxford: British Archaeological Reports, International Series 455.

Buikstra, J.E. 1981. Mortuary practices, palaeode-mography and paleopathology: a case study from the Koster site (Illinois). In *The Archaeology of Death* (eds. R. Chapman, I.Kinnes & K. Randsborg), pp. 123–32. Cambridge: Cambridge University Press.

Bunimovitz, S. & Barkai, R. 1996. Ancient bonesand modern myths: Ninth millennium bc hip-popotamus hunters at Akrotiri Aetokremnos,Cyprus. *Journal of Mediterranean Archaeology* 9, 8596.

Bunn, H.T., Bartram, L.E., & Kroll, E.M. 1988.Variability in bone assemblage formation fromHadza hunting, scavenging, and carcass processing. *Journal of Anthropological Archaeology* 7, 412–57.

Bunting, M.J., Davies, A., Edwards, K. &Keith-Lucas, M. 2000. A palaeoecological investigation of the vegetational and environmental history of the Loch Gorm area, Northwest Islay. In *Hunter-Gatherer Landscape Archaeology, The Southern Hebrides Mesolithic Project 1988–98*, Vol. 1. (ed. S. Mithen), pp. 137–48. Cambridge: McDonald Institute for Archaeological Research.

Burov, G.M. 1998. The use of vegetable materials in the Mesolithic of Northeast Europe. In *Harvesting the Sea, Farming the Forest* (eds. M. Zvelebil, R. Dennell & L. Domańska), pp. 53–64.*Sheffield: Sheffield Academic Press.

Byrd, B.F. 1989. *The Natufian Encampment at Beidha: Late Pleistocene Adaptations in the Southern Levant.* Aarhus: Denmark, Jutland Archaeological Society Publications, Vol. 23.

Byrd, B.F. 1994. Public and private, domestic and corporate: The emergence of the southwest Asian village. *American Antiquity* 59, 639–66.

Byrd, B.F. 2000. Households in transition: Neolithic social organization within southwest Asia. In *Life in Neolithic Farming Communities. Social Organization, Identity and Differentiation*(ed, I. Kuijt), pp. 63–102. New York: Kluwer/Plenum Publications.

Byrd, B.F. & Banning, E.B. 1988. Southern Levantine pier houses: Inter site architectural patterning during the Pre-Pottery Neolithic B. *Paléorient 14*, 65–72.

Byrd, B.F. & Colledge, S.M. 1991. Early Natufian occupation along the edge of the southern Jordanian steppe. In *The Natufian Culture in the Levant* (eds. O. Bar-Yosef & F. Valla), pp.265–76. Ann Arbor, MI: International Monographs in Prehistory.

Byrd, B.F. & Monahan, C.M. 1995. Death, mortuary ritual and Natufian social structure. *Journal of Anthropological Archaeology* 14, 251–87.

Cagnolo, I.M.C. 1933. *The Akikuyu, Their Customs, Traditions and Folklore.* Nyeri: Catholic Mission of the Consolata Fathers.

Campana, D.V. & Crabtree, P.J. 1990. Communual hunting in the Natufian of the southern Levant: The social and economic implications. *Journal of Mediterranean Archaeology 3*, 223–43.

Campbell, I.D., Campbell, C. Apps, M.J., Rutter, N.W., Bush, A.B.G. 1998. Late Holocene—1500-year climatic periodicities and their implications. *Geology* 26, 471–3.

Campbell, J.B. 1977. *The Upper Palaeolithic of Britain. A Study of Man and Nature, during the Late Ice Age.* Oxford: Clarendon Press.

Cannon, A. 1996. The Early Namu archaeofauna. In *Early Human Occupation in British Columbia* (eds. R.L. Carlson & L.D. Bona), pp. 103–10. Vancouver: University of British Columbia Press.

Cannon, A. 2000. Settlement and sea-levels on the central coast of British Columbia: evidence from shell midden cores. *American Antiquity*, 67–77.

Caratini, C. & Tissot, C. 1988. Palaeogeographic evolution of the Mahakom Delta in Kalimanatan, Indonesia. *Review of Palaeobotany and Palynology* 55, 217–28.

Carlson, R.L. 1996. Early Namu. In *Early Human Occupation in British Columbia* (eds. R.L. Carlson & L.D. Bona), pp. 83–102. Vancouver: University of British Columbia Press.

Cartwright, C. & Parkington, J.E. 1997. The wood charcoal assemblages from Elands Bay Cave, southwestern Cape: Principles, procedures and preliminary interpretation. *South African Archaeological Bulletin* 52, 59–72.

Cassells, E.S. 1983. *The Archaeology of Colorado.* Boulder, CO: Johnson Publishing.

Caton-Thompson, G. & Gardner, E.W. 1934. *The Desert Fayum.* London: The Royal Anthropological Institute of Great Britain and Ireland.

Cauvin, J. 1977. Les fouilles de Mureybet (1971-1974) et leur significance pour les originesde la sedentarisation au Proche-Orient. *Annual of the American Schools of Oriental Research* 44, 19–48.

Cauvin, J. 2000. *The Birth of the Gods and the Origins of Agriculture.* Cambridge: Cambridge University Press.

Cavalli-Sforza, L.L., Menozzi, P., & Piazza, A.1994. *History and Geography of Human Genes.* Princeton, NY: Princeton University Press.

Cavalli-Sforza, L.L. & Minch, E. 1997. Paleolithicand Neolithic lineages in the European mito-chondrial gene pool. *American Journal of Human Genetics* 19, 233–57.

Cessfbrd, C. 2001. A new dating sequence for Çatalhöyük. *Antiquity* 75, 717–25.

Chagnon, N. 1988. Life histories, blood revenge and warfare in a tribal population. *Science* 239, 985–92.

Chagnon, N. 1997. *Yanomamd.* Oxford: Harcourt Brace (5th edn).

Chakrabarti, D. 1999. *India, An Archaeological History.* Oxford: Oxford University Press.

Champion, S. 1998 Women in British Archaeology, visible and invisible. In *Excavating Women. A History of Women in European Archaeology* (eds. M. Diaz-Andreu & M.L.S. Sorenson), pp. 175–97. London: Routledge.

Chapman, J. 1989. Demographic trends in neothermal south-east Europe. In *The Mesolithic in Europe* (ed. C. Bonsall), pp. 500–15. Edinburgh: John Donald.

Charles, R. 1993. Evidence for faunal exploitation during the Belgian late glacial: recent research on the Dupont collection from the Trou de Chaleux. In *Exploitation des Animaux Sauvages à Travers le Temps*, pp. 103–14. Juan-les-Pins: XIIIe Recontres Internationales d'Archéologie et d'Histoire d'Antibes IVe Colloque international de l'Homme et l'Animal, Société de Recherche Inter-disciplinaire Éditions APDCA.

Charles, R. 1996. Back in the north: The radiocarbon evidence for the human recolonisation of the north-west Ardennes after the last glacial maximum. *Proceedings of the Prehistoric Society* 62, 1–19.

Charles, R. & Jacobi, R.M. 1994 The lateglacial fauna from the Robin Hood Cave, Creswell Crags: A reassessment. *Oxford Journal of Archaeology* 13, 1–32.

Chase, P. 1989. How different was Middle Palaeolithic subsistence? A zooarchaeological approach to the Middle Upper Palaeolithic transition. In *The Human Revolution* (eds. P. Mellars & C. Stringer), pp. 321–37.

Edinburgh: Edinburgh University Press.

Chatters, J.C. 2000. The recovery and first analysis of an early Holocene human skeleton from Kennewick, Washington. *American Antiquity* 65, 291–316.

Chattopadhyaya, U. 1999. Settlement pattern and the spatial organization of subsistence and mortuary practices in the Mesolithic Ganges Valley, North-Central India. *World Archaeology* 27,461–76.

Chatwin, B. 1977. *In Patagonia*. London: Jonathan Cape.

Chen, C. & Olsen, J.W. 1990. China at the last glacial maximum. In *The World at 18,000 BP, Vol. 1: High Latitudes* (eds. O. Soffer & C.Gamble), pp. 276–95. London: Unwin Hyman.

Childe, V.G. 1925. *The Dawn of European Civilisation*. London: Kegan Paul.

Childe, V.G. 1928. *The Most Ancient Near East. The Oriental Prelude to European Prehistory*. London: Kegan Paul.

Childe, V.G. 1929. *The Danube in Prehistory*. Oxford: Clarendon Press.

Childe, V.G. 1958. *The Prehistory of European Society*. London: Penguin.

Chippindale, C., Smith, B. & Taçon, P. 2000.Visions of dynamic power: Archaic rock-paint-ings, altered states of consciousness and "clever men" in Western Arnhem Land (NT), Australia. *Cambridge Archaeological Journal* 10, 63–101.

Chippindale, C. & Taçon, P. 1998. The many ways of dating Arnhem Land rock art, north Australia. In *The Archaeology of Rock Art* (eds. C. Chippendale & P. Taçon), pp. 90–111.Cambridge: Cambridge University Press.

Chippindale, C. & Taçon, P. (eds) 1998. *The Archaeology of Rock Art*. Cambridge: Cambridge University Press.

Christensen, C., Fischer, A., & Mathiassen, D.R.1997. The great sea rise in the Storebælt. In *The Danish Storebælt since the Ice Age* (eds. L. Pedersen, A. Fischer & B. Aaby), pp. 45—54.Copenhagen: A/S Storebælt Fixed Link.

Cinq-Mars, J. 1979. Bluefish Cave I: A Late Pleistocene Eastern Beringian cave deposit in the northern Yukon. *Canadian Journal of Archaeology* 3, 1–33.

Clark, G.A. & Neeley, M. 1987. Social differentia-tion in European Mesolithic burial data. In *Mesolithic North West Europe: Recent Trends* (eds. P. Rowley-Conwy, M. Zvelebil & P. Blankholm), pp. 121–27. Sheffield: Department of Archaeology & Prehistory.

Clark, J.D. & Brandt, SA (eds.) 1984. *From Hunters to Farmers: Causes and Consequences of Food Production in Africa.* Berkeley: University of Los Angeles Press.

Clark, J.G.D. 1932. *The Mesolithic Age in Britain.* Cambridge: Cambridge University Press.

Clark, J.G.D. 1936. *The Mesolithic Settlement of Northern Europe.* Cambridge: Cambridge University Press.

Clark, J.G.D. 1954. *Excavations at Star Carr.* Cambridge: Cambridge University Press.

Clark, J.G.D. 1972. *Star Carr: A Case Study in Bioarchaeology.* Addison-Wesley module in Anthropology 10.

Clark, J.G.D. 1975. *The Earlier Stone Age Settlement of Scandinavia.* Cambridge: Cambridge University Press.

Clarke, D. 1976. Mesolithic Europe: The Economic Basis. In *Problems in Economic and Social Archaeology* (eds. G. de G. Sieveking, I.H. Longworth & K.E. Wilson), pp. 449–81.London: Duckworth.

Close, A.E. 1996. Plus ça change: The Pleistocene-Holocene transition in Northeast Africa. In *Humans at the End of the Ice Age* (eds.L.G. Straus, B.V. Eriksen, J.M. Erlandson &D.R. Yesner), pp. 43–60. New York: Plenum Press.

Close, A.E. & Wendorf, F. 1990. North Africa at 18,000 BP. In *The World at 18,000 BP, Vol. Two, Low Latitudes* (eds. C. Gamble & O. Soffer), pp.41–57. London: Unwin Hyman.

Close, A.E. & Wendorf, F. 1992. The beginnings of food production in the Eastern Sahara. In *Transitions to Agriculture in Prehistory* (eds. A. Gebauer & T.D. Price) pp. 63–72. Madison, WI: Prehistory Press.

Clutton-Brock, J. 1987. *A Natural History of domesticated Animals.* Cambridge: Cambridge University Press & British Museum.

Clutton-Brock, J. 1989. Cattle in ancient North Africa. In *The Walking Larder: Patterns of Domestication,* Pastoralism and Predation (ed.J. Clutton-Brock), pp. 200–6. London: Unwin Hyman.

Clutton-Brock, J. 1995. Origins of the dog: Domestication and early history. In *The Domestic Dog: Its Evolution, Behaviour and Interactions with People* (ed. J. Serpell), pp. 7–20.Cambridge: Cambridge University Press.

Clutton-Brock, J. 2000. Cattle, sheep, and goats south of the Sahara: An archaeozoological perspective. In *The Origins and Development of African Livestock* (eds. R.M. Blench & K.C. MacDonald), pp. 30–8. London: University College London.

Cohen, M. 1977. *The Food Crisis in Prehistory.* New Haven, CT: Yale University Press.

Coles, B. 1998. Doggerland: A speculative survey. *Proceedings of the Prehistoric Society* 64, 45–81.

Coles, J.M. & Orme, B.J. 1983. *Homo sapiens or Castor fibre? Antiquity LVll,* 95–101.

Colinvaux, P.A. 1986. Plain thinking on Beringland bridge vegetation and mammoth populations. *Quarterly Review of Archaeology* 7, 8–9.

Colinvaux, P.A., De Oliveira, P.E. & Bush, M.B. (2000). Amazonian and neotropical plant communities on glacial time-scales: The failure of the aridity and refuge hypotheses. *Quaternary Science Reviews* 19,141–69.

Cook, J. 1991. Preliminary report on markedhuman bones from the 1986–1987 excavations at Gough's Cave, Somerset, England. In *The Late Glacial in North-West Europe: Human Adaptation and Environmental Change at the End of the Pleistocene* (eds. N. Barton, A.J. Roberts & D.A. Roe), pp. 160–8. London: Council for British Archaeology, Research Report No. 77.

Cope, C. 1991. Gazelle hunting strategies in the Natufian. In *The Natufian Culture in the Levant* (eds. O. Bar-Yosef & F. Valla), pp. 341–58. Ann

Arbor, MI: International Monographs in Prehistory.

Cordell, L. 1985. *Prehistory of the Southwest*. New York: Academic Press.

Cordy, J.-M. 1991. Palaeoecology of the late glacial and early postglacial of Belgium and neighbouring areas. In *The Late Glacial in North-West Europe. Human Adaptation and Environmental Change at the End of the Pleistocene* (eds. N. Barton, A.J. Roberts & D.A. Roe), pp. 40–7. London: Council for British Archaeology, Research Report No. 77.

Cosgrove, R. 1995. Late Pleistocene behavioural variation and time trends: the case from Tasmania. *Archaeology in Oceania* 30, 83–104.

Cosgrove, R. 1999. Forty-two degrees south: The archaeology of Late Pleistocene Tasmania. *Journal of World Prehistory* 13, 357–402.

Cosgrove, R. & Allen, J. 2001. Prey choice and hunting strategies in the Late Pleistocene: Evidence from Southwest Tasmania. In *Histories of Old Ages: Essays in Honour of Rhys Jones* (eds. A. Anderson, S. O'Connor & I. Lilley), pp. 397–429. Canberra: Coombs Academic Publishing, Australian National University.

Coudart, A. 1991. Social structure and relationships in prehistoric small-scale sedentary societies: The Bandkeramik groups in Neolithic Europe. In *Between Bands and States* (ed. S.A.Gregg), pp. 395–420. Carbondale: Centre for Archaeological Investigations, Southern Illinois University Occasional Paper No. 9.

Couraud, C. 1985. L'Art Azilien. Origine–Survivance. XXe Supplément à Gallia Préhistoire. Paris: CNRS.

Crabtree, P.J., Campana, D.V., Belfer-Cohen, A. &Bar-Yosef, D.E. 1991. First results of the excavations at Salibiya I, Lower Jordan Valley. In *The Natufian Culture in the Levant* (eds. O.Bar-Yosef & F. Valla), pp. 161–72. Ann Arbor, MI: International Monographs in Prehistory.

Crane, N. 1996. *Clear Waters Rising*. London: Penguin.

Crawford. G.W. & Chen S. 1998 The origins of rice agriculture: Recent progress in East Asia. *Antiquity* 72, 858–66.

Currant, A.P., Jacobi, R.M. & Stringer, C.B. 1989.Excavations of Gough's Cave, Somerset, 1986-87. *Antiquity* 63, 131–6. Dahl, G. 1979.

Suffering Grass. Subsistence and Society of Waso Borano. Stockholm: Department of Social Anthropology, University of Stockholm.

D'Anglure, B.S. 1990. Nanook, super-male: The polar bear in the imaginary space and social time of the Inuit of the Canadian Arctic. In *Signifying Animals: Human Meaning in the Natural World* (ed. R. Willis), pp. 178–95. London: Unwin Hyman.

Daniel, G. & Renfrew, C. 1988. *The Idea of Prehistory.* Edinburgh: Edinburgh University Press.

Dansgaard, W., White, J.W.C., Johnsen, S.J. (1989). The abrupt termination of the Younger Dryas climatic event. *Nature* 33, 532–4.

Dark, P. 2000. Revised 'absolute' dating of the early Mesolithic site of Star Carr, North Yorkshire, in light of changes in the Early Holocene tree-ring chronology. *Antiquity* 74, 304–7.

Datan, I.1993. Archaeological Excavations at GuaSireh (serian) and Lubang Angin (Gunung Mulu National Park). *Sarawak Museum Journal,* Special Monograph No. 6.

Datta, A. 1991. Blade and blade tool assemblages of the Upper Palaeolithic and Mesolithic periods—A case study from the mid-Kasai Valley in the Jhargram sub-division of Midnapur district, West Bengal. *Man and Environment XVI,* 23–31.

Datta, A. 2000. The context and definition of Upper Palaeolithic industries in Panchpir, Orissa, India. *Proceedings of the Prehistoric Society 66,* 47–59.

Davis, S.J.M. & Valla, F.R. 1978. Evidence for the domestication of the dog 12,000 years ago in the Natufian of Israel. *Nature* 276, 608–10.

Dawson, A.G. 1992. *Ice Age Earth.* London: Routledge.

Dawson A.G. & Dawson, S. 2000a. Late Quaternary glaciomarine sedimentation in the Rinns of Islay, Scottish Inner Hebrides and the geological origin of flint nodules. In *Hunter-Gatherer Landscape Archaeology, The Southern Hebrides Mesolithic Project 1988-98Vol. 1* (ed. S. Mithen), pp. 91–7. Cambridge: McDonald Institute for Archaeological Research.

Dawson, S. & Dawson, A.G. 2000b. Late Pleistocene and Holocene relative sea-level changes in Gruinart, Isle of Islay. In *Hunter-Gatherer Landscape Archaeology, The Southern Hebrides Mesolithic Project 1988-98 Vol. 1* (ed. S. Mithen), pp. 99–113. Cambridge: McDonald Institute for Archaeological Research.

Dawson, A.G., Smith, D.E. & Long, D. 1990. Evidence for a Tsunami from a Mesolithic site in Inverness, Scotland. *Journal of Archaeological Science* 17, 509–12.

Dawson, W.H. 1925. *South Africa. People, Places and Problems.* London: Longmans, Green & Co.

Deacon, H.J. 1976. *Where Hunters Gathered. A Study of Holocene Stone Age People in the Eastern Cape.* South African Archaeological Society Monograph Series 1. Cape Town: Claremont.

Deacon, H.J. 1979. Excavations at Boomplaas Cave—A sequence through the Upper Pleistocene and Holocene in South Africa. *World Archaeology* 10, 241–57.

Deacon, H.J. 1993. Planting an idea: An archaeology of Stone Age gatherers in South Africa. *South African Archaeological Bulletin* 48, 86–93.

Deacon, H.J. 1995. Two Late Pleistocene-Holocene archaeological depositories from the Southern Cape, South Africa. *South African Archaeological Bulletin* 50, 121–31.

Deacon, H.J., Deacon. J., Scholtz, A., Thackeray, J.F., Brink, J.S. & Vogel, J.C. 1984. Correlation of palaeoenvironmental data from the Late Pleistocene and Holocene deposits at Boomplaas Cave, Southern Cape. In *Late Cainozoic Palaeo climates of the Southern Hemisphere* (ed. J. Vogel), pp. 339–51. Rotterdam: Balkema.

Deacon. J. 1987. Holocene and Pleistocene palaeoclimates in the Western Cape. In *Papers in the Prehistory of the Western Cape, South Africa* (eds. J.E. Parkington & M. Hall), pp. 24–32. Oxford: British Archaeological Reports, International Series 332.

Deacon, J. 1990. Changes in the archaeological record in South Africa at 18,000 BP. In *The World at 18,000 B.P., Vol.: Two Low Latitudes* (eds.

C. Gamble & O. Soffer), pp. 170–88. London: Unwin Hyman.

Delpech, F. 1983. *Les Faunas du Paléolithique Supérieur dans le Sud Ouest de la France.* Paris: CNRS.

Dennell, R. 1983. *European Economic Prehistory.* London: Academic Press.

Diamond, J. 1997. *Guns, Germs & Steel.* London: Chatto & Windus.

Dikov, N.N. 1996. The Ushki sites, Kamchatkapeninsula. In *American Beginnings* (ed. F.West), pp. 244–50. Chicago: University of Chicago Press.

di Lernia, S. 2001. Dismantling dung: Delayed use of food resources among Early Holocene of the Libyan Sahara. *Journal of Anthropological Archaeology* 20, 408–41.

Dillehay, T.D. 1984. A late ice age settlement in southern Chile. *Scientific American* 251, 106–17.

Dillehay, T.D. 1987. By the banks of the Chinchihuapi. *Natural History* 4/87, 8–12.

Dillehay, T.D. 1989. *Monte Verde. A Late Pleistocene Settlement in Chile. 1: Palaeoenvironmental and Site Context.* Washington, DC: Smithsonian Institution Press.

Dillehay, T.D. 1991. Disease ecology and initialhuman migration. In *The First Americans: Search and Research* (eds. T.D. Dillehay & D.J.Meltzer), pp. 231–64. Boca Raton: CRC Press.

Dillehay, T.D. 1992. Humans and proboscideans at Monte Verde, Chile: Analytical problems and explanatory scenarios. In *Proboscidean and Palaeoindian Interactions* (eds. J.W. Fox, C.B. Smith & K.T. Wilkins), pp. 191–210. Waco, TX: Baylor University Press.

Dillehay, T.D. 1997. *Monte Verde. A Late Pleistocene Settlement in Chile. 2: The Archaeological Context.* Washington, DC: Smithsonian Institution Press.

Dillehay, T.D., Calderon, G.A., Politis, G., Beltrao, M.C. 1992. Earliest hunters and gatherers of South America. *Journal of World Prehistory* 6,145–204.

Dincauze, D.F. 1993. Fluted points in the eastern forests. In *From Kostenki to Clovis* (eds. O.Soffer & N.D. Praslov), pp. 279–92. New York: Plenum Press.

Dittemore, M. 1983. The soundings at M'lefaat. In *Prehistoric Archaeology along the Zagros Flanks* (eds. L.S. Braidwood, R.J. Braidwood, B. Howe, A. Reed & P.J. Watson), pp. 671–92. Chicago: Chicago University Press.

Dodson, J.R., Fullagar, R.K.L., Furby, J.H., Jones,R. & Prosser, 1.1993. Humans and megafauna in a Late Pleistocene environment from Cuddie Springs, northwestern New South Wales. *Archaeology in Oceania* 28, 94–9.

Driver, J.C., Handly, M., Fladmark, K.R., Nelson, E., Sullivan, G.M. & Preston, R. 1996. Stratigraphy, radiocarbon dating and culture history of Charlie Lake Cave, British Columbia. *Arctic* 49, 265–77.

Dumont, J.P. 1988. The Tasaday, which and whose? Toward the political economy of an ethnographic sign. *Cultural Anthropology* 3, 261–75.

Dumont, J.V. 1988. *A Microwear Analysis of Selected Artefact Types from the Mesolithic Sites of Star Carr and Mount Sandel.* Oxford: British Archaeological Reports, British Series 187.

Dunbar, J.S. 1991. Resource orientation of Clovis and Suwannee age paleoindian sites in Florida. In *Clovis: Origins and Adaptations* (eds. R. Bonnichsen & K.L. Turnmire), pp. 185–214. Corvallis, OR: Centre for the Study of the First Americans.

Dupree, L. (ed.) 1972. *Prehistoric Research in Afghanistan (1959-1965).* Philadelphia: Transactions of the American Philosophical Society *62.*

Echegaray, G.J. 1963. Nouvelles fouilles à El-Khiam. *Revue Biblique* 70, 94–119.

Edwards, D. & O'Connell, J.F. 1995. Broad spectrum diets in arid Australia. *Antiquity* 69, 769–83.

Edwards, K.J. 2000. Vegetation history of the Southern Inner Hebrides during the Mesolithic period. In *Hunter-Gatherer Landscape Archaeology, The Southern Hebrides Mesolithic Project 1988-98,*

Vol. 1 (ed. S. Mithen), pp.115–27. Cambridge: McDonald Institute for Archaeological Research.

Edwards, K.J. & Mithen, S.J. 1995. The colonization of the Hebridean islands of western Scotland: Evidence from the palynological and archaeological records. *World Archaeology* 26, 348–61.

Edwards, P.C. 1989. Problems of recognizing earliest sedentism: The Natufian example. *Journal of Mediterranean Archaeology* 2, 5–48.

Edwards, P.C. 1991. Wadi Hammeh 27: An Early Natufian site at Pella. In *The Natufian Culture in the Levant* (eds. O. Bar-Yosef & F. Valla), pp.123–48. Ann Arbor, MI: International Monographs in Prehistory.

Edwards, P.C. 2000. Archaeology and environment of the Dead Sea plain: Excavations at the PPNA site of ZAD 2. *ACOR Newsletter* 12.2, 7–9.

Edwards, P.C., Bourke, S.J., Colledge, S.M., Head, J. & Macumber, P.G. 1988. Late Pleistocene prehistory in the Wadi al-Hammeh, Jordan Valley. In *The Prehistory of Jordan* (eds. A.N. Garrard & H.G. Gebel), pp. 525–65. British Archaeological Reports, International Series 396.

Edwards, P.C., Meadows, J., Metzger, M.C. & Sayei, G. 2002. Results from the first season at Zahrat adh-Dhra'2: A new Pre-Pottery Neolithic A site on the Dead Sea plain in Jordan. *Neo-lithics* 1:02, 11–16.

Ehret, C. 1988. Language change and the material correlates of language and ethnic shift. *Antiquity* 62, 564–74.

Endicott, K. 1999. The Batek of peninsular Malaysia. In The *Cambridge Encyclopedia of Hunters and Gatherers* (ed. R.B. Lee & R. Daly), pp. 298–302. Cambridge: Cambridge University Press.

Endicott, K. & Bellwood, P. 1991. The possibility of independent foraging in the rainforest of peninsular Malaysia. *Human Ecology* 19, 151–85.

Enghoff, I. 1986. Freshwater fishing from a sea-coast settlement–The Ertebølle locus classicus revisited. *Journal of Danish Archaeology* 5, 62–76.

Enghoff, I. 1989. Fishing from the stone age settlement of Norsminde. *Journal of Danish Archaeology* 8, 41–50.

Enghoff, I. 1994. Freshwater fishing at Ringkloster, with a supplement of marine fish. *Journal of Danish Archaeology* 12, 99–106.

Enloe, J.G., David, F. & Hare, T.S. 1994. Patterns of faunal processing at section 27 of Pincevent: The use of spatial analysis and ethnoarchaeological data in the interpretation of archaeological site structure. *Journal of Anthropological Archaeology* 13, 105–24.

Enoch-Shiloh, D. & Bar-Yosef, O. 1997. Salibiya IX. In *An Early Neolithic Village in the Jordan Valley. Part 1: The Archaeology of Netiv Hagdud* (eds. O. Bar-Yosef & A. Gopher), pp. 13–40. Cambridge, MA: Peabody Museum of Archaeology and Ethnology, Harvard University.

Environment Agency (2000). *The State of the Environment of England and Wales: The Land*. London: The Stationery Office Ltd.

Esin, U. & Harmankaya, S. 1999. Asıklı. In *Neolithic in Turkey. The Cradle of Civilization, New Discoveries* (eds. M. Özdoğan & N. Başgelen), pp. 115–32. Istanbul: Arkeoloji ve Sanat Yayinlari.

Evans, R.J. 1997. *In Defence of History*. London: Granta.

Fairweather, A.D. & Ralston, I.B. 1993. The Neolithic timber hall at Balbridie, Grampian region, Scotland: The building, the date and plant macrofossils. *Antiquity* 67, 313–23.

Fei, Hsiao-Tung. 1939. *Peasant Life in China. A Field Study of Country Life in the Yangtze Valley*. London: George Routledge & Sons, Ltd.

Fermor, P.L. 1986. *Between the Woods and the Water*. London: John Murray.

Fiedel, S.J. 1999. Older than we thought: Implications of corrected dates for Palaeoindians. *American Antiquity* 64, 95–115.

Fiedler, L. & Preuss, J. 1985. Stone tools from the Inner Zaïre Basin (Région de l'equateur, Zaïre). *The African Archaeological Review* 3, 179–87.

Field, J. & Dodson, J. 1999. Late Pleistocene megafauna and archaeology from Cuddie Springs, South-eastern Australia. *Proceedings of the Prehistoric Society* 65, 275–301.

Field, J. et al. (10 authors) 2000. 'Coming back'. Aborigines and archaeologists at Cuddie Springs. *Journal of Public Archaeology* 1, 35–48.

Figgins, J.D. 1927. The antiquity of Man in America. *Natural History* 27, 229–39.

Finlayson, B. 1990. The function of microliths: Evidence from Smittons and Starr, SW Scotland. *Mesolithic Miscellany* 11, 2–6.

Finlayson, B. & Mithen, S.J. 1997. The microwear and morphology of microliths from Gleann Mor, Islay, Scotland. In *Projectile Technology* (ed. H. Knecht), pp. 107–29. New York: Plenum Press.

Finlayson, B. & Mithen, S.J. 2000. The morphology and microwear of microliths from Bolsay Farm and Gleann Mor: A comparative study. In *Hunter-Gatherer Landscape Archaeology, The Southern Hebrides Mesolithic Project 1988–98, Vol 2* (ed. S. Mithen), pp. 589–93. Cambridge: McDonald Institute for Archaeological Research.

Fischer, A. 1982. Trade in Danubian shaft-hole axes and the introduction of Neolithic economy in Denmark. *Journal of Danish Archaeology* 1, 7–12.

Fischer, A. 1990. On being a pupil of a flintknapper 11,000 years ago. A preliminary analysis of settlement organization and flint technology based on conjoined flint artefacts from the Trollesgave site. In *The Big Puzzle: International Symposium on Refitting Stone Artefacts* (eds. E. Cziesla, S. Eickhoff, N. Arts & D. Winter), pp.447–64. Bonn: Holos.

Fischer, A. (ed.) 1995. *Man & Sea in the Mesolithic*. Oxford: Oxbow Monograph, No. 53.

Fischer, A. 1997. Drowned forests from the stone age. In *The Danish Storebælt Since the Ice Age* (eds. L. Pedersen, A. Fischer & B. Aaby), pp.29–36. Copenhagen: A/S Storebælt Fixed Link. Fladmark, K.R. 1979. Routes: Alternate migration corridors for Early Man in North America. *American Antiquity* 44, 55–69.

Flannery, K. 1972, The origin of the village as a settlement type in Mesoamerica and the Near East: A comparative study. In *Man, Settlement and Urbanization* (eds. P. Ucko, R. Tringham & G. Dimbleby), pp. 23–53. London: Duckworth.

Flannery, K. 1973. The origins of agriculture. *Annual Review of*

Anthropology 2, 271–310.

Flannery, K. 1986. *Guilá Naquitz*. New York: Academic Press.

Flannery, K. 1993. Comments on Saidel's 'round house or square?'. *Journal of Mediterranean Archaeology* 6, 109–17.

Flannery, K. 2002. The origins of the village revisited: From nuclear to extended households. *American Antiquity* 67, 417–33.

Flannery, K. & Marcus, J. 1983. *The Cloud People: Divergent Evolution of the Zapotec and Mixtec Civilisations*. New York: Academic Press.

Flannery, T. 1990. Pleistocene faunal loss: implications of the aftershock for Australia's past and future. *Archaeology in Oceania* 25, 45–67.

Flannery, T. 1994. *The Future Eaters*. Port Melbourne: Reed.

Flood, J. 1995. *Archaeology of the Dreamtime*, rev. edn. Sydney: HarperCollins.

Foote, R.B. 1884. Rough notes on Billa Surgam and other caves in the Kurnool district. *Records of the Geological Survey of India* 17, 27–34.

Frayer, D.W. 1997. Ofnet: Evidence for a Mesolithic massacre. In *Troubled Times: Violence and Warfare in the Past* (eds. D.L. Martin & D.W. Frayer), pp. 181–216. Amsterdam: Gordon & Breach.

Frayer, D.W., Wolpoff, M.H., Thorne, A.G., Smith, F.H. & Pope, G.G. 1993. Theories of modern human origins: The paleontological test. *American Antiquity* 95, 14–50.

Frison, G.C. 1978. *Prehistoric Hunters on the High Plains*. New York: Academic Press.

Frison, G.C. 1991. The Goshen paleoindian complex: New data for paleoindian research. In *Clovis. Origins and Adaptations* (eds. R. Bonnichsen & K.L. Turnmire), pp. 133–52. Corvallis, OR: Centre for the Study of the First Americans.

Fukai, S. & Matsutani, T. 1981. *Telul eth-Thalathat. The Excavations of Tell II. The Fifth Season (1976), Vol. IV*. Tokyo.

Fullagar, R. & Field, J. 1997. Pleistocene seed-grinding implements from the Australian arid zone. *Antiquity* 71, 300–7.

Gabriel, B. 1987. Palaeoecological evidence from Neolithic fireplaces in the

Sahara. *African Archaeological Review* 5, 93–103.

Galaty, J.G. 1989. Cattle and cognition: Aspects of Maasai practical reasoning. In *The Walking Larder: Patterns of Domestication, Pastoralism and Predation* (ed. J. Clutton-Brock), pp.215–30. London: Unwin Hyman.

Galili, E., Weinstein-Evron, M., Hershkovitz, I., Gopher, A., Kislev, M., Lernau, O, Kolska-Horwitz, L. & Lernau, H. 1993. Atlit-Yam: A prehistoric site on the sea floor off the Israeli coast. *Journal of Field Archaeology* 20, 133–57.

Gamble, C. 1991. The social context for European Palaeolithic art. *Proceedings of the Prehistoric Society* 57, 3–15.

Gamble, C. & Soffer, O. (eds.) 1990. *The World at 18,000 BP. Vol. Two: Low Latitudes*. London: Unwin Hyman.

Garašanin, M. & Radovanović, I. 2001. A pot in house 54 at Lepenski Vir I. *Antiquity* 75, 118–25.

Garfinkel, Y. 1996. Critical observations on the so-called Khiamian flint industry In *Neolithic Chipped Stone Industries of the Fertile Crescent and their Contemporaries in Adjacent Regions* (eds. H.G. Gebel & S. Kozlowski), pp. 15–21. Berlin: Ex Oriente.

Garfinkel, Y. & Nadel, N. 1989. The Sultanian flint assemblage from Gesher and its implications for recognizing early Neolithic entities in the Levant. *Paléorient* 15, 139–51.

Garrard, A., Baird, D., Colledge, S., Martin. L. & Wright, K. 1994. Prehistoric environment and settlement in the Azraq basin: An interim report on the 1987 and 1988 excavation season. *Levant* XXVI, 73–109.

Garrard, A., Betts, A., Byrd, B. & Hunt, C. 1985. Prehistoric environment and settlement in the Azraq basin: An interim report on the 1984 excavation season. *Levant* XIX, 5–25.

Garrard, A., Byrd, B. & Betts, A. 1987. Prehistoric environment and settlement in the Azraq basin: An interim report on the 1985 excavation season. *Levant* XVIII, 5–24.

Garrard, A., Colledge, S, Hunt, C. & Montague, R. 1988. Environment and subsistence during the late Pleistocene and Early Holocene in the Azraq basin. *Paléorient* 14, 40–49.

Garrod, D.A.E. 1932. A new Mesolithic industry: The Natufian of Palestine. *Journal of the Royal Anthropological Institute* 62, 257–70.

Garrod, D.A.E. & Bate, D.M.A. 1937. *The Stone Age of Mount Carmel*. Oxford: Clarendon Press.

Gasse, F. 2002. Kilimanjaro's secrets revealed. *Science* 298, 548–9.

Gautier, A. 1984. Archaeozoology of Bir Kiseiba region, Eastern Sahara. In *Cattle Keepers of the Eastern Sahara: The Neolithic of Bir Kiseiba* (eds. F. Wendorf, R. Schild & A.E. Close), pp. 49–72. Dallas: Southern Methodist University Press.

Gautier, A. 1987. Prehistoric men and cattle in North Africa: A dearth of data and surfeit of models. In *Prehistory of Arid North Africa: Essays in Honor of Fred Wendorf* (ed. A. Close), pp. 163–187. Dallas, Texas: SMU Press.

Gautier, A. & Van Neer, W. 1989. Animal remains from the Late Palaeolithic sequence at Wadi Kubbaniya. In *The Prehistory of Wadi Kubbaniya, Vol. 2. Stratigraphy, Paleoeconomy, and Environment* (eds. F. Wendorf, R. Schild & A.E. Close), pp. 119–63. Dallas: Southern Methodist University Press.

Gebel, H.G. & Kozlowski, S. 1994. *Neolithic Chipped Stone Industries of the Fertile Crescent and their Contemporaries in Adjacent Regions*. Berlin: Ex Oriente.

Geddes, D., Guilaine, J., Coularou, J., Le Gall, O. & Martzluff, M. 1989. Postglacial environments, settlement and subsistence in the Pyrenees: The Balma Margineda, Andorra. In *The Mesolithic in Europe* (ed. C. Bonsall), pp. 561–71. Edinburgh: John Donald.

Geib, P. 2000. Sandal types and Archaic prehistory on the Colorado Plateau. *American Antiquity* 65, 509–24.

Gibbons, A. 1996. First Americans: Not mammoth hunters, but forest dwellers. *Science 272*, 346–7. Gimbutas, M. 1974. *The Goddesses and Gods of Old Europe*. London: Thames & Hudson.

Ginter, B. & Kozlowski, J.K. 1983. Investigations on Neolithic settlement. In *Qasr el-Sagha 1980* (ed. J. Kozlowski), pp. 37–74. Warszaw: Panstwowe Wydawnicto Naukowe.

Glover, I.C. & Higham, C.F.W. 1996. New evidence for early rice cultivation in south, south-east and east Asia. In *The Origins and Spread of Agriculture and Pastoralism in Eurasia* (ed. D. Harris), pp. 413–41. London: University College London Press.

Goddard, I. & Campbell, L. 1994. The history and classification of American Indian languages: What are the implications for the peopling of the Americas? In *Method and Theory for Investigating the Peopling of the Americas* (eds. R. Bonnichsen & D. Gentry Steele), pp. 189–207. Corvallis, OR: Centre for the Study of the First Americans.

Godwin, H. & Godwin, M.E. 1933. British Maglemose harpoon sites. *Antiquity* 7, 36–48. Goebel, T., Powers, R. & Biglow, N. 1991. The Nenana complex of Alaska and Clovis origins. In *Clovis: Origins and Adaptations* (eds. R. Bonnichsen & K.L. Turnmire), pp. 49–80. Corvallis, OR: Centre for the Study of the First Americans.

Goebel, T., Waters, M.R., Buvit, I., Konstantinov, M.V. & Konstantinov, A.V. 2000. Studenoe-2 and the origins of microblade technologies in the Transbaikal, Siberia. *Antiquity* 74, 567–75.

Goldberg, P. & Arpin, T.L. 1999. Micromorphological analysis of sediments from Meadowcroft Rockshelter, Pennsylvania: Implications for radiocarbon dating. *Journal of Field Archaeology* 26, 325–43.

Golson, J. 1977. No room at the top: Agricultural intensification in the New Guinea highlands. In *Sunda and Sahul: Prehistoric Studies in Southeast Asia, Melanesia and Australia* (eds. J. Allen, J. Golson & R. Jones), pp. 601–38. London: Academic Press.

Golson, J. 1982. The Ipomoean revolution revisited: society and the sweet potato in the upper Wahgi valley. In *Inequality in New Guinea Highland Societies* (ed. A. Strathern), pp. 109–36. Cambridge: Cambridge University Press.

Golson, J. 1989. The origin and development of New Guinea Agriculture.

In *Foraging and Farming. The Evolution of Plant Exploitation* (eds. D.R. Harris & G.C. Hillman), pp. 678–87. London: Unwin Hyman.

Golson, J. & Hughes, P.J. 1976. The appearance of plant and animal domestication in New Guinea. *Journal de la Société des Océanistes* 36, 294–303.

Golson, J. & Steensberg, A. 1985. The tools of agricultural intensification in the New Guinea highlands. In *Prehistoric Intensive Agriculture in the Tropics* (ed. I.S. Farrington), pp. 347–84. Oxford: British Archaeological Reports, International Series 232.

Gonzalez Morales, M.R. & Morais Arnaud, J.E.1990. Recent research on the Mesolithic in the Iberian Peninsula: Problems and prospects. In *Contributions to the Mesolithic in Europe* (eds. P.M. Vermeersch & P. Van Peer), pp. 451–61. Leuven: Leuven University Press.

Goodale, N. & Smith, S. 2001. Pre-Pottery Neolithic A projectile points at Dhra', Jordan: Preliminary thoughts on form, function and site interpretation. *Neo-lithics* 2:01, 1–5.

Gopher, A. & Goring-Morris, N. 1998. Abu Salem: A Pre-Pottery Neolithic B camp in the Central Negev desert highland, Israel. *Bulletin of the American Schools of Oriental Research* 312, 1–18.

Gopher, A., Goring-Morris, N. & Rosen, S.A. 1995. 'Ein Qadis I: A Pre-Pottery Neolithic B occupation in eastern Sinai. *'Atiqot* XXVII, 15–33.

Gordon. B.C. 1999. Preliminary report on the study of the rise of Chinese civilization based on paddy rice agriculture. www.carleton. ca/~bgordon/rice/papers.

Gordon, N. 1997. *Tarantulas and Marmosets, An Amazon Diary.* London: Metro.

Gorecki, P. 1985. The conquest of a new 'wet' and 'dry' territory: Its mechanism and its archaeological consequence. In *Prehistoric Intensive Agriculture in the Tropics* (ed. I.S. Farrington), pp. 321–45. Oxford: British Archaeological Reports, International Series 232.

Gorecki, P. 1989. Prehistory of the Jimi Valley. In *A Crack in the Spine: Prehistory and Ecology of the Jimi-Yuat Valley, Papua New Guinea* (eds. P. Gorecki & D. Gillieson), pp. 130–87. Townsville: Division of Anthropology & Archaeology, School of Behavioural Science, James Cook University of North Queensland.

Goren, Y., Goring-Morris, N. & Segal, I. 2001. The technology of skull modelling in the Pre-Pottery Neolithic B (PPNB): Regional variability, the relation of technology and iconography and their archaeological implications. *Journal of Archaeological Science* 28, 671–90.

Goring-Morris, N. 1987. *At the Edge: Terminal Pleistocene Hunter-Gatherers in the Negev and Sinai.* Oxford: British Archaeological Reports, International Series 361.

Goring-Morris, N. 1989. The Natufian of the Negev and the Rosh Horesha-Saflulim site complex. *Mitekufat Haeven* 22, 48–60.

Goring-Morris, N. 1991. The Harifian of the southern Levant. In *The Natufian Culture in the Levant* (eds. O. Bar-Yosef & F. Valla), pp.173–216. Ann Arbor, MI: International Monographs in Prehistory.

Goring-Morris, N. 1993. From foraging to herding in the Negev and Sinai: The early to late Neolithic transition. *Paléorient* 19, 65–89.

Goring-Morris, N. 1995. Complex hunter/gatherers at the end of the Palaeolithic (20,000–10,000 BP). In *The Archaeology of Society in the Holy Land* (ed. T. Levy), pp. 141–68. New York: Facts on File.

Goring-Morris, N. 1999. Saflulim: A Late Natufian base camp in the Central Negev higlands, Israel. *Palestine Exploration Quarterly* 131, 36–64.

Goring-Morris, N. 2000. The quick and the dead: The social context of aceramic Neolithic mortuary practices as seen from Kfar Hahoresh. In *Life in Neolithic Farming Communities. Social Organization, Identity and Differentiation* (ed, I. Kuijt), pp. 103–36. New York: Kluwer/ Plenum Publications.

Goring-Morris, N., Goren, Y., Horwitz, L.K., Hershkovitz, I., Lieberman, R., Sarel, J. & Bar-Yosef, D. 1994. The 1992 season of excavations at the Pre-Pottery Neolithic B settlement of Kfar Hahoresh. *Journal of the Israel Prehistoric Society* 26, 74–121.

Goring-Morris, N., Goren, Y., Horwitz, L.K., Bar-Yosef, D. & Hershkovitz,

I. 1995. Investigations at an early Neolithic settlement in the Lower Galilee: Results of the 1991 season at Kefar HaHoresh. ʻAntiqot XXVII, 37–62.

Gosden, C. 1995. Arboriculture and agriculture in coastal New Guinea. *Antiquity* 69, 807–17.

Gove, H.E. 1992. The history of AMS, its advantages over decay counting: applications and prospects. In *Radiocarbon after Four Decades: An Inter-disciplinary Perspective* (eds. R.E. Taylor, A. Long & R.S. Kra), pp. 214–229. Berlin and New York: Springer Verlag. *Gould, R. 1980. Living Archaeology. Cambridge: Cambridge University Press.*

Graburn, N.H. 1969. *Eskimos without Igloos, Social and Economic Developments in Sugluk.* Boston: Little, Brown & Co.

Gramly, R.M. 1976. Upper Pleistocene archaeological occurrences at site GvJm/22, Lukenya Hill, Kenya. *Man* 11, 319–44.

Gramly, R.M. & Rightmire, G.P. 1973. A fragmentary cranium and dated Later Stone Age assemblage from Lukenya Hill, Kenya. *Man* 8, 571–9.

Grayson, D.K. 1989. The chronology of North American Late Pleistocene extinctions. *Journal of Archaeological Science* 16, 153–65.

Greenberg, J.H. 1987. *Language in the Americas.* Stanford, CA: Stanford University Press.

Greenberg, J.H., Turner, C.H. II., Zegura, S.L.1986. The settlement of the Americas: A comparison of the linguistic, dental and genetic evidence. *Current Anthropology* 27, 477–97.

Griffin, P.S., Grissom, C.A. & Rollefsom, G.O. 1998. Three late eights millennium plastered faces from ʻAin Ghazal, Jordan. *Paléorient* 24, 59–70.

Grøn, O. & Skaarup, J. 1991. Møllegabet II-A submerged Mesolithic site and a ʻboat burial' from Ærø. *Journal of Danish Archaeology* 10, 38–50.

Groube, L. 1989. The taming of the rainforests: A model for late Pleistocene exploitation in New Guinea. In *Foraging and Farming. The Evolution of Plant Exploitation* (eds. D.R. Harris & G.C. Hillman), pp.

292–317. London: Unwin Hyman.

Groube, L., Chappell, J., Muke, J. & Price, D. 1986. A 40,000-year-old human occupation site at Huon peninsula, Papua New Guinea. *Nature* 324, 453–5.

Grove, A.T. 1993. Africa's Climate in the Holocene. In *The Archaeology of Africa, Food, Metals and Towns* (eds. T. Shaw, P. Sinclair, B. Andah & A. Okpoko) pp. 32–42. London: Routledge.

Grühn, R. 1994. The Pacific coastal route of initial entry: An overview. In *Method and Theory for Investigating the Peopling of the Americas* (eds. R. Bonnichsen & D. Gentry Steele), pp. 249–56. Corvallis, OR: Centre for the Study of the First Americans.

Guidon, N. 1989. On stratigraphy and chronology at Pedra Furada. *Current Anthropology* 30, 641–2.

Guidon, N. & Delibrias, G. 1986. Carbon-14 dates point to man in the Americas 32,000 years ago. *Nature* 321, 69–71.

Guidon, N., Pessis, A.-M., Parenti, F., Fontugue, M. & Guérin, C. 1996. Pedra Furada in Brazil and its 'presumed' evidence: limitations and potential of the available data. *Antiquity* 70, 416–21.

Guilaine, J., Briois, F., Coularou, J., Devèze, P., Philibert, S., Vigne, J.-D., & Carrère, I. 1998. La site Néolithique précéramique de Shillourokambos (Parekklisha, Chypre). *Bulletin de Correspondance Hellénique* 122, 603–10.

Gurina, I.I. 1956. *Oleneostrovski' Mogilnik*. Materialy I issledovaniya po arheologi' SSSR, No. 47. Akademiya nauk, Moscow.

Guthrie, R.D. 1984. Mosaics, allelochemics and nutrients, an ecological theory of Late Pleistocene megafaunal extinction. In *Quaternary Extinctions* (eds. P.S. Martin & R.G. Klein), pp. 259–98. Tucson: University of Arizona Press.

Guthrie, R.D. 1990. *Frozen Fauna of the Mammoth Steppe. The Story of Blue Babe*. Chicago: University of Chicago Press.

Haaland, R. 1995. Sedentism, cultivation, and plant domestication in the Holocene Middle Nile region. *Journal of Field Archaeology* 22, 157–74.

Haberle, S.G. 1994. Anthropogenic indicators in pollen diagrams: Problems and prospects for late Quaternary palynology in New Guinea. In *Tropical Palynology. Applications and New Developments* (ed. J. Hather), pp. 172–201. London: Routledge.

Haddon, A.C. 1901–35. *Report of the Cambridge Anthropological Expedition to the Torres Straits*. Cambridge: Cambridge University Press.

Halstead, P. 1996. The development of agriculture and pastoralism in Greece: When, how, who and what? In *The Origins and Spread of Agriculture and Pastoralism in Eurasia* (ed. D. Harris), pp. 296–309. London: University College London Press.

Hamilton, A.C. 1982. *Environmental History of East Africa. A Study of the Quaternary*. London: Academic Press.

Hansen, J. & Renfrew, J.M. 1978. Palaeolithic–Neolithic seed remains at Franchthi Cave, Greece. *Nature* 271, 349–52.

Hansen, J.P.H., Meldgaard, J. & Nordqvist, J. 1991. *The Greenland Mummies*. Washington DC: Smithsonian Institution Press.

Hansen, R.M. 1978. Shasta ground sloth food habits, Rampart Cave, Arizona. *Palaeobiology* 4, 302–19.

Harlan, J. 1989. Wild grass seeds as food sources in the Sahara and Sub-Sahara. *Sahara* 2, 69–74.

Harlan, J. 1992. Indigenous African agriculture. In *The Origins of Agriculture, An International Perspective* (eds. C. Wesley Cowan & P.J. Watson), pp. 59–70. Washington DC: Smithsonian Institution Press.

Harris, D.R. 1977. Subsistence strategies across the Torres Strait. In *Sunda and Sahul: Prehistoric Studies in Southeast Asia, Melanesia and Australia* (eds. J. Allen, J. Golson & R. Jones), pp. 421–63. London: Academic Press.

Harris, D.R. 1979. Foragers and farmers in the Western Torres Strait islands: An historical analysis of economic, demographic, and spatial differentiation. In *Social and Ecological Systems* (eds. P.C. Burnham & R.F. Ellen), pp. 76–109. New York: Academic Press.

Harris, D.R. 1989. An evolutionary continuum of people-plant interaction. In *Foraging and Farming: The Evolution of Plant Exploitation* (eds. D.R. Harris & G.C. Hillman), pp. 11–26. London: Unwin Hyman.

Harris, D.R. 1995. Early agriculture in New Guinea and the Torres Strait divide. *Antiquity* 69, 848–54.

Harris, D.R. 1996. Domesticatory relationships of people, plants and animals. In *Redefining Nature: Ecology, Culture and Domestication* (eds. R. Ellen & K. Fukui), pp. 437–63. Oxford: Berg.

Harris, D.R. & Gosden, C. 1996. The beginnings of agriculture in western Central Asia. In *The Origins and Spread of Agriculture and Pastoralism in Eurasia* (ed. D.R. Harris), pp.370–99. London: University College London Press.

Harris, D.R., Gosden, C. & Charles, M.P. 1996. Jeitun: Recent excavations at an early Neolithic site in Southern Turkmenistan. *Proceedings of the Prehistoric Society* 62, 423–42.

Harris, D.R., Masson, V.M., Berezkin, Y.E., Charles, M.P., Gosden, C., Hillman, G.C., Kasparov, A.K., Korobkova, G.F., Kurbansakhatov, K., Legge, A.J. & Limbrey, S. 1993. Investigating early agriculture in Central Asia: New research at Jeitun, Turkmenistan. *Antiquity* 67, 324–38.

Harrison, T. 1957. The Great Cave of Niah: A pre-liminary report on Borneo prehistory. *Man* 57, 161–6.

Harrison, T. 1959a. New archaeological and ethnographical results from Niah Caves, Sarawak. *Man* 59, 1–8.

Harrison, T. 1959b. The caves of Niah: A history of prehistory. *Sarawak Museum Journal* 7, 549–94.

Harrison, T. 1959c. Radiocarbon C-14 datings from Niah: A note. *Sarawak Museum Journal* 9, 136–8.

Harrison, T. 1965. 50,000 years of Stone Age culture in Borneo. *Smithsonian Institution Annual Report* 1964, 521–30.

Hassan, F.A. 1985. Radiocarbon chronology of Neolithic and predynastic sites in Upper Egypt and the delta. *African Archaeological Review* 3,

95–116.

Hassan, F.A. 1986. Holocene lakes and prehistoric settlements of the western Faiyum, Egypt. *Journal of Archaeological Science* 13, 483–501.

Hassan, F.A. 1988. The Predynastic of Egypt. *Journal of World Prehistory 2*, 135–50.

Hassan, F.A. 1997. Holocene palaeoclimates of Africa. *African Archaeological Review* 14, 213–229.

Hassan, F.A. 2000. Climate and cattle in North Africa: A first approximation. In *The Origins and Development of African Livestock* (eds. R.M. Blench & K.C. MacDonald), pp. 61–85. London: University College London Press.

Hastorf, C.A. 1998. The cultural life of early domestic plants. *Antiquity* 72, 773–82.

Hauptmann, H. 1999. The Urfa region. In Neolithic in *Turkey: The Cradle of Civilization, New Discoveries* (eds. M. Özdoğan & N. Başgelen), pp. 65–86. Istanbul: Arkeoloji ve Sanat Yayinlari.

Haury, E.M., Antevs, E. & Lance, J.F. 1953. Artefacts with mammoth remains, Naco, AZ: Parts I–III. *American Antiquity* 19, 1–24.

Haury, E.M., Sayles, E.B. & Wasley W.W. 1959. The Lehner mammoth site, Southeastern Arizona. *American Antiquity* 25, 2–30.

Hawkes, K., O'Connell, J.F. & Blurton Jones, N.G.1997. Hadza women's time allocation, offspring provisioning, and the evolution of long post-menopausal life spans. *Current Anthropology* 38, 551–74

Hayden, B. 1990. Nimrods, piscators, pluckers and planters: The emergence of food production. *Journal of Anthropological Archaeology* 9, 31–69.

Hayden, B. 1995. The emergence of prestige technologies and pottery. In *The Emergence of Pottery. Technology and Innovation in Ancient Societies* (eds. W.K. Barnett & J.W. Hoopes), pp.257–65. Washington DC: Smithsonian Institution Press.

Hayden, B., Chisholm, B. & Schwarz, H.P. 1987. Fishing and foraging: Marine resources in the Upper Palaeolithic of France. In *The Pleistocene Old World* (ed. O. Soffer), pp. 279–91. New York: Plenum

Press.

Haynes, C.V. 1973. The Calico site: Artifacts or geofacts? *Science* 181, 305–10.

Haynes, C.V. 1991. Geoarchaeological and palaeohydrological evidence for a Clovis-age drought in North America and its bearing on extinction. *Quaternary Research* 35, 438–50.

Haynes, G. 1987. Proboscidean die-offs and die-outs: Age profiles in fossil collections. *Journal of Archaeological Science* 14, 659–68.

Haynes, G. 1991. *Mammoths, Mastodonts and Elephants: Biology, Behaviour and the Fossil Record.* Cambridge: Cambridge University Press.

Haynes, G. 1992. The Waco mammoths: Possible clues to herd size, demography and reproductive health. In *Proboscidean and Palaeoindian Interactions* (eds. J.W. Fox, C.B. Smith & K.T. Wilkins), pp. 111–23. Waco, TX: Baylor University Press.

Headland, T.N. 1987. The wild yam question: How well could independent hunter-gatherers live in a tropical rainforest environment? *Human Ecology* 15, 463–91.

Hedges, R.E.M. 1981. Radiocarbon dating with an accelerator: Review and preview. *Archaeometry* 23, 3–18.

Hedges, R.E.M., Housley, R.A., Bronk, C.R. & Van Klinken, G.J. 1990. Radiocarbon dates from the Oxford AMS system: Archaeometry datelist 11. *Archaeometry* 32, 211–27.

Hedges, R.E.M., Housley, R.A., Bronk, C.R; Van Klinken, G.J. 1995. Radiocarbon dates from the Oxford AMS system: Archaeometry datelist 20. *Archaeometry* 37, 195 214.

Hedges, R.E.M. & Sykes, B.C. 1992. Biomolecular archaeology: Past, present and future. *Proceedings of the British Academy* 77, 267–84.

Heinzelin de Braucourt, J. de. 1961. Ishango. *Scientific American* 206, 105–16.

Henry, D.O. 1976. Rosh Zin: A Natufian settlement near Ein Avdat. In *Prehistory and Palaeoenvironments in the Central Negev* (ed. A.E.

Marks), pp. 317–47. Dallas: Southern Methodist University Press.

Henry, D.O. 1989. *From Foraging to Agriculture. The Levant at the End of the Ice Age*. Philadelphia: University of Pennsylvania Press.

Henry, D.O., Leroi-Gourhan, A. & Davis, S. 1981. The excavation of Hayonim terrace: An examination of terminal Pleistocene climatic and adaptive changes. *Journal of Archaeological Science* 8, 33–58.

Hershkovitz, I., Zohar, I., Segal, I., Speirs, M.S., Meirav, O., Sherter, U., Feldman, H., & Goring-Morris, N. 1995. Remedy for an 8500 year-old plastered human skull from Kfar Hahoresh, Israel. *Journal of Archaeological Science* 22, 779–88.

Hesse, B. 1984. These are our goats: The origins of herding in west central Iran. In *Animals and Archaeology 3: Early Herders and their Flocks* (eds. J. Clutton-Brock & C. Grigson), pp. 243–64. Oxford: British Archaeological Reports, International Series 202.

Heun, M., Schafer-Pregl, R., Klawan, D., Castagna, R., Accerbi, M., Borghi, B. & Salamini, F. 1997. Site of einkorn wheat domestication identified by DNA fingerprinting. *Science* 278, 1312–14.

Higham, C. & Lu, T.L.-D. 1998. The origins and dispersal of rice cultivation. *Antiquity* 72, 867–77.

Hillman, G.C. 1989. Late Palaeolithic plant foods from Wadi Kubbaniya in Upper Egypt: Dietary diversity, infant weaning, and seasonality in a riverine environment. In *Foraging and Farming: The Evolution of Plant Exploitation* (eds. D.R.Harris & G.C. Hillman), pp. 207–39. London: Unwin Hyman.

Hillman, G.C. 1996. Late Pleistocene changes in wild plant-foods available to hunter-gatherers of the northern Fertile Crescent: Possible preludes to cereal cultivation. In *The Origins and Spread of Agriculture and Pastoralism in Eurasia* (ed. D. Harris), pp. 159–203. London: University College London Press.

Hillman, G.C. 2000. The plant food economy of Abu Hureyra 1 and 2. In *Village on the Euphrates* (by A.M.T. Moore, G.C. Hillman & A.J. Legge), pp. 327–99. Oxford: Oxford University Press.

Hillman, G.C., Colledge, S.M., Harris, D.R. 1989. Plant food economy during the Epi-Palaeolithic period at Tell Abu Hureyra, Syria: Dietary diversity, seasonality, and modes of exploitation. In *Foraging and Farming. The Evolution of Plant Exploitation* (eds. D.R. Harris & G.C. Hillman), pp. 240–68. London: Unwin Hyman.

Hillman, G.C. & Davies, M.S. 1990. Measured domestication rates in wild wheats and barley under primitive cultivation, and their archaeological implications. *Journal of World Prehistory* 4, 157–222.

Hillman, G.C. Hedges, R. Moore, A., Colledge, S. & Pettitt, P. 2001. New evidence of lateglacial cereal cultivation at Abu Hureyra on the Euphrates. *The Holocene* 11, 383–93.

Hillman, G.C., Madeyska, E. & Hather, J. 1989. Wild plant foods and diet at Late Palaeolithic Wadi Kubbaniya: The evidence from charred remains. In *The Prehistory of Wadi Kubbaniya, Vol. 2: Stratigraphy, Paleoeconomy, and Environment* (eds. F. Wendorf, R. Schild & A.E. Close), pp. 162–242. Dallas: Southern Methodist University Press.

Hobsbawm, E. 1997. *On History*. London: Weidenfeld & Nicolson.

Hodder, I. 1982. *The Present Past. An Introduction to Anthropology for Archaeologists*. London: Batsford.

Hodder, I. 1984. Burials, houses, women and men in the European Neolithic. In *Ideology, Power and Prehistory* (eds. D. Miller & C. Tilley), pp. 51–68. Cambridge: Cambridge University Press. Hodder, I. 1985. *Symbols in Action*. Cambridge: Cambridge University Press.

Hodder, I. 1990. *The Domestication of Europe*. Oxford: Blackwell.

Hodder, I. 1991. *Reading the Past*. 2nd edn. Cambridge: Cambridge University Press.

Hodder, I. (ed.) 1996. *On the Surface: Çatalhöyük 1993–95*. Cambridge: McDonald Institute for Archaeological Research.

Hodder, I. 1997. 'Always momentary, fluid and flexible' : Towards a reflexive excavation methodology. *Antiquity* 71, 691–700.

Hodder, I. 1999a. Symbolism at Çatalhöyük. In *World Prehistory. Studies in Memory of Grahame Clark* (eds. J. Coles, R. Bewley & P. Mellars), pp.

171–99. London: *Proceedings of the British Academy* 99.

Hodder, I. 1999b. Renewed work at Çatalhöyük. In *Neolithic in Turkey: The Cradle of Civilization, New Discoveries* (eds. M. Özdoğan & N. Başgelen), pp. 153–64. Istanbul: Arkeoloji ve Sanat Yayinlari.

Hodder, I. 1999c. *The Archaeological Process. An Introduction.* Oxford: Blackwell.

Hodder, I. (ed.) 2000. *Towards a Reflexive Method in Archaeology: The Example at Çatalhöyük.* Cambridge: McDonald Institute for Archaeological Research.

Hodder, I. (ed) 2001. *Archaeological Theory Today.* Cambridge: Polity Press.

Holden, T.G., Hather, J.G., & Watson, J.P.N. 1995. Mesolithic plant exploitation at the Roc del Migdia, Catalonia. *Journal of Archaeological Science* 22, 769–78.

Hole, F. 1996. The context of caprine domestication in the Zagros region. In *The Origins and Spread of Agriculture and Pastoralism in Eurasia* (ed. D. Harris), pp. 263–81. London: University College London Press.

Hole, F., Flannery, K. & Neely, J. (eds.) 1969. *Prehistory and Human Ecology of the Deh Luran Plain.* Memoir 1 of the Museum of Anthropology, University of Michigan. Ann Arbor, MI: University of Michigan Press.

Holliday, V. 2000. Folsom drought and episodic drying on the southern high plains from 10,900–10,200 14C yr B.P. *Quaternary Research* 53, 1–12.

Hoopes, J. & Barnett, W. 1995. *The Emergence of Pottery.* Washington DC: Smithsonian Institution Press.

Hope, G.S. & Golson, J. 1995. Late Quaternary change in the mountains of New Guinea. *Antiquity* 69, 818–30.

Hope, G.S., Golson, J. & Allen, J. 1983. Palaeoecology and prehistory in New Guinea. *Journal of Human Evolution* 12, 37–60.

Horai, S., Kondo, R., Nakagawa-Hattori, Y., Hayashi, S., Sonoda, S. & Tajima, K. 1993. Peopling of the Americas, founded by four major lineages of mitochondrial DNA. *Journal of Molecular Biology and Evolution* 10, 23–47.

Horton, D.R. 1984. Red kangaroos: Last of the megafauna. In *Quaternary Extinctions. A Prehistoric Revolution* (eds. P.S. Martin & R.G. Klein), pp. 639–79. Tucson: University of Arizona Press.

Horton, D.R. 1986. Seasons of repose: Environment and culture in the late Pleistocene of Australia. In *Pleistocene Perspectives* (ed. A. Aspimon), pp. 1–14. London: Allen & Unwin.

Houghton, J. 1997. *Global Warming. The Complete Briefing.* Cambridge: Cambridge University Press.

Housley, R.A. 1991. AMS dates from the Late Glacial and early Postglacial in north-west Europe: A review. In *The Late Glacial in North-West Europe: Human Adaptation and Environmental Change at the End of the Pleistocene* (eds. N. Barton, A.J. Roberts & D.A Roe), pp. 25–39. London: Council for British Archaeology, Research Report No. 77.

Housley, R.A., Gamble, C.S., Street, M. & Pettitt, P. 1997. Radiocarbon evidence for the lateglacial re-colonisation of northern Europe. *Proceedings of the Prehistoric Society* 63, 25–54.

Howe, B. 1983. Karim Shahir. In *Prehistoric Archaeology along the Zagros Flanks* (eds. L.S. Braidwood, R.J. Braidwood, B. Howe, C.A. Reed & P.J. Watson), pp. 23–154. Chicago: Chicago University Press.

Huntley, B. & Webb, T. 1988. *Vegetation History.* Dordrecht: Kluwer.

Hutchinson, H.G. 1914. *Life of Sir John Lubbock, Lord Avebury.* London: Macmillan.

Hutton, J.H. 1922. Divided and decorated heads as trophies. *Man* 22, 113–14.

Hutton, J.H. 1928. The significance of head-hunting in Assam. *Journal of the Royal Anthropological Institute of Great Britain and Ireland* 58, 399–408.

Imamura, K. 1996. *Prehistoric Japan. New Perspectives on Insular East Asia.* Honolulu: University of Hawaii Press.

Izumi, T. & Nishida, Y. 1999. *Jomon Sekai no Ichimannen* (The Thousand

Years of the Jomon World). Tokyo: Shueisha.

Jackson, L.E., Jr, & Duk-Rodkin, A. 1996. Quaternary geology of the ice-free corridor: Glacial controls on the peopling of the New World. In *Prehistoric Mongoloid Dispersals* (eds. T. Akazawa & E.J.E. Szathmáry), pp. 214–27. Oxford: Oxford University Press.

Jacobi, R. 1978. Northern England in the eighth millennium bc: an essay. In *The Early Postglacial Settlement of Northern Europe: An Ecological Perspective* (ed. P. Mellars), pp. 295–332. London: Duckworth.

Jacobi, R. 1991. The Creswellian, Creswell and Cheddar. In *The Late Glacial in North-West Europe. Human Adaptation and Environmental Change at the End of the Pleistocene* (edited by N. Barton, A.J. Roberts & D.A. Roe), pp. 128–40. London: Council for British Archaeology, Research Report No. 77.

Jacobs, K. 1995. Returning to Oleni' ostrov: Social, economic and skeletal dimensions of a boreal forest Mesolithic cemetery. *Journal of Anthropological Archaeology* 14, 359–403.

Jacobsen, T.W. & Farrand, W.R. 1987. *Excavations at Franchthi Cave, Greece. Fascicle 1: Francthi Cave and Paralia. Maps, Plans and Sections*. Bloomington: Indiana University Press.

Jarrige, C., Jarrige, J.-F., Meadow, R.H. & Quivron, G. 1995. Mehrgarh. *Field Reports 1974–1985, from Neolithic Times to the Indus Civilization*. Karachi: Department of Culture and Tourism of Sindh Pakistan, Department of Archaeology and Museums, French Ministry of Foreign Affairs.

Jarrige, J.-F. & Meadow, R.H. 1980. The antecedents of civilization in the Indus Valley. *Scientific American* 243, 102–10.

Jenkinson, R.D.S. 1984. *Creswell Crags. Late Pleistocene Sites in the East Midlands*. Oxford: British Archaeological Reports, British Series 122.

Jenkinson, R.D.S. & Gilbertson, D.D. 1984. *In the Shadow of Extinction. A Quaternary Archaeology and Palaeoecology of the Lake, Fissures and Smaller Caves at Creswell Crags SSSI*. Sheffield: Department of Prehistory and Archaeology, University of Sheffield.

Jespen, G.L. 1953. Ancient buffalo hunters of northwestern Wyoming. *Southwestern Lore* 19, 19–25. Jing, Y. & Flad, R.K. 2002. Pig domestication in China. *Antiquity* 76, 724–32.

Jochim, M. 1983. Palaeolithic cave art in ecological perspective. In *Hunter-Gatherer Economy in Prehistory* (ed. G. Bailey), p. 212–19. Cambridge: Cambridge University Press.

Johanson, D. & Edgar B. 1996. *From Lucy to Language*. London: Weidenfeld & Nicolson.

Johanson, E. 1991. Late Pleistocene cultural occupation on the southern plains. In *Clovis: Origins and Adaptations* (eds. R. Bonnichsen & K.L. Turnmire), pp. 215–36. Corvallis, OR: Centre for the Study of the First Americans.

Jones, R. 1981. The extreme climatic place? *Hemisphere* 26, 54–9.

Jones, R. 1987. Ice-age hunters of the Tasmanian wilderness. *Australian Geographic* 8, 26–45.

Jones, R. 1990. From Kakadu to Kutikina: The southern continent at 18,000 years ago. In *The World at 18,000 BP, Vol. Two, Low Latitudes* (eds. C. Gamble & O. Soffer), pp. 264–95. London: Unwin Hyman.

Jones, R., Cosgrove, R., Allen, J., Cane, S., Kieran, K., Webb, S., Loy, T., West, D. & Stadler, E. 1988. An archaeological reconnaissance of karst caves within the southern forest region of Tasmania. *Australian Archaeology* 26, 1–23.

Jones R. & Meehan, B. 1989. Plant foods of the Gidjingali: Ethnographic and archaeological perspectives from northern Australia on tuber and seed exploitation. In *Foraging and Farming. The Evolution of Plant Exploitation* (eds. D.R. Harris & G.C. Hillman), pp. 120–34. London: Unwin Hyman.

Kahila Bar-Gal, G., Khalaily, H., Mader, O., Ducos, P. & Horwitz, L.K. 2002. Ancient DNA evidence for the transition from wild to domestic status in Neolithic goats: A case study from the site of Abu Gosh, Israel. *Ancient Biomolecules* 4, 9–17.

Kahila Bar-Gal, G., Smith, P., Tchernov, E., Greenblatt, C., Ducos, P.,

Gardeisen, A. and Horwitz, L.K. 2002. Genetic evidence for the origin of the agrimi goat (*Capra aegagrus cretica*). *Journal of the Zoological Society of London* 256, 269–377.

Kaufman, D. 1986. A reconsideration of adaptive change in the Levantine Epipalaeolithic. In *The End of the Palaeolithic in the Old World* (ed. L.G. Straus), pp. 117–28. Oxford: British Archaeological Reports, International Series 284.

Keefer, D.K. et al. 1998. Early maritime economy and El Niño events at Quebrada Tacahuay, Peru. *Science* 281, 1833–5.

Kendrick, D.M. 1995. *Jomon of Japan: The World's Oldest Pottery*. London: Kegan Paul International.

Kennedy, K.A.R. 2000. *God-Apes and Fossil Men, Paleoanthropology of South Asia*. Ann Arbor, MI: University of Michigan Press.

Kenyon, K. 1957. *Digging Up Jericho*. London: Ernest Benn Ltd.

Kenyon, K. & Holland, T. 1981. *Excavations at Jericho, Vol. III: The Architecture and Stratigraphy of the Tell*. London: British School of Archaeology in Jerusalem.

Kenyon, K. & Holland, T. 1982. *Excavations at Jericho, Vol. IV. The Pottery Type Series and Other Finds*. London: British School of Archaeology in Jerusalem.

Kenyon, K. & Holland, T. 1983. *Excavations at Jericho, Vol. V: The Pottery Phases of the Tell and Other Finds*. London: British School of Archaeology in Jerusalem.

Khanna, G.S. 1993. Patterns of mobility in the Mesolithic of Rajasthan. *Man and Environment* XVIII, 49–55.

Kiernan, K., Jones, R. & Ranson, D. 1983. New evidence from Fraser Cave for glacial man in southwest Tasmania. *Nature* 301, 28–32.

Kingsley, M. 1987. *Travels in West Africa*. London: J.M. Dent.

Kirkbride, D. 1966. Five seasons at the Prepottery Neolithic village of Beidha in Jordan. *Palestine Exploration Quarterly* 98, 5–61.

Kikbride, D. 1968. Beidha: Early Neolithic village life south of the Dead Sea. *Antiquity* XLII, 263–74.

Kirkbride, D. 1972. Umm Dabaghiyah 1971: A preliminary report. *Iraq* 34, 3–15.

Kirkbride, D. 1973a. Umm Dabaghiyah 1972: A second report. *Iraq* 35, 1–7.

Kirkbride, D. 1973b. Umm Dabaghiyah 1973: A third report. *Iraq* 35, 205–9.

Kirkbride, D. 1974. Umm Dabaghiyah: A trading outpost? *Iraq* 36, 85–92.

Kirkbride, D. 1975. Umm Dabaghiyah 1974: A fourth report. *Iraq* 37, 3–10.

Kirkbride, D. 1982. Umm Dabaghiyah. In *Fifty Years of Mesopotamian Discovery* (ed. J. Curtis), pp. 11–21. London: British School in Iraq.

Kislev, M.E. 1989. Pre-domesticated cereals in the Pre-Pottery Neolithic A period. In *People and Culture Change* (ed. I. Hershkovitz), pp. 147–52. Oxford: British Archaeological Reports, International Series 508.

Kislev, M.E., Bar-Yosef, O. & Gopher, A. 1986. Early domestication and wild barley from the Netiv Hagdud region in the Jordan Valley. *Israel Journal of Botany* 35, 197–201.

Klein, R.G. 1978. A preliminary report on the larger mammals from the Boomplaas stone age cave site, Cango Valley, Oudtshoorn District, South Africa. *South African Archaeological Bulletin* 33, 66–75

Klein, R.G. 1980. Environmental and ecological implications of large mammals from Upper Pleistocene and Holocene sites in southern Africa. *Annals of the South African Museum* 81, 223–83.

Klein, R.G. 1984a. The large mammals of Southern Africa: Late Pleistocene to recent. In *Southern African Prehistory and Palaeoenvironments* (ed. R. Klein), pp. 107-46. Rotterdam: Balkema.

Klein, R.G. 1984b. Mammalian extinctions and stone age people in Africa. In *Quaternary Extinctions. A Prehistoric Revolution* (eds. P.S. Martin & R.G. Klein), pp. 553–70. Tucson: University of Arizona Press.

Klein, R.G. 1991. Size variation in the Cape dune molerat (*Bathyergus suillus*) and Late Quaternary climatic change in the southwestern Cape province, South Africa. *Quaternary Research* 36, 243–56.

Klein, R.G., Cruz-Uribe, K., & Beaumont, P.B. 1991. Environmental, ecological, and palaeoanthropological implications of Late Pleistocene mammalian fauna from Equus Cave, northern Cape Province, South Africa. *Quaternary Research* 36, 94–119.

Klindt-Jensen, O. 1975. *A History of Scandinavian Archaeology*. London: Thames & Hudson.

Koike, H. 1986. Prehistoric hunting pressure and palaeobiomass: An environmental reconstruction and archaeozoological analysis of a Jomon shellmound area. In *Prehistoric Hunter-Gatherers in Japan. New Research Methods* (eds. T. Akazawa & C.M. Aikens), pp. 27–53. Tokyo: University of Tokyo Press.

Korisettar, R., Venkatasubbaiah, P.C. & Fuller, D.Q. 2000. Brahmagiri and beyond: The archaeology of the Southern Neolithic. In *Indian Archaeology in Retrospect, Vol. 1.* (eds. S. Settar & R. Korisettar), pp. 151–237. New Delhi: Manohar.

Kozlowski, S.K. 1989. Nemrik 9, a PPN site in northern Iraq. *Paléorient* 15, 25–31.

Kozlowski, S.K. 1994. Radiocarbon dates from aceramic Iraq. In *Late Quaternary chronology and paleoclimates of the Eastern Mediterranean*, (ed. O. Bar-Yosef & R.S. Kra), pp. 255–64. Tucson and Cambridge, MA: The University of Arizona and Peabody Museum of Archaeology and Ethnology, Harvard University.

Kozlowski, S.K. & Kempisty, A. 1990. Architecture of the pre-pottery neolithic settlement in Nemrik, Iraq. *World Archaeology* 21, 348–62.

Kromer, B., Becker, B. 1993. German oak and pine 14C calibration, 7200–9439 BC. *Radiocarbon* 35, 125–35.

Kromer, B. & Spurk, M. 1998. Revision and tentative extension of the tree-ring based 14C calibration 9200–11,955 cal bp. *Radiocarbon* 40, 1117–25.

Kuijt, I. 1994. Pre-Pottery Neolithic A settlement variability: Evidence for sociopolitical developments in the southern Levant. *Journal of Mediterranean Archaeology* 7, 165–92.

Kuijt, I. 1996. Negotiating equality through ritual: A consideration of Late Natufian and Pre-Pottery Neolithic A period mortuary practices.

Journal of Anthropological Archaeology 15, 313–36.

Kuijt, I. 2000. Keeping the peace: Ritual, skull caching and community integration in the Levantine Neolithic. In *Life in Neolithic Farming Communities. Social Organization, Identity and Differentiation* (ed. I. Kuijt), pp. 137–62. New York: Kluwer/ Plenum Publications.

Kuijt, I., Mabry, J. & Palumbo, G. 1991. Early Neolithic use of upland areas of Wadi El-Yabis: Preliminary evidence from the excavations of 'Iraq Ed-Dubb, Jordan. *Paléorient* 17, 99–108.

Kuijt, I. & Mahasneh, H. 1998. Dhra': An early Neolithic village in the southern Jordan Valley. *Journal of Field Archaeology* 25, 153–61.

Kumar, G., Sahni, A., Pancholi, R.K. & Narvare, G. 1990. Archaeological discoveries and a study of Late Pleistocene ostrich egg shells and egg shell objects in India. *Man and Environment* XV, 29–40.

Kusimba, S.B. 1999. Hunter-gatherer land use patterns in Late Stone Age East Africa. *Journal of Anthropological Archaeology* 18, 165–200.

Kusimba, S.B. 2001. The early Later Stone Age in East Africa: Excavations and lithic assemblages from Lukenya Hill. *African Archaeological Review* 18, 77–120.

Kutzbach, J.E., Guetter, P.J., Behling, P.J. & Selin, R. 1993. Simulated climatic changes: Results of the COHMAP climate-model experiments. In *Global Climates Since the Last Glacial Maximum* (eds. H.E. Wright, Jr, J.E. Kutzbach, T. Webb III, W.F. Rudimann, F.A. Street-Perrott & P.J. Bartlein), pp 24–93. Minneapolis. University of Minnesota Press.

Kuzmin, Y.V. 1996. Palaeoecology of the Palaeolithic of the Russian Far East. In *American Beginnings: The Prehistory and Palaeoecology of Beringia* (ed. F.H. West), pp. 136–46. Chicago: University of Chicago Press. Lahr, M. 1994. The multiregional model of modern human origins. *Journal of Human Evolution* 26, 23–56.

Lahr, M. & Foley, R.A. 1994. Multiple dispersals and modern human origins. *Evolutionary Anthropology* 3, 48–60.

Lahren, L. & Bonnichsen, R. 1974. Bone foreshafts from a Clovis burial in southwestern Montana. *Science* 186, 147–50.

Larsson. L. 1983. *Ageröd V. An Atlantic Bog Site in Central Scania.* Acta Archaeologica Lundensia Series In 8 no. 12.

Larsson, L. 1984. The Skateholm project. A late Mesolithic settlement and cemetery complex at a southern Swedish bay. *Meddelanden från Lunds Universitetets Historiska Museum*, 5–3. New Series 58.

Larsson, L. (ed.) 1988. *The Skateholm Project: I. Man and Environment.* Stockholm: Almqvist & Wiksell.

Larsson, L. 1989. Big dog and poor man: Mortuary practices in Mesolithic societies in southern Sweden. In *Approaches to Swedish Prehistory* (eds. T.B Larsson & H. Lundmark), pp. 211–23. Oxford: British Archaeological Reports, International Series 500.

Larsson, L. 1990. Dogs in traction–symbols in action. In *Contributions to the Mesolithic in Europe* (eds. P.M. Vermeersch & P. van Peer), pp. 153–60. Leuven: Leuven University Press.

Larsson, L. & Bartholin, T.S. 1978. A longbow found at the Mesolithic bog site Ageröd V in Central Scania. *Meddelanden från Lunds Universitets Historiska Museum*, 1977–78.

Layard, A.H. 1853. *Discoveries in the Ruins of Nineveh and Babylon.* London: John Murray. Layard, A.H. 1854. *Nineveh and its Remains.* 6th edn. London: John Murray.

Layton, R. 1992. *Australian Rock Art. A New Synthesis.* Cambridge: Cambridge University Press.

Le Brun, A. 1994. *Fouilles Récentes à Khirokitia (Chypre), 1988–1991.* Paris: Editions Recherche sur les Civilisations.

Le Brun, A. 1997. *Khirokitia, A Neolithic Site.* Nicosia: Bank of Cultural Foundation.

Leakey, L.S.B., Simpson, R.d.E. & Clements, T. 1968. Archaeological excavations in the Calico Mountains, California: Preliminary report. *Science* 160, 1022–3.

Leakey, L.S.B., Simpson, R.d.E. & Clements, T. 1970. Man in America: The Calico Mountains excavations. *Britannica Yearbook of Science and the Future*, 65–79.

Leakey, M.D. 1984. *Disclosing the Past: An Autobiography*. London: Weidenfeld & Nicolson.

Leakey, M.D., Hay, R.L., Thurber, D.L., Protsch, R., & Berger, R. 1972. Stratigraphy, archaeology and age of the Ndutu and Naisiusiu Beds, Olduvai Gorge, Tanzania. *World Archaeology* 3, 328–41.

Leakey, R. & Lewin, R. 1979. *The People of the Lake*. London: Penguin.

Leakey, R. & Lewin, R. 1996. *The Sixth Extinction, Biodiversity and its Survival*. London: Phoenix.

Lee, R.B. 1979. *The !Kung San: Men, Women, and Work in a Foraging Society*. Cambridge: Cambridge University Press.

Legge, A.J. 1996. The beginning of caprine domestication in Southwest Asia. In *The Origins and Spread of Agriculture and Pastoralism in Eurasia* (ed. D. Harris), pp. 238–62. London: University College London Press.

Legge, A.J. & Rowley-Conwy, P.A. 1987. Gazelle killing in stone age Syria. *Scientific American* 255, 88–95.

Legge, A.J. & Rowley-Conwy, P.A. 1988. *Star Carr Revisited. A Re-analysis of the Large Mammals*. London: Birkbeck College.

Leroi-Gourhan, A. & Brézillon, M. 1972. *Fouilles de Pincevent: Essai d'Analyse Ethnographique d'un Habitat Magdalénien*. Paris: Gallia Préhistoire, supplément 7.

Lewin, R. 1997. Ancestral echoes. *New Scientist* 2089, 32–37.

Lewis, G. 1975. *Knowledge of Illness in a Sepik Society: A Study of Gnau, New Guinea*. New Jersey: Humanities Press Inc.

Lewis-Williams, J.D. 1981. *Believing and Seeing. Symbolic Meanings in Southern San Rock Paintings*. Cambridge: Cambridge University Press.

Lewis-Williams, J.D. 1982. The economic and social context of southern San rock art. *Current Anthropology* 23, 429–49.

Lewis-Williams, J.D. 1984. Ideological continuities in prehistoric southern Africa: The evidence of rock art. In *Past and Present in Hunter-Gatherer Studies* (ed. C. Schrire), pp. 225–52. New York: Academic Press.

Lewis-Williams, J.D. 1987. A dream of eland: An unexplored component of San shamanism and rock art. *World Archaeology* 19, 165–76.

Lewis-Williams, J.D. 2002. *The Mind in the Cave*. London: Thames & Hudson.

Lewis-Williams, J.D. & Dowson, T.A. 1988. The signs of all times: entoptic phenomena in Upper Palaeolithic art. *Current Anthropology 29*, 201–45.

Lewthwaite, J. 1986. The transition to food production: A Mediterranean perspective. In *Hunters in Transitions* (ed. M. Zvelebil), pp. 53–66. Cambridge: Cambridge University Press.

Li, J., Lowenstein, T.K., Brown, C.B., Ku, T.-L. & Luo, S. 1996. A 100 KA record of water tables and paleoclimates from salt cores, Death Valley, California. *Palaeogeography, Palaeoclimatology, Palaeoecology* 123, 179–203.

Lieberman, D.E. 1993. The rise and fall of seasonal mobility among hunter-gatherers: The case of the Southern Levant. *Current Anthropology* 34, 599–631.

Liere, van W.J. 1980. Traditional water management in the lower Mekong Basin. *World Archaeology* 11, 265–80.

Lillie, M.C. 1998. The Mesolithic-Neolithic transition in Ukraine: New radiocarbon determinations for the cemeteries of the Dnieper Rapids region. *Antiquity* 72, 184–8.

Lister, A.M. 1993. Mammoths in miniature. *Nature* 362, 288–9.

Lister, A.M. & Bahn, P. 1995. *Mammoths*. London: Boxtree Press.

Lloyd, S. 1938. Some ancient sites in the Sinjar district. *Iraq* 5, 123–42.

Lloyd, S. & Safar, F. 1945. Tell Hassuna. Excavations by the Iraq Government Directorate General of Antiquities in 1943 and 1944. *Journal of Near Eastern Studies* 4, 255–89.

Lopez, B. 1986. *Arctic Dreams. Imagination and Desire in a Northern Landscape*. New York: Charles Scribner's Sons.

Lorblanchet, M. 1984. Grotte de Pech Merle. In *L'Art des Cavernes: Atlas Grottes Ornées Paléolithique Francaise*, pp. 467–4. Paris: Imprimerie

Nationale.

Lourandas, H. 1997. *Continent of Hunter-Gatherers. New Perspectives in Australian Prehistory.* Cambridge: Cambridge University Press.

Lovelock, J, 1979. *Gaia: A New Look at Life in Earth.* Oxford: Oxford University Press.

Lowe, J.J. & Walker, M.J.C. 1997. *Reconstructing Quaternary Environments.* 2nd edn. Harlow: Prentice-Hall.

Loy, T., Spiggs, M. & Wickler, S. 1992. Direct evidence for human use of plants 28,000 years ago: Starch residues on stone artefacts from the northern Solomon islands. *Antiquity* 66, 898–912.

Lu, T. Li Dan, 1999. *The Transition from Foraging to Farming and the Origin of Agriculture in China.* Oxford: British Archaeological Reports, International Series 774.

Lubbock, John. 1865. *Pre-historic Times, as Illustrated by Ancient Remains, and the Manners and Customs of Modern Savages.* London: Williams & Norgate.

Lubell, D., Jackes, M. & Meiklejohn, C. 1989. Archaeology and human biology of the Mesolithic-Neolithic transition in South Portugal. In *The Mesolithic in Europe* (ed. C. Bonsall), pp. 632–40. Edinburgh: John Donald.

Lukacs, J.R. & Pal, J.N. 1992. Dental anthropology of Mesolithic hunter-gatherers: A preliminary report on the Mahadaha and Sarai Nahar Rai dentition. *Man and Environment* XVII, 45–55.

Lundelius, E.L., Jr, & Graham, R. 1999. The weather changed: Shifting climate dissolved ancient animal alliances. *Discovering Archaeology,* Sept./Oct. 1999, 48–53.

MacDonald, K.C. 2000. The origins of African livestock: Indigenous or imported? In *The Origins and Development of African Livestock* (eds. R.M. Blench & K.C. MacDonald), pp. 2–17. London: University College London Press.

MacLeish, K. 1972. The Tasadays: Stone age cavemen of Mindanao. *National Geographic* 142, 219–49.

MacPhee, R.D.E. & Marx, P.A. 1999. Mammoths and microbes:

Hyperdisease attacked the New World. *Discovering Archaeology*, Sept. /Oct. 1999, 54–9.

Maggi, R. 1997. *Arene Candide. Functional and Environmental Assessment of the Holocene Sequence.* Rome: Ministero per i Beni Culturali e Ambientali (Memorie dell' Instituto Italiano di Paleontologia Umana V).

Maley, J. 1993. The climatic and vegetational history of the equatorial regions of Africa during the Upper Quaternary. In *The Archaeology of Africa, Food, Metals and Towns* (eds. T. Shaw, P. Sinclair, B. Andah & A. Okpoko), pp. 43–52. London: Routledge.

Mandryk, C.A.S. 1996. Late glacial vegetation and environment on the eastern foothills of the Rocky Mountains, Alberta, Canada. *Journal of Paleolimnology* 16, 37–57.

Mandryk, C.A.S., Josenhans, H., Fedje, D.W. & Mathews, R.W. 2001. Late Quaternary palaeoenvironments in Northwestern North America: Implications for inland versus coastal migration routes. *Quaternary Science Reviews* 20, 301–14.

Manning, S. 1991. Approximate calendar date for the first human settlement on Cyprus. *Antiquity* 65, 870–8.

Marcus, J. & Flannery, K. 1996. *Zapotec Civilization: How Urban Society Evolved in Mexico's Oaxaca Valley.* London: Thames & Hudson.

Marean, C. 1992. Implications of Late Quaternary mammalian fauna from Lukenya Hill (South-Central Kenya) for palaeoenvironmental change and faunal extinctions. *Quaternary Research* 37, 239–55.

Marean, C. 1997. Hunter-gatherer foraging strategies in tropical grasslands: Model building and testing in the East African Middle and Later Stone Age. *Journal of Anthropological Archaeology* 16, 189–225.

Marean, C. & Gifford-Gonzalez, D. 1991. Late Quaternary extinct ungulates of East Africa and palaeoenvironmental implications. *Nature* 350, 418–20.

Marks, A.E. & Larson, P.A. 1977. Test excavations at the Natufian site of Rosh Horesha. In *Prehistory and Palaeoenvironments in the Central*

Negev, Israel II (ed. A.E. Marks), pp. 181–232. Dallas: Southern Methodist University Press.

Marshack, A. 1972. *The Roots of Civilization*. London: Weidenfeld & Nicolson.

Marshall, F. & Hildebrand, E. 2002. Cattle before crops: The beginnings of food production in Africa. *Journal of World Prehistory* 16, 99–143.

Marshall, G. 2000a. The distribution of beach pebble flint in Western Scotland with reference to raw material use during the Mesolithic. In *Hunter-Gatherer Landscape Archaeology, The Southern Hebrides Mesolithic Project 1988–98 Vol. 1* (ed. S. Mithen), pp. 75–7. Cambridge: McDonald Institute for Archaeological Research.

Marshall, G. 2000b. The distribution and character of flint beach pebbles on Islay as a source for Mesolithic chipped stone artefact production. In *Hunter-Gatherer Landscape Archaeology, The Southern Hebrides Mesolithic Project 1988–98 Vol. 1*, (ed. S. Mithen), pp. 79–90. Cambridge: McDonald Institute for Archaeological Research.

Marshall, L. 1976. *The !Kung of Nyae Nyae*. Cambridge, MA: Harvard University Press.

Martin, L., Russell, N. & Carruthers, D. 2001. Animal remains from the Central Anatolian Neolithic. In *The Neolithic of Central Anatolia* (eds. F. Gerard & L. Thissen), pp. 193–206. Istanbul: Yayinlari.

Martin, P.S. 1984. Prehistoric overkill: The global model. In *Quaternary Extinctions* (eds. P.S. Martin & R.G. Klein), pp. 354–403. Tucson: University of Arizona Press.

Martin, P.S. 1999. The time of the hunters. *Discovering Archaeology*, Sept. /Oct. 1999, 41–7.

Martin, P.S. & Klein, R.G. (eds.) 1984. *Quaternary Extinctions. A Prehistoric Revolution*. Tucson: Arizona University Press

Martin, P.S., Sabels, B.E. & Shulter, R., Jr, 1961. Rampart Cave coprolite and ecology of the shasta ground sloth. *American Journal of Science* 259, 102–27.

Martin, P.S., Thompson, R.S. & Long, A. 1985. Shasta ground sloth extinction: A test of the Blitzkrieg model. In *Environments and Extinctions. Man in Late Glacial North America* (eds. J.I. Mead & D.J. Meltzer), pp. 5–14. Orono, ME: Centre for the Study of Early Man.

Masson, V.M. & Sarianidi, V.I. 1972. Central Asia, *Turkmenia Before the Achaemenids*. London: Thames & Hudson.

Mathpal, Y. 1984. *Prehistoric Rock Paintings of Bhimbetka*. New Delhi: Abhinar Publications.

Matiskainen, H. 1990. Mesolithic subsistence in Finland. In *Contributions to the Mesolithic in Europe* (eds. P.M. Vermeersch & P. van Peer), pp. 211–14. Leuven: Leuven University Press.

Matsui, A. 1999. Wetland archaeology in Japan: Key sites and features in the research history. In *Bog Bodies, Sacred Sites and Wetland Archaeology* (eds. B. Coles, J. Coles & M.S. Jørgensen), pp. 147–56. University of Exeter, Dept. of Archaeology: WARP, Occasional Paper 12.

Matsuoka, Y., Vigouroux, Y., Goodman, M.M., Sanchez, J., Buckler, E. & Doebley, J. 2002. A single domestication for maize shown by multilocus microsatellite genotyping. *Proceedings of the National Academy of Sciences* 99, 6080–4.

Matthews, P. 1991. A possible tropical wildtype taro: *Colocasia esculenta var. aquatilis*. In *Indo-Pacific Prehistory*, 1990, Vol. 2, (ed. P. Bellwood), pp. 69–81. *Bulletin of the Indo-Pacific Prehistory Association* 11.

Matthews, R. 2000. The *Early Prehistory of Mesopotamia 500,000 to 4,500 BC. Subartu* V. Turnhout: Brepols publishers.

Matthews, T. 1999. Taphonomy and the micromammals from Elands Bay Cave. *South African Archaeological Bulletin* 54, 133–40.

Matthews, W., French, C.A.I., Lawrence, T. & Cutler, D. 1996. Multiple surfaces: The micromorphology. In *On the Surface: Çatalhöyük 1993–95* (ed. I. Hodder), pp. 79–100. Cambridge: McDonald Inst. for Archaeological Research.

Matthews, W., French, C.A.I., Lawrence, T., Cutler, D.F. & Jones, M.K. 1997. Microstratigraphic traces of site formation processes and human activities. *World Archaeology* 29, 281–308.

Matthiessen, P. 2000. *An African Trilogy*. London: The Harvill Press.

Mattison, C. 1992. *Frogs and Toads of the World*. London: Blandford.

McBurney, C.B.M. 1967. *The Haua Fteah (Cyrenaïca) and the Stone Age of the South-East Mediterranean*. Cambridge: Cambridge University Press.

McCarthy, J.J., Canziani, O.F., Leary, N.A., Dokken, D.J. & White, K.S. 2001. *Climate Change 2001: Impacts, Adaptation, and Vulnerability*. Cambridge: Cambridge University Press.

Mead, J.I. & Meltzer, D.J (eds.) 1985. *Environments and Extinctions. Man in Late Glacial North America*. Orono, ME: Centre for the Study of the Early Man.

Meadow, R.H. 1996. The origins and spread of agriculture and pastoralism in northwestern South Asia. In *The Origins and Spread of Agriculture and Pastoralism in Eurasia* (ed. D.R. Harris), pp. 390–412. London: University College London Press.

Meehan, B. 1982. *From Shell Bed to Shell Midden*. Canberra: Institute of Aboriginal Studies.

Meiklejohn, C. & Zvelebil, M. 1991. Health status of European populations at the agricultural transition and the implications for the adoption of farming. In *Health in Past Societies* (eds. H. Bush & M. Zvelebil), pp. 129–43. Oxford: British Archaeological Reports, International Series 567.

Mellaart, J. 1967. Çatal Höyük. A Neolithic Town in Turkey *in Anatolia*. London: Thames & Hudson.

Mellaart, J., Hirsch, U. & Balpinar, B. 1989. *The Goddess from Anatolia*. Milan: Eskenazi.

Mellars, P. 1987. *Excavations on Oronsay*. Edinburgh: University Press.

Mellars, P. 1989. Major issues in the emergence of modern humans. *Current Anthropology* 30, 349–85.

Mellars, P. 1996. *The Neanderthal Legacy*. Princeton, NJ: Princeton University Press.

Mellars, P. & Dark, P. 1998. *Star Carr in Context*. Cambridge: McDonald

Institute of Archaeological Research.

Mellars, P. & Wilkinson, M.R. 1980. Fish otoliths as evidence of seasonality in prehistoric shell middens: The evidence from Oronsay (Inner Hebrides). *Proceedings of the Prehistoric Society* 46, 19–44.

Meltzer, D.J. 1989. Why we don't know when the first people came to North America. *American Antiquity* 54, 471–90.

Meltzer, D.J. 1993a. *Search for the First Americans*. Washington, DC: Smithsonian Institution Press.

Meltzer, D.J. 1993b. Pleistocene peopling of the Americas. *Evolutionary Anthropology* 117, 15–69.

Meltzer, D.J. 1993c. Is there a Clovis adaptation? In *From Kostenki to Clovis* (eds. O. Soffer & N.D. Praslov), pp. 293–307. New York: Plenum Press.

Meltzer, D.J. 1994. The discovery of deep time: A history of views on the peopling of the Americas. In *Method and Theory for Investigating the Peopling of the Americas* (eds. R. Bonnichsen & D. Gentry Steele), pp. 7–26. Corvallis, OR: Centre for the Study of the First Americans.

Meltzer, D.J. 1997. Monte Verde and the Pleistocene peopling of the Americas. *Science* 276, 754–5.

Meltzer, D.J. 1999. Human responses to Middle Holocene (Altithermal) climates on the North American Great Plains. *Quaternary Research* 52, 404–16.

Meltzer, D.J. 2000. Renewed investigations at the Folsom Palaeoindian type site. *Antiquity* 74, 35–6.

Meltzer, D.J. n.d.a. Modelling the initial colonization of the Americas: issues of scale, demography and landscape learning. In *Pioneers of the Land. The Initial Human Colonization of the Americas* (eds. G.A. Clark & C. Michael Barton). Tucson: University of Arizona Press.

Meltzer. D.J. n.d.b. What do you do when no one's been there before? Thoughts on the exploration and colonization of new lands. In *The First Americans. The Pleistocene Colonization of the New World* (ed. N. Jablonski), *Memoirs of the California Academy of Sciences*, 27,

25–56.

Meltzer, D.J., Adovasio, J.M. & Dillehay, T.D.1994. On a Pleistocene occupation at Pedra Furada, Brazil. *Antiquity* 68, 695–714.

Meltzer, D.J. & Mead, J.I. 1985. Dating Late Pleistocene extinctions: Theoretical issues, analytical bias and substantive results. In *Environments and Extinctions. Man in Late Glacial North America* (eds. J.I. Mead & D.J. Meltzer), pp. 145–74. Orono, ME: Centre for the Study of Early Man.

Mercer, J. 1974. Glenbatrick Waterhole, a microlithic site on the Isle of Jura. *Proceedings of the Society of Antiquaries of Scotland* 105, 9–32.

Mercer, J. 1980. Lussa Wood I: The late glacial and early postglacial occupation of Jura. *Proceedings of the Society of Antiquaries of Scotland* 110, 1–31.

Merpert, N.Y. & Munchaev, R.M. 1993. Yarim Tepe I. In *Early Stages in the Evolution of Mesopotamian Civilization. Soviet Excavations in Northern Iraq* (eds. N. Yoffee & J.J. Clarke), pp. 73–114. Tucson: University of Arizona Press.

Merrick, H.V. & Brown, F.H. 1984. Obsidian sources and patterns of source utilization in Kenya and northern Tanzania: Some initial findings. *African Archaeological Review* 2, 129–52.

Mestel, R. 1997. Noah's Flood. *New Scientist* 1156, 24–7.

Miller, S. 1979. Lukenya Hill, GvJm46, excavation report. *Nyame Akuma* 14, 31–4.

Miller, S. et al. 1999. Pleistocene extinction of *Genyomis newtoni*: human impact on Australian megafauna. *Science* 205–8.

Minaminihon, S. 1997. *Hakkutsu!! Uehorara Iseki* (The Excavation of Uenohara Site). Kagoshima: Minaminhon Shinbunsha.

Minc, L.D. 1986. Scarcity and survival: The role of oral tradition in mediating subsistence crisis. *Journal of Anthroplogical Archaeology* 5, 39–113.

Miracle, P., Galanidou, N. & Forenbaher, S. 2000. Pioneers in the hills: Early Mesolithic foragers at Sˇ ebrn Abri (Istria Croatia). *European*

Journal of Archaeology 3, 293–329.

Misra, V.N. 1973. Bagor: A late Mesolithic settlement in north-west India. *World Archaeology* 5, 92–100.

Misra, V.N. 1989a. Stone age India: An ecological perspective. *Man and Environment* XIV, 17–33.

Misra, V.N. 1989b. Hasmukh Dhirajlal Sankalia (1908–1989): Scholar and Man. *Man and Environment* XIV, 1–20.

Mitchell, P. 1990. A palaeoecological model for archaeological site distribution in southern Africa during the Upper Pleniglacial and Late Glacial. In *The World at 18,000 B.P., Vol. Two: Low Latitudes* (eds. C. Gamble & O. Soffer), pp. 189–205. London: Unwin Hyman.

Mitchell, P. 1997. Holocene later stone age hunter-gatherers south of the Limpopo River, *ca.* 10,000–2000 B.P. *Journal of World Prehistory* 11, 359–424.

Mitchell, P.J., Yates, R. & Parkington, J.E. 1996. At the transition. The Archaeology of the Pleistocene-Holocene boundary in Southern Africa. In *Humans at the End of the Ice Age, The Archaeology of the Pleistocene-Holocene Transition* (eds. L.G. Straus, B.V. Eriksen, J.M. Erlandson & D.R. Yesner), pp. 15–41. New York: Plenum Press.

Mithen, S.J. 1988. Looking and learning: Upper Palaeolithic art and information gathering. *World Archaeology* 19, 297–327.

Mithen, S.J. 1989. To hunt or to paint? Animals and art in the Upper Palaeolithic. *Man* (N.S.) 23, 671–95.

Mithen, S.J. 1990. *Thoughtful Foragers. A Study of Prehistoric Decision Making.* Cambridge: Cambridge University Press.

Mithen, S.J. 1991. Ecological interpretations of Palaeolithic art. *Proceedings of the Prehistoric Society* 57, 103–14.

Mithen, S.J. 1993a. Simulating mammoth hunting and extinction: Implications for the Late Pleistocene of the Central Russian Plain. In *Hunting and Animal Exploitation in the Later Palaeolithic and Mesolithic of Eurasia* (eds. G.L. Petersen, H. Bricker & P. Mellars), pp. 163–78. Tucson: Archaeological Papers of the American

Anthropological Association.

Mithen, S.J. 1993b. Individuals, groups and the Palaeolithic record: A reply to Clark. *Proceedings of the Prehistoric Society* 59, 393–8.

Mithen, S.J. 1994. The Mesolithic Age. In *The Oxford Illustrated Prehistory of Europe* (ed. B. Cunliffe), pp. 79–135. Oxford: Oxford University Press.

Mithen, S.J. 1996b. Simulating mammoth hunting and extinctions: Implications for North America. In *Time, Process and Structured Transformation in Archaeology* (eds. S. van der Leeuw & J. McGlade), pp. 176–215. London: Routledge.

Mithen, S.J. 1998. *The Prehistory of the Mind. A Search for the Origins of Art, Science and Religion.* New edn. London: Orion.

Mithen, S.J. 1999. Hunter-Gatherers of the Mesolithic. In *The Archaeology of Britain* (ed. J. Hunter & I. Ralston), pp. 35–57. London: Routledge.

Mithen, S.J. (ed.) 2000a. *Hunter-Gatherer Landscape Archaeology, The Southern Hebrides Mesolithic Project 1988–98* (2 vols). Cambridge: McDonald Institute for Archaeological Research.

Mithen, S.J. 2000b. The Scottish Mesolithic: problems, prospects and the rationale for the Southern Hebrides Mesolithic Project. In *Hunter-Gatherer Landscape Archaeology, The Southern Hebrides Mesolithic Project 1988–98, Vol. 1* (ed. S. Mithen), pp. 9–37. Cambridge: McDonald Institute for Archaeological Research.

Mithen, S.J. 2000c. The Colonsay Survey. In *Hunter-Gatherer Landscape Archaeology, The Southern Hebrides Mesolithic Project 1988-9, Vol. 2* (ed. S. Mithen), pp. 349–58. Cambridge: McDonald Institute for Archaeological Research.

Mithen, S.J. 2000d. The Mesolithic in the Southern Hebrides: Issues of colonization, settlement and the transitions to the Neolithic and farming. In *Hunter-Gatherer Landscape Archaeology, The Southern Hebrides Mesolithic Project, 1988–98, Vol. 2* (ed. S. Mithen), pp. 597–626. Cambridge: McDonald Institute for Archaeological Research.

Mithen, S.J. 2000e. Mesolithic sedentism on Oronsay: Chronological evidence from adjacent islands in the southern Hebrides. *Antiquity* 74, 298–304.

Mithen, S.J. & Finlay, N. (& twelve contributors) 2000a. Staosnaig, Colonsay: excavations 1989–1995. In *Hunter-Gatherer Landscape Archaeology, The Southern Hebrides Mesolithic Project, 1988–98, Vol. 2* (ed. S. Mithen), pp. 359–441. Cambridge: McDonald Institute for Archaeological Research.

Mithen, S.J. & Finlay, N. (& two contributors) 2000b. Coulererach, Islay: test-pit survey and trial excavation. In *Hunter-Gatherer Landscape Archaeology, The Southern Hebrides Mesolithic Projet, 1988–98, Vol. 1* (ed. S. Mithen), pp. 217–29. Cambridge: McDonald Institute for Archaeological Research.

Mithen, S.J., Finlay, N., Carruthers, W., Carter, S. & Ashmore, P. 2001. Plant use in the Mesolithic: Evidence from Staosnaig, Isle of Colonsay. *Journal of Archaeological Science* 28, 223–34.

Mithen, S.J. & Finlayson, B. (& four contributors) 2000. Gleann Mor, Islay: Test-pit survey and trial excavation. In *Hunter-Gatherer Landscape Archaeology, The Southern Hebrides Mesolithic Project, 1988–98, Vol. 2* (ed. S. Mithen), pp. 187–205. Cambridge: McDonald Institute for Archaeological Research.

Mithen, S.J., Finlayson, B., Pirie, A., Carruthers, D. & Kennedy, A. 2000. New evidence for economic and technological diversity-in the Pre-Pottery Neolithic A: Wadi Faynan 16. *Current Anthropology* 41, 655–63.

Mithen, S.J., Finlayson, B., Mathews, M. & Woodman, P.E. 2000. The Islay Survey. *In Hunter-Gatherer Landscape Archaeology, The Southern Hebrides Mesolithic Project, 1988–98, Vol. 2* (ed. S. Mithen), pp. 153–86. Cambridge: McDonald Institute for Archaeological Research.

Mithen, S.J., Lake, M. & Finlay, N. (& six contributors) 2000a. Bolsay Farm, Islay: test-pit survey and trial excavation. In *Hunter-Gatherer Landscape Archaeology, The Southern Hebrides Mesolithic Project, 1988–89, Vol. 1* (ed. S, Mithen), pp. 259–89. Cambridge: McDonald

Institute for Archaeological Research.

Mithen, S.J., Lake, M. & Finlay, N. (& six contributors) 2000b. Bolsay Farm, Islay: area excavation. In *Hunter-Gatherer Landscape Archaeology, The Southern Hebrides Mesolithic Project, 1988–98, vol. 1* (ed. S. Mithen), pp. 291–328. Cambridge: McDonald Institute for Archaeological Research.

Mithen, S.J., Marshall, G., Dopel, B. & Lake, M. 2000. The experimental knapping of flint beach pebbles. In *Hunter-Gatherer Landscape Archaeology, The Southern Hebrides Mesolithic Project, 1988–98, Vol. 2* (ed. S. Mithen), pp. 529–40. Cambridge: McDonald Institute for Archaeological Research.

Mithen, S.J. & Reed, M. 2002. Stepping Out: A computer simulation of hominid dispersal. *Journal of Human Evolution* 43, 433–62.

Mithen, S.J., Woodman, P.E., Finlay, N. & Finlayson, B. 2000. Aoradh, Islay: test-pit survey and trial excavation. In *Hunter-Gatherer Landscape Archaeology, The Southern Hebrides Mesolithic Project, 1988–98, Vol. 1* (ed. S. Mithen), pp. 231–9. Cambridge: McDonald Institute for Archaeological Research.

Miyaji, A. 1999. Storage pits and the development of plant food management in Japan during the Jomon period. In *Bog Bodies, Sacred Sites and Wetland Archaeology* (eds. B. Coles, J. Coles & M.S. Jørgensen), pp. 165–70. University of Exeter, Dept. of Archaeology: WARP, Occasional Paper 12.

Mochanov, Y.A. & Fedoseeva, S.A. 1996a. Dyuktai Cave. In *American Beginnings: The Prehistory and Palaeoecology of Beringia* (ed. F.H. West), pp. 164–74. Chicago: University of Chicago Press.

Mochanov, Y.A. & Fedoseeva, S.A. 1996b. Introduction (to Aldansk: Adlan River Valley, Sakha Republic). In *American Beginnings. The Prehistory and Palaeoecology of Beringia* (ed. F.H. West), pp. 157–63. Chicago: University of Chicago Press.

Mochanov, Y.A. & Fedoseeva, S.A. 1996c. Berelekh, Allakhovsk region. In *American Beginnings. The Prehistory and Palaeoecology of Beringia* (ed.

F.H. West), pp. 218–21. Chicago: University of Chicago Press.

Mock, C.J. & Bartlein, P.J. 1995. Spatial variability of Late Quaternary palaeoclimates in the western United States. *Quaternary Research* 44, 425–33.

Moore, A.M.T. 1979. A pre-Neolithic farmers' village on the Euphrates. *Scientific American* 241, 50–8.

Moore, A.M.T. 1991. Abu Hureyra I and the antecedents of agriculture on the Euphrates. In *The Natufian Culture in the Levant* (eds. O. BarYosef & F. Valla), pp. 277–94. Ann Arbor, MI: International Monographs in Prehistory.

Moore, A.M.T. 2000. The excavation of Abu Hureyra 1. In *Village on the Euphrates* (by A.M.T. Moore, G.C. Hillman & A.J. Legge), pp. 105–31. Oxford: Oxford University Press.

Moore, A.M.T., Hillman, G. & Legge, A.J. 2000. *Village on the Euphrates*. Oxford: Oxford University Press.

Morais Arnaud, J.E. 1989. The Mesolithic communities of the Sado Valley, Portugal, in their ecological setting. In *The Mesolithic in Europe* (ed. C. Bonsall), pp. 614–31. Edinburgh: John Donald.

Mori, F. 1998. *The Great Civilisations of the Ancient Sahara*. Rome: LErma, di Bretschneider.

Morley, R. & Fenley, J. 1987. Late Cainozoic vegetation and environmental change in the Malay archipelago. In *Biogeographical Evolution of the Malay Archipelago* (ed. T.C. Whitmore). Oxford: Clarendon Press.

Morris, B. 1999. The Hill Pandaram of Kerala. In *The Cambridge Encyclopedia of Hunters and Gatherers* (eds. R.B. Lee & R. Daly), pp. 265–8. Cambridge: Cambridge University Press.

Morrison, A. & Bonsall, C. 1989. The early postglacial settlement of Scotland, a review. In *The Mesolithic in Europe* (ed. C. Bonsall), pp. 134–42. Edinburgh: John Donald.

Morrison, K. 1999. Archaeology of South Asian hunters and gatherers. In *The Cambridge Encyclopedia of Hunters and Gatherers* (eds. R.B. Lee & R. Daly), pp. 238–42. Cambridge: Cambridge University Press.

Morton, J. 1999. The Arrernte of Central Australia. In *The Cambridge Encyclopedia of Hunter-Gatherers* (eds. R.B. Lee & R. Daly), pp. 329–34. Cambridge: Cambridge University Press.

Mosimann, J.E. & Martin, P.S. 1975. Simulating overkill by Palaeoindians. *American Scientist* 63, 304–13.

Moulherat, C., Tengberg, A., Haquet, J-F. & Mille, B. 2002. First evidence of cotton at Neolithic Mehrgarh, Pakistan: Analysis of mineralised fibres from a copper bead. *Journal of Archaeological Science* 29, 1393–1401.

Mountain, M.-J. 1993. Bones, hunting and predation in the Pleistocene of northern Sahul. In *Sahul in Review* (eds. M.A. Smith, M. Spriggs & B. Frankhauser), pp. 123–30. Canberra: Department of Prehistory, Occasional Papers in Prehistory 24.

Moeyersons, J. & Roche, E. 1982. Past and present environments. In *The Archaeology of Central Africa* (ed. F. van Noten), pp. 15–26. Graf: Akademische Drück und Verlagsanstalt.

Moyle, P.B. & Cech, J.J., Jr, 1996. *Fishes: An Introduction to Icthyology.* 3rd edn. London: Prentice-Hall International Ltd.

Mulvaney, J. & Kamminga, J. 1999. *Prehistory of Australia.* Washington, DC: Smithsonian Institution Press.

Murty, M.L.K. 1974. A Late Pleistocene cave site in Southern India. *Proceedings of the American Philosophical Society* 118, 196–230.

Muzzolini, A. 1989. Les débuts de la domestication des animaux en Afrique: Faits et problèmes. *Ethnozootechnie* 42, 7–22.

Nadel, D. 1990. The Khiamian as a case of Sultanian intersite variability. *Journal of the Israel Prehistoric Society* 23, 86–99.

Nadel, D. 1994. Levantine Upper Palaeolithic–Early Epi-palaeolithic burial customs: Ohalo II as a case study. *Paléorient* 20, 113–21.

Nadel, D. 1996. The organisation of space in a fisher-hunter-gatherers' camp at Ohalo II, Israel. In *Nature et Culture* (ed. M. Otte), pp. 373–88. Liège: University of Liège E.R.A.U.L. 69.

Nadel, D., Bar-Yosef, O., Gopher, A. 1991. Early Neolithic arrowhead types in the southern Levant: A typological suggestion. *Paléorient* 17, 109–19.

Nadel, D., Carmi, I., & Segal, D. 1995. Radiocarbon dating of Ohalo II: Archaeological and methodological implications. *Journal of Archaeological Science* 22, 811–22.

Nadel, D., Danin, A., Werker, E., Schick, T., Kislev, M.E. & Stewart, K. 1994. 19,000 years-old twisted fibres from Ohalo II. *Current Anthropology* 35, 451–8.

Nadel, D. & Hershkovitz, I. 1991. New subsistence data and human remains from the earliest Levantine Epipalaeolithic. *Current Anthropology* 32, 631–5.

Nadel, D. & Werker, E. 1999. The oldest ever brush hut plant remains from Ohalo II, Jordan Valley, Israel (19,000 BP). *Antiquity* 73, 755–64.

Nagar, M. & Misra, V.N. 1990. The Kanjars – A hunting-gathering community of the Ganga Valley, Uttar Pradesh. *Man and Environment* XV, 71–88. *National Geographic* 1971. First glimpse of a stone age tribe. *National Geographic* 140, 882.

Nettle, D. 1999. *Linguistic Diversity*. Oxford: Oxford University Press.

Newby, E. 1954. *A Short Walk in the Hindu Kush*. London: Secker & Warburg.

Newell, R.R., Constandse-Westermann, T.S. & Meiklejohn, C. 1979. The skeletal remains of Mesolithic man in western Europe: An evaluative catalogue. *Journal of Human Evolution* 81, 1–228.

Nichols, J. 1990. Linguistic diversity and the first settlement of the New World. *Language* 66, 475–521.

Nissen, H. 1990. Basta: Excavations of 1986–89. *The Near East in Antiquity* 4, 75–85.

Noe-Nygaard, N. 1973. The Vig bull: New information on the final hunt. *Bulletin of the Geological Society of Denmark* 22, 244–8.

Noe-Nygaard, N. 1974. Mesolithic hunting in Denmark illustrated by bone injuries caused by human weapons. *Journal of Archaeological Science* 1, 217–48.

Noy, T. 1989. Gilgal I: A Pre-pottery Neolithic site. *Paléorient* 15, 11–18.

Noy, T. 1991. Art and decoration of the Natufian at Nahal Oren. In *The Natufian Culture in the Levant* (eds. O. Bar-Yosef & F.R. Valla), pp.557–68. Ann Arbor, MI: International Monographs in Prehistory.

Noy, T., Legge, A.J. & Higgs, E.S. 1973. Recent excavations at Nahal Oren, Israel. *Proceedings of the Prehistoric Society* 39, 75–99.

Noy, T., Schuldrenrein, J. & Tchernov, E. 1980. Gilgal, a Pre-pottery Neolithic A site in the Lower Jordan Valley. *Israel Exploration Journal* 30, 63–82.

Oates, J. 1973. The background and development of early farming communities in Mesopotamia and the Zagros. *Proceedings of the Prehistoric Society* 39, 147–81.

Oates, J. 1994. 'An extraordinarily ungrateful conceit' : A western publication of important Soviet field studies. *Antiquity* 68, 882–5.

O'Connell, J.F. & Allen, J. 1998. When did humans first arrive in greater Australia and why is it important to know? *Evolutionary Anthropology* 6, 132–46.

O'Connell, J.F. & Hawkes, K. 1981. Alyawara plant use and optimal foraging theory. In *Hunter-Gatherer Foraging Strategies: Ethnographic and Archaeological Analysis* (eds. B. Winterhalder & E.A. Smith), pp. 99–125. Chicago: University of Chicago Press.

O'Connell, J.F., Hawkes, K. & Blurton-Jones, N. 1988. Hadza hunting, butchering, and bone transport and their archaeological implications. *Journal of Anthropological Research* 44, 113–61.

O'Hanlon, R. 1985. *Into the Heart of Borneo*. London: Penguin.

Olsen, S. 1999. Investigation of the Phanourios bones for evidence of cultural modification. In *Faunal Extinction in and Island Society* (ed. A. Simmons), pp. 230–7. New York: Plenum Press.

Ortea, J. 1986. The Malacology of La Riera Cave. In *La Riera Cave-Stone Age Hunter-Gatherer Adaptations in Northern Spain* (eds. L.G. Straus & G.A. Clark), pp. 289–98. Arizona State University. Anthropological research papers, No. 36.

O'Shea, J.M. & Zvelebil, M. 1984. Oleneostrovski Mogilnik: Reconstructing the social and economic organization of prehistoric foragers in northern Russia. *Journal of Anthropological Archaeology* 3, 1–140.

Otte, M. & Straus, L.G. 1997. *La Grotte du Bois Laiterie*. Liège: Études et Recherches Archéologiques de l'Université de l'Université de Liège, No. 80.

Ouzman, S. & Wadley, L. 1997. A history in paint and stone from Rose Cottage Cave, South Africa. *Antiquity* 71, 386–404.

Owen, J. 1999. The collections of Sir John Lubbock, the first Lord Avebury (1834–1913). *Journal of Material Culture* 4, 282–302.

Owen-Smith, N. 1987. Pleistocene extinctions: The pivotal role of mega-herbivores. *Palaeobiology* 13, 351–62.

Özdoğan, A. 1999. Çayönü. In *Neolithic in Turkey. The Cradle of Civilization, New Discoveries* (eds. M. Özdoğan & N. Başgelen), pp. 35–64. Istanbul: Arkeoloji ve Sanat Yayinlari.

Özdoğan, M. & Başgelen, N. (eds) 1999. *Neolithic in Turkey: The Cradle of Civilization, New Discoveries*. Istanbul: Arkeoloji ve Sanat Yayinlari.

Özdoğan, M. & Özdoğan, A. 1998. Buildings of cult and the cult of buildings. In *Light on Top of the Black Hill* (eds. G. Arsebuk et al.), pp. 581–93. Istanbul: Ege Yayinlari. Pachur, H.-J. 1991. Tethering stones as palaeoenvironmental indicators. *Sahara* 4, 13–32.

Pal, J.N. 1992. Mesolithic human burials in the Ganga Plain, North India. *Man and Environment* XVII, 35–44.

Pal, J.N. 1994. Mesolithic settlements in the Ganga Plain. *Man and Environment* XIX, 91–101.

Pardoe, C. 1988. The cemetery as symbol: the distribution of Aboriginal burial grounds in southeastern Australia. *Archaeology in Oceania* 23, 1–16.

Pardoe, C. 1995. Riverine, biological and cultural evolution in southeastern Australia. *Antiquity* 69, 696–713.

Parker, E.N. 1999. Sunny side of global warming. *Nature* 399, 416–17.

Parkin, R.A., Rowley-Conwy, P. & Serjeantson, D. 1986. Late Palaeolithic exploitation of horse and red deer at Gough's Cave, Cheddar, Somerset. *Proceedings of the University of Bristol Speleological Society* 17, 311–30.

Parkington, J.E. 1980. The Elands Bay cave sequence: Cultural stratigraphy and subsistence strategies. *Proceedings of the 8th Pan-African Congress of Prehistory and Quaternary Studies*, Nairobi, pp. 315–20.

Parkington, J.E. 1984. Changing views of the Later Stone Age of South Africa. *Advances in World Archaeology* 3, 89–142.

Parkington, J.E. 1986. Landscape and subsistence changes since the last glacial maximum along the Western Cape coast. In *The End of the Palaeolithic in the Old World* (ed. L.G. Straus), pp. 201–27. Oxford: British Archaeological Reports, International Series 284.

Parkington, J.E. 1987. Changing views of prehistoric settlement in the Western Cape. In *Papers in the Prehistory of the Western Cape, South Africa* (eds. J.E. Parkington & M. Hall), pp. 4–20. Oxford: British Archaeological Reports, International Series 332.

Parkington, J.E. 1988. The Pleistocene/Holocene transition in the Western Cape, South Africa: Observations from Verlorenvlei. *In Prehistoric Cultures and Environments in the Late Quaternary of Africa* (eds. J. Bower & D. Lubell), pp. 349–63. Oxford: British Archaeological Reports, International Series 405.

Parkington, J.E. 1989. Interpreting paintings without a commentary. *Antiquity* 63, 13–26.

Parkington, J.E. 1990. A view from the south: Southern Africa before, during and after the Last Glacial Maximum. In *The World at 18,000 B.P., Vol. Two: Low Latitudes* (eds. C. Gamble & O. Soffer), pp. 214–28. London: Unwin Hyman.

Parkington, J.E. 1991. Approaches to dietary reconstruction in the Western Cape: Are you what you have eaten? *Journal of Archaeological Science* 18, 331–42.

Parkington, J.E., Poggenpoel, C.A., Buchanan, W.F., Robey, T.S., Manhire, A.H. & Sealy, J.C. 1988. Holocene coastal settlement patterns in the

Western Cape. In *The Archaeology of Prehistoric Coastlines* (eds. G.N. Bailey & J.E. Parkington), pp. 22–41. Cambridge: Cambridge University Press.

Pearsall, D.M 1980. Pachamachay ethnobotanical report: Plant utilization at a hunting base camp. In *Prehistoric Hunters of the High Andes* (ed. J. Rick), pp. 191–231. New York: Academic Press.

Pearsall, D.M., Piperno, D.R., Dinan, M.V., Umlauf, M., Zhao, Z. & Benfer R.A., Jr, 1995. Distinguishing rice (*Oryza sativa poaceae*) from wild *Oryza* species through phytolith analysis: results of preliminary research. *Economic Botany* 49, 183–96.

Pedersen, L. 1995. 7000 years of fishing. In *Man & Sea in the Mesolithic* (ed. A. Fischer), pp. 75–86. Oxford: Oxbow Monograph, No. 53.

Pei, A. 1990. Brief excavation report of an early Neolithic site at Pengtoushan in Lixian County, Hunan. Wenwu (Cultural Relics) 8, 17–29 (available in English translation at www.carleton.ca/~bgordon/rice/papers).

Pei, A. 1998. Another discovery in Neolithic research of early civilization near Dongting Lake. www.carleton.ca/~bgordon/rice/papers

Pei, A. 1998. Notes on new advancements and revelations in the agricultural archaeology of early rice cultivation in the Dongting Lake region. *Antiquity* 72, 878–85.

Pei, A. n.d. New progress in rice agriculture and the origin of civilization: summary of results on the excavation of three major sites on the Liyang plain in Hunan, China (English translation at www.carleton.ca/~bgordon/rice/papers).

Peltenburg, E., Colledge, S., Croft, P., Jackson, A., McCartney, C. & Murray, M-A. 2000. Agro-pastoralist colonization of Cyprus in the 10th millennium bp: Initial assessments. *Antiquity* 74, 844–53.

Peltenburg, E., Colledge, S., Croft, P., Jackson, A., McCartney, C. & Murray, M-A. 2001. Neolithic dispersals from the Levantine corridor: A Mediterranean perspective. *Levant* 33, 35–64.

Penck, A. & Brückner, E. 1909. *Die Alpen im Eiszitalter*. Leipzig: Tachnitz.

Péquart, M. & Péquart S-J. 1954. *Hoëdic, Deuxième Station-Nécropole du Mésolithique Côtier Armoricain.* Anvers: De Sikkel.

Péquart, M., Péquart S-J., Boule, M. & Vallois, H. 1937. *Téviec, Station-Nécropole du Mésolithique u Morbihan.* Paris: Archives de L'Institut de Paléontologie Humaine XVIII.

Perlès, C. 1990. *Excavations at Franchthi Cave, Greece. Fascicle 5. Les Industries Lithiques Tailées de Francthi 2. Les Industries de Mésolithiques et du Néolithique Initial.* Bloomington: Indiana University Press.

Perlès, C. 2001. *The Early Neolithic in Greece. The First Farming Communities in Europe.* Cambridge: Cambridge University Press.

Peters, J. 1989. Late Pleistocene hunter-gatherers at Ishango (eastern Zaire): The faunal evidence. *Revue de Paléobiologie* 8, 1.

Petit, J.R. et al. (eighteen additional authors). 1999. Climate and atmospheric history of the past 420,000 years from the Vostok ice core, Antarctica. *Nature* 399, 429–35.

Pfeiffer, J. 1982. *The Creative Explosion: An Enquiry into the Origins of Art and Religion.* New York: Harper & Row.

Phillips, J.L. & Brown, J.A. (eds.) 1983. *Archaic Hunters and Gatherers in the American Midwest.* New York: Academic Press.

Phillipson, D.W. 1977. Lowasera. *Azania* 12, 53–82. Phillipson, D.W. 1985. *African Archaeology.* Cambridge: Cambridge University Press.

Pielou, E.C. 1991. *After the Ice Age, The Return of Life to Glaciated North America.* Chicago: University Chicago Press.

Piette, E. 1889. L'époque de transition intermédiaire entre l'age du renne et l'époque de la pierre polie. Paris: *Comptes rendus du 10e Congress Internationale d'Anthropologie et de l'Archaeologie Préhistorique,* pp. 203–13.

Pigeot, N. 1987. *Magdaléniens d'Etiolles.* Économie de Débitage et Organisation *Sociale.* Paris: CNRS.

Pigeot, N. 1990. Technical and social actors: Flint knapping specialists and apprentices at Magdalenian Etiolles. *Archaeological Review from*

Cambridge 9, 126–41.

Piperno, D.R. & Flannery, K.V. 2001. The earliest archaeological maize (*Zea mays L.*) from highland Mexico: New accelerator mass spectometry dates and their implications. *Proceedings of the National Academy of Sciences* 98, 2101–3.

Piperno, D.R. & Pearsall, D.M. 1998. *The Origins of Agriculture in Lowland Neotropics.* San Diego: Academic Press.

Pirazzoli, P.A. 1991. *World Atlas of Holocene Sea Level Change.* Amsterdam: Elsevier.

Pitts, M. 1979. Hides and antlers: A new look at the gatherer-hunter site at Star Carr, North Yorkshire, England. *World Archaeology* 11, 32–42.

Pitul'ko, V. 1993. An early Holocene site in the Siberian high Arctic. *Arctic Anthropology* 30, 13–21.

Pitul'ko, V. 2001. Terminal Pleistocene–Early Holocene occupation in northeast Asia and the Zhokhov assemblage. *Quaternary Science Review* 20, 267–75.

Pitul'ko, V. & Kasparov, A. 1996. Ancient Arctic hunters: Material culture and survival strategy. *Arctic Anthropology* 33, 1–36.

Plug, I. & Engela, R. 1992. The macrofaunal remains from recent excavations at Rose Cottage Cave, Orange Free State. *South African Archaeological Bulletin* 47, 16–25.

Poggenpoel, C.A. 1987. The implications of fish bone assemblages from Elands Bay Cave, Tortoise Cave and Diepkloof for changes in the Holocene history of Verlorenvlei. In *Papers in the Prehistory of the Western Cape, South Africa* (eds. J.E. Parkington & M. Hall), pp. 212–36.Oxford: British Archaeological Reports, International Series 332.

Politis, G. 1991. Fishtail projectile points in the southern cone of South America: An overview. In *Clovis: Origins and Adaptations* (eds. R. Bonnichsen & K.L. Turnmire), pp. 287–301. Corvallis, OR: Centre for the Study of the First Americans.

Pope, G. 1989. Bamboo and human evolution. *Natural History* 10, 49–56.

Porch, N. & Allen, J. 1995. Tasmania: archaeological and palaeoecological perspectives. *Antiquity* 69, 714–32.

Posseh, G. 1999. *Indus Age: The Beginnings*. Philadelphia: University of Pennsylvania Press.

Postgate, N. 1992. *Early Mesopotamia: Society and Economy at the Dawn of History*. London: Routledge.

Prakash, P.V. 1998. Vangasari: A Mesolithic cave in the Eastern Ghats, Andhra Pradesh. *Man and Environment* XXIII, 1–16.

Prestwich, J. 1893. On the evidence of a submergence of Western Europe and of the Mediterranean coasts at the close of the glacial or so-called post-glacial period and immediately preceding the Neolithic or recent period. *Philosophical Transactions of the Royal Society*, Series A, 184, 903–84.

Price, T.D. 1985. Affluent foragers of Southern Scandinavia. In *Prehistoric Hunter-Gatherers, the Emergence of Cultural Complexity* (eds. T.D. Price & S.A. Brown), pp. 341–60. New York: Adademic Press.

Price, T.D. 1989. The reconstruction of Mesolithic diet. In *The Mesolithic in Europe* (ed. C. Bonsall), pp. 48–59. Edinburgh: John Donald.

Price, T.D., Bentley, R.A., Luning, J., Gronenborn, D. & Wahl, J. 2001. Prehistoric human migration in the Linearbandkeramik of Central Europe. *Antiquity* 75, 593–603.

Price, T.D., Gebauer, A.B., & Keeley, L.H. 1995. Spread of farming into Europe north of the Alps. *In Last Hunters, First Farmers. New Perspectives on the Prehistoric Transition to Agriculture* (eds. T.D. Price & A.B. Gebauer), pp. 95–126. Sante Fe, NM: School of American Research.

Price, T.D. & Jacobs, K. 1990. Oleni' ostrov: First radiocarbon dates from a major Mesolithic cemetery in Karelia, USSR. *Antiquity* 64, 849–53.

Pyramarn, K. 1989. New evidence on plant exploitation and environment during the Hoabinhian (Late Stone Age) from Ban Kao Caves, Thailand. In *Foraging and Farming: The Evolution of Plant Exploitation* (eds. D.R. Harris & G.C. Hillman), pp. 283–91. London: Unwin Hyman.

Radcliffe-Brown, A.R. 1918. Notes on the social organisation of Australian

Tribes. *Journal of the Royal Anthropological Institute* 48, 222–53.

Radovanović, I. 1996. *The Iron Gates Mesolithic*. Ann Arbor, MI: International Monographs in Prehistory, Archaeological Series, No. 11.

Radovanović, I. 1997. The Lepenski Vir culture: A contribution to interpretation of its ideological aspects. In *Antidoron Dragoslavo Srejović Completis LXV Annis ad Amicus, Collegis, Discipulis Oblatum*, pp. 87–93. Centre for Archaeological Research, Faculty of Philosophy, Belgrade.

Radovanović, I. 2000. Houses and burials at Lepenski Vir. *European Journal of Archaeology* 3, 330–49.

Ransome, A. 1927. *'Racundra's' First Cruise*. London: Jonathan Cape.

Rappaport, R. 1967. *Pigs for the Ancestors: Ritual in the Ecology of a New Guinea People*. New Haven, CT: Yale University Press.

Rasmussen, K.L. 1994. Radiocarbon datings at Ringkloster. *Journal of Danish Archaeology* 12, 61–3.

Reese, D. 1991. Marine shells in the Levant: Upper Palaeolithic, Epipalaeolithic and Neolithic. In *The Natufian Culture in the Levant* (eds. O. Bar-Yosef & F. Valla), pp. 613–28. Ann Arbor, MI: International Monographs in Prehistory.

Reese, D.S. 1996. Cypriot hippo hunters no myth. *Journal of Mediterranean Archaeology* 9, 107–12.

Renfrew, C. 1973. *Before Civilization*. London: Jonathan Cape.

Renfrew, C. 1987. *Archaeology, and Language: The Puzzle of Indo-European Origins*. London: Jonathan Cape.

Renfrew, C. 1991. Before Babel: Speculations on the origins of linguistic diversity. *Cambridge Archaeological Journal* 1, 3–23.

Renfrew, C. 1998. Applications of DNA in archaeology: A review of the DNA studies in the Ancient Biomolecules Initiative. *Ancient Biomolecules* 2, 107–16.

Renfrew, C. (ed.) 2000. *America Past and Present: Genes and Languages in the Americas and Beyond*. Cambridge: McDonald Institute for Archaeological Research.

Renfrew, C. 2000. Archaeogenetics: Towards a population history of Europe. In *Archaeogenetics. DNA and the Population Prehistory of Europe* (eds. C. Renfrew & K. Boyle), pp. 3-11. Cambridge: McDonald Institute for Archaeological Research.

Renfrew, C. & Boyle, K. (eds.) 2000. *Archaeogenetics: DNA and the population prehistory of Europe.* Cambridge: McDonald Institute for Archaeological Research.

Rice, P.C. & Patterson, A.L. 1985. Cave art and bones: Exploring the inter-relationships. *American Anthropologist* 87, 94–100.

Richards, C. 1990. The late Neolithic settlement complex at Barnhouse Farm, Stennes. In *The Prehistory of Orkney* (ed. A.C. Renfrew), 2nd edn., pp. 305–16. Edinburgh: Edinburgh University Press.

Richards, M. & Mellars, P.A. 1998. Stable isotopes and the seasonality of the Oronsay middens. *Antiquity* 72, 178–84.

Richards, M.R., Côrte-Real, H., Forster, P., Macaulay, V., Wilkinson-Herbots, H.,Demaine, A., Papiha, S., Hedges, R., Bandelt, H.-J. & Sykes, B.C. 1996. Palaeolithic and Neolithic lineages in the European mitochondrial gene pool. *American Journal of Human Genetics* 59, 185–203.

Richards, M.R., Macaulay, V., Sykes, B., Pettitt, P., Hedges, R., Forster, P. & Bandelt, H.-J. 1997. Reply to Cavalli-Sforza and Minch. *American Journal of Human Genetics* 61, 251–4.

Rick, J.W. 1980. *Prehistoric Hunters of the High Andes.* New York: Academic Press.

Rick, J.W. 1988. The character and context of highland preceramic society. In *Peruvian Prehistory* (ed. R.W. Keatinge), pp. 3–40. Cambridge: Cambridge University Press.

Ritchie, J.C. & Cwynar, L.C. 1982. The late Quaternary vegetation of the northern Yukon. In *Paleoecology of Beringia* (ed. D.M. Hopkins et al.), pp. 113–26. New York: Academic Press.

Ritchie, J.C. & Haynes, C.V. 1987. Holocene vegetation zonation in the eastern Sahara. *Nature* 330, 645–7.

Rival, L. 1999. The Huaorani. In *The Cambridge Encyclopedia of Hunters and Gatherers* (eds. R.B. Lee & R. Daly), pp. 101–4. Cambridge: Cambridge University Press.

Robbins, L.H., Murphy, M.L., Stevens, N.J., Brook, G.A., Ivester, A.H., Haberyan, K.A., Klein, R.G., Milo, R., Stewart, KM., Matthiesen, D.G., Winkler, A.J. 1996. Palaeoenvironment and archaeology of Drotsky's Cave: Western Kalahari Desert, Botswana. *Journal of Archaeological Science* 23, 7–22.

Robbins, L.H., Murphy, M.L., Brook, G.A., Ivester, A.H., Campbell, A.C., Klein, R.G., Milo, R., Stewart, KM., Downey, W.S., & Stevens, N.J. 2000. Archaeology, palaeoenvironment, and chronology of the Tsodilo Hills White Paintings Rock Shelter, Northwest Kalahari Desert, Botswana. *Journal of Archaeological Science* 27, 1085–13.

Roberts, R.L. (and ten authors) 2001. New ages for the last Australian mega-fauna: Continent wide extinctions about 46,000 years ago. *Science* 292, 1888–92.

Rodden, R. 1962. Excavations at the early Neolithic site of Nea Nikomedeia, Greek Macedonia. *Proceedings of the Prehistoric Society* 28, 267–88.

Rodden, R. 1965. An early Neolithic village in Greece. *Scientific American* 212/4, 82–92.

Rollefson, G.O. 1983. Ritual and ceremony at Neolithic 'Ain Ghazal. *Paléorient* 9, 29–38.

Rollefson, G.O. 1989. The aceramic neolithic of the southern Levant: The view from 'Ain Ghazal. *Paléorient* 15, 135–40.

Rollesfon, G.O. 1993. The origins of the Yarmoukian at 'Ain Ghazal. *Paléorient* 19, 91–100.

Rollefson, G.O. 1998. 'Ain Ghazal (Jordan): Ritual and ceremony III. *Paléorient* 24, 43-58.

Rollefson, G.O. 2000. Ritual and social structure at Neolithic 'Ain Ghazal. In *Life in Neolithic Farming Communities: Social Organization, Identity and Differentiation* (ed. I. Kuijt), pp. 163–90. New York:

812

Kluwer/Plenum Publications.

Rollefson, G.O. & Köhler-Rollefson, I. 1989. The collapse of early Neolithic settlements in the southern Levant. In *People and Culture Change: Proceedings of the Second Symposium on Upper Palaeolithic, Mesolithic and Neolithic Populations of Europe and the Mediterranean Basin* (ed. I. Hershkovitz), pp. 59–72. Oxford: British Archaeological Reports, International Series 508.

Rollefson, G.O. & Köhler-Rollefson, I. 1993. PPNC adaptations in the first half of the 6th millennium B.C. *Paléorient* 19, 33–42.

Rollefson, G.O. & Simmons, A.H. 1987. The life and death of 'Ain Ghazal. *Archaeology* Nov. /Dec. 1987, 38–45.

Ronen, A. & Lechevallier, M. 1991. The Natufian at Hatula. *In The Natufian Culture in the Levant* (eds. O. Bar-Yosef & F. Valla), pp. 149–60. Ann Arbor, MI: International Monographs in Prehistory.

Roosevelt, A.C. 1994. *Amazonian Indians from Prehistory to the Present: Anthropological Perspectives*. Tucson: University of Arizona Press.

Roosevelt, A.C. 1995. Early pottery in the Amazon. In *The Emergence of Pottery, Technology and Innovation in Ancient Societies* (eds. W.K. Barnett & J.W. Hoopes), pp. 115–31. Washington, DC: Smithsonisan Institution Press.

Roosevelt, A.C. 1999. Archaeology of South American Hunters and Gatherers. In *The Cambridge Encyclopedia of Hunters and Gatherers* (eds. R.B. Lee & R. Daly), pp. 86–91. Cambridge: Cambridge University Press.

Roosevelt, A.C. et al. 1996. Palaeoindian cave dwellers in the Amazon: The peopling of the Americas. *Science* 272, 373– 84.

Rosenberg, M. 1999. Hallan Çemi. In *Neolithic Turkey* (eds. M. Özdoğan & N Başgelen pp. 25–33. Istanbul: Arkeoloji ve Sanat Yayinlari.

Rosenberg, M. & Davis, M. 1992. Hallan Çemi Tepesi: Some preliminary observations concerning material culture. *Anatolica* 18, 1–18.

Rosenberg, M. & Redding, R.W. 2000. Hallan Çemi and early village organization in eastern Anatolia. In *Life in Neolithic Farming*

Communities (ed. I. Kuijt), pp. 39–61. New York: Kluwer Academic/ Plenum Publishers.

Rowley-Conwy, P.A. 1983. Sedentary hunters: The Ertebølle example. In *Hunter-Gatherer Economy in Prehistory* (ed. G. Bailey), pp. 111–26. Cambridge: Cambridge University Press.

Rowley-Conwy, P.A. 1984a. The laziness of the short distance hunter: The origins of agriculture in Western Denmark. *Journal of Anthropological Archaeology* 3, 300–24.

Rowley-Conwy, P.A. 1984b. Postglacial foraging and early farming economies in Japan and Korea: A west European perspective. *World Archaeology* 16, 28–41.

Rowley-Conwy, P.A. 1994. Meat, furs and skins: Mesolithic animal bones from Ringkloster, a seasonal hunting camp in Jutland. *Journal of Danish Archaeology* 12, 87–98.

Rowley-Conwy, P.A. 1998. Cemeteries, seasonality and complexity in the Ertebølle of southern Scandinavia. In *Harvesting the Sea, Farming the Forest* (eds. M. Zvelebil, R. Dennell & L. Domańska), pp. 193–202. Sheffield: Sheffield Academic Press.

Rowley-Conwy, P.A. 2000. Milking caprines, hunting pigs: The Neolithic economy of Arene Candide in its west Mediterranean context. In *Animal Bones, Human Societies* (ed. P. Rowley-Conwy), pp. 124–32. Oxford: Oxbow Books.

Rowley-Conwy, P.A., Deakin, W.J. & Shaw, C.H. 1997. Ancient DNA from archaeological sorghum (*Sorghum bicolor*) from Qasr Ibrim, Nubia. *Sahara* 9, 23–30.

Ruddiman, W.F. & McIntyre, A. 1981. Oceanic mechanisms for amplication of the 23,000-year ice volume cycle. *Science* 212, 617–27.

Ruhlen, M. 1994. Linguistic evidence for the peopling of the Americas. In *Method and Theory for Investigating the Peopling of the Americas* (eds. R. Bonnichsen & D. Gentry Steele), pp. 177–88. Corvallis, OR: Centre for the Study of the First Americans.

Ryan, W.B.F. et al. (ten authors) 1997. An abrupt drowning of the Black

Sea shelf. *Marine Geology* 138, 119–26.

Sage, R.F. 1995. Was low atmospheric CO^2 during the Pleistocene a limiting factor for the origin of agriculture? *Global Change Biology* 1, 93–106.

Sahlins, M. *Stone Age Economics*. 1974. London: Tavistock.

Sahni, A., Kumar, G., Bajpaj, S. & Srinivasan 1990. A review of late Pleistocene ostriches (*Struthio sp.*) in India. *Man and Environment* XV, 41–52.

Saidel, B.A. 1993. Round house or square? Architectural form and socio-economic organization in the PPNB. *Journal of Mediterranean Archaeology* 6, 65–108.

Sandweiss, D.H. et al. 1998. Quebrada Jaguay: Early South American maritime adaptations. *Science* 281, 1830–2.

Saunders, J.J. 1977. Lehner Ranch revisited. In *Palaeoindian Lifeways* (ed. E. Johnson), pp. 48–64. Lubbock: West Texas Museum Association.

Saunders, J.J. 1992. Blackwater Draw: mammoths and mammoth hunters in the terminal Pleistocene. In *Proboscidean and Paleoindian Interactions* (eds. J.W. Fox, C.B. Smith & K.T. Wilkins), pp. 123–47. Waco, TX: Baylor University Press.

Saxon, E.C., Close, A.E., Cluzel, C., Morse, V. & Shackleton, N.J. 1974. Results of recent investigations at Tamar Hat. *Libya* 22, 49–91.

Scarre, C. 1992. The early Neolithic of western France and Megalithic origins in Atlantic Europe. *Oxford Journal of Archaeology* 11, 121–54.

Schild, R., Królik, H., Wendorf, F. & Close, A.E.1996. Architecture of Early Neolithic huts at Nabta Playa. In *Interregional Contacts in the Later Prehistory of Northeastern Africa* (eds. L. Krzyzaniak, K. Kroeper & M. Kobusiewicz), pp. 101–14. Poznan: Poznan Archaeological Museum.

Schilling, H. 1997. The Korsør Nor site. The permanent dwelling place of a hunting and fishing people in life and death. In *The Danish Storebælt since the Ice Age* (eds. L. Pedersen, A. Fischer & B. Aaby), pp. 93–8. Copenhagen: A/S Storebælt Fixed Link.

Schmandt-Besserat, D. 1992. *Before Writing* (2 vols.) Austin: University of Texas Press.

Schmandt-Besserat, D. 1997. Animal symbols at 'Ain Ghazal. *Expedition* 39, 48–58.

Schmandt-Besserat, D. 1998. 'Ain Ghazal 'monumental' figures. *Bulletin of the American Schools of Oriental Research* 310, 1–17.

Schmidt, K. 1994. Investigations in the Upper Mesopotamian Early Neolithic: Göbekli Tepe and Gücütepe. *Neo-lithics* 2/95, 9–10.

Schmidt, K. 1996. The Urfa-Project 1996. *Neo-lithics* 2/96, 2–3.

Schmidt, K. 1998. Beyond daily bread: Evidence of Early Neolithic ritual from Göbekli Tepe. *Neo-lithics* 2/98, 1–5.

Schmidt, K. 1999. Boars, ducks and foxes – the Urfa-Project 99. *Neo-lithics* 3/99, 12–15

Schmidt, K. 2001. Göbekli Tepe, Southeastern Turkey. A preliminary report on the 1995–1999 excavations. *Paléorient* 26, 45–54.

Schrire, C. (ed.) 1984. *Past and Present in Hunter-Gatherer Studies.* New York: Academic Press.

Schulting, R. 1996. Antlers, bone pins and flint blades: The Mesolithic cemeteries of Téviec and Höedic, Brittany, *Antiquity* 70, 335–50.

Schulting, R. 1998. *Slighting the Sea: The Mesolithic-Neolithic Transition in Northwest Europe.* Unpublished Ph.D. thesis, University of Reading.

Schulting, R. 1999. Slighting the sea: Stable isotope evidence for the transition to farming in Northwestern Europe. *Documenta Praehistorica* XXV, 203–18.

Schuster, A.H.M. 1995. Ghosts of 'Ain Ghazal. *Archaeology* 49, 65–6.

Score, D. & Mithen, S.J. 2000. The experimental roasting of hazelnuts. In *Hunter-Gatherer Landscape Archaeology, The Southern Hebrides Mesolithic Project, 1988–98, Vol. 2* (ed. S. Mithen), pp. 507–21. Cambridge: McDonald Institute for Archaeological Research.

Sealy, J.C. & van der Merwe, N.J. 1988. Social, spatial and chronological patterning in marine food use as determined by d13C measurements of Holocene human skeletons from the south-western Cape, South Africa. *World Archaeology* 20, 87–102.

Sealy, J.C. & van der Merwe, N.J. 1992. On 'Approaches to dietary

reconstruction in the Western Cape: Are you what you have eaten?' –
A reply to Parkington. *Journal of Archaeological Science*19.459–66.

Searcy, A. 1909. *In Australian Tropics*. London: Keegan Paul, Trench,
Trübner & Co.

Shackleton, J. 1988. *Excavations at Franchthi Cave, Greece. Fascicle 4.
Marine Molluscan Remains from Franchthi Cave*. Bloomington: Indiana
University Press.

Shackleton, N.J. 1987. Oxygen isotopes, ice volumes and sea level.
Quaternary Science Reviews 6, 183–90.

Shackleton, N.J. & Opdyke, N.D. 1973. Oxygen isotope and palaeomagnetic
stratigraphy of equatorial Pacific core V28–238: oxygen isotope
temperatures and ice volume on a 105 and 106 year scale. *Quaternary
Research* 3, 39–55.

Sharma, G.R. 1973. Mesolithic lake cultures in the Ganga Valley, India.
Proceedings of the Prehistoric Society 39, 129–46

Sharma, G.R. et al. 1980. *Beginnings of Agriculture (Epi-Palaeolithic to
Neolithic). Excavations at Chopani-Mando, Mahadaha and Mahagara*.
Allahabad.

Shaw, T. 1969. The Late Stone Age in the Nigerian forest. *Actes 1e
Colloque International d'Archéologie Africaine*, Fort Lamy, pp. 364–
73.

Shaw, T. 1978. *Nigeria, Its Archaeology and Early History*. London:
Thames & Hudson.

Sherratt, A. 1995. Instruments of conversion? The role of megaliths in the
Mesolithic/Neolithic transition in north-west Europe. *Oxford Journal
of Archaeology* 14, 245–61.

Sherratt, A. & Sherrat, S. 1988. The archaeology of Indo-European: An
alternate view. *Antiquity* 62, 584–95.

Shoocongdej, R. 2000, Forager mobility organization in seasonal tropical
environments of western Thailand. *World Archaeology* 32, 14–40.

Sillen, A. & Lee-Thorp, J.A. 1991. Dietary change in the Late Natufian. In
The Natufian Culture in the Levant (eds. O. Bar-Yosef & F. Valla),

pp.399–410. Ann Arbor, MI: International Monographs in Prehistory.

Sim, R. 1990. Prehistoric sites on King Island in the Bass Straits: Results of an archaeological survey. *Australian Archaeology* 31, 34–43.

Sim, R. & Thorne, A. 1990. Pleistocene human remains from King Island, Southeastern Australia. *Australian Archaeology* 31, 44–51.

Simmons, A.L. 1996. Whose myth? Archaeological data, interpretations, and implications for the human association with extinct Pleistocene fauna at Akrotiri Aetokremnos, Cyprus. *Journal of Mediterranean Archaeology* 9, 97–105.

Simmons, A.L. 1999. *Faunal Extinctions in an Island Society. Hippo Hunters of the Akrotiri Peninsula, Cyprus.* New York: Plenum.

Simmons, A. 2000. Villages on the edge. Regional settlement change and the end of the Levantine Pre-Pottery Neolithic. In *Life in Neolithic Farming Communities: Social Organization, Identity and Differentiation* (ed. I. Kuijt), pp.211–30. New York: Kluwer/Plenum Publications.

Simmons, A. & Najjar, M. 1996. Current investigations at Ghwair I, a Neolithic settlement in

Simmons, A. & Najjar, M. 1998, Al-Ghuwayr I. A pre-pottery Neolithic village in Wadi Faynan, Southern Jordan: A preliminary report on the 1996 and 1997/98 seasons. *Annual Report of the Department of Antiquities of Jordan* 42, 91–101.

Smith, A.B. 1986. Review article: Cattle domestication in North Africa. *African Archaeological Review* 4, 197–203.

Smith, A.B. 1992. *Pastoralism in Africa. Origins, Development and Ecology.* Athens: Ohio University Press.

Smith, B.D. 1995. *The Emergence of Agriculture.* New York: Scientific American Library.

Smith, B.D. 1997. The initial domestication of *Cucurbita pepo* in the Americas 10,000 years ago. *Science* 276, 932–4.

Smith, B.D. 2001. Documenting plant domestication: The consilience of biological and archaeological approaches. *Proceedings of the National Academy of Sciences* 98, 1324–6.

Smith, M.A. 1987. Pleistocene occupation in arid Australia. *Nature* 328, 710–11.

Smith, M.A. 1989. The case for a resident human population in the Central Australian Ranges during full glacial aridity. *Archaeology in Oceania* 24, 93–105.

Smith, P. 1991. Dental evidence for nutritional status in the Natufians. In *The Natufian Culture in the Levant* (eds. O. Bar-Yosef & F.R.Valla), pp. 425–33. Ann Arbor, MI: International Monographs in Prehistory.

Soffer, O. 1985. *The Upper Palaeolithic of the Central Russian Plain*. Orlando: Academic Press.

Soffer, O. 1990. The Russian plain at the last glacial maximum. In *The World at 18,000 BP. Vol. One: High Latitudes* (eds. O. Soffer & C. Gamble), pp. 228–52. London: Unwin Hyman.

Soffer, O. & Gamble, C. (eds.) 1990. *The World at 18,000 BP. Vol. One: High Latitudes*. London: Unwin Hyman.

Solecki, R.S. 1963. Prehistory in Shanidar Valley, Northern Iraq. *Science* 139, 179–93.

Solecki, R.L. 1977. Predatory bird rituals at Zawi Chemi Shanidar. *Sumer* 33, 42–7.

Solecki, R.L. 1981. *An Early Village Site at Zawi Chemi Shanidar*. Malibu: Undena Publications.

Solecki, R.S. & Rubin, M. 1958. Dating of Zawi Chemi Shanidar, Northern Iraq. *Science* 127, 1446.

Sondaar, P. 1977. Insularity and its effects on mammal evolution. In *Major Patterns in Vertebrate Evolution* (eds. M. Hecht, P. Goody & B. Hecht), pp. 671–707. New York: Plenum Press.

Sondaar, P. 1986. The island sweepstakes. *Natural History* 95, 50–7.

Sondaar, P. 1987. Pleistocene Man and extinctions of island endemics. *Mémoire Société Géologique de France* (N.S.) 150, 159–65.

Spencer, W.B. & Gillen, F.J. 1912. *Across Australia*. London: Macmillan.

Sponsel, L.E. 1990. Ultraprimitive pacifists. The Tasaday as a symbol of peace. *Anthroplogy Today* 6, 3–5.

Srejović, D. 1972. *Lepenski Vir*. London: Thames & Hudson.

Srejović, D. 1989. The Mesolithic of Serbia and Montenegro. In *The Mesolithic in Europe* (ed. C. Bonsall), pp. 481–91. Edinburgh: John Donald.

Stanford, D. 1991. Clovis origins and adaptations: An introductory perspective. In *Clovis: Origins and Adaptations* (eds. R. Bonnichsen & K.L. Turnmire), pp. 1–14. Corvallis, OR: Centre for the Study of the First Americans.

Steele, D.G. & Powell, J.P. 1994. Paleobiological evidence of the peopling of the Americas: A morphometric view. In *Method and Theory for Investigating the Peopling of the Americas* (eds. R. Bonnichsen & D. Gentry Steele), pp. 141–63. Corvallis, OR: Centre for the Study of the First Americans.

Stegeborn, W. The Wanniyala-aetto (Veddahs) of Sri Lanka. In *The Cambridge Encyclopedia of Hunters and Gatherers* (eds. R.B. Lee & R. Daly), pp. 269–73. Cambridge: Cambridge University Press.

Stekelis, M. & Yizraeli, T. 1963. Excavations at Nahal Oren (preliminary report). *Israel Exploration Journal* 13, 1–12.

Stock, C. 1992. *Rancho La Brea. A Record of Pleistocene Life in Calfornia*. 7th edn. Los Angeles: Natural History Museum of Los Angeles.

Stone, A.C. & Stoneking, M. 1998. MtDNA analysis of a prehistoric Oneota population: Implications for the peopling of the New World. *American Journal of Human Genetics* 62, 1153–70.

Storck, P.L. 1991. Imperialists without a state: The cultural dynamics of early paleoindian colonization as seen from the Great Lakes region. In *Clovis: Origins and Adaptations* (eds. R. Bonnichsen & K.L. Turnmire), pp. 153–62. Corvallis, OR: Centre for the Study of the First Americans.

Stordeur, D., Helmer, D. & Willcox, G. 1997. Jerf el-Ahmar, un nouveau site de l'horizon PPNA sur le moyen Euphrate Syrien. *Bulletin de la Société Préhistorique Française* 94, 282–5.

Stordeur, D., Jammous, B., Helmer, D. & Willcox, G. 1996. Jerf el-Ahmar: A new Mureybetian site (PPNA) on the Middle Euphrates. *Neo-lithics*

2/96, 1–2.

Strasser, T. 1996. Archaeological myths and the overkill hypothesis in Cypriot prehistory. *Journal of Mediterranean Archaeology* 9, 113–16.

Strathern, A. 1971. *The Rope of Moka*. Cambridge: Cambridge University Press.

Straus, L.G. 1986. Late Würm adaptive systems in Cantabrian Spain. *Journal of Anthropological Archaeology* 5, 330–68.

Straus, L.G. 1992. *Iberia Before the Iberians. The Stone Age Prehistory of Cantabrian Spain*. Albuquerque: University of New Mexico Press.

Straus, L.G. 2000. Solutrean settlement of North America? A review of reality. *American Antiquity* 65, 219–26.

Straus, L.G. & Bar-Yosef, O. (eds.) 2001. Out of Africa in the Pleistocene. *Quaternary International* 75.

Straus, L.G. & Clark, G.A. 1986. *La Riera Cave: Stone Age Hunter-Gatherer Adaptations in Northern Spain*. Arizona State University, Anthropological Research Papers No. 36.

Straus, L.G., Clark, G., Altuna, J. & Ortea, J. 1980. Ice age subsistence in northern Spain. *Scientific American* 242, 142–52.

Straus, L.G. & Otte, M. 1998. Bois Laiterie cave and the Magdalenian of Belgium. *Antiquity* 72, 253–68.

Stringer, C. & McKie, R. 1996. *African Exodus*. London: Jonathan Cape.

Struever, S. & Holton, F.A. 1979. *Koster: Americans in Search of their Prehistoric Past*. New York: Anchor Press.

Stuart, A.J. 1986. Who (or what) killed the giant armadillo? *New Scientist* 17, 29–32.

Stuart, A.J. 1991. Mammalian extinctions in the Late Pleistocene of Northern Eurasia and North America. *Biological Reviews* 66, 453–62.

Sugden, H. & Edwards, K. 2000. The early Holocene vegetational history of Loch a'Bhogaidh, Southern Rinns, Islay, with special reference to hazel (*Corylus avellana L.*). In *Hunter-Gatherer Landscape Archaeology, The Southern Hebrides Mesolithic Project, 1988–98, Vol. 1* (ed. S. Mithen), pp. 129–48. Cambridge: McDonald Institute for Archaeological

Research.

Sunderland, S. & Ray, L.J. 1959. A note on the Murray Black collection of Australian Aboriginal skeletons. *Royal Society of Victoria Proceedings* 71, 45–8.

Surovell, T.A. 2000. Early Paleoindian women, children, mobility, and fertility. *American Antiquity* 65, 493–508.

Sutcliffe, A.J. 1986. *On the Track of Ice Age Mammals*. London: British Museum.

Svensson, T.G. 1999. The Ainu. In *The Cambridge Encylopedia of Hunter-Gatherers* (eds. R.B. Lee & R. Daly), pp. 132–6. Cambridge: Cambridge University Press.

Sykes, B. 1999. The molecular genetics of European ancestry. *Philosophical Transactions of the Royal Society of London* B. 354, 131–9.

Sykes, B. 2000. Human diversity in Europe and beyond: From blood groups to genes. In *Archaeogenetics: DNA and the Population Prehistory of Europe* (eds. C. Renfrew & K. Boyle), pp. 23–8. Cambridge: McDonald Institute for Archaeological Research.

Sykes, B. 2001. *The Seven Daughters of Eve*. London: Transworld Publishers.

Szathmary, E.J.E. 1993. Genetics of aboriginal North Americans. *Evolutionary Anthropology* 2, 202–20.

Taçon, P. 1991. The power of stone: symbolic aspects of stone use and tool development in western Arnhem Land, Australia. *Antiquity* 65, 192-207.

Taçon, P. & Brockwell, S. 1995. Arnhem Land prehistory in landscape, stone and paint. *Antiquity* 69, 676–95.

Taçon, P. & Chippindale, C. 1994. Australia's ancient warriors: Changing depictions of fighting in the rock art of Arnhem Land, N.T. *Cambridge Archaeological Journal* 4, 211–48.

Taçon, P., Wilson, M. & Chippindale, C. 1996. Birth of the Rainbow Serpent in Arnhem Land rock art and oral history. *Archaeology in Oceania* 31, 103–24.

Tangri, D. & Wyncoll, G. 1989. Of mice and men: Is the presence of commensal animals in archaeological sites a positive correlation of sedentism? *Paléorient* 15, 85–94.

Tankersley, K.B. 1998. Variation in the early paleoindian economies of Late Pleistocene eastern North America. *American Antiquity* 63, 7–20.

Tauber, H. 1981. 13c evidence of dietary habits of prehistoric man in Denmark. *Nature* 292, 332–3.

Taylor, R.E., Haynes, C.V. & Stuiver, M. 1996. Clovis and Folsom age estimates: stratigraphic context and radiocarbon calibration. *American Antiquity* 70, 515–25.

Tchernov, E. 1991. Biological evidence for human sedentism in southwest Asia during the Natufian. In *The Natufian Culture in the Levant* (eds. O. Bar-Yosef & F. Valla), pp. 315–40. Ann Arbor, MI: International Monographs in Prehistory.

Tchernov, E. & Valla, F.R. 1997. Two new dogs, and other Natufian dogs, from the southern Levant. *Journal of Archaeological Science* 24, 65–95.

Thackeray, A.I., Thackeray, J.F., Beaumont, P.B. & Vogel, J.C. 1981. Dated rock engravings from Wonderwerk Cave, South Africa. *Science* 214, 64–7.

Thesiger, W. 2000. *Among the Mountains, Travels through Asia*. London: Flamingo.

Thomas, J. & Tilley, C. 1993. The axe and the torso: Symbolic structures in the Neolithic of Brittany. In *Interpretative Archaeology* (ed. C. Tilley), pp. 225–324. Oxford: Berg.

Thomas, P.K., Joglekar, P.P., Mishra, V.D., Pandey, J.N. & Pal, J.N. 1995. A preliminary report of the faunal remains from Damdama. *Man and Environment* XX, 29–36.

Thompson, L.G. et al. (eleven authors). 2002. Kilimanjaro ice core records: Evidence of Holocene climate change in tropical Africa. *Science* 298, 589–93.

Thompson, M.W. 1954. Azilian harpoons. *Proceedings of the Prehistoric Society* XX, 193–211.

Thomson, D.F. 1939. The seasonal factor in human culture. *Proceedings of the Prehistoric Society* 5, 209–21.

Thorley, P. 1998. Pleistocene settlement in the Australian arid zone: Occupation of an inland riverine landscape in the central Australian ranges. *Antiquity* 72, 34–45.

Thorne, A.G. 1971. Mungo and Kow Swamp: Morphological variation in Pleistocene Australians. *Mankind* 8, 85–9.

Thorne, A.G. 1977. Separation or reconciliation? Biological clues to the development of Australian society. In *Sunda and Sahul* (eds. J. Allen, J. Golson & R. Jones), pp. 187–204. London: Academic Press.

Thorne, A.G., Grun, R., Mortimer, G., Spooner, N.A., Simpson, J.J., McCulloch, M., Taylor, L. & Curnoe, D. 1999. Australia's oldest human remains: Age of Lake Mungo 3 skeleton. *Journal of Human Evolution* 36, 591–612.

Thorne, A.G. & Macumber, P.G. 1972. Discoveries of Late Pleistocene man at Kow Swamp, Australia. *Nature* 238, 316–19.

Thubron, C. 1994. *The Lost Heart of Asia*. London: Penguin.

Thubron, C. 2000. *In Siberia*. London: Penguin.

Todd, I.A., 1987. *Vasilikos Valley Project 6: Excavations at Kalavasos-Tenta, Vol. I*. SIMA 71:6. Åström: Göteborg.

Todd, I.A. 1998. *Kalavasos-Tenta*. Nicosia: The Bank of Cyprus Cultural Foundation.

Torroni, A. 2000. Mitochondrial DNA and the origin of Native Americans. In *America Past, America Present* (ed. C. Renfrew), pp. 77–87. Cambridge: McDonald Institute for Archaeological Research.

Torroni, A., Bandelt, H.-J., D'Urbano, L., Lahermo, P., Moral, P., Sellito, D., Rengo, C., Forster, P., Savontaus, M.L., Bonné-Tamir, B. & Scozzari, R. 1998. MtDNA analysis reveals a major Palaeolithic population expansion from southwestern to northeastern Europe. *American Journal of Human Genetics* 62, 1137–52.

Torroni, A., Neel, J.V., Barrantes, R., Schurr, T.G. & Wallace, D.C. 1994. A Mitochondrial DNA 'clock' for the Amerinds and its implications for timing their entry into North America. *Proceedings of the National Academy of Sciences* 91, 1158–62.

Tree, I. 1996. *Islands in the Clouds: Travels in the Highlands of New Guinea.* London: Lonely Planet Publications.

Trigger, B. 1989. *A History of Archaeological Thought.* Cambridge: Cambridge University Press.

Trinkaus, E. 1983. *The Shanidar Neanderthals.* New York: Academic Press.

Tsukada, M. 1986. Vegetation in prehistoric Japan: The last 20,000 years. In *Windows on the Japanese Past: Studies in Archaeology and Prehistory* (ed. R.J. Pearson), pp. 11–56. Ann Arbor: Centre for Japanese Studies, University of Michigan.

Tubb, K. & Grissom. C. 1995. 'Ain Ghazal: A comparative study of the 1983 and 1985 statuary caches. In *Studies in the History and Archaeology of Jordan V* (eds. K. 'Amr, F. Zayadine & M. Zaghloul), pp. 437–47. Amman: Jordan Press Foundation.

Turner, C.G. II. 1994. Relating Eurasian and Native American populations through dental morphology. In *Method and Theory for Investigating the Peopling of the Americas* (eds. R. Bonnichsen & D. Gentry Steele), pp. 131–40. Corvallis, OR: Centre for the Study of the First Americans.

Ukraintseva, V.V., Agenbroad, L.D. & Mead, J.1996. A palaeoenvironmental reconstruction of the 'Mammoth Epoch' of Siberia. In *American Beginnings: The Prehistory and Palaeoecology of Beringia* (ed. F.H. West), pp. 129–35 Chicago: University of Chicago Press.

Uerpmann, H.-P. 1996. Animal domestication – accident or intention? In *The Origins and Spread of Agriculture and Pastoralism in Eurasia* (ed. D. Harris), pp. 227–37. London: University College London Press.

Unger-Hamilton, R. 1991. Natufian plant husbandry in the southern Levant and comparison with that of the Neolithic periods: The lithic perspective. In *The Natufian Culture in the Levant* (eds. O. Bar-Yosef & F.R.Valla), pp. 483–520. Ann Arbor, MI: International Monographs in Prehistory.

Valla, F.R. 1991. Les Natoufiens de Mallaha et l'espace. In *The Natufian*

Culture in the Levant (eds. O. Bar-Yosef & F.R. Valla), pp. 111–22. Ann Arbor, MI: International Monographs in Prehistory.

Valla, F.R. 1995. The first settled societies – Natufian (12,500–10,200 BP). In The Archaeology of Society in the Holy Land (ed. T. Levy), pp. 169–87. New York: Facts on File.

Valla, F.R. 1998. Natufian seasonality: A guess. In Seasonality and Sedentism: Archaeological Perspectives from Old and New World Sites (eds. T.R. Rocek & O. Bar-Yosef), pp. 93–108. Cambridge, MA: Harvard University, Peabody Museum of Archaeology and Ethnology.

Valla, F.R., Bar-Yosef, O., Smith, P., Tchernov, E. & Desse, J. 1986. Un nouveau sondage sur la terrace d'El-Ouad, Israël (1980–81). Paléorient 12, 21–38.

Valla, FR., Le Mort, F. & Plisson, H. 1991. Les fouilles en cours sur la terrasse d'Hayonim. In The Natufian Culture in the Levant (eds. O. Bar-Yosef & F.R. Valla), pp. 93–110. Ann Arbor, MI: International Monographs in Prehistory.

Valla, F.R. et al (eight additional authors) 1999. Le Natufien final et les nouvelles fouilles à Mallaha (Eynan), Israel 1996–1997. Journal of the Israel Prehistoric Society 28, 105–76.

van Andel, T.H. 1989. Late Pleistocene sea levels and the human exploitation of the shore and shelf of southern South Africa. Journal of Field Archaeology 16, 133–53.

van Andel, T.H. & Lionos, N. 1984. High resolution seismic reflection profiles for the reconstruction of post-glacial transgressive shorelines: An example from Greece. Quaternary Research 22, 31–45.

van Andel, T.H. & Runnels, C.N. 1995. The earliest farmers in Europe. Antiquity 69, 481–500.

van Noten, F. 1977. Excavations at Matupi Cave. Antiquity 51, 35–40.

van Noten, F. 1982. The Archaeology of Central Africa. Graf: Akademische Drück-und Verlagsanstalt.

van Zeist, W. & Bakker-Heeres, J.A.H. 1985. Archaeobotanical studies in the Levant: Neolithic sites in the Damascus Basin, Aswad, Ghoraife,

Ramad. *Praehistoria* 24, 165–256.

van Zeist, W. & Bakker-Heeres, J.A.H. 1986. Archaeobotanical studies in the Levant III. Late Paleolithic Mureybet. *Palaeohistoria* 26, 171–99.

Vang Petersen, P. 1984. Chronological and regional variation in the late Mesolithic of eastern Denmark. *Journal of Danish Archaeology* 3, 7–18.

Varma, R.K., Misra, V.D., Pandey, J.N. & Pal, J.N. 1985. A preliminary report on the excavations at Damdama. *Man and Environment* IX, 45–65.

Vartanyan, S.L., Garutt, V.E. & Sher, A.V. 1993. Holocene mammoths from Wrangel Island in the Siberian Arctic. *Nature* 362, 337–40.

Velde, P. van de 1997. Much ado about nothing: Bandkeramik funerary ritual. *Analetica Prahistorica Leidensia* 29, 83–90.

Vereshchagin, N.K. & Baryshnikov, G.F. 1982. Paleoecology of the mammoth fauna in the Eurasian Arctic. In *Paleoecology of Beringia* (ed. D.M. Hopkins et al.), pp. 267–80. New York: Academic Press.

Vereshchagin, N.K. & Baryshnikov, G.F. 1984. Quaternary mammalian extinctions in northern Eurasia. In *Quaternary Extinctions: A Prehistoric Revolution* (eds. P.S. Martin & R.G. Klein), pp. 483–516. Tucson: University of Arizona Press.

Verhart, L.B.M. 1990. Stone age bone and antler points as indicators for 'social territories' in the European Mesolithic. In *Contributions to the Mesolithic in Europe* (eds. P.M. Vermeersch & P. Van Peer), pp. 139–51. Leuven: Leuven University Press.

Verhart, L.B.M. & Wansleeben, M. 1997. Waste and prestige; The Mesolithic-Neolithic transition in the Netherlands from a social perspective. *Analecta Praehistorica Leidensia* 29, 65–73.

Vermeersch, P.M. & Van Peer, P. (eds.) 1990. *Contributions to the Mesolithic in Europe*. Leuven: Leuven University Press.

Veth, P. 1989. Islands in the interior: A model for the colonistion of Australia's arid zone. *Archaeology in Oceania* 24, 81–92.

Veth, P. 1995. Aridity and settlement in Northwestern Australia. *Antiquity* 69, 733–46.

Vigne, J.-D. 1996. Did man provoke extinctions of endemic large mammals on the Mediterranean islands? The view from Corsica. *Journal of Mediterranean Archaeology* 9, 117–20.

Voigt, M.M. 2000. Çatalhöyük in context: Ritual at early Neolithic sites in central and eastern Turkey. In *Life in Neolithic Farming Communities. Social Organization, Identity and Differentiation* (ed. I. Kuijt), pp. 253–93. New York: Kluwer/Plenum Publications.

von Furer-Haimendorf, C. 1938. The head-hunting ceremonies of the Konyak Nagas of Assam. *Man* 38, 25.

Wadley, L. 1987. *Later Stone Age Hunters and Gatherers of the Southern Transvaal.* Oxford: British Archaeological Reports, International Series 380.

Wadley, L. 1989. Legacies from the Late Stone Age. *South African Archaeological Society Goodwin Series* 6, 42–53.

Wadley, L. 1991. Rose Cottage Cave: Background and a preliminary report on the recent excavations. *South African Archaeological Bulletin* 46, 125–30.

Wadley, L. 1993. The Pleistocene Late Stone Age south of the Limpopo River. *Journal of World Prehistory* 7, 243–96.

Wadley, L. 1997. Where have all the dead men gone? In *Our Gendered Past, Archaeological Studies of Gender in Southern Africa* (ed. L. Wadley), pp. 107–33. Witwaterstand: University of Witwaterstand Press.

Wadley, L. 2000. The early Holocene layers of Rose Cottage Cave, eastern Orange Free State: Technology, spatial patterns and environment. *South African Archaeological Bulletin* 55, 18-31.

Wadley, L. 2001. What is cultural modernity? A general view and a South African perspective from Rose Cottage Cave. *Cambridge Archaeological Journal* 11, 201–21.

Wadley, L., Esterhuysen, A. & Jeannerat, C. 1992. Vegetation changes in the eastern Orange Free State: The Holocene and later Pleistocene evidence from charcoal studies at Rose Cottage Cave. *South African Journal of Science* 88, 558–63.

Wadley, L. & Vogel, J.C. 1991. New dates from Rose Cottage Cave, Ladybrand, eastern Orange Free State. *South African Journal of Science* 87, 605–7.

Wakankar, V.S. 1973. Bhimetka excavation. *Journal of Indian History*, Trivandrum, 23–32.

Walker, N.J. 1985. Late Pleistocene and Holocene Hunter-Gatherers of the Matopos: An Archaeological Study of Change and Continuity in Zimbabwe. *Studies in African Archaeology 10*, Uppsala University.

Wallace, A.R. 1869. *The Malay Archipelago: The Land of the Orang-Utan and the Bird of Paradise. A Narrative of Travel, with Studies of Men and Nature.* 2 vols. London: Macmillan & Co. Ltd.

Wallace, A.R. 1889. *Travels on the Amazon and Rio Negro.* London: Ward, Lock & Co.

Wallace, D.C. 1995. Mitochondrial DNA variation in human evolution, degenerative disease and ageing. *American Journal of Human Genetics* 57, 201–23.

Walthall, J.A. 1998. Rockshelters and hunter-gatherer adaptation to the Pleistocene/Holocene transition. *American Antiquity* 63, 223–38.

Wang, J. 1983. *Taro – A review of Colocasia esculenta and its potentials.* Honolulu: University of Hawaii Press.

Warner, W.L. 1937. *A Black Civilization: A Social Study of an Australian Tribe.* London: Harper & Row.

Warnica, J.M. 1966. New discoveries at the Clovis site. *American Antiquity* 31, 345–57.

Wasylikowa, K., Harlan, J.R., Evans, J., Wendorf, F., Schild, R., Close, A.E., Krolik, H. & Housley, R.A. 1993. Examination of botanical remains from Early Neolithic houses at Nabta Playa, Western Desert, with special reference to sorghum grains. In *The Archaeology of Africa, Food, Metals and Towns* (eds. T. Shaw, P. Sinclair, B. Andah & A. Okpoko), pp. 154–64. London: Routledge.

Watanabe, H. 1973. *The Ainu Ecosystem: Environment and Group Structure.* Seattle: University of Washington Press.

Watanabe, H. 1986. Community habitation and food gathering in prehistoric Japan: An ethnographic interpretation of the archaeological evidence. In *Windows on the Japanese Past: Studies in Archaeology and Prehistory* (ed. R.J. Pearson), pp. 229–54. Ann Arbor: Centre for Japanese Studies, University of Michigan.

Waterbolk, H.T. 1987. Working with radiocarbon dates in southwestern Asia. In *Chronologies in the Near East* (eds. O. Aurenche, J. Evin, & F. Hours), pp. 39–59. Oxford: British Archaeological Reports, International Series.

Watkins, T. 1990. The origins of the house and home? *World Archaeology* 21, 336–47.

Watkins, T. 1992. The beginnings of the Neolithic: Searching for meaning in material culture change. *Paléorient* 18, 63–75.

Watkins, T. 1998. Centres and peripheries: The beginnings of sedentary communities in N. Mesopotamia. *Subartu* IV, 1–11.

Watkins, T., Baird, D. & Betts, A. 1989. Qermez Dere and the early Aceramic Neolithic of Northern Iraq. *Paléorient* 15, 19–24.

Webb, E. 1998. Megamarsupial extinction: the carrying capacity argument. *Antiquity* 72, 46–55.

Webber, T.W. 1902. *The Forests of Upper India and their Inhabitants.* London: Edward Arnold.

Weinstein, J.M. 1984. Radiocarbon dating in the southern Levant. *Radiocarbon* 26, 297–366.

Weinstein-Evron, M. & Belfer-Cohen, A. 1993. Natufian figurines from the new excavations of the El-Wad cave, Mt Carmel, Israel. *Rock Art Research* 10, 102–6.

Wendorf, F. 1968. Site 117: A Nubian final Palaeolithic graveyard near Jebel Sahaba Sudan. In *Prehistory of Nubia* (ed. F. Wendorf), pp. 945–95. Dallas: Fort Burgwin Research Centre and Southern Methodist Press.

Wendorf, F., Close, A.E., & Schild, R. 1985. Prehistoric settlements in the Nubian Desert. *American Scientist* 73, 132–41.

Wendorf, F., Close, A.E., Schild, R., Wasylikowa, K., Housley, R.A., Harlan,

J.R. & Krolik, H. 1992. Saharan exploitation of plants 8,000 years BP. *Nature* 359, 721–4.

Wendorf, F. & Schild, R. 1976. *Prehistory of the Nile Valley.* New York: Academic Press.

Wendorf, F. & Schild, R. 1980. *Prehistory of the Eastern Sahara.* New York: Academic Press.

Wendorf, F. & Schild, R. 1989. Summary and synthesis. In *The Prehistory of Wadi Kubbaniya, Vol. 3: Late Paleolithic Archaeology* (eds. F. Wendorf, R. Schild & A.E. Close), pp. 768–824. Dallas: Southern Methodist University Press.

Wendorf, F. & Schild, R. 1994. Are the Early Holocene cattle in the Eastern Sahara domestic or wild? *Evolutionary Anthropology* 13, 118–27.

Wendorf, F., Schild, R., Baker, P., Gautier, A., Longu, L. & Mohamed, A. 1997. A *Late Palaeolithic Kill-Butchery Camp in Upper Egypt.* Dallas: Southern Methodist University Press.

Wendorf, F., Schild, R. & Close, A.E. (eds.) 1980. *Loaves and Fishes: The Prehistory of Wadi Kubbaniya.* Dallas: Department of Anthropology, Institute for the Study of Earth and Man, Southern Methodist University Press.

Wendorf, F., Schild, R. & Close, A.E. (eds.) 1984. *Cattle Keepers of the Eastern Sahara: The Neolithic of Bir Kiseiba.* Dallas: Southern Methodist University Press.

Wendorf, F., Schild, R. & Close, A.E. (eds.) 1986. *The Prehistory of Wadi Kubbaniya, Vol. 1: The Wadi Kubbaniya Skeleton: A Late Palaeolithic Burial from Southern Egypt.* Dallas: Southern Methodist University Press.

Wendorf, F., Schild, R. & Close, A.E. (eds.) 1989a. *The Prehistory of Wadi Kubbaniya, vol. 2: Stratigraphy, Paleoeconomy and Environment.* Dallas: Southern Methodist University Press.

Wendorf, F., Schild, R. & Close, A.E. (eds.) 1989b. *The Prehistory of Wadi Kubbaniya, vol. 3: Late Paleolithic Archaeology.* Dallas: Southern Methodist University Press.

Wendorf, F., Schild, R. & Zedeno, N. 1996. A Late Neolithic megalithic complex in the Eastern Sahara: A preliminary report. In *Interregional Contacts in the Later Prehistory of Northeastern Africa* (eds. L. Krzyaniak, K. Kroeper & M. Kobusiewicz), pp. 125–32. Poznan: Poznan Archaeological Museum.

Wendt, W.E. 1976. 'Art Mobilier' from Apollo 11 Cave, South West Africa: Africa's oldest dated works of art. *South African Archaeological Bulletin* 31, 5–11.

Weniger, G.-R. 1989. The Magdalenian in Western Central Europe: Settlement patterns and regionality. *Journal of World Prehistory* 3, 323–72.

Wenke, R.J., Long, J.E. & Buck, P.E. 1988. Epipalaeolithic and Neolithic subsistence and settlement in the Fayyum oasis of Egypt. *Journal of Field Archaeology* 15, 29–51.

West, F. (ed.) 1996. *American Beginnings: The Prehistory and Palaeoecology of Beringia*. Chicago: University of Chicago Press.

Wetterstrom, W. 1993. Foraging and farming in Egypt: The transition from hunting and gathering to horticulture in the Nile Valley. In *The Archaeology of Africa, Food, Metals and Towns* (eds. T. Shaw, P. Sinclair, B. Andah & A. Okpoko), pp. 165–226. London: Routledge.

Weyer, E.M. 1932. *The Eskimos: Their Environment and Folkways*. New Haven, CT: Yale University Press.

White, J.P. 1971. New Guinea and Australian prehistory: the 'Neolithic Problem'. In *Aboriginal Man and Environment in Australia* (eds. D.J. Mulvaney & J. Golson), pp 182–95. Canberra: Australian National University Press.

White, J.P., Crook, K.A.W. & Ruxton, B.P. 1970. Kosipe: A Late Pleistocene site in the Papuan higlands. *Proceedings of the Prehistoric Society* 36, 152–70.

Whitley, D.S. 1992. Shamanism and rock art in far western north America. *Cambridge Archaeological Journal* 2, 89–113.

Whitley, D.S. 1998. Finding rain in the desert: Landscape, gender and far western North American rock art. In *The Archaeology of Rock Art* (eds. C. Chippendale & P. Taçon), pp. 11–29. Cambridge: Cambridge Archaeological Press.

Whittaker, J. 1994. *Flint Knapping, Making and Understanding Stone Tools.* Austin: University of Texas Press.

Whittle, A. 1996. *Europe in the Neolithic: The Creation of New Worlds.* Cambridge: Cambridge University Press.

Wickham-Jones, C. 1990. *Rhum: Mesolithic and Later Sites at Kinloch, Excavations 1984–1986.* Edinburgh: Society of Antiquaries, Monograph Series No. 7.

Wickham-Jones, C. 1994. *Scotland's First Settlers.* London: Batsford.

Wickham-Jones, C. & Dalland, M. 1998. A small Mesolithic site at Craigford golf course, Fife Ness, Fife. *Internet Archaeology 5* (http://intarch. ac.uk/journal/issue5).

Wiessner, P. 1982. Risk, reciprocity and social influences on !Kung San economics. In *Politics and History in Band Societies* (eds. E. Leacock & R. Lee), pp. 61–84. Cambridge: Cambridge University Press.

Willig, J.A. 1991. Clovis technology and adaptation in far western North America: Regional patterning and environmental context. In *Clovis: Origins and Adaptations* (eds. R. Bonnichsen & K.L. Turnmire), pp. 91–118. Corvallis, OR: Centre for the Study of the First Americans.

Wilson, S.M. 1985. Phytolith evidence from Kuk, an early agricultural site in Papua New Guinea. *Archaeology in Oceania* 20, 90–97.

Wobst, H.M. 1974. Boundary conditions for palaeolithic social systems: A simulation approach. *American Antiquity* 39, 147–78.

Wobst, H.M. 1976. Locational relationships in Palaeolithic society. *Journal of Human Evolution* 5, 49–58.

Wobst, H.M. 1978. The archaeo-ethnology of hunter-gatherers or the tyranny of the ethnographic record in archaeology. *American Antiquity* 43, 303–9.

Wollaston, A.F.R. 1912. *Pygmies & Papuans, The Dutch Stone Age To-Day in Dutch New Guinea.* London: Smith, Elder & Co.

Woodburn, J.C. 1968. An introduction to Hadza Ecology. In *Man the Hunter* (eds. R.B. Lee & I. DeVore), pp. 49–55. Chicago: Aldine.

Woodman, P.C. 1985. *Excavations at Mount Sandel 1973–77*. Belfast: HMSO.

Wordsworth, J. 1985. The excavation of a Mesolithic horizon at 13–24 Castle Street, Inverness. *Proceedings of the Antiquaries of Scotland* 115, 89–103. *World Disasters Report 1999*. Geneva: International Federation of Red Cross and Red Crescent Societies.

Wright, GA. 1978. Social differentiation in the Early Natufian. In *Social Archaeology, Beyond Subsistence and Dating* (eds. C. Redman et al.), pp. 201–33. London: Academic Press.

Wright, K.I. 2000. The social origins of cooking and dining in early villages of Western Asia. *Proceedings of the Prehistoric Society* 66, 89–121.

Wu, R. & Olsen, J.W. 1985. *Palaeoanthropology and Palaeolithic Archaeology in the People's Republic of China*. New York: Academic Press.

Yakar, R. & Hershkovitz, I. 1988. The modelled skulls from the Nahal Hemar Cave. *'Atiqot* 18, 59–63.

Yellen, J.E., Brooks, A.S., Stuckenrath, T. & Welbourne, R. 1987. A terminal Pleistocene assemblage from Drotsky's Cave, western Ngamiland, Botswana. *Botswana Notes and Records* 19, 1–6.

Yen, D.E. 1995. The development of Sahul agriculture with Australia as bystander. *Antiquity* 69, 831–47.

Yoffe, N. & Clarke, J.J. (eds.) 1993. *Early Stages in the Evolution of Mesopotamian Civilisation: Soviet Excavations in Northern Iraq*. Tucson: University of Arizona Press.

Zeder, M. 1999. Animal domestication in the Zagros: A review of past and current research. *Paléorient* 25, 11–25.

Zeder, M. & Hesse. B. 2000. The initial domestication of goats (*Capra hircus*) in the Zagros mountains 10,000 years ago. *Science* 287, 2254–7.

Zhijun, Z. 1998. The middle Yangtze region in China is one place where rice was domesticated: phytolith evidence from the Diaotonghuan

Cave, northern Jiangxi. *Antiquity* 72, 885–97.

Zilhão, J. 1992. *Gruta do Caldeirao. O Neolítico Antigo.* Trabalhos de Arqueologia 6. Lisboa: Instituto Português do Património Arquitectónico e Arqueológico.

Zilhão, J. 1993. The spread of agro-pastoral economies across Mediterranean Europe. *Journal of Mediterranean Archaeology* 6, 5–63.

Zohary, D. 1989. Domestication of the southwest Asian Neolithic crop assemblage of cereals, pulses and flax: The evidence from the living plants. In *Foraging and Farming: The Evolution of Plant Exploitation* (eds. D.R. Harris & G.C. Hillman), pp. 358–73. London: Unwin Hyman.

Zohary, D. & Hopf, M. 2000. *Domestication of Plants in the Old World.* 3rd edn. Oxford: Oxford University Press.

Zvelebil, M. 1981. *From Forager to Farmer in the Boreal Zone.* Oxford: British Archaeological Reports, International Series 115.

Zvelebil, M. (ed.) 1986a. *Hunters in Transition.* Cambridge: Cambridge University Press.

Zvelebil, M. 1986b. Postglacial foraging in the forests of Europe. *Scientific American*, May, pp. 86–93.

Zvelebil, M. 1994. Plant use in the Mesolithic and its role in the transition to farming. *Proceedings of the Prehistoric Society* 60, 35–74.

Zvelebil, M. 1997. Hunter-gatherer ritual landscapes: Spatial organisation, social structure and ideology among hunter-gatherers of northern Europe and western Siberia. *Analetica Praehistorica Leidensia* 29, 33–50.

Zvelebil, M. 1998. Agricultural frontiers, Neolithic origins and the transition to farming in the Baltic basin. In *Harvesting the Sea, Farming the Forest* (eds. M. Zvelebil, R. Dennell, & L. Domańska), pp. 9–28. Sheffield: Sheffield Academic Press.

Zvelebil, M. 2000. The social context of the agricultural transition in Europe. In *Archaeogenetics: DNA and the Population Prehistory of Europe* (eds. C. Renfrew & K. Boyle), pp. 57–79. Cambridge:

McDonald Institute for Archaeological Research.

Zvelebil, M., Dennell, R. & Domańska, L. (eds.). 1998. *Harvesting the Sea, Farming the Forest*. Sheffield: Sheffield Academic Press.

Zvelebil, M. & Rowley-Conwy, P.A. 1986. Foragers and Farmers in Atlantic Europe. In *Hunters in Transition* (ed. M. Zvelebil), pp. 67–94. Cambridge: Cambridge University Press.

Zvelebil, M. & Zvelebil, K.V. 1988. Agricultural transition and Indo-European dispersals. *Antiquity* 62, 574–83.

图片来源

Sir John Lubbock, Lord Avebury (from Hutchinson 1914)

Flint scraper and microliths, Wadi el-Uwaynid 14, Jordan (from Garrard et al. 1986, with permission from A. Garrard)

Stone bowl, Hallan Çemi Tepesi, Turkey (From Rosenberg & Davis 1992, with permission from M. Rosenberg)

Female statuette, Mureybet, Syria (from Cauvin 2000, with permission from Cambridge University Press)

Engraved and grooved stones, Jerf el Ahmar, Syria (from Stordeur et al. 1997)

El-Khiam arrowheads, Netiv Hagdud, Israel (Figure 4.5 [13-17] from Ofer Bar-Yosef and Avi Gopher, eds.. *An Early Neolithic Village in the Jordan valley, Part 1: The Archaeology of Netiv Hagdud,* American School of Prehistoric Research, Bulletin 43. © 1997 by the President and Fellows of Harvard College)

Stone points, Beidha, Jordan (from Cauvin 2000)

Modelled plaster skull, Kfar Hahoresh, Israel (from Gorring-Morris et al. 1994, with permission from N. Gorring-Morris)

Painted fresco, Çatalhöyük, Turkey (from Mellaart 1967, with permission from J. Mellaart)

The Montgaudier Baton, France (from Marshack 1972)

Engraved stone slab, Gönnersdorf Germany (from Bahn and Vertut 1997)

Microliths, Starr Carr, England (from Clark 1954, with permission from Cambridge University Press)

Clay figurine of a woman, Nea Nikomedeia, Greece (from Rodden 1965)

Canoe paddle, Tybrind Vig, Denmark (from Anderson 1985, with permission of S. Anderson)

Folsom point as found in North America (Whittaker 1994, with permission from Texas University Press)

Clovis point, the Lehner site, Arizona, USA (from Haury et al. 1959)

Triangular spear points, the Tapajós river, Amazon (from Roosevelt et al. 1996)

Spear points, the Horner site (reprinted from Frison 1978, *Prehistoric Hunters of the High Plains* with permission from Elsevier)

Male figure in the 'Dynamic' style, Arnhem Land, Australia (from Flood 1995)

Painted scene, Bhimbekta, India (from Mathpal 1984, with permission from Abhinav publications)

Heads of raptors carved in stone, Nemrik, Iraq (from Kozlowski 1989, by permission of CNRS-*Paléonent*)

Fragments of wall paintings, Umm Dabaghiyah, Iraq (from Matthews 2000)

Recent San rock paintings of a curing dance (from Lewis-Williams 1987, with permission from D. Lewis Williams)

Rock engraving of long-homed cattle, Libyan Sahara (from Mori 1998, with permission from L'Erma di Bretschneider)